GEOGNOSTISCH-PALÄONTOLOGISCHE

BEITRÄGE.

ERSTER BAND.

TEXT.

GEOGNOSTISCH-PALÄONTOLOGISCHE

BEITRÄGE.

HERAUSGEGEBEN

UNTER MITWIRKUNG VON DR. U. SCHLOENBACH IN SALZGITTER (HANNOVER) UND DR. W. WAAGEN IN MÜNCHEN

VON

DR. E. W. BENECKE,
DOCENT AN DER UNIVERSITÄT HEIDELBERG.

ERSTER BAND.

TEXT.

MÜNCHEN, 1868.
R. OLDENBOURG.

ÜBER

TRIAS UND JURA

IN DEN

SÜDALPEN

VON

DR. E. W. BENECKE.

MÜNCHEN, 1866.
R. OLDENBOURG.

Italien ist, wie wenig andere Länder, von der Natur dazu ausgestattet, zu Beobachtungen über die Beschaffenheit seines Bodens und zu Spekulationen über die Entstehung desselben anzuregen. Wie die in mannigfaltiger Entwicklung von den Höhen der Alpen und des Appennin bis hinab an die Ufer des Meeres mit einander abwechselnden Eruptiv- und Sedimentairgebilde Gelegenheit zur Erforschung der Lagerung und Beschaffenheit der Glieder der Erdveste in ihrer jetzigen Erscheinungsweise gaben, so forderten Vergleiche der reichen Fauna der Meere der Jetztwelt mit den in den Schichten begrabenen Organismen, sowie die grosse Analogie der Produkte noch thätiger Vulkane mit den Basalten und Tuffen des Vizentinischen zu Schlüssen auf die Zustände und Erscheinungen früherer Epochen heraus.

Ausser diesen von der Natur selbst gegebenen günstigen Bedingungen trug auch die politische Gestaltung des Landes sehr wesentlich zu einem gedeihlichen Fortschritt der Erkenntniss bei, indem durch den Schutz und die Anregung der zahlreichen den Künsten und Wissenschaften geneigten Höfe und Republiken früher als anderswo die Möglichkeit eines frischen geistigen Lebens überhaupt gegeben waren.

So sehen wir denn bereits um 1480 den berühmten Maler Leonardo da Vinci, als er in seiner Jugend im nördlichen Italien Kanalbauten leitete und auf zahlreiche Reste fossiler Muscheln stiess, die Ansicht aussprechen, es müsse das jetzt trockene Land einst von einem Meere bedeckt gewesen sein, in welchem die Thiere lebten, deren Reste man beim Aufgraben fand. Spätere Beobachter erkannten die Aehnlichkeit dieser Versteinerungen mit den Schalen im Mittelmeer lebender Mollusken und beschrieben die noch täglich vor sich gehende Umhüllung fester Theile gestorbener Organismen in kalkige Masse an den Küsten des Meeres, während sie zugleich die hebende Kraft vulkanischer Thätigkeit herbeizogen, um die Entstehung der Gebirge und die in denselben sichtbaren gewaltigen Verwerfungen zu erklären. Wenn auch vielfach aufgehalten durch die scholastische Philosophie, welche die Unvereinbarkeit dieser Anschauungen mit der Lehre von der Sündfluth hervorhob, schritt doch die Erkenntniss bis zur Mitte des 18. Jahrhunderts

1

allmählig fort, wo Arduino (1759) in seiner Beschreibung der Gebirge um Verona, Vicensa und Padua zuerst den Unterschied zwischen primären, sekundären und tertiären Felsarten zeigte und nachwies, dass in jenen Gegenden eine Reihe untermeerischer Ausbrüche stattgefunden haben müsse. Ihm verdankt man auch die erste genauere Beschreibung der Reihe der Flötzgebirge in den Umgebungen von Recoaro, wo spätere Hebungen auch die tiefsten Bildungen weiter entfernt von den Centralmassen zu Tage gebracht haben, als man es nach dem allgemein gültigen Gesetze des Aufbaues der Alpen erwarten sollte.

Der Versuch einer Eintheilung der Gesteine nach ihrer Entstehung und Lagerung, wie ihn Arduino unternahm, bezeichnet einen Abschnitt in der Geschichte der norditalischen Geologie. In den nächstfolgenden 70 Jahren bemühte man sich sowohl innerhalb als ausserhalb Italiens, wo inzwischen, besonders gefördert durch den Bergbau, das Studium der Geologie einen sehr lebhaften Aufschwung genommen hatte, die italienischen Verhältnisse mit fremdländischen zu vergleichen und eine Uebereinstimmung der Nomenklatur herbeizuführen. Franzosen und Deutsche besuchten den Südabhang der Alpen und die angrenzende Ebene und übertrugen die im eigenen Lande angenommenen lokalen Bezeichnungen auf alpine Gebilde, während wiederum manche italienische Schichtenbenennung ihnen annehmbar erschien.

Diese Versuche, das in verschiedenen Ländern gleichartig oder ungleichartig entwickelte zu erkennen, gewannen erst eine festere Basis, als man in England, Deutschland und Frankreich begann, Lagerung, petrographische Beschaffenheit und die Versteinerungen gleichmässig als Hülfsmittel bei der Unterscheidung der Formationen zu Rathe zu ziehen.

Epoche machend wurden in dieser Hinsicht W. Smith's Strata identified by organized fossils (1816—1819), Humboldt's Essaie sur le gisement des roches dans les deux hémisphaeres (1823), Brogniart's Tableau des terrains qui composent l'écorce du globe (1829) und L. v. Buch's Jura in Deutschland (1839), klassische Arbeiten, welche aus zusammenhangslos neben einander stehenden geognostischen Lokalbeschreibungen eine vergleichende Wissenschaft schufen.

Ueberall machte sich nun das Bestreben der Verallgemeinerung bemerkbar, und die Italiener blieben nicht zurück. Catullo versuchte in seiner Zoologia fossile (1827) die Begriffe des Zechsteins, des bunten Sandsteins, Muschelkalks, Jura und der Kreide für das Venetianische festzustellen, Buch's Reisen gaben Anhaltspunkte für die Einreihung der rothen Ammonitenkalke in das System des ausseralpinen Jura, Curioni begründete eine Eintheilung der lombardischen Trias, Zigno legte die Grenze zwischen

Jura und Kreide fest, Escher und Hauer endlich wiesen die Analogie der in der Lombardei auftretenden Schichtenbildungen mit denen anderer alpiner Territorien nach.

In den letzten Jahrzehnten begannen auch die so ungemein förderlichen kartographischen Aufnahmen grösserer alpiner Gebiete, unter denen in erster Reihe die Arbeiten des montanistischen Vereins in Innsbruck zu nennen sind, dessen in grossem Maasstabe herausgegebene Karte von ganz Tirol (1851) nach der veralteten Buch'schen Skizze der Umgebungen des Etschthals die ersten Anhaltspunkte bei einer Bereisung der südlichen Gebiete gab. Die Studer-Escher'sche Karte der Schweiz (1853) zog noch die ganze Lombardei in ihren Bereich, während für das Venetianische nur die wenig übersichtliche Fuchs'sche Aufnahme (1844) vorlag.

Die wichtigsten und grossartigsten Aufnahmen aber wurden von der geologischen Reichsanstalt in Wien (seit 1850) begonnen. Die Arbeiten der Mitglieder dieses Instituts lehrten zuerst die Verbreitung identischer und analoger Bildungen durch das ganze Alpengebiet, insbesondere auch den innigen Zusammenhang zwischen nord- und südalpinen Ablagerungen kennen und führten zu der Ueberzeugung, dass nur wenige Sedimentairformationen einen wesentlichen Antheil am Aufbau der zu beiden Seiten der krystallinischen Centralkerne der Alpen sich hinziehenden Gebirgszonen nehmen. Es stellte sich nämlich heraus, dass nicht, wie man früher häufig annahm, mancherlei paläozoische Bildungen in den Alpen eine ungemein mächtige Entwicklung gefunden haben, vielmehr die Entstehung der schlechthin als Alpenkalk und Alpendolomit bezeichneten Massen wesentlich nur in die Trias- und Jurazeit falle.

Während jedoch die jurassischen Ablagerungen in den meisten Fällen einen hinreichenden Versteinerungsreichthum zeigten, um nicht lange über ihre ungefähre Stellung in der Reihe der Formationen in Zweifel zu lassen, erwiesen sich die Kalke und Dolomite der Trias nur zu häufig fossilfrei, so dass das Augenmerk sehr bald auf gewisse weiche merglige Einlagerungen derselben gerichtet wurde, welche durch ihre organischen Einschlüsse sichere Anhaltspunkte für die Altersbestimmung abgeben konnten. Eines der berühmtesten und am längsten bekannten Vorkommen dieser Art sind die Schichten von St. Cassian und der Seisser-Alpe in Südtirol, welche bereits eine bändereiche eigene Litteratur besitzen. Ist es nun bis auf den heutigen Tag noch nicht gelungen, über die Verhältnisse selbst dieser am häufigsten besuchten Localitäten ganz ins Klare zu kommen, und für weitere Forschungen noch mancherlei übrig geblieben, so kann es nicht Wunder nehmen, dass andere, weniger betretene Theile des Gebietes noch in weit höherem Maasse

Stoff zu ferneren Arbeiten bieten.* Es gilt dies besonders von dem südlichen, ganz italienischen Theile Südtirols, von den Umgebungen des Etschthals, Val Sugana und Iudicarien, über die wir kaum mehr als Andeutungen besitzen. Einen Beitrag zur näheren Kenntniss dieser Gegenden zu geben, ist der Zweck dieser Arbeit.

Ich habe nur wenige Worte über meine Untersuchungen, und die Form, in der ich die aus denselben gewonnenen Resultate hier mittheile, vorauszuschicken. Man ist bekanntlich Beobachtungsfehlern nirgends in höherem Grade ausgesetzt, als in den Alpen, wo die so abweichenden Verhältnisse und das überwältigend massenhafte der Erscheinung den nur an ausseralpine Bildungen Gewöhnten leicht verwirren. Irrthümer sind also sehr leicht möglich, dieselben bleiben aber auch, da nur selten ein Forscher den Fussstapfen seines Vorgängers so genau folgt, dass er dessen Beobachtungen kontrolliren könnte, sehr lange bestehen. Die Möglichkeit wenigstens einer solchen Kontrolle sollte nun aber meines Erachtens in allen solchen Arbeiten, denen keine geognostische Karte beigegeben werden kann, dadurch in hinreichendem Umfang geboten werden, dass Lagerungsverhältnisse und Petrefaktenvorkommnisse möglichst getrennt von allen auf denselben basirenden Schlussfolgerungen angegeben werden.

So hob ich denn aus denen von mir besuchten Lokalitäten eine Reihe der instruktivsten und leicht zugänglichsten heraus und beschrieb diese genauer in einem gesonderten ersten Theil meiner Arbeit, um auch einem flüchtig Reisenden die Gelegenheit zu geben, sich schnell ein auf eigener Anschauung beruhendes Urtheil bilden zu können. Leicht wird man von Mori oder Riva am Gardasee den Monte Baldo, von Roveredo aus Volano und Nomi erreichen. Borgo bietet einen geeigneten Ausgangspunkt für eine Untersuchung des östlich von Trient gelegenen Val Sugana, Pieve endlich und Storo liegen unmittelbar an der Iudicarien von Nord nach Süd durchziehenden Hauptstrasse. An allen diesen Punkten fehlt es nicht an deutlichen Aufschlüssen und meist finden sich auch zahlreiche Versteinerungen. Die einigen Profilen beigegebenen Holzschnitte haben nur den Zweck, die Uebersicht der angenommenen Schichtenabtheilungen und deren Aufeinanderfolge zu erleichtern, beruhen aber nicht auf genauen Messungen. Die Aufnahme von Profilen, welche den natürlichen Verhältnissen ganz entsprächen, wäre nur bei Anfertigung einer geognostischen Karte eine lohnende Arbeit gewesen, hierzu aber fehlte mir, ganz abgesehen von der nöthigen Zeit, eine in hinreichend grossem Maassstabe ausgeführte topographische Grundlage. Zur allgemeinen Orientirung reicht die Generalstabskarte von Tirol ganz aus.

In dem zweiten Theil meiner Arbeit suchte ich die Profile, soweit meine eigenen Beobachtungen und die in der Litteratur vorgefundenen Angaben ausreichten, unter einander in Zusammenhang zu bringen und ein Gesammtbild der geognostischen Beschaffenheit des südlichen Theiles von Südtirol zu geben. Während nun über triadische Ablagerungen der Südalpen schon mancherlei, zum Theil sehr ausführliche Arbeiten vorliegen, sind die jurassischen Schichten noch wenig eingehend behandelt worden, so dass für diese eine kurze, den einzelnen von mir angenommenen Abtheilungen vorausgeschickte historische Einleitung genügte, während bei jenen ein tieferes, kritisches Eingehen nöthig erschien. Nach Vollständigkeit habe ich aber hier nicht gestrebt, es wurde nur das für den vorliegenden Zweck Wesentliche hervorgehoben.[1])

In einem dritten Theil endlich stellte ich die von mir gefundenen Fossilreste zusammen und beschrieb eine Anzahl neuer Arten. Schauroth's Verzeichniss der Versteinerungen im Herzoglichen Naturaliencabinet zu Coburg kam mir leider erst bei Beginn des Druckes zu, so dass ich dasselbe nicht mehr in dem Umfang benutzen konnte, als es mir, besonders für die Listen der jurassischen Versteinerungen, wünschenswerth gewesen wäre. Zu einem blosen Abdrucken der angeführten Namen von zum Theil nicht recht kenntlich abgebildeten Bivalven konnte ich mich aber nicht entschliessen, da ich nur sicher Bestimmbares und Kenntliches in diesen ersten Versuch einer vollständigeren Zusammenstellung der südtiroler jurassischen Fauna aufnehmen wollte.

Auf meiner Reise unterstützten mich durch die zuvorkommendste Aufnahme sehr wesentlich die Herren Catullo und Baron von Zigno in Padua, Curioni und Stoppani in Mailand, Ragazzoni in Brescia, Pischl in Roveredo, Pichler in Innsbruck. Ganz besonders aber wurde meine Arbeit gefördert durch die Herren Professor Oppel und Bergrath Gümbel in München, welche mir mit grösster Liberalität aus denen, ihrer Obhut anvertrauten Sammlungen das nöthige Material zur Bestimmung und Vergleichung meiner Erfunde, sowie die einschlägige Litteratur zur Verfügung stellten. Allen diesen Herren sage ich meinen verbindlichsten Dank.

---

[1]) Ausführliche Litteraturangaben über die Südalpen findet man bei:
Stoppani, Studii geologici etc. Mailand 1857.
Hauer, Erläuterungen zu einer geologischen Uebersichtskarte der Lombardei. Jahrb. geol. Reichsanst. IV. 1858. p. 445.
Richthofen, Geogn. Beschr. der Umgegend von Predazzo etc. 1860.
Senoner, Bibliografia delle provincie Venete.
Sehr dankenswerthe Unternehmungen sind auch die gedruckten, im Buchhandel befindlichen Bibliothekskataloge, so besonders
Schrauf, Katalog der Bibliothek des k. k. Hofmineraliencabinets in Wien. Wien 1864.

Beschreibung der Profile.

Das Monte Baldo-Gebirge.

Zwischen dem Lago di Garda und dem Etschthal, gegen Norden durch den tiefen Einschnitt des Lago di Loppio vom Zuge des Orto d'Abram getrennt, erhebt sich das Monte Baldo Gebirge, dessen im Venetianischen gelegener Gipfel eine Höhe von 7000′ erreicht. Die Lage desselben unmittelbar an der belebtesten Verkehrsstrasse von Deutschland nach Italien und die Nähe eines der besuchtesten Seen der Südalpen machten dasselbe zum häufigen Zielpunkt der Ausflüge Einheimischer und Fremder. Wohl wenige Reisende, die Riva oder Roveredo berührten, haben es unterlassen, wenigstens die ersten Gebirgsstufen zu erklimmen, und wie dem Touristen durch umfassende Aussicht und eine mannigfach wechselnde Reihe lieblicher Bilder, so ist dem Forscher durch reiche Ausbeute an Versteinerungen die Mühe des Ersteigens reichlich belohnt worden. Um so auffallender ist es, dass uns ausser flüchtigen Notizen und einigen kleineren Arbeiten keine genaueren Beschreibungen dieser interessanten Gebirgspartie vorliegen, die wegen ihres verhältnissmässig einfachen Aufbaues und der klaren Aufeinanderfolge der Schichten den Schlüssel zum Verständniss einer ganzen Reihe südalpiner Bildungen bietet. Ich beschreibe im Folgenden zwei Profile dieses Gebirges, eins vom nördlichen, eins vom südlichen Abhange.

I. Die Gegend zwischen Mori, Chizzola und dem Altissimo di Nago.

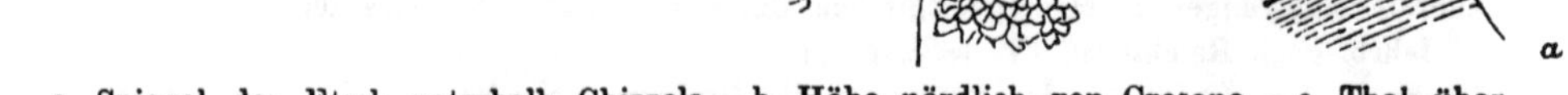

a. Spiegel der Etsch unterhalb Chizzola. b. Höhe nördlich von Crosano. c. Thal über Tierno. d. Castell von Brentonico. e. Alpen am Monte Nago.

1. Graue Kalke des Unterooliths. 2. Schichten der *Rhynchonella bilobata* und der *Posidonomya alpina.* 3. Rother Ammonitenkalk. (Schichten des *Ammonites acanthicus* und der *Terebratula diphya.* 4. Biancone und Scaglia. 5. Nummulitenschichten. 6. Basalt.

Oestlich von den Gehängen des Monte Nago, oberhalb St. Giacomo, das man von Brentonico in einer Stunde erreicht, entspringt die Sorne, ein kleines Gebirgswasser, das sich bei Chizzola in die Etsch ergiesst, und so, indem es mit dem östlichen Abfluss des Lago di Loppio eine gleiche Richtung einhält, einen parallelepipedischen Theil des Monte Baldo-Gebirges abschneidet. Mit diesem zwischen Sorne, Etsch, Abfluss des Lago di Loppio und dem höchsten Kamme gelegenen Terrain-Abschnitt[1]) beschäftigen wir uns zunächst. Eine Ansicht desselben, wie er sich aus den Gärten zwischen Mori und der Etsch darstellt, gibt die Skizze auf T. I. Dieselbe dürfte das Verständniss der Profilbeschreibung und die erste Orientirung beim Besuche der Lokalität nicht unwesentlich erleichtern. Die Schichten fallen vom Beschauer nach rechts, die Köpfe derselben in steilen Abstürzen liegen links, so dass sich ein vollkommenes natürliches Profil von wunderbarer Regelmässigkeit darbietet. Rechts begrenzt die Aussicht der höchste Gebirgskamm mit dem Altissimo di Nago (A), links hinten im Etschthale die kühnen Spitzen der an der venetianischen Grenze gelegenen Monti Lessini (B). Die zwischenliegenden Punkte sind durch Zahlen und Buchstaben bezeichnet und werden beim Vergleich mit einer Karte[2]) ein schnelles Zurechtfinden möglich machen.

Schlägt man von Roveredo die Hauptstrasse nach Marco ein und wendet sich von diesem Orte westlich gegen die Etsch, so trifft man bei Ponte di Tierno (der linken Ecke der Skizze auf T. I.) den nordöstlichsten Ausläufer des Monte Baldo-Gebirges, unmittelbar in die Etsch abfallend. Einige Steinbrüche, schon von Weitem durch ihre lebhaft rothe Färbung von der dahinter stehenden grauen Wand sich deutlich unterscheidend, liegen an der äussersten von der Brücke berührten Spitze. Betrachtet man aus einiger Entfernung diese vorderste Gebirgsmasse, so bemerkt man an dem sehr deutlich zu beobachtenden Einfallen, dass sie, obgleich die dahinter stehende graue Wand unmittelbar berührend, doch mit derselben nicht in ursprünglichem Zusammenhange steht. Man hat es offenbar mit einer gewaltigen, bei der Hebung des ganzen Gebirges entweder liegen gebliebenen, oder später herabgebrochenen Masse zu thun.

---

[1]) Vergleiche die Abhandlungen von Studer in Leonh. Zeitschr. für Mineral. 1829 p. 250, Oppel in Zeitschr. d. deutsch. geolog. Gesellsch. 1863 und Emmrich in Schaubach deutsche Alpen IV. p. 304.

[2]) Die geognostische Karte des Montanistischen Vereins, Innsbruck, Ferdinandeum 1851, ist trotz mancher, zur Zeit ihrer Publikation nicht zu vermeidender Fehler, auch jetzt noch sehr schätzenswerth; für das topographische Detail ist die Generalstabskarte unentbehrlich.

In dem ersten der kleinen Steinbrüche steht ein theils roth, theils gelb gefärbter, auch marmorartig bunt gefleckter, sehr harter, splitteriger, krystallinischer Kalkstein in mehreren Fuss mächtigen Bänken an. Stellenweise geht derselbe in ein ausgezeichnetes Crinoiden-Gestein in der Art über, dass beinahe das ganze Gestein aus den Kalkspath-Individuen der einzelnen Stielglieder besteht und die Gesteinsmasse ganz zurücktritt. Rothe und gelbe Färbung wechseln zwar, doch nimmt im Allgemeinen jene nach oben zu.

Versteinerungen sind nicht selten; doch gelingt es bei der grossen Härte des Gesteins nur schwer, bestimmbare Stücke zu erhalten. Am ausgezeichnetsten ist eine unsymmetrische gefaltete *Rhynchonella*, die ich mit keiner bereits beschriebenen identificiren kann und desshalb als

Rhynchonella bilobata n. sp.[1])

benenne. Nicht selten ist eine zweite gefaltete *Rhynchonella* von ziemlich kugeliger Gestalt. Bei dem indifferenten Charakter derselben unterlasse ich eine specifische Bestimmung. Sie ist jedoch häufig in Südtirol und man begegnet ihr in diesem Gestein beinahe überall.

Ausserdem fand ich eine kleine *Lima* mit feinen Rippen und einen *Pecten.* Beim Verwittern treten überall die Stielglieder von *Pentacrinus* spec. ind. hervor.

In dem zweiten, grösseren, gegen das Gebirge hin gelegenen Steinbruche findet man im Liegenden noch dasselbe Gestein mit denselben Petrefacten. Höher oben aber, in der obersten Schichte unter der Rasendecke, die man am besten von oben her erreicht, nimmt das Gestein allmählig eine dunkelrothe Färbung an, gegen die einzelne weisse, unregelmässig eingelagerte, gangartig in die Umgebung sich verzweigende Nester scharf abstechen. Diese weissen Massen bestehen beinahe ausschliesslich aus Schalen von

Posidonomya alpina Gras.

nur einzeln finden sich *Posidonomyen* auch im rothen Gestein und verschwinden in grösserer Entfernung von diesen Nestern ganz.

Theils zwischen denselben, theils im rothen Gestein, vereinzelt, aber überall finden sich

Terebratula curviconcha Opp.
Terebratula Gefion Opp.
Rhynchonella Brentoniaca Opp.

Nur *Terebratula Gefion* erscheint stellenweise mehr angehäuft und bildet ein wahres Brachiopodenconglomerat.

---

[1]) Siehe den paläontologischen Theil, welcher die Beschreibung dieser und der weiterhin angeführten neuen Arten enthält.

Encriniten erscheinen ebenso häufig wie in der tieferen Abtheilung und bilden einen zweiten Horizont, den ich im Gegensatz zu dem mit *Rhynchonella bilobata* auftretenden, als oberen Encriniten-Horizont bezeichne.

Da die beiden Gesteinsgruppen sehr allmählig in einander übergehen, lässt sich eine Grenze zwischen beiden nicht scharf angeben und eine Schätzung der Mächtigkeit gibt nur sehr annähernd richtige Werthe. Es mögen die Schichten der *Rhynchonella bilobata* hier 100′ haben, während die Posidonomyen-Gesteine kaum 20′ erreichen.

Geht man auf dem Rasen, der die oberste Schicht des Posidonomyen-Gesteines bedeckt, gegen das Gebirge hin, so trifft man auf die bereits erwähnte graue Wand. Gegen Süden verschwinden die rothen Kalke bald und die grauen Schichten in regelmässiger Folge lassen sich bis hinab auf den Spiegel der Etsch verfolgen, sind aber gerade hier wegen Steilheit des Ufers beinahe ganz unzugänglich. Von dem scharf in den Fluss hineintretenden kleinen Vorgebirge, welches den höchsten Punkt der Strasse von Tierno nach Chizzola bildet, bis hinauf zur ersten Gebirgsstufe, lassen sich hunderte, petrographisch sehr verschieden ausgebildete, ein bis mehrere Fuss mächtige, graue Bänke unterscheiden. Jede derselben hat ihr eigenthümliches Ansehen auf dem frischen Gesteinsbruche, die meisten führen auch verschiedene Petrefakten, doch nur einzelne von guter Erhaltung. Immer aber wird man innerhalb Tirols die einzelnen Bänke leicht wieder erkennen.

Da diese grauen Kalke die tiefsten in dem vorliegenden Profil zu beobachtenden Schichten sind, beginne ich mit der Beschreibung derselben und verfolge die überlagernden Complexe in einer auf der Etsch rechtwinklig stehenden Richtung, in deren Verlauf wir auch die bereits beschriebenen Crinoiden-Horizonte in ihrer normalen Stellung wiederfinden werden.

1. Unmittelbar neben der Strasse, an jenem bereits genannten höchsten Punkte, liegt eine etwas weiche, schiefernde Schicht, auf den Schichtflächen ganz bedeckt mit Posidonomya-artigen Abdrücken und seegrasähnlichen Pflanzenresten. Dieselbe trägt den Charakter einer aus Uferschlamm gebildeten Ablagerung. Etwas höher hinauf zeichnen sich mehrere Schichten durch dicke Wülste krystallinischen Kalkspaths aus, die beim Verwittern aus der dichten Kalkmasse heraustreten und dem Gestein ein eigenthümliches und sehr bezeichnendes, runzeliges Aussehen geben. Andere Bänke bestehen ganz aus dichten, splitterigen, theils dunklen, theils hellgrauen Kalken, noch andere, besonders die gegen Oben liegenden, sind ausgezeichnet

oolithisch, doch in verschiedener Weise. Entweder liegen die einzelnen oolithischen Körner gesondert neben einander, ohne besonderes Bindemittel, und dann pflegt das Gestein heller zu sein, oder aber in einer dichten, dunkelgrauen Masse erscheinen nur die Umrisse kugeliger Concretionen mit der Umgebung innig verflösst, als wären ursprünglich runde Kügelchen gebildet worden, die später erst zu einer Masse verbunden wurden, indem die Oberfläche derselben durch das noch flüssige, bindende Medium von Aussen imprägnirt wurde.

Aus den harten Kalken wittern die Petrefakte hier und da heraus und bedecken dicht die Oberfläche der Bänke; allein sie sind dann meist bis zur Unkenntlichkeit von den Atmosphärilien verwachsen.

In den vom Abhange herabgestürzten Blöcken am Wege, der von den einzelnen, St. Caecilia genannten Häusern nach Crosano führt, gelang es jedoch, aus dem Gestein herauszuarbeiten.

Terebratula fimbria Sow.
Terebratula Rotzoana Schaur.
Terebratula fimbriaeformis Schaur.
Terebratula hexagonalis n. sp.

Ausserdem eine Reihe von Zweischalern. Ich führe hier und in den folgenden Profilen immer nur einige der bezeichnendsten Arten an, während die Zusammenstellung aller Erfunde später in einem besondern Abschnitte folgt. Ich werde diesen ganzen Complex in der Folge als untere graue Kalke, auch Schichten mit Terebratula fimbria bezeichnen. Spätere Untersuchungen machen jedoch jedenfalls noch eine Sonderung in mehreren Abtheilungen nöthig, so dass der Name Schichten der Terebratula fimbria dann enger zu begrenzen sein wird.

2. Gehen wir nun zurück nach dem bereits genannten kleinen Vorgebirge und klettern von der Strasse den steilen Abhang hinauf, um unsere Profillinie weiter zu verfolgen. Man trifft über allen den verschiedenen Schichten der grauen Kalke, von denen einige eben näher beschrieben wurden, oben am ersten grösseren Absatz helle, gelbe, krystallinische Gesteine, die sich allmählig aus den grauen entwickeln, denen ähnlich, welche bei Ponte di Tierno im ersten Steinbruche anstehen. Steigt man das gegen Westen unter etwa 15° einfallende Gehänge des nächst vorliegenden kleinen, parallel mit der Etsch verlaufenden, Hochthälchen hinab, so findet man beim Anschlagen der wulstig verwitterten Bänke in der That Encriniten und die verschiedenen Rhynchonellen. Etwas höher hinauf nach Süden, wo in dieser Gegend das einzige bewohnte Haus steht, von dem ein betretener Pfad nach Tierno führt, finden sich dann auch

3. die Schichten mit

Terebratula curviconcha

und die obere Encriniten-Bank. Auch sammelte ich hier schöne Exemplare einer *Terebratula cf. perovalis*, von der ich jedoch nicht sicher bin, ob sie den Schichten mit *Terebratula curviconcha* oder denen mit *Rhynchonella bilobata* angehört. Noch mehr gegen das Thal der Sorne hin, an einem der aus den Maisfeldern des südlichen Theiles des beschriebenen Thales nach Crosano führenden Wege, sind diese Schichten von eigenthümlich dunkler, graubrauner Farbe, doch ebenso krystallinisch und reich an Encriniten-Stielgliedern. Nicht selten finden sich hier einzelne zerstreute Fischzähne (aus der Familie der Pycnodonten). Man kann den ganzen in Rede stehenden Complex, dessen Mächtigkeit 50′ betragen mag, im Streichen verfolgen von dem Sorne-Thal an, bis hinüber an den Abhang gegen die Erweiterung des Etschthales zwischen Mori und Roveredo, immer den Grund des Thälchens und stellenweise auch dessen westliches Gehänge bildend. An dem nördlichsten Ende (N. 4 der Ansicht auf Taf. 1) mögen die Schichten, welche wir bei Ponte Tierno kennen lernten, sich einst angeschlossen haben.

4. Auf diese Schichten folgen, in einzelnen Kuppen aus den Maisfeldern und Weingärten herausragend am Fusse des nächsten Rückens sehr schöne rothe Kalke, von hellerer und dunkler rother Färbung. Theils homogen, theils von weissen Kalkspathschnüren durchsetzt und gefleckt, bilden dieselben die verschiedenartigsten Marmorarten. Eine häufige und sehr eigenthümliche Gesteins-Varietät, die besonders in höheren Lagen sich einstellt, verdient eine besondere Auszeichnung, da sie eine sehr vollkommen plattige Absonderung mit sich bringt und als gesuchtes Baumaterial im Lande weit verbreitet ist. Das Gestein besteht nämlich aus lauter rundlichen Knollen, bis zu mehreren Zollen Grösse, die meist von etwas anders nüancirter Färbung als die verkittende Masse, dem Gestein ein buntes Aussehen verleihen. Die einzelnen Knollen sind zwar von einer besonderen grünlichen Masse umgeben, dennoch aber mit dem Muttergestein so fest verwachsen, dass sie beim Zerschlagen eher springen, als sich herauslösen. Das Gestein in dieser Ausbildung pflegt in deutliche Bänke von 1 bis mehr Zoll Dicke gesondert zu sein, deren Oberfläche durch die hervorragende Knollen ein höckeriges Aussehen erhält. Eine dünne, glänzende Haut einer thonigen, eisenreichen Masse trennt dieselben und ist Ursache der leichten Spaltbarkeit. Diese Platten gestatten die verschiedenartigste Anwendung; die ganz dünnen eignen sich sogar zum Dachdecken, so dass man in Gegenden, wo anderes Baumaterial fehlt, wie besonders oben auf dem Gebirge, ganze

Hütten, Wände und Dächer aus solchen Platten construirt. Eine sehr häufige Erscheinung ist das Vorkommen von Kieselausscheidungen als Feuerstein. Theils in zusammenhängenden Lagen ganze Schichten bildend, theils in der Schichtung parallel angeordneten Knollen, nimmt derselbe nicht unwesentlich Antheil an der Bildung des ganzen Gesteins. Es ist jedoch zu bemerken, dass dieser Feuerstein ausschliesslich in der oberen Abtheilung dieser Ammoniten-Kalke, welche sogleich schärfer begrenzt werden soll, vorzukommen scheint, der unteren aber fehlt.

Besonders interessant ist der grosse Reichthum an Cephalopodenresten, den diese rothen Kalke beherbergen und der denselben auch den Namen calcare rosso ammonitico verschaffte. Der für den Architekten so günstige Umstand des festen Zusammenhanges der Knollen, ist leider für den Paläontologen ein sehr unglücklicher. Die verkalkten Ammoniten verhalten sich nämlich ebenso wie die Knollen und sind auf eine solche Weise fest mit dem Gestein verwachsen, dass ein Herauslösen beinahe unmöglich ist. Gelingt es dennoch, ein vollständiges Exemplar zu gewinnen, so pflegt die Oberfläche so runzelig zu sein, dass feinere Unterschiede der Oberflächengestaltung gänzlich verwischt sind und nur ein unförmliches Steinkorn vorliegt. In den tieferen Lagen jedoch, wo diese knollige Beschaffenheit des Gesteins überhaupt nur sehr selten zu bemerken ist, gelingt es mit einiger Arbeit aus der homogenen Gesteinsmasse bessere Exemplare herauszulösen. Der Umstand, dass man diesen Gesteinen aber weniger in Steinbrüchen begegnet, als den höherliegenden plattig abgesonderten, der Umstand ferner, dass jene häufig die Oberfläche einnehmen, diese aber meist nur mit den Köpfen aus senkrechten Abstürzen herausragen, mag wohl Ursache gewesen sein, dass die hier vorkommenden Ammoniten bisher in der Litteratur weniger Berücksichtigung fanden.

Aus den im Thälchen anstehenden Kuppen stammen mehrere Inflate Ammoniten, deren einer mit

Ammonites acanthicus Opp.

übereinstimmt. Anderes findet sich hier nur in schlechten Exemplaren, wir werden bald bessere Fundstätten kennen lernen.

5. Die Gehänge des letzten kleinen Thälchens vor Crosano, die von der oberen Abtheilung der rothen Kalke gebildet werden, sind reich an Ammoniten und Brachiopoden, zum Theil von guter Erhaltung, die man am besten aus dem aufgelockerten Gestein in den Feldern nordöstlich von Crosano, wo die Athmosphärilien dem Sammler vorgearbeitet haben, herausschlägt. Ich fand neben einer Reihe schwer bestimmbarer Heterophyllen und Lineaten:

Ammonites ptychoicus Qu.
Ammonites geminus n. sp.
Ammonites Volanensis Opp.
Terebratula diphya Col. sp.
Terebratula triquetra Park.

Ich bezeichne fortan die untere Abtheilung dieser rothen Kalke (4) als Schichten *Ammonites acanthicus*, die oberen (5) als Schichten mit *Terebratula diphya*. Erstere mögen hier 30′, letztere 50′ Mächtigkeit haben.

Die Schichten mit *Terebratula diphya* werden nach oben allmählig heller, das Gestein beginnt unvollkommen muschelig zu brechen und als Eigenthümlichkeit zeigt sich mitten zwischen zwei Schichtungsflächen parellel mit denselben im Querbruch eine zackige, grünliche Naht; die obere und untere Hälfte einer Platte sind nämlich durch eine, mit hervorragenden Zacken versehene Ebene, welche von einem grünlichen Häutchen bedeckt ist, in einander gegliedert. Die Erscheinung ist eine sehr auffallende und eine Erklärung derselben lässt sich vor der Hand wohl nicht geben. Die Knollen verschwinden gänzlich, und es brechen nie mehr grosse Platten, das Gestein ist immer mehr oder weniger kurzklüftig. *Ammonites ptychoicus*, sowie besonders *Terebratula diphya* halten aber an bis zur nächsten Schichtenreihe.

6. Ganz allmählig entwickelt sich diese aus den eben beschriebenen Gesteinen, so dass petrographisch die Grenze sich sehr schwer feststellen lässt. Paläontologisch ist dieselbe wohl hinreichend scharf, doch sind Fossilien leider sehr selten. Die Schichten werden immer dünner, doch nie schieferig, das Gestein zeigt sehr ausgezeichneten, flachmuscheligen Bruch und auf demselben einen matten Glanz, nie jenen krystallinischen Schimmer, den die Kalke mit *Terebratula diphya* stets haben. In der Natur ist das Erkennen dieser Gesteine noch durch den Umstand erleichtert, dass dieselben ungemein kurzklüftig und zum Zerfallen in parallelepipedische Brocken geneigt sind, daher stets kleinere mit Gestein-Schutt bedeckte Abhänge bilden, nie aber mit klotzig verwitterten, mehlsackartigen Massen stehen bleiben, wie das wenigstens die Hauptmasse der Diphyakalke gerne thut. Feuerstein, meist von grauer Färbung, seltener von rother, wie vorher, findet sich häufig. Mitunter ist das ganze Gestein kieselig und nur stellenweise finden sich grössere, reine Ausscheidungen, die dann ganz allmählig in das umgebende Gestein verfliessen. Im Allgemeinen scheint es, als ob in allen diesen Gesteinen die Kieselmasse ein Dünnerwerden der Schichten bedingte. Als bezeichnend kann noch der helle Klang beim Zerschlagen angeführt werden. Je reiner kalkig die Masse, desto heller der Klang und

muscheliger der Bruch. Reicht hier ein kurzer, schütternder Schlag hin, grosse Stücke zu zersprengen, so ist bei dem Diphyakalk stets eine grössere Kraftanstrengung nöthig.

Man trifft unsere Schichten aufgeschlossen über dem bei Tierno in dem rothen Kalke gelegenen Steinbruche und kann sie von hier dem allgemeinen Streichen nach bis gegen Crosano verfolgen.

Bei den italienischen Geologen führen die beschriebenen Gesteine den Namen Biancone.

7. Es folgen rothe, seltener weisse Schichten, welche den tieferen mit *Ammonites ptychoicus* oft recht ähnlich werden, im Allgemeinen aber wohl von denselben zu unterscheiden sind. Sie wurden von den Italienern Scaglia genannt, wegen ihrer meist grossen Spaltbarkeit und dünnschieferigen Beschaffenheit. Seltener sind die Ablösungsflächen glatt, so dass das weisse und graue Gestein auch gewissen Varietäten des Biancone gleicht; meist schiefert es rauh und uneben, wie deutscher Pläner, und zeigt eine matte, tief rothe Färbung.

Der eigenthümlichen Verzahnung begegnet man auch hier. Ausser einzelnen Fucoideenartigen Abdrücken fand ich nichts von Versteinerungen. Auch diese Schichten lassen sich, wie die vorigen, von Tierno bis nach Crosano hin verfolgen.

Im ganzen Grossen, wenn man von den letztgenannten Complexen einmal einen aufgefunden hat, etwa die Diphyakalke, in denen man selten lange vergebens nach einem bezeichnenden Fossil suchen wird, verursacht es keine Schwierigkeit, den Biancone und die Scaglia zu trennen. Auf die vorwaltend rothen Diphyakalke folgt weisser Biancone, auf diesen rothe Scaglia. Wie bunte Bänder sieht man diese Gesteine meilenweit an den Abhängen sich hinziehen. Schwer ist die Unterscheidung nur an der Grenze der Abtheilungen, wo die Färbung unsicher wird, und in einzelnen Handstücken. Schimmernder Bruch bezeichnet dann den Diphyakalk, mattes Aussehen Biancone und Scaglia. Letzterer wieder zerfällt in dünne, schalenartige, erstere in parallelepipedische Stücken.

8. Den Schluss der sedimentairen Bildungen machen hier, wie im ganzen südlichen Tirol, mächtige, graublaue Gesteine, die beim Verwittern hell werden. Sie sind reich an allerhand Versteinerungen, die freilich nicht immer in schöner Erhaltung sich finden. Vor allem bezeichnend ist aber das sehr häufige und diesen Schichten eigenthümliche Vorkommen von Nummuliten, die beim Zerschlagen sich deutlich im Querbruch an ihrer concentrisch schaaligen Anordnung erkennen lassen und vielfach aus der Oberfläche herauswittern. Beim gänzlichen Zerfallen des Gesteins finden sie

sich lose im Ackerland und die Landleute nennen sie wegen ihrer Aehnlichkeit mit kleinen Münzen dann wohl soldi. (Prato dei soldi bei Brentonico.)

Diese Schichten bilden den Rücken und östlichen Abfall des von Tierno heraufziehenden Thales und nehmen oben am Anfang desselben auch das Plateau ein, auf dem Crosano steht. Man sieht dicht an dem Kirchhofe dieses Dorfes einen Steinbruch in demselben eröffnet.

Schlägt man den Weg von Crosano direkt nach Brentonico ein, so bleibt man auf diesen Schichten bis gegen den kleinen Abhang hin, der unmittelbar an den ersten Häusern ansteigt. Einzelne kleine Kuppen ragen an mehreren Punkten aus den Maulbeerpflanzungen heraus. Beim Hinabschreiten auf den Nummuliten-Schichten nach dem Tiefsten des Thälchens oberhalb Tierno trifft man plötzlich auf Basalt[1]), der das ganze Thal einnimmt und mit Ausnahme der gegen Tierno gelegenen Seite, wo er sich unter die Alluvionen des Etschthales senkt, von Nummuliten-Schichten überlagert wird. Da derselbe zur Verwitterung sehr neigt, hat er einen fruchtbaren Ackerboden geliefert und das mit prachtvollen Kastanienbäumen und üppigen Weingärten bedeckte Thal bietet einen angenehmen Contrast mit den öden, kahlen Flächen der Kalkbänke, die auf der östlichen Seite emporstarren und das Sonnenlicht mit unerträglichem Glanze zurückwerfen. Die Dörfer Besagno und Tierno stehen theilweise auf diesem Basalt und beim Anlegen der Strasse zwischen diesen beiden Orten fand man in demselben schöne Drusen von Zeolith. Auch Grünerde findet sich in einzelnen, kleinen rundlichen Parthieen; in hinreichender Menge jedoch, um die technische Gewinnung zu lohnen, trifft man dieselbe erst höher gegen das Gehänge der bereits auf venetianischem Gebiete liegenden Monte Baldo-Spitzen.

Am westlichen Abhange des Thals, am Fussweg, der aus demselben nach Besagno hinaufführt, kann man die Auflagerung der Nummuliten-Schichten auf dem Basalt sehr schön beobachten. An der Grenze beider Gesteine findet sich eine mehrere Fuss mächtige Bank von bräunlichem, zerreiblichem Gruss, wohl ein beim Emporsteigen des Basalts gebildetes Reibungsprodukt, zum Theil aber auch gebildet durch das an der Grenze beider Gesteine herausrieselnde Wasser. Der grosse Vogelheerd bei Besagno steht bereits auf Nummuliten-Gestein und dasselbe lässt sich von hier am oberen Rand des Thales entlang bis auf die andere Seite verfolgen, wo wir es bereits früher fanden.

[1]) Ich bediene mich des Ausdrucks Basalt, ohne mich für die wirklich basaltische Natur dieses und anderer dunkel gefärbter, jüngerer Eruptivgesteine Südtirols zu verbürgen. Es fehlen über dieselben noch genaue chemische Untersuchungen.

Der Basalt greift also in seiner jetzigen Erscheinungsweise zungenförmig in das Nummuliten-Gestein ein, von dem er wahrscheinlich früher ganz bedeckt wurde. Spätere Auswaschungen waren erst die Veranlassung der Entstehung des jetzt tief eingeschnittenen Thales.

Betreten wir dem bereits genannten Fusswege folgend die von Besagno nach Brentonico führende Strasse, so gelangen wir unmittelbar an den ersten Häusern des erstgenannten Ortes an den Fuss eines steilen Absturzes, von dem sich gewaltige Blöcke losgelöst haben und eine Schutthalle am Fusse desselben bilden. Beim Zerschlagen derselben fällt, sogleich

Terebratula Rotzoana Schaur.

Terebratula fimbriaeformis Schaur.

in die Augen. In einiger Höhe über dem Orte hat man zur Gewinnung von Bausteinen einen kleinen Steinbruch[1]) angelegt. In demselben wechseln harte, graue Kalkbänke mit weichen, gelb und röthlich gefärbten, wenig mächtigen Schichten, die in Menge schwer bestimmbare Steinkerne von Muscheln aus der Familie der Myarier etc. enthalten. Ueber diesen folgen helle, sehr ausgezeichnete Oolithe von sehr ungleichem, nicht selten bis erbsengrossem Korne, in welchem zerriebene Gasteropoden-Kerne eingebacken sind Blöcke dieses ausgezeichneten Gesteines liegen auch weiter oben im Gebüsche des Plateaus umher. Diese Kalke und Oolithe setzen noch gegen Süden zu fort, bis etwa dahin, wo die Strasse von Besagno nach Brentonico im Zickzack emporsteigt. Hier wird jedoch die Schichtung undeutlich und jene grauen Kalke mit Encriniten und undeutlichen Brachiopoden beginnen, deren schon Oppel[2]) in seiner Beschreibung gedenkt. Sie stimmen bis auf die Farbe, die hier grau, dort aber gelb und roth ist, ganz mit unseren Schichten mit *Rhynchonella bilobata* von Ponte di Tierno überein, und es ist um so weniger zu bezweifeln, dass sie mit denselben identisch sind, als sie ganz dieselbe bathrologische Stellung einnehmen und *Rhynchonella bilobata* sich anderwärts so gut in rothen wie in grauen Kalken findet.

Es folgt Oppel's Posidonomyen Gestein. Ausser den schon von Oppel angeführten Versteinerungen fand ich hier selbst noch

Rynchonella defluxa Opp.

Dieser Punkt ist auch ausgezeichnet für das häufige Vorkommen freilich meist schlecht erhaltener Ammoniten, die sich in den obersten Lagen, unmittelbar am Wege links, wo er das Plateau erreicht, finden.

---

[1]) Hier sammelte auch Winkler. Br. Leonh. Jahrb. 1865. p. 43. Mein Material lässt eine Bestimmung der Bivalven nicht zu.

[2]) Oppel. Zeitschr. deutsche geologische Gesellsch. 1863.

Ueber den Posidonomyen Gesteinen liegen in regelmässiger Schichtung, hier ziemlich horizontal, etwas nördlicher aber gegen Westen einfallend, die Ammoniten-Kalke. Ich sammelte in denselben unmittelbar an der Strasse

Sphenodus cf. *longidens* Agoss.
Belemnites cf. *semisulcatus* Münst.
Ammonites acanthicus Opp.
Ammonites Uhlandi Opp.
Ammonites compsus Opp.
Ammonites Rüpellensis d'Orb.
Ammonites polyolcus n. sp.
Ammonites cf. *Kudernatschi* Hau.

Die Mächtigkeit dieser Schichten beträgt hier etwa 15′. Sie werden überlagert von den Schichten mit *Ammonites ptychoicus*, wie man etwas weiter hinab gegen Castione, wo die Schichten des *Ammonites acanthicus* den Abhang rechts vom Wege in seinem oberen Theile bilden, während die Schichten mit *Ammonites ptychoicus* am Wege und links von denselben anstehen, beobachten kann.

Die Basis des Hügels, auf dem Castell Brentonico steht, bildet ausgezeichneter Biancone, in welchem ich im Feuerstein einen unbestimmbaren Ammoniten-Abdruck fand. Die Scaglia, unmittelbar unter der Ruine, ist theils roth, theils weisslich gefärbt und führt

Stenonia tuberculata Des.

Gleich hinter dem Castell steht eine kleine Scholle Nummuliten-Gestein an. Dieselbe ruht auf Basalt, welcher den kleinen Hügel mit dem Vogelheerde bildet und sich von hier in einem dem vorhin beschriebenen ähnlichen, aber kleineren Thale nach Castione hinabzieht. Einzelne Kuppen Nummuliten-Gestein's, grauer Kalke und Diphya-Kalke sind auf dem ganzen Plateau zerstreut, welches sich bis an den letzten steilen Absturz des Monte-Nago erstreckt. Man trifft dieselben in unregelmässiger Lagerung wiederholt zu beiden Seiten des Weges, der von Brentonico in zwei Stunden direkt nach den Alphütten des Monte Nago hinaufführt. Ueberall liegen dieselben auf Basalt, welcher hier einen grossen Flächenraum einnimmt. Bei St. Giacomo, wo der Basalt verschwindet, treten die Schichten wieder in Zusammenhang auf, und besonders die Scaglia hat südlich vom Sorne-Ursprung eine grosse Verbreitung.

Steigen wir nun endlich den letzten Abhang des Gebirges hinauf, so treffen wir wiederum unsere grauen Kalke mit den Brachiopoden und Bivalven. Sie sind hier wohl kaum unter 1500′ mächtig und bilden die Hauptmasse des Gebirges, denen die jüngeren Schichten, einer Decke vergleichbar, aufgelagert sind. Die Schichten mit *Rhynchonella bilobata, Terebratula curviconcha* und *Ammonites acanthicus* fand ich hier nicht mit Bestimmtheit. Da jedoch Blöcke dieser verschiedenen Gesteine in den Umgebungen von St. Giacomo umherliegen, die nur von den höheren Gebirgen herabgekommen sein können, so ist an ihrem Vorhandensein auch vorn am Monte Nago kaum zu zweifeln. Steilheit des Gehänges und, wo dies nicht der Fall ist, mächtige Geröllmassen machen die Beobachtung schwierig. Auffallend ist eine Lage dünner, rother, beinahe schiefriger Kalke, welche an der Basis der Diphyakalke liegen, und ziemlich grosse Belemniten führen. Sie dürften zu der Abtheilung des *Ammonites acanthicus* gehören. Ungemein reich sind hier die Diphyakalke an Ammoniten. Ich sammelte in einem zum Bau der Alphütten angelegten Steinbruch neben einer Menge Planulaten, Heterophyllen und Lineaten

Ammonites ptychoicus Qu.
Ammonites geminus n. sp.
Ammonites biruncinatus Qu.
Ammonites volanensis Opp.
Ammonites Zignodianus d'Orb.
Terebratula diphya Col. sp.
Terebratula triquetra Park.

Weiter hin gegen die Alphütten folgt Biancone, aus welchem ich

Ammonites Asterianus d'Orb.

erhielt, und über derselben, wie früher, Scaglia. Beide Gesteine bilden mit den Diphya-Kalken vorwaltend die Unterlage der herrlichen Alpenweiden, welche den Abhang des Gebirges gegen den Lago di Loppio bedecken und treten hier und da in einzelnen Lagen aus demselben heraus. Sie erreichen ihr Ende am westlichen Absturz des Gebirges gegen den Garda-See. Hier beobachtet man, soweit Geröll und Gebüsch es gestatten, wiederum graue Kalke, die ziemlich bis hinab gegen Torbole anhalten. Erst unmittelbar in den Umgebungen dieses Ortes trifft man steil gegen Westen einschliessende Nummuliten-Gesteine und rothe Ammoniten-Kalke.

Wir haben also, vom Ufer der Etsch an aufsteigend, bis nach der Höhe des Monte Nago von Osten nach Westen eine dreimalige Wiederholung derselben Schichtenreihe gefunden. Zwei Verwerfungsspalten müssen von Nord nach Süd die Gebirgsmasse durchsetzen, wie dies in dem Profil angedeutet wurde. Es entstanden drei parallele Streifen, welche in der Weise neben einander gestellt sind, dass man, den steilen, nach Osten gekehrten Abhang auf den Schichtenköpfen hinaufsteigend, die höchste Kante erreicht und dann auf der sanft einschiessenden oder horizontalen obersten

Schicht bis zum nächsten steilen Absturz hinschreitet. Auf der Strecke von Brentonico bis an den Fuss des Monte Nago hat der Basalt eine gewisse Unregelmässigkeit hervorgebracht, indem er sich in bedeutender Breite zwischen die sedimentairen Schichten zwischenlagerte. Im Allgemeinen bleibt aber der so regelmässige Aufbau des ganzen Gebirges immerhin erkennbar.

Stellen wir die beobachteten Schichten nochmals zusammen, so haben wir von oben nach unten

1) Nummuliten-Kalke	ungef.	Mächtigkeit	150′
2) Scaglia	„	„	100′
3) Biancone	„	„	80′
4) Diphya-Kalke	„	„	80′
5) Schichten des *Ammonites acanthicus*	„	„	20′
6) Kalke mit *Terebratula curviconcha* .	„	„	50′
7) Schichten mit *Rhynchonella bilobata*	„	„	100′
8) graue Kalke mit *Terebratula fimbria*	„	„	1500′

Diese Angaben sind jedoch sehr approximativ und können auch nicht als allgemeine Mächtigkeit für ganz Südtirol gelten.

II. Die Gegend zwischen Garda und Torri am Garda-See.

Nachdem wir einen Einblick in die Verhältnisse am Nord-Ende des Monte Baldo gewonnen haben, wenden wir uns an sein südliches Gehänge und durchwandern, Val Lagorina bei der Eisenbahnstation Ceraino verlassend, das Plateau, welches dieses Thal vom Garda-See trennt.

Da, wo Ceraino gegenüber, hinter den letzten Häusern an der Fähre, die Strasse nach Caprino den Berg hinaufführt, fällt zunächst rechts eine steile Wand in die Augen, die aus mächtigen Bänken blaugrauen Kalkes gebildet wird, welche auf den Verwitterungsflächen die Durchschnitte einer Menge Versteinerungen zeigen, die jedoch unbestimmbar sind. Bemerkenswerth ist vielleicht nur eine Rhynchonella. Lagerung und oolithische Gesteinsbeschaffenheit sprechen dafür, dass wir es hier mit einem Theil unserer grauen Kalke zu thun haben. Die Strasse führt weiter hin durch cultivirtes Land und es ist kein anstehendes Gestein zu bemerken. Verlässt man aber die Hauptstrasse und wendet sich, nachdem man die Höhe erstiegen hat, rechts nach dem Rücken hin, welcher den nördlichsten Theil der Hochebene gegen das Etschthal begrenzt, so fallen schon von Weitem eine Reihe in rothem Gestein liegende Steinbrüche in die Augen. Man sammelt in denselben zahlreiche Fossilien aus dem Diphya-Kalke, so

Ammonites ptychoicus Qu.
Ammonites Volanensis Opp.
Ammonites biruncinatus Qu.
Terebratula diphya Col. sp.
Terebratula triquetra Park.
Collyrites cf. trigonalis Des.[1])

während tiefer inflate Ammoniten und ein ausgezeichnetes Exemplar von *Ammonites Rüpellensis* auf die Schichten des *Ammonites acanthicus* deuten.

Ueber den Diphya-Kalken, gerade Pazzone gegenüber, wie diese gegen Westen einfallend, folgen ausgezeichnete Biancone-Schichten.

Das angeschwemmte Land, das sich von hier bis beinahe hinüber an den Garda-See erstreckt, verbirgt auf eine Strecke von mehreren Stunden alles anstehende Gestein. Dörfer mit üppig bestandenen Gärten und Feldern abwechselnd, bedecken die ganze, dem Gesichtskreis eröffnete Gegend, die in wunderbar schöner Weise von dem amphitheatralisch dahinter aufsteigenden Monte Baldo-Gebirge begrenzt wird. Diese Lage, so schön sie für das Auge ist, bringt jedoch die grosse Gefahr furchtbarer Geröllüberschwemmungen mit sich. Jedes Frühjahr wälzen die vom Gebirge herabkommenden Ströme unendliche Massen losgerissener Steinblöcke mit sich, vor deren zermalmender und verschüttender Gewalt nur mühsam das Culturland durch gewaltige Dämme geschützt wird. Einen solchen wenigstens 100' breiten Geröll-Strom, der den ganzen Sommer und Herbst über trocken liegt, überschreitet man kurz vor dem Orte Garda.

Unmittelbar hinter Garda, an der am Seeufer nach Torri führenden Strasse, treten die Schichten wieder zu Tage und sind durch eine Reihe, zur Gewinnung von Baumaterial für die Festungswerke von Peschiera angelegter Steinbrüche, vortrefflich aufgeschlossen.

1. In dem ersten grösseren derselben, kurz ehe man St. Vigilio erreicht, bei den auf der Stabskarte mit Scavejaghe bezeichneten Häusern, stehen ausgezeichnete Oolithe von grauer, hie und da auch röthlicher Färbung an, die einzelne Feuersteinknauer einschliessen. Beinahe massig steigen die Felsen mit nur schwach angedeuteter Schichtung empor. In den nächstgelegenen Steinbrüchen trifft man noch dasselbe Gestein, es beginnen sich jedoch zahlreiche Versteinerungen einzustellen, besonders grosse Belemniten. Hier, wie an so manchen andern Punkten der Südalpen, könnten

[1]) Nach einer von Professor Désor an Exemplaren der akademischen Sammlung zu München vorgenommenen Bestimmung.

durch Localsammler bei gehöriger Musse schöne Sachen zu Tage gefördert werden; allein solche fehlen gänzlich und der flüchtig Reisende muss sich mit dem Wenigen, Selbstgefundenen begnügen. Eine grosse Ausbeute an sehr wohl erhaltenen Ammoniten gewähren die nächstfolgenden Steinbrüche, besonders der hinter dem einzelnen in einer Baumgruppe versteckt liegenden Hause. Das Gestein ist derselbe Oolith wie bei Vigilio, aber deutlich geschichtet, mit gegen den See gerichteten Einfällen. Die Versteinerungen sind nicht gleichmässig vertheilt, sondern an einzelnen Punkten angehäuft, so dass man oft an einer Stelle eine grosse Menge trifft, während nur wenige Schritte davon entfernt nicht eine einzige zu finden ist. Besonders hervorzuheben sind:

Ammonites Murchisonae Sow.
Ammonites scissus n. sp.
Ammonites ophioneus n. sp.
Ammonites fallax n. sp.
Ammonites gonionotus n. sp.

Ausserdem gefaltete Rhynchonellen, Belemniten, Gastropoden-Kerne und ein Hinnites.

2. Die Oolithe halten noch einige Zeit am Ufer an, bis etwa halbwegs von St. Vigilio nach Torri im Hangenden ein Wechsel eintritt. Gerade da, wo rechts aus dem Felsen unmittelbar an der Strasse eine starke Quelle herausspringt, besteht der ganze Abhang aus der Lumachelle mit *Posidonomya alpina*. Einzelne Brachiopoden- und Ammoniten-Fragmente finden sich zwischen eingebacken.

3. Wenige Schritte weiter trifft man in einem kleinen Steinbruch in grosser Menge *Ammonites acanthicus* nnd *Ammonites Uhlandi* und etwas höher am Berge hinter dem kleinen Olivenhaine, dicht vor Torri:

4. *Terebratula diphya* und *Ammonites ptychoicus*, also ganz dieselbe Aufeinanderfolge der Schichten und Versteinerungen, wie schon wiederholt früher, und mit demselben Einfallen gegen Westen gegen den See hin. Vergleichen wir die hier beobachteten Verhältnisse mit denen bei Pazzone, so finden wir in der grossen Analogie derselben wiederum einen Beweis der nordsüdlich streichenden Verwerfungsspalten, welche das Monte-Baldo-Gebirge durchsetzen. Auffallend und interessant jedoch ist das Auftreten einer Cephalopoden Fauna in Schichten, die mit den grauen Kalken eine gleiche bathrologische Stellung zu haben scheinen.

Umgegend von Roveredo.

III. Der nördliche Abhang des Monte Zara zwischen dem Etschthal und Val Arsa.

a. Strasse unter Mad. del Monte. b. Arsathal unter Albaredo.
1. Dolomit. 2. Graue Kalke des Unterooliths. 3. Schichten der *Rhynchonella bilobata* und Posidonomyengestein. 4. Schichten des *Ammonites acanthicus* und Diphyakalke.

Ueberschreitet man in Roveredo die über die Lena führende Brücke und folgt der südlichen Hauptstrasse noch etwa 100 Schritt, so gelangt man an einen freistehenden Brunnen, bei welchem linker Hand unter einem Thorbogen hindurch der vicolo della Madonna sich gegen den Abhang des Berges hinaufzieht. Dieses Gässchen führt zwischen Mauern hindurch nach der 10 Min. entfernten Kirche Madonna del Monte, von deren Terrasse aus man eine weite Umsicht über Roveredo, das Etschthal, die gegenüberliegenden Gebirgszüge des Orto d'Abram und des Monte Baldo, sowie weit hinauf bis gegen Volano und hinab nach Marco geniesst, und die dem Neuankommenden einen ebenso passenden Punkt zur Orientirung über die Lage von Orten und Bergen bietet, wie der sich hinter demselben hinaufziehende Berg geeignet ist, einen Ueberblick über einige der wesentlichsten und charakteristischsten Schichten der Südtiroler Gebirge zu geben.

1. Unmittelbar hinter dem auf die Kirche folgenden Hause trifft man auf rothe Kalke, die in mehreren, einige Fuss mächtigen Bänken gegen das Etchsthal einfallen. Ich sammelte in denselben:

Ammonites rectelobatus Hauer.
Ammonites tripartitus Rasp.
Ammonites subobtusus Kud.
Ammonites subradiatus Sow.
Ammonites Brogniarti Sow.
Posidonomya alpina Gras.
Terebratula curviconcha Opp.
Terebratula Gerda Opp.
Terebratula Gefion Opp.
Terebratula sulcifrons n. sp.
Terebratula Roveredana n. sp.

Rhynchonella Brentoniaca Opp.
Eugeniacrinus sp. ind.
Pentacrinus spec. ind.

Das Gestein enthält stellenweise sehr viel Brauneisenstein, der in Gestalt runder Körner, dem Bohnerz ähnlich, in demselben angehäuft ist. Ganze Nester desselben, mit Pycnodonten-Zähnen untermengt, verdrängen zuweilen das Gestein gänzlich.

2. Etwas höher am Berge, wo einige kleine Steinbrüche eröffnet sind, treten in hellerem Gestein Belemniten und Ammoniten auf. Es konnte bestimmt werden:

Ammonites acanthicus Opp.
Ammonites compsus Opp.
Ammonites Uhlandi Opp.

Den oberen Ammoniten-Horizont mit *Ammonites ptychoicus* fand ich nicht mit Sicherheit auf, doch scheinen weisse Kalke mit Belemniten sehr reich an Feuerstein, welche in einer kleinen Scholle hinter der Kirche liegen, demselben anzugehören. Von Ammoniten-Kalken wird der Kamm gebildet, der gegen das Etschthal hin das erste einer ganzen Reihe kleiner Aufbruchsthäler begrenzt, die in paralleler Anordnung von Nord nach Süd in das Gebirge einschneiden. Beim Hinabsteigen nach dem Thälchen trifft man dann unter den Ammoniten-Kalken die Schichten mit *Terebratula curviconcha*, die Fortsetzung der bei der Kirche beobachteten. Dieselben bilden am ganzen Gehänge hin einerseits bis Lizzanella, andererseits bis Roveredo die Unterlage der Ammonitenkalke.

3. Unter den Schichten der *Terebratula curviconcha* folgen, wie wir das bei Tierno sahen, bunte, zum Theil auffallend gelbe Kalke mit *Rhynchonella bilobata* und dem unteren Encriniten-Horizont. Sie sind besonders schön zu beobachten oberhalb Lizzanella gegen Roveredo hin, wo sie zeitweise gebrochen und zu mancherlei architectonischen Zwecken verarbeitet werden. Sie enthalten in grosser Menge, aber leider in unbestimmbaren Bruchstücken, Seeigel-Reste.

4. Aufwärts in dem kleinen Thälchen, wo sich ein alter Schiessstand befindet, erkennt man sogleich die grauen Kalke wieder, die hier in derselben petographischen Mannigfaltigkeit anstehen, wie am Monte Baldo. Sie bilden die Hauptmasse des Monte Zara und lassen sich bis hinüber an den oberen Theil des Gehänges von Val Arsa bei Albaredo verfolgen. Einzelne, zwischen eingelagerte, weichere Schichten widerstanden dem Einfluss der Athmosphärilien weniger gut und ihre Auflösung wurde bei der steilen Schichtenstellung gegen das Etschthal die Ursache des Herabstürzens

des ganzen Complexes festerer, überlagernder Schichten. Es entstand so jener furchtbare Bergsturz, der das Etschthal bis an die gegenüberliegenden Gebirgsabhänge bedeckte und dessen Trümmer als Lavini di Marco seit Dante's Zeiten bekannt sind. Dass man es hier in der That mit einem Bergsturz, nicht mit einer Gletscher-Moräne zu thun hat, darauf ist noch neuerlichst von Mojsisovics hingewiesen worden. [1])

Auf der anderen Seite des Berges gegen Val Arsa steigt man auf den Köpfen der Schichten hinab gegen Albaredo.

5. Ein ziemliches Stück unterhalb des Orts bemerkt man in den steil nach Val Arsa hinabführenden Wasserrissen einen auffallenden Gesteinswechsel. Die Schichtung verschwindet und an die Stelle der wohlgeschichteten Kalkbänke treten bis hinab an die Lena wohl an 500′ mächtige, massige, weisse und graue, seltener rosenrothe, drusige Dolomite mit wenigen Versteinerungen. Es fand sich nur

Turbo solitarius n. sp.
Avicula exilis Stopp.

sowie undeutliche Gasteropoden- und Acephalen-Kerne. Geht man nicht über das Gebirge den Weg nach Roveredo zurück, sondern folgt anfangs dem Fusswege längs der Lena, dann von den Papiermühlen an der schönen Kunststrasse, so bekommt man das ganze eben beschriebene Profil noch einmal und zum Theil besser zu sehen, indem die grauen Kalke, welche unten im Thal etwas abwärts von dem Wasser-Reservoir von Roveredo die Dolomite überlagern, in den Umgebungen von Sega di Noriglio zu beiden Seiten des Thales ausgezeichnet aufgeschlossen sind und einen grossen Reichthum von Versteinerungen enthalten. Jeder Schicht pflegt ein bestimmtes Fossil eigen zu sein, und dann in derselben in grosser Häufigkeit aufzutreten. Es finden sich dort Austernbänke, Ceromyenbänke, Brachiopodenbänke etc. Folgende sind die hauptsächlichsten Vorkommnisse dieser Localität:

Chemnitzia terebra n. sp.
Ceromya papyracea n. sp.
Gresslya elongata n. sp.
Terebratula fimbria Sow.
Terebratula Rotzoana Schaur.
Terebratula fimbriaeformis Schaur.
Terebratula hexagonalis n. sp.
Pentacrinus sp. ind.

[1]) Mittheilungen des österreich. Alpenvereins I. p. 182.

Dann Fragmente von Seeigeln. Die Peatacriniten finden sich in diesen Schichten immer sehr einzeln und nie in ganzen Bänken, wie in den obern.

Etwas höher am Abhang, bei den le Porte genannten Häusern, sind einige Bänke heller, mit Kalkspath-Wülsten durchzogener Kalke ganz mit einer kleinen, glatten Terebratel (Waldheimia) erfüllt. Ueber demselben folgen gegen das Etschthal hin sehr bald die Kalke mit *Rhynchonella bilobata.* Die Uebereinstimmung der Lagerung, der petrographischen Beschaffenheit und der Petrefaktenführung, mit denen am Monte Baldo beobachteten, ist eine so auffallende, dass ein weiteres Zusammenstellen unnöthig erscheint.

IV. Die Umgebungen von Nomi.

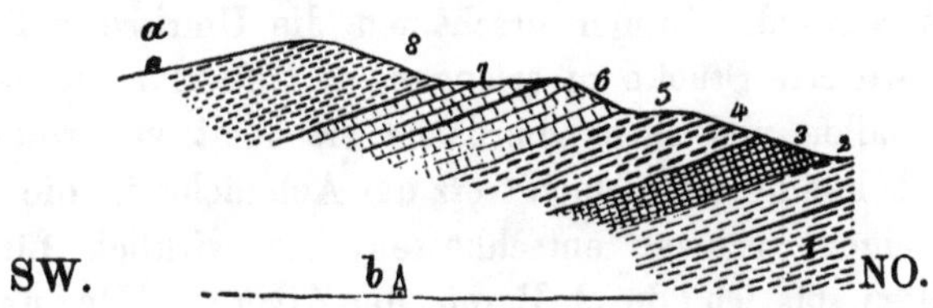

a. Castell über Pomarolo. b. Nomi.
1. Dolomit und graue Kalke des Unterooliths. 2. Schichten der *Rhynchonella bilobata.* 3. Posidonomyengestein. 4. Schichten des *Ammonites acanthicus.* 5. Diphyakalk. 6. Biancone. 7. Scaglia. 8. Nummulitenschichten.

Dem Flecken Volano gegenüber, bei den Dörfern Nomi und Chiusole tritt ein Ausläufer des Orto d'Abram-Zuges weit in das Etschthal heraus und sondert sich so schon von weitem deutlich von der Hauptmasse des Gebirges ab. Derselbe besteht von NO nach SW aus einer prachtvoll aufgeschlossenen Folge sämmtlicher Schichten von den grauen Kalken bis zum Nummulitengestein.

Wir beginnen unsere Wanderung bei der Fähre von Calliano, auf dem rechten Flussufer, wo bei einem Crucifix die grauen Kalke an der Strasse anstehen; sie lassen sich längs derselben bis beinahe an das Dorf Nomi verfolgen, wo sie mit südlichem Einfallen sich unter die vom Gebirge herabkommenden rothen Ammonitenkalke verbergen. Viele am Gebirgsabhang sich hinziehende Fusswege geben Gelegenheit, die verschiedenen Schichten kennen zu lernen. Am Crucifix stehen dolomitische sehr bröcklige Kalke an, ohne alle Fossilien, gleich über demselben fallen dunkel blaugraue, grosse oolithische Gesteine auf, die nicht selten schöne Encriniten-Stielglieder enthalten. Sie werden überlagert von Kalken mit

Terebratula Rotzoana Schaur.
Terebratula fimbriaeformis Schaur.

auf die in mehrfachem Wechsel thonig kalkige Schichten mit

Ceromya papyracea n. sp.
Thracia tirolensis n. sp.

und einem ganzen Heere von anderen Bivalven folgen. Besonders interessant ist eine Bank dunkelgrauen Kalks, die von krystallinischen Kalkspathmassen so durchzogen ist, dass das eigentliche Gestein beinahe ganz verschwindet. Diese Kalkspathwülste haben eine längliche, flache Gestalt mit gleichen in ihrem Gesammthabitus breitgedrückten Schilfstengeln. Meist bekommt man nur den Querbruch zu sehen, und dann erscheinen eine Menge mannigfach gekrümmter, flacher, linsenförmiger Durchschnitte, von 1—1½′ Länge, in der verschiedensten Art neben einander liegend, sich aber nie durchkreuzend. Immer erscheinen die Umrisse vollständig. Gelingt es, gut verwitterte Stücke zu erlangen, so trifft man die ganzen Stengel einzeln herausgefallen und ihre Oberfläche erscheint von rindenartiger Beschaffenheit. Ich konnte mich doch trotz der Aehnlichkeit, die diese Wülste mit Pflanzen zeigen, schwer entschliessen, sie wirklich für versteinerte Pflanzen zu halten, bis ich, durch Baron von Zigno in Padua aufmerksam gemacht, bei Pernigotti im Venetianischen ganz in demselben Horizonte derartige Stengel fand, die theils aus Kalkspath, theils aber ganz aus Kohle bestanden. Ich konnte nun nicht mehr zweifeln, dass bei Nomi wirklich mächtige, mit Pflanzenstengeln erfüllte Bänke vorliegen. Die genauere Beschreibung dieser Dinge haben wir von Baron Zigno in seinem Werke über die Unteroolithpflanzen von Rotzo zu erwarten.[1]) Diese Bank, stets von demselben Aussehen, findet sich an sehr vielen Punkten und ist immer leicht wieder zu erkennen. Da das Gestein auch in dicken Bänken liegt und sehr fest ist, gelingt es häufig gerade nach diesem Pflanzengestein den in Rede stehenden Komplex an den vom Gebirg herabgefallenen Blöcken aufzufinden.

2. Auf die grauen Kalke folgt der untere Encriniten-Horizont, in dem sich hier ausser den kleinen, gefalteten Rynchonellen einige sehr schöne Exemplare von einer *Terebratula* cf. *perovalis* fanden.

3. Hierüber liegen die Schichten der *Terebratula curviconcha* mit:

Terebratula curviconcha Opp.
Terebratula Gerda Opp.
Rhynchonella Brentoniaca Opp.

---

[1]) Zigno, Le Piante fossili dell' oolite. Venezia.

Dann

4. Schichten des *Ammonites acanthicus*,

5. Diphya-Kalke

mit vielen, jedoch sehr fest im Gestein sitzenden Ammoniten.

6. In dem Biancone gelang es

Aptychus sp.

Ammonites sp.

zwar nicht bestimmbar, doch von gänzlich anderem Charakter, als die im tiefer liegenden Diphyakalke auftretenden, zu finden.

7. Regelmässig überlagert denselben die Scaglia mit *Stenonia tuberculata* Des., auf welche

8. endlich das Nummuliten-Gestein mit einer Fülle von Gasteropoden und Acephalen folgt. Dasselbe bildet den Rücken des Hügels, auf dem das Castell steht, und bedeckt den ganzen sich nach Pomarolo hinabziehenden Abhang. Am Fusse dieses Hügels wenig entfernt von Nomi in den Weinbergen fand ich ein ausgezeichnet erhaltenes Exemplar einer Krabbe.

V. Umgebungen von Volano.

a. Strasse von Roveredo nach Volano. b. Abhang über Ilario. c. Erster Rücken parallel dem Etschthal. d. Zweiter Rücken. e. Abhang über Balderi.

1. Nummulitengestein. 2. Biancone und Scaglia. 3. Diphyakalk. 4. Schichten des *Ammonites acanthicus*. 5. Posidonomyengestein.

Die zwischen Roveredo und Volano liegenden Höhenzüge bilden die Fortsetzung der jenseits Roveredo am Monte Zara bereits beschriebenen und zeigen auch sehr ähnliche Verhältnisse. Die tiefsten zu beobachtenden Schichten sind etwas jenseits Volano sehr rein weisse, drusige Dolomite mit Turbo- und Aviculakernen, welche über Castell Pietro in grossen Blöcken von dem senkrechten Abhang sich losgelöst haben und heruntergestürzt sind. Auf sie folgen die grauen Kalke, ohne dass hier, so wenig wie in Val Arsa, eine scharfe Grenze zu beobachten wäre. In den grauen Kalken findet sich unmittelbar an dem Hauptweg, welcher von Volano auf den Finonchio führt, eine Bank, welche ausgezeichnete Pflanzenabdrücke enthält. Besonders fällt unter denselben ein schöner Farren auf. Ich theilte dieselben Hrn. Baron v. Zigno mit, der dieselben zwar solchen im Venetianischen im demselben Gestein sich findenden Arten für sehr ähnlich erkannte, bei der kurzen Zeit meiner Anwesenheit eine genauere Bestimmung jedoch nicht vorzunehmen vermochte. In unmittelbarer Nähe von diesen Pflanzen, die übrigens in mehreren Bänken vertheilt zu sein scheinen, liegt:

Chemnitzia terebra n. sp.
Ceromya papyracea n. sp.
Terebratula hexagonalis n. sp.

Die grauen Kalke halten an bis dicht vor Volano. Hier, wo von links das kleine Thälchen herabkommt, liegen unmittelbar auf denselben die Schichten der *Rhynchonella bilobata*. Man kann dieselben mit ihren Versteinerungen entlang Vallunga bis gegen Roveredo verfolgen. Sie werden unmittelbar von Kalken überlagert, deren petrographische Beschaffenheit z. B. bei Saffoni, auf Schichten der *Terebratula curviconcha* deutet.

Die Schichten des *Ammonites arcanthicus* fehlen auch nicht, sie sind aber meist nur undeutlich zu beobachten, da überall die Diphya-Kalke in ausgezeichneter Entwicklung die Abhänge einnehmen. In einem Steinbruch bei Volano gleich neben dem Eingang des Thälchens, an dem wir die Schichten der *Rhynchonella bilobata* zuerst trafen, fand sich neben anderen bereits angeführten Ammoniten des Diphyakalkes

Ammonites hybonotus, Opp.

und in demselben Zuge weiter südlich im Steinbruch bei Baldori gleichfalls mit *Terebratula diphya*

Ammonites lithographicus Opp.

Ganz wie bei den früher beschriebenen Profilen, treffen wir auch hier auf eine der nordsüdlich streichenden Verwerfungsspalten; es stehen nämlich etwas nördlich von Saffoni nach dem bei Toldi gelegenen Rücken hin, nochmals die Schichten der *Terebratula curviconcha*, dann rothe Ammoniten-Kalke, welche die Durchschnitte zahlreicher Inflaten zeigen (Schichten des *Ammonites acanthicus*) und hierüber Diphya-Kalk an, also ganz eine Wiederholung der vorher beobachteten Reihenfolge. Hat man sich hier, wo die Verhältnisse sehr deutlich sind, orientirt, so findet man sich auch bei Volano schnell zurecht. Daselbst gehört der vorhin erwähnte Steinbruch in Diphya-Kalk dem ersten Zuge an, während die unmittelbar hinter der Kirche anstehenden grauen Kalke reich an Encriniten und *Rhynchonella bilobata* Theile des zweiten, vorderen, mehr gegen das Etschthal gelegenen Zuges bilden. In dem Biancone dieses vorderen Zuges gegenüber der Kirche fand sich:

Ammonites Asterianus d'Orb

Aptychus sp.

Darüber Scaglia, letztere häufig mit Fucoideen und endlich Nummuliten-Gestein. Die letztgenannten Schichten lassen sich von Volano über Vallunga bis nach Roveredo verfolgen. Das Nummuliten-Gestein tritt bei St. Ilario noch in einer einzelnen Kuppe, etwas getrennt von den Bergrücken aus dem Schuttland der Ebene heraus. Das diesem Abschnitt beigegebene Profil gibt einen Durchschnitt etwa halbwegs zwischen Roveredo und Volano.

VI. Umgegend von Borgo in Val Sugana.

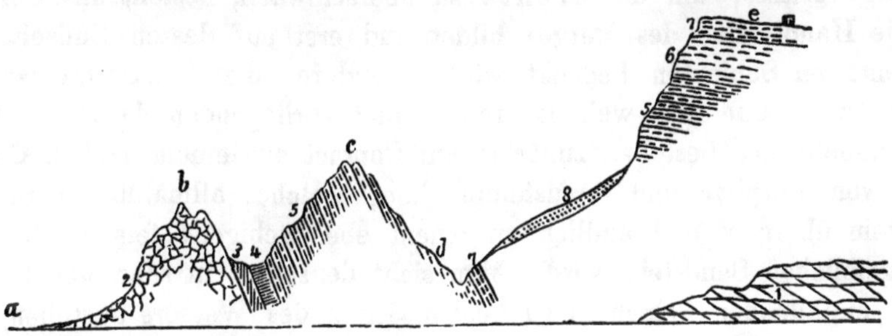

a. Brenta. b. Monte Zacon. c. Monto Armentara. d.[1]) Strasse von Borgo nach Sella. e. Alpe Vezzena.

1. Thonschiefer. 2. Porphyr. 3. Conglomerat. 4. Sandstein und Rauchwacken. 5. Dolomit. 6. Graue Kalke des Unterooliths. 7. Rother Ammonitenkalk. 8. Schotter.

In den folgenden Profilen betreten wir neue Gebiete, in denen nicht mehr mit derselben Sicherheit wie in den früheren, Schicht auf Schicht sich beobachten und bestimmte Versteinerungen für alle Horizonte sich angeben lassen. Es treten uns mächtige Complexe zum Theil ganz ungeschichteter Kalk- und Dolomitmassen entgegen, in denen oft nur vereinzelte Reste von Fossilien schwache Anhaltspunkte gewähren. Das Profil, welches ich, aufmerksam gemacht durch die Karte des montan. Vereins, aufsuchte und das von demselben bereits nach dem damaligen Stand der Kenntnisse in den Beilagen zur Karte mitgetheilt wurde, beginnt in Val Sugana in der Nähe von Masi, läuft über Monte Zacon nach dem Monte Armentara, von hier hinab nach dem vom Moggio durchströmten Thale, macht dann einen Sprung, etwa eine Stunde aufwärts, bis zu dem westlichsten der Häuser,

[1]) Auf dem Profil fehlt aus Versehen neben dem Buchstaben d die Zahl 6.

welche den Namen Sella führen und steigt von hier nach der Cima Vezzena hinauf. Das von Zigno im Jahrb. Reichsanst. 1851 veröffentlichte, von der etwas mehr östlich gelegenen Cima Dodici beginnende Profil, kann als eine unmittelbare südliche Fortsetzung des meinigen betrachtet werden, so dass beide zusammen einen Durchschnitt der ganzen tiroler und venetianischen Alpen von dem Granitstock der Cima d'Aasta, bis hinab nach der venetianischen Ebene gewähren. Ich komme weiter unten darauf zurück nachzuweisen, inwiefern meine Beobachtungen mit denen v. Zigno's übereinstimmen.

Der steil aus Val Sugana aufsteigende Monte Zacon, den man am Besten erreicht, wenn man die Hauptstrasse bei dem alten castellartigen Gebäude verlässt, um die Brenta zu überschreiten, besteht aus Porphyr, der die Hauptmasse des Berges bildet und erst auf dessen Südseite von sedimentairen Schichten bedeckt wird. Letztere, die den Sattel zwischen Monte Zacon und dem weit höheren, südlich vorliegenden Monte Armentara einnehmen, bestehen zunächst am Contact aus einem groben Conglomerat von Porphyr und Sandsteinbrocken, welches allmählig in reineren Sandstein übergeht und endlich zu einem ebenflächigen, feinen röthlichen oder gelblichen Sandstein wird. Man sieht denselben in sehr steilen, nach Süden einfallenden Schichten zu beiden Seiten des Wassers anstehen, welches den westlichen Abhang des Sattels herabkommt. Auf den Schichtflächen dieses Sandsteines fand sich

Posidonomya Clarai Emr.

In naher Verbindung mit demselben, ohne dass jedoch die Lagerung wegen der Wälder und Wiesen genau zu beobachten wäre, stehen harte, blaugraue Kalke an, die bei der Verwitterung gelblich werden und ein zerfressenes, rauhes, gewissen Schichten des Thüringer Zechsteins sehr ähnliches Ansehen erhalten. Sie enthalten besonders in dem östlich gegen Borgo hinablaufenden Thale eine Menge Versteinerungen, unter denen ich bestimmen konnte:

Pecten margarithae Hau.
Mytilus sp.
Myacites Fassaensis Wissm.

Einzelne Blöcke eines dunkelrothen, oolitischen Gesteins sind beinahe ganz erfüllt mit zierlichen, kleinen Gasteropoden. Leider konnte ich ihr Lager nicht auffinden, doch kann es nur dem oberen Theile dieses Complexes angehören. Das Gehänge des Monte Armentara, das man auf steilen Fusspfaden, durch Gebüsch und schlüpferigen Rasen mannigfach gehindert, ersteigt, besteht ganz aus schichtungslosem Dolomit mit undeutlichen Gasteropoden-Kernen. Etwas weiter westlich scheint die oberste Parthie des Kammes aus geschichtetem Gestein zu bestehen; ich konnte dieselben aber nicht näher untersuchen.

Erst jenseits im Thale des Moggio unmittelbar am Wege auf dem linken Flussufer treffen wir wieder sichere Anhaltspunkte in steil gegen Süden einfallenden Ammoniten-Kalken. Sie enthalten in zum Theil ausgezeichneter Erhaltung

Ammonites polyolcus n. sp.
Ammonites isotypus n. sp.
Ammonites acanthicus Opp.
Ammonites Uhlandi Opp.
Ammonites Strombecki Opp.
Aptychus cf. *latus* Mnst.
Inoceramus cf. *giganteus* Golds. sp.
(*Posidonia gigantea* Goldf.)

Der Punkt ist sehr leicht zu finden, da es der einzige ist, wo rothe Ammonitenkalke unmittelbar am Wege anstehen. Folgen wir dem Lauf des Flusses ein wenig abwärts, so treffen wir da, wo der Fluss etwa 200′ tief unter der Strasse in einem engen felsigen Bette hinströmt, plötzlich die grauen Kalke von der Sega di Noriglio in merkwürdig ähnlicher Ausbildung wieder Ausser den bereits bekannten Brachiopoden und Pelecypoden fand ich hier auch einen Pycnodonten-Zahn. Die Schichten stehen ebenso steil, wie weiter oben die Ammoniten-Kalke, von denen sie hier sogleich überlagert werden. Gewiss sind die grauen Kalke auch an jenen Punkten zu finden, aber unter dem vom Armentara herabgekommenen Gerölle verborgen.

Die eben angeführten Ammoniten gehören alle dem unteren Ammoniten-Horizonte an, der obere scheint jedoch auch vertreten zu sein, da einzelne im Thal umherliegende Blöcke *Ammonites geminus, Ammonites lithographicus* und *Ammonites quinquecostatus* enthielten.

Gehen wir nun zurück nach Sella, wo sich uns Gelegenheit bietet, auf einem Fusspfade nach der etwa 6000′ hohen Cima Vezzena hinaufzuklimmen. Am Fuss derselben unten im Thale steht zunächst eine kleine Parthie Thonschiefer an. Ueber demselben beginnen Dolomite, grau und weiss, zum Theil ausgezeichnet drusig, die bis nahe an den Kamm anhalten und eine Mächtigkeit von cc. 4000′ erreichen mögen. Es findet sich nicht selten in denselben

Turbo solitarius n. sp.
Phasianella sp.
Avicula exilis Stopp.

sonst immer dieselbe Armuth an Versteinerungen. Kurz ehe man das Plateau erreicht, auf dem das einsame Alpenwirthshaus steht, trifft man dunkle, graue Kalke mit denselben Versteinerungen, wie unten im Thal. Leider sind sie nicht scharf gegen die Dolomite abgegrenzt, wie wir schon bei Volano sahen. Es folgen ziemlich horizontal gelagert, mit einer ganz schwachen Neigung gegen Süden Ammoniten-Kalke und Biancone.

Wir haben also an diesem, an der östlichen Grenze Tirols gelegenen Punkte in dem oberen Theile des Profiles dieselbe Aufeinanderfolge der Schichten wie bei Roveredo gefunden. Die Dolomite bleiben aber auch hier noch eine ungegliederte, nach oben ungenügend begrenzte Masse. Dafür liess ihre untere Grenze durch die Schichten mit *Posidonomya Clarai* sich feststellen.

VII. Die Umgebungen von Pieve di Bono in Iudicarien.

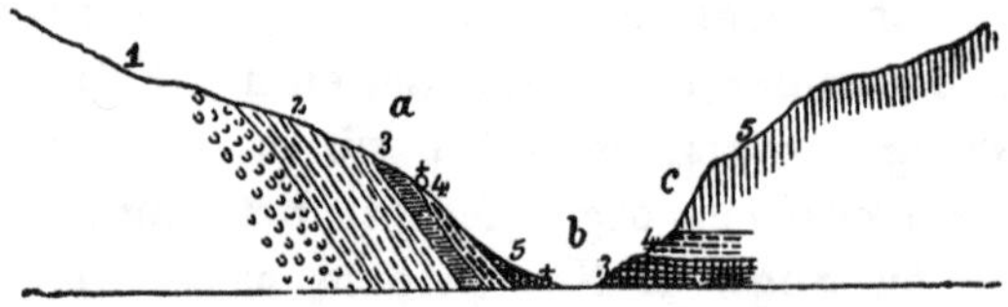

a. Prezzo. b. Val Bona. c. Colognola.
1. Conglomerat (Verrucano). 2. Sandstein (Servino). 3. Kalke mit *Spiriferina Mentzelii.*
4. Halobienschichten. 5. Dolomit und Kalk.

Etwa in der Mitte von Val Bona, dem westlichsten der Thäler, welche Südtirol von Nord nach Süd durchziehen, mündet das aus den westlichen lombardischen Grenzgebirgen herabkommende Daonethal. Wir versetzen uns gleich in dasselbe hinein, etwa eine Viertelstunde hinter das Dorf Daone, wo wir bei der Brücke auf Conglomerate, aus rundlichen Quarz- und Porphyrfragmenten bestehend stossen, die in der Nähe der Mühle anstehen und vielfach in Blöcken umherliegen. Ueberschreiten wir den Bach und wenden uns dann von der Mühle an thalabwärts, so sehen wir auf dem rechten Ufer, auf dem wir nun bleiben, die Conglomerate feiner werden und allmählig in einen homogenen, meist intensiv rothen, seltener grünen und grauen Sandstein übergehen, der in regelmässiger Schichtung nach Osten einfällt. Derselbe ist sehr reich an Glimmer, der vermöge seiner, der Schichtung parallelen Anordnung, Ursache einer sehr vollkommenen Spaltbarkeit des Gesteins wird. Längere Zeit führt der Weg auf diesem Sandstein hin, bis man denselben tief unten im Flussbett, unterhalb Daone verschwinden sieht. Gegen Oben stellen sich nach und nach hellere Schichten ein, der Kalkgehalt, anfangs nur unbedeutend, nimmt zu, die Schichten werden dicker und weniger ebenflächig, bis man endlich, in dem kleinen Thal, oder besser Riss, der rechts herabkommt, ehe man Prezzo erreicht, rauchwackenartige Gesteine, grau, gelb bestaubt, porös, in dicken Bänken mit dolomitischen Sandsteinen wechselnd, antrifft. Man bleibt in diesen Gesteinen bis dicht vor Prezzo, wo Wiesen und Gärten für eine kurze Strecke das Gestein bedecken. Im Orte selbst stehen unmittelbar an der Kirche dunkle, aussen leberbraune, sehr homogene dicke Schiefer und Kalke an, stark gegen Osten einschiessend, in denen ich theils an der Kirche, theils unten am Bach

Orthoceras sp.
Ceratites euryomphalus n. sp.
Ammonites Aon Mnst.
Ammonites sp. (globose).
Halobia Lommeli Wissm.
Posidonomya Wengensis Wissm.
Pflanzenreste

sammelte. Helle versteinerungsleere Kalke bilden gegen das Thal den Schluss.

Wie schon erwähnt, steht Daone auf Sandsteinen, welche die unmittelbare Fortsetzung derjenigen am rechten Ufer bilden und wie jene von Rauchwacken überlagert werden. Auf diese folgen ähnliche dunkle Gesteine, wie diejenigen von Prezzo, allein die Bänke sind dicker, die Ablösungen auffallend uneben und höckerig, die Farbe mehr ins Graue spielend, was theilweise von häufig eingesprengten Glimmerblättchen herrührt. Feuerstein in Knauern ist nicht selten. Aus einem Steinbruch unmittelbar an der Strasse von Daone nach Pieve stammen:

Spiriferina Mentzelii Dnkr.
Terebratula cf. *vulgaris* Schl. sp.
Encrinus liliiformis Schl.
Pflanzenreste.

Die Halobiaschichten folgen in regelmässiger Ueberlagerung unterhalb Formio gegen Val Bona hin, die oben genannten Versteinerungen führend und correspondirend mit denen von Prezzo.

Jenseits Pieve auf dem gegenüberliegenden Thalgehänge von Val Bona, wo der Weg nach Colognola sich von der Hauptstrasse abzweigt, stehen nochmals die Schichten mit *Encrinus liliiformis* an und zwar in ziemlich horizontaler Lagerung. Es setzt also durch Val Bona ein Bruch hindurch, der die Encriniten-Schichten auf dem linken Ufer emporhob und in gleiche Höhe mit den hellen Kalken unter Prezzo warf. Die Halobia-Schichten sah ich bei Colognola nicht, doch liegen sie sicher unter der Rasendecke des kleinen Plateaus, was sich unmittelbar hinter dem Orte am

Gehänge hinzieht. Ich suchte hier nicht lange nach denselben, da ich meinen Zweck, die Trennung der Halobien- und Encriniten-Gesteine zu beobachten, auf dem anderen Ufer bereits erreicht hatte und meine Zeit gemessen war.

Ich überschritt von Colognola aus den Gebirgsrücken nach Tierno in Val di Ledro, in der Hoffnung, in den gewaltigen, hier lagernden Dolomit- und Kalkmassen Versteinerungen zu finden. Ausser undeutlichen Bivalven, welche einzelne nicht sehr hoch über Colognola an dem grossen Bretterhause umherliegende Blöcke erfüllen, kam mir jedoch nichts vor. Es liess sich nicht einmal entscheiden, ob die Schichten, denen diese Blöcke entstammen, hier anstehen, oder von höher herunter gekommen sind. Der ganze Abhang bis hinauf zur Passhöhe ist mit mächtigen Schutthalden von Dolomit- und Kalkgeröllen bedeckt, die allmählig im Frühjahr weiter in das Thal hinabrücken. Erst jenseits über Tierno findet man eine isolirte Scholle rothen Kalkes, die aber weiter keinen Aufschluss gewährt. (S. die Karte des Mont. Ver.)

Wir haben also von unten nach oben folgende Gesteine gefunden:

1. Konglomerate.
2. Glimmerige, meist rothe Sandsteine c. 1000'.
3. Rauchwacken 300'.
4. Knollige, dickplattige Kalke mit *Spiriferina Mentzelii*, wenig mächtig.
5. Homogene Schiefer und Kalke mit *Halobia Lommelii* und *Ammonites Aon*.
6. Dolomit.

Als Fundort für Fossilien aus dem Dolomit ist mehrfach in der Litteratur[1]) Storo, einige Stunden südlich von Pieve, citirt, und da die dortigen Dolomite eine unmittelbare Fortsetzung der über Colognola anstehenden sind, wandte ich mich zunächst nach diesem Punkt, um Aufschluss über den Dolomit, diese Sphinx der Alpengeologie, zu suchen. Profile, ähnlich dem oben mitgetheilten, lassen sich hier freilich nicht verfolgen, ich werde aber späterhin nachweisen, dass die aufgefundenen Versteinerungen uns hinreichend sichere Anhaltspunkte gewähren, um auf Analogie mit anderen Gegenden hin Schlüsse über das Alter dieser Dolomite zu ziehen.

VIII. Die Gegend zwischen Storo und dem Garda-See.

Die von der Linie Riva-Storo südlich gelegene Gebirgsparthie dürfte eine der interessantesten für das südliche Tirol werden und später eine

[1]) Hauer, Erläuterungen. Jahrbuch der geol. Reichsanst. 1858. p. 479. Stoppani, Petrefications d'Esino p. 146.

schrittweise Aufnahme unumgänglich nöthig sein, weil diese Gegend mannigfache Analogien mit der Lombardei bietet und daher das Bindeglied für kartographische Aufnahmen beider Länder bilden wird. Ich kann hier nur einzelne Andeutungen geben, da eine eingehende Untersuchung in diesen einsamen und schwer zugänglichen Gebirgen die Kräfte und Mittel des Einzelnen nur zu schnell übersteigt.

Tritt man bei Storo aus dem Val Ampola in das breite Chiesa-Thal hinaus, so fällt der landschaftliche Unterschied der beiden Thalseiten sehr in die Augen. In sanft gerundeten Formen mit Gebüsch bis oben hin bedeckt, ziehen sich die Gebirge drüben bis zum höchsten Kamme hinauf, während diesseits über einer steilen Schutthalde senkrecht über 1000' hohe prallige Wände in die Höhe steigen, oben mit kahlen Plateaus gekrönt. Dort haben wir ein Sandstein- und Porphyr-, hier ein Dolomitgebirge vor uns. Was diese Dolomite und Kalke so ungemein interessant macht, ist ihr grosser Reichthum an Versteinerungen. Ich sammelte zu beiden Seiten der Mündung von Val Ampola:

Turbo solitarius n. sp.
Natica incerta n. sp.
Cardita cf. multiradiata Emmr. sp.
Megalodus triqueter Wulf sp.
Dicerocardium Jani Stopp.
Modiola pupa Stopp.
Gervillia cf. praecursor Qu.
Avicula exilis Stopp.
? *Gastrochaena* sp.

Ausserdem mancherlei andere Dinge, deren genaue Bestimmung ich erst bei reicherem Material aus lombardischen Lokalitäten vornehmen möchte.

Die meisten dieser Versteinerungen füllen für sich ganze Bänke und bilden dann wahre Lumchellen. *Megalodus triqueter* scheint am häufigsten gegen oben fortzusetzen, wenigstens sah ich am Fort noch einzelne Blöcke ganz erfüllt mit demselben, während andere Fossilien hier fehlen.

Dolomite und dolomitische Kalke halten an bis zum See, der durch Val Ampola abfliesst. Hinter demselben werden die Gesteine anders. Einzelne Bänke harter, splitteriger, schwarzer Kalke mit unbestimmbaren Versteinerungen schieben sich zwischen helle, dolomitische, sehr dünnschichtige, kurze Kalke, so dass das Gestein dem von Val Ampola sehr unähnlich wird. Solche dunkle Schichten stehen an gegenüber der Kirche St. Lucia und aus den kurzen Kalken besteht zum Theil der schroffe Gipfel des S. Martino. Zwischen Tierno di Sotto und Bezeca unmittelbar an der

Strasse liegen ein bis mehrere Fuss mächtige Bänke sehr wohl geschichteten grauen Kalkes, den man weiterhin zu beiden Seiten des Val dei Conzei häufig anstehen sieht und in welchem bei Lenzumo einige Steinbrüche eröffnet sind, in welchen sich ein verkiester Ammonit, sowie öfter Höhlungen im Gestein, welche von herausgefallenen Belemniten herzurühren scheinen, fanden. Dicht bei Pieve traf ich in einem grauen, ähnlichen Kalke eine Menge sehr grosser Austern und andere unbestimmbare Versteinerungen. Ob dieselben dem gleichen Niveau wie die Ammonitenkalke angehören, liess sich jedoch nicht entscheiden. Da es nicht ausführbar war, vom Lago di Ledro direkt in südlicher Richtung etwa nach Tremosine am Lago di Garda auf Piemontesisches Gebiet zu gelangen, so begab ich mich nach Riva, ging von hier der Passschwierigkeiten wegen zu Wasser nach Tremosine und wandte mich thalaufwärts nach S. Michele.

Helle Kalke, wohl der schon oben beschriebenen Scaglia im Alter gleichstehend, bilden die Ufer des Sees und halten noch einige Zeit landeinwärts an. Unter ihnen liegen, hinter Serinerio, graue geschichtete Kalke und gegen S. Michele hin deuten bereits zahlreiche Blöcke mit *Megalodus triqueter* und Gasteropoden an, dass man sich dem Dolomit nähert. Welches der beiden Thäler, die bei S. Michele zusammentreffen, man auch hinaufsteigt, immer findet man den unteren Theil der hohen Gebirge, die von Monte Berlinghera bis nach Cima Tavalò den Gesichtskreis begrenzen, aus Dolomiten gebildet, die in ihrer petrographischen Beschaffenheit und ihren organischen Einschlüssen ganz mit jenen von Val Ampola übereinstimmen, mit denen sie auch jedenfalls zusammenhängen. Auffallend mit den unteren Gehängen der Berge kontrastirt der obere Theil, indem derselbe aus Schichten gebildet wird, deren Durchschnitte wie eine Reihe übereinandergelegter Blätter sich horizontal längs der Kammlinie hinziehen. Aus den Kalken, die diese oberen Schichten bilden, schlug ich heraus:

Terebratula Schafhäuteli Stopp.
Terebratula pruniformis Süss.
Mytilus minutus Goldf.
Rhabdophyllia? clathrata Emmr. sp.

Leider reichte meine Zeit nicht aus, einen der Gipfel zu erklimmen; ich zweifle nicht, dass man dort auch noch die grauen Ammoniten-Kalke aus den Val dei Conzei finden wird, die eben genannten Schichten überlagernd.

Deutung der Profile.

In den soeben mitgetheilten Profilen sind diejenigen Schichten beschrieben worden, welche die Hauptmasse der Gebirge des südlichen Theiles von Süd-Tirol zusammensetzen. Es ist nun der Versuch zu machen, dieselben nach dem üblichen Systeme zu benennen und die weitere Verbreitung anzugeben, soweit die Beobachtungen reichen. Gerade in den Südalpen stellen sich aber hier die grössten Schwierigkeiten entgegen, indem nicht nur über die vertikale Ausdehnung, die dem einen oder anderen Komplexe zu geben ist, sehr verschiedene Ansichten geltend gemacht wurden, sondern auch über die gegenseitige Ueber- oder Unterlagerung ganzer gewaltiger Massen von mehreren tausend Fuss Mächtigkeit die entgegengesetztesten Meinungen noch heute einander gegenüber stehen.

Südtirol liegt nämlich an der Grenze jener Beobachtungsgebiete, auf denen deutsche und italienische Geognosten zu so verschiedenen Resultaten gelangten. Hier ganz besonders handelt es sich darum, scharf zu untersuchen, welche Auffassung der Natur entspricht und soweit dies möglich ist, die abweichenden Ansichten, wenn sie einfach unrichtig sich erweisen, zu beseitigen, oder aber — und dies ist sehr häufig der Fall — wenn ihnen nur Missverständnisse zu Grunde liegen, unter einander in Uebereinstimmung zu setzen.

Die Schwierigkeit geologischer Untersuchungen hat in den Alpen ihren Hauptgrund in dem häufig so ungemein schnellen Wechsel der petrographischen Beschaffenheit der Schichten und der zoologischen Facies. Kalke und Dolomite, Schiefer und Sandsteine liegen oft in kurzen Entfernungen in demselben Niveau, Brachiopodenfaunen wechseln mit Cephalopodenfaunen und diese wieder machen wahren Lumachellen von Gastropoden und Pelecypoden Platz. Was an einem Punkt nur wenig mächtig ist, schwillt am nächsten zu ganzen Gebirgszügen auf. Nur einzeln und zuweilen sehr versteckt, ziehen sich, Bändern vergleichbar, das Gleichartigere zusammenfassend, das Ungleichartigere trennend, gewisse Horizonte durch die ganze Masse hin, und machen es einer eingehenden Untersuchung möglich, das gewaltige

Chaos zu sondern und das Abweichende lokaler Entwicklung in Zusammenhang zu bringen mit dem allgemein Gültigen.

Dem Geognosten, dem nur die Untersuchung eines kleinen Theils der Alpen oblag, musste natürlich das in seinem Gebiet auffallend Entwickelte am wichtigsten erscheinen und er konnte nicht umhin, es mit einem lokalen Namen zu belegen, mittelst dessen er sich nur zunächst einmal verständlich machen konnte, ohne mit der Nennung des Namens zugleich auch eine bestimmte Ansicht über das Alter seiner Schichten, oder die Beziehung derselben zu anderen auszusprechen. Da die Alpen von sehr verschiedenen Seiten her zugleich in Angriff genommen wurden, häuften sich solche zusammenhangslos nebeneinander stehende lokale Bezeichnungen in einer bedenklichen Weise und erschwerten das Verständniss ungemein, so dass das Bedürfniss des Zusammenziehens und Vergleichens sich sehr fühlbar machte. Man übertrug nun den, gewissen lokal sehr ausgezeichnet entwickelten Schichten, gegebenen Namen auf andere entfernt davon auftretende Schichten. Es konnte nicht fehlen, dass solche Parallelen zum Theile sehr schief ausfielen, indem der an einem Punkte mit einem Lokalnamen belegte Komplex durchaus nicht immer dieselbe vertikale Ausdehnung hatte, wie jener, auf den man ihn übertrug, doch aber fortan beide Schichtenreihen als gleichwerthig und in demselben Zeitabschnitte gebildet angesehen wurden. Traf es sich nun gar noch, dass für ein drittes Vorkommniss bald der eine, bald der andere jener anfänglichen Lokalnamen gleichwerthig angewendet wurde, so musste begreiflicher Weise eine kaum zu lösende Verwirrung entstehen. Nicht wenig hinderte auch der Umstand, dass so verschiedene Nationen an der Untersuchung der Alpen sich betheiligten und dass die Verschiedenheit der Sprache, wenigstens denen, welche die Untersuchung alpiner Verhältnisse nicht gerade zu ihrer Lebensaufgabe gemacht hatten, ein wesentliches Hinderniss bereitete.

Dass solche Verwechslungsprozesse, wie deren einer eben angedeutet wurde, sich in der That vollzogen haben, hatte ich in der Lombardei Gelegenheit zu sehen, wohin ich mich zur Ergänzung einiger Lücken in der Reihe der Tiroler Schichten und überhaupt um Anknüpfungspunkte zu gewinnen, wandte. Ich werde unten ausführlicher davon zu reden haben.

Um den Missverständnissen, hervorgerufen durch lokal eigenthümliche Entwicklung, möglichst zu entgehen, scheint es geboten, auf die weit verbreiteten Horizonte und deren Festhaltung auch da, wo sie in einer für den ganzen Bau des Landes vielleicht nur untergeordnet erscheinenden Bedeutung auftreten, besonderes Gewicht zu legen und sie vor allem als leitend festzuhalten. Innerhalb derselben müssen dann freilich Lokalnamen in Anwendung gebracht werden, dieselben sind aber als augenblicklicher Nothbehelf nicht schädlich, wenn nur jene allgemeinen Horizonte erst feststehen. Mit der Zeit werden auch sie fallen.

Um nun die in Tirol beobachteten Schichten einer weiteren Betrachtung zu unterziehen, werfe ich zuvor einen Blick auf die Litteratur über alpine Gebiete und hebe aus derselben das heraus, was mir für den Zweck der Klassifikation am geeignetsten zu sein scheint.

Ganz besonders in der Lombardei wird sich dann zeigen, dass die grossen Unterschiede, welche die von italienischen Geologen gewonnenen Resultate gegenüber denen deutscher Forscher zeigen, vorwaltend scheinbare sind, und dass die dortigen Gebirge, weit entfernt davon, nach anderen Gesetzen aufgebaut zu sein, als die übrigen Alpen, nur in manchen, auf deutscher Seite einförmiger ausgebildeten Schichtenreihen eine sehr reiche Entwicklung zeigen, und so eine wesentliche Erweiterung unserer Anschauungen über alpine Bildungen überhaupt zu liefern bestimmt scheinen.

I. Steinkohlenformation.

Die tiefsten Sedimentbildungen, denen wir in unseren Profilen begegnen, sind (wenn wir von allen sogenannten metamorphischen Schiefern, deren Entstehung ja trotz aller geistreicher Theorien noch ein Räthsel ist, absehen), die Thonschiefer bei Sella.

Man kennt dieselben auch an manchen anderen Punkten Tirols, der Lombardei und Venetiens. Ausser undeutlichen Pflanzenresten fand man in ihnen noch keine Fossilien, war also bei ihrer Altersbestimmung auf die Lagerung und etwaige Analogien angewiesen. Da sich nun südlich der Alpen in den Monti Pisani und auf Sardinien[1]) Thonschiefer mit unzweifelhaften Steinkohlenpflanzen fanden, stellte man auch diese Schichten, wenigstens theilweise, in die Steinkohlenformation.

Verbreitung. Im Westen treten Thonschiefer am östlichen Abhang der gewaltigen nordsüdlich ziehenden Kette krystallinischer und kryptogener Gesteine, welche im Monte Adamello ihren Gipfel erreicht, an mehreren Punkten auf, und bilden einzelne lang gezogene Fetzen, die in der Tiefe wohl zusammenhängen mögen. So von Roncone[2]) in Iudicarien in nordöstlicher Richtung bis gegen Pelugo in Val di Rendena. Bei Villa

---

[1]) La Marmora Voyage en Sardaigne. Turin 1857. Vgl. auch Hauer, Erläuterungen etc. Jahrb. d. Reichsanst. IX. 1858. p. 455.

[2]) Vgl. die Karte des Montan. Vereins.

liegen sie auf Glimmerschiefer und schiessen am gegenüberliegenden Thalgehänge unter die Sandsteine der untern Trias ein. Die Lagerung ist eine ganz normale, wie im übrigen Südtirol, was wohl zur Bestätigung der Hauer'schen [1]) Ansicht dient, dass in der Lombardei, wo Thonschiefer unter den Glimmerschiefer des Veltlin einfallen und auf Gesteinen der unteren Trias aufzuliegen scheinen, nicht die ursprüngliche Lagerung statt hat. —

Die Schiefer bei Villa haben eine dunkelgraue bis schwarze Farbe und zerfallen an der Luft in griffelförmige Stücke. Weiter nördlich und östlich treten dieselben Gesteine in Berührung mit dem Porphyrplateau von Botzen und bilden vielfach die Unterlage jüngerer Sedimentairgebilde. [2]) Bei Trient treffen wir sie am Südende des Porphyrplateau's, wo sie zunächst südlich der Stadt bei Pavo eine Insel in jüngeren Schichten bilden, und dann von Civezzano an, zu beiden Seiten des Lago di Caldonazzo in zusammenhängendem Zuge am Nordgehänge von Val Sugana über Borgo, Strigno, die Cima d'Asta südlich umsäumend, nach Canal di Sotto im Venetianischen hinüber ziehen, überall die Grenze zwischen krystallinischen und kryptogenen Gesteinen einerseits und den jüngeren Schichten andererseits bildend. Die einzelnen, südlich dieser Hauptgränzlinie auftretenden Parthien verdanken ihre Hebung wohl lokalen Einflüssen, so die im Profil VI erwähnte Scholle bei Sella. Durch das in die Höhe-Treiben des Porphyrkeiles, der den Monte Zacon bildet, in starrem Zustande zur Zeit der letzten Hebung der Alpen, noch südlich des Haupthebungsgebietes der nächsten Centralmassen, wurde die vorderste den Monte Armentara bildende Scholle der Dolomite und Kalke abgesprengt und steil aufgerichtet neben die mehr im Zusammenhang gebliebene Masse der Cima Vezzena, Cima Dodici u. s. w. gestellt. In der tiefen Verwerfungsspalte, in der der Moggio hinströmt, gelangte dann der Thonschiefer zur Entblössung.

Bei Recoaro, wo in sehr auffallender Weise die ganzen jüngeren Gebilde bis auf den Glimmerschiefer hinab blos gelegt sind, fehlt der Thonschiefer, oder bildet zum Mindesten keinen so bestimmt abgegrenzten Komplex wie weiter nördlich. [3])

In diesen Thonschiefern liegen in Südtirol mancherlei, leider aber für einen schwunghaften Betrieb unzureichenden Erzvorkommnisse. [4])

---

[1]) Hauer l. c. p. 455.

[2]) Richthofen, Beschreibung der Umgegend v. Predazzo.
Pichler. Zur Oetzthaler Masse. Beitr. zur Geogn. Tirols. IV. Folge.

[3]) Schauroth. Sitzungsb. Wien. Akad. 1855. p. 488.

[4]) Vgl. die Angaben der Mont. Karte u. die Erläuterungen dazu. p. 27 seq.

II. Trias.

Ueber den Thonschiefern kennt man mit Sicherheit in dem mittleren Theile der Südalpen keine älteren Schichten, als triadische, wir wenden uns daher sogleich zu diesen.

A. Untere Trias.

Ich betrachte der Reihe nach einige der zuverlässigsten Angaben über untere Trias und füge derselben die aus den Profilen und einigen anderen Beobachtungen sich ergebenden Resultate bei.

Curioni in der Lombardei. Die ersten genauen Mittheilungen über untere lombardische Trias verdanken wir Curioni in Mailand, dessen Angaben später kaum einer Aenderung bedurft haben und die Grundlage aller weiteren Untersuchungen bildeten. Er unterschied im Thal von Pezzase in der östlichen Lombardei entlang dem Gandinabache[1]):

1. Kieselglimmerschiefer mit Lagern von Spatheisenstein.
2. Rother Sandstein, massig aus Thonschlamm mit Kiesel und Porphyrstücken bestehend. Organische Reste fehlen, nur einzelne, astförmig verzweigte Massen deuten auf Pflanzen. Diesen Sandstein trennt Curioni von den denselben überlagernden Schichten, mit denen Studer und Escher ihn noch zusammenfassten. Eine genaue Altersbestimmung ist nicht möglich.
3. Sandige und thonige Schiefer; die oberen Parthieen des rothen Sandsteines werden immer feiner und gehen allmählig in einen thonigen Schiefer über. Die ersten bestimmt schiefrigen Bänke enthalten noch Sand und kleine Glimmerblättchen und einen eisenreichen Thon. Dann verschwindet die rothe Farbe und der Kalkgehalt nimmt zu. Es folgt ein Wechsel sandiger, mergliger Kalke und Thone mit Einlagerungen von Spatheisenstein. Ueber den Erzen wechseln wieder rothe und grüne Schiefer und in diesen kommen die ersten deutlichen Versteinernngen vor:

   Myacites Fassaensis Wissm.

   Avicula Venetiana Hau.
4. Rauchwacken, weiss, in's gelbliche, beim Verwittern stets gelb.
5. Gypsmergel.

---

[1]) Jahrb. geol. Reichsanst. 1855. VI. p. 887.

Sodann: Curioni. G. Sulla successione normale dei diversi membri del terreno triasico nella Lombardia 1855. Giorn. d. J. R. Ist. Lomb. Nuov. Ser. Fasc. 39—41. p. 204—237.

Ders. Appendice alla memoria sulla successione norm. etc. 1858. Mem. d. J. R. Ist. Lomb. Vol. VII. Fasc. 3.

6. Schwarze Kalke der Monti di Pesoro (Muschelkalk). Diese Kalke sind deutlicher bei Goveno am Lago d' Iseo entwickelt; sie sind daselbst schwarz und von Spathadern durchzogen; nach und nach tritt eine feinere Schichtung ein, mit feinen thonigen Zwischenlagen. Mit diesen im Wechsel dickere Bänke. Es fanden sich: *Encrinus liliiformis*, *Nautilus*, gerippte *Ceratiten*, Spuren eingerollter Schalen, welche an globose Ammoniten erinnern. (Valle di Pezzase.)[1])

Wir sehen also eine untere, vorwaltend sandige und konglomeratführende, fossilfreie Abtheilung (2), eine mittlere, schon mehr kalkige und merglige mit *Myacites Fassaensis* mit Rauchwacken und Gypsen schliessende (3. 4. 5.) und eine obere, mehr kalkige (6) mit einer gemischten Fauna, denn *Terebratula vulgaris* und *Encrinus liliiformis* deuten, wie wir weiter unten sehen werden, auf ein tieferes Niveau als die andern Sachen.

Nicht unerwähnt darf ich hier die rastlosen Bemühungen Ragazzoni's in Brescia um die Geologie der lombardischen Alpen lassen, als deren Resultat eine im grossen Maassstabe ausgeführte geologische Karte der Provinz Brescia vorliegt, die leider noch nicht veröffentlicht wurde. Ragazzoni kennt die Brescianer Alpen von allen lombardischen Geologen am genauesten und stellt seine reichen Erfahrungen in uneigennützigster Weise jedem Besucher jener Gegenden zu Gebote. In Beziehung auf die untere Trias stimmen die Ergebnisse seiner Untersuchungen mit denen Curioni's überein.

Hauer in den Nordost-Alpen. Den Ausgangspunkt aller spätern Eintheilungen alpiner Sedimentairgebilde von deutscher Seite bildet Hauer's Abhandlung über die Gliederung der Trias-, Lias- und Jura-Bildungen in den nordöstlichsten Alpen.[2]) Wenigstens für die Trias wird diese Abhandlung auch für immer die Grundlage aller weiteren Forschungen bleiben.

Hauer unterschied als untere Trias ein System rother und grauer Sandsteine, nur an einzelnen Punkten Konglomerate, die nach oben mit schwarzen und dunkelgrauen, dünngeschichteten, von einem Netzwerk weisser Kalkspathadern durchzogener Kalke wechsellagern und schliesslich von diesem ganz verdrängt werden. Die Sandsteine enthalten neben anderen Versteinerungen besonders:

Ceratites Cassianus Qu.
Turbo rectecostatus Hau.
Naticella costata Münst.

---

[1]) Siehe auch Escher's Profil. Escher geol. Bemerkungen über Vorarlberg p. 98. Die Schichten 1—19 gehören hierher.

[2]) Hauer. Jahrb. Reichsanst. IV. 1853 p. 715.

Mit einem bereits von Lill. v. Lilienbach gebrauchten Namen nannte Hauer diese Schichten Werfener Schiefer. Die Kalke sind im Allgemeinen arm an Versteinerungen, es fand sich aber in gelben, denselben zugehörigen Rauchwacken ebenfalls

Ceratites Cassianus Qu.

Naticella costata Münst.

Hauer nannte diese Kalke mit einem auch bereits früher benutzten Namen, Guttensteiner Kalke und wies sie gemeinsam mit den Werfener Schiefern, von denen sie wohl petrographisch, nicht aber paläontologisch geschieden sind, der untern Trias zu. Die innige Verbindung beider Schichtengruppen lässt ein Zusammenfassen beider in eine grössere Abtheilung nothwendig erscheinen.

Diesen Kalken schliessen sich unmittelbar an etwas dickschieferige, graue Kalksteine, in denen Kudernatsch Monotis salinaria Br. fand. Es sind denselben wahrscheinlich gleich zu stellen die sogenannten Reiflinger Kalke, durch das Vorkommen eines Ichthyosaurus ausgezeichnet.

Das nächste Glied, die Hallstätter Kalke, gehört nach Hauer unbedingt einer gesonderten, höheren Etage an und eröffnet seine obere Trias.

Wir haben also folgende Glieder:

1. Sandsteine, unten versteinerungsleer,
2. Kalke

bei der Berührung mit den Sandsteinen wechsellagernd und die gleichen Versteinerungen führend.

Hauer in der Lombardei. Bei der späteren Uebersichtsaufnahme der Lombardei[1]) fand Hauer, wie das Curioni's Untersuchungen schon vermuthen liessen, die in den Nordalpen gewonnene Auffassung auch in den Südalpen auf das vollständigste bestätigt. Es ergab sich, dass die von italienischen Geologen seit längerer Zeit nach der Verruca Schanze in den Monti Pisani Verrucano benannten Konglomerate und die feineren, aus denselben sich entwickelnden schiefrigen, sehr glimmerreichen Sandsteine (in den Bergamasker Bergen als Servino bekannt) als ein Aequivalent des nordalpinen Werfener Schiefers zu betrachten seien. Nicht nur die petrographische Beschaffenheit, auch die an einzelnen Punkten sich findenden zahlreichen Fossilien beweisen dies unzweideutig. Auffallend blieb nur die sehr mächtige Entwicklung von Konglomeraten, die in den

[1]) Erläuterungen zu einer geologischen Uebersichtskarte der Schichtgebirge der Lombardei Jahrb. der Reichsanstalt. 1858. IX. p. 445 nebst Karte.

Nordalpen meist nur sehr untergeordnet auftreten. Trotzdem, dass an der Verruca Schanze ganz gleiche Konglomerate mit Schiefern wechseln sollen[1]), die Steinkohlenpflanzen führen, also diese Konglomerate von demselben Alter wie die Schiefer sein müssten, hielt Hauer einen solchen auf Analogie gestützten Beweis nicht für gewichtig genug, um auch in der Lombardei den untern Theil der Konglomerate in die Steinkohlenformation zu setzen, wie dies italienische Geologen thaten.

Einzelne Lagen des feinen glimmerigen Sandsteins wechseln noch nach unten mit den Konglomeraten, während nach oben in den Sandsteinen kalkige, dolomitische Bänke auftreten. Diese Kalke werden schliesslich ganz herrschend und sind an einzelnen Punkten besonders ausgezeichnet durch das Vorkommen gewisser Petrefakten, die den Sandsteinen und denen mit denselben wechselnden kalkigen Schichten noch ganz fremd zu sein scheinen. Solche rauchgraue, theils knollige, theils plattige, häufig glimmerige Kalke stehen sehr ausgezeichnet im Val Trompia bei Marcheno an. Aus denselben führte bereits Escher an[2]):

Spirifer fragilis Bu.
Encrinites liliiformis Schl.
Terebratula Mentzelii Buch.
Terebratula vulgaris Schl.
Terebratula trigonella Schl.
Pecten laevigatus Schl.
Lima striata Schl.

Etwas nördlich von Breno traf Hauer die Muschelkalkpetrefakten nochmals[3]).

Diese organischen Reste deuten bestimmt auf ein höheres Niveau hin als *Naticella costata*, *Myacites Fassaensis*, *Pecten Fuchsii*, wesshalb auch Hauer die sie beherbergenden Schichten von den Sandsteinen trennte.

Wie in den Nordalpen ergaben sich also auch hier zwei Glieder, ein unteres sandiges und ein obiges kalkiges. Beide wechsellagern an der Grenze, allein die oberen rein kalkigen Schichten sind im Gegensatz zu denen, den Uebergang nach den Sandsteinen bildenden und den Sandsteinen selbst durch eine ausgezeichnete Brachiopodenfauna bestimmt bezeichnet, die wir in der Gliederung der Nordalpen noch vermissten.

---

[1]) Savi et Meneghini, Considerazioni sulla geologia della Toscana. p. 10. 60. 107. 210. Meneghini. Nuovi fossili Toscani p. 6.

[2]) Escher. Geol. Bem. üb. Vorarlberg. p. 108.

[3]) Hauer. Erläuterungen p. 465.

Auf diese Schichten folgen bei Marcheno dünnplattige Kalke mit *Halobia Lommeli*, die aber petrographisch von den unten liegenden schwer zu trennen sind, wesshalb sie denn auch von den Landesgeologen mit denselben häufig in eine Gruppe gefasst wurden.

Stoppani in der Lombardei. Theils diese, noch mehr aber die von Hauer über die obere Trias ausgesprochenen Ansichten, riefen einen sehr lebhaften Widerspruch von Seiten Stoppani's hervor. Derselbe hatte schon früher vorläufige Ergebnisse seiner Untersuchungen in den lombardischen Alpen[1]) mitgetheilt, aber dann später Gelegenheit zu mancherlei Berichtigungen seiner eignen Angaben gefunden, die er in einem Aufsatze, betitelt: Rivista geologica della Lombardia in rapporto colla carta geologica di questo paese publicata dal cavaliere F. de Hauer[2]), in Verbindung mit einer Kritik der Hauer'schen Angaben veröffentlicht. Der Aufsatz, meist polemischer Natur, ist wichtig für diese unteren Abtheilungen, über die Stoppani in seinen späteren paläontologischen Werken sich nicht ausspricht.

Von dem Umstande ausgehend, dass die Versteinerungen nur in oberen Lagen der Sandsteine sich finden, dass die Konglomerate eine tiefere Stellung einnehmen, ja dass nach Ragazzoni's Beobachtungen in den nördlichen Bergen der Provinz Brescia noch unter kryptogenen Gesteinen sich Konglomerate finden sollen, sieht sich Stoppani veranlasst, die Konglomerate (den Verrucano) als ein besonderes, tieferes Glied aufzufassen und mit Wahrscheinlichkeit der Steinkohlenformation zuzutheilen. Direkte paläontologische Beweise fehlen aber Stoppani auch noch und er stützt sich nur auf Analogien mit den Monti Pisani. Als bunter Sandstein werden dann blos die bereits mit kalkigen Schichten wechselnden Sandsteine mit *Naticella costata* aufgefasst, während übereinstimmend mit Hauer eine Reihe kalkiger und dolomitischer Schichten, welche über dem vorigen Komplex folgen, als Muschelkalk, Guttensteiner Kalk bezeichnet sind: gruppo della dolomia inferiore.

Ueber diesem unteren Dolomit lagern, am Ostufer des Comer See's beginnend, ziemlich mächtige, intensiv schwarze, von Spathadern durchzogene kalkige, nach oben schiefrig merglige Gesteine (Schichten von Perledo und Varenna), die eine ganz eigenthümliche Saurier und Fischfauna beherbergen. Diese Schichten sind nach Stoppani von Mergelkalken mit

[1]) Stoppani. Studii geologici e palaeontologiei sulla Lombardia, aus Biblioteca politecnica. Milano 1857.

[2]) Alti della società geologica res. in Milano Vol. I. p. 190. 1859.

der Fauna von Gorno (Raibler Schichten österreichischer Geologen) überlagert. Hauer verband diese Schichten mit der oberen Trias,[1]) Stoppani hält mit Entschiedenheit daran fest, sie noch zur unteren Trias zu stellen. Als Argument für eine solche Auffassung wird angeführt: einmal die Lagerung unter den Schichten mit *Gervillia bipartita*, ein Punkt, auf den wir sogleich zu sprechen kommen werden, sodann der so eigenthümliche Charakter der Fauna, welcher nicht gestatte, sie mit den Esinokalken, einem Glied der obern Trias, zu vereinigen, wie das Hauer thue, vielmehr für Muschelkalk spreche. Das Vorkommen der *Halobia Moussoni*, deren benachbarte Formen in der oberen Trias liegen, scheint Stoppani auch kein hinreichender Grund für eine Trennung vom Muschelkalk.

In Beziehung auf die Aufeinanderfolge der einzelnen Abtheilungen sehen wir also Stoppani in Uebereinstimmung mit Curioni, Hauer und Ragazzoni, nur die Grenzbestimmung dessen, was als untere Trias bezeichnet wird, erscheint abweichend. Wie diese Grenze nach unten gezogen wird, ist jedoch nicht von so wesentlichem Belang, insofern organische Reste noch fehlen und das höhere oder tiefere Lager derselben mehr Sache der individuellen Auffassung, als eine Folgerung aus den Verhältnissen der Schichten sich ergebender Schlüsse ist. In solchen Fällen wird der den meisten Anspruch haben gehört zu werden, der die meisten Analogien beizubringen vermag.

Beherzigenswerth ist, was Studer (Geologie der Schweiz p. 413) sagt, dass Konglomerate wie der Verrucano sehr verschiedenen Formationen angehören können und dass blosse Lagerung und petrographische Uebereinstimmung mit ähnlichen Ablagerungen anderer Gegenden zu einer Altersbestimmung nicht ausreichen.

Eigene Beobachtungen in der Lombardei. Ich hatte selbst auf meinen Ausflügen Gelegenheit, die besprochenen Gebilde an vielen Punkten der Lombardei, besonders im Val Cammonica, zu sehen. Zunächst besuchte ich den wegen seines Petrefaktenreichthums bekannten Pass Croce Domini. Steigt man von Bagolino nach demselben hinauf, so hat man zunächst Glimmerschiefer (der Hauptmasse des Monte Muffetto angehörend) zu beiden Seiten des Thales. Auf denselben folgen grobe Konglomerate, die da, wo man aus dem Hauptthal westlich in einem kleineren Thal nach dem Passe emporsteigt, mit feinen, glimmerigen Sandsteinen wechsellagern und schliesslich denselben ganz Platz machen.

[1]) Siehe dessen neueste Bemerkungen: Sitzungsbericht. Wiener Akademie. 19. Jan. 1865. p. 5 seq.

machen. Unmittelbar ehe man den Pass erreicht, treten helle kalkige Bänke auf, die in Menge die schon oben genannten Fossilien der Werfener Schiefer enthalten. Man sammelt dieselben theils in einzelnen entblösten Stellen der Alpweiden, theils an den steilen Abfällen der nördlich vorliegenden höhern Gebirge. Gleichmässig finden sie sich in sehr dünnschiefrigen, glimmerreichen, rothen Sandsteinen (nördlich vom Wege) und grauen, hellen, dickbankigen, mehr kalkigen Gesteinen (südlich vom Wege). Besonders bezeichnend sind:

Naticella costata Mnstr.
Turbo rectecostatus Hau.
Avicula Venetiana Hau.
Myacites Fassaensis Wissm.

Gegen Westen und Südwesten lassen sich Konglomerate und Sandsteine bis hinab nach Val Cammonica verfolgen und werden dort, wie auch schon oben am Passe, zunächst von Rauchwacken mit Gyps, über diesen von plattigen, knolligen Kalken überlagert, in deren oberen Schichten bereits *Halobia Lommeli* und bei Cogno *Ammoniten* auftreten. Versteinerungen, wie von Marcheno, fand ich hier nicht. Sehr instruktiv ist der Theil von Val Cammonica von Breno bis hinab an das Nordende des Lago d'Iseo, jene schon von Curioni, Escher und Hauer so oft genannte Gegend. Auf der linken Thalseite stehen noch die Sandsteine an und bilden z. B. den einzelnen, bei Erbano aus dem Thal aufsteigenden Monticolo; sie treten südlicher bei Corti nächst Loveri auf, wo sie bereits von Gypsen und Rauchwacken überlagert sind und unterteufen die ganze hohe Gebirgsmasse, welche vom Lago d'Iseo nördlich bis gegen Cividate in pralligen Wänden auf der rechten Thalseite ansteht.[1]) Das von Westen her bei Gorzone einmündende Val di Scalve durchbricht die Schichten quer und wenn man dasselbe aufwärts durchwandert, bekommt man einen ausgezeichneten Durchschnitt der Schichten. Gleich nachdem man die Hauptstrasse in Val Cammonica bei der einzelnen Casina di Boario verlassen hat, trifft man zu beiden Seiten des Weges bei S. Rocco die glimmerigen Sandsteine, die hier ein sehr bezeichnendes Ansehen haben, indem das ganze Gestein aus länglichen Wülsten zusammengesetzt erscheint, als verdanke es pflanzlichen Resten seine Entstehung. Hinter Gorzone, wo unten im tiefen Tobel des Baches noch die rothen Sandsteine anstehen, beginnen sich dolomitische Kalke und Rauchwacken aufzulagern, die zwischen Terzano und Angolo allmählich in mehr oder minder

[1]) s. die Karte in Hauer's Uebersicht.

knollige Kalke mit Glimmern, endlich in ganz intensiv schwarze, dünne plattige, mannigfach gewundene Kalkschichten übergehen, die hinter Angolo, wo die neue Strasse nach Dezzo in das enge Thal eintritt, häufig *Halobia Lommeli* führen. Wir verfolgen dies prachtvolle Profil später bei Besprechung der oberen Trias weiter, es genügt hier die schon mehrfach gemachten Beobachtungen bestätigt und mit den eigenen an den Tiroler Grenzgebirgen in Verbindung gesetzt zu haben.

Südlich in Val Trompia sammelte ich bei Marcheno, unmittelbar nördlich von diesem Orte an der Brücke die ächten oben genannten Muschelkalkpetrefakten. Ausser den genannten fand ich noch Rhynchonella decurtata Gir. sp., auf deren Auftreten ein besonderes Gewicht zu legen ist (s. u.). Sie sind überlagert von petrographisch sehr ähnlichen Gesteinen mit *Halobia Lommeli.*

Richthofen in Südtirol und Vorarlberg. Wenden wir uns nach Osten, östlich von Pieve[1]), so gewinnen die Mittheilungen Richthofen's über die Umgebungen von S. Cassian Bedeutung. Derselbe untersuchte in nicht zu langen Zeitabständen nord- und südalpine Gebiete[2]) und seine Beobachtungen ergänzen sich gegenseitig. Wir unterziehen beide einer Betrachtung und sind dabei in der glücklichen Lage, denselben Forscher über nord- und südalpine Gebiete vernehmen zu können, ein Umstand, den der um so mehr zu würdigen wissen wird, der Gelegenheit gehabt hat, zu bemerken, wie so oft verschiedene Auffassungen deutscher und italienischer Geologen allein ihren Grund in dem Mangel eigener Anschauung der beiderseitigen Gebiete haben.

In den Nordalpen liessen sich Werfener Schiefer nur petrographisch nachweisen, sie fanden sich versteinerungsleer und boten überhaupt nichts auffallendes in ihrer Erscheinung dar. Anders in den Südalpen.

Richthofen unterscheidet auf Quarzporphyr und Glimmerschiefer aufgelagert[3]):

1. Schichten von Gröden, rothe Sandsteine, die sich allmählig aus dem Porphyr, dem sie meist aufgelagert sind, entwickeln, so dass sich keine scharfe Grenze ziehen lässt. Thierische Reste fehlen gänzlich, auf Pflanzen deuten wulstige Erhabenheiten, sowie Kohlenschmitze.

---

[1]) Profil Nro. VII.

[2]) Richthofen. Geognost. Beschreibung der Umgegend von Predazzo, S. Cassian. etc. p. 39. Ders.: Die Kalkalpen von Vorarlberg und Nordtyrol. Jahrb. geol. Reichsanst. 1859. X. p. 72—137. 1861. 62. XII. p. 87.

[3]) Beschreibung d. Umg. v. Predazzo p. 47.

2. Schichten von Seiss. Graulich weisse, merglige, sandige Schichten mit wulstigen Erhabenheiten auf den glimmerigen Ablösungsflächen. Es tritt in Menge auf *Posidonomya Clarai*.

3. Campiler Schichten. Ein Wechsel rother, stellenweise grün gefleckter, mergliger, auch weisser, zerklüfteter Sandsteine mit *Turbo rectecostatus*, *Naticella costata*, *Ceratites Cassianus*.

Diese drei Schichten fasst R. als untere Trias zusammen. Es springt in die Augen, dass wir hier die Werfener Schiefer und theilweise Guttensteiner Kalke vor uns haben, soweit dieselben noch die genannten Versteinerungen führen. Letzteren insbesondere dürften die mergligen Campiler Schichten entsprechen. In wie weit übrigens die Trennung in Seisser und Campiler Schichten allgemeine Geltung gewinnen wird, indem vielleicht *Posidonomya Clarai* einen konstant tieferen Horizont einnimmt, lässt sich zur Zeit noch nicht bestimmen. Für jetzt hat eine solche Trennung noch keinen Anspruch auf allgemeine Gültigkeit.

Am Virgloria-Passe und dem ganzen oberen Gampertenpasse in Rhaeticon fand Richthofen[1]) die rothen Sandsteine unmittelbar überlagert von einem intensiv schwarzen, sehr harten kieselreichen, in 1" bis 3" dicke Platten abgesonderten Kalke. Als besonders bezeichnendes und konstantes petrographisches Merkmal desselben wird angegeben eine Art Verzahnung der einzelnen Platten, indem die eine mit zackig unebener Oberfläche derart in die andere eingreift, dass eine Trennung beider nicht möglich ist. Da wo diese Verzahnung nicht stattfindet, sind die Schichtflächen mit unregelmässigen Wulsten bedeckt und ein grünlich bis schwärzlich grauer, fettglänzender Thon trennt dieselben und erleichtert die Spaltbarkeit. An den genannten Punkten findet sich häufig:

Retzia trigonella Schloth. sp.
Encrinus gracilis Buch.

Diese Schichten bezeichnet Richthofen fortan als Virgloriakalke. In den Südalpen beobachtete derselbe gewisse petrographisch ähnliche Kalke im selben Niveau, ohne jedoch Versteinerungen in denselben aufzufinden. Doch erwähnte Fötterle einer bei Buchenstein gefundenen *Retzia trigonella*, sowie auch Wolff aus Iudicarien solche auf Virgloriakalk deutende Fossilien mitgebracht hatte. Es sind dies die in Profil VII bei Piere von mir früher angegebenen. Unmittelbar auf diese dunklen Knollenkalke folgen im südalpinen Untersuchungsgebiete Richthofen's Dolomite mit globosen

[1]) Jahrb. geol. Reichsanst. X. p. 93.

Ammoniten, die auf obere Trias hindeuten, jedoch mit dem Virgloriakalk zusammengefasst werden (Mendola-Dolomit).

Ein weiterer Fundort für Muschelkalkversteinerungen und der am längsten bekannte ist Recoaro im Vizentinischen. In der That liegen hier die Versteinerungen in einer Menge angehäuft, wie kaum ausserhalb der Alpen irgendwo. Als letztes sicheres Vorkommen für diese Virgloriakalke seien dann noch auf der Nordseite der Alpen die Umgebungen von Reutte erwähnt, wo sich folgendes fand:

Spirifer Mentzelii Dunk.
Rhynchonella decurtata Gir. sp.
Retzia trigonella Schloth. sp.
Terebratula angustata Schloth.
Terebratula vulgaris Schloth.
Encrinus gracilis Buch.

Alle diese hier zusammengestellten Schichten betrachtet Richthofen als unterstes Glied seiner oberen Trias; ich habe ihrer jedoch schon jetzt gedacht, weil sich erweisen lässt, dass sie nur in der unteren Trias eine Stelle finden können, wenn man überhaupt eine Zweitheilung der Trias in den Alpen annehmen will.

Pichler in der Umgegend von Innsbruck. Pichler wies in den Gebirgen nördlich von Innsbruck folgende Schichten nach[1]):

A. Untere Trias.

I. Bunter Sandstein.

(Werfener Schiefer der österreichischen Geologen.)

Vorwaltend bunte Sandsteine und Salzthone. Versteinerungen fehlen, nur Kohlenschmitzen und Pflanzenspuren fanden sich.

II. Unterer Alpenkalk.

(Muschelkalk, Guttensteiner Kalk der österreichischen Geologen.)

Zunächst Rauchwacke, dann dunkle, dolomitische Kalke mit Lagen von Schieferthon, welche allmählig in jene Gesteinsmodifikation übergehen, welche Richthofen vom Virgloriapasse beschreibt. Keine Versteinerungen.

B. Obere Trias.

Dazu der Knollenkalk von Kudernatsch, Virgloriakalk von Richthofen und Plattenkalk von Gümbel. Versteinerungen s. u.

Letztere Abtheilung, obgleich als obere Trias bezeichnet, habe ich hier

[1]) Pichler. Beiträge zur Geognosie Tirols. 3. Folge.

noch hergestellt, weil sich unter den als Synonymen angeführten Ablagerungsbezeichnungen auch Virgloriakalk findet.

In welcher Weise diese Schichten bei Innsbruck aufzufassen seien, will ich unten angeben.

Gümbel in den bayerischen Alpen. Zum Schluss möge hier noch die Eintheilung wieder gegeben werden, zu welcher Gümbel auf Grund seiner umfassenden Untersuchungen in den bayerischen Alpen kam.

Derselbe sagt[1]):

Der Alpenbuntsandstein gliedert sich:

1. In eine untere Abtheilung, bestehend aus Konglomeratbänken, Breccien, grobem röthlichem Sandstein und jenen glimmerigen, intensiv rothen Schieferthonschichten, welche den Thonschiefern der älteren Formationen in gewissen Varietäten oft täuschend ähnlich sind.

2. Eine mittlere Abtheilung (Hauptbuntsandstein) mit vorherrschend schieferigem, rothem, buntgeflecktem und gestreiftem Sandstein, der zuweilen in grobbankige, dichte und hornsteinartige Schichten übergeht.

3. Obere Abtheilung (Röth) deren meist sehr dünnschieferige Schichten theils aus sandigem, rothem, häufig graugrünlichem und gelblich gefärbtem, thonigem Sandstein, theils aus Schieferthon und in den obersten Bänken aus einer Dolomitlage bestehen. Diese oberste Abtheilung ist es, welche in den Alpen, wie auch ausserhalb derselben, Gyps, Anhydrit und Steinsalz in stockförmig gelagerten Massen umschliesst. Den alpinischen und ausseralpinischen Gebilden dieser Gruppe ist zugleich auch die wulstige, unebene Beschaffenheit der Schichtflächen und die Anwachsstreifen, welche man als Zeichen einer Strandbildung ansieht (Wellenschlag), eigenthümlich.

Unter den Versteinerungen in den oberen Schichten begegnen wir den uns schon aus den Südalpen bekannten:

Posidonomya Clarai Emmr.
Myacites Fassaensis Wissm.
Naticella costata Mustr.

Ueber diesen bunten Sandsteinen und unter denen weiterhin genauer beschriebenen Partnachschichten, welche neben ächten Keuperpflanzen auch *Halobia Lommeli* führen, liegt ein mächtiges System kalkiger und dolomitischer Gesteine, die genauer in folgende Gesteinsvarietäten zerfällt werden (p. 194):

1. Mergliger Muschelkalk, dem ausseralpinischen Muschelkalk ähnliche, dünnschichtige graue, thonige Kalke.

---

[1]) Gümbel. Bayer. Alpen. p. 182.

2. Hauptmuschelkalk der Alpen, Guttensteiner Kalk, schwarzgraue, mehr oder weniger dolomitische Kalke von undeutlicher Schichtung, dabei in's Unendliche zerklüftet, auf den Kluftflächen von weissen Kalkspathadern reichlich durchzogen. Selten rauchgrau und dolomitisch.

3. Plattiger Muschelkalk (schwarzer Marmor, Trigonellenkalk). Es ist dies Richthofen's typischer Virgloriakalk.

4. Schwarzer Alpendolomit, meist fein krystallinisch körniger Dolomit. Die tiefdunkle Farbe, die zur Regel gewordene Durchaderung des Gesteins von stark abstechenden weissen Kalkspathschnürchen lassen diesen Dolomit von jeder anderen Art alpinischem Dolomit leicht unterscheiden.

Die Plattenkalke bilden das oberste Glied und besonders in ihnen finden sich die ächten Muschelkalkbrachiopoden.

Alle diese Schichten werden als Alpenmuschelkalk bezeichnet und über die einzelnen Glieder bemerkt, dass dieselben wohl mit ausseralpinen Analogie, aber nicht Identität zeigen.

Folgende kleine Tabelle giebt eine Uebersicht und die Synonymik[1]):

Muschelkalk.

8. Oberer Muschelkalk der Alpen.

Retzia trigonella-Schichten.

Schwärzliche Kalke mit Dolomit, von weissen Kalkspathadern durchzogen.

Guttensteiner Kalk.

Virgloriakalk.

Unterer Muschelkalk.

9. Schwärzliche Mergelkalke mit Versteinerungen.

Naticella costata-Schichten.

Guttensteiner Kalk.

Buntsandstein.

10. Rothe Sandsteine.

Folgerungen.

Ueberblicken wir nun die angeführten Eintheilungen über die untere Trias, so sehen wir zunächst in Beziehung auf die untere Grenze derselben, dass ziemliche Uebereinstimmung herrscht.

Beinahe überall lässt man über kryptogenen Bildungen, über Thonschiefer oder Porphyren, welche mit Sedimentairbildungen in innigem Zusammenhang stehen, die untere Trias mit Konglomeraten, oder rothen fossilfreien

[1]) Gümbel l. c. p. 193.

Sandsteinen beginnen. Nur in der Lombardei lassen sich manche Gründe dafür geltend machen, einen Theil dieser Konglomerate ältern Formationen zuzutheilen, wie auch Richthofen[1]) geneigt ist, die untersten, mit kryptogenen Schiefern wechselnden Konglomerate in Vorarlberg für älter als triadisch zu halten. Für Tirol scheint es keinem Zweifel zu unterliegen, dass wir die bei Daone und am Monte Zacon beobachteten Konglomerate und groben Sandsteine mit den darüber folgenden feinen noch versteinerungsleeren Sandsteinen zusammenfassen und in die untere Trias stellen. Es spricht hiefür der Umstand, dass man keine Wechsellagerung mit Thonschiefern bemerkt und dass der Uebergang von den untersten, mit dem Porphyr in enger Verbindung stehenden groben, zu den oberen feineren Schichten ein so allmähliger ist, dass eine Trennung in zwei Gruppen unnatürlich erscheinen würde, so lange nicht paläontologische Gründe eine solche Annahme nöthig machen.

Die Schichten mit *Naticella costata* werden zwar von dem einen zum Muschelkalk, vom andern zum bunten Sandstein gestellt, allein alle sind über ihre Lagerung zwischen den rothen versteinerungsleeren Sandsteinen und den Schichten mit *Retzia trigonella* einig. Bei Daone fehlen die bezeichnenden Versteinerungen im rothen Sandstein noch, doch finden sie sich wahrscheinlich auch hier, da die betreffenden Schichten vom Passe Croce Domini sich bis nach unserm Profil verfolgen lassen. Am Monte Zacon folgen über den Konglomeraten jene oben näher beschriebenen Kalke und ausgelaugten Rauchwacken mit *Pecten Margharitae* Hau., die sich durch ihre Versteinerungen und den petrographischen Charakter unmittelbar an Richthofen's Seisser und Campiler Schichten anschliessen. Sie vertreten also die Schichten vom Croce Domini Passe an der Venetianischen Grenze.

Ob innerhalb dieses Komplexes eine weitere Gliederung möglich ist, wie sie Richthofen für die Umgebungen von St. Cassian versuchte, lässt sich für den Augenblick noch nicht entscheiden. Es müsste in einem solchen Falle *Posidonomya Clarai* einen tieferen, *Naticella costata* einen höheren Horizont einnehmen. Ich hoffte über diesen Punkt in den Umgebungen von Recoaro Aufschluss zu bekommen, allein ich durchsuchte umsonst die von den Gebirgen nach dem Hauptthal hinabführenden Risse. Es fanden sich in Val Rotolon und bei Rovegliana beide Fossilien, allein unter Umständen, welche über die Lagerung keinen sichern Aufschluss gaben. Ueberhaupt sind die Umgebungen von Recoaro nicht geeignet, um schnell ein Urtheil über die Lagerung einzelner Schichten zu gewinnen. Mannigfache Abrutsch-

[1]) Richthofen, Vorarlberg. Jahrb. Reichsanst. X. p. 89.

ungen und Geröllströme, aus denen man die Versteinerungen untermengt aufliest, führen zu leicht zu falschen Schlüssen.

Auf der Nordseite der Alpen entsprechen die Verhältnisse ganz den südalpinen. Das, was zuerst bei Hauer Guttensteiner Kalk genannt wurde und *Naticella costata* führt, muss zu dieser Abtheilung gezogen werden, während manches andere, was man später Guttensteiner Kalk nannte, echter Muschelkalk ist. Dem entsprechend sehen wir auch bei Gümbel (bayr. Alpen p. 193) in der Tabelle sowohl unter oberem Muschelkalk (Trigonellenkalk) als auch unter dem schwärzlichen Mergelkalk (*Naticella costata* Schichten) den Guttensteiner Kalk als Synonym verzeichnet.

Die Rauchwacken, welche häufig mit Gyps vergesellschaftet, von der Lombardei beginnend, bis nach Krain zu verfolgen sind, nehmen über den *Naticella*-Schichten eine ganz bestimmte Stellung ein und liegen unter den Schichten mit *Retzia trigonella.* Hierher gehören die Gypse von Volpino in Val Cammonica, gewisse von den Geologen des Montanistischen Vereins zum untern Alpenkalk gestellte Schichten in den Umgebungen von Lavis, der Gyps bei Strigno und die Gypse von Val Rotolon und anderen Punkten bei Recoaro.

Als oberstes Glied der unteren Trias fanden wir in der Lombardei die Schichten von Marcheno mit echten Muschelkalkpetrefakten. Ihnen entspricht der glimmerige Kalk mit *Spirifer Mentzelii* von Pieve und überhaupt alles, was Richthofen und wer sich sonst seiner Nomenklatur bediente, als Virgloriakalk bezeichnete, insoweit dasselbe den Schichten vom Virgloriapasse nicht blos petrographisch, sondern auch paläontologisch entspricht. Dass die petrographische Beschaffenheit kein ausreichendes Merkmal für die Bezeichnung dieser Schichten ist,[1]) beweist schon der Umstand, dass bei Marcheno auch in mehr schiefrigen Schichten Versteinerungen sich finden, ja dass bei Reutte die versteinerungsreichen Kalke innerhalb eines bedeutenden Schieferschichtenkomplexes mitten innen liegen. Das einzig sichere Merkmal geben uns nur die Fossilien ab und auf diese muss daher bei weiteren Untersuchungen ein ganz besonderes Gewicht gelegt werden. Wenn man dieselben auch noch nicht von sehr zahlreichen Punkten kennt, so reichen diese doch schon aus, die allgemeine Verbreitung und das Durchgreifende des Horizontes zu konstatiren; auch ist es zu erwarten, dass man noch bedeutend mehr Punkte auffinden wird, da ein Komplex von oft nur 30′ Mächtigkeit, wie z. B. bei Daone, in den Alpen ungemein leicht übersehen werden konnte. Diesen Muschelkalkschichten

[1]) Vergl. Pichler. Zur Geogn. d. Nordtirolischen Kalkalpen p. 2.

lassen sich innerhalb der alpinen Trias nur noch die Contortaschichten der Rhätischen Gruppe in geognostischer Bedeutung an die Seite stellen, da keine andere Schicht eine so allgemeine Verbreitung zugleich inner- und ausserhalb der Alpen besitzt.

Die lombardischen Geologen legen diesen Schichten als selbstständigem Glied nur eine untergeordnete Bedeutung bei, da dieselben bisher nur an einzelnen Punkten nachgewiesen sind und vereinigen dieselben häufig mit dem „S. Cassiano", den Halobienschichten. Da man nun aber anderwärts weiss, dass die *Halobia* und mancherlei *Ammoniten* besonders aus der Familie der globosi immer erst über den Muschelkalkbrachiopoden liegen, so sollte man auch in der Lombardei hier eine Formationsgrenze anerkennen und genaue Nachforschungen über deren horizontale Verbreitung anstellen.

Vom Muschelkalk zu trennen und in die obere Trias zu stellen, sind auch wohl jene eigenthümlichen fisch- und reptilreichen Kalke von Perledo und Varenna, doch lässt sich das vor der Hand noch nicht mit Bestimmtheit aussprechen, da möglicher Weise mehrere Horizonte in denselben versteckt liegen. Stoppani will sie mit dem Muschelkalk vereinigt wissen, weil ihre Fauna mit dem Esinokalk der oberen Trias keine Analogien zeige und weil sie unmittelbar von den Schichten von Gorno mit *Gervillia bipartita* überlagert seien. Was den ersten Punkt anbetrifft, so dürfte man wohl auch in der alpinen unteren Trias nach einer analogen Fisch- und Reptilfauna vergeblich suchen und in Beziehung auf den zweiten muss bemerkt werden, dass bis in die neueste Zeit ein seit lange als vielverbreitet anerkanntes Glied der oberen Trias von Stoppani nicht in seiner richtigen Bedeutung aufgefasst wurde, wesshalb seine stratigraphischen Beweise werthlos sind. Diese Verhältnisse sollen im nächsten Abschnitt weiter erörtert werden, wo ich zeigen will, dass in der Lombardei so gut wie ausserhalb derselben über echten Muschelkalkschichten und unter jenen mit *Gervillia bipartita* ein bis 2000′ mächtiges System von schwarzen, dünnschichtigen und grauen massigen Kalken und Dolomiten mit häufig riesenoolithischer Struktur sich nachweisen lässt, welches den in Deutschland als St. Cassian und Hallstätter Gruppe bekannten Schichtenkomplexen entspricht. Diese Schichten aber gerade sind es, die sich gegenüber dem Muschelkalk, der inner- und ausserhalb der Alpen unter sehr gleichartigen und einförmigen Bedingungen sich gebildet zu haben scheint, einen ganz ungemein reichen Wechsel in der Erscheinungsweise zeigen. Ich erinnere nur an die nordalpinen Partnachschichten, an den unteren Theil des Cassianer Komplexes, mit den Fischschichten von Corfara[1]) an die Hallstätter Kalke u. s. w.

[1]) Richthofen. Beschreibung etc. p. 69 zu den Wenger-Schiefern gehörend.

Für eine dieser unendlich vielen lokalen Erscheinungen kann ich die Perledoschichten allein halten. Durch alle diese so verschiedenartigen Ablagerungen zieht sich aber als ein umschlingendes Band die *Halobia Lommeli* hindurch, die im Muschelkalk noch fehlt. Dass die ihr so nahe stehende *Halobia Moussoni* sich bei Perledo findet, möchte ich zu Gunsten meiner Auffassungsweise als gewichtiges Argument geltend machen und könnte mich zwischen unterer und oberer Trias nur schwer zur Annahme einer solchen „promiscuita“ der Fauna entschliessen, wie sie Stoppani geltend macht. Wenn endlich so grosses Gewicht auf die Aehnlichkeit mit den Dolomiten von Besano[1]) gelegt wird, so erwähne ich nur, dass Curioni[2]) nach seinen neuesten Beobachtungen dieselben mit der oberen Trias verbindet, was meiner Auffassung gänzlich entspricht.

In die obere Trias sind dann wohl auch die Reiflinger Kalke (s. o.) mit dem *Ichthyosaurus* zu stellen. Bei alledem lässt sich nicht läugnen, dass die Trennung von unterer und oberer Trias in den Alpen, besonders in der Praxis, eine noch ungemein schwierige ist. Es findet an den meisten Punkten ein ebenso allmähliger petrographischer Uebergang statt, wie an manchen anderen Formationsgrenzen z. B. zwischen Jura und Kreide in Südtirol, so dass man allein auf die Versteinerung sich verlassen kann. Es wird besonders noch einer genauen Untersuchung der beiden Abtheilungen eigenthümlichen Cephalopoden bedürfen, die man in der Lombardei bisher noch nicht unternommen hat. Neuerdings haben sich auch bei Reutte, wie es scheint mit *Retzia trigonella* in denselben Bänken, schöne Ammoniten gefunden, die also von denen der Hallstätter Formation scharf abzutrennen sein würden.

Einige Worte muss ich noch über Richthofen's Eintheilung hinzufügen, der die Virgloriakalke zur oberen Trias stellte. Er stützte sich dabei auf genetische Gründe, die sich aus seinen Beobachtungen in der Umgegend von S. Cassian ergaben. Mögen dieselben auch dort ihre Geltung haben, eine allgemeine Bedeutung kann man ihnen kaum beilegen, wie sich schon aus Gümbels Beobachtungen in den Nordalpen ergiebt. Alberti[3]) hat in seiner Trias Punkt für Punkt Richthofen's Annahmen widerlegt und ich möchte dem nur noch beifügen, dass das von Richthofen angeführte Vorkommen einer *Retzia trigonella* in schiefrigen mit Kalken wechselnden Schichten am Arlbergpasse eben umgekehrt beweist, dass auch schiefrige Gesteine noch zum Muschelkalke gehören, wie das auch Beyrich bei

[1]) Rivista, in Atti della società geologica I. p. 203.

[2]) Curioni. Sui giacimenti metalliferi di Besano. Mem. d. R. Ist. Lombard. di sience etc. Vol IX.

[3]) Alberti. Ueberblick über d. Trias 1864. p. 283.

Reutte nachwies[1]), nicht aber, dass *Retzia trigonella* sich auch in der oberen Trias finde. Dass man aber die Virgloriakalke nicht petrographisch festhalten könne, scheinen besonders die Angaben über die Umgebungen von Innsbruck zu beweisen. Unter allen Fossilien, die sich hier in den knolligen Kalken vom Kerschbuchhofe, die Richthofen zum Virgloriakalk rechnet, finden, spricht nur der von Richthofen angeführte *Ammonites dux,* dessen Bestimmung aber nicht sicher scheint, für Muschelkalk. Was mir sonst von jenen Vorkommnissen durch die Gefälligkeit des Herrn Professor Pichler vor Augen kam, hat alles mehr das Ansehen ächter Hallstatter Versteinerungen als solcher aus dem Muschelkalk, jedenfalls fehlen die bezeichnenden Brachiopoden gänzlich. Diese Dinge liegen aber in Gesteinen, die man petrographisch unbedenklich zum Virgloriakalk stellen würde. Es kann nun sehr wohl sein, dass man die Brachiopoden auch bei Innsbruck noch findet, allein bisher ist das noch nicht der Fall gewesen und so lange scheint mir, sollte man der so gefährlichen Uebertragung lokaler Bezeichnungen Abstand nehmen und lieber einer neuen Lokalbenennung sich bedienen. Pichler, der diesen Virgloriakalk zur oberen Trias stellte, will damit nur sagen, dass Gesteine vom Charakter der Virgloriakalke bei Innsbruck in der oberen Trias liegen, nicht etwa, dass der alpine Muschelkalk zur oberen Trias zu stellen sei.[2])

Fassen wir die aus den Angaben anderer und aus den eignen Beobachtungen bei Pieve und Marcheno gewonnenen Resultate nochmals kurz zusammen, so ergiebt sich, dass die Grenze von unterer und oberer Trias in den Alpen petrographisch sich nicht feststellen lässt, dass paläontologisch der Brachiopodenhorizont das leitende Glied für die oberen Abtheilungen der unteren Trias ist, dass das Auftreten von *Halobia Lommeli* und gewisser Ammoniten, besonders globoser, den Anfang der oberen Trias bezeichnet und dass zwischen beiden die Grenze durch eine genaue Untersuchung der im Muschelkalk liegenden Cephalopoden sich noch mit der Zeit wird schärfer fixiren lassen.

Nachdem die normale Aufeinanderfolge der einzelnen Abtheilungen der unteren Trias in den Alpen dargethan ist, liegt als weitere Aufgabe vor zu untersuchen, ob die Kenntniss dieser einzelnen Abtheilungen bereits soweit vorangeschritten ist, um eine Parallelisirung derselben mit ausseralpinen Unterabtheilungen der unteren Trias vornehmen zu können.

---

[1]) Beyrich. Sitzungsber. Berl. Akademie. 1862. p. 39.

[2]) Gefällige mündliche Mittheilung. Siehe auch Jahrb. Reichsanstalt XII. p. 531. 1861. 62. und Beiträge zur Geol. d. nordtirolischen Kalkalpen. p. 3.

Die Nothwendigkeit solcher Parallelisirungsversuche im Allgemeinen darzuthun, will ich hier nicht versuchen, nur nochmals daran erinnern, dass vor Allem zwischen der italienischen und deutschen Nomenklatur eine Uebereinstimmung herzustellen ist, wenn ein gedeihlicher Fortschritt der gesammten Alpengeologie ermöglicht werden soll.

Man gelangte sehr bald dazu, die Gesammtheit der als Werfener Schiefer, Servino und Verrucano bezeichneten Gebilde mit dem deutschen bunten Sandstein, die Guttensteiner Kalke, Muschelkalke von Recoaro u. s. w. als Ganzes mit dem deutschen Muschelkalke in Parallele zu stellen; eingehendere Vergleiche wurden aber erst weit später versucht. Besonders gebührt hier Gümbel das Verdienst, ausseralpine Namen auf alpine Gebilde übertragen und zur Vereinfachung der Benennungen beigetragen zu haben. Es wurde oben aus dessen Beschreibung des bayr. Alpengebirges eine bezügliche Tabelle mitgetheilt. Ganz in neuester Zeit hat Alberti in gleicher Weise alpine und ausseralpine Schichten nebeneinandergestellt. Derselbe hat (Trias p. 294):

Ausser den Alpen	In den Alpen
A. Bunter Sandstein	
a. Vogesensandstein b. oberer bunter Sandstein	Gröderer Sandstein
B. Muschelkalk	
c. Wellenkalk	Schichten von Seiss Campiler Schichten
d. Anhydritgruppe	Gypse des Muschelkalks der Lombardei
e. Kalkstein von Friedrichshall	Kalksteine von Recoaro Guttensteiner Kalk Virgloriakalk.

Die Gliederung und Nebeneinanderstellung im Ganzen scheint auf den ersten Anblick richtig, wenn sich auch aus dem oben mitgetheilten bereits ersehen lässt, dass man Kalkstein von Recoaro, Guttensteiner Kalk und Virgloriakalk nicht so ohne Weiteres neben einander stellen kann. Allein auch in der ganzen Anordnung werden sich wesentliche Umgestaltungen nothwendig erweisen.

Sandberger [1]) hat nämlich sehr interessante Mittheilungen über die Trias in der Umgebung von Würzburg bekannt gemacht, welche gestat-

[1]) F. Sandberger. Beobachtungen in der Würzburger Trias. Ein Vortrag in der mineralogischen Sektion der deutschen Naturforscher-Versamml. zu Giessen 1864. Abgedr. in Würzburger naturw. Zeitschr. V. Bd.

ten dürften, eine auf sicherer Grundlage beruhende Vergleichung der alpinen und ausseralpinen Muschelkalkgebilde zu gestatten, als dies bisher möglich war.

Demselben ist es gelungen, bei Würzburg *Rhynchonella decurtata* innerhalb des Wellenkalkes, der untersten Abtheilung des deutschen Muschelkalkes, aufzufinden. Folgende Gliederung wird in der dem Aufsatze angehängten Tabelle mitgetheilt:

Wellenkalk	Obere Mergelschiefer (*Myophoria orbicularis*)
	Schaumkalk
	Terebratelbank (Niveau d. *Rh. decurtata*)
	Dentalienbank
	Unterer Wellenkalk (zu unterst gradschiefrige Mergel)
	Wellendolomit
Buntsandstein	Rothe Schieferthone (Röth)
	Buntsandstein.

In dem Niveau der Terebratelbank finden sich ausserdem noch (p. 209) *Terebratula vulgaris* var., *parabolica* Schaur., *Terebratula angusta* Schl., *Spiriferina hirsuta* Alb. *Spiriferina fragilis* Schl. sp. Da nun bei Marcheno ebenfalls *Rhynchonella decurtata* und *Spiriferina fragilis* sich finden, muss man auch diese Schichten wohl in den Wellenkalk setzen. Das Gleiche gilt dann für die Kalke von Recoaro[1]), welche *Rhynchonella decurtata* führen. *Spirifer Mentzelii* fehlt bei Würzburg, allein sein Vorkommen mit *Rhynchonella decurtata* bei Mikultschütz in Oberschlesien beweist, dass auch er dem *Wellenkalk* angehört, dass man somit die Kalke von Daone (dem Hauptfundort des *Sp. Mentzelii*) mit denen von Marcheno in ein Niveau zu stellen hat. Ueberhaupt werden alle Virgloriakalke, insofern sie diese Brachiopoden führen, als Wellenkalk zu deuten sein.

Da nun Gypse und Rauchwacken der Lombardei und Tirols unter diesen Schichten liegen, müssen sie wohl zusammen mit den Schichten der *Naticella costata* und *Posidonomya Clarai* als alpine Aequivalente des ausseralpinen Wellendolomits, als Grenzgebilde zwischen alpinen bunten Sandstein und Muschelkalk aufgefasst werden. Sie würden dann dem nordalpinen Salzgebirge entsprechen.

Es entsteht nun die Frage, ob denn der deutsche Hauptmuschelkalk, der Kalkstein von Friedrichshall, in den Alpen ganz fehle? Bestimmte paläontologische Beweise über das Vorhandensein desselben besitzen wir nicht und das aus der Gegend von Recoaro angeführte Vorkommen

[1]) Schon Schauroth wies den Terebratelkalken von Rocoaro diese Stellung an.

von *Ceratitis nodosus*, welches allerdings darauf hindeuten würde, dass im Vicentinischen oberer Muschelkalk anstehe, scheint mir nach den in Padua und Vicenza eingezogenen Erkundigungen nicht hinreichend erwiesen. Jedermann kannte den *Ceratites*, aber Niemand hatte ihn gefunden.[1]) Zu beachten ist immerhin, dass Sandberger schon auf die Nothwendigkeit einer Trennung zoologischer Provinzen im Muschelkalk aufmerksam machte und es scheint nicht unwahrscheinlich, dass der grössere Theil der Alpen zu der Zeit, als der deutsche Hauptmuschelkalk sich bildete, trocken lag. Dass übrigens zur Zeit der Ablagerung des obersten Wellenkalks (Terebratelbänke) in den Alpen Festland in der Nähe war, beweisen die bei Recoaro so häufigen und auch bei Pieve nachgewiesenen Pflanzenreste unmittelbar unter den Halobiaschichten.

Verbreitung der unteren Trias in Südtirol.

Die Verbreitung des bunten Sandsteins und des Muschelkalks in der Lombardei ist aus der Studer-Escherschen Karte und aus Hauer's Uebersicht bekannt. In einem langen zusammenhängenden Streifen ziehen sich die Konglomerate, Sandsteine und Kalke theils dem Glimmerschiefer, theils dem Thonschiefer der die Val Tellina südlich begränzenden Kette aufgelagert, von den Ufern des Comer See's in westöstlicher Richtung bis Cedegolo in Val Cammonica. Hier stossen sie gegen das, aus der krystallinischen Hauptkette der Alpen gegen Süden vorspringende Vorgebirge des Monte Adamello und Monte del Castello und umziehen dasselbe, anfangs auf der westlich gegen die Lombardei gewendeten Seite, dann südlich um so nach Tirol hinüberzustreichen. Da die Richtung des Adamellozuges eine auf die Richtung der Hauptkette ziemlich rechtwinklige ist, entsteht am Zusammenstoss in der oberen Val Cammonica ein ziemlich rechtwinkliger Busen, den zunächst die untere Trias ausfüllt und so eine Mulde bildet, deren Nordflügel an die Hauptkette, deren Ostflügel an das Adamellogebirge sich anlehnt. Ersterem gehören die Sandsteine im oberen Val di Scalve hinter Dezzo, letzterem alle die an, welche auf der Strecke von Capo di Ponte bis hinab nach dem Lago d'Iseo im Thaltiefsten von Val Cammonica zu Tage treten und die wir oben bei Erörterung der lombardischen Lagerungsverhältnisse näher kennen lernten. Zungenförmig von SO. her eingreifend liegen die jüngeren Schichten dieser unteren Triasmulde auf und werden vom Val di Scalve zwischen Darfo und Dezzo quer durchschnitten. Dies ist die Ursache der

[1]) Auch Schauroth hat *Ceratites nodosus* nicht gefunden.

prachtvollen Aufschlüsse, die dies Thal gewährt. Wir werden dieselben im nächsten Abschnitt noch weiter zu verfolgen haben.

Den südlichsten Vorsprung der Monte Adamellogruppe, um diesen Namen für die ganze Gebirgsmasse beizubehalten, den Monte Muffetto, umlagert die untere Trias ringsum, so dass derselbe als Insel aus dem breiten, von Val Cammonica nach Tirol hinüberziehenden Streifen sedimentairer Gebilde herausragt.

In der nördlichen Umlagerung liegt der Pass Croce Domini, südlich die Konglomerate und Sandsteine im oberen Val Trompia, die aus Curioni's, Escher's und Hauer's Mittheilungen bekannt sind; von hier stammt auch das oben mitgetheilte Profil Curioni's, das ich als Ausgangspunkt für die Gliederung der lombardischen Trias angenommen habe. In der Umgebung des Passes Croce Domini liegen die bestaubten Rauchwacken und dunklen Kalke horizontal auf dem Sandstein und ziehen sich einerseits mit südwestlichem Einfallen nach der Umgegend von Breno und Esine in Val Cammonica, andererseits nach Val Bona in Tirol hinüber. Sie hängen mit denen von Pieve aber nicht unmittelbar zusammen, da die Porphyre und Sandsteine, wohl durch spätere Aktionen blosgelegt, hier auf mehrere Meilen zu Tage treten.

Geht man von Bagolino auf der neuen Strasse nach dem österreichischen Grenzorte Lodrone hinüber, so sieht man links unten im Grunde des mehrere 100' tiefen Flussbettes die rothen Sandsteine unter den Kalk nach Süden einschiessen. Sie bilden von hier an das westliche Gehänge von Val Bona bis nach Condino hinauf.

Hier legen sich die Kalke auf, die bei Pieve im Profil beschrieben wurden und trennen die Sandsteine vom Thale ab. In Val Daone kann man die Trias quer durchschneiden und findet sie einige Stunden oberhalb den krystallinischen Gesteinen aufgelagert.

Anmerkung: Ich überschritt das Gebirge zwischen Monte del Castello und Monte Campeglio[1]), um so von Val Poja, dem bei Cedegolo einmündenden Seitenthale der Val Cammonica, nach Val Daone zu gelangen, und hatte dabei Gelegenheit, die eigenthümliche Schieferzone zu beobachten, deren bereits Escher[2]) aus den Umgebungen des Lago d'Arno Erwähnung thut. Biegt man bei Isola in Val Poja von dem breiteren Thale, in welchem der Passweg über das obere Val di Fum nach Villa in Iudicarien führt, südöstlich ab und klimmt den wenig betretenen Fusspfad an den Wasserfällen hinauf, die der Abfluss des Lago d'Arno bilden, so folgen da, wo man den See erreicht, auf Glimmerschiefer höchst eigenthümliche Schiefergesteine, die Escher mit den

---

[1]) Eine Karte dieser wenig bekannten Gebirge befindet sich in Petermann's geogr. Mitth. 1865 Heft I.

[2]) Escher in Studer Geologie d. Schweiz I. p. 294.

Weiter im Nordosten trifft man die untere Trias im Sarcathal, wo sie unter die gewaltige Vedretta di Nodis einschiebt. Nördlicher verschwindet sie dann (nach der Montanistischen Karte, auf der die Sandsteine und Theile der als unterer Alpenkalk (*ua*) bezeichneten Gebilde hierher gehören), um erst am Nordende des Val di Non wieder zum Vorschein zu kommen. Sie bildet hier die Unterlage jener nach Osten einfallenden jüngeren Dolomite, die am Etschthal bei Kaltern scharf abschneiden, und setzt sich jenseits mit dem grossen Porphyrplateau von Botzen in Verbindung, dessen weitere Verbreitung bei Richthofen nachzusehen ist. Die zwischen Neumarkt und Trient dem Porphyr angelagerten Schichten hat Emmerich[1]) genauer beschrieben. Es folgen hier auf die Sandsteine, die überall das charakteristische, leicht zu erkennende Glied bilden, dolomitische, hellere und dunkle Kalke, ohne echte Muschelkalkversteinerungen,

---

Silikatbildungen der Somma vergleicht. Syenit und dioritische Gesteine, auch reines Hornblendegestein liegen in Blöcken umher, deren Ursprung ich nicht auffand. Den Pfad auf dem Nordufer des öden, unheimlichen Sees verfolgend, bleibt man für längere Zeit auf den genannten Schiefern. Es sind harte, kieslige, graue, grünliche Gesteine von sehr eigenthümlichem Ansehen, etwa wie umgewandelte Thonschiefer nach Escher. Gerade bei der Grenzpyramide zwischen Lombardei und Tirol, am Kamm, bilden sie in Folge ihrer steilen Schichtenstellung einen zackig ausgeschnittenen Grat, der einer Festungsmauer nicht unähnlich aus dem Schnee herausragt. Jenseits in Tirol unter dem Lago di Caf sah ich wieder Glimmerschiefer anstehen, mit dem die grünen Schiefer in inniger Verbindung zu stehen scheinen, konnte die weitere Erstreckung desselben aber nicht verfolgen. Fusstiefer Schnee oben am Pass, dichter Regen und Nebel nach unten liessen mich und meinen der Gegend unkundigen Führer wiederholt den Weg verlieren, so dass bei der bereits kurzen Dauer eines Herbsttages, in dem der 12 Stunden weite Weg von Cedegolo bis Daone zurückgelegt werden musste, wenig Zeit zu genaueren Untersuchungen blieb. Da am Nordende des Lago d'Arno gegen den Monte Castello nach Escher Granit ansteht, nördlich davon aber am Passe zwischen Monte Castello und Monte Campeglio noch Schiefer nach NO. streichend zu beobachten sind, so ist es nicht unwahrscheinlich, dass, wie Escher schon vermuthete, die Granitmassen des Monte del Castello und Monte Campeglio durch eine Schieferzone getrennt sind, die sich gegen Tirol nach O. hin mit der grossen Glimmerschiefermasse in Verbindung setzt, welche am Ostabhang des Monte Adamello die Unterlage des Thonschiefers und der untern Trias bildet. Auf der Montanistischen Karte würde dann wohl in den Umgebungen von Val Danerba noch eine Glimmerschieferzone von dem Granit abzuscheiden sein. Die verschiedenartige Beschaffenheit der syenitischen Gesteine des Monte Adamello gegen die mehr granitischen des Monte del Castello gewänne dann ein erhöhtes Interesse. Handstücke aus dem Val di Brate, einem nördlichen Seitenthale des Val Poja, die ich aus Blöcken, die vom Adamello herab gekommen sein müssen, schlug, bestehen aus Oligoklas, Orthoklas, Hornblende, sehr wenig Glimmer und häufig eingesprengten Titanitkrystallen der in Syeniten gewöhnlichen Form.

[1]) Emmrich Jahrb. Reichsanst. VIII. p. 295.

die aber tiefer als der Mendoladolomit Richthofen's liegen. Die Sandsteine enthalten nicht selten Fossilien, doch kaum bestimmbar. *Myacites Fassaensis* Wissm. scheint eine der häufigen Bivalven. Auch stimmt das Aussehen des Gesteins und die Art der Erhaltung der Petrefakten so sehr mit den Vorkommnissen am Monte Zacon und Recoaro, dass man nicht zweifeln darf, beiden Schichten dieselbe Stellung anzuweisen.

Bei Trient, eine Mulde an dem früher genannten Thonschiefer bildend, ziehen unsere Gesteine sich in Val Sugana nach Osten. Südlich von Lago di Caldonazzo in Val Centa traf ich die Sandsteine mit den zahlreichen Bivalven und rothe Gesteine mit Gastropoden, denen von Monte Zacon gleichend. Lange bleiben nun die Sandsteine unter dem Geröllboden von Val Sugana verborgen, um erst am Monte Zacon in steiler Stellung von neuem herauszutreten und hinter Borgo, Val Sugana durchschneidend, nochmals sich der Beobachtung zu entziehen. Bei Strigno endlich sah ich die Gesteine, ganz wie am Monte Zacon, zum letzten Mal. Hier lagern unmittelbar über denselben die Gypse.

Weiter im Venetianischen bilden die Sandsteine einen ausgezeichneten Horizont und auch die echten Muschelkalke scheinen sich zu finden, wenn auch paläontologisch noch nicht scharf bezeichnet.

Wie ein Band umsäumen also die Gesteine der unteren Trias die jüngeren Gesteine des südlichen Tirols und bilden die Unterlage einer grossartigen Mulde, deren westlicher Flügel nach Osten gegen Tirol zu einschiebt, während der östliche in seiner nördlicheren Hälfte in der Umgegend von Predazzo und S. Cassian mehr flachgelegt ist, in seiner südlichen aber regelmässig nach Westen einfällt. Um die Eckpfeiler des Monte Castello und der Cima d'Asta biegen sich dann die Flügel nach Westen und Osten herum, um in gerader Linie der Hauptrichtung der Alpen zu folgen. Isolirt legt südlich der Thalkessel von Recoaro unter den jüngeren Schichten die untere Trias nochmals blos.

B. Obere Trias.

Die verhältnissmässige Einförmigkeit, der wir in der Ausbildung der unteren Trias begegneten und die uns ein Auffinden von Aequivalenten für die in Südtirol beobachteten Schichten noch ziemlich leicht machte, verschwindet, sowie wir uns in die über dem Muschelkalk folgenden Schichten erheben. Beinahe jedes in den letzten Jahrzehnten untersuchte alpine Territorium bot neue Erscheinungen dar, die sich unter einander nur schwer in Verbindung bringen liessen und den Grund zu jenen grossen Meinungsverschiedenheiten über die Aufeinanderfolge und die Aequivalenz der obertriadischen Schichtengruppen abgaben, die noch lange nicht gehoben sind und uns im vorliegenden Falle gerade sehr nahe angehen, da über die lombardische obere Trias die Ansichten am weitesten auseinandergehen, diese uns aber für Südtyrol die nächsten Anknüpfungspunkte bietet.

Zunächst ist man uneinig über die Grenze der Trias gegen den Lias, indem gewisse, unter den Namen Dachsteinkalke und Kössener Schichten seit lange in die Wissenschaft eingeführte Komplexe, von den einen noch zur Trias, von anderen bereits zum Lias gerechnet werden. Die Entscheidung dieser Frage hat immerhin ihre Bedeutung, jedoch ist dieselbe mehr theoretischer Natur, indem es sich nur um Meinungsverschiedenheiten um eine Formationsgrenze, nicht um Lagerungsverhältnisse handelt. Ich stelle vor der Hand diese Schichten noch in die Trias und beziehe mich zur Rechtfertigung eines solchen Verfahrens auf einige am Ende dieses Abschnittes befindlichen Angaben.

Von tief eingreifender Bedeutung hingegen ist die Frage, ob gewisse weichere, merglig-kalkige Schichten, welche zwischen denen, die obere Trias vorwaltend zusammensetzenden Kalk- und Dolomitmassen sich vorfinden, wirklich bestimmte Horizonte einnehmen und somit zur Gliederung jener häufig versteinerungsleeren Massen dienen können und wenn sich eine bestimmte Lagerung auch in manchen Gegenden nachweisen lässt, ob diese dann Anspruch auf allgemeine Geltung habe.

Diese Frage liess sich in den von mir besuchten Theilen Südtirols nicht entscheiden. Es fehlen hier manche anderswo deutlich entwickelte Schichten, oder sind zum Mindesten nicht hinreichend kenntlich ausgebildet. Doch aber erheischten manche Vorkommnisse, wie die Dolomite von Storo, die Entscheidung der Frage über ihre Stellung in der Trias. Es zeigten sich nun die Versteinerungen der genannten Lokalität übereinstimmend mit lombardischen Vorkommnissen, die aus eben jenen Schichten stammen, über deren Stellung noch so bedeutende Zweifel obwalten, so dass mir nichts übrig blieb, als mir in der Lombardei selbst Rath zu holen und dort Profile aufzusuchen, welche unzweifelhaft die Lagerung erkennen liessen. Ich verfolge nun denselben Weg, wie bei der unteren Trias und theile die bereits bekannten Angaben anderer mit, denen ich an passender Stelle die eigenen Beobachtungen einfüge.

Hauer in den Nordalpen. In der schon früher citirten Abhandlung Hauer's[1]) finden wir zuerst die Lagerung gewisser rother, an ausgezeichneten Cephalopoden reicher Kalke aus der Umgegend von Hallstatt und

[1]) Gliederung der Trias u. s. w. Jahrb. geol. Reichsanst. IV. p. 715. 1853.

Ischl, die seit länger schon den Namen Hallstatter Kalke führen, genauer fixirt. Dieselben liegen auf schwarzen Guttensteiner Kalken und unter anderen, meist hellen Dolomiten und Kalken, welche eine grosse Bivalve nicht selten führen, die man mit *Megalodon triqueter* Wulf. sp. identifizirte und späterhin, oft nur freilich nicht hinlänglich scharf, schlechthin nach dem Hauptfundorte, dem Dachsteingebirge, als Dachsteinbivalve bezeichnete. Die Trennung dieses sog. Dachsteinkalkes von dem Hallstatter blieb aber immerhin noch schwierig und war dort, wo auch die Hallstatter Kalke weiss sind und keine Versteinerungen führten, beinahe nicht durchzuführen. Bei einer späteren Aufnahme eines Durchschnittes der Alpen von Nord nach Süd[1]) kam man um einen bedeutenden Schritt weiter, indem es gelang, in den Umgebungen von Raibl in Kärnthen Schichten mit Petrefakten abweichenden Charakters zwischen diesen Hallstatter- und Dachsteinkalken zu finden.

Es liess sich nämlich folgende Aufeinanderfolge feststellen. Auf Werfener Schiefer, welche, wie in den Nordalpen mit Guttensteiner Kalken wechseln und im Pontafelgraben *Myacites Fassaensis, Avicula Venetiana, Naticella costata* führen, folgen hellgraue, weisse, seltner dunkle Dolomite, oft krystallinisch zusammengesetzt, mit drusigen Hohlräumen, in denen sich, ausser Hohlräumen, welche von Encriniten herzurühren schienen,

Ammonites Aon Mnst.
Ammonites Joannis Austriae Klipst.
Ammonites Gaytani Klipst.
Ammonites Jarbas Mnst. sp.

fanden.

Auf diesen Dolomiten liegen entweder die, wegen ihres schönen Farbenspiels bekannten Muschelmarmore von Bleiberg oder die sog. Raibler Schichten.

Die Muschelmarmore führen[2])

Ammonites floridus Wulf. sp.
Ammonites Joannis Austriae Klipst.
Ammonites Jarbas Mnst. sp.

Die Raibler Schichten beginnen mit dunklen, beinahe schwarzen, dünnblätterigen Schiefern, welche

Ammonites Aon Mnst.
Halobia Lommeli Wissm.

---

[1]) Hauer. Ein geolog. Durchschnitt der Alpen von Passau bis Duino. Sitzber. der math. nat. Klasse d. Wiener Akademie XXV. p. 253. 1857.

[2]) Hauer in Haidinger naturw. Abhandl. Bd. I.

und zahlreiche Fische enthalten. Hierauf folgen erst in bedeutender Mächtigkeit vorwaltend bräunlich gefärbte Mergelkalke und Mergelschiefer, mit der schon von Boué erwähnten ausgezeichneten Acephalenfauna. [1])

Ammonites Jarbas und *Ammonites Joannis Austriae* sind den Bleiberger Schichten und den sogenannten Cassianer Schichten gemeinsam, auch finden sich in den Raibler Schichten Petrefakten, welche man von St. Cassian kennt, Hauer nahm daher keinen Anstand, alle drei Schichten in Parallele zu stellen und gemeinsam mit jenen untren Dolomiten der obern Trias zuzuweisen.

Wenn jedoch schon früher von österreichischen Geologen diese Dolomite als Hallstatter Kalke bezeichnet worden waren, so verwahrt sich Hauer insofern gegen diesen Sprachgebrauch, als nicht etwa die Cassianer Schichten, welche hier auf Grund einiger Versteinerungen beigezogen wurden, einen höheren, die Hallstatter Kalke aber einen tieferen Horizont einnehmen. Die Untersuchungen gestatteten zur Zeit nicht mehr, als alle diese Schichten gemeinsam in die obere Trias über die Guttensteiner und unter die Dachsteinkalke, welche auch hier bei Raibl das Hangende bilden, zu stellen.

In Beziehung auf die Cassianer Ablagerungen wurden bald einige Modifikationen durch die Epoche machenden Untersuchungen nöthig, die ziemlich gleichzeitig Hauer, Gümbel, Pichler, Richthofen und Escher in den Nord- und Südalpen vornahmen.

Auf einem Profil nach der Seisser Alp und dem Schlern beobachtete Richthofen über jenen bituminösen Kalken, die als Virgloriakalk betrachtet wurden (s. o. p. 49), eine Dolomitbank mit Nulliporen, die an anderen Punkten auch Gastropoden führt (am Latemar). Hierauf folgen die „Buchensteiner Kalke“, hornsteinführende, wellenkalkähnliche Gesteine mit globosen Ammoniten und *Halobia Lommeli*. Auf denselben liegen erst die eigentlichen Cassianer Schichten, ein mächtiges System von Tuffen mit eingelagerten Kalk- und Schieferbänken, das die bekannte reiche Gastropodenfauna beherbergt. *Halobia Lommeli* und *Ammonites*

---

[1]) Nach neueren Mittheilungen Stur's sollen aber bei Raibl die Verhältnisse anders liegen. Wenn das von Stur angegebene richtig ist, so muss man sehr gespannt sein auf das Erscheinen der geologischen Uebersichtskarte der nordöstlichen Kalkalpen, indem dann vielleicht die ganzen bisher von Seiten der Mitglieder der Reichsanstalt entwickelten Ansichten über die Lagerung des Kalkes von Hallstatt eine Modifikation erleiden. Meine, weiter unten mitgetheilten Beobachtungen über lombardische Verhältnisse stimmen aber mit der bisherigen allgemeinen Auffassung überein, der ich mich vor der Hand noch anschliesen möchte. (Vrgl. Stur. Jahrb. geol. Reichsanst. 1865. Verh. p. 41.)

Aon sind all' den verschiedenen Schichten gemeinsam, erreichen aber in den sog. Wenger Schiefern an der Basis der Tuffe das Maximum ihrer Entwicklung. In einer Mächtigkeit von 3000' folgt der helle, krystallinische, drusige Dolomit des Schlern, in welchem globose Ammoniten liegen.

Das von demselben gebildete Plateau endlich krönen rothe, sandige Dolomite und dolomitische Sandsteine mit

Chemnitzia alpina [1]) Eichw. sp.
Cardinia problematica Klipst.
Pachycardia rugosa Hau.
Myophoria Kefersteini Hau.

Letztere Schichten zeigen durch ihre Petrefakten Verwandtschaft mit den Cassianer und mit den Raibler [2]), sie geben aber dadurch, dass sie durch den 3000' mächtigen Dolomit des Schlern von den eigentlichen Cassianer Schichten getrennt sind, die erste Andeutung eines gesonderten höheren Niveau's der eigentlichen Raibler über den Cassianer Schichten.

Diese Andeutung sollte bald durch Untersuchungen auf der Nordseite der Alpen zur Gewissheit werden.

Westlich von den Salzburger Alpen, in denen, wie wir sahen, die Hallstatter unmittelbar auf den Guttensteiner Kalken liegen, tritt an der Grenze der unteren Trias eine Veränderung ein, indem die Mergel und Schiefer, die stellenweise noch mit Kalkbänken wechseln, in denen ächte Muschelkalkpetrefakten liegen, eine bedeutende Mächtigkeit gewinnen und da sie *Halobia Lommeli*, *Bactryllium Schmidii* und *Aethophyllum speciosum* führen, bereits als Theile der oberen Trias sich zu erkennen geben. In dieser Erscheinungsweise von Gümbel als Partnachschiefer bezeichnet, wurden sie durch einen grossen Theil von Südbaiern, sowie von Escher und Richthofen in Vorarlberg nachgewiesen. In den Gebirgen nördlich von Innsbruck scheinen sie durch Pichler's mittleren Alpenkalk wenigstens theilweise vertreten zu werden. Es ist dies eine mächtige Reihenfolge weisser und grauer, petrographisch sehr verschiedenartiger Kalke und Mergel, die erst von hellen typischen Hallstatter Kalken (oberer Alpenkalk Pichler's) überlagert werden. In denselben liegen jene oben erwähnten Ammoniten, Orthoceratiten u. s. w. vom Kerschbuchhofe.

Darüber folgen überall meist wohlgeschichtete Kalke und Dolomite mit globosen Ammoniten, *Halobia Lommeli*, verschiedene Gastropoden, unter denen

[1]) Nach Hauer, ein Beitrag zur Kenntniss der Fauna der Raibler Schichten, p. 5. dasselbe wie Chemnitzia Rosthorni Hörn. von Unterpetzen.

[2]) Hauer. Ein Beitrag p. 5.

Chemnitzia gradata Hörn.
Chemnitzia tumida Hörn.
Chemnitzia eximia Hörn.
Chemnitzia Escheri Hörn.

von besonderem Interesse sind. Eine Reihe von Beyrich bei Füssen in grauen thonigen Kalken entdeckter Echinodermenreste sind identisch mit Cassianer Arten, wie denn auch schon Gümbel folgende Arten als dem nordalpinen Hallstatter Kalk mit den Cassianschichten gemeinsam anführt:

Lithodendron subdichotomum Mnst.
Calamopora fibrosa Mnst.
Stromatopora porosa Klipst.
Tragos spongiosum Mnst.
Encrinus cf. *liliiformis*[1]) Lmk.
Cidaris alata Mnst.
Pecten alternans Mnst.
Phasianella variabilis Klipst. sp.
Ammonites pisum Mnst.
Ammonites Aon Mnst.
Ammonites Achelous Mnst.
Orthoceras subundatum Mnst.

Im Muschelmarmor von Hall in Tirol findet sich auch der aus dem Bleiberger Muschelmarmor bekannte

Ammonites floridus Wulf. sp.

Als bezeichnendes Leitpetrefakt dieser Schichten führt zwar Richthofen noch lithodendronartig verzweigte Organismenreste an, deren sehr ähnliche in einem tieferen Niveau an der Mendola sich finden. Es kommen aber solche Dinge auch in der Lombardei in bedeutend höherem Niveau vor, und dürften dieselben also wohl ebenso wenig, wie das, was man

Chaetetes annulata Gümb.
Nullipora annullata Schafh.
Gastrochaena obtysa Stopp.

genannt hat, eine grosse Bedeutung als Leitfossilien beanspruchen.

Weiter westlich in Vorarlberg fehlen eigentliche Hallstatter Kalke und ihre Stelle vertreten verschiedene theils mehr kalkige, theils rauchwackenartige versteinerungsleere Gesteine, die Richthofen unter dem Namen Arlbergkalke zusammenfasst. Nach unten wechseln sie mit schief-

[1]) Gewöhnlich als *liliiformis* angeführt und dann besonders in der Lombardei Ursache der Angabe echten Muschelkalks, wo es sich um Hallstatter Kalke handelt.

rigen Gesteinen, in denen sich die eine oben erwähnte *Retzia trigonella* fand, deren Vorkommen mich diese Schiefer in den Muschelkalk stellen liess.

Die Decke aller dieser obertriadischen Gesteine bilden nun jene gelbbraun verwitternden Mergelkalke und dunkelbraunen Sandsteine, die nach dem häufigen Vorkommen der *Cardita crenata* von Tiroler Geologen Carditaschichten genannt wurden.

Sie führen gemeinsam mit den südalpinen Raibler Schichten

Pecten filosus Hau.
Perna aviculaeformis Emmr. (*Bouéi* Hau.)
Gervillia bipartita Mer.
Megalodon carinthiacum Boué.
Corbis Mellingi Hau.

können also mit denselben als äquivalent angesehen werden.

Einstimmig führen uns also süd- wie nordalpine Untersuchungen zu dem Schlusse, dass zunächst über dem Muschelkalke in diesen Raibler Schichten paläontologisch und stratigraphisch ein bestimmter Horizont gewonnen wurde, welcher die obertriadischen Kalke und Dolomite in zwei Gruppen zu trennen gestattet.

Ueber diesen Raibler Schichten folgen überall die durch *Megalodus triqueter* ausgezeichneten Dachsteinkalke (Hauptdolomit Gümbel's), welche von den Kössener Schichten (Rhätische Formation) und der denselben zugehörenden oberen Kalkbank (oberer Dachsteinkalk der österreichischen Geologen, Dachsteinkalk Gümbel's) bedeckt werden.

Hauer in der Lombardei. Wenden wir uns nun zurück nach den Südalpen und sehen, welche Resultate uns die dortigen Untersuchungen über die westlichen Gebiete geben.

Im Sommer 1856 bereiste Hauer die Lombardei behufs einer kartographischen Uebersichtsaufnahme und veröffentlichte seine Beobachtungen in Verbindung mit den bereits bekannten, aber sehr in der Litteratur zerstreuten, im Jahrbuche der geologischen Reichsanstalt. Dem Aufsatze beigefügt wurde eine kleine Uebersichtskarte, die zwar nur als Vorarbeit der Detailaufnahme dienen sollte, aber dennoch von sehr grossem Werthe ist, da sie nächst der Studer-Escher'schen die einzige neuere Karte bildet, deren Bezeichnungsweise als allgemein verständlich gelten konnte. Die österreichischen Geologen waren nicht in der Lage, ihre Arbeiten in jenen Gegenden fortzusetzen. Ihre Stelle nahmen die italienischen Forscher mit Eifer ein und veröffentlichten eine Menge schätzenswerther Beiträge zur Kenntniss des Gebietes. Allein eine in grösserem Maassstabe gefertigte geologische Karte fehlt noch immer und dies ist um so mehr zu bedauern, als keiner der jetzigen lombardischen Geologen mit der Beschaffenheit anderer alpiner Gegenden bekannt ist und somit Systeme und Namen geschaffen wurden, welche dem mit dem Lande nicht Vertrauten ein Verständniss wesentlich erschweren mussten. Eine Karte im Anschluss an andere Gebiete müsste so manche Meinungsverschiedenheiten beseitigen, die trotz der ausgedehntesten Abhandlungen wohl noch lange bestehen werden.

Hauêr unterschied in der obern Trias folgende Glieder:

1. Cassianer Schichten. Vorwaltend dunkel gefärbte, merglige und kalkige, in dünnen Bänken gesonderte Schichten, die unmittelbar auf dem Muschelkalk (Marcheno), wo dieser fehlt oder sich nicht nachweisen lässt, auf Rauchwacken und Guttensteiner Kalken aufliegen. Bei Angabe der Lokalitäten für diese und die folgenden Schichten bezog sich Hauer auf seine eigenen und besonders auf die Angaben Curioni's und Ragazzoni's, die beide bis dahin die genauesten, besonders stratigraphischen, Untersuchungen in den lombardischen Alpen angestellt hatten.

2. Esinokalkstein. In den Umgebungen des Ortes Esino, östlich vom Comer See, finden sich helle und dunkle Kalke, sowie Dolomite, die durch ihren ausserordentlichen Versteinerungsreichthum seit lange die Aufmerksamkeit auf sich gezogen hatten. Auf Grund der Identität einiger dort gefundenen Versteinerungen mit solchen aus den Nordalpen bereits beschriebenen, stellte Hauer diese Schichten in Parallele mit den Hallstatter Kalken und wies ihnen ihre Stelle unter den Raibler Schichten an. Er wich hierin von einer früheren Auffassung Escher's[1]) und Studer's ab, welche die Dolomite den Raibler Schichten aufgelagert annahmen. Als einige Fossilien gab Hauer aus diesen Kalken an:

Globose Ammoniten.
Chemnitzia Escheri Hörn.
Natica Meriani Hörn.
Halobia Lommeli Wissm.

sämmtlich Arten, die man in den Nordalpen nur tiefer als die Raibler Schichten liegend kennt.

3. Raibler Schichten. Theils dunkle schiefrige, kalkige und merglige Gesteine, theils rothe und grüne, lebhaft gefärbte Mergel und Sandsteine, welche häufig

Gervillia bipartita Mer.
Myophoria Kefersteini Mnst. sp.

---

[1]) Escher. Vorarlberg p. 101.

führen. Ihre Lagerung über Hauer's Esinokalkstein wird von mehreren Orten nachgewiesen.

4. Unterer Lias. Dachsteinkalk und Kössener Schichten (die ich noch mit der Trias verbinde). Kalke und Dolomite, denen dunklere, kalkige, thonige und merglige Schichten in unbestimmtem Niveau eingelagert sind.

Als besonders bezeichnend für die Kalke und Dolomite gelten die Cardium und Megalodus, die Dachsteinbivalven der Nordalpen. Sowohl unter, als über den weichen Einlagerungen (den Kössener Schichten) sollen identische Arten liegen. Die Kössener Schichten beherbergen auch hier die in den Nordalpen bekannte reiche Fauna.

Mit der Auffassung dieses Lias stimmte Curioni nicht ganz überein, indem er *Cardium triquetrum* Wulf. als eine von *Megalodus scutatus* Schafh. bestimmt verschiedene Art ansah, so dass jene nur unter, diese nur über den Kössener Schichten sich finden sollten. Eine solche Dreitheilung hatte sich zwar stratigraphisch und petrographisch auch in den Nordalpen theilweise ergeben, allein Hauer hält sie nur für eine lokale Erscheinung. Immerhin lässt sich die Uebereinstimmung zwischen Hauer und Curioni sehr leicht herstellen, wie folgende Tabelle zeigt[1]):

Nordtirol und Vorarlberg nach Merian, Gümbel, Hauer etc.	Lombardei nach Curioni.
1. Dachsteinkalk 2. Kössener Schichten	14. Schichten von Guggiate mit *Meg. scutatus* Schafh.
3. Hauptdolomit	12. Dolomit mit *C. triquetrum* Wulf. sp.
4. Cardita Schichten Raibler Schichten	11. Schwarzer, poröser Kalk 10. Gyps 9. Schichten von Dossena
5. Kalkstein von Wildungen, Tratzberg, Zugspitz u. s. w.	8. Esinokalk
6. Partnachschiefer	7. Keuper und älteres S. Cassian.

Stoppani in der Lombardei. Bereits vor Veröffentlichung des Hauer'schen Aufsatzes erschienen Stoppani's Studii[2]), eine reichhaltige Arbeit über die lombardischen Alpen, besonders in Beziehung auf die Vertheilung der Organismen in den verschiedenen Schichten. Die ganze Abtheilung von den Cassianer Schichten bis zu den Raibler (in Hauer's

[1]) Hauer. Uebersicht p. 471.

[2]) Stoppani. Studii geologici e paleontologici. Milano 1858.

Sinn), sind hier noch unter der gemeinsamen Bezeichnung „oberer Theil der lombardischen Trias“, oder Formation von S. Cassian zusammengefasst. Eine scharfe Trennung einzelner Horizonte und zwar in einer von der Hauer'schen Auffassung sehr abweichenden Weise, veröffentlichte Stoppani später in den Atti della societa geologica [1]). Dieser Aufsatz giebt eine Uebersicht über alle lombardischen Schichten und wir haben die hier für Verrucano und untere Trias geltend gemachten Ansichten bereits früher kennen gelernt. Da die über die obere Trias handelnden Abschnitte auch in der geognostischen Abtheilung des ersten Bandes der palaeontologie lombarde [2]) wiedergegeben sind, mit deren Veröffentlichung Stoppani 1858 begann, folgen wir lieber der hier gegebenen Darstellung, da sie kürzer ist und die Resultate neuerer Untersuchungen noch berücksichtigt. Ein dritter Aufsatz über die Gliederung der lombardischen Trias endlich findet sich im 2. Bd. der Atti [3]) nach Veröffentlichung des Anfangs der Palaeontologie.

Drei Depots, sagt Stoppani, palaeontologisch und petrographisch ausgezeichnet, finden sich nach der Ansicht aller Geologen in den lombardischen Alpen unter den Schichten, welche eine liasso-jurassische Fauna beherbergen.

1. Dépot de l'Azzarola. Es sind dies die von Stoppani als zum Lias gehörig betrachteten Kössener Schichten und oberen Dachsteinkalke deutscher Geologen.

2. Dépot des petrifications d'Esino. Dolomite und Kalke, in denen als „die verbreitetsten Arten in der Lombardei und die einzigen, welche uns leiten können auf dem Wege der Palaeontologie die klassischen Lokalitäten von Esino und Lenna ausserhalb der Lombardei wiederzufinden,“ zu betrachten sind:

Gastrochaena obtusa Stopp.
Avicula exilis Stopp.
Evinospongia cerea Stopp.

Als von vielem Werth werden noch genannt: globose Ammoniten, grosse glatte Chemnitzien, gewisse mit Ornamenten gezierte Arten aus

---

[1]) Atti della societa geologica resid. in Milano. Vol. I. 1855—1859 p. 120. Seduta. del 20 Marzo. 1859.

[2]) A. Stoppani: Palaeontologie Lombarde I. Les petrifications d'Esino. Milan. 1858—1860. p. 134.

[3]) Resultati palaeontologici e geologici dedotti dallo studio dei petrefatti d'Esino. Atti della societa Italiana di scienze ed arti. Vol. II. Sed. d. 1. Apr. 1860. p. 65. (Die societa Italiana bildet die Fortsetzung der societa geologica, von der nur ein Band erschien.)

den Geschlechter Turbo, Trochus, Neritopsis, endlich ein grosses Cardium, gewöhnlich als *Cardium triqueter* bezeichnet.

3. Dépot ou groupe de Gorno et Dossena. Schwarze und schwärzliche, auch gelbe Mergelkalke, oft merglige, grüne, rothe und gelbe Sandsteine mit

Myophoria Kefersteini Mnst. sp.
Myoconcha Lombardica Hau.
Myoconcha Curionii Hau.
Gervillia bipartita Mer.
Gervillia Meriani Stopp.
Pecten filosus Hau.

Diese Schichten sind dieselben, wie die von den deutschen Geologen als Raibler Schichten (Cardita-Schichten) bezeichneten.

Auf einer Wanderung von Westen nach Osten durch die ganze Lombardei will dann Stoppani folgende These beweisen: das Depot von Esino liegt an der Basis einer grossen kalkigen und dolomitischen Masse, die der Formation von Azzarola und der Gruppe von Gorno und Dossena, welche durch die Fauna von Raibl gekennzeichnet ist, sich befindet, oder anders und kürzer gefasst: in der Lombardei ist die Fauna von Esino jünger als die von Raibl und älter als die der Schichten mit *Avicula contorta.*

Man sieht, diese Auffassung ist der Hauer's ganz entgegen. Stoppani führt dann eine Reihe von Lokalitäten an, an welchen die von ihm aufgestellte Reihenfolge sehr gut zu sehen sein soll. Ich mache hier nur aufmerksam auf das über die Umgebungen des Val di Scalve Gesagte [1]), weil ich diese Lokalität selbst besuchte und später auf das von Stoppani Gesagte zurückkommen will. (S. u. p. 78.)

Am Ende wird noch folgende kleine Uebersicht gegeben:

A. Lias
- a. Groupe de l'Azzarola
  Schichten der *A. contorta*, Kössener Schichten
  1. Dépot de l'Azzarola
  2. Dépot des Schistes noirs marneuses.

B. Trias superieur
- b. Groupe de la dolomie myoenne
  3. Dolomie moyenne proprement dite. (*Gastrochaena obtusa. Avicula exilis. Evinospongia cerea.* Cardium. Gastropodes.)

---

[1]) Pal. Lomb. Petrif. d'Esino p. 145.

4. Dépot des pétrifications d'Esino. (Esinokalk.)

c. Groupe de Gorno et Dossena, Raibler Schichten.

C. Trias inferieur (Muschelkalk).

Das oben als Dépot des pétrifications d'Esino bezeichnete bekommt also hier den Namen Groupe de la dolommie moyenne und die oben für das Ganze als bezeichnend angegebenen Arten stehen hier in Parenthese nur neben der Unterabtheilung dolomie proprement dite, während eine zweite Unterabtheilung, dépot des pétrifications d'Esino, palaeontologisch nicht näher bezeichnet ist. Man sollte also meinen, mit der letzten Benennung wären ausschliesslich die Schichten an der Lokalität Esino gemeint. Aus dem Texte ist hierüber mit Klarheit nichts zu ersehen, denn wenn es auch einige Male scheint, als wäre eine untere Abtheilung bezeichnet durch das Vorkommen der riesigen Gastropoden, so ist doch andrerseits von einer Mischung der Fauna wieder in der Art die Rede, dass immer ein in einem Satz gewonnener Anhaltspunkt im nächsten wieder entschwindet. So ist in der Einleitung zu den Gastropoden zwar eine Eintheilung in 4 Depots versucht, allein es wird vorher bemerkt, dass dieselben keine „vraie importance scientifique" hätte. Wir müssen also wohl auf weitere Anhaltspunkte, als das oben Gegebene, verzichten.

Curioni in der Lombardei. Von ganz besonderem Interesse ist eine neuerdings von Curioni veröffentlichte Abhandlung, die nach meinem Dafürhalten in hohem Grade geeignet ist, Mittel an die Hand zu geben, eine Erklärung zu jener, in so auffallendem Gegensatze zu allen andern in den Alpen angestellten Beobachtungen stehenden Auffassungsweise Stoppani's zu bieten. Curioni[1]) kommt zu folgender Eintheilung:

1. Lias.

Dolomit, der sich in Kalk und in Oolith umändert und in welchem sich nie *Megalodus triqueter* fand.

2. Infralias.

Bänke mit *Avicula contorta* und *Megalodus* im mittleren Theil des Depots, indem *Av. contorta* sich auch unten an der Grenze gegen den Dolomit unter 3 zeigt.

3. Trias.

a. Dolomit von Esino mit dem wahren *Meg. triqueter* und anderen Megalodusarten.

b. Depot von Dossena mit *Gervillia bipartita* und Keuperpflanzen.

---

[1]) Curioni. Sui giacimenti metalliferi di Besano. Memorie del R. Ist. Lomb. di scienze etc. vol. IX.

c. Dolomitischer Kalk von Ardese. Hallstatter Kalk, mit Chemnitzien und globosen Ammoniten.

d. Depot von S. Cassian mit *A. Aon* und Keuperpflanzen.

e. Muschelkalk.

Vergleichen wir diese Eintheilung mit der früher von Curioni gegebenen (p. 71), so finden wir dieselben Abtheilungen der grossen Gesteinsgruppen wieder: unter seinem Infralias (den ich noch zur Trias rechne) und über dem Muschelkalk liegen zwei kalkig merglige Horizonte und zwei dolomitische, die mit einander abwechseln, nur ist die über den Schichten mit *G. bipartita* liegende Masse hier als Esinokalk bezeichnet, anstatt dass früher für die unter diesen Schichten liegende Masse dieser Name vindizirt wurde.

In übersichtlicher Darstellung haben wir also:

1855.	1863.
Lias	
Infralias	
Av. contorta. Megalodon.	14. Schichten von Guggiate mit *Meg. scutatus*
Trias	
a. Esinodolomit	12. Dolomit m. *Cardium triqueter*
b. Dépot von Dossena mit *G. bipartita*	9—11. Kalke und Gypse. Sch. v. Dossena
c. Kalk von Ardese	8. Esinokalk
d. S. Cassian	7. Keuper u. älteres S. Cassian.
e. Muschelkalk	

Es ist sehr beachtenswerth, dass ganz neuerdings, also auch nach Stoppani's Publikationen, Curioni erstens eine Dolomit- und Kalkmasse unter den Schichten der *Gervillia bipartita* aufstellt, welche sich dem Hallstatter Kalke vergleichen lässt, dass er sodann Cassianschichten und Dossenaschichten trennt, die Stoppani für ein Depot hält, dass er endlich, um es kurz zu sagen, die Schichten, die man in Deutschland Hauptdolomit und unterer Dachsteinkalk nennt, als Esinokalk bezeichnet.

Eigne Beobachtungen in der Lombardei. Ich habe nun die hauptsächlichsten über die obere Trias der Lombardei bekannt gewordenen Eintheilungen angegeben und gehe an die Beschreibung einer Lokalität, die mir ganz besonders geeignet scheint, die Aufeinanderfolge der Schichten zu zeigen. Sie ist auch insofern von Interesse, als sie von Curioni, Escher, Hauer und Stoppani bereits erwähnt, aber kein Profil über den ganzen Komplex mitgetheilt wurde.

Verlässt man die, Val Cammonica in seiner Länge durchziehende Hauptstrasse zwei Stunden nördlich vom Nordende des Lago d'Iseo, bei dem einzelnen, Casa di Boario genannten Hause und wendet sich auf dem Fahrwege nach Gorzone, so trifft man bei S. Rocco die bereits oben erwähnten, rothen, mit wulstigen Erhabenheiten bedeckten Sandsteine und hinter Gorzone gegen Terzano die Kalke und Rauchwacken des Muschelkalkes. Auf der gegenüberliegenden Seite des Flusses bei dem Orte Angolo nimmt eine neue Strasse ihren Anfang, die das Val di Scalve hinauf bis nach Dezzo geführt werden soll und bereits so weit aus dem Felsen gesprengt ist, dass sie von Fussgängern benutzt werden kann. Folgen wir derselben, so treffen wir $^1/_2$ Stunde hinter Angolo, wo man an den Wiesen und Geröllströmen, die links vom Gebirge herabkommen, zuerst wieder festes Gestein bemerkt, dünnplattige, graue, bis intensiv schwarze Kalke in dünnen, mannigfach gewundenen Schichten an, in denen sich häufig *Halobia Lommeli*, globose und ceratitenartige Ammoniten finden. Prachtvoll entblösst sind diese Kalke in den merkwürdigsten Windungen und Knickungen zu beiden Seiten des engen Tobels, der in einer Tiefe von etwa 80′ neben der Strasse liegt. Gänge eines schönen dunklen Porphyr's mit deutlich ausgeschiedenen Feldspathkrystallen (wie es scheint Oligoklas) durchbrechen die Schichten und bilden an der Berührungsfläche sehr ausgezeichnete Breccien, aus eckigen Kalkstücken, im Porphyrteige eingebacken, bestehend. Vom Einfallen ist wegen der Knickung der Schichten wenig zu sehen, doch ist dasselbe im Allgemeinen gegen SW. sehr sanft. Die Strasse, sowie das mitgetheilte Profil liegen nicht ganz rechtwinklig gegen die Schichten, sondern durchschneiden schief eine vom Beschauer abfallende Mulde. Auf die dunklen Kalke folgen, dieselben deutlich überlagernd, helle graue Kalke in mächtigen Bänken mit nur schwach angedeuteter Schichtung. Bezeichnend für sie ist eine sehr eigenthümliche Struktur, die von jeher die Aufmerksamkeit auf sich zog. Escher[1]) erwähnte derselben schon und bildete ein solches Gesteinsstück eben aus diesem Thale ab. Rundliche, eckige oder nierenförmige Kalkstücke, mit feiner Querfurchung versehen, sind umgeben von mehreren, dieselben umhüllenden konzentrisch gefaserten Kalkschalen. Verschiedene so gebildete Massen berühren sich an einzelnen Punkten und die leeren Zwischenräume sind dann wieder von fein mäandrisch gezeichneter Kalkmasse ausgefüllt, so dass das Ganze ein festes Gestein bildet. Einzelne halbkuglige, kegelförmige Massen ragen da, wo das Gestein zum Strassenbau verwendet

[1]) Bronn, Leonh. Jahrb. 1846. Taf. VI. p. 4.

wurde, frei aus den Wänden heraus und diese gewinnen dann das Ansehen des Inneren einer Tropfsteinhöhle. Ob man es mit Petrefakten oder Oolithen zu thun hat, blieb Escher zweifelhaft. Wenn es Korallen sind, wie Stoppani annimmt, der diese Dinge als *Evinospongia cerea* abbildet, so dürfte dies nur von den inneren Massen gelten, die allerdings mitunter verzweigt sind; die die Zwischenräume ausfüllende Kalksubstanz und die Schalen sind aber jedenfalls nur Produkte eines Niederschlags oder einer Ausscheidung. Von unzweifelhaften Versteinerungen sah ich sonst nur Ammonitendurchschnitte und Encrinitenstielglieder (Rad. cf. liliiformis). Diese Kalke, die durch den Bau der neuen Strasse in einer ausgezeichneten Weise entblösst sind, halten an bis etwas vor dem Orte Dezzo, wo ein Seitenthal einmündet. Hier trifft man wieder die schwarzen Kalke mit *Halobia Lommeli* und *A. Aon* und Globosen, darunter *Ammonites gibbus* n. sp., in ausgezeichneter Entwickelung in dem nach Colerè hinaufführenden Thale und östlich von diesem Orte, wo sie den gewaltigen Koloss der Presolana unterteufen und sich mit denen bei Angolo beobachteten in Verbindung setzen. In den Umgebungen von Colerè hat man für bauliche Zwecke die Platten öfter aufgebrochen und man sieht auf Thürschwellen u. s. w., ganze Flächen mit *Halobia Lommeli* bedeckt. Schöne Ammoniten liegen auf den Platten der Einfassungsmauer der kleinen Brücke zwischen den beiden getrennten Theilen des Ortes. Weiter aufwärts im Val di Scalve gegen Schilpario, lassen sich die unterliegenden Rauchwacken und der Servino beobachten, so dass man in umgekehrter Reihenfolge dieselben Schichten hat, wie wir sie Eingangs bei Angolo fanden. Wenden wir uns nun zur Betrachtung jener gewaltigen Gebirgsmasse, die in der Presolana ihren Gipfel erreicht und deren Unterlage wir so eben kennen gelernt haben. Wir gehen zurück auf die neue Strasse bis etwa zu dem Punkte, der unter dem Giogo di Castione liegt und klimmen auf beschwerlichem, aber sehr instruktiven Pfade in einem der Wasserrisse nach den um die einzelnen Spigolo und Padone genannten Häusern gelegenen Alpweiden empor. Bis zu einer Höhe von etwa 1500′ über dem Flusse hält der Kalk an, wird aber dann, wo das kleine Plateau mit den Hütten beginnt, von dunklen, leberbraun verwitternden Mergelkalken überlagert, in denen ich in Menge

Myophoria Kefersteini Mnst. sp.
Gervillia bipartita Mer.
Pecten filosus Hau.

und eine ausgezeichnete Chemnitzie sammelte. Es ist dies die bekannte, schon von Curioni, Hauer und Stoppani zitirte Lokalität für Raibler Fossilien. Dass grade hier Stoppani die selbständige Entwicklung der

Kalke mit riesenoolithischer Struktur (*Evinospongia cerea* St.) zwischen den Halobienschichten und den Schichten mit *Gerv. bipartita* entging, ist auffallend. Höher hinauf gegen das Giogo stellen sich dolomitische und sandigmerglige Gesteine ein, wie man denn unmittelbar am Wege vom Giogo nach Dezzo gelbe dünnschichtige Mergelschiefer anstehen sieht, die unter sich die Presolana zu ziehen scheinen. Ich konnte dieselben weiterhin nicht verfolgen, doch giebt sie Prof. Curioni daselbst als die Presolana unterteufend an.[1])

Setzen wir unsre Wanderung vom Giogo abwärts nach Castione fort, so treffen wir nach etwa 2 Stunden dicht hinter Castione am Monte Varò rothe, bunte Sandsteine, welche zur Raibler Gruppe gehören und eine Fortsetzung der unter dem Giogo bilden. Darüber am Monte Pora stehen helle Dolomite an, die ausser *Avicula exilis* noch andere Versteinerungen von Stoppani's Fauna von Esino führen, wie denn von hier an allerseits über die Lagerung der höher folgenden Schichten kein Zweifel mehr unter allen Beobachtern besteht. Unter den Monte Pora in Val Supina beobachtet man folgende Aufeinanderfolge der Schichten, die ich einer gefälligen Mittheilung Herrn Curioni's verdanke. Ich setze sie um so lieber her, als sie auf der Südseite der Gebirgsmasse, mit der wir uns beschäftigen, ganz dieselbe Reihenfolge erkennen lässt, wie ich sie soeben auf der Nordseite in Val di Scalve beschrieb.

1. Heller, unten dunkler Dolomit von Esino mit *Av. exilis* etc.
2. Bänke mit *G. bipartita.* Keuper.
3. Dolomitischer Kalk mit Bleiglanz in dünnen Adern. Chemnitzia.
4. Kalk mit dünnen Bänken mit *Halobia Lommeli* und Ammoniten. Muschelkalk und S. Cassian.
5. Gyps.
6. Rauchwacke (cargneule), calcare farinoso.
7. Bunter Sandstein und Servino.

7. 6. 5. und noch ein Theil von 4 gehören zur untern Trias. Die Rauchwacken, auch als cargneule oder calcare farinoso bezeichnet, sind ein in ihrer petrographischen Beschaffenheit leicht wieder zu erkennendes Glied und der Ausdruck mehliger Kalk (calcare farinoso) ist sehr passend, wie denn schon Escher[2]) dasselbe Formationsglied am passo Croce Domini treffend als „gelb bestaubten dolomitischen Kalkstein" bezeichnet. Die scharfe Grenze zwischen unterer und oberer Trias liegt nach meiner Auffassung in 4, nur ist

---

[1]) Nach einem brieflich mitgetheilten Profil.

[2]) Studer. Geol. d. Schweiz. I. p. 446.

dieselbe sehr schwer aufzufinden wegen der Seltenheit oder des gänzlichen Fehlens ächter Muschelkalkpetrefakten. Da die Gesteine petrographisch sich sehr ähnlich sind, stellt sie Curioni als ein Glied mit der Bezeichnung Muschelkalk u. S. Cassian hin. Für Nr. 2 nimmt Curioni wegen der Pflanzenvorkommnisse und der petrographischen Aehnlichkeit mit ausseralpinen oberen Keuper den Namen Keuper in Anspruch. Dagegen ist nur zu bemerken, dass, wenn man den ausseralpinen Namen Keuper in die alpine Geologie einführen will, man ihn dann auch für den ganzen Komplex anwenden muss, der in den Alpen zwischen denjenigen Grenzen liegt, die ausserhalb derselben den Keuper bezeichnen, also zwischen Muschelkalk und ächtem Lias. Auf einen einzelnen Horizont innerhalb dieser Grenzen allein angewandt, giebt der Name in den Alpen zu leicht zu Missverständnissen Veranlassung, indem die guten, durch den Muschelkalk nach unten, die Kössener Schichten nach oben gegebenen Grenzen nicht die Bedeutung erhalten, die ihnen als den beiden sichersten Anhaltspunkten für inner- und ausseralpine Parallelen beigelegt werden muss. Diese Auffassung war denn auch bei der Gümbel'schen Bezeichnungsweise, der einzigen, die bisher mit Consequenz für alle alpinen Formationen ausseralpine Namen in Anwendung brachte, maassgebend.

Theils um auch die Ausbildung der noch über denen, in obigen Profilen mitgetheilten Komplexen liegenden Schichten kennen zu lernen, theils um einige ausgezeichnete Petrefaktenvorkommnisse namhaft zu machen, wenden wir uns noch etwas südlicher nach den Gebirgen, welche das Ostufer des herrlichen Lago d'Iseo bilden, übersteigen dieselben dann und gelangen nach den so häufig genannten Thälern Val Trompia und Val Sabbia.

Von Volpino gegen SO. verbergen sich die Schichten mit *G. bipartita*, und alle tiefer liegenden auf eine Stunde unter den gewaltigen Geröllmassen, die der Oglio am Nordende des See's zusammengeschwemmt hat. Jenseits des Thales über Pisogne treten Kalke und dolomitische Gesteine an den Abhängen des Monte Anguina auf und oben an dem zwischen Monte Anguina und Corno dei trento passi von Pisogne und Toline nach Zone führenden Passe, stehen in prachtvoller Entwicklung und reich an Fossilien wieder die Raibler Schichten an, sich nach Zone hinabziehend und den Grund des gegen den Monte Marchione hinaufziehenden Thales ausfüllend. Ueber ihnen lagern, den steilen westlich vom Monte Marchione nach dem See zu laufenden Bergrücken bildend, helle drusige Dolomite, ganz erfüllt mit *Av. exilis*, Gastrochäna ähnlichen Gebilden und Gastropoden, in deren Fortsetzung unten am Seeufer die Strassenarbeiten schöne Durchschnitte der Dachsteinbivalven frei gelegt haben. Das südlich von diesem Rücken folgende Thal ist wiederum in weichen Gesteinen ausgewaschen und man sammelt in demselben *Terebratula Schafhäutli* Stopp., wie denn auch Stoppani diese Schichten als seiner Azzarolagruppe, d. i. den Kössener Schichten angehörend, betrachtet.

Es ist interessant, nachdem man die petrographische Beschaffenheit dieser ganzen Schichtenreihe an Ort und Stelle studirt hat, eine Fahrt auf dem See in hinreichender Entfernung vom Ufer zu unternehmen. In sehr auffallender Weise giebt sich dann der Einfluss der petrographischen Beschaffenheit auf die Konfiguration der Erdoberfläche und die Vegetationsdecke zu erkennen. Schroff und baumlos in prallen Wänden steigen die Dolomitmassen auf mit scharfen Graten und spitzen Zacken von weisser Farbe, scharf abstechend gegen den tiefblauen Himmel. Zwischen denselben liegen in sanft gerundeten Formen die Thäler, aus den klaren Fluthen des See's in anmuthigem Wechsel schwellender Wiesen und kleiner mit üppigen Wein- und Kastaniengärten bestandenen Plateau's aufsteigend.

Der Rücken südlich von dem genannten, in Kössener Schichten eingeschnittenen Thal (auf der Stabskarte als Val Opol bezeichnet), besteht aus grauen, theils oolithischen Kalken in wohlgeschichteten Bänken, die sich in SO. Streichen hinüber nach Val Trompia verfolgen lassen, wo sie bei Gardone den Berg Domaro zusammensetzen, dessen Fossilien Lias anzeigen. Auf der andern Seite von Val Trompia in dem kleinen bei Sarezzo einmündenden Thale liegen reich entwickelte Kössener Schichten mit Bactryllien und unter denselben, den Abhang des Monte S. Emiliano bildend, helle drusige Dolomite mit sehr zahlreichen Fossilien, aus denen ich hervorhebe:

Turbo solitarius n. sp.
Natica incerta n. sp.
Turritella Lombardica n. sp.
Turritella Trompiana n. sp.
Modiola pupa Stopp.
Myoconcha Brunneri Hau.
Gervillia salvata Brunner.
Gervillia cf. *praecursor* Qu.
Avicula exilis Stopp.
Gastrochaena sp.

In der Fortsetzung dieses Dolomits bei Sarezzo liegt in Menge *Megalodus triqueter* Wulf. sp.

Noch weiter SO., bei Caino, enthalten dieselben Dolomite, unmittelbar unter petrefaktenreichen Kössener Schichten, dicht an der von genanntem

Orte nach Val Sabbia führenden Strasse die prachtvollen Exemplare von Dicerocardium Jani Stopp.[1]) Das Gestein ist zwar durch Sprengen leicht in grossen Blöcken zu gewinnen, doch hält es schwer, aus dem bröckligen Dolomit die bis 1' grossen Bivalven unversehrt herauszulösen.

Resultate aus den mitgetheilten Untersuchungen.

Ein Blick auf die eben skizzenhaft mitgetheilten bisherigen Untersuchungen in der oberen alpinen Trias zeigt, dass sich im Wesentlichen nur zwei verschiedene Ansichten gegenüber stehen: einerseits Stoppani's, der in seinen *Gervillia bipartita* führenden Schichten von Gorno und Dossena die Basis der gesammten oberen Trias sieht, und dieselben auf den Muschelkalk folgen lässt, andererseits Curioni's, Ragazzoni's und sämmtlicher ausserlombardischen Forscher, welche über dem Muschelkalk und unter den Schichten der *Gervillia bipartita* (Cardita Schichten, Raibler Schichten) noch einen mächtigen Komplex theils dunkler, kalkig-plattiger, dünnschichtiger, theils heller kalkig dolomitischer, nur undeutlich, oder gar nicht geschichteter Massen unterscheiden (Cassianer Schichten, Hallstatter Schichten u. s. w.). Mit letzterer Ansicht lässt sich ganz ungezwungen mein aus dem Val di Scalve mitgetheiltes Profil in Uebereinstimmung setzen. Ueber dem Muschelkalk, den ich hier nicht nachweisen konnte, der sich aber nach Curioni's Andeutungen in geringer Entfernung findet, folgen die Halobienschichten, auf diese die Riesenoolithe und diese werden überlagert von den Raibler Schichten. Darüber erst kommt eine zweite Dolomitmasse. Ich constatire also hier zunächst die vollkommene Uebereinstimmung der ostlombardischen mit den übrigen alpinen Verhältnissen, indem ich etwas eingehender auf die einzelnen Unterabtheilungen eingehe und gebe erst weiter unten die Nachweise, welche zur Aufklärung der abweichenden Anschauungen Stoppani's dienen können.

Untere Abtheilung der oberen alpinen Trias. Hallstatter und Raibler Gruppe.

Auf den Guttensteiner- und Muschelkalk folgen entweder sogleich mächtige Kalke mit zahlreichen Cephalopoden und *Monotis salinaria* (Hallstatt, Raibl) oder sehr mannigfach petrographisch entwickelte Gesteine, welche als Partnachschichten (Südbayern, Nordtirol, Vorarlberg), mittlerer Alpenkalk z. Th. (bei Innsbruck und Umgegend), Wenger Schiefer, Buchensteiner Kalke, Cassianer Schichten (Südtirol), S. Cas-

[1]) Stoppani. Palaeont. Lomb. III. Ser. Append. p. 248. Tab. 41—50.

siano, unteres S. Cassian (Lombardei) benannt wurden. Wo diese letzteren Gesteine entwickelt sind, folgt die Hauptmasse der Dolomite und Kalke erst über denselben. Gemeinsam ist allen diesen Schichten das Vorkommen von *Halobia Lommeli*, (in den Kalken *Monotis salinaria*) und gewisser Ammoniten, unter denen besonders *Ammonites Aon* zu nennen ist, der das Maximum seiner Entwicklung aber in den untersten Schichten erreicht und nach oben seltener wird, um in der Raibler Gruppe ganz zu fehlen. Auffallend und weiterer Untersuchung bedürftig erscheint noch der Mendoladolomit Richthofen's als eine Dolomitmasse mit obertriadischen Fossilien unter den Halobienschichten, sowie das ähnliche Auftreten der Dolomite bei Raibl[1]), die ebenfalls unter Schiefern liegen sollen, welche *Halobia Lommeli* und globose Ammoniten führen.

Man kann, ohne die durch sichere Beobachtung gegebene Basis zu verlassen, mit einem Namen die über dem Muschelkalk und unter den Schichten der *Gervillia bipartita* liegenden Schichtenkomplexe als Hallstatter Gruppe zusammenfassen, welche bei einem auffallenden petrographischen Wechsel doch gewisse gemeinsame paläontologische Eigenthümlichkeiten zeigt, die sie als ein zusammengehöriges Ganze kennzeichnen. Diese bestehen in dem Vorkommen der oben genannten Fossilien, die im besonderen noch die kalkig-thonigeren Ablagerungen bezeichnen, während für die hellen Kalke und Dolomite eine Reihe ausgezeichneter Cephalopoden, deren Listen bei Hauer und Gümbel nachzusehen sind, sowie eine Reihe von Gastropoden hinzukommen.

Ein negatives Kennzeichen scheint das gänzliche Fehlen des echten *Megalodus triqueter* Wulf. zu sein, der nur an wenig einzelnen Punkten durch eine nahe stehende Form, den *Megalodus columbella* Gümb. vertreten wird.

Innerhalb dieser so begrenzten Hallstatter Gruppe treten nun eine unendliche Menge petrographisch verschieden ausgebildeter Schichten mit mancherlei zoologischen Facies auf. Im Allgemeinen steht aber der Wechsel in der unteren Abtheilung scharf im Gegensatz sowohl zu der Einförmigkeit

[1]) Soeben erhalte ich die Mittheilungen Stur's in Verhandl. des Jahrb. der geolog. Reichsanst. 1865. p. 41. Wenn die dort nur angedeuteten Verhältnisse näher auseinandergesetzt sein werden, dürfte man einer Gliederung der oberen alpinen Trias im Horizonte schon näher kommen. In wiefern Stoppani's Versetzung der Esinofauna über die Raibler Schichten dieselbe mit der Hallstatter Fauna gleichzeitig mache, ist mir aber nicht verständlich; denn wenn auch bei Raibl der Dolomit zwischen Wenger Schiefern und echten Raibler Schichten fehlen sollte, so steht doch wohl die Lagerung des Hallstatter Kalkes unter den Raibler Schichten in den Nordalpen noch fest.

der Muschelkalkschichten, die überall einen ähnlichen Charakter bewahren, als auch zu der der obern Abtheilung, wie das von Richthofen[1]) insbesondere für die Umgebungen von St. Cassian bereits hervorgehoben wurde.

Die Grenze gegen den Muschelkalk ist eine zoologisch so scharfe, dass eine Abtrennung der Halobiaschichten unbedingt geboten erscheint.[2]) Nach oben setzen einzelne Arten in die Raibler Schichten fort, allein keine Halobien und was besonders interessant ist, keine Ammoniten[3]). Es findet also hinreichender Zusammenhang statt, um beide Schichtenkomplexe in eine grössere Abtheilung zu vereinigen, aber auch hinreichende Unterschiede und zwar recht wesentliche sind vorhanden, um sie innerhalb derselben auseinanderzuhalten. Denn das Fehlen einer ganzen Molluskenabtheilung, die an bestimmte Bedingungen ihrer Existenz gebunden ist, wie die Cephalopoden, zumal wenn auch die petrographische Beschaffenheit der Schichten beweist, dass die Meere, aus denen dieselben gebildet wurden, sehr verschiedener Natur waren, scheint ein genügendes Moment für eine Trennung. Also Ruhe und Einförmigkeit zu Ende der unteren Trias, ein reicher Wechsel der verschiedenartigsten petrographischen und paläontologischen Verhältnisse, die aber doch ein gemeinsam umschlingendes Band haben, das man nicht, ohne der Natur Zwang anzuthun, zerreissen darf, in den unteren Schichten und endlich wieder eine verhältnissmässige Ruhe und über weite Strecken gleichartige Ausbildung gegen die Mitte der oberen Trias — das sind die Haupteigenthümlichkeiten der drei Abtheilungen, die ich als Muschelkalk, Hallstatter und Raibler Gruppe bezeichne.

Zur Hallstatter Gruppe und zwar zur unteren Hälfte derselben rechne ich: die Fisch- und Reptilschichten von Perledo und Varenna, die Halobienschichten der ganzen Lombardei (besonders in Val Cammonica, Val Trompia u. s. w.), Südtirols (Pieve), sowie mancherlei Ablagerungen in Richthofen's Untersuchungsgebiet (Buchensteiner Kalke, Fischschichten von Corfara, Wenger Schiefer, Cassianer Schichtenfolge) in Val Sugana und dem ganzen Venetianischen. Auf der Nordseite der Alpen die Partnachschiefer theilweise und Theile des mittleren Alpenkalks bei Innsbruck, die Knollenkalke vom

[1]) Richthofen. Beschreibung. p. 73.

[2]) Wegen des angeblichen Durchgehens der *Voltzia heterophylla* von den Seisser Schichten möchte ich kaum die Wenger Schiefer dem Muschelkalk anschliessen. Die *Halobia Lommeli* scheint mir ein stärkeres Band für Meeresablagerungen, als sekundär herbeigeführte Pflanzenreste. Verhandl. der geolog. Reichsanstalt. 1865. 21. Febr. p. 13.

[3]) Hauer erwähnt nur einiger weniger z. Th. nicht recht sicherer Vorkommnisse.

Kerschbuchhofe, die Reiflinger Kalke[1]) (?). Zur oberen Abtheilung: gewisse später noch genauer zu erforschende Dolomite am Monte Salvatore bei Lugano[2]) und in den Umgebungen von Esino und Lenna, die Kalke und Dolomite des Sasso Mattolino und von Ardese, die Kalke mit dem Riesenoolith aus Val di Scalve, Theile der Dolomite in Iudicarien (s. u.), den Schlerndolomit und Mendoladolomit Richthofen's, die Arlbergkalke desselben Forschers in Vorarlberg, oberer Alpenkalk Pichler's, unterer Keuperkalk Gümbel's, die Hallstatter Kalke im Salzkammergut, die Kalke von Unterpetzen und Tratzberg.

Obere Abtheilung der oberen alpinen Trias. Hauptdolomitgruppe und Rhaetische Gruppe.

Hauptdolomitgruppe. Nach dem einstimmigen Urtheil aller Forscher folgen auf die Raibler Schichten mächtige Kalk- und Dolomitmassen, die sich in den Nordalpen meist durch eine grosse Armuth an Versteinerungen auszeichnen, indem nur *Cardium triqueter* Wulf. an vielen Punkten in Masse

---

[1]) In den Sitzungsberichten der Reichsanstalt 1865 vom 21. Febr. sehe ich soeben die Reiflinger Kalke, weil sie die Petrefakten der Virgloriakalke enthalten sollen, mit diesen zusammengestellt. Da aber auch die Kerschbuchhofschichten hierher gestellt sind, welche eben keine Virgloriapetrefakten enthalten, wird abzuwarten sein, welches denn jene Versteinerungen der Reiflinger Kalke sind.

[2]) cf. die Listen bei Stoppani in Atti della società geologica. Bd. II. p. 235, wo aus den Dolomiten des Monte Salvatore Hallstatter und Hauptdolomitarten angegeben sind.

Anmerkung. Pichler wies bei Innsbruck Raibler Fossilien in tieferem Horizonte als die eigentlichen Raibler Schichten (Cardita Schichten) nach. Er schliesst daraus, dass die Raibler Schichten nicht blos das Dach seines oberen Alpenkalkes bilden, sondern auch in demselben eingelagert vorkommen (Beiträge zur Geognosie Tirols 3. Folge. p. 20 seq.). Auch Hauer kommt zur Folgerung, dass nach den Fossilien die ganze obere Trias (im Sinne der Wiener Geologen mit Ausschluss der Rhätischen Formation) ein zusammengehöriges Ganze bilde. (Sitzungsberichte. Wiener Akademie. 19. Jan. 1865. p. 8.) Gewiss ist diese Auffassung richtig, allein die obere Schichtenreihe als selbstständiges Glied aufzufassen, scheint doch immerhin geboten, nur wird es sich darum handeln, welche Fossilien als ausschliesslich bezeichnend für diese obere Abtheilung gelten können. Sollten die Angaben Stur's[1]) über die Umgebungen von Raibl richtig sein, so würde darin ein Beweis liegen, dass eben echter Hallstatter Kalk bei Raibl nicht entwickelt ist, dass aber darum doch an vielen Punkten der Alpen, besonders in der Lombardei, mächtige Kalk- und Dolomitmassen zwischen Muschelkalk und den Schichten mit *Gervillia bipartita* liegen, scheint unzweifelhaft. Man entschliesse sich nur einmal, den unglücklichen Namen Esinokalk bei Seite zu lassen und Parallelen mit einem Gebilde zu vermeiden, dessen Lagerung eben noch nicht sicher festgestellt sind. (S. unten p. 91 sequ.)

---

[1]) Jahrb. geol. Reichsanst. 1865. p. 46.

auftritt, während im auffallenden Gegensatz hierzu die Schichten der Lombardei und Südtirols eine Fülle fossiler Arten umschliessen, die denen der Hallstatter Kalke an Spezieszahl zum mindesten gleichkommen, dieselbe aber wahrscheinlich übertreffen. Dass die Dolomite in Val Cammonica und Val Sabbia diesem Horizonte angehören, wurde oben erwähnt und es lagen für diese Annahme stratigraphische und paläontologische Gründe vor. Anders bei Storo, wo uns die leitenden Raibler Schichten fehlen. Das gemeinsame Vorkommen folgender Fossilien zu Inzino an den Gehängen des Monte S. Emiliano und zu Storo:

Megalodus triqueter Wulf. sp.
Dicerocardium Jani Stopp.
Gervillia cf. *praecursor* Qu.
Avicula exilis Stopp.
Turbo solitarius n. sp.
Natica incerta n. sp.

veranlasst mich, beide Ablagerungen als äquivalent anzusehen und die Dolomite der Val Ampola bei Storo zur Hauptdolomitgruppe zu ziehen. Da sich *Turbo solitarius, Natica incerta* und eine von der *Avicula exilis* wohl nicht verschiedene Avicula häufig in den Dolomiten von Val Arsa[1]) bei Roveredo (Prof. V.), Castell Pietro bei Volano, Sella (Prof. VI.) findet, so stehe ich nicht an, diese Dolomite ebenfalls als Hauptdolomit anzusprechen. Auch im Val di Non muss der Hauptdolomit eine grosse Ausdehnung haben, da man mir mehrfach vom Vorkommen der piedi di cavalli (den Impressionen der Dachsteinbivalven) daselbst erzählte. Einen schönen Steinkern des *M. triqueter* aus den Umgebungen von Valmorbia in Val Arsa bewahrt H. Pischl in Roveredo. Von Bedeutung wird eine genaue Durchforschung des Val di Non, sowie der nördlich und nordöstlich davon gelegenen Gebiete im Anschluss an Richthofen's Untersuchungen sein. Wenn die Mendoladolomite in der That der unteren Abtheilung der oberen Trias angehören, wie das nach seinen Angaben unzweifelhaft zu sein scheint, so geben sie vielleicht Anhaltspunkte zur Entscheidung der Frage, ob die Hallstatter Kalke im mittleren Theile Südtirols und in Iudicarien sich finden und welche Gesteine man ihnen beizuzählen habe. An den südlichsten Punkten Tirols, z. B. bei der Ausmündung von Val Ampola, sind die Hallstatter Schichten wahrscheinlich tief unter die Thalsohle geworfen, allein weiter nördlich kann dies nicht der Fall sein.

[1]) Nach Wolf auch in Val Ronchi, zu Merane und Ala, Verhandl. geolog. Reichsanst. 1865. p. 47.

Hier handelt es sich wegen des Vorhandenseins der Halobienschichten darum, welche von den über denselben liegenden Kalk- und Dolomitbänken zur Hallstatter-, welche zur Hauptdolomitgruppe gehören, wenn anders man nicht das Fehlen derselben annehmen will, was wegen des in der Nähe auftretenden so mächtigen Schlerndolomites nicht wohl thunlich scheint.

Rhätische Gruppe. Im Gegensatz zur Lombardei zeigt die Rhätische Gruppe in Südtirol nur eine sehr geringe Verbreitung. Die bei S. Michele[1]) gefundenen

Mytilus minutus Goldf.
Terebratula Schafhäutli Stopp.
Terebratula pruniformis Süss.

sind die einzigen Andeutungen derselben. Diese Fossilien stammen aus wohlgeschichteten Kalkbänken, die die Gipfel der höchsten, zwischen Lago di Ledro und Lago di Garda gelegenen Berge krönen. Am Lago di Ledro selbst erwähnt Hauer der Kössener Schichten, die mit denen über S. Michele lagernden zusammenhängen dürften. Die Unterlage derselben bilden überall Dolomite, die sich durch ihre massenhaften Versteinerungen (z. B. am Monte Camerone, am Cima Tavalò) als identisch mit denen von Storo erweisen, mit denen sie ja auch unmittelbar zusammenhängen.

Abweichende Ansichten über die Begränzung und Gliederung der oberen Trias.

1. Stellung der Rhätischen Gruppe. Ueber die Begränzung der Trias nach oben sind die Ansichten sehr getheilt. Die österreichischen Geologen nämlich schliessen dieselbe mit der Raibler Gruppe ab und lassen den Lias schon mit dem Hauptdolomit beginnen, die bayerischen Forscher setzen die Grenze erst über die Rhätische Gruppe und betrachten die ausseralpinen Zonen des *Ammonites planorbis* und *angulatus* als Basis des Lias. Stoppani endlich fasst unter dem Namen Etage infraliasien die Rhätische Gruppe (seine Schichten von Azzarola, neuerdings auch couches à *Avicula contorta*) mit den Zonen des *Ammonites planorbis* und *angulatus*, die er als couches à faune Hettangienne bezeichnet, zusammen und sieht in denselben eine Zwischenbildung. Uebersichtlich stellen sich also die Auffassungen so:

[1]) Hauer, Lombardei p. 479, erwähnt von hier auch Fischreste.

<table>
<tr><th colspan="2">Bayerische Geologen</th><th colspan="2">Oesterreichische Geologen</th><th colspan="2">Stoppani</th></tr>
<tr><td rowspan="2">Lias</td><td rowspan="2">Zone d. Gr. arcuata
Zone d. Am. angulatus
Zone d. Am. planorbis</td><td rowspan="4">Lias</td><td rowspan="2">Unterer Lias</td><td>Lias</td><td>Kalke v. Saltrio m. Gr. arcuata</td></tr>
<tr><td rowspan="2">Infra. Lias</td><td>Zone d. Am. angulatus und Zone d. Am. planorbis (faune Hettangienne) } Calcare del Sasso degli Stampi</td></tr>
<tr><td rowspan="3">Trias</td><td>Rhätische Gruppe
Schichten d. Avicula contorta
u. Dachsteinkalk (im eng. Sinne)</td><td>Kössener Schichten und oberer Dachsteinkalk</td><td>Schichten von Azzarola
(couches à Avicula contorta)</td></tr>
<tr><td>Hauptdolomit</td><td>Dachsteinkalk</td><td rowspan="2">Trias</td><td>Dolomia media
(Petrifications d'Esino)</td></tr>
<tr><td>Raibler Schichten</td><td>Trias</td><td>Raibler Schichten</td><td>Schichten v. Gorno u. Dossena</td></tr>
</table>

Die in der Lombardei über den Schichten von Azzarola folgende Kalk- und Dolomitbank sieht Stoppani als ein Aequivalent der ausseralpinen Schichten des *Ammonites planorbis* und *angulatus* an. Es ist dies jedoch eine blosse Annahme, da aus dem Umstande, dass diese Dolomitbank an der Stelle der lombardischen Schichtenreihe liegt, wo ungefähr die ausseralpinen untersten Liasschichten bei vollständiger Entwicklung aller Formationsglieder liegen müssten, noch nicht gefolgert werden kann, dass dieselbe nun nothwendig eine gleichzeitige Bildung mit den Schichten des *Ammonites planorbis* und *angulatus* sei. Da der calcare del Sasso degli Stampi auch nicht eine Versteinerung mit dem ausseralpinen Lias gemein hat, sich hingegen petrographisch dem tiefer liegenden Dolomit (dolomia media) anschliesst, so ist es wohl natürlicher, denselben als Aequivalent der in den Nordalpen über den Contorta Schichten liegenden Kalkbank (oberer Dachsteinkalk) anzusehen und gleich diesem noch mit der Rhätischen Gruppe zu verbinden, wie das die bayerischen und österreichischen Geologen thun. Auffallend bleibt es freilich, dass das diesen Schichten nach Stoppani eigenthümliche *Conchodon infraliassium* (Pal. Lomb. III Sér. p. 246. Taf. 38. 39. 40) nicht mit dem nordalpinen *Megalodus triqueter* übereinzustimmen scheint, der sich in der Lombardei nur in der dolomia media finden soll.

Nach unten schliesst Stoppani seinen Infralias gegen die Dolomia media, die Schichten der *Avicula exilis* ab, so dass zwischen beiden Komplexen eine Haupt-Formationsgrenze hindurch läuft, ein Verfahren, von dessen Naturgemässheit ich mich bei meinem Besuche der Lombardei nicht überzeugen konnte. Einmal entwickeln sich die mehr merglig kalkigen Schichten der *Avicula contorta* ganz allmählig aus den Dolomiten, durch einen langsamen Uebergang, dann scheinen aber auch einige Fossilien beiden Abtheilungen gemeinsam zu sein. So vermag ich eine bei Storo sehr häufige Avicula (wohl *Avicula caudata* Stopp.) nicht von *Gervillia praecursor* Qu. sp. zu unterscheiden, *Cardita multradiata* Emr. sp. stimmt überein mit Abdrücken im Dolomit von Val Ampola, die Dachstein-Bivalven endlich, deren Akten noch lange nicht geschlossen sind, finden sich, wenigstens in den Nordalpen im Dolomit unter und in der Kalkbank über den Kössener Schichten in identischen Arten, so dass es unnatürlich wäre, beide in besondere Formationen zu stellen. Diese noch dürftigen paläontologischen Beweise für die Zusammengehörigkeit des Hauptdolomits und der Rhätischen Gruppe liessen sich wahrscheinlich noch sehr wesentlich vermehren, wenn mir mehr Material aus den Dolomiten zu Gebote stünde. Ich musste mich hier darauf beschränken, das anzuführen, was sich aus meinen eignen Aufsammlungen folgern lässt. Wirft man einen Blick auf die Tafeln zu Stoppani's Petrifications d'Esino, so könnte es allerdings befremdlich erscheinen, in dieser Fauna eine besondere Analogie oder gar Identität mit der Rhätischen Gruppe zu finden. Abstrahirt man aber von jenen grossen Gastropoden und den Cephalopoden, welche ausschliesslich von wenigen gesonderten Lokalitäten (Lenna und Esino) stammen, wo sie nach Stoppani ein besonderes tieferes Niveau in seine Dolomie moyenne einnehmen, (vergl. unten) und zieht blos die dann übrig bleibenden weit verbreiteten Arten der „dolomie moyenne proprement dite" in Betracht, so wird die Analogie sehr auffallend.

Ist nun die Unzweckmässigkeit einer Trennung des Hauptdolomits und der Rhätischen Formation dargethan, so wird es sich darum handeln, zu untersuchen, ob die Aufstellung einer solchen besonderen Zwischenformation, des Infralias, in welche dann vielleicht der Hauptdolomit mit einzubeziehen wäre, nothwendig erscheint. Unsere Formationsbenennungen sind ja doch nur ein blos künstliches Mittel, die mannigfaltig in der Erdrinde entwickelten Schichten in übersichtliche Darstellung zu bringen und einen Rahmen zu liefern, in welchen man neu entdecktes bequem einfügen und mit schon bekanntem vergleichen kann. Bei der anfänglichen Aufstellung derselben glaubte man freilich mit einer Formationsgrenze auch den Abschluss einer Epoche und den Untergang aller während derselben lebenden Organismen zu bezeichnen, so dass mit der nächsten eine ganz neue Schöpfung zur Bevölkerung der Erdoberfläche auftreten musste. Von einer solchen scharfen Abgrenzung ist man denn nun zurückgekommen, hat aber die einmal angenommenen Grenzen doch beibehalten, weil die Formationen in ihrer Gesammtheit hinreichende Verschiedenheiten zeigen und einen eigenthümlichen Charakter tragen.

So kann man wohl von einem jurassischen oder triadischen Charakter sprechen, der sich in entfernter liegenden Gliedern beider Formationen stets ausgeprägt zeigen wird. Die Zahl der Formationen zu vermehren, könnte man sich aber nur dann veranlasst sehen, wenn man neue Ablagerungen entdeckte, welche gegen die bekannten nach unten und oben folgenden Formationen eben solche Unterschiede zeigten, als diese Formationen selbst unter einander.

Im Infralias, als Formation, müsste also ein gewisser selbstständiger Charakter entwickelt sein, der in seiner Bedeutung dem jurassischen und triadischen Charakter gleichstehen müsste.

Solche hervorragende Eigenthümlichkeiten besitzt aber der Infralias nicht und mit demselben Rechte, mit dem man ihn als neue Formation aufstellt, könnte man wohl ohne Mühe die ganze Formationsreihe in einem Wechsel von Formationen und Infra-Formationen auflösen, was mit anderen Worten einer Beseitigung der Formationen überhaupt gleichkommen würde. Da nun auch gewisse jetzt zum Infralias gerechnete Schichten bereits bei Aufstellung der Namen Lias und Trias bekannt waren und bestimmt in die eine oder andere Formation mit einbezogen wurden, kann man wohl dasselbe Verfahren auch auf die seitdem neu aufgefundenen Schichten anwenden und sie in dieselben Grenzen mit einschliessen. Es sind dies die im besonderen als Schichten der *Avicula contorta* unterschiedenen Ablagerungen, bei denen es sich nun fragt, welcher der beiden Formationen man sie anschliessen soll. Bilden sie den Schluss der Trias oder den Anfang der Lias? Dittmar[1]) hat in seiner Contorta-Zone die für die eine oder andere Auffassung geltend gemachten Gründe zusammengestellt und sich schliesslich für eine Einreihung in die Trias entschieden.

Seit dem Erscheinen jenes Werkes veröffentlichte Renevier[2]) einen sehr lehrreichen Aufsatz, in welchem wir mit dem Auftreten einer echt unterliasischen Fauna in den Wadtländer Alpen bekannt gemacht werden. Unter diesem unteren Lias (Fauna Hettangienne) liegen aber ächte Contorta-Schichten, die mit demselben nur eine Placunopsis gemeinsam haben, sonst aber eine eigenthümliche und mit den Vorkommnissen der Rhätischen Gruppe anderer Gegenden übereinstimmende Faunen beherbergen. Renevier folgert nun zweierlei, einmal, dass diese Contorta-Schichten von dem unteren Lias zu trennen sind, weil sie nur eine gemeinsame Art bei einer ziemlichen Anzahl verschiedener besitzen, dass aber zweitens die Gesammtfauna der Contorta-Schichten doch einen so vorwaltend liasischen Charakter trage, dass man sie mit jenem unteren Lias zusammen von der Trias abtrennen müsse. Der Nachweis der Verschiedenheit der Fossilien der Rhätischen Gruppe von solchen, die wirklich den untersten Liasschichten angehören, die man bisher in den Alpen nicht kannte, ist von sehr grossem Interesse und liefert auf's Neue einen Stützpunkt für die Richtigkeit der Ansicht, dass, wenn Grenzen gezogen werden sollen, diejenige zwischen Trias und Lias nur zwischen den Zonen der *Avicula contorta* und des *Ammonites planorbis* liegen könne.

Beim zweiten Punkte, dem Nachweis der Zugehörigkeit der Rhätischen Schichten zum Lias wegen des mehr liasischen als triadischen Charakters der in derselben eingeschlossenen Genera, scheint mir Renevier mit der-

[1]) Dittmar, die Contorta-Zone. München 1864.

[2]) E. Renevier, Note sur l'Infra-Lias et l'étage Rhaetien des Alpes Vandoises. Bullet. soc. geol. 1864, p. 333.

selben Einseitigkeit zu verfahren, wie alle diejenigen, welche aus paläontologischen Gründen bisher denselben Nachweis zu liefern versuchten.

Die Untersuchung der Verwandtschaft oder Verschiedenheit einer Ablagerung zu zwei andern, wo es sich darum handelt, dieselbe nach dem Ausfall derselben der einen oder andern anzuschliessen, kann doch nur dann einen Sinn haben, wenn sowohl über- als unterliegende Schichten in Vergleich gezogen werden. Solche sind für die Rhätischen Schichten der unteren Lias einer-, der Hauptdolomit andererseits. Da nun ersterer sehr versteinerungsreich ist, letzterer aber bisher als sehr arm an Fossilien galt, musste man wohl unschwer eine Verwandtschaft mit jenen herausfinden, da bei diesem ein Vergleichsmaterial gar nicht vorlag. Renevier hebt nun zwar die specifische Verschiedenheit zwischen seinen Rhätischen und unterliasischen Schichten hervor, findet aber doch, dass die Genera liasisch seien und stützt sich dabei auf Angaben in Pictet's traité de Palæontologie. Beim Erscheinen dieses Werkes kannte man aber eine Fauna des Hauptdolomits noch nicht, wie überhaupt mancherlei Abhandlungen über ostalpine triadische Fossilien erst später erschienen, so Hauer's Raibler Fossilien. Berücksichtigt man jetzt bei einem Vergleiche alles aus Cassianer, Raibler Schichten und Hauptdolomit bekannt gewordene, so dürfte man sich zu einer Einreihung jener unteren Abtheilung der Wadtländer Alpen und der Rhätischen Gruppe überhaupt in die Trias allgemeiner zuneigen, als dies bisher der Fall war.

Selbstverständlich fällt der Hauptdolomit auch der Trias zu, sobald man derselben die Rhätische Gruppe einverleibt. Die österreichischen Geologen rechnen aber auch diesen noch zum Lias und zwar ganz naturgemäss wegen der oben besprochenen nahen petrographischen Zusammengehörigkeit mit den Kössener Schichten. Die paläontologische Zusammengehörigkeit, wenn sie erst allgemeiner nachgewiesen und anerkannt sein wird, dürfte jedoch die Ansichten wesentlich modifiziren, indem sie umgekehrt zwingen wird, zunächst den Hauptdolomit und mit demselben zusammen auch die Kössener Schichten für triadisch zu erklären. Dass Stoppani's petrifications d'Esino triadischen Charakter zeigen, ist wohl noch von Niemand bezweifelt worden, dass ein grosser Theil derselben aber dem Hauptdolomit angehöre, war bisher nicht hinreichend bekannt, und über diesen Punkt, die Stellung der Esinokalke, muss ich noch Einiges hinzufügen, bevor ich die Trias verlasse.

2. Esinokalke. Wie Stoppani früher die obere Trias eintheilte, haben wir oben gesehen. Nicht unwesentlich haben sich aber seine Ansichten im Laufe der Zeiten in Folge fortgesetzter Untersuchungen geändert, eine Thatsache, die

für den Fortschritt der geologischen Erkenntniss der Lombardei zwar sehr erfreulich erscheint, jedoch um so mehr Wunder nehmen muss, als die jedesmaligen momentanen Anschauungen mit einer Bestimmtheit hingestellt wurden, als sei eine Aenderung derselben unmöglich und andere Auffassungen — z. Th. solche, zu denen Stoppani sich später selbst bekennen musste — einer Kritik unterzogen wurden, die man nicht gerade wohlwollend nennen könnte.[1]) Ich spreche zunächst von den Ansichten, die Stoppani bis 1864 in seinen Schriften vertritt, bis zu dem Zeitpunkte, wo ich die Lombardei besuchte. Es wird dann noch Gelegenheit sein, seiner allerneuesten sehr veränderten Anschauung zu gedenken.

Anfangs stellte bekanntlich Stoppani seine Esinokalke über die Raibler Schichten, aber in Parallele mit den Hallstatter Kalken österreichischer Geologen, welche nach allgemeinem Dafürhalten unter diesen Raibler Schichten liegen und zwar auf Grund einiger beiden Formationen identischer Fossilien. Hauer fand in der Lombardei hingegen das, was er Esinokalk nannte, unter den Raibler Schichten (Gorno und Dossena) gelagert. Ueber diesen Punkt und die aus denselben sich ergebenden Konsequenzen entspann sich jene heftige Polemik Stoppani's gegen Hauer, die jedoch ziemlich einseitig von Stoppani geführt wurde, da Hauer die Lombardei nach der Uebersichtsaufnahme nicht wieder besuchte, ein Umstand, der es unmöglich macht, aus der Litteratur allein über die Streitfrage in's Reine zu kommen.

Es liegt hier ein interessanter Fall der Art vor, wie ich sie zu Anfang der Betrachtungen über die alpine Trias als Ursache der mannigfachen Missverständnisse zwischen verschiedenen Forschern angab. Es scheint mir nämlich ganz evident, dass Hauer und Stoppani unter Esinokalk sehr verschieden begränzte Dinge verstehen, dass Stoppani insbesondere dann Hauer die falsche Einreihung von Schichten zur Last legte, über die Hauer überhaupt nicht gehandelt hat.

Wir finden in den Erläuterungen (p. 470) der Hauer'schen Karte folgende Fossilien als bezeichnend für den Esinokalk angegeben und auf Grund derselben diesen Kalk mit dem Hallstatter identifizirt:

Ammonites sp. (globosi)
Chemnitzia Escheri Hörn.
Natica Meriani Hörn.
Halobia Lommeli Wissm.

[1]) Vergl. besonders die Kritik der Hauer'schen Karte im Atti della Societa geol. Bd. I.

Hierzu kommen noch nach Hörnes:

Chemnitzia gradata Hörn.
Natica lemniscata Hörn.
Natica Comensis Hörn.

Erstere Art soll nach Stoppani bei Esino fehlen, findet sich aber bei Lenna, die anderen aber, da sie nicht von Hallstatt selbst, sondern von Tratzberg und Fladungbau stammen, nicht geeignet für den Vergleich sein, da die Identität der Ablagerungen von Hallstatt mit denen der eben genannten Orte nicht erwiesen sei. Für uns liegen wohl keine Gründe vor, an der Aequivalenz der beiderseitigen Ablagerungen zu zweifeln, wir können daher alle die Arten, die Hauer und Hörnes als bezeichnend angeben, auch als bezeichnend für das ansehen, was die österreichischen Geologen Esinokalkstein oder Hallstatter Kalk nennen. Diese Arten stammen in der Lombardei aus den Umgebungen von Esino und Lenna, Lokalitäten, deren Lagerungsverhältnisse wohl nicht allzu deutlich entwickelt sind, da bis in die neueste Zeit die ausgezeichnetsten lombardischen Geologen ihre Ansichten so wiederholt ändern mussten[2]), dass auch eine nochmalige Aenderung durchaus nicht zu den Unwahrscheinlichkeiten gehört. Zumal muss der Umstand Bedenken erregen, dass bedeutende Dolomitmassen, die nicht zu entfernt von einander liegen, bald über, bald unter die Schichten mit *Gervillia bipartita* versetzt wurden. Sollten sodann die Fossilien hier überall aus ihrer ursprünglichen Lagerstätte herausgeschlagen sein? Lässt sich für jedes derselben mit Sicherheit nachweisen, ob es aus Dolomiten über oder unter den Schichten von Gorno und Dossena stammt? Wieder macht sich hier der Mangel einer detaillirten geognostischen Karte der westlichen Lombardei sehr fühlbar. Eine solche würde zum Mindesten das Verständniss ungemein erleichtern.

Stoppani hingegen führt als bezeichnend für seinen Esinokalkstein an:

Evinospongia cerea Stopp.
Gastrochaena obtusa Stopp.
Avicula exilis Stopp.

Die erste dieser Versteinerungen soll Ursache der riesenoolithischen Struktur des Kalkes in Val di Scalve sein und man kann an diesem Orte auf ganz unzweideutige Weise sehen, dass die Kalke unter den Schichten mit

---

[1]) Hörnes, Gastrop. aus der Trias. p. 7.

[2]) Siehe sehr treffende Citate hierüber bei Hauer, Sitzungsber. der Wiener Akademie, 19. Jan. 1865. p. 10.

G. bipartita von Spigolo liegen. Ebenso deutlich kann man aber auch vielerorts sehen, dass die sogenannte *Gastrochaena obtusa* und *Avicula exilis* stets über den Schichten mit *Gervillia bipartita* sich finden. Da die Identität jener Riesenoolithe mit der Evinospongia ziemlich unsicher ist, wollen wir von diesen Dingen einmal absehen und uns an die beiden anderen Fossilien halten. Diese lassen sich, wie Stoppani ganz recht so wiederholt bemerkt, von einem Ende der Lombardei an das andere verfolgen, und ich wiederhole, wo ich sie nur sah, lagen sie über den Raibler Schichten. Auch Hauer ist dieser Ansicht, denn er erwähnt (Erläuterungen, p. 478) von mehreren Punkten, so besonders zwischen Vello und Tollinc am Ostufer des Lago d'Iseo, der von mir oben eingehend besprochenen Lokalität, aus dem sehr versteinerungsreichen Dachsteinkalk einer ausgezeichneten Avicula. Es kann dies wohl nur die exilis sein. Dachsteinkalk aber liegt bei Hauer bekanntlich über den Raibler Schichten.

In Beziehung auf das Lager der Avicula exilis stimmen also Hauer und Stoppani überein und dass die sogenannten Gastrochaenen dasselbe Lager haben, konnte ich wenigstens in der Lombardei und Südtirol oft sehen.

Stoppani[1]) führt aber noch andere Fossilien aus dem Esinokalkstein an, so die Megalodon-Arten und gewisse nicht näher bezeichnete Gastropoden. Mag nun die Unterscheidung der ersteren sich gestalten, wie sie will, bis jetzt kennt man aus den Südalpen kein Megalodon unter den Raibler Schichten, man kann also auch hier einen neuen Anhaltspunkt dafür finden, dass, wie Stoppani ja auch angiebt, sein Esinokalk über den Raibler Schichten liegt. Unsicher bleiben aber die angeführten Gastropoden. Solche finden sich über und unter den Raibler Schichten, und so lange nicht sehr scharfe paläontologische Bestimmungen vorliegen und für jede Art das Lager ganz sicher festgestellt ist, kann man auf sie wohl kein Gewicht legen, um so weniger, als die bisher namhaft gemachten und beschriebenen alle von den zweifelhaften Lokalitäten Esino und Lenna stammen. Hauer selbst führt mehrmals an, er habe Chemnitzien, der eximia gleichend, auch im Dachsteinkalk gefunden, die Art scheine daher über die Raibler Schichten hinauf zu greifen (Erläuterungen, p. 477).

Vergleichen wir die Angaben beider Forscher und nehmen die oben mitgetheilten stratigraphischen Grundlagen aus dem Val di Scalve zu Hülfe, so kommen wir zu folgenden Resultaten: Hauer nannte Esinokalkstein

[1]) Stoppani, Petrifications d'Esino. p. 141.

gewisse Ablagerungen in den Umgebungen von Esino, welche die oben genannten Gasteropoden und Cephalopoden führen, und stellte dieselben wegen des gemeinsamen Vorkommens einiger Fossilien und wegen der Lagerung unter den Raibler Schichten mit den Hallstatter Kalken in Parallele. Spätere Untersuchungen widersprachen nun aber der Lagerung unter den Raibler Schichten so entschieden, dass es diesen Augenblick zweifelhaft erscheint, welche bathrologische Stellung man den Gastropoden- und Cephalopoden-Schichten anweisen soll, wenn auch die daselbst sich findenden Fossilien die Hauer'sche Annahme sehr wahrscheinlich machen.

Stoppani hingegen wandte den Namen Esinokalke auf gewisse Kalke und Dolomite an, die *Avicula exilis* und sogenannte Gastrochaenen führen, Schichten, deren Stellung über den Raibler Schichten von keiner Seite angefochten wird. Mit diesen Schichten zusammen kommen nun bei Esino die ursprünglich Esinokalk genannten Gastropodenschichten vor, die nach Stoppani eine etwas tiefere Stellung einnehmen, als die Schichten der *Avicula exilis*, aber immer noch über den Raibler Schichten liegen. Während nun Stoppani (Pal. Lomb. p. 141) deutlich sagt, *Avicula exilis* und *Gastrochaena obtusa* seien die einzig allgemein bezeichnenden Fossilien für die Esino-Schichten in der ganzen Lombardei, unterscheidet er wiederholt an anderen Stellen ein besonderes Lager der Petrifications d'Esino unter den Avicula-Schichten, die er dann als Dolomie moyenne bezeichnet.

Dieser Sprachgebrauch ist denn auch festzuhalten, wenn man aus der endlosen Verwirrung herauskommen will. Dolomie moyenne mit *Avicula exilis*, *Gastrochaena obtusa* und ich füge noch hinzu *Megalodus triqueter* Wulf. sp. (*Meg. Gümbeli* Stopp.[1])) ist Hauptdolomit der Nordalpen. Esinokalk in Hauer's Sinn und speziell Depot der Fossilien von Esino bei Stoppani sind Komplexe, welche wahrscheinlich dem Hallstatter Kalk gleichzustellen sind und unter den Raibler Schichten liegen; ein bestimmtes Urtheil über dieselben auszusprechen, wird aber erst dann gestattet sein, wenn das durch paläontologische Nachweise wahrscheinlich gemachte auch stratigraphisch erwiesen ist.

Stoppani nahm ferner wie Hauer an, die Gastropoden-Schichten von Esino seien wegen ihrer Fossilien mit dem Hallstatter Kalk äquivalent; da er aber die Avicula-Schichten (die Dolomie moyenne) mit eben diesen Gastropoden-Schichten zusammenfasste, musste er auch diese als gleichaltrig mit dem Hallstatter Kalk annehmen und hieraus entstanden

---

[1]) Stoppani, Pal. Lomb. III. Sér. p. 224.

denn die unentwirrbaren Missverständnisse. Halten wir nun aber die Gastropoden- und Avicula-Schichten auseinander, so sind wir vor aller Verwechselung sicher und jeder der beiden Forscher behält in gewissem Sinne Recht, indem Stoppani's Dolomie moyenne allerdings über den Raibler Schichten liegt, aber kein Aequivalent der Hallstatter Schichten ist, da die Zusammengehörigkeit mit den Gastropoden-Schichten von Esino auf einer nicht sicheren Annahme beruht, Hauer dafür seinerseits berechtigt ist, die gleiche Fossilführung der Gastropoden-Schichten von Esino mit den Hallstatter Kalken bei Ermangelung sicherer stratigraphischer Nachweise auch jetzt noch als Beweismittel für die Aequivalenz beider Ablagerungen anzusehen.

So stellten sich mir die Verhältnisse dar, als ich nach Beendigung meiner Reise im Winter 1864 meine Resultate zusammenfasste. Auf Herrn Stoppani's gegen mich in Mailand ausgedrückten Wunsch theilte ich demselben die von mir gewonnenen Anschauungen mit, ohne jedoch Nachricht zu bekommen, ob dieselben den Ort ihrer Bestimmung erreicht haben. Dafür erhielt ich die Lieferungen 28—33 der Paläontol. Lomb., in denen ich gänzlich von denen noch im Sommer 1863 von Herrn Stoppani mir gegenüber mündlich geltend gemachten abweichende Ansichten fand, zum Theil mit meinen Beobachtungen übereinstimmend.

In einem Abschnitt, betitelt: Le vrai équivalent des couches de Hallstatt [1]), werden nämlich alle Dolomite und Kalke über den Raibler Schichten mit dem deutschen Hauptdolomit in Parallele gestellt. Zugleich weist Stoppani gewissen Kalken, welche zwischen Muschelkalk und Raibler Schichten liegen und die er früher wohl schon erwähnte, aber nicht als gesondertes Formationsglied anerkannte (Dolomie de S. Difendente), ihre Stellung neben dem Hallstatter Kalk der deutschen Geologen an. Es ist also zu konstatiren, dass seit 1864 auch Stoppani der Ansicht sämmtlicher übrigen Alpengeologen beipflichtet, indem er aufstellt:

Stoppani	Deutsche Geologen
Couches de l'Azzarola	Schichten d. *Avic. contorta*
Dolomie moyenne	Hauptdolomit
Couches de Gorno et Dossena	Raibler Schichten
Dolomie de S. Difendente	Hallstatter Kalk
Muschelkalk	Muschelkalk

Die Ansichten über die Lagerung im Allgemeinen stimmen also jetzt ganz überein, indem auch Stoppani gezwungen ist, über dem Muschel-

[1]) Pal. Lomb. III. Sér. p. 225.

kalk und unter dem ächten Lias zwei Kalk- und Dolomitmassen und zwei weiche merglig-kalklige Einlagerungen anzuerkennen. Leider sollen nur gerade diese Dolomite von S. Difendente nach Curioni über den Raibler Schichten liegen, ein neuer Beweis, wie schwierig die Untersuchungen in vielen Theilen der Lombardei sind. Doch ist es vor der Hand gut, dass Stoppani jetzt die Möglichkeit einer, der Hallstatter Gruppe auch stratigraphisch vergleichbaren Ablagerung der Lombardei anerkannt und nicht mehr die Ansicht vertritt, es seien die Raibler Schichten die Basis der gesammten oberen Trias. Was dann nun eigentlich zur Hallstatter Gruppe, was zum Hauptdolomit gehöre, werden fortgesetzte Untersuchungen lehren.

Es wurde oben auseinandergesetzt, dass Stoppani die Gastropoden-Schichten von der Lokalität Esino wegen ihrer Fossilien früher mit dem Hallstatter Kalk für gleichartig ansah und weil er dieselben mit seinen Schichten der *Avicula exilis*, als zu einer Ablagerung gehörig, zusammenfasste, er auch diese mit dem Hallstatter Kalk vergleichen musste.

Jetzt nun hält Stoppani seine Avicula Schichten wegen ihrer Lagerung für äquivalent mit dem deutschen Hauptdolomit und ist nun umgekehrt gezwungen, die Gastropodenschichten von Esino ebenfalls dem Hauptdolomit gleichzustellen. Nun fragt es sich natürlich, wie es denn mit jenen Versteinerungen geworden ist, die früher zu einem Vergleich mit der Fauna von Hallstatt benutzt wurden? Haben sie ihre Bedeutung verloren? Stoppani gibt zur Beantwortung dieser Frage, die er sich selbst aufzuwerfen genöthigt ist, folgende Beiträge[1]). Nachdem er es für nöthig erklärt hat, dass in Folge der klar gewordenen Lagerung die Paläontologie ihre Beweisgründe fallen lasse[2]), weist er nach, dass die Cephalopoden theils eine zu grosse vertikale Verbreitung in der ganzen alpinen oberen Trias hätten, um zur Feststellung der Horizonte dienen zu können, theils sehr unsicher bestimmt seien, dass ferner das Lager der nordalpinen Gastropoden der Hallstatter Gruppe nicht sicher genug festgestellt sei, um eine Parallele mit Esino zu gestatten. Wenn ein Theil von Stoppani's Material in einem solchen Erhaltungszustande ist, dass es zu Beweisführungen nicht brauchbar ist, so ist es in der That sehr erfreulich, dasselbe auch jetzt nicht mehr dazu benützt zu sehen, Erstaunen muss aber immerhin die grosse Sicherheit erregen, mit der die früheren Ansichten, die sich doch zum Theil auf eben dieses Material stützen, verfochten wurden. Was

[1]) Stoppani, Paläont. Lomb. III Sér. p. 227.

[2]) il faut bien que la palaeontologie abandonne ses raisons.

den zweiten Punkt betrifft, die angeblich unsichere Lagerung der Hallstatter Fossilien, so hatte ich schon früher zu bemerken Gelegenheit, dass wohl noch keine Andeutungen vorliegen, welche das Misstrauen Stoppani's gegen die deutschen Angaben über diesen Punkt rechtfertigen. Eine so weite Verbreitung von Cephalopoden in der oberen Trias ist auch eine Annahme, man kennt keine oder nur sehr einzelne Vorkommnisse in und über den Raibler Schichten.[1])

Sehen wir nun hier auch von den eigentlichen Gastropoden-Schichten von Esino ab und fassen blos die vom Monte Salvatore bis nach Sella an der tiroler-venetianischen hinüber zu verfolgenden Dolomite mit *Avicula exilis* in's Auge, so können wir Stoppani ganz beipflichten, dass diese Schichten über den Raibler und unter den Contorta-Schichten liegen und ein Aequivalent des deutschen Hauptdolomites sind. Für diese Dolomite empfiehlt sich gleichberechtigt mit Hauptdolomit die Stoppani'sche Benennung Dolomie moyenne, um einen auch dem italienischen und französischen Organe geläufigen Namen zu haben. Ueber die Gasteropoden-Schichten von Esino sollten aber weitere Untersuchungen abgewartet werden, ehe man die Paläontologie zwingt „d'abandonner ses raisons". Wohl werden immer neue und unerwartete Thatsachen in der Paläontologie zu Tage gefördert werden, Widersprüche jedoch nie.

Es bleibt noch ein anderer Punkt zu erörtern übrig. Curioni wies im Kalke von Ardese ein Aequivalent des Hallstatter Kalkes nach und dieser Nachweis scheint ja auch den Anstoss zur beginnenden Aufklärung der Esinofrage gegeben zu haben, da der Kalk von Ardese vor der Hand noch die einzige Ablagerung ist, über deren Stellung unter den Raibler Schichten Stoppani und Curioni einstimmig sind. Unter diesem Kalk von Ardese liegen aber[2]) schwarze dünnplattige Kalke mit *Ammonites Aon, Halobia Lommelii*, kurz jene Schichten, die man in der Lombardei S. Cassiano (unteres S. Cassian) nannte, die ich oben als Halobien-Schichten bei Marcheno, in Val di Scalve, bei Pieve u. s. w. nachwies und die den Wenger Schiefern im Alter ziemlich gleichstehen dürften. Da Stoppani die Stellung des Kalkes von Ardese unter den Raibler Schichten anerkannte, muss er wohl jetzt auch annehmen, dass derselbe jenes S. Cassian überlagere, dass also zwei an Versteinerungen reiche Depots, eines unter, eines über dem Kalk von Ardese liegen. Wie verhält es sich dann jetzt mit seiner einst so heftig gegen Hauer in der

[1]) Hauer. Ein Beitrag. p. 9. Sitzber. Wien. Akad. Bd. XXIV.

[2]) Curioni. Sui giacimenti etc. di Besano p. 2.

Rivista[1]) verfochtenen These: Les deux groupes de St. Cassian et de Raibl, distingués en Lombardie par le chevalier de Hauer ne sont paléontologiquement, petrographiquement et stratigraphiquement que l'unique groupe de Gorno et Dossena??

Es ist eine erwiesene Thatsache, dass beide Schichtengruppen in der Lombardei getrennt sind, wenn auch die untere durch die ganzen Alpen hindurch nicht jene gleichförmige und selbstständige Erscheinungsweise zeigt, die zur Aufstellung einer besonderen Abtheilung berechtigt. Es ist sehr zu wünschen, dass auch Stoppani recht bald sich zu dieser Ansicht bekennt, damit die letzten dem einheitlichen Fortschritt der Alpengeologie noch hinderlichen Widersprüche beseitigt werden.

Verbreitung der oberen Trias in Südtirol.

Es wurde schon erwähnt, dass, da die Raibler Schichten sich im südlichen Tirol bisher nicht fanden, eine Trennung der Hallstatter und der Hauptdolomitgruppe noch nicht durchführbar ist. Ich muss mich daher hier darauf beschränken, die wenigen Punkte anzugeben, an denen das Auffinden von Fossilien mich in den Stand setzte, zum Mindesten den Hauptdolomit zu erkennen.

Dem Hauptdolomit gehört, wie schon mehrfach erwähnt, die ganze Dolomitparthie an, von Val Bona bei Storo beginnend, östlich hinüber bis nach S. Michele. Sie bildet hier die Unterlage von theils kalkigen, theils dolomitischen Gesteinen, welche sich ihr nördlich und östlich auflagern. Diese oberen Kalke, deren Stellung wegen des Mangels an Fossilien sich noch nicht erweisen lässt, bilden z. B. Theile des Monte S. Martino südwestlich vom Lago di Ledro und der gegen Riva zu gelegenen Bergkolosse, in denen die Strasse von Riva bis Ponale eingesprengt ist. Man bemerkt in den höher gelegenen Theilen derselben, so gegenüber Biasezza und Brè, deutliche Schichtung. Es mögen also da wohl Schichten vorliegen, die den rhätischen und liasischen von S. Michele und den Val dei Conzei gleichzustellen sind. In dieser Gegend finden sich denn auch die letzten Spuren der rhätischen Formation der Lombardei. Gegen Osten treten Contorta-Schichten zunächst erst bei Lienz wieder auf, da die zwischenliegenden Punkte bei Trient[2]) sich als dem Unteroolith, nicht der Trias angehörend, herausgestellt haben. (S. unter Dogger.)

[1]) Stoppani. Atti della società geologica. Vol. I. p. 190.
[2]) Emmrich. Jahrb. geol. Reichsanst. 1857. p. 295.
Dittmar. Contorta-Zone. p. 49. 52.

Die Dolomite von Val Ampola setzen sich gegen Norden fort. Ich überstieg die aus denselben gebildete Kette zwischen Colognola und Tierno di sotto, ohne bezeichnende Fossilien zu finden. Sehr eigenthümlich sind die versteinerungsreichen Kalke dicht über Cologna, deren in Profil VII. Erwähnung gethan wurde. Ob sie in natürlicher Lagerung sich befinden oder von höher herabgerutscht sind, kann ich nicht bestimmen.

Noch weiter nördlich im Querbruch der Sarca etwas vor Stenico, liegt die obere Grenze des Hauptdolomites ungefähr da, wo die Montanistische Karte die Grenze von unterem Alpenkalk *ua* und oberen *oa* legt. Die Strasse von Tione her, durchschneidet dieselbe kurz nachdem man die Gallerien verlassen hat. Hier bilden die wohlgeschichteten Kalke (Dogger) die Unterlage der mit jüngeren Gesteinen erfüllten Mulde (Mulde von Stenico), um bei alle Sarche den steilen Abfall gegen das nun nordsüdlich steichende Sarcathal zu bilden. Ob hier im Thaltiefsten noch triadische Gesteine anstehen, habe ich nicht sehen können.

Der mittlere Hauptgebirgszug Südtirols besteht auf seiner Ostseite an den tiefsten Punkten meist aus Hauptdolomit, so das Monte Baldogebirge bei Avio, der Zug des Orto d'Abram in den Umgebungen von Romagnano. Jüngere Schichten liegen auf und fallen alle gegen Westen ein, wo sie bis zum Sarcathal hinab die Oberfläche bilden. Die Umgebungen des Val di Non habe ich nicht besucht, da aber hier die Dachsteinbivalve häufig sein soll, vermuthe ich, dass die als Dolomit bezeichneten Parthien der Montanistischen Karte, besonders die Berge im Norden der Vedretta di Nodis und der Ostabhang des Val di Sol noch aus Hauptdolomit bestehen. Was Emmerich von der Mündung der Noce als Dachsteinbivalven anführt, sind jüngere Vorkommnisse.

In dem östlichen Theil endlich, der die südliche Umwallung des Porphyrplateau's und der Cima d'Asta bildet, treten die Dolomite bei Alà im Etschthal zu Tage[1]), bilden die Umgebungen von Val Ronchi und Val Arsa und die rings um diese Thäler gegen die Venetianische Grenze gelegenen höchsten Gipfel: Cima di Gaevana, Cima tre Croci, Monte Venante, Cengio alto und Monte Pasubio. In Val di Palu unter Cengio alto sammelte ich *Natica incerta* und die Gastrochaenen. Bis eine Stunde vor Roveredo kann man gegen Norden die Dolomite verfolgen, die überall von den grauen, wohlgeschichteten Kalken, so sehr schön bei Albaredo, (s. Profil III) überlagert werden. Andrerseits gegen das Vizentinische fallen die Dolomite steil ab und liegen auf den Gesteinen

[1]) Wolf, Sitzungsberichte d. geol. Reichsanst. 1865. p. 47.

der unteren Trias auf, die um Recoaro zu Tage treten. Am Pass über Val Rotolon kann man diese Verhältnisse nach beiden Seiten hin sehr wohl übersehen.

Auf der rechten Seite von Val Arsa beginnend, ziehen die Dolomite unter Monte Cotsanto weg und treten in Val Terragnolo zu beiden Seiten des Thales zu Tage, um mehr östlich wieder hoch bis gegen die Gipfel der Gebirge hinaufzusteigen. Die jüngeren Gesteine zwischen Piazza di Terragnolo und Folgaria entziehen die Dolomite für längere Strecken dem Auge, sowie man aber aus den oberen Alpen in die tief eingerissenen Thäler hinabsteigt, trifft man dieselben überall wieder, so in Val di Sol, im Etschthal bei Castel Pietro, in Val Astica und Val Centa. Letzterer Punkt besonders zeigt, wenn man von Caldonazzo herkommend, den Fussweg nach S. Sebastiano hinaufsteigt, die Auflagerung der grauen geschichteten Kalke auf den Dolomiten sehr schön. Ebenso sieht man diese Auflagerung über Pedemonte in Val Astica gegen Luserna, wo man auf grauen Kalken und Diphyakalken mehrere Stunden bis nach Cima Vezzena wandert, um dann unten in der Gegend von Sella die Dolomite von Profil VI wiederzutreffen. Von hier gegen Osten treten die Dolomite über Cima Dodici, Cima Undici und Cima Giogomale an die Brenta und bilden dann beide Ufer derselben gegen Grigno.

An alle den genannten Punkten finden sich die wenigen Versteinerungen, welche für Hauptdolomit sprechen und es ist kein Anhaltspunkt irgend einer Art gegeben, auch Hallstatter Kalk auszusondern, selbst nicht an solchen Lokalitäten, wo man den Dolomit bis auf die untere Trias hinab verfolgen kann, wie an der Mündung von Val Centa gegen den Lago di Caldonazzo und im Thale des Moggio.

III. Lias.

Ablagerungen, welche sich mit Sicherheit dem Lias zuzählen liessen, scheinen im südlichen Tirol nur eine sehr geringe Verbreitung zu haben, ein Umstand, der für die einstige Vertheilung von Land und Wasser im Bezirke des alpinen Archipels von grosser Bedeutung ist.

Im Anfang zu Profil VIII. (p. 36) erwähnte ich aus den Umgebungen von Bezecca und aus dem Val dei Conzei graue wohlgeschichtete Kalke, in fussdicken Bänken, in denen sich ein kleiner leider unbestimmbarer Ammonit und Höhlungen fanden, die von herausgefallenen Belemniten herzurühren scheinen. Der Ammonit ist in Brauneisenstein umgewandelt, wie auch die genannten hohlen Räume einst mit Brauneisen ausgefüllt waren. Das Aussehen dieser Kalke, sowie die Art und Weise der Erhaltung des Ammoniten erinnerten mich so lebhaft an den lombardischen Lias, wie er mannigfach gefaltet und aufgestaucht in einer Breite von mehreren Stunden zwischen Brescia und Gardone in Val Trompia ansteht, dass ich nicht Anstand nehme, auch diese Schichten dem Lias beizuzählen, um so weniger als die bathrologische Stellung einer solchen Annahme nicht widerspricht.

Weitere Untersuchungen würden gewiss zur Entdeckung reicherer Fundstätten liasischer Fossilien führen und die Entscheidung der Frage gestatten, ob man es hier, ebenso wie am Berge Domaro bei Gardone mit vorwaltend mittlerem Lias zu thun habe.[1])

Es wurde ferner auch des Vorkommens einer grossen Auster (p. 36) Erwähnung gethan, aus ähnlichen grauen Kalken, dicht bei Pieve di Ledro. Ob diese hangenderen oder liegenderen Schichten angehört, als die Ammonitenschichten, vermag ich nicht zu entscheiden.

Am interessantesten würde zunächst eine genaue Untersuchung der höheren Parthieen des Gebirges zwischen dem Lago di Ledro und dem Lago di Garda sein; hier müsste sich am Ende jener Thäler, die sich bei S. Michele trennen, und am Monte Camerone und Cima Tavalò ihren Anfang nehmen, oberste Trias- und Liasschichten in schöner Aufeinanderfolge beobachten lassen, wie das schon oben bei Gelegenheit der Besprechung der Rhätischen Gruppe erwähnt wurde. Freilich ist die Untersuchung in diesen einsamen, beinahe nur von Schmugglern betretenen Gebirgen, keine leichte.

Nirgends ausser dem genannten Punkte habe ich im ganzen südlichen Tirol auch nur Andeutungen von ächtem Lias getroffen, wie denn überhaupt nicht wahrscheinlich ist, dass man bis hinüber nach dem Sette Communi solchen auffinden wird, da in diesen Gebieten überall auf obertriadische unmittelbar unteroolithische Schichten zu folgen scheinen. Wollte man in jenen Gegenden gewisse dolomitische und kalkige Schichten, wie sie entweder versteinerungsleer, oder mit undeutlichen Versteinerungen sich zwischen Trias und Unteroolith finden, blos desshalb zum Lias stellen, weil sie sich da finden, wo Lias liegen müsste, wenn die Formationsreihe vollständig entwickelt wäre, so schiene mir das ein nicht gerechtfertigtes Uebertragen unseres künstlichen Systemes auf die Natur. Solche zweifelhafte Schichten finden sich am Crucifix bei Nomi (p. 25), bei Castell Pietro

[1]) Vergl. Hauer. Die Ammoniten aus dem Medolo. Sitzungsberichte Wiener Akademie 1861. p. 403.

und öfter, solcher Art mögen auch wohl die Schichten sein, die Zigno im Venetianischen zum Lias stellte[1]).

Von jenen mächtigen und versteinerungsreichen Liasablagerungen der Lombardei scheint also am Lago di Ledro die östlichste Grenze zu liegen. Sollten die hier auftretenden Schichten, wie es von jenen wahrscheinlich gemacht ist, nur mittleren Lias repräsentiren, so würde dieser Umstand eine sehr wechselnde Ausdehnung des Meeres zur Zeit der Ablagerung der verschiedenen Abtheilungen des Lias anzeigen. In der Lombardei nämlich kennt man mit Sicherheit unteren Lias (Kalke mit *Gryphaea arcuata* und vielen Ammoniten von Saltrio), mittleren Lias (graue Kalke mit *Ammonites margaritatus* Mntf. *A. Taylori* Sow. und den radiansähnlichen Formen des mittleren Lias bei Gardone, sog. Medolo), endlich oberen Lias (rothe Kalke mit *A. bifrons* Brug., *A. subcarinatus* J. u. B. von Entratico bei Bergamo). Wenn nun im südlichen Tirol blos mittlerer Lias aufträte, so müsste das Meer aus seinen Grenzen im unteren Lias heraustretend das Land zur Zeit der Ablagerung des mittleren Lias weit nach Osten überfluthet haben, um dann, wenigstens ungefähr, in seine anfänglichen Grenzen zurückzukehren.

Ziemlich weit gegen Nordosten[2]) von unserem Untersuchungsgebiet, treffen wir bei Lienz erst wieder eine vereinzelnte Scholle Lias[3]). Unter anderen sammelte ich am Ausgang des Gallitzenbaches einige Arieten in grauem, festem, splittrigem Kalke, an der Klause in höher liegenden, rothen, mehr mergligen Kalken *A. margaritatus* Mntf., *A. Davoei* Sow, *A. Algovianus* Opp. und Falciferen, so dass man, wie es scheint, es hier mit allen drei Abtheilungen des Lias zu thun hat. Weiterhin treten liasische Ablagerungen erst in Ungarn auf.

IV. Dogger.

Historische Bemerkungen.

Der südalpine Jura (mit Ausschluss des Lias) hat bisher in der Litteratur nur eine verhältnissmässig geringe Berücksichtigung gefunden. In den

---

[1]) Zigno. Jahrb. Reichsanst. 1850. I. p. 186.

[2]) Was unter Fleckenmergeln des oberen Lias bei Cimolais (Foetterle Jahrb. Reichsanst. VII. p. 351) zu verstehen sei, ist nicht näher angegeben.

[3]) Emmerich. Jahrb. geol. Reichsanst. VI. p. 444.
Stur. Jahrb. geol. Reichsanst. VII. p. 405.
Hauer, über die Cephalopoden des Lias der nordöstlichen Alpen. Denkschr. Wien. Akad. d. Wissensch. Bd. XI.

unteren Schichten, den grauen Kalken, ist es erst in der neuesten Zeit gelungen, Versteinerungen aufzufinden, und so stellte man dieselben früher nur ihrer oolithischen Struktur wegen, die an jurassische Vorkommnisse ausserhalb der Alpen erinnerte, in den Jura. Ein solches, an und für sich schon wenig gewichtiges petrographisches Moment, musste aber vollends seine Bedeutung verlieren, als man in den Alpen auch oolithische Schichtenreihen in anderen, nicht jurassischen Formationen auffand.

L. v. Buch that der „Roggensteine und anderer bezeichnender Glieder der Juraformation, einer Formation, woraus der Monte Baldo und die Berge der Sette Communi bestehen", in einem Briefe [1]) Erwähnung. Diese Roggensteine scheinen für ihn, ebenso wie die Dolomite, durch den Einfluss eruptiver Gesteine umgewandelte rothe Kalke gewesen zu sein, da er letztere als oberste, nicht metamorphosirte Decke erwähnt, diese aber an den von Buch genannten Punkten überall unsern grauen Kalken und Oolithen, nicht aber Dolomiten aufliegen.

Etwas später als man sich in Italien gewöhnt hatte, ausseralpine Formationsbenennungen auf alpine Gebilde zu übertragen, verband Catullo die Dolomite mit *Cardium triqueter* Wulf. mit den darüber liegenden grauen Kalken und stellte beide in den Jura. Später scheint ihm auch das Posidonomyengestein bekannt geworden zu sein, da seine *Posidonomya minuta* [2]) aus krystallinischem Kalk von Andrich mit der *Posidonomya alpina* Gras identisch sein dürfte. Wenigstens sah ich in Padua Handstücke mit dieser Muschel, die sich von Tirolern nicht unterscheiden lassen und aus Catullo's Abbildung ergiebt sich, dass die Posidonomyen das ganze Gestein erfüllen, wie das *Pos. alpina* stets thut, nicht blos die Schichtungsflächen bedecken. Mancherlei Andeutungen, welche zur Zeit ihrer Veröffentlichung kaum beachtet wurden, gewinnen jetzt, wo es sich darum handelt, immer neue Profile und neue Fundorte aufzusuchen, erst ihre volle Bedeutung so auch die Mittheilungen in den Jahresberichten des montanistischen Vereins [3]).

Zigno gebührt das Verdienst, die Masse der grauen Kalke zuerst in Etagen gesondert und die genauere Fixirung des Lagers der Phytoliten von Rotzo versucht zu haben, welche er zum Gegenstand seiner besonderen Untersuchungen machte. Das richtige und naturgemässe seiner Anordnung fällt Jedem auf, der die Gebirge nördlich von Vicenza besucht. Ausserhalb der Alpen fanden aber seine Eintheilungen um desswillen nicht die ihnen

---

[1]) L. v. Buch an A. v. Humboldt. Leonh. Taschenb. für Mineral. 1824, p. 323.

[2]) Catullo, Memor. geogn. palaeoz. pag. 96, 98, tab. I. f. 5.

[3]) Vergl. Emmerich in Schaubach. Deutsche Alpen. IV., p. 304.

gebührende Anerkennung, weil die paläontologischen Nachweise noch zu mangelhaft waren und demzufolge die Uebertragung französischer Etagenbenennungen nur annähernd richtig ausfiel. Was Murchison[1]) mittheilte, bezieht sich auf Zigno's Untersuchungsgebiet und stimmt im Wesentlichen mit dem unten Mitgetheilten überein. Die Gryphaea oder Diceras ist, wie ich mich in Padua überzeugen konnte, eine sehr schöne Gervillia-Art, die im Unteroolith liegt, man hat hier nicht etwa an liassische Vorkommnisse zu denken.

In Zigno's Uebersicht der geschichteten Gebirge der Venetianischen Alpen[2]) finden wir, durch ein schönes Profil von den Bergen südlich von Val Sugana bis hinab nach der Ebene erläutert, folgende Schichten verzeichnet:

Trias. Dolomit.

Lias. 1. Thonige, schiefrige, dunkle Schichten, ohne Petrefakten, nicht überall. Nur auf Grund der Lagerungsverhältnisse in den Lias gestellt.

Jura. 2. Bänke dichten, krystallinischen Kalkes.

3. Graue Kalke, Kalkbreccien im Wechsel und Oolith. Versteinerungen nicht selten, doch schwer aus dem Gestein zu lösen: Pholadomya, Gervillia, Isocardia, Nucula.

4. Graue, muschelführende Schichten mit dem Pflanzenlager von Rotzo in den Sette Communi: *Terebratula bullata* und *ornithocephala* werden aus Mergeln, die den Anfang des mittleren Ooliths über den Pflanzen bezeichnen sollen, angegeben.

5. Bunter Muschelmarmor mit einer Astarte[3]).

6. Rother Ammonitenkalk.

Ich breche hier das Profil ab, da die Ammonitenkalke bereits einer höheren Abtheilung angehören, welche im nächsten Abschnitte genauer zu besprechen ist.

Während in der eben mitgetheilten Uebersicht die Pflanzen in den Unteroolith gestellt werden, sehen wir sie etwas später[4]) in das Bathonien versetzt, besonders wegen des Umstandes, dass in den unterliegenden grauen Kalken sich *Terebratula sphaeroidalis* fand, eine Species des oberen Unterooliths, dass in dem nächst höheren Muschelmarmor aber *Terebratula insig-*

[1]) Ueber den Gebirgsbau in den Alpen etc., bearb. v. G. Leonhard. 1850, p. 27, 28.

[2]) Zigno, Jahrb. Reichsanstalt. I. p. 181.

[3]) Jedenfalls *Posidonomya alpina* Gras.

[4]) Bronn, Leonh. Jahrb. 1854, p. 35.
Bull. Soc. geol. II. Ser. 11, p. 289. 1854.

nis auftritt, welche auf Callovien und Oxfordien hinweisen sollte. Eintheilungen, die jedoch nicht auf sicherer Basis beruhen, als dem Auffinden biplicater Terebrateln und der sphaeroidalisartigen Formen sind stets mit Vorsicht aufzunehmen und wir werden in der That sehen, dass solche Brachiopoden in Südtirol in verschiedenen Niveau's auftreten. [1]) Mit diesen Anschauungen Zigno's erklärte sich auch Hauer [2]) auf Grund seiner Untersuchungen in den Nordalpen im Allgemeinen einverstanden.

In einer anziehenden Schilderung zweier Profile aus den Umgebungen von Trient that auch Emmerich unserer grauen Kalke Erwähnung, stellte sie aber wegen des Vorkommens einer der echten Dachsteinbivalve sehr ähnlichen Muschel (*Megalodus pumilus* n. sp.) [3]) als Gervillienschichten in die Trias.

Die österreichischen Geologen, welche Südtirol und Venetien behufs der kartographischen Uebersichtsaufnahme begingen, schlossen sich der bereits herrschend gewordenen Ansicht, es seien die Pflanzenschichten dem Unteroolith zuzutheilen, an [4]).

Ganz in der neuesten Zeit endlich gelang es Oppel [5]) bei Brentonico an der oberen Grenze der grauen Kalke und unter dem rothen Ammonitenkalk eine Reihe von Versteinerungen aufzufinden, welche den Beweis lieferten, dass die auf der Nordseite der Alpen seit lange unter den Namen Klausschichten bekannten Gesteine, deren Zugehörigkeit zur oberen Abtheilung des Unterooliths allgemein anerkannt ist, auch in Südtirol vertreten seien. Ich habe des Aufsatzes weiterhin noch eingehender zu gedenken.

Es waren also bis zum Jahre 1863 im Wesentlichen zwei Abtheilungen des Jura in den Südalpen unterschieden; die Oolithe und Kalke mit den Phytoliten von Rotzo, welche man schlechthin dem Dogger zuzählte, ohne über ihre genauere Stellung innerhalb desselben entscheiden zu können, sodann das Posidonomyengestein, welches als eine gleichzeitige Ablagerung mit den nordalpinen Klausschichten das obere Bajocien und Bathonien in den Alpen repräsentirend erkannt wurde. Ich gehe dazu über im Folgenden nachzuweisen, wie meine Untersuchungen das Vorhandensein dieser Abtheilungen bestätigen und eine etwas schärfere Fixirung einzelner Horizonte derselben gestatten.

---

[1]) S. paläont. Theil.

[2]) Hauer, Jahrb. geol. Reichsanst. I. Verh. p. 367.

[3]) S. paläont. Theil.

[4]) Foetterle, Jahrb. geol. Reichsanstalt. VII. Verh. p. 851. VIII. Verh. p. 788.

[5]) Oppel, Zeitschr., deutsche geol. Gesellsch. 1863.

Als zum südalpinen Dogger gehörig, sollen im Folgenden diejenigen drei Schichtengruppen nachgewiesen werden, welche bei Beschreibung der Profile, als:

1. Graue Kalke, Schichten der *Terebratula fimbria*, Oolithe von S. Vigilio.
2. Unterer Encrinitenhorizont, Schichten der *Rhynchonella bilobata* und
3. Oberer Encrinitenhorizont, Schichten der Terebratula curviconcha, Posidonomyen-Gestein

bezeichnet wurden. Es sind dies im Profil I. die Schichten Nr, 1, 2, 3; im Profil II. Nr, 1, 2; im Profil III. Nr. 1, 3; endlich im Profil IV. Nr. 1, 2, 3.

Da die Beschaffenheit der Schichten oben bereits angegeben wurde, wird es sich jetzt besonders darum handeln, das Verhältniss zu den benachbarten und zu anderen alpinen und ausseralpinen Schichtengruppen in's Auge zu fassen.

Unterer Dogger.

Schichten der *Terebratula fimbria* und des *Ammonites Murchisonae.*

Zwei petrographisch und paläontologisch sehr verschiedenartig ausgebildete Schichtengruppen, die aber doch beide ihre Stellung im Unteroolith erhalten müssen, treten uns gleich in dem ersten der Profile und die eine derselben dann noch häufig entgegen. Es sind dies die grauen Kalke mit *Terebratula fimbria* vom Nord- und die Oolithe mit *Ammonites Murchisonae* vom Südabhang des Monte Baldo-Gebirges. Beide bilden die untersten, über dem Spiegel der Etsch und des Gardasees zu Tage tretenden Schichten, ihr Liegendes kann also hier nicht beobachtet werden. Dafür kann man sich an vielen anderen Punkten, wenigstens für die Schichten mit *Terebratula fimbria*, überzeugen, dass sie von obertriadischen Dolomiten unterlagert werden.

Das Hangende bilden für die Kalke mit *Terebratula fimbria* überall die Marmore mit *Rhynchonella bilobata*, die ich zwar unmittelbar über den Oolithen von S. Vigilio nicht anstehen sah, indem ich hier gleich auf Posidonomyengestein stiess, an deren Vorhandensein aber kaum zu zweifeln ist. Jedenfalls steht stratigraphisch der Annahme einer nahezu gleichzeitigen Bildung der Oolithe und der grauen Kalke, die sich paläontologisch erweisen lässt, nichts im Wege.

Schichten der *Terebratula fimbria.* Folgende Liste enthält die mir aus den grauen Kalken des südlichen Tirols bekannt gewordenen Fossilien (ohne die Pflanzen zu berücksichtigen):

Pholidophorus Beggiatinus Zigno.
Pycnodontenzähne
Cypris Rotzoana Schaur.
Chemnitzia terebra n. sp.
Chemnitzia sp.
Natica Tridentina n. sp.
Trochus sinister n. sp.
Phasianella sp.
Nerinea sp.
Thracia tirolensis n. sp.
Ceromya papyracea n. sp.
Gresslya elongata n. sp.
Pleuromya elegans n. sp.
Cypricardia incurvata n. sp.
Astarte sp.
Megalodus pumilus n. sp.
Trigonia sp.
Schizodus sp.
Mytilus sp.
Pinna sp.
Gervillia 2 sp.
Lima sp.
Pecten 2 sp.
Anomia sp.
Ostrea sp.
Terebratula fimbria Sow.
Terebratula fimbriaeformis Schaur.
Terebratula Rotzoana Schaur.
Terebratula cf. *perovalis*
Terebratula hexagonalis n. sp.
Hypodiadema sp.
Pentacrinus sp.
Serpula sp.

Mit Ausnahme des *Pholidophorus*, welcher sich im Museum zu Vicenza befindet, und der *Cypris Rotzoana*, welche ich Schauroth's Verzeichniss entnehme, sammelte ich diese Versteinerungen alle selbst. Trotz der grossen

Anzahl und zum Theil recht vollständigen Erhaltung derselben, ist es nur eine einzige Art, die *Terebratula fimbria* Sow., welche sich mit Vorkommnissen ausserhalb der Alpen identifiziren lässt. Auf sie ist daher beim Versuch, den grauen Kalken eine Stelle im System anzuweisen, das meiste Gewicht zu legen.

Wright[1]) gibt das Lager derselben von Leckhamptonhill in einem Profil folgender Maassen an:

Flag freestone (Zone des *Ammonites Humphresianus*)

Fimbriabed mit *T. fimbria* und einer Menge anderer Versteinerungen in oolithischem Kalke

Peagrit und Ferrugineous Oolit (Zone des *Ammonites Murchisonae*).

Es nimmt also *T. fimbria* in England, wo man sie zuerst kennen lernte und wo sie lokal massenhaft auftritt, einen Horizont zwischen dem des *A. Murchisonae* und dem des *A. Humphresianus* ein. Diese Stellung würden wir zunächst jenen Schichten in Südtirol anzuweisen haben, die *T. fimbria* beherbergen. Dabei ist aber wohl zu berücksichtigen, dass *T. fimbria* sich nur in einer einzelnen Schicht findet und zwar, wie es scheint, mehr gegen die obere Grenze jener ganzen, mächtigen Reihe von Kalkbänken, die ich schlechthin als graue Kalke bezeichnete. Wenn ich also für diesen Abschnitt die Ueberschrift „Schichten der *Terebratula fimbria*" wählte, so will ich damit nur sagen, dass Schichten mit *T. fimbria* im Vergleich zu ausseralpinen die einzigen scharf definirbaren sind, nicht aber etwa, dass das ganze, manchmal über 2000′ mächtige System der grauen Kalke der einer englischen Schicht des Fimbria marl entspreche.

Wenn sich auch unter den übrigen Arten keine mit ausseralpinen identische finden, so deutet doch eine Reihe derselben durch ihren Habitus darauf hin, dass man es mit jurassischen, nicht etwa liasischen oder gar triadischen Vorkommnissen zu thun habe, so die *Ceromya papyracea* n. sp., *Gresslya elongata* n. sp., *Pleuromya elegans* n. sp. Während auch einige Brachiopoden, wie *Terebratula Rotzoana* Schaur., sehr an bekannte Arten aus dem Dogger erinnern, zeigen andere, wie *T. hexagonalis*, ein ganz absonderliches Ansehen, so dass auch unseren Vorkommnissen ein gewisser Stempel des Eigenthümlichen und Fremden aufgeprägt wird, wie er den meisten alpinen Ablagerungen eigen ist.

Einige der von mir bei Volano aufgefundenen Pflanzenreste zeigte ich Baron v. Zigno zu Padua, der nicht daran zweifelte, dass selbige

[1]) Quart. Journ. Geol. Soc. 1859. Apr.

identisch mit Arten aus dem Venetianischen sein würden. Wenn die Bearbeitung jener Vorkommnisse, die Baron v. Zigno unternommen hat, weiter gediehen ist und in Tirol erst reichere Aufsammlungen veranstaltet sein werden, wird eine genaue Vergleichung von Werth und Interesse sein. Ich bemerke nur hier, dass die Pflanzen im Venetianischen mehreren Horizonten angehören, dass ich bei Roverè di Velo, einem der bekanntesten Fundorte, in einer Schicht grauen, von Kalkspathadern durchschwärmten Kalkes, unmittelbar unter der Pflanzenschicht *Terebratula fimbriaeformis* Schaur. und *Rotzoana* Schaur., ebenso bei Volano, unmittelbar unter den Pflanzen *Terebratula hexagonalis* n. sp. fand, welche letztere übrigens im Venetianischen auch nicht fehlt.

Als bezeichnendste und vor allem ihres eigenthümlichen Aussehens wegen in die Augen springende Schicht dieser Abtheilung des südalpinen Dogger muss jene Pflanzenschicht angesehen werden, welche oben (p. 26) genauer beschrieben wurde. Ebenso findet sich die Bank mit *Megalodus pumilus* n. sp., bisher als *Megalodus triqueter* angeführt, ganz allgemein verbreitet. Sie scheint in den höchsten Horizonten der grauen Kalke zu liegen, so sehr deutlich bei Noriglio am Abhang gegen Roveredo hin, wo sie unmittelbar von den Bilobata-Schichten bedeckt ist. Häufig und überall finden sich noch *Ceromya papyracea*, *Thracia tirolensis*, *Terebratula Rotzoana*, *fimbriaeformis* und *hexagonalis*, welche zusammen als besonders charakteristisch für die grauen Kalke anzusehen sind.

Ein negatives Kennzeichen hingegen ist das gänzliche Fehlen aller Cephalopodenreste. Es gelang trotz alles Suchens nicht, auch nur eine Spur eines Belemniten oder Ammoniten aufzufinden.

In dem oben mitgetheilten Profil von Zigno (p. 105) entsprechen diese Kalke den Abtheilungen 3. und 4., sowie auch Emmerich's Gervillien-Schichten von Trient und der Noce-Mündung, 4. auf p. 302 und a — e p. 306 [1]), hierher gehören.

Schichten des *Ammonites Murchisonae*. Der auffallende Gegensatz, der, wie es scheint, dasselbe Niveau einnehmenden Schichten von Cap S. Vigilio zu den eben besprochenen, liegt theils in der petrographischen Beschaffenheit, theils in den Versteinerungen. An Stelle des reichen Wechsels der wenig mächtigen grauen Kalkbänke tritt der einförmige, dickbankig gelagerte, helle, stellenweise bunte Oolith. Statt einer reichen Brachiopoden- und Pelecypoden-Fauna, sehen wir vorwaltend Cephalopoden auftreten und diese in solcher Menge, dass sie stellenweise das Gestein ganz erfüllen.

[1]) Jahrb. Reichsanst. VIII. 1857. p. 302 u. 306.

Folgende Arten fanden sich alle in einem einzigen Steinbruche:

Bruchstücke der Scheere eines Krebses.
Belemnites sp.
Ammonites scissus n. sp.
Ammonites Murchisonae Sow.
Ammonites fallax n. sp.
Ammonites gonionotus n. sp.
Ammonites ophioneus n. sp.
Lineati sp.
Heterophylli sp.
Perarmat sp.
Turbo sp.
Nucula cf. *Aalensis* Opp.
Inoceramus sp.
Hinnites sp.
Terebratula sp.
Rhynchonella sp.

Auch hier ist es trotz des Reichthums an Versteinerungen nur ein einziger Ammonit,

A. Murchisonae Sow.

der uns über das Alter dieser Oolithe Aufschluss gibt. Alle die anderen Ammoniten sind neu und haben ihre nächst Verwandten theils in denselben, theils tiefer oder höher liegenden ausseralpinen Horizonten.

Wenn der ganze Komplex der Oolithe als Schichten des *Ammonites Murchisonae* bezeichnet wird, so gilt dasselbe wie bei den Schichten der *T. fimbria*, indem auch hier vermuthlich noch andere, besonders höhere Horizonte verborgen liegen, die fortgesetzte Untersuchungen erst an's Licht bringen werden. Scharf genommen hat ja *Ammonites Murchisonae* ein etwas tieferes Lager als *Terebratula fimbria* und ein Nebeneinanderstellen der betreffenden Schichten in eine Tabelle wäre nicht gestattet. Allein im vorliegenden Falle kann man noch nicht weiter sondern und muss sich mit der Zusammenfassung beider Horizonte in eine Abtheilung des unteren Dogger begnügen, die vom Lias bis zur Humphresianus-Zone reicht.

Die so verschiedene Erscheinungsweise der Oolithe und Kalke, die wenigstens theilweise gewiss gleichzeitige Bildungen sind, hat ihren Grund wohl lediglich in lokalen Ursachen bei der Ablagerung gehabt. Die grauen Kalke werden sich nahe am Ufer eines Kontinentes gebildet haben, der jene üppige Flora trug, deren Ueberbleibsel sich in einzelnen Schichten finden. Entweder führte ein einmündender Strom[1]) die Pflanzen dem Meere zu, oder, was wegen der nicht unbeträchtlichen horizontalen Ausdehnung jener Pflanzenschichten und der Vertheilung in mehrere Horizonte wahrscheinlicher scheint, es fanden öfter Submersionen des Landes statt, die auch am leichtesten den so auffallend häufigen Wechsel der Beschaffenheit der Schichten erklären würden.

Weiter draussen, zwar nicht zu entfernt vom Ufer, aber doch in unmittelbarer Verbindung mit dem offenen Meere, entstanden die Oolithe und hüllten die Ammoniten ein, die vielleicht unter dem Einfluss einer Strömung gerade beim jetzigen Cap. S. Vigilio strandeten, während sie in die seichten Theile, in denen der graue Kalk sich bildete, nicht eindrangen.

Die Beschaffenheit der grauen Kalke, das Vorkommen der schlammbewohnenden Myarier und besonders das Vorhandensein einer so reichen Flora, wie sie aus dem Venetianischen bekannt ist, macht es unzweifelhaft, dass im Nordosten einer Linie, welche von Trient nach den VII Communi läuft, zur Zeit der Ablagerung des alpinen unteren Dogger Festland, oder zum Mindesten eine Insel von beträchtlicher Ausdehnung vorlag, da eine kleine Insel kaum eine so reiche Flora hervorgebracht haben würde, eine Annahme, für die das gänzliche Fehlen des unteren Dogger in den östlichen und nördlichen Alpen zu sprechen scheint. Auch gegen Westen ist aus der Lombardei bis jetzt noch keine Ablagerung zwischen dem Medolo (Lias) und dem rothen Ammonitenkalke bekannt geworden, die unteroolithische Fossilien enthielt, dafür giebt Hoffmann[2]) *Ammonites Murchisonae* von Taormina auf Sicilien und Ezquerra del Bayo[3]) denselben Ammoniten von Ablanque in der Provinz Guodalajara in Spanien an, so dass weiter nach Süden das Meer zu der Zeit der Bildung der grauen Kalke eine grössere Ausdehnung gehabt haben wird. Nicht unwahrscheinlich ist es auch, dass ein Theil der von Meneghini aus La Marmora's[4]) Aufsammlungen aus Sardinien beschriebenen Dinge hierher gehören. In der Schweiz[5]) finden sich Fossilien der unteren Abtheilung des Unteroolith's sowohl in der ausseralpinen als der alpinen Zone und wenn auch letztere sehr

[1]) Schauroth hat soeben aus grauem Kalke von Rotzo eine Cypris beschrieben (s. paläont. Theil). Das Auftreten derselben deutet auf brakisches und süsses Wasser.

[2]) Hoffmann. Geogn. Beob. p. 490.

[3]) cf. Marcou. Lettres sur les roches du Jura. p. 221.

[4]) La Marmora. Voyage en Sardaigne.

[5]) Rich. Ooster. Petrefic. remarquables. p. 41.
Heer. Urwelt d. Schweiz. p. 151.

dürftig entwickelt ist, steht es doch wohl fest, dass das Meer weit in das Gebiet der jetzigen Hochalpen hineingriff. Sowie die Buchten, in denen der schweizer alpine Dogger sich ablagerte, als südöstliche Ausläufer des schwäbisch-französischen Meeres, so ist der Südtiroler Busen als ein nördlichster Theil eines spanisch-italischen Meeres anzusehen, welches über Savoyen und Südfrankreich mit dem französischen zusammenhing.

Schichten der *Rhynchonella bilobata.*

Diejenigen Schichten, die ich nach dem in denselben häufigsten und verbreitetsten Petrefakt, als Schichten der *Rhynchonella bilobata* bezeichne, gestatten keinen scharfen Vergleich mit anderen alpinen, oder ausseralpinen Ablagerungen, da sie nur ihnen eigenthümliche oder solche Petrefakten enthalten, die eine sichere Identifizirung mit bereits bekannten nicht zulassen. *Rhynchonella bilobata* bietet aber wegen ihres häufigen Auftretens ein erwünschtes Mittel, diese Schichten in Südtirol überall leicht aufzufinden.

Bathrologisch nehmen unsere Schichten eine sehr bestimmte Stellung über den grauen Kalken und unter dem Posidonomyengestein ein und da von ersteren nachgewiesen wurde, dass sie untere Horizonte des alpinen Dogger repräsentiren, jene aber, wie wir sogleich sehen werden, den Dogger von den Parkinsoni-Schichten an vertreten, so wird es gestattet sein, vorläufig, bis sichere paläontologische Beweise vorliegen, die Schichten der *Rhynchonella bilobata* als eine mittlere Abtheilung des alpinen Dogger anzusehen.

Wenn auch im Ganzen die krystallinischen, marmorartigen Gesteine der Bilobataschichten den meist dichten grauen Kalken gegenüber ein recht bezeichnendes Aussehen haben, so ist doch der Uebergang beider an der Grenze ein sehr allmähliger und die Unterscheidung schwierig, besonders auch desshalb, weil die Färbungen dieser, wie anderer alpiner jurassischer Gesteine nicht konstant sind. Graue, gelbe und rothe krystallinische Marmore führen ganz gleichmässig die *Rhynchonella bilobata*, wie sich ebenso in den oberen Lagen der unteren Abtheilung *Terebratula fimbriaeformis* in grauen und rothen Kalken (Villa montagna bei Trient) findet. Der geringe Eisengehalt der gelben und rothen Gesteine scheint daher mit dem Auftreten oder Fehlen der Fossilien in keinem inneren Zusammenhang zu stehen. Nicht selten scheinen die Schichten der *R. bilobata* auch zackenförmig in die grauen Kalke einzugreifen, so dass es den Anschein gewinnt, als sei die Oberfläche der letzteren beim Beginn der Ablagerung der Bilobataschichten sehr uneben und gefurcht gewesen.

Der mittlere Dogger hat eine über Tirol nach dem Venetianischen hinausgreifende Lagerung. So gehören ihm wohl bei Cimolais[1]) der „calcare marnoso di colore giallo rossastro" wenigstens zum Theil an, der über Oolithen und unter den Ammonitenkalken liegt. Bei Zigno wird zum Theil die Schicht 5 (pag. 105) der bunten Marmore hierherzuziehen sein.[2])

Das Auftreten der massenhaften Crinoiden und die petrographische Beschaffenheit des Gesteines, deuten darauf hin, dass die Bedingungen der Ablagerungen dieser Schichten sehr ähnliche waren, wie bei den Schichten der *Terebratula curviconcha*, zu denen ich daher gleich übergehe, um bei diesen die muthmassliche Ausdehnung und Beschaffenheit des Meeres zu besprechen.

Oberer Dogger.

Auf die Schichten mit *Rhynchonella bilobata*, in denen ich soeben ein Aequivalent des ausseralpinen mittleren Unterooliths nachzuweisen gesucht habe, folgen bei Brentonico, Ponte di Tierno, Madonna del Monte, Garda und Nomi die krystallinischen vorwaltend rothen Kalke, aus denen mir folgende Versteinerungen bekannt wurden:

**Sphenodus* cf. *longidens* Ag.[3])
Pycnodontenzähne.
**Belemnites* sp. ind.
**Ammonites Kudernatschi* Hau.
**Ammonites subobtusus* Kudern.
**Ammonites Eudesianus* d'Orb.
Ammonites tripartitus Rasp.
**Ammonites subradiatus* Sow.
**Ammonites rectelobatus* Hau.
**Ammonites Martiusi* d'Orb.
**Ammonites Brogniarti* d'Orb.
**Ancyloceras annulatum* Desh. sp.
**Posidonomya alpina* Gras.
Lima 2 sp.
Pecten sp.

---

[1]) Pirona. Cenni geogn. sul Friulo. p. 24.

[2]) Sehr interessant sind die Mittheilungen Cermak's im Jahrb. geol. Reichsanst. 1864. p. 495: „Skizze der Jura-Insel am Vlárapase bei Trencsin," wo derselbe über zweifelhaft liasischen Gesteinen Crinoidenkalke, über diesen Diphyakalke, roth und weiss, nachweist. Zweifelsohne entsprechen die Crinoidenkalke unseren Bilobataschichten und dem Crinoidengestein der Curviconchaschichten.

[3]) Von diesen Arten sind die mit einem Sternchen bezeichneten, bereits von Oppel von Brentonico angeführt worden.

* *Terebratula Gerda* Opp.
Terebratula Gefion Opp.
* *Terebratula curviconcha* Opp.
Terebratula bivallata Deslgch.
Terebratula sulcifrons n. sp.
Terebratula Roveredana n. sp.
Terebratula cf. *perovalis.*
Rhynchonella coarctata Opp.
Rhynchonella defluxa Opp.
* *Rhynchonella Brentoniaca* Opp.
Stomechinus rotundus n. sp.
Hyboclypus sp.
* *Pentacrinus* sp. ind.
Eugeniacrinus sp. ind.
* *Astraea* sp. ind.

Als die häufigsten und bezeichnendsten unter diesen Arten sind:

Posidonomya alpina Gras.
Terebratula curviconcha Opp.
Terebratula sulcifrons n. sp.
Terebratula Roveredana n. sp.
Terebratula Gefion, Opp.
Rynchonella Brentoniaca Opp.

zu nennen. Sowohl das häufige Vorkommen, als die ausgezeichnete Erhaltungsweise dieser Fossilien gestatten, das Lager derselben überall in Südtirol leicht aufzufinden. Wenn es sich aber um Anhaltspunkte zur Vergleichung unserer Schichten mit nord- oder ausseralpinen handelt, so gewinnen ausser den genannten noch folgende Versteinerungen einen besondern Werth:

Ammonites rectelobatus Hau.
Ammonites Kudernatschi Hau.
Ammonites tripartitus Rasp.
Ancyloceras annulatum Desh. sp.
Terebratula bivallata Deslgch.

Leider finden sich diese aber nicht besonders häufig und in keinem günstigen Erhaltungszustande, so dass es einer längeren Arbeit bedarf, um bestimmbare Exemplare zu erhalten. Besonders bieten die Ammoniten Schwierigkeiten in dieser Beziehung, indem sie meist mit dem umgebenden Gestein fest verwachsen und innen hohl sind.

Es unterliegt schon nach den mitgetheilten Profilen keinem Zweifel, dass die Posidonomyengesteine in dem südlichen Tirol nicht auf einen einzigen Punkt beschränkt sind, sondern einem weiter verbreiteten Horizonte angehören, welcher konstant seine Stellung über den Bilobataschichten und unter den Ammonitenkalken einnimmt. Eine weit grössere Verbreitung, als die aus den bereits angeführten Lokalitäten ersichtliche, hatte ich noch mehrfach zu konstatiren Gelegenheit. So sah ich *Terebratula curviconcha* in einem etwas in's blaugraue spielenden Encrinitenkalke an der neuen Strasse von Trient nach Tione in Judicarien, etwa halbwegs, da wo der von Villa kommende Fussweg aus der tiefen Sarcaschlucht in die Hauptstrasse einmündet. Es ist dies das nördlichste, mir bekannt gewordene Vorkommen. Weit im Osten finden sich aber auch in den Umgebungen von Agordo im Venetianischen ganz gleiche Posidonomyengesteine. Ich sah Handstücke von dieser Lokalität sowohl in der Universitätssammlung, als auch bei Baron v. Zigno in Padua. Auch mögen die bunten Marmore bei Zigno (s. o. p. 105) mit einer Astarte hierher gehören, da eine Verwechselung der *Posidonomya alpina* mit einer Astarte hier eben so leicht stattgefunden haben kann, wie das von Oppel für Vorkommnisse des Vilser Kalkes wahrscheinlich gemacht wurde[1]). Vielleicht sind auch Theile von Pirona's calcare marnoso (s. oben p. 114) hierher zu rechnen. Ebenso dürften Catullo's[2]) Posidonien von Andrich in krystallinischem Kalke als *Posidonomya alpina* zu deuten sein, um so mehr, als in gleichem Gestein am Monte Pinzocco ein Ammonit (*A. dolomiticus*) und zahlreiche Terebrateln vorkommen sollen, welch' letzterer Umstand nicht für triadische Gesteine spricht.

Diese östlichsten, bis jetzt bekannten Punkte, liegen von dem westlichsten, Garda etwa 20 Meilen entfernt. Auf der zwischen liegenden Strecke fehlen die Schichten gewiss nirgends, verfolgen konnte ich sie nur bis an die VII. Communi, da meine Zeit mir nicht gestattete, mich länger im Venetianischen aufzuhalten. Dass das Posidonomyengestein, wenn es zahlreiche, dicht bei einander liegende Petrefakten enthält, ein ganz dolomitisches Ansehen erhält, ist bei Benutzung der älteren paläontologischen Arbeiten, besonders Catullo's, wohl in Rücksicht zu ziehen, indem dasselbe Veranlassung wurde, dass auf diese petrographische Eigenthümlichkeit hin Dinge, als zu einer Formation gehörig, betrachtet wurden, die gewiss sehr verschiedenen Horizonten angehören, so die Cardium-Arten (Dachsteinbivalven), die Posidonomyen und eine Menge einer neuen Untersuchung sehr würdiger Brachiopoden aus dolomitischen Kalken vom See von St. Croce, südöstlich Belluno, die in der Universitätssammlung in Padua liegen.

[1]) Oppel. Zeitschr. deutsche geol. Gesell. 1863. p. 200.

[2]) Catullo. Memor. geogn. palaeozoica p. 46. Tab. I. f. 4.

Dass man nicht schon vor 1863 die Brachiopoden von Brentonico auffand, mag seinen Grund in dem vereinzelten Auftreten derselben und den Lagerungsverhältnissen haben. Es ist ja Sache des Zufalls, wenn man gerade auf einer Exkursion auf einen solchen Punkt massenhafter Anhäufung kommt, wie Brentonico. Monatelange Exkursionen waren auch für mich nöthig, um die anderen oben genannten Punkte aufzufinden. Ponte di Tierno hatte ich wiederholt schon besucht und stets nur die Bilobataschichten bemerkt, bis ein von oben herabgefallenes, mit Posidonomyen erfülltes Stück mich auf die höheren Schichten aufmerksam machte und Veranlassung zur Entdeckung jenes so reichen Fundortes wurde. Selten bilden die Posidonomyengesteine auf längere Strecken hin die Oberfläche der Gehänge und meist bekommt man nur die verwitterten, mit Flechten überzogenen Querschnitte der Profile zu sehen, so dass die unmittelbar auflagernden rothen Kalke mit ihrem Ammonitenpflaster das Auge leicht von den nur wenig mächtigen unteren Schichten abziehen. Ist ein solcher Umstand schon in niedrigeren und zugänglicheren Gebirgen hinderlich, wie viel mehr in den gewaltigen Bergmassen der Alpen, wo verhältnissmässig nur selten der Hammer des Geognosten prüfend eine Gesteinsecke abschlägt. Ich zweifle aber nicht, dass in wenigen Jahren die Horizonte des südalpinen Jura in sehr weiter Verbreitung nachgewiesen sein werden und deren Kenntniss den alpinen Schichten die Rolle nachweisen wird, die sie in der That in der Geschichte der Erde zu spielen berufen sind, indem sie mit demselben und vielleicht mit mehr Recht, als unsere nördlicheren Ablagerungen seichterer Meere an wenig steil einfallenden Küsten, als die Träger allgemeiner Entwicklungsgesetze anzusehen sind.

In Beziehung auf das Verhalten der einzelnen Arten ist folgendes zu bemerken. *Posidonomya alpina* bildet stets eine wahre Lumachella und verdrängt die Gesteinsmasse ganz, so dass an Stelle des rothen Kalkes allein die weissen Schalen den ganzen Raum erfüllen. So wie die Posidonomyen seltener werden, tritt die rothe Färbung allmählig wieder ein und innerhalb des rothen Kalkes finden sich dann nur sehr selten und vereinzelt Posidonomyen. Aehnlich verhalten sich einige Brachiopoden, besonders *Terebratula Gefion*, die allein ganze Blöcke erfüllt.

Die Pycnodontenzähne liegen stets in Massen bei einander, untermengt mit anderen Theilen von Fischen und hirsekorn- bis bohnengrossen Knollen von Brauneisenerz, so bei Madonna del Monte. Offenbar verwesten die Fische auf dem Meeresgrunde, wurden vom Wellenschlag zerstört und die einzelnen Theile an geeigneten Punkten zusammengespült. *Terebratula curviconcha*, *Rhynchonella Brentoniaca* und die Ammoniten sind allgemein verbreitet und liegen theils zwischen den Posidonomyen, theils im rothen Kalke einzeln zerstreut. Am allermassenhaftesten und verbreitetsten treten die Encriniten auf.

Dass die Posidonomyenschichten von Brentonico mit denen, auf der Nordseite der Alpen seit lange unter dem Namen der Klausschichten bekannten, Ablagerungen äquivalent seien, hat Oppel in der mehrfach zitirten Abhandlung bereits nachgewiesen und in einer Tabelle die den verschiedenen Lokalitäten gemeinsamen Arten zusammengestellt. Durch die neu aufgefundenen Punkte in Südtirol ist die Zahl der identischen Arten noch um einiges vermehrt worden, so dass jetzt folgende Arten als den nordalpinen Klausschichten und den südalpinen Posidonomyengesteinen gemeinsam angeführt werden können:

Sphenodus cf. *longidens* Ag.
Ammonites Kudernatschi Hau.
Ammonites subobtusus Kud.
Ammonites Eudesianus d'Orb.
Ammonites tripartitus[1]) Rasp.
Ammonites subradiatus Sow.
Ammonites rectelobatus Hau.
Ammonites Martiusi d'Orb.
Ammonites Brogniarti d'Orb.[2])
Ammonites cf. *dimorphus* d'Orb.
Ancyloceras cf. *annulatum* Desh. sp.
Posidonomya alpina Gras.
Terebratula Gerda Opp.
Terebratula Gefion Opp.
Terebratula curviconcha Opp.
Rhynchonella coarctata Opp.
Rhynchonella defluxa Opp.

Dass somit Klausschichten und Posidonomyengesteine Ablagerungen eines Meeres sind, kann jetzt um so weniger bezweifelt werden, und die grosse Aehnlichkeit des Gesteins, sowie der gleiche Erhaltungszustand der Versteinerungen, machen es sehr wahrscheinlich, dass der Zusammenhang der betreffenden Meerestheile ein ziemlich direkter gewesen ist.

Die Klausschichten wurden von Hauer, nachdem sie früher, wie beinahe alle rothen Kalke der Alpen, als Oxfordschichten aufgeführt waren, in

---

[1]) Von der Klausalp, in der paläontologischen Sammlung der Akademie zu München.
[2]) Von der Klausalp. Sammlung der Akademie zu München.

den Unteroolith versetzt. In der Tabelle zu seiner Gliederung der Trias-, Lias- und Jura-Gebilde finden wir sie in ein und derselben für den gesammten unteren Jura bestimmten Kolumne mit den Pflanzenschichten von Rotzo verzeichnet. Die weiteren vergleichenden paläontologischen Untersuchungen Oppel's wiesen den Klausschichten ihre Stelle in den obersten Horizonten des Unterooliths an und machten schon darauf aufmerksam, dass auch das ausseralpine Bathonien in dieser Formation seinen alpinen Vertreter habe. Die bei Ponte di Tierno gefundene *Terebratula bivallata*[1]) liefert einen neuen Beweis für die Richtigkeit dieser Annahme.

Von sehr grossem Interesse für den Nachweis einer weiteren Verbreitung unserer Schichten sind die in neuerer Zeit bekannt gewordenen Nachrichten über einige Schweizer Lokalitäten, deren Vorkommnisse schon früher mit denen der Klausschichten in Verbindung gebracht wurden.

Das Auftreten der Fossilien in einer 1½—5' mächtigen Lage Eisenooliths über Schichten des mittleren Unterooliths am Glärnisch zeigt nämlich die auffallendsten Analogien mit ausseralpinen Lokalitäten einer-, mit unseren Klausschichten und Posidonomyengesteinen andererseits, so dass es ein sehr willkommenes Verbindungsglied für den paläontologischen Vergleich bietet. Bachmann[2]) giebt vom Oberblegisee und der Guppenalpe an:

Ammonites Parkinsoni Sow.
Ammonites Deslongchampsi d'Orb. (= *rectelobatus* Hau.)
Ammonites subradiatus Sow.
Ancyloceras annulatum Desh. sp.

vier ausgezeichnete Arten des ausseralpinen obersten Unterooliths, sodann

Ammonites Martiusi d'Orb.
Ammonites Morrisi Opp.
Ammonites Waterhousi Morr. u. Lyc.
Ammonites aspidoides Opp.

vier Arten des ausseralpinen Bathonien, so dass es keinem Zweifel unterliegt, dass die nur 1' mächtigen Schichten vom Glärnisch beide ausseralpinen Horizonte repräsentiren.

---

[1]) Nach einer Mittheilung von Prof. Oppel liegt *T. bivallata* bei La Voulte im Bathonien, nicht, wie Deslongchamps angiebt, im Eisenerz des Callovien. cf. E. Deslongchamps Notes sur le terrain Callovien. Bull. Soc. Linnéenne de la Normandie. Bd. IV. (sep. p. 7). Tab. XI. f. 1. 2.

[2]) Jos. Bachmann. Ueber die Juraformation im Kanton Glarus. Mittheil. Berner. naturf. Gesellsch. 1863. Nr. 549—552.

Durch *Ammonites rectelobatus, A. subradiatus, A. Martiusi, Ancyloceras annulatum*, sind aber die Klaus- und Posidonomyenschichten so innig mit diesen Schweizer Schichten verbunden, dass wir auch aus dieser Analogie noch einen zweiten Beweis für das oben für sie in Anspruch genommene Alter entnehmen können.

In gleicher Weise, wie die Glärnisch-Schichten, die übrigens in der Schweiz weiter verbreitet sind[1]), im Westen, finden wir auch im fernen Osten unseren Horizont an der Donau bei Swinitza vertreten, von wo Kudernatsch[2]) jene schönen Ammoniten bekannt machte, deren Aehnlichkeit mit denen der Klausalpe Hauer schon zu einer Zeit hervorhob[3]), wo man über die Stellung der rothen Alpenkalke noch kein bestimmtes Urtheil fällen konnte. Der als *Ammonites bullatus* d'Orb. bestimmte Ammonit ist *A. Ymir* Opp., der sich am Glärnisch findet.

Einige andere Punkte, an denen sich Schichten finden, die mit den in Rede stehenden mehr Verwandtschaft zu zeigen scheinen, hat Oppel bereits namhaft gemacht. Leider sind wir auch heute noch nicht im Besitz genügender Aufschlüsse über dieselben. Von besonderer Bedeutung wäre eine kritische Untersuchung der Versteinerungen von Spezzia und ihres Lagers, da hier Posidonomyen sich finden, durch die man wohl in Stand gesetzt würde, die Grenzen der Ablagerungen des oberen Dogger weiter nach Süden zu verfolgen. Gewiss sind die in Tirol verbreiteten Horizonte des Dogger und Malm überhaupt in Italien viel verbreiteter, als man bis jetzt annehmen darf. Ebenso lässt sich erwarten, dass das südliche Frankreich noch reiches Material liefern wird und zwar besonders zur Entscheidung der Frage über das Verhältniss sogenannter alpiner und ausseralpiner Ablagerungen, die hier so nahe an einander herantreten, wie kaum anderswo.

Jedenfalls reichen aber die an den genauer untersuchten Punkten gewonnenen Resultate schon hin, um eine solche Zusammengehörigkeit unserer Schichten unter einander und eine solche gleichmässige vertikale Begrenzung derselben darzuthun, dass wir die Lokalnamen fallen lassen und sie mit dem gemeinsamen Namen alpiner oberer Dogger bezeichnen können. Der Name Dogger, in dem Umfang wie ihn Oppel anwandte, für d'Orbigny's Bajocien und Bathonien gemeinsam, im Gegensatz zum weissen Jura oder Malm, erweist sich für diese alpinen Gebilde um so passender, als hier in

[1]) Bachmann l. c. p. 167.

[2]) Kudernatsch, die Ammoniten von Swinitza. Abhdl. der geol. Reichsanst. I. Bd. 2. Abth. Nr. 1.

[3]) Jahrb. geol. Reichsanst. 1852. III. p. 184.

der That die Grenze zwischen Bajocien und Bathonien aufgehoben erscheint, während diejenige zwischen Bathonien und höheren Juraschichten sich mit Schärfe ziehen lässt.

Oben bei Besprechung der unteren Abtheilung des Dogger wurde bereits erwähnt, dass die Vertheilung von Land und Meer zur Zeit der Ablagerung der oberen Abtheilung eine sehr andere gewesen sein muss, als während der Entstehung der unteren. Sahen wir dort deutliche Anzeichen eines Kontinentes oder einer langhingestreckten Insel, deren südliches Ufer noch weit südlich von der jetzigen Hauptkette der Alpen lag, so scheint jetzt im Gegentheil das Meer weit nach Norden vorgegriffen zu haben, zum Mindesten bis in die Gegenden der Klausalpe bei Hallstatt. Auch ist es angemessener, für diese Ablagerungen ein gemeinsames Meer anzunehmen, welches bis nach Franken hinaufreichte, in welchem sich mannigfach gegliederte Inseln befanden, als ein getrenntes mittelländisches Meeresbecken, aus dem einzelne Arme etwa weit nach Norden vorgegriffen hätten, ohne jedoch mit dem fränkischen Meere in Verbindung zu stehen. Eine solche Ansicht sprach auch Süss aus. Er sagt[1]): „Nicht die Verschiedenheit zoologischer Provinzen, wie sie jetzt z. B. an den beiden Seiten der Landenge von Suez sich findet, sondern die Verschiedenheiten der Lebensbedingnisse in ein und demselben Meeresbecken ist es also, der wir alle die Eigenthümlichkeiten der alpinen Petrefakten zuzuschreiben haben.“ Wie

[1]) Süss. Brachiopoden der Stramberger Schichten, in Hauer's Beiträgen zur Paläontographie von Oesterreich, 1858. p. 21.

Anmerkung. Einige Schwierigkeiten bei der Grenzbestimmung zwischen Dogger und Malm bieten in den Nordalpen die sog. Vilser Kalke (Schichten der *Terebratula pala*, *antiplecta* und *Rhynchonella trigona*), wie sich aus dem von Oppel[1]) über das Posidonomyengestein vom Weissenhause bei Füssen Mitgetheilten ergiebt. Diese Vilser Kalke habe ich in Südtirol nicht entdecken können, so sehr ich auch nach denselben suchte. Es liegen nämlich im Museum zu Roveredo einige Exemplare von *Terebratula pala* und *antiplecta*, welche nach einer Angabe des Seidenfabrikanten Herrn Pischl bei Volano gefunden sein sollen. Leider konnte mir Herr Pischl, da er die Terebrateln von einem Arbeiter erhalten hatte, nur ungefähr deren angeblichen Fundort bezeichnen. Ich habe viel Zeit darauf verwendet, an der Grenze des Posidonomyengesteins und der rothen Ammonitenkalke, und nur hier könnten die betreffenden Schichten liegen, Vilser Kalke aufzusuchen, sowohl von Volano über Vallunga nach Roveredo, als an anderen Punkten, doch ohne Erfolg. Da die im Museum zu Roveredo befindlichen Exemplare eine ganz auffallende Aehnlichkeit mit Vilser-Vorkommnissen zeigen, so liegt die Vermuthung nahe, sie seien von italienischen Arbeitern, die ja häufig nordwärts der Alpen Beschäftigung suchen, nach der Heimath mitgebracht.

[1]) Zeitschr. deutsch. geol. Gesellsch. 1863. p. 196.

dieses Meer um die alpinen Inseln beschaffen war, ist schwer nach dem jetzigen Standpunkt unserer Kenntnisse zu ermitteln. Die Menge von Crinoideenstielgliedern weist jedenfalls auf eine ziemliche Tiefe hin, da nach Analogie des lebenden *Pentacrinus caput Medusae*, der aus einer Tiefe von etwa 50 c. gefischt wurde [1]), sowie aus dem Bau desselben sich schliessen lässt, dass Crinoideen überhaupt in einer Tiefe leben, in der sie von den Bewegungen der Oberfläche des Meeres nicht wesentlich affizirt wurden. Vielleicht bedeckten die Crinoideen Wäldern ähnlich den Meeresgrund und wurden, als ihnen bei einer Hebung des Meeresbodens die Lebensbedingnisse entzogen waren, vom Spiel der Wellen zerstört und am Ufer von den Kalken eingehüllt. Man müsste dann eine wiederholte Hebung und Senkung des Landes annehmen; eine Hebung, welche die Ablagerung der Crinoideen der Bilobataschichten, eine zweite, welche die der Crinoideen des Posidonomyengesteins verursachte. (Oberer und unterer Encrinitenhorizont, p. 9.) In den Vertiefungen und Fiorden der Inseln lebten gesellig die Brachiopoden und Posidonomyen und zwar nur in solchen, welche ihre Lage vor den heftigen Einflüssen der Brandung schütze; so kam es, dass sie an einzelnen Punkten massenhaft angehäuft wurden, an anderen fehlen.

Ueber die Schwierigkeit der räumlichen Begrenzung der zoologischen Provinzen überhaupt wird sich beim Malm Gelegenheit finden zu sprechen.

---

[1]) Bronn, Ordnungen und Klassen des Thierreichs. II. 234.

Anmerkung. Eben erhalte ich noch die Mittheilungen von Wolf in den Verhandlungen der geolog. Reichsanstalt (1865. Verh. p. 47), wo sich zwei Profile, eines vom Wege zwischen Torbole und Mori vom Lago di Loppio hinauf nach dem Monte Nago (altissimo di Nago), das andere im Süden der Monti Lessini bei St. Anna di Alfaedo gegen die Tiefe des Valle Machiora, mitgetheilt finden. Diese Profile enthalten neben manchem Abweichenden meist dieselben Angaben, wie ich sie oben mittheilte, nur ist der untere Dogger bereits in mehrere Bänke gesondert. Solche Mytilus- und Ostreenbänke u. s. w. habe ich mehrfach gefunden; es gelang mir aber nicht, sie konstant nachzuweisen und ich unterliess daher die weitere Ausscheidung und Bezeichnung derselben. Auch Wolf hat mehrere Pflanzenhorizonte gefunden. Interessant ist die Angabe von *Posidonomya alpina* in Mergelschichten mit Pflanzenresten und grauen Kalken über denselben. Sollten dies vielleicht die Posidonomyen oder Posidonomyen ähnlichen Muscheln sein, die ich bei S. Caecilia eingangs der Profilbeschreibung erwähnte, die aber noch im grauen Kalke liegen? Ueber die grosse Verbreitung der Megalodus-Bank habe ich mich oben ausgesprochen. Für die Aufnahme einiger Spezialprofile in den grauen Kalken, welche zur Fixirung des Lagers einzelner Fossilien, so des *Megalodus pumilus*, *Ceromya papyracea*, *Thracia tirolensis* und der Brachiopoden führen könnten, dürften sich besonders empfehlen: Terragnola nach Serrada; Umgebung des Grenzsteins Nr. 14 östlich Folgaria und das Hochvizentinische und Veronesische gegen die VII. Communi.

V. Malm.

Historische Bemerkungen.

Den oberen Jura, die eigentlichen rothen Ammonitenkalke, kannte man wohl als ein geschätztes Baumaterial für die Kirchen und Palläste Italiens seit lange und die in denselben eingeschlossenen organischen Reste erregten frühzeitig die Aufmerksamkeit, so dass schon 1606 Fabius Colonna Abbildungen der *Terebratula diphya* als *Concha diphya* gab, allein eine schärfere, insbesondere paläontologische Fixirung wurde erst weit später versucht.

Nachdem lange Jahre die petrographische Aehnlichkeit mit den liasischen Ablagerungen der Lombardei irre geführt hatte, gelangte man allerdings dazu, diesen Ammonitenkalken ihre Stellung nahezu richtig anzuweisen und sie mit ausseralpinen Bildungen zu parallelisiren. Als aber dann das Machtwort Oxfordien einmal von einigen Autoritäten ausgesprochen war, hatte es hiermit sein Bewenden und stimmte einmal etwas nicht ganz zu jener Bezeichnung, so genügte das Prädikat „alpin“ die etwaigen Abweichungen zu erklären.

Das wichtigste über den südalpinen Jura bisher Veröffentlichte lässt sich in wenige Zeilen zusammenfassen. Eine erschöpfende Aufzählung aller Arbeiten liegt nicht in meiner Absicht, eine solche würde sich bei der so vielfach zerstreuten und schwer zugänglichen italienischen Literatur auch nur mit einem Aufwand von Zeit und Mühe bewerkstelligen lassen, der in den Resultaten, die sich aus den gewonnenen schöpfen liessen, nur einen geringen Lohn fände. Zudem handelt es sich jetzt um paläontologische Nachweise für eine vergleichende Betrachtung alpiner und ausseralpiner Gebilde und was dabei von italienischer Literatur beachtenswerth erscheint, beschränkt sich auf einige wenige Abhandlungen.

Von Padua aus begann in den ersten Dezennien dieses Jahrhunderts Catullo seine Arbeiten und ihm gebührt gegenüber seinen Vorgängern, die sich vorwaltend auf petrographische Eigenschaften der untersuchten Schichten stützten, das Verdienst, den Versteinerungen eine grössere Aufmerksamkeit geschenkt zu haben. Kann man sich auch mit seinen Identifikationen und mit den Prinzipien, die er bei Aufstellung neuer Arten in Anwendung brachte, nicht immer einverstanden erklären, so gab er durch seine Abbildungen doch zuerst positive Anhaltspunkte. Man wusste warum es sich handelte.

Bis zum Jahre 1827 rechneten die italienischen Geologen meist alles, was man calcare ammonitico rosso nannte, mit den helleren weissen Kalken mit *Terebratula diphya* und dem Biancone (auch als marmo majolica bezeichnet) zur Kreide. Catullo in seinem Saggio di zoologia fossile[1]) trennte den Biancone vom ammonitico rosso und stellte letztern in seinen Jura, mit dem er nach unten nicht nur die grauen Kalke und Oolithe, sondern auch die Dolomite mit *Cardium triqueter* aus den Ampezzaner Alpen verband. In Bezug auf den Biancone gerieth er in Widerspruch mit Pasini und Maraschini, während Boué schon früher die Grenze zwischen Jura und Kreide ähnlich gelegt hatte.

Epoche machend für die weitere Entwicklung der geognostischen Kenntniss des Venetianischen und Südtirols wurden später die Untersuchungen von Zigno. Es gelang demselben, in dem Biancone echte Kreidefossilien aufzufinden, welche mit solchen aus dem französischen Neokom übereinstimmten und so mit Sicherheit nachzuweisen, dass der Biancone der Kreide angehöre. Er gab für letztern als bezeichnend an[2]):

Ammonites Asterianus d'Orb.
Ammonites macilentus d'Orb.
Ammonites grasianus d'Orb.
Crioceras.

In tiefer liegenden Schichten fanden sich:

Ammonites tatricus Pusch.
Ammonites biplex Sow.

zwei Versteinerungen, welche auf oberen Jura hinweisen. Wir werden jedoch sehen, dass bis in die neueste Zeit der Nachweis, alle Schichten unter dem Biancone seien jurassisch, keineswegs so sicher geführt war, als man meinen sollte.[3])

Zigno's Entdeckung war von um so grösserer Bedeutung, als Catullo inzwischen von seiner, in der Zoologia ausgesprochenen Ansicht zurückgekommen war und den Ammonitenkalk mit dem Biancone in die Kreide versetzte.[4]) Es entspann sich eine lebhafte Kontroverse zwischen Catullo und Zigno, die sich lange Jahre hindurch, ausser in Catullo's eigenen Schriften, in italienischen Zeitschriften, dem Bulletin de la société géologique und in Bronn Leonhard's Jahrbruch fortspann.[5]) Als man sich nun aber allgemein

[1]) Padua. 1827.

[2]) Bull. soc. géol. de France 2 Sér. III. p. 488. 1845.
Ebenda. 2 Sér. VII. p. 25. 1849.
Ferner: Memoria sulla costituzione geologica dei Monti Euganei. Padua 1861. Deutsch von G. v. Rath in Zeitschr. deutsch. geolog. Gesellschaft. 1864.

[3]) Siehe das über den eigentlichen Diphyakalk Gesagte.

[4]) Catullo. Memoria geognostico palaeozoica sulle Alpi Venete. Mem. della Soc. ital. della scienze in Modena. 1846.

[5]) Vergl. besonders Bron. Leonh. Jahrb. 1846. p. 739. 1847. p 148. 285. 439.

für die Ansicht entschied, der ammonitica rosso sei jurassisch, suchte sich auch Catullo[1]) dieser Ansicht wieder anzupassen und fasste Biancone und ammonitico rosso als ein innig verbundenes „sistema epioolitico" auf, welches in zwei Horizonte zerfalle, einen unteren und einen oberen. Ganz richtig hebt zwar Catullo hervor[2]), dass ein unterer Horizont existire, welcher *Terebratula diphya* (*Terebratula antinomia* Cat.) noch nicht führe, während sie in dem oberen auftrete, allein die Verbindung des oberen Horizontes mit dem Biancone, sowie die entschieden ganz unrichtige Vertheilung der Ammoniten in den verschiedenen Horizonten, mussten auch diese, an sich richtige Angabe zweifelhaft erscheinen lassen, so dass sie keine weitere Berücksichtigung fand. Wenn Catullo von einem deutlichen Wechsel des ammonitico rosso mit dem Biancone spricht, so heisst das nur, wie ich mich an einer der von ihm bezeichneten Lokalitäten, an der Chima, überzeugte, dass auch innerhalb der rothen Kalke schon hellere Nüancen vorkommen. Allein Biancone ist das darum noch nicht.

Auf dem Kongresse der Naturforscher zu Mailand 1844 sprach Buch zuerst eine bestimmter präzisirte Ansicht über das Alter der Kalke mit *Terebratula diphya* im Verhältniss zu anderen jurassischen Ablagerungen aus und stellte sie zusammen mit dem Klippenkalk der Karpathen in den oberen Jura. Beide Ablagerungen, bezeichnet durch den *Ammonites tatricus* Pusch, bilden Theile seines 3. Jurasystems: troisième systeme du midi de la France, de la Lombardie, des Carpathes, de la Crimée.[3])

Allerdings scheint auf jenem Kongresse die scharfe Trennung der rothen liasischen Ammonitenkalke der Lombardei von den höher liegenden mit *Terebratula diphya* noch nicht hinreichend durchgeführt worden zu sein[4]), doch geht aus einem Briefe Buch's hervor[5]), dass er vorwaltend jene oberen Horizonte im Sinne hatte. Er giebt in demselben eine Reihe Lokalitäten aus den Venetianischen, tiroler und lombardischen Alpen an, an denen man *Ammonites tatricus* und *Terebratula diphya* findet und macht auf das für jurassische Ablagerungen so bezeichnende Vorkommen von Flexuosen besonders aufmerksam.

---

[1]) Catullo. Intorno ad una nuova classificatione delle calc. rosse amon. Mem. dell' J. R. Ist. Ven. Vol. V. 1853.

[2]) l. c. p. 9.

[3]) Bull. soc. imp. de Moscou. B. 19. p. 244.

[4]) Bull. soc. géol. de France 2 Sér. II. p. 60. Nota v. Collegno.

[5]) Ebenda. 2 Sér. II. p. 359.

Das Werk von Fuchs[1]) über die Venetianer Alpen lieferte über jurassische Ablagerungen nichts neues.

Quenstedt[2]) machte in einem Briefe an Bronn die Namen einiger Ammoniten aus rothem Kalke bei Roveredo bekannt, den

Ammonites ptychoicus
Ammonites fasciatus
Ammonites biruncinatus

und lehrte so aus den bisher paläontologisch so wenig berücksichtigten Schichten einige der bezeichnendsten Arten kennen. Da man jedoch in jener Zeit noch alle rothen Ammonitenkalke der Alpen zusammenwarf, war es nicht möglich, zu richtigen Anschauungen über das Alter einzelner derselben zu gelangen. Die Abbildung und Beschreibung jener 3 Ammoniten erschien 1847 und 1848 und bei dem *Ammonites ptychoicus* macht Quenstedt auf die Analogien mit Kreideformen aufmerksam.[3])

Im Handbuch der Petrefaktenkunde (1852) p. 470 jedoch stellte er *Terebratula diphya* bestimmt in den Jura und zwar in einen „ähnlichen Horizont", wie die schwäbische *Terebratula nucleata*.

In der Fortsetzung des bereits oben (p. 105) mitgetheilten Profils des Dogger finden wir bei Zigno folgende Schichten verzeichnet:

Bunter Muschelmarmor nur mit einer kleinen *Astarte* (*Posidonomya alpina* Gras.)

Rother Ammonitenkalk mit
Ammonites anceps Ziet.
Ammonites athleta Phil.
Ammonites Viator d'Orb.
Ammonites Hommairei d'Orb.
Ammonites Zignodianus d'Orb.
Ammonites tatricus Pusch.
Cidaris coronata Ag.
Ananchytes bicordata Lmk.
Glypticus hieroglyphicus Ag.

In den oberen Schichten des Ammonitenkalkes:

Ammonites perarmatus, *biplex*, Aptychen aus der Familie der Lamellosen, *Terebratula diphya* und *triangulus*.

Kreide.

---

[1]) Fuchs. Die Venetianer Alpen. Solothurn u. Wien. 1844.
[2]) Bronn Leonh. Jahrb. 1845. p. 683.
[3]) Quenstedt. Cephalop. p. 221.

Wir werden später sehen, dass diese Ammonitenliste einiger Rektifikationen bedarf, wie auch die Aufstellung einer höheren Abtheilung mit *A. perarmatus* nicht richtig ist. Was man *perarmatus* genannt hat, liegt stets unter *Terebratula diphya*, was mir 1864 auch Baron v. Zigno in Padua selbst bestätigte.

Die Einreihung der rothen Ammonitenkalke in das Oxfordien, die wir bei Zigno ebenfalls finden, scheint sich besonders auf d'Orbigny's Bestimmung an ihn eingesandten venetianischen Ammoniten zu gründen.[1])

Von wesentlichstem Nutzen war die 1851 vom Ferdinandeum veröffentlichte geognostische Karte Tirols[2]). So ungenügend auch die Bezeichnungen und Abgrenzungen der verschiedenen Alpenkalke sind, so klar und bestimmt treten die rothen Ammonitenkalke hervor. Man wird immer im Stande sein, sich nach dieser Karte annähernd zu orientiren, so lange man nicht in Schichten unter die rothen Ammonitenkalke hinabsteigt.

Von besonderem Interesse ist demnächst eine Abhandlung von Süss[3]) über *Terebratula diphya*, weil sie über eines der verbreitetsten Fossile in den rothen Alpenkalken handelt. Er spricht sich über die geologische Stellung der betreffenden Schichten in der Weise aus: „Dieses Lager wird gewöhnlich mit dem Namen Oxford bezeichnet, von österreichischen Geologen Klausschichten genannt, und entspricht zugleich einem grossen Theil des Calcare ammonitico rosso der Italiener und des Klippenkalkes von Pusch und Zeuschner."

In seiner Gliederung der Trias-, Lias- und Jurabildungen[4]), deren wir schon so oft Erwähnung zu thun hatten, stellt Hauer die Pflanzenschichten von Rotzo in den Jura, die Ammonitenkalke über dieselben, bestätigt also die schon seit längerer Zeit über die Lagerung beider Komplexe herrschenden Ansichten.

In den Heterophyllen[5]) der österreichischen Alpen gab derselbe einige Fundorte für Ammoniten aus den rothen Alpenkalken genauer an, die man bereits länger kannte, und wies manche unrichtige und ungenaue Bestimmungen nach.

---

[1]) Bull. soc. géol. 2. Sér. Bd. V. 1847, und
Bronn-Leonh. Jahrb. 1848. p. 715.

[2]) Geognostische Karte von Tirol und Voralberg. Geogn. Montan. Verein. Ferdinandeum in Innsbruck.

[3]) Sitzungsber. d. math.-nat. Kl. d. Wiener Akademie. VIII. 1852.

[4]) Jahrb. Reichsanst. 1853. Tabelle p. 784.

[5]) Beitrag zur Kenntniss der Heterophyllen der österr. Alpen. Wiener Akademie. XII. 1854.

1858 wurden aus einer aus den Südalpen nach Wien gelangten Sendung folgende Arten bestimmt:

Ammonites ptychoicus Qu.
Ammonites Zignodianus d'Orb.
Ammonites tatricus Pusch.
Ammonites tortisulcatus d'Orb.
? *Ammonites oolithicus* d'Orb.
Ammonites fasciatus Qu.
Ammonites Eudesianus d'Orb.
? *Ammonites anceps* Rein.
* *Ammonites plicatilis* Sow.
Ammonites exornatus Cat.
Ammonites Humphresianus Sow.
Ammonites granulatus Brug = *inflatus* Rein.
? *Ammonites athleta* Phill.
Ammonites biruncinatus Qu.

In dieser Liste dürften die drei mit einem Fragezeichen versehenen Arten wohl nicht richtig bestimmt sein. Der mit einem Sternchen versehene ist ein Planulate, dessen Identifizirung bei der indifferenten Form desselben immerhin misslich erscheint. Die anderen Arten finden sich unten im paläontologischen Theil dieser Arbeit.

Theils gehören die Ammoniten dem eigentlichen Ammonitico rosso an, theils liegen sie vermuthlich tiefer, wie z. B. *A. Humphresianus* (= ? *rectelobatus* Hau.).

In seinen Erläuterungen zu einer geologischen Uebersichtskarte der Schichtgebirge der Lombardei [1]) sagt derselbe Forscher p. 486, nachdem er den Jura in der Lombardei nach oben in derselben Weise begrenzt hat, wie Zigno im Venetianischen, östlich vom Gardasee, gehörten in der That alle bisher bekannt gewordenen rothen Kalksteine der Juraformation an. Diese Angabe ist von Bedeutung, insofern man bis in die neueste Zeit aus den venetianischen und Friauler Alpen liasische Ammoniten zitirt findet, die jedenfalls aus der Lombardei stammen. So zitirt Pirona [2]) den *A. bifrons* von Cimolais, der aber schwerlich von dort, vielmehr von Entratico bei Bergamo stammen dürfte, so gut wie die von Catullo zitirten *A. bifrons*, von denen dies erwiesen ist.

[1]) Jahrb. geol. Reichsanst. 1858. IX. p. 445.

[2]) Cenni, geogn. sul Friulo.

Emmerich[1]) gab einige Profile aus dem südlichen Tirol, und wenn ich mich auch mit der von ihm ausgesprochenen Ansicht, die Diphyakalke gehörten zur Kreide, nicht einverstanden erklären kann, so befinde ich mich doch mit seiner Auffassung der Reihenfolge der Schichten ganz in Uebereinstimmung. Er sagt l. c. p. 302: „was ich von jurassischen Ammoniten in hiesiger Gegend (nämlich Umgegend von Trient) sah, gehört alles einem tieferen Horizonte an (tiefer als die hellen Kalke mit *Terebratula diphya* bei Trient). Die jurassischen Ammoniten hatten ihr besonderes Bett, die Diphyen ebenso."

Bei Trient liegen in der That in den weissen Kalken beinahe nur Diphyen, die Ammoniten treten sehr zurück und sind auch schlecht-erhalten; an der Noce-Mündung, dem zweiten von Emmerich beschriebenen Punkte hingegen, fand derselbe nur Ammoniten ohne *T. diphya,* und nach dem von ihm zitirten *A.* cf. *athleta* steht hier jener untere Ammonitenhorizont an, den ich in den Profilen als Schichten des *Ammonites acanthicus* beschrieb und dem *T. diphya* fremd ist. Wenn man nur diese beiden Punkte gesehen hat, wie Emmerich, so liegt es allerdings nahe, die Ammonitenkalke zum Jura, die Diphyakalke zur Kreide zu rechnen, um so mehr, als letztere nach oben petrographisch beinahe unmerklich in den Biancone übergehen. Hätte Emmerich noch die Umgegend von Roveredo, oder den Mt. Baldo besuchen können und hier in rothen Kalken, mitten unter zahlreichen Ammoniten, Diphyen stecken sehen, die von jenen von Trient nicht zu unterscheiden sind, so hätte er vermuthlich seine Grenze zwischen Jura und Kreide etwas anders gezogen.

Es sind also, wenn wir die Hauptresultate der Untersuchungen bis zur Emmerich'schen Arbeit zusammenfassen, alle Geologen darüber einig, dass gewisse rothe Ammonitenkalke der Südalpen, von den Italienern als Ammonitico rosso bezeichnet, noch zum Jura gehören. Wie aber diese rothen Kalke paläontologisch charakterisirt seien, wie ihre Grenze nach oben und nach unten sich mit Sicherheit ziehen lasse, das blieb noch ungewiss. Ich habe als untere Grenze bereits oben das Posidonomyen-Gestein angegeben und gehe dazu über, im Folgenden das Verhältniss der rothen Ammonitenkalke gegen die überlagernden Schichten festzustellen, sowie zwei paläontologisch scharf getrennte Abtheilungen derselben näher zu beschreiben, welche bei Mittheilung der Profile bereits unterschieden wurden.

Ich benenne das untere derselben vorläufig nach den häufigsten Ammoniten, als Schichten des *Ammonites acanthicus* und behalte für das obere

[1]) Jahrb. geol. Reichsanst. VIII. p. 295.

den Namen **Diphyakalke** bei, der ihm auch, als dem alleinigen Lager der *Terebratula diphya*, gebührt.

Die Schichten des *Ammonites acanthicus.*

Da die petrographische Beschaffenheit dieser Schichten bereits zur Genüge erörtert ist, kann ich sogleich zu den aus den aufgefundenen Petrefakten sich ergebenden Resultaten übergehen.

Folgende Arten wurden mir aus diesem Horizonte bekannt:

1. Sphenodus-Zähne.
2. *Belemnites* cf. *semisulcatus* Mnst.
3. *Ammonites acanthicus* Opp.
4. *Ammonites Uhlandi* Opp.
5. *Ammonites eurystomus* n. sp.
6. *Ammonites Rupellensis* d'Orb.
7. *Ammonites* cf. *perarmatus* Sow.
8. *Ammonites polyolcus* n. sp.
9. *Ammonites isotypus* n. sp.
10. *Ammonites* cf. *Kudernatschi* Hau.
11. *Ammonites compsus* Opp.
12. *Ammonites Strombecki* Opp.
13. *Ammonites* sp. (Lineat.)
14. *Ammonites Achilles* d'Orb.
15. *Ammonites* sp. (Planulat.)
16. *Inoceramus* cf. *giganteus* Gldf. sp.
17. *Terebratula* sp.

Die Unterscheidung der Schichten des *Ammonites acanthicus* gegen die unter liegenden Posidonomyengesteine ist sehr leicht, indem die dort so bezeichnenden Brachiopoden fehlen, die Ammoniten aber sämmtlich anderen Arten angehören und auch sehr anders erhalten sind. Hinreichend scharf ist auch die Grenze gegen den Diphyakalk, wenn auch hier mancherlei beiden Gruppen gemeinsam sein mag. So scheinen aus der Gruppe der so schwer zu bestimmenden echten Heterophyllen und der Lineaten nicht zu unterscheidende Formen in die Diphyakalke hinaufzugehen. Wegen der meist abgeriebenen Beschaffenheit der aufgefundenen Exemplare, die bei vollständiger Erhaltung der Schale vielleicht hinreichend verschiedene Dinge gleich erscheinen lässt, kann man hier nur mit äusserster Vorsicht verfahren und wird wohl noch lange warten müssen, bis es gelingt, ganz wohlerhaltene Exemplare aufzufinden, mittelst deren man über alle Heterophyllen in's Klare kommt. Diese Ammonitengruppe scheint vor der Hand die am wenigsten geeignete, bestimmte Anhaltspunkte für die Unterscheidung der Schichten an die Hand zu geben, so dass es als ein sehr günstiger Umstand zu betrachten ist, dass ausser diesen zweifelhaften Dingen eine Reihe sehr wohl erhaltener anderer Ammoniten vorliegt, die schon jetzt eine scharfe Sonderung beider Horizonte möglich macht. Als besonders bezeichnend und an den Fundorten leicht in die Augen fallend, möchte ich folgende Arten aus der oben mitgetheilten Liste noch besonders hervorheben:

Ammonites acanthicus Opp.
Ammonites Uhlandi Opp.
Ammonites polyolcus n. sp.

Im Diphyakalk fehlen diese Arten durchaus, wofür andere jener eigenthümliche Dinge sich finden (s. u. p. 133), besonders *Terebratula dyphia* selbst.

Dass diese Fossilien nicht nur in Tirol, sondern auch weitverbreitet im Venetianischen sich finden, sah ich in den Sammlungen in Verona, Vicenza und Padua. Man hatte jedoch nicht Bedacht genommen, die Ammoniten nach Schichten zu sondern und so findet sich mancherlei bunt durcheinander, sogar Lias-Ammoniten aus der Lombardei mitten unter solchen aus dem venetianischen Malm. Derartige Aufstellungen in der Universitätssammlung zu Padua sind nicht gerade geeignet, dem von auswärts Kommenden die Orientirung zu erleichtern.

In den Nordalpen fehlen uns vor der Hand Ablagerungen, welche sich mit den Schichten des *Ammonites acanthicus* scharf in Parallele stellen liessen. Allein man hat Andeutungen, dass man dieselben dort wird nachweisen können. Rothe Ammonitenkalke mit *T. diphya* sind schon öfters erwähnt worden (s. unten paläont. Theil *T. diphya*) und man darf hoffen, dass, wenn bessere Ammonitenvorkommnisse vorliegen, man auch diesen unteren Horizont wird unterscheiden können.

Desto leichter gelingt eine Parallelisirung mit einem Horizonte des ausseralpinen Malm. Der neuesten Zeit war es vorbehalten, hier auf Grund einer sorgfältigen Unterscheidung der Cephalopoden Horizonte zu gewinnen, welche an Schärfe und weiter Verbreitung denen des Lias nicht nachstehen. Ein solcher Horizont und zwar einer der am bestimmtesten definirten, wurde von Oppel als Zone des *Ammonites tenuilobatus* beschrieben. Mit demselben haben unsere Schichten gemeinsam:

Ammonites acanthicus Opp.
Ammonites Uhlandi Opp.
Ammonites compsus Opp.
Ammonites Strombecki Opp.

Ammonites Rupellensis d'Orb.
Ammonites Achilles d'Orb.

also 6 von den oben als den Schichten des *Ammonites acanthicus* eigenthümlich angeführten Arten. Wenn also auch *A. tenuilobatus* selbst noch fehlt, so reichen doch die sechs identischen Arten vollkommen aus, die Aequivalenz der alpinen Schichten des *Ammonites acanthicus* mit den ausseralpinen des *Ammonites tenuilobatus* zu beweisen.

Seine Eigenthümlichkeiten hat dieser alpine Horizont aber doch. Einmal die ausserhalb der Alpen unbekannte rothe Färbung des Kalkes, auf die aber kein besonders grosses Gewicht zu legen ist, da der Gehalt an Eisen, der dieselbe bedingt, ein so sehr geringer ist und nur die für unser Auge so auffällige Erscheinungsweise hervorruft, dann aber auch eigenthümliches der Fauna, besonders das massenhafte Vorkommen der ausserhalb der Alpen in diesen Schichten so seltenen Heterophyllen. Auch das Auftreten des *A. eurystomus* n. sp., eines Perarmaten, verdient Beachtung, insofern es ein sehr spätes ist.

Die Aptychen stellen sich im Verhältniss zu anderen alpinen oberjurassischen Ablagerungen recht selten ein. Besonders auffallend ist, dass in nicht zu grosser Entfernung, in der Lombardei sich jurassische Schichten, erfüllt mit Aptychen finden, während die Ammoniten selten sind, also ganz das umgekehrte Verhältniss, wie in Tirol. Leider weiss man über das Alter dieser lombardischen Schichten nicht mehr, als dass sie dem Malm angehören, und dem Herkommen gemäss in das Oxfordien gestellt werden.

Da es sich nun hat nachweisen lassen, dass die Schichten des *Ammonites acanthicus* mit denen des *Ammonites tenuilobatus* gleichaltrig sind, muss ihnen mit diesen auch im System dieselbe Stellung angewiesen werden. Nachdem Oppel bereits darauf hingewiesen hatte, dass die Schichten mit *Ammonites tenuilobatus* wahrscheinlich besser das Kimmeridgien eröffneten, als das Oxfordien beschlössen, hat sich Waagen[1]) in neuester Zeit bestimmt zu Gunsten dieser Ansicht ausgesprochen, so dass ich nicht anstehe, dieselbe zu adoptiren und fortan die Schichten des *Ammonites acanthicus* der Südalpen und mit denselben die Hauptmasse des rothen Ammonitenkalkes zum Kimmeridgien stelle.

Nach Waagen's Untersuchungen[2]) lassen sich die Schichten des *A. tenuilobatus* von Franken an bis in den Kanton Aargau verfolgen, so dass

[1]) Waagen. Versuch einer allgemeinen Classification der Schichten des oberen Jura. München 1865. p. 19.

[2]) Waagen. Der Jura. p. 173 folg.

dieselben mit den Schichten des *Ammonites acanthicus* zusammen, schon nach dem jetzigen Standpunkte der Kenntnisse, einen der weitverbreitetsten Horizonte im Malm darstellen, dessen gleichbleibende Erscheinungsweise in und ausserhalb der Alpen eine treffliche Basis für weitere Untersuchungen abgiebt.

Diphyakalke.

Wir kommen nun zu denjenigen Ablagerungen, welche dem Biancone, dessen Stellung in der unteren Kreide wir für erwiesen annehmen, unmittelbar vorangehen. Es sind dies die eigentlichen, meist rothen, seltener weissen Diphyakalke, aus denen ich folgende Versteinerungen sammelte:

1. Sphenodus-Zähne.
2. Lepidotus-Zähne.
3. *Belemnites* cf. *semisulcatus* Mnst.
4. *Belemnites* cf. *latus* Qu.
5. *Ammonites Inflat.* sp.
6. *Ammonites lithographicus* Opp.
7. *Ammonites hybonotus* Opp.
8. *Ammonites praecox* n. sp.
9. *Ammonites ptychoicus* Qu.
10. *Ammonites geminus* n. sp.
11. *Ammonites tortisulcatus* d'Orb.
12. *Ammonites ptychostoma* n. sp.
13. *Ammonites Folgariacus* Opp.
14. *Ammonites biruncinatus* Qu.
15. *Ammonites Volanensis* Opp.
16. *Ammonites fasciatus* Qu.
17. *Ammonites quadrisulcatus* d'Orb.
18. *Ammonites* sp. (Flexuose.)
19. *Ammonites* cf. *Achilles* d'Orb.
20. *Aptychus curvatus* Giebel.
21. *Aptychus* cf. *gigantis* Qu.
22. *Terebratula diphya* Col. sp.
23. *Terebratula triquetra* Park.
24. *Collyrites* cf. *trigonalis* Dés.

Unter diesen zahlreichen Arten ist vor allen *A. ptychoicus* seiner Häufigkeit wegen ein vortreffliches Unterscheidungsmittel gegen die Schichten des *Ammonites acanthicus*. Auch für die Abgrenzung gegen den Biancone behalten diese Fossilien ihre volle Bedeutung, besonders in den Fällen, wo die Unterscheidung wegen der petrographischen Aehnlichkeit schwer wird.

Einige Schwierigkeit bietet nur *T. diphya* selbst, die sich im Biancone ebenfalls, wenn auch sehr selten, zu finden scheint[1]).

Wenn die in den Profilen dargestellte Aufeinanderfolge der Schichten richtig ist und die Diphyakalke somit die Grenze zwischen Jura und Kreide einnehmen, so entsteht zunächst die Frage, ob sie denn mit mehr Recht noch mit der einen oder schon mit der anderen jener Formationen verbunden werden. Wenn man sich auch jetzt ziemlich allgemein für eine Verbindung mit dem Jura entschieden hat, so waren doch die dafür vorgebrachten Gründe keineswegs sehr schlagend und es scheint nicht unzweckmässig, jetzt noch einmal einiges für und gegen zusammenzustellen.

So lange man beide Horizonte der südalpinen rothen Ammonitenkalke zusammenfasste, war es allerdings nicht schwer, aus den Ammoniten, die mit *Ammonites acanthicus* zusammen vorkommen, den Beweis zu führen, der rothe Ammonitenkalk gehöre dem Jura an. Da man auch in rothen Kalken mit Ammoniten zusammen *T. diphya* fand, so schien es naturgemäss auch die weissen Kalke, die nach *T. diphya* führen, mit den rothen Ammonitenkalken zu verbinden, um so mehr als das, was von *T. diphya* aus echtem Biancone angegeben wurde, sehr unsicher schien und sich auch jetzt noch auf eine Angabe[2]) beschränkt. Eine Stütze für die Annahme, *T. diphya* gehöre einem Horizonte der Kreide an, gab andrerseits der Umstand ab, dass aus Frankreich *T. diphyoides* aus deutlich ausgesprochenem Neokom citirt wurde und dass man diese *T. diphyoides* für identisch mit *T. diphya* hielt, dass ferner viele Ammoniten, besonders jene aus den höheren Lagen, sehr viel Analogien mit südfranzösischen Kreideammoniten zeigen, so die Lineaten, der Planulaten gar nicht zu gedenken.

Zu einer Zeit, wo man auf petrographische Unterscheidungen noch ein sehr bedeutendes Gewicht legte, musste es vollends gewagt erscheinen, eine Grenze zweier Formationen mitten in einen durch Uebergänge verbundenen Komplex hineinzulegen. Diese Anschauungen zum Theil waren es, welche Emmerich's oben erwähnte Stellung zu der Frage und seine nach seinen Beobachtungen ganz richtigen Folgerungen bedingten.

Sehen wir, wie die Sache jetzt sich stellt. Die Lagerung kommt uns nicht zu Hülfe, da Ammonitenkalk und Biancone vollkommen konkordant auf einander liegen und so allmählig in einander übergehen; dass man wohl annehmen muss, es habe keine besonders tief eingreifende Veränderung der Erdoberfläche zur Zeit der Bildung der Grenzschichten stattgefunden und Ver-

---

[1]) S. paläont. Theil. *T. diphya.*

[2]) S. paläont. Theil. *T. diphya.*

schiedenheiten der beiderseitigen Faunen seien mehr Folge der zeitlichen Entwicklung der Organismen, als Folge zerstörender und umwälzender äusserer Einflüsse. Berücksichtigt man diesen Umstand, so wird man sich nicht wundern, dass mancherlei ähnliches in beiden Abtheilungen vorkommt und einsehen, dass es sich hier, wie bei der Unterscheidung benachbarter Schichten überhaupt, nicht darum handeln kann, absolute Grenzen zu ziehen, sondern das herauszufinden, was verschieden ist und was gemeinsam. Dann wird zu entscheiden sein, ob die Aehnlichkeiten oder Verschiedenheiten grösser seien und wenn letzteres erwiesen ist, weiter zu untersuchen, wie sich diese verschiedenen Dinge, d. h. die jeder Gruppe eigenthümlichen zu Vorkommnissen höherer und tieferer Schichten verhalten, um zu sehen, nach welcher Seite die grössere Verwandtschaft liegt.

Ob also Diphyakalk und Biancone zu trennen sind, ist zunächst zu untersuchen. Schon Buch hob das Vorkommen von Flexuosen im Diphyakalk als bezeichnend für denselben im Gegensatz zum Biancone hervor. Nun fragt es sich aber, ob nicht die Buch bekannten Flexuosen aus den Schichten des *Ammonites acanthicus* stammten, es konnte das *A. compsus*, *Strombecki* sein, das, was man in italienischen Sammlungen als *A. oculatus* Phil. bezeichnet findet. Lediglich um das Vorkommen von Flexuosen auch im eigentlichen Diphyakalk anzuzeigen, habe ich den Ammonites flex. sp. auf Taf. 10, F. 1. abgebildet, den Prof. Oppel bei Folgaria fand. Solche Flexuosen fehlen im Biancone gänzlich. Ebenso fehlen in demselben Planulaten vom Typus des *A. Achilles*, die sich im Diphyakalk finden. Dem Diphyakalk wiederum sind fremd Ammoniten, wie *A. Asterianus* d'Orb., die zu den bezeichnendsten des Biancone gehören, nicht minder die ausschliesslich kretazischen Crioceras- und Ancyloceras-Arten und der echte *Belemnites dilatatus*. Die Aptychen der Diphyakalke tragen alle einen jurassischen Typus, während die geknickten Formen, wie *A. Didayi*, allein dem Biancone angehören. Unter den Echinodermen ist *Dysaster* cf. *trigonalis* sehr häufig im Diphyakalk, es fehlen Echinodermen überhaupt im tiroler und venetianischen Biancone. Ganz eigenthümlich sind dem Diphyakalk die oben (p. 133) genannten Ammoniten, unter denen *A. hybonotus* und *lithographicus* besondere Beachtung verdienen.

Analogien zeigen unsere beiden Gruppen durch das Hinaufgreifen mit *T. diphya* identischer, oder doch sehr nahe stehender Formen aus dem Ammonitenkalk in dem Biancone. Ferner nähern sich die Belemniten dem Dilatatus-Typus, ohne jedoch die Breite des Dilatatus selbst je zu erreichen. Verwandtschaft mit Kreidearten, z. B. dem *Ammonites asper* Mer. zeigt der *A. praecox* n. sp. aus dem Diphyakalk, doch ist derselbe neu und bestimmt verschieden. Eine Reihe Planulaten und Lineaten, auch wohl manche Heterophyllen, sind nicht scharf zu unterscheiden, doch kann jetzt noch nicht mit Sicherheit festgestellt werden, ob dies einer wirklichen Identität, oder nur einer scheinbaren von Abwaschung und schlechter Erhaltung herrührenden, zuzuschreiben ist.

Diesen Analogien gegenüber, die alle beinahe noch einer genaueren Untersuchung bedürfen, scheint es auf die oben genannten vielfachen Verschiedenheiten hin, für jetzt ganz gerechtfertigt, den Diphyakalk von dem Biancone nach paläontologischen Merkmalen zu trennen. Sollte sich bestätigen, dass *T. diphya* wirklich im Biancone sich findet, so würde es dann freilich geeigneter sein, die Schichten nach einem anderen Fossil zu benennen, etwa Schichten des *Ammonites hybonotus* und *lithographicus*.

Die zweite Frage, sind nun diese vom Biancone getrennten Diphyakalke noch mit demselben zusammen der Kreide einzureihen, oder aber, der bisherigen Anschauung folgend, im Jura zu belassen, ist, um alle Wahrscheinlichkeitspunkte bei Seite zu lassen, entschieden durch das Vorkommen jener beiden Ammoniten, die ich eben eventuell für die Benennung der Schichten vorschlug, im lithographischen Schiefer von Solenhofen. Die Solenhofener Schiefer sind unzweifelhaft jurassisch, die dort gefundenen *Ammonites hybonotus* und *lithographicus* identisch mit jenen von Südtirol, es kann also kein Zweifel mehr darüber bestehen, dass auch die betreffenden rothen Ammonitenkalke jurassisch seien. Da auch gewisse, meist über denselben liegende und auch mit denselben wechselnde hellere Kalke noch *T. diphya* und vor allem *A. ptychoicus* führen, sind auch diese noch in den Diphyakalk einzubegreifen und die Grenze zwischen Jura und Kreide erst über denselben zu ziehen.

Eine weitere interessante Folgerung gestattet uns das Auftreten der beiden genannten Ammoniten. Es ist allgemein angenommen, dass die Solenhofener Schiefer der Kimmeridgegruppe angehören, wir sind also in der Lage das Resultat auszusprechen: dass die Diphyakalke des südlichen Tirols und des Venetianischen, in der paläontologischen Begrenzung, wie sie oben aufgefasst wurden, gleichzeitige Ablagerungen mit den plattigen Kalken von Solenhofen, Nusplingen und Cirin in Südfrankreich sind und dass man sie gleich jenen in die Kimmeridge-Gruppe zu stellen habe. Letzteres Resultat, die Zugehörigkeit zur Kimmeridge-Gruppe, folgt übrigens schon aus der Stellung der Schichten des *Ammonites acanthicus*, vorausgesetzt, dass die Diphyakalke überhaupt in den Jura gestellt wurden.

Trotzdem, dass man Kimmeridge-Schichten sehr verbreitet findet und mancherlei Arbeiten über dieselben vorliegen, ist es bis in die neueste Zeit noch nicht gelungen, scharfe mit Sicherheit an entfernt gelegenen Punkten wieder erkennbare Horizonte zu gewinnen. Die Beschaffenheit der Meere scheint eine solche gewesen zu sein, dass eine sehr mannichfaltige Differenzirung, sowohl der Faunen, als der sie umhüllenden Ablagerungen zur Ausbildung gelangte. Ausführlicher über diesen Punkt hat Waagen[1]) in seinem Jura gehandelt und nachgewiesen, dass gerade die Ammoniten, die wegen ihrer weiten Verbreitung zur Aufstellung von Horizonten am geeignetesten erscheinen, uns hier meist im Stiche lassen. Das Auffinden von *A. hybonatus* und *lithographicus* muss daher als ein glücklicher Umstand betrachtet werden, da sich aus demselben ergiebt, dass zur Zeit der Ausbildung der unteren Kimmeridge-Gruppe (Zone des *A. steraspis)* das Meer, aus dem sich die Schichten, die Waagen als Facies des lithographischen Schiefers beschrieb, niederschlugen, eine sehr grosse Verbreitung hatte und dass die betreffenden Schichten als ein Hauptanhaltspunkt bei Untersuchungen über Schichten ähnlichen Alters zu gelten haben.

Marcou unterschied bekanntlich in der Juraformation, nach Analogie der Verhältnisse in den Meeren der Jetztzeit, verschiedene zoologische Provinzen, so eine province hispano-alpine und eine province normando-bourguignone. Letzterer gehören die fränkisch-schwäbisch-schweizerischen, ersterer die alpinen Ablagerungen an. Eine solche Trennung scheint z. B. beim Posidonomyengestein ganz gerechtfertigt, hier liegen in der That sehr verschiedene Faunen vor, und das alpinen und ausseralpinen Ablagerungen Gemeinsame ist sehr spärlich gestreut. Viel weniger ist dies bei den Schichten des *Ammonites acanthicus* der Fall. Abstrahirt man von der rothen Färbung, so könnten die Ammoniten von Südtirol auch von Schwaben oder Franken stammen; in beiden Fällen liegen Cephalopodenfacies, nicht wie im oberen Dogger, ganz eigenthümliche Brachiopodenfaunen vor. An Abweichungen fehlt es zwar nicht, wie dem Auftreten der Heterophyllen, allein sollten diese hinreichen, die Aufstellung einer besonderen Provinz zu rechtfertigen? Bei den Diphyakalken möchte man sich der Annahme einer gesonderten Provinz wieder zuneigen, indem die Verschiedenheiten der Faunen sehr vor dem Identischen zu überwiegen scheinen, allein auch hier lässt sich nachweisen, dass der Gegensatz des sog. alpinen und ausseralpinen Kimmeridgien nur der zwischen näher an dem Ufer gelegenen und offenen Meeresbildungen ist (s. u. p. 139). Jedenfalls ergiebt sich, dass man von zoologischen Provinzen nicht wohl für den ganzen Jura sprechen kann, da sich evident innerhalb

[1]) Waagen, der Jura. p. 205.

der Ablagerungszeit desselben Veränderungen zugetragen haben, welche die Verrückung der Grenzen zoologischer Provinzen sehr wohl zur Folge haben konnten. Will man für zwei Abtheilungen wie die des oberen Dogger und des Malm eine gleiche Begrenzung der Provinzen annehmen, so wendet man einen gleichartigen Begriff auf sehr ungleichartiges an. Bei alledem muss aber hervorgehoben werden, dass dem Princip nach die Aufstellung zoologischer Provinzen ungemein fruchtbringend ist und es in noch viel höherem Grade werden wird, wenn wir dem Anfang der Untersuchungen in diesem Gebiete etwas ferner stehen werden und die Möglichkeit vorliegen wird, die Begrenzung zoologischer Provinzen für vertikal nur wenig mächtige Schichten festzustellen. Möglichst vollständige Aufsammlungen der Petrefakten und genaues Festhalten des Lagers wird, um dem näher zu kommen, vor allem im Auge zu behalten sein.

Ueber die weitere Verbreitung der Diphyakalke kann wenig sicheres gesagt werden. Dass die Ablagerungen des mittleren Italien,[1]) auf Mallorca[2]) und in den Ampezzaner Gebirgen[3]), sowie am Nordabhang der Alpen[4]) an einzelnen Punkten hierher gehören, scheint wohl bestimmt. Ebenso dürften die Ablagerungen der Tatra (der Klippenkalk) wenigstens z. Th. hierher gehören, wenn auch manche der von Zeuschner abgebildeten Formen in tieferen Horizonten liegen könnten. Es ist zu hoffen, dass eine Bearbeitung der Cephalopoden jener Gegend Aufschluss geben wird, da die bisher bekannt gewordenen Listen zu verschiedenartiges untermischt zeigen.

Das früher nach Buch häufig angegebene Vorkommen der *Terebratula diphya* von Induno in der Lombardei ist sehr unsicher, seit Süss[5]) selbst darauf aufmerksam gemacht, dass das, was er als *T. diphya* von dort aufführte[6]), vielleicht einer anderen, liasischen Species angehörte. Ich habe in Mailänder Sammlungen *T. diphya* nicht gesehen. Unzweifelhaft scheint *T. diphya* bei Grenoble in dem hellen Kalke der porte de France zu liegen. Die Angabe von Dubois de Montpéreux[7]) von Baktschi-Serai aus der Krimm, könnte auch auf Kreide zu beziehen sein.

---

[1]) Spada Lavini u. Orsini. Bull. soc. géol. 2 Sér. XII. p. 1202.

[2]) Marcou, Lettres sur les roches du Jura. p. 225.

[3]) Richthofen, Beschreibung von Predazzo etc. p. 105.

[4]) Jahrb. geol. Reichsanst. IV. 770. 1853.
Bronn, Leonh. Jahrb. 1864, p. 694.

[5]) Süss, Brachiopoden der Hallstatter Schichten. p. 31.

[6]) Süss, *Terebratula diphya*. Sitzungsberichte Wiener Akademie. VIII. Taf. 31, f. 18, 19.

[7]) Dubois de Montpéreux, voyage autour du Caucase. V. p. 400. VI. p. 350.

Der Nachweis der so innigen Zusammengehörigkeit des südalpinen Dyphyakalkes mit den lithographischen Schiefern von Solenhofen liefert einen sicheren, auf paläontologische Thatsachen gestützten Beweis jener geistreichen, von Beyrich[1]) bereits im Jahre 1844 ausgesprochenen Ansicht über die Entstehung der oberjurassischen Kalke von Ernstbrunn, Nikolsburg, Stramberg und Krakau im Vergleich zu dem Klippenkalk von Puchow und Rogoznik. Nach ihm sind die Diphyakalke (Klippenkalk) entfernter vom Ufer, die Stramberger Kalke mehr in der Nähe des festen Landes gebildet. Ganz das gleiche Verhältniss ist gestattet zwischen den Ablagerungen mit *T. diphya* in dem mittleren Theil der Alpen, sowohl auf der jetzigen Nord- als der Südseite und den Solenhofener Schiefern anzunehmen. Diese bildeten sich nicht sehr entfernt vom Ufer des grossen mitteleuropäischen Kontinentes und die mannichfach verschiedenen Verhältnisse des Meeresgrundes, der Wechsel von Korallenriffen und stillen, durch dieselben vor der Brandung des offenen Meeres geschützten Lagunen und Buchten, sowie die mannichfach verzweigten Strömungen wurden Ursache der so verschiedenartigen Ausbildung der zoologischen Facies, wie sie in neuerer Zeit in der Zone des *Ammonites steraspis* nachgewiesen wurden. Die rothen Kalke hingegen mit ihren zahlreichen Cephalopoden und der *T. diphya* sind ausschliesslich ein Produkt der hohen See. Ebenso mag auch das Verhältniss zwischen den Plattenkalken von Cirin und den Diphyakalken der Porte de France bei Grenoble sein.

Hohe See heisst jedoch in diesem Falle nur offenes, nicht etwa zugleich tiefes Meer. Eine bedeutende Tiefe für das Diphyameer anzunehmen, scheint nicht geboten, nur mag die ruhige und gleichmässige Ablagerung des Materials der Schichten nicht wie bei den lithographischen Schiefern durch schützende Korallenriffe, sondern durch andere, für den Augenblick noch nicht nachweisbare Ursachen bedingt gewesen sein. Unter allen organischen Resten aber, die wir in den Kimmeridge-Schichten finden, sei es im litoralen Gürtel, sei es in denen entfernter von der Küste entstandenen, werden die Cephalopoden unser Interesse vom geologischen Standpunkt aus am meisten in Anspruch nehmen dürfen, da sie vermöge ihrer Organisation von dem Hauptbezirke ihrer Existenz aus nach andern Gebieten gelangen und zum Beweismittel für das Alter derselben werden konnten in verhältnissmässig kurzen Zeiträumen, in welchen es für Gastropoden beispielsweise nicht möglich war, eine Wanderung auszuführen.

---

[1]) Beyrich. Ueber die Entwicklung des Flötzgebirges in Schlesien. Karsten's Archiv f. Mineral. Bd. XVIII. 1844.

Während nun aber in den alpinen Territorien auf die Diphyakalke unmittelbar Gesteine folgen, die wir der Kreide zuzählen müssen und die sowohl nach ihrer Gesteinsbeschaffenheit, als nach ihren organischen Resten sich unter sehr ähnlich bleibenden Verhältnissen gebildet haben, treten in der Nähe des Ufers noch mannichfaltig entwickelte lokale Schichtenkomplexe auf, die denn auch, da sie eben ihre Entstehung lokalen Einflüssen verdanken, auch nicht sich allgemein verbreitet werden nachweisen lassen. So z. B. die Purbeckschichten, die, aus einem Wechsel reiner Süsswasser- und brakischer Ablagerungen bestehend, sich nur an den Ufern grosser Kontinente gebildet haben können. Zwischen Diphyakalk und Biancone vermissen wir etwas Aehnliches, denn es fehlten die Ströme süssen Wassers und die Aestuarien.

Will man solche lokale Bildungen in eine Tabelle einzeichnen, welche die gleichzeitige Entstehung der entfernt von einander entstandenen Ablagerungen übersichtlich zur Darstellung bringt, so müssen sie wohl neben Ablagerungen gestellt werden, die eine sehr andere Ausbildung zeigen. So müssten z. B. Purbeckschichten neben Diphyakalke eingereiht werden, denn da sich keine Trockenlegung des Diphyameeres vor der Ablagerung des Biancone annehmen lässt, so müssen auch nothwendig die Purbeckschichten in England und der Schweiz zu einer Zeit sich gebildet haben, wo alpine Territorien unausgesetzt vom Diphyameer bedeckt waren. Solche Verhältnisse weisen auf die Nothwendigkeit hin, selbst in solchen so gleichartig ausgebildeten Schichten, wie der Diphyakalk, auch auf die feinsten Unterschiede der Reste derjenigen Thiere aufmerksam zu sein, welche einer weiten Verbreitung fähig waren. Gelingt es uns z. B., im Diphyakalk zwei Ammonitenformen nachzuweisen, welche sich sehr nahe stehen, so dass die eine kaum von der anderen verschieden scheint, aber konstant die eine einen tieferen, die andere einen höheren Horizont einnimmt, und finden wir dann in einer Ablagerung, die dem Purbeck unmittelbar vorangeht, nur die ältere dieser beiden Formen wieder, so wird es gestattet sein anzunehmen, dass die Purbeckschichten sich bildeten, während im Diphyameer die jüngere Art lebte. Weit entfernt also, dass diejenige Richtung der Paläontologie, die auch auf feine Unterschiede der Schalenreste gewisser fossiler Mollusken Gewicht legt, sich von vorneherein mit gewissen allgemeinen Anschauungen in Widerspruch setzt, zu denen die neueren Ergebnisse zoologischer Untersuchungen der lebenden Thiere hinzudrängen scheinen, giebt sie im Gegentheil nur Mittel an die Hand, durch eine genaue Darlegung der zeitlichen Aufeinanderfolge verschiedener organischer Gestaltungen überhaupt das Material für den Beweis zu liefern, ob jene Anschauungen allgemeine Beachtung verdienen oder nicht.

Verbreitung und Lagerung des Dogger und Malm in Südtirol.

Es ist eine schon mehrfach hervorgehobene Thatsache, dass der Aufbau der nördlich und südlich an die krystallinischen Centralmassen der Alpen angelagerten Sedimentairgebirge ein sehr verschiedener ist. Zeigen die Nordalpen von der Schweizer Grenze bis gegen Wien hin eine Reihe paralleler, langhinstreichender Ketten, so gliedern sich dagegen die Südalpen in mehrere kürzere Gruppen, die stufenförmig nebeneinander gestellt, in ihren architektonischen Verhältnissen eine grosse Mannichfaltigkeit zeigen. Eine dieser Gruppen bildet die Lombardei, eine zweite das östliche und südliche Südtirol, eine dritte die Umgebungen von S. Cassian, eine vierte endlich die Venetianer Alpen. Alle diese Gruppen hängen jedoch unter einander zusammen und die Verschiedenheit ihres Aufbaues ist lediglich eine Folge der mannichfaltigen Gliederung der centralen Massen, an die sie sich anlehnen.

In kurzen, klaren Zügen hat Hauer[1]) die lombardischen Alpen geschildert. Mit vorwaltend westöstlichem Streichen ziehen dieselben in mehreren Parallelketten, die mannichfach unregelmässig in einander greifen, längs dem Südrande der Veltliner Glimmerschiefermasse hin und stossen im Osten an den nordsüdlich auslaufenden Adamellozacken, den sie rings umsäumen und sich durch die südliche Umwallung mit den tiroler Alpen in Verbindung setzen.

Wirft man einen Blick auf eine geognostische Uebersichtskarte, so fällt sogleich in die Augen, wie an der Westgrenze Südtirols die Grenze der krystallinischen Gesteine gegen die Kalkgebirge um eine weite Strecke gegen Norden verworfen erscheint, um dann wieder gegen Osten hin in derselben Richtung wie in der Lombardei zu verlaufen. Es entsteht so ein gegen Südosten offener Busen, den in früheren Zeiten die Kalkmassen ganz erfüllt haben mögen, so dass dieselben eine zusammenhängende Masse bildeten. Gewaltige in verhältnissmässig neuer Zeit erfolgte Hebungen brachten jedoch bedeutende Veränderungen hervor. Es wurde nämlich in Mitten dieses Busens, etwa gleich weit von beiden Grenzen entfernt, die Granitmasse der Cima d'Asta und mit ihr, beide in erstarrtem Zustande[2]), das Porphyr-

---

[1]) Hauer, Erläuterungen etc. Jahrb. geol. Reichsanst. 1856. p. 445.

[2]) Die Annahme einer Hebung beider Arme der Gabel, des Adamellogebirges und der Cima d'Asta-Masse, scheint sich mir aus den Lagerungsverhältnissen der Sedimentairmassen zu ergeben, die auf einen Druck von zwei Seiten her deutet. Ich sehe ab von der ersten Entstehung der eruptiven Massen, bei der sehr andere Verhältnisse zu berücksichtigen sind, z. B. die stöchiometrisch verschiedene Zusammensetzung des Cima d'Asta-Gesteins und des Adamello-Gesteins, die auf verschiedene Eruptionsepochen deuten. (Scheerer, Jahrbuch 1864. p. 398.)

plateau[1]) von Botzen emporgetrieben, so dass die bisher zusammenhängenden Kalkmassen in jene drei oben genannten Gruppen zerfielen. Die Porphyre sprengten zunächst die ihnen auflagernden Dolomit- und Kalkmassen und trennten so einerseits die Südtiroler, andrerseits die S. Cassianer und Venetianer Masse von einander. Letztere beiden stehen in so innigem Zusammenhang, dass man sie kaum trennen möchte, der Unterschied ist nur der, dass die eine mehr plateauartig, die andere mehr in Form eines zusammenhängenden Zuges angeordnet ist. Wir haben es hier nur mit der Südtiroler Masse und der südlichen die Verbindung zwischen Südtirol und dem Venetianischen einer-, dem Lombardischen Gebiete anderseits vermittelnden Parthien zu thun und betrachten den Aufbau derselben etwas eingehender. Die Hauptmasse dieser Gebirge bilden die Dolomite der Trias und die grauen Kalke des Dogger. Während aber die Dolomite wegen des Mangels der Schichtung keinen Aufschluss über den Bau des Landes und den einstigen Zusammenhang der jezt getrennten Massen geben, sich vielmehr nur in geschlossenen Massen erheben, gestatten die wohlgeschichteten Kalke eine sehr schnelle Orientirung über diese Verhältnisse. Ich verbinde daher diese kurzen Betrachtungen der Architektur des Landes mit der Angabe des Vorkommens jener Gesteine, welche uns zur Erkenntniss der Lagerungsverhältnisse am schnellsten verhilft.

Wie schon früher erwähnt, bilden die Unterlage aller anderen Sedimentairgesteine im südlichen Tirol die Sandsteine und der Muschelkalk. Diese Gesteine sehen wir denn auch, besonders die ersteren, in einem beinahe ununterbrochenen Zuge an der Grenze der Glimmerschiefer- und Thonschiefermassen gegen die Dolomite hinziehen. Wegen ihrer verhältnissmässig geringen Mächtigkeit konnten diese Schichten bei einer Hebung leicht mit emporgebogen werden, ohne an ihren Rändern zu bersten oder sich gewaltsam aufzustauchen. Etwaige Risse und Knickungen, mehr gegen die Mitte der Mulde, blieben unter der Decke der jüngeren Massen verborgen und waren für die Gestaltung der Oberfläche von so gut wie keinem Einfluss.

Sehr anders verhielten sich die Dolomite und Kalke. Sie setzten einer Hebung und sanften Aufbiegung einen sehr gewaltigen Widerstand entgegen und mussten, da sie einerseits von der Adamellokette, andrerseits vom Porphyrplateau und der Cima d'Asta wie von einer Gabel gehoben und zusammengepresst wurden, in eine Reihe paralleler Streifen bersten.

[1]) Eine Porphyrmasse liegt auch südlich am Rande des Adamellozuges und hat dort eine ähnliche Rolle gespielt.

In der That sehen wir denn auch die ganze Südtiroler Sedimentairmasse in wunderbar regelmässiger longitudinaler Anordnung.

Zwei Abtheilungen lassen sich im ganzen Südtirol leicht unterscheiden: eine nördliche, etwa vom Lago di Molveno an bis hinauf nach Lana, südlich Meran, wo die letzten Sandsteine sich dem Porphyr auflegen, und eine südliche, vom Lago di Molveno abwärts bis an die lombardisch-venetianische Ebene. Die erstere, schmälere, wird ausschliesslich von einer Mulde eingenommen, deren oberer Theil ganz vom Porphyr unterlagert wird, so dass auch dieser hier, in sich selbst gedrängt durch die mächtigeren seitlichen Massen, gebrochen erscheint; die zweite nimmt zwar in der Mitte auch noch eine Mulde ein, der Richtung nach die Fortsetzung jener ersten, allein zu beiden Seiten ihrer Flügel haben sich noch eine Reihe paralleler Streifen abgetrennt, deren Grenzen jetzt durch Hauptflussläufe und Thäler bezeichnet werden. Südlich der Cima d'Asta und des Adamellozuges, wo die Kalkmassen nicht mehr einen seitlichen, von Osten und Westen wirkenden Druck auszuhalten hatten, sondern nur einen von Norden nach Süden gerichteten, dem von Süden her nur ihre eigene Masse entgegenwirkte, erfolgte auch keine solche gewaltsame Borstung und Stauchung, sondern nur eine Hebung, welche den Schichten anfangs den Charakter eines Plateau, dann eines sanft südlich einfallenden Zuges ertheilte. Wandert man daher eines der Tiroler Hauptthäler von Norden nach Süden, so korrespondiren die beiden Gehänge der Thäler nicht; hat man auf einer Seite lauter Schichtenköpfe, so zieht sich auf der anderen eine Schichtoberfläche von unten bis oben auf den Gipfel. Anders in den Umgebungen von Val Astica und den Sette Communi im Venetianischen, wo die Thäler einfache Brüche sind, ohne alle oder nur mit geringer Verwerfung, und beide Gehänge korrespondiren. Dort, von beiden Seiten gepresst, schoben sich die einzelnen Schollen beinahe übereinander, hier erlitt der ganze Komplex nur einige Brüche, meist parallel der Hebungsaxe.

Die nördliche jener Tiroler Mulden lässt sich nach dem Hauptthal, welches ihr folgt, als die Nonsberger Mulde bezeichnen (Val di Non). Der Bau derselben ist sehr einfach, wie sich aus einem der von dem Montanistischen Verein mitgetheilten Profile von Kaltern nach der Ilmenspitz ergibt. Auf dem Porphyr liegen die Sandsteine der Trias, dann Kalke, Richthofens Mendoladolomit und wohl auch geschichtete Kalke des Dogger, doch kann ich dies nicht mit Sicherheit angeben, da ich diese Gegend nicht besuchte. Den mittleren Theil der Mulde nehmen Ammonitenkalke und Kreidegesteine ein. Gegen Osten hingen die Gesteine einst mit denen der Umgebungen von S. Cassian zusammen, allein ein im Porphyr erfolgter Bruch und die in demselben gewaltige Thätigkeit der Gewässer (Etsch) führte alle jüngeren Gesteine hinweg, so dass jetzt grössere zusammenhängende Massen von Sedimentairgesteinen über das Porphyrplateau weg erst in einer Entfernung von einigen Meilen zu finden sind.

Nahe am südlichsten Ende dieser Mulde durchbricht die Noce den Ostflügel, um sich mit der Etsch zu vereinigen und entblösst so jene Schichten im Querbruch, die Emmerich beschrieb.

Die zweite, südlichere Mulde ist bezeichnet durch eine Linie vom Lago di Molveno an bis etwa nach dem Lago di Tenno und kann nach dem grössten in derselben liegenden Orte die Mulde von Stenico genannt werden. Während dic Nonsberger Mulde rein nordsüdlich streicht, hat diejenige von Stenico eine etwas nordost-südwestlichere Richtung, schliesst sich aber der vorigen ziemlich unmittelbar an und ist auf dieselben Entstehungsursachen zurückzuführen. Die Flügel beider hängen auch unmittelbar zusammen, indem die Kalke des Dogger über den Nocedurchbruch bei Mezzo Tedesco hinwegsetzen nach Mt. Paganella, dann über die Sarca nach Mt. Casal und Mt. Biaina, hier aber plötzlich abbrechen und südlich sich nicht mit Sicherheit weiter verfolgen lassen.

Den Westflügel bildet die südliche Fortsetzung des Zuges der Vedretta in Mt. Gaverdina, Mt. Pari bis an den Querbruch bei Ponale am Lago di Garda. Von hier an geht dieser Westflügel in die grosse plateauartige Masse über, welche den östlichen Theil der südlichen Umwallung der Adamellomasse bildet. Die Beschaffenheit der Dolomitenmassen und Kalke, welche diese Gebirge zusammensetzen, wurde schon oben angegeben und auf die noch sehr zweifelhafte Natur, besonders der schroffen Gipfel am Westufer des Lago di Garda, hingewiesen (p. 99).

Im Westen der Mulde von Stenico ist kein deutlicher Parallelzug mehr ausgebildet, nur Andeutungen von solchen liegen in einigen Thälern, wie im Val di Conzei am Lago di Ledro. Die Dolomite nehmen beinahe den ganzen Raum ein und sie zeigen immer mehr Neigung zu regellos nebeneinander gestürztem Massenbau, als zu einer Anordnung in Zügen. Die Unterlage derselben bilden die Halobienschichten und diese deuten dann auch bei Pieve die in Profil VII besprochenen Lagerungsverhältnisse an. Eine lange Spalte, bezeichnet durch den oberen Lauf der Sarca, die Einsattlung bei Roncone zwischen Sarca und Chiesa, den mittleren und unteren Lauf der Chiesa von Pieve bis hinab an den Lago d'Idro, bezeichnet die westlichste durch die seitliche Zusammenpressung entstandene Verwerfung. Schroff sind die Gesteine des linken Ufers abgeschnitten gegen die des rechten und die untere Trias, auf diesem noch deutlich gegen

Osten einfallend zu beobachten, scheint an jenem tief unter die Thalsohle gesunken.

Auf der Ostseite der Mulde läuft jener ausgezeichnete Zug, von dessen beiden Hauptgruppen, die sich als das Orto d'Abram und Mt. Baldogebirge bezeichnen lassen, mehrere Profile mitgetheilt wurden. Hier ist die Lägerung eine so in die Augen springende und die Charakterisirung der Schichten petrographisch und paläontologisch eine so scharfe, dass diese beiden Züge als wahre Musterbeispiele für geognostische Demonstrationen betrachtet werden könnten. Besonders der Mt. Baldo verdiente nicht nur auf einer Karte genau geologisch kolorirt, er sollte auch im Relief aufgenommen werden. Hebungen, Fallen und Streichen der Schichten, Abrutschungen, Verhalten eruptiver Gesteine gegen die sedimentairen, alles würde sich mit einem Blicke übersehen lassen. Steil erheben sich beide Züge im Osten aus dem Etschthal, an manchen Stellen vom Flusse bis auf die Kammhöhe hinauf in einem Absturz, sanfter fallen sie nach Westen ab, der Orto d'Abram gegen das Sarcathal, das Mt. Baldogebirge gegen den Gardasee, letzteres jedoch weniger auffallend, indem mancherlei Brüche und Abrutschungen nach dem See hin die Verhältnisse unklarer erscheinen lassen. Stets liegen die Köpfe der Schichten nach Osten und es ist interessant, das Etschthal von dem Punkte an zu durchwandern, von wo es im Besondern den Namen Val Lagorina (Läger-Thal) führt, um zu sehen, wie in mehr als tausend Fuss Mächtigkeit die grauen Kalke des unteren Dogger in ungestörter Folge aufeinander gebaut sind, nur wenig nach oben oder unten verbogen, so gegenüber Marani, Ala, bis hinab nach Ceraino. Diese Kalke bilden die Hauptmasse des Gebirges und ihnen scheinen sich südlich in der Gegend der Chiusa die sandigen Oolithe, die hier zu beiden Seiten des engen Flussbettes anstehen und bei Domegliara noch in schroffen Wänden die Unterlage der Ammonitenkalke bilden, im selben Niveau anzulegen. Mit Sicherheit konnte ich dies Verhältniss nicht verfolgen, wie ja denn überhaupt die genauere Gliederung und Aufeinanderfolge aller einzelnen Schichten des unteren Oolithes eine noch zu lösende sehr anziehende Aufgabe bildet. Die Dolomite der oberen Trias treten nur an der Ostseite unten am Flusse an einigen Punkten auf und führen hier auch die bezeichnenden Fossilien.

Als eine bezeichnende Eigenthümlichkeit dieser beiden Gebirgsgruppen wurde schon oben das Auftreten von Längsspalten parallel der Hauptrichtung bezeichnet. Eine ganze Reihe derselben lassen sich besonders an dem östlichen Abfall verfolgen und sind hier die Ursache der vielen schmalen Terrassen und kleinen, scheinbar zusammenhangslos neben die Hauptmasse gestellten Vorgebirge. Betrachtet man z. B. den Orto d'Abram von einem hohen, entfernt gelegenen Punkte her möglichst im Querschnitt, also rechtwinklig gegen das Etschthal, so erscheint derselbe als ein gewaltiges ungleichseitiges nahezu rechtwinkliges Dreieck, dessen rechter Winkel in der Kammlinie liegt und dessen Basis die grösste Seite bildet. Parallel mit der mittleren Seite fallen die Schichten nach W. ein, und je höher man an der kurzen Seite heraufsteigt, desto jüngere Schichten trifft man. Bei naherer Untersuchung findet man aber, dass diese kurze Seite nicht immer in einer Flucht emporzieht, sondern mannichfaltig abgestuft ist, was dem Gesammt charakter der Form aber keinen Eintrag thut. Eine Reihe solcher Stufen wurden im ersten Profil, eine andere, vor dem Orto d'Abram liegende, von Nomi beschrieben.

Jede derselben enthält ziemlich bis nach oben die ganze Schichtenfolge und wenn das naturgemässe, streifenförmig angeordnete, der obersten Schichten nicht so deutlich auf einer geognostischen Karte in die Augen springt, so hat das seinen Grund in dem Umstande, dass die nur wie eine dünne Decke aufgelagerten Ammonitenkalke und Kreidegesteine bei der Hebung häufig zerrissen und dann durch gewaltige, lang andauernde Abwaschungen auf kleine Schollen reduzirt wurden. Legt man der Untersuchung aber die Kalke des Unteroolithes zu Grunde, die die Hauptmasse der Gebirge bilden, so wird man das angedeutete Gesetz immer leicht herausfinden. Dass sich auch unten in den Thälern, nicht blos auf der Kammhöhe die Diphyakalke finden, widerspricht dem nicht, eigentlich müssten sie ja, wäre eine Aufrichtung solcher 6000′ hoher Gebirge ohne eine Menge lokaler Brüche und Ueberstürzungen möglich, den ganzen westlichen Abhang einnehmen. Solche tief liegende Schollen sind z. B. die bei Torbole.

Oestlich vom Etschthal zeigen noch die Westgehänge der Gebirge westliches Einfallen, so sehr auffällig der Finonchio bei Roveredo und der Monte Zara. An letzteren besonders streichen die grauen Kalke von Marco bis hinauf nach dem Kamme, stundenweit wie eine flache Tafel dem Gebirge angelehnt. Die weicheren, zwischen die harten Kalkbänke eingelagerten Schichten, wurden hier Ursache des gewaltigen Bergsturzes, der das ganze Etschthal erfüllt. Aehnliche Rutschungen, wenn auch nicht in so grossartigem Maassstabe, finden sich vielfach, so westlich vom Monte Baldo gegen Torbole und gegen den Gardasee.

Gegen Osten zeigt der Monte Zara zum letzten Mal die Dachziegelstellung, indem er zwischen Albaredo und Mattassone die Köpfe seiner Schichten gegen Osten kehrt und von Val Arsa das Ansehen des Schnittes eines Buches gewinnt, in welchem die grauen Kalke des unteren Dogger die

Blätter bilden. Auf der anderen Seite über Valmorbia und Pozzachio setzen sich die grauen Kalke fort und es tritt so der durchgreifende Unterschied der Thäler von Val Arsa und Etschthal hervor; dieses verwirft die Schichten gegeneinander, jenes bildet einen einfachen Riss, zu dessen beiden Seiten die Schichten korrespondiren. Val Arsa analog sind alle die Thäler gebaut, welche das Gebiet von hier gegen Osten bis an die VII Communi und gegen Norden bis an Val Sugana durchfurchen. Das etwas gegen NW. gerichtete Einfallen am Cotsanto rührt von der Hebung der Umgebung von Recoaro her. Die untere Trias hob die gewaltigen Dolomitmassen des Pasubio und diese die auflagernden grauen Kalke, die sich dann der allgemeinen Fallrichtung entgegen, etwas nach N. hin senken mussten. In den Umgebungen von Folgaria kamen die beiden hebenden Kräfte, die südliche von Recoaro und die nördliche allgemeine, ziemlich in's Gleichgewicht, dieselben stellen daher auch den Plateaucharakter ziemlich rein dar. Von hier an gegen Osten gewann die von Norden nach Süden gerichtete Hebung die Oberhand und die sanfte Neigung aller Schichten nach SSO., die sich von Val Astica an über die VII Communi hin bemerklich macht, ist das Resultat derselben. Für die grauen Kalke des unteren Dogger sind diese Gegenden nächst den beiden Längszügen des mittleren Tirol, die interessantesten. Ueberall treten dieselben in schönen Profilen zu Tage. Ausser den bereits geschilderten, sah ich noch folgende Punkte, welche auch für weitere Aufsammlungen von Petrefakten besonders geeignet erscheinen.

Das ganze Massiv des Cotsanto über den Dolomiten und unter der Kuppe rother Ammonitenkalke, wo über Valmorbia, nachdem man den Dolomit und einen in demselben auftretenden Melaphyrgang überstiegen hat, die erbsengrossen Oolithgesteine mit den abgerollten Nerineen auftreten, die bei Besagno unter dem Posidonomyengestein erwähnt wurden und jenseits des ersten Kammes (tiefer liegend) die *Chemnitzia terebra*, *Thracia tirolensis* und besonders die Bivalven (*Megalodon pumilus*) ganze Schichten erfüllen. Hinab nach Trambilleno und hinter diesem Orte über der „Cluse" der Lena legen sich schön die Schichten der *Rhynchonella bilobata* auf. Die Tiefe von Val Terragnola bilden Dolomite, auf sie folgen die versteinerungsreichen grauen Kalke über Piazza und unmittelbar unter der Kante vor Serrada Schichten der *Rhynchonella bilobata* und Ammonitenkalke. Zwischen Serrada und Folgaria treten die grauen Kalke mehrfach unter dem Ammonitenkalk hervor und sind dort reich an kleinen Brachiopoden und *Megalodon pumilus*, so besonders gleich nördlich von Serrada im Walde (*ua* der Mont. Karte) und im Thal bei Mezzo

Monte dem Fundorte von Gümbels *Megalodon triqueter* var. *pumilus*, irrthümlich als von Maison Monte bezeichnet. Unter dem Ammonitenkalk, der vom Gipfel des Finonchio zusammenhängend bis an die Anfänge von Val Astica streicht, setzen die grauen Kalke hinauf nach dem Val di Sol, dessen östliches oberes Gehänge sie einnehmen, nach den Alpen am Monte Pomm, wo sie besonders unter dem Grenzstein No. 14 ungemein reich an Versteinerungen sind und nach dem weiteren Verlauf des Val Astica bei Lavarone, Noselari und Pedemonte. Sie bilden ferner meist die Oberfläche der Alpen von Val di Centa an, über Cima Vezzena, Cima Mandriola und weiterhin nach dem Venetianischen. Folgaria selbst steht auf Diphyakalk, der gegen Mezzomonte hin von Encrinitenschichten unterteuft wird, während gegen den Monte Cornetto sich Biancone und Scaglia auflegen, letztere am Wege nach S. Sebastiano *Inoceramus* sp. (häufig), *Stenonia tuberculata* Des., *Hippurites* sp., führend.

Weit nördlich treten sie noch isolirt, südlich am Monte Calis bei Trient auf, wo sie die einst von Emmerich als Gervillienschichten beschriebenen Gesteine bilden. Interessant ist hier das Vorherrschen einer rothen Farbe in Kalken, welche nach ihren Fossilien dem unteren Dogger angehören. An der alten Strasse von Trient nach Civezzano unter dem Dorfe Villa montagna hat man einen kleinen Steinbruch angelegt, in welchem für Thürschwellen, Fensterkreuze, Grabsteine u. s. w. ein ausgezeichneter gelblich rother Marmor gewonnen wird, der von zahlreichen Höhlungen, mit Kalkspatkrystallen erfüllt, durchsetzt ist. Diese Höhlungen sind alle organischer Natur und rühren meist von der *Terebratula fimbriaeformis* her, die sich hier in Menge findet. Näher nach Civezzano hin, trifft man häufig *Megalodon pumilus* und gelbliche, weiche Schichten mit Bivalven erfüllt, übereinstimmend mit denen von Besagno (Mandole der Landleute).

Eigenthümlich ist in diesen Gegenden auch der Diphyakalk, indem er, wie das schon Emmerich erwähnte, ganz dolomitisch ist und sich nur durch seine Versteinerungen sicher erkennen lässt. In dieser Beschaffenheit trifft man ihn gleich über Trient am Krankenhause in einem kleinen Steinbruche. Wenige hundert Schritt davon gegen Norden zeigt er sich in seiner gewöhnlichen Beschaffenheit. Auch Schichten des *Ammonites acanthicus* liegen hier, wie höher oben hinter Villa montagna gefundene Ammoniten beweisen. Was Emmerich hier von als irrthümlich für Nummuliten gehaltenen oolithischen Konkretionen sagt, dürfte mit Vorsicht aufzunehmen sein, da ächte Nummuliten-Gesteine sich vielfach finden, so unter dem Monte Calis über den letzten Weinbergen, wo sie mit eigenthümlichen basaltischen Konglomeraten, schon von Buch erwähnt, in Berührung stehen.

Die Punkte, an denen man wegen der Pflanzenvorkommnisse den Gesteinen des unteren Dogger zuerst eine bestimmtere Stellung im System anwies, liegen ausserhalb Südtirols, schliessen sich aber unmittelbar an die Vorkommnisse von Val Astica an. Ich zweifle nicht, dass man ziemlich überall noch Pflanzen finden wird und in grösserer Menge, als bei Volano. Die Umgebungen von Pernigotti und Roverè di Velo im Vizentinischen besuchte ich selbst, um mich von der Uebereinstimmung mit den Tiroler Verhältnissen zu überzeugen. Diese ist auch in der That eine vollständige.

Auf einer Wanderung von Ala im Etschthal Val Ronchi hinauf unter Cima Tre Croci vorbei und hinab das Thal des Illasi etwa bis Badia Calavena im Vizentinischen, kann man sich von der Gleichheit der Gesteine und Petrefaktenvorkommnisse leicht überzeugen. Bei Ala und weiter nach Val Ronchi stehen Dolomite der oberen Trias mit den bezeichnenden Versteinerungen an, darüber folgen die grauen Kalke mit den weicheren, versteinerungsreichen Zwischenschichten, mehr gegen die Monti Lessini hin, auf diesen liegen Ammonitenkalke.[1])

Cima Tre Croci besteht aus Dolomit und derselbe hält an bis hinab nach Dosso, wo er von schön rosenrother Farbe ist. Ueber demselben folgen, ganz wie in Tirol, in mannichfachem Wechsel die grauen Kalke, denen in verschiedenem Niveau die Pflanzenschichten eingelagert sind. Auf dem Wege von Dosso nach Roverè di Velo liegen zur Seite des Baches einige nicht unbedeutende Höhlen im grauen Kalk, in denen sich zahlreiche Säugethier-Reste fanden. Schöne Schädel von *Ursus spelaeus* von hier sind, glaube ich, nach Turin gewandert. Ich fand nicht selten Zähne derselben Species. Eine ausgezeichnete Sammlung fossiler höherer Thiere aus dem Venetianischen wird soeben im neuen Museo civico in Vicenza aufgestellt.

Von besonderem Interesse war mir eine Schicht, ganz erfüllt mit zahlreichen kleinen dickschaligen aber unbestimmbaren Bilvalven, oberhalb Binderi (nördlich Dosso), in der sich nicht selten schöne Exemplare der *Chemnitzia terebra* finden. Das ganze Aussehen dieses Muschelkonglomerates erinnerte mich lebhaft an ähnliche Vorkommnisse am Heininger Berg bei

[1]) Wolf in Sitzungsber. Jahrb. geol. Reichsanst. p. 48 theilt *Posidonomya alpina* mit Pflanzenresten aus einer Mergelschicht südlich von den Monti Lessini mit. Ich bezweifle, dass dies *Posidonomya alpina* ist, da ich ähnliche Dinge bei Chizzola noch tiefer als die Brachiopoden der grauen Kalke, ebenfalls mit Pflanzen und in bituminösen Mergelschiefern fand (p. 9).

Gammelshausen in Schwaben, den bekannten Trümmeroolith mit *Tancredia donaciformis* Lyc. und *Ammonites Stauffensis* Opp.

Steigt man von Dosso östlich hinauf, so trifft man in hellem, flammig gestreiften, sehr harten splitterigen Kalk das Pflanzenlager von Pernigotti, weiterhin Ammonitenkalke, Biancone, Scaglia (reich an *Stenonia tuberculata* und Encriniten) Nummulitengestein und endlich die berühmten Fisch- und Pflanzengesteine bei Bolca Purga.

Ich habe einige der von mir besuchten Punkte, an denen die grauen Kalke versteinerungsreich auftreten, um desswillen genau angegeben, weil die bis jetzt vorliegenden geognostischen Karten eine Trennung derselben von den triadischen Gesteinen noch nicht gestatten. Besonders ist hier auf der Karte des Montanistischen Vereines im östlichen Südtirol unter der Bezeichnung oberer Alpenkalk (*oa*) sehr verschiedenartiges zusammengefasst, während im westlichen Theil der Versuch triadische und jurassische Gesteine als unterer und oberer Alpenkalk zu trennen eher gelungen scheint. Man kann im Allgemeinen annehmen, dass im östlichen Theil die tiefer liegenden, als Dolomit bezeichneten Parthien obertriadisch, die höheren Kalkschichten aber unteroolithisch sind. Dieser Anhaltspunkt dürfte bei späterem Besuch jener Gegenden zur Erleichterung dienen.

Ein näheres Eingehen auf die Verbreitung der Diphyakalke scheint nicht nöthig, da dieselben auf der genannten Karte so sorgsam ausgeschieden und verzeichnet sind, als das etwas mangelhafte topographische Detail es gestattet. Es wird nur immer zu berücksichtigen sein, dass die Basis dieser gelb angelegten Parthien meist aus Schichten des *Ammonites acanthicus* und Posidonomyengestein besteht.

Die überliegenden Kreide- und Tertiärgesteine genauer zu untersuchen, lag ausserhalb der mir in vorliegender Arbeit gesteckten Grenzen.

Es wurde oben die longitudinale Anordnung der Gebirgszüge und Thäler als wesentliches Moment für die Oberflächengestaltung des südlichen Tirols hervorgehoben. Es finden sich jedoch auch einige ausgezeichnete Querbrüche und da diese meist einen vortrefflichen Einblick in den Bau des Gebirges gestatten, also von wesentlichster geognostischer Bedeutung sind, füge ich über dieselben noch einige Worte hinzu. Der nördlichste derselben, durch den Bruch der Sarca von Tione bis alle Sarche bezeichnet, bewirkt das so klare Hervortreten des inneren Baues der Mulde von Stenico.

Die höheren Gehänge des Sarcathales verdanken der Wirkung der hebenden Kräfte und dem späteren Einfluss der Gewässer ihre Entstehung, die unteren aber sind lediglich Folge der Auswaschung des Wassers. Das Thal besteht daher aus zwei Theilen, dessen oberer ein echtes Querspaltenthal, dessen unterer aber eine Rofla ist. Mit diesem romanischen Namen bezeichnete Desor [1]) solche, lediglich von der Wirkung des Wassers herrührende Spalten, die sich in den Alpen nicht selten theils allein, theils an der Basis der Querspaltenthäler (cluses) finden und deren Querschnitt im letztern Falle nicht unpassend mit dem Stiele eines Trichters verglichen wird. Ein zweites, sehr kurzes Querthal bildet die Noce, da wo sie sich von ihrem nordsüdlichen Lauf gegen Osten der Etsch zuwendet.

Die schönste Verbindung einer Cluse mit einer Rofla zeigt wohl das Fersinathal bei Trient, auch den Touristen bekannt, die von Trient aus häufig hierher gewiesen werden. Eine Brücke überspannt den tiefsten Theil, die eigentliche Rofla dicht neben der Strasse, die beiden von Scaglia gebildeten Ufer verbindend. Höher oben an den Abhängen liegen die von Emmerich beschriebenen Gesteine und die ausgezeichneten rothen Marmore mit *Terebratula fimbriaeformis*.

Bei Roveredo durchbricht der letzte Theil des Stromlaufes der Lena die Gehänge von Monte Zara und Finonchio rechtwinklig zum Streichen und entblösst so die schöne Reihenfolge der grauen Kalke unmittelbar an der Strasse bei Sega di Noriglio. Doch scheinen hier noch mancherlei lokale Einstürzungen und Abrutschungen stattgefunden zu haben.

Ausgezeichnet ist endlich das Querthal, in welchem der Lago di Loppio liegt und welches Orto d'Abram und Monte Baldo trennt. Ein Bergsturz hat den westlichen Theil desselben vor Nago verschüttet. Die durch denselben angerichtete Verwüstung übersieht man vortrefflich von den Gehängen des Monte Nago, von wo aus auch sich mancherlei andere Abrutschungen an den höheren Parthien des Monte Brugnollo sehr deutlich darstellen. So fallen besonders einzelne gewaltige Tafeln grauer Kalke in die Augen, die vom Wasser benetzt, weithin wie Spiegel das Sonnenlicht blendend zurückwerfen. Eine Fortsetzung dieser Spalte ist vielleicht die Einsenkung von Ponale nach dem Lago di Ledro und Val Ampola hinführend.

Der Gardasee erfüllt eine deutliche Längsspalte. Ich hebe dies hervor, weil Desor [2]) neuerdings diesen See in gleiche Kategorie mit den lombardischen stellt. So ausgeprägt der Lago d'Iseo eine Querspalte darstellt [3]), so bestimmt lässt sich das vorwaltend nordsüdliche Streichen der

[1]) Desor. Der Gebirgsbau der Alpen. 1865 p. 75.

[2]) Desor. Der Gebirgsbau der Alpen. 1865. p. 142.

[3]) Vgl. das oben über die Ufer des Lago d'Iseo bei Vello Gesagte (p. 79).

den Lago di Garda begrenzenden Gebirge, wenigstens auf der Ostseite nachweisen.

Die jüngeren, in den Profilen noch mit aufgeführten Ablagerungen einer genaueren Untersuchung zu unterziehen, war mir unmöglich. Ich hielt es jedoch nicht für überflüssig, des Vorkommens derselben wenigstens zu erwähnen. Zum Schlusse meiner Arbeit gebe ich noch eine tabellarische Uebersicht der Jura- und Triasschichten der Südalpen, die ohne weiteren Commentar verständlich sein wird. In Beziehung auf die bei der Trias angeführte Synonymik Stoppani's, verweise ich auf das oben Gesagte. Seinen Dolomit von S. Difendente musste ich trotz der Ansicht Curioni's, derselbe nehme eine höhere Stellung ein, hersetzen, um nur überhaupt anzudeuten, dass Stoppani seit 1864 ein Aequivalent der deutschen Hallstatter Kalke in der Lombardei anerkennt. (Pal. Lombarde, 3te Sér. tab. 58. Uebersicht.)

Paläontologischer Theil.

I. Einige Arten aus der oberen alpinen Trias.

Ich beschränke mich auf die Besprechung einiger weniger, bereits früher in der Litteratur genannten Arten und füge die Beschreibung und Abbildung einiger neuen hinzu, deren Lager sich mit Sicherheit angeben lässt. Dass eine schärfere Sonderung der grossen Menge aus lombardischer Trias bekannt gemachten Versteinerungen nach den Horizonten wünschenswerth erscheint, habe ich oben bemerkt. Die älteren Beschreibungen der reichen Fauna der Umgebungen von S. Cassian haben neuerdings eine Revision erfahren[1]), deren ausführliche Ergebnisse wohl bald in den Händen des Publikums sein werden. Von besonderem Interesse würde sein, diese Untersuchungen auch auf andere alpine Gegenden, besonders die Lombardei, ausgedehnt zu sehen, um die Fossilien kennen zu lernen, welche ausschliesslich für die untere Abtheilung der oben näher charakterisirten Hallstatter Gruppe als leitend betrachtet werden können.

A. Hallstatter Gruppe.

Aus den Halobienschiefern.

Orthoceratites sp.

Ein fusslanger Orthoceratit z. Th. flachgedrückt und in schlechter Erhaltung, fand sich in den Halobienschichten von Prezzo in Iudicarien mit einigen undeutlichen Pflanzenresten zusammen. Orthoceratiten sind in der Hallstatter Gruppe überhaupt häufig und erreichen ihre grösste Entwicklung in den eigentlichen Hallstatter Kalken, den Schichten vom Kerschbuchhofe u. s. w. Richthofen (Beschreibung von S. Cassian p. 69) erwähnt derselben auch aus den dunklen Schiefern von Corfara, die in naher Beziehung zu den Wenger Schiefern stehen.

---

[1]) G. C. Laube. Bemerkungen über die Münsterschen Arten von S. Cassian in der Münchener pal. Samml. Jahrb. Reichsanst. 1864.

Ders. die Fauna der Schichten v. S. Cassian. Sitzungsber. Wiener Akad. Bd. L.

Ammonites gibbus. Benecke.
Taf. II., Fig. 2.

Von Colerè in Val di Scalve (Lombardei) aus den Halobienschichten.

Globoser Ammonit, der zwar nur zur Hälfte erhalten ist, indem derselbe in einer abgewaschenen Steinplatte lag, doch aber noch hinreichend kenntlich, um von anderen Globosen unterschieden zu werden. Durchmesser 60 mm., Höhe des letzten Umganges über der Nath 35 mm., Höhe desselben in der Medianebene 20 mm., Weite des Nabels 9 mm. Mässig aufgeblüht. Auf dem äussersten Umgang 17 Rippen von keulenförmiger Gestalt, die wenig entfernt vom Nabel sanft einsetzen und dann nach der Breite und Höhe anschwellen, aber ehe sie den Rücken erreichen, aufhören.

1 Exemplar.

Ceratites euryomphalus. Benecke.
Taf. II, Fig. 1. a. b.

Aus den Halobienschichten von Prezzo in Iudicarien.

Es gelang zwar nicht, Loben freizulegen, doch deutet der Habitus des ganzen Gehäuses auf Ceratites.

Dimensionen: Durchmesser des Gehäuses 39 mm. Weite des Nabels 13 mm., Höhe des letzten Umganges 14 mm., ungefähre Breite desselben 10 mm. Rücken mit einem deutlichen Kiel, aus aneinandergereihten, unregelmässigen länglichen Knoten gebildet. Die Seite mit ungleichen einfachen Rippen besetzt, die gegen den Rücken anschwellen und sich nach vorn biegen, den Kiel aber nicht erreichen, so dass zu beiden Seiten desselben Furchen nach Art liasischer Arieten entstehen. Man zählt 23 solcher Rippen auf dem äussersten Umgange, die meist gleich über der Nath beginnen, zum Theil aber auch erst später einsetzen.

2 Exemplare.

Posidonomya Wengensis Wissm.
1841. *Posidonomya Wengensis* Wissmann. Münster, Beiträge IV. Heft. Taf. 16, Fig. 12.

Etwas zweifelnd stelle ich zu dieser Art eine kleine Muschel, die sich sehr häufig bei Prezzo und auch sonst in den Halobienschichten der Lombardei findet. Jedenfalls steht sie den in der Münchener paläontologischen Sammlung befindlichen Münster'schen Original-Exemplaren, die unter sich selbst etwas verschieden sind, sehr nahe. Zweifellos gleichen die Exemplare von Prezzo der *P. Wengensis* mehr, als der *P. obliqua* Hau. (Paläont. Notizen p. 10. Tab. II. Fig. 8. 9.)

Halobia Lommeli Wissm.

1841. *Halobia Lommeli* Wissmann. Münster, Beiträge IV. Taf. 16, Fig. 11.

Halobia Lommeli ist eines der verbreitetsten Fossile in den unteren Schichten der Hallstatter Gruppe. Sie findet sich auf der Südseite der Alpen von der Lombardei bis hinüber nach Krain (Lipold. Jahrb. geol. Reichsanst. IX. p. 257 seq.). Den bei Stoppani (Pétrific. d'Esino p. 93) angeführten Fundorten füge ich noch Cogolo in Val Cammonica, 2 Stunden südlich Breno am rechten Thalgehänge bei, wo in einigen kleinen Steinbrüchen *H. Lommeli* sich häufig findet. Im westlichen Tirol wurde sie in Profil VII. häufig bei Prezzo und Formio angegeben, Richthofen erwähnt noch Val Sugana im östlichen Tirol. Eine der *H. Lommeli* nahe stehende, aber durch feinwellig gebogene radiale Streifung ausgezeichnete Art hat Stur *Halobia Haueri* genannt. (Verhandl. der geol. Reichsanst. 1865 p. 44.) Ich habe nichts derartiges in der Lombardei gefunden. Eine andere in der Lombardei mit *Halobia Lommeli* sich zusammenfindende Art von sehr quer verlängerter Gestalt mit ungleichen, bündelförmig angeordneten Rippen, dürfte mit besonderem Namen zu unterscheiden sein.

Beachtenswerth ist die Angabe des Vorkommens der *H. Lommeli* in Ostindien (Süss. Jahrb. geol. Reichsanst. XII. Verhandl. p. 258) und auf Neuseeland, von wo sie Hochstetter mitbrachte (var. Richmondiana Zitt. Jahrb. geol. Reichsanst. XIII. Verh. p. 2). Ganz neuerdings machte E. Deslongchamps dieselbe Varietät von Neu-Caledonien (Br. Leonhard. Jahrbuch 1865. p. 114) und Withney dasselbe Fossil aus Californien bekannt (Jahrb. Reichsanst. 1864. V. p. 203). Mit der *Halobia* zusammen findet sich überall in den Alpen jener Ammonit, den man als *A. Aon* bezeichnet. Auch Stur (Jahrb. geol. Reichsanst. XV. Verh. p. 43) erwähnt *H. Lommeli* und *A. Aon* als die einzigen Arten, welche auch höher als die Wenger Schichten hinauf gehen.

B. Hauptdolomitgruppe.

Turbo solitarius Benecke.

Taf. II, Fig. 4, a. b. 5.

Fig. 4. Abguss nach den Hohlräumen aus dem Dolomit von Sella.

Fig. 5. Steinkern von Storo.

Einzeln, aber überall leitend für den Hauptdolomit Südtirols, meist nur die nach Zerstörung der Schale zurückgebliebenen Hohlräume sichtbar.

Dimensionen des Exemplars von Storo. (Fig. 5): Länge 21 mm., Breite 23 mm., Höhe des letzten Umganges im Verhältniss zur Länge der ganzen Schale $\frac{60}{100}$.

Scharf ausgeprägte Form, die sich mit keiner der bisher bekannt gewordenen Arten aus der oberen alpinen Trias vergleichen lässt. Auf dem Abguss lassen sich 3 Windungen erkennen. Die untere Hälfte eines jeden Umganges steigt senkrecht empor, die obere verflacht sich nach der Nath hin. Eine scharf ausspringende spirale Wulst trennt beide Flächen.

? **Natica incerta** Benecke.
Taf. II, Fig. 3. a. b.

Aus dem Hauptdolomit von Storo.

Länge des abgebildeten Exemplares 12 mm., Breite desselben 16 mm., Höhe des letzten Umganges im Verhältniss zur Höhe der ganzen Schale $^{80}/_{100}$.

Bei den mangelhaft erhaltenen Mundöffnungen dieser und der beiden folgenden Arten bleibt die generische Bestimmung unsicher.

Schief eiförmige Gestalt mit wenig hervortretendem Gewinde. Eine Reihe Knoten an der Nath, eine zweite auf der Grenze der, unter einem stumpfen Winkel aneinander stossenden, oberen und unteren Hälfte des Umganges. Auf dem letzten Umgange Andeutung flacher radialer Rippen.

Besonders in der Ansicht von oben hat *Natica incerta* einige Aehnlichkeit mit *Neritopsis Oldae* Stopp. (Paläont. lomb. 3. Ser. Taf. 2, Fig. 68) aus der Rhätischen Gruppe. Da Wolf ähnliche Dinge von Ala südlich Roveredo erwähnt (Verhandl. der geolog. Reichsanst. 1865. p. 47), findet sich unsere Art wohl auch dort im Hauptdolomit.

? **Turritella Trompiana** Benecke.
Taf. II, Fig. 6.

Aus dem Hauptdolomit des Monte S. Emiliano bei Gardone in Val Trompia (Lombardei).

Länge des abgebildeten Exemplares (ungefähr) 10 mm., Breite 7 mm., Verhältniss der Höhe des letzten Umganges zur Höhe der ganzen Schale $^{30}/_{100}$, Winkelgrösse 48°.

Thurmförmig verlängertes Gehäuse mit scharfkantigen Umgängen. An dem abgebildeten Exemplar mögen 6 — 7 zu bemerken gewesen sein. Auf der Kante eine feine Leiste.

? **Turritella Lombardica** Benecke.
Taf. II, Fig. 7.

Aus dem Hauptdolomit des Monte S. Emiliano bei Gardone.

Länge des abgebildeten Exemplares 5 mm., Breite 3,5 mm., Höhe des letzten Umganges zur Höhe der ganzen Schale $^{30}/_{100}$, Winkelgrösse 45°.

Thurmförmig gestreckte Gestalt, im Gesammthabitus paläozoischen Murchisonien gleichend. Eine Wulst auf der Nath, eine zweite auf dem oberen

Drittel eines jeden Umganges. Unter dieser zweiten Wulst fällt die Schale ziemlich senkrecht ab, über derselben steigt sie sanfter zur Nath an. Das ganze Gehäuse gewinnt so das, manchen Gasteropoden eigenthümliche, Ansehen eines ausgezogenen Fernrohres.

Gastrochaena sp.

Die eigenthümlichen Reste, über deren wahre Natur man noch nicht im Klaren ist und die verschiedentlich als Nullipora Schafh., Chaetetes Schaur., Gastrochaena Stopp. beschrieben wurden, gehören zu den häufigsten Vorkommnissen in den Südalpen. Sowohl in der Lombardei, als auch bei Storo und in den Thälern, welche von Chiesa di Val Arsa hinüber nach Campo grosso führen, liegen sie im Hauptdolomit. Richthofen führt sie in seinem Mendoladolomit auf, der noch unter den Wenger Schiefern liegen soll. In den Nordalpen bezeichnen sie den Hallstatter Kalk (Zugspitzkalk). Es scheint also, dass diese Thiere in verschiedenen Horizonten der oberen Trias lebten. Durch das massenhafte Auftreten nehmen sie nicht unbedeutenden Antheil an dem Aufbau des Gebirges. Reuss (Sitzungsber. Wien. Akad. 1864. 23. Juni) wies darauf hin, dass die sog. Nulliporen wohl Bryozoen sein dürften. Einige sehr wohlerhaltene Stücke von Inzino lassen mir diese Angabe als vollkommen richtig erscheinen.

Megalodon triqueter (Wulf. sp.) Gümb.

1793. Wulfen, Abhandl. v. Kärnthenschen Pfauenschweif. Helmintholith.

Zu dem echten *Megalodon triqueter*, wie es von Wulfen abgebildet und später von Gümbel (die Dachsteinbivalve und ihre alpinen Verwandten, Sitzungsber. Wien. Akad. XLV. 1862) näher beschrieben wurde, stelle ich die Steinkerne von Inzino bei Gardone, beschalte Exemplare und Kerne von Val Ampola bei Storo und ein Vorkommen aus Val Arsa, im Besitz des Herrn Pischl in Roveredo. Diese Art ist bezeichnend für den Hauptdolomit Südtirols und der Lombardei (dolomie moyenne von Stoppani, nicht im Dépot der Petrifications d'Esino, so weit man weiss). Die Kalkbank, welche in der Rhätischen Gruppe der Lombardei noch über den eigentlichen Schichten mit *Avicula contorta* liegt und Bivalven führt, habe ich nicht gesehen, kann daher aus eigener Anschauung nicht über Identität oder Verschiedenheit der in derselben sich findenden Arten mit solchen aus dem Hauptdolomit und der Rhätischen Gruppe urtheilen. Die lombardischen Geologen hielten stets daran fest, beide Arten seien verschieden und zwar liege die mit *Megalodus triqueter* Wulf. sp. identische Art unter den Schichten von Azzarola (Schichten der *Avicula contorta*), das was Schafhäutl *Megalodus scutatus* benannt hatte, aber darüber. Inzwischen wurde von

Gümbel nachgewiesen, dass diese Wulfen'sche und Schafhäutl'sche Art dasselbe seien.

Mit grosser Erwartung musste man daher der lange in Aussicht gestellten Arbeit Stoppani's über die Bivalven der Lombardei entgegensehen. Dieselbe erschien nun kürzlich als 2. Appendix der Palaeontologie lombarde 3. Sér. unter dem Titel: „sur les grands bivalves cardiformes aux limites supérieurs et inférieures de la zone à *Avicula contorta.*" Stoppani verwirft zunächst den Namen *Megalodon triqueter* ganz, als auf Originale sich beziehend, die man nicht vergleichen könne, und ersetzt denselben durch *Megalodon Gümbeli* Stopp. Diese neue Benennung dürfte aber schwerlich Eingang finden. Gümbel's Identifizirung ist sehr wahrscheinlich richtig, lässt sich aber absolut nicht entscheiden, weil man die Wulfen'schen Originale nicht kennt. Diese Wahrscheinlichkeitsgründe werden also wohl auch anerkannt werden, bis man die Wulfen'schen Originale einmal kennen lernt und der Fall dürfte nie eintreten. Aus Kalken über den Azzarola-Schichten beschrieb dann Stoppani eine neue Art, die er *Conchodon infraliassicum* benannte und die man in den Nordalpen nicht kennt.

Dicerocardium Jani Stopp.

1865. *Dicerocardium Jani* Stoppani, Palaeont. Lomb. 3. Sér. p. 248. Taf. 41—50.

Diese prachtvolle Bivalve wurde, so viel ich weiss, von Herrn Ragazzoni bei Caino nordöstlich von Brescia entdeckt. Eine über 12′ hohe Dolomitwand, unmittelbar an der nach Val Sabbia führenden Strasse, besteht beinahe ganz aus den bis fussgrossen Kernen. Ich zählte in dem etwa 3 Kubikfuss ausmachenden, durch zwei Schüsse von mir gewonnenen Gestein, 15 Individuen. Leider zerbröckeln dieselben beim Sprengen sehr leicht. Es war mir von grossem Interesse, diese für Schichten des Hauptdolomits unter den Kössener Schichten so bezeichnende Art im Dolomit von Storo wiederzufinden, wo dicht an der Strasse ein grosser mit *Dicerocardium Jani* ganz erfüllter Block liegt, der auf das Vorhandensein eines ganzen Nestes oben am unzugänglichen Gehänge schliessen lässt.

Cardita cf. multiradiata Emmr. sp.

1853. *Myophoria multiradiata* Emmr. Jahrb. geol. Reichsanst. p. 48.

1864. Dittmar, die Contorta-Zone p. 181. Taf. III, Fig. 6. 7.

Steinkerne und Schalenabdrücke in Menge bei Storo, besonders auf der rechten Thalseite bei der Schneidemühle (Sega).

Mytilus pupa Stopp.

1858. *Mytilus pupa* Stopp. Studii p. 281.

Stoppani, Petrific. d'Esino. Taf. 18, Fig. 9—11.

Sehr häufig bei Storo und Inzino.

Myoconcha Brunneri Hau.

1857. *Myoconcha Brunneri* Hauer, paläont. Notizen in Sitzungsber. Wiener Akad. Bd. XXIV. Taf. 2, Fig. 6.

Diese zierliche Art fand sich im Dolomit des Monte S. Emiliano bei Gardone. Sie liefert mit *Avicula salvata* Brunner, den Beweis, dass gewisse Dolomite am Monte Salvatore bei Lugano, die diese beiden Arten enthalten, ein weit jüngeres Alter haben, als man ihnen sonst zuschreibt, nämlich das des Hauptdolomites.

Pinna reticularis Benecke.

Taf. II, Fig. 9. 10.

Aus dem Hauptdolomit von Storo. Unterscheidet sich von anderen Pinnen der Trias, z. B. *Pinna vomir* Wnkl. aus der Rhätischen Gruppe, durch ihre bedeutende Grösse, da sie bis fusslang wird, und die eigenthümlich netz- und gitterartig gestreifte Schale, die bei allen Exemplaren erhalten ist, aber sehr leicht abspringt. Auf den Steinkernen deutliche konzentrische Anwachsstreifen. Die Länge des Exemplares Fig. 9 beträgt 105 mm., die Breite 48 mm., das dadurch ausgesprochene Verhältniss der Breite zur Länge von 1 : 2,2 kann auch bei den zahlreichen anderen vorliegenden Exemplaren als ein mittleres gelten.

Avicula exilis Stopp.

1858. *Avicula exilis* Stoppani, Studii p. 281.
Stoppani, Petrific. d'Esino Taf. 19, Fig. 1—4.

Häufigste und weit verbreitetste Art des südalpinen Hauptdolomits, vom Monte Salvatore an, bis an die Tiroler-Venetianische Grenze. Diese schöne Art hätte eine bessere Abbildung verdient, als sie ihr bei Stoppani zu Theil geworden ist.

Gervillia praecursor Qu. sp.

? 1858. *Avicula caudata* Stopp. Studii p. 281.
Pal. Lombarde. Petr. d'Esino Taf. 18, Fig. 18. 19.

Stoppani stellt diese in der Lombardei und bei Storo sehr häufige Art zu *Avicula* und in der That lassen sich auch an meinen Exemplaren keine Ligamentgruben beobachten, welche eine Einreihung in das Geschlecht *Gervillia* bestimmt gestatten würden. Bei der Beschaffenheit des Dolomits, die kleine Unebenheiten der Schalen leicht verwischen konnte, scheint mir aber die generische Bestimmung nicht ganz sicher und es muss dann hervorgehoben werden, dass unsere Muschel eine solche Aehnlichkeit mit *Gervillia praecursor* besitzt, dass man dieselbe, mit *Avicula contorta* zusammengefunden, gewiss mit jener identificiren würde. Der einzige Unterschied besteht vielleicht in dem etwas kräftigeren und länger ausgezogenen vorderen Ohre der Art aus dem Hauptdolomit.

Gervillia salvata Brunner sp.

Taf. II, Fig. 8 a—d.

1852. *Avicula salvata* Brunner, Neue Denkschr. allg. schweiz. Gesellsch. für d. ges. Naturw. XII. p. 5.

1855. *Gervillia salvata* Hauer, Fossilien aus dem Dolomit des Mt. Salvatore. Sitzungsber. Wien. Akad. Bd. XV. Taf. I, Fig. 7—9.

Die Abbildung und Beschreibung der Brunner'schen Art wurde von Hauer nach einigen ihm von Stabile mitgetheilten Arten gegeben. Da mir reiches Material in gut erhaltenen Exemplaren vorlag und die Art häufig im Hauptdolomit von Inzino ist, hielt ich es nicht für überflüssig, sie nochmals abzubilden.

Seit jenem ersten Funde von Stabile war die Art nicht wieder gesehen worden (s. Stoppani, Atti della società geol. II. pag. 238), ihr häufiges Auftreten im Westen der Lombardei, wo die Lagerungsverhältnisse unzweifelhaft sind, verdient daher besondere Beachtung. — Aus der Gegend von Zone erwähnt auch Curioni aus dem Hauptdolomit (bei ihm Esinokalk genannt) einer *Gervillia*, „welche die Form der *G. salvata* hat" (Jahrb. geol. Reichsanst. 1865. Verh. p. 111.)

II. Dogger.

Ich stelle die mir bis jetzt aus dem Dogger Südtirols bekannt gewordenen Versteinerungen zusammen und zwar unter Zugrundelegung der Schichtenbezeichnungen, wie solche oben aufgestellt wurden. Die Arten sind mit Ausnahme von *Terebratula fimbria* Sow., und *Ammonites Murchisonae* Sow., sowie zweier von Schauroth beschriebenen Brachiopoden sämmtlich neu. Aus den ungemein zahlreichen Bivalven hebe ich nur einige, entweder sehr häufige und am Habitus leicht wiederzuerkennende, oder zoologisch bestimmt Charakterisirtes heraus. Der Versuch einer Identifikation meiner Erfunde mit allen den von Schauroth im Verzeichniss der Koburger Sammlung beschriebenen aus den Umgebungen von Rotzo würde nach den Abbildungen allein ohne Zuziehung der Originale bedenklich sein, ich unterlasse denselben daher vor der Hand.

a. Arten aus den grauen Kalken der Terebratula fimbria.

Pholidophorus Beggiatinus Zigno.

Mit diesem Namen hat Zigno einen wohlerhaltenen kleinen Fisch belegt, der sich in den grauen Kalken von Rotzo fand. Sammlung des Museo civico in Vicenza.

Pycnodontenzähne.

Ein einzelner Zahn bei Sella mit *T. Rotzoana;* eine Reihe kleiner Zähne in den Pflanzenschichten von Volano.

Cypris Rotzoana Schaur.

1865. *Cypris Rotzoana* Schaur. Verzeichniss p. 136, Taf. III, Fig. 30.

Nach Schauroth in den Umgebungen von Rotzo. Mir kam dieselbe nicht vor.

Chemnitzia terebra Benecke.

Taf. V, Fig. 1, 2.

Fundort der abgebildeten Exemplare: Sega di Noriglio bei Roveredo. Sonst zu Volano, Nomi, Chizzola und im Vizentinischen.

Länge des abgebildeten beschalten Exemplars 100 mm., Breite 21 mm., Höhe des letzten Umganges zur Höhe der ganzen Schale $^{16}/_{100}$, Winkelgrösse 10°.

Die Schale ist thurmförmig verlängert, beim abgebildeten beschalten Exemplar etwa 16 Umgänge bildend. Der obere Rand eines jeden Umganges schwillt zu einer starken Wulst an, so dass die Naht tief liegt und ein gerundeter, treppenartiger Absatz entsteht. In der Mitte eines jeden Umganges erfolgt eine deutliche Einschnürung, deren Tiefe jedoch die Höhe der Wulst nicht erreicht. Der Gesammthabitus gleicht somit sehr dem der Nerineen, doch liess sich beim Anschleifen eines Exemplars nichts von Spindelfalten bemerken. Die Mündung konnte bei keinem der beschalten Exemplare frei gelegt werden, da die Schale innig mit der umgebenden Gesteinsmasse verwachsen ist. Nach dem abgebildeten Steinkern zu urtheilen, war dieselbe länglich eiförmig, nach oben verschmälert. Die Schale ist dick, besonders an der oberen Hälfte der Umgänge, wie sich an den Steinkernen sehr deutlich sehen lässt, die nur eine schwache Einbuchtung in der Mitte eines jeden Umganges und keine Anschwellung am oberen Theil desselben zeigen. Von den im ausseralpinen Unteroolith bekannten Chemnitzien unterscheidet sich *Ch. terebra* besonders durch die schlanke Gestalt und das nerineenartige Ansehen. *Ch. turris* d'Orb. aus dem Oxfordien hat ein ähnliches Ansehen, ist aber gedrungener.

Chemnitzia sp.

Bei Illasi, nördlich von Badia Calavena im Vizentinischen, fand ich mit *Ch. terebra* zusammen in Muschelkonglomeraten des Unterooliths eine kürzere, im Verhältniss zur Länge breitere Chemnitzia. Dieselbe gleicht der *Ch. lineata* Sow. sp. (Min. Conch. Taf. 218, Fig. 1).

Natica Tridentina Benecke.

Taf. V, Fig. 3.

Fundort: Bunter Marmor von Villa montagna bei Trient, an der Strasse nach Civezzano, mit *Terebratula fimbriaeformis* Schaur.

Länge 46 mm., Breite 36 mm. Schale schief eiförmig, etwas gestreckt, die Gewinde sehr deutlich hervortretend. An der Naht stossen die Umgänge in einem sehr stumpfen Winkel zusammen, so dass eine breite Stufe am oberen Ende jedes Umganges entsteht, die einerseits von der Naht, andererseits von einer scharfen Kante begrenzt wird. Unterhalb dieser Kante ist die Schale mässig aufgebläht.

Trochus sinister Benecke.

Taf. V, Fig. 4.

Aus grauen Kalken von Volano. Länge 21 mm., Breite 20 mm., Winkelgrösse 61°.

Schale kreiselförmig, Umgänge ganz eben, durch deutliche Nähte getrennt. Andeutung einer feinen, schräg über die Umgänge laufenden Streifung. Die Form hat nichts Auffallendes, ist aber ausgezeichnet durch die links aufsteigende Windung. *Trochus glaber* Koch & Dnk. (Beitr. nordd. Ool. Taf. I, Fig. 12) hat ganz dasselbe Ansehen.

Phasianella sp.

Eine deutliche Phasianella fand sich zu Volano mit *Ch. terebra* im selben Gestein.

Nerinea sp.

Etwas östlich Folgaria, an den höheren Alpen gegen den Anhang von Val Astica hin, liegen in hellgrauen, von Spathadern reichlich durchschwärmten Kalken, die den obersten Horizonten des grauen Kalkes, vielleicht schon den Schichten der *Rhynchonella bilobata* angehören, eine Menge kleiner, sehr niedlicher Versteinerungen. Dieselben sind aber so innig mit dem Gestein verwachsen, dass man beim Zerschlagen desselben nicht einmal die Umrisse erkennen kann. Unter dem Einfluss der Atmosphärilien wittern dieselben aber heraus.

Gastropoden mit deutlich entblössten Spindelfalten lassen sich als Nerineen erkennen. Auch fällt ein sehr zierlicher Trochus mit feiner spiraler Berippung auf.

? **Thracia tirolensis** Benecke.

Taf. IV, Fig. 2.

Aus grauen Kalken von Volano. Sonst zu Sega di Noriglio, Nomi, Chizzola, Folgaria, Maranno, im Vizentinischen und überall häufig. Zu tausenden bedecken die aufgeklappten Schalen gelbliche Kalkplatten unter dem Grenzstein Nr. 14 auf den Alpen östlich Folgaria, dicht unter einer Bank mit *Megalodus pumilus* n. sp.

Länge des Exemplares auf Taf. IV, Fig. 2, 35 mm., Breite 24 mm.

Gleichklappig, ungleichseitig, flach, hinten etwas klaffend. Die Buckeln näher an dem sanft gerundeten Vorderrand stehend, sich beinahe berührend. Hinterseite länger ausgezogen, etwas abgestutzt. Eine deutliche Erhöhung zieht auf den (allein erhaltenen) Steinkernen von dem Buckel nach dem Hinterrande und begrenzt gegen den Schlossrand hin ein dreiseitiges Feld. Grösste Erhöhung der Schale ziemlich in der Mitte, auf einer vom Wirbel nach der Mitte des Unterrandes gedachten Linie liegend. Am Wirbel waren, nach den Steinkernen zu urtheilen, die Schalen mässig dick, gegen den Unterrand hin dünn, wie feine, ungleiche Anwachsstreifen auf den Kernen andeuten. Die Art findet sich sehr konstant in dieser Grösse. Die generische Bestimmung bleibt hier, wie bei der p. 164 zu beschreibenden Cypricardia, unsicher.

Ceromya papyracea Benecke.

Taf. IV, Fig. 1 a. b. c.

Das abgebildete Exemplar aus grauen Kalken von Volano. Sonst häufig zu Nomi, Sega di Noriglio, Chizzola, im Vizentinischen.

Länge 45 mm., Breite 35 mm., Dicke 29 mm.

Länglich oval, stark aufgebläht, grösste Dicke der Muschel vor der Mitte nach vorn gelegen. Buckeln stark nach vorn eingerollt. Vorderseite kurz, gerundet, Hinterseite länger ausgezogen. Mit sehr vielen engstehenden, nicht ganz regelmässigen, konzentrischen Streifen und weiter stehenden, unregelmässigen, radialen, die vom Wirbel aus gerade nach dem Rande laufen; dieselben sind besonders am mittleren Theil der Schale deutlich. Die für *Ceromya* bezeichnende Leiste unter dem Buckel der rechten Schale deutlich als Rinne auf den Steinkernen. Unter den so schwer abzugrenzenden Ceromyen dürfte *Cer. concentrica* Sow. sp. (Min. Conch. Taf. 491, Fig. 1) am nächsten stehen, besonders wie dieselbe von Morris and Lycett, (a monograph of the Mollusca from the great Oolite, Taf. XV, Fig. 2) abgebildet wird. Unsere Art ist jedoch weniger aufgebläht, die grösste Dicke der Muschel liegt mehr nach vorn und die Wirbel sind bei Weitem stärker.

An verschiedenen Punkten Südtirols zeigt sich diese Ceromya in sehr verschiedener Erhaltungsweise. Bei Sega di Noriglio erfüllt sie in geschlossenem Zustande und meist etwas verdrückt eine ganze Bank, bei Volano finden sich nur einzelne, aber besser erhaltene Schalen.

Gresslya elongata Benecke.

Taf. IV, Fig. 5 a. b. c.

Fundort des abgebildeten Exemplars Volano. Sonst hier und da.

Länge des grössten Exemplars 55 mm., Breite 35 mm., Dicke 28 mm.

Gleichklappig, ungleichzeitig, mässig gewölbt, die Buckeln nahe am Vorderrande stehend, etwas nach vorn eingerollt, sich berührend. Unter dem Buckel der rechten Klappe auf dem Steinkern eine deutliche Furche. Höchste Wölbung der Schale ein Drittel vom Buckel entfernt. Es liegen nur Steinkerne vor, welche auf eine sehr dünne Schale deuten. Leichte konzentrische Anwachsstreifen bedecken die ganze Oberfläche.

Ich habe den Namen *Gresslya* für langgestreckte Formen vom Typus der *Ceromya* beibehalten, da es zweckmässig erscheint, in einer so formenreichen Gruppe Unterabtheilungen anzunehmen, welche sich nach äusserlichen Merkmalen leicht unterscheiden lassen.

Pleuromya elégans Benecke.

Taf. IV, Fig. 4 a. b. c.

Aus grauen Kalken von Volano.

Länge 42 mm., Breite 28 mm., Dicke 21 mm.

Sehr ungleichklappig, die linke Klappe bedeutend kleiner, der Wirbel der rechten Klappe beinahe übergreifend, stark eingebogen, doch gerade, weder dem Vorder- noch dem Hinterrande zugekehrt, näher am Vorderrande stehend. Die kleine Klappe stärker aufgebläht. Umriss der ganzen Form gefällig gerundet.

? Cypricardia incurvata Benecke.

Taf. IV, Fig. 3 a. b. c.

Aus grauem Kalke von Volano.

Breite 33 mm., Höhe 32 mm., Dicke 24 mm.

Etwas ungleichklappig, rechte Klappe wenig grösser. Wirbel stark nach vorn eingerollt. Schlossrand nach vorn und hinten etwas ausgezogen, so dass die Schalen zwei Flügel bilden und der Umriss der ganzen Muschel schief viereckig wird. Unter den Buckeln eine Art Lunula. Oberfläche des Steinkernes fein gestreift. Die Schale scheint, besonders an den Buckeln, sehr dick gewesen zu sein.

Astarte sp.

Eine kleine *Astarte* mit deutlichem Schloss ist aus den harrten Kalken von Folgaria ausgewittert.

Megalodus pumilus Benecke.

1862. *Megalodus triqueter* Wulf. sp., *Var. pumilus* Gümb. Die Dachsteinbivalve etc. Sitzungsber. d. Wiener Akademie. Bd. 45. p. 367. Taf. IV, Fig. 4. 5.

Im Jahre 1861, wo man die Stellung der grauen Kalke Südtirols noch nicht hinreichend kannte, sammelte Professor Oppel bei Mezzomonte (Maison Monte bei Gümbel l. c. p. 371) eine Reihe von Bivalven, welche Gümbel bei Gelegenheit seiner Revision der sogenannten Dachsteinbivalven untersuchte. Es fanden sich zwar im Gesammthabitus einige Abweichungen von dem, was Gümbel als *Megalodus triqueter* Wulf. sp. fixirte, aber da die Schlösser keinen Unterschied zeigten, begnügte sich Gümbel, die Art als Varietät mit dem Namen *M. pumilus* zu unterscheiden. Da es sich nun jetzt hat nachweisen lassen, dass diese Bivalve dem Unteroolith, nicht der oberen Trias angehört, so scheint es gerechtfertigt, auf jene bereits von Gümbel hervorgehobenen äusseren Unterschiede hin eine neue Spezies zu begründen. Diese Unterschiede sind: Geringere Grösse als die triadischen Vorkommnisse und zwar ganz konstant. Ich sah kein Exemplar, was die Dimensionen von 40 mm. Länge und 35 mm. Breite überschritten hätte. Nicht so hohe Wölbung, vordere Seite sehr kurz, keine Lunula abgegrenzt, die Schale aus der nur seichten Einbuchtung unter dem Wirbel allmählig ohne Rand zum Rücken ansteigend. Die Schale ist fein gestreift, mit 6—10 groben konzentrischen Anwachsstreifen bedeckt. Vor dem hinteren, scharfen Kiel zieht noch ein scharfer Rückenkiel, zwischen beiden ist die Schale schwach abgeplattet; die hintere, steil und tief eingedrückte Fläche ist so breit wie bei *Meg. triqueter*.

Zu Millionen eine mehrere Fuss dicke Bank erfüllend; überall in den grauen Kalken an deren oberen Grenze. Meist einzelne Klappen in einander geschoben und schlecht erhalten.

Trigonia sp.

Aus den harten Kalken von Folgaria. Ein kleines, 5 mm. langes Exemplar mit Rippen nach Art der *Tr. costata*.

Schizodus sp.

Erfüllt ganze Blöcke, besonders bei Volano, Val Centa.

Mytilus sp.

Nicht selten findet sich ein grosser *Mytilus* in den grauen Kalken. Wolf (Jahrb. geol. Reichsanst. 1865. Verh. p. 48) unterschied bereits eine Mytilusbank.

Pinna sp.

Ein Exemplar einer unbestimmbaren *Pinna* von Volano.

Gervillia sp.

Zwei Gervillien mit deutlichen Ligamentgruben eine von mehr Pernaartigem Habitus, die andere sehr schief nach Art der *Gervillia praecursor*. In grauen Kalken zu Volano und in den Platten mit *Thracia tirolensis* bei Folgaria.

Lima sp.

Kleine feingerippte Art. Volano.

Pecten sp.

Ein grosser, grob-gerippter und ein kleiner mit sehr feiner radialer Streifung. Erstrer mit *Terebratula Rotzoana* Schaur. zu Besagno, letzterer in den Thraciaplatten, vielleicht *Pecten clathratiformis* Schaur. (Verzeichniss Taf. III. Fig. 1.)

Anomia sp.

Manchen Vorkommnissen der Rhätischen Gruppe sehr ähnlich. Thraciaplatten von Folgaria.

Ostrea sp.

Austern sind häufig. Ausgezeichnet eine kleine 7—8 mm. lange, stark gefaltete Art, die bei Sega di Noriglio ganze Bänke füllt.

Terebratula fimbria Sow.

1822. *Terebratula fimbria* Sow. Min. Conch. Taf. 326.
Davids. Mon. Taf. 12, Fig. 6—12.

Einige Exemplare, die ich von der englischen Species nicht zu unterscheiden vermag, von St. Cäcilia und Sega di Noriglio bei Roveredo. Hierher dürfte gehören *Terebratula fimbriaeformis* Schaur. (pars). Verzeichniss p. 124 Taf. II Fig. 5b (non Fig. 5a).

Terebratula fimbriaeformis Schaur.

Taf. III, Fig. 8a, b, c, 9.
1865. *Terebratula fimbriaeformis* Schauroth, Verzeichniss etc. p. 124, Taf. II, Fig. 5a (non Fig. 5b).

Diese Art hatte ich bereits abgebildet, als mir Schauroth's Arbeit zukam, ich kann mich daher auf dessen Angaben beziehen und brauche nur einige Ergänzungen beifügen. Ob Schauroth's Abbildungen von zwei Exemplaren herrühren, ist mir nicht bekannt, nach den Abbildungen zu urtheilen, ist es aber der Fall. In wie weit hier Ungenauigkeiten vorliegen, lässt sich nicht beurtheilen. Fig. 5b auf Taf. II scheint zur *Terebratula fimbria* Sow., 5a zu der von mir abgebildeten Art zu gehören. Da diese Art als 5a (nicht b) abgebildet ist, sehe ich mich veranlasst, Schauroth's Namen zu adoptiren.

Dimensionen des abgebildeten Exemplares von Chizzola. Länge 24 mm., Breite 21 mm., Dicke 18 mm.

Als Hauptunterschied dieser schönen Art, die allerdings der *Terebratula fimbria* Sow. nahe steht, ist hervorzuheben die ungemein kräftige Entwicklung des Schnabels und der Schnabelkanten, sowie das Heraufreichen der Falten, besonders auf der undurchbohrten Klappe bis unter den Schnabel. Auch bleibt *Terebratula fimbria* mehr flach, dreiseitig im Umriss, während *Terebratula fimbriaeformis* dicker und kugliger sich entwickelt.

Häufig in den grauen Kalken überall in Tirol und dem Vicentinischen. Bei Villa montagna in rothem Kalke (Fig. 9) ein Beweis, wie vorsichtig man in den Alpen sein muss, sich der Farbe des Gesteins als Merkmal für die Altersbestimmung zu bedienen.

Terebratula Rotzoana Schaur.

Taf. III, Fig. 1—5.

1865. *Terebratula Rotzoana* Schauroth. Verzeichniss p. 115. Taf. II, Fig. 6.

Es ist dies eine zweite von mir bereits zur Zeit der Publikation der Schauroth'schen Arbeit abgebildete Art. Da ich dieselbe in grosser Menge und verschiedenen Alterszuständen besitze, lasse ich meine Beschreibung hier folgen, da sie einige Ergänzungen zu Schauroth's Mittheilungen liefert.

Schnabel sehr kräftig, stark übergebogen, schon bei ganz jungen Exemplaren, die überhaupt die bezeichnenden Eigenthümlichkeiten dieser Terebratel bereits erkennen lassen (Fig. 5).

Bei ausgewachsenen Exemplaren (Fig. 1 c) ragt der Schnabel über das Deltidium federkielartig hervor. Oeffnung gross und deutlich, Deltidium deutlich unter dem Schnabel erkennbar. Eine ungemeine scharfe Schnabelkante, welche eine grosse, bei ausgewachsenen Exemplaren tief liegende Area begrenzt, bildet das hervorragendste Kennzeichen der Art. Dimensionen eines ausgewachsenen, noch nicht verdickten Exemplares (Fig. 2): Länge 35 mm., Breite 28 mm., Dicke 21 mm.

Bei einem verdickten Exemplar (Fig. 1) beträgt die Breite 29 mm., die Dicke 27 mm., so dass also der Querschnitt beinahe kreisförmig wird. Die grösste Breite liegt der Stirn stets näher als dem Schnabel. Die undurchbohrte Schale schwach, die durchbohrte stärker gewölbt, mit der höchsten Wölbung nahe am Schnabel. Grenzlinie beider Schalen anfangs gerade, später, nach eingetretener Verdickung etwas gegen die durchbohrte Schale gebogen. Umriss in der Jugend deutlich dreiseitig mit halbkreisförmiger Basis (Stirnseite). Je mehr die Muschel aber wächst, desto mehr schwindet der dreiseitige Umriss und nähert sich dem elliptischen, dem er schliesslich sehr nahe kommt. (Fig. 1a.) Wenn die Muschel bestimmte Dimensionen der Länge und Breite erreicht hatte (Fig. 3), wuchs sie nur noch nach der dritten Dimension (Fig. 2 und 1) und zwar in einem solchen Grade, dass dies schliesslich den Tod des Thieres zur Folge haben musste. Dicke, konzentrische Runzeln bedecken dann die untere Hälfte der Schalen (Fig. 1), während im Jugendzustande nur feine, wenig erhabene Anwachsstreifen sich zeigen.

Terebratula Rotzoana steht der *Terebratula omalogastyr* Ziet. am nächsten, die einen ähnlich entwickelten, kräftigen Schnabel, jedoch bei Weitem keine so scharf abgegränzte Schnabelkante und Area besitzt.

Die häufigste und bezeichnendste Art des unteren südalpinen Dogger. Hierher mag mancherlei gehören, was als *Terebratula ornithocephala* u. s. w. hin und wieder in der Litteratur citirt wird.

Terebratula cf. **perovalis** Sow.

Eine schöne Terebratel, welche wohl mit *Terebratula perovalis* zu vereinigen sein wird, fand sich in grauem Kalke bei Volano, der diesem Horizonte angehört.

Terebratula hexagonalis Benecke.

Taf. III, Fig. 6. 7.

Fundort der abgebildeten Exemplare: Volano. Sonst zu Nomi, Vallunga, Chizzola, Val Centa, Sella, Illasi im Vicentin u. s. w.

Länge 26 mm., Breite 18 mm., Dicke 17 mm. Schnabel stark übergebogen, auf der undurchbohrten Klappe beinahe aufsitzend, das Deltidium verdeckend. Durchbohrte Schale stark gewölbt, zu einem Kiel erhoben, undurchbohrte schwächer gewölbt, ohne jede Spur eines Sinus, mit einer in der Richtung der Breite ebenen Wölbung gegen die Stirn verlaufend. Die durchbohrte Schale fällt zu beiden Seiten des, gegen die Stirn etwas verflachten Kieles, steil ab und greift mit einem Flügel in die kleine Klappe ein. Ueber diesem Flügel greift ihrerseits die kleine Klappe um etwas gegen die grosse vor. Es entsteht so der doppelt geschwungene Verlauf der Trennungslinie beider Klappen, wie ihn Fig. 6a angiebt. Da auch die kleine Klappe gegen ihre Flügel steil abfällt, so wird der Querschnitt beider Schalen annähernd ein Sechseck, dessen zwei gegenüberliegende kleine Seiten der verflachte Kiel der grossen und die mittlere Ebene der kleinen Klappe, dessen vier andere Seiten die abfallenden Flächen der Schalen bilden. Scheinbar greift die kleinere Klappe an der Stirn gegen die durchbohrte Klappe vor, doch nur scheinbar, indem die Trennungslinie beider Klappen nur genau, nachdem sie durch den Flügel der grossen Klappe nach der kleinen hinausgedrängt war, bis auf den Punkt zurücktritt, auf den eine vom Schnabel nach der Stirn gezogene Senkrechte treffen würde. Feine Anwachsstreifen bedecken die Oberfläche. Der Kiel auf dem Rücken und der Gesammtumriss gestatten auch die Jugendformen (Fig. 7) sicher zu erkennen, die Flügel sind aber hier noch nicht zur Ausbildung gelangt und beide Klappen sind durch eine gerade Linie getrennt.

Unter bereits bekannten Arten fordert besonders *Terebratula carinata* Lam. zu einem Vergleich heraus, die einen ähnlichen, aber bei Weitem nicht so ausgeprägten Kiel auf dem Rücken trägt. Auch ist der Schnabel bei *T. carinata* weniger übergebogen und besonders unterscheidend der Umstand, dass bei *T. carinata* gleich unter dem Schnabel ein Sinus einsetzt, *T. hexagonalis* einen solchen aber überhaupt nicht zeigt. Ein Wachsthum nach der Richtung der Dicke, wie es Davidson bei *T. carinata* aus England abbildet und wie es sich bei *T. Rotzoana* so ausgeprägt fand, beobachtete ich nie bei *T. hexagonalis.*

Häufige und sehr bezeichnende Art.

Hypodiadema sp.

Zu diesem Geschlecht dürfte ein bei Sega di Noriglio gefundener Seeigel gehören. Zerbrochene Stacheln mit zierlichen, kleinen Gastropoden, Zweischalern und Pentracrinus-Stielgliedern untermengt bedecken an manchen Punkten ganze Platten, s. bei Sega di Noriglio, Sella.

Pentacrinus sp.

Einzelne Stielglieder, hier und da, jedoch nie Bänke bildend.

Serpula sp.

Kleine, ziemlich regelmässig spiralgewundene Art. Sega di Noriglio.

b. Arten aus den Oolithen mit Ammonites Murchisonae vom Cap S. Vigilio am Gardasee.

Belemnites sp.

Bereits im geognostischen Theil wurde erwähnt, dass Belemniten sich häufig am Cap. S. Vigilio in einem Oolith finden, der etwas höher als die Ammonitenschichten liegt, dass aber bestimmbare Exemplare nicht zu erlangen waren. Das Vorkommen von Belemniten verdient nur insofern Erwähnung, als solche in den gleichaltrigen grauen Kalken Südtirols fehlen. Mit *A. Murchisonae* zusammen fand sich ein Bruchstück eines Phragmocon, was auf einen Belemnit von bedeutender Grösse schliessen lässt.

Ammonites scissus Benecke.

Taf. VI, Fig. 4 a. b.

Fundort: Cap S. Vigilio am Gardasee im Oolith mit *Ammonites Murchisonae.*

Dimensionen des abgebildeten Exemplars: Durchmesser des Gehäuses 65 mm., Weite des Nabels 32 mm., Dicke des letzten Umganges 16 mm., Höhe desselben über der Naht 20 mm. Ein anderes, grösseres, weniger gut erhaltenes Exemplar hat einen Durchmesser von 85 mm.

Mündung höher als breit, etwas komprimirt. Gleich über der Nahtlinie beginnen sehr kräftige, scharfe Rippen, die durch breite, gerundete Furchen von einander getrennt sind und sich allmählich höher erhebend, gerade über die Seiten und den Rücken laufen, um nun hier in einer Spitze scharf gegen eine tiefe Rinne abzustossen, die der Medianlinie entlang läuft. Die Rippen sind alle einfach, nur eine einzige gabelt sich an einem Exemplare. Auf den Umgang kommen sechs tiefe, gerundete, sehr markirte Einschnürungen, deren letzte beim abgebildeten Exemplare unmittelbar hinter der Mundöffnung steht, die noch erhalten ist. Man zählt 50 Rippen auf den Umgang.

A. scissus erinnert in seinem Gesammthabitus an einige bekannte Ammoniten aus ausseralpinem Dogger, die aber alle abweichen. *A. bifurcatus* hat dieselbe Furche auf dem Rücken und ähnliche scharfe Rippen, die sich zu einer Spitze auf dem Rücken erheben, aber die Rippen gabeln sich und auf der Gabelung steht ein Dorn, während bei *A. scissus* die Rippen ganz einfach verlaufen und nur allmählig bis zur Höhe des Dornes auf dem Rücken ansteigen. *A. Niortensis* d'Orb. hat zwar einfache Rippen, aber ein auf der oberen Hälfte der Seite stehender Knoten und der mehr fünfeckige Querschnitt unterscheiden denselben hinlänglich.

Es liegen mir 10 Exemplare vor.

Ammonites Murchisonae Sow.

1827. *Ammonites Murchisonae.* Sowerby, min. Conch. Tab. 550.

Fundort Cap. S. Vigilio.

Die gesammelten Exemplare gehören theils der starkrippigen, theils der schwachrippigen Varietät an, einzelne liessen sich auch vielleicht als *A. opalinus* bezeichnen. Wenn ich bei den etwas schwankenden Charakteren des *A. Murchisonae* und seiner ausser den Alpen noch nicht ganz feststehenden vertikalen Verbreitung denselben doch als bezeichnendste Versteinerung anführte, so geschah dies, weil er eben der einzige am Cap. S. Vigilio gefundene ist, den man auch ausserhalb der Alpen kennt. Wenn entweder die Gruppe des *A. Murchisonae* in Beziehung auf ihre verschiedene Ausbildung nach dem Lager genauer untersucht oder vielleicht die anderen bei Cap. S. Vigilio gefundenen Ammoniten auch ausserhalb der Alpen gekannt sein werden, wird es gelingen, unsere Oolithe schärfer in ihrer zeitlichen Entstehung zu fixiren.

12 Exemplare.

Ammonites fallax Benecke.

Taf. VI, Fig. 1—3.

Dimensionen des abgebildeten Exemplars (Fig. 1): Durchmesser des Gehäuses 68 mm., Weite des Nabels 33 mm., Dicke des letzten Umganges (Fig. 2) 21 mm., Höhe des letzten Umganges über der Naht 24 mm., Dicke des vorletzten Umganges 22 mm.

Sehr interessant ist an diesem Ammoniten die sehr verschiedene Ausbildung in der Jugend und im ausgewachsenen Zustande. Beide Formen könnte man für sich als gesonderte Arten anzusehen und mit verschiedenen ausseralpinen Arten zu identifiziren versucht sein.

Querschnitt in der Jugend viel breiter als hoch, beinahe halbmondförmig (Fig. 3 b). Auf der Nahtfläche stehen deutliche Rippen, welche sich auf der Höhe der Seite zu Knötchen erheben und sich durch Gabelung und Einschaltung vermehren. Der breite gerundete Rücken erscheint daher mit einer Menge gleichmässiger feiner Rippen bedeckt, die ziemlich gerade über denselben hinweglaufen und in der Medianlinie in einem deutlichen Kiele zusammenstossen (Fig. 3 b). Die Umgänge umfassen sich weit, so dass ein tiefer Nabel entsteht. Beim Grösserwerden des Gehäuses schnürt sich der äussere Umgang ein und bekommt einen flacheren, gleichmässig gerundeten Querschnitt (Fig. 2), der Rücken wird schmäler, die steil einfallende Nahtfläche verschwindet, die Knötchen auf den Rippen werden undeutlich und hören ganz auf, indem die Rippen ohne alle Erhöhung sich theilen. In demselben Maasse schwächt sich der Kiel auf dem Rücken. Bei einem Exemplare von 87 mm. Scheibendurchmesser ist die letzte Hälfte des äussersten Umganges beinahe ganz glatt und nichts mehr vom Kiele zu sehen. Etwa $^3/_4$ des letzten Umganges ist Wohnkammer, wie man an Fig. 1, wo die Mundöffnung mit der unmittelbar hinter derselben liegenden Einschnürung noch kenntlich ist, sehen kann. *A. fallax* im Jugendzustande gleicht ganz dem *A. insignis* aus dem obersten Lias, wie sich denn zwischen Fig. 3 auf Taf. VI und dem jungen Individuum von *A. insignis* bei d'Orbigny (terr. jur. Taf. 112, Fig. 5) kein nennenswerther Unterschied herausfinden lässt. Im ausgewachsenen Zustande erinnert unser Ammonit jedoch an eine ganz andere Gruppe von Ammoniten, die man besonders aus dem französischen

Unteroolith und zwar in höheren Lagen als die des *A. Murchisonae* kennt. *A. Gervillii* d'Orb (terr. jur. Taf. 137, Fig. 1) ähnelt dem *A. fallax* ganz ungemein, so dass man beide ohne Kenntniss des Jugendzustandes unbedenklich identifiziren könnte. Das Fehlen eines Kieles auf den inneren Umgängen trennt jedoch jene französischen Vorkommnisse hinreichend.

A. fallax ist der häufigste Ammonit des südalpinen Ooliths von S. Vigilio. Es liegen mir 40 Exemplare vor.

Ammonites gonionotus Benecke.

Taf. VII, Fig. 3.

Vom Cap S. Vigilio am Gardasee.

Das abgebildete, gut erhaltene Exemplar hat folgende Dimensionen: Durchmesser des Gehäuses 81 mm., Weite des Nabels 39 mm., Dicke des letzten Umganges 12 mm., Höhe desselben über der Naht 24 mm., Querschnitt etwas höher als breit, gleichmässig gerundet. Rücken gerundet mit einem gekörnelten Kiel, der auf der Schale und dem Kern gleich sichtbar ist. Kräftige Rippen beginnen auf der Naht, erreichen ihre grösste Höhe auf der Mitte der Seite und laufen mit starker Biegung nach vorn über den Rücken, wo sie unter einem Winkel von ziemlich 90° im Kiele zusammenstossen. Theils durch Gabelung, theils durch Einschaltung vermehren sich die Rippen auf dem Rücken. Die äusseren Umgänge werden immer evoluter, so dass man auf dem vorletzten Umgang auf der Seite noch den Beginn der Gabelung der Rippen beobachten kann, während auf den innersten Umgängen nur die Hauptrippen sichtbar bleiben, die gegabelten und eingeschalteten aber unter dem folgenden Umgang verborgen liegen. Man zählt auf dem äussersten Umgang 31 Hauptrippen. Drei Viertel des letzten Umganges am abgebildeten Exemplar, welches jedoch nicht ganz bis zur Mundöffnung erhalten ist, gehört der Wohnkammer an.

Hehl's *A. planula* (Zieten, Verst. Württb. Taf. VII, Fig. 5) aus dem oberen Jura hat eine ähnliche Berippung, ist aber komprimirter. Bei *A. Martiusi* d'Orb. (Terr. jur. Taf. 125) aus dem französischen Unteroolith, mit dem man dem *A. gonionotus* sehr ähnliche, wenn nicht identische ausseralpine Vorkommnisse vereinigt hat, bilden die Rippen keinen Winkel auf dem Rücken und der Kiel fehlt. Im Gesammthabitus gleichen sich aber beide Arten recht sehr.

2 Exemplare.

Ammonites ophioneus Benecke.

Taf. VI, Fig. 5.

Fundort Cap S. Vigilio am Gardasee. Lineaten sind nächst den Heterophyllen diejenigen Ammoniten aus jurassischen Schichten der Alpen, deren Unterscheidung am schwierigsten fällt. Um so angenehmer ist es, in *A. ophioneus* eine auch im Kern noch deutliche Art zu besitzen, deren Lager sicher feststeht.

Dimensionen: Durchmesser des Gehäuses 79 mm., Weite des Nabels 30 mm., Dicke des letzten Umganges 18 mm., Höhe desselben über der Naht 22 mm., Mundöffnung höher als breit, Rücken gerundet, Seiten wenig gewölbt, Suturfläche steil einfallend. Auf den Umgang kommen sechs deutliche Einschnürungen, welche dem Gehäuse ein sehr bezeichnendes Ansehen geben. Auf den inneren Umgängen ist vor jeder Einschnürung noch eine kleine Anschwellung zu bemerken. Die Loben stimmen mit denen sonst bei Limaten gewöhnlichen überein.

1 Exemplar.

Lineat sp.

Einige Steinkerne vom Typus des *A. Eudesianus* d'Orb. von derselben Lokalität, von indifferentem Habitus.

Heterophylle sp.

Unter den nicht seltenen Heterophyllen vom Cap S. Vigilio zeichnen sich zwei Formen aus, eine nach Art des *A. Calypso* d'Orb. mit wenigen mässig geschwungenen Einschnürungen, eine andere mit zungenartig vorspringenden Einschnürungen wie bei *A. Zignodianus* d'Orb. Erstere erreichen eine bedeutende Grösse, letztere bleiben klein.

Perarmat sp.

Interessant ist in den Oolithen ein Exemplar eines kleinen Perarmaten, was als Jugendform keine weitere Bestimmung zulässt.

Turbo sp.

Unbestimmbare, kleine Kerne.

Nucula cf. **Aalensis** Opp.

Eine *Nucula*, der *N. Aalensis* Opp. gleichend, fand sich in zwei Exemplaren.

Inoceramus sp.

Vom Typus der *Posidonia gigantea* Gldf.

Hinnites sp.

Mehrere Bruchstücke mit den bezeichnenden bindfadenartigen unregelmässigen Rippen, zwischen denen bis 8 feinere stehen.

Terebratula cf. **Bouéi** Zeuschn.

Unbestimmbare Terebratel mit flachem Sinus der undurchbohrten Schale.

Rhynchonella sp.

Indifferente Form, unsymmetrisch nach Art der *Rh. inconstans* Sow.

c. Fauna der Schichten der Rhynchonella bilobata.

Lima sp.

Eine kleine feingerippte Art. Volano. Ponte di Tierno.

Pecten sp.

Kleine, glatte Art. Volano. Lizzanella. Ponte di Tierno.

Rhynchonella bilobata Benecke.

Taf. V, Fig. 5. 6.

Fundort: die abgebildeten Exemplare von Trambilleno bei Roveredo; sonst bei Lizzanella, Ponte di Tierno, Nomi, Volano etc.

Dimensionen des kleinen Exemplares: Länge 14 mm., Breite 17 mm., Dicke 7 mm. Länge des ausgewachsenen Exemplares 20 mm., Breite desselben 34 mm.

Schnabel kräftig, mässig gebogen. Umriss in der Jugend dreiseitig, im Alter die Seiten flügelartig ausgezogen. Beide Klappen wenig gewölbt, die undurchbohrte etwas mehr, mit der grössten Erhöhung näher am Wirbel. Beide Schalen mit kräftigen, gleichmässig ausstrahlenden Rippen bedeckt, die am Wirbel beginnen. Das kleinere Exemplar trägt deren 16, das grössere 26. Sämmtliche Exemplare sind auffallend unsymmetrisch nach Art der *Rh. inconstans* Sow., indem die Schale durch einen Absatz in zwei Hälften getrennt erscheint, der sich bei ausgewachsenen Exemplaren im ersten Drittel der Entfernung vom Wirbel einsetzt und an der Stirn seine grösste Höhe erreicht.

Rhynchonella sp.

Gefaltete, kugelige Rhynchonella von indifferentem Habitus; überall mit voriger Art.

Cidaris sp.

Fragmente von Cidaritenschalen häufig im gelben Marmor von Lizzanella.

Radioli sp.

Ebenda.

Pentacrinus sp.

Ganze Bänke füllend.

d. Arten des Posidonomyengesteins (Klausschichten).

Sphenodus-Zähne.

Auf die Häufigkeit des Vorkommens von Sphenodus-Zähnen in den jurassischen Jurakalken machte Oppel[1]) besonders aufmerksam. Madonna del Monte. Am letzteren Orte auch andere unbestimmbare Fischreste.

Pycnodonten-Zähne.

Häufig zusammengeschwemmt und mit bohnerzartigem Brauneisenstein. Nester in rothem Kalke von Madonna del Monte und braunem Kalke von dem Thale östlich Crosano erfüllend.

Belemnites sp.

Häufig ein kleiner, schlanker Belemnit an allen Punkten, an denen Posidonomyengestein entwickelt ist.

Ammonites Kudernatschi Hau.

1852. *Ammonites heterophyllus* Kud. Ammoniten von Swinitza. Abhandl. der geol. Reichsanst. Bd. I. Abth. 2. Taf. I, Fig. 5—9.

1854. *Ammonites Kudernatschi* Hauer. Heterophyllen. Sitzungsber. Wien. Akad. Bd. XII. p. 44.

Brentonico und Madonna del Monte.

Ammonites subobtusus Kud.

1852. *Ammonites subobtusus* Kudernatsch. Ammoniten von Swinitza. Abhandl. der geol. Reichsanst. Bd. I. Abth. 2. Taf. II, Fig. 1—3.

Brentonico und Madonna del Monte.

Ammonites Eudesianus d'Orb.

1845. *Ammonites Eudesianus* d'Orbigny. Terr. jur. Taf. 128.

Brentonico.

Ammonites tripartitus Rasp.

1831. *Ammonites tripartitus* Raspail. Annales d'Observ. III. Taf. 11, Fig. 5.

Brentonico, Madonna del Monte.

Ammonites subradiatus Sow.

1823. *Ammonites subradiatus* Sowerby. Min. Conch. Taf. 421, Fig. 2.

Die kleinen Exemplare von Brentonico lassen keine ganz sichere Bestimmung zu. Vielleicht gehören dieselben zu *A. bisculptus* Opp. [*A. Henrici* Kudern. (von d'Orbigny) Ammon. v. Swinitza. Taf. II, Fig. 9. 10. 11. 12. 13] Paläont. Mitth. p. 149.

---

[1]) Oppel, Zeitschr. deutsch. geol. Ges. 1863. p. 189.

Ammonites rectelobatus Hau.

? 1853. *Ammonites liguiferus.* Cat. Intorno. Taf. I, Fig. 2.
1857. *Ammonites rectelobatus* Hauer. Paläont. Notizen. Taf. 1, Fig. 5. Taf. 2, Fig. 10.

Brentonico, Madonna del Monte.

Ammonites Martiusi d'Orb.

1845. *Ammonites Martiusi* d'Orbigny. Terr. jur. Taf. 125.

Brentonico.

Ammonites Brogniarti Sow.

1817. *Ammonites Brogniarti* Sowerby, Min. Conch. Tab. 184. A. Fig. 2.

Kleines Exemplar von Madonna del monte.

Ancyloceras annulatum Desh. sp.

1830. *Hamites annulatus* Desh., Encyclop. II. 183.

Brentonico. Von Prof. Oppel gesammelt 1863.

Posidonomya alpina Gras.

1852. *Posidonomya alpina* Gras, Catalogue des corps organisés foss. du Dép. de l'Isère. p. 11. Tab. I, Fig. 1.

Diese alpinen Posidonomyen sind in der That Zweischaler und nicht Estherien, wie Jones sich an ihm übersandten Exemplaren überzeugte.

Lima sp.

Eine gröber und eine fein gerippte Art. Madonna del monte.

Pecten sp.

Kleine, glatte Art. Madonna del monte.

Terebratula Gerda Opp.

1863. *Terebratula Gerda* Oppel, Zeitschr. deutsch. geol. Gesellsch. Taf. V, Fig. 1.

Brentonico. Madonna del monte.
5 Exemplare.

Terebratula Gefion Opp.

1863. *Terebratula Gefion* Oppel, Zeitschr. deutsch. geol. Gesellsch. Taf. V, Fig. 5.

Sehr häufig. Madonna del monte, Ponte di Tierno. Nomi.
170 Exemplare.

Terebratula curviconcha Opp.

1863. *Terebratula curviconcha* Oppel, Zeitschr. deutsch. geol. Gesellsch. Taf. V, Fig. 6.

150 Exemplare.

Terebratula bivallata E. Desl.

Terebratula bivallata E. Deslongchamps, Bullet. soc. Linéenne de la Norm. Bd. IV. p. 7 (sep.) Taf. XI, Fig. 1, 2.

Vertritt mit *T. sulcifrons* n. sp. die Gruppe der *T. Bentleyi* in dem Posidonomyengestein. Ponte di Tierno.

1 Exemplar.

Terebratula sulcifrons Benecke.

Taf. V, Fig. 7 a—d.

Von Ponte di Tierno und Madonna del monte.

Dimensionen des abgebildeten Exemplars von Madonna del monte: Länge 14 mm., Breite 16 mm., Dicke 12 mm.; Schnabel kräftig, stark übergebogen, jedoch das Deltidium noch frei lassend. Andeutung von Schnabelkanten, indem eine besondere Area abgegrenzt erscheint (7 d.). Unmittelbar unter dem Schnabel beginnend, bildet die undurchbohrte Klappe eine grosse, scharfe Falte, welcher ein ebenso tiefer, scharfer Sinus der anderen Klappe entspricht. Zu beiden Seiten des letztern stehen je eine hohe Falte, welche nach aussen steil abfallen und einen flügelartigen Vorsprung der durchbohrten Klappe gegen die undurchbohrte bilden. Es entsteht so der eigenthümliche Verlauf der Trennungslinie beider Klappen, wie er auf Fig. 7 d. angegeben ist. Die Stirn erscheint scharf zickzackartig.

T. sulcifrons gehört zu der so interessanten und besonders in alpinen jurassischen Ablagerungen verbreiteten Gruppe der *T. Bentleyi* Dav. Oppel beschrieb aus dem Vilser Kalke der Nordalpen die nahe stehenden *T. Vilsensis* und *T. bifrons* (Oppel, Württ. naturw. Jahresh. XVII. p. 31. 32. Tab. II, Fig. 1 u. 2). Winkler[1]) fügte noch die Arten *T. Teisenbergensis* und *subalpina* aus dem Vilser Kalk von Teisenberg hinzu. Was Quenstedt von alpinen Vorkommnissen mit dem Namen *T. inversa* belegte (Hdb. der Petrefaktenkunde, p. 465. Taf. XXXVII, Fig. 22), gehört, wie ich an einer Reihe von Exemplaren von Windischgersten[2]) sehen konnte, theils zu *T. bifrons* und *T. Vilsensis* Opp., theils zu *T. Teisenbergensis* Wnkl. Unter diesen Arten, die alle einem höhern Niveau angehören, als *T. sulcifrons*, steht letztere der *T. Vilsensis* Opp. am nächsten, unterscheidet sich aber durch den, zu Anfang mehr senkrechten Verlauf der Trennungslinie beider Klappen und durch die scharfen, unmittelbar unter dem Schnabel beginnenden Falten.

10 Exemplare.

---

[1]) Bronn-Leonh. Jahrb. 1864. p. 307. Taf. VI, Fig. 12. 13. 14. 15.

[2]) In den Verh. d. Jahrb. d. geol. Reichsanst. 1865, p. 66, finden sich diese Brachiopoden als *T. inversa* Opp. angeführt.

Terebratula Roveredana Benecke.

Taf. V, Fig. 8 a—d.

Ponte di Tierno und Madonna del monte.

Dimensionen des abgebildeten Exemplars von Madonna del monte: Länge 18 mm., Breite 25 mm., Dicke 12 mm. Schnabel wenig übergebogen. Deltidium niedrig. Deutliche Schnabelkanten begrenzen eine kleine Area. Einem Sinus der durchbohrten Klappe, welcher im Drittel der Länge vom Schnabel beginnt, entspricht eine Falte der undurchbohrten Klappe. Der Sinus der durchbohrten Klappe ist begrenzt von kräftigen Falten, denen sinusartige Vertiefungen auf der anderen Seite gegenüberstehen. Auf denen, in der Richtung der Breite bei ausgewachsenen Exemplaren sehr verlängerten Seiten setzt sich noch je eine kleine Falte ein. Der auf diese Weise entstehende Verlauf der Stirn- und Seitenlinie ergiebt sich aus Fig. 8 d. Die Falten erscheinen an ihrem Beginne sanft gerundet und werden erst an der Stirn scharf, so dass die Stirnlinie zickzackartig erscheint, während die Durchschnittslinie durch die Mitte der Muschel (nach der Querrichtung) ein wellenförmig gerundetes Ansehen haben würde.

Im Jugendzustande, wo *T. Roveredana* noch nicht so in die Breite gezogen ist, hat sie Aehnlichkeit mit jungen Exemplaren von *T. sulcifrons*, die sich im Alter so deutlich durch den frühen Beginn der von Anfang an scharfen Falten und die gedrungene, glockenförmige Gestalt unterscheidet. Bei hinreichendem Material gelingt die Trennung beider Arten aber auch im Jugendzustande.

30 Exemplare.

Terebratula cf. **perovalis.**

Schöne grosse Terebratel, über deren Lager ich nicht im Klaren bin. Ich fand dieselbe etwas unterhalb St. Nicolò, östlich Roveredo, in Blöcken dunkelrothen Kalkes in der Lena, die von höher herunter gestürzt sein müssen und über Tierno (siehe Profil 1). Wahrscheinlich stammt dieselbe aus Posidonomyengestein.

Rhynchonella coarctata Opp.

1863. *Rhynchonella coarctata* Oppel, Zeitschr. deutsch. geol. Gesellsch. Taf. VI, Fig. 4.

Madonna del monte.

In den mir vorliegenden Exemplaren ist die ausgesprochene Ecke der Stirnlinie so scharf hervortretend, dass es gerechtfertigt erscheint, die Art *T. coarctata* gegenüber der *T. Atla* Opp., die einen gerundeten Verlauf der Stirnlinie zeigt, aufrecht zu erhalten. (Siehe Oppel l. c. p. 209.)

4 Exemplare.

Rhynchonella defluxa Opp.

1863. *Rhynchonella defluxa* Oppel, Zeitschr. deutsch. geol. Gesellsch. Taf. VII, Fig. 1—4.

Ponte di Tierno.

4 Exemplare.

Rhynchonella Brentoniaca Opp.

1863. *Rhynchonella Brentoniaca* Oppel, Zeitschr. deutsch. geol. Gesellschaft. Taf. VII, Fig. 12—14.

Schöne und sehr wohl charakterisirte Form der südalpinen Posidomyengesteine. Nicht selten bei Ponte di Tierno. Madonna del monte, Nomi.

50 Exemplare.

Stomechinus rotundus n. sp.

Kleine Art von 23 mm. Durchmesser. Kreisrund, flach gewölbt. Die gute Erhaltung der Unterseite gestattet nach der Beschaffenheit des Peristoms die Zugehörigkeit zu Stomechinus deutlich zu erkennen. 2 Warzenreihen auf den Ambulakralfeldern, 5 auf den Interambulakralfeldern, von denen zunächst die mittlere nach dem Scheitel hin zu verschwinden scheint. Madonna del monte.

Hyboclypus sp.

Echinodermenreste sind nicht selten, allein meist so schlecht erhalten, dass man nur den äusseren Umriss erkennen kann. Ein *Hyboclypus* ist häufig bei Madonna del monte und Brentonico.

Pentacrinus sp. ind.

Wie im geognostischen Theile auseinander gesetzt wurde, erfüllen die Pentacrinus-Stielglieder ganze Bänke. Schauroth bildete aus dem Ammonitico rosso von Fondi in den VII Communi einen Pentacrinus ab und nannte denselben *Pentacrinus cingulatiformis.* (Verzeichniss, Taf. IV, Fig. 2.) Derselbe ist zwar bedeutend kleiner, als die aus Südtirol, allein da sonst in rothem Alpenkalk (im eigentlichen Ammonitico rosso, meinen Schichten des *Amm. acanthicus* und Diphyakalken) Pentacrinus - Arten fehlen, stammen wohl auch diese Exemplare aus den häufig rothen Kalken der *Ter. curviconcha.*

Eugeniacrinus sp. ind.

Einen Kelch eines Eugeniacrinus fand ich bei Madonna del monte. Schauroth's *Eugeniacrinus nutantiformis* (Verzeichniss, Taf. IV, Fig. 1) dürfte dieselbe Art sein, und zu demselben gehören runde Stielglieder, die ich bei Madonna del monte fand, und die Schauroth als Pentacrinus subteres Gldf. (Verzeichniss, Taf. IV, Fig. 3) aus rothem Ammonitenkalk von Fondi abbildete. Schauroth's *Pentacrinus subteres* Gldf., Taf. IV, Fig. 4, „angeblich" von Magrè, dürften Stielglieder einer anderen Art als Fig. 3 sein. Es finden sich solche in der That in jener Gegend und sind nicht selten in Sammlungen zu sehen. Ich fand deren selbst in grosser Menge zwischen Illasi und Bolca Purga, wo sie in der Scaglia liegen. Die Glieder sind stark tonnenförmig.

Astraea sp. ind.

1863. Oppel, Zeitschr. deutsch. geol. Zeitschr. p. 195.

Von Brentonico.

III. Fauna des südalpinen Malm.

a. Schichten des Ammonites acanthicus.

(Ausseralpine Zone des *Ammonites tenuilobatus* Opp.)

Sphenodus sp.

Ein schöner Zahn von Torri. Auch bei Brentonico nicht selten.

Belemnites cf. **semisulcatus** Mnst.

Belemniten finden sich bei Roveredo, Brentonico, Torri und anderen Orten häufig mit *Ammonites acanthicus* zusammen, sind aber sehr schwer in guter Erhaltung aus dem harten rothen Kalke zu erhalten. Das mir vorliegende Material reicht zur Fixirung bestimmter Arten nicht aus.

Ammonites acanthicus Opp.

1863. *Ammonites acanthicus.* Oppel, paläont. Mitth. p. 219.

Fundorte: Roveredo, Brentonico, Torri, Nomi, Sella, Domegliara.

Die häufigste Ammonitenart des unteren Horizontes der rothen Ammonitenkalke stimmt mit *A. acanthicus* Opp. am genauesten überein. Während aber schwäbische und fränkische Exemplare in der Jugend stets zwei Reihen Dornen besitzen und nur im ausgewachsenen Zustande auf dem letzten Umgange die äussere Reihe verlieren, haben alle südtiroler Exemplare von der Jugend an nur eine Knotenreihe auf der Grenze der Suturfläche und der Seite. Im Gesammthabitus stimmen aber die alpinen und ausseralpinen Vorkommnisse sehr wohl überein.

30 Exemplare.

Ammonites Uhlandi Opp.

1863. *Ammonites Uhlandi.* Oppel, paläont. Mitth. p. 224.

Fundorte: Brentonico, Torri, Sella.

Zwei Arten von Inflaten vom Typus des *Ammonites gigas* Ziet. finden sich nicht selten in den Schichten des *Ammonites acanthicus.* Der eine derselben lässt sich mit *A. Uhlandi* Opp. identifiziren. Der andere ist vielleicht *A. turgescens* Cat. (Intorno ad una nuova classific. Taf. I, Fig. 1). Da mir aber, als ich das Original in der Universitätssammlung zu Padua sah, mein Material nicht zur Hand war, wage ich nicht eine bestimmte Meinung auszusprechen.

10 Exemplare.

Ammonites eurystomus Benecke.

Taf. IX, Fig. 1. a. b.

Fundort: Sella.

Dimensionen des einzigen vorliegenden, etwas verdrückten Exemplares nach der Ergänzung: Durchmesser des Gehäuses 104 mm., Weite des Nabels 59 mm., Dicke des letzten Umganges 63 mm., Höhe desselben über der Naht 35 mm. Mündung breiter als hoch. Rücken sanft gerundet, in der Mitte glatt, nach den Seiten hin leicht gefaltet durch die Abdachung der Knoten. Der erhaltene Theil der Wohnkammer nimmt beinahe einen Umgang ein. Die Stacheln beider Reihen sind durch Rippen mit einander verbunden. Man zählt auf dem äusseren Umgang 23 derselben. Unmittelbar unter der inneren Knotenreihe fällt die Suturfläche steil ab, mit zahlreichen Einsenkungen, in die sich die Stacheln der äusseren Reihe des nächst inneren Umganges einlegen. Da auch die, beide Knotenreihen tragenden Seiten, nach innen zu gesenkt erscheinen und ziemlich scharf gegen den Rücken durch eine Kante begrenzt sind, welche die äussere Knotenreihe trägt, so entsteht ein sehr vertiefter Nabel.

Die Unterscheidung der Ammonitenarten, welche dem *A. biarmatus* Ziet. nahe stehen, ist sehr schwierig und hat man erst in neuerer Zeit mehr Sorgfalt auf die Fixirung der Species verwandt. *A. eurystomus* unterscheidet sich wohl von nahestehenden Formen (*A. Babeanus* d'Orb. terr. jur. Tab. 181) am leichtesten durch den Querschnitt der Umgänge und den so tief liegenden Nabel. Vielleicht gehört hierher *A. Rogoznicensis* Zeuschn. (Zeuschner, Nowe lub niedokladnie etc. Taf. IV, Fig. 4). Die Abbildung bezieht sich aber auf ein kleines nicht sehr kenntliches Exemplar.

Dass das Auftreten eines Perarmaten in diesen Schichten im Vergleich zu ausseralpinen Vorkommnissen ein spätes ist, wurde schon oben erwähnt.

1 Exemplar.

Ammonites Rupellensis d'Orb.

1845. *Ammonites Rupellensis.* d'Orbigny, terr. jur. Taf. 205.

Pazzone, Brentonico.

Ein Exemplar von Pazzone am südlichen Abhang des Mt. Baldo hat 400 mm. Durchmesser. Hierher dürfte wohl auch gehören, was Schauroth (Verzeichniss der Versteinerg. p. 148) als *A. perarmatiformis* von Fondi in den VII. Comuni beschreibt und auf Taf. XXX, Fig. 4. a. b. nicht recht deutlich abbildet. Wenigstens spricht er im Texte von kräftigen, spitzen Knoten und der Umriss stimmt ziemlich mit dem von *A. Rupellensis.*

2 Exemplare.

Ammonites cf. **perarmatus** Sow.

Ein Perarmat von Sella mit zwei Knotenreihen und von gerundetem Querschnitt liegt in zwei Exemplaren vor. Vielleicht ist dies Catullo's *nodulosus* (Cat. Intorno ad una nuova class. etc. Taf. IV, Fig. 5). Meine Exemplare sind Jugendformen, gestatten daher keine hinreichend sichere Bestimmung.

Ammonites polyolcus Benecke.

Taf. VIII, Fig. 1. 2.

Fundort des abgebildeten Exemplars: Sella. Sonst bei Brentonico, Roveredo, Domegliara.

Dieser Ammonit mag bisher mit unter *A. Zignodianus* d'Orb. begriffen worden sein, mit dem er in derselben Gruppe von Heterophyllen steht. Dimensionen: Durchmesser des Gehäuses 129 mm., Höhe des letzten Umganges 68 mm., Höhe desselben in der Windungsebene 40 mm. Seiten ziemlich flach, Querschnitt der Mundöffnung nicht aufgeblüht. Die auf dem Rücken theilweis erhaltene Schale zeigt die, vielen Heterophyllen eigenthümliche feine Streifung. Auf den Umgang kommen 12—13 Einschnürungen, die auf dem Kerne und der Schale sichtbar sind. Dieselben setzen gleich vom Nabel an scharf ein, verflachen sich aber in der Mitte der Seite, wo sie breiter werden und in einer Ecke nach vorn ausbiegen, um dann etwas nach rückwärts geschwungen über den Rücken zu laufen. Die Loben in Fig. 2 nach einem anderen Exemplar gezeichnet, unterscheiden sich von denen beim *A. Zignodianus* von d'Orbigny angegebenen nicht, wie es ja auch bei so nahe stehenden Formen nicht zu erwarten ist, dass sich in den Loben auffallende Unterschiede finden werden.

A. polyolcus hat konstant mehr Einschnürungen als *A. Zignodianus*, nämlich 12—13 gegen 5 bei der d'Orbigny'schen Art. Auch die Exemplare, welche ich im Diphyakalke sammelte und für die ich den Namen *A. Zignodianus* vorläufig beibehalte, haben nie mehr als 8 Einschnürungen.

Auch ist *A. Zignodianus* bei d'Orbigny bei Weitem aufgeblähter als *A. polyolcus.* Eine Vergleichung der betreffenden Abbildungen zeigt die Unterschiede am besten. Die konstante Verschiedenheit in Verbindung mit einem Vorkommen in bestimmtem Niveau bewog mich zur Aufstellung dieser neuen Art.

6 Exemplare.

Ehe ich zur Beschreibung der nächsten Art übergehe, möchte ich Einiges über *Ammonites tatricus* Pusch bemerken, denjenigen Ammoniten, den man am häufigsten als Leitversteinerung in den rothen Ammonitenkalken angeführt findet, dessen Fehlen in meiner Liste daher auffallend erscheinen muss. Bekanntlich bildete Pusch einen Heterophyllen ziemlich ungenügend ab, den er *Ammonites tatricus* nannte, und Buch verschaffte demselben eine grosse Berühmtheit, indem er ihn als Leitfossil für gewisse weit verbreitete jurassische Ablagerungen angab, welche seinem mittelländischen Meeresbecken angehörten. Hohenegger wies nach (Jahrb. geol. Reichsanst. VI. p. 308), dass der Ammonit, den Pusch *A. tatricus* genannt hatte, sehr wahrscheinlich mit *A. opalinus* und *A. Murchisonae* zwischen Rogoznik und Schaflary in denselben Schichten liege, also dem unteren Dogger angehöre. Später zeigte derselbe Forscher (Jahrb. geol. Reichsanst. VIII. p. 145), dass dieser *A. tatricus* Pusch verschieden sei vom d'Orbigny'schen *A. calypso*, identifizirte jedoch einen in weit höherem Niveau liegenden Heterophyllen wiederum mit dem *A. tatricus.* Kudernatsch, bei Beschreibung der Ammoniten von Swinitza, befand sich ebenfalls in Zweifel, wie er sich mit dem *A. tatricus* abfinden sollte. Keinenfalls wird man in seiner schönen Abbildung das vermuthen, was Pusch als *A. tatricus* abbildete. Wieder etwas anders deutete Hauer in den Heterophyllen der österreichischen Monarchie den *A. tatricus*, den er aus den Ammonitenkalken der Südalpen zitirt, von den sehr abweichenden Angaben Catullo's und Meneghini's gar nicht zu sprechen. Der Name *A. tatricus* war schliesslich ein sehr weiter Begriff geworden, in den man die verschiedensten Dinge hineinsteckte. Bayle (Bull. soc. geol. 1848/49 p. 325) ging am weitesten im Vereinigen, indem er den *A. tatricus* vom Lias bis in den obersten Jura verbreitet sein liess, den Arten Namen also zum Gruppennamen machte. Solchen Meinungsverschiedenheiten gegenüber bleibt der einzig sichere Weg, auf den Begründer der Art, also Pusch zurückzugehen. Da dieser seine Art nicht kenntlich abbildete und seine Originale, meines Wissens, nicht erhalten sind, muss man den Namen fallen lassen. Wollte man ihn neu annehmen, so wäre eine Uebertragung wohl nur auf eine gleichaltrige Art gestattet, also etwa auf einen Heterophyllen der Oolithe von Cap S. Vigilio, welche ebenfalls mit *A. Murchisonae* zusammen vorkommen. Für die Arten des Malm wird es, da man nicht von einem *A. tatricus* Buch im Gegensatz zu *A. tatricus* Pusch sprechen kann, gestatten sein, neue Benennungen zu wählen, soweit sich dieselben durch Beschreibung und erkennbare Abbildung gut charakterisiren lassen. Ich gebe aus dem mir vorliegenden Materiale vorläufig folgende Arten.

Ammonites isotypus Benecke.

Taf. VII, Fig. 1. 2.

Fundort: Sella, Torri.

Dimensionen: Durchmesser des Gehäuses 110 mm., Höhe des letzten Umganges 64 mm., Höhe desselben in der Windungsebene 40 mm., Querschnitt des letzten Umganges gerundet vierseitig. Rücken breit, schwach gewölbt, Seiten flach, steil nach dem 7 mm. weiten Nabel einfallend. Kern ganz glatt, ohne alle Spur von Einschnürung. Schale mit der gewöhnlichen feinen Streifung der Heterophyllen. Loben ziemlich einfach, wie die des *A. heterophyllus* Sow., nicht nach Art des *A. Zetes* doppelt zerschlitzt. *A. isotypus* gehört zur Gruppe der echten Heterophyllen und steht unter diesen wohl dem *A. Kudernatschi* Hau. am nächsten.

Ausschliesslich auf die Region des *Ammonites acanthicus* beschränkt. Weder unter den Heterophyllen des Diphyakalkes noch auch in den oberliasischen Schichten der Lombardei scheint sich ein identischer Ammoniak zu finden.

6 Exemplare.

Ammonites cf. **Kudernatschi** Hau.

Fundort: Brentonico, Roveredo.

Mehrere Exemplare eines sehr schönen Heterophyllen mit erhaltener Schale fanden sich an genannten Orten. Querschnitt und besonders die Art der Streifung stimmen ganz überein mit *A. Kudernatschi*, von dem ich denselben nicht zu unterscheiden vermag. Die Dimensionen eines grösseren Exemplares von Brentonico sind folgende: Durchmesser der Scheibe 102 mm., Höhe des letzten Umganges 62 mm., Höhe desselben in der Windungsebene 45 mm.

Im Diphyakalk konnte etwas Aehnliches bis jetzt nicht aufgefunden werden. Was man sonst als *A. tatricus* aus dem südalpinen rothen Ammonitenkalke anführte, mag unter die beiden eben genannten Arten gehören und auf diesen Horizont beschränkt sein. Die echten Heterophyllen (Gruppe des *A. heterophyllus* Sow.) erreichen hier ihr Maximum und treten in den Diphyakalken seltener und in eigenthümlichen Formen auf, z. B. *A. ptychoicus* Qu., *A. ptychostoma* Benecke. (s. unt. p. 190.)

8 Exemplare.

Aehnlich wie die Heterophyllen, erreichen auch die Flexuosen in den Schichten des *A. acanthicus* ihre grösste Entwicklung und treten in den beiden folgenden sehr extremen Formen auf.

Ammonites compsus Opp.

1863. *Ammonites compsus* Oppel, pal. Mitth. p. 215. Taf. 57, Fig. 1a. b.

Fundorte: S. Giacomo, Roveredo.

3 Exemplare.

Ammonites Strombecki Opp.

1846. *Ammonites lingulatus nudus* Qu. Ceph. Taf. IX, Fig. 8.

1857. *Ammonites Strombecki* Opp. Juraf. p. 687.

Fundorte: Sella, Roveredo.

3 Exemplare.

Lineaten sind im Gegensatz zu den beiden eben besprochenen Ammonitenfamilien seltener in unseren Schichten und finden sich häufiger mit *T. diphya*, wo sie den Uebergang in Arten des Biancone vermitteln.

Planulaten sind ungemein häufig, ihrè Trennung von Formen aus dem Diphyakalk vermag ich aber nicht ganz durchzuführen. Ausgezeichnet ist:

Ammonites Achilles d'Orb.

1845. *Ammonites Achilles* d'Orbigny. terr. jur. Taf. 207, Fig. 1. 2.

Fundort: Brentonico, Roveredo und sonst nicht selten.

Durchmesser eines grossen Exemplares von Brentonico 'ca. 300 mm.

Andere Planulaten nähren sich dem *A. biplex* Sow. Auffallender Weise fehlen die echten Polyplocen.

Aptychus cf. **lamellosus** Voltz.

So lange man nicht im Stande ist, die Aptychen auf bestimmte Ammoniten zu beziehen, scheint es nicht zweckmässig, andere als etwa sehr abweichende Formen neu zu benennen. Ich behalte desshalb auch den Namen *Aptychus lamellosus* für Aptychen aus unseren Schichten bei, die zu flexuosen Ammoniten, etwa dem *A. compsus* Opp. gehört haben dürften.

Aptychus cf. **latus** Mnst.

Fundort: Sella.

Aptychen aus der Gruppe des *A. latus*, wie die mir vorliegenden, gehören wohl zu *A. acanthicus.* (cf. Oppel pal. Mittheilungen p. 219.)

Inoceramus cf. **giganteus** Gldf. sp.

Posidonia gigantea Gldf. Taf. XIV. Fig. 4.

Fundort: Sella, häufig.

Etwas mehr in die Länge gezogene Formen, als die bei Goldfuss abgebildeten.

Terebratula sp.

Ein einziges, schlecht erhaltenes Exemplar einer *Terebratula* der *T. Bouéi* Zeuschm. nicht unähnlich fand sich zu Brentonico.

b. Arten des Diphyakalk.

Sphenodus-Zähne.

Hier und da durch den ganzen Diphyakalk.

Zähne von Lepidotus.

Gewöhnlich als *Sphaerodus* aufgeführt.

Häufig von den Steinbrechern als occhi dem Sammler angeboten. Einzeln überall, aber nicht zu häufig.

Belemnites cf. **semisulcatus** Mnst.

Die bei Serrada und anderwärts besonders in oberen weissen Diphyakalken nicht seltenen Belemniten, stehen dem *B. semisulcatus* Mnst. aus ausseralpinem oberen Jura nahe.

Belemnites cf. **latus** Qu. (non Blainv.).

Breiter Belemnit, doch noch weit entfernt vom *B. dilatatus* Blainv. Es wird bei der Härte des Gesteins und der Zerbrechlichkeit der Belemniten noch viel Zeit und Mühe kosten, bis man diese alpinen oberjurassischen Belemniten scharf wird fixiren können und doch bieten sie grosses Interesse dar, da sie den Uebergang in echte Neocomformen vermitteln.

Ammonites. Inflat. sp.

Ammoniten aus der Gruppe der Inflaten sind nicht selten, besonders in den unteren Lagen der Diphyakalke anzutreffen. Ich sammelte deren mehrere in Vallunga bei Roveredo, wage aber bei dem schlechten Erhaltungszustand keine Bestimmung vorzunehmen. Solchen Inflaten mögen die Aptychen vom Typus des *A. gigantis* angehören. (s. u. p. 192.)

Ammonites lithographicus Opp.

1864. *Ammonites lithographicus* Oppel. Paläont. Mitth. p. 248. Taf. LXVIII, Fig. 1—3.

Fundort: Vallunga. Sella.

Dimensionen des Exemplares von Vallunga: Durchmesser des Gehäuses 83 mm., Weite des Nabels 19 mm., Höhe des letzten Umganges 39 mm., Dicke desselben ca. 27 mm. Die Mundöffnung mit dem Ohre, wie solche von Oppel von Solenhofen nachgewiesen wurde, ist an dem

Tiroler Exemplaren nicht mehr erhalten. Etwas mehr als der halbe letzte Umgang ist Wohnkammer und finden sich die Knötchen sowohl auf dem gekammerten als ungekammerten Theile. Die Suturfläche fällt senkrecht ab. Rücken zu Ende des letzten Umganges etwa 8 mm. breit, flach. Kein Kiel zu bemerken. Loben stark zerschnitten, ein langer erster Seitenlobus und zwei kürzere lassen sich auf der Seite beobachten.

2 Exemplare.

Ammonites hybonotus Opp.

Taf. XI, Fig. 1 a—c.

1863. *Ammonites hybonotus* Opp. Pal. Mitth. p. 254. Taf. LXXI, Fig. 1—3.

1863. *Ammonites Autharis* Opp. Pal. Mitth. p. 255. Taf. LXXI. Fig. 4—6.

Von Volano.

In den paläontologischen Mittheilungen bildete Prof. Oppel *A. hybonotus* und *Autharis* als zwei verschiedene Arten ab, da dieselben nur in Seiten- und Rückentheilen erhalten waren, an welchen eine Zusammengehörigkeit beider sich nicht mit Bestimmtheit nachweisen liess. Das vollständig erhaltene Exemplar von Volano gestattet, beide Arten in eine einzige zusammenzuziehen.

Dimensionen des Exemplares von Volano: Durchmesser des Gehäuses 140 mm., Weite des Nabels 66 mm., Höhe des letzten Umganges 42 mm., Dicke desselben 31 mm.

Mundöffnung höher als breit, nahezu quadratisch. Auf dem Rücken verläuft eine, am Ende des letzten Umganges 7 mm. breite Rinne, welche von erhöhten, mit feinen Knötchen besetzten Rändern begrenzt ist. Kaum bemerkbare Ausläufer ziehen an der Basis nach hinten, verschwinden aber bald. Die flachen Seiten tragen zwei Reihen kräftiger Knoten, auf denen sich einst starke Dornen erhoben, die sich auf den inneren Umgängen, geschützt durch den je nächst folgenden Umgang, in den sie sich einlegten, noch erhalten haben. Auf dem letzten Umgang lassen sich auf der inneren Reihe 18, auf der äusseren 22 Knoten zählen. Die Nahtfläche fällt steil ein, beinahe senkrecht gegen die Seite. Breite, kräftige Rippen verbinden beide Knotenreihen und sind noch am Ende des letzten Umganges deutlich zu bemerken. Die Knoten sind verschieden stark und stehen nicht in ganz regelmässiger, gleicher Entfernung von einander. Eine Einschnürung dicht hinter der Mundöffnung. Von Aptychen, die zu diesen Ammoniten gehören, wurde nichts aufgefunden.

Ammonites praecox Benecke.

Taf. IX, Fig. 2.

Fundort: Serrada in rothem Kalke der Diphyaschichten.

Dimensionen: Durchmesser des Gehäuses 70 mm., Nabelweite 20 mm., Höhe des letzten Umganges über der Naht 32 mm., Dicke desselben 21 mm. Querschnitt des letzten Umganges annähernd 4seitig, höher als breit. Rücken ziemlich flach, mit einer perlschnurartigen Reihe von Erhöhungen auf der Medianlinie. Unter derselben tritt bei etwas abgeriebenem Zustand der Sipho hervor. Auf der inneren Hälfte der Seiten des äusseren Umganges 12—13 etwas sichelförmig nach vorn konkave Anschwellungen, die auf der Mitte der Seite mit ihrer höchsten Erhöhung plötzlich abbrechen. Zwischen diesen stärkeren Rippen setzen sich feinere (bis drei zwischen zwei aufeinanderfolgenden stärkeren) ein, die in gleicher Breite mit jenen ebenfalls verschwinden. Auf der Gränze des Rückens und der Seite stehen auf dem äussersten Umgang 40 Knoten, die in Rippen von der Grösse der schwächeren, auf der inneren Fläche der Seite beschriebenen, verlaufen. Auch diese erreichen die Mitte der Seite nicht ganz, so dass zwischen dem inneren und äusseren Rippenkranze auf der Seite ein glatter Ring entsteht. Die Loben am vorliegenden Exemplar sind unkenntlich, von der Wohnkammer ist höchstens der Anfang erhalten.

Ammonites praecox ist eine zweite Form aus dem Diphyakalk, welche so recht in der Mitte zwischen Jura- und Kreideformen steht. (Vergl. das bei den Belemniten gesagte.) Einerseits lehnt er sich an jurassische Flexuosen besonders den *A. Strombecki* an, der denselben weiten Nabel und ähnliche Skulptur, aber den gerundeten Flexuosenrücken und auch mehr Flexuosenform im Gesammthabitus zeigt. Andrerseits hat er manches gemeinsame mit dem *A. asper* Mer. aus den Neokom, der ebenfalls einen breiten, aber kiellosen Rücken und beiderseits an den inneren Anschwellungen deutliche Knoten hat, während solche bei *A. praecox* nur nach aussen hin zu bemerken sind.

1 Exemplar.

Ammonites ptychoicus Quenst.

1845. *Ammonites latidorsatus* (Mich.) Cat. Cenni sopra il sistema cretaceo. Taf. III, Fig. 2[1]).

1845. *A. ptychoicus* Qu. Br. Leonh. Jahrb. p. 683.

1845. *A. latidorsatus* (Mich.) Cat. Memoria geogn.-palaeozoica. Taf. VII, Fig. 2. p. 139.

1847. *A. Zignii* Cat. Appendice I alla memoria etc. Taf. XII, Fig. 3.

1847. *A. ptychoicus* Qu. Cephalop. Taf. XVII, Fig. 12. p. 219.

1853. *A. Zignii* Cat. Intorno. Taf. IV, Fig. 3.

---

[1]) Vergleiche über die Schriften Catullo's den Anhang zu dieser Arbeit.

Häufigste und bezeichnendste Art der Diphyakalke. Ueberall in demselben verbreitet.

A. ptychoicus bekommt die Wülste auf dem Rücken stets erst, wenn der Scheibendurchmesser 50 mm. beträgt. Durchmesser eines der grössten Exemplare, welches die Wülste noch hat 110 mm. Kleine Heterophyllen von 40 mm., welche mir in abgeriebenem Zustande vorliegen, sind wohl Jugendformen von ptychoicus.

80 Exemplare.

Ammonites geminus Benecke.

Taf. X, Fig. 3a. b.

Ebenso verbreitet, wie *ptychoicus*, aber nicht so häufig.

Dimensionen des abgebildeten, mit dem Mundsaum erhaltenen Exemplares: Durchmesser des Gehäuses 45 mm., Höhe des letzten Umganges über der Naht 23 mm., Höhe desselben in der Windungsebene 15 mm. Die Wülste beginnen auf der Wohnkammer schon bei 30 mm. Scheibendurchmesser, während dieselben bei ptychoicus erst bei 50 mm. Durchmesser beginnen und sich zwischen diesen beiden Dimensionen keine Uebergänge finden. Das konstante Auftreten dieses Verhältnisses veranlasst mich, die neue Art aufzustellen. Es ist ist nicht unwahrscheinlich, dass *A. geminus* ausschliesslich auf die unteren Lagen des Diphyakalkes beschränkt ist.

30 Exemplare.

Ammonites tortisulcatus d'Orb.

1845. *Ammonites tortisulcatus* d'Orbigny. terr. jur. Taf. CLXXXIX.

Ich besitze nur ein kleines, abgeriebenes Exemplar eines Ammoniten, der sich als *A. tortisulcatus* deuten lässt, von Volano. Hauer (Heterophyllen p. 43) führt denselben von Monte Errera und Ai giardini bei Trient an. Ausserhalb der Alpen geht *A. tortisulcatus* von der Region des *A. athleta* bis in die Lochenschichten (Oppel, Paläont. Mitth. p. 166), bleibt also, soweit man den ausser den Alpen überhaupt seltenen Ammoniten kennt, noch in Horizonten tief unter dem Diphyakalk. (Kimmeridgien.) d'Orbigny führt denselben im Prodrome I. p. 349 aus dem Oxfordien an.

Ammonites Zignodianus d'Orb.

1845. *Ammonites Zignodianus* d'Orbigny. terr. jur. Taf. CLXXXII.

Von Vallunga, Volano, Monte Nago.

Wie schon bei Gelegenheit des *A. polyolcus* aus den Schichten des *A. acanthicus* erwähnt wurde, zeigen die zur Gruppe des *A. Zignodianus* d'Orb. gehörigen Ammoniten aus dem Diphyakalk stets eine geringere Anzahl Einschnürungen (bis 8). Der Querschnitt, sowie der Verlauf der Einschnürungen stimmen aber mit der Abbildung bei d'Orbigny, so dass ich den Namen für die vorliegenden Exemplare adoptiren kann. Zwar giebt d'Orbigny den Ammoniten aus dem Callovien des südlichen Frankreich an, allein diese Angaben des Lagers sind wohl, zumal bei alpinen Vorkommnissen, nur approximativ richtig. Auch d'Orbigny spezifische Bestimmungen ausserfranzösischer Vorkommnissen sind nicht immer genau, so dass man auf seine Abbildungen und Beschreibungen allein angewiesen ist. Ich sah bei Baron v. Zigno eine Reihe von Exemplaren, welche d'Orbigny selbst in der Hand gehabt hatte, darunter echte *A. Zignodianus*, als solche bestimmt, dafür fand sich *A. ptychoicus* Qu. in deutlicher Erhaltung mit *A. tortisulcatus* d'Orb. vereinigt.

8 Exemplare.

Ammonites ptychostoma Benecke.

Taf. X, Fig. 2a. b.

Das abgebildete Exemplar von Vallunga, sonst zu Volano, Monte Nago, Torri.

Dimensionen des abgebildeten Exemplares: Durchmesser des Gehäuses 87 mm., Höhe des letzten Umganges über der Naht 50 mm., Höhe desselben in der Windungsebene 35 mm., Dicke 31 mm. Das bezeichnende Merkmal dieses ausgezeichneten Heterophyllen besteht in der auf die Wohnkammer beschränkten Faltung der Schale, eine Eigenthümlichkeit, die *A. ptychostoma* mit *A. seroplicatus* Hau. (Heterophyllen Taf. I) aus alpinem Lias gemein hat. Es fehlt aber jede Andeutung der dem *A. seroplicatus* eigenthümlichen Furchen. Die Gestalt des Gehäuses, sowie die Lobenzeichnung ist aus der Abbildung hinreichend zu ersehen.

6 Exemplare.

Ammonites Folgariacus Opp.

1863. *Ammonites Folgariacus* Oppel. Paläont. Mitth. p. 199. Taf. LIV, Fig. 6.

Von Volano.

1 Exemplar.

Ammonites biruncinatus Qu.

1845. *Ammonites biruncinatus* Quenstedt, Br. Leonh. Jahrb. p. 683.

1848. *Ammonites biruncinatus* Quenstedt, Cephalop. Taf. XIX. Fig. 14.

Verbreitete und sehr bezeichnende Art der Diphyakalke. Volano, Vallunga, Monte Nago u. s. w.

6 Exemplare.

Ammonites Volanensis Opp.

1863. *Ammonites Volanensis.* Oppel, pal. Mittheilung. Taf. LVIII, Fig. 2 p, 231.

Etwas häufiger als *A. biruncinatus,* mit dem er zusammen in den Sammlungen liegt. Volano, Folgaria, Mt. Nago.

10 Exemplare.

Ammonites fasciatus Qu.

1845. *Ammonites fasciatus* Qu. Bronn-Leonh. Jahrb. p. 683.
1848. *Ammonites fasciatus.* Quenstedt Cephalop. Taf. XX, Fig. 11, p. 271.

Monte Nago. Vallunga.

2 Exemplare

Ammonites quinquecostatus Cat.

1847. *Ammonites quinquecostatus* Catullo. Memoria geogn. palaeoz. Append. I. p. 1, Taf. XII, Fig. 1.

Der ausgezeichnetste Lineat unter mehreren, schlecht erhaltenen Arten der Diphyakalke ist als *A. quinquecostatus* bei Catullo gut abgebildet. Das Exemplar soll von Malcesine stammen, was möglich ist, aber nicht bestimmt, da die Angaben der Fundorte bei Catullo gänzlich unzuverlässig sind.

Ich sammelte zwei Exemplare, eines bei Sella aus einem Blocke, ein anderes bei Volano.

Ammonites quadrisulcatus d'Orb.

1844. *Ammonites quadrisulcatus.* d'Orbigny, terr. cret. Taf. XXXXIX, 1—3.
Quenstedt Cephalop. Taf. XX, Fig. 6.

Nach d'Orbigny stammt sein *A. quadrisulcatus* aus Kreideschichten. Es scheint aber bei manchen südfranzösischen Vorkommnissen zweifelhaft, ob sie in der Kreide oder in dem obersten Jura liegen. Jedenfalls lässt sich ein Lineat, der häufig in den Ammonitenkalken mit *T. diphya* liegt, von *A. quadrisulcatus* nicht unterscheiden. Quenstedt hat denselben abgebildet.

Ausserdem eine ganze Reihe von Lineaten in abgeriebenen Steinkernen, deren schon Quenstedt erwähnt, besonders einer mit schneller Windungszunahme.

Ammonites flexuose sp.

Taf. X. Fig. 1. a. b.

Folgaria bis Roveredo.

Ich bilde diesen Ammoniten ab, da derselbe den Beweis liefert, dass auch im Diphyakalk noch echt jurassische Flexuosen sich finden.

Von Prof. Oppel gesammelt 1861.

Ammonites cf. **Achilles** d'Orb.

Unter den sehr zahlreichen Planulaten steht einer dem *A. Achilles* d'Orb. nahe. Dass sich hier gar keine echten Polyplocen finden, kann nicht auffallen, da dieselben im lithographischen Schiefer ebenfalls fehlen; dafür ist das Fehlen derselben in den Schichten des *A. acanthicus* auffallend (Oppel pal. Mitth. 247).

Ammonites exornatus Cat.

1847. *Ammonites exornatus.* Catullo, Mem. geogn. palaeoz. Append. II, p. 10, Taf. XIII, Fig. 2.

Mit diesem Namen hat Catullo einen Planulaten mit entfernt stehenden starken Rippen, die sich gegen den Rücken hin 3 auch 4fach gabeln, belegt. Hauer (Jahrb. geol. Reichsanst. 1858. IX. Verh. 48) führt denselben ebenfalls an.

Nicht selten in den Schichten der *T. diphya.*

Aptychus curvatus Gieb.

1848. *Aptychus* sp. Quenst. Cephalop. Taf. 22, Fig. 7.
1852. *Aptychus curvatus* Gieb. Fauna d. Vorw. p. 770.
1865. *Aptychus punctatus* Schaur. Verzeichn. Taf. IV, Fig. 13.

Häufigster *Aptychus* des Diphyakalks, bereits von Quenstedt beschrieben. Etwas mit *Apt. exsculptus* Schaur. (Verz. Taf. IV, Fig. 14) Uebereinstimmendes fand ich nicht.

Aptychus cf. **gigantis** Qu.

Quenst. Cephalop. Taf. 22, Fig. 7.

Hier und da, nicht selten.

Terebratula diphya Col. sp.

1606. *Concha diphya.* Fab. Columna Lynceus. Minus cognitarum stirpium ἔκφρασις Taf. XXXVI.

Im Jahre 1852 veröffentlichte Süss die bekannte Abhandlung über *T. diphya* (Sitzungsber. Wien. Akad. Bd. VIII. p. 533) und vereinigte in derselben *T. diphya* Col. sp. und *T. triquetra* Park. Ich halte diese beiden Arten noch auseinander und belasse für die dreieckigen, undurchbohrten Formen den Namen *T. triquetra.* Die von Catullo 1853 (Intorno ad una nuova classificatione delle calcare rosse ammonitiche, in Vol. V delle Memorie dell I. B. Ist. Veneto etc. p. 12) nach mehrfachen früheren Versuchen nochmals geltend gemachte Trennung in eine *T. diphya, deltoidea, angulata, angusta* scheint mir jedoch nicht begründet. Einmal finden zwischen diesen Formen Uebergänge statt, dann ist auch die Vertheilung nach dem Lager, die Catullo angiebt, unrichtig. Die verschiedensten Varietäten finden sich bei einander, sogar ein Exemplar der ganz offenen, wie sie im Klippenkalk der Karpathen häufig zu sein scheinen, erhielt ich bei Trient.

Das oben erwähnte Vorkommen der *T. diphya* im Biancone bezieht sich auf ein in Baron v. Zigno's Besitz befindliches Exemplar von den

Euganeischen Hügeln, das im unzweifelhaften Biancone liegt. Möglich, dass es einer besonderen Art, mit der *T. diphyoides* aus französischem Neokom identisch, angehört, ich konnte bei Besichtigung des Exemplars Unterschiede gegen Formen des Diphyakalkes, z. B. Fig. 8 Taf. XXXI bei Süss, nicht heraus finden.

60 Exemplare.

Terebratula triquetra Park.

1811. *Terebratula triquetra.* Parkinson Organic. Remains Vol. III. p. 229 Tab. XVI, Fig. 4.

Etwas seltener als *T. diphya.*

40 Exemplare.

Collyrites cf. trigonalis Des.

Eine jedenfalls neue Art, die von Prof. Désor in der Münchener Akademischen Sammlung vorläufig mit diesem Namen belegt wurde. Meist schlecht erhalten.

14 Exemplare.

Collyrites sp.

Eine zweite, spitz dreieckige Art, die sich mit voriger nicht selten findet.

Anhang.

Einige Nachweise über diejenigen Schriften Catullo's, in welchen jurassische Ammoniten der Südalpen abgebildet sind.

Es wurden bereits im paläontologischen Theil diejenigen Schriften namhaft gemacht, in denen sich Arten aus südalpinem Jura abgebildet finden. Die in Deutschland erschienenen derselben sind einem Jeden mehr oder minder leicht zugänglich und ein angeführtes Citat ist ohne weiteren Kommentar verständlich. Keineswegs ist dies bei Catullo's italienischen Abhandlungen der Fall. Nicht nur sind sie in Zeitschriften veröffentlicht, welche man in deutschen Bibliotheken selten trifft, auch die Art und Weise der Publikation ist eine so eigenthümliche, sonst nicht übliche, dass es nicht überflüssig erscheint, einiges Genauere über dieselben mitzutheilen. Ich beschränke mich jedoch auf die Abhandlungen, in denen nicht blos Beschreibungen, sondern auch Abbildungen gegeben sind. Diese allein haben zunächst Anspruch auf weitere Berücksichtigung, wenn es sich um Identifikationen und Wahrung der Priorität Catullo's handelt.

Im Jahre 1845 erschien ein Aufsatz, betitelt Cenni sopra il sistema cretaceo, der die Ankündigung einer späteren Abhandlung enthielt und dem — wenigstens in manchen Fällen — eine Reihe von 7 Tafeln beigegeben war, die eben dieser späteren Abhandlung einverleibt werden sollten, aber bereits lithographirt vorlagen. In dieser Verfassung erhielt Bronn die Cenni und die 7 Probe-Tafeln und verfertigte nach denselben den Auszug im Jahrb. 1846. p. 739. Die Tafeln waren handschriftlich nummerirt und ich erhielt noch mehrere derselben durch gefällige Vermittlung in Padua.

Im Jahre darauf erschien dann (1846): Memoria geognostico palaeozoica sulle Alpi Venete. Inserta nella parte prima del tomo XXIV delle memorie della società Italiana delle scienze residente in Modena. Modena 1846. con 11 Tav.

Wie es scheint, auch 1847, unter dem Titel: Prodromo di geognosia paleozoica delle Alpi Venete. Modena 1847. So zitirt wenigstens Hauer in den Heterophyllen der österreichischen Alpen die Catullo'schen Ammoniten. Siehe auch Schrauf, Katalog der Bibliothek des k. k. Hofmineralienkabinets in Wien. p. 183.

Die ersten vier dieser 11 Tafeln enthalten Arten meist aus triadischen Schichten und haben für den vorliegenden Zweck keine Bedeutung.[1]) Die Tafeln 5—11 sind dieselben, die bereits früher mit den Cenni ausgegeben waren und führen natürlich hier andere Nummern. Die Nummern der einzelnen Spezies stimmen aber in den Tafeln der Cenni und denen der Memoria überein. Wir finden in Folge dieses Umstandes dieselben Dinge unter verschiedenem Citat, je nachdem dieselben nach Cenni oder Memoria angegeben werden. Es muss zur Tafelzahl der Cenni jedesmal 4 addirt werden, um auf die Memoria zu kommen. So hat Bronn l. c. p. 742 *A. Zuppani* Taf. II. Fig. 1, Hauer in den Heterophyllen p. 8. aber Taf. VI. Fig. 1 u. s. w.

Eine eigene Geschichte hat noch Taf. V der Memoria, resp. Taf. I der Cenni. Dieselbe wurde in Folge einer von anderer Seite gemachten Bemerkung über die geringe Uebereinstimmung der Abbildung des *A. Beudanti* mit dem Original (Bronn Leonh. Jahrb. 1847. p. 290) zurückgezogen und der Ammonit neu gezeichnet. Diese ältere Tafel bekam ich ebenfalls noch in Padua. Hier kann man also unter demselben Citat verschiedenes verstehen, je nachdem man sich auf die alte oder neue Tafel bezieht. Leider stimmt das in der Universitätssammlung zu Padua befindliche Originalexemplar weder mit der einen, noch mit der anderen Abbildung.

Zu der Memoria erschienen zwei Nachträge unter dem Titel: „Appendice al Catalogo degli Ammoniti delle Alpi Venete. Specie neocomiane con 1 Tav. Padova Maggio 1847. Socondo Appendice etc. con 1 Tav. Padova Luglio 1847. ebenfalls mit „specie neocomiane“ bezeichnet, jedoch mit ebenso wenig Recht, als die Tafel des ersten Appendix. Diese Tafeln sind der Memoria angeheftet und führen die Nrn. XII und XIII.

Sieben Jahre später erschien: Intorno ad una nuova classificatione delle calcaree rosse ammonitiche delle alpi Venete. Inserta nel volume V. delle Memorie dell I. R. Ist. Veneto di Scienze Lettere ed Arti. Venezia 1853 con 4 Tav.

Die Tafeln III und IV dieses Aufsatzes sind jedoch genau die Tafeln der beiden Appendixe der Memoria, die vor 6 Jahren bereits erschienen waren, und zwar ist III=XIII, IV=XII.

Auch der Text hat nur geringe Zusätze erfahren. Also auch hier können dieselben Dinge nach zwei Werken zitirt werden; ich gebe unten diese doppelten Citate.

---

[1]) Auch schon früher separat versandt.

Gehen wir nun die einzelnen Arten der Reihe nach durch; ich setze bei allen Arten, die ich nach den Originalen in Padua als aus Kreide stammend erkannte, einfach Kreide hinzu, ohne Rücksicht zu nehmen, ob die Bestimmung eine richtige sei. Bei den jurassischen Ammoniten werde ich angeben, was in einem solchen Erhaltungszustande sich befindet, dass es einer weiteren Berücksichtigung werth ist und was wegen Unbestimmbarkeit einfach als nicht vorhanden anzusehen ist. Da mir zu einer Bestimmung der Mehrzahl der Planulaten das nöthige Material fehlt, stelle ich diese meist unter eine Rubrik: „Planulaten"; dieselben werden bei späteren Arbeiten noch zu berücksichtigen sein. Baron v. Zigno hatte die Güte, mich bei dieser Revision zu unterstützen und befand ich mich mit ihm in Padua in voller Uebereinstimmung. Auffallend erscheinen mir daher einige seiner Angaben im Jahrb. 1847. p. 290, die mit meinen Notizen nicht stimmen, doch sind es nur wenige.

Bemerken muss ich noch, dass die in Padua aufgestellten Originale oft in auffallender Weise nicht mit den Abbildungen stimmen, so dass man bei der Aufstellung Verwechslungen zu vermuthen geneigt ist. Da dies aber die einzigen Originale sind, muss man sich eben an sie allein halten und jetzt entscheiden, was zu entscheiden ist, das andere bei Seite lassen und als unbrauchbar bezeichnen, wenn endlich einmal die langen unverständlichen Namenregister aus den Südalpen beseitigt werden sollen.

Ich zitire die Tafelnummern wie folgt: Memoria V—XI, dann zugleich Mem. XII, XIII und Intorno III, IV, endlich Intorno I, II.

1. Unbestimmbar sind:

Memoria	Taf. VI,	Fig. 7	*Ammonites simplus* d'Orb.
Memoria	„ VIII,	„ 3	*Ammonites Juilleti* d'Orb.
Memoria }	„ XIII,	„ 6	*Ammonites pulchellus* d'Orb.
Intorno }	„ III,	„ 6	*Ammonites pulchellus* d'Orb.

2. Aus Lias stammen:

Memoria	Taf. V,	Fig. 3	*Ammonites bifrons* Brug.
Memoria	„ VI,	„ 3	*Ammonites bicingulatus* Cat.
Memoria	„ VI,	„ 6	*Ammonites Helius* d'Orb.[1])
Memoria	„ IX,	„ 3	*Ammonites bicurvatus* Mich.
Memoria	„ IX,	„ 4	*Ammonites Bouchardianus* d'Orb.

[1]) Dieser und die beiden folgenden radians-ähnliche Ammoniten aus mittlerem und oberem Lias der Umgebungen von Bergamo und Brescia in der Lombardei.

Memoria Taf. XII, Fig. 4 *Ammonites Capitanei* Cat.

Intorno „ IV, „ 4 *Ammonites Capitanei* Cat.

(bei Hauer, Heterophyllen, p. 27, zu *tatricus* gestellt.)

Memoria Taf. XIII, Fig. 3 *Ammonites Venantii* Cat. = *subcarinatus* Y. & B.

Intorno „ III, „ 3 *Ammonites Venantii* Cat. = *subcarinatus* Y. & B.

Intorno „ I, „ 3 *Ammonites Döderleinianus* Cat.

(bei Hauer l. c., p. 8, zu *heterophyllus* Sow. gestellt.)

Intorno Taf. II, Fig. 4 *Ammonites Toblinianus* Cat.

Schöne Art, von Gümbel aus dem Lias der bayerischen Alpen zitirt.

3. Aus dem Biancone stammen:

Memoria Taf. VI, Fig. 4 *Ammonites fascicularis* d'Orb.

Memoria „ VIII, „ 4 *Ammonites semistriatus* d'Orb.

Memoria „ VIII, „ 5 *Ammonites bidichotomus* Leym.

Memoria „ IX, „ 1 *Ancyloceras nodosus* Cat.

Memoria „ IX, „ 2 *Hamites Labatii* Cat.

Memoria „ X, Sämmtlich evolute Cephalopoden.

Memoria „ XIII, „ 5 *Ammonites Livianus* d'Orb.

Intorno „ III, „ 5 *Ammonites Livianus* d'Orb.

Memoria „ XIII, „ 7 ? Ohne Bezeichnung.

Intorno „ III, „ 7 *Ammonites salina* Cat.

4. Es bleiben für den Malm die in folgender Liste vereinigten Arten übrig. Diese, insoweit sie nicht im paläontologischen Theil dieser Arbeit als neu und selbstständig anerkannt, oder mit bereits bekannten Formen identifizirt sind, werden späterhin noch zu berücksichtigen sein. Dass sich Kreide-Namen wie *Asterianus* für jurassische Arten vergeben finden, kann nicht in Erstaunen setzen, da Catullo Kreide und Jura nicht richtig trennte.

a) Planulaten.

Memoria Taf. VI, Fig. 5 *Ammonites Gazzolae* Cat.

Memoria „ VII, „ 1 *Ammonites subfascicularis* [1]) d'Orb.

(bei Zigno, Br. Leonh. Jahrb. 1847. p. 292, in die Kreide gestellt. Was ich unter dieser Bezeichnung in Padua sah, war aus dem Malm.)

Memoria Taf. VII, Fig. 3 *Ammonites macilentus* d'Orb.

(3 c. ist etwas anderes.)

[1]) Diese und andere Kreide-Namen können natürlich nicht beibehalten werden.

Memoria Taf. VIII, Fig. 1 *Ammonites Asterianus*[1]) d'Orb.

Memoria „ XI, „ 1 *Ammonites Ambrosianus* d'Orb.

Memoria „ XI, „ 2 *Ammonites annulatus* Sow.

Memoria „ XI, „ 3 *Ammonites biplex* Sow.

Memoria „ XIII, „ 2 *Ammonites exornatus* Cat.[2])

Intorno „ III, „ 2 *Ammonites exornatus* Cat.

Memoria „ XIII, „ 4 *Ammonites contiguus* Cat.

Intorno „ III, „ 4 *Ammonites contiguus* Cat.

Intorno „ II, „ 1 *Ammonites Fontana* Cat.

Intorno „ II, „ 3 *Ammonites Albertinus* Cat.

b) Heterophyllen.

Memoria Taf. V, Fig. 1 *Ammonites Beudanti* Brug.

(Original abgerieben und sehr unkenntlich,[3]) vermuthlich aus den Schichten des *Ammonites acanthicus*. Bei Hauer Heteroph., p. 27, zu *heterophyllus* Sow. gestellt.)

Memoria Taf. V, Fig. 2 *Ammonites Zuppani* Cat.

(Heterophylle aus dem Malm, bei Hauer l. c., p. 8, zu *heterophyllus* Sow.)

Memoria Taf. XIII, Fig. 1 *Ammonites Benacensis* Cat.

Intorno „ III, „ 1 *Ammonites Benacensis* Cat.

(Vielleicht der von mir als cf. *Kudernatschi* aus den Schichten des *Ammonites acanthicus* aufgeführt. Bei Hauer l. c., p. 27, zu *tatricus* gestellt.)

c) Aus anderen Familien:

Memoria Taf. VI, Fig. 2 *Ammonites strictus* Cat. = *fasciatus* Qu.

Memoria „ VII, „ 2 *Ammonites laditorsatus* Mich. = *ptychoicus* Qu.

Memoria „ VIII, „ 2 *Ammonites quadrisulcatus*. Ist richtig.

Memoria „ XII, „ 1 *Ammonites quinquecostatus* Cat. Ist eine gute Art.[4])

Intorno „ IV, „ 1 *Ammonites quinquecostatus* Cat.

Memoria „ XII, „ 3 *Ammonites Zignii* Cat. = *ptychoicus* Qu.

Intorno „ IV, „ 3 *Ammonites Zignii* Cat. = *ptychoicus* Qu.

---

[1]) Das Original in Padua stimmt nicht mit der Abbildung.

[2]) Siehe paläont. Th. p. 192.

[3]) Siehe oben p. 195.

[4]) Siehe paläont. Th. p. 191.

Memoria } Taf. XII, Fig. 5 *Ammonites nodulosus* Cat.
Intorno } „ IV, „ 5 *Ammonites nodulosus* Cat.

Ich vermag über diesen Ammoniten, der eine Jugendform darstellt, nicht zu entscheiden.

Intorno Taf. I, Fig. 1 *Ammonites turgescens* Cat.

Steht *Uhlandi* Opp. sehr nahe.

Intorno Taf. I. Fig. 2 *Ammonites linguiferus* d'Orb.

Schönes Exemplar des *A. rectelobatus*, wohl aus Posidonomyengestein.

Intorno Taf. I, Fig. 4 *Ammonites perarmatus* Sow.

Vielleicht *Rupellensis* d'Orb.

Intorno Taf. II, Fig. 4 *Ammonites Benianus* Cat.

Aehnliche Ammoniten nicht selten im rothen Ammonitenkalk, besonders mit *T. diphya*, besonders im Museo civico zu Vicenza. Ich wage nicht, über die Selbstständigkeit der Spezies zu entscheiden.

Gliederung der Südalpinen Trias.

		Deutsche Geologen	Italienische Geologen	In dieser Arbeit angeführte Punkte
Obere Trias	**Rhätische Gruppe**	Oberer alpinischer Keuperkalk (Gümbel) Dachsteinkalk (Gümbel) Oberer Dachsteinkalk (öster. Geol.)	Dolomit m. Conchodon infraliasicum Stopp. Dolomia superiore o calcare del Sasso degli stampi	In Südtirol nicht beobachtet.
		Kössner Schichten (öster. Geol.) Oberer alpinischer Muschelkeuper (Gümbel) Schichten d. Avicula contorta Gervillienschichten (Emmrich)	Strati dell Azzarola Banco madreporico Gruppo delle lumachelle e. degli schisti neri marnosi	Durch die ganze Lombardei bis S. Michele westlich v. Gardasee. In Süd-Tirol erst östlich bei Lienz wieder bekannt.
	Hauptdolomitgruppe	Hauptdolomit (Gümbel) Unterer Dachsteinkalk (öster. Geol.) Mitteldolomit (Pichler)	Dolomia media (mit Ausschluss der Petrefatti d'Esino)	Durch die ganze Lombardei, Tirol u. das Venetianische als Dolomite und Kalke mit Dicerocardium Jani, Megalodus triqueter, Avicula exilis, Turbo solitarius, etc. Inzino, Storo, Val Arsa, Val Sugana.
	Raibler Gruppe	Raibler Schichten (öster. Geol.) Unterer alpinischer Muschelkeuper (Gümbel) Cardita Schichten (Tiroler Geol.)	Gruppo di Gorno e Dossena	Mergelkalke mit Gerv. bipartita, Pecten filosus, Myoph. Kefersteini etc. Durch die ganze Lombardei, Südtirol und das Gebiet von S. Cassian (Richthofen). Im Venetianischen.

Obere Trias	Hallstatter Gruppe		Hallstatter Kalk (österreich. Geol.) Unterer alpinischer Keuperkalk (Gümb.) Oberer Alpenkalk (Pichler)	Kalke von Ardese (Curioni) ? Dolomia di S. Difendente (Stoppani seit 1864)	Riesenoolithe mit mäandrinischer Zeichnung von Val di Scalve und anderen Punkten d. Lombardei, vermuthl. auch d. Umgebungen von Esino u. Lenna. Schlerndolomit (Richthofen). Weiter südlich nicht nachweisbar.
			Schichten v. S. Cassian Wenger Schiefer im Besond. Partnachschichten (Gümbel) zum Theil	Von Stoppani nicht unterschieden, oder mit der Gruppo di Gorno e Dossena verwechselt	Dunkle Kalke mit Halobia Lomeli u. Am. Aon. durch die ganze Lombardei, Pieve in Südtirol, Wenger Schiefer d. Gebietes v. S. Cassian, Val Sugana. Im Venetianischen.
Untere Trias	Muschelkalk	Oberer	Muschelkalk Virgloriakalk Guttensteinerkalk Partnachschichten zum Theil	Muschelkalk	Obere Abtheilung: entsprechend dem deutschen Hauptmuschelkalk, noch nicht nachgewiesen.
		Unterer			Untere Abtheilung: wahrscheinlich entsprechend dem deutschen Wellenkalk: Brachiopodenschichten von Marcheno, Pieve u. d. Umgebungen von Recoaro. Untere Gypse und Rauchwacken als Grenzgebilde gegen d. bunten Sandstein.
	Buntsandstein	Oberer	Buntsandstein Werfener Schiefer	Servino Verrucano	Obere Abtheilung: Schiefrige, glimmerreiche, seltner kalkige, rothe u. grüne Sandsteine mit Naticella costata, Turbo rectecostatus, Posidonomya Clarai.
		Unterer			Untere Abtheilung: Versteinerungsleere Sandsteine u. Conglomerate.

Gliederung des südtiroler Jura.

Malm	Kimmridge-Gruppe	Diphyakalke mit T. diphya, Amm. hybonotus, lithographicus, ptychoicus, Zignodianus etc.	(In den Nordalpen: Schichten mit T. diphya von Hals bei Weyer, Losenstein. Ausserhalb den Alpen: Lithographische Schiefer von Solenhofen, Mussplingen, Cirin)
	Oxford-Gruppe	Nicht bekannt	
	Kelloway-Gruppe	Nicht bekannt	(Vilser Kalke der Nordalpen. Schichten d. Ter. pala, antiplecta, Rh. trigona)
Dogger	Bath-Gruppe	Posidonomyengestein. Schichten d. Pos. alpina, Terebr. curviconcha, Amm. rectelobatus etc.	(Klausschichten der Nordalpen)
	Unteroolith	Schichten der Rhynchonella bilobata.	
		Graue Kalke mit T. fimbria, fimbriaeformis, Rotzoana, hexagonalis etc. Pflanzenlager von Rotzo, Pernigotti, Roverè, Volano. Oolithe des Cap. S. Vigilio am Garda-See mit Amm. Murchisonae, fallax, scissus.	
Lias	Oberer	Graue Kalke mit verkiesten Ammoniten und Belemniten von Val di Conzei. p. 36.	Rothe Kalke von Entratico bei Bergamo mit Amm. bifrons und subcarinatus
	Mittlerer		Graue Kalke vom Berge Domaro etc. in der Provinz Brescia mit Amm. margaritatus, Taylori.
	Unterer		Rothe Kalke von Saltrio mit Gryphaea arcuata.

Druck von C. R. Schurich in München.

Inhalt.

Druckfehler.

Pag. 1, Zeile 17 von oben: war statt waren.
" 6, " 1 " unten: diphya) statt diphya.
" 10, " 11 " oben: verwaschen statt verwachsen.
" 12, " 18 " oben: unförmlicher statt unförmliches.
" 12, " 19 " oben: Steinkern statt Steinkorn.
" 13, " 7 " oben: hinter Schichten fehlt: des.
" 13, " 11 " oben: parallel statt parellel.
" 16, " 8 " oben: Schutthalde statt Schutthalle.
" 18, " 9 " unten: einschiessende statt einschliessende.
" 23, " 6 " unten: petrographischen statt petographischen.
" 23, " 2 " unten: Atmosphärilien statt Athmosphärilien.
" 35, " 11 " unten: Lumach. statt Lumch.
" 49, " 3 " unten: Pieve statt Piere.
" 73, " 3 " unten: moyenne statt myoenne.
" 119, " 7 " unten muss *A. Martiusi* in den Unteroolith gestellt werden.

ÜBER DIE ZONE

DES

AMMONITES TRANSVERSARIUS

VON

DR. ALBERT OPPEL,

PROFESSOR AN DER UNIVERSITÄT MÜNCHEN, CONSERVATOR DES PALÄONTOLOGISCHEN MUSEUMS, A. ORD. MITGLIED DER KÖNIGL. BAYER. AKADEMIE DER WISSENSCHAFTEN.

BEENDET UND HERAUSGEGEBEN

VON

DR. W. WAAGEN,

DOCENT AN DER UNIVERSITÄT MÜNCHEN.

MÜNCHEN, 1866.

R. OLDENBOURG.

Vorwort.

Die Malmformation hat in neuerer Zeit wohl mehr als irgend eine andere Abtheilung des Jura die Aufmerksamkeit der Geologen auf sich gezogen, indem sich die Entdeckungen in diesem Gebiete der Flötzformationen innerhalb kurzer Zeit in wahrhaft staunenswerther Weise häuften. Die Hauptmasse derselben aber verdanken wir den regen und scharfsinnigen Forschungen des durch einen frühen Tod der Wissenschaft so bald entrissenen Prof. Dr. A. Oppel. Wie es seinen Studien gelungen war, zuerst mit grosser Schärfe und Sicherheit die einzelnen Unterabtheilungen der unteren und mittleren Region der Juraformation festzustellen und in einem grossen Theile von Europa nachzuweisen, so war es ihm auch vorbehalten, die im oberen Jura herrschenden Verhältnisse endlich aufzuklären und so die Geognosie jener Gesteinsschichten auf die Stufe zu bringen, die dieselbe gegenwärtig einnimmt.

Wie schwierig die Frage, welche hier zu lösen war, lässt sich am besten aus Oppels eigenen Arbeiten beurtheilen. Die im Jahre 1858 veröffentlichte dritte Abtheilung seiner „Juraformation" machte es sich zur Aufgabe den Malm nach dem damaligen Stande der Erfahrungen in Unterabtheilungen zu bringen, und dieselben über eine grössere Erstreckung zu verfolgen. Das grösste Verdienst erwarb sich darin der Verfasser durch gründliche Beseitigung des bisher herrschenden Irrthumes, dass die Korallriffe des oberen Jura immer als ein und derselben Bildungsepoche angehörig zu betrachten seien: dagegen reichten die bis dahin bekannt gewordenen Thatsachen nicht hin, das Gleiche auch für die Spongitenfelder dieser Formationsabtheilung nachzuweisen. Dies Letztere ist denn auch als Hauptgrund zu betrachten, dass der, damals von Oppel gegebenen Eintheilung bei ihrer Durchführung in einzelnen Gebieten sich so grosse, ja theils sogar unüberwindliche Schwierigkeiten in den Weg stellten, und dass der, den oberen Jura behandelnde Abschnitt von Oppels „Juraformation" als der scheinbar wenigst durchgebildete uns entgegentritt.

Nachdem, durch die Verhältnisse dazu geleitet, Oppel für einige Jahre sein Hauptaugenmerk auf die Geognosie alpiner Bildungen gerichtet hatte, wurde erst im Jahre 1862 durch Gümbels Studien in der Gegend von Streitberg, sowie durch meine Reise nach der Schweiz seine Aufmerksamkeit wieder dem ausseralpinen oberen Jura zugewendet. Durch die ebenerwähnten Forschungen war festgestellt worden, dass, wie Korallenriffe, so auch Scyphienbildungen in den verschiedensten Niveaus des oberen Jura auftreten können, doch war es noch nicht möglich, jeder einzelnen dieser Bildungen ihren Platz mit Sicherheit anzuweisen. Der damalige Stand der Erkenntniss spiegelt sich in einigen Bemerkungen auf pag. 158 und 159 von Oppels paläontologischen Mittheilungen. Durch eine im Sommer 1863 nach Franken, Württemberg, Baden und einem Theile der Schweiz unternommene Reise war Oppel indess in den Stand gesetzt, alle dort herrschenden Verhältnisse vollständig aufzuklären, und so konnte er im Winter desselben Jahres mittels mehr als 100 meist neu aufgestellter Ammoniten-Arten vier neue Zonen charakterisiren: die Zonen des *Ammonites transversarius*, des *Ammonites bimammatus*, des *Ammonites tenuilobatus* und des *Ammonites steraspis*.

Seitdem liess er den oberen Jura nicht mehr aus den Augen. Reisen in den tyroler und bayrischen Alpen, im südöstlichen Frankreich und der Schweiz, sowie nach Galizien und Mähren dienten dazu, seine Kenntnisse in dieser Beziehung durch eine reiche Fülle von Beobachtungen zu erweitern, deren Ausfluss denn auch einige Aufsätze: „Geognostische Studien im Ardèche Départment“ und „Die tithonische Etage“ waren. Letztere Abhandlung sollte indess nur einen vorläufigen Bericht über ein erst zu publicirendes grösseres Werk bilden, zu dem bereits viele Tafeln in Folio gezeichnet waren, dessen Ausführung jedoch durch den raschen und unerwarteten Tod Oppels vereitelt wurde.

Aber noch ein Aufsatz war aus diesen Studien hervorgegangen: es ist der hier vorliegende „Ueber die Zone des Ammonites transversarius“, zugleich der einzige aus dem Nachlasse, welcher vom Verfasser selbst noch seiner Vollendung nahe gebracht war. So traurig es an und für sich ist, die Papiere eines geliebten Verstorbenen zu ordnen, so übernahm ich dies doch gerne, und hielt es für eine Gelegenheit, meiner tiefgefühlten Dankbarkeit gegen den unvergesslichen Lehrer und Freund Ausdruck zu geben, indem ich aus dem Schiffbruche seines so frühe dahingewelkten Lebens für die Wissenschaft zu retten trachtete, was zu retten möglich war, besonders, da ich in der glücklichen Lage bin, durch häufige Besprechungen mit dem Verstorbenen den Plan, den er bei dem vorliegenden Aufsatze zu verfolgen gedachte, genau zu kennen, und so hoffen darf, bei den nöthig gewordenen Veränderungen und Ergänzungen den Absichten des Verfassers gemäss verfahren zu sein. Die Ergänzungen erstreckten sich vorzüglich auf einige Theile des Manuskripts, welche entweder ganz fehlten, oder nur durch einige flüchtige Notizen angedeutet waren: namentlich möchte ich als grossentheils von meiner Hand herrührend bezeichnen die Abschnitte über Galizien, Ungarn und Mähren, über Franken, die schwäbische Alp, Baden, die Cantone Aargau, Solothurn, Neuchâtel und Vaud, endlich das Dép. Vaucluse, Spanien und Algier. Ich habe die vorhandenen Notizen, sowie die Reisetagebücher des Verstorbenen hiebei möglichst sorgfältig benützt und ausserdem, wo es thunlich, Stellen aus früheren Publikationen desselben wörtlich angeführt, so dass die Lücke, die sich hier findet, doch wie ich hoffe nicht allzu fühlbar werden wird. Der erste Grundsatz aber, der mich bei alledem leitete, war, das Vorhandene möglichst unverändert zu lassen und das Hinzugefügte dem ersteren möglichst anzuschmiegen.

Ich schliesse diese Vorbemerkungen mit dem lebendigen Wunsche, dass dies sein letztes Werk, welches ich dem Publikum hiemit vorzulegen die Ehre habe, noch ein Blatt in dem Lorbeerkranze bilden möge, welchen der als Gelehrter wie als Mensch gleich ausgezeichnete Verfasser sich während seines kurzen Lebens durch seine unermüdliche, fruchtbringende Thätigkeit gewunden hat.

Um einen kleinen Ueberblick über diese Thätigkeit zu gestatten, füge ich ein Verzeichniss sämmtlicher Publikationen Oppels bei.

München, im März 1866.

Dr. W. Waagen.

Chronologisches Verzeichniss von Professor Oppels Publikationen:

1853. Der mittlere Lias Schwabens, neubearbeitet von Dr. Albert Oppel, mit 4 lithographirten Tafeln, Württemb. naturw. Jahresh. X. 1854 p. 39. Separatabdruck. Stuttgart: Verlag von Ebner und Seubert. (Gekrönte Preisschrift.)

1855. Ueber einige Cephalopoden der Juraformation. (Württemb. naturw. Jahresh. XII. Bd. I. Heft pag. 104.)

1856—1858. Die Juraformation Englands, Frankreichs und des südwestlichen Deutschlands nach ihren einzelnen Gliedern eingetheilt und verglichen von Dr. Albert Oppel, mit einer geognostischen Karte. (Erschienen in den württemb. naturw. Jahresh. und zwar

im Jahrgang 1856 pag. 1—438,
„ „ 1857 „ 439—694,
„ „ 1858 „ 695—857.

Als selbstständiges Werk im Verlag von Ebner und Seubert.)

1856. (In Gemeinschaft mit E. Süss): Ueber die muthmasslichen Aequivalente der Kössener Schichten in Schwaben (Juliheft des Jahrg. 1856 der Sitzungsber. d. mathem. naturw. Classe der kais. Akad. d. Wissensch. in Wien) mit 2 Tafeln.

1857. Weitere Nachweise der Kössener Schichten in Schwaben und Luxemburg (Oktoberheft d. Jahrg. 1857 d. Sitzungsber. d. mathem. naturw. Classe der kais. Akad. d. Wissensch. in Wien). Der Separatabdruck trägt die Jahreszahl 1858.

1858. Tableau résumé de la classification du terrain jurassique (Bulletin de la société géologique de France 2. sér. t. XV p. 657).

1858. Ueber die geognostische Verbreitung der Pterodactylen und einen in den Posidonienschiefern von Boll gefundenen Unterkiefer von Pterodactylus Banthensis Theod. (Vortrag.) (Württemb. naturw. Jahresh. Bd. XIV pag. 55.)

1859. Die neueren Untersuchungen über die Zone der Avicula contorta mit besonderer Berücksichtigung der Beobachtungen M. Martin's über das Auftreten dieser Zone im Dép. Côte d'Or. (Württemb. naturw. Jahresh. Bd. XV pag. 315.)

1860. Ueber die Arten der Gattungen Glyphaea und Pseudoglyphaea. (Württemb. naturw. Jahresh. Bd. XVII. pag. 108.)

1861. Ueber die Arten der Gattungen Eryma, Pseudastacus, Magila und Etallonia. (Württemb. naturw. Jahresh. Bd. XVII pag. 355.)

1861. Ueber die weissen und rothen Kalke von Vils in Tyrol (Württemb. naturw. Jahresh. Bd. XVII pag. 130) mit 2 Tafeln.

1861. Ueber die Brachiopoden des unteren Lias (Zeitschr. d. deutsch. geolog. Gesellsch. Jahrg. 1861 pag. 529) mit 4 Tafeln.

1861. Entdeckung von Kreidegesteinen in der Schichtenfolge bei Vils. (Briefliche Mittheilung an Prof. Bronn.) (Neues Jahrb. etc. v. Bronn und Leonhard 1861 p. 674.)

1862. Ueber das Alter der Hierlatz-Schichten. (Neues Jahrbuch von Bronn und Leonhard 1862 pag 59.)

1862—1865. Paläontologische Mittheilungen aus dem Museum des kgl. bayerischen Staates: Ein Band Text und ein Atlas von 88 Tafeln in 8^{0}, enthält folgende Aufsätze:

I. Ueber jurassische Crustaceen (Decapoda macrura) publicirt 1862 pag. 1—120, tab. 1—38.

II. Ueber Fährten in lithographischen Schiefer (Ichnites lithographicus) 1862 pag. 121—125, tab. 39.

III. Ueber jurassische Cephalopoden 1862 pag. 127—162, tab. 40—50; Fortsetzung 1863 pag. 163—266, tab. 51—74.

IV. Ueber ostindische Fossilreste aus den sekundären Ablagerungen von Spiti und Gnari-Khorsum in Tibet, Beschreibung der von den Herren Adolph, Herman und Robert v. Schlagintweit während der Jahre 1854—1857 gesammelten Arten, 1863 pag. 267—288, tab. 75—82; Fortsetzung 1865 pag. 289—304, tab. 83—88.

V. Geognostische Studien im Ardèche Département. 1865 pag. 305—322.

1863. Ueber das Vorkommen von jurassischen Posidonomyen-Gesteinen in den Alpen (Zeitschr. d. deutsch. geolog. Gesellsch., Jahrg. 1863 pag. 188 tab. V—VII) mit 3 Tafeln.

1864. Ueber das Lager von Seesternen im Lias und Keuper. (Württemb. naturw. Jahresh. Bd. XX pag. 206.)

1865. Die tithonische Etage. (Zeitschr. d. deutsch. geolog. Gesellsch. Jahrg. 1865 pag. 535.)

1865. Virgloria-Kalke bei Reutte (Tyrol). (Briefl. Mittheilung an Prof. Geinitz.) (Neues Jahrbuch etc. v. Leonhard und Geinitz, Jahrg. 1866 pag. 75.)

1865. Ueber die Zone des Ammonites transversarius, beendet und herausgegeben von Dr. W. Waagen (die vorliegende Arbeit).

Einleitung.

Bei einem früheren Versuche, welcher den Zweck hatte, die im südwestlichen Deutschland und einem Theil des Schweizer Jura verbreiteten oberjurassischen Spongiten-Kalke zu classificiren, liess sich in der untersten Region dieser Bildungen ein paläontologisch wohl charakterisirter Horizont erkennen, welcher nach einer seiner bezeichnendsten Arten die Benennung „Zone des Ammonites transversarius" erhielt. [1])

Bisher wurde diese Zone als solche in Franken, Schwaben, dem Grossherzogthum Baden, dem Aargauer und Neuchâteler Jura bis in die Départements Jura, Côte d'Or, Ain und Ardèche nachgewiesen und beschrieben. Für andere Gegenden war ihr Vorkommen durch das Auftreten von Spongiten-Kalken oder einzelne bezeichnende Leitmuscheln gleichfalls angedeutet. Da jedoch ein eingehenderer Vergleich dieser Schichten noch nie ausgeführt wurde, so mag es zeitgemäss erscheinen, deren weitere Verbreitung nunmehr im Zusammenhange festzustellen. Es geschieht dies in dem Nachfolgenden unter Hinzufügung einiger allgemeiner Angaben über die Bezeichnungsweisen, die Begrenzung und die paläontologischen Merkmale der Zone.

Synonymik: Mergel und Kalk von Birmensdorf: Mousson 1840 geologische Skizze der Umgebungen von Baden pag. 23. Argovien (pars infin.) Marcou 1846, Recherches géol. sur le Jura salinois pag. 88. Unterste Muschelreiche Lagen des weissen Jura von Birmensdorf: Quenst. 1847, die Cephalop. (Vergl. auch Quenst. 1843, das Flötzgeb. pag. 498 u. 499.) Assise calcaréo — marneuse avec couches spongiaires et calcaire à nodules: Beaudouin 1851. Bullet. de la Soc. géol. de France II tome 8 pag. 594. Spongitenkalk (pars): Merian 1852, Bericht der naturf. Ges. in Basel X pag. 141. Calcaire à spongiaires, etage argovien: Albin Gras 1852, Catalogue des

[1]) Paläontolog. Mittheil. 1862/63 pag. 159 u. 165.

corps organisés fossils pag. 20. Lacunosa-Schichten: Mösch 1856, das Flötzgebirge im Canton Aargau pag. 50. Couches d'Argovie ou Argovien (pars. inf.): Marcou 1857, Lettres sur les Roches du Jura pag. 37. Spongitien: Etallon. 1857, Esquisse d'une description géol. du Haut Jura pag. 29 Soc. impér. d'agric. de Lyon. Scyphien-Kalke von Oberbuchsiten, Trimbach, Egg, Birmensdorf: Oppel 1857, die Juraformation pag. 680, 681. Zone des Amm. Arolicus, des Amm. canaliculatus oder des Amm. transversarius: Oppel 1862, Paläont. Mittheil. pag. 159. Birmensdorfer Schichten: Mösch 1863, Vorläufiger Bericht pag. 5. Verhandl. Schweiz. naturf. Gesellsch. in Luzern. Zone des Amm. transversarius: Oppel 1863, Paläont. Mittheil. pag. 165. Zone des Amm. transversarius: Waagen 1864, der Jura in Franken, Schwaben und der Schweiz, pag. 137. Birmensdorfer Schichten: Heer 1864, die Urwelt der Schweiz, pag. 150, Calcaire à scyphies, Etage Argovien: Desor 1864, Tableau des formations géol. du Canton de Neuchâtel. Birmensdorfer Schichten: Merian 1864, in Geinitz Neues Jahrb. pag. 523.

Begrenzung der Zone des Ammonites transversarius. Gegen unten fällt es gewöhnlich nicht schwer, eine feste Grenzlinie zu gewinnen, nach welcher sich die Zone des *Ammonites transversarius* von den tieferen Regionen der Oxford-Gruppe abtrennen lässt. Ein verbreiteter und längst beachteter paläontologischer Horizont bildet ihre Grundlage und deutet auch an solchen Localitäten das ungefähre Niveau der Zone an, an welchen deren eigenthümliche Merkmale bisher nicht nachgewiesen werden konnten.

Dieser tiefere Horizont, welcher die Bezeichnungen „Oxford-Thon, Oxford-clay, Marnes oxfordiennes“ oder auch „Zone des Ammonites biarmatus“ oder des „Ammonites cordatus“ erhalten hat, besteht in manchen Gegenden aus einer dünnen, obschon gewöhnlich sehr versteinerungsreichen Lage, während er an anderen Orten eine beträchtliche Mächtigkeit erlangt. Ist letzteres der Fall, so vertheilen sich die fossilen Reste innerhalb des Durchschnittes. Einzelne derselben charakterisiren die Basis der Schichtengruppe und bilden hier durch das häufige Vorkommen der *Ammonites Lamberti*, *Mariae*, *Hersilia*, *glabellus*, *Sutherlandiae*, *Lalandeanus* u. s. w. eine paläontologisch unterscheidbare Gesteinslage. Ihr gegenüber zeichnet sich ein etwas höheres Niveau durch andere bestimmbare Einschlüsse aus, unter welchen *Ammonites cordatus*, *Eucharis*, *scaphoides*, *Delmontanus*, *Christoli*, *Babeanus* u. s. w. bereits an vielen Stellen als leitende Arten festgestellt werden konnten. Bei den meisten Species ist es aber noch unermittelt, ob sie beiden Zonen gemeinsam, oder nur einer derselben angehören. Bei genauerer Kenntniss der einzelnen Arten und ihres Vorkommens wird sich die Fauna einer jeden dieser beiden Zonen später gewiss schärfer sondern lassen. Da es sich jedoch in gegenwärtiger Arbeit um die Bestimmung eines höheren Horizontes handelt, so dürfen wir hier die Aufzählung der in den Zonen des *Amm. cordatus* und *Lamberti* verbreiteten Reste in einer gemeinsamen Liste vornehmen und auf einige der bezeichnenderen Species beschränken. Es sind dies folgende:

Fossile Arten aus den Zonen des *Amm. Lamberti* und des *Amm. cordatus.*

Die mit einem * versehenen Arten gehen auch in andere Schichten über.

* 1) **Belemnites hastatus** Blainv. 1827, Obs. tab. 1, Fig 4.

* 2) **Belemnites Sauvanausus** d'Orb. 1843, Terr. jurass. tab. 21, Fig. 1—3 und 6—10.

3) **Belemnites laevis** Röm. 1836, Ool. pag. 165.

4) **Ammonites Eucharis** d'Orb. 1847, tab. 198, Fig. 4—6.

5) **Ammonites Villersensis** d'Orb. 1850, Prodr. 12.52.

6) **Ammonites Pidanceti** Coquand. 1853, Journ. de Conch. tab. 14, Fig. 3, 4 und 1856, Mem. Soc. d'Emul du Doubs Bd. 7, pag. 49, tab. 5, Fig. 18, 19.

7) **Ammonites mendax** Seebach 1864, der Hannover'sche Jura pag. 154, tab. 9, Fig. 3.

8) **Ammonites Hersilia** d'Orb. 1850, Prodr. 13.49.

9) **Ammonites Henrici** d'Orb. 1847, Terr. jurass. tab. 198, Fig. 1—3.

10) **Ammonites Delmontanus** Opp. 1863, Pal. Mitth. pag. 194, tab. 54, Fig. 3.

11) **Ammonites Rauracus** Mayer 1864, Journal de Conchyliologie tab. 7, Fig. 4. *Amm. Murchisoni!* Pusch 1837, tab. 13, Fig. 5 (non Fig. 4, non Sow.).

12) **Ammonites scabridus** Opp. Eine dem *Amm. punctatus* Stahl nahestehende Art, jedoch durch breitere, weniger zahlreiche Rippen und flachere Seiten davon unterscheidbar. Findet sich nicht häufig in den untersten Oxford-Schichten vom Ursulaberg bei Reutlingen (Württemberg) im Oxford-Thon von Chatillon bei Delémont (Schweizer Jura) und von la Fauche (Haute Marne). Collect. Greppin und Schlumberger.

13) **Ammonites glabellus** Leckenby 1859, Quarterly Journal geol. Soc. 24, März 1858, tab. 2, Fig. 5.

14) **Ammonites scaphoides** Coquand 1853, Journal de Conchyl. tab. 14, Fig. 9, 10. Mem. Soc. d'Emul. du Doubs 1856, Bd. 7, pag. 48, tab. 5, Fig. 16, 17.

15) **Ammonites Polonicus** Opp. Aehnlich dem *Amm. scaphoides* jedoch mit aufgeblähteren Windungen und gerundeteren Seitenwandungen versehen. Nabel bei 17 Mm. Durchmesser des Gehäuses noch enge geschlossen. Steinkern beinahe glatt, nur gegen das Ende der beinahe einen ganzen Umgang einnehmenden Wohnkammer mit vereinzelten radialen Runzeln versehen. Durchmesser des grössten Exemplars 18 Mm., Dicke 7 Mm. Findet sich mit *Ammonites cordatus* in hellgrauem Kalkmergel zu Kobilany nordwestlich von Krakau (Galizien).

16) **Ammonites Baylei** Coquand 1853, Journal de Conchyl. tab. 14, Fig. 5, 6 und 1856 Mem. Soc. d'Emul. du Doubs Bd. 7, pag. 49, tab. 5, Fig. 20, 21.

17) **Ammonites Renggeri** Opp. 1863, Pal. Mitth. pag. 203. Den brieflichen Mittheilungen J. Marcou's zufolge, findet sich *Amm. Renggeri* im Jura-Departement zu Andelot und Arc-sous-Montenot sowohl in der Zone des *Ammonites cordatus* als in derjenigen des *Amm. Lamberti,* wodurch der Nachweis einer direkten Verbindung des *Amm. audax* mit den Dentaten der Birmensdorfer Schichten in Beziehung auf die verticale Verbreitung dieser zu der gleichen Ammonitenfamilie gehörigen Arten hergestellt wird.

18) **Ammonites Brunneri** v. Fischer Ooster 1860 in W. A. Ooster Catalogue des Ceph. suisses IV. Partie pag. 85, tab. 20, Fig. 8—10.

19) **Ammonites hirsutus** Opp. Charakteristische Art, welche sich im Allgemeinen an *Amm. flexispinatus* Opp. anschliesst, jedoch weit zahlreichere Knoten besitzt, indem dieselben sowohl in der Medianlinie des Rückens, als zu beiden Seiten dicht gedrängt aufeinanderfolgen. Wird noch etwas dicker als *Amm. flexispinatus.* Ein mit der Wohnkammer erhaltenes Exemplar erreicht einen Durchmesser von 10 Mm., wobei die Dicke $7\frac{1}{2}$ Mm. beträgt. Zu Combe d'Eschert bei Delémont (Canton Bern) in den dunkeln Oxford-Thonen von Herrn Dr. Greppin gesammelt.

20) **Ammonites Spixi** Opp. Kleine Flexuosen-Art, welche mit grösstentheils noch erhaltener Wohnkammer einen Durchmesser von 21 Mm. erreicht. Dabei beträgt die Höhe des letzten Umgangs 11 Mm., dessen Dicke 7 Mm. Rippen nieder und auf den innern Windungen kaum bemerkbar. Rücken anfangs gerundet auf dem letzten halben Umgang mit einer niedern Medianlinie versehen. Nabel eng ohne Nabelkante, jedoch mit steil einfallender Nahtfläche. Loben fein verzweigt und nach Art der bei der Familie der Flexuosen gewöhnlichen Zeichnung gebildet, indem zwischen Rücken- und Naht-Lobus 5 der

Reihe nach kleiner werdende Loben Platz nehmen. Oxford-Thon von Châtillon bei Delémont (Canton Bern). Aus der Sammlung des Herrn Dr. Greppin.

21) **Ammonites Puschi** Opp. 1863, Pal. Mitth. pag. 216.

* 22) **Ammonites tortisulcatus** d'Orb. 1840. Terr. crt. I, pag. 161, Terr. jur. 1847, tab. 189.

* 23) **Ammonites Lamberti** Sow. 1819, tab. 242, Fig. 1—3.

24) **Ammonites Mariae** d'Orb. 1847, Terr. jur. tab. 179.

25) **Ammonites putealis** Leckenby 1859, Quarterly Journal geol. Soc. 24. März 1858, tab. 2, Fig. 8.

26) **Ammonites cordatus** Sow. 1813, tab. 17, Fig. 2—4.

27) **Ammonites Sutherlandiae** Murch. Sow. 1827, tab. 563.

28) **Ammonites Lalandeanus** d'Orb. 1847, Terr. jur. tab. 175.

29) **Ammonites Goliathus** d'Orb. 1847, Terr. jur. tab. 195 und 196.

30) **Ammonites Christoli** Beaudouin. 1851, Bullet. Soc. géol. de Fr. Bd. 8, pag. 596, tab. 10, Fig. 1. *Amm. nux* d'Orb. 1850, Prodr. 13.48. Nach der Beschreibung nicht zu erkennen.

31) **Ammonites calcaratus** Coquand 1853, Journal de Conchyl. tab. 14, Fig. 7, 8. Mem. Soc. géol. d'Emul. du Doubs. 1856, Bd. 7, pag. 48, tab. 5, Fig. 14, 15.

32) **Ammonites perarmatus** Sow. 1822, tab. 352.

33) **Ammonites biarmatus** Ziet. 1830, tab. 1, Fig. 6, Amm. Babeanus d'Orb. (pars).

34) **Ammonites Edwardsianus** d'Orb. 1847, Terr. jur. tab. 188.

35) **Ammonites distractus** (*Amm. Backeriae distractus* Quenst. 1857, Jura tab. 71, Fig. 4).

36) **Ammonites torosus** Opp. *Amm. caprinus* Quenst. 1847, Ceph. tab. 16, Fig. 5 (von Schloth).

37) **Ammonites spissus** Opp. Schwach nach rückwärts gebogene Rippen erstrecken sich von der Nahtgegend über die Seiten und den gerundeten Rücken. Ihre Zahl, weit grösser als bei der vorhergehenden Art, beträgt auf der Rückseite eines Gehäuses von 60 Mm. Durchmesser ungefähr 70; auf den Seiten ist dieselbe etwas geringer, da einzelne Rippen, ehe sie den Rücken erreichen, in zwei Aeste gespalten sind. Hiedurch unterscheidet sich die Art von dem ihr benachbarten *Amm. Arduennensis,* dessen Rippen sich bei Exemplaren gleicher Grösse der Mehrzahl nach bereits in der Nahtgegend theilen.

38) **Ammonites Arduennensis** d'Orb. 1847, Terr. jur. tab. 185, Fig. 4—7.

39) **Ammonites Eugeni** d'Orb. 1847, Terr. jur. tab. 187.

40) **Ammonites Constanti** d'Orb. 1847, Terr. jurass. tab. 186.
41) **Ammonites plicatilis** Sow. 1817, tab. 166.
42) **Aptychus politus** Phill. 1829, tab. 5, Fig. 8.
43) **Aptychus Berno-jurensis** Thurmann 1851 (*A. Thurmanni* Voltz? 1837).
44) **Aptychus heteropora** Thurmann 1851 (*A. heteropora* Voltz? 1837).
45) **Rhynchoteuthis Coquandianus** d'Orb. 1850, Prodr. 13, 25.
46) **Pleurotomaria Münsteri** Röm. 1839, Nachtr. tab. 20, Fig. 12.
47) **Pleuromya sinuosa** Röm. spec. 1839 (*Lutraria* Röm. *Panopoea* d'Orb.).
48) **Mytilus cancellatus** Röm. spec. 1836. Ool. tab. 4, Fig. 13.
* 49) **Mytilus Villersensis** Opp. 1857, Juraform. *Myt. bipartitus* Goldf. (non Sow.) *Mytilus imbricatus* d'Orb. (non Sow.)
* 50) **Gervillia aviculoides** Sow. 1826, tab. 511.
51) **Lima subantiquata** Röm. 1836, Ool. pag. 78.
52) **Perna mytiloides** Lam. 1819, An. s. v. 6, pag. 142.
53) **Pecten subfibrosus** d'Orb. 1850, Prodr. 13, 423.
54) **Pecten vitreus** Röm. 1836, Ool. pag. 72.
* 55) **Gryphaea dilatata** Sow. 1816, tab. 149.
56) **Ostrea gregaria** Sow. 1815, tab. 111, Fig. 1.
57) **Terebratula Arduennensis** d'Orb. 1850, Prodr. 13, 480.
*? 58) **Terebratula Gallienei** d'Orb. 1850, Prodr. 13, 476.
59) **Terebratula Baugieri** d'Orb. 1850, Prodr. 13, 479.
60) **Terebratula Bernardina** d'Orb. 1850. Manche Exemplare lassen sich nur durch ihre etwas grössere Oeffnung im Schnabel der grösseren Klappe von *Terebratula impressa* unterscheiden, mit welcher die Species häufig verwechselt wird.
*? 61) **Rhynchonella Thurmanni** Voltz, Thirria 1833 (Ter. spathica Lam.?).
62) **Rhynchonella minuta** Buv. spec. 1843, Mem. Soc. philom. Verdun. tab. 5, Fig. 4—6.
63) **Rhynchonella Arduennensis** Opp. 1857, Juraform. pag. 608.
64) **Pentacrinus subteres** Goldf. 1831, tab. 53, Fig. 5.
65) **Pentacrinus Orbignyanus** Opp. n. spec. (*Pentacrinus pentagonalis* d'Orb. von Goldf.)
* 66) **Millericrinus** verschiedene Arten.
67) **Turbinolia Delmontana** Thurm. 1851, Gagnebin tab. 2, Fig. 24.

Ammonites alternans fehlt in den unteren Zonen der Oxford-Gruppe entschieden[1]), sein verticaler Verbreitungsbezirk liegt etwas höher, und es existirt keine einzige sichere Nachricht für dessen Zusammenvorkommen

[1]) Diese Thatsache dürfte auch bei der Deutung der untern Schichten von Galiowa, in welchen *Amm. alternans* sehr häufig gefunden wurde, in die Wagschale fallen.

mit *Ammonites Lamberti* und *cordatus*. Dagegen wurden an einzelnen Lokalitäten (insbesondere zu Neuwizi in den Ardennen und zu Châtillon bei Delémont im Schweizer Jura) noch viele ausgezeichnete Species aufgefunden, welche hier unerwähnt bleiben, und deren genaue Zusammenstellung eine sehr lohnende Aufgabe bilden würde.

Allerdings finden sich in der Natur an aufgeschlossenen Stellen des Gebirges häufig nur einzelne Arten der vorhergehenden Liste. Doch reichen dieselben zur Feststellung ihres Horizontes in den meisten Fällen um so sicherer aus, als die Zonen der *Ammonites Lamberti* und *cordatus* gewöhnlich durch ammonitenreiche Niederschläge gebildet werden, welche durch die Gleichmässigkeit und ausgedehnte Verbreitung ihrer wesentlicheren Merkmale sehr zuverlässige Anhaltspunkte für die Alterbestimmung ihrer Schichten liefern.

Mannigfaltiger gestalten sich dagegen auf dem gleichen Terrain die Uebergänge solcher Arten, welche sich aus der Zone des *Ammonites transversarius* in höhere Regionen erstrecken. Aus diesem Grunde wurden früher[1]) die mächtigen Mergelkalke mit *Terebratula impressa*, welche an vielen Orten über der eigentlichen Region des *Ammonites transversarius* folgen, mit diesem Horizonte zu einer Zone vereinigt. Wir unterscheiden nunmehr eine jede dieser Abtheilungen als besondere Zone, da sich bei wiederholten Untersuchungen und Vergleichen doch das Ergebniss herausgestellt hat, dass eine Anzahl beachtenswerther paläontologischer Merkmale jedem dieser Horizonte ausschliesslich zukomme. Es hat sich gezeigt, dass viele wichtige Leitmuscheln, welche in der Zone des *Ammonites transversarius* zum Theil eine grosse Häufigkeit erlangen, hier aussterben, ohne sich bis zu der Zone der *Terebratula impressa* zu erstrecken. Als Beispiele führe ich hier folgende Arten an: *Belemnites hastatus* Blainv., *Ammonites Bruckneri* Opp., *Amm. tenuiserratus* Opp., *Amm. Anar* Opp., *Amm. Gessneri* Opp., *Amm. Bachianus* Opp., *Amm. Gmelini* Opp., *Amm. Rotari* Opp., *Amm. Meriani* Opp., *Amm. transversarius* Quenst., *Amm. Collinii* Opp., *Amm. Hiemeri* Opp., *Amm. Schilli* Opp., *Amm. Martelli* Opp. u. s. w. Doch ist ihre Zahl noch weit beträchtlicher, wie aus dem paläontologischen Theile gegenwärtiger Arbeit ersichtlich wird. Mit dem Erlöschen der genannten Arten verschwinden auch die für die Zone des *Ammonites transversarius* bezeichnenden Merkmale und hiemit bestimmt sich die Begrenzung des Horizontes nach oben. Zugleich dürfen *Belemnites pressulus* Quenst., *Belemnites Dumortieri* Opp. und *Terebratula impressa* Bronn als

[1]) Opp. 1863 Paläontologische Mittheilungen pag. 165.

solche Species hervorgehoben werden, welche in der tieferen Zone des *Ammonites transversarius* noch fehlend, sich auf die eigentlichen Impressa-Thone beschränken.

Wie aus dem Nachherigen zu ersehen ist, lässt sich diese Art der Abtrennung an vielen Profilen durchführen, ob die Zone des *Ammonites transversarius* nun als Spongitenkalk oder als eine den Charakter einer Cephalopoden-Facies an sich tragenden Ablagerung gebildet ist. Nur an solchen Punkten, an welchen sowohl die Zone des Ammonites transversarius als der darüberfolgende Horizont in Form von schlammigen Myaciten-Schichten abgelagert sind, blieb die gegenseitige Begrenzung bisher meistens unsicher, doch gelang es neuerdings, wenigstens an einem Punkte (Aubigné im Sarthe-Département) auch bei dieser Art der Gruppirung die Trennungslinie zwischen beiden Horizonten noch mit einiger Sicherheit herauszufinden.

Paläontologische Merkmale der Zone des Ammonites transversarius. Die Liste von 217 Arten, welche im Anhange aufgezählt werden, trägt nur im Allgemeinen dazu bei, ein Bild über das Vorkommen organischer Reste in der Zone des *Ammonites transversarius* zu geben. Der eigentliche Charakter, welchen die jeweiligen Faunen dieses Horizontes bei seiner grossen Verbreitung über ein weites Gebiet annehmen, bleibt noch festzustellen. Es soll dies hier versucht werden.

Spongiten-Facies. Man hat die Gruppirung der fossilen Reste, unter welcher die Zone des Ammonites transversarius im Aargauer Jura und in andern Gegenden auftritt, Spongiten-Facies genannt[1]) und diese Bezeichnung auf alle diejenigen Bildungen angewendet, an welchen die Zone eine an Cephalopoden, Brachiopoden, Radiaten und Amorphozoen reiche Fauna enthält. Eine Menge von Arten, welche zumeist den Inhalt der nachfolgenden Liste bilden, kommen in den der Zone des *Ammonites transversarius* angehörenden Spongiten-Bänken zum Theil in grosser Individuenzahl vor, während hier Myaciten und andere Bewohner schlammiger Schichten fehlen oder doch zu den Seltenheiten gehören. Kaum angedeutet in den tiefern Lagen der Oxford-Gruppe erlangt die Spongiten-Facies ganz plötzlich in den Schichten des *Ammonites transversarius* eine ungewöhnlich grosse horizontale Ausdehnung, um aber in verticaler Richtung

[1]) Vergl. über die verschiedenen Facies oberjurassischer Bildungen die Schrift Gressly's 1838—1846 Observations géol. sur le Jura Soleurois. Ferner Oppel 1856—1858 Juraform. pag. 690. Waagen 1864, der Jura in Franken, Schwaben und der Schweiz pag. 98.

um so rascher wieder zu verschwinden. Es ist auffallend, dass ihre Mächtigkeit überall gering bleibt und es erscheint diese Entwicklung nur als ein rasch vorübergehender Versuch der Natur Spongitenfelder zur Entstehung zu bringen, ihnen aber die Bedingungen ihrer Existenz alsbald wieder zu entziehen.

Immerhin bilden aber diese Anfänge einer Spongiten-Facies durch ihre reich von Mollusken, Echinodermen und Schwämmen bevölkerten Schichten wichtige Anhaltspunkte für die Erkennung der Zone des *Ammonites transversarius* und ihrer paläontologischen Verhältnisse. In manchen Fällen gründet sich sogar die Unterscheidung des Horizontes beinahe ganz auf das Vorkommen jener eigenthümlichen Facies. An folgenden Lokalitäten konnte die Art der Genossenschaftung organischer Reste in der Zone des *Ammonites transversarius* als Spongiten-Facies bestimmt werden:

Paczaltowice und Trzebinia in Galizien; Randen, Küssaburg, Dangstetten: Grossherzogthum Baden; Birmensdorf: Canton Aargau; Oberbuchsiten, Günsberg: Canton Solothurn; Locle: Canton Neuchâtel; Supt, Chappois und St. Claude: Département Jura; Tenay: Département Ain; Trept: Departement Isère; Crussol b. Valence und Yoyeuse b. Aubenas: Département Ardèche; Magné und Tranché des grosses terres b. Niort: Département Deux-Sèvres.

Cephalopoden Facies. Unzweifelhaft unter ähnlichen Bedingungen wie die eben beschriebenen Spongiten-Kalke, entstunden auch die grauen Mergel- und Kalk-Bänke, welche im fränkischen und schwäbischen Jura den Horizont des *Ammonites transversarius* zusammensetzen. Dennoch macht sich in zoologischer Beziehung ein wesentlicher Unterschied bemerkbar, indem die paläontologischen Reste eine abweichende Art der Gruppirung zeigen, als solche in eigentlichen Spongiten-Lagen vorzukommen pflegt. Die Amorphozoen, Radiaten und Brachiopoden fehlen hier entweder ganz, oder sind es nur vereinzelte Arten, durch welche sie repräsentirt werden. Ueberhaupt ist die Mannigfaltigkeit der Fauna hier geringer, indem Cephalopoden durch die Zahl einzelner Individuen die Oberhand gewinnen. Durch ihre Reste gelingt es trotz der Einförmigkeit der fossilen Vorkommnisse dennoch leicht die Zone des *Ammonites transversarius* aufzufinden und deren Niveau festzustellen. Ich nenne die Art der Gruppirung Cephalopoden-Facies. Nach diesem Typus bildete sich die Zone des *Ammonites transversarius* einerseits an den weiten Contouren des fränkischen Jura mit ihrer südöstlichen Verlängerung gegen Passau hin, andererseits längs der schwäbischen Alp ungefähr bis zur Baden'schen Landesgrenze hin aus. Beobachtungspunkte:

Voglarn bei Passau: Niederbayern; Streitberg: Oberfranken; Oberhochstadt: Mittelfranken; Lautlingen bei Balingen: Schwäbische Alp; Glärnisch und Schilt: Canton Glarus; Lafare und Grand-Montmirail bei Gigondas: Département Vaucluse; ?Rians, Andon und Caussol: Département Var.

Myaciten-Facies.[1]) Eine gänzlich verschiedene Art der Gruppirung stellt sich dagegen an einigen Lokalitäten des untersuchten Terrains den ebenbeschriebenen Formen gegenüber. Thonige schlammartige Niederschläge mit zahlreichen Austern und Myariern verdrängen hier die Cephalopoden-Schichten und Spongiten-Kalke und bilden eine Ablagerung, welche als seichtere Uferbildung eigenthümliche zoologische Charaktere besass. Ich wähle hiefür die Bezeichnung Myaciten-Facies. Es mag von Werth sein, ausser den allgemeineren paläontologischen Charakteren für die Entwicklung der Myaciten-Facies in der Zone des *Ammonites transversarius* noch speciellere Merkmale hervorzuheben, welche, soweit sie sich bisher zu erkennen gaben, in dem Vorkommen folgender Arten liegen: *Chemnitzia Heddingtonensis* Sow., *Pholadom. parcicosta* Agass., *laeviuscula* Agass., *Trigonia sp. indet.*, *Mytilus Villersensis* Opp., *Ctenostrea Marcousana* Opp., *Perna sp. indet.*, *Pecten vimineus* Sow., *inaequicostatus* Phill., *Plicatula sp. indet.*, *Ostrea gryphaeata* Schloth.

Diese Reste gehen nicht in die Spongiten-Schichten über. Sie bilden für sich den Kern einer eigenthümlichen Fauna, welche derjenigen der Spongiten-Facies parallel läuft und sich scharf von derselben absondert. Selbst manche der soeben angeführten Gattungen (*Trigonia, Perna*) meiden in der Zone des *Ammonites transversarius* sowohl die Spongiten als die Cephalopoden-Facies und beschränken sich auf die schlammigen Myaciten[2]) und Austernbänke anderer Distrikte. Lokalitäten

Klein Lützel (Canton Solothurn).
Châtillon (Canton Bern),
Aubigné (Sarthe).

Unzweifelhaft hat sich der Horizont mit Myaciten und Austern-Facies auch an der Küste der Normandie und in England ausgebildet. Auch

[1]) Diese noch unzureichenden Ausdrücke sollen nur vorübergehend der Kürze wegen in Gebrauch treten.

[2]) Eine von J. Marcou 1846 Rech. géol. sur le Jura salinois pag. 93 gelegentlich der Aufzählung zahlreicher Myaciten aus dem Argovien des Jura-Départements gemachte Bemerkung scheint mir hier besonders erwähnenswerth. Dieselbe lautet: „Il est à remarquer que dans les localités où ces Myes sont réunies dans des bancs assez puissants, on ne rencontre pas de polypiers spongieux, ces deux genres d'associations s'excluent mutuellement.

für Hannover lässt sich nach den Arbeiten von Credner und Seebach eine ähnliche Entwicklungsweise vermuthen.

Coral-Facies. Die Untersuchungen des Terrain à Chailles der Schweiz, des Coralrags von Nattheim und anderer Corallenriffe haben schon vielfaches Licht über die allgemeinen zoologischen Verhältnisse verbreitet, welche sich während der jurassischen Periode mit den Ansiedelungen von Corallen verbanden. Man kennt einen grossen Theil der Echinodermen, Acephalen und Gasteropoden, welche in jenen Zeitläufen ihre Wohnsitze inmitten solcher meerischer Corallen-Felder[1]) hatten und welche nunmehr in Gesellschaft zahlreicher *Astreen*, *Lithodendren* u. s. w. meist in vortrefflicher Erhaltung[2]) aus dem Gesteine wittern. Ebenso weis man aus vielen Beobachtungen, dass die Cephalopoden hier seltener vorkommen.

Bei einer grossen zoologischen Verschiedenheit von den Spongiten-Schichten zeigen die Corallenriffe der Oxford-Gruppe dagegen viele Annäherung zu der Fauna der schlammartigen Niederschläge mit Myaciten und Austernbänken. Doch bot sich auf dem hier beigezogenen Terrain in der Zone des *Ammonites transversarius* keine durch Corallenbildungen charakterisirte Ablagerung dar.

Vertheilung der Organismen bei verschiedener Meerestiefe. Die von Forbes gesammelten Resultate über die verticale Verbreitung lebender Thiere in verschiedenen Tiefen des Meeres bieten wichtige Anhaltspunkte für das Verständniss der Vorgänge während vergangener Perioden unserer Erdbildung dar. Insbesondere liefern dieselben eine sichere Grundlage für die Beurtheilung und Erklärung der Facies-Erscheinungen, wie sie durch die fossilen Reste bei den einzelnen Formationsabtheilungen dargestellt werden. Ich zweifle nicht daran, dass es später gelingen wird, bei dem hier betrachteten Horizont geographisch ziemlich genau diejenigen Distrikte zu bestimmen, an welchen sich dessen Niederschläge in mehr oder weniger seichtem Wasser absetzten oder an welchen die Meerestiefe beträchtlicher wurde. Es lässt sich annehmen, dass die schlammigen Bänke aus der Zone des *Ammonites transversarius* mit Austern und Pholadomyen, d. h. die

[1]) Zu Riff-Bildungen kam es nicht immer.

[2]) Es ist ein gewöhnlicher Fall, dass die Reste jurassischer Corallen verkieselt gefunden werden, ob dieselben nun in reinerem Kalkstein, oder in thonigeren Bänken eingeschlossen sind, um so seltener bildet dagegen Schwefelkies ihr Versteinerungsmittel. Vergleicht man hiemit die überaus häufige Verkiesung der Reste in thonigen Cephalopoden-Schichten, so gewinnt es den Anschein, als stünde auch die Erhaltungsweise der fossilen Arten bisweilen mit den früheren Facies-Verhältnissen mancher Niederschläge in enger Verbindung.

Schichten mit Myaciten-Facies in geringer Entfernung von dem Meeresspiegel entstunden und dass auch die jurassischen Corallenriffe dem seichteren Wasser ihren Ursprung verdanken, während die Spongitenfelder und noch mehr die Cephalopoden-Schichten einer weit tieferen Region angehörten. Allein es fehlen doch noch viele wesentliche Anhaltspunkte, um es mit solchen Bestimmungen zu befriedigender Sicherheit zu bringen, wesshalb wir, entfernt von der Küste und ausser Möglichkeit durch häufige Untersuchungen in den jetzigen Meeren stets neue Vergleiche für die in den Formationen gemachten Beobachtungen ziehen zu können, zunächst vielleicht besser thun die Facies-Verhältnisse der Schichten für sich, möglichst weit und sogar über das durch Analogie gesteckte Ziel einer vergleichenden Deutung hinaus zu verfolgen.

Einfluss der Facies-Verhältnisse auf den Uebergang fossiler Reste von der Zone des *Ammonites transversarius* in die nächst höheren Formationsglieder. Die Erfahrung hat gelehrt, dass sich die fossilen Faunen nicht selten durch mehrere übereinanderfolgende Stufen unserer festen Erdrinde erstrecken und dabei nur allmähliche Veränderungen erleiden. Eben so häufig hat es sich aber auch gezeigt, dass an der Grenze oder inmitten zweier Formationsglieder ein rascherer Wechsel eintritt, indem die seitherigen Arten plötzlich verschwinden, um durch andere verschiedenartige Reste ersetzt zu werden.

Dieser Gegensatz und scheinbare Widerspruch gab sich auch bei den Untersuchungen zu erkennen, welche über die geognostischen und paläontologischen Verhältnisse der Zone des *Ammonites transversarius* und der zunächst darüber folgenden Horizonte angestellt wurden. Es wurde in dem Vorhergehenden bereits mitgetheilt, dass die genannte Zone des *Ammonites transversarius* in der einen Gegend als Cephalopoden-Schicht, in der andern als Spongiten-Kalk, ein drittes Mal als thonige Bildung mit Myaciten und Austern-Bänken ausgebildet ist. Beobachtungen über die fossilen Einschlüsse der nächst höheren Zone zeigten, dass sich auch hier nicht überall die gleichen Faunen ausbreiteten, sondern dass innerhalb dieser Zone in horizontaler Richtung ein Wechsel zwischen Cephalopoden- und Myaciten-Facies statthatte. Bei der obersten Zone der Oxford-Gruppe, wo sich ähnliche Veränderungen wiederholen, kommt ausser den drei ebenerwähnten Gruppirungen noch eine vierte hinzu, welche sich an verschiedenen Lokalitäten als ausgezeichnete Corallen-Facies kund giebt. Je nachdem nun Schichten mit übereinstimmender oder abweichender Facies übereinanderfolgen, demgemäss zeigen sich stets auch die Uebergänge von Arten grösser oder kleiner.

So erscheint z. B. die seitherige Fauna plötzlich abgeschnitten über der Zone des Ammonites transversarius an dem Profile von Günsberg bei Solothurn, wo über den Spongitenkalken mit *Amm. Arolicus, canaliculatus, callicerus; Terebrat. bisuffarcinata, Rhynch. Arolica* mächtige Mergelbildungen folgen, welche in ihren versteinerungsreichen Lagen vorwaltend Pholadomyen und andere Myaciten-Arten bergen. Keine einzige Art der tieferen Zone des *Amm. transversarius* konnte in diesem Horizonte, welchen, wir der Zone der *Terebr. impressa* gleichstellen, wiedergefunden werden. —

Folgen dagegen Cephalopoden-Schichten, wie sie in den eigentlichen Impressathonen ausgesprochen sind, über den Spongitenkalken des *Amm. transversarius,* so lassen sich in der That viele Uebergänge constatiren, und es sind namentlich die Ammoniten, unter welchen zahlreiche Arten in beiden Horizonten gemeinsam vorkommen. In Württemberg aber wo Cephalopoden-Facies über Cephalopoden-Facies liegt, ist es nur eine kleine Reihe von Arten, welche jedem der beiden Horizonte eigenthümlich erscheint. Einige sterben in der tiefern Zone aus, ohne nach oben fortzusetzen, andere beginnen erst oben. Die Hauptmasse der Species aber findet sich bei der eben berührten Art und Weise der Facies-Entwicklung in beiden Horizonten, ohne dass die Individuen einer und derselben Art, je nachdem sie dem höheren oder tieferen Horizonte entstammten uns wahrnehmbare Unterschiede zeigten.

Kein Profil kennen wir aber bis jetzt, an welchem über dem Spongitenkalke der Zone der *Amm. transversarius* unmittelbar als nächst höhere Zone zum zweiten Male ein Spongitenkalk auftritt, um die Stelle des Impressathones einzunehmen. In einem solchen Falle, welcher in der Natur sehr wohl möglich wäre, würde sicher ein grosser Uebergang von Arten stattfinden, da wir sogar in dem erst über der Zone der *Ter. impressa* sich einstellenden Spongitenkalk der Zone des *Amm. bimammatus* noch viele Arten antreffen, welche den Formen aus der Zone des *Amm. transversarius* sehr nahe stehen, oder mit solchen sogar identisch sind. Es scheint sonach, als hätten sich dieselben während der Ablagerung der Cephalopodenmergel (Zone der *Ter. impressa*) nach anderen uns bis jetzt noch unbekannten Wohnsitzen zurückgezogen, seien aber, nachdem nun von Neuem durch Entstehung einer Scyphien-Facies für ihre Existenz günstige Bedingungen eingetreten, wieder in ihr schon früher innegehabtes Areal zurückgekehrt. Als Beispiele hiefür könnten *Pect. subpunctatus, Terebrat. nucleata, Megerlea pectunculus, Eugeniacr. cariophyllatus, nutans* und *compressus*, sowie mehrere Spongiten angeführt werden, welche in beiden Regionen auftreten und bei welchen eine Unterscheidung verschiedener Arten nach deren vertikaler Verbreitung als unmöglich sich darthut.

Dennoch scheinen einzelne dieser nunmehr zum zweitenmale auftretenden Typen während des langen Zwischenraumes Veränderungen erlitten zu haben [1]), deren sorgfältige Prüfung zu dem Resultate führt, dass die Zahl der sicher identischen Species aus den beiden Zonen des *Amm. transversarius* und *Amm. bimammatus* nicht so gross ist, als es früher den Anschein hatte. Schon vor zwei Jahren konnte ich nach Untersuchung der Ammoniten die bestimmte Versicherung geben, dass doch verhältnissmässig nur wenige Arten sich aus der tiefern Zone des *Amm. transversarius* in die Region des *Amm. bimammatus* erstrecken. Nach weiteren Vergleichungen der übrigen Fossilreste beider Horizonte, ergab es sich nun, dass auch aus den übrigen Abtheilungen der Mollusken, so z. B. namentlich unter den Brachiopoden, sowie aus anderen Klassen der niedern Thiere zahlreiche Species sich auf eine der beiden Zonen beschränken.

Die folgende Tabelle gestattet eine Uebersicht über die Anordnung der einzelnen Facies in einigen Theilen des Verbreitungsgebietes der Zone des *Amm. transversarius.*

---

[1]) Ein Beispiel hiefür würden die Terebrateln aus der Gruppe der *Megerlea loricata* bilden, welche sich von der Zone des *Amm. transversarius* an durch verschiedene Horizonte bis in die mittlere und obere Region der Kimmeridge Gruppe erstrecken. Vergleicht man Exemplare dieser Terebratel, welche aus der Zone des *Amm. transversarius* stammen, mit solchen, die der Zone des *Amm. tenuilobatus* entnommen sind, so bemerkt man erhebliche Unterschiede, welche zu der Abtrennung der tiefer liegenden Exemplare (als *Megerlea runcinata*) geführt haben, während die jüngere Species aus der Zone des *Amm. tenuilobatus* als ächte *Megerlea loricata* identificirt wurde. Zwischen den Lagern dieser beiden Vorkommnisse existiren nun mehrere Zwischenlagen, in welchen gleichfalls loricate Terebrateln verbreitet sind. Die Form dieser letzteren stimmt aber weder mit denen der höheren noch mit denen der tieferen Zone überein, sondern steht in manchen Beziehungen zwischen beiden in der Mitte. Interessant dürfte in dieser Hinsicht besonders ein Vorkommen an einer Stelle der Lochen (Württemberg) sein, woselbst sich in den tiefsten Lagen der Zone des *A. bimammatus* wohlerhaltene Exemplare einer loricaten Terebratel sammeln lassen, welche durch geringere Knotung der Rippen der *Megerlea runcinata*, durch ihren starken Sinus dagegen der *Megerlea loricata* nahe stehen.

Es wird sich später zeigen, ob diese Zwischenformen auf allmähliger Veränderung der Arten während ihrer horizontalen und vertikalen Wanderungen beruht. Um solche Beispiele in grösserer Anzahl und Bestimmtheit zu erhalten, dürften noch viele genaue Beobachtungen über die Verbreitung der Arten in unseren Erdschichten erforderlich sein.

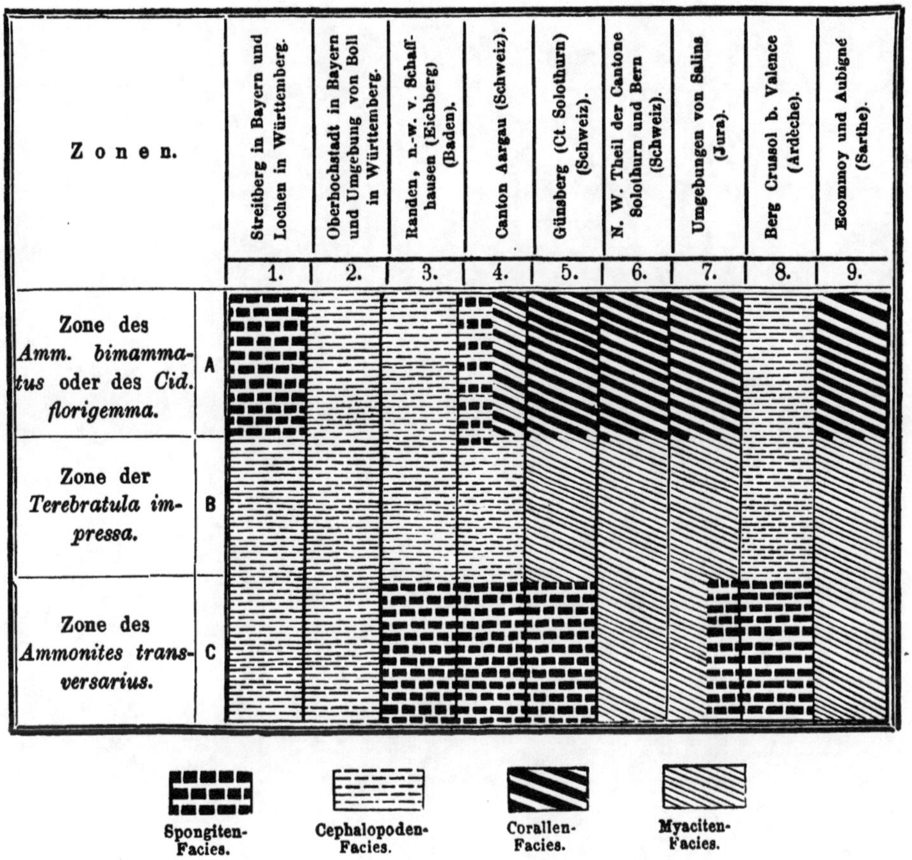

Es wurden für dieselbe nur solche Distrikte gewählt und eingetragen, deren Faciesverhältnisse genau bekannt sind, während andere übergangen, namentlich aber jener Entwicklungsweise kein Ausdruck gegeben wurde, welche uns in den Karpathen als Klippenkalke, in den Alpen als Aptychen-Schiefer oder gefärbte Marmore und Crinoideen-Gesteine entgegen treten. Zu eigenthümlich in ihrer Erscheinung gestatten diese über die allgemeinen Verhältnisse, unter denen sie entstanden sein mögen, bis jetzt noch keine sicheren Schlüsse.

Verbreitung der Zone des Ammonites transversarius.

Untersuchungen über die geographische Verbreitung der Zone des Ammonites transversarius haben das Ergebniss geliefert, dass die Entfernung der entlegensten Punkte, an welchen das Vorkommen der Zone durch eine Anzahl bezeichnender paläontologischer Merkmale constatirt werden konnte, in gerader Linie über 250 geographische Meilen beträgt. Es ist die Distanz zwischen dem südwestlichen Theile von Polen und dem spanischen Jura-Distrikte. Eine andere etwas kürzere Linie liesse sich zwischen Krakau und Niort (Deux-Sèvres) oder le Mans (Sarthe) ziehen. Auf einer geognostischen Karte würde sich die Ausdehnung der Zone über einen Theil der Fläche erstrecken, welche die Schichten der Oxford-Gruppe einnehmen. In dem Nachherigen soll der Versuch gemacht werden, die Zone nach ihrer geographischen Verbreitung, soweit es zur Zeit möglich ist, in diese und jene Gegend zu verfolgen und zu sehen, welche Veränderungen bei weiterer horizontaler Ausdehnung eintreten. Ich beginne mit den östlichst gelegenen Distrikten, in welchen die Zone des *Ammonites transversarius* bisher erkannt wurde.

Südwestliches Polen. Regierungsbezirk Krakau (Galizien). Nachdem durch die Schriften Pusch's[1]) und Zeuschner's[2]) schon frühzeitig manche schätzenswerthe Thatsache über die geognostischen Verhältnisse Polens und des damaligen Freistaates Krąkau bekannt geworden war, veröffentlichte Beyrich[3]) im Jahre 1844 eine Abhandlung, welche, das Vorhergehende zusammenfassend, zum erstenmale ein ebenso übersichtliches als richtiges Bild des Auftretens der jurassischen Schichtenglieder

[1]) Pusch 1833, Geognostische Beschreibung von Polen, 2 Bde.
Pusch 1837, Polens Paläontologie.
Pusch 1837, Geognostischer Atlas von Polen.

[2]) Zeisznera 1841, O Formacyi Jura nad brzegami wisly.

[3]) Beyrich 1844, Ueber die Entwicklung des Flötzgebirges in Schlesien. Karsten's Archiv Bd. 18, pag. 3.

in diesen östlichen Gegenden lieferte. Während Pusch[1]) kurze Zeit vorher den mittleren Jura im westlichen Polen noch für jünger gehalten hatte als den oberen, wurde diese Ansicht von Beyrich beseitigt, da durch einige bei Lublimitz angestellte Bohrversuche die Auflagerung des weissen Kalkes auf den mittleren Jura positiv ermittelt werden konnte. Zugleich wurde von Beyrich auf die frappirende Aehnlichkeit des dortigen, durch seine Schwammcorallen ausgezeichneten Jurakalkes mit den Bildungen in Schwaben und Franken aufmerksam gemacht. Einige spätere Aufsätze Zeuschners zum Theil in polnischer Sprache geschrieben, enthalten speciellere Versuche, Versteinerungen und Schichtenglieder des polnischen Jura mit denen der schwäbischen Alp im Einzelnen in Uebereinstimmung zu bringen. Wohl die reichhaltigsten Beiträge wären jedoch aus den langjährigen Untersuchungen des Direktor Hohenegger hervorgegangen, hätte nicht dessen zu früh erfolgter Tod die Vollendung der unternommenen Arbeit gerade vor ihrem Abschluss unterbrochen. Eine in grösserem Maassstab ausgeführte geognostische Karte des Regierungsbezirkes Krakau liegt beinahe druckfertig vor und bedarf nur weniger Ergänzungen, um zur Veröffentlichung gebracht werden zu können. Glücklicher Weise ist diese Aufgabe in erfahrene Hände gelegt, indem Herr Schichtmeister Fallaux in Teschen die Leitung und Herstellung des Werkes übernommen. Ihm verdanke ich die Einsichtnahme und Benützung dieser Karte auf einer unter freundlicher Begleitung des Herrn Ad. Hohenegger in die Umgebungen von Krzeczowice und Trzebinia westlich von Krakau vom 11.—13. April 1865 unternommenen Exkursion. Durch die Anschauungen, welche ich mir auf diesen Ausflügen sammelte, noch mehr aber durch das Studium des in der Hohenegger'schen Sammlung befindlichen ausgezeichneten Materiales vermochte ich in Bezug auf Schichtenstellung des Jura der Umgegend von Krakau zu ermitteln:

1) dass oolothische Kalke, welche sich an den von mir besuchten Lokalitäten als dünne, wenig mächtige Lage zwischen gelben Sanden und den helleren Kalken und Mergeln des weissen Jura ausscheiden, die Stellvertreter des braunen Jura von der Bathgruppe aufwärts darstellen, aber ausserdem auch noch die unterste Zone der Oxfordgruppe, die Zone des *Lamberti* in sich schliessen,

2) dass die oberen helleren Ablagerungen des weissen Jura mit der Zone des *Ammonites cordatus* beginnen, höher die Zone des *Ammonites transversarius* als schwammreiche Lage einschliessen, und endlich in wohl-

[1]) Pusch: Polen's Paläontologie pag. 169.

geschichtete graue Kalke mit Kieselausscheidungen, welche noch keiner genaueren Untersuchung unterzogen worden sind, fortsetzen.

Diese Verhältnisse liessen sich namentlich deutlich in der Nähe von Paczaltowice NW. v. Krakau, dann in der Umgegend von Krzeszowice an einigen Punkten beobachten. Ein vorzügliches Profil bietet eine Sandgrube südlich von Paczaltowice. Die Schichten liegen nahezu horizontal und neigen sich nur kaum bemerklich nach SW. Ich gebe hier eine kleine Skizze dieses Profiles

Sandgrube südlich von Paczaltowice, nw. von Krakau.
a. Kalke mit Spongiten. b. graue Mergel mit *Amm. cordatus*. c. braune versteinerungsreiche Oolithbank. d. gelber Sand.

Die tiefste zu Tage tretende Schicht (d.) ist ein gelber loser Sand, vollständig leer an Versteinerungen. Ihm folgt eine wenig mächtige, aber sehr fossilreiche Bank von braunem Eisenoolith (c.), unter dessen Einschlüssen sich namentlich

Ammonites aspidoides Opp.,
Ammonites macrocephalus Schloth. und
Ammonites Lamberti

auszeichnen, vieler Gasteropoden und Pelecypoden nicht zu erwähnen.

Darüber beginnen hellgraue Mergel, in denen Versteinerungen nicht sehr häufig: *Bel. hastatus*, *Amm. cordatus* und *Amm. perarmatus* fanden sich hier vor.

Die letzte anstehende Schicht endlich ist ein weisser, weicher Kalk mit vielen Spongiten und

Bel. hastatus Blainv.
Ammonites Arolicus Opp.

Ammonites subclausus Opp.
Ammonites canaliculatus Buch.
Ammonites Erato d'Orb.
Ammonites Bachianus Opp.
Ammonites Anar Opp.
Ammonites plicatilis Sow.
Isoarca cordiformis Scheuchz.[1])
Rhynchon. Visulica Opp.[1])

Aber noch viele andere Stellen des Krakauer Juragebietes zeigen die Zone des *Ammonites transversarius* sehr reich an Ueberresten ausgestorbener Thierarten, unter denen sich auch stets zahlreiche Spongiten befinden. Wohl die artenreichsten Fundorte bietet die Umgegend der Station Trzebinia an der Bahn von Krakau nach Wien.

Bel. hastatus Bl.
Bel. Argovianus K. M.
Ammonites Arolicus Opp.
Ammonites subclausus Opp.
Ammonites canaliculatus Mnst.
Ammonites Erato d'Orb.
Ammonites callicerus Opp.
Ammonites Bachianus Opp.
Ammonites Anar Opp.
Ammonites alternans Buch.
Ammonites Manfredi Opp.
Ammonites crenatus Brug.
Ammonites Oegir Opp.
Ammonites Schilli Opp.
Ammonites Martelli Opp.
Ammonites plicatilis Sow.
Isoarca cordiformis Scheuchz.
Mytilus Studeri Opp.
Terebr. Birmensdorfensis Escher.
Terebr. cf. *bisuffarcinata* Schl.
Terebr. nucleata Schl.
Megerlea runcinata Opp.[1])
Rhynchon. Visulica Opp.
Pseudodiadema cf. *Langi.*

liegen von dort in der Hohenegger'schen Sammlung.

[1]) Vgl. den paläontologischen Theil dieser Abhandlung.

Von anderen Lokalitäten sind noch zu erwähnen:

Ammonites transversarius Quenst. von Zalas westl. von Krakau,
Ammonites tortisulcatus d'Orb. von Zalas westl. von Krakau,
Ammonites Collini Opp. von Grojec, westl. von Krakau,
Ammonites stenorhynchus Opp. von Baczyn,

welche an den obenbezeichneten Orten neben vielen anderen Arten sich finden. Ueberall ist die Schichtenfolge der von Paczaltowice sehr ähnlich.

Die höheren Ablagerungen werden durch meist wohlgeschichtete Kalke mit Kieselausscheidungen gebildet, doch gelingt es nach der vorhandenen Literatur nicht Aequivalente der Zone des *Ammonites bimammatus* u. s. w. nachzuweisen. Zeuschner[1]) macht mehrere Unterabtheilungen in diesen Jurakalken, die er jedoch nicht paläontologisch charakterisirt; aus dem Ganzen geht aber doch hervor, dass die Schichten des Krakauer Juragebietes, wie dies auch schon Beyrich ausspricht, in ihrem ganzen Habitus, mit jenen in Schwaben und Franken die grösste Aehnlichkeit haben. Wie hier, so wird auch dort durch die nahezu horizontalgelagerten festen Jurakalke der landschaftliche Charakter der Gegend bestimmt. Ziemlich weit ausgedehnte Plateaus auf ihrem Rücken tragend, bilden sie an den Rändern derselben mauerartige Abstürze, zwischen denen sich häufig enge, tief aufgerissene, schluchtenartige Thäler hinziehen. Lias kommt indess nirgends vor, die obenerwähnten gelben Sande sind im Gebiete der Krakauer Jura allenthalben das tiefste vorhandene Juragestein.

Karpathen in Ungarn und Galizien (Umgebungen von Neumarkt). Um die bisherigen Wahrnehmungen über das Vorkommen der Zone des Ammonites transversarius in den Karpathen zu veranschaulichen, gehen wir von den Verhältnissen einer Ablagerung aus, welcher schon frühzeitig in der Literatur Beachtung geschenkt wurde, und welche durch Pusch ihres landschaftlichen Charakters wegen die Benennung „Karpathischer Klippenkalk" erhielt, indem „sie fast stets in mauer- oder ruinenförmigen steilen Felsklippen aus dem Sandstein hervorragt." Unter den zahlreichen Versteinerungen, welche Pusch[2]) aus dem Klippenkalk erwähnt, figuriren sehr bezeichnende Jura-Ammoniten, nebst der hier überaus häufigen Terebr. diphya.

Eine noch reichhaltigere Liste von fossilen Arten des Klippenkalkes

---

[1]) Zeuschner: Die Glieder des Jura an der Weichsel; Karstens Archiv für Mineralogie etc. 1845, Bd. XIX, pag. 605.

[2]) Pusch: 1836, Geognostische Beschreibung von Polen, II. Bd., pag. 650.
Pusch: 1837, Polens Paläontologie pag. 170.

wurde 1855 von L. Hohenegger[1]) im Jahrbuch der k. k. geologischen Reichsanstalt veröffentlicht. *Ammonites transversarius* wird hier als Species des Klippenkalkes angeführt. Mit diesen paläontologischen Zusammenstellungen verband L. Hohenegger in der gleichen Abhandlung einen Bericht über die Lagerungsverhältnisse des Klippenkalkes in den Umgebungen von Neumarkt in Galizien, durch welchen die Stellung der eigenthümlichen Marmorbildung gegenüber den darangrenzenden Schichtengliedern bestimmt wurde. Die von ihm angegebene Reihenfolge der Schichten bei Maruszyna, südwestlich von Neumarkt (Galizien) ist folgende:

3) Neocom: Dünngeschichtete gelblichweisse Kalke zwischen weissgrünlichen Schiefern, in denen er unter Anderem auch *Aptychus Didayi* anführt.

2) Klippenkalk.

1) Opalinus-Schichten: Grünlicher Mergelsandstein mit schwarzen bituminösen Schiefern.[2])

Es ist demzufolge die Abtheilung Nr. 2, welche unsere Aufmerksamkeit namentlich auf sich ziehen muss, da allein die in ihr begriffenen Schichten das Lager von *Ammonites transversarius* bilden können. Leider hat es bisher noch Niemand versucht, an Ort und Stelle Unterabtheilungen in dieser Schichtengruppe zu machen, obwohl aus den in der Sammlung des verewigten L. Hohenegger aufbewahrten Fossilresten aufs deutlichste hervorgeht, dass in diesen Kalken nicht weniger als drei ganze Etagen der Juraformation enthalten sind. Die oberste lässt sich selbst in Handstücken mit ziemlicher Leichtigkeit schon an der Gesteinsbeschaffenheit erkennen, indem ein wahres Haufwerk von Schalenbruchstücken, welche die Gesteinsmasse einschliesst, und die zum grössten Theile von den Schalen der *Terebr. diphya* herstammen, eine Muschelbreccie darstellt, deren charakteristisches Aussehen nicht leicht täuschen kann. Es ist die Tithonische Gruppe, welche durch diese oberste Abtheilung vertreten wird.

---

[1]) Hohenegger: 1855, Neuere Erfahrungen aus den Nordkarpathen; Jahrbuch d. k. k. geolog. Reichsanstalt pag. 304.

[2]) Ausser den schon von Hohenegger angeführten Arten des untern Drogger finden sich in dieser Schicht Nr. 1 von Maruszina auch noch mehrere andere sehr bezeichnende Species. Offenbar wurden einige dieser Reste von Pusch unter den Benennungen *Ammonites fonticola*, *Ammonites Schaflariensis* (= opalinus Rein) und *Ammonites tatricus* abgebildet, und es verdient die von Hohenegger zuerst richtig erkannte Stellung des letztern dieser Ammoniten namentlich beachtet zu werden. Vergl. hierüber auch Oppel in Zeitschr. d. deutsch. geol. Ges. 1865, p. 540 und Benecke: Briefliche Mittheilung an Prof. Leonhard; Neues Jahrbuch f. Mineralog. v. Leonh. u. Geinitz 1866, p. 71.

Die beiden tieferen Gruppen können nach dem äusseren Habitus der vorhandenen Stücke weniger leicht unterschieden werden, und es sind hier hauptsächlich die organischen Reste, welche die Annahme der Vertretung beider als nothwendig erscheinen lassen, dass aber die Arten jeder einzelnen Etage doch auch ein gesondertes Lager einnehmen, ist wohl wahrscheinlich. Die Kimmeridge-Gruppe lässt sich namentlich durch das nicht seltene Vorkommen von Arten aus der Zone des *Ammonites tennilobatus*[1]) nachweisen, während die Oxford-Gruppe *Ammonites transversarius* und andere bezeichnende Species geliefert hat.

In Galizien ist wohl die Gegend von Neumarkt die erforschteste, und hier hat vor Allem wieder der Klippenkalk von Rogoznik, durch die eifrigen Bemühungen Hoheneggers eine reiche Ausbeute geliefert, und hier ist es denn auch, wo sich *Ammonites transversarius* in mehreren Exemplaren gefunden hat.

Aehnliche Verhältnisse wie bei Neumarkt zeigt auch der Klippenkalk bei Puchow an der Waag in Ungarn. Ueber diese Distrikte bietet eine Arbeit von Stur[2]) sehr gute Anhaltspunkte, und man kann aus einigen seiner Bemerkungen mit ziemlicher Sicherheit entnehmen, dass die Muschelbreccie der tithonischen Etage mit *Terebr. diphya* hier auch stratigraphisch deutlich von den tieferen Abtheilungen des Klippenkalkes geschieden ist. Diese tieferen Abtheilungen charakterisiren sich a. durch *Inflaten* (*Ammonites inflatus β binodus* Stur) und *flexuosen* als Stellvertreter der Kimmeridge-Gruppe, b. durch *Ammonites transversarius* Quenst., *Oegir* Opp., *tortisulcatus* d'Orb., *plicatilis* Sow., *Schilli* Opp. als Stellvertreter der Oxford-Gruppe und zwar der Zone des *Ammonites transversarius.*

Die Unterlage des ganzen Klippenkalkes bilden in den Waag-Gegenden allenthalben Crinoideen-Gesteine mit *Terebr. pala* also Vilser Kalke, das Aequivalent der Kelloway-Gruppe.

In **Mähren** lässt sich die Zone des *Ammonites transversarius* nur vermuthen, sie nachzuweisen ist vorderhand noch nicht möglich. Die meisten Anhaltspunkte bietet ein Aufsatz von Reuss über die geognostischen Verhältnisse Mährens[3]), in welchem namentlich eine dort beschriebene

---

[1]) Ueber die Stellung dieser Zone vergl. Oppel: Pal. Mitth. 1863 p. 188 und Waagen 1865: Versuch einer allgemeinen Classification der Schichten des oberen Jura.

[2]) Stur 1860: Geologische Uebersichtsaufnahme des Wassergebietes der Waag und Neutra, Jahrbuch der k. k. geolog. Reichsanstalt 1860 p. 17.

[3]) Reuss: Jahrb. der k. k. geolog. Reichsanstalt 1854: Beiträge zur geognostischen Kenntniss Mährens; Jura, p. 679.

Lokalität für uns von Interesse, nämlich **Olomuczan** in der Nähe von Brünn. Es findet sich, als die tiefste aufgeschlossene Juraschicht, bei der **Steingutfabrik** in der Nähe von **Olomuczan** eine Folge von grauen, zerbröckelnden, dünngeschichteten, sandigkalkigen Mergeln, welche nach unten einige feste graue oder gelbliche Kalkbänke, nach oben aber Lagen sehr reich an Spongiten einschliessen. Die schwammarme Region der Mergel beherbergt viele andere Versteinerungen, unter denen, nach dem Material der Hohenegger'schen Sammlung, sich folgende Arten bestimmen liessen:

Ammonites cordatus Sow.
Ammonites Greppini Opp.
Ammonites Arduennensis d'Orb.
Ammonites plicatilis Sow.
Ammonites perarmatus Sow.
Bel. hastatus Blainv.

Die Schwammschichten dagegen haben bis jetzt nur Spongiten geliefert, so dass man dieselben eben nur, weil sie über der Zone des *A. cordatus* unmittelbar folgen, als die Stellvertreter der Zone des *Amm. transversarius* vielleicht zu betrachten berechtigt ist.

Niederbayern und **Oberpfalz.** Hier habe ich die Aufmerksamkeit vor Allem auf einige Stellen am rechten Ufer der **Donau**, westlich von **Passau** zu lenken. Die beschränkte Verbreitung jurassischer Schichten in diesem gegen Osten vorspringenden Theile Bayerns ist aus der Gümbel'schen Uebersichtskarte[1]) und einer ungefähr gleichzeitig mit dieser erschienenen Abhandlung von H. Dr. Egger[2]) zu ersehen, in welcher eine Beschreibung des Jurakalkes bei Ortenburg gegeben wird. Unter den von Genanntem zu **Voglarn** und **Söldenau** gesammelten Fossilresten liessen sich Arten der Zonen des *Amm. macrocephalus*, des *Amm. transversarius* und des *Amm. tenuilobatus* leicht erkennen. Je nach den einzelnen Horizonten unterscheiden sich diese Reste zugleich durch ihre Gesteinsmasse und ihr Vorkommen. Die Exemplare aus dem weissen Kalk von **Söldenau**, welche H. Dr. Egger mir neuerdings zur Untersuchung anvertraute, stammen beinahe ohne Ausnahme aus der Zone des *Amm. tenuilobatus*. Es sind unter denselben sehr bezeichnende Arten, wie *Amm. canaliferus, tenuilobatus, Rupellensis, circumspinosus*, *Altenensis*, *iphicerus*, *binodus*, *platynotus*, *polyplocus* vertreten. Andere Vorkommnisse in grauem hartem Kalk (Kieselnierenkalk Egger's)

[1]) Gümbel 1858: Geognostische Karte des Königreichs Bayern.

[2]) Egger 1858: Der Jura-Kalk bei Ortenburg und seine Versteinerungen. Erster Jahresbericht des naturhistorischen Vereins in Passau.

eingeschlossen, welche H. Dr. Egger aus dem Steinbruche von Voglarn erhielt, erwiesen sich als Leitmuscheln der Zone des *Amm. transversarius*, indem hier *Amm. Arolicus*, *Amm. Oegir*, *Amm. plicatilis* bestimmt werden konnten. An einzelnen Stellen geht das kalkige Gestein in glauconitische Masse über, welche vermuthlich der gleichen Schicht angehört, möglicherweise aber auch die tiefere Zone des *Amm. cordatus* repräsentiren könnte. Ausser zahlreichen Bruchstücken von *Amm. chloroolithicus* Guemb.[1]) enthielt das dunkel gefärbte Gestein noch einen zu *Amm. Henrici* oder *canaliculatus* gehörigen Ammonitenkern. Marmorartig und sehr hart ist dagegen die Beschaffenheit des Kalkes, in welchem *Amm. macrocephalus* bei Voglarn gefunden wurde.

Ein wohlerhaltenes, in der Münster'schen Sammlung befindliches Exemplar von *Amm. transversarius*, welches der Etiquette zufolge bei Amberg gesammelt wurde, macht es wahrscheinlich, dass in den Umgebungen dieses Städtchens die Zone zu Tage trete. Ohne Zweifel folgt dieselbe über einer braunrothen Eisenoolith-Schicht, welche an der sechsten Station des Maria-Hilf-Berges sich durch die Einschlüsse von *Belemnites hastatus*, *Amm. Henrici*, *perarmatus* und *plicatilis* als Zone des *Amm. cordatus* kund gab. Grosse Abweichungen von der horizontalen Ablagerung und plötzliche Unterbrechung der Profile haben bisher bei Amberg und bei Ortenburg die Aufnahme sämmtlicher Schichten der Juraformation in einem zusammenhängenden Profile nicht gestattet. Um so vollständiger gestalten sich dagegen die Durchschnitte in dem Jura Frankens, Schwabens, des Grossherzogthums Baden und der Cantone Aargau und Solothurn. Es konnte hier die geographische Verbreitung der Zone auf weite Strecken ermittelt und zugleich die Ausdehnung in verticaler Richtung und die Begrenzung gegen oben und unten festgestellt werden.[2]) Ich entnehme das wesentlichste über die dortigen Verhältnisse den schon früher (Paläont. Mitth.) zusammmengestellten Angaben.

---

[1]) Gümbel 1864: Die geognostischen Verhältnisse der fränkischen Alp pag. 55. Separatabdruck aus Riehl's Bavaria III. Bd. IX. Buch.

[2]) Vgl. Mösch 1856: Das Flötzgebirge im Kanton Aargau pag. 50.
Cartier 1861: Der obere Jura zu Oberbuchsiten. Verhandl. der naturf. Ges. zu Basel III, pag. 48.
Mösch 1863: Vorläuf. Bericht. Verhandl. der naturf. Ges. in Luzern.
Müller 1863: Beiträge zur geol. Karte der Schweiz pag. 23.
Oppel 1863: Pal. Mittheil. pag. 165—174.
Waagen 1864: Der Jura in Franken, Schwaben und der Schweiz pag. 137—151.
Merian 1864: in Geinitz Jahrb. pag. 520.

In **Franken**, namentlich in den nordöstlichen Theilen desselben ist die Zone des *A. transversarius* nur durch eine sehr wenig mächtige Lage eines sehr festen gelblich weissen oder röthlichen Kalkes, welcher sehr kleine pulverförmige grünliche Körnchen (Glauknit) oft in grosser Zahl einschliesst, vertreten. Gümbel[1]) machte zuerst auf diese Kalke aufmerksam, und hat seitdem[2]) auch noch einen *A. cloroolithicus* daraus beschrieben, welcher wohl für Franken das leitendste Petrefakt dieser Schicht ist. Andere Arten sind selten, doch wurden von einzelnen Fundorten einige angeführt, so *Amm. hispidus* von Streitberg[3]), *Amm. Oegir, plicatilis Martelli* von Oberhochstadt bei Weissenburg[4]). An letzterer Lokalität schliesst sich die Zone der *Ter. impressa* mit verkisten Petrefakten sehr schön entwickelt an während je weiter man sich von der schwäbischen Grenze entfernt, diese Schichten immer undeutlicher werden. In der Gegend von Bamberg sind es graue weiche groboolithische Kalkmergel, welche diese höhere Zone vertreten, und welche die Petrefakten verkalkt und sehr schlecht erhalten einschliessen.

Die Zone des *Amm. cordatus* in Franken gesondert für sich auszuscheiden, ist bis jetzt noch nicht gelungen.

Schwäbische Alp. Es war hier lange Zeit nur die höhere Zone der *Terebr. impressa*, welche die Aufmerksamkeit der Forscher auf sich zog und mit diesen Schichten waren die eigentlichen Aequivalente der Zone des *A. transversarius* vereinigt worden. Die Zone ist aber, nachdem einmal ihre Abtrennung durchgeführt worden ist, überall leicht wieder zu erkennen, da die ihr beizurechnenden Schichten hier schon bedeutend mächtiger entwickelt sind, als diess in Franken der Fall ist. Sie ist in der ausgeprägtesten Cephalopoden-Facies ausgebildet und ausser Cephalopoden sind kaum ein Paar Arten niederer Thiere bekannt geworden.

Die lehrreichsten Profile bietet bis jetzt immer noch die Gegend um Balingen.

„Die untere Region des ganzen Durchschnittes wird hier durch ein 40—50 Fuss mächtiges System grauer Kalkbänke gebildet, welche mit hellen Thonschichten wechsellagern. Es fällt nicht schwer, den Uebergang gegen unten in die dunkleren Thonschichten der Kelloway-Gruppe mit *Amm. ornatus, bicostatus, Baugieri, flexispinatus, Fraasi, athleta, Orion* u. s. w. zu

[1]) Gümbel: Die Streitberger Schwammlager und ihre Foraminiferen-Einschlüsse, Württemb. naturw. Jahresh. 1862 p. 192.

[2]) Gümbel: Die geognost. Verh. der fränkischen Alp 1864.

[3]) Waagen: Der Jura in Franken u. s. w. 1864 pag. 139.

[4]) Oppel: Paläont. Mitth. 1863 pag. 174.

beobachten, während sich die dazwischen liegende eigentliche Grenzschicht der Oxford-Gruppe, eine Geodenbank mit *Amm. Lamberti, cordatus* und *perarmatus* an diesen Stellen etwas schwierig nachweisen lässt.

Mit dem Verschwinden der festeren grauen Kalkbänke gegen oben geht die Zone des *Amm. transversarius* an mehreren von mir untersuchten Stellen (Lautlingen, Wannenthal) sehr deutlich in die feinkörnigen, schlemmbaren Thonlagen mit *Ter. impressa* über.

Unter den Fossilresten, welche sich in den grauen Kalkbänken eingeschlossen finden, lassen sich mehrere Arten unterscheiden, aus deren Vorkommen mit Bestimmtheit gefolgert werden darf, dass die genannten über den Lamberti-Knollen und unter den Impressathonen abgelagerten Schichten das gleiche Alter besitzen, wie die Spongiten-Lager von Birmensdorf. Es wird bei längerem Verweilen nicht schwer fallen, noch weitere Species nachzuweisen; die bisher aufgefundenen erhielt ich in kurzer Zeit an den bei Lautlingen und Wannenthal aufgeschlossenen Profilen.

Es sind folgende, für die Zone des *Amm. transversarius* bezeichnende Fossilreste:

Ammonites Arolicus Opp.
Ammonites stenorhynchus Opp.
Ammonites subclausus Opp.
Ammonites hispidus Opp.
Ammonites canaliculatus Buch.
Ammonites plicatilis Sow.
Bel. hastatus Blainv.

Man gewinnt diese Arten durch Zerschlagen der grauen Kalkbänke, in welche sie sich in grosser Menge in verkalkten Exemplaren eingeschlossen finden, während die Fossilreste aus den thonigen Zwischenlagen von selbst auswittern, und in verkiestem Zustande in ähnlicher Erhaltung, wie die bekannten Vorkommnisse der Impressathone zusammengelesen werden können. Ich fand in diesen Zwischenlagen:

Ammonites Arolicus Opp.
Ammonites hispidus Opp.
Ammonites canaliculatus Buch.
Ammonites plicatilis Sow.
Bel. hastatus Blainv.
Collyrites carinata Lesk.
Pentacrinus subteres Gdf." [1]).

[1]) Oppel: Paläont. Mitth. pag. 171 und 172.

Die höher fortsetzenden weichen Mergel der *Terebrat. impressa* zeichnen sich, wie schon seit lange bekannt, durch das häufige Vorkommen der ebengenannten Art aus, während die meisten übrigen Arten, namentlich aber viele Cephalopoden, auch schon in der Zone des *Amm. transversarius* auftraten. *Amm. transversarius* nebst den in der Einleitung angegebenen Species fehlt aber der Zone der *Ter. impressa* vollständig, und findet sich, wenn auch nicht sehr häufig, so doch ausschliesslich in den tieferen Schichten. Die Umgegend von Balingen hat bis jetzt die meisten Exemplare dieser Art geliefert.

Wie in Franken, so ist es auch im Jura der schwäbischen Alp vor der Hand noch nicht möglich gewesen, die Zone des *Amm. cordatus* von der des *Amm. Lamberti* abzutrennen. Beide Zonen werden durch eine nicht sehr mächtige Lage dunkelgrauen Thones gebildet, in dem an der Oberfläche braun erscheinende Knollen eines verhärteten Steinmergels liegen, welche, ausgenommen die Belemniten, beinahe ausschliesslich die Versteinerungen in sich bergen. Diese Knollen sind oft von sehr kleinen, pulverförmigen Glaukonitkörnchen durchschwärmt.

Grossherzogthum Baden. Indem wir das Gebiet des Randenberges und der ihm benachbarten Höhenzüge betreten, verlassen wir wieder jene Gegenden, in denen die hier in Betracht zu ziehende Zone in wohlcharakterisirter Cephalopoden-Facies vertreten ist. Ueber den Schichten des *Amm. cordatus*, welche hier stratigraphisch von den tieferen Zonen nicht abgetrennt werden können, und mit diesen in eine etwa 1—$1^1/_2$ Fuss mächtige Bank oolithischen Thoneisensteins verschmolzen sind, begegnen uns allenthalben Scyphien-Schichten, reich an den Resten organischer Wesen: sie stellen die Zone des *Amm. transversarius* dar.

Am Randen ist es zunächst die Umgegend des Städtchens Blumberg, welche an mehreren Stellen gute Aufschlüsse der Zone bietet. Hat man hier am sog. Eichberg die in einer Mächtigkeit von 15—20 Fussen anstehende Kelloway-Gruppe überschritten, so stösst man unmittelbar darüber auf die Zone des *A. transversarius*, eine „versteinerungsreiche, licht gefärbte Mergel- und Thonablagerung, mit der hier die mächtige Thon- und Kalkformation beginnt, welche die Geologen jener Distrikte „weissen Jura" genannt haben.

Unter den in der Zone des *Amm. transversarius* am Eichberg bei Blumberg gesammelten Versteinerungen liessen sich folgende Cephalopoden-Species bestimmen:

Ammonites Arolicus Opp.
Ammonites stenorhynchus Opp.
Ammonites Bruckneri Opp.
Ammonites canaliculatus Buch.
Ammonites semiplanus Opp.
Ammonites transversarius Quenst.
Ammonites plicatilis Sow.
Belemn. Argovianus Mayer.
Belemn. hastatus Blainv.

Die Erhaltungsweise dieser Reste, die Gesteinsbeschaffenheit der nur wenige dünne Lagen bildenden Abtheilung, die eigenthümliche Facies und das damit zusammenhängende Vorkommen gewisser charakteristischer Arten von Brachiopoden, Radiaten, insbesondere aber von Spongiten, zeigen, dass hier eine ziemlich vollständige Uebereinstimmung der Zone mit deren typischer Entwicklung im Canton Aargau besteht.

Die über der Zone des *Amm. transversarius* folgenden mächtigen grauen Thone enthalten an einzelnen Stellen braune verkieste Reste, welche sich mit den Vorkommnissen der Zone der *Ter. impressa* indentificiren lassen. Im allgemeinen sind ihre ausgedehnten Aufschlüsse an den Abhängen des Eichbergs äusserst arm an Versteinerungen. Gegen oben gehen sie in wohlgeschichtete weisse Kalke über, welche einer höheren Zone zuzutheilen sein werden" [1]).

Von der, schon in den „paläontologischen Mittheilungen" 1863 [2]) erwähnten Lokalität Siblingen (westlich von Schaffhausen) haben neuerlich die beiden Herren Würtenberger ein ziemlich ausführliches Profil gegeben [3]). Es beginnt mit den Schichten der Bathgruppe und setzt sich von unten nach oben folgendermassen zusammen:

„a) Mehrere gelbe, innen bläuliche, unregelmässig zerfressen aussehende, thonig sandige Bänke mit *Amm. Württembergicus* Opp. Mächtigkeit 10′.

b) Eine nur 12—15″ mächtige, unrein thonig-sandige, sehr leicht in Knollen und Schutt zerfallende Schicht, welche häufig die schönsten Exemplare der *Ter. lagenalis* Schloth. einschliesst.

c) Dunkelbraune oolithische Bänke, häufig *Rhynch. varians* Schloth. sp.

---

[1]) 1863, Oppel: Paläont. Mitth. pag. 170 u. f.

[2]) Ebend. pag. 168.

[3]) 1866, F. J. und L. Würtenberger: Der weisse Jura im Klettgau und angrenzenden Randengebirg (Verh. d. naturw. Ver. zu Karlsruhe II). Separatabdr. pag. 5.

einschliessend; *Amm. subcostarius* Opp., *Amm. funatus* Opp., *Trig. costata* Park., *Mespilocr. macrocephalus* Quenst.

d) Eine höchstens 1—1½ Fuss dicke Bank eines rostgelben, oolithischen, sehr eisenschüssigen, thonigen Gesteins: *Belemn. Calloviensis* Opp., *Amm. denticulatus* Ziet., *Amm. cordatus* Sow. und Planulaten enthaltend. Es ist diese Schicht theilweise durch Schutt verhüllt.

e) Darüber folgt eine gegen 30 Fuss mächtige Ablagerung hellaschgrauer, thoniger, 6—15″ dicker Steinmergelbänke, welche viele Spongiten und eine Unzahl anderer Petrefakten einschliessen. Besonders findet man hier: *Amm. Arolicus* Opp., *A. canaliculatus* Buch., *A. crenatus* Brug., *A. lophotus* Opp., *A. Gmelini?* Opp., *A. callicerus* Opp., *A. Oegir* Opp., *A. Rotari* Opp., *A. plicatilis* Sow., *A. Martelli?* Opp., *Bel. hastatus* Blainv., *B. pressulus* Quenst., *Rostellaria bicarinata impressae* Quenst., *Rhynch. lacunosa* Schl. sp.[1]), *Rh. triloboides* Quenst., *Terebr. bisuffarcinata* Schl., *T. orbis* Quenst., *T. Birmensdorfensis* Escher., *Cid. coronata* Gdf., *filograna* Agass., *Ast. jurensis* Gdf., *Turbinol. impressae* Quenst., *Scyph. obliqua* Gdf., *Sc. bipartita* Gdf., *Spong. reticulatus* Quenst., *Sp. Lochensis* Quenst., *Nullipor. Hechingensis* Quenst. sp. etc. etc. Die Petrefakten sind besonders in der unteren und oberen Region häufig. In der Mitte nimmt der Reichthum der Schwämme wie der übrigen Fossile etwas ab.

f) Es folgt nun eine etwa 150—180 Fuss mächtige Abtheilung dünngeschichteter, bläulichgrauer, weicher Thone, in denen sich von Zeit zu Zeit eine etwas festere Bank zeigt. Die Amorphozoen sind spurlos verschwunden und mit ihnen fast alle andern Fossilreste. Wir fanden hier nichts Erwähnenswerthes, als hie und da eine Bank, die von *Nulliporites Hechingensis* Quenst. sp. durchzogen ist. Namentlich in nördlicher Fortsetzung sind dann direkt über diesen petrefaktenarmen Mergelablagerungen aufgeschlossen:

g) feste, 2—4′ dicke, gelblichgraue Kalkbänke, die meist nach allen Seiten hin von Spongiten durchzogen sind. An Petrefakten ist hier wieder grosser Reichthum. Die Schalen derselben sind fast immer zu Brauneisenstein verrostet, was für diese Schichtenabtheilung sehr charakteristisch ist. Man findet *Amm. cf. Arolicus* Opp., *A. cf. microdomus* Opp., *A. alternans* Buch., *A. Lochensis* Opp., *A. tricristatus* Opp., *A. flexuosus* Mnst., *A. sp.* (Quenst. Jura T. 74.

[1]) Wahrscheinlich *Rhynch. Arolica* Opp., siehe unten.

f. 2 u. 3), *Rhynch. lacunosa* Schl. sp., Terebrateln, Gasteropoden, viele Pelecypoden, Echinodermen, Bryozoen, mehrere Arten Spongiten etc. etc. Mächtigkeit dieser Abtheilung etwa 30—45′.“

Soweit die Herren Würtenberger. Dass wir in Abtheilung e die Zone des *Amm. transversarius*, in Abtheilung f aber die der *Terebratula impressa* vertreten haben, unterliegt keinem Zweifel. Auf zahlreiche kleine verkieste Ueberreste von *Amm. plicatilis, callicerus* und *alternans* in letzterem Schichtencomplex wurde bereits in den „paläontologischen Mittheilungen“ aufmerksam gemacht. *Terebratula impressa* kommt in den grauen Thonen wenigstens an benachbarten Lokalitäten vor.

Ein ebenso schönes Profil wie das oben angeführte beschreiben die H. Würtenberger von einem etwas westlicher gelegenen Punkt, aus der Umgegend des Dorfes Weisweil. Die Verhältnisse sind die gleichen, wie sie schon oben erwähnt wurden, wesshalb ich mich begnüge, darauf kurz hinzuweisen.

Ausgezeichnet aufgeschlossen ist aber die Zone des *Amm. transversarius* in den Umgebungen des Küssenberges bei Bechtersbohl und Dangstetten. „Wie im Aargauer Jura folgt auch hier unmittelbar über dem rothen Gestein mit *A. Lamberti* und *perarmatus* ein heller versteinerungsreicher Spongitenkalk oder Mergel mit zahlreichen für die Zone des *Amm. transversarius* charakteristischen Arten, in gleicher Beschaffenheit und mit denselben Merkmalen der Facies ausgestattet wie im Aargauer Jura. Der westlichste auf der rechten Rheinseite gelegene Punkt, an welchem ich diese Ueberlagerung antraf, befindet sich ganz in der Nähe von Dangstetten an dem steilen Abhang des mit Conglomeraten bedeckten Hügels. Mit zwei anderen etwas günstiger gelegenen Stellen machte mich Hr. Dr. Schill aus Freiburg bekannt. Dieselben waren von ihm schon zuvor bei den geognostischen Landesaufnahmen ausgebeutet worden, doch fanden sich auch bei dem diessjährigen Besuche, den ich unter seiner freundlichen Leitung unternahm, noch einige der bezeichnendsten Ueberreste. Ich sammelte an dem einen unweit der Kelter von Bechtersbohl am Fusse der Küssaburg gelegenen Punkte einige deutliche Exemplare von *Amm. Arolicus, crenatus, alternans, lophotus,* so wie mehrere Brachiopoden und andere für die Zone des *Amm. transversarius* leitende Arten.“ [1])

Die über der Zone der *Terebratula impressa* sich anschliessende Zone des *Amm. bimammatus* beginnt nach Würtenberger am Randen wie im Klettgau fast durchgängig mit artenreichen Scyphienbildungen, welche

[1]) 1863, Oppel: Paläont. Mitth. pag. 168.

indess nach oben grösstentheils sehr bald in mächtige wohlgeschichtete Kalkmassen übergehen.

Canton Aargau und östlicher Theil des Canton Solothurn. „Es sind vorzugsweise die zahlreichen Versteinerungen der Birmensdorfer Spongiten-Schichten, durch welche es möglich wurde, die Zone des *Amm. transversarius* paläontologisch festzustellen. Diese Spongitenschichten aber besitzen nicht nur an der typischen Lokalität Birmensdorf selbst, sondern auch an vielen andern Punkten des Canton Aargau und Solothurn eine ganz ausgezeichnete Entwicklung. Die bekanntesten, an denen bisher günstige Aufschlüsse angetroffen wurden, sind Birmensdorf bei Baden, Frickthal und Kreisacker nordwestlich von Brugg, Trimbach bei Olten und Oberbuchsiten. An diesen Punkten fanden sich folgende Cephalopoden-Species in der Zone des *Ammonites transversarius:*

Ammonites Arolicus Opp.
Ammonites stenorhynchus Opp.
Ammonites trimarginatus Opp.
Ammonites subclausus Opp.
Ammonites canaliculatus Buch.
Ammonites hispidus Opp.
Ammonites alternans Buch.
Ammonites tenuiserratus Opp.
Ammonites crenatus Brug.
Ammonites politus Opp.[1])
Ammonites Erato d'Orb.
Ammonites Anar Opp.
Ammonites Gessneri Opp.
Ammonites callicerus Opp.
Ammonites Bachianus Opp.
Ammonites semiplanus Opp.
Ammonites Gmelini Opp.
Ammonites Manfredi Opp.
Ammonites tortisulcatus d'Orb.
Ammonites Oegir Opp.
Ammonites Rotari Opp.
Ammonites Meriani Opp.
Ammonites transversarius Quenst.
Ammonites Chapuisi Opp.

[1]) Siehe den paläontologischen Theil.

Ammonites Collini Opp.
Ammonites Hiemeri Opp.
Ammonites Schilli Opp.
Ammonites plicatilis Sow.
Ammonites Martelli Opp.
Bel. hastatus Blainv.
Bel. Argovianus Meyer.

Ausserdem können noch angeführt werden:

Isoarca cordiformis Opp.
Nucula sp. indet.
Hinnites cf. velatus Gdf. sp.
Terebrat. nucleata Schloth.
Terebrat. Birmensdorfensis Escher.
Rhynchon. Arolica Opp.
Cidaris laeviuscula Agass.
Cidaris filograna Agass.
Pseudodiad. Langi Des.
Magnosia decorata Agass. sp.
Collyrites carinata Leske sp.
Eugeniacrinus nutans Gdf.
Eugeniacrinus compressus Gdf.
Eugeniacrinus coronatus Quenst.
Eugeniacrinus cariophyllatus Gdf.
Pentacr. subteres Gdf.
u. s. w.

Gegen unten legt sich die Zone des *Amm. transversarius* im Aargauer und Solothurner Jura auf die Eisenerze mit *Amm. Lamberti*, *cordatus* und *perarmatus*, welche schon früher (Juraformation pag. 626—628) von mir beschrieben wurden.

Zur Bestimmung der oberen Grenze enthalten die Arbeiten von Mösch die ersten genaueren Angaben. Derselbe weist in seinen interessanten Abhandlungen nach, dass die Birmensdorfer Spongitenschichten nach oben in ein mächtiges System graublauer, bröckelnder Thonkalke übergehen, mit welchen festere Kalkbänke wechsellagern. Mösch nennt diese Formations-Abtheilung, deren Mächtigkeit im Aargauer Jura 300 Fuss beträgt, Effinger Schichten. Die darunter liegenden Spongitenschichten von Birmensdorf besitzen dagegen nur einen Durchschnitt von 28 Fuss.

Diese Effinger Schichten stellen im Aargauer Jura die Zone der *Terebr. impressa* dar, wie die, wenn auch seltenen, verkiesten Versteinerungen von einigen Fundorten des Frickthales beweisen. Schon Quenstedt[1]) führt *Terebr. impressa* von dort an, und Mösch und Waagen fügen noch einige weitere Arten hinzu.

Günsberg: Canton Solothurn. Ich habe schon früher[2]) die Cluse von Balstall als einen Punkt bezeichnet, an welchem die untern Thone der Oxford-Gruppe durch Eisenerze und Spongitenschichten ersetzt werden. Ausgezeichnete, etwas weiter westlich gelegene Profile, welche bei Günsberg in der Nähe von Solothurn blossliegen, bestättigen diese merkwürdige Erscheinung und zeigen häufig in auffallender Weise, wie hier die Oxford-Gruppe in ihrer untern Hälfte nach Aargauer Typus zusammen gesetzt gegen oben in Pholadomyen-Schichten sowie in oolithische Mergel übergeht, welche durch das Vorkommen von *Cid. florigemma, Hemicid. crenularis, Glypt. hieroglyphicus* und andern charakteristischen Arten des Terrain à chailles die grösste Verwandtschaft mit den Corallenschichten dieser Bildung erkennen lassen.

Schematisch dargestellt zeigen sich nämlich die Faciesverhältnisse der einzelnen Schichten dort folgendermassen:

Corallenschichten mit *Cid. florigemma*	Corallen-Facies.
Pholadomyen-Schichten und dünngeschichtete graue Mergel, den Impressa-Thonen entsprechend.	Myarier-Facies.
Kalkmergel mit Spongiten, Zone des *Amm. transversarius.*	Spongiten-Facies.
Eisenoolith mit *Amm. cordatus.*	

Diese höchst eigenthümliche Folge der verschiedensten Entwicklungsformen erschien mir beachtenswerth genug, um ihr auf der Tabelle pag. 227 eine besondere Rubrik (5) zu widmen und dieselbe um so deutlicher, im Zusammenhange mit den Faciesverhältnissen anderer Lokalitäten zu veranschaulichen.

Aehnliches setzt sich, wenn auch nicht in gleicher Deutlichkeit, noch weiter gegen Westen fort und wiederholt sich bei Salins u. s. w.

Specielle und genauere Angaben, als ich sie nach kurzem Besuche der durch die Arbeiten von Gressly, Mösch und Waagen bereits früher

[1]) Quenstedt: Flötzgebirge pag. 498.
[2]) Oppel: Juraform. pag. 626.

bekannt gewordenen Lokalität hier zusammen zu stellen vermag, dürfen wir aus den in Aussicht stehenden Mittheilungen des H. Mösch erwarten.

Nordwestlicher Theil des Canton Solothurn und Canton Bern. Während, wie wir sahen, die Niederschläge der Oxford-Gruppe von dem Aargauer Jura aus sich gleichmässig durch einen Theil des Canton Solothurn, wie auch des Canton Basel fortsetzen, so ändert sich dagegen der Charakter dieser Bildungen in den nordwestlicheren Gebirgszügen wesentlich. Die Spongitenkalke mit den unmittelbar darunterliegenden Eisenerzen, welche bei Oberbuchsiten und der Cluse von Balstall noch deutlich zu sehen waren, verschwinden plötzlich mit den Ketten des Graitery u. Raimereux[1]). An ihre Stelle treten dunkle thonige Schichten neben den kieseligen Ausscheidungen des Terrain à Chailles.

Mit dem Erscheinen dieser Bildungen in den nördlichen und nordwestlichen Theilen der Cantone Basel, Solothurn und Bern findet ein eigenthümlicher Wendepunkt statt, indem hier die mittleren und oberen Schichten der Oxford-Gruppe gleichzeitig ihre Facies, ihre Mächtigkeit und ihre Gesteinsbeschaffenheit verändern. Die Zone des *Amm. transversarius* verliert bei diesem Wechsel eine Menge ihrer bezeichnendsten Merkmale, wesshalb ihre Parallelen in diesem Gebiet weit unsicherer werden als in den zuvor erwähnten Gegenden. Thonige Kalke mit Pholadomyen treten an ihre Stelle und ersetzen sowohl die Spongitenbänke des *Ammonites transversarius* als die mächtigeren Impressa-Mergel des Aargauer Jura. Beinahe unmittelbar darüber folgen die Corallriffe mit *Cidaris florigemma*, während die Basis der Zone durch den wohlbestimmten Horizont des *Ammonites cordatus* gebildet wird, in dessen grauen Thonkalken Dr. Greppin neuerdings zu Chatillon bei Delémont bezeichnende Fossilreste wie *Ammonites Delmontanus, Christoli* und *cordatus* auffand. Gegen unten werden die Schichten noch thoniger, Ammonites cordatus verschwindet allmählig und es stellt sich die artenreiche in verkiesten Exemplaren erhaltene Fauna der tieferen Oxford-Thone mit *Ammonites Lamberti* und *Mariae* ein.

Aus der geringen Mächtigkeit des Durchschnittes bis zu der Region, in welcher *Cidaris florigemma* zum ersten Male auftritt, könnte die Wahrscheinlichkeit hervorgehen, dass in diesen Districten Cidaris florigemma zu einer Zeit erschien, in welcher sich in andern Gegenden die obern kalkigen Niederschläge der Impressa-Thone absetzten. Die Parallele zwischen unteren Diceras-Kalken und bimammatus-Schichten wäre eine weitere Folgerung,

[1]) Opp. 1857. Juraformation pag. 678—679.

welcher ich jedoch auf der Tabelle keinen bestimmteren Ausdruck geben zu dürfen glaubte, da weitere Beweisgründe nicht existiren.

Für den Canton Neuchâtel lässt sich das Vorkommen von Spongiten im der Zone des *Ammonites transversarius* aus den schon erwähnten Schriften von Desor, Gressly und Waagen ersehen. Die Lage soll bei la Chaux-de-Fonds und im Val Travers bei Noiraigue zahlreiche Fossilreste einschliessen, unter welchen H. Dr. Waagen sehr bezeichnende Leitmuscheln erkannte[1]) und in eine Liste zusammenstellte, in der neben einigen Cephalopoden und Conchiferen die Reste von Brachiopoden, Radiaten und Spongiten besonders vorwalten.

Bei Locle wurde die Schicht von H. Jaccard entdeckt. Sie liegt hier über der Zone des *Amm. cordatus*, welch letztere entweder in der Form von Eisenerzen mit der Region des *Amm. Lamberti* eng verschmolzen (Entre-deux-monts bei Locle) als wenig mächtige Schicht zu Tage tritt, oder sich von dieser durch ihre thonige Beschaffenheit noch besonders abscheidet (Col-des-roches bei Locle) und dann die Fossile in verkiestem Zustand einschliesst.

Die Zone des *Amm. transversarius* steht erst darüber an als versteinerungsreicher Mergelkalk, aus welchem H. Jaccard in Locle folgende Arten in seiner Sammlung bewahrt.

Serpula.
Bel. hastatus Blainv.
Ammonites Arolicus Opp.
Ammonites canaliculatus Buch.
Ammonites subclausus Opp.
Ammonites alternans Buch.
Ammonites crenatus Brug.
Ammonites callicerus Opp.
Ammonites Anar Opp.
Ammonites Oegir Opp.
Ammonites transversarius Quenst.
Ammonites plicatilis Sow.
Lima sp. div.
Nucula sp.
Leda sp.
Terebratula cf. bisuffarcinata Sch.
Terebratula Birmensdorfensis Escher.

[1]) Waagen 1864: Der Jura in Franken, Schwaben und der Schweiz pag. 149.

Terebratula Kurri Opp.
Cid. filograna Agass.
Cid. propinqua Mnst.
Cid. coronata Gdf.
Magnosia decorata Agass.
Pentacr. subteres Gdf.
Eugeniacr. cariophyllatus Gdf.
Spongiten.

Arm an Versteinerungen, dagegen um so mächtiger erheben sich die nächst jüngeren Formationsglieder. Sie bilden einen Uebergang von Impressa-Thonen zu Pholadomyen-Schichten mit zahlreichen *Myaciten* und *Ostrea gryphaeata*. Erst 60—80 Meter über der Zone des *Amm. transversarius* beginnt das Terrain à chailles mit *Cid. florigemma* und zahlreichen anderen in der Sammlung des Hrn. Jaccard aufbewahrten Fossilresten.

Canton Vaud. Aehnlich wie bei Locle mögen sich auch die Verhältnisse der Oxford-Gruppe bei St. Croix gestalten. Zwar fehlen noch eingehendere Untersuchungen der einzelnen Glieder, doch existiren wenigstens paläontologische Anhaltspunkte über die hier in Frage kommende Schicht. Dieselbe ist in mancher Beziehung besonders günstig ausgestattet und liefert manches ausgezeichnete Stück, auch scheint hier *Amm. transversarius* häufiger gefunden zu werden als irgendwo.

Im Naturalienkabinet zu Lausanne, in der Sammlung des H. Favre in Genf, sowie in anderen Museen der Schweiz werden folgende, der Zone des *Amm. transversarius* von St. Croix entstammende Arten aufbewahrt:

Belemnites hastatus Blainv.
Ammonites Arolicus Opp.
Ammonites subclausus Opp.
Ammonites callicerus Opp.
Ammonites canaliculatus Buch.
Ammonites crenatus Brug.
Ammonites tenuiserratus Opp.
Ammonites Oegir Opp.
Ammonites transversarius Quenst.
Ammonites plicatilis Sow.
Perna sp.
Pholadom. sp.
Goniomya sp.
Spongiten.

Tirol, Alpengebirge von Bayern und der Schweiz. Die von Gümbel[1]) besonders für Lias-Schichten festgestellte Thatsache, dass in dem Gebiete der bayerischen und österreichischen Alpen gefärbte Marmorgesteine und Crinoideenkalke in mehreren zum Theil von einander getrennten Horizonten auftreten, bestättigt sich nicht allein vielfach durch neuere Beobachtungen, sondern gewinnt überhaupt für die Untersuchung dieses schwierig zu erforschenden Terrains immer mehr Bedeutung. Es ist dies vor Allem bei den Schichten des obern Jura der Fall, da es hier stets die Marmorgesteine waren, in welchen die bezeichnenden Fossilreste in grösserer Menge und guter Erhaltung eingeschlossen gefunden wurden, während die sie vertretenden Schiefer, einförmig durch ihre wenigen paläontologischen Merkmale, kaum geeignet erscheinen, eine speciellere Gliederung durchzuführen.

Es ist demnach zunächst zu erwarten, durch Erforschung der versteinerungsreichen Jura-Marmore und Crinoideen-Kalke Aufschlüsse über das Vorhandensein und die Verbreitung paläontologisch bestimmbarer Zonen in den obern Jura-Bildungen unserer Alpen zu erhalten.

Die Beobachtungen der letzten Jahre haben denn auch in dieser Hinsicht viele Beiträge hiefür geliefert. Es erwies sich das Brachiopodengestein des Vilser Kalkes immer mehr als ein weit verbreiteter, an zahlreichen Punkten unserer Alpen wiedererscheinender geognostischer Horizont[2]). Noch grösser

---

[1]) Gümbel 1861: Geognostische Beschreibung des bayerischen Alpengebirges pag. 434.

[2]) Die Zahl der Stellen, an welchen die Vilser Kalke aufgefunden wurden, vermehrte sich in den letzten Jahren noch weiter. Einer der ausgezeichnetsten Punkte, an welchem heller, nur wenig geschichteter Kalkstein mit den charakteristischen Versteinerungen des Vilser Kalkes zu Tage ansteht, liegt eine Stunde nördlich von Reichenhall (bayerische Alpen). Ich sammelte hier aus dem anstehenden Fels, auf welchem das Försterhaus Staufeneck gebaut ist, folgende Arten: *Lima spec. indet.*, *Pecten spec. indet.*, *Terebratula Schenki* Winkl., *Terebratula antiplecta* Buch., *Terebratula pala* Buch., *Terebratula Teissenbergensis* Winkl., *Terebratula bifrons* Opp., *Terebratula spec. indet.*, *Rhynchonella trigona* Quenst., *Rhynchonella Vilsensis* Opp.. Obschon die Ausdehnung der jurassischen Schichten bei Staufeneck gering ist, so trifft man die Andeutungen dieser Ablagerung dennoch auch in grösserer Entfernung von dem genannten Punkte. Einzelne Rollsteine, welche aus den in jener Gegend an vielen Stellen entblössten Geschiebmassen hervorwittern und sich an ihrer lichten Farbe und kalkigen Beschaffenheit erkennen lassen, verrathen durch ihre häufigen Einschlüsse von Vilser Terebrateln und Rhynchonellen ihre gleichzeitige Entstehung mit dem Gestein, aus welchem die Felswände von Schloss Staufeneck gebildet sind. Auch der von Dr. Winkler in Leonhard und Geinitz Jahrbuch 1863 pag. 809 beschriebene Brachiopoden-Kalkstein von Teisendorf besitzt eine übereinstimmende Beschaffenheit. Diese und andere Kalkgesteine, welche an dem Nordfusse unserer Alpen aus jüngeren Schichten gegraben wurden, erinnern durch ihr Vorkommen auffallend an die exotischen Blöcke von Teschen in Schlesien, welche

zeigte sich die horizontale Ausdehnung des Diphya-Kalkes. Ohne auf die ganze Verbreitung dieses merkwürdigen Schichtengliedes einzugehen, füge

bei dem Werth des Kalkes für die Eisenproduction jener Gegend sorgfältig ausgebeutet und gewöhnlich vollständig aus ihrem Lager herausgenommen werden. Hohenegger erwähnt, dass die dortigen exotischen Jura-Blöcke in verschiedenen Horizonten auftreten und sowohl in tertiären als in Kreide-Schichten (Neocom, Gault) gefunden werden. Hohenegger 1861, die geogn. Verhältnisse der Nordkarpathen pag. 15. Vergl. ferner: Bachmann, Ueber petrefaktenreiche exotische Jurablöcke im Flysch des Sihlthals und Toggenburgs 1862.

Während ich beim Begehen der am Nordfusse des Staufengebirges gelegenen Lokalität durch die Gümbel'sche Karte von Bayern geleitet wurde, auf welcher nördlich von Reichenhall ein schmaler, gegen Schloss Staufeneck herabziehender Jurafleck mit blauer Schraffirung eingezeichnet ist, fand ich kurz nachher Gelegenheit, in Gesellschaft Bergrath Gümbel's das Auftreten von Vilser Kalk an einer andern Stelle untersuchen zu können. Eine gemeinsam im Frühjahr 1864 in die Vorberge südlich vom Chiemsee unternommene Excursion führte uns unter andern Touren auch in die Gräben von Staudach, woselbst sich der oberjurassische Marmor an mehreren Stellen unserer Beobachtung darbot. Besonderes Interesse gewährten die zu beiden Seiten des Mühlbaches aufgeschlossenen Profile. Der Weg durchschneidet verschiedene liasische Schichten, und führt zuletzt zu einer höchst eigenthümlichen hornsteinreichen Lage, deren verwitterte Brocken dem Auge nicht leicht entgehen. Etwas weiter nach aufwärts bezeichnet eine aus Baumstämmen zusammengelegte Brücke den Ort, an welchem die Brachiopodenschichten des Vilser Kalkes anstehen. Dieselben treten als fleischroth gefärbte Kalklage an dem schrägen Rand des Weges hervor, um sich von hier weiter gegen Südwesten fortzusetzen. Sie durchschneiden hier den kleinen Waldbach, welcher auf dem topographischen Kartenblatt Reichenhall die Bezeichnung Kreuzgraben trägt. Der daneben führende Weg ist nicht angegeben. Wir sammelten hier mehrere charakteristische Versteinerungen, welche den rothen Kalk des Kreuzgrabens bei Staudach (Bayern) als Brachiopoden-Schichten der Kelloway-Gruppe entsprechend dem weissen Vilser Kalke erkennen liessen. Es konnten folgende Arten bestimmt werden: *Belemnites spec indet.*, *Terebratula antiplecta* Buch., *Terebratula Schenki* Winkl., *Terebratula Teissenbergensis* Winkl., *Terebratula bifrons* Opp., *Rhynchonella trigona* Quenst., *Rhynchonella Vilsensis* Opp., *Crinoideen*-Glieder. An vereinzelten Stellen geht die fleischrothe Farbe im Innern des Gesteins sogar ins dunkelblaue über, häufiger wird sie jedoch lichter, indem sich manche der höhern und tiefern Plattenlagen hellgrau färben. Die Bänke fallen bei h 5,7 Str. unter 79° nach Süden ein und bilden einen wohlgeschichteten Durchschnitt von mindestens 30 Fussen, ohne sich jedoch an ihrer obern Grenze von den darüberfolgenden Aptychen-Schiefern durch irgend ein ausgeprägtes Merkmal abzusondern. Thonige Schichten der Kreideformation, welche wegen ihrer Versteinerungen eine detaillirtere Untersuchung verdienen würden, stehen etwas weiter oben im Bache an. Gegen Nordosten verschwindet die Vilser-Kalkschicht unter dem Boden des Waldes, dennoch dürfte es sich aber durch genauere Messungen feststellen lassen, ob in ihre Verlängerung eine der weiter östlich beobachteten Marmor-artigen Kalkablagerungen zu fallen kommt. Jedenfalls gewinnen die schon früher von Emmrich gegebenen Nachweise über das Vorkommen von *Terebratula antiplecta* und *Rhynchonella concinna* in einer Kalkstein-Breccie der Bayrer Alp durch die Erfunde am Kreuzgraben

ich hier nur bei, dass demselben nunmehr auch in unseren nördlichen Alpen seine Stelle eingeräumt werden darf, nachdem letzterzeit *Terebratula diphya* von H. Dr. Stelzner im jurassischen Kalke zu Losenstein gesammelt wurde und nachdem es gleichzeitig auch in dem bayerischen Gebirge gelungen ist, die charakteristische Terebratel mit zahlreichen andern Arten des Diphyen-Kalkes in dem Haselberger Marmor bei Ruhpolding aufzufinden [1]).

erneutes Interesse. Vergl. Emmrich Geognost. Beobachtungen pag. 14. Separatabdruck. Jahrb. der geol. Reichsanstalt 7. Jänner 1853.

Noch von andern Punkten des bayerischen Gebirges wurde in letzter Zeit das Vorkommen des Vilser Kalkes festgestellt. Herr Professor Schafhäutl führt in der Lethäa Südbayerns pag. 442 verschiedene Brachiopoden aus den graulich weissen Kalken des zwischen den Stationen Rosenheim und Kufstein gelegenen 4118 par. Fuss hohen Riesenkopfes an. *Terebratula Schenki* Winkl., *Terebratula bifrons* Opp. und *Rhynchonella myriacantha* Desl. liessen sich unter diesen Vorkommnissen erkennen. Auch die in der Lethäa tab. 65 f. Fig. 16 aus dem rothen Kalke von Hohenschwangau abgebildete, zu letzterer Art gehörige Species, kann als charakteristische Leitmuschel zur Bestimmung des dortigen Marmorkalkes und dessen Gleichstellung mit dem weissen Vilser Kalke hinleiten.

[1]) Ich sammelte im Sommer des verflossenen Jahres in dem s. g. Haselberger Marmor der Umgebungen von Ruhpolding, südlich von Traunstein, folgende Arten: *Sphenodus spec. indet.*, *Belemnites semisulcatus* Münst., *Belemnites spec. indet.*, *Ammonites cf. euglyptus* Opp., *Ammonites quinquecostatus* Catullo, *Ammonites hybonotus* Opp., *Ammonites cf. latus* Opp., *Ammonites cf. acanthicus* Opp., *Ammonites ptychoicus* Quenst., *Ammonites tortisulcatus* d'Orb., *Ammonites Zignodianus* d'Orb., *Ammonites cf. Achilles* d'Orb., *Aptychus alpino-jurensis* Guemb., *Aptychus protensus* Guemb., *Aptychus lamellosus* Guemb., *Aptychus nov. spec.*, *Aptychus cf. latus* Myr., *Terebratula diphya* Col. von der Form der *Terebratula diphoros* Zeuschn. Ueber dem Haselberger Marmor ändert sich die Farbe des Gesteines, doch gehören bei vollständigen Profilen die nächst höheren Schichten noch zur Juraformation. Es sind graue Wetzsteinschiefer, welche den rothen Marmor in einer Mächtigkeit von 40 Fussen bedecken. An den zahlreichen Aptychen von der gewöhnlichen jurassischen Form des *Aptychus alpinus* Guemb. (*Aptychus striato-punctatus* Emmr.) und des *Aptychus protensus* Guemb. lässt sich das dünngeschichtete Gestein als muthmassliches Aequivalent der bei Hohenschwangau und Oberammergau ausgebeuteten Aptychen-Schiefer bestimmen. Zugleich erinnert dasselbe ungeachtet seiner rauheren Oberfläche an den lithographischen Schiefer von Solenhofen, mit dem es auch in der That beinahe das gleiche Alter besitzt.

Im untern Theile des Sulzermoosgrabens, südwestlich von Ruhpolding, steht diese oberste jurassische Schieferzone über dem rothen Jura-Marmor deutlich an. Etwas höher beginnen die untersten Mergel und schieferigen Thone der Neocom-Formation mit *Ammonites macilentus*, einer Species, welche nach den mündlichen Mittheilungen Prof. Hébert's auch in den provençal'schen Alpen stets in den untersten Neocom-Schichten vorkommt. Abgesehen von einzelnen Schwankungen und localen Abweichungen scheinen Jura- und Kreide-Schichten hier ziemlich parallel übereinander zu liegen.

Wie durch den Vilser Kalk die **Basis** der Malmformation in unsern Alpen angedeutet wird, so ergiebt sich durch die Unterscheidung des Haselberger Marmors und durch dessen Bestimmung als Zone der *Terebratula diphya* auch die Begrenzung der jurassischen Schichten gegen oben. Nur durch eine dünne Schieferlage von der Neocom-Formation geschieden, bestimmen sich die **Diphya-Kalke** unserer Alpen sowohl nach Lagerungsverhältnissen als nach Fossilresten als eines der obersten Glieder des oberen Jura [1]). Obschon nun hieraus die Folgerung gezogen werden könnte, dass die Zone des *Ammonites transversarius* als Glied der Oxford-Gruppe ihren Platz in der Mitte zwischen **Vilser Kalk** und **Haselberger Marmor** einzunehmen hätte, so ist es doch bisher nicht gelungen, diese Horizonte in unsern Alpen an einem und demselben Durchschnitt übereinander anzutreffen, da die geschichteten Niederschläge der Aptychus-Schiefer oder Hornstein reichen Kalke durch ihre Armuth an Versteinerungen die Unterscheidung der Zone des *Ammonites transversarius* bisher ebensowenig gestatteten, wie die ungeschichteten massigen Marmor-Gesteine. Nur eine einzige Andeutung für das Vorhandensein wurde bisher gewonnen, indem die charakteristische Species, nach welcher der Horizont benannt ist: *Ammonites transversarius* in den rothen Kalken des **Rottensteins** bei **Vils** (Tirol)

An einer andern Stelle, am **Hocherbgraben** westlich von Ruhpolding, fehlte dagegen der eben beschriebene oberste jurassische Aptychus-Schiefer vollständig. Ich beobachtete hier das **unmittelbare Zusammentreffen von Haselberger Marmor und mergeligen Neocom-Schichten mit *Ammonites Astierianus*.** Dabei liess sich eine ausgesprochene Discordanz der Schichten an der Grenze beider Formationen nicht verkennen.

[1]) Die überaus wichtige Parallele, welche zuerst von **Benecke** für den Diphyen-Kalk von **Südtyrol** gezogen wurde, erlangt auch für die übrigen jurassischen Diphyen-Kalke eine grosse Bedeutung. Aus den pag. 233 u. 234 gemachten Angaben erhellt, dass auch der Diphyen-Kalk oder Klippenkalk der Umgegend von **Neumarkt** in **Galizien**, sowie von **Puchow** in **Ungarn** dem obersten Lager des Jura entspricht. Dasselbe gilt für den Diphyen-Kalk des bayerischen Gebirges, für den **Calcaire de la Porte de France** und für andere jurassische Diphyen-Kalke. Es ist nirgends ein Grund vorhanden, das Niveau der *Terebr. diphya* in die tiefere Region der Oxford- oder Kelloway-Gruppe herab zu versetzen. Die Citate des *Amm. athleta* in dem Diphyen-Kalk von **Südtyrol** erklären sich durch Verwechslungen, zu welchen die eigenthümliche Form des *Amm. Volanensis* Veranlassung gab. Wir dürfen desshalb annehmen, dass ein Coral rag von dem Alter des **Corallien** von **Tonnere** unter dem **Haselberger Marmor** seinen Platz haben, und in den Umgebungen von **Grenoble** unter dem **Calcaire de la Porte de France** liegen würde, womit die mehrfach ausgesprochene Annahme hinwegfällt, **als hätten sich die Wasser des Meeres nach Absatz der Oxford-Gruppe aus den jurassischen Distrikten der Dauphinéer Alpen zurückgezogen.** Vgl. **Lory**: Déscription géologique du Dauphiné 1861 pag. 176 § 150.

in einem gut erhaltenen Exemplare gefunden wurde, welches ziemlich nahe mit den bei Birmensdorf vorkommenden Stücken übereinstimmt.

Obschon immerhin noch viele sorgfältige Untersuchungen erforderlich sein werden, um die räthselhafte Entstehungsweise dieser eigenthümlichen Marmorgesteine zu definiren, so ist eine Vertretung der Zone des *Ammonites transversarius* in den Kalken des Rottensteins um so wahrscheinlicher, als ausser dem genannten Ammoniten auch noch andere Arten der Oxford-Gruppe an der gleichen Localität aufgefunden wurden.

In einem Theile der Schweizer Alpen erscheint eine Sonderung der Zonen der Oxford-Gruppe um so leichter. Ich darf sogar die Vermuthung aussprechen, dass sich hier die Zonen des *Ammonites cordatus* und des *Ammonites transversarius* in Beziehung auf ihre Bildungsweise auf das Engste an ausseralpine Verhältnisse anschliessen.

Dass beide Horizonte in den Schweizer Alpen überhaupt vorkommen und zugleich allgemein bezeichnende Leitmuscheln enthalten, ergiebt sich schon aus den Berichten im zweiten Bande des inhaltsvollen Werkes von Studer über die Geologie der Schweiz. Die späteren Publicationen von Ooster in den Schweizer Denkschriften bestätigen die Studer'schen Angaben und fügen noch manches weitere Thatsächliche bei. Ich entnehme denselben die Angaben über das Vorkommen von *Ammonites Lamberti, Mariae, tortisulcatus, perarmatus, Edwardsianus, canaliculatus?, transversarius* am Erzeck in den Berner Alpen, von *Ammonites Lamberti, Christoli, tortisulcatus, Brunneri, Eugeni* an der Tannenalp in Unterwalden, von *Ammonites Babeanus, tortisulcatus, Eucharis, Constanti, plicatilis, perarmatus Eugeni* zu Châtel St. Denis in den Freiburger Alpen u. s. w.

Eine paläontologische Vertretung der 3 untern Zonen der Oxford-Gruppe lässt sich nach Obigem nicht wohl mehr bezweifeln. Dagegen ist der isolirte Nachweis einer dieser Zonen erst den neuesten Untersuchungen des strebsamen und kenntnissreichen Geologen J. Bachmann[1]) zuzuschreiben, indem derselbe mehrere für das Niveau des *Amm. transversarius* charakteristische Leitmuscheln im Canton Glarus in einem gesonderten Lager antraf. Neben einigen nicht genauer bestimmbaren Arten fanden sich *Belemnites hastatus,* Blainv. und *Sauvanausus d'Orb, Ammonites Arolicus, Gessneri, callicerus, tortisulcatus* in dem grauen, schieferigen und knolligen Kalkgestein, welches am Glärnisch und Schilt (Glarus) unmittelbar unter dem mächtigen Hochgebirgskalk hinzieht. Noch von andern Stellen der Glarner Alpen wurden die Aequivalente der Birmensdorfer-Schichten von H. Bachmann ange-

[1]) Berner Mittheilungen November 1863 pag. 143.

geben, während hier die tiefere Region des *Ammonites cordatus* und *Lamberti* sich der Beobachtung noch nicht darbot. Dagegen sollen diese Zonen in den Hochgebirgen von Unterwalden, Bern und Freiburg eine grosse Verbreitung besitzen. Nach Bachmann werden dieselben in den Berner Alpen durch schwarze glänzende Schiefer gebildet, deren Fossilreste, vergleichbar mit den Einschlüssen der „Marnes oxfordiennes" von Chatillon sich durch ihren verkiesten Erhaltungszustand auszeichnen. Eine Abtrennung der höheren Region des *Ammonites transversarius* ist jedoch in diesem Gebiete bisher nicht ausgeführt worden.

Haute Saône und Doubs-Départements. Nach den von Thirria[1]) in den Jahren 1830 und 1833 veröffentlichten Untersuchungen zerlegt sich die Oxford-Gruppe im Département der Haute-Saône in drei Horizonte, deren oberster durch *Cidaris florigemma* charakterisirt, unter der Bezeichnung „Terrain à chailles" seither allgemeiner bekannt geworden ist, während der unterste durch die sogenannten Oxford-Thone gebildet wird, welche sich ähnlich wie in manchen Gegenden des Schweizer Jura durch zahlreiche verkieste Reste des *Ammonites cordatus, biarmatus* u. s. w. auszeichnen.

Die mittlere Parthie der dortigen Oxford-Schichten legt sich als eine 12 Meter[2]) mächtige Thonbildung zwischen die Zone des *Cidaris florigemma* und diejenige des *Ammonites cordatus* hinein und deutet hiedurch wenigstens indirect eine Parallelstellung mit den Horizonten an, welche wir unter den Bezeichnungen Zone der *Terebratula impressa* und Zone des *Ammonites transversarius* unterscheiden. Diese Annahme entspricht zugleich der Auffassung J. Marcou's[3]), welcher die Abtheilung an Ort und Stelle untersuchte und als Couches d'Argovie ou Argovien in seine Classification jurassischer Schichten einreihte.

In ähnlicher Weise lassen sich die Aequivalente der Zonen des *Ammonites transversarius* und der *Terebratula impressa* in dem Departement des Doubs bestimmen, indem wir aus der Feststellung einer höhern und einer tiefern Zone auf das Alter der dazwischen liegenden Abtheilung schliessen, wozu uns die von der geologischen Gesellschaft von Frankreich während ihrer ausserordentlichen Versammlung in Besançon gemachten

[1]) Thirria 1830—1833: Statist. min. et géol. du Dép. de la Haute-Saône, Mem. de la Soc. d'hist. nat. de Strassb. Bd. I. Notice sur le terrain jurass. du Dép. de la Haute-Saône und Carte géol. du Dep. de la Haute-Saône, Separatabdr. pag. 18.

[2]) Nach Thirria würde der Durchschnitt dieser Abtheilung 18 Meter betragen, wovon jedoch das oberste Drittheil den Beobachtungen J. Marcou's zufolge bereits der Zone des Cidaris florigemma entspricht.

[3]) J. Marcou 1857—1860: Lettres sur les Roches du Jura pag. 148—154.

Beobachtungen die Grundlage bieten [1]). Auf den am 9. und 12. September 1860 ausgeführten Excursionen erkannte die Gesellschaft in den Umgebungen von Larnod und Merey-sous-Montrond (Doubs) die charakteristischen Stufen der Oxford-Gruppe in folgender Ordnung:

1) Oberste Lage: Terrain à chailles mit *Cidaris florigemma* Phill., *Glypticus hieroglyphicus* Agass. und anderen bezeichnenden Arten (Forges de Gouille bei Larnod).
2) Wechsel dünner kalkiger Schichten und gelblich grauer Mergel mit *Anatina undata* d'Orb., *Gresslya sulcosa* Agass., *Pholadomya pelagica* Agass., *cingulata* Agass., *cardissoides* Agass., *paucicosta* Röm., *laeviuscula* Agass., *carinata* Goldf., *ampla* Agass., *exaltata* Agass., *trapezina* Agass., *Pecten inaequistriatus* Phill., *fibrosus* Sow., *Ostrea dilatata* Desh., *Rhynchonella Thurmanni* Voltz (Merey-sous Montrond).
3) Graue Mergel mit verkalkten Fossilresten (Merey-sous-Montrond).
4) Unterste Lage: Bläuliche Mergel (? Thone) mit zahlreichen verkiesten, oder in Brauneisenstein verwandelten Versteinerungen mit *Ammonites Henrici* d'Orb., *Arduennensis* d'Orb., *Renggeri* Opp., *Mariae* d'Orb., *perarmatus* d'Orb., *tortisulcatus* d'Orb., *Goliathus* d'Orb., *cordatus* Sow., *Belemnites hastatus* Blainv., *Pentacrinus Orbignyanus* Opp. und andere Arten, welche ich nicht namentlich aufführe (Merey-sous-Montrond).

Indem hier die Abtheilungen 2 und 3 die Stelle des Impressa-Thones und der Zone des *Amm. transversarius* einnehmen, wäre es denkbar, dass bei gründlicherer Ausbeute der fossilen Reste noch die genauern Nachweise für jeden dieser beiden Horizonte zu erlangen wären. Aus den vorhandenen Angaben lassen sich diese nicht ableiten, wohl aber die allgemeinen Faciesverhältnisse, nach welchen sich die mittlern und obern Oxford-Schichten in den Umgebungen von Besançon abgelagert haben und welche sich den auf der Tabelle pag. 227 veranschaulichten Gruppen 6 und 9 anzuschliessen scheinen.

Jura-Département. Von besonderem Werthe war mir in letzter Zeit, bei einem Besuche in Salins über die in dem eigentlichen Marcou'schen Argovien vorkommenden Versteinerungen durch eigene Anschauung ein Urtheil zu erlangen. Es bot sich diese Gelegenheit bei der Besichtigung der Gervais'schen Sammlung, zu der ich durch die Vermittlung meines Freundes J. Marcou Zutritt erhielt. Unter dem reichen Inhalt an Fossil-

[1]) Bullet. Soc. géol. de France 1860 Bd. 17 pag. 822, 823, 857 und 858.

Resten des Jura-Departements waren auch die wichtigsten Vorkommnisse der Spongiten-Schichten von Andelot, Chappois und andern Lokalitäten der Umgebungen von Salins vertreten, welche J. Marcou 1846[1]) seiner Aargauer Etage (Argovien Marc.) zu Grund gelegt hatte. Die Fauna zeichnet sich durch eine Menge grosser Exemplare von Schwammcorallen aus, während die übrigen Einschlüsse an Echinodermen, Brachiopoden und Cephalopoden hier weniger häufig zu sein scheinen als am Randen und im Aargauer Jura. Doch konnte ich mehrere charakteristische Cephalopoden-Species bestimmen, wie *Ammonites Arolicus, canaliculatus, alternans, Oegir, plicatilis, Martelli*, aus deren Vorkommen sich die Gleichstellung der spongitenreichen Schichten des **Argovien** Marc. mit der Zone des Ammonites transversarius ohne Bedenken folgern lässt.

Die tieferen Oxford-Thone, welche in den Umgebungen von Salins verkieste Fossilreste aus den Schichten der *Ammonites cordatus* und *Lamberti* einschliessen, lassen sich den Beobachtungen J. Marcou's zufolge in zwei paläontologisch unterscheidbare Horizonte absondern, deren oberer sich bei Arc-sous-Montenot durch die charakteristischen Exemplare der *Ammonites Eucharis, scaphoides* und *cordatus* auszeichnet, während hier wie bei Andelot an der Basis der 15 Meter mächtigen Thone *Ammonites Lamberti* und *Amm. tortisulcatus* verbreitet sein sollen. Zahlreiche andere Arten scheinen auch hier beiden Zonen gemeinsam anzugehören.

Die über den Spongiten-reichen Lagen folgenden Mergel und Kalke entsprechen vermuthlich unserem Impressa-Thone. Ihre Mächtigkeit ist jedoch gering, denn es beginnen den Mittheilungen J. Marcou's zufolge 25—30 Fuss über der Zone des *Ammonites transversarius* bereits die fossilreichen Schichten der Corallen-Oolithes, in welchen *Cidaris florigemma* und *Hemicidaris crenularis* liegt.

Andere Stellen des Départements hat Etallon einem genaueren Studium unterworfen, und es ist namentlich St. Claude (Jura), auf das wir hier die Aufmerksamkeit lenken möchten.

In einer Beschreibung der geologischen Verhältnisse dieser Lokalität[2]) wurden von demselben viele paläontologische Beiträge niedergelegt, welche die Kenntniss der in der Zone des *Amm. transversarius* ausgesprochenen Fauna wesentlich vermehren. Zugleich erhob Etallon diesen Horizont zu einer besondern Etage, welcher er den Namen Spongitien beilegte,

---

[1]) J. Marcou 1846: Recherches sur le Jura salinois.

[2]) Etallon 1857: Esquisse d'une Description géologique du Haut-Jura. Separatabdr. aus d. Societ. impér. d'agriculture de Lyon 17 Juli 1857.

während er den früheren Marcou'schen Bestimmungen entgegen die Bezeichnung Argovien auf diejenigen höheren Niederschläge beschränkte, welche das ungefähre Aequivalent unserer Impressa-Thone bilden. In Beziehung auf die tieferen Lagen der Oxford-Gruppe äussert Etallon die Ansicht, dass dieselben die Spongitenschichten bisweilen vertreten [1]), und dass letztere gewöhnlich auf Callovien ruhen.

Es ist nicht ermittelt, ob hier die angeblichen Kelloway-Schichten Etallon's nicht ähnlich den Eisenerzen des Aargauer Jura's zugleich die unteren Glieder der Oxfordgruppe mit *Amm. cordatus* und *biarmatus* repräsentiren. Wäre letzteres der Fall, so würde das Aequivalent der Oxford-Thone durch die Eisenerze gebildet, über welchen dann die Spongitenkalke aus der Zone des *Amm. transversarius* ganz regelrecht folgen würden. Unter Berichtigung einiger Benennungen [2]) führe ich in der Liste die bezeichnenderen Arten an, welche von Etallon aus dem Spongitien von St. Claude erwähnt werden, ohne hier dessen ganze Reihe der vorkommenden Fossilreste wiederzugeben:

Pithonoton quadratum Etall.
Pithonoton gibbosum Etall.
Belemn. Argovianus Meyer.
Ammonites Chapuisi Opp.
Ammonites alternans Buch.
Ammonites canaliculatus Buch.
Ammonites crenatus Brug.
Ammouites tortisulcatus d'Orb.
Ammonites transversarius Quenst.
Pecten subpunctatus Gdf.
Ostrea Blandina d'Orb.
Lingula Oxfordiana d'Orb.
Megerlea pectunculus Schl. sp.
Conodictyum truncatum Etall.
Cidaris filograna Agass.
Comatula Claudiana Etall.
Eugeniacr. cariophyllatus Gdf.
Eugeniacr. coronatus Quenst.
Eugeniacr. compressus Gdf.
Eugeniacr. nutans Gdf.

[1]) Etallon 1860: Paléontostatique du Jura. Separatabdr. pag. 7. Societé impér. d'agriculture de Lyon 20 Juli 1860.

[2]) *Bel. Argovianus*, *Amm. Chapuisi* statt *Bel. Sauvanausus*, *Amm. Acropus*.

Pentacr. subteres Gdf.
Pentacr. cingulatus Gdf.
29 verschiedene Arten von Spongiten.

Ain- und ausseralpiner Theil des Isère-Départements. Die Geologie der Schweiz von Studer[1]) enthält in ihrem zweiten Bande beachtenswerthe Bestimmungen der jurassischen Ablagerungen, welche in den unmittelbaren Umgebungen von Nantua (Ain) an einem nördlich von diesem Städtchen gelegenen Durchschnitte entblösst sind. Ueber eisenoolithischen Schichten liegen ungefähr auf halber Höhe des Berges eigentliche Oxford-Thone, ausgezeichnet durch eine unglaubliche Menge kleiner verkiester Ammoniten, Belemniten und Pentacriniten. Es sind dies die Schichten, aus welchen d'Orbigny im ersten Theile des Prodrome's *Amm. cordatus, Arduennensis, perarmatus, plicatilis* und andere Arten anführt. Unmittelbar darüber folgen 12—20 Meter graue Mergelschichten mit zahlreichen verkalkten Versteinerungen. Studer erwähnt *Amm. plicatilis*, *canaliculatus*, *Terebratula insignis* nebst vielen Scyphien aus dem unteren Theile, während grosse Pholadomyen in den höheren Lagen vorherrschen sollen. Die oberste rings herum mauerartig abgestürzte Decke des Berges wird durch weissen Korallenkalk gebildet, welcher sich dem äussern Rande des Gebirges zu mit den jüngsten Gliedern der Juraformation bedeckt.

Bisher wurde nicht ermittelt, welchen Zonen die mächtigen Corallenkalke von Nantua und besonders die versteinerungsreichen Diceraten-Schichten von Oyonnax entsprechen. Man theilte diese Ablagerung dem Corallien zu und es bedürfen die von d'Orbigny[2]) daraus beschriebenen Versteinerungen noch einer Altersbestimmung. Dagegen ist alle Wahrscheinlichkeit vorhanden, dass die von Studer aufgefundenen Mergel mit Spongiten, mit *Amm. plicatilis, canaliculatus* u. s. w., hier die Zone des *Amm. transversarius* darstellen. Das Auftreten von *Amm. cordatus* in den unmittelbar darunter liegenden Oxford-Thonen bekräftigt diese Annahme.

Noch directere Belege für die Verbreitung der Zone des *Amm. transversarius* im Ain-Département ergeben sich aus den von E. Dumortier bei Tenay[3]) gesammelten Versteinerungen. Zahlreiche Exemplare der Erhaltung und Gesteinsbeschaffenheit nach mit den Fossilresten von Streitberg oder der Lochen übereinstimmend lagen hier an einer neben der

[1]) Studer 1853: Geologie der Schweiz II, pag. 300, 301.

[2]) Pal. franc. Terr. jurass. Bd. II.

[3]) Tenay: Station zwischen Genf und Lyon. Die Stelle soll sich nach Aussage E. Dumortiers auf dem Wege nach Chaley am linken Abhang der Bahnlinie befinden.

Bahnlinie aufgedeckten Mergelschicht ausgewittert. Aus der Untersuchung der in der Dumortier'schen Sammlung befindlichen Stücke geht jedoch hervor, dass die Spongitenbank von Tenay (Ain) der Zone des *Amm. transversarius* angehört, indem sich unter deren Einschlüssen folgende Arten bestimmen liessen:

Ammonites Arolicus Opp.
Ammonites subclausus Opp.
Ammonites alternans Buch.
Ammonites Chapuisi Opp.
Ammonites transversarius Quenst.
Pecten subpunctatus Goldf.
Ostrea Blandina d'Orb.
Terebratula pectunculus Schloth.
Conodictyum striatum Goldf.
Cidaris filograna Agass.
Eugeniacrinus caryophyllatus Gdf.
Pentacrinus subteres Gdf.
Spongiten.

Von Oxfordthonen unterlagert, behält die Zone auch weiter gegen Süden ihre bisherige Fauna bei, leicht erkennbar an den zahlreichen Spongiten und den verkalkten Cephalopodenresten, welche sich schon durch ihr Aussehen von den Kieskernen der tiefern Cordatus-Schichten unterscheiden. Die am häufigsten erwähnte im südlichsten Ausläufer des eigentlichen Jura-Gebirges befindliche Lokalität Trept (Isère), welche schon vor Jahren von V. Thiollière ausgebeutet wurde, lieferte eine Menge bezeichnender Arten. Obgleich diese Vorkommnisse in der Literatur schon öfters erwähnt wurden[1]), so füge ich hier doch einige neuere Bestimmungen bei, welche ich im verflossenen Jahre in der nunmehr dem öffentlichen Museum zu Lyon gehörigen Thiollier'schen Sammlung machte. Ich erkannte hier folgende Arten, welche die Einreihung der Spongitenschichten von Trept (Isère) in die Zone des Amm. transversarius gestatten:

[1]) Albin Gras 1852: Catalogue des corps organisés fossils pag. 20, 21. Es werden in dieser Schrift folgende meist nach der Thiollière'schen Sammlung bestimmte Arten von Trept erwähnt: *Amm. hecticus, Backeriae, tortisulcatus, plicatilis, canaliculatus, oculatus, Hemithiris senticosa, Rhynchonella lacunosa, Terebratula insignis.* Vergl. ferner Albin Gras 1848: Descr. des oursins foss. du Dép. de l'Isère pag. 79. d'Archiac 1856: Histoire des progrès de la géologie VI, pag. 602. Oppel 1857: Juraformation pag. 685. Lory 1860: Descript. géol. du Dauphiné pag. 36, 37.

Belemnites hastatus Blainv.
Belemnites unicanaliculatus Ziet.
Belemnites Argovianus Mayr.
Ammonites Arolicus Opp.
Ammonites subclausus Opp.
Ammonites canaliculatus Buch.
Ammonites hispidus Opp.
Ammonites callicerus Opp.
Ammonites semiplanus Opp.
Ammonites Bachianus Opp.
Ammonites tortisulcatus d'Orb.
Ammonites Oegir Opp.
Ammonites transversarius Quenst.
Ammonites plicatilis Sow.
Pecten subpunctatus Goldf.
Megerlea pectunculus Schl.
Rhynchonella Arolica Opp.
Cidaris filograna Agass.
Pentacrinus subteres Goldf.
Zahlreiche *Spongiten.*

Ardèche-Département. Ueber die Verhältnisse, unter welchen die Zone des *Amm. transversarius* am Berge Crussol bei Valence und in den Umgebungen von la Voulte auftritt, finden sich die wesentlichsten Angaben bereits in meinen paläontologischen Mittheilungen veröffentlicht. Hier vermag ich noch die Liste der Vorkommnisse einer andern gleichfalls im Ardèche-Département gelegenen Lokalität hinzuzufügen. H. Eduard Dumortièr sammelte zu Yoyeuse bei Aubenas (Ardèche) in einem grauen mergeligen Kalke folgende Species, welche das Vorhandensein der Zone des Amm. transversarius an dem genannten Punkte ausser Zweifel stellen:

Belemnites Argovianus Mayr.
Ammonites Arolicus Opp.
Ammonites lophotus Opp.
Ammonites Bachianus Opp.
Ammonites callicerus Opp.
Ammonites tortisulcatus d'Orb.
Ammonites plicatilis Sow.

Vaucluse, Var-Département. Wie im Dép. der Ardèche finden wir auch hier die Bildungen dieses Alters an alpinen Typus erinnernd, entwickelt. Es sind namentlich zwei Lokalitäten in den westlichen Ausläufern des zum Vaucluse Département gehörigen Alpengebirges, welche häufig Arten aus der Zone des *Amm. transversarius* in verschiedene Sammlungen geliefert haben: Lafare und Grand Montmirail bei Gigondas. Ich kenne von diesen Fundorten folgende Species:

Ammonites Arolicus Opp.
Ammonites trimarginatus Opp.
Ammonites subclausus Opp.
Ammonites Erato d'Orb.
Ammonites tortisulcatus d'Orb.
Ammonites transversarius Quenst.

welche im grauen mergeligen Kalk erhalten sind.

Aechte Oxford-Thone mit Geoden verhärteten Steinmergels bilden bei Grand-Montmirail die Zone des *Amm. cordatus.* Dieselbe ist an diesem Punkte reich an Resten von Cephalopoden, und ich vermag daraus anzuführen:

Bel. hastatus Blainv.
Ammonites Henrici d'Orb.
Ammonites cordatus Sow.
Ammonites Babeanus d'Orb.
Ammonites Eugeni d'Orb.
Ammonites perarmatus Sow.
Ammonites Constanti d'Orb.
Ammonites Lamberti Sow.
Rhynchoteuthis Coquandianus d'Orb.

Für einen noch südlicher gelegenen Punkt der provençalischen Alpen, nämlich für die Gegend von Rians (Var) geben uns ebenfalls die dort vorkommenden Fossilreste Aufschluss über das Vorhandensein der Zone des *Ammonites transversarius.*

Einige der bezeichnendsten Arten der Zone, von Rians und Caussol stammend, wurden von d'Orbigny als Species der Oxfordgruppe beschrieben. Es war mir durch die Gefälligkeit Vic. d'Archiac's gestattet, diese nunmehr im Jardin des Plantes zu Paris aufbewahrten Stücke zu vergleichen. Andere Exemplare, von der gleichen Lokalität herrührend, sind schon seit vielen Jahren Eigenthum der École des mines. Auch in den Sammlungen von E. Hébert in der Sorbonne und von E. Reynés zu Marseille befinden sich einige Vorkommnisse von Rians. Sämmtliche an diesen Orten aufbewahrte Reste, welche sich als Arten der Zone des *Ammonites transversarius* erkennen liessen, besitzen eine übereinstimmende Gesteinsbeschaffenheit und bestehen aus grauem mergeligem Kalke. Ich bestimmte unter den Cephalopoden von Rians zehn ausschliesslich für die Zone des *Amm. transversarius* leitende Arten, deren Namen in die Tabelle eingetragen wurden. Andere Horizonte unterscheiden sich durch abweichende Gesteinsbeschaffenheit ihrer Fossilreste. So zeichnet sich z. B. unter einer zu Andon (Var) gesammelten Serie von Arten, welche das hiesige paläontologische Museum der gefälligen Mittheilung des H. L. Saemann verdankt, die Einschlüsse aus der Zone des *Amm. cordatus* durch schwarz gefärbtes Kalkgestein aus, während die von gleicher Lokalität stammenden Species aus der Zone des *Amm. transversarius* in grauem Kalkmergel erhalten sind. Eingehendere Untersuchungen nebst einer gründlichen Ausbeute der fossilen Reste würden in diesen alpinen Districten des südlichen Frankreichs gewiss noch viele interessante Resultate über die horizontale und verticale Verbreitung zahlreicher Arten, sowie über die Gliederung der dortigen Jurabildungen liefern.

Côte d'Or-, Yonne-, Nièvre-, Saône- et Loire-, Cher-, Vienne-Départements. Aus einigen in den Schriften von G. Cotteau[1]) und V. Raulin[2]) niedergelegten Angaben lässt sich ersehen, dass die mergeligen Oxford-Kalke von Châtel-Censoire (Yonne) die Wohnsitze mehrerer bezeichnender Arten aus der Zone des *Ammonites transversarius* bilden. Eigentliche Schwammlager wurden hier nicht beobachtet und es scheint, dass dieselben in den nördlicheren Districten des Pariser Beckens verschwinden. E. Hébert[3]) erwähnt ausdrücklich, dass er weder vom Département der Yonne bis zu den Ardennen, noch im Nordwesten von Frankreich, von der Loire an, Spongiten-Schichten angetroffen habe. Dagegen wird von J. Beaudouin[4]) aus den Umgebungen von Chatillon (Côte d'Or) die Anwesenheit eines Schwammlagers constatirt, welches, da es unmittelbar über den Eisen-Erzen von Etrochey[5]) auftritt, unzweifelhaft in die Zone des *Ammonites transversarius* fällt. Kalke mit Geoden und mergelige Kalke, zusammen 4 Meter mächtig, mit Cephalopoden, Brachiopoden und Spongiten, lassen sich hier als solche unterscheiden, während die darüber folgende

[1]) G. Cotteau 1855: Notice sur l'âge de couches inférieures et moyenues de l'étage corallien du Départem. de l'Yonne Bullet. Soc. géol. de Fr. XII, pag. 693.
G. Cotteau 1853—1857: Etudes sur les mollusques fossiles pag. 10, 11.

[2]) V. Raulin 1853: Sur l'oxfordclay du Dép. de l'Yonne. Bullet. Soc. géol. de Fr. X, pag. 485.

[3]) Bullet. Soc. géol. de France XV Bd. 8. Sept. 1858 pag. 710.

[4]) J. Beaudouin: Bullet. Soc. géol. de Fr. VIII. Sept. 1851 pag. 591.

[5]) Opp. 1857: Juraformation pag. 636.

Abtheilung dem Impressa-Thone gleichzustellen wäre, ohne jedoch genauer damit übereinzustimmen. Gegen oben geht die Bildung in die charakteristischen Cidariten-Schichten und Corallriffe aus der Zone des *Cidaris florigemma* über.[1])

Auch für das Nièvre-Département konnte aus dem auf der Versammlung französischer Geologen zu Nevers gegebenen Berichte[2]) gefolgert werden, dass hier Spongiten-Schichten in der Zone des *Ammonites transversarius* auftreten. Eine Parallele der letztern mit dem Kalke von Crussol, welche damals für möglich gehalten wurde[3]), erscheint dagegen nach den neuern Bestimmungen nicht mehr zulässig.

Noch entschiedenere Nachweise wurden seither von Th. Ébray[4]) hinzugefügt, welcher in einer interessanten Abhandlung zeigte, dass in den Départements der Nièvre und Saône-et-Loire mergelige Kalke mit *Ammonites plicatilis* und Spongiten-Kalke zum Theil unmittelbar über der Zone des *Ammonites cordatus* folgen. Eine genaue Erforschung der in den Spongitenkalken verbreiteten Reste wäre für diese Districte nicht minder wünschenswerth, als die weitern Belege über die bereits angedeutete Verbreitung der Zone in den Départements Cher und Vienne.[5])

Sarthe-Département. Während die Zone des *Amm. transversarius* in den Oxford-Bildungen der normännischen Meeresküste bisher nicht nachgewiesen wurde, so gelang es wenigstens in dem benachbarten Département der Sarthe die Spuren des Horizontes aufzufinden. Gelbe thonige Kalke, welche in den Steinbrüchen unweit Aubigné südlich von le Mans ausgebeutet werden, setzen hier den obern Theil der Zone in einer Mächtigkeit von wenigen Metern zusammen. Das weiche Gestein ist mit den Resten einer reichen Fauna angefüllt, welche den Charakter einer in schlammigen Niederschlägen des seichteren Meeres entstandenen Myaciten- und Austern-Facies an sich trägt. Zahlreiche Leitmuscheln vermitteln die Uebereinstimmung mit den Ablagerungen des Calcareus Grit und Oxford-Oolith der Normandie und des englischen Jura, während die besonderen Eigenthümlichkeiten der Spongiten-Facies den Kalken von Aubigné beinahe ganz fremd sind. Dennoch fehlen aber diejenigen Reste keineswegs,

---

[1]) J. Marcou 1857—1860: Lettres sur les Roches du Jura pag. 163 und G. de Nerville, Légende explic. de la carte géol. du Dép. de la Côte d'Or. 1853.

[2]) Bullet. Soc. géol. de Fr. XV. 8 Sept. 1858 pag. 710.

[3]) V. Thiollière ebendaselbst pag. 711.

[4]) Th. Ébray: Note sur la compos. géol. du sol des environs de Mâcon. Bullet. Soc. géol. de Fr. XVII. Bd. 1860 pag. 514.

[5]) Gillot und Ébray ebendaselbst pag. 710.

welche zu einem Vergleiche der dortigen Schichten mit den jurassischen Schwammlagen anderer Districte führen können. Schon an Ort und Stelle liessen sich die bezeichnenden Cephalopoden-Species *Ammonites canaliculatus*, *Ammonites transversarius*, *Ammonites Martelli* erkennen, aus deren Vorkommen sich der Synchronismus der Kalke von Aubigné mit den Schwam-Lagern aus der Zone des *Ammonites transversarius* als sehr wahrscheinlich folgern liess. Durch die mikroskopische Untersuchung des Gesteins, welche in letzter Zeit von Herrn C. Schwager ausgeführt wurde, vermehrte sich die Zahl der übereinstimmenden Arten noch beträchtlich, indem besonders die Foraminiferen vielfach mit anderwärtigen Vorkommnissen aus gleichem Niveau identificirt werden konnten. Nach diesen und den vorhergehenden Bestimmungen setzt sich die Fauna der gelben Kalke von Aubigné (Sarthe) aus folgenden zum grossen Theile der Zone des *Ammonites transversarius* angehörigen Arten zusammen:

Cytherideis stimulea Schwag.
Bairdia fabiformis Schwag.
Belemnites hastatus Blainv.
Ammonites canaliculatus Buch.
Ammonites transversarius Quenst.
Ammonites Martelli Opp.
Chemnitzia Heddingtononsis Sow.
Pholadomya parcicosta Agass.
Pholadomya laeviuscula Agass.
Trigonia spec. indet.
Mytilus Villersensis Opp.
Ctenostreon Marcousanum Opp.
Perna sp. ind.
Pecten vimineus Sow.
Pecten inaequicostatus Phill.
Pecten spec. indet.
Plicatula spec. indet.
Ostrea gryphaeata Schloth.
Terebratula spec. indet.
Chirodota vetusta Schwag.
Hemicidaris spec. indet.
Haplostiche horrida Schwag.
Cornuspira tenuissima Gümb.
Spiriloculina panda Schwag.
Nodosaria pistilliformis Schwag.

Nodosaria prima? Terq.
Dentalina Sarthacensis Schwag.
Dentalina pilluligera Schwag.
Vaginulina raduliformis Schwag.
Frondicularia linguliformis Schwag.
Marginulina ambigua Schwag.
Cristellaria suprajurassica Schwag.
Cristellaria Sarthacensis Schwag.
Cristellaria sublenticularis Schwag.
Polymorphina nitidiuscula Schwag.
Textilaria Trigeri Schwag.
Textilaria tympaniformis Schwag.
Rosalina parapsis Schwag.

Bläulich graue Thone (mit *Belemnites unicanaliculatus*, *Rhynchonella spinulosa* und andern kleinen Resten von Brachiopoden, Conchiferen und Radiaten), welche in einem höher gelegenen Theile des Steinbruches entblöst waren, boten hier durch ihren unmittelbaren Anschluss über der Zone des *Ammonites transversarius* zu einem Vergleiche mit den Impressa-Thonen Anlass. Doch fehlten anfänglich die nöthigen Anhaltspunkte für die Altersbestimmung mittelst bezeichnender paläontologischer Merkmale. Dieselben ergaben sich erst aus den neueren mikroskopischen Untersuchungen Herrn C. Schwager's, welche das Vorkommen zahlreicher Foraminiferen-Arten in den bläulich grauen Thonen von Aubigné entdeckte und zugleich deren grosse Uebereinstimmung mit den in einer früheren Abhandlung beschriebenen Arten des Impressa-Thones nachwies.

Die Zahl der von Herrn C. Schwager in den bläulich grauen Thonen von Aubigné (Sarthe) aufgefundenen Foraminiferen-Species beträgt zur Zeit[1]) 41, wovon sich die folgenden mit Arten des Impressa-Thones von Schwaben und Franken identificiren liessen.

Haplostiche horrida Schwag.
Cornuspira tenuissima Gümb.
Spiriloculina panda Schwag.
Nodosaria tuberosa Schwag.
Dentalina mutabilis Schwag.
Dentalina pilluligera Schwag.

[1]) Da Herr C. Schwager die Untersuchung einer grössern Parthie des im Besitze der hiesigen paläontologischen Sammlung befindlichen schlemmbaren Materials von Aubigné auszuführen beabsichtigt, so lässt sich voraussehen, dass sich obige Zahl später noch vermehren werde.

Dentalina fusiformis Schwag.
Dentalina seorsa Schwag.
Dentalina dolioligera Schwag.
Dentalina Quenstedti Schwag.
Marginulina flaccida Schwag.
Marginulina resupinata Schwag.
Cristellaria suprajurassica Schwag.
Cristellaria comptula Schwag.
Cristellaria pauperata Jones.
Polymorphina mutabilis Schwag.
Rotalia pusilla Schwag.

Einige dieser Arten erstrecken sich ähnlich den übrigen Einschlüssen des Impressa-Thones in die nächst angrenzenden Zonen, die Mehrzahl derselben besitzt jedoch keine grössere Vertical-Verbreitung. Zwar werden sich bei längerer Ausbeute der ebenbeschriebenen Lokalität noch manche bezeichnende paläontologische Merkmale auffinden lassen, immerhin bildet aber schon jetzt die von Herrn C. Schwager unternommene Bearbeitung der daselbst vorkommenden fossilen Foraminiferen einen interessanten Versuch für Bestimmung und Unterscheidung jurassischer Schichten mittelst ihrer mikroskopischen Reste.

Herr Triger, unter dessen ausgezeichneter Leitung ich diesen, südlich von le Mans (Sarthe) gelegenen Punkt besuchte, stellt die Schichten von Aubigné über die Thone und Sandkalke (Zone des *Amm. cordatus*) von la Vacherie bei Ecommoy (Sarthe), während er die Region des *Cidaris florigemma* unweit der Station Ecommoy über beide, d. h. noch etwas höher als die thonigen Lagen von Aubigné einreiht. Die Aufeinanderfolge der Schichten nach H. Triger's Bestimmungen würde demnach gegenüber der paläontologischen Stufenreihe anderer Lokalitäten keine Widersprüche verursachen.

Mit den Corallenkalken von Ecommoy (Sarthe) schliesst in diesem südlichen Theile des Départements der Durchschnitt jurassischer Schichten gegen oben ab. Mittlere Kreide lagert sich direct und anscheinend parallel über den Muschelbänken, welche sich eng an die Zone des *Cidaris florigemma* anschliessen und bei den letzten Häusern des Fleckens Ecommoy durch einen Steinbruch entblösst werden. Jüngere Glieder der Jura-Formation folgen mehr gegen Norden und wurden schon früher aus den Umgebungen von Bellême und Mortagne (Orne) zur Erwähnung gebracht.

Deux-Sèvres und Vendée. Das hiesige paläontologische Museum erhielt in neuerer Zeit durch die gefällige Mittheilung des Herrn L. Saemann in

Paris eine interessante Suite jurassischer Versteinerungen aus den Umgebungen von Niort (Deux-Sèvres), welche ursprünglich einen Theil der Baugier'schen Sammlung bilden. Unter den zahlreichen als Species der Oxfordgruppe bezeichneten Resten trennen sich besonders 2 Parthien durch verschiedene Art der Erhaltung von einander ab. Der eine Theil besteht aus bräunlichen Kieskernen, unter welchen besonders die innern Windungen der gewöhnlichen Ammoniten-Species aus der Zone des *Amm. cordatus* zu erkennen sind. Ohne Zweifel wurden dieselben an der Oberfläche thoniger Lagen, aus welchen sie zuvor ausgewittert waren, zusammengelesen. Auf den Etiketten befinden sich bei diesen aus der Zone des *Amm. cordatus* der Umgebungen von Niort (Deux-Sèvres) herrührenden Arten folgende Lokalitäten bemerkt: Magné, St. Florent, Tranché des grosses terres, Serreau. Ich bestimmte von hier

Belemnites hastatus Blainv.
Ammonites Delmontanus Opp.
Ammonites cf. Henrici d'Orb.
Ammonites Renggeri Opp.
Ammonites cordatus Sow.
Ammonites cf. Brunneri F. Oost.
Ammonites cf. Eugeni d'Orb.
Ammonites perarmatus Sow.
Ammonites Christoli Beaud.
Ammonites plicatilis Sow.
Pleurotomaria spec. indet.
Pentacrinus Orbignyanus Opp. (Pent. pentagonalis d'Orb. non Goldf.).

Die zweite Parthie, durch verkalkte Exemplare gebildet, und zum Theil von den gleichen Fundstellen kommend (Magné, St. Florent, Tranché des grosses terres, Chamaillard), entspricht der höhern Region des *Amm. transversarius.* Die bezeichnenden Leitmuscheln dieser Zone scheinen in den Umgebungen von Niort in einem eigentlichen Spongiten-Lager vorzukommen, da die Zahl und der Formenreichthum der in der Serie enthaltenen Schwämme erheblich sind. Zur Ergänzung der in der Tabelle zusammengestellten Arten gebe ich hier eine vollständigere Liste der aus der Zone des *Amm. transversarius* von Niort (Deux-Sèvres) erhaltenen Fossilreste:

Serpula 2 verschiedene Arten.
Belemnites hastatus Blainv.
Ammonites Arolicus Opp.

Ammonites trimarginatus Opp.
Ammonites canaliculatus Buch.
Ammonites subclausus Opp.
Ammonites Erato d'Orb.
Ammonites tenuiserratus Opp.
Ammonites crenatus Brug.
Ammonites callicerus Opp.
Ammonites Bachianus Opp.
Ammonites tortisulcatus d'Orb.
Ammonites transversarius Quenst.
Ammonites Oegir Opp.
Ammonites plicatilis Sow.
Aptychus spec. indet.
Natica spec. indet.
Chemnitzia spec. indet.
Phasianella spec. indet.
Isoarca cordiformis Scheuchz.
Lima spec. indet.
Pecten spec. indet.
Terebratula cf. *bisuffarcinata* Schloth.
Terebr. Birmensdorfensis Esch.
Terebratula cf. orbis Quenst.
Megerlea pectunculus Schloth sp.
Cidaris filograna Agass.
Dysaster cf. granulosus Agass.
Pentacrinus subteres Goldf.
Eugeniacrinus compressus Goldf.
Verrucospongia verrucosa Goldf. spec.
Cribroscyphia Baugieri d'Orb. spec.
Cribroscyphia obliqua Goldf. spec.
Chenendroscyphia lamellosa d'Orb. spec.
Gonioscyphia texturata Goldf. spec.
Gonioscyphia texata Goldf. spec.
Gonioscyphia cancellata Goldf. spec.
Gonioscyphia jurensis Etall. spec.
Retiscyphia conica d'Orb. spec.
Cupulochonia grandis d'Orb. spec.
Cupulochonia patella Goldf. spec.

Bei ihrer weiteren Verbreitung nach Westen geben sich die Schichten des Amm. transversarius an der südlichen Grenze des Vendée-Départements durch das Vorkommen zahlreicher Fossilreste kund, welche zu Ile-Delle schon von d'Orbigny gesammelt wurden und als Arten der Oxford-Gruppe in dem 13. Kapitel des Prodrome's Erwähnung fanden. Es ist nicht daran zu zweifeln, dass sich diese Zone als spongitenreiche Lage über den hier gleichfalls vorhandenen Schichten des *Amm. cordatus* ausbreitet. Allein ihre gesonderte Abtrennung unterblieb bisher. Auch die neuesten Bestimmungen A. d'Archiac's[1]), welcher einige beachtenswerthe Notizen über die Ablagerung von Oxford-Schichten im Westen von Ile-Delle und über die daselbst entdeckten Fossilreste veröffentlichte, enthalten nur Bestätigendes für die Annahme, dass an diesem Punkte sich die beiden Zonen des *Amm. cordatus* und des *Amm. transversarius* der Untersuchung darboten.

Spanien. Zu dem Ausgezeichnetsten, was mir im Herbst des verflossenen Jahres, während eines kurzen Aufenthaltes in Paris zu sehen vergönnt war, gehören die von E. de Verneuil hergestellten Sammlungen spanischer Versteinerungen. Wichtige Beiträge, welche diese Vorkommnisse zur Kenntniss der geognostischen Verhältnisse Spaniens geliefert haben, sind, wie bekannt, theils schon veröffentlicht, theils werden dieselben durch die bevorstehende Publikation der geognostischen Karte dieses Landes weiteren Ausdruck gewinnen.

Während mir durch die Besichtigung der Sammlung und die dabei von E. de Verneuil erhaltene vielseitige Belehrung ein allgemeines Bild über das Auftreten jurassischer Faunen auf der iberischen Halbinsel gegeben wurde, so gewann ich zugleich über die Verbreitung einer einzelnen Zone genauere Kunde, deren Erwähnung sich den vorhergehenden Nachweisen anschliesst. E. de Verneuil beutete an mehreren Stellen ein graues Jura-Kalk-Mergel-Gestein aus, dessen zahlreiche Fossilreste sich ihren Formverhältnissen nach als Species der Oxford-Gruppe zu erkennen gaben. Es sind meistens Cephalopoden, welche in allen Beziehungen den Einschlüssen der Birmensdorfer Schichten gleichen und auch im Einzelnen mit Arten der Zone des Amm. transversarius übereinstimmen. Ich vermag hier einige der von E. de Verneuil zu Frias aufgefundenen Species: *Ammonites canaliculatus, hispidus, subclausus, transversarius, plicatilis* aus der Erinnerung anzuführen. Aehnliche Reste der gleichen Schicht bewahrt E. de Verneuil von andern Lokalitäten auf, deren ich mich nicht mehr genauer entsinne. Sind desshalb eingehendere Angaben erst noch hinzuzufügen, so geht doch

[1]) A. d'Archiac 1856: Histoire des progrès de la géologie VI, pag. 458.

aus Obigem die Gewissheit hervor, dass der versteinerungsreiche Horizont der Oxford-Gruppe, welcher seither (entsprechend Marcou's Argovien und Etallon's Spongitien) als Zone des Amm. transversarius in Frankreich, der Schweiz und Süddeutschland verfolgt wurde, auch in Spanien unter ähnlichen mineralogischen und paläontologischen Verhältnissen entwickelt ist.

Das Nähere über die Schichtenfolge und über die Entwicklung der Juraformation in diesen Gegenden überhaupt ist aus einigen Aufsätzen von H. de Verneuil und Ed. Colomb, welche im Bulletin der geologischen Gesellschaft von Frankreich enthalten sind, zu ersehen. Ich nehme hier namentlich auf einige dort veröffentlichte Durchschnitte Bezug, welche sich den genannten Forschern in der Umgegend von Frias und Albarracin (Arragonien) darboten. Die meisten derselben erscheinen in ihrer Gliederung sehr lückenhaft, indem die Schichten des mittleren Jura durchgängig zu fehlen scheinen[1]. Bei Albarracin ist es namentlich Lias, welcher, durch eine Verwerfungsspalte neben die Trias versetzt, zu Tage tritt und nur an einer Stelle sogleich von Oxfordschichten bedeckt wird, bei Frias dagegen liegt der Lias nirgends am Tage, sondern das tiefste Anstehende sind die Kalke der Oxfordgruppe, über welche sich fossilreiche Mergel anschliessen.

Die grösste Mannigfaltigkeit an jurassischen Schichten bietet ein Durchschnitt zwischen Frias und Villar del Cobo, welchen ich desshalb hier wiedergebe.

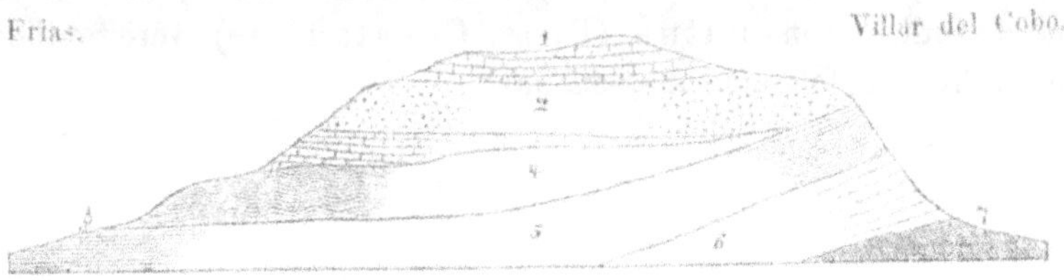

1.	Kreide	Weisser Kalk.
2.		Weisser Sandstein und Quarzit.
3.	Jura	Oolithischer Kalk.
4.		Oxford-Mergel.
5.		Oxford-Kalk.
6.		Oberer Lias.
7.		Mergel des mittleren Lias.

[1]) Marcou: Lettres sur les roches du Jura p. 223 führt freilich, nach den Angaben von Don Santjago Rodriguez (Revista minera, tomo II p. 39 Madrid 1851), aus der Umgegend von Albarracin auch folgende Arten an, die vielleicht auch noch in den von Verneuil und Colomb sogenannten Oxford-Kalken ihr Lager haben könnten: *Ammonites Humphriesianus, Truellei, Terebrat. digona* u. s. w.

Frias selbst liegt auf dem von **Verneuil** und **Colomb** sogenannten Oxford-Kalk (5), welcher indess nach den aus demselben angeführten Ammoniten-Arten auch die Kelloway-Gruppe wenigstens theilweise zu vertreten scheint. Ueber ihm folgt der graue versteinerungsreiche Mergel (4), der mit aller Wahrscheinlichkeit die oben angeführten Petrefakten in sich schliesst, denselben überlagert ein oolithischer Jurakalk (3) noch unbestimmten Alters, mit welchem zugleich die Juraformation ihren Abschluss erhält. Die Schichten 1 und 2 stellen bereits Glieder der Kreideformation dar. An der anderen Abdachung des Berges, gegen **Villar del Cobo**, haben sich bereits die beiden höheren Juraschichten 3 und 4 wieder ausgekeilt und unmittelbar unter den Gliedern der Kreide steht hier der „Oxford-Kalk" an, unter dem sich sogleich die Kalke des oberen Lias (6) zeigen, die Sohle des Thales aber nimmt der mittlere Lias (7) ein. Aehnlich erscheint die Zusammensetzung des Jura allenthalben im nördlichen Spanien, bis gegen **Burgos** hin[1]).

Algerien. Die neueren wichtigen Entdeckungen im oberen Jura der südalpinen Distrikte haben auch für die geognostischen Verhältnisse **Algiers** manche Aufklärung gebracht und es lässt sich vermuthen, dass sich in den oberjurassischen Schichten des **Atlas** in kurzer Zeit die Mehrzahl jener Unterabtheilungen erkennen lassen werde, welche in ausseralpinen Juradistrikten Deutschlands und Frankreichs gemacht worden sind. Die Art und Weise des Auftretens dieser Ablagerungen ist am besten ersichtlich aus dem schönen Profile, welches **Coquand**[2]) vom **Foum Islamem** oder **Ravin bleu** nordwestlich von **Batna** (**Prov. Constantine**) veröffentlicht hat. Dasselbe stellt sich folgendermassen dar:

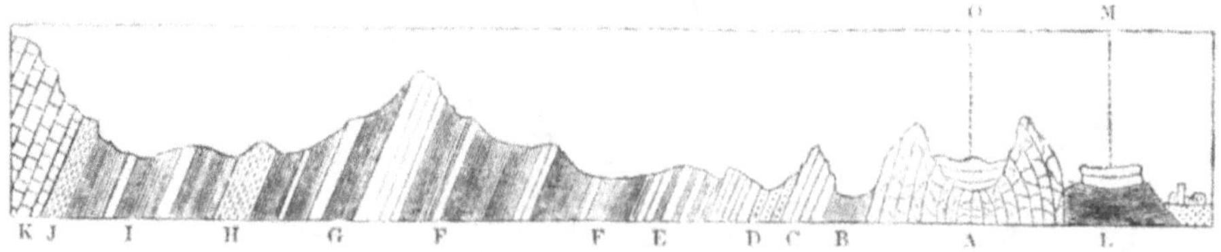

A—G: Jura, H—M: Kreide, O: tertiäres Conglomerat.

[1]) Vergl. 1852 Coup d'oeil sur la constitution géologique de quelque provinces de l'Espagne par M. M. de **Verneuil** et Ed. **Colomb**: Bul. soc. géol. de France 10 pag. 61. 1856 de **Verneuil** et **Colomb**: Observations géologiques et barométriques faites en Espagne en 1855. (Hierin einige Notizen über den Jura in Süd-Spanien.)

[2]) 1860 **Coquand**: Géologie et Paléontologie de la région sud de la Prov. de Constantine pag. 19—23.

Wenn man von Batna den Weg nach dem Djebel Chellalâh verfolgt, schreitet man erst über ein Plateau, welches in seiner Unterlage von grauen Mergeln (L) mit *Hemiaster Africanus* und *Inoceramus problematicus*, die von Coquand seiner Etage carantonien zugetheilt werden, in seinen oberflächlichen Schichten aber von Kalken (M) mit *Radiolites cornu-pastoris*, zur Etage angoumien gehörig, gebildet wird. Die Schichten liegen horizontal und setzen mit einer Verwerfungsspalte gegen die aufgerichteten Lager des Jura ab.

Die Reihe der jurassischen Gesteine beginnt:

A. mit mächtigen Ablagerungen von Kalk und Dolomit in dicken Bänken, aus denen keine bestimmbaren Versteinerungen aufzufinden waren. Die Schichten stellen ein aufgebrochenes Gewölbe dar, in dem die mittelsten Bänke auf dem Kopfe stehen, die höheren Lagen aber nach beiden Seiten abfallen. Das Profil in nordwestlicher Richtung fortsetzend, schliessen sich an

B. Graue Mergel, etwa 12^{m} mächtig, welche *Amm. lunula* und *Amm. tumidus* geliefert haben.

C. Rothe eisenschüssige Kalke mit *Bel. latesulcatus, Amm. anceps, Amm. Backeriae* (diese Schichten werden von Coquand mit den Eisenerzen von La Voulte parallelisirt).

D. Grünliche Kalke von muschligem Bruch mit Kieselausscheidungen ohne bestimmbare Fossile.

E. Rothe grüngefleckte Kalke mit rothen Mergelzwischenlagen in nicht sehr dicke Bänke abgetrennt 9—12^{m} mächtig, schon von den Alten als Marmor verwendet: *Bel. hastatus, Sauvanausus, Amm. biplex, tortisulcatus, Homairei, Eucharis, Viator, tatricus* einschliessend.

F. Graue Mergel und Kalkbänke sehr mächtig mit *Amm. plicatilis* in Massen.

G. Graue in ihrer Struktur den lithographischen Steinen ähnliche, compakte Kalke mit *Terebratula diphya.*

Die nächste petrographisch unterscheidbare Schicht gehört schon der Kreideformation an. Es folgt nämlich ein harter gelber Sandstein (H.) mit Zwischenlagen von Thon, in dem sich an dieser Stelle keine Versteinerungen auffinden liessen. Darüber schliessen sich blaue von knolligen Kalklagern durchzogene Mergel (I.) an, die, nicht sehr hart, ziemlich leicht verwittern; sie beherbergen: *Bel. latus, dilatatus, bipartitus, subfusiformis, Amm. diphyllus, Neocomiensis, Aptychus Didayi.* Sie sind von einigen Bänken eines Sandsteins (J.) ohne Versteinerungen bedeckt. Ueber diesen Sandsteinen erheben sich gelbliche dolomitische Kalke (K.) in grosser Mächtigkeit, welche die Hauptmasse des Djebel Chellalâh zusammensetzen. Versteinerungen sind bis jetzt noch nicht darin aufgefunden, doch lassen sich diese Dolomite mit ziemlicher Sicherheit als das Aequivalent des Urgonien betrachten.

Für uns sind in diesem Augenblick nur die Schichten von A—G von Wichtigkeit. Welches Niveau die Kalke und Dolomite A innerhalb des mittleren Jura einnehmen mögen, wollen wir dahingestellt sein lassen, mit B aber beginnt die Formation des Malm und zwar lassen sich in B und C die Aequivalente der Kelloway-Gruppe erkennen. D mag vielleicht die unteren Oxford-Schichten darstellen, während E die Oberregion der Oxford- und die Unterregion der Kimmeridge-Gruppe in sich zu bergen scheint. Es lässt sich diess schon theilweise aus den von Coquand angeführten Arten schliessen, noch mehr aber aus den von Escher und Desor von dort mitgebrachten Stücken, welche nun im Züricher Museum aufbewahrt werden. Sie sind in einem rothen Kalke erhalten und stammen mit vieler Wahrscheinlichkeit aus Schicht E; es liessen sich unter denselben erkennen:

Ammonites plicatilis Sow.
Ammonites tortisulcatus d'Orb.
Ammonites fimbriat sp.
Ammonites iphicerus Opp.
Ammonites acanthicus Opp.

Eine Notiz über das Vorkommen von *Amm. transversarius* Quenst. (*A. Toucasianus* d'Orb.) in einem gelben mergeligen Kalk der Umgegend von Batna verdanke ich der freundlichen Mittheilung des H. Prof. Coquand; auch das Lager dieser Art glaube ich in irgend eine Region der Schicht E versetzen zu müssen.

Dass die Schichten mit *Amm. transversarius* im nördlichen Afrika eine grössere Verbreitung besitzen, beweist ein zweites Exemplar dieser Art, welches in einem rothen Kalk bei Ouarencenis (Prov. Algier) gefunden wurde.

Die Abtheilungen F und G des Profiles stellen die höheren Kimmeridge-Schichten und endlich die Ablagerungen der tithonischen Gruppe dar.

Die fossilen Arten der Zone des Ammonites transversarius.

Herr C. Schwager unterzog das von mir im letzten Jahre gesammelte schlemmbare Material einer besondern Untersuchung unter dem Mikroskope, bei der es ihm gelang, eine Anzahl neuer und merkwürdiger Reste von Crustaceen, Radiaten und Foraminiferen zu entdecken. Ich füge in dem Nachherigen die mir von Herrn Schwager mitgetheilten Bestimmungen und Abbildungen bei.

Herr de Fromentel hatte die Freundlichkeit, die von mir zusammengestellte Liste der in der Zone des *Ammonites transversarius* verbreiteten Amorphozoen zu revidiren und zu ergänzen und deren richtige Einreihung bei den nunmehr unterschiedenen Gattungen auf Grundlage seiner neuerdings veröffentlichten Classification auszuführen.

1. Notidanus Münsteri Agass.

1833—1843. *Notidanus Münsteri* Agass. Rech. sur les poiss. foss. p. 222. Taf. XXVII, Fig. 2, 3.

Zone des *Ammonites transversarius.* Chapois bei Salins (Jura).

2. Sphenodus longidens Agass.

1833 — 1843. *Sphenodus (Lamna) longidens* Agass. Rech. sur les poiss. foss. III, p. 298. Tab. XXXVII, Fig. 24—29.

Zone des *Ammonites transversarsius.* Birmensdorf (Canton Aargau), St. Claude (Jura). Findet sich auch in höhern und tiefern Schichten.

3. Pithonoton gibbosum Etall.

1857. *Pithonoton gibbosum* Etall. Esq. d'une Descr. géol. du Haut-Jura p. 32.
1857. *Pithonoton gibbosum* Etall. Bullet. Soc. géol. de Fr. Bd. XVI, p. 179.

Zone des *Ammonites transversarius* von le Pontet bei St. Claude (Jura).

4. Pithonoton quadratum Etall.

1857. *Prosopon quadratum* Etall. Esquisse géol. Haut-Jura p. 32.
1858. *Pithonoton quadratum* Etall. Bullet. Soc. géol. de Fr. XVI, p. 177.
1861. *Pithonoton quadratum* Etall. Notes sur les crustacés jurass. p. 9.

Mit der vorhergehenden Art.

5. **Cythereis stimulea** Schwager M. S.

Fig. 1.

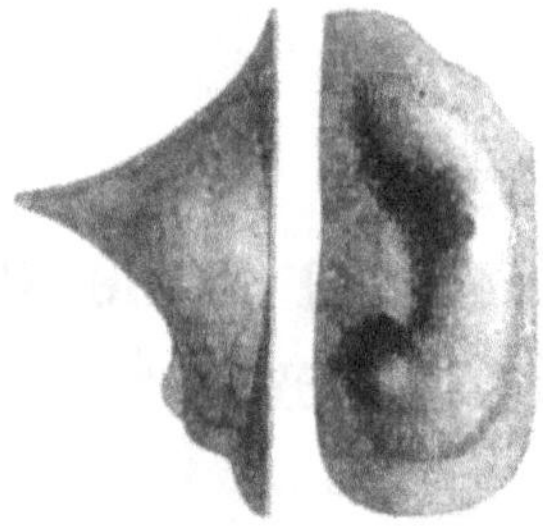

Schale länglich mit nahezu parallelem Bauch- und Rückenrande. Vorder-Rand schräge, oben und unten gerundet. Der niedere Hauptkörper fällt rasch gegen den Bauchrand ab, langsam gegen den Rückenrand. Die Schale läuft in eine hohe scharfe Spitze aus, deren schief-hufeisenförmige Basis gegen vorne mit einer kleinen Erhöhung endigt. Länge 0,45 Mm.

Mit *Ammonites transversarius* Quenst. (*Toucasianus* d'Orb.) in den thonigen Kalken der Oxford-Gruppe zu Aubigné (Sarthe).

6. **Bairdia fabiformis** Schwager M. S.

Fig. 2.

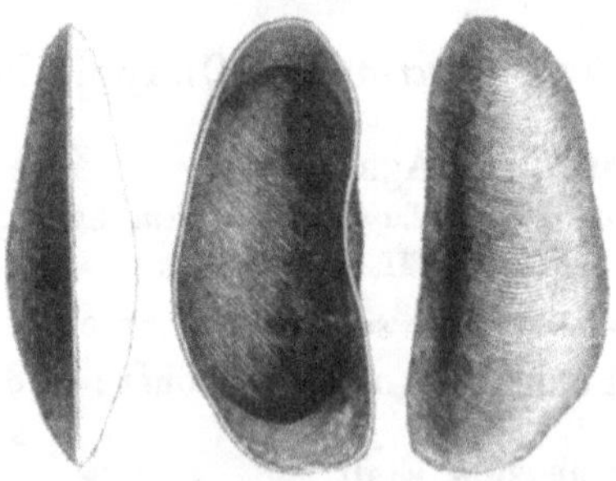

Gehäuse länglich mit höckerigem Rücken, eingebogenem Bauchrande, an den sich der kurze gewölbte Vorderrand nahezu unter einem rechten Winkel anschliesst. Die Oberfläche ist glatt, ziemlich rasch gegen den Bauchrand abfallend, nach dem Rücken gleichmässig abschüssig. Im Innern der Schale befindet sich unter dem Rande eine Lamelle, welche auf der Vorder- und Hinterseite weiter hervortritt, als gegen unten, an dem Rücken-Rande jedoch verschwindet. Länge 0,5 Mm.

Mit der vorigen Art zu Aubigné (Sarthe).

7. Terebella cf. lapilloides Goldf.

Etallon vereinigt eine im Spongitien (Zone des *Ammonites transversarius*) von St. Claude (Jura) vorkommende Terebella mit der von Goldfuss aus höheren Jura-Schichten beschriebenen Art.

8—17. Serpula spec. div.

Etallon zählt 7 verschiedene Serpula-Arten aus dem Spongitien (Zone des *Ammonites transversarius*) von St. Claude (Jura) auf, wozu Cartier noch 3 bei Oberbuchsiten (Canton Solothurn) in gleichem Niveau vorkommende Species fügt. Auch zu Birmensdorf (Canton Aargau) und zu Niort (Deux-Sèvres) fanden sich mehrere meist auf Schwämmen sitzende Exemplare.

18. Belemnites hastatus Blainv.

1827. *Belemnites hastatus* Blainv. Mém. sur les Belemn. Tab. I, Fig. 4.

Belemnites hastatus setzt sich aus den obersten Lagen der Kelloway-Gruppe bis zur Zone des *Ammonites transversarius* fort und erlischt hier unter besonders häufigem Vorkommen von Formen, wie sie d'Orb. Tab. XIX, Fig. 8—10 zeichnet. In tiefern Lagen sind die Exemplare schlanker und beinahe ohne Ausnahme symmetrisch gebildet. Es ist desshalb nicht unwahrscheinlich, dass diese angeblichen Monstruositäten mit eigentlichen Species-Unterschieden zusammenhängen. Zone des *Ammonites transversarius* von Paczaltowice und Trzebinia (Galizien), Oberhochstadt, Thalmässing, Streitberg (Bayern), Lautlingen (Württemberg), Zollhaus, Sieblingen, Küssaburg (Baden), Birmensdorf (Canton Aargau), Firstwand am Glärnisch und Schilt (Glarner Alpen), St. Claude (Jura), Trept (Isère), Berg Crussol bei Valence (Ardèche), Niort (Deux-Sères).

19. ? Belemnites latesulcatus (Voltz) Thurmann.

Ich führe diese zweifelhafte Art nur an, um einen Theil der Widersprüche zu beseitigen, welche sich an die Bezeichnung *Belemnites latesulcatus* allmählig geknüpft haben. Nach Thurmann's erstmaliger öffentlicher Erwähnung (Essay 1832, p. 27) gehört die Voltz'sche Species den Oxford-Thonen an, wofür auch die späteren Angaben Etallon's, welcher die Art aus dem Oxfordien und Spongitien von St. Claude (Jura) angibt, sprechen.

Es sind vielleicht nur die mit besonders breiter Furche versehenen Exemplare darunter zu verstehen, welche bisher gewöhnlich mit *Belemnites hastatus* vereinigt wurden.

Dass die Species von d'Orbigny (Prodr. XII, 2) richtig gedeutet wurde, welcher dieselbe in das Callovien versetzt, und die Abbildung eines im Buchhandel nicht existirenden Werkes citirt, ist unwahrscheinlich.

20. Belemnites unicanaliculatus Ziet.

1832. *Belemnites unicanaliculatus* Ziet. Tab. XXIV, Fig. 8.

Eichberg bei Blumberg (Baden), Trept (Isère), Berg Crussol bei Valence (Ardèche). Beginnt in der Zone des *Ammonites transversarius*, erstreckt sich jedoch bis zur mittlern und obern Region der Malmformation. Vermuthlich wird es später gelingen, mehrere Arten zu unterscheiden.

21. Belemnites Argovianus Mayer.

1843. *Belemnites Sauvanausus* (pars) d'Orb. Pal. fr. Terr. jurass. I. Tab. XXI, Fig. 4, 5.
1862. *Belemnites Argovianus* Mayer. Liste des Belemn. jurass. p. 14.

Trzebinia (Galizien), Eichberg bei Blumberg (Baden), Frickthal und Birmensdorf (Canton Aargau), St. Claude (Jura), Trept (Isère). Doch weicht die gewöhnliche Form der an genannten Lokalitäten in der Zone des *Ammonites transversarius* verbreiteten Species von derjenigen der d'Orbigny'schen Figur wesentlich ab. Scheint auch in höhere Schichten überzugehen.

22. Belemnites Sauvanausus d'Orb.

1843. *Belemnites Sauvanausus* (pars) d'Orb. Pal. fr. Terr. jurass. I. Tab. XXI, Fig. 1—3.
1862. *Belemnites Sauvanausus* Mayer. Liste des Belemn. jurass. p. 8.

Vereinzelt in der Zone des *Ammonites transversarius.* Schilt in den Glarner Alpen und Kuchenstock in Unterwalden (Schweizer Hochgebirge). Findet sich auch in tieferen Zonen der Oxford- und Kelloway-Gruppe.

23. Nautilus spec. indet.

Zone des *Ammonites transversarius* zu Birmensdorf (Canton Aargau).

24. Rhynchoteuthis spec. indet.

Zone des *Amm. transversarius.* Berg Crussol bei Valence (Ardèche).

25. Peltarion Argovianum Opp.

Hierher gehören die in der Zone des *Ammonites transversarius* vorkommenden Exemplare von Peltarion, deren Existenz zuerst durch die Schriften von Mösch (1856 Flötzgeb. im Canton Aargau p. 53) und von Etallon (Esq. d'une Descr. géol. du Haut-Jura p. 36) bekannt wurde. Die Art wird daselbst unter der Bezeichnung Problematicum Quenst. von Zeihen (Aargauer Jura) und von St. Claude (Jura) angeführt. Doch wurde bisher nicht untersucht, ob die Exemplare der verschiedenen Spongitenhorizonte zu derselben Species gehören. Ueber die weitere Verbreitung der Gattung Peltarion Deslongch. (Scaphanidia und Cyclidia Rolla) vergl. Quenst. 1852, Handb. Tab. 55, Fig. 45. Quenst. Jura Tab. 81, Fig. 8. Deslongchamps 1858, Bullet. Soc. Linn. de Norm. III, p. 48. Deslongch. 1863, Notes paléontol. p. 23. Rolle 1862, Ueber eine neue Cephalopoden-Gattung. Sitzungsbericht der kaiserl. Akad. der Wissenschaften Bd. 45, p. 119. Moore 1861, Quarterly Journal of the geol. Society, Tab. XVI, Fig. 28.

26. **Aptychus spec. indet.**

Die gerippten Aptychen, welche in der Zone des *Ammonites transversarius* nicht selten vorkommen, und welche vermuthlich den Familien der Flexuosen, Canaliculaten und Trimarginaten angehören, konnten den einzelnen nach der Form ihres Gehäuses unterschiedenen Ammoniten-Arten bisher nicht zugetheilt werden. Sie fanden sich am Eichberg bei Blumberg (Baden), Birmensdorf (Canton Aargau), St. Claude (Jura), Berg Crussol bei Valence (Ardèche).

27. **Aptychus Oegir?** Opp.

Uebergänge in der Form und allgemeine Uebereinstimmung der Loben-Zeichnung zwischen Perarmaten, Biarmaten und Bispinosen-Ammoniten machen es wahrscheinlich, dass die Aptychus-Reste mit celluloser Structur, welche in der Zone des *Ammonites transversarius* gefunden werden, zu *Ammonites Oegir* (Perarmat) gehören. Sollte sich diese Vermuthung bestätigen, so würde Aptychus Oegir als besondere Art zu streichen und mit der gleichnamigen Ammoniten-Species zu vereinigen sein. Eichberg bei Blumberg (Baden), St. Claude? (Jura), Berg Crussol bei Valence (Ardèche), Niort (Deux-Sèvres).

28. **Ammonites Arolicus** Opp.

1862. *Ammonites Arolicus* Opp. Pal. Mittheil. p. 160 und p. 188. Tab. 51, Fig. 1, 2.

Zone des *Ammonites transversarius* von Paczaltowice und Trzebinia (Galizien), Voglarn bei Passau (Niederbayern), Wannenthal und Lautlingen (Württemberg), Blumberg, Fützen, Sieblingen, Bechtersbohl (Baden), Birmensdorf, Frickthal, Bötzen (Canton Aargau), Oberbuchsiten (Canton Solothurn), Noiraigne im Val Travers (Canton

Neuchatel), Schilt und Walenstadt (Schweizer Alpen), Umgebungen von Salins (Jura), Tenay (Ain), Trept (Isère), Berg Crussol bei Valence und Yoyeuse bei Aubenas (Ardèche), Gigondas (Vaucluse), St. Maixent und Niort (Deux-Sèvres). Erstreckt sich bis zu der Zone des *Ammonites bimammatus.*

29. **Ammonites stenorhynchus** Opp.

1863. *Ammonites stenorhynchus* Opp. Pal. Mitth. p. 189. Tab. 52, Fig. 1.

Zone des *Ammonites transversarius* zu Baczyn (Galizien), Lautlingen und Wannenthal (Württemberg), Blumberg (Baden), Frickthal und Birmensdorf (Cant. Aargau). Erstreckt sich vermuthlich noch etwas höher bis in die mergeligen Schichten der *Terebratula impressa.*

30. **Ammonites trimarginatus** Opp.

1862. *Ammonites trimarginatus* Opp. Pal. Mitth. p. 159. Tab. 50, Fig. 2.

Ursprünglich aus den geschichteten Kalken des *Ammonites Hauffianus* vom Hundsrück bei Balingen beschrieben, wurde die Species seither auch in der tiefern Zone des *Ammonites transversarius* an folgenden Lokalitäten nachgewiesen: Birmensdorf (Cant. Aargau), Gigondas (Vaucluse), Niort (Deux-Sèvres).

31. **Ammonites subclausus** Opp.

1863. *Ammonites subclausus* Opp. Pal. Mitth. p. 190. Tab. 52, Fig. 3.

Zone des *Ammonites transversarius* zu Paczaltowice, Trzebinia und Grojec (Galizien), Wannenthal und Lautlingen (Württemberg), Blumberg (Baden), Frickthal und Birmensdorf (Aargau), Tenay (Ain), Gigondas (Vaucluse), Rians (Var), Niort (Deux-Sèvres), Frias (Spanien). Reicht bis in die untere Region des Impressa-Thones.

32. **Ammonites Bruckneri** Opp.

1863. *Ammonites Bruckneri* Opp. Pal. Mitth. p. 192. Tab. 54, Fig. 4 a.

Zone des *Ammonites transversarius:* Blumberg (Baden), Berg Crussol bei Valence (Ardèche).

33. **Ammonites canaliculatus** Buch.

1831. *Ammonites canaliculatus* Buch. Recueil de Planches de Petrific. remarq. Tab. I, Fig. 6—8.

Zone des *Ammonites transversarius:* Paczaltowice und Trzebinia (Galizien), Wannenthal und Lautlingen bei Balingen (Württemberg), Eichberg bei Blumberg (Baden), Frickthal und Birmensdorf (Cant. Aargau), Oberbuchsiten (Cant. Solothurn), Umgebungen von Salins und von St. Claude (Jura), Nantua (Ain), Trept (Isère), Rians (Var), Aubigné (Sarthe), St. Maixent und Niort (Deux-Sèvres), Frias (Spanien). Reicht bis in die untere Region des Impressa-Thones.

34. **Ammonites hispidus** Opp.

1863. *Ammonites hispidus* Opp. Pal. Mittheil. p. 193. Tab. 52, Fig. 2.

Zone des *Ammonites transversarius* zu Streitberg in Oberfranken (Bayern), Lautlingen bei Balingen (Württemberg), Bechtersbohl bei Thiengen (Baden), Frickthal und Birmensdorf (Aargau), Trept (Isère), St. Maixent (Deux-Sèvres), Frias (Spanien). Findet sich auch rostgelb verkiest in den thonigen Lagen an der Basis der Zone der *Terebr. impressa.*

35. **Ammonites alternans** Buch.

1831. *Ammonites alternans* L. v. Buch. Recueil de Planches des Petrifications rem. Tab. VII, Fig. 4.

1837. *Ammonites alternans* Pusch. Pol. Pal. p. 155. Tab. XIII, Fig. 12.

Von Pusch aus dem Jura von Mloszowa (Krakau) erwähnt, woselbst sie von Zeuschner gesammelt wurde, fand sich die Art später noch an zahlreichen Lokalitäten des Polnischen Jura. Ausserdem Bechtersbohl bei Thiengen (Baden), Birmensdorf (Cant. Aargau), Umgebungen von Salins und von St. Claude (Jura), Tenay (Ain), Berg Crussol bei Valence (Ardèche). Beginnt in der Zone des *Amm. transversarius* und setzt sich gegen oben bis in die mittlere Region der Kimmeridge-Gruppe fort.

36. **Ammonites tenuiserratus** Opp.

1863. *Ammonites tenuiserratus* Opp. Pal. Mitth. p. 200. Tab. 53, Fig. 2 a—c.

Zone des *Ammonites transversarius.* Hornussen, Kreisacker und Birmensdorf (Aargau), Berg Crussol bei Valence (Ardèche), Rians (Var), Niort (Deux-Sèvres).

37. **Ammonites crenatus** Brug.

1792. *Ammonites crenatus* Brug. Encycl. meth. I, p. 37.

Zone des *Ammonites transversarius.* Trzebinia (Galizien), Bechtersbohl bei Thiengen (Baden), Birmensdorf (Aargau), St. Claude (Jura), Berg Crussol bei Valence (Ardèche), Rians (Var), Niort (Deux-Sèvres). Erstreckt sich gegen oben bis zu der Zone der *Terebratula impressa.*

38. **Ammonites politus** Opp.

1863. *Ammonites lophotus* (pars) Opp. Pal. Mitth. Tab. 53, Fig. 4 (non Fig. 3).

Zone des *Ammonites transversarius* zu Bechtersbohl bei Thiengen (Baden), Birmensdorf (Aargau), Yoyeuse bei Aubenas (Ardèche).

39. Ammonites Hyacinthus d'Orb.

1848. *Ammonites Hyacinthus* d'Orb. Pal. franc. Terr. jurass. I, p. 572 (pars).
1851. *Ammonites Hyacinthus* d'Orb. Prodr. XIII. 50 (pars).

Eine dem *Ammonites microdomus* Opp. nahestehende Art aus der Zone des *Ammonites transversarius* von Niort (Deux-Sèvres). Der im Prodrome von Neuvizi erwähnte Ammonit gehört zu einer verschiedenen Species, dagegen findet sich *Ammonites Hyacinthus* zweifelsohne auch in den Spongitenschichten von Birmensdorf (Canton Aargau.)

40. Ammonites Erato d'Orb.

1848. *Ammonites Erato* d'Orb. Pal. fr. Terr. jurass. Tab. 201, Fig. 3—6.

Zone des *Ammonites transversarius*: Paczaltowice und Trzebinia (Galizien), Birmensdorf (Canton Aargau), Berg Crussol bei Valence (Ardèche) Gigondas (Vaucluse), Rians (Var), Niort (Deux-Sèvres). Erstreckt sich auch in tiefere und höhere Lagen, doch ist der verticale Verbreitungsbezirk dieser Species noch nicht genauer ermittelt.

41. Ammonites Anar Opp.

1863. *Ammonites Anar* Opp. Pal. Mitth. p. 207. Tab. 55, Fig. 1 a—d.

Zone des *Ammonites transversarius*: Trzebinia, Grojec (Galizien), Birmensdorf, Thalheim, Frickthal (Canton Aargau), Berg Crussol bei Valence (Ardèche).

42. Ammonites Gessneri Opp.

1863. *Ammonites Gessneri* Opp. Pal. Mittheil. p. 208. Tab. 54, Fig. 2 a—d.

Zone des *Ammonites transversarius*: Birmensdorf (Canton Aargau), Firstwand am Glärnisch (Canton Glarus).

43. Ammonites Bachianus Opp.

1863. *Ammonites Bachianus* Opp. Pal. Mittheil. p. 208. Tab. 55, Fig. 5.

Zone des *Ammonites transversarius*: Trzebinia, Mloszowa, Grojec (Galizien) Frickthal, Birmensdorf (Canton Aargau), Oberbuchsiten (Canton Solothurn), Trept (Isère), Yoyeuse bei Aubenas, la Voulte, Berg Crussol bei Valence (Ardèche), Rians (Var), Niort (Deux-Sèvres).

44. Ammonites semiplanus Opp.

1863. *Ammonites semiplanus* Opp. Pal. Mittheil. p. 209. Tab. 55, Fig. 4.

Zone des *Ammonites transversarius*: Birmensdorf und Frickthal (Canton Aargau), Trept (Isère), Rians (Var).

45. Ammonites callicerus Opp.

1863. *Ammonites callicerus* Opp. Pal. Mittheil. p. 210. Tab. 55, Fig. 2, 3.

Zone des *Amm. transversarius:* Trzebinia (Galizien), Birmensdorf, Thalheim und Frickthal (Cant. Aargau), Oberbuchsiten (Cant. Solothurn), Firstwand am Glärnisch (Glarner Alpen), Trept (Isère), Yoyeuse bei Aubenas und Berg Crussol bei Valence (Ardèche), Rians (Var), Niort (Deux-Sèvres).

46. Ammonites Gmelini Opp.

1863. *Ammonites Gmelini* Opp. Pal. Mittheil. p. 210. Tab. 54, Fig. 7 a—c.

Zone des *Amm. transversarius:* Birmensdorf (Cant. Aargau), la Voulte und Berg Crussol bei Valence (Ardèche), Rians (Var).

47. Ammonites Manfredi Opp.

1863. *Ammonites Manfredi* Opp. Pal. Mittheil. p. 215. Tab. 57, Fig. 2 a—c.

Zone des *Amm. transversarius* von Trzebinia (Galizien), Bechtersbohl bei Thiengen (Baden), Kreisacker bei Brugg, Birmensdorf (Cant. Aargau), Berg Crussol bei Valence (Ardèche). Erstreckt sich auch in die darüberliegende Zone der *Terebratula impressa.*

48. Ammonites tortisulcatus d'Orb.

1840. *Ammonites tortisulcatus* d'Orb. Terr. cret. I, p. 162. Tab. 51, Fig. 4—6. Terr. jurass. I, 1847 p. 189.

Zone des *Amm. transversarius:* Zalas westl. von Krakau (Galizien), Birmensdorf (Cant. Aargau), Firstwand am Glärnisch und Walenstadt (Schweizer Hochgebirge), St. Claude (Jura), Trept (Isère), Yoyeuse bei Aubenas, la Voulte, Berg Crussol bei Valence (Ardèche), Gigondas (Vaucluse), Niort (Deux-Sèvres). Geht in höhere und tiefere Lagen über.

49. Ammonites spec. indet. (Fimbriat).

Zone des *Amm. transversarius:* Berg Crussol bei Valence (Ardèche).

50. Ammonites Oegir Opp.

1863. *Ammonites Oegir* Opp. Pal. Mittheil. p. 226. Tab. 63, Fig. 2.

Zone des *Amm. transversarius:* Trzebinia (Galizien), Puchow (Ungarn), Voglarn bei Passau und Oberhochstadt bei Weissenburg (Bayern), Birmensdorf, Frickthal, Trimbach (Cant. Aargau), Umgebungen von Salins und von St. Claude (Jura), Trept (Isère), Berg Crussol bei Valence (Ardèche), Niort (Deux-Sèvres).

51. **Ammonites Rotari** Opp.

1863. *Ammonites Rotari* Opp. Pal. Mittheil. p. 227. Tab. 63, Fig. 3.

Zone des *Amm. transversarius:* Bözen bei Brugg (Cant. Aargau).

52. **Ammonites Meriani** Opp.

1863. *Ammonites Meriani* Opp. Pal. Mittheil. p. 230. Tab. 65, Fig. 1.

Zone des *Amm. transversarius:* Frickthal und Birmensdorf (Cant. Aargau).

53. **Ammonites transversarius** Quenst.

1847. *Ammonites transversarius* Quenst. Ceph. p. 199. Tab. XV, Fig. 12.
1847. *Ammonites Toucasianus* d'Orb. p. 508. Tab. 190.

Zalas und Mirów westlich von Krakau und Rogoznik in Galizien, Puchow in Ungarn (Oesterreich), Amberg in der Oberpfalz (Bayern), Lautlingen (Württemberg), Fützen, Blumberg (Baden), Birmensdorf (Cant. Aargau), St. Croix (Cant. Vaud), Erzeck über Engstlen Alp (Berner Oberland), Rottenstein (Tiroler Alpen), St. Claude (Jura), Tenay (Ain), Gigondas (Vaucluse), Rians und Caussol (Var), Châtel-Censoir (Yonne), Aubigné (Sarthe), Niort (Deux-Sèvres), Frias (Spanien), Batna und Ouarencenis (Algier).

54. **Ammonites Chapuisi** Opp.

1847. *Ammonites microstoma impressae* Quenst. Ceph. Tab. XV, Fig. 6.
1857. *Ammonites Chapuisi* Opp. Juraform. p. 605.

Zone des *Amm. transversarius:* Birmensdorf (Cant. Aargau) und vermuthlich St. Claude (Jura), wie aus der von Etallon erwähnten d'Orbigny'schen Art *Amm. Acropus* hervorzugehen scheint. Da sich die Kieskerne aus den Impressa-Thonen von Reichenbach bei Boll früher ausschnüren und kleiner bleiben als die verkalkten Exemplare von Birmensdorf, so ist es nicht unwahrscheinlich, dass letztere einer besondern Art angehören, für welchen Fall ich die Species **Ammonites glomus** nenne.

55. **Ammonites Collinii** Opp.

1863. *Ammonites Collinii* Opp. Pal. Mittheil. p. 235. Tab. 65, Fig. 3, 4.

Zone des *Ammonites transversarius* von Grojec im Reg.-Bez. Krakau (Oesterreich) und von Birmensdorf (Canton Aargau).

56. **Ammonites Hiemeri** Opp.

1863. *Ammonites Hiemeri* Opp. Pal. Mittheil. p. 243. Tab. 65, Fig. 6.

Zone des *Amm. transversarius:* Birmensdorf (Cant. Aargau).

57. Ammonites Schilli Opp.

1863. *Ammonites Schilli* Opp. Pal. Mittheil. p. 245. Tab. 65, Fig. 7.

Zone des *Amm. transversarius* von Trzebinia und Grojec Reg.-Bez. Krakau (Galizien), Puchow an der Waag (Ungarn), Kreisacker nordwestlich von Brugg (Cant. Aargau).

58. Ammonites plicatilis Sow.

1817. *Ammonites plicatilis* Sow. Min. Conch. Tab. CLXVI.

Zone des *Amm. transversarius* von Trzebinia, Mloszowa und Paczaltowice bei Krakau (Galizien), Puchow an der Waag (Ungarn), Voglarn bei Passau und Amberg in der Oberpfalz, Streitberg und Oberhochstadt in Franken (Bayern), Lautlingen bei Balingen (Württemberg), Zollhaus, Fützen, Sieblingen (Baden), Birmensdorf, Frickthal (Cant. Aargau), Oberbuchsiten (Cant. Solothurn), Ruchenstock in Unterwalden (Schweizer Hochgebirge), Umgebungen von Salins und von St. Claude (Jura), Nantua (Ain), Trept (Isère), Yoyeuse bei Aubenas und Berg Crussol bei Valence (Ardèche), Niort (Deux-Sèvres), Frias (Spanien). Weit verbreitete Art, welche sich in höhere und tiefere Zonen erstreckt.

59. Ammonites chloroolithicus Gümbel.

1864. *Ammonites chloroolithicus* Gümbel. Geogn. Verh. der fränk. Alp p. 55. Separatabdr. aus Riehls Bavaria Bd. III, Buch IX.

Zone des *Amm. transversarius* von Streitberg und Oberhochstadt in Franken (Bayern). Es wäre möglich, dass auch noch andere bei der vorigen Species angeführte Lokalitäten sich auf Vorkommnisse des *Ammonites chloroolithicus* bezögen.

60. Ammonites Martelli Opp.

1863. *Ammonites Martelli* Opp. Pal. Mittheil. p. 247.

Zone des *Amm. transversarius*. Polnischer Jura westlich von Krakau zu Trzebinia. Eines der besterhaltenen Exemplare wurde von Herrn Schichtmeister Fallaux in dem Jurakalk zu Tenczy unweit der Station Crzeszowice gesammelt. Oberhochstadt bei Weissenburg in Mittelfranken (Bayern), Bözen bei Brugg (Cant. Aargau), Umgebungen von Salins (Jura), Aubigné (Sarthe).

61. Chemnitzia Heddingtonensis Sow. spec.

1813. *Melania Heddingtonensis* Sow. Min. Conch. Tab. XXXIX, Fig. 2.

Zone des *Amm. transversarius* von Aubigné (Sarthe). Geht auch in die zunächst angrenzenden Zonen über.

62. **Chemnitzia spec. indet.**

Zone des *Amm. transversarius* von Niort (Deux-Sèvres). Steinkern, vielleicht zu *Chemnitzia Blandina* d'Orb. gehörig.

63. **Natica cf. Clytia** d'Orb.

1850. *Natica Clytia* ? d'Orb. Prodr. XIII, 92

1852. *Natica Clytia* (pars) d'Orb. Terr. jur. II, p. 200. Tab. 292, Fig. 3—4.

Einige Steinkerne von Niort (Deux-Sèvres). Ich vermuthe, dass d'Orbigny mehrere Arten unter der Bezeichnung *Natica Clytia* vereinigte.

64. **Neritopsis albida** Scheuchz. spec.

1752. *Neritites albidus* u. s. w. Scheuchz. Natur-Historie des Schweizerlandes III, p. 275, Fig. 59.

Zone des *Amm. transversarius* von Birmensdorf (Cant. Aargau). Scheuchzer erwähnt diese Art vom Lägernberg.

65. **Pleurotomaria spec. indet.**

Unvollständig erhaltene, verschiedenen Species angehörige Steinkerne, von welchen schon 1708 in Lang's Hist. Lap. Tab. XXX und 1752 in Scheuchzer Nat. H. Fig. 64, 65 mehrere angeblich vom Lägern herrührende Stücke abgebildet wurden, finden sich nicht selten in den versteinerungsreichen Mergel-Schichten des *Amm. transversarius* zu Birmensdorf (Cant. Aargau), woselbst ohne Zweifel auch die Lang'schen und Scheuchzer'schen Exemplare gesammelt wurden.

66. **Pholadomya parcicosta** Agass.

1842. *Pholadomya parcicosta* Agass. Myes Tab. VI, Fig. 7—8, Tab. VI b, c.

Klein Lützel (Cant. Solothurn), Umgebungen von Salins und St. Claude (Jura), Nantua (Ain), Aubigné (Sarthe). Wurde in den spongitenreichen Lagen der Zone des *Amm. transversarius* bisher nicht aufgefunden, charakterisirt dagegen die thonigen Niederschläge, welche sich in der obern Hälfte der Oxford-Gruppe als schlammige Uferbildung in vielen Gegenden ausbreiten. Doch beginnt diese eigenthümliche Facies gewöhnlich erst über der Zone des *Amm. transversarius*.

67. **Pholadomya laeviuscula** Agass.

1842. *Pholadomya laeviuscula* Agass. Myes p. 131. Tab. VIII, Fig. 13—15, Tab. VI', Fig. 8—10.

Umgebungen von Salins (Jura), Aubigné (Sarthe). Findet sich in den gleichen Schichten wie die vorhergehende Species.

68. **Pholadomya cf. concentrica** Röm.

1836. *Pholadomya concentrica* Röm. Ool. p. 130. Tab. XVI, Fig. 2.

Häufig zu Chappois, Supt und Montmarlon in den Umgebungen von Salins (Jura). Marcou führt ausser *Phol. parcicosta, cardissoides* und *tumida* noch zahlreiche andere Pholadomyen-Arten aus dem Argovien des Jura-Départements an. Seinen Beobachtungen zufolge fehlen die Spongiten da wo die Myaciten häufiger auftreten und umgekehrt.

69. **Pholadomya cingulata** Agass.

1842. *Pholadomya cingulata* Agass. Myes p. 133. Tab. VI

Mehrere benachbarte Arten, welche sich an *Pholadomya cingulata* anschliessen, wie *Pholadomya acuminata* Ziet. *Pholadomya clathrata* Ziet. und Quenst. werden in der Literatur von verschiedenen Lokalitäten erwähnt, an welchen dieselben in der Zone des *Ammonites transversarius* vorkommen. Da es mir an Vergleichsmaterial fehlt, so unterbleibt eine genauere Prüfung ihrer Merkmale vorläufig. Aargauer Jura und Umgebungen von Salins und St. Claude (Jura). Vergl. 1846 Marcou Rech. sur le Jura Salinois p. 93. Mösch 1856 Flötzgeb. im Cant. Aargau p. 53. Etallon 1857 Esq. d'une Descr. géol. du Haut Jura p. 34. Waagen 1864 Der Jura in Franken, Schwaben und der Schweiz p. 198.

70. **Trigonia spec. indet.**

Zone des *Amm. transversarius* von Aubigné (Sarthe). Die seltenen Vorkommnisse von Trigonien, welche bisher in der Zone des *Amm. transversarius* nachgewiesen werden konnten, beschränken sich auf diejenigen Lokalitäten, an welchen dieser Horizont in Myaciten und Austern-Facies entwickelt sich zeigt; während an den Lokalitäten, an denen Spongitenfacies herrscht, wie in den höheren jurassischen Scyphienkalken, so auch in der Zone des *Amm. transversarius* die Reste von Trigonien gänzlich fehlen.

71. **Cyprina Calliope** d'Orb.

1850. *Cyprina Calliope* d'Orb. Prodr. XIII, 279.

Eine vermuthlich aus der Zone des *Amm. transversarius* stammende Muschel, welche d'Orbigny von Fontenelay bei Besançon (Doubs) und von Niort (Deux-Sèvres) anführt.

72. **Unicardium globosum** Agass. spec.

1843. *Mactromya globosa* Agass. Myes p. 200. Tab. IX d, Fig. 9—14.

1850. *Unicardium globosum* d'Orb. Prodr. XIII, 313.

Günsberg (Cant. Solothurn), Brillat bei Pont de fil-de-fer und St. Claude (Jura). Den Bestimmungen J. Marcou's und Etallon's zufolge dürfte das Niveau dieser Muschel der Zone der *Terebratula impressa* entsprechen.

73. Isocardia Schilli Opp.

Höhe 28 Mm., Länge 29 Mm., Dicke 26 Mm. Wirbel kräftig und stark übergebogen, beinahe zusammenstossend. Gleicht der von d'Orbigny Terr. cret. Tab. 250, Fig. 9—11 abgebildeten *Isocardia Neocomiensis*, doch verjüngt sich das hintere Ende rascher als das bei letzterer Art, auch ist die Aussenseite des Steinkerns von *Isocardia Schilli* schon in der Wirbelgegend mit feinen radialen Streifen bedeckt, welche sich jedoch leicht verwischen. Wurde von H. Dr. Schill in der Zone des *Ammonites transversarius* an der Wannensteige bei Zollhaus (Baden) aufgefunden. *Isocardia tenera* Etallon (von Sow.) aus dem Spongitien von St. Claude (Jura) und *Isocardia elongata* (? Ziet.), welche Mösch aus dem Aargauer Jura anführt (Mösch Flötzgeb. p. 53), dürften zu der gleichen Species gehören.

74. Isoarca cordiformis nov. spec.

1752. *Concha cordiformis* u. s. w. Scheuchzer. Natur-Historie des Schweizer-Landes III, p. 292. Fig. 80.
1857. *Isocardia truncata* ? Etall. Esq. géol. du Haut-Jura p. 34 (non Goldf.).
1861. *Isoarca Lochensis* ? Cartier, Verhandl. der naturf. Ges. zu Basel III, p. 53.

Zone des *Amm. transversarius* von Trzebinia (Galizien), Birmensdorf (Cant. Aargau), St. Claude (Jura), Niort (Deux-Sèvres).

75. Leda spec. indet.

1857. *Leda nuda* (pars) Etallon. Esq. d'une Descr. géol. du Haut-Jura p. 34 (Young & Bird ?).

Spongitien (Zone des *Amm. transversarius*) von St. Claude (Jura).

76. Nucula spec. indet.

Zone des *Amm. transversarius* von Fützen (Baden), Birmensdorf (Cant. Aargau). Vergl. *N. Calliope* d'Orb. von Etallon Esq. d'une Descr. géol. du Haut-Jura p. 34 aus dem Spongitien von St. Claude (Jura) angeführt.

77. Arca spec. ind.

Steinkern einer kleinen Art mit aufgeblähten Wirbeln von Niort (Deux-Sèvres).

78. Mytilus cf. Villersensis Opp.

Vergl. im Vorhergehenden p. 218 (14). Zone des *Amm. transversarius* von Aubigné (Sarthe).

79. Mytilus Studeri Opp.

Von ähnlicher Form und Umfang wie *Modiola tenuistriata* Goldf., doch ist die Oberfläche der Schale statt mit feineren Streifen mit unregelmässigen Runzeln bedeckt. Zone des *Amm. transversarius* von Trzebinia westlich von Krakau (Galizien). Von H. C. Mösch wurde die Species in zahlreichen Exemplaren an mehreren Punkten des Aargauer Jura gesammelt. Ich benenne dieselbe Herrn Professor Studer in Bern zu Ehren.

80. Lima Niortensis Opp.

Kleine Muschel von 23 Mm. Länge mit glänzender Schale, deren Oberfläche eine ähnliche Punktation zeigt, wie die von Goldfuss Tab. 101, Fig. 2 abgebildete Species. Doch fehlen bei *Lima Niortensis* die feinen concentrischen Vertiefungen, indem sich nur vereinzelte Anwachsringe in unregelmässigen Zwischenräumen bemerklich machen. Zone des *Amm. transversarius* von Niort (Deux-Sèvres).

81. Lima (Ctenostrea) Marcousana Opp.

1846. *Lima substriata* Marcou. Rech. géol. sur le Jura salinois p. 92. Mém. Soc. géol. de Fr. 3e Bd. I. (non Goldf.).

Eine von *Lima pectiniformis* verschiedene Art, welche ich ihrer eigenthümlichen blättrigen Schalenbeschaffenheit und anderer bezeichnender Merkmale wegen mit der Eichwald'schen Gattung *Ctenostreon* vereinige. Häufig in der Zone des *Ammonites transversarius* zu Aubigné (Sarthe), seltener im Argovien von Supt (Jura). Ein Exemplar von Supt, welches mir von J. Marcou mitgetheilt wurde, stimmt mit den bei Aubigné gesammelten Stücken vollständig überein.

82. Perna spec. indet.

Zone des *Amm. transversarius* von Aubigné (Sarthe). Dieses Genus scheint der Myarier-Facies ausschliesslich eigenthümlich zu sein.

83. Pecten spec. indet.

Kleine Species, deren beinahe glatte Oberfläche feine concentrische Linien zeigt. Zone des *Amm. transversarius* von Aubigné (Sarthe).

84. Pecten subpunctatus Goldf.

1833. *Pecten subpunctatus* Goldf. II, p. 48. Tab. IX, Fig. 13.
1861. *Pecten subpunctatus* Cartier. Verhandl. nat. Ges. in Basel. III, p. 53.

Zone des *Amm. transversarius* von Eichberg bei Blumberg (Baden), Oberbuchsiten (Cant. Solothurn), Noiraigue im Val Travers (Canton

Neuchâtel), St. Claude (Jura), Tenay (Ain). Erstreckt sich bis zu der Zone des *Ammonites bimammatus*, aus welcher die Species zuerst beschrieben wurde.

85. **Pecten vimineus** Sow.

1826. *Pecten vimineus* Sow. Tab. 543, Fig. 1, 2.

Fehlt in den Cephalopoden-reichen Spongitenschichten der Zone des *Ammonites transversarius*, findet sich dagegen in Bildungen gleichen Alters, jedoch verschiedener Facies zu Aubigné, südlich von le Mans (Sarthe). Gegen oben erstreckt sich *Pecten vimineus* bis zu der höheren Zone des *Cidaris florigemma* oder des „Coralline Oolite", aus welchem die Species zuerst beschrieben wurde.

86. **Pecten inaequicostatus** Phill.

1829. *Pecten inaequicostatus* Phill. Tab. IV, Fig. 10.
1836. *Pecten octocostatus* Röm. Ool. Tab. III, Fig. 18.

Mit der vorigen Art, sowie zu Mesmay bei Quingey (Jura).

87. **Hinnites cf. velatus** Goldf. spec.

1836. *Spondylus velatus* Goldf. Tab. CV, Fig. 4, p. 94.

Zone des *Amm. transversarius* von Birmensdorf (Cant. Aargau), Noiraigue im Val Travers (Cant. Neuchâtel), St. Claude (Jura). Beschränkt sich nicht auf die einzige Zone, sondern erstreckt sich auch in höhere Schichten, doch wurde der verticale Verbreitungsbezirk dieser Species bisher nicht mit Genauigkeit ermittelt.

88. **Plicatula spec. indet.**

Mösch erwähnt eine noch unbestimmte Art der Gattung Plicatula aus den Birmensdorfer Schichten des Aargauer Jura, während Etallon eine Species als *Plicatula tubifera* aus gleichem Niveau von St. Claude (Jura) anführt. Auch in den thonigen Schichten von Aubigné (Sarthe), welche sich dorten in der oberen Region der Zone des *Ammonites transversarius* ausbreiten, findet sich eine durch ihre schuppige Oberfläche charakterisirte Art nicht selten. Desgleichen zu Niort (Deux-Sèvres).

89. **Ostrea Blandina** d'Orb.

Diese Species nebst mehreren anderen zweifelhaften Arten wie *Crania porosa* Goldf., *Spondylus pygmaeus* Quenst., *Plicatula spec. indet.* Quenst. Jura Tab. 78, Fig. 5, finden sich ziemlich spärlich in der Zone des *Ammonites transversarius* zu Birmensdorf (Cant. Aargau), Noiraigue im

Val Travers (Cant. Neuchatel), St. Claude (Jura), Tenay (Ain), Niort (Deux-Sèvres), Aubigné (Sarthe). Doch erstrecken sich die gleichen Formen auch in höhere Schichten.

90. Ostrea gryphaeata Schloth spec.

1820. *Ostracites gryphaeatus* Schloth. p. 235.

1864. *Gryphaea controversa* Waagen. Der Jura in Fr. u. s. w. p. 153 (non Roem).

Erinnert an *Gryphaea dilatata*, besitzt aber eine flächere unregelmässigere Form, indem zugleich die Krümmung des Schnabels beinahe vollständig hinwegfällt. Findet sich sehr häufig zu Aubigné (Sarthe) in der Zone des *Ammonites transversarius* oder an deren oberer Grenze. Marcou erwähnt die Art, aus dem Argovien von Poupet und Supt bei Salins (Jura) unter Hinweis auf deren Verschiedenheit von *Gryphaea dilatata* (Vergl. Marcou Jura Salinois p. 92, Anm.). Es scheint, dass die Muschel hier ein etwas höheres, den Impressa-Thonen ungefähr entsprechendes Niveau einnimmt, desgleichen zu St. Claude (Jura). Im Schweizer Jura besitzt die Art eine weite Verbreitung. Ziemlich selten in den untern Schichten des Terrain a chailles findet sie sich dagegen in grosser Häufigkeit unter den durch *Cidaris florigemma* und *Hemicidaris crenularis* charakterisirten Kalken von der Stelli bei Olten (Cant. Solothurn). Dass der „Jurakalkstein der Gegend von Aarau", aus welchem Schlotheim diese Species zuerst erwähnt, der Zone des *Amm. bimammatus* oder einer der beiden von Mösch unterschiedenen Formationsabtheilungen der „Geisberg-Schichten und Crenularis-Schichten" in der That entspricht, scheint aus den tabellarischen Zusammenstellungen des letzteren (Verhandl. der Schweiz. Naturf. Ges. 1863) hervorzugehen.

91. Ostrea cf. rastellaris Goldf.

1833. *Ostrea rastellaris* Münst. Goldf. Tab. LXXIV, Fig. 3.

Zone des *Amm. transversarius* von Oberbuchsiten (Cant. Solothurn).

92. Terebratula cf. bisuffarcinata Schloth. spec.

1820. *Terebratulites bisuffarcinatus* Schloth. Petrefk. I, 279.

1856. *Terebratula bisuffarcinata* Mösch. Flötzgeb. Cant. Aarg. p. 53.

1857. *Terebratula bicanaliculata* Etall. Esq. géol. Haut-Jura p. 35.

1861. *Terebratula bisuffarcinata* Cartier. Verh. naturf. Ges. in Basel p. 53.

Biplicate Terebratel, ähnlich der in höheren Schichten vorkommenden *Terebratula bisuffarcinata* Schloth. (Ziet. Tab. IV, Fig. 3) oder mit derselben übereinstimmend. Zone des *Amm. transversarius* von Trzebinia u. Grojec bei Krakau (Galizien), Blumberg (Baden), Birmensdorf (Cant. Aargau), Oberbuchsiten (Cant. Solothurn), Locle, Noiraigue im Val Travers (Cant. Neuchâtel), St. Claude (Jura), Niort (Deux-Sèvres).

93. Terebratula Birmensdorfensis Escher.

Terebratula Birmensdorfensis Escher von der Linth. M. S.

1864. *Terebratula Birmensdorfensis* Waagen. Württemb. naturw. Jahresh. Der Jura in Franken, Schwaben und der Schweiz p. 199.

Bleibt etwas kleiner als die vorige Species und unterscheidet sich von dieser durch ihre schmalere Form. Zone des *Amm. transversarius* von Trzebinia und Mloszowa bei Krakau (Galizien), Eichberg bei Blumberg und Bechtersbohl bei Thiengen (Baden), Frickthal, Birmensdorf (Cant. Aargau), Locle (Cant. Neuchâtel), Niort (Deux-Sèvres).

94. Terebratula cf. orbis Quenst. (Waldheimia.)

1857. *Terebratula orbis* Quenstedt. Jura p. 639. Tab. 79, Fig. 23—29.

Kleine Terebratel von breiter Form, mit deutlicher Medianleiste auf der kleineren Klappe. Da die Exemplare viele Aehnlichkeit mit der aus höheren Lagen beschriebenen *Terebratula orbis* Quenst. Jura Tab. 79, Fig. 23—28 zeigen, so führe ich dieselben unter dieser Bezeichnung an. Mit *Ammonites transversarius* in den Umgebungen von Fützen und Blumberg (Baden), Oberbuchsiten (Cant. Solothurn), Noiraigue im Val Travers (Cant. Neuchâtel), Niort (Deux-Sèvres).

95. Terebratula cf. gutta Quenst.

1857. *Terebratula gutta* Quenstedt. Jura p. 639. Tab. 79, Fig. 21 u. 22.

Diese von Quenstedt Jura p. 639, Tab. 79, Fig. 21, 22 aus der Zone des *Ammonites bimammatus* beschriebene und abgebildete Art wurde neuerdings von H. Dr. Waagen auch in der Zone des *Amm. transversarius* zu Birmensdorf (Cant. Aargau), und zu Noiraigue im Val Travers (Cant. Neuchâtel) aufgefunden.

96. Terebratula nucleata Schloth spec.

1820. *Terebratulites nucleatus* Schloth. Petrefk. p. 281.

Findet sich bei Trzebinia (Galizien), Eichberg bei Blumberg (Baden) und zu Birmensdorf (Cant. Aargau) in der Zone des *Ammonites transversarius* und erstreckt sich von hier bis in die untere Region der Kimmeridge-Gruppe.

97. Terebratula Kurri Opp.

1820. *Terebratulites reticulatus* (pars) Schloth. p. 269.

1852. *Terebratula reticulata* Quenst. Handb Tab. 37, Fig. 20 (non Will. Smith, non Sow.).

1857. *Terebratula Kurri* Opp. Juraform. p. 688.

Beginnt in der Zone des *Amm. transversarius*, aus welcher mir mehrere Exemplare von H. Pfarrer Cartier in Oberbuchsiten (Cant. Solothurn) mitgetheilt wurden. H. Dr. Waagen sammelte die Art zu Noiraigue (Cant. Neuchâtel). Häufiger in der Zone des *Amm. bimammatus*, durch welche sich die Art bis zu der Zone des *Amm. tenuilobatus* erstreckt. Je nach ihrem Vorkommen zeigen die einzelnen Exemplare Unterschiede in der äussern Form, welche jedoch bisher nicht zu der Abtrennung mehrerer Arten geführt haben. Von der als *Terebratula reticulata* Suess Brach. der Stramberger Schichten Tab. IV, Fig. 1 abgebildeten Art, weichen jedoch die ausseralpinen Vorkommnisse sehr wesentlich ab, wesshalb ich die kleine Muschel vom Stramberg als besondere neue Species benenne: **Terebratula scabrosa.**

98. **Megerlea runcinata** Opp.

1856. *Terebratula loricata* Mösch. Flötzgeb. Cant. Aarg. p. 53 (non Schloth).
1857. *Terebratella loricata?* Etallon. Esq. d'une Descr. géol. du Haut-Jura p. 35.
1861. *Terebratula loricata* Cartier. Verhandl. naturf. Ges. in Basel III, p. 53.
1864. *Terebratella loricata* Waagen. Der Jura in Franken, Schwaben etc. p. 143.

Diese bei Birmensdorf häufige, auf die Zone des *Ammonites transversarius* beschränkte Art unterscheidet sich von *Megerlea loricata* durch geringere Ausbildung des mittlern Sinus und Wulstes, durch schwächere oder beinahe fehlende Knotung der Radialrippen, durch eine etwas schmalere Form sowie noch andere Merkmale, welche die leicht erkennbare Muschel besitzt und welche ich später durch eine besondere Abbildung zu veranschaulichen gedenke. Zone des *Ammonites transversarius* von Blumberg und Bechtersbohl bei Thiengen (Baden), Birmensdorf (Aargau), St. Claude (Jura). Beträchtlichere Unterschiede zeigt die von Zieten Tab. XLIII, Fig. 6 als *Terebratula truncata* abgebildete, von der Sowerby'schen wie von der Gmelin'schen *Terebratula truncata* abweichende Art aus dem Nattheimer Coralrag, für welche ich die Bezeichnung **Megerlea Guembeli** wähle. Quenstedt Jura p. 743 führt diese Art unter der Bezeichnung *Terebratula loricata truncata* an.

99. **Megerlea minima** Lang. sp. **Meg. pectunculus** versch. Aut.

1708. *Pectunculus minimus* Lang. H. L. Tab. XLV, Fig. 1, 2 (p. 147).
Megerlea oder *Terebr. pectunculus* verschiedener Autoren.

Ich habe in den vorhergehenden Listen die Bezeichnung *Megerlea pectunculus* beibehalten, richtiger würde aber in Zukunft die Lang'sche Speciesbezeichnung zu wählen sein, da die Abbildung der vom Lägernberg zuerst erwähnten kleinen Muschel in dem Lang'schen Werke die mit *Megerlea pectunculus* identische Art wohl erkennen lässt. Zone des *Amm. transversarius* von Birmensdorf (Cant. Aargau), Oberbuchsiten (Cant. Solothurn), St. Claude (Jura), Tenay (Ain), Trept (Isère), Niort (Deux-Sèvres).

100. Megerlea subtrigonella Opp.

Charakteristische Art ähnlich der *Terebratula tringonella*, jedoch von breiterer Form, mit hohen Radialrippen versehen, zwischen welchen sich zahlreiche, dem Rande parallel laufende Querfalten legen. Breite 16 Mm., Länge 13 Mm., Dicke 7 Mm. Da ich es nicht für unmöglich halte, dass *Spirigera subtrigonella*, welche Etallon (Esq. géol. Haut-Jura p. 35) aus den Spongitenschichten von St. Claude (Jura) erwähnt, zu der gleichen Species gehört, so wähle ich eine hiemit vereinbare Bezeichnung. Einzelne Exemplare der Muschel, bei welchen die symmetrische Stellung der radialen Erhöhungen durch Einschiebung von Zwischenfalten verloren geht, nähern sich ihrer äussern Form nach der vorhergehenden weit kleineren Species, wesshalb ich die Muschel nach den für *T. pectunculus* gegebenen Suess'schen Bestimmungen zu der Gattung Megerlea stelle. Findet sich ziemlich selten zu Birmensdorf (Cant. Aargau).

101. Thecidium cf. antiquum Goldf.

Eine kleine als *Thecidea antiqua* und *Thecidea Virdunensis* in den Schriften von Waagen und Etallon angeführte Art findet sich nicht selten in der Zone des *Ammonites transversarius* zu Oberbuchsiten (Cant. Solothurn), zu St. Claude (Jura) und zu Aubigné (Sarthe).

102. Rhynchonella Arolica. Opp.

1856. *Terebratula lacunosa* Mösch. Flötzgeb. Cant. Aargau p. 53 (non Schloth.).
1857. *Rhynchonella lacunosa* Etall. Esq. d'une Descr. géol. du H.-Jura p. 35 (non Schloth.).
1864. *Rhynchonella sparsicosta* (pars) Waagen. Jura in Franken, Schwaben und der Schweiz p. 199 (non Opp.).
1864. *Rhynchonella lacunosa* (pars) Heer. Die Urwelt der Schweiz p. 137. Fig. 87 (non Schloth.).

Unterscheidet sich von *Rhynchonella lacunosa* durch stärkere, weniger zahlreiche Falten, welche zu dreien (ausnahmsweise auch 2 oder 4) auf dem hohen Wulst der kleineren Schale angebracht sind, während auf beiden Seiten gewöhnlich je 2 etwas schwächere Rippen verlaufen. Von *Rhynchonella sparsicosta* weicht die Species dadurch ab, dass ihre Falten nicht erst auf der Mitte der Schalen, sondern in der Wirbelgegend beginnen. Ich beziehe mich auf die neuerdings von H. Prof. Heer veröffentlichte Abbildung, indem ich die in der Zone des *Ammonites transversarius* verbreitete Species *Rhynchonella Arolica* nenne. Sie findet sich am Zollhaus und zu Bechtersbohl bei Thiengen (Baden), Birmensdorf und Frickthal (Cant. Aargau), Oberbuchsiten (Cant. Solothurn), Noiraigue im

Val Travers (Cant. Neuchâtel), ?St. Claude (Jura), Trept (Isère), Berg Crussol bei Valence (Ardèche). Eine grössere Varietät von *Rhynchonella Arolica*, welche im Krakauer Jura an vielen Lokalitäten in der Zone des *Ammonites transversarius* vorkommt und von Hohenegger insbesondere zu Trzebinia in grosser Menge gesammelt wurde, unterscheide ich als **Rh. Visulica.**

104. Rhynchonella cf. striocincta Quenst. spec.

1852. *Terebratula striocincta* Quenst. Handb. p. 455. Tab. 36, Fig. 24.

Zone des *Ammonites transversarius* von Birmensdorf (Cant. Aargau), Oberbuchsiten (Cant. Solothurn), Noiraigue im Val Travers (Cant. Neuchâtel), St. Claude (Jura). Doch wird erst eine genauere Untersuchung der in der Zone des *Amm. transversarius* vorkommenden Exemplare lehren, ob dieselben in der That mit der aus höheren Schichten beschriebenen Quenstedt'schen Art vollkommen übereinstimmen.

105. Rhynchonella cf. strioplicata Quenst.

1852. *Terebratula strioplicata* Quenst. Handb. p. 455. Tab. 36, Fig. 23.

Zone des *Amm. transversarius* von Oberbuchsiten (Cant. Solothurn), St. Claude (Jura). Auch bei dieser Species ist die Identität zwischen den Exemplaren der höhern und tiefern Schichten noch nicht sicher erwiesen.

106. Rhynchonella cf. triloboides Quenst. spec.

1852. *Terebratula triloboides* Quenst. Handb. p. 455. Tab. 36, Fig. 29.

Zone des *Amm. transversarius* von Eichberg bei Blumberg (Baden).

107. Rhynchonella cf. spinulosa Opp.

1856. *Terebratula spinosa* Moesch. Flötzgeb. im Cant. Aargau p. 53.
1857. *Rhynchonella spinulosa* Opp. Juraform. p. 608.
1857. *Hemithiris senticosa* Etall. Esq. Descr. géol. du Haut-Jura p. 35.
1861. *Terebratula senticosa* Cartier. Verh. naturf. Ges. zu Basel. III, p. 53.

Zone des *Amm. transversarius* von Birmensdorf (Cant. Aargau), Oberbuchsiten (Cant. Solothurn), St. Claude (Jura), Aubigné (Sarthe). Aehnliche Formen finden sich auch in höheren und tieferen Lagen.

108. Crania cf. aspera Goldf.

1841. *Crania aspera* Mnst., Gdf. Petref. Germ. II, p. 297. Tab. 163, Fig. 7.

Diese von Goldfuss, Tab. 163, Fig. 7 aus höhern Jura-Schichten beschriebene Art wurde neuerdings von H. Dr. Waagen in der Zone des *Amm. transversarius* bei Oberbuchsiten (Cant. Solothurn) und zu Noiraigue im Val Travers (Cant. Neuchâtel) nachgewiesen. Vergl. W. Waagen 1864 der Jura in Franken, Schwaben und der Schweiz p. 148 und p. 150.

108ª. Discina Moeschi Opp.

1856. *Orbicula radiata* Mösch. Das Flötzgebirge im Canton Aargau p. 53 (*Orb. radiata* Phill. ?).

Zone des *Amm. transversarius* im Canton Aargau.

109. Lingula Oxfordiana d'Orb.

1850. *Lingula Oxfordiana* d'Orb. Prodr. XIII, 455.
1857. *Lingula Oxfordiana* Etall. Esq. géol. Haut-Jura p. 35.
1862. *Lingula Oxfordiana* Deslongch. Et. crit. sur les Brach. nouv. p. 37. Tab. VI, Fig. 15, 16.

Wird von Etallon aus dem Spongitien von St. Claude (Jura) erwähnt. Das Exemplar der d'Orbigny'schen Sammlung stammt, wie Deslongchamps angiebt, von Lagrange-Lapraille-de-Charnix, Umgebungen von Nantua (Ain), aus mergeligem, hartem, rauchgrauem Kalkstein, welcher vermuthlich der gleichen Zone angehört.

110. Cellepora orbiculata Goldf.

1831. *Cellepora orbiculata* Goldf. I, p. 28. Tab. XII, Fig. 2.
1850. *Diastopora orbiculata* d'Orb. Prodr. XIV, 403.

Zone des *Amm. transversarius* von Oberbuchsiten (Cant. Solothurn), Aubigné (Sarthe). Findet sich auch in den höheren Spongiten-Schichten der Zone des *Ammonites bimammatus*, aus welcher die Species zuerst beschrieben wurde.

111. Stomatopora cf. corallina d'Orb. spec.

1831. *Aulopora dichotoma* Goldf. p. 218. Tab. LXV, Fig. 2 (non Lamouroux).
1848. *Stomatopora dichotoma* Bronn. Index p. 1201.
1850. *Alecto corallina* d'Orb. Prodr. XIV, 401.

Zone des *Amm. transversarius* von Oberbuchsiten (Cant. Solothurn). Bei Streitberg findet sich die Species in höheren Schichten.

112. Ceriopora clavata Goldf.

1831. *Ceriopora clavata* (pars) Goldf. p. 36. Tab. X, Fig. 15 c—f (non Fig. 15 a, b).

Zone des *Amm. transversarius* von Noiraigue im Val Travers (Cant. Neuchâtel). Von Goldfuss aus jurassischen Schichten unbestimmten Alters beschrieben.

113. Ceriopora compacta Quenst.

1857. *Ceriopora compacta* Quenst. Jura p. 665. Tab. 81, Fig. 62, 63.

Zone des *Amm. transversarius* von Oberbuchsiten (Cant. Solothurn). Die Schichten vom Böllart, aus welchen die Species von uenstedt beschrieben wurde, gehören der Unterregion der Zone des *Amm. bimammatus* an.

114. Ceriopora radiciformis Goldf.

1831. *Ceriopora radiciformis* Goldf. I, p. 34. Tab. X, Fig. 8.

Zone des *Amm. transversarius* von Oberbuchsiten (Cant. Solothurn), St. Claude (Jura). Die Goldfuss'schen Originalexemplare stammen aus verschiedenen Horizonten der Oxford- und Kimmeridge-Gruppe.

115. Chirodota vetusta Schwager. M. S.

Fig. 3.

Mikroskopisch kleine, in der Zone des *Amm. transversarius* vorkommende Kalkräder einer Holothurie von ähnlicher Form wie sie bei den Chirodoten vorkommen.[1]) Die Räder werden von einem Ringe gebildet, auf welchem sich sieben, gegen die Peripherie ziemlich deutlich begrenzte, mit einem stumpfen Stiele versehene Speichen abheben, welche sich in der Mitte zu einer flachen vertieften ungetrennten Platte vereinigen. Die Unterseite ist entsprechend gewölbt mit sternförmig ausstrahlenden, kurzen, gerundeten, den Speichen parallel laufenden Leisten versehen. Der Zwischenraum der Speichen ist ausgefüllt, doch liess sich nicht entscheiden, ob er erst später incrustirte oder ob er ursprünglich geschlossen war. Findet sich nicht selten in der Zone des *Amm. transversarius* zu Aubigné (Sarthe) und Crussol bei Valence (Ardèche).

116. Cidaris propinqua Goldf.

1831. *Cidarites propinquus* Goldf. I, p. 119. Tab. XL, Fig. 1.

Zone des *Amm. transversarius:* Frickthal, Birmensdorf (Cant. Aargau), Oberbuchsiten (Cant. Solothurn), St. Claude (Jura), erstreckt sich auch in höhere Zonen.

117. Cidaris oculata Agass.

1840. *Cidaris oculata* Agass. Descr. Ech. s. II, p. 63. Tab. XXI a, Fig. 15—17.

Soll nach Desor Syn. aus dem Argovien vom Randen (Baden) stammen.

---

[1]) *Chirodota violacea* Peters von Mozambique. Bronn Class. und Ordn. des Thierreichs p. 372. Tab. XLV, Fig. 9.

118. Cidaris laevigata Des.

1858. *Cidaris laevigata* Desor. Syn. p. 10.

Nach Desor aus dem Argovien von Birmensdorf und Wessenberg bei Mandach (Cant. Aargau).

119. Cidaris coronata Goldf.

1831. *Cidarites coronatus* Goldf. I, p. 119. Tab. XXXIX, Fig. 8.

Zone des *Amm. transversarius* von Birmensdorf (Cant. Aargau), Oberbuchsiten (Cant. Solothurn), Noiraigue im Val Travers (Cant. Neuchâtel), St. Claude (Jura). Erstreckt sich bis in die Corallriffe der Kimeridge-Gruppe.

120. Cidaris laeviuscula Agass.

1840. *Cidaris laeviuscula* Agass. Descr. Ech. s. II, p. 64. Tab. XXI a, Fig. 18—20.

Zone des *Amm. transversarius* von Birmensdorf (Cant. Aargau), Oberbuchsiten (Cant. Solothurn).

121. Cidaris filograna Agass.

1840. *Cidaris filograna* Agass. Descr. Ech. s. II, p. 77. Tab. XXI a, Fig. 11.

Zone des *Amm. transversarius* von Birmensdorf (Cant. Aargau), Oberbuchsiten (Cant. Solothurn), Noiraigue im Val Travers (Cant. Neuchâtel), St. Claude (Jura), Trept (Isère), Niort (Deux-Sèvres).

122. Cidaris Cartieri Des. M. S.

1861. *Cidaris Cartieri* Cart. Verh. naturf. Ges. in Basel III, p. 53.

Zone des *Amm. transversarius* von Oberbuchsiten (Cant. Aargau).

123. Cidaris semiaspera Des. M. S.

1861. *Cidaris semiaspera* Cart. Verh. naturf. Ges. in Basel III, p. 53.

Zone des *Amm. transversarius* von Oberbuchsiten (Cant. Aargau).

124. Rhabdocidaris prismatica Des.

1858. *Rhabdocidaris prismatica* Desor. Syn. p. 437.

Nach Desor aus kalkigen Schichten der Oxford-Gruppe vom Bötzberg (Cant. Aargau). Lager unsicher.

125. Rhabdocidaris Remus Desor.

1858. *Rhabdocidaris Remus* Desor. Syn. p. 43.

Zone des *Amm. transversarius* von St. Claude (Jura). Wird auch aus tieferen Schichten angeführt.

126. Hemicidaris Hugii Desor. M. S.

1861. *Hemicidaris Hugii* Cartier. Verh. naturf. Ges. in Basel III. p. 53.

Zone des *Amm. transversarius* von Oberbuchsiten (Cant. Solothurn).

127. Pseudodiadema Langi Desor.

1858. *Pseudodiadema Langi* Desor. Syn. p. 65.

Zone des *Amm. transversarius* von Trzebinia (Galizien), Birmensdorf und Kreisacker (Cant. Aargau).

128. Pseudodiadema priscum Agass. spec.

1840. *Diadema priscum* Agass. Descr. Ech. foss. s. II, p. 21. Tab. XVII, Fig. 11—13.

1859. *Pseudodiadema priscum* Cotteau & Trig. Echin. du Dép. de la Sarthe p. 93. Tab. XXI, Fig. 1—4.

Findet sich nach Cotteau in den Oxfordkalken von Aubigné (Sarthe), während Etallon die Species aus der Zone der *Terebratula impressa* von St. Claude (Jura) anführt. Gressly sammelte die Art in den bekannten Oxfordschichten vom Fringeli (Cant. Bern). Vermuthlich liegt dieselbe unmittelbar über der Zone des *Amm. transversarius*.

129. Magnosia decorata Agass. spec.

1846. *Eucosmus decoratus* Agass. Cat. rais. p. 52. Tab. XV, Fig. 12, 13.

1858. *Magnosia decorata* Desor. Syn. p. 116.

Zone des *Amm. transversarius* vom Randen (Baden) und von Birmensdorf (Cant. Aargau). Es ist noch unentschieden, ob Echinus nodulosus Quenst. aus der Zone des *Ammonites bimammatus* zu der gleichen Art gehört.

130. Disaster granulosus Goldf. spec.

1831. *Nucleolites granulosus* Goldf. I, p. 138. Tab. 43, Fig. 4.

Zone des *Amm. transversarius* von Niort (Deux-Sèvres). Besitzt eine grössere verticale Verbreitung, welche jedoch bisher nicht genauer festgestellt wurde.

131. Collyrites carinata Leske spec.

1839. *Disaster carinatus* Agass. Descr. Echin. s. II, p. 4. Tab. IV, Fig. 4—6.

Zone des *Amm. transversarius* von Lautlingen (Württemberg), Birmensdorf (Cant. Aargau).

132. Astropecten spec. indet.

Einzelne Tafeln von ähnlicher Form, wie sie Goldfuss als *Asterias jurensis* abbildet. Eichberg bei Blumberg (Baden), Birmensdorf (Cant. Aargau).

133. **Pedicellaria** (Astropecten) **Sarthacensis** Schwag. M. S.

Fig. 4.

Gleicht der Pedicellaria von *Goniaster impressus* Quenst. (vergl. Schwager Beitr. zur Kenntniss der mikrosk. Fauna jurassischer Schichten, Separat-Abdr. Württemb. naturwissensch. Jahresh. 1865 Heft 1, Tab. VII, Fig. 27), ohne jedoch vollständig damit übereinzustimmen. Dagegen könnten diese Theile sehr wohl zu der vorhergehenden Art gehören.

Basis erweitert, in der Mitte etwas eingedrückt, Stiel kantig, gegen oben von gleichmässiger Dicke. Der zangenförmige Körper besitzt eine breite, dreieckige, spatelförmige, durch scharfe Ränder begrenzte Gestalt. Länge 0,3 Mm.

Mit *Amm. transversarius* in den thonigen Kalken von Aubigné (Sarthe).

134. **Comatula Claudiana** Etall.

1857. *Comatula Claudiana* Etall. Esq. d'une descr. géol. du Haut-Jura p. 36.

Wird von Etallon aus dem Spongitien von St. Claude (Jura) ohne genauere Bestimmung der Speciesmerkmale angeführt.

135. 136. **Solanocrinus** 2 Spec.

Herr Pfarrer Cartier erwähnt zwei Arten der Gattung Solanocrinus als *S. scrobiculatus* und *S. asper* (1863 Verhandl. der naturf. Ges. III, p. 52) aus den Spongitenschichten von Oberbuchsiten (Cant. Solothurn).

137. **Eugeniacrinus caryophyllatus** Goldf.

1752. *Caryophyllus lapideus* Scheuchz. Natur-Historie des Schweizerlandes III, p. 330. Fig. 164—166.

1813. *Encrinites caryophyllites* Schloth. Taschenb. p. 50.

1822. *Eugeniacrinites quinquangularis* Schloth. Nachtr. p. 86.

1831. *Eugeniacrinites caryophyllatus* Goldf. I, p. 163. Tab. 50, Fig. 3.

Zone des *Amm. transversarius* vom Randen (Baden), Frickthal, Birmensdorf (Aargau), Noiraigue im Val Travers (Cant. Neuchâtel), St. Claude (Jura), Tenay (Ain). Aus gleicher Lage scheinen die Scheuchzer'schen Exemplare zu stammen. Es wird sich bei genauerer Untersuchung ermitteln lassen, ob die in höhern Zonen vorkommenden Exemplare zu derselben Species gehören, wie bisher angenommen wurde.

138. Eugeniacrinus coronatus Quenst.

1852. *Eugeniacrinites coronatus* Quenst. Handb. p. 615. Tab. 53, Fig. 45.

Zone des *Amm. transversarius* von Birmensdorf (Cant. Aargau), St. Claude (Jura).

139. Eugeniacrinus nutans Goldf.

1831. *Eugeniacrinites nutans* Goldf. I, p. 164. Tab. 50, Fig. 4.

Zone des *Amm. transversarius* von Birmensdorf (Cant. Aargau), Noiraigue im Val Travers (Cant. Neuchâtel), St. Claude (Jura). Aehnliche Formen erstrecken sich von der Zone des *Ammonites Lamberti* an bis in die untere Region der Kimmeridge-Gruppe.

140. Eugeniacrinus compressus Goldf.

1752. *Scyphoides lapillus* pedunculo carens Scheuchz. Naturh. des Schweizerl. III, p. 330. Fig. 176.

1831. *Eugeniacrinites compressus* Goldf. I, p. 164. Tab. 50, Fig. 5.

Zone des *Amm. transversarius* von St. Claude (Jura), Niort (Deux-Sèvres). Reicht bis zu der Zone des *Ammonites tenuilobatus*.

141. Eugeniacrinus Hoferi Goldf.

1831. *Eugeniacrinites Hoferi* Goldf. I, p. 166. Tab. 60, Fig. 9.

Zone des *Amm. transversarius* von Oberbuchsiten (Cant. Solothurn). Häufiger findet sich diese Art in der Zone des *Ammonites bimammatus*.

142. Tetracrinus moniliformis Goldf. spec.

1831. *Eugeniacrinites moniliformis* Goldf. I, p. 165. Tab. 60, Fig. 8.

1839. *Tetracrinus moniliformis* Münst. Beitr. I, p. 88. Tab. IX, Fig. 3, 4.

Zone des *Amm. transversarius* von Birmensdorf (Cant. Aargau), Noiraigue im Val Travers (Cant. Neuchâtel), St. Claude (Jura). Erstreckt sich bis zu der Zone des *Ammonites bimammatus*.

143. Picteticrinus parasiticus Etall.

Wird von Etallon (Esq. d'une Descr. géol. du Haut-Jura p. 36) aus dem Spongitien von St. Claude (Jura) ohne Angabe von bezeichnenden Merkmalen erwähnt.

144. Pentacrinus cingulatus Goldf.

1831. *Pentacrinites cingulatus* Goldf. I, p. 174. Tab. 53, Fig. 1.

Zone des *Amm. transversarius* von Birmensdorf (Cant. Aargau), Oberbuchsiten (Cant. Solothurn), Noiraigue im Val Travers (Cant. Neuchâtel), St. Claude (Jura). Säulenglieder von ähnlicher Form erstrecken sich durch die Spongitenkalke der Zone des *Ammonites bimammatus* bis in die untere Region der Kimmeridge-Gruppe.

145. Pentacrinus subteres Goldf.

1831. *Pentacrinites subteres* Goldf. I, p. 176. Tab. 53, Fig. 5.
1845. *Balanocrinus subteres* Desor. Bullet. Neuch. p. 178.

Zone des *Amm. transversarius* vom Randen (Baden), Frickthal, Birmensdorf (Cant. Aargau), Oberbuchsiten (Cant. Solothurn), Noiraigue im Val Travers (Cant. Neuchâtel), St. Claude (Jura), Tenay (Ain), Trept (Isère), Berg Crussol bei Valence (Ardèche), Niort (Deux-Sèvres). Man kennt nur Säulenglieder, welche jedoch in ähnlichen Formen auch in höheren und tieferen Schichten gefunden werden.

146. Pentacrinus cf. paradoxus Goldf.

1831. *Pentacrinus paradoxus* Goldf. I, p. 200. Tab. 60, Fig. 11.

Soll den Angaben Etallons zufolge im Spongitien von St. Claude (Jura) vorkommen. Weit verbreiteter ist diese Art dagegen in der Zone des *Amm. bimammatus*. Quenstedt vereinigt dieselbe neuerdings mit *Engeniacrinus caryophyllatus*.

147. 148. Sphaerites 2 Species.

Es ist anzunehmen, dass die von H. Mösch (1856 Flötzgeb. im Cant. Aargau p. 52) als *Asterias scutata* und von Herrn Pfarrer Cartier (1861 Verhandl. der naturf. Ges. in Basel III, p. 5) als *Sphaerites punctatus* und *Sphaerites tabulatus* erwähnte Vorkommnisse zweien Arten angehören, bei welchen durch Vergleich mit den Exemplaren von Streitberg und Heiligenstadt zu entscheiden sein wird, ob dieselben mit den aus höheren Lagen beschriebenen Resten übereinstimmen oder ob durch sie besondere Species gebildet werden.

149. Goniolina spec. indet.

St. Claude (Jura). Von Etallon aufgefunden.

150. Conodictyum truncatum Etall.

1857. *Conodictyum truncatum* Etall. Esq. géol. Haut-Jura p. 35.

Zone des *Amm. transversarius* von St. Claude (Jura).

151. Conodictyum striatum Goldf.

1830. *Conodictyum striatum* Goldf. I, p. 104. Tab. 37, Fig. 1.

Zone des *Amm. transversarius* von Tenay (Ain), St. Claude (Jura).

152. **Orbulina Oxfordiensis** Etall.

1857. *Orbulina Oxfordiensis* Etall. Esq. géol. Haut-Jura p. 35.

Zone des *Amm. transversarius* von St. Claude (Jura).

153. **Haplostiche horrida** Schwag.

1863. *Haplostiche horrida* Schwager. Beitrag zur Kenntniss der mikroskopischen Fauna jurassischer Schichten. Separatabdruck p. 92, Tab. II, Fig. 2. Württemb. naturwissenschaftl. Jahreshefte, 21ster Jahrgang 1865, Heft I.

Zone des *Amm. transversarius* von Bechtersbohl bei Thiengen (Grossherzogthum Baden). Erstreckt sich bis zu der Zone der *Terebratula impressa*, aus welcher die Species ursprünglich beschrieben wurde.

154. **Plecanium depravatum** Schwag.

1863. *Plecanium depravatum* Schwag. l. c. p. 93. Tab. II, Fig. 3.

Die in der Zone des *Amm. transversarius* am Berge von Crussol bei Valence (Ardèche) vorkommenden Exemplare gleichen den von C. Schwager in höhern Lagen aufgefundenen, früher beschriebenen Stücken, besitzen jedoch bauchigere, durch schärfere Nähte getrennte Kammern. Es ist desshalb zu vermuthen, dass dieselben einer besondern, von *Plecanium depravatum* verschiedenen Art angehören.

155. **Cornuspira tenuissima** Gümb. sp.

1862. *Spirillina tenuissima* Guemb. Die Streitberger Schwammlager und ihre Foraminiferen-Einschlüsse p. 214. Tab. IV, Fig. 12. Württemb. naturwissensch. Jahresh. Jahrg. 18.

1863. *Cornuspira tenuissima* Schwag. l. c. p. 94.

Häufig in der Zone des *Amm. transversarius* von Bechtersbohl bei Thiengen (Baden), Berg von Crussol bei Valence (Ardèche), Aubigné (Sarthe). Geht bis zu der Zone des *Ammonites bimammatus*, in welcher die Species zuerst bei Streitberg nachgewiesen wurde.

156. **Spiriloculina panda** Schwag.

1863. *Spiriloculina panda* Schwag. l. c. p. 95. Tab. II, Fig. 6.

Zone des *Amm. transversarius* von Bechtersbohl bei Thiengen (Baden), Berg von Crussol bei Valence (Ardèche) und Aubigné (Sarthe). Erstreckt sich von hier aus durch den Impressa-Thon bis zu der Zone des *Ammonites bimammatus* und findet sich in diesen beiden Horizonten an verschiedenen Lokalitäten der schwäbischen Alp und des fränkischen Jura.

157. **Nodosaria pistilliformis** Schwag. M. S.

Länge 0,25 Mm., Gehäuse von kurzer keulenförmiger Gestalt, aus 6—8 bauchigen Kammern gebildet, welche durch tief eingeschnittene Nahtlinien

Fig. 5.

von einander abgetrennt werden. Ueber die Oberfläche des Gehäuses verlaufen je 11—14 scharfe Rippen, welche jedoch auf der ersten Kammer verschwinden. Zone des *Amm. transversarius*, von Aubigné (Sarthe).

158. **Nodosaria prima** Terq.

1858. *Nodosaria prima* Terq. Mém. Acad. Metz p. 29. Tab. I, Fig. 6.

Einige in der Zone des *Amm. transversarius* zu Aubigné (Sarthe) gesammelte Exemplare stimmen ihrer äussern Form nach so nahe mit der von Terquem aus liasischen Schichten des Mosel-Départements beschriebenen Species überein, dass eine Trennung zur Zeit nicht ausführbar erscheint.

159. **Dentalina Sarthacensis** Schwag. M. S.

Fig. 6.

Länge 0,4 Mm. Das schlanke Gehäuse wird durch 5—6 elliptische ziemlich lange Kammern gebildet, welche gegen abwärts langsam und regelmässig an Grösse abnehmen und unter einander durch deutlich ausgesprochene Nähte abgetheilt werden. Mündung klein, undeutlich gestrahlt. Zone des *Ammonites transversarius* von Aubigné (Sarthe).

160. **Dentalina pilluligera** Schwag.

1863. *Dentalina pilluligera* Schwag. l. c. p. 107. Tab. III, Fig. 14 und 15.

Zone des *Amm. transversarius* von Aubigné (Sarthe).

161. **Vaginulina raduliformis** Sckwag. M. S.

Fig. 7.

Gehäuse 0,32 Mm., kurz, spatelförmig, nach unten gerundet und aufgetrieben, nach oben erweitert, schräg abgestumpft. Septalfläche zugeschärft. Auf jeder Seite erheben sich 3—4, anfänglich scharfe gegen oben allmählig verschwindende Längsrippen, welche sich unterhalb der ersten Kammer in einem Punkte vereinigen. Nähte undeutlich. Kammerscheidewände beinahe parallel. Mündung abgesetzt, gestrahlt. Zone des *Ammonites transversarius* von Aubigné (Sarthe).

162. **Frondicularia linguliformis** Schwag. M. S.

1863. *Frondicularia linguliformis* Schwag. l. c. p. 113. Tab. IV, Fig. 11.

Zone des *Amm. transversarius* von dem Berge von Crussol bei Valence (Ardèche) und von Aubigné (Sarthe). Erstreckt sich bis zu der Zone der *Terebratula impressa,* aus welcher die Species zuerst von C. Schwager beschrieben wurde.

163. **Marginulina ambigua** Schwag.

Fig. 8.

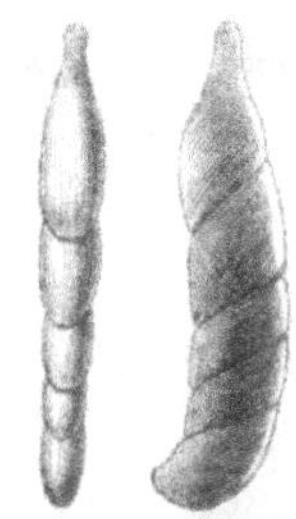

Länge 0,34 Mm. In Beziehung auf die äusseren Formverhältnisse zwischen Marginulina und Cristellaria in der Mitte stehend. Gehäuse ziemlich lang, aus schiefen, wenig divergirenden, mässig gewölbten Kammern gebildet, welche durch vertiefte Nahtlinien von einander abgetheilt werden. Letztere schneiden auf der gewölbteren Bauchseite weiter ein als auf der etwas schmäleren Rückseite. Mündung gestrahlt. Zone des *Ammonites transversarius* von Bechtersbohl bei Thiengen (Baden), dem Berg von Crussol bei Valence (Ardèche) und von Aubigné (Sarthe).

164. **Cristellaria trimarginata** Schwag. M. S.

Fig. 9.

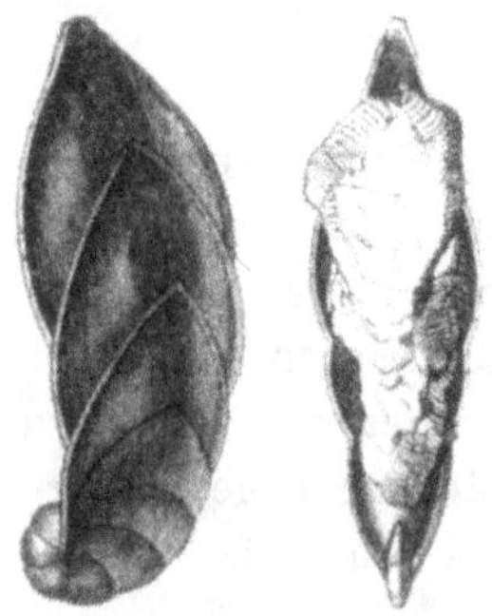

Länge 0,42 Mm. Eine eigenthümliche, sehr verlängerte Rhabdogonienartig aufgebaute Cristellarie, deren wenig divergirende mässig hohe, schiefe Kammern, etwas hinter der Mitte geknickt erscheinen, in Folge dessen sie mit drei Armen an dem gekielten Rücken, sowie an den scharfen vorgezogenen Rändern der Septalfläche herablaufen. Seiten und Septalfläche vertieft und nur in der Mitte schwach gewölbt. Nähte undeutlich, durch sehr niedrige Rippen gekennzeichnet. Mündung klein, rund im Carinalwinkel gelegen. Fand sich sehr sparsam in der Zone des *Ammonites transversarius* am Berge von Crussol bei Valence (Ardèche).

165. **Cristellaria Sarthacensis** Schwag. M. S.

Fig. 10.

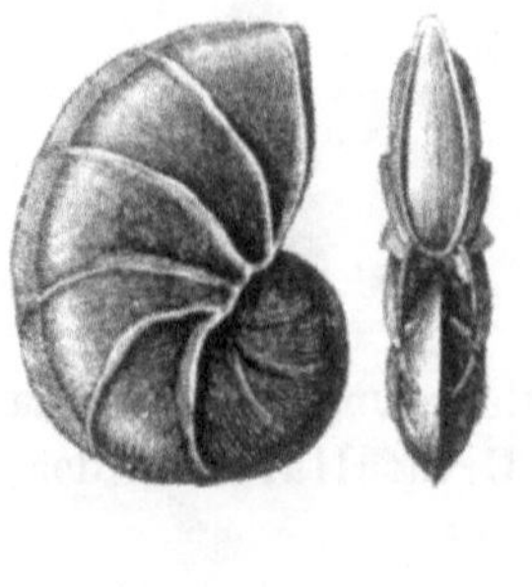

Länge oder grösster Durchmesser des ovalen Umkreises 0,3—0,4 Mm. Spirale gewöhnlich vollkommen geschlossen, indem sich die letzten Kammern nur bei ausgewachsenen Exemplaren von dem vorhergehenden Umgang abtrennen. Seiten abgeflacht, rasch gegen den flügelartig erweiterten Kiel abfallend. Man unterscheidet 10—11 Kammern, auf deren gemeinschaftlichen Rändern sich hohe, schwach gebogene Rippen erheben. Septalfläche der letzten Kammer leicht gewölbt, mit einem Rande versehen, dessen Scheitel die mässig grosse dreieckige Mündung einschliesst. Zone des *Ammonites transversarius* von Bechtersbohl bei Thiengen (Baden), dem Berge von Crussol bei Valence (Ardèche) und von Aubigné (Sarthe).

166. Cristellaria sublenticularis Schwag. M. S.

Fig. 11.

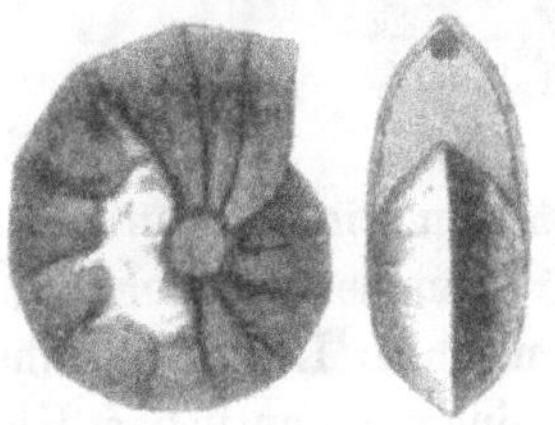

Durchmesser des linsenförmigen Gehäuses 0,25—0,3 Mm.; Seiten gewölbt, ziemlich rasch gegen den kielartig vorspringenden Rücken abfallend. Den Kammern entsprechend tritt die spirale Umfangslinie an einzelnen Stellen schwach hervor, zugleich erheben sich auf den Seiten niedere radiale Erhöhungen. Septalfläche der letzten Kammer flach, dreieckig, wenig ausgeschnitten, von zwei Leisten eingefasst, unter deren Scheitel die grosse, gerundet-dreieckige Mündung liegt. Zone des *Ammonites transversarius* vom Berge von Crussol bei Valence (Ardèche) und von Aubigné (Sarthe). Erstreckt sich an letzterem Punkte auch in die blaugrauen Thone, welche p. 266 (62) als muthmassliches Aequivalent des Impressa-Thones bestimmt wurden.

167. Cristellaria pauperata? Jones und Park.

1860. *Cristellaria pauperata* Jones & Parker. Quart. Journ. géol. Soc. p. 454. Tab. XX, Fig. 39.

Selten in der Zone des *Amm. transversarius* am Berge von Crussol bei Valence (Ardèche). Wird sich vielleicht später bei grösserem Material von der aus angeblichen Trias-Schichten von Cheltenham beschriebenen Art unterscheiden lassen.

168. **Cristellaria suprajurassica** Schwag.

1863. *Cristellaria suprajurassica* Schwag. l. c. p. 130. Tab. VI, Fig. 11 u. 12.

Zone des *Amm. transversarius* von Aubigné (Sarthe). Geht auch in höhere Lagen über und findet sich sowohl in den Impressa-Thonen, als in den zu der Zone des *Ammonites bimammatus* gehörigen Spongiten-Schichten des fränkischen Jura und der schwäbischen Alp.

169. **Polymorphina nitidiuscula** Schwag. M. S.

Fig. 12.

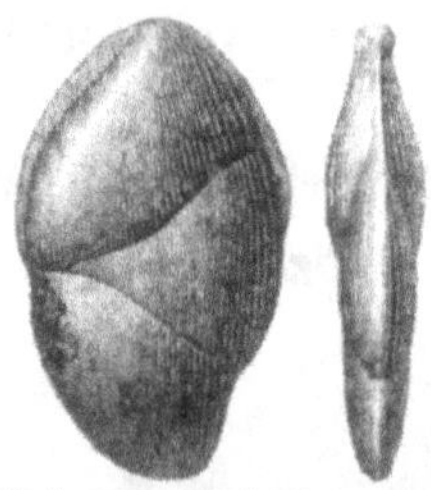

Gehäuse 0,3 Mm., seitlich comprimirt, von ovaler, an den Enden etwas verlängerter Form, aus 3—5 Kammern bestehend, welche sich durch vertiefte Nähte in schräger alternirender Linie von einander abtheilen. Seitenränder zugeschärft, oder mit einem eigentlichen Kiele versehen. Mündung gerundet, von geringer Grösse und nahezu in der Mitte der obern Ränder befindlich. Zone des *Ammonites transversarius* von Aubigné (Sarthe).

170. **Polymorphina mutabilis** Schwag.

1863. *Polymorphina mutabilis* Schwag. l. c. p. 138. Tab. VII, Fig. 12, 13.

Zone des *Amm. transversarius* vom Berge von Crussol bei Valence (Ardèche). Erstreckt sich bis zu der Zone der *Terebratula impressa*, aus welcher die Species von H. Schwager neuerdings beschrieben wurde.

171. **Textilaria Trigeri** Schwag. M. S.

Fig. 13.

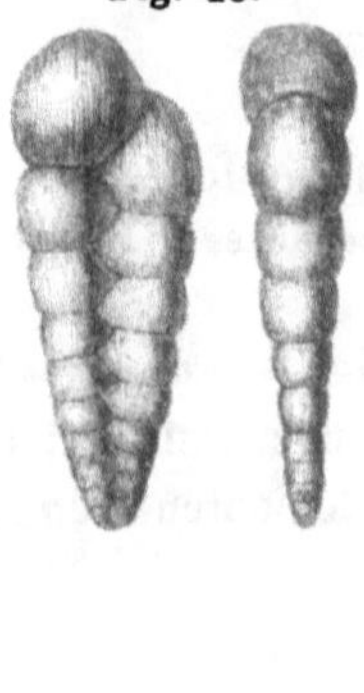

Länge 0,3—0,35 Mm. Im ausgebildeten Zustande besitzt das Gehäuse eine schlanke unten gerundete, seitlich comprimirte Gestalt. Es besteht aus zahlreichen durch horizontale Nähte geschiedenen Kammern, welche in der Jugend flach beginnen, später sich jedoch stärker wölben und eine kugelige Form annehmen. Die Mündung bildet eine breite elliptische Spalte, welche sich am Rande der letzten Kammer senkrecht zur grössten Durchschnittsfläche öffnet. Findet sich häufig in den gelben Kalken aus der Zone des *Ammonites transversarius* von Aubigné (Sarthe) und erstreckt sich von hier in die grauen unmittelbar darüber folgenden Thone. Herrn Triger in le Mans zu Ehren benannt.

172. **Textilaria Dumortieri** Schwag. M. S.

Fig. 14.

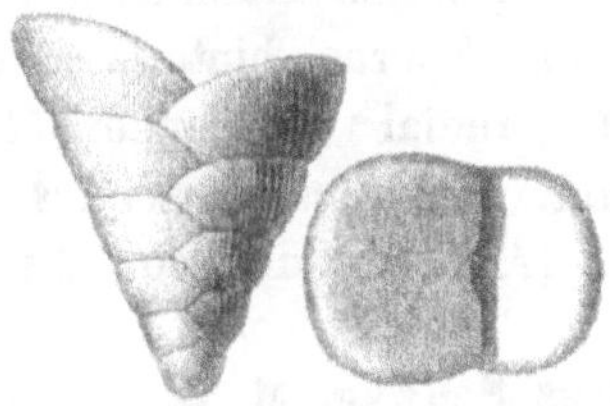

Länge 0,35 Mm. Erinnert ihrem Gesammthabitus nach an die von Prof. Reuss aus der Kreide Westphalens beschriebene *Gaudryina oxycona,* ohne jedoch damit übereinzustimmen. Gehäuse verkehrt kegelförmig, rasch anwachsend mit schräg gegen einander geneigten Septalflächen der beiden letzten Kammern. Die Mündung besteht aus einer niedrigen breiten Spalte, welche unmittelbar über den Innenrand der letzten Kammer verläuft. Nahtlinien schief nach innen und abwärts gerichtet, wenig vertieft, regelmässig alternirend. Ziemlich häufig in der Zone des *Ammonites transversarius* von Aubigné (Sarthe). Herrn E. Dumortier in Lyon zu Ehren benannt.

173. **Rotalia pusilla** Schwag.

1863. *Rotalia pusilla* Schwag. l. c. p. 141. Tab. VII, Fig. 20.

Zone des *Amm. transversarius* von Bechtersbohl bei Thiengen (Baden), vom Berg von Crussol bei Valence (Ardèche) und von Aubigné (Sarthe). Fand sich zuerst in der Zone der *Terebratula impressa* zu Gruibingen bei Boll, von wo die Species schon früher von Herrn C. Schwager beschrieben wurde.

174. **Rotalia tympaniformis** Schwag. M. S.

Fig. 15.

Der grösste Durchmesser des ziemlich stark gewölbten, convex-concaven Gehäuses beträgt 0,2—0,25 Mm. und liegt zwischen den Rändern zweier einander gegenüberstehender Kammern. Man unterscheidet auf dem letzten Umgang im Ganzen nur vier bis fünf Kammern, welche auf der Obenseite des Gehäuses nur undeutliche Spuren hinterlassen, während sie auf der untern Fläche durch vertiefte, radial verlaufende Nähte bestimmter abgetheilt werden. Mündung unbekannt. Zone des *Ammonites transversarius* vom Berg von Crussol bei Valence (Ardèche) und von Aubigné (Sarthe).

175. **Rosalina parapsis** Schwag. M. S.

Fig. 16.

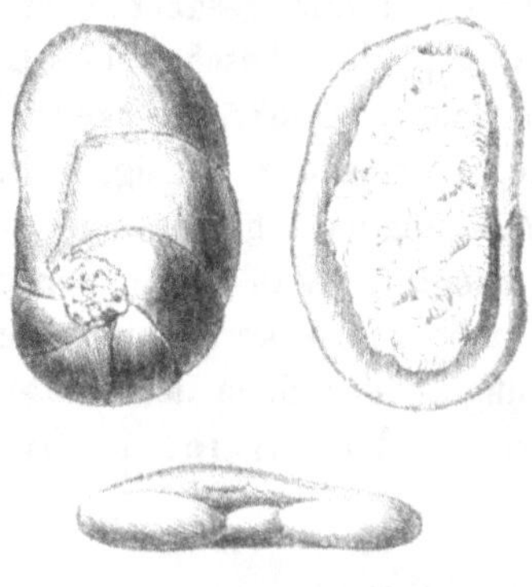

Das 0,45 Mm. lange, unregelmässig elliptische, oben wenig gewölbte, unten flache oder concave Gehäuse zeigt auf dem letzten Umgang 6, durch vertiefte Nähte von einander abgetheilte Kammern. Während das abgebildete Exemplar auf seiner Unterseite von Gesteinsmasse bedeckt ist, so zeigen dagegen einige Bruchstücke von *Rosalina parapsis* diesen Theil noch deutlich erhalten. Die ersten Kammern schliessen sich nicht vollständig an einander an, sondern bilden einen unregelmässig sternförmigen Zwischenraum. Nur die letzte Kammer sendet eine zungenförmige Verlängerung gegen die Mitte, ohne jedoch die Lücke zu schliessen, wodurch die Stellung dieser Art bei der Gattung Rosalina bestimmt wird. Zone des *Ammonites transversarius* von Aubigné (Sarthe).

176. **Siphonocoelia corrugata** Fromentel M. S.

Zone des *Amm. transversarius* von Le Pontet bei St. Claude (Jura).

177. **Verrucospongia verrucosa** (Goldf. spec.) Fromentel.

1830. *Scyphia verrucosa* Goldf. I, p. 91. Tab. 33, Fig. 8.
1850. *Hippalimus verrucosus* d'Orb. Prodr. XIII, Fig. 2.
1860. *Verrucocoelia verrucosa* Etall. Soc. jurass. d'Emul. 1858, p. 145.
1865. *Verrucospongia verrucosa* Fromentel M. S.

Zone des *Amm. transversarius* von Le Pontet bei St. Claude (Jura), Saint Maixent, Niort (Deux-Sèvres). Erstreckt sich auch in höhere Zonen.

178. **Verrucospongia uvaeformis** (Etall. spec.) Fromentel.

1830. *Scyphia verrucosa* und *uvaeformis* Goldf. p. 91. Tab. 33, Fig. 8 a, b.
1860. *Verrucocoelia uvaeformis* Etall. Soc. jurass. d'Emul. 1858, p. 145.
1865. *Verrucospongia uvaeformis* Fromentel M. S.

Zone des *Amm. transversarius* von Le Pontet bei St. Claude (Jura).

179. **Verrucoscyphia insignis** Fromentel M. S.

Zone des *Amm. transversarius* von Le Pontet bei St. Claude (Jura).

180. **Cribroscyphia Baugieri** (d'Orb. spec.) Fromentel.

1850. *Cribrospongia Baugieri* d'Orb. Prodr. XIII, 662.
1865. *Cribroscyphia Baugieri* Fromentel M. S.

Zone des *Amm. transversarius* der Umgebungen von Nantua (Ain), Saint Maixent, Niort (Deux-Sèvres).

181. **Cribroscyphia obliqua** (Goldf. spec.) Fromentel.

1830. *Scyphia obliqua* Goldf. I, p. 9. Tab. III, Fig. 1 (non Fig. 1 a).
1850. *Cribrospongia obliqua* d'Orb. Prodr. XIII, 649.
1860. *Cribrocoelia obliqua* Etall. Soc. jur. d'Emul. 1858, p. 141.
1865. *Cribroscyphia obliqua* Fromentel M. S.

Zone des *Amm. transversarius* von Noiraigue im Val Travers (Cant. Neuchâtel), le Pontet bei St. Claude (Jura), Niort (Deux-Sèvres). Erstreckt sich bis zu der Zone des *Amm. bimammatus*, aus welcher die Species zuerst beschrieben wurde.

182. Cribroscyphia reptans (Etall. spec.) Fromentel.

1860. *Cribrocoelia reptans* Etall. Soc. jur. d'Emul 1858, p. 141.
1865. *Cribroscyphia reptans* Fromentel M. S.

Zone des *Amm. transversarius* von Le Pontet bei St. Claude (Jura).

183. Cribroscyphia Favrei (Etall. spec.) Fromentel.

1860. *Goniocoelia Favrei* Etall. Soc. jur. d'Emul 1858, p. 142.
1865. *Cribroscyphia Favrei* Fromentel M. S.

Zone des *Amm. transversarius* von Le Pontet bei St. Claude (Jura).

184. Cribroscyphia intermedia (Etall. spec.) Fromentel.

1860. *Goniocoelia intermedia* Etall. Soc. jur. d'Emul 1858, p. 142.
1865. *Cribroscyphia intermedia* Fromentel M. S.

Zone des *Amm. transvcrsarius* von Le Pontet bei St. Claude (Jura).

185. Cribroscyphia clavaeformis (Etall. spec.) Fromentel.

1860. *Goniocoelia clavaeformis* Etall. Soc. jur. d'Emul 1858, p. 142.
1865. *Cribroscyphia clavaeformis* Fromentel M. S.

Zone des *Amm. transversarius* von Le Pontet bei St. Claude (Jura).

186. Cribroscyphia Coquandi Fromentel M. S.

Zone des *Amm. transversarius* von Le Pontet bei St. Claude (Jura).

187. Cribroscyphia digitalis Fromentel M. S.

Zone des *Amm. transversarius* von Le Pontet bei St. Claude (Jura).

188. Chenendroscyphia clivosa (Etall spec.) Fromentel.

1860. *Cribrocoelia clivosa* Etall. Soc. jur. d'Emul 1858, p. 141.
1865. *Chenendroscyphia clivosa* Fromentel M. S.

Zone des *Amm. transversarius* von Le Pontet bei St. Claude (Jura).

189. Chenendroscyphia porata (Quenst spec.) Fromentel.

1857. *Spongites poratus* Quenst. Jura p. 687. Tab. 83, Fig. 4.
1860. *Cribrocoelia porata* Etall. Soc. jur. d'Emul. 1858, p. 141.
1865. *Chenendroscyphia porata* Fromentel M. S.

Zone des *Amm. transversarius* von Le Pontet bei St. Claude (Jura). Erstreckt sich bis zur Zone des *Amm. bimammatus*, aus welcher die Species zuerst beschrieben wurde.

190. Chenendroscyphia crateriformis (Etall. spec.) Fromentel.

1860. *Cribrocoelia crateriformis* Etall. Soc. jur. d'Emul 1858, p. 141.
1865. *Chenendroscyphia crateriformis* Fromentel M. S.

Zone des *Amm. transversarius* von Le Pontet bei St. Claude (Jura).

191. Chenendroscyphia infracostata (Etall. spec.) Fromentel.

1860. *Cribrocoelia infracostata* Etall. Soc. jur. d'Emul 1858, p. 141.
1865. *Chenendroscyphia infracostata* Fromentel M. S.

Zone des *Amm. transversarius* von Le Pontet bei St. Claude (Jura).

192. Chenendroscyphia dolata (Etall. spec.) Fromentel.

1860. *Porospongia dolata* Etall. Soc. juras. d'Emul. 1858, p. 143.
1865. *Chenendroscyphia dolata* Fromentel M. S.

Zone des *Amm. transversarius* von Le Pontet bei St. Claude (Jura).

193. Chenendroscyphia complanata (d'Orb. spec.) Fromentel.

1850. *Chenendopora complanata* d'Orb. Prodr. XIII, 709.
1865. *Chenendroscyphia complanata* Fromentel M. S.

Zone des *Amm. transversarius* von Saint-Maixent und Niort (Deux-Sèvres).

194. Chenendroscyphia lamellosa (d'Orb. spec.) Fromentel.

1850. *Chenendopora lamellosa* d'Orb. Prodr. XIII, 710.
1865. *Chenendroscyphia lamellosa* Fromentel M. S.

Zone des *Amm. transversarius* von Niort (Deux-Sèvres), Ile Delle (Vendée).

195. Chenendroscyphia punctata Fromentel M. S.

Zone des *Amm. transversarius* von Le Pontet bei St. Claude (Jura).

196. Gonioscyphia Münsteri (Goldf. spec.) Fromentel.

1830. *Scyphia Münsteri* Goldf. I, p. 89. Tab. 32, Fig. 6.
1850. *Cribrospongia Münsteri* d'Orb. Prodr. XIII, 655.
1860. *Goniocoelia Münsteri* Etall. Soc. jur. d'Emul. 1858. p. 142.
1865. *Gonioscyphia Münsteri* Fromentel M. S.

Zone des *Amm. transversarius* von Le Pontet bei St. Claude (Jura). Erstreckt sich auch in höhere Zonen.

197. Gonioscyphia subclathrata (Etall. spec.) Fromentel.

1860. *Goniocoelia subclathrata* Etall. Soc. jur. d'Emul. 1858, p. 142.
1865. *Gonioscyphia subclathrata* Fromentel M. S.

Zone des *Amm. transversarius* von Le Pontet bei St. Claude (Jura).

198. **Gonioscyphia texturata** (Goldf. spec.) Fromentel.

1830. *Scyphia texturata* (pars) Goldf. I, p. 88. Tab. II, Fig. 9 (non Tab. 36. Fig. 6).
1850. *Cibrospongia texturata* d'Orb. Prodr. XIII, 656.
1860. *Goniocoelia texturata* Etall. Soc. jur. d'Emul. 1858, p. 142.
1860. *Goniocoelia decorata* Etallon ibid. (Goldfuss?).
1860. *Goniocoelia parallela* Etall. ibid. (Goldfuss?)
1865. *Gonioscyphia texturata* Fromentel M. S.

Zone des *Amm. transversarius* von Birmensdorf (Aargauer Jura), Le Pontet bei St. Claude (Jura), La Latte und Apremont bei Nantua (Ain), Ile-Delle (Vendée), Niort (Deux-Sévres). Erstreckt sich auch in höhere Schichten.

199. **Gonioscyphia texata** (Goldf. spec.) Fromentel.

1830. *Scyphia texata* (pars) Goldf. I, p. 7. Tab. II, Fig. 16 (non Tab. 32, Fig. 4).
1850. *Cribrospongia texata* d'Orb. Prodr. XIII, 645.
1860. *Dictyonocoelia subtexata* Etall. Soc. jur. d'Emul 1858, p. 142.
1865. *Gonioscyphia texata* Fromentel M. S.

Zone des *Amm. transversarius* Lägern (Aargau), Le Pontet bei St. Claude (Jura), la Latte bei Nantua (Ain), Niort (Deux-Sèvres) Ile-Delle (Vendée).

200. **Gonioscyphia jurensis** (Etall. spec.) Fromentel.

1860. *Dictyonocoelia jurensis* Etall. Soc. jur. d'Emul. 1858, p. 143.
1860. *Porospongia intermedia* Etall. ibid.
1865. *Gonioscyphia jurensis* Fromentel M. S.

Zone des *Amm. transversarius* von Le Pontet bei St. Claude (Jura). Es kann sich fragen, ob *Porospongia intermedia* d'Orb. Prodr. XIII, 668 von St. Maixent und Niort (Deux-Sèvres) zu der gleichen Art gehört.

201. **Gonioscyphia cancellata** (Goldf. spec.) Fromentel.

1830. *Scyphia cancellata* Goldf. I, p. 89. Tab. 33, Fig. 1.
1850. *Cribrospongia cancellata* d'Orb. Prodr. XIII, 637.
1860. *Dictyonocoelia cancellata* Etall. Soc. jur. d'Emul. 1858, p. 143.
1865. *Gonioscyphia cancellata* Fromentel M. S.

Zone des *Amm. transversarius* von Le Pontet bei St. Claude (Jura), la Latte bei Nantua (Ain), Saint Maixent und Niort (Deux-Sèvres). Erstreckt sich bis zu der Zone des *Amm. bimammatus*.

202. **Gonioscyphia parva** (Etall. spec.) Fromentel.

1860. *Dictyonocoelia parva* Etall. Soc. jur. d'Emul. 1858, p. 143.
1865. *Gonioscyphia parva* Fromentel M. S.

Zone des *Amm. transversarius* von Le Pontet bei St. Claude (Jura).

203. Gonioscyphia ficiformis Fromentel M. S.

Zone des *Amm. transversarius* von Le Pontet bei St. Claude (Jura).

204. Retiscyphia reflexa (d'Orb. spec.) Fromentel.

1850. *Perispongia reflexa* d'Orb. Prodr. XIII, 679.
1865. *Retiscyphia reflexa* Fromentel M. S.

Zone des *Amm. transversarius* von Saint Maixent (Deux-Sèvres), Ile-Delle (Vendée).

205. Retiscyphia conica (d'Orb spec.) Fromentel.

1850. *Perispongia conica* d'Orb. Prodr. XIII, 680.
1865. *Retispongia conica* Fromentel M. S.

Zone des *Amm. transversarius* von Saint-Maixent und Niort (Deux-Sèvres).

206. Cameroscyphia reflexa (Etall. spec.) Fromentel.

1860. *Camerocoelia reflexa* Etall. Soc. jur. d'Emul. 1858, p. 144.
1865. *Cameroscyphia reflexa* Fromentel M. S.

Zone des *Amm. transversarius* von Le Pontet bei St. Claude (Jura).

207. Cameroscyphia Gresslyi Fromentel M. S.

Zone des *Amm. transversarius* von Le Pontet bei St. Claude (Jura).

208. Porostoma Marcou (Etall. spec.) Fromentel.

1860. *Cribrocoelia Marcou* Etall. Soc. jur. d'Emul 1858, p. 141.
1865. *Porostoma Marcou* Fromentel M. S.

Zone des *Amm. transversarius* von Le Pontet bei St. Claude (Jura).

209. Porostoma marginata (Goldf. spec. pars) Fromentel.

1830. *Manon marginatum* (pars) Goldf. I, p. 94. Tab. 34, Fig. 9 d, e, f, g (non Fig. a, b, c, h, i).
1850. *Porospongia marginata* d'Orb. Prodr. XIII, 666.
1860. *Porospongia marginata* Etall. Soc. jur. d'Emul. 1858, p. 143.
1865. *Porostoma marginata* Fromentel M. S.

Zone des *Amm. transversarius* von Birmensdorf (Cant. Aargau), Le Pontet bei St. Claude (Jura), Saint-Maixent und Niort (Deux-Sèvres). Erstreckt sich bis zur Zone des *Ammonites bimammatus*.

210. Polyscyphia flabellum (Etall. spec.) Fromentel.

1860. *Adelphocoelia flabellum* Etall. Soc. jur. d'Emul. 1858, p. 146.
1865. *Polyscyphia flabellum* Fromentel M. S.

Zone des *Amm. transversarius* von Le Pontet bei St. Claude (Jura).

211. **Cupulochonia Oppeli** (Etall. spec.) Fromentel.

1860. *Cupulocoelia Oppeli* Etall. Soc. jur. d'Emul. 1858. p. 164.
1860. *Cupulochonia Oppeli* Fromentel M. S.

Zone des *Amm. transversarius* von Le Pontet bei St. Claude (Jura).

212. **Cupulochonia grandis** (d'Orb. spec.) Fromentel.

1850. *Cupulospongia grandis* d'Orb. Prodr. XIII, 720.
1865. *Cupulochonia grandis* Fromentel M. S.

Zone des *Amm. transversarius.* Umgebungen von Nantua (Ain), Niort (Deux-Sèvres).

213. **Cupulochonia patella** (Goldf. spec.) Fromentel.

1830. *Tragos patella* Goldf. I, p. 14. Tab. V, Fig. 10, Tab. 35, Fig. 2.
1850. *Cupulospongia patella* d'Orb. Prodr. XIII, 715.
1865. *Cupulochonia patella* Fromentel M. S.

Zone des *Amm. transversarius* von Birmensdorf (Cant. Aargau), Noïraigue im Val Travers (Cant. Neuchâtel), Niort (Deux-Sèvres). Erstreckt sich bis zu der Zone des *Ammonites bimammatus.*

214. **Dischonia jurensis** Fromentel M. S.

Zone des *Amm. transversarius* von Le Pontet bei St. Claude (Jura).

215. **Amorphofungia anguinea** (Etall. spec.) Fromentel.

1860. *Amorphocoelia anguinea* Etall. Soc. juras. d'Emul. 1858. p. 146.
1865. *Amorphofungia anguinea* Fromentel M. S.

Zone des *Amm. transversarius* von Le Pontet bei St. Claude (Jura).

216. **Amorphofungia incrustans** (Etall. spec.) Fromentel.

1860. *Amorphocoelia incrustans* Etall. Soc. juras. d'Emul. 1858, p. 146.
1865. *Amorphofungia incrustans* Fromentel M. S.

Zone des *Amm. transversarius* von Le Pontet bei St. Claude (Jura).

217. **Amorphofungia porosa** (d'Orb. spec.) Fromentel.

1850. *Amorphospongia porosa* d'Orb. Prodr. XIII, 728.
1865. *Amorphofungia porosa* Fromentel M. S.

Zone des *Amm. transversarius* von Niort (Deux-Sèvres).

Inhalt.

Druckfehler.

Pag.	215 (11)	Zeile	8	von	unten:	Châtillon statt Chatillon.
„	217 (13)	„	12	„	unten:	non statt von.
„	218 (14)	„	8	„	oben:	Panopaea statt Panopoea.
„	218 (14)	„	10	„	unten:	fehlt * vor Pentacr. subteres.
„	234 (30)	„	8	„	unten:	Dogger statt Drogger.
„	238 (34)	„	9	„	oben:	fehlt das Comma nach plicatilis.
„	258 (54)	„	1	„	unten:	A. Aeropus statt Acropus.
„	261 (57)	„	2	„	unten:	Vaucluse statt Vancluse.
„	263 (59)	„	8	„	unten:	moyennes statt moyenues.
„	265 (61)	„	15	„	oben:	Cythereis statt Cytherideis.
„	266 (62)	„	22	„	oben:	welcher statt welche.
„	266 (62)	„	4	„	unten:	Partie statt Parthie.
„	275 (71)	„	8	„	unten:	1858 statt 1857.
„	280 (76)	„	1	„	oben:	Neuchâtel statt Neuchatel.
„	288 (84)	„	10	„	oben:	non statt von.
„	296 (92)	„	2	„	unten:	Quenstedt statt uenstedt.

		pag. 229 (25).	pag. 233 (29).	pag. 236 (32).	pag. 238 (34).	pag. 238
		Krakauer Kreis Galizien (Oesterreich).	**Karpathen** in Ungarn und Galizien (Oesterreich).	**Oberpfalz** und **Niederbayern** (Bayern).	**Fränkischer Jura** (Bayern).	**Schwäbisc** (Württen
	Zone des Amm. tenuilobatus.			Weisser Kalk mit *Amm. platynotus* und *tenuilobatus* v. Söldenau bei Passau.	Ob. Spongiten-Schichten u. Werksteinkalk. Streitberg, Thalmässing, Weissenburg.	Spongiten-Sc Kalke v. W stein, Laufen.
	Zone des Amm. bimammatus.	Graue Kalke nach oben mit häufigen Kiesel-Ausscheidungen. Noch nicht genauer untersucht.	Mittlere Abtheilung des eigentlichen Klippenkalkes. Rothe Kalke mit *Amm. acanthicus* u. s. w. Rogoznik (Galizien), Puchow (Ungarn).	Noch nicht genauer untersucht.	Unt. Spongiten-Schichten u. Werksteinkalk. Streitberg, Würgau, Oberhochstadt.	Spongiten-Sc Kalke. Lochen, rück.
	Zone der Terebratula impressa.				Impressa-Thon. Thalmässing, Oberhochstadt.	Impressa-Th Geislinge Laufen.
Oxford-Gruppe.	Zone des Amm. transversarius (des Amm. Toucasianus d'Orb).	Weisser od. grauer Kalk mit Spongiten und *Bel. Argovianus* „ *hastatus* *Amm. Arolicus* „ *stenorhynchus* „ *canaliculatus* „ *subclausus* „ *Erato* „ *callicerus* „ *Brachianus* „ *Anar* „ *crenatus* „ *alternans* „ *Manfredi* „ *tortisulcatus* „ *transversarius* „ *Oegir* „ *Collini* „ *Schilli* „ *Martelli* „ *plicatilis* *Isoarca cordiformis, Terebrat. Birmensdorfensis,* cf. *bisuffarcinata, nucleata, Meg. runcinata, Rhynch. Visulica.* Paczaltowice, Trzebinia.	Unterregion des eigentlichen Klippenkalkes mit *Amm. transversarius, Oegir, tortisulcatus, plicatilis, Schilli,* von Rogoznik (Galizien) und Puchow (Ungarn).	Kieselnieren-Kalk (Eggers) mit *Amm. Arolicus* „ *Oegir* „ *canaliculatus* „ *plicatilis* von Voglarn bei Passau. Grauer Kalk mit *Amm. transversarius* „ *plicatilis* von Amberg.	Harte, graue, glaukonitische Kalkbank *Bel. hastatus* *Amm. hispidus* „ *Oegir* „ *Martelli.* Oberhochstadt, Streitberg.	Graue Kalkb Thone *Bel. hastatus* *Amm. Arolicu* „ *stenorh* „ *subclau* „ *hispidus* „ *canalicu* „ *plicatili* *Collyrites cari* *Pentacrinus su* Lautlingen lingen.
	Zone des Amm. cordatus.	Hellgraue, dünngeschichtete, oft sandige Mergel mit *Bel. hastatus, Amm. cordatus, perarmatus.* Paczaltowice.		Braune Oolith-Schicht mit *Belemn. hastatus, Amm. Henrici* u. *perarmatus* v. Amberg.		Harte dunkle len mit de resten der *Amm. corda* *Amm. Lamb* Gegend vo Ursulabe Laufen.
	Zone des Amm. Lamberti.	Braune Eisenoolithe mit *Amm. Lamberti* und *A. macrocephalus.* Paczaltowice und Balin.		?	Knollenlage und graue Thone. Massenhaftes Vorkommen von *Bel. hastatus.*	
			Rothe u. weisse Crinoideen-Kalke, Vilser-Schichten.			Thone mit *Am*

Tabellarische Uebersicht der Verbreitung

240 (36).	pag. 244 (40).	pag. 247 (43).	pag. 248 (44).	pag. 250 (46).	pag. 255 (51).
Randen Baden).	Canton **Aargau** (Schweizer Jura).	Cantone **Bern** und **Solothurn** (Schweizer Jura).	Canton **Neuchâtel** (Schweizer Jura).	Cantone **Glarus, Unterwalden, Bern, Freiburg** (Schweizer Alpen).	**Doubs-Département.**
alke von Rie- .	Helle Kalke mit Cephalopoden u. Spongiten von Baden bei Zürich.	Jura-Kalke.	Jura - Kalke.		Jura - Kalke.
alke aus Küssa- .	Helle Kalke mit *Amm. bimammatus, Cid. florigemma* u. *Hemicidaris crenularis.* Laufor und Stelli bei Brugg.	Diceraten - Schichten u. ob. Region des Terrain à Chailles.	Terrain à Chailles mit *Cid. florigemma.*	Hochgebirgs-Kalk vom Glärnisch (Canton Glarus).	Terrain à Chailles mit *Cid. florigemma, Glypt. hieroglyphicus,* u. s. w. Forges de Gouille bei Larnod.
a - Thon. aus Sieb- en.	Impressa - Thone und Kalke. Effingen.	Unterer Theil des Terrain à Chailles mit *Amm. Oegir, Pholadomya parcicosta.* Klein-Lützel (Canton Solothurn) und Châtillon bei Delémont (Canton Bern).	Graue, meist dünn geschichtete Mergelkalke mit *Myaciten* u. *Ostrea gryphaeata.* Locle, Val Travers.		Wechsel dünner kalkiger Schichten u. gelblich grauer Mergel mit *Anatina undata, Gressl. sulcosa; Ph. pelagica, cingulata, cardissoides, paucicosta, Pect. inaequistriatus* u. s. w.
nd graue Kalk- *ovianus* *tatus* *rolicus* *enorhynchus* *uckneri* *naliculatus* *spidus* *enatus* *ternans* *photus* *llicerus* *miplanus* *ansversarius* *icatilis* *ubpunctatus* *la nucleata* *Birmensdorfensis* *rinus nutans* *coronatus* *caryophyllatus* *us subteres* . erg, Fützen, aus, Sieb- n, Küssa-	Graue Kalkbänke mit *Bel. Argovianus, hastatus, Amm. Arolicus, stenorhynchus, trimarginatus, subclausus, canaliculatus, hispidus, alternans, tenuiserratus, crenatus, lophotus, Erato, Manfredi, tortisulcatus, Anar, Gessneri, callicerus, Bachianus, semiplanus, Gmelini, Oegir, Rotari, Meriani, transversarius, Chapuisi, Collinii, Hiemeri, Schilli, plicatilis, Martelli.* *Isoarca* n. sp. *Hinnites, Nucula sp. ind.* *Terebratula nucleata.* *Birmensdorfensis*, sp. *Cidaris laeviuscula, filograna, Pseudodiadema Langi, Magnosia decorata, Collyrites carinata, Eugeniacrinus nutans compressus, coronatus, caryophyllatus, Pentacrinus subteres.* Zahlreiche *Spongiten.* Birmensdorf, Frickthal.		Helle Mergelkalke mit *Serpula, Bel. hastatus, Amm. Arolicus, canaliculatus, subclausus, alternans, crenatus, callicerus, Anar, Oegir, transversarius, plicatilis.* *Lima sp. div., Nucula sp., Leda sp., Ter. cf. bisuffarcinata, Birmensdorfensis, Kurri.* *Cidaris filograna, propinqua, coronata; Magnosia decorata; Pentacrinus subteres; Eugeniacrinus cariophyllatus,* Spongiten. Umgegend von Locle.	Grauer Kalk mit *Belemn. hastatus* „ *Argovianus* *Amm. Arolicus* „ *Gessneri* „ *callicerus* „ *tortisulcatus* *Planulaten* und andere weniger bestimmte Arten. *Brachiopoden.* *Pentacrinus subteres.* Glärnisch u Schilt (Canton Glarus).	Graue Mergel mit verkalkten Fossilresten (nicht näher bestimmt). Merey-sous-Montrond.
e mit *Amm.* *s, perarmatus* . ngen, ersbohl.	Eisenerze mit *Amm. cordatus, perarmatus, Lamberti.* Egg bei Aarau.	Thonige Kalke mit *Amm. cordatus, Christoli, Delmontanus* von Châtillon. Thone mit verkiesten Versteinerungen *A. Lamberti* von Châtillon.	Thone mit verkiesten Petrefakten. Col des Roches bei Locle, Pouillerel b. La-Chaux-de-Fond. Eisenerze. Entre-deux-monts bei Locle. Eisenerze mit *A. Lamberti, athleta* u. s. w. Pouillerel.	Dunkle Schiefer mit verkiesten Resten vom Erzeck (Berner-Oberland). *Amm. Eucharis* „ *Babeanus* „ *Constanti* von Chatel St. Dénis (Cant. Freiburg). *Amm. Lamberti* „ *Christoli* „ *Brunneri.* Tannenalp (Unterwalden).	Graue Thone mit verkiesten Fossilen *Amm. cordatus, Henrici, Arduennensis, Renggeri, Mariae, perarmatus.* Merey-sous-Montrond.
e.	Eisenerze.	Thone mit *Amm. athleta.*		?	Callovien.

der Zone des Ammonites transversarius.

pag. 256 (52).	pag. 257 (53).	pag. 259 (55).	pag. 260 (56).	pag. 261 (57).	pag. 2
Jura- **Département.** **Umgebungen von** **Salins.**	**Jura-** **Département.** **Umgebungen von** **St. Claude.**	**Ain-** **Département.**	**Isère-** **Département.**	**Ardèche-** **Département.**	**Vau** **Dépar**
Jura - Kalke. Oolite corallienne. Calcaire corallien.	Jura - Kalke. Diceratien Etall. und Calcaire corallien. Umgebungen von St. Claude.	Mächtige helle Kalkbildungen, nicht genauer gegliedert. Fossilreste häufig. Umgeb. von Nantua, Cirin, Bellay.	Mächtige helle Kalkbildungen, nicht genauer gegliedert.	Wohlgeschichtete Kalke mit *Ammon. tenuilobatus.* Berg Crussol. Unterer Werksteinkalk. Berg Crussol.	Mächtige genauer Umgebung von Gig
Kalk und Mergel mit *Pholadomyen.*	Mergelige Kalke mit *Terebratula impressa.* Pontet b. St. Claude.			Impressa - Thon. Berg Crussol und la Voulte.	
Argovien Marcou's. Graue Mergelkalke mit *Amm. Arolicus, canaliculatus, alternans, Oegir, plicatilis, Martelli.* Zahlreiche *Spongiten.* Supt u. Chappois.	Spongitien Etall. Graue Kalke mit *Pithonoton quadratum* und *gibbosum, Belemn. Argovianus; Amm. Chapuisi, alternans, canaliculatus, crenatus, tortisulcatus, transversarius, Pecten subpunctatus, Ostrea Blandina, Lingula Oxfordiana, Megerlea pectunculus, Conodictyum truncatum, Cidaris filograna, Comatula Claudiana, Eugeniacrinus caryophyllatus, coronatus, compressus, nutans, Pentacrinus cingulatus, subteres,* 29 verschiedene Arten von *Spongiten.* Umgeb. v. St. Claude.	Mergel mit *Amm. canaliculatus, plicatilis, Terebratula,* viele *Scyphien.* Bergrücken nördl. von Nantua. *Amm. Arolicus* „ *subclausus* „ *alternans* „ *Chapuisi* „ *transversarius* *Pecten subpunctatus* *Ostrea Blandina* *Meg. pectunculus* *Cidaris filograna* *Eugen. caryophyllatus* *Pentacrinus subteres* *Conodictyum spec. ind.* *Spongiten* aus grauen Mergeln von Tenay.	Graue Mergel und Kalke mit *Belemn. hastatus* „ *unicanaliculatus* „ *Argovianus* *Amm. Arolicus* „ *subclausus* „ *canaliculatus* „ *hispidus* „ *callicerus* „ *semiplanus* „ *Bachianus* „ *tortisulcatus* „ *Oegir* „ *transversarius* „ *plicatilis* *Meg. pectunculus* *Rhynch. Arolica* *Pecten subpunctatus* *Cidaris filograna* *Pentacrinus subteres.* Zahlreiche *Spongiten.* Trept.	Graue Mergel und Kalke mit *Belemnites hastatus, unicanaliculatus, Sauvanausus. Ammonites Arolicus, alternans, tenuiserratus, crenatus, Bruckneri, Hyacinthus, Erato, Manfredi, tortisulcatus, Anar, callicerus, Bachianus, Gmelini, Oegir, plicatilis.* *Aptychus spec. ind.* *Rhynchoteuthis spec. ind.* *Terebr* cf *bisuffarcinata* *Rhynch. Arolica* *Pentacrinus subteres* *Spongiten - Reste.* Berg Crussol. Umgebungen von la Voulte. Joyeuse bei Aubenas.	Graue Merg *Amm. Arol* „ *trima* „ *subcl* „ *Erato* „ *tortis* „ *Touc* Lafare u Montm Gigon
Thone mit zahlreichen verkiesten Versteinerungen *Belemn. hastatus* *Amm. Eucharis* „ *cordatus* „ *Lamberti* „ *scaphoides* „ *perarmatus* „ *biarmatus.* Arc-sous-Montenot, Clucy bei Salins.	Thone mit zahlreichen verkiesten Versteinerungen *Amm. Eucharis* „ *perarmatus* „ *scaphitoides* „ *Lamberti* von Prinovel und St. Romain de Roche. (Diese Thone sollen bei St. Claude ausfallen.)	Thone mit zahlreichen verkiesten Versteinerungen. *Amm. cordatus, Arduennensis, perarmatus* u. s. w. La Latte b. Nantua.	Oxford - Thon mit verkiesten Versteinerungen. Trept.	Oxford - Thon mit kleinen Geoden und *Bel. hastatus, Amm. cordatus, Christoli, Rhynchoteuthis Coquandianus* von Crussol und la Voulte. Thone mit zahlreichen verkiesten Exemplaren der *Amm. tortisulcatus* und *Amm. Lamberti.* La Voulte.	Oxford - Th den. *Belemn. has* *Amm. Henr* „ *cord* „ *Babe* „ *Euge* „ *pera* „ *Lam* *Rhynchoteu* *dianus.* Grand-M bei Gig
Callovien. Eisenerze v. Clucy.	Callovien mit Eisenoolithen.	Callovien.	Callovien.	Callovien. Eisenerze von la Voulte.	Callovien *leta* und

…ag. 262 (58).	pag. 263 (59).	pag. 264 (60).	pag. 267 (63).	pag. 270 (66).	pag. 272 (68).
Var- …Département.	**Côte d'Or-** Département.	**Sarthe-** Département.	**Deux-Sèvres-** Département. Umgebungen von Niort.	**Spanien.**	**Algerien.**
…t genauer unter- …ht.	Jura-Kalke. Corallien.	Unteres Coralrag *Cid. florigemma* *Glypt. hieroglyphicus* *Megerlea pectunculus* Station Ecommoy. Bläulich graue Thone mit *Rhynchon. spinulosa.*	Helle Kalke, nicht genauer untersucht.	Nicht genauer untersucht.	Rothe Kalke mit zahlreichen Exemplaren von *Amm. acanthicus.* Von Batna, Provinz Constantine.
…eliger Kalk mit *subclausus* *canaliculatus* *crenatus* *tenuiserratus* *Erato* *semiplanus* *Bachianus* *callicerus* *Gmelini* *transversarius* …Rians, Andon, …ussol.	Sous-groupe supérieur (Beaudouin's). Eine 100 Meter mächtige, aus Mergeln mit vielen Geoden und Kalkbänken bestehende Schichtenmasse. Spongiten-Lager im untersten Theile v. Beaudouin's Sous-groupe-supérieur.	Gelbe thonige Kalke mit *Belemn. hastatus* *Amm. canaliculatus* „ *transversarius* „ *Martelli* „ *plicatilis* *Pholadomya parcicosta* *Pecten* cf. *vimineus* „ *inaequicostatus* *Ostrea gryphaeata.* Von Aubigné südlich von le Mans.	Hellgraue, mergelige Kalke mit *Belemnites hastatus* *Amm. Arolicus* „ *trimarginatus* „ *canaliculatus* „ *subclausus* „ *Erato* „ *tenuiserratus* „ *crenatus* „ *callicerus* „ *Bachianus* „ *tortisulcatus* „ *Oegir* „ *plicatilis* *Natica, Chemnitzia, Phasianella, Lima, Isoarca* *Terebr. Birmensdorfensis, spec.* *Megerlea pectunculus* *Cidaris filograna* *Pentacrinus subteres* *Eugeniacrin. compressus* Zahlreiche *Spongiten.* Magné und Tranché des grosses terres bei Niort.	Graue mergelige Kalke mit *Amm. canaliculatus* „ *hispidus* „ *subclausus* „ *transversarius* „ *plicatilis* von Frias.	Fleischrother Kalk mit *Amm. transversarius* von Ouarancenis, Prov. Algier. Gelblicher Kalk mit *Amm. transversarius* von Batna, Provinz Constantine.
cordatus *perarmatus* *plicatilis.* …nkelm Kalkgestein …Andon. …choteuthis *Coquan-*…*nus* von Rians.	*Amm. cordatus, Christoli, Eugeni* mit zahlreichen Arten tieferer Zonen. Sous-groupe-inférieur (Beaudouin's).	*Rhynch. Thurmanni.* Graue Thone und Kalke mit *Belemn. hastatus, Amm. Babeanus, Goliathus Constanti, Gerv. aviculoides* von la Vacherie bei Ecommoy.	*Amm. cordatus* „ *Delmontanus* „ *Renggeri* „ *perarmatus* „ *Christoli* u. s. w. in verkiesten Exemplaren.	?	?
		Callovien.	Callovien.		

ZUR FAUNA

DER

HALLSTÄDTER KALKE.

NOVA AUS DER SAMMLUNG

DES HERRN

HOFRATHES DR. VON FISCHER IN MÜNCHEN.

VON

DR. ALPHONS VON DITTMAR.

MÜNCHEN, 1866.
R. OLDENBOURG.

Die Fauna der **Hallstädter Kalke** gehört trotz des kurzen Zeitraumes seit ihrer Entdeckung und trotz der vielfachen Schwierigkeiten, die sich ihrer Ausbeutung und Aufsammlung entgegensetzten, dennoch in Folge der anerkennenswerthen und ununterbrochenen Bemühungen einiger weniger ebenso fleissiger als einsichtsvoller Sammler und durch die Aufzeichnungen einer Reihe unserer hervorragendsten Paläontologen schon jetzt mit unter die besterforschten Stufen organischen Lebens in dem Gebiete der Alpen. Die Mühe, die der Forscher an die Untersuchung der Hallstädter Kalke wendet, hat sich aber auch stets reich belohnt, denn die Fossilien, die man hier findet, sind nicht nur immer rund und voll und bis in die feinsten Verzierungen erhalten, — sie bieten auch vom paläontologischen Gesichtspunkte aus eine Fülle der interessantesten Daten, denn wir finden hier unter jeder Reihe neu entdeckter Formen immer wieder neue Verbindungsglieder zwischen vor- und nach-triadischen Mollusken — Arten — Gattungen — Gruppen, — wir sehen eine Reihe von Beziehungen und Verknüpfungen vor unsern Augen hergestellt, deren Möglichkeit wir kaum vermuthet hätten. Auch die vorliegende Arbeit wird dafür einige Proben geben können, die nicht bloss für die specielle Paläontologie von Interesse sind.

Herrn **Hofrath Dr. v. Fischer** in München, dessen reichhaltige Sammlung schon mehreren Autoren ganze Reihen von schönen neuen Arten geliefert hat, verdanke ich sowohl die Anregung für den vorliegenden paläontologischen Versuch als auch die Ausrüstung mit dem dafür erforderlichen Material.

Die Aufgabe schien bei der nicht zu ausgebreiteten Literatur anfangs leichter, als sie sich in der Folge herausstellte, denn in der That sind die Verhältnisse von Variabilität und Constanz der Formen hier verwickelter als ich sie bisher anderswo kennen lernte. Diese Schwierigkeit ist auch schon von geübteren Paläontologen empfunden worden und ihre Consequenzen gipfeln sich in der Streitfrage, die sich um die Definition des *Ammonites Aon* Mü. bewegt, obgleich dieser Fall von Unsicherheit durchaus nicht vereinzelt dasteht. Aber gerade hier ist die Differenz besonders auffallend, da die Einen den Namen Aon als Bezeichnung für eine ganze Familie oder Gruppe von sehr verschiedenen Formen nehmen[1]), während andere diese verschiedenen Formen als eine und dieselbe Species auffassen, deren Varietäten ohne bestimmbare Grenze in einander übergehen. Das hindert sie aber nicht, diese Varietäten dennoch zu unterscheiden und zu benennen, weil sie keine Möglichkeit sehen, die Species durch eine allgemein stichhaltige Diagnose zu charakterisiren[2]). Die grossen Schwierigkeiten bei der Sache, die ich keineswegs verkenne[3]), haben mich gleichwohl nicht abgehalten, mich an die Lösung der Aon-Frage, die man seit einiger Zeit mit einer gewissen Scheu auf sich beruhen lässt, zu wagen.

Es möge mir gestattet sein, hier in kurzen Zügen die Principien anzudeuten, von denen ich mich bei Behandlung dieser so wie der Species-Frage überhaupt leiten liess.

Der Begriff der Species, ursprünglich ein künstlicher, von dem man jedoch nicht zweifelte, dass er den Erscheinungen in der Natur vollständig angemessen sei, sollte in seiner ersten Bedeutung wohl nur solche Formen umfassen, die unter sich in allen Stücken übereinstimmten. Dem gegenüber verlangte man für das Genus nur mehr eine Uebereinstimmung in einzelnen allgemeineren Charakteren.

Dass man bei Untersuchung der Merkmale anfangs nicht eben scrupulös zu Werke ging, ist sehr wahrscheinlich. Mit dem Fortschreiten der Beobachtung musste man aber bald bemerken, dass zwischen die solchermassen festgestellten Species sich immer mehr neue Zwischenformen eindrängten, die man dann als neue Species, als Subspecies, als Varietäten, als abweichende Individuen in das früher gewonnene Schema einzuschalten versuchte. Endlich sah man aber doch ein, dass die ganze Begrenzungsart der früheren Species eine willkürliche, ja zufällige, z. Th. nur von dem Umfange des in Betracht gezogenen Materiales abhängige gewesen sei und dass man somit nach neuen stichhaltigeren Principien für die Behandlung der Sache sich umsehen müsse. In Folge der dadurch hervorgerufenen Bestrebungen nun haben sich zwei ziemlich entgegengesetzte Richtungen geltend gemacht. Die eine, die den Begriff der Species als einen in der Natur der Dinge wesentlich begründeten erfasst, sieht sich genöthigt, wegen

---

[1]) v. Hauer: Neue Cephal. von Hallstadt und Aussee, in Haidungers naturw. Abh. 1849, Bd. 3, p. 8 u. 25.

[2]) Quenstedt: Cephalopoden p. 234 ff.

[3]) Es heisst sich die Sache leicht machen, wenn man jeden kleinen Unterschied abbildet, benennt, ohne darüber nachzuforschen, wie diese mannigfaltigen Glieder zusammenhängen. Quenstedt: Cephalopoden p. 236 f.

des namentlich bei niedern Organismen in den häufigsten Fällen zu beobachtenden vollständigen Ueberganges verwandter Formen in einander, die Grenzen der Species so weit auszudehnen, bis in dem vorhandenen Beobachtungsmaterial solche Uebergangsformen zu den nächstverwandten Gestalten nicht mehr gefunden werden. Diese Begrenzungsweise, so natürlich sie scheinen mag, ist demnach nur eine willkürliche, da wir wohl nicht mit Gewissheit annehmen dürfen, dass die Natur diese scheinbar fehlenden Formen wirklich nicht kenne, so lange namentlich die paläontologischen Aufsammlungen nicht weiter als zu der gegenwärtigen, verhältnissmässig immer noch sehr geringen Ausdehnung gediehen sind.

Die andere Art der Auffassung nimmt dagegen den Begriff der Species von vorn herein als einen durchaus künstlichen, als einen wissenschaftlichen Behelf, der zur Erkenntniss der Wahrheit erst führen soll, — als eine jener, gleichviel ob richtigen oder unrichtigen Hypothesen, denen die Natur-Wissenschaften seit jeher ihre bedeutendsten Fortschritte zu danken haben. Von dieser Seite könnte der Speciesbegriff selbst dann noch beibehalten werden, wenn der bestimmte Nachweis geliefert würde, dass er in der Natur nicht begründet sei. Wenn der Begriff somit als ein künstlicher aufgefasst wird, so darf natürlich auch seine Begrenzung eine künstliche sein und der weite Spielraum individueller Ansichten wird allein in Rücksicht auf die Zweckmässigkeit zu reguliren sein. Ob nun zwar von Niemandem bestritten werden kann, dass eine scharfe Unterscheidung der (künstlichen) Species, namentlich in der Geognosie, sich auch praktisch als nützlich bewährt hat, so hat doch die consequente Durchführung einer solchen Scheidung (Speciesmacherei?) mannigfachen mehr oder weniger gravirenden Vorwürfen nicht entgehen können, die im Allgemeinen darauf hinauslaufen, dieselbe als etwas Unnützes hinzustellen. Ich meinestheils glaube aber, dass die sog. Speciesmacherei für den Geognosten nur dann unnütz sein würde, wenn man Ursache hätte anzunehmen, dass ihre Anwendbarkeit auf bathrologische Vergleiche und Unterscheidungen sich auf die bisher beobachteten Punkte beschränken müsste.

So lange das nicht der Fall ist, so lange ferner nicht geradezu behauptet oder erwiesen wird, dass die Grenzen der Species als Inbegriff ähnlicher Formen genau mit den bisher angenommenen Grenzen der geologischen Formationen und Formationsglieder zusammenfallen müsse, so lange endlich die Vertheidiger der natürlichen Species uns überhaupt keine stichhaltigen Anhaltspunkte für die Auffindung der natürlichen Grenzen der Species anzugeben vermögen, — insolange werden wir fortfahren dürfen, alle Variationen der Form getrennt zu halten, welche sich sicher in einer Reihe übereinstimmender Individuen ausprägen und die wir durch Wort und Bild. Anderen kenntlich zu machen im Stande sind, ohne Rücksicht darauf, ob auch gleich im Augenblick interessante Resultate unsere Bemühungen belohnen.

Ob den solchermassen fixirten Variationen der organischen Form dann noch der Namen der Species in der hergebrachten Bedeutung zukomme, ist eine andere Frage, welche für Systematiker einige Wichtigkeit haben mag. Für die Praxis scheint es mir bequemer, einen derartigen allgemeinen Ausdruck anzuwenden, statt zwischen Species, Subspecies, Varietät etc. ängstlich zu unterscheiden, denn man vermeidet damit den schwerfälligen, unbequem zu handhabenden Apparat der Doppel- und mehrfachen Namen, welche man sonst consequenter Weise ebenfalls annehmen müsste.

Wendet man nun diese Betrachtungen beispielsweise auf den *Ammonites Aon* Mü. an, auf eine Gruppe von Formen, die kaum in einem Punkte mit einander übereinstimmen, nemlich in der vertieften Bauchrinne[1]), die aber dennoch von den Vertheidigern der natürlichen Species bisher als eine einzige Species betrachtet wurden, so ist es einleuchtend, dass auf Grundlage des künstlichen Speciesbegriffes hier eine Reihe von Formvariationen unterschieden werden muss. Von den Cassianer Vorkommnissen sind dieselben schon durch Münster und Klipstein angedeutet und aus den Hallstädter Schichten habe ich in der vorliegenden Abhandlung 17 Formarten festzustellen versucht, von denen die meisten in beträchtlichen Reihen von Individuen eine auffallende Constanz beweisen. Wenigstens noch ebensoviel habe ich einstweilen unbeschrieben gelassen, weil einerseits das Material nicht mehr die Sicherheit der Anhaltspunkte gewährte, andererseits mir der Raum zu eng zugemessen ward. Es war mir dabei nicht unerwünscht, dass mit den beschriebenen Formvariationen beim *Aon* sich auch parallellaufende bestimmte Verschiedenheiten im bathrologischen Lager in Einklang zeigten, und die es befürworten mögen, dass es unbeschadet der Zusammengehörigkeit der Gruppe keine so ganz müssige Aufgabe gewesen sein dürfte, die wahrgenommenen Verschiedenheiten der Form zu fixiren. Dass auch innerhalb der Hallstädter Schichten paläontologisch unterscheidbare Horizonte vorhanden seien, wäre schon a priori wahrscheinlich, selbst wenn sie nicht schon von den Herren v. Fischer[2]) und Süss[3]) angedeutet worden wären.

[1]) Ich bezeichne, in Folge der von Herrn Prof. Süss gegebenen Anregung, bei den Cephalopoden diejenige Seite, an welcher der Sipho liegt, als Bauch, die entgegengesetzte als Rücken.

[2]) Bei v. Hauer: Beiträge zur Kenntniss der Cephalopodenfauna der Hallstädter Schichten. Denkschriften der Wiener Akad. 1855, Bd. 9, p. 142 (2).

[3]) Bei v. Hauer: Nachträge zur Kenntniss der Cephalopodenfauna der Hallstädter Schichten. Sitz.-Ber. der Wiener Akad. 1860, Bd. 41, p. 113, 114 (1, 2).

Wenn diese Horizonte bisher noch nicht genauer fixirt wurden, so geschah das, glaube ich, weniger aus dem Grunde, weil man die Durchführung einer paläontologischen Niveaubestimmung überhaupt für unmöglich gehalten hätte, als vielmehr, weil man die paläontologischen Beobachtungen noch für unzureichend erachtete. Ein weiterer Grund möchte aber wohl in den Schwierigkeiten liegen, die sich dem Besuche der Fundörter entgegenstellen und in Folge deren nur in den seltensten Fällen die paläontologischen Aufsammlungen an Ort und Stelle von Fachmännern geleitet wurden.

Da auch ich nicht in der Lage war, die nöthigen Studien an den Fundstellen selbst zu machen, die uns hier beschäftigen, so steht es natürlich auch nicht in meiner Macht, die Art der Vertheilung der Organismen auf verschiedene Niveaus der Hallstädter Schichten festzustellen. Ich habe blos die Absicht, eine Beleuchtung der bisher gemachten Beobachtungen zu versuchen, um zu sehen, ob nicht schon diese uns einige Folgerungen gestatten, einige Schlüsse auf die Verhältnisse, wie sie wahrscheinlich da sind.

Was zunächst die Petrefactenfunde von St. Cassian betrifft, so ist die Annahme wohl nicht sehr gewagt, dass nicht alle von hier beschriebenen Formen wirklich nur einem bestimmten Schichtensystem entnommen sind. Hier, wo Buchensteiner Kalk, Wenger Schiefer, St. Cassianer Tuffe und Kalke und Schlerndolomit recht nahe bei einander liegen, hat das Volk die „Kurretsch", wie sie von Graf Münster und Klipstein beschrieben wurden, in Bachrissen etc. zusammengelesen. Münster hat sich nun allerdings selbst davon überzeugt[1]), dass eine bemerkbare Aenderung der Fauna in den verschiedenen Schichten nicht stattfindet. Weit entfernt davon, diese Beobachtung anzugreifen, mache ich nur darauf aufmerksam, dass Münster's Originale wahrscheinlich lediglich aus den Tuffen von Cassian stammen, wovon man sich leicht an seiner hinterlassenen Sammlung überzeugen kann. Anders Klipstein. Hier fällt schon an den Abbildungen die ungewöhnliche Grösse einiger Arten auf. Es sind das *Ammonites Johannis Austriae* (nur ein Exemplar aus der Sammlung des Erzherzogs Johann) *Amm. Gaytani, Amm. nodulosocostatus, Amm. Credneri* und *Amm. aequinodosus.* Da ich die Klipstein'schen Originale nicht kenne, so wäre es eine blosse, wenngleich naheliegende Vermuthung, dass diese grösseren Arten nicht in den Tuffen, sondern wahrscheinlicher in Kalkbänken lagen, wenn nicht Klipstein selbst schon eine dahin zielende Bemerkung ausgesprochen hätte[2]). Es ist dies aber um so interessanter, da gerade diese Arten es sind, die neben noch

[1]) Münster: Beiträge Bd. 4, p..

[2]) Klipstein: Beiträge. p. 59.

einigen anderen auch in den Hallstädter Kalken gefunden wurden[1]), und es wäre darum um so wünschenswerther, die relative Lage des Niveaus zu kennen, in dem sie sich bei St. Cassian finden. Obgleich es nicht unwahrscheinlich ist, dass dieses Niveau repräsentirt wird durch die gegen oben überhandnehmenden Kalkbänke, die den St. Cassianer Tuffen eingelagert sind, so möchte ich das doch nicht als Behauptung hinstellen, da die Folgerungen, die sich daran knüpfen müssen, zu wichtig sind und ich den sichern Boden der Empirie darum nicht ohne Noth verlassen mag.

Ausser den genannten *Ammoniten* werden als den Cassianer- und Hallstädter Schichten gemeinsame Formen von verschiedenen Autoren noch citirt:

Ammonites Metternichi Hau.
Ammonites Aon Mü.
Ammonites Achelous Mü.
Ammonites Ruppelli Kl.
Ammonites pisum Mü.
Ammonites Jarbas Mü.
Ammonites Eryx Mü.[2])
Orthoceras subundatum Mü.
Phasianella variabilis Kl. sp.
Natica pseudospirata Orb.
Natica impressa Mü.[2])
Murchisonia tricarinata Klipst. sp.
Turbo decoratus Mü.
Pecten alternans Mü.
Inoceramus arctus Braun.
Mytilus Münsteri Kl.[2])
Cidaris alata Mü.
Cidaris transversa Mey.[2])
Stromatopora porosa Kl.
Chaetetes Münsteri Ed. et Haime.
Cladophyllia subdichotoma Mü. sp.

und aus den Wenger- und Hallstädter Schichten

Halobia Lommeli Wissm.

Wir haben also bis jetzt 27 identische Arten, die uns die nahe Verwandtschaft der Ablagerungen von St. Cassian und von Hallstadt ver-

[1]) Ueber *Amm. aequinodosus*, siehe weiter unten.

[2]) Vgl. weiter unten den paläontologischen Theil.

bürgen. Wenden wir uns nun zu den letzteren. Die typische Gegend bei Hallstadt und Aussee zählt eine ganze Reihe verschiedener Fundorte, von denen die meisten sehr reiche Ausbeute an Versteinerungen geliefert haben. Es sind das: der vordere Sandling, die Teltschenalp, der Leislingkogel, der Raschberg, Hallstädter Salzberg, Sommerau- und Steinbergkogel, der von Rossmoos gegen den Hallstädter See hinabführende Graben, der Taubenstein im Gosauthale, der Moosberg, der Hundskogel bei Ischel und die Pötzschenhöhe bei Geisern. Die Reihenfolge steigt von den reichsten zu den ärmeren Fundstätten herab. Nehmen wir den ganzen Complex der hier vertretenen Schichten zum Typus der „Hallstädter Schichten", was er ohnstreitig ist, so fällt uns bei der Durchsicht der paläontologischen Erfunde eine gewisse Verschiedenheit in der Vertheilung der Organismen auf, die entschieden nicht in dem Maasse stattfinden könnte, wenn an allen diesen Stellen genau dieselben gleichzeitigen Ablagerungen vertreten wären. Man würde wenigstens vergebens nach einem Grunde forschen, welcher ein Gesetz, das überall beobachtet würde, gerade für die Gegend von Hallstadt illusorisch machen sollte. Dass diess auch gar nicht der Fall ist, müssen Sammler häufig genug zu ihrem grossen Missvergnügen erfahren, wenn die andauernde und fleissige Ausbeutung eines Punktes ihnen fast nur eines der häufigsten Petrefacte in reicher, alles übrige verdrängender Fülle liefert. Es sind also auch gar nicht die selteneren Arten allein, die eine ungleichförmige Vertheilung über die genannten Lokalitäten bemerken lassen, im Gegentheil, selbst die häufigsten und überall als Leitfossilien der Hallstädter Kalke anerkannten Species sind nur an einzelnen der Fundorte vertreten, während sie an anderen fehlen. So suchen wir am Rossmoos vergebens den *Amm. Jarbas* Mü., am vordern Sandling den *Amm. Gaytani* Kl., *Amm. Morloti* Hau. und *Amm. Simonyi* Hau.; auf der Teltschenalp fehlt *Amm. neojurensis* Qu., am Leisling *Amm. respondens* Qu., am Raschberg *Amm. subumbilicatus* Br., *Amm. Gaytani* Kl. und *Amm. galeiformis* Hau. Ich halte es darum für unbestreitbar, dass, wo ein solcher Ausfall vorliegt (der natürlich nicht durch unzureichende Aufsammlung bedingt sein darf), auch folgerichtig auf das Nichtvertretensein eines gewissen Schichtensystems geschlossen werden muss.

Aber in der Regel erschwert die gleichförmige petrographische Beschaffenheit der Schichten die Auffassung der stratigraphischen Verhältnisse in hohem Grade. Nur an wenigen bevorzugten Lokalitäten erleidet dieser Umstand glücklicherweise eine Ausnahme. Das ist der Fall am vordern Sandling bei Aussee und am Sommeraukogel und Raschberg bei Hallstadt. Wir haben über die geognostischen Verhältnisse des vordern Sandling sehr werthvolle Beobachtungen von Herrn Hofrath v. Fischer[1]) und von Herrn Prof. Süss[2]), die uns den Schlüssel zur Lösung wenigstens eines Theiles der Frage liefern werden, die uns hier beschäftigt.

Ich gebe, der leichtern Uebersicht wegen, die Schichtenfolge (von oben nach unten) in dem beistehenden

Profil der Hallstädter Schichten am vordern Sandling bei Aussee (nach Süss)[3]).

Haselgebirge und Schutt

9.	lichtrother Kalkstein mit sehr vielen kleinen Globosen, mit eingebackenen Partieen von dunkelröthlichgrauem Kalk, worin ebenfalls zahlreiche kleine *Globosen.* Im untern Theil dieser Bank ist *Rhynchonella longicollis* Süss häufig.
8.	röthlicher, stellenweise grauer Kalkstein, etwa 3° mächtig, petrefactenleer.
7.	dunkelrother Kalkstein. *Amm. Jarbas* und *respondens, Amm. Morloti* (oder *neojurensis*), viele *Globosen*, *Holopella.*
6.	kleinere Lage lichtrothen petrefactenleeren Kalksteines.
5.	dunkelrother Kalkstein, wie Nr. 7 *Amm. respondens*, *Amm. Jarbas, Nautilus brevis* (liegt nur hier), *Globosen*, *Cochloceras* (nur hier), *Rhabdoceras*, *Holopella* und sehr viele *Gasteropoden.*
4.	Unterbrechung (wahrscheinlich durch Verdeckung) an einer Stelle, gegen Norden, folgt nun
3.	„Fasselschicht“ (nom. vulg.) gelbe Kalkank, wenig mächtig, voll Petrefacten. *Ammonites subbullatus, Sandlingensis, reticulatus* (*erinaceus sp. n.?*), *semiglobosus, Aulacoceras cf. reticulatum* (*alveolare?* Qu.) und sehr viele andere Arten, die in andern Lagen nicht sind.
2.	Verdeckung, darauf zerstreute Blöcke von weissem Kalk mit *Nerita div. sp., Rhabdoceras, Amm. bicornis,* andere voll *Monotis salinaria.*
1.	mächtiger lichtgrünlicher Kalkstein, ähnlich jenen vom Steinbergkogel bei Hallstadt. Grosse Crinoidenstiele, grosse *Globosen* und *Heterophyllen.*

[1]) v. Hauer: Beiträge zur Kenntniss der Cephalopoden-Fauna der Hallstädter Schichten. Denkschr. der Wiener Akad. 1855, Bd. 9, p. 142 (2).

[2]) v. Hauer: Nachträge zur Kenntniss etc. Sitzber. der Wiener Akad. 1860, Bd. 41, p. 114 (2).

[3]) Bei Süss l. c. ist die Reihenfolge der Schichten scheinbar umgekehrt, als Folge der Lagerungsverhältnisse. Die Schichten fallen nach Süss steil SSW und streichen OSO.

Bis auf die Blöcke Nr. 2 wurden alle Schichten anstehend gefunden; dass auch diese so ziemlich an der rechten Stelle eingeschaltet sind, lässt sich vermuthen, da nach mir vorliegenden Handstücken *Ammonites bicornis* mit einigen bezeichnenden Arten der Fasselschicht zusammenliegt. Wenn wir daher vorläufig von den Kalken Nr. 1 absehen, deren Fossilien wir noch nicht genauer kennen, so dürfen wir sowohl nach petrographischen, wie paläontologischen Indicien 3 Horizonte unterscheiden, nämlich 1) den Horizont, wo *Halobia Lommeli* ihr Hauptlager hat (Blöcke Nr. 2); 2) darüber den Horizont des *Ammonites subbullatus* mit einer Reihe weiterhin zu specificirender charakteristischer Arten (Schicht Nr. 3), und 3) die Gasteropoden-Kalke (Schicht Nr. 5 und 7). Ob ein Horizont mit *Rhynchonella longicollis* sich noch darüber festhalten lässt, wage ich nicht zu entscheiden; ich habe diese Art, wenngleich spärlich, auch in den Gasteropodenkalken angetroffen und sonst fehlen uns ausser *Amm. spinescens* Hau., der auch in Schicht 9 zu liegen scheint, die paläontologischen Anhaltspunkte für eine Abtrennung.

Wohl zu bemerken ist übrigens, dass die Gasteropodenkalke von der Schicht mit Amm. subbullatus durch die Ablagerungen Nr. 4 getrennt werden, deren Mächtigkeit mir nicht bekannt ist, ebensowenig wie ihre paläontologischen Charaktere.

Wegen der petrographischen Verschiedenheit unserer angenommenen Horizonte wird es möglich, hier auch ohne directe Beobachtungen an dem Fundorte selbst, schon in einer Sammlung die Vertheilung der Organismen mit Sicherheit zu erkennen. Ich habe nach eingehendem Studium der bebekannten reichen Sammlung des Herrn Hofraths von Fischer folgende Ergebnisse feststellen können:

In der „Fasselschicht" (Profil Schicht Nr. 3) finden sich: [1])

s. **Rhabdoceras Suessi* Hau.
h. *Orthoceras latiseptatum* Hau.
h. *Aulacoceras alveolare* Qu. sp.
hh. *Ammonites subbullatus* Hau.
ss. *Ammonites Janus* n. sp.
ss. *Ammonites Phoebus* n. sp.
hh. *Ammonites Saturnus* n. sp.
s. *Ammonites Jokelyi* Hau.
ss. *Ammonites auctus* n. sp.
ss. *Ammonites mininus* Hau.

[1]) hh = sehr häufig, h = häufig, s = selten, ss = sehr selten. Mit einem * sind die beiden Niveaus gemeinsamen Arten bezeichnet.

ss. *Ammonites caducus* n. sp.
s. *Ammonites Sandlingensis* Hau.
h. *Ammonites velox* n. sp.
hh. *Ammonites Agriodus* n. sp.
hh. *Ammonites Pamphagus* n. sp.
h. *Ammonites Oribasus* n. sp.
s. *Ammonites erinaceus* n. sp.
ss. *Ammonites foliaceus* n. sp.
ss. **Ammonites Ehrlichi* Hau.
h. *Ammonites alterniplicatus* Hau.
ss. *Ammonites modicus* n. sp.
hh. *Ammonites Henseli* Oppel.
h. *Ammonites nasturtium* n. sp.
s. *Ammonites semiglobosus* Hau.
s. *Ammonites elevatus* n. sp.
h. *Ammonites inermis* Hau.
s. **Ammonites Ausseanus* Hau.
s. **Ammonites tornatus* Broun.
h. *Ammonites bicornis* Hau.
ss. *Ammonites cicer* n. sp.
h. **Ammonites Jarbas* Mü.
h. **Ammonites imperator* Hau.
hh. *Rhynchonella dilatata* Ss.
h. *Pleurotomaria turbinata* Hörn.
s. **Pecten cutiformis* Hörn.
s. *Pecten scutella* Hörn.
s. *Monotis lineata* Münst.
s. **Halobia Lommeli* Wissm.

Dagegen liegen in den Gasteropodenschichten Nr. 5—7 folgende Arten:

s. *Ammonites Meternichii* Hau.
s. **Ammonites imperator* Hau.
h. **Ammonites distinctus* Gieb.
h. *Ammonites subumbilicatus* Br.
hh. *Ammonites Johannis Austriae* Kl.
hh. *Ammonites galeiformis* Hau.
s. **Ammonites Ausseanus* Hau.
ss. *Ammonites diffisus* Hau.

hh. **Ammonites tornatus* Br.
hh. *Ammonites respondens* Qu.
hh. **Ammonites Jarbas* Münst.
hh. *Ammonites neojurensis* Qu.
s. *Ammonites Ramsaueri* Qu.
ss. *Ammonites Eryx* Mü.
s. *Ammonites geniculatus* Hau.
s. *Ammonites Ehrlichii* Hau.
ss. *Ammonites atrossus* n. sp.
ss. *Ammonites Asbolus* n. sp.
ss. **Ammonites Harpalus* n. sp.
s. *Ammonites delphinocephalus* Hau.
s. *Nautilus brevis* Hau.
s. **Rhabdoceras Suessi* Hau.
s. *Cochloceras Fischeri* Hau.
s. *Cochloceras canaliculatum* Hau.
s. *Cochloceras breve* Hau.
h. *Natica pseudospirata* Orb.
h. *Natica Klipsteini* Hö.
h. *Natica impressa* Mü.
hh. *Loxonema elegans* Hö.
hh. *Holopella grandis* Hö.
s. *Holopella tumida* Hö.
ss. *Turbonilla subulata* n. sp.
s. *Scoliostoma fasciatum* Hö.
s. *Scoliostoma moniliferum* Hö.
h. *Nerita austriaca* Hö.
s. *Nerita Klipsteini* Hö.
s. *Nerita Münsteri* Hö.
s. *Neritopsis compressa* Kl.
s. *Turbo decoratus* Mü.
ss. *Turbo indutus* n. sp.
h. *Phasianella variabilis* Kl.
s. *Phasianella acuminata* Hö.
s. *Trochus sinistrorsus* Hö.
s. *Trochus strobiliformis* Hö.
ss. *Platystoma Suessi* Hö.
ss. *Platystoma Hörnesi* n. sp.
ss. *Delphinula sulcifera* Hö.

h. *Pleurotomaria Fischeri* Hö.
s. *Pleurotomaria perversa* Hö.
s. *Pleurotomaria Reussi* Hö.
s. *Pleurotomaria nexilis* Hö.
s. *Pleurotomaria Haueri* Hö.
ss. *Pleurotomaria Daphne* n. sp.
ss. *Murchisonia tricarinata* Kl. sp.
s. *Cirrus superbus* Hö.
ss. *Patella conulus* Hö.
s. *Porcellia abnormis* Hö.
h. *Porcellia Fischeri* Hö.
s. *Inoceramus arctus* Braun.
ss. *Mytilus Münsteri* Kl.
h. *Monotis salinaria* Br.
h. **Pecten cutiformis* Hö.
s. *Pecten tenuicostatus* Hö.
h. *Pecten concentricestriatus* Hö.
h. **Halobia Lommeli* Wi.
ss. *Lingula Fischeri* Süss.
s. *Rhynchonella retrocita* Ss.

Diese Listen dürften fast vollständig die bisher am vordern Sandling gemachten Erfunde wiedergeben. Ich habe sie mit möglichster Sorgfalt zusammengestellt, doch werden kleine Irrthümer vielleicht nicht vollkommen ausgeschlossen sein, da ich, wenn mein Material nicht ganz ausreichte, auch Citate aus der Literatur beigezogen habe, sofern dieselben durch Angabe petrographischer Charaktere dazu geeignet erschienen. Die angeführten 95 Arten, wenngleich sie schon ein ganz ansehnliches Contingent von der gesammten Hallstädter Fauna repräsentiren, erschöpfen dieselbe jedoch noch keineswegs, wie man leicht ersieht, — ja wir vermissen sogar einige der häufigeren Formen, wie *Amm. Simonyi*, *Morloti*, *Gaytani*, die meisten *Orthoceren*, *Nautilen* und noch manches andere. Wenn dieselben hier vorhanden wären, so wäre es wenigstens sehr auffallend, dass die gemachten sorgfältigen und umfassenden Aufsammlungen sie nicht nachweisen konnten. Allerdings könnte man einwenden, dass der Gipfel des vorderen Sandling (Schichtencomplex Nr. 1 des Profiles und ebenso die Schichten Nr. 4) noch fast gar nicht durchsucht worden ist und dass hier ja wohl noch manche der vermissten Arten stecken könnte. Zugegeben, aber wenn man das Gesuchte nun wirklich hier findet, dann haben wir auch einen willkommenen Beweis mehr für eine schichtweise Vertheilung der Hallstädter Fauna.

Dass die beiden, von uns unterschiedenen Horizonte nicht illusorisch oder blos lokal sind, beweist der Sommeraukogel westlich von Hallstadt mit dem daneben liegenden Raschberge und Salzberge. Und zwar finden wir am Raschberg die Schichten mit Amm. subbullatus vollkommen typisch ausgeprägt, ja sogar in ihrer petrographischen Beschaffenheit genau übereinstimmend wieder. Es ist darum gewiss nicht sehr gewagt, wenn man von allen, oben aus der beregten Zone angeführten Arten annimmt, dass sie sich auch am Raschberge finden müssen. Ebenso ist anzunehmen, dass, wenn der betreffende Theil des Sommeraukogels mit der andauernden Sorgfalt untersucht sein wird, wie sie dem vordern Sandling namentlich durch Herrn Hofrath v. Fischer zugewandt wurde, dass sich dann auch sämmtliche Arten der Gasteropodenschichten vom Sandling am Sommeraukogel finden werden. Dafür spricht der Umstand, dass an der letztern Lokalität unter anderm auch schon viele der Arten nachgewiesen wurden, die am Sandling sich auf das Niveau der Gasteropodenschichten zu beschränken scheinen. Da in der Sammlung des Herrn Hofrath v. Fischer, die ich allein bei meinen Studien benutzen konnte, die Fauna des Sommeraukogels nur verhältnissmässig sparsam vertreten ist, da ferner in der werthvollen tabellarischen Uebersicht des Vorkommens von Hallstädter Versteinerungen, die Herr von Hauer im Jahre 1855 veröffentlichte[1]), die einzelnen Fundorte bei Hallstadt und Aussee weiter nicht auseinandergehalten sind, so wäre ich ausser Stande, eine Vergleichung mit genügender Sicherheit vorzunehmen, hätte nicht Herr von Hauer selbst mit der liebenswürdigsten Bereitwilligkeit mich auf meine Bitte mit den erforderlichen Angaben ausgestattet. Ich verdanke seiner Güte die vollständige Liste der Vorkommnisse vom Sommeraukogel, vom Steinbergkogel und von der Teltschenalp (zum Theil), wie man sie in der weiter unten angefügten Tabelle finden wird. Aus diesen Angaben und aus den Citaten bei Hörnes[2]) wurde es mir allein möglich zu constatiren, dass, wie schon gesagt, die Gasteropodenkalke vom Sandling auch am Sommeraukogel vorkommen müssen, denn von den in denselben auftretenden Arten finden wir hier:

Ammonites Metternichi Hau.
Ammonites imperator Hau.

---

[1]) v. Hauer: Beiträge zur Kenntniss der Cephalopodenfauna etc. Denkschr. der Wiener Akad. 1855, Bd. 9, p. 164 (24) ff.

[2]) Hörnes: Gasteropoden und Acephalen der Hallstädter Schichten in Denkschriften der Wiener Akad. 1855, Bd. 9, p. 33 ff.

Hörnes: Gasteropoden aus der Trias der Alpen in Denkschr. der Wiener Akad. 1856, Bd. 12, p. 21 ff.

Ammonites distinctus Gieb.
Ammonites subumbilicatus Br.
Ammonites galeiformis Hau.
Ammonites tornatus Br.
Ammonites respondens Qu.
Ammonites neojurensis Qu.
Ammonites Ramsaueri Qu.
Ammonites Ehrlichi Hau.
Natica pseudospirata Orb.
Loxonema elegans Hö.
Holopella grandis Hö.
Monotis Salinaria Br.
Monotis lineata Mü.
Pecten concentricestriatus Hö.

Dass die Zahl der Gasteropodenarten hier so gering ist, wird uns kaum Wunder nehmen, wenn wir wissen, wie grosse Sorgfalt, Aufmerksamkeit und Ausdauer auch am vordern Sandling zu ihrer Aufsammlung erforderlich war. Es sind eben nur die häufigsten und dabei glatten, leicht aus dem Gestein lösbaren Formen, die uns bis jetzt vom Sommeraukogel bekannt sind. Die anderen folgen gewiss mit der Zeit noch nach.

Auffallender aber ist der Mangel von *Ammonites Jarbas* und *Ammonites Johannis Austriae*, die doch am Sandling zu den häufigsten zählen und, wie ich mich an Handstücken überzeugen konnte, mit den Gasteropoden, namentlich mit *Holopella* und *Loxonema*, in nächster Berührung stehen.

Ausser den genannten Arten finden sich nun aber am Sommeraukogel noch weiter eine Reihe von anderen, die am vordern Sandling bisher noch nicht nachgewiesen wurden.

Es sind das:

Orthoceras dubium Hau.
Orthoceras convergens Hau.
Orthoceras depressum Hau.
Orthoceras salinarium Hau.
Aulacoceras sulcatum Hau.
Nautilus Quenstedti Hau.
Nautilus Ramsaueri Hau.
Nautilus Salisburgensis Hau.
Nautilus mesodicus Qu.
Nautilus Simonyi Hau.

Nautilus reticulatus Hau.
Nautilus Goniatites Hau.
Nautilus trapezoidalis Hau.
Ammonites Hörnesi Hau.
Ammonites scaphitiformis Hau.
Ammonites decoratus Hau.
Ammonites pseudoaries Hau.
Ammonites robustus Hau.
Ammonites Breunneri Hau.
Ammonites Simonyi Hau.
Ammonites globus Qu.
Ammonites semiplicatus Hau.
Ammonites Pöschli Hau.
Ammonites Rüpelli Hau.
Ammonites rarestriatus Hau.
Ammonites bicrenatus Hau.
Chemnitzia salinaria Hö.
Pachyrisma columbella Hö.
Avicula conciana Hö.

Von diesen finden sich einige auch noch an andern Lokalitäten, nämlich am Leisling, Rossmoos, an der Teltschenalp und am Steinbergkogel, und zwar

an der Teltschenalp:
Aulacoceras sulcatum Hau.
Ammonites rarestriatus Hau.
Avicula conciana Hö.
? *Pachyrisma columbella* Hö.

am Leisling:
Ammonites Simonyi Hau.

am Steinbergkogel und Rossmoos:
Nautilus mesodicus Qu.

und am Steinberg und Leisling:
Orthoceras convergens Hau.

Es wird darum nöthig sein, zu untersuchen, in welcher Vergesellschaftung von Organismen wir diese Arten an den letztgenannten Lokalitäten antreffen, und namentlich, ob wir an diesen Orten sichere Andeutungen für das Vertretensein der Sandlinger Horizonte und welcher Schicht namentlich, nachweisen können.

Was zunächst den Leislingkogel betrifft, so begegnen uns hier, abgesehen von den Arten, die wir bisher nur von dieser Lokalität kennen [1]), folgende Formen:

1) *Ammonites galeiformis* Hau.
Ammonites neojurensis Qu.
Ammonites subumbilicatus Br.
Ammonites Johannis Austriae Kl.
Ammonites Ramsaueri Qu.
Ammonites delphinocephalus Hau.
Rhynchonella longicollis Ss.
Porcellia Fischeri Hö.
(als Repräsentanten der Fauna der Sandlinger Gasteropodenschichten).

2) *Ammonites alterniplicatus* Hau.
(am Sandling mit *Amm. subbullatus*).

3) *Ammonites tornatus* Br.
Ammonites Jarbas Mü.
Ammonites distinctus Gieb.
Ammonites Ausseanus Hau.
(beiden Sandlinger Horizonten gemeinsam).

4) *Ammonites Gaytani* Kl.
Ammonites Simonyi Hau.
Nautilus Simonyi Hau.
Nautilus Ramsaueri Hau.
Nautilus Salisburgensis Hau.
Orthoceras convergens Hau.
Terebratula Ramsaueri Ss.
(am Sandling noch nicht nachgewiesen).

Weiter. Der Steinbergkogel hat, nach den gütigen Mittheilungen von Herrn Bergrath v. Hauer bisher die folgenden Arten geliefert:

1) *Ammonites galeiformis* Hau.
Ammonites neojurensis Qu.
Ammonites subumbilicatus Br.
Ammonites Metternichi Hau.
Ammonites respondens Qu.

2) *Aulacoceras alveolare* Qu. sp.
Pleurotomaria turbinata Hö.
(Subbullatus-Horizont).

---

[1]) Wir werden auch in den folgenden Zusammenstellungen von solcherlei Arten absehen können.

3) *Ammonites tornatus* Br.
Ammonites distinctus Gieb.
Ammonites imperator Hau.
Ammonites Ehrlichi Hau.
Rhabdoceras Suessi Hau.
(am Sandling in beiden Horizonten vorkommend).

4) *Ammonites reticulatus* Hau.
Nautilus salisburgensis Hau.
Nautilus mesodicus Qu.
Nautilus Goniatites Hau.
Nautilus heterophyllus Hau.
Nautilus acutus Hau.
Orthoceras convergens Hau.
Orthoceras salinarium Hau.
(am Sandling nicht nachgewiesen).

Vom Rossmoos (Graben gegen den Hallstädter See) kenne ich aus der Fischer'schen Sammlung:

1) *Ammonites galeiformis* Hau.
Ammonites neojurensis Qu.
Ammonites respondens Qu.
Ammonites subumbilicatus Br.
Ammonites Johannis Austriae Kl.
Ammonites Metternichii Hau.
(Gasteropodenhorizont).

2) *Aulacoceras alveolare* Qu. sp.
(Subbullatus-Schichten).

3) *Ammonites tornatus* Br.
Ammonites imperator Hau.
(in beiden Sandlinger Horizonten).

4) *Ammonites Gaytani* Kl.
Ammonites reticulatus Hau.
Nautilus mesodicus Qu.
Nautilus Simonyi Hau.
Nautilus acutus Hau.
Spirigera nux Ss.
(fehlen am Sandling).

Endlich erübrigt noch die Teltschenalp. Hier finden sich nach den gütigen Mittheilungen von Herrn von Hauer, die ich nach dem überaus reichen Material von diesem Fundort, das in der Sammlung von Herrn

Hofrath von Fischer liegt, in manchen Punkten vervollständigen konnte, folgende Formen vor:

1) *Ammonites galeiformis* Hau.
Ammonites respondens Qu.
Ammonites subumbilicatus Br.
Ammonites Johannis Austriae Kl.
Ammonites Ramsaueri Qu.
Ammonites Ausseanus Hau.
Ammonites delphinocephalus Hau.
Ammonites diffisus Hau.
Nautilus brevis Hau.
Cochloceras Fischeri Hau.
Turbo decoratus Mü.
Trochus sinistrorsus Hö.
Pleurotomaria Reussi Hö.
Pleurotomaria Fischeri Hö.
(Gasteropodenschichten.)

2) *Ammonites alterniplicatus* Hau.
Ammonites Jokelyi Hau.
Ammonites bicornis Hau.
Orthoceras latiseptatum Hau.
Aulacoceras alveolare Qu. sp.
(Zone des Amm. subbullatus).

3) *Ammonites tornatus* Br.
Ammonites Jarbas Mü.
Ammonites distinctus Gieb.
Ammonites Ehrlichi Hau.
(beiden Horizonten gemeinsam).

4) *Ammonites Gaytani* Kl.
Ammonites Simonyi Hau.
Ammonites Morloti Hau.
Ammonites ellipticus Hau sp.
Ammonites rarestriatus Hau.
Ammonites nodulosocostatus Kl.
Ammonites Credneri Kl.
Ammonites furcatus Mü.
Ammonites Eryx Mü.
Nautilus mesodicus Qu.
Orthoceras convergens Hau.

Aulacoceras sulcatum Hau.
Aulacoceras reticulatum Hau.
Pleurotomaria subscalariformis Hö.
Avicula conciana Hö.
Pachyrisma columbella Hö.
(am Sandling nicht nachgewiesen).

Es scheint demnach, dass an allen 4, soeben betrachteten Lokalitäten sich beide Sandlinger Horizonte finden, — ein für unsere Zwecke nicht günstiges Resultat, insofern es uns jegliche Vermuthung über das Lager eines Theiles der am Sommeraukogel gefundenen Arten abschneidet. Das gänzliche Fehlen eines der beiden Horizonte hätte uns einen, wenn auch nur indirekten Fingerzeig in dieser Richtung gewähren können.

Wir bleiben also mit unseren Fragen ganz auf den Sommeraukogel selbst angewiesen und hier spricht der absolute Mangel einer bestimmten Andeutung der Schichten mit *Amm. subbullatus,* welche dagegen in der Nähe am Raschberg vollkommen typisch auftreten, mit Wahrscheinlichkeit dafür, dass wir wenigstens einem Theil der Fauna vom Sommeraukogel ein Niveau vindiciren können, welches höher liegt, als die Gasteropodenschichten vom vordern Sandling. Für diejenigen Species, die der Sommeraukogel mit dem Leisling, dem Steinberg, Rossmoos und der Teltschen gemeinsam hat, muss es einstweilen noch zweifelhaft bleiben, ob auch sie diesem höheren Niveau oder jenem angehören, das wir am Sandlinger Profil mit Nr. 4 bezeichnet haben. Es sind demnach:

Arten vom Sommeraukogel, die wahrscheinlich höher liegen, als die Gasteropodenschichten vom vordern Sandling:

Orthoceras convergens Hau.
Orthoceras depressum Hau.
Orthoceras salinarium Hau.
Aulacoceras sulcatum Hau.
Nautilus Quenstedti Hau.
Nautilus Ramsaueri Hau.
Nautilus salisburgensis Hau.
Nautilus Simonyi Hau.
Nautilus reticulatus Hau.
Nautilus goniatites Hau.
Nautilus trapezoidalis Hau.
Ammonites Hörnesi Hau.
Ammonites scaphitiformis Hau.
Ammonites decoratus Hau.

Ammonites pseudoaries Hau.
Ammonites robustus Hau.
Ammonites Breunneri Hau.
Ammonites globus Qu.
Ammonites semiplicatus Hau.
Ammonites Göschli Hau.
Ammonites Rüpelli Kl.
Ammonites bicrenatus Hau.
Chemnitzia salinaria Hörn.

Bis so weit möchten die bisherigen Beobachtungen uns zu Folgerungen verlocken, ja man könnte, gewiss mit einigem Recht, sagen, dass schon diese Folgerungen zu weit getrieben seien. Aber es bleibt uns immer noch viel des Wissenswerthen übrig, was keine grübelnde Combination ohne vorherige sorgfältige Lokalstudien zu beantworten vermag. Dazu gehört auch die Feststellung der Grenzen der verticalen Verbreitung, namentlich der häufigeren Hallstädter Arten. Wir haben bisher wegen der weiten horizontalen Verbreitung mancher Faunen, namentlich der Globosen, einiger Heterophyllen und der Aon-Arten mit Recht annehmen müssen, dass diese Formen auch in den meisten, wenn nicht allen Niveaus der Hallstädter Kalke vorkommen. Aber wo liegen die verticalen Grenzen der einzelnen, wo berühren sich die Grenzen verschiedener Arten, wie weit greifen sie in einander über? Das sind Fragen, die erst eine Jahre lange aufmerksame Forschung an Ort und Stelle zu lösen im Stande sein wird, auf die wir aber jetzt noch kaum eingehen können. Eine Ueberzeugung, die vielleicht mehr als ein blosses Vorurtheil ist, erlaube man mir jedoch hier zu wiederholen: die als Ammonites Aon aut. bisher wenig unterschiedenen Formen, mögen sie auch nur blosse Varietäten einer und der selben Art auf ihrem Entwicklungswege darstellen — sie werden uns in den Variationen ihrer Form innerhalb gewisser Grenzen gewiss ein verschiedenes Alter der Schichten dokumentiren, in denen wir sie finden. So weit meine Beobachtungen reichen, habe ich diese Ansicht bestätigt gefunden. Mögen Andere, wenn sie nicht durch Principien daran verhindert werden, die Untersuchungen in dieser Richtung weiter führen. Einstweilen stellt sich aber schon das interressante Resultat heraus, dass am vordern Sandling, dessen Gasteropoden und Bivalven in dem rothen Marmor für eine nahe Verwandtschaft mit den Ablagerungen von St. Cassian sprechen, bisher keine einzige von den Cassianer Aon-Arten gefunden wurde. Dagegen stimmen viele von den Aonen, von der Teltschenalp auf das vollständigste mit manchen Cassianer

Arten. Während wir demnach einen Theil der Ablagerungen von St. Cassian mit dem Gasteropodenmarmor vom Sandling in genaue Parallele stellen dürfen, werden wir einen andern ebenso gewiss mit einem Theil der Teltschener Marmore auf gleiches Niveau setzen müssen. Und das ist wieder ein Beweis mehr, dass in den „Cassianer Schichten" sich mehr als ein guter paläontologischer Horizont versteckt. Dass der Nachweis der Details seine grossen Schwierigkeiten haben mag, ist gewiss — ebenso gewiss ist es jedoch, dass fortdauernde vergleichende Beobachtungen und Studien an Ort und Stelle das Problem zu lösen im Stande sein werden.

Um den Ueberblick über die Vertheilung der Organismen auf die typischen Hallstädter und Ausseer Fundorte zu erleichtern, habe ich die beifolgende Tabelle zusammengestellt. Man wird aus ihr, besser noch als aus den vorhergegangenen Bemerkungen ersehen können, in wie weit die Resultate der bisherigen Aufsammlungen eine zonenweise paläontologische Verschiedenheit der betreffenden Ablagerungen befürworten. Die Daten über die anderweitigen Vorkommnisse an wenig ergiebigen oder sonst nicht typischen Fundorten habe ich aus der schon oben erwähnten Uebersichtstabelle bei v. Hauer entlehnt. Sie finden unter kurzer Zahlenbezeichnung ihre Stelle in einer allgemeinen Rubrik und bedeutet dabei:

1. St. Cassian.
2. Raibl.
3. Bleiberg.
4. Wochein.
5. Berg Obir.
6. Agordo.
7. Val Trompia.
8. Schwarzenbach.
9. Idria.
10. Val Scalve.
11. Steinbaur bei Weidmannsfeld.
12. Hornungsthal bei Buchberg.
13. Donnerswand bei Frein.
14. Wildalpenberg.
15. Brandstatt bei Klein-Zell.
16. Klein-Reifling.
17. Pötschenhöhe bei Goisern.
18. Hundskogel bei Ischl.
19. Moosbergkogel bei Aussee.
20. Salzberg bei Hallstadt.
21. Raschberg bei Hallstadt.
22. Taubenstein im Gosauthal.
23. Hall in Tyrol.
24. Hallein und Berchtesgaden.
25. Spital am Pyhrn.
26. Neuberg.
27. Hörnstein.
28. Hinter-Schafberg a. Wolfgangsee.

		vord. Sandling [1]) a.	vord. Sandling [1]) b.	Teltschen	Leisling	Sommeraukogel	Steinbergkogel	Rossmoos	Andere Fundorte.
1.	*Orthoceras dubium* Hau.	.	.	.	.	×	.	.	
2.	„ *latiseptatum* Hau.	×	.	×	.	×	.	.	
3.	„ *salinarium* Hau.	.	.	×	×?	.	×	.	
4.	„ *pulchellum* Hau.	.	×	×	.	.	.	.	
5.	„ *convergens* Hau.	.	.	×	.	×	×	.	
6.	„ *depressum* Hau.	.	.	.	.	×	.	.	
7.	*Aulacoceras alveolare* Quenst.	×	.	×	.	×	×	×	24.
8.	„ *reticulatum* Hau.	.	.	×	.	.	.	.	
9.	„ *sulcatum* Hau.	.	.	×	.	×	.	.	
10.	*Rhabdoceras Suessi* Hau.	×	×	.	.	.	×	.	22.
11.	*Cochloceras Fischeri* Hau.	.	×	.	.	.	.	.	
12.	„ *canaliculatum* Hau.	.	×	.	.	.	.	.	
13.	„ *breve* Hau.	.	×	.	.	.	.	.	
14.	*Nautilus Barrandei* Hau.	.	.	×	.	.	.	.	
15.	„ *Ramsaueri* Hau.	.	.	.	×	×	.	.	22.
16.	„ *heterophyllus* Hau.	.	.	.	.	.	×	×	
17.	„ *acutus* Hau.	.	.	.	.	.	×	×	
18.	„ *Breunneri* Hau.	.	.	×	.	.	.	.	
19.	„ *Simonyi* Hau.	.	×?	.	×	×	.	.	
20.	„ *mesodicus* Qu.	.	.	×	.	×	×	×	
21.	„ *brevis* Hau.	.	.	×	.	.	.	.	
22.	„ *Quenstedti* Hau.	.	.	.	.	×	.	.	
23.	„ *planilateratus* Hau.	.	.	×	.	.	.	.	
24.	„ *Salisburgensis* Hau.	.	.	.	.	×	×	×	
25.	„ *reticulatus* Hau.	.	.	×	.	×	.	.	
26.	„ *Sauperi* Hau.	.	.	×	.	.	.	.	3.
27.	„ *rectangularis* Hau.	.	.	×	.	.	.	.	
28.	„ *gastroptychus* Dittm.	.	.	.	.	.	.	×	
29.	„ *spirolobus* Dittm.	.	.	.	.	.	.	×	
30.	„ *securis* Dittm.	.	.	.	×	.	.	.	
31.	„ *goniatites* Hau.	.	.	.	.	×	×	.	
32.	„ *trapezoidalis* Hau.	.	.	.	.	×	.	.	

[1]) Ich halte hier zwei Horizonte getrennt, und bedeutet a die Schichten mit Amm. subbullatus und die nächst tieferen, b die Gasteropodenschichten und was hier noch darüber liegt.

				vord. Sandling a.	vord. Sandling b.	Teltschen	Leisling	Sommeraukogel	Steinbergkogel	Rossmoos	Andere Fundorte.
33.	*Ammonites*	(Clydonites.)	*decoratus* Hau.	.	.	.	.	×	.	.	
34.	„		*geniculatus* Hau.	.	×	.	.	.	.	.	
35.	„		*spinescens* Hau.	.	×	.	.	.	.	.	
36.	„		*obolinus* Dtm.	.	.	×	.	.	.	.	
37.	„		*Eryx* Mü.	.	.	×	.	.	.	.	
38.	„		*delphinocephalus* Hau.	.	×	×	×	.	.	.	
39.	„		*ellipticus* Hau.	.	?	×	.	.	.	.	
40.	„		*quadrangulus* Hau.	.	×	.	.	.	.	.	
41.	„		*elevatus* Dtm.	×	.	.	.	.	.	.	
42.	„		*crassitesta* Dtm.	.	.	×	.	.	.	.	
43.	„		*foliaceus* Dtm.	×	.	.	.	.	.	.	
44.	„		*costatus* Hau.	.	.	×	.	.	.	.	
45.	„	(Clydonites?)	*modicus* Dtm.	×	.	.	.	.	.	.	
46.	„		*comatus* Dtm.	.	.	×	.	.	.	.	
47.	„		*Henseli* Opp.	×	.	.	.	.	.	.	
48.	„		*nasturtium* Dtm.	×	.	.	.	.	.	.	
49.	„		*Haidingeri* Hau.	.	.	×	.	.	.	.	
50.	„		*modestus* Buch.	.	×?	.	.	.	.	.	
51.	„		*scaphitiformis* Hau.	.	×	.	.	×	.	.	
52.	„		*Hörnesi* Hau.	.	.	.	.	×	.	.	
53.	„		*pseudoaries* Hau.	.	.	.	.	×	.	.	
54.	„		*Pöschli* Hau.	.	.	.	.	×	.	.	
55.	„		*Dorceus* Dittm.	.	.	×	.	.	.	.	
56.	„		*Ladon* Dms.	.	.	×	.	.	.	.	
57.	„		*Hylactor* Dtm.	.	.	×	.	.	.	.	
58.	„		*Harpalus* Dtm.	.	.	×	.	.	.	.	
59.	„		*Oribasus* Dtm.	×	.	.	.	.	.	.	
60.	„		*Thous* Dtm.	.	.	×	.	.	.	.	
61.	„		*Asbolus* Dtm.	.	×	.	.	.	.	.	
62.	„		*Pamphagus* Dtm.	×	.	.	.	.	.	.	
63.	„		*Agriodus* Dtm.	×	.	.	.	.	.	.	
64.	„		*Aëllo* Dtm.	.	.	×	.	.	.	.	
65.	„		*Dromas* Dtm.	.	.	×	.	.	.	.	
66.	„		*furcatus* Münst.	.	.	×	.	.	.	.	1.
67.	„		*senticosus* Dtm.	.	.	×	.	.	.	.	
68.	„		*striatofalcatus* Hau.	.	.	×	.	.	.	.	

		vord. Sandling a.	vord. Sandling b.	Teltschen	Leisling	Sommeraukogel	Steinbergkogel	Rossmoos	Andere Fundorte.
69.	*Ammonites betulinus* Dtm.	.	.	×	.	.	.	.	
70.	„ *nodulosocostatus* Dtm.	.	.	×	.	.	.	.	1.
71.	„ *Credneri* Klipst.	.	.	×	.	.	.	.	1. 2. 24.
72.	„ *Aon* Münst.	.	.	.	.	×?	×?	.	1. 5. 6. 7? 10? 15? 16?
73.	„ *erinaceus* Dtm.	×	.	.	.	.	.	.	
74.	„ *Theron* Dtm.	×	.	.	.	.	.	.	
75.	„ *bicrenatus* Hau.	.	.	.	.	×	.	.	
76.	„ *Sandlingensis* Hau.	×	.	.	.	.	.	.	21.
77.	„ *rarestriatus* Hau.	.	.	×	.	×	.	.	
78.	„ *Rüppelli* Klipst.	.	.	.	.	×	.	.	1.
79.	„ *bipunctulus* Qu.	×	.	.	.	.	.	.	
80.	„ *robustus* Hau.	.	.	.	.	×	.	.	20.
81.	„ *Giebeli* Hau.	.	×?	.	.	.	.	.	
82.	„ *aster* Hau.	.	×?	.	.	.	.	.	
83.	„ *semiplicatus* Hau.	.	.	.	.	×	.	.	
84.	„ *decrescens* Hau.	.	.	.	×	.	.	.	
85.	„ *alterniplicatus* Hau.	×	.	×	×	.	.	.	
86.	„ *caducus* Dtm.	×	.	.	.	.	.	.	
87.	„ *fulminaris* Dtm.	.	.	×	.	.	.	.	
88.	„ *semiglobosus* Hau.	×	.	.	.	.	.	.	
89.	„ *Ramsaueri* Qu.	.	×	×	×	×	.	.	14. 19. 27.
90.	„ *Ehrlichi* Hau.	.	×	×	.	×	×	.	20.
91.	„ *globus* Qu.	.	.	.	.	×	.	.	
92.	„ *subumbilicatus* Br.	.	×	×	×	×	×	×	13.17.18.22.24.
93.	„ *Gaytani* Klipst.	.	×?	×	×	.	.	.	1. 2.
94.	„ *Ausseanus* Hau.	×	×?	×	×	.	.	.	22.
95.	„ *distinctus* Gieb.	×?	×	×	×	×	×	.	17. 21. 22.
96.	„ *bicornis* Hau.	×	.	.	.	.	.	.	
97.	„ *diffisus* Hau.	.	×	×	.	.	.	.	
98.	„ *Mojssissoricsi* Hau.	.	.	×	.	.	.	.	
99.	„ *galeolus* Hau.	.	×	.	.	.	.	.	
100.	„ *cicer* Dtm.	×	.	.	.	.	.	.	
101.	„ *turbina* Dtm.	×	.	.	.	.	.	.	
102.	„ *Joh. Austriae* Kl.	.	×	×	×	×	.	.	1. 3. 8. 9. 21. 22. 23.
103.	„ *galeiformis* Hau.	.	×	×	×	×	×	×	4. 7. 9. 11. 18. 22. 24. 27.

		vord. Sandling a.	vord. Sandling b.	Teltschen	Leisling	Sommeraukogel	Steinbergkogel	Rossmoos	Andere Fundorte.
104.	*Ammonites angustatus* Br.	.	×?	.	.	.	.	.	
105.	„ *inermis* Hau.	×	.	.	.	.	.	.	
106.	„ *tornatus* Hau.	×	×	×	×	×	×	×	18. 22. 24. 27.
107.	„ *Jokelyi* Hau.	×	.	×	.	.	.	.	
108.	„ *auctus* Dtm.	×	.	.	.	.	.	.	
109.	„ *exiguus* Hau.	.	×	.	×	.	.	.	
110.	„ *Jarbas* Mü. sp.	×	×	×	×	.	.	.	1. 3. 12. 21. 22. 24. 27.
111.	„ *crassecarinatus* Hau.	.	×	.	.	.	.	.	
112.	„ *signatus* Dtm.	.	.	×	.	.	.	.	
113.	„ *atrossus* Dtm.	.	×	.	.	.	.	.	
114.	„ *Teltschenensis* Hau.	.	.	×	.	.	.	.	
115.	„ *rectangularis* Hau.	.	.	×	.	.	.	.	
116	„ *niger* Dtm.	.	.	×	.	.	.	.	
117.	„ *vermetus* Dtm.	.	.	×	.	.	.	.	
118.	„ *Morloti* Hau.	.	.	×	.	.	.	.	
119.	„ *neojurensis* Qu.	.	×	.	×	×	×	×	18.19.21.22.24.
120.	„ *Simonyi* Hau.	.	.	×	×	×	.	.	
121.	„ *respondens* Qu.	.	×	×	.	×	×	×	13.14.22.24.27.
122.	„ *Layeri* Hau.	.	.	×	.	.	.	.	
123.	„ *imperator* Hau.	×	×	.	.	×	×	×	
124.	„ *Metternichi* Hau.	.	×	.	.	×	×	.	1. 22. 24.
125.	„ *Breunneri* Hau.	.	.	.	.	×	.	.	
126.	„ *reticulatus* Hau.	.	.	.	.	.	×	×	24.
127.	„ *subbullatus* Hau.	×	.	×?	.	.	.	.	
128.	„ *floridus* Wulfen.	.	.	.	×	.	.	.	3. 5. 23.
129.	„ *Saturnus* Dtm.	×	.	.	.	.	.	.	
130.	„ *Phoebus* Dtm.	×	.	.	.	.	.	.	
131.	„ *Janus* Dtm.	×	.	.	.	.	.	.	
132.	„ *minimus* Hau.	×	.	.	.	.	.	.	
133.	„ *acutinodis* Hau.	.	.	×	.	.	.	.	
134.	„ *laevidorsatus* Hau.	.	.	×	.	.	.	.	
135.	„ *coangustatus* Hau.	.	.	×	.	.	.	.	
136.	*Natica pseudospirata* Orb.	.	×	.	.	×	.	.	1.
137.	„ *Klipsteini* Hö.	.	×	.	.	.	.	.	48.
138.	„ *impressa* Mü.	.	×	.	.	.	.	.	1.
139.	*Loxonema elegans* Hö.	.	×	.	.	×	.	.	
140.	*Chemnitzia salinaria* Hö.	.	.	.	.	×	.	×	

		vord. Sandling a.	vord. Sandling b.	Teltschen	Leisling	Sommeraukogel	Steinbergkogel	Rossmoos	Andere Fundorte.
141.	*Holopella grandis* Hö.	.	×	.	.	×	.	.	
142.	„ *tumida* Hö.	.	×	.	.	.	.	.	
143.	*Turbonilla subulata* Dtm.	.	×	.	.	.	.	.	
144.	*Scoliostoma fasciatum* Hö.	.	×	.	.	.	.	.	
145.	*Scoliostoma moniliferum* Hö.	.	×	.	.	.	.	.	
146.	*Nerita austriaca* Hö.	.	×	.	.	.	.	.	
147.	„ *Klipsteini* Hö.	.	×	.	.	.	.	.	
148.	„ *Münsteri* Hö.	.	×	.	.	.	.	.	20.
149.	*Neritopsis compressa* Kl.	.	×	.	.	.	.	.	1.
150.	*Turbo decoratus* Mü.	.	×	×	.	.	.	.	1.
151.	„ *indutus* Dtm.	.	.	×	.	.	.	.	
152.	„ *gutta* Dtm.	.	.	×	.	.	.	.	
153.	*Phasianella variabilis* Kl.	.	×	.	.	.	.	.	1. 21.
154.	„ *acuminata* Hö.	.	×	.	.	.	.	.	
155.	*Trochus sinistrorsus* Hö.	.	×	×	.	.	.	.	
156.	„ *strobiliformis* Hö.	.	×	.	.	.	.	.	
157.	„ *Konincki* Hö.	.	.	×	.	.	.	.	
158.	*Platystoma Suessi* Hö.	.	×	.	.	.	.	.	
159.	„ *Hörnesi* Dtm.	.	.	×	.	.	.	.	
160.	*Delphinula sulcifera* Hö.	.	×	.	.	.	.	.	
161.	*Pleurotomaria turbinata* Hö.	×	.	.	.	.	×	.	
162.	„ *Fischeri* Hö.	.	×	×	.	.	.	.	
163.	„ *perversa* Hö.	.	×	.	.	.	.	.	
164.	„ *Reussi* Hö.	.	×	.	.	.	.	.	
165.	„ *nexilis* Hö.	.	×	.	.	.	.	.	
166.	„ *Haueri* Hö.	.	×	.	.	.	.	.	
167.	„ *Baucis* Dtm.	.	.	×	.	.	.	.	
168.	„ *Daphne* Dtm.	.	×	.	.	.	.	.	
169.	„ *subscalariformis* Hö.	.	.	×	.	.	.	.	
170.	*Murchisonia tricarinata* Kl. sp.	.	×	.	.	.	.	.	1.
171.	*Cirrus superbus* Hö.	.	×	.	.	.	.	.	
172.	*Patella conulus* Hö.	.	×	.	.	.	.	.	
173.	*Porcellia abnormis* Hö.	.	×	.	.	.	.	.	
174.	„ *Fischeri* Hö.	.	×	.	.	.	.	.	
175.	*Pachyrisma columbella* Hö.	.	.	×?	.	×	.	.	
176.	*Inoceramus arctus* Braun.	.	×	.	.	.	.	.	1.
177.	*Mytilus Münsteri* Kl.	.	×	.	.	.	.	.	1.
178.	*Gervillia amoena* Dtm.	.	.	×	.	.	.	.	

		vom Sandling a.	vom Sandling b.	Teltschen	Leisling	Sommeraukogel	Steinbergkogel	Rossmoos	Andere Fundorte.
179.	*Avicula quadrata* Dtm.	.	.	×	.	.	.	.	
180.	„ *concinna* Hö.	.	.	×	.	×	.	.	
181.	*Monotis salinaria* Br.	.	×	.	.	×	.	×	11. 13. 14. 16. 17. 25. 25. 26. 27.
182.	„ *lineata* Mü.	×	.	×	.	.	.	.	11. 27.
183.	*Halobia Lommeli* Wittm.	×	.	×	.	×	.	.	1. 7. 10. 23. 27.
184.	*Lima Ramsaueri* Hö.	.	.	.	.	.	×	.	
185.	*Pecten cutiformis* Hö.	×	×	×	.	.	.	.	
186.	„ *tenuicostatus Hö.*	.	×	.	.	.	.	.	
187.	„ *concentriccstriatus* Hö.	.	×	×	.	×	.	.	
188.	„ *scutella* Hö.	×	.	×	.	.	.	.	
189.	*Cyprina simplex* Dtm.	.	.	×	.	.	.	.	
190.	*Opis globata* Dtm.	.	×	.	.	.	.	.	
191.	*Terebratula Ramsaueri* Ss.	.	.	×	×	×	.	.	
192.	*Spirigera Deslongchampsi* Ss.	.	.	.	.	.	×	.	
193.	„ *Strohmayri* Ss.	.	.	.	.	.	.	.	27.
194.	„ *? nux* Ss.	.	.	.	.	×	.	×	Thörlstein am äussern Salzberg.
195.	*Rhynchonella laevis* Ss.	.	.	.	.	×	.	.	Thörlstein.
196.	„ *retrocita* Ss.	.	×	.	.	.	.	.	
197.	„ *dilatata* Ss.	×	.	.	.	.	.	.	22.
198.	„ *? longicollis* Ss.	.	×	.	×	.	.	.	27.
199.	*Lingula Fischeri* Ss.	.	×	.	.	.	.	.	

Die Aufzählung der in den Hallstädter Kalken vorkommenden Spongitarien, Polyparien[1]) und Radiarier unterlasse ich hier, da die betreffenden Beobachtungen noch gar zu vereinzelt dastehen und zu der Vervollständigung des Ueberblickes über die Vertheilung der Fauna daher nur wenig beitragen möchten.

Ceratites euryomphalus Ben. und *Ammonites gibbus* Ben. dagegen, welche von Dr. Benecke[2]) als aus der „Hallstädter Gruppe" stammend angegeben

[1]) Vergl. Reuss: Zwei neue Anthozoen aus den Hallstädter Schichten. Sitz.-Ber. der Wiener Akad. 1865. Bd. 15, p. 1.

[2]) Benecke: Trias und Jura in den Südalpen 1866, p. 154, T. 2, F. 1. 2.

wurden, gehören nach neueren brieflichen Mittheilungen von demselben wahrscheinlich in ein tieferes Niveau.[1])

Die folgende Beschreibung einer Reihe von neuen Arten wird ebenso wie das oben gegebene Register einen Mangel nicht verbergen können, den Mangel an systematischer Aneinanderreihung und Gruppirung der Ammonitenspecies. Es zeigt sich hier immer deutlicher, dass die bisher angenommenen Gruppen für die Einreihung der Hallstädter Vorkommnisse nicht ausreichen. Da es mir nicht gelingen wollte, mit dem vorhandenen Material die Aufstellung neuer Gruppen durchzuführen, so habe ich die Arten jetzt blos nach ihrer äusserlichen Aehnlichkeit aneinander gereiht. Es steht wohl zu erwarten, dass die neuesten systematischen Arbeiten von Herrn Prof. Süss die naturgemässe Einordnung auch dieser Formen erleichtern werden. Zur unbedingten Annahme des von Herrn v. Hauer vorgeschlagenen genus *Clydonites* habe ich mich noch nicht entschliessen können, weil ich seine Grenzen nicht genau festzuhalten vermag. Scheinbar ganzrandige Lobenlinien zeigen unter der Luppe zuweilen schon eine feine Zähnelung oder bekommen auch bei vorgerücktem Alter Zacken. Ob die tiefere Lage des Sipho in einer besondern Düte wesentlicher Charakter des genus sei, hat Herr v. Hauer nicht bestimmt ausgesprochen. In diesem Falle wäre von den weiter unten behandelten Formen fast nur *Amm. crassitesta* sp. n. ein entschiedener Clydonit.

In Betreff meiner Terminologie der Cephalopoden erinnere ich wiederholt, dass ich die von Quenstedt und neuerdings von Süss vertretene Bezeichnungsweise adoptirt habe und infolge dessen, dem bisherigen Gebrauch entgegen, die Siphonalseite als Bauch, die entgegengesetzte als Rücken benenne.

---

[1]) Herr Dr. Benecke schreibt mir darüber: „Die mit *Cer. euryomphalus* und *Amm. gibbus* bei Colerè und Prezzo gefundenen Halobien scheinen mir nach wiederholter Untersuchung von der echten *Hal. Lommeli* W. abzuweichen, welche allerdings an den nämlichen Fundörtern ebenfalls vorkommt, wahrscheinlich aber erst in höheren Schichten ihre Heimat hat.

„Die Gesteinsbeschaffenheit ist nämlich in beiden Niveaus so übereinstimmend, dass sie gar keine Anhaltspunkte zur Unterscheidung derselben bietet. — Nach neueren Nachrichten scheint es mir auch unzweifelhaft, dass mein *Amm. gibbus* mit *Amm. Studeri* Hau. identisch sei, obgleich er mir nach der Abbildung abweichend erscheinen musste. Auch den *Cer. binodosus* Hau. habe ich neuerdings aufgefunden. Derselbe ist in den italienischen Angaben mitunter mit *Amm. Pemphix* Mer. verwechselt."

Aulacoceras reticulatum Hauer. Tab. 13, Fig. 3—10.

v. Hauer in W. Haidinger's naturw. Abhandl. 1847, Bd. 1, p. 258, T. 8, F. 11—14.
v. Hauer in Denkschr. der Wiener Akad. 1855, Bd. 9, p. 161 (21) ff., T. 3, F. 7—16.

Die abgebildeten Stücke, von denen zwar keines in directem Zusammenhang mit der von Herrn v. Hauer beschriebenen Form aufgefunden wurde, scheinen gleichwohl mit Sicherheit denselben zugerechnet werden zu müssen, und zwar werden sie als die von Herrn v. Hauer noch nicht gekannten Spitzen seines Aulacoceras zu betrachten sein. Die Form ist, wie schon Herr von Hauer richtig vermuthete, eine keulenartige, wie bei *Bel. semihastatus*, doch nicht ganz so regelmässig. Der Querschnitt und die Lage des Sipho stimmen vollständig mit der Hauer'schen Art. Ebenso die fein längsgestreifte Oberfläche der Schale an dem gekammerten Ende. Wo die Kammern innen aufhören, werden jedoch aussen diese Längstreifen wellig und runzlig und verschwinden zuletzt auf der Keule in einer lederartig krausen Sculptur, die durch engstehende, unregelmässige, vertiefte Querstreifen bedingt wird. Schon diese, nicht von Verwitterung herrührende Oberflächenbeschaffenheit lässt die Form leicht von Belemniten unterscheiden, — sicherer noch wird der Unterschied durch die krystallinisch späthige, nicht radialfaserige innere Structur der Keule erwiesen. Die tiefen, paarigen, je zwischen zwei scharfen feinern Nebenfurchen herablaufenden Seitenfurchen, deren auch Herr v. Hauer erwähnt, werden gegen die Keule zu allmälig flacher und verschwinden endlich da, wo diese ihre grösste Dicke erreicht, oder, bei andern Exemplaren erst ganz kurz vor der Spitze. An keiner Stelle beeinträchtigen sie die vollkommene Kegelform der Alveole.

Denkt man sich die Peripherie des Querschnittes in 3 gleichweit von einander entfernten Punkten getheilt, so liegt in dem einen derselben der Sipho, in den beiden andern die erwähnten Längsfurchen. Der Sipho ist sehr fein dorsal randlich und, nach Herrn v. Hauer, in dem ganzen Zwischenraume zwischen zwei Kammern sichtbar. Bei einem Längschliffe an dem Exemplar Fig. 10, der in der Ebene des Sipho geführt wurde, ging derselbe leider verloren und bei dem Schliffe Fig. 3 konnte die Lage des Sipho überhaupt nicht nachgewiesen werden.

Die Kammerwände der Alveole sind regelmässig nach unten convex und stehen, bei einem Durchmesser der untern Wand = 100 um 45 von einander ab — genau dieselbe Entfernung, die Herr v. Hauer bei seiner *Orth. reticulatum* angibt. Bei dem Schliff Fig. 3 stehen sie weiter, bis 60 von einander entfernt. Die Alveole selbst ist vollkommen kegelförmig zugespitzt, — eine erste kugelige Kammer, wie bei Belemniten, ist nicht vorhanden.

Dimensionen. Ganze Länge des Stückes: Fig. 3 = 0^{m}066. Länge der Alveole: 0^{m}029. Grösster Durchmesser der Keule: Fig. 10 = 0^{m}0095. Kleinster Durchmesser des Stieles = 0^{m}006.

Fundort: Teltschen bei Aussee (4 Exemplare).

Bemerkungen. Die vorliegenden Stücke, von denen es, wie ich oben gezeigt habe, höchst wahrscheinlich ist, dass sie zu *Aulacoceras reticulatum* Hau. gehören, machen diese Form somit zur bisher noch nicht gekannten Vermittlerin zwischen Orthoceras und Belemnites. Für Orthoceras spricht die lange Reihe von Luftkammern, umgeben von einer, im grössern Theil ihres Verlaufes parallelwandigen Schale, welche von radialfasrigrer Structur keine Spur zeigt, — für Belemnites der feine randliche Sipho und die keulenförmige Anschwellung an der Spitze, zum Theil wohl auch der von Herrn v. Hauer beschriebene Verlauf der ringförmigen Schalenzeichnung. Als Eigenthümlichkeit des Genus Aulacoceras bleibt dann aber immer noch 1) die kryllinische, nicht strahlige Structur der Keule; 2) die centrale, nicht seitliche Lage der Spitze der Alveole; 3) die seitliche Lage der beiden Längsfurchen- und Längsstreifen-Systeme; 4) die lederartige Runzelung der Epidermis auf der Keule, — Charaktere, die, wenn sie auch nicht alle dem ganzen Genus zukommen mögen, doch blos in diesem auftreten.

Es ist gewiss der Beachtung nicht unwerth, dass das Genus Aulacoceras sich in den Hallstädter Schichten, im Keuper zeigte, da wo die letzten Orthoceren erscheinen und noch keine Belemniten vorhanden sind. Ich kann mich der Muthmassung nicht verschliessen, dass auch in andern marinen Keuperabsätzen sich dieselbe Form wohl noch finden werde, namentlich dass das, was man aus den Kössner Schichten bisher als Belemniten deutete, hieher zu stellen sei, denn so viel mir bekannt, hat noch keiner der Kössner Belemniten im Innern die strahlige Structur gezeigt, wie sie bei wirklichen Belemniten nirgend vermisst wird. Auch jener Orthoceras (Melia) sp. Hau. cet. auct., der im Lias von Adnet, Enzesfeld, Hierlatz, Varese etc. aufgefunden wurde, wird wohl zu Aulacoceras gehören.

Nautilus gasteroptychus Dittmar. Tab. 12, Fig. 1. 2.

Gehäuse eiförmig aufgebläht. Die fast vollkommen umhüllenden Windungen lassen einen tiefen, sehr engen Nabel offen. Sie nehmen rasch an Höhe zu, — jede nachfolgende übertrifft die vorhergegangene um mehr als das 4fache. Die Mundöffnung hat ihren grössten Breitendurchmesser in der Nähe des Nabels. Von hier fallen die Seiten gegen den Nabel plötzlich, gegen den Bauch allmälig, beiderseits mit vollkommner Rundung ab; sie gehen auch mit gerundeter Kante in die Wölbung des Bauches über. Auf dem letztern machen sich breite wellige Erhöhungen bemerkbar, die gegen die Seite sehr bald verschwinden. Man zählt ihrer 15 auf dem letzten Umgange. Die ziemlich dicke Schale ist mit dichten, äusserst feinen Anwachsstreifen bedeckt. Auf dem Bauche weit nach hinten greifend, schwingen sie sich von hier in weitem Bogen nach vorwärts; ob sie aber nicht, ehe sie den Nabel erreichen, noch eine Rückbeugung erfahren, liess sich an dem vorliegenden Stücke nicht nachweisen. So weit sich ihr Verlauf sicher erkennen liess, ist die Linie in der Begrenzung des Mundrandes angedeutet worden. Die Lobenlinie ist zweimal geschwungen. Der Bauch- (extern-) Lobus flacher, als der Seitenlobe. Die Sättel gleich hoch, der zweite Lateral breiter als der erste. Auf einen Umgang kommen etwa 16 Kammern. Das vorliegende Stück hat noch keine Wohnkammer. Die Lage des Sipho konnte nicht ermittelt werden.

Dimensionen: Ganzer Durchmesser = 0^m086. Für einen Durchmesser = 100 ist

die Höhe der letzten Windung	=	65
„ Breite „ „ „	=	54
„ Höhe „ vorletzten Windung	=	15
„ Breite „ „ „	=	26
„ Weite des Nabels	=	0.

Fundort: Rossmoos bei Aussee (1 Exemplar).

Bemerkungen. Durch die Faltung des Bauches steht dieser Nautilus dem *Amm. Mojsissoviczi* Hau. parallel, er unterscheidet sich jedoch durch denselben Charakter bestimmt von allen bisher beschriebenen Hallstädter Nautilen.

Nautilus securis Dittm. Tab. 12, Fig. 3, 4.

Obgleich der einzige vorliegende Steinkern durch unvorsichtiges Anschleifen und Verwitterung gelitten hat, so liessen sich doch alle wesentlichen Charaktere vollständig genug erkennen, um darauf eine neue Art zu gründen. Das Gehäuse ist hochmündig, vollkommen involut, in der Gegend des sehr engen Nabels am dicksten. Von hier fallen die Seiten flach gewölbt gegen den schmalen, kantigen Bauch. Die Windungen nehmen sehr rasch an Höhe zu, in einem Umgange fast um das vierfache. Schalensculptur unbekannt. Die Lobenlinie erhebt sich zu 2 hohen Lateralsätteln und einem flachen Bauchsattel. Der erste Lateral zungenförmig, der zweite breiter gerundet. In die um $^1/_3$ verkleinerte Abbildung sind schon die letzten Lobenlinien eingetragen. Man zählt ihrer bis 24 auf einen Umgang. Lage des Sipho unbekannt.

Dimensionen: Ganzer Durchmesser = 0_m147; für einen Durchmesser = 100 ist

die	Höhe der letzten Windung	= 66
„	Breite „ „ „	= 38
„	Höhe der vorletzten Windung	= 18
„	Breite „ „ „	= 15
„	Weite des Nabels	= 0.

Fundort: Leisling bei Aussee (1 Exemplar).

Nautilus spirolobus Dittm. Tab. 13, Fig. 1, 2.

Die dicke, kuglig geblähte Schale ist mit starken, auf den Seiten nach vorn geschwungenen Anwachsringen geschmückt, welche sich jedoch am Bauche schwach nach hinten beugen. Bauch, Seiten und Nabel gehen in vollkommener Bogenlinie in einander über. Die grösste Dicke, die sogar die Höhe der Windung übertrifft, liegt ganz nah an dem tiefen trichterförmigen Nabel. Die Umgänge sind vollständig involut. Sie wachsen sehr schnell in Höhe und Breite an. Die Lobenlinie ist zweimal geschwungen und bildet einen tiefern breiten Seitenlobus und einen kürzern, mit dem Seitenlobus der folgenden Linie auf gleicher Höhe stehenden Bauchlobus. Die Aussenseite des Laterallobus schliesst sich vollkommen der Spiralrichtung an und da die aufeinander folgenden Lobenlinien sich hier berühren, so entstehen hier zu beiden Seiten des Bauches 2 geschlossene Spirallinien. Dies Verhalten bleibt in allen Stadien des Wachsthums unverändert dasselbe. Der feine Sipho liegt in dem innern Viertel der Mündungshöhe. Ein die Abbildungen noch um $^2/_3$ an Durchmesser übertreffendes Exemplar zeigt noch keine Wohnkammer. Auf einen Umgang kommen nur 15 Luftkammern.

Dimensionen: Das grösste vorliegende Exemplar hat einen Durchmesser von 0^m127; für den Durchmesser = 100 ist

die	Höhe der letzten Windung	= 69
„	Breite „ „ „	= 80
„	Höhe der vorletzten Windung	= 18
„	Breite „ „ „	= 20
„	Weite des Nabels	= 0.

Fundort: Rossmoos bei Aussee (2 Exemplare).

Bemerkungen. Als nächste Verwandte unsrer Art sind zu betrachten: *Nautilus Sauperi* Hau., *N. Goniatites* Hau. und *N. reticulatus* Hau. Von den beiden erstern unterscheidet sie sich durch den Verlauf der Lobenlinie. *N. reticulatus* mit ähnlichen Loben ist dagegen weniger involut, nicht so kuglig gewölbt und durch die gegitterte Schale unterschieden.

Ammonites (Clydonites) crassitesta Dittm. Tab. 13, Fig. 19—21.

Die sehr wenig involuten Umgänge nehmen langsam an Höhe und Breite zu, so dass ein weiter flacher Nabel sichtbar bleibt. Mündung nahezu quadratisch, wobei jedoch die Seiten ein wenig gegen den gerundeten Bauch convergiren. Nahtkanten rechtwinklig gerundet. Die Schale zeigt auf den verschiedenen Umgängen abweichende Sculpturen. Während die 3 innern Windungen mit relativ groben Rippen versehen sind, von denen sich einige V förmig an der Naht schon spalten, bemerkt man auf den äussern Umgängen nur noch allmälig mehr und mehr sich verflachende Wellen, die an der Naht am stärksten sind, sich aber auf der Mitte der Seiten schon ganz verlieren. Dagegen macht sich nun auf und zwischen ihnen eine äusserst feine sichelförmige Anwachsstreifung bemerklich. Ist die ziemlich starke Schale entfernt, so gewahrt man eine sehr einfach geschwungene Lobenlinie, die sich zu 3 gleich hohen runden Sätteln erhebt, während von den ebenfalls runden Loben der erste Lateral der tiefste ist. Der Sipho liegt ein wenig vertieft, wie es scheint, in einer besondern Düte der Kammerwände. Auf der Abbildung sind schon die letzten Lobenlinien eingetragen. Man zählt hier auf einen Umgang gegen 30. Die Wohnkammer, in der Länge fast eines ganzen Umganges erhalten, hat noch keinen Mundsaum.

Dimensionen: Ganzer Durchmesser = 0^{m}027; für einen Durchmesser = 100 ist

die	Höhe der letzten Windung	= 36
„	Breite „ „ „	= 36
„	Höhe der vorletzten Windung	= 20
„	Breite „ „ „	= 26
„	Weite des Nabels	= 45.

Fundort: Teltschenalp bei Aussee (2 Exemplare).

Bemerkungen. Die vorliegende Species reiht sich durch ihre einfachen ungezackten Loben dem Hauer'schen Geschlecht Clydonites an, sie unterscheidet sich dadurch bestimmt von den äusserlich sehr verwandten Formen *Amm. Morloti* Hau. und *Amm. Simonyi* Hau., welche beide bereits in dem entsprechenden Alterszustande die charakteristischen Heterophyllenloben zeigen. Als nächst verwandte Form ist *Amm. crassecarinatus* Hau. zu betrachten. Die Unterschiede liegen in dem sicheligen Verlauf der Anwachsstreifen und in dem viel frühern Verschwinden der Rippen auf den innern Windungen, hier bei einem Durchmesser des Nabels von 12^{mm}, dort bei 21^{mm}.

Ammonites (Clydonites) elevatus Dittmar. Tab. 12, Fig. 16—18.

Diese Art scheint in der Grösse, wie sie abgebildet wurde, ausgewachsen zu sein, denn die letzten Lobenlinien stehen bereits sehr eng hintereinander. Die Wohnkammer, soweit sie erhalten ist, nimmt nur einen halben Umgang ein. Wahrscheinlich wird sie auch nicht länger. Sie ist mit sichelförmigen Strahlenbündeln geschmückt, die auf der übrigen Schale, wenn nicht fehlen, so doch wegen ihrer Feinheit verschwinden. Die Windungen nehmen rasch an Höhe zu, ihre Involubilität ist gering, daher der Nabel flach, offen. Die ganze Schale macht nur 2 Umgänge. Der Bauch ist etwas abgeflacht. Die Seiten schliessen sich an ihn, wie an den Nabel in sanfter flacher Wölbung. Die Lobenlinie einfach, scheinbar glatt, doch zeigt sich unter der Loupe der Beginn einer Kerbung der Loben. Die Dunstkammern stehen sehr gedrängt ca. 30 auf einen Umgang.

Dimensionen: Ganzer Durchmesser = $0^{m}012$; für einen Durchmesser = 100 ist

die Höhe der letzten Windung = 48
„ Breite „ „ „ = 36
„ Höhe der vorletzten Windung = 22
„ Breite „ „ „ = 22
„ Weite des Nabels = 25.

Fundort: Die Fasslschicht (Zone des Amm. subbullatus Hau.) am vordern Sandling (5 Exemplare).

Ammonites (Clydonites?) modicus Dittm. Tab. 14, Fig. 1—3.

Windungen flach, ziemlich hoch. Die schwach gewölbten Seiten gehen gerundet in Nabel und Bauch über. Die Umgänge wachsen langsam in Höhe und Breite, sie sind zu einem Drittel involut. Die dünne Schale ist in büschelförmigen Sichelwellen von verschiedener Höhe gerunzelt, zwischen denen sich die Einsenkungen nur am Bauche scharf markiren. Auf dem Steinkerne erscheint dieselbe Zeichnung, nur etwas flacher. Lobenlinie sehr einfach, Clydonitenartig. Jederseits stehen 3 gleich hohe Sättel. Der erste Lateral doppelt so gross als der zweite. Ein Umgang mag etwa 25 Dunstkammern enthalten. Die Wohnkammer beträgt, soweit sie erhalten ist, $^{4}/_{5}$ eines Umganges. Die innern Umgänge sind nicht erhalten.

Dimensionen: Ganzer Durchmesser = $0^{m}02$; für einen Durchmesser = 100 ist

die Höhe des letzten Umgangs = 37
„ Breite „ „ „ = 27

die Höhe des vorletzten Umgangs = 20
„ Breite „ „ „ = 14
„ Weite des Nabels = 27.

Fundort: Fasslschicht (Zone des Amm. subbullatus) am vordern Sandling (1 Exemplar).

Bemerkungen. Trotz des grossen Materials von Amm. Henseli Opp. haben sich keine Uebergänge zu dieser verwandten Art gefunden, die durch die Schärfe und Einfachheit ihrer Radialfurchen so ausgezeichnet ist. Noch näher steht *Amm. Eryx* Mü., er ist jedoch durch seine einfachen, regelmässigen Sichelfalten und den Mangel der scharfen Kerbung der Bauchseite unterschieden. Auch *Amm. decrescens* Hau. ist eng verwandt, weicht aber durch die erst beim letzten Umgange auftretende Evolubilität durch gerundetere Windungen und viel schwächere Faltung ab.

Ammonites (Clydonites?) comatus Dittm. Tab. 14, Fig. 4—6.

Das vermuthlich klein bleibende Gehäuse besteht aus 4, bis zur Hälfte involuten Umgängen, die in der Jugend rundlich, später rasch an Höhe zunehmen. Die Seiten wölben sich gleichmässig gegen Nabel und Bauch, letzterer ist gerundet. Der Nabel ist ziemlich eng. Die starke Schale ist mit einfachen, gleichmässigen Sichelwellen bedeckt, die am Bauche mit einer runden Beugung nach vorne von beiden Seiten zusammenlaufen. Sie sind auch auf dem Steinkerne sichtbar. Die Lobenlinie ist fein, aber deutlich in Sätteln und Loben gekerbt. Sie bildet jederseits 3 Sättel von gleicher Höhe. Ob die eingetragenen Linien die letzten sind, konnte nicht sicher ermittelt werden, es ist jedoch wahrscheinlich. Man zählt ca. 20 Kammern auf einen Umgang.

Fundort: die Teltschenalp bei Aussee (5 Exemplare).

Dimensionen: Durchmesser des grössten Stückes = 0^{m}0145. Für einen Durchmesser = 100 ist

die Höhe der letzten Windung = 49
„ Breite „ „ „ = 34
„ Höhe „ vorletzten Windung = 21
„ Breite „ „ „ = 21
„ Weite des Nabels = 27.

Bemerkungen. Diese Art, die der Quenstedt'schen Gruppe der *Capricorni polymorphi* angehört, wurde trotz ihrer zahlreichen Verwandten in den Cassianer Schichten von denselben fern gehalten, weil sie doch mit keiner einzigen vollständig übereinstimmt. In der That, mit demselben Recht, mit welchem man sie zu *Goniatites Dufrenoyi* Kl., *G. infrafurcatus*

Kl., *G. Beaumontii* Kl. oder *G. Eryx* Mü. aus Cassianer Schichten stellen wollte, müsste man sie auch mit *Ammonites hybrida* Orb. oder *A. polymorphus costatus* Qu. aus dem Lias γ und mit einer Reihe anderer identificiren. Bei genauer Betrachtung finden wir aber, dass sich *Amm. comatus* von allen den genannten bestimmt durch den viel engeren Nabel, die grössere Involubilität und die Schnelligkeit der Höhenzunahme unterscheidet.

Ammonites (Clydonites?) obolinus Dittm. Tab. 14, Fig. 7—9.

Das ziemlich flache Gehäuse, dessen Umgänge anfangs rasch an Höhe zunehmen, hört beim Beginn der Wohnkammer in dieser Richtung zu wachsen auf. Während daher die ersten stark involuten Umgänge in dem engen Nabel kaum sichtbar werden, evolvirt sich die Wohnkammer so stark, dass ein offner flacher Nabel sichtbar wird. Die Schale ist mit zahlreichen flachen Sichelfalten bedeckt, die aus Bündeln sehr feiner Sichelstreifen bestehen und an dem schmalen gerundeten Bauche am deutlichsten ausgeprägt sind.

Die fein gezähnelte Lobenlinie erhebt sich zu 3, gegen den Nabel stark an Grösse verlierenden Sätteln. Man zählt ca. 30 Kammern auf einen Umgang. Ob die Wohnkammer ganz erhalten sei, ist nicht zu entscheiden. So weit sie vorhanden, beträgt sie einen halben Umgang.

Dimensionen: Ganzer Durchmesser = 0^m02; für einen Durchmesser = 100 ist

die	Höhe des letzten Umgangs	= 40
„	Breite „ „ „	= 22
„	Höhe „ vorletzten Umgangs	= 20
„	Breite „ „ „	= 15
„	Weite des Nabels	= 25.

Fundort: Teltschenalp bei Aussee (1 Exemplar).

Ammonites (Clydonites?) Eryx Münster sp. Tab. 3, Fig. 10, 11.

Goniatites Eryx Münster Beitr. Bd. IV, p. 128, T. 14, F. 9.

Ich glaube, dass man die abgebildete Form aus den Hallstädter Schichten wohl mit der Münster'schen Art von St. Cassian identificiren darf, da mit alleiniger Ausnahme der geringern Schärfe und Erhabenheit der Sichelrippen, alle übrigen Charaktere vollständig übereinstimmen. Auf dem besterhaltenen meiner Exemplare macht sich ausserdem noch eine feine Spiralstreifung der Schale an der Bauchseite bemerklich. Die Lobenlinie konnte nicht blosgelegt werden.

Dimensionen: Ganzer Durchmesser = 0^m013; für einen Durchmesser = 100 ist

die	Höhe des letzten Umgangs	= 38
„	Breite „ „ „	= 31
„	Höhe des vorletzten Umgangs	= 20
„	Breite „ „ „	= 21
„	Weite des Nabels	= 40.

Fundort: Teltschenalp bei Aussee (2 Exemplare).

Ammonites (Clydonytes?) Henseli Oppel. Tab. 14, Fig. 16—20.

Oppel: Pal. Mitth. 1862, Nr. III, p. 132, T. 41, F. 3.

Das Originalstück von *Amm. Henseli* Opp., ein blosses Fragment, erhielt Herr Professor Oppel von Herrn Hofrath von Fischer angeblich aus Hierlatzschichten. Es blieb als solches ein Unicum. Die Angabe des Horizontes beruhte aber jedenfalls auf einem Irrthum. Dieselbe Form, die ich nach einem Abguss des Originals in der Oppel'schen Sammlung identificiren konnte (das Original selbst ging verloren) findet sich nemlich in solcher Häufigkeit in der Zone des Amm. subbullatus (Fasslschicht) am vordern Sandling in Hallstädter Kalken, dass ohne Zweifel hier ihre wirkliche Heimath zu suchen ist. Es ist demnach Amm. Henseli aus der Fauna der Hierlatzschichten zu streichen. Ich habe die Art noch einmal abbilden lassen, weil sie bei Oppel nach einem Steinkerne nicht ganz richtig restaurirt ist. Die Rippen, die dort rund erscheinen, sind nemlich im Durchschnitt rechtwinklig und durch scharfe eckige Furchen getrennt, die unten und oben gleich breit sind. Schale verhältnissmässig dick, doch prägen sich auch auf dem Steinkerne noch die Furchen scharf aus. Die Lobenlinie mit jederseits 3 auf gleicher Linie stehenden Sätteln ist fein, aber deutlich gezähnt. Das Fig. 21, 22 abgebildete Stück ist das grösste vorhandene, scheint aber noch nicht ausgewachsen. Die jungen Exemplare weichen in nichts von der Form der ältern ab.

Dimensionen des Exemplares Fig. 21. 22. Durchmesser = 0^m023. Für einen Durchmesser = 100 ist

die	Höhe der letzten Windung	= 38
„	Breite „ „ „	= 22
„	Höhe „ vorletzten „	= 20
„	Breite „ „ „	= 11
„	Weite des Nabels	= 41.

Fundort: Fasslschicht am vordern Sandling (70 Exemplare).

Bemerkung. Es ist nicht leicht, *Amm. Henseli* mit irgend einer andern bekannten Form zu verwechseln. *Amm. modicus* Dittm. sieht ihm äusserlich zwar ähnlich, unterscheidet sich jedoch durch dünne Schale, wellige ungleiche Falten und ungezackte Loben. *Amm. nasturtium* Dittm. ist schon näher verwandt, namentlich erfordert die Unterscheidung der jungen Individuen einige Aufmerksamkeit. Auch *Amm. Didayanus* Orb. (terr. crét. tome I Tab. 108 Fig. 4. 5) ist zu vergleichen. Doch ist da der Rücken kantig, flach, die Rippen sind gröber, die Involubilität bedeutender.

Ammonites (Clydonites?) nasturtium Dittm. Tab. 14 Fig. 24—37.

Gehäuse wenig involut, aber ziemlich rasch anwachsend, so dass der Nabel nicht ganz flach ist. Die Windungen, von ziemlich kreisförmigem Durchschnitt sind auf der Wohnkammer mit unregelmässig stehenden, verschieden starken, groben runden Rippen versehen, die sich in höherem Alter sogar kragenartig erheben. Die innern Umgänge sind dagegen ganz regelmässig berippt. Sie unterscheiden sich von jungen *Amm. Henseli* durch ihre gedrungene Form und durch die gerundeten Rippen. Die Schale ist dick. Die sehr gedrängten Lobenlinien, an denen eine Zähnelung nicht bemerkt werden konnte, bestehen jederseits aus zwei runden Sätteln.

Dimensionen des grössten vorhandenen Stückes Fig. 39. 40. Durchmesser $0^{m}017$; für einen Durchmesser = 100 ist

die Höhe des letzten Umgangs = 35
„ Breite „ „ „ = 35
„ Höhe „ vorletzten „ = 18
„ Breite „ „ „ = 24
„ Weite des Nabels = 38.

Fundort: Fasslschicht am vordern Sandling (30 Exemplare).

Ammonites (Clydonites?) foliaceus Dittm. Tab. 15, Fig. 10—12.

Diese sehr eigenthümliche Form hat ein so fremdartiges Aussehen, dass man sie kaum für einen Ammoniten ansehen möchte. Die rasch anwachsenden Umgänge sind gar nicht involut, ihr Durchschnitt bildet ein Trapez, dessen längere Parallele die Bauchseite einnimmt. Die Seiten sind also flach und umschliessen einen offenen vertieften Nabel, der Bauch ist ein wenig gewölbt und schliesst sich mit kaum abgerundeten Kanten an die Seiten. Auf diesen nun macht sich eine durch verschiedene Beugung der Anwachsstreifen bedingte blattförmige Zeichnung bemerklich. Die Blätter, deren 8 auf einen Umgang kommen, enden spitz an der Bauchkante in oder kurz vor einem langen etwas nach vorn gebogenen Dorn. Diese Dornen, die natürlich entweder beim Herausschlagen des Ammonites aus dem Gesteine oder auch schon früher leicht abbrechen, hinterlassen merkwürdigerweise keine eigentliche Narbe, man erkennt ihre frühere Stelle nur an einer länglichen Erhebung der Schale, sie scheinen daher nur der äussersten Schalenschicht anzugehören. Die Stacheln correspondiren zu beiden Seiten des Bauches und werden mit einander verbunden durch Systeme von oft ziemlich tiefen, stark nach vorn geschwungenen Falten. Die Schale ist sehr dünn. Die Lobenlinie eingezackt, Clydonitenartig. Sie bestehet jederseits aus 2 schmalen Sätteln und dazwischenliegenden breiten Loben. Der Sipho liegt jedoch nicht vertieft. Die Wohnkammer betrug wahrscheinlich nicht mehr als einen halben Umgang.

Dimensionen: Durchmesser des grössten Exemplares (Fig. 10. 11) $= 0^{m}019$. Für den Durchmesser = 100 ist

die Höhe des letzten Umgangs	= 37
„ Breite „ „ „	= 42
„ Höhe „ vorletzten „	= 24
„ Breite „ „ „	= 26
„ Weite des Nabels	= 32.

Fundort: Fasslschicht am vordern Sandling (17 Exemplare).

Ammonites Mojssissoricsi Hau.

Nachtr. Ceph. Hallst. Sch. in Sitzber. der Wiener Akad. 1860. Bd. 41, p. 141 (29), T. 4, F. 1—3.

Diese Art, deren Fundort Herr von Hauer zur Zeit ihrer Aufstellung nicht kannte, fand Herr Hofrath von Fischer neuerdings in den Hallstädter Kalken an der Teltschenalp bei Aussee auf.

Ammonites cicer Dittm. Tab. 13, Fig. 11—15.

Von dieser interessanten kleinen Art wurde bisher nur 1 Exemplar aufgefunden, welches jedoch in vollkommnem Erhaltungszustande befindlich ist. Durch einen Querschnitt wurde constatirt, dass dasselbe ein Ammonit sei, kein Heteropode, wie nach der Schalensculptur vielleicht zu argwöhnen war, namentlich da wegen der Länge der Wohnkammer durch Aetzen der Oberfläche keine Lobenzeichnung zu erhalten war. Die Loben stehen weit von einander ab. Es kommen nur 5—6 auf einen Umgang. Die äussere Form ist fast vollkommen kuglig, die niedern breiten Windungen ganz umhüllend, der Nabel daher nicht tief, aber deutlich eingesenkt. Der Mundrand ist gerundet und kaputzenförmig eingeschnürt.

Sehr eigenthümlich ist die Schalensculptur. Diese besteht aus feinen gerundeten Spiralleisten mit gleich breiten Furchen dazwischen, die in sehr schräger Linie vom Nabel bis zur Mittellinie des Bauches nach vorn ziehen. Hier treffen die Leisten von beiden Seiten unter sehr spitzem Winkel zusammen, ohne dass sich ein Kiel oder eine Furche bemerklich machte. Vom Nabel bis zum Bauch zählt man jederseits 11 solche Leisten, um jedoch vom Nabel bis zum Bauch zu gelangen, braucht jede Leiste fast einen ganzen Umgang der Schale. An der Einschnürung des Mundes verschwinden die Leisten plötzlich und lassen diesen selbst glatt.

Dimensionen: Ganzer Durchmesser = 0^{m}008; für einen Durchmesser = 100 ist

die Höhe der letzten Windung	=	50
„ Breite „ „ „	=	92
„ Höhe „ vorletzten „	=	41
„ Breite „ „ „	=	78
„ Weite des Nabels	=	0.

Fundort: Schichten mit *Amm. subbullatus* am vordern Sandling (1 Exemplar).

Ammonites Simonyi Hauer. Tab. 12, Fig. 22—24.

Haidinger's naturw. Abhandl. 1847, Bd. 1, p. 270, T. 9, F. 4—6.

Als Beitrag zur Kenntniss dieser interessanten Form habe ich ein junges Individuum abbilden lassen, da es eine Verschiedenheit der Schalensculptur auf den innern Umgängen zeigt, welche der ganzen Art zukommt. Dieselbe besteht in 6 scharf abgesetzten Ringeln, die jede der 4 innern Windungen in gleichen Abständen zieren. Weiter hinaus markiren sich dieselben als immer flacher werdende Wülste, die auf dem fünften Umgang bereits ganz verschwinden, um den scharfen sichelförmigen Streifen Platz zu machen. Diese sind auf den 4 ersten Windungen nicht zu sehen.

Fundort: Teltschenalp bei Aussee.

Bemerkungen. Der verwandte *Amm. Morloti* ist auf den innern Windungen vollkommen glatt. *Amm. elegans*, schon durch die Lobirung unterschieden, zeigt nie die Schärfe der Sichelstreifen, wie *Amm. Simonyi*.

Ammonites imperator Hauer. Tab. 14, Fig. 12. 13.

v. Hauer: Neue Cephalopoden von Aussee 1849, in Haidingers naturw. Abhandlungen, Bd. 3, p. 21, T. 6, F. 1—3.

An dem angeführten Ort gibt Herr v. Hauer die Abbildung eines Bruchstückes von einer äussern Windung eines grossen Exemplares. Ich gebe nun eine Darstellung der inneren Umgänge, hauptsächlich um den Unterschied von jungen Individuen des *Amm. Layeri* Hau. zu constatiren. Dass diess wirklich die Gestalt eines jungen *Amm. imperator* sei, davon konnte ich mich an einem gut erhaltenen grossen Individuum dieser Species aus rothem Marmor des vordern Sandling überzeugen. Ich wählte die geringe Grösse, um die Dimensionen zu versinnlichen, in denen diese Art, allerdings ohne erhaltene Wohnkammer, in der Schicht mit *Amm. subbullatus* am vordern Sandling auftritt, in welcher sie häufig ist. Die wesentlichen Charaktere hat schon Herr v. Hauer genügend festgestellt. Ich kann mich deshalb hier darauf beschränken, zur Unterscheidung von jungen *A. Layeri* darauf aufmerksam zu machen, dass letztere bei dem Durchmesser meiner Abbildung noch vollkommen involut sind, einen punktförmigen Nabel zeigen und erst später sich ausrollen. Bei dem *A. imperator* sieht man dagegen das Gewinde bis in die erste, merkwürdiger Weise kuglige Zelle (nucleus) geöffnet.

Dimensionen: Der Durchmesser des abgebildeten Stückes beträgt 0^{m}028. Setzen wir denselben = 100, so ist

die Höhe der letzten Windung	= 54
„ Breite „ „ „	= 7
„ Höhe „ vorletzten „	= 14
„ Breite „ „ „	= 3.5
„ Weite des Nabels	= 20.

Fundort: Die Schichten mit *Amm. subbullatus* am vordern Sandling (20 Exemplare). Grössere Individuen liegen in dem Gasteropodenmarmor am vordern Sandling, ferner am Sommeraukogel, Steinbergkogel, am Rossmoos und Taubenstein (im Gosauthale).

Ammonites caducus Dittm. Tab. 14, Fig. 14. 15.

Eine kleine glatte, ganz evolute Art mit erhöhtem viereckigen Durchschnitt der sehr langsam wachsenden Windungen. Auf dem Bauche bemerkt man einen sehr flachen stumpfen Kiel, der eben nur durch seinen Schatten erkennbar ist. Nabel weit, flach; man sieht 5 Umgänge. Die Wohnkammer beträgt mehr als einen Umgang. Die Lobenlinie nicht bekannt.

Dimensionen: Durchmesser = 0^{m}013. Für einen Durchmesser = 100 ist

die Höhe des letzten Umgangs	= 34
„ Breite „ „ „	= 28
„ Höhe „ vorletzten „	= 16
„ Breite „ „ „	= 14
„ Weite des Nabels	= 49.

Fundort: Fasslschicht am vordern Sandling (6 Exemplare).

Bemerkungen. *Clyd. glaucus* Mnst. sp. ist von St. Cassian, steht dem *Amm. caducus* nahe, hat jedoch keine Andeutung eines Kieles und wächst auch rascher; an dem *Amm. caducus* fehlen dagegen die feinen Sicheln.

Ammonites fulminaris Dittm. Tab. 14. Fig. 21—23.

Das einzige vorliegende Exemplar, obgleich nur Steinkern, zeigt von allem bekannten so abweichende Charaktere, dass es wohl der Beschreibung werth escheint. Das Gehäuse ist stark involut, es bleibt nur ein enger Nabel offen. Die Windungen, von fast rein elliptischem Querschnitt zeigen auf den Seiten in ungleichen Entfernungen flache Rippen, von denen sich einzelne (9—10) auf einem Umgange gegen den Bauch zu Dornen erheben, von welchen aus tiefe Falten in wechselnder Anzahl nach vorn geschwungen über den Bauch laufen. Von diesen Falten gehen die äusseren auf der gegenüberliegenden Seite wieder zu einem alternirenden Dorn, die mittlern verflachen sich getrennt auf der halben Höhe der Seite. Uebrigens herrscht auch hierin, wie in der ganzen Anordnung der Rippen keine Regelmässigkeit. Die Schale, an einigen Stellen erhalten, ist dick und ohne äussere Sculpturen. Die Loben, ringsum gezackt, erheben sich jederseits zu 4 auf gleicher Höhe stehenden Sätteln, die eine gerundete fast blattförmige Spitze zeigen und so an monophyllische Heterophyllen erinnern, zunächst jedoch mit den Loben des Amm. inermis zu vergleichen wären.

Dimensionen: Durchmesser = $0^{m}038$. Für den Durchmesser = 100 ist

die Höhe des letzten Umgangs	= 53
„ Breite „ „ „	= 32
„ Höhe „ vorletzten „	= 24
„ Breite „ „ „	= 14
„ Weite des Nabels	= 8.

Fundort: Teltschen bei Aussee (1 Exemplar).

Ammonites inermis Hauer Tab. 15, Fig. 1—7.

Hauer: Cephalop. Hallst. Sch., in Denkschr. math. natw. Cl. der Wiener Akad., Bd. 9, p. 161 (21), T. 5, F. 24—27.

Ich bin in der Lage, gestützt auf ein reiches Material, zu dieser Art einige Nachträge zu liefern, die nicht ohne Bedeutung für die Charakterisirung derselben sind. Anknüpfend an die von Hauer am angeführten Orte gegebene Diagnose ist zu erwähnen, dass der Durchschnitt der Windungen bei weiterem Wachsthum sich beträchtlich erhöht, dass also die Kreisform sich verliert, ferner ist aber die Kreisform auch bei Exemplaren von der

Grösse, wie sie Herr von Hauer abbildet, nicht Regel, sondern Ausnahme, im allgemeinen herrscht auch hier schon die erhöhte elliptische Mundöffnung. Ausser den sehr flachen und in ihrer Spaltung schwer zu verfolgenden Radialfalten (in der Zeichnung Fig. 1 ist die Deutlichkeit dieser Falten etwas übertrieben) verläuft ferner über die ganze Schale, bei gut erhaltenen Exemplaren eine dichte wellige Spiralstreifung. Die Wohnkammer beträgt beinahe einen ganzen Umgang.

Dimensionen: Bei kleineren Exemplaren von 0^m022 (11''') Durchmesser ist das gewöhnlichere Verhältniss für den Durchmesser = 100

die Höhe des letzten Umgangs	=	55
„ Breite „ „ „	=	41
„ Höhe „ vorletzten „	=	23
„ Breite „ „ „	=	23
„ Weite des Nabels	=	14.

Herr von Hauer fand bei einem Exemplare von 9''' Durchmesser und von der Form der Fig. 3. 4 für den Durchmesser = 100 gesetzt, die Höhe der letzten Windung = 47, die Breite derselben = 55, die Weite des Nabels = 16.

Das grösste Exemplar Fig. 5. 6 hat einen Durchmesser = 0^m072. Dann ist für den Durchmesser = 100

die Höhe der letzten Windung	=	69
„ Breite „ „ „	=	33
„ Höhe „ vorletzten „	=	22
„ Breite „ „ „	=	15
„ Weite des Nabels	=	8.

Fundort: Fasslschicht am vordern Sandling (65 Exemplare).

Ammonites atropus Dittm. Tab. 15, Fig. 13—15.

Das Gehäuse ähnelt im Ganzen dem *Amm. foliaceus*, doch sind die Windungen noch breiter und niedriger. Von den Seiten erheben sich gegen die Bauchkanten zu in unregelmässigen Entfernungen und wechselnder Anzahl (ca. 5 auf einem Umgange) breite lappenförmige Dornen, die auf den innern Windungen an die nächstfolgende angelehnt, gewöhnlich erhalten sind und so den Umgängen eine unregelmässige eckige Gestalt verleihen. Zwischen ihnen stehen je 3—5 kleinere, ebenfalls in stumpfe Dorne endigende Falten. Von allen diesen Dornen aus laufen hier nach ihrer Grösse eine oder mehrere tiefe Falten stark nach vorn gerichtet zu der glatten, deutlich begrenzten breiten Furche auf der Mitte des Bauches, die sie unter spitzem Winkel treffen. Die Dornen von gleicher Stärke correspondiren zu beiden Seiten des Bauches gewöhnlich nicht. Schale sehr dünn. Die Lobenlinie zeichnet sich beiderseits durch 4 schmale, hohe, wenig gekerbte Sättel und entsprechende spitze Loben aus. Die Wohnkammer nimmt an dem abgebildeten Stück $^3/_4$ eines Umganges ein, doch fehlt ihr noch der Mundsaum.

Dimensionen: Durchmesser = 0^{m}02. Für den Durchmesser = 100 ist

die	Höhe des letzten Umganges	= 40
„	Breite „ „ „	= 60
„	Höhe „ vorletzten „	= 20
„	Breite „ „ „	= 30
„	Weite des Nabels	= 45.

Fundort: Gasteropodenschichten am vordern Sandling.

Bemerkungen. *Amm. atropus* und *foliaceus*, im äussern Ansehen scheinbar verwandt, sind gleichwohl durch die Loben wie durch die Beschaffenheit der Bauchseite weit von einander getrennt. Unter welche Gruppe von bekannten Ammoniten man *Amm. foliaceus* am natürlichsten einreihen könnte, ist mir, da ich die Clydoniten nicht festzuhalten vermag, nicht recht klar geworden. Ebensowenig möchte ich aber auch der bisherigen Praxis folgend, *Amm. atropus* in die Gruppe des *Aon* stellen, blos weil er eine Furche auf dem Bauche hat (vergl. Quenstedt die Cephalopoden p. 237).

Ammonites signatus Dittm. Tab. 15, Fig. 8, 9.

Gehäuse mit einem breiten, scharf abgesetzten Kiel versehen, von dem aus die flachen Seiten sich rasch zu ihrer grössten Breite erheben. Abfall gegen den Nabel noch kürzer gerundet. Die Involubilität ist gering, sie erstreckt sich nur auf den Bauch der Schale: und da das Gehäuse sehr langsam in die Breite wächst, so entsteht ein flacher weiter Nabel. Die Schale, im allgemeinen glatt, trägt an der Naht auf jeden Umgang etwa 20 scharfe Erhebungen, die mit den stark nach vorn gebogenen Anwachsstreifen in Verbindnng stehen und in derselben Richtung sich allmälig verflachen. Die Wohnkammer beträgt wahrscheinlich mehr als einen Umgang, denn auf der letzten Windung konnten keine Loben nachgewiesen werden.

Dimensionen: Durchmesser des abgebildeten Stückes = 0^{m}022. Für den Durchmesser = 100 ist

die	Höhe des letzten Umganges	= 36
„	Breite „ „ „	= 27
„	Höhe „ vorletzten „	= 18
„	Breite „ „ „	= 18
„	Weite des Nabels „	= 36.

Fundort: Teltschen bei Aussee (3 Exemplare).

Ammonites vermetus Dittm. Tab. 15, Fig. 20, 21.

Die glatten, langsam in Höhe wie in Breite wachsenden, zu einem Drittel involuten Umgänge lassen einen flachen, treppenförmig vertieften Nabel offen. Die flachen Seiten fallen gegen denselben kurz, aber scharf ab; auch der Abfall zu dem starken hohen Kiele ist plötzlich, doch ohne scharfe Kantenbildung. Die sehr feinen Anwachsstreifen verlaufen auf den Seiten radial, gegen den Kiel zu machen sie eine starke Biegung nach vorn. Die Schale ist sehr dick. Die Lobenlinie besteht jederseits aus 3, auf gleicher Höhe stehenden gerundeten Sätteln und 2 dazwischen liegenden Loben. Sie ist einfach, glatt. Die Wohnkammer betrug wahrscheinlich mehr als einen Umgang.

Dimensionen: Durchmesser des abgebildeten Stückes = 0^{m}017. Für den Durchmesser = 100 ist

die Höhe der letzten Windung = 35
„ Breite „ „ „ = 33
„ Höhe „ vorletzten „ = 25
„ Breite „ „ „ = 25
„ Weite des Nabels = 38.

Fundort: Teltschenalp bei Aussee (2 Exemplare).

Ammonites niger Dittm. Tab. 15, Fig. 16—19.

Die rasch in die Höhe wachsenden glatten Windungen sind etwas mehr als zur Hälfte involut, lassen aber dennoch nur einen kleinen Nabel offen. Ihr Durchschnitt verflacht sich gegen den scharfen Kiel hin in allmäliger Rundung und bedingt so eine vollkommene Linsenform des ganzen Gehäuses. Wenn, wie ich glaube, die Gestalt Fig. 18, 19 nur einem weitern Entwicklungsstadium der Species Fig. 16, 17 zukommt, so ist damit zugleich eine weniger rasch in die Höhe wachsende Varietät gegeben, die sich am Ende auch noch deutlich evolvirt. Es stellt sich hier noch auf den letzten $^3/_4$ des letzten Umganges (der Wohnkammer) zu beiden Seiten des Kieles eine stumpfe, aber deutliche Kante ein. Die sehr feinen Anwachsstreifen biegen sich gegen den Kiel stark nach vorn. Es gelang mir leider nicht, Loben zu präpariren.

Dimensionen: Durchmesser des Stückes Fig. 16, 17 = 0^{m}012. Für den Durchmesser = 100 ist hier

die Höhe des letzten Umganges = 54
„ Breite „ „ „ = 33
„ Höhe „ vorletzten „ = 25

die Breite des vorletzten Umganges = 25
die Weite des Nabels = 23.

Durchmesser des Stückes Fig. 18, 19 = 0^{m}016. Hier dagegen ist für den Durchmesser = 100

die Höhe des letzten Umganges	=	41
„ Breite „ „ „	=	31
„ Höhe „ vorletzten „	=	31
„ Breite „ „ „	=	31
„ Weite des Nabels	=	25.

Fundort: Teltschen (4 Exemplare).

Bemerkungen. Diese Art, wie auch wohl die beiden vorherbeschriebenen, sind mit *Amm. scaphitiformis* Hau. verwandt sowohl durch die äussere Form, als durch die starke Vorwärtsbeugung der Anwachslinien am Bauche und durch die einfache Lobenlinie (bei *Amm. vermetus* beobachtet). Die Unterschiede liegen in der Involubilität und in den Verzierungen der Schale.

Ammonites turbina Dittm. Tab. 15, Fig. 22, 23.

Diese hübsche Form, die vielleicht der Familie der Globosen anzureihen wäre, hat ein ziemlich aufgeblähtes Gehäuse, welches stark involut, nur einen engen Nabel sehen lässt. Die Windungen, von einem starken Kiel umspannt, haben einen nahezu kreisförmigen Durchschnitt und sind auf jedem Umgange mit 4 tiefen kreuzständigen radialen Einschnürungen versehen, die sich erst am Bauche stark nach vorn krümmen, um den Kiel eine Strecke weit als sehr flache Furchen zu begleiten. Die Schale ist sehr dünn. Die Wohnkammer, soweit sie erhalten, beträgt $^3/_4$ eines Umganges. Die feingezackte Lobenlinie, die wegen der Gesteinsbeschaffenheit nicht mit genügender Schärfe zur Abbildung zu bringen war, besteht jederseits aus 4 allmälig kleiner werdenden Sätteln mit den entsprechenden Loben dazwischen.

Dimensionen: Durchmesser des abgebildeten Stückes = 0^{m}013. Für den Durchmesser = 100 ist

die Höhe der letzten Windung	=	61
„ Breite „ „ „	=	61
„ Höhe „ vorletzten „	=	29
„ Breite „ „ „	=	22
„ Weite des Nabels	=	8.

Fundort: vord. Sandling tiefste Lage (3 Exemplare).

Ammonites Jokelyi Hauer.

v. Hauer: Beitr. Ceph. Hallst. Schichten in Denkschr. der Wiener Akad. 1855, Bd. 9, p. 151 (11), Tab. 4, F. 1—7.

Bei einem Durchmesser von 0^m073 entbehrt das vorliegende, ausgezeichnet erhaltene Exemplar, welches sonst genau mit *Amm. Jokelyi* übereinstimmt, der Dornen auf dem letzten Umgange. Und zwar verschwinden zuerst bei einem Durchmesser von 0^m04 die Dornen an der Bauchkante und bald darauf allmälig verflachend auch die Erhöhungen an der Nabelkante. Die Rippen bleiben jedoch bis ans Ende deutlich ausgeprägt.

Fundort: die Teltschenalp.

Zugleich möchte ich hier noch einer verwandten Form erwähnen, die zwar nur in einem einzigen Exemplare von 0^m056 Durchmesser vorliegt. Sie stimmt in den meisten Charakteren mit *Amm. Jokelyi* überein, nur tritt hier auf der Mitte zwischen dem Kiel und den an der Involutionsspirale stehenden Dornen des *Amm. Jokelyi* eine weitere Spiralreihe von Dornen oder Knoten auf, an der sich die bisher meist einfachen Rippen regelmässig in 2 stark vorwärtsgebogenen Aeste theilen. Diese Knoten sind an Zahl und Stärke jenen ziemlich gleich. Für diese Art, die am vordern Sandling im graugelben Kalke mit *Rh. dilatata* Ss. zusammen vorkommt, schlage ich den Namen *Amm. auctus* n. sp. vor.

Ammonites Saturnus Dittm. Tab. 16, Fig. 1—8.

Nach wiederholter genauer Prüfung des nicht unbedeutenden Materials habe ich mich überzeugen müssen, dass die ziemlich verschiedenen Variationen dieser Form, wie ich sie zur Abbildung gebracht habe, naturgemäss einer und derselben Art zuzurechnen sind, da die Extreme durch vollständige Uebergänge verbunden erscheinen. Gleichwohl liessen sich von jeder dieser Varietäten ganze Reihen übereinstimmender Individuen in den verschiedensten Stadien des Wachsthums zusammenstellen, so dass es fast scheinen möchte, als hätten wir hier die Andeutungen der verschiedenen Geschlechter einer Art.

Am häufigsten treten die starkberippte Varietät Fig. 1—3 und die Varietät Fig. 4—6 mit flacheren Rippen auf. Exemplare von der Grösse der Fig. 5 sind selten, gewöhnlich werden sie in der Grösse der Fig. 2 angetroffen. Zu bemerken ist dazu, dass Fig. 5 durchaus nicht blos ein höheres Altersstadium von Fig. 2 darstellt, denn die ältern Individuen der Varietät 2 ändern ihr Aussehen in keiner Hinsicht mit Ausnahme der Grösse, während auch die jungen Individuen von Fig. 5 ganz den ausgewachsenen ähnlich sehen. Die Varietäten Fig. 7 und 8 treten am seltensten auf.

Der gemeinschaftliche Charakter in allen diesen Formen liegt in der starken Involubilität, die den engen Nabel bedingt, in dem langsamen Anwachsen und in den Berippungsverhältnissen der dünnen Schale. Die runden starken Rippen bleiben, wenn sie auch sonst verflachen, an dem hohen Kiel immer deutlich ausgeprägt und machen eine starke sichelförmige Krümmung nach vorn. Sie sind nie einfach, sondern spalten sich entweder gleich am Nabel oder auf der halben Höhe der Umgänge mehrmals. Die Gestalt des Querschnittes ist nur geringen Variationen unterworfen. Er ist gewöhnlich rechteckig, mit ganz flachen oder nur schwach gewölbten Seiten. An der Naht ist der Abfall deutlich rechtwinklig, am Bauche rundet er sich etwas ab. Die Lobenlinie zeigt bei kleineren Exemplaren jederseits 3, bei grösseren 4 schwach gekerbte Sättel und die entsprechenden Loben ziemlich stark geschlitzt. Die Kerbung wird bei ältern Individuen bedeutender, doch tritt nie eine wirkliche Verästelung ein.

Die Wohnkammer, noch nicht vollständig erhalten, beträgt an einem ausgewachsenen Exemplare der Var. Fig. 2 mehr als einen Umgang. Bei Fig. 5 ist sie fast in der Länge eines Umgangs erhalten.

Dimensionen: Die Exemplare		Fig. 1. 2	Fig. 4. 5	Fig. 7	Fig. 8
zeigen einen Durchmesser von		0m021	0m044	0m033	0m082
Für einen Durchmesser	=	100	100	100	100
ist die Höhe des letzten Umganges	=	52	50	49	50
„ Breite „ „ „	=	46	43	49	40
„ Höhe „ vorletzten „	=	24	30	24	25
„ Breite „ „ „	=	24	30	33	30
der Durchmesser des Nabels	=	19	16	19	22

Fundort: Die Zone des *Ammonites subbullatus* vom vordern Sandling bei Aussee (80 Exemplare).

Bemerkungen. *Amm. Saturnus* gehört in die Gruppe des *subbullatus* und ist wie dieser ziemlichen Variationen der Form unterworfen. Bei dem grossen Material, das mir auch von *Amm. subbullatus* vorliegt, habe ich mich jedoch überzeugen können, dass, obgleich bei Hauer noch lange nicht die extremsten Varianten abgebildet sind, zwischen den beiden Arten kein Uebergang stattfindet. Wir werden *Amm. Saturnus* in Zweifelfällen stets an der starken sichelförmigen Vorbeugung seiner Rippen wiedererkennen, die einen spitzen Winkel gegen den Kiel beschreibt. Auch der Nabel wird nie so tief und weit, wie bei *Ammonites subbullatus*, wo bei weggebrochenen äussern Umgängen die Ausfüllungsmasse des Nabels gern ähnlich einem Radzapfen stehen bleibt. Noch grössere Aehnlichkeit besteht zwischen *Amm.*

Saturnus und dem sogleich näher zu beschreibenden *Amm. Phoebus* spec. Doch fehlen auch hier Uebergänge, so dass der letztere durch seinen offenen Nabel gut charakterisirt bleibt.

Ammonites Phoebus Dittm. Tab. 16, Fig. 9—11.

Die etwa zur Hälfte eingerollten Windungen nehmen sehr langsam an Höhe und Breite zu und lassen daher einen ziemlich flachen Nabel offen. Der Durchschnitt der Windungen bildet ein Rechteck mit etwas gerundeten Kanten. Die Schale ist mit groben Rippen bedeckt, die gleich an dem Nabel und weiter hinauf sich spalten und mit stark sichelförmiger Biegung nach vorn an den hohen scharfen Kiel laufen. Nach Entfernung der dünnen Schale bemerkt man eine ganzrandige Lobenlinie von jederseits 3 gleich hohen Sätteln. Der erste Lobe ist sehr tief, unten schwach geschlitzt, der zweite dagegen flach und glatt. Die eingetragene Lobenlinie ist wahrscheinlich die letzte. Die Wohnkammer nicht vollständig erhalten, beträgt $^2/_3$ eines Umganges.

Dimensionen: Durchmesser des grössten (abgebildeten) Stückes = 0^m029. Für einen Durchmesser = 100 ist

die Höhe der letzten Windung	= 42
„ Breite „ „ „	= 38
„ Höhe „ vorletzten „	= 21
„ Breite „ „ „	= 21
Durchmesser des Nabels	= 31.

Fundort: Der vordere Sandling; Zone des *Amm. subbullatus* (5 Exemplare).

Ammonites Janus[1]) Dittm. Tab. 16, Fig. 12—14.

Diese interessante Form ist je nach den Stadien ihrer Ausbildung ziemlich bedeutenden Variationen unterworfen. Ist sie ausgewachsen, was schon bei einem Durchmesser von 0^m022 (das abgebildete Stück) der Fall zu sein

[1]) Da der obige, sowie noch zwei andere schon weiter oben im Text gegebene Namen: *Amm. crassitesta* p. 353 (35) und *Amm. foliaceus* p. 358 (40), ersterer durch Simpson und Stoliczka, lezterer durch Aldrovandi, *Amm. Janus* aber durch Hauer für andere Arten bereits in Anwendung gebracht sind, so wäre es wohl angezeigt, im Falle die betrefenden Arten aufrecht erhalten werden,

statt *Amm crassitesta* Dittm. . . . . *Amm. densitesta* Waagen,
„ *Amm. foliaceus* Dittm. . . . . . *Amm. foliosus* Waagen,
„ *Amm. Janus* Dittm. . . . . . . *Amm. vagus* Waagen

zu schreiben. Leider war H. Dr. Dittmar vor Beendigung des Satzes nicht mehr brieflich zu erreichen, um von ihm selbst Angaben betreffs der neu zu gebenden Namen zu erholen.

A. 1. B.

scheint, so treten auf der letzten Windung dichotomirende tiefe Falten auf, die in vorwärts gekrümmten Bogen über den gekielten Bauch laufen und dabei auch eine Einsenkung des Kieles verursachen. Die Form des Mundrandes entspricht diesem Verlaufe der Falten. Die Wohnkammer verengt sich ausserdem und gewinnt, indem sie sich ausschnürt, an Höhe. Aber schon in der ersten Hälfte des letzten Umganges gewährt die Schale einen ganz andern Anblick. Die Falten sind schwächer und nur noch am Nabel gut ausgeprägt. Den breiten glatten von 2 tiefen Furchen begrenzten Kiel erreichen sie nur noch als scharf nach vorn gebogene Anwachsstreifen. (Diese laufen auch nicht mehr im Bogen über den Bauch, sondern stossen in spitzem Winkel an den Kiel.) Je weiter wir nun aber die Windungen in's Innere verfolgen, desto breiter und niedriger werden sie, so dass bald die vollständige Fassform erscheint, über welche der Kiel gleichsam als Reifen sich schliesst. Dabei bleiben aber die Nabelkanten gerundet, der Nabel eng. Nach Entfernung der dünnen Schale erscheint eine Ceratiten-artige Lobenlinie mit jederseits 2 Sätteln auf gleicher Höhe. Der gezähnelte Laterallobus ist fast noch einmal so tief als der Bauch (Extern-) Lobus. Die Länge der Wohnkammer beträgt wahrscheinlich mehr als einen Umgang.

Dimensionen: Durchmesser des abgebildeten Stückes = 0^{m}022. Für den Durchmesser = 100 ist

die Höhe des letzten Umganges = 50
" " " vorletzten " = 25
" " " drittletzten " = 14
" Breite " letzten " = 70
" " " vorletzten " = 64
" " " drittletzten " = 50
Durchmesser des Nabels im letzten Umgang = 32
" " " " vorletzten Umgang = 18.

Fundort: der vordere Sandling bei Aussee in der Zone des *Amm. subbullatus* (2 Exemplare).

Ammonites Theron Dittm. Tab. 16, Fig. 15—17.

Diese Art kennzeichnet sich leicht als Verwandte des *Ammonites Sandlingensis* Hau. Gleichwohl ist der Unterschied in der Höhenzunahme des Gewindes auffallend genug, um eine Trennung zu rechtfertigen. Auch der Querschnitt der Windungen ist hier bedeutend schmäler, bei überwiegender Höhe. Herr von Hauer führt bei der Diagnose des Amm. Sandlingensis an, dass der Bauch (Rücken) desselben „durch eine schmale ebene Fläche, die von 2 sehr wenig vorstehenden Linien begrenzt wird, wie abgeschnitten" erschiene und dass ein deutlicher Kiel erst nach Entfernung der Schale am Steinkerne bemerkbar werde. Das ist nun bei *Amm. Theron* nicht der Fall: die dünne Schale verbirgt hier den hohen schmalen Kiel nicht im geringsten. Allerdings habe ich auch an Stücken, die ich für *Amm. Sandlingensis* Hau. halte, das oben angegebene Verhalten nicht beobachten können, ebensowenig ist es in der von Herrn von Hauer gegebenen Abbildung ausgedrückt.

Als ein weiterer Unterschied ist noch anzuführen, dass der Nabel von Amm. Theron bedeutend enger ist und dass die flachen leistenartigen Rippen durch scharfe winklige Furchen von einander getrennt werden, was bei Amm. Sandlingensis der Fall nicht ist. In allen übrigen Punkten, auch was die Loben betrifft, stimmt unsere Form mit Sandlingensis überein. Wer die Trennung dieser beiden Arten nicht gelten liesse, müsste unbedingt auch *Amm. Sandlingensis* Hau. mit *Amm. Polygonius* Zieten vereinigen.

Dimensionen: Das abgebildete Stück ist noch keines von den grössten. Es liegt ein Bruchstück eines Individuums vor, welches etwa $0^{m}08$ Durchmesser erreicht haben mag.

Für einen Durchmesser = 100 ist

die Höhe des letzten Umganges	= 78
„ Breite „ „ „	= 22
„ Höhe „ vorletzten „	= 35
„ Breite „ „ „	= 10
Durchmesser des Nabels	= 8.

Fundort: am vorderen Sandling bei Aussee in der Zone des *Amm. subbullatus* (37 Exemplare).

Ammonites Asbolus Dittm. Tab. 16, Fig. 18, 19.

Das stark involute Gehäuse wächst ziemlich rasch in die Höhe, langsam in die Breite. Daher der kleine Nabel nicht tief erscheint. Der Querschnitt der Windungen ist fast rein elliptisch, also ohne kantigen Abfall gegen Nabel und Bauch. Die Seiten sind mit groben, runden, glatten, vorwärts gekrümmten Rippen bedeckt, die sich durch Einschaltung auf der halben Höhe des Gehäuses vermehren. Die Einschaltung findet ziemlich regelmässig je nach der zweiten Rippe statt. Am Bauche enden die Rippen correspondirend an einer tiefen gerundeten Furche. Auf den Seiten werden sie von feinen welligen Spiralstreifen durchkreuzt, ähnlich wie wir sie bei *Amm. Theron* sp. n. und *Amm. Sandlingensis* Hau. und anderen finden. Die Wohnkammer beträgt wahrscheinlich mehr als einen Umgang, wenigstens konnten an dem einzigen vorliegenden Stücke auch am Anfang der letzten Windung keine Loben nachgewiesen werden.

Dimensionen: Durchmesser = 0ᵐ035. Für einen Durchmesser = 100 ergibt sich

die Höhe der letzten Windung	= 54
„ „ „ vorletzten Windung	= 20
„ Breite „ letzten „	= 34
„ „ „ vorletzten „	= 20
Durchmesser des Nabels	= 14

Fundort: vord. Sandling, Gasteropodenmarmor (1 Exemplar).

Ammonites Pamphagus Dittm. Tab. 16, Fig. 20—22.

Diese allerliebste kleine Art hat ein ziemlich flaches, linsenförmiges Gehäuse. Die Umgänge sind fast elliptisch, fallen jedoch gegen den Nabel rechtwinklig ab und tragen an der Bauchseite eine tiefe eckige Furche. Sie sind zu drei Vierteln involut, so dass ein ziemlich enger Nabel entsteht. Die Seiten sind mit verhältnissmässig breiten gerundeten Rippen bedeckt, welche stark dichotomiren. Aus jedem der flachen Wärzchen, welche die Nabelkante zieren, strahlen gewöhnlich 3 Rippen aus und diese spalten sich weiter, unterhalb der Mitte der Seiten noch einmal, so dass an der flachen Kante gegen den Bauch zu nun etwa 5 Rippen auf jene 3 kommen. Unter starker Beugung nach vorn verflachen die Rippen jetzt gegen die Mittelfurche hin, die beiderseits zopfartig von engstehenden Zähnchen begrenzt ist, deren Zahl sich zu jener der Rippen (an der Bauchkante) wie 5 : 3 verhält. An der Bauchkante und auf der Mitte der Seite ist jede der Rippen mit einem scharfen Querleistchen geziert und diese Querleistchen bilden aneinandergereiht 2 sägenartige Spirallinien, die in Verbindung mit den Zähnchen neben der Bauchfurche die zierlichste Schalensculptur bilden. Die einfach gekerbte Lobenlinie besteht jederseits aus 3 Sätteln und den entsprechenden Loben, ziemlich genau zwischen den respectiven Radien. Die Wohnkammer eines der grössten vorliegenden Stücke beträgt nur einen halben Umgang. Die Grösse des abgebildeten Stückes ist die gewöhnliche, grössere sind selten.

Dimensionen: Durchmesser des grössten vorliegenden Exemplares = 0ᵐ026. Setzen wir den Durchmesser = 100 so ist

die Höhe des letzten Umganges	= 56
„ Breite „ „ „	= 33
„ Höhe „ vorletzten „	= 28
„ Breite „ „ „	= 23
„ Weite des Nabels	= 17.

Fundort: der vordere Sandling bei Aussee in der Zone des *Ammonites subbullatus* (65 Exemplare).

Ammonites Agriodus Dittm. Tab. 16, Fig. 23—25.

Die Unterschiede dieser, von der vorherbeschriebenen Art sind zwar nicht gross, jedoch in allen mir vorliegenden Exemplaren so constant, dass ich keinen Anstand nehme, darauf eine selbstständige Species zu gründen. Das Gehäuse des *Amm. Agriodus* ist stets flacher als das von *Amm. Pamphagus* und mit weniger scharfen Sculpturen geziert. Die Windungen wachsen ziemlich rasch in die Höhe, bei geringerer Breitenzunahme. Die wenig gewölbten Seiten fallen in rechtem Winkel gegen den engen Nabel ab, während sie am Bauch scharf gegen eine tiefe breite Furche stossen. Die Rippen dichotomiren stark, doch ist das Verhältniss der Theilung wegen des flachen Reliefs schwer festzustellen. Vom Nabel bis an die Bauchkante spaltet sich jede Rippe in verschiedenen Höhen etwa in 5 Aeste und von hier bis an die Zähnchen zu beiden Seiten der Bauchfurche noch weiter im Verhältniss von 2 : 3. Die bei der vorigen Art beschriebene Knotenspirale auf der Mitte der Seiten fehlt gänzlich oder ist bei einigen Exemplaren kaum bemerkbar angedeutet. Die Loben ähneln sehr denen des *Amm. Sandlingensis* Hau. und *Amm. Theron* Dittm. Sie haben die Form der Zähne einer Schrotsäge. Zu jeder Seite stehen 3 Sättel. Die Wohnkammer beträgt bei einem der grössten vorliegenden Exemplare kaum einen halben Umgang. Die Schale ist äusserst dünn, und gleich der der vorigen Art mit feinen welligen Spirallinien geziert.

Dimensionen: Durchmesser des grössten der vorliegenden Stücke = 0^{m}036. Setzen wir denselben = 100, so ist

die Höhe der letzten Windung	= 57
„ Breite „ „ „	= 25
„ Höhe „ vorletzten „	= 18
„ Breite „ „ „	= 14
Durchmesser des Nabels	= 14.

Fundort: die Zone des *Amm. subbullatus* am vorderen Sandling (100 Exemplare).

Bemerkungen. Bei Vergleichung der Figuren könnte es scheinen als gehöre die vorliegende Species zu *Amm. Aon. punctatus* Qu. von St. Cassian. Dem widerspricht jedoch der Text bei Quenstedt (Cephalopoden p. 236) durch die Angabe, dass von den Rippen nur selten eine sich spaltet und dass auf der Hinterseite derselben sich sehr feine Stacheln finden, ähnlich denen der *Rhynchonella senticosa.*

Ammonites Aëllo Dittm. Tab. 17, Fig. 1, 2.

Das Gehäuse ist im Allgemeinen dem von Amm. Agriodus ähnlich, die flach gewölbten Seiten fallen steil gerundet zum Nabel, während sie auf der entgegengesetzten Seite unmittelbar an die Ränder der tiefen eckigen Bauch-Furche stossen. Der Nabel aber ist weit offen, da die Umgänge nicht ganz bis zur Hälfte involvirt werden. Auf den Seiten verlaufen breite, flache, sichelförmige Rippen, die sich nur wenig durch Einschaltung vermehren. Die Bauchfurche wird durch 2 Reihen feiner engstehender Knötchen begrenzt, welche die Zahl der Rippen wohl um das dreifache überwiegen. Die Lobenlinie konnte nicht mit genügender Schärfe zur Darstellung gebracht werden. Sie besteht jederseits aus 3 hohen, ziemlich ganzrandigen Sätteln und den entsprechenden Loben. Die Wohnkammer scheint kaum einen halben Umgang zu betragen.

Dimensionen: Durchmesser des grössten vorliegenden Stückes = 0m039. Für einen Durchmesser = 100 ist

die Höhe	des	letzten	Umganges	= 46
„ Breite	„	„	„	= 28
„ Höhe	„	vorletzten	„	= 23
„ Breite	„	„	„	= 14
Durchmesser des Nabels				= 31.

Fundort: Teltschen (Röthelstein) bei Aussee (2 Exemplare).

Ammonites Dromas Dittm. Tab. 17, Fig. 3—5.

Dieser Ammonit beginnt häufig mit so unregelmässig wulstigen Umgängen, wie *Amm. armatocingulatus* Kl. oder *Amm. mirabilis* Kl., jedoch mehr dem erstern genähert, aber oft treten diese Unregelmässigkeiten erst später ein und sind dann, je später sie sich einstellen, um so weniger deutlich ausgeprägt. Diess ist z. B. an dem abgebildeten Exemplare der Fall, wo die zwei innern Windungen mit ziemlich feinen runden Rippen bedeckt sind. Leider gestattete der mir spärlich zugemessene Raum nur die Abbildung dieses einen, besterhaltenen Stückes. Es zeigt kaum zur Hälfte involvirte ziemlich flache, an den Seiten kaum gewölbte Umgänge, die am Nabel am breitesten, hier mit steiler Rundung abfallen. Die Breite des Bauches wird auch hier ganz von einer tiefen eckigen Furche und den dieselbe begrenzenden schiefgestellten Knoten eingenommen. Die Seiten werden von groben unregelmässigen Rippen bedeckt, von denen sich erst etwa die dritte in der Nähe des Bauches in 2 Aeste spaltet. Die Knotung wird scheinbar durch vertiefte Spirallinien hervorgebracht und hat das eigenthümliche, dass sie nicht über eine gewisse centrale Zone hinausreicht, wir sehen daher an dem abgebildeten Exemplare die Rippen immer mehr und mehr von aussen nach innen sich glätten. Diese Glättung tritt oft schon sehr früh ein, selten später als an unserer Figur. Die Zahl der die Bauchfurche einfassenden Knoten steht zu jener der Rippen im Verhältniss von 2 : 1. Ihr Zusammenhang mit dem Verlauf der Rippen ist wenig ausgeprägt, doch noch erkennbar. Nach Entfernung der ziemlich dicken Schale erscheint eine Ceratitenartige Lobenlinie, nur mit dem Unterschiede, dass der zweite Lateral spitz ist. Die 3 Sättel scheinen vollkommen ungezähnt. Die Wohnkammer beträgt, so weit sie erhalten ist, einen halben Umgang, die eingetragene Lobenlinie ist nicht die letzte.

Dimensionen: Durchmesser des grössten vorhandenen Exemplares = 0m06, des abgebildeten Stückes = 0m049.

Für einen Durchmesser = 100 ist

die Höhe des letzten Umganges	= 41
„ Breite „ „ „	= 27
„ Höhe „ vorletzten „	= 19
„ Breite „ „ „	= 19
„ Durchmesser des Nabels	= 35

Fundort: Teltschen (Röthelstein) bei Aussee (10 Exemplare).

Ammonites senticosus Dittm. Tab. 17, Fig. 9, 10.

Die Umgänge sind zur Hälfte umhüllend. Da sie aber ziemlich rasch an Höhe und Breite wachsen, so entsteht ein offener tiefer Nabel. Der Durchschnitt der Windungen nähert sich einer Ellipse, die Einsenkung gegen den Nabel ist jedoch steil gerundet. Ueber den Bauch zieht eine glatte mässig vertiefte Furche, begrenzt von schiefgestellten, einen lockeren Zopf darstellenden Knötchen. Diese stehen in direktem unzweifelhaften Zusammenhange mit den einfach gespaltenen sparrigen Rippen, welche die Seiten bedecken. Die Rippen sind scharf und ziemlich regelmässig in der Nähe des Nabels in 2 Aeste gespalten. Eine weitere Spaltung tritt erst wieder kurz vor der Bauchfurche ein, wo sich unter starker Beugung der Rippen nach vorn etwa jede 3. in 2 Aestchen theilt. Auf den Seiten gewahren wir zwei Spiralen von kleinen Höckern, die auf den Rippen sich erheben, sie scheinen jedoch nicht etwa die Narben von abgebrochenen Dornen zu sein. Am Nabel und an der Rundung gegen den Bauch zu schwellen die Rippen ebenfalls ein wenig an, ohne jedoch eigentliche Höcker zu bilden. Die Lobenlinie konnte nicht mit genügender Schärfe dargestellt werden. Man bemerkt jederseits 3 ziemlich hohe Sättel, die ganzrandig oder doch nur schwach gekräuselt zu sein scheinen. Die Wohnkammer, so weit sie erhalten, beträgt einen halben Umgang.

Dimensionen: Durchmesser des grössten Stückes = 0^{m}026. Setzen wir den Durchmesser = 100, so ist

die Höhe des letzten Umganges	= 45
„ Breite „ „ „	= 32
„ Höhe „ vorletzten „	= 20
„ Breite „ „ „	= 18
Durchmesser des Nabels	= 23.

Fundort: Teltschen (Röthelstein) bei Aussee (7 Exemplare).

Bemerkungen. Die Zahlenverhältnisse der Rippentheilung so wie die Zahl der Höckerspiralen ist einigen Variationen unterworfen (von den letzten wurden bis fünf beobachtet, aber sie können auch ganz fehlen). Dennoch lässt sich die Art gut fixiren, wenn man als bleibende Charaktere festhält: 1) die allgemeine Form des Gehäuses (Involubilität, Windungszunahme), 2) die Spaltungsweise der Rippen, nur in der Nähe des Nabels und kurz vor den die Bauchrinne begleitenden Knötchen und 3) den deutlichen Zusammenhang dieser Knötchen mit den Rippen.

Ammonites furcatus Münster. Tab. 17, Fig. 6, 7.

A. furcatus Münster. Beiträge Tab. 15, F. 29.
A. nodocostatus Klipstein. Beiträge Tab. 6, F. 12.
A. aequinodosus Klipstein l. c. Tab. 7, F. 1.

Nach Vergleichung des abgebildeten Exemplares mit dem Münster'schen Originale habe ich mich von der Identität beider vollkommen überzeugt. Die Münster'sche Abbildung gibt die specifischen Charaktere nicht vollständig wieder, daher Klipstein eine neue Art aus derselben Form machte. Doch wenn ich mich auch nicht darin zu irren glaube, dass die Figuren Tab. 6, F. 12 und Tab. 7, F. 1 bei Klipstein den *Amm. furcatus* Mü. darstellen sollen, so sind sie dennoch ebenfalls nicht gerade als gelungen zu betrachten und aus diesem Grunde liess ich dieselbe Art noch ein Mal abbilden.

Das Gehäuse ist flach. Die Seiten der Umgänge convergiren schwach gegen aussen und fallen gegen den Nabel steil gerundet ab. Der Bauch trägt eine deutliche Furche von groben, runden Knoten, nicht zopfartig eingefasst. Die Umgänge sind etwa zur Hälfte involut, der Nabel flach, weit. Die groben, nach vorn sichelförmig gebogenen, gerundeten Rippen spalten sich auf der Hälfte der Seiten ziemlich regelmässig in 2 Aeste, deren Endpunkte weiter nicht getheilt, als grobe Knoten die Bauchfurche begrenzen. Ausser diesen tragen die Rippen noch 6—7 Knotenspiralen von ziemlich gleicher Stärke, und zwar sind die Knoten grob, flach, gewölbt und in der Richtung der Spirale verlängert, so dass sie auf den Rippen quergestellt erscheinen. Die Zahl dieser Spiralen scheint durch Einschiebung nicht vermehrt zu werden. Die Lobenlinie zu präpariren, gelang nur unvollständig. Sie ist derjenigen des *Amm. Giebeli* Hau. am nächsten vergleichbar, und besteht jederseits aus 3 gekerbten runden Sätteln und entsprechenden langgezahnten Loben. Die Wohnkammer mag die Hälfte eines Umganges betragen.

Dimensionen: Durchmesser des grössten Exemplares 0ᵐ065. Setzen wir denselben = 100, so ist

die Höhe des letzten Umganges	= 40
„ Breite „ „ „	= 25
„ Höhe „ vorletzten „	= 17
„ Breite „ „ „	= 15
Durchmesser des Nabels	= 32.

Fundorte: Teltschen (Röthelstein) bei Aussee (4 Exemplare), St. Cassian.

Ammonites betulinus Dittm. Tab. 17, Fig. 10, 11.

Ich habe diesen Namen für die vorliegende Art gewählt, weil in der That die erhaben gerundeten knotigen Rippen jungem Birkenreisig sehr ähnlich sehen. Dieselben sind in der Regel auf den Seiten einfach, nur selten spaltet sich eine, gleich in der Nähe des Nabels in 2 Aeste. Eine zweite Spaltung, an der fast alle Rippen theilnehmen, findet erst unmittelbar vor der Bauchfurche statt. Auf jeder Rippe erheben sich 5 runde Knoten, wie gewöhnlich in Spiralreihen geordnet. Die scharfe Bauchfurche wird von der äussersten derselben eingefasst, die Knoten stehen auch hier noch ziemlich entfernt von einander. Die Umgänge, annähernd von quadratischem Querschnitt, sind nur sehr wenig involut, der Nabel daher weit und offen. Die Umgänge wachsen langsam in Höhe und Breite. Wegen der rauhen Oberfläche gelang es nicht, Loben zu präpariren. Die Grösse des abgebildeten Stückes ist die gewöhnlichste, grössere Exemplare lagen mir nicht vor.

Dimensionen: Durchmesser des abgebildeten Stückes = 0ᵐ020. Für einen Durchmesser = 100 ist

die Höhe des letzten Umganges	= 45
„ Breite „ „ „	= 40
„ Höhe „ vorletzten „	= 20

die Breite des vorletzten Umganges = 25
Durchmesser des Nabels = 35.

Fundort: Teltschen (Röthelstein) bei Aussee (10 Exemplare).

Ammonites nodulosocostatus Klipst. Tab. 17, Fig. 12—14.

Klipst.: Beiträge pag. 123, T. 7, F. 5 und T. 9, F. 3 (non F. 2).

Schon Herr von Hauer citirt[1]) diese Art aus den Hallstädter Kalken, bemerkt jedoch, dass sie durch Uebergänge mit *Ammonites Credneri* Klipst. verbunden sei. Ich vermag Klipsteins *A. Credneri* nicht sicher zu deuten. Wenn ich jedoch die von Herrn von Hauer[2]) gegebene Abbildung als A. Credneri annehme, so kann ich, nach sorgfältigem Studium des reichhaltigen mir vorliegenden Materiales constatiren, dass in demselben kein so vollkommener Uebergang beider Formen in einander angedeutet ist, dass man bei der Einreihung der Individuen je in Zweifel gerathen könnte. Im Gegentheil will es mir scheinen, als wäre *Amm. nodulosocostatus* eine recht gut festzuhaltende Form aus der Aongruppe. Ich habe die Art noch einmal abbilden lassen, weil die klipstein'schen Figuren ihre Charaktere nicht recht vollkommen wiedergeben. Der Querschnitt der Windungen stellt ungefähr eine in der Längenachse halbirte Ellipse dar. Die mässig gewölbten Seiten schliessen sich daher mit vollkommener Rundung der flach gefurchten Bauchseite an, während sie an dem Nabel, wo sie den grössten Querdurchmesser haben, steil, rechtwinklig und tief abfallen, daher der Nabel treppenförmig vertieft erscheint. Die Involubilität des *Amm. nodulosocostatus* reicht bis zur halben Höhe der Seiten hinab (bei *Credneri* stets weiter, bis $^2/_3$). Der Nabel bleibt daher weit offen. Der Durchmesser der Windungen nimmt rasch zu, jedoch noch rascher in Höhe als in Breite. Die Grenzen der vorkommenden Variationen von Höhen und Breitenverhältnissen werden weiter unten angegeben werden. Die Ornamente der Schale bestehen aus Rippen und auf denselben stehenden spiral geordneten kurzen Dornen. Erstere sind flach gerundet, längs gestreift, sie laufen über den Bauch in schwach vorwärts gekrümmten Bogen und dichotomiren nur schwach. Gegen den Nabel verschwimmen sie zuweilen so sehr in einander, dass man nicht weiss, ob man ihre fernere Zertheilung als Spaltung oder als blosses Auseinanderrücken ansehen soll. Vom Bauche aus findet nur eine sparsame

[1]) Neue Cephalopoden aus den Marmorschichten von Hallstadt und Aussee in Haidingers Natw. Abhdlg. 1849, Bd. 3, p. 9.

[2]) Neue Cephalopoden aus dem rothen Marmor von Aussee in Haidingers Natw. Abhdlg. 1847, Bd. 1, p. 275, T. 9, F. 11—13.

Einschaltung statt, so zwar, dass je nach der 3. bis 5. Hauptrippe eine Secundärrippe sich einschiebt. Die Zahl der Knotenspirale nimmt mit dem Alter zu. Sehen wir von den, zu beiden Seiten der Bauchfurche befindlichen Doppelknoten ab, so beträgt ihre Zahl z. B. beim Beginne der letzten Windung des abgebildeten Exemplares 9, weiterhin 10 und am Ende 11 Spiralreihen. Die Stärke der Dornen ist je nach den verschiedenen Spiralen eine verschiedene (was leider auf der Figur nicht ganz vollkommen wiedergegeben ist) und zwar ist die aus den schwächsten Dornen bestehende Spirale stets die jüngste, letzteingeschobene. Hiebei stellt sich bei sorgfältiger Beobachtung das interessante Gesetz heraus, dass die Einschaltung der (Augiliar-) Knotenspiralen zuerst am Bauch, weiterhin immer mehr dem Nabel genähert stattfindet. Die Folge davon ist, dass die Entfernung der dem Nabel am nächsten liegenden Spiralen von einander eine weit beträchtlichere ist als die Distanzen zwischen den übrigen. Je flacher das Exemplar, desto rascher vermehren sich die Knotenreihen; ich konnte deren an manchen Stücken bis 17 zählen.

Die Schale ist nicht sehr stark. In Figur 14 habe ich die letzte Lobenlinie eines Exemplares von 0^m^117 Durchmesser abbilden lassen, welches der Sammlung der Münchner Akademie gehört. (Siphonallobus unsicher ergänzt.) Dieselbe weicht nicht unerheblich von der Gestalt jüngerer Loben, sowie auch von der Klipstein'schen Zeichnung derselben ab. Der erste Lateralsattel ist auffallend lang gefingert, der zweite zeigt Neigung zu blattartiger Endung; drei Hülfssättel nehmen reissend an Grösse ab, sie liegen schon innerhalb des Nabels. Die letzten Lobenlinien stehen an diesem Stück schon sehr gedrängt, es scheint demnach, als sei das Individuum ausgewachsen. Die Länge der Wohnkammer unbekannt.

Dimensionen: Durchmesser des grössten Stückes $0^{m}117$. Ich gebe ferner die Maasse von 4 ziemlich extrem ausgebildeten Individuen.

		I	II	III	IV
Durchmesser	=	$0^{m}072$	$0^{m}069$	$0^{m}040$	$0^{m}038$
für einen Durchmesser	=	100	100	100	100
ist die Höhe des letzten Umganges	=	47	54	50	50
„ Breite „ „ „	=	36	35	50	39
„ Höhe „ vorletzten „	=	18	22	20	21
„ Breite „ „ „	=	19	19	30	27
der Durchmesser des Nabels	=	26	20	25	24

Man ersieht daraus, dass nicht nur mit dem Alter das Verhältniss von Höhe zur Breite wächst, sondern dass es auch Stücke gibt, die schon in der Jugend hochmündiger sind als andere. Dieses Verflachen ist allerdings ein Charakter, der einen Uebergang zu *Amm. Credneri* Kl. andeutet. Um jedoch das Verhältniss vollkommen zu erläutern, in welchem beide Formen zu einander stehen, gebe ich auch die Maasse von 4 Extremen des *Amm. Credneri* (Kl.) Hau.

		I	II	III	IV
Bei einem Durchmesser von		0^m110	0^m975	0^m065	0^m047
ist, wenn wir denselben	=	100	100	100	100
setzen, die Höhe der letzten Windung	=	55	49	57	53
„ Breite „ „ „	=	26	29	32	29
„ Höhe „ vorletzten „	=	20	17	21	15
„ Breite „ „ „	=	17	16	17	12
„ Weite des Nabels	=	18	21	14	17

Nr. III gibt die Maasse der Abbildung bei Hauer.

Es versteht sich, dass bei Vergleichung der Proportionen beider Arten stets Stücke von nahezu gleichem Durchmesser beizuziehen sind. In diesem Falle wird sich denn aber auch stets die grösste Differenz herausstellen.

Fundort: Teltschen (Röthelstein) bei Aussee (115 Exemplare). St. Cassian.

Bemerkungen: Es wird nicht unnütz sein, noch auf einige weitere Merkmale zur Unterscheidung von *Amm. Credneri* aufmerksam zu machen. *Amm. Credneri* ist im Allgemeinen gegen den Bauch vollkommen abgeflacht, daher scheinbar hochmündiger, der Bauch schmal, nie gewölbt, die schmale Bauchfurche von schiefgestellten gedrängten Knoten begrenzt, daher auch der Schein einer Communication der beiderseitigen Rippen aufgehoben. Die Rippen sind stets schärfer, rauh, gedrängt und stark dichotomirend. Der Nabel eng, nie so tief, wie bei *Amm. nodulosocostatus*. Ich konnte zur Vergleichung 35 Exemplare von *Amm. Credneri* benutzen.

Ammonites erinaceus Dittm. Tab. 17, Fig. 15—17.

Das stark geblähte Gehäuse zeigt in der Jugend eine fast kreisförmige Mundöffnung, die sich jedoch im Alter zu einer Ellipse erhöht (das abgebildete ist kein ausgewachsenes Exemplar). Die Wölbung der Seiten gegen Bauch und Nabel ist vollkommen und durch keine Kante unterbrochen. Die Involubilität reicht bis über die Hälfte der Seiten, daher und wegen des raschen Wachsthums erscheint der Nabel eng und tief. Auf der Schalenoberfläche erheben sich 24 (auf jeder Seite 12) Spiralreihen kurzer scharfer gleichmässiger Dornen, die gegen aussen gedrängter stehen als am Nabel. Die Bauchfurche zeichnet sich nicht durch grössere Breite aus. Die Zahl der Spiralreihen ist bei allen von mir untersuchten Individuen constant, sie vermehrt sich auch im Fortwachsen nicht. Eigentliche Rippen sind nicht vorhanden. Die Lobenlinie ist einfach und kurz gezähnelt, sie besteht aus einem schmalen kurzen Ventralsattel und jederseits 3 (der vierte versteckt sich im Nabel) Lateralsätteln von nahezu rechteckiger Gestalt mit den entsprechenden Loben. Die Entfernung der Lobenlinien von einander ist auffallend gross. Die Länge der Wohnkammer konnte ich nicht constatiren. Die Schale ist sehr dünn.

Dimensionen: Das grösste vorliegende Exemplar I. erreicht einen Durchmesser von 0^{m}056, das abgebildete Stück II. 0^{m}031. Auf einen Durchmesser = 100 bezogen ist

	für I	für II
die Höhe der letzten Windung	54	55
„ Breite „ „ „	46	65
„ Höhe „ vorletzten „	26	23
„ Breite „ „ „	26	32
„ Weite des Nabels	22	16.

Fundort: der vordere Sandling bei Aussee, mit *Amm. subbullatus* (20 Exemplare).

Bemerkungen. *Amm. erinaceus* steht in mancher Hinsicht dem *Amm. reticulatus* Hau.[1]) nahe. Es ist jedoch nicht möglich, beide zu verwechseln 1) wegen der constanten Zahl der Dornenspiralen und 2) wegen der Beschaffenheit der Dornen. Die Knoten des *Amm. reticulatus* sind innig mit der Radial- und Längsfaltung verbunden, erscheinen daher in der Richtung bald dieser bald jener ausgezogen. Die Dornen von *Amm. erinaceus* zeigen dagegen eine auffallende Selbstständigkeit. Sie stehen auf verlängert viereckiger Basis und ragen starr und schroff empor, man möchte sagen, wie die gesträubten Stacheln eines Igels. Am vordern Sandling kommen, ebenfalls mit *Amm. subbullatus* Formen vor, die dem *Amm. reticulatus* ziemlich ähnlich sehen, die jedoch, wie es scheint, durch vollkommne Uebergänge mit *Amm. inermis* und *Amm. alterniplicatus* verbunden sind. Ob das Citat von *Amm. reticulatus* bei Süss[2]) sich auf diese oder auf *Amm. erinaceus* bezieht, wage ich nicht zu entscheiden.

---

[1]) v. Hauer: Ueber neue Cephalopoden aus den Marmorschichten von Hallstadt und Aussee in Haidinger's naturw. Abhandl. 1849, Bd. III, p. 16, Tab. 5, Fig. 1—3.

[2]) v. Hauer: Nachträge zur Kenntniss der Cephalopodenfauna der Hallstädter Schichten in Sitz.-Ber. der Wiener Akad. 1860, Bd. 41, p. 114.

Ammonites Ladon Dittm. Tab. 18, Fig. 1, 2, 2a.

Gehäuse flach, Windungen nur zu ein viertel involut, langsam anwachsend, daher der Nabel flach und weit offen. Man sieht in ihm 5 Umgänge. Mundöffnung höher als breit, im Allgemeinen rechteckig, mit parallelen Seiten und gegen Bauch und Naht abgerundeten Kanten. Am Bauch eine Furche, von 2 hohen schmalen Leisten begrenzt. Auf den Seiten erheben sich flache, breite, gegen den Bauch zu stark nach vorn gekrümmte, ungetheilte, längsgestreifte Rippen. Die Schale ist dick. Die eingetragene Lobenlinie, die schon zu den letzten zu gehören scheint, zeigt jederseits 2 hohe schrotsägezahnartige Sättel und geschlitzte Loben. In Fig. 2a ist die stark abweichende Lobenlinie eines jüngern Individuums (bei einem Durchmesser = $0^{m}02$) wiedergegeben. Der erste Lateralsattel und Lobus sind ganz Ceratitenartig gebildet, der zweite Sattel spitz zungenförmig.

Dimensionen: Durchmesser des abgebildeten Stückes = $0^{m}043$. Für den Durchmesser = 100 ist

die Höhe der letzten Windung	= 33
„ Breite „ „ „	= 23
„ Höhe „ vorletzten „	= 21
„ Breite „ „ „	= 14
„ Weite des Nabels	= 38.

Fundort: Teltschen (Röthelstein) bei Aussee (2 Exemplare).

Ammonites Hylactor Dittm. Tab. 18, Fig. 3—5.

Diese Art zeichnet sich vor allen ihren Verwandten aus der Gruppe des Aon durch die starken hohen Dornen aus, die, an der Involutionsspirale stehend, sich fest an die Nabelfläche des nächstfolgenden Umganges anlehnen. Stärkere wechseln mit weniger starken ab. Das abgebildete Stück zeigt die extremste Entwicklung der Dornen, die mir in dieser Species bekannt ist. Von jedem Dorn zum Nabel verläuft auf den äussern Umgängen eine verhältnissmässig schwache Rippe (bei den grössten Dornen 2—3 Rippen) mit kleinen Wärzchen von wechselnder Anzahl besetzt. Die 2—3 inneren Umgänge lassen keine deutliche Berippung erkennen. Gegen den Bauch zu entwickeln sich von jedem Dorn je nach seiner Stärke 1—3 nach vorn gebogene Rippen, die an der etwas geschlängelten flachen Bauchfurche gewöhnlich nicht genau correspondiren. Jede Rippe endet hier mit einem Doppelknoten. Die Zahl der Knoten, die sich sonst noch auf den Rippen vorfinden, wechselt nach den Individuen. Das Gehäuse ist durch seine niederen, breiten Umgänge ausgezeichnet. die beim Fortwachsen nur eben den Bauch der vorhergehenden Windung bedecken. In der Jugend sind die Umgänge breiter als hoch, ihre Seiten parallel oder nach innen convergirend. Weiterhin jedoch werden sie höher, runden sich gegen den Bauch zu mehr ab und erreichen die grösste Breite am Nabel, zu dem sie steil abfallen. Der Nabel ist daher, obgleich weit offen, treppenförmig vertieft. Dies die typische Entwicklung der Art. Es liegen mir aber auch Exemplare vor, die durch grössere Feinheit der Dornen und Rippen, sowie durch weniger rasche Zunahme der Breite der Umgänge abweichen, dennoch aber mit den vorherbeschriebenen Formen durch Uebergänge verbunden sind. Man möchte hiebei gern an eine Verschiedenheit der Geschlechter denken, denn die wesentlichen Charaktere sind noch dieselben: die geringere Involubilität, der starke Abfall der Seiten zum Nabel und die hier angelehnten, wenn auch schwächeren und gleichmässigeren Dornen.

Die Lobenlinie ist kaum mehr typisch Aonartig, da die Sättel nicht zugespitzt, auch nicht in der Richtung der Spirale gebogen erscheinen. Wir zählen jederseits 3 kleinblättrige Sättel und die entsprechenden Loben.

Dimensionen: Das grösste vorliegende Exemplar hat einen Durchmesser von 0^m095. Vergleichen wir die Dimensionen der abgebildeten Varietät mit denen der flacheren, erstere an einem Stücke von 0^m038, letztere an einem von 0^m049 Durchmesser, so finden wir, diesen Durchmesser = 100 gesetzt,

		I	II
die Höhe des letzten Umganges	=	39	37
„ Breite „ „ „	=	58	37
„ Höhe „ vorletzten „	=	19	21
„ Breite „ „ „	=	37	27
„ Weite des Nabels	=	37	37

Fundort: Teltschen (Röthelstein) bei Aussee (15 Exemplare).

Bemerkungen. Als nächsten Verwandten der vorliegenden Art haben wir wahrscheinlich *Ammonites infundibiliformis* Klipst. (Beitr. Tab. 8, Fig. 1) von St. Cassian zu betrachten, mit dem wir ihn wohl nicht leicht verwechseln können. Von ausseralpinen Vorkommnissen liesse sich manche Art aus der Gruppe der Coronaten vergleichen z. B. *Amm. corona* Qu. Eine nähere Verwandtschaft liegt aber wohl auch hier nicht vor.

Ammonites Harpalos Dittm. Tab. 18 Fig. 6, 7.

Das Gehäuse zeigt bis zu einem Durchmesser etwa von 2 Mm. niedre, breite Umgänge mit flachgewölbtem, gegen die parallelen Seiten eckig abfallendem Bauche. Die Seiten sind mit einfachen, geraden, gerundeten, entferntstehenden Rippen bedeckt, die sich an der Kante gegen den Bauch zu nicht sehr hohen Dornen erheben und von hier aus in der Regel in zwei sehr stark nach vorn gebogene feinere Aeste gespalten zu den die Bauchfurche begrenzenden hohen, glatten Leisten ziehen. Die Involubilität ist gering, sie reicht nur bis an die seitlich am Bauche stehenden Dornen. Im Fortwachsen gewinnen die Windungen mehr an Höhe, die Bauchseite verschmälert sich und geht gerundet, ohne Kante in die Seitenflächen über. Die Dornen werden immer schwächer und verschwinden endlich bei $2^1/_2$ Mm. Durchmesser, doch bleibt die Spaltung der Rippen wie bisher; die Involubilität dagegen vermehrt sich durch die Hebung und Verschmälerung der Bauchseite, so dass sie sich am Ende des abgebildeten Exemplares wahrscheinlich schon bis auf die Hälfte der Windung erstrecken würde. Der Nabel ist weit und nicht sehr tief. Die Gestalt der Lobenlinie konnte leider nicht ermittelt werden.

Dimensionen: Durchmesser des abgebildeten Stückes = 0^m025. Für einen Durchmesser = 100 ist

die Höhe des letzten Umgangs	=	38
„ Breite „ „ „	=	46
„ Höhe „ vorletzten „	=	21
„ Breite „ „ „	=	29
„ Weite des Nabels	=	38.

Fundort: Teltschen (1 Exemplar).

Bemerkungen. Die vorliegende Art zeigt manche Aehnlichkeit mit *Amm. pseudoaries* Hau. Gegen eine Identificirung spricht 1) das Vorhandensein der im Nabel sichtbar bleibenden Knoten der jüngern Umgänge, 2) die Gabelung der Rippen, und 3) die bei gleichem Durchmesser ungleich grössere Mundöffnung, die eine geringere Anzahl von Umgängen bedingt.

Ammonites Oribasus Dittm. Tab. 18, Fig. 8—10.

Die Windungen sind halbumhüllend, von erhöht viereckigem Durchschnitt, wobei jedoch sowohl Bauch- als Nabelkanten abgerundet erscheinen. Der wenig vertiefte offene Nabel lässt (Fig. 9) 7 Windungen erkennen. Die Figur 10 zeigt unrichtig nach aussen convergirende statt parareller Seiten. Die mit Dornen und Knötchen gezierten Umgänge werden weiterhin glatter; dieser Uebergang ist in Fig. 8 und 9 vergegenwärtigt. Während sich auf den innern Umgängen starke Rippen an der Naht der folgenden Windungen zu hohen Dornen erheben, verschwinden diese Dornen späterhin und auch die Rippen werden flacher, sie zeigen nun am Nabel die stärkste Anschwellung. Die Rippen vermehren sich stark durch Spaltung und Einschiebung, und zwar im Verhältniss etwa von 4 : 1; eine jede erhebt sich am Bauche zu 2 kleine Knötchen, die Mittellinie des Bauches selbst bleibt glatt, ohne merklich vertieft zu sein. Beim Fortwachsen (Fig. 8) verschwinden nun aber auch diese Knötchen und die Rippen laufen mit beträchtlicher Beugung nach vorn, gewöhnlich aber nicht genau correspondirend, über den Bauch hinüber. Die Lobenlinie konnte nur undeutlich erkannt werden. Sie besteht jederseits aus 3 flach gerundeten, kaum gekerbten Sätteln und entsprechenden Loben.

Dimensionen: Die Grösse des abgebildeten Stückes ist die gewöhnlichere, doch liegt auch ein Exemplar von 0^{m}022 Durchmesser vor. Für den Durchmesser 100 ergibt sich

die Höhe der letzten Windung	= 47
„ Breite „ „ „	= 33
„ Höhe „ vorletzten „	= 20
„ Breite „ „ „	= 20
„ Weite des Nabels	= 33.

Fundort: vord. Sandling, mit *Amm. subbullatus* (25 Exemplare).

Bemerkungen. *Amm. Oribasus,* der in der Jugend durch die glatte, von Knötchen begrenzte Bauchlinie den Aones ähnlich sieht, nähert sich im Fortwachsen auffallend den Formen des *Ceratites modestus* Buch. und *Amm. Hörnesi* Hau., bildet also ein Uebergangsglied zwischen beiden Gruppen. Ich glaube jedoch nicht, dass *Amm. Oribasus* nur ein junges Individuum von *Ceratites modestus* ist, dem er sonst am ähnlichsten wird. Die Grösse ist denn doch wohl eine zu constant verschiedene.

Ammonites Thous Dittm. Tab. 18, Fig. 11—13.

Die Umgänge, schmäler als hoch, zeigen gerade, nur wenig gegen aussen convergirende Seiten, die mit steilem Abfall gegen den flachen weiten Nabel, allmähliger gerundet gegen den Bauch zu abfallen. Die Windungen wachsen rascher in die Höhe als in die Breite, sie sind zur Hälfte involut. Die Schale ist mit groben runden Rippen bedeckt, die in der Regel einfach und ziemlich glatt sind, und in ihrem Verlauf mit den Anwachslinien übereinstimmen. Sie sind am Bauche nur schwach vorgebogen und endigen hier jede in einem groben gerundeten Knoten an der glatt bleibenden nicht vertieften Mittellinie. Einen weiteren Knoten trägt jede Rippe an der Bauch-Seitenkante und, namentlich in der Jugend, an der Involutionsspirale. Weitere Unebenheiten fehlen in der Regel, oder sind doch stets nur schwach angedeutet. Die Schale ist dick. Nach ihrer Entfernung stellt sich uns eine Lobenlinie dar, die im Allgemeinen mit der des *Amm. inermis* Hau. verglichen werden darf. Wir haben jederseits 3 Sättel, die eine Annäherung zu blattförmig gerundeter Zackung zeigen. Von den scharfgezahnten Loben ist der erste Lateral sehr breit, der zweite auffallend schmal. Die Länge der Wohnkammer konnte ich nicht sicher ermitteln, keinenfalls beträgt sie jedoch mehr als einen halben Umgang.

Dimensionen: Der Durchmesser des grössten vorliegenden Exemplars beträgt 0^{m}06. Setzen wir denselben = 100, so ist

die Höhe des letzten Umgangs	= 44
„ Breite „ „ „	= 30
„ Höhe „ vorletzten „	= 24
„ Breite „ „ „	= 20
„ Weite des Nabels	= 30.

Fundort: Teltschen (Röthelstein) bei Aussee (15 Exemplare).

Bemerkungen. Unsere Art ist, abgesehen von Bauchfurche und Loben, dem *Clydonites geniculatus* Hau. im Allgemeinen ähnlich, auch durch das stellenweis bemerkbare engere Zusammenrücken der Rippen.

Ammonites Dorceus Dittm. Tab. 18, Fig. 14—16.

Von dieser ausgezeichneten Art liegt zwar blos ein Exemplar vor, doch erlaubt dasselbe, alle charakteristischen Merkmale gut festzustellen. Die Windungen, zu $^{1}/_{3}$ involut, nehmen rasch, namentlich an Höhe zu. Während an der vorletzten die Seiten allmählig gegen den immerhin noch breiten Bauch convergiren, erscheinen sie auf der letzten beinahe parallel und fallen steil gerundet gegen Nabel und Bauch zu ab. Neben einer glatten Bauchfurche stehen 2 hohe schmale, fast glatte Leisten, an denen man jedoch bei einiger Aufmerksamkeit leicht die vorgebogene Anwachsstreifung bemerken kann, welche mit den am Bauche gleichfalls bedeutend vorwärts gebogenen Rippen im Zusammenhange steht. Auf den Seiten verlaufen die Rippen fast ganz gerade in radialer Richtung. Sie erscheinen hier als hohe, gerundete, gedrängt stehende Leisten, die sich gegen den Bauch zu nur in soweit durch Einschiebung vermehren, als zur Erhaltung eines gleichen Abstandes zwischen ihnen nöthig ist.

Nach Entfernung der ziemlich starken Schale zeigt sich eine ringsum gezahnte Lobenlinie, die eine Uebereinstimmung mit der des Aon nicht verkennen lässt. Wir haben am Beginne des letzten Umganges jederseits 3 Sättel, die beiden inneren kurz und aneinandergedrängt, und durch die entsprechenden Loben getrennt. Die Länge der Wohnkammer konnte nicht constatirt werden.

Dimensionen: Der Durchmesser des einzigen vorliegenden Stückes mag 0^{m}113 betragen haben.

Für einen Durchmesser von 100 haben wir ungefähr
die Höhe des letzten Umgangs = 38
„ Breite „ „ „ = 26
„ Höhe „ vorletzten „ = 15
„ Breite „ „ „ = 13
„ Weite des Nabels = 41.

Fundort: Teltschen bei Aussee (1 Exemplar).

Bemerkungen. Als Verwandte der vorliegenden Art könnten dem äussern Verhalten nach *Cer. Hernösi* Hau., *Cer. Rüppelli* (Klipst.) Hau. und *Amm. Ladon* n. sp. betrachtet werden. Mit keinem ist jedoch eine Verwechslung denkbar. *Amm. Flurli* Gümb. (geogn. Beschr. von Bayern Bd. 1, p. 859 Anm. 2) von Bommstein bei Berchtesgaden steht noch näher, unterscheidet sich jedoch durch engerstehende, mehr sichelförmig geschweifte zierlichere Rippen. Die Beschreibung der Art bei Gümbel l. c. p. 257 lässt, wahrscheinlich durch einen Druckfehler (es ist nur ein Kiel angegeben), den Irrthum zu, als hätte man es mit einer dem *Amm. Sandlingensis* Hau. verwandten Art zu thun.

Pleurotomaria Baucis Dittm. Tab. 19, Fig. 3.

Gehäuse breit, niedrig, Gewindewinkel 100°, Umgänge bauchig, rund. Das deutliche quergestreifte Band liegt fast unmittelbar über der Naht; gegen die Spitze zu folgen dann 5—6 feine Spiralstreifen, während wir deren am letzten Umgang auf der Basalwölbung etwa 25 zählen. Die Spiralstreifen werden von gleich starken ziemlich dichten Anwachsstreifen gekreuzt, die gegen das Band zu sich deutlich uach hinten ziehen. Nabel offen. 4 Umgänge.

Bemerkungen: Von den St. Cassianer Pleurotomarien ist die *Pl. cancellata* Kl. unserer Art am nächsten verwandt, sie unterscheidet sich jedoch ebensowohl durch die äussere Form als durch die abweichende Lage des Bandes.

Fundort: Teltschen bei Aussee (1 Exemplar).

Dimensionen. Höhe 0^m020, Breite 0^m022, Höhe des letzten Umganges im Verhältniss zur Höhe der ganzen Schale $^{58}/_{100}$.

Pleurotomaria Daphne Dittm. Tab. 19, Fig. 4, 5.

Die 3—4 Umgänge dieser hübschen Form umhüllen sich stark. Ausser dem oben abgeflachten Theil bleibt nur ein schmaler Saum der sich anschliessenden untern bauchigen Wölbung sichtbar. Der abgeflachte Theil ist an der Naht mit engstehenden Längswülsten geschmückt. Diese spalten sich an einer Spiralfurche, die etwa auf halber Höhe verläuft, je in 3 bis 4 feinere nach rückwärts laufende Fältchen. An der scharf ausgeprägten Kante gegen den gewölbten Theil der Schale folgt nun das schmale, glatte Pleurotomarienband. Die Kante selbst ist glatt, oder bei einer Varietät mit Knötchen versehen. Der gewölbte Theil beginnt mit einem oder ein Paar scharfer Spiralstreifen, dann folgt ein breiter glatter Saum, über den man blos die äusserst feinen Anwachsstreifen in starkem vorwärtsgekrümmten Bogen verlaufen sieht und endlich wieder eine scharfabgesetzte Zone von Spiralstreifen, die gegen den offenen Nabel zu immer mehr an Stärke verlieren, wo sie dann von einer feinen aber scharfen Längskerbung durchkreuzt werden. Gewindewinkel 120°. Bei dem grössten der untersuchten Exemplare verlässt der letzte Umgang die regelmässige Spiralrichtung. Der Spiralwinkel wird grösser und es treten daher die frühern Umgänge weiter heraus.

Fundort: vorderer Sandling im rothen Marmor (3 Exemplare).

Dimensionen: Länge des abgebildeten Stückes 0^m012, Breite 0^m014, Höhe des letzten Umganges zur Höhe der ganzen Schale $^{75}/_{100}$.

Turbo gutta Dittm. Tab. 19, Fig. 8—9.

Das kleine zierliche Gehäuse besteht aus 5, sich nur wenig umfassenden Umgängen von gedrückt sechseckigem Durchschnitte, die einen deutlichen Nabel offen lassen. Die vorstehende Kante des Sechseckes ist mit zierlichen gespaltenen Knötchen geschmückt, auf den 2 anstossenden Seiten verlaufen je 4 Spiralleistchen. Die Basalfläche um den Nabel ist mit feinern Spiralstreifen versehen. Die feinen Anwachsstreifen biegen sich in der Mitte der Windung nach vorn. Gewindewinkel 90°.

Dimensionen: Höhe 0^m004, Breite 0^m004, Verhältniss der Höhe des letzten Umgangs zur Höhe der ganzen Schale $^{50}/_{100}$.

Fundort: Teltschen (Röthelstein) 1 Exemplar.

Bemerkungen. *Pleurotomaria subscalariformis* Hörn. sieht unserer Art sehr ähnlich, nur trägt sie gerade da das Schlitzband, wo Turbo gutta diademartig mit Knötchen versehen ist. Fast zum Verwechseln stimmt dagegen *Turbo delphinuloides* (Arch.) Orb. aus dem Grossoolith, nur seine radialen Wülste unterscheiden ihn.

Murchisonia tricarinata Klipst. sp. Tab. 19, Fig. 1, 2.

Klipstein: Beiträge p. 171, Tab. 14, Fig. 31.

Gehäuse thurmförmig, mit einem Gewindewinkel von 40°, so weit es erhalten, zählt man 11 Umgänge von trapezförmigem Durchschnitt. Nabel weit offen, wahrscheinlich bis in die Spitze reichend. Die grösste Breite der eckigen Windungen liegt in der Mitte ihrer Höhe. Auf dieser Kante verläuft eine zierliche Ornamentik, die das Band der Murchisonie zu repräsentiren scheint, obgleich die Schale hier am dicksten ist. Sie besteht aus feinen, rückwärts gekrümmten Wülstchen mit entsprechenden Kerben dazwischen, über deren Mitte ein feiner Kiel verläuft. Von hier aus laufen die äusserst feinen Anwachsstreifen beiderseits mit starker Krümmung nach vorn auseinander. Die Basalseite der Windungen lässt 4 gleichmässig vertheilte starke Spiralstreifen sehen, die Apicalseite dagegen scheint glatt bis auf einen oder 2 Spiralstreifen, die unmittelbar an der Naht liegen.

Dimensionen: Ganze Höhe 0^m021, Breite 0^m013, Höhe des letzten Umganges zur Höhe der ganzen Schale $^{30}/_{100}$. Durchmesser des Nabels 0^m004.

Fundort: vorderer Sandling im rothen Marmor (1 Exemplar). St. Cassian.

Bemerkungen. Ueber die Richtigkeit der Identificirung des vorliegenden Stückes habe ich keinen Zweifel. Ich wähle jedoch den Genus-Namen Murchisonia, weil derselbe eben für die thurmförmigen Pleurotomarien angenommen ist.

Turbo indutus Dittm. Tab. 10, Fig. 6. 7.

Gehäuse niedrig kreiselförmig, aus drei bauchigen glatten Umgängen bestehend, die nur an der Apicalseite eine stumpfe Kante zeigen. Unmittelbar an der obern Naht verläuft eine Spiralleiste. Mundöffnung unbekannt. Gewindewinkel 80°.

Dimensionen: Höhe 0^m005, Breite 0^m005, Höhe des letzten Umganges im Verhältniss zur Höhe der ganzen Schale $^{60}/_{100}$.

Fundort: Teltschen bei Aussee (1 Exemplar).

Turbonilla subulata Dittm. Tab. 19, Fig. 10. 11.

Das zierliche spitze Gehäuse lässt 13 Umgänge erkennen, die in stets gleichbleibenden Abständen mit verhältnissmässig groben, nach unten anschwellenden Querwulsten versehen sind. Die 4 ersten Umgänge scheinen glatt zu bleiben, die nächsten tragen 5, 6, dann 7 und 8, der letzte endlich 10 Wülste. Eine lineare Uebereinanderstellung der Wülste findet daher nicht statt. Die Anwachsstreifen biegen sich an der Basalseite stark nach vorn. Ausser ihnen macht sich auch eine feine Spiralstreifung auf dem obern Theil der Umgänge geltend. Mundöffnung gerundet. Gewindewinkel 15°.

Bemerkungen: In Cassianer Schichten finden sich sehr nahe Verwandte unserer Art, nämlich *Turritella Haueri* Kl., *tornata* Kl., *Goldfusi* Kl., *Cerithium Brandis* Kl., *C. Alberti* Kl.; sie unterscheiden sich jedoch sämmtlich, abgesehen von anderen Charakteren, durch grössere Menge und gedrängtere Stellung der Knötchen.

Dimensionen: Höhe 0^{m}011, Breite 0^{m}003, Höhe des letzten Umganges zur ganzen Höhe $^{20}/_{100}$.

Fundort: vord. Sandling im rothen Marmor (1 Exemplar).

Platystoma Hörnesi Dittm. Tab. 19, Fig. 12—14.

Windungen in einer Ebene aufgerollt, sehr langsam wachsend, gar nicht umhüllend, jede nachfolgende bedeckt nur den Rücken der vorhergehenden. Das Gehäuse ist daher flach und symmetrisch, ammonitenartig. Der Durchschnitt der Windungen ist trapezförmig, nähert sich jedoch sehr dem Quadrat. Der Rücken, anfangs sehr wenig gewölbt, rundet sich auf dem letzten Umgange und erhebt sich sogar zuletzt zu einem stumpfen Kiel. Mündung nicht erhalten. Die Seiten der Windungen sind mit zahlreichen flachen Querfalten (25 auf einem Umgang) von nicht ganz gleicher Stärke versehen, über welche eine feine wellige Längsstreifung verläuft. Die beiden Rückenkanten sind durch je eine dichte Reihe feiner Körnchen bezeichnet, welche auf der letzten Windung mit den Querfalten zugleich erst da verschwinden, wo dieselbe sich kielartig erhebt. Ueber den Rücken laufen ausser den welligen Längsstreifen nur noch einfache gerade Anwachslinien. Von einem Schlitzbande ist keine Spur.

Bemerkungen. Obgleich das einzige vorliegende Exemplar die charakteristische Mundöffnung nicht erhalten zeigt, auch wohl wegen der veränderten Form der letzten Windung nicht ganz mit der von Hörnes gegebenen Diagnose der Platystoma übereinstimmt, so glaubte ich doch dasselbe zu Platystoma stellen zu sollen wegen der vollkommenen Symmetrie des Gehäuses sowohl, als wegen Mangels eines Schlitzbandes. Diese Charaktere liessen die Einreihung unter die nächstverwandten Gattungen Straparollus und Porcellia nicht zu. Ich erlaubte mir die Art nach dem Begründer der Gattung Platystoma zu benennen.

Dimensionen: Durchmesser der Scheibe 0^{m}019, Höhe des letzten Umganges (grösste Höhe der Scheibe) 0^{m}006, Breite des letzten Umganges 0^{m}004.

Fundort: Teltschenalp (1 Exemplar).

Cyprina simplex Dittm. Tab. 19, Fig. 15—17.

Der Umriss der vollkommen gleichklappigen Schale ist vorn und unten gerundet, hinten dagegen fast gerade abgestutzt, so dass das hintere Ende des Unterrandes ziemlich einen rechten Winkel bildet. Der Schlossrand stösst beiderseits stumpfwinklich an die Seiten. Der breite aufgeblähte Schnabel ist nach vorn gekrümmt und endet im vordern Viertel der Schale. Von hier verläuft eine gerundete Kante zum hintern Eck der Schale. Vom Schlosstheile konnte bloss jederseits ein bogiger langer Kreis blossgelegt werden, der vom Schnabel an die Seitenränder zieht. Zahl und Stellung der mittlern Schlosszähne war nicht zu ermitteln, daher die Bestimmung des Genus unsicher bleiben musste. Die Schale ist solid, mit deutlichen Anwachsstreifen versehen. Auf den Steinkernen erkennt man zahlreiche vom Wirbel bis zum Mantelrand strahlende scharfe Radialstreifen. Der Aussenrand bleibt glatt. Der Mantelrand zeigt keinerlei Ausbuchtung, schwache Muskeleindrücke liegen beiderseits in nächster Nähe des Schnabels.

Dimensionen: Länge $0^{m}023$, Breite $0^{m}04$.

Fundort: Teltschen bei Aussee (6 Exemplare).

Opis globata Dittm. Tab. 19 Fig. 18—20.

Da die Charaktere des Schlossbaues dieser Art leider nicht ermittelt werden konnten, so habe ich sie, von der allgemeinen äusseren Form geleitet einstweilen zu Opis gestellt, ohne doch für die Richtigkeit dieser Bestimmung einstehen zu wollen. Die geblähte Schale ist nicht sehr dick, concentrisch gestreift. Von dem dicken vorwärts gekrümmten Schnabel zieht eine schmale, scharfe, bogige. Leiste an den Vorderrand. Dieselbe macht sich auf der Innenseite als Furche geltend. Sie begrenzt so einen Schalentheil, den man vielleicht als Mondchen (lunula) deuten könnte, obgleich er sonst nicht eingesenkt erscheint. Die hintere Seite des Schnabels verläuft in regelmässiger hoher Wölbung in die angrenzenden Schalentheile.

Dimensionen: Länge $0^{m}013$, Breite $0^{m}011$.

Fundort: vorderer Sandling im rothen Marmor (1 Exemplar).

Bemerkungen. Da ich unter den bekannten Conchiferen-Geschlechtern keines finde, welches die vordere Leiste zeigt, so glaube ich fast, dass wir hier den Repräsentanten eines neuen Genus haben, dessen Schlosscharaktere übrigens noch nachzuweisen bleiben.

Avicula quadrata Dittm. Tab. 19, Fig. 21—23.

Der Umriss der Schale ist nur wenig schief nach hinten gezogen, ihre Länge und Breite ziemlich gleich. Vor dem gewölbten, nach vorn gebogenen Schnabel macht sich ein deutliches Ohr bemerklich, in welches die scharfen engegestellten Anwachsstreifen zusammenlaufen. Der hintere Flügel ist nur wenig verlängert, der Schlossrand schwach gekrümmt, hinten mit einer deutlichen Längsleiste versehen.

Dimensionen: Länge 0^m020, Breite 0^m018.

Fundort: Teltschenalp (1 Exemplar).

Gervillia amoena Dittm. Tab. 19, Fig. 24.

Schale nur mit concentrischen Anwachsstreifen versehen, kräftig, eiförmig gerundet, nach hinten verlängert. Der kleine hohe Schnabel liegt weit nach vorn. Der Rücken ist deutlich aber schwach gedreht. Der Steinkern zeigt hinten einen grossen starken Muskeleindruck und einen ganzrandigen Mantelsaum. Eine radiale Fältelung der nächst anliegenden Schalentheile ist zwar vorhanden, doch lange nicht so stark ausgeprägt, als die Abbildung sie darstellt. Der Bau der Schlosstheile war nicht nachzuweisen.

Dimensionen: Länge 0^m063, Breite 0^m057.

Fundort die Teltschenalp (1 Exemplar).

Mytilus Münsteri Klipstein Tab. 19, Fig. 25—26.

Klipstein: Beiträge p. 257, T. 17, F. 12.

Diese kleine Art scheint in Umriss, Faltung und Grösse so wenig von der Klipstein'schen Art verschiedenes zu bieten, dass ich nicht anstehe, sie damit zu vereinigen.

Dimensionen: Länge 0^m005, Breite 0^m0015.

Fundort: Am vorderen Sandling, in dem dunkelrothen Marmor mit Gasteropoden (1 Exemplar). St. Cassian,

Porocrinus nov. gen.

Obgleich es bei Crinoideen immer gewagt ist, ohne Kenntniss der Krone eine Bestimmung des Genus vorzunehmen, so zeigen doch die schon am Stiel zu beobachtenden Charaktere einer kleinen Reihe von Arten so viele, von allem bekannten verschiedene Eigenthümlichkeiten, dass die Aufstellung eines neuen Genus wohl zu rechtfertigen ist. Die vorliegenden Formen zeichnen sich sämmtlich dadurch aus, dass statt eines einzigen centralen Nahrungskanales sehr viele feine runde Kanäle vorhanden sind (Fig. 17, 1. 2),

Fig. 17.

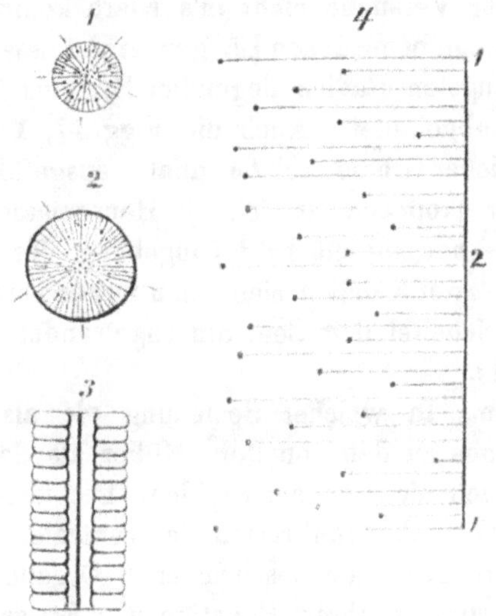

1 und 2. Schliffe durch die Gelenkfläche, 3. Längsschliff, 4. Ein zwischen zwei längsten Radien liegendes System der Gelenkflächenkanäle $^2/_1$.

deren Anzahl von der Grösse des Durchmessers des Stieles abhängt. Sie durchziehen den Stamm in seiner ganzen Länge und nehmen zwischen je zwei Stielgliedern, wo sie sich spitz nach aussen biegen, feine Seitenkanäle auf, so dass also in jeden Längskanal ebensoviel Seitenkanäle münden, als der Stiel Glieder hat (Fig. 17, 3). Der centrale Kanal zeigt allein keine seitliche Abzweigungen, er ist desshalb auch ganz gerade. Wegen der grossen Zahl der Längskanäle ist natürlich auch die Zahl der auf den Gelenkflächen der Stielglieder sichtbaren, von den Seitenkanälen hervorgebrachten radialen Furchen bedeutend. Man bekommt aber die natürlichen Gelenkflächen nur selten zu sehen, da die Glieder sehr fest an einander haften. In Tab. 20, Fig. 2 ist eine solche dargestellt und man bemerkt auf ihr zahlreiche bündelförmige Radialfurchen, über welche eine unregelmässig wellige concentrische Runzelung verläuft. Es ist einleuchtend, dass die Radialsculpturen benachbarter Gelenkflächen mit einander correspondiren und nicht alternirend ineinandergreifen, weil sonst für die seitlichen Kanäle kein Raum überbliebe. Verschafft man sich nun einen Schliff, der genau zwischen 2 Gelenkflächen durchgeht, so erhält man wegen der in concentrischen Systemen welchselnden Länge der radialen Kanäle ganz das Bild einer Korallenzelle, mit dem Unterschiede, dass natürlich die Grundzahl 5 nicht 6 ist. Aber auch die

Gesetze der Einschaltung scheinen verschieden zu sein. Da ich über dieselbe trotz mehrfacher Versuche nicht in's Klare kommen konnte, so habe ich in Fig. 17, 4 die genau bemessenen Längenverhältnisse (Vergrösserung = $^2/_1$) eines zwischen 2 längsten Radien liegenden Systems ($^1/_5$ Kreis) von *Porocrinus caudex* n. sp. abgebildet. Auch die Figg. 17, 1 u. 2 sind mit grösster Genauigkeit in natürlicher Grösse nach Originalen ausgeführt, nicht schematisirt.

Unter dem Mikroskop erweist sich die Hauptmasse des Cönenchyms als sehr engmaschig, — nur die nächste Umgebung der Kanäle zeigt weitere Zellen. Zwischen je zwei Kanälen sieht man ferner parabolische Cönenchymfreie Linien, deren Scheitel dem Centrum zugewendet ist, — möglicherweise Verbindungskanäle (?).

Bemerkungen. In welcher Beziehung die als Kanäle aufgefassten Bänder von Porocrinus zu den von Joh. Müller als Sehnen gedeuteten Organen stehen, wage ich nicht zu entscheiden. Die übereinstimmende Stärke sowie die Gleichartigkeit der Infiltration des centralen evidenten Nahrungskanales und der seitlichen oben beschriebenen Organe führte mich zu dem Schluss der Gleichartigkeit ihrer Functionen. Etwas sicheres lässt sich darüber wohl nicht eher aussprechen, als bis wir eine grössere Zahl von Beobachtungen über den innern Bau der Crinoideen werden vergleichen können. Einstweilen verweise ich auf die von ausgezeichneten Abbildungen begleitete interessante Notiz von Herrn Stelzner in den neuen Jahrbüchern 1864, p. 565 ff.

Als nächstverwandte Geschlechter haben wir zu betrachten *Cyathocrinus* (*rugosus* Mill.), *Rhodocrinus* (*quinquepartitus* Gdf.) und *Cupressocrinus* (*tesseratus* Gdf.), sämmtlich paläozoische Formen. Die ersteren beiden haben radiale Seitenkanäle, die jedoch in den Stielgliedern, nicht zwischen ihnen liegen, dabei einen einfachen Nahrungskanal. *Cupressocrinus* dagegen zeigt eine Annäherung durch seine 5 Nahrungskanäle. Noch näher steht vielleicht Klipsteins *Flabellocrinus*, doch muss die Identität noch ungewiss bleiben, solange man die inneren Merkmale dieses Genus nicht kennt.

Porocrinus caudex Dittm. Tab. 20, Fig. 1, 2.

Dicker Stamm mit sehr niederen, gleich hohen, oft ein wenig unregelmässig wellig gebogenen Gliedern. Von den Mündungen der Seitenkanäle bemerkt man an der Aussenfläche nicht viel, sie treten jedoch deutlich an Schliffen und Bruchstellen hervor. Die Zahl der Seitenkanäle ist wegen des bedeutenden Durchmessers dieser Art sehr gross. Sie beträgt an der Peripherie am untern Ende des abgebildeten Stückes ca. 140, oben etwa 100.

Fundort: Teltschenalp bei Aussee (3 Stücke).

Porocrinus reticulatus Dittm. Tab. 20, Fig. 3—5.

Diese Art unterscheidet sich von der vorigen durch geringeren Durchmesser des Stieles und durch höhere Glieder. Unter sich sind die Glieder alle gleich hoch. Die Oberfläche erscheint ausserdem gitterartig sculpirt, da die Mündung der Seitenkanäle regelmässig vertieft ist. Je dünner die vorliegenden Stücke, desto weniger erhaben tritt diese Sculptur hervor. Ob das in Fig. 5 abgebildete Wurzelstück einem jüngeren Individuum unserer Art angehört, lässt sich nicht sicher entscheiden. Wie am Wurzelende gewöhnlich, sind die Glieder hier noch sehr unregelmässig gebaut.

Fundort: Teltschen bei Aussee (7 Stücke).

Porocrinus ornatus Dittm. Tab. 20, Fig. 6—8.

Der vorliegende Stiel zeichnet sich durch seine verschieden hohen Glieder aus, von denen die höheren auch weiter in die Breite ausgedehnt und gewölbt erscheinen. Auch hier findet sich eine gitterartige Sculptur, die jedoch deutlich durch eine Längsfurchung hervorgebracht wird, von welcher nur die breitesten (und höchsten) Glieder nicht getroffen werden. Ich glaube, dass das in Fig. 7 abgebildete, in Fig. 6 von oben gesehene, dem Kelche bereits offenbar sehr nahe liegende Stielstück derselben Art angehört. Die Analogie der vorigen Art würde die geringere Ausprägung der Sculpturen erklären, die immerhin in der Zeichnung (Fig. 7) viel zu glatt gerathen sind. Dieses Stück zeigt einen 5eckigen centralen Nahrungs-Canal, der durch das Verschmelzen der 5 innersten Kanäle entstanden ist.

Fundort: Teltschen bei Aussee (2 Stücke).

Cidaris lamellaris Dittm. Tab. 20, Fig. 9, 10.

Ein gegen oben zusammengedrückter Stachel, dessen Ränder scharf gezahnt sind.

Fundort: vorderer Sandling im Gasteropodenmarmor (2 Stücke).

Cidaris transversa Meyer.

H. v. Meyer: Paläontographica 1851, Bd. 1, p. 276, T. 32, F. 28—30.

Im rothen Marmor des vorderen Sandling fanden sich 2 Exemplare von einer Form, die kaum von der citirten zu unterscheiden sein wird, obgleich diese aus dem obersten Muschelkalke stammt. Es sind dünne runde Stacheln mit kurzen unregelmässigen wirtalständigen Abzweigungen.

Rhizocorallium Tab. 20, Fig. 14, 15.

Vom untersten Muschelkalk bis in den obersten Keuper ausserhalb der Alpen hat man ähnliche schleifenförmige Formen von ungewisser Bedeutung angegeben. Auch aus den Hallstädter Kalken, wo man sie bisher noch nicht gefunden hatte, liegt mir ein sehr gut erhaltenes Exemplar vor, das sehr vollständig mit den regelmässigeren Gestalten des *Rhiz. Jenense* Zenk. übereinstimmt. Bei diesem so wie bei fränkischen Exemplaren suchte ich vergebens nach etwaiger innerer Structur in dünnen, für die Beobachtung mit dem Microscop präparirten Schliffen.

Fundort: Teltschenalp bei Aussee (1 Exemplar).

Koralle. Tab. 20, Fig. 11—13.

Einzelzelle von ungewisser Stellung. Mit starker, nach unten verdickter Wand, die äusserlich längs gerippt erscheint und an ihrer Basis eine deutlich umgrenzte, kuglige Zelle einschliesst. Der Längsschliff Fig. 13 schneidet die Form ein wenig schief, er entfernt sich gegen oben am weitesten von der Achse. Der Querschliff Fig. 12 zeigt dennoch augenscheinlich eine zu grosse Zahl von unregelmässig gegabelten Sternlamellen — man sieht es dem Bilde leider an, wie wenig der Zeichner auf diesem Felde geübt war. Ein centrales Säulchen ist nicht vorhanden. Ob zwischen den Sternlamellen Querbälkchen liegen ist nicht bestimmt zu entscheiden. Auf dem Querschliff 12 fehlen sie entschieden, während der Längsschliff 13 ein Confluiren einzelner Lamellenpaare bemerken lässt. Böden sind nicht vorhanden. Ob der Oberrand der Sternlamellen gezähnt war, konnte an dem einzigen vorliegenden Stücke nicht nachgewiesen werden.

Bemerkungen. Da ich den vorliegenden Fossilrest als neu erkannte, hatte ich ihn abbilden lassen, war jedoch nachher nicht im Stande ihm seine Stelle in dem bisher aufgestellten zoologischen System anzuweisen. Herr Professor Reuss in Wien hatte die ausnehmende Güte mir auf meine Bitte einige werthvolle Belehrungen über das fragliche Objekt (nach den übersandten Abbildungen) zukommen zu lassen. Obgleich wegen der ungenügenden Erhaltung eine sichere Einreihung nicht möglich, so scheint das Stück am nächsten mit Montlivaltia verwandt. Es müsste, um das Erscheinen äusserlicher Rippen zu erklären, nur nachgewiesen werden, dass die Epithek verloren gegangen sei, was auch mitunter vorkommen soll. Die kugelförmige Zelle an der Basis der Form sei wahrscheinlich etwas bloss zufälliges, vielleicht eine mit Steinmasse ausgefüllte Bohrhöhle (?) — jedenfalls finde sich was ähnliches weder bei einer lebenden noch bei einer fossilen Koralle.

Fundort: Gasteropodenmarmor am vordern Sandling (1 Exemplar).

Cristellaria sp.

Ein für microscopische Untersuchung gefertigter Gesteinsschliff von Teltschener Marmor zeigte in überraschender Schönheit einen prächtigen Längsdurchschnitt durch die Spiralebene einer Cristellaria, die am nächsten mit *Cr. Terquemi* Orb. (aus Lias von Metz) und mit *Planularia elongata* Ehrbg. (aus Schreibkreide des Mississippigebietes) verwandt ist. Von der letztern unterscheidet sie sich nur durch die schmälere Form und durch weniger centripetale Kammerscheidewände. Das Stück fand sich leider erst nach Beendigung der übrigen lithographischen Abbildungen.

Fundort: Teltschenalp (1 Exemplar.)

Druckfehler.

Pag. 354	(36)	Zeile	1	von	oben:	Tab. 13	statt	Tab. 12.
„ 356	(38)	„	9	„	unten:	Tab. 14	statt	Tab. 3.
„ 360	(42)	„	19	„	oben:	Tab. 13	statt	Tab. 12.

ÜBER DIE BRACHIOPODEN

DER

NORDDEUTSCHEN

CENOMAN-BILDUNGEN.

VON

DR. URBAN SCHLOENBACH.

MÜNCHEN, 1867.
R. OLDENBOURG.

Die Arbeit, welche ich dem wissenschaftlichen Publicum mit der Bitte um eine gleich nachsichtige und wohlwollende Aufnahme, wie sie meinen bisherigen Publicationen zu Theil geworden ist, hiermit vorlege, gründet sich theils auf das in meiner eigenen Sammlung befindliche, ziemlich umfangreiche Material, welches von meinem Vater, und bezw. von mir, in den letzten zehn Jahren zusammengebracht worden ist, theils auf mehre grössere und kleinere Suiten von Cenoman-Brachiopoden aus öffentlichen und Privatsammlungen, die ich zu untersuchen Gelegenheit gehabt habe. Für die ausserordentliche Liberalität, mit welcher mir die unumschränkte Benutzung dieser letzteren gestattet wurde, bin ich den Herren

Professor Beyrich in Berlin
Dr. Ewald in Berlin
Dr. von Koenen in Berlin
Professor Dunker in Marburg
Professor Hosius in Münster
Cammerrath von Strombeck in Braunschweig
Bergrath A. Roemer in Clausthal
Senator H. Roemer in Hildesheim
Forstmeister von Unger in Seesen (Brschw.)
Dr. Griepenkerl in Königslutter (Brschw.)
Dr. A. Fritsch in Prag
Director Hörnes in Wien,

ganz besonders aber Herrn

Professor Geinitz in Dresden,

der mich auch sonst vielfach mit Rath und Belehrung unterstützt hat, zu grösstem Danke verpflichtet. — Ueberall, wo sich die Angaben im Text auf Exemplare aus jenen Sammlungen gründen, habe ich den betreffenden Namen stets ausdrücklich angeführt; wo dies nicht geschehen ist, beziehen sich die Angaben auf Exemplare meiner eigenen Sammlung.

Das literarische Material, welches bei der Ausarbeitung der Schrift benutzt wurde, ist im Wesentlichen dasselbe, wie bei meinen im vorigen Jahre erschienenen „kritischen Studien über Kreide-Brachiopoden“[1]; auch die gebrauchten Abkürzungen sind dieselben, die ich dort angewendet habe, und ich darf deshalb einfach auf die einleitenden Bemerkungen zu jener Schrift mich beziehen.

[1]) Beiträge zur Paläontologie der Jura- und Kreideformation im nordwestlichen Deutschland; 2. Stück (Palaeontographica XIII, 6).

Salzgitter (Hannover), 17. März 1867.

Dr. Urban Schloenbach.

Einleitung.

Der Schichtencomplex, aus dem die auf den nachstehenden Blättern beschriebenen, bezw. einer kritischen Prüfung unterworfenen Brachiopoden-Arten stammen, ist in Norddeutschland in verschiedener Weise entwickelt; in Folge dessen sind die einzelnen Schichten von den Autoren, welche sich damit beschäftigt haben, nicht nur mit verschiedenen Namen belegt worden, sondern zum Theil auch in verschiedener Weise zu einander und zu den analogen Bildungen fremder Kreidegebiete in Parallele gebracht. — Es dürfte daher, bevor ich zur Beschreibung der Arten übergehe, erforderlich sein, zum leichteren Verständnisse der gebrauchten Schichten-Bezeichnungen einige Bemerkungen über die stratographischen Verhältnisse vorauszuschicken.

Unter dem Namen „Cenoman-Bildungen" oder „unterer, cenomaner Pläner" begreife ich alle jene Schichten, welche über den obersten Ablagerungen des Gault (Flammen-Mergel, Thon mit *Belemnites minimus* List.) und unter den ältesten durch *Inoceramus labiatus* Schloth. sp., *Brongniarti* Sow., *Terebratula semiglobosa* Sow., *Rhynchonella Cuvieri* Orb. charakterisirten Ablagerungen des sogenannten „oberen Pläners" (étage turonien, craie marneuse, Lower Chalk, etc.) liegen. Dieser untere oder cenomane Pläner tritt in Norddeutschland hauptsächlich in zweierlei Entwicklungsformen auf, von denen die erste in dem westphälischen Kreidebusen zwischen Rhein und Weser und im Gebiete zwischen Elbe und Weser im Norden des Harzes ausgebildet ist, während als Typus der zweiten die Kreide Sachsens betrachtet werden kann. Diese beiden Kreide-Meere scheinen nur gering mit einander communicirt zu haben.

I. Das westphälisch-subhercynische Gebiet.

Die genauesten und ausgedehntesten Untersuchungen über die Cenoman-Bildungen Westphalens verdanken wir Prof. Ferd. Roemer[1]) und Cammer-

[1]) Zeitschr. geol. Ges. 1854, VI, p. 99 ff.

rath von Strombeck[1]). Dem Letzteren gelang es zuerst, im westlichen Theile — in der Ruhr-Gegend eine Gliederung dieser Schichten nachzuweisen, welche mit der von ihm für das Gebiet zwischen Elbe und Weser aufgestellten[2]) sich in Einklang bringen liess. In neuester Zeit war es Schlüter[3]) vorbehalten, auch für den südöstlichen Theil — namentlich in den jüngeren Cenoman-Schichten — die Uebereinstimmung mit dem östlich von der Weser liegenden Gebiete darzuthun. Nach ihm und Strombeck gliedert sich in Westphalen der untere Pläner in folgender Weise (von oben nach unten):

c) Schichten mit Ammonites Rotomagensis. Im Südosten mergelige Schichten und feste weisse Kalke; im Westen (an der Ruhr) fehlt dies Glied. Zu den wichtigsten Petrefacten-Fundorten gehören: Lichtenau und an der Chaussee zwischen Buke und Altenbeken; die bezeichnendsten Petrefacten sind:

Ammonites Rotomagensis Defr.
Ammonites varians Sow.
Ammonites navicularis Mant.
Scaphites obliquus Sow.
Turrilites costatus Lam.
Turrilites Scheuchzeranus Bosc.
Nautilus elegans Sow.
Inoceramus striatus Mant.
Pecten Beaveri Sow.
Plicatula inflata Sow.
Terebratula biplicata Sow.
Rhynchonella Mantellana Sow. sp.
Discoïdea cylindrica Lam. sp.
Holaster subglobosus Leske sp.

b) Schichten mit Ammonites varians, Mantelli und Pecten Beaveri. Im Osten: bläulicher fester Kalk in dicken Bänken; an der Ruhr: Grünsand ohne Thoneisensteinskörner. Die Hauptfundorte sind Altenbeken, Rheine, Bochum, nördlicher Steinbruch des Forstorts „Uebingsen" bei Fröhmern, Steinbruch der „Hohen Weide" bei Dreihausen, sowie zwischen Wilhelmshöhe und Billmerich. Wichtigste Petrefacten:

---

[1]) Zeitschr. geol. Ges. 1859, XI, p. 27 ff.
[2]) Ebenda, 1857, IX, p. 415 ff. und Neues Jahrb. 1857, p. 785.
[3]) Ebenda, 1866, XVIII, p. 56 ff.

Ammonites varians Sow.
Ammonites Mantelli Sow.
Ammonites Rotomagensis Defr. (nach Schlüter)
Turrilites tuberculatus Bosc.
Turrilites Scheuchzeranus Bosc.
Inoceramus striatus Mant.
Pecten Beaveri Sow.
Plicatula inflata Sow.
Terebratula biplicata Sow.
Rhynchonella Mantellana Sow. sp.
Epiaster distinctus Ag. sp. (nach Schlüter)
Holaster subglobosus Leske sp. var.
Holaster nodulosus Goldf. sp.

a) Schichten mit Pecten asper, Ostrea diluviana, Rhynchonella dimidiata, Terebratella Beaumonti. Im Osten gehört hierher wahrscheinlich Schlüter's versteinerungsarmer Plänermergel, im Westen Strombeck's unterer Grünsand mit Thoneisensteinskörnern (Grünsand von Essen, Tourtia, A. Roemer's Hilsconglomerat von Essen). Hauptfundorte: Steinbrüche und Kohlenschächte der Umgebungen von Essen a. d. Ruhr, Spelldorf unw. Mühlheim a. d. Ruhr, Fröhmern, Billmerich, wahrscheinlich auch der Steinbruch an der Waterlappe östlich vom Dorfe Bremen bei Werl. Die wichtigsten Petrefacten sind:

Ammonites Mantelli Sow.
Ammonites varians Sow.
Turrilites tuberculatus Bosc.
Nautilus elegans Sow.
Glaurotomaria texta Münst.
Isoarca obesa Orb.
Mytilus Cottai Roem. (= *M. lineatus* Auct.)
Pecten asper Lam.
Pecten comans Roem.
Janira quinquecostata Sow. sp.
Janira notabilis Münst. sp.
Spondylus striatus Goldf.
Ostrea conica Sow. sp.
Ostrea lateralis Nilss.
Ostrea haliotididea Sow. sp.
Ostrea carinata Lam.

Ostrea diluviana Goldf. (Linné?)
Terebratula Tornacensis Arch.
Terebratula depressa Lam.
Terebratulina chrysalis Schloth. sp.
Terebratella Menardi Lam. sp.
Terebratella (?) *Beaumonti* Arch. sp.
Megerleïa lima Defr. sp.
Thecidium digitatum Sow.
Rhynchonella dimidiata Sow. sp.
Rhynchonella Mantellana Sow. sp.
Holaster nodulosus Goldf. sp.
Catopygus carinatus Ag.
Codiopsis doma Desm. sp. (nach Roemer)
Cidaris vesiculosa Goldf.
Cidaris velifera Bronn
Cidaris Sorigneti Desor
Micrabacia coronula Gf. sp.

nebst zahlreichen Bryozoen- und Spongitarien-Arten, welche letzteren von A. Roemer kürzlich neu bearbeitet wurden. Diese Spongitarien waren es besonders gewesen, welche die irrthümliche, durch Geinitz beseitigte Ansicht hervorgerufen hatten, dass die Essener Grünsand-Schichten dem ebenfalls an solchen sehr reichen Hilsconglomerat der Gegend von Schöppenstedt etc. in Braunschweig entsprächen.

Durch die unermüdliche Thätigkeit Strombeck's wurden auch zwischen Elbe und Weser im Norden des Harzes die Cenoman-Schichten zuerst genauer bekannt und in Unterabtheilungen getheilt. Das kurz zusammengefasste Resultat dieser Untersuchungen ist niedergelegt in dem Aufsatze: „Die Gliederung des Pläners im nordwestlichen Deutschland nächst dem Harze"[1]. Danach besteht in diesem Gebiete der untere Pläner aus folgenden Abtheilungen von oben nach unten:

4. **Arme Rotomagensis-Schichten.** Schmutzig-weisse, feste, massige Kalke; organische Reste wie in der folgenden Schicht, jedoch viel seltener.

3. **Rotomagensis-Schichten.** Graue Kalke oder Kalkmergel mit Mergellagen abwechselnd; selten weisser, kreidiger Mergelkalk. Hauptfundorte: Zeltberg bei Lüneburg (Hannover), Rethen bei Sarstedt (Hannover), Broitzen bei Braunschweig, Umgebungen von Salzgitter

[1]) Zeitschr. geol. Ges. 1857. IX, p. 415 ff. und Neues Jahrb. 1857, p. 785.

(Hannover), Neuwallmoden (Braunschw.), Langelsheim am Harz (Braunschw.). — Wichtigste Petrefacten:

Ammonites Rotomagensis Defr.
Ammonites varians Sow.
Lima elongata Sow.
Inoceramus striatus Mant.
Plicatula inflata Sow.
Terebratula biplicata Sow.
Rhynchonella Mantellana Sow. sp.
Holaster subglobosus Leske sp.
Discoïdea cylindrica Lam. sp.
Salenia petalifera Desm. sp.
Peltastes clathratus Ag. sp.

Unter dieser Schicht zeichnet sich an gewissen Localitäten, z. B. namentlich bei Broitzen[1]) eine Schicht aus, welche offenbar ein Uebergangsglied zur folgenden bildet und viele Petrefacten, besonders *Ammonites varians, Inoceramus striatus, Plicatula inflata* und namentlich *Turrilites costatus* enthält, an der Basis auch *Turrilites tuberculatus*.

2. Varians-Schichten. Gesteinsbeschaffenheit wie bei der vorhergehenden Schicht, von der sie überhaupt schwer trennbar ist. Die Fundorte sind sehr zahlreich; als die hauptsächlichsten sind zu nennen: Wrisbergholzen bei Alfeld (Hannover), Sarstedt (Hannover), Broitzen (Braunschw.), Burgdorf unw. Schladen (Hannover), Umgebungen von Salzgitter (Hannover), Neuwallmoden (Braunschw.), Langelsheim (Braunschw.), u. s. w. — Die wichtigsten Versteinerungen sind:

Ammonites varians Sow.
Ammonites Mantelli Sow.
Ammonites falcatus Mant. (sehr selten)
Scaphites aequalis Sow.
Baculites baculoïdes Mant.
Turrilites tuberculatus Bosc.
Inoceramus striatus Mant.
Pecten Beaveri Sow.
Plicatula inflata Sow.
Terebratula biplicata Sow.
Terebratulina rigida Sow. sp.
Megerleïa lima Defr. sp.

[1]) Strombeck, über *Peltastes clathratus*, in Zeitschr. geol. Ges. 1863, XV, p. 643.

Rhynchonella Mantellana Sow. sp.
Rhynchonella Grasana Orb.
Rhynchonella Martini Mant. sp.
Hemiaster bufo Brongn. sp.
Hemiaster Griepenkerli Stromb.
Holaster subglobosus Leske sp.
Holaster nodulosus Goldf. sp.
Salenia petalifera Desm. sp.

1. Tourtia, Grünsand. Die Basis des unteren Pläners über dem Flammenmergel bilden meistens chloritische Mergel oder Mergelthone; besonders deutlich sind oder waren früher dieselben zu beobachten im Goldbachsthal unweit Halberstadt (Prov. Sachsen), am Langenberge und bei der Steinholzmühle (?oder Helmstein), sowie am Sülzebrunnen bei Quedlinburg (Prov. Sachsen), bei Langelsheim am Harz (Braunschw.), im Chaussee-Einschnitt am Flöteberge bei Liebenburg (Hannover), bei Wolfenbüttel (Braunschw.). Petrefacten finden sich darin im Allgemeinen sparsam, doch haben die Umgebungen von Quedlinburg eine ziemlich grosse Anzahl von theilweise neuen Arten (namentlich Gastropoden und Brachiopoden) geliefert, von denen die letzteren unten beschrieben sind, während eine Beschreibung der übrigen organischen Einschlüsse dieser Ablagerung durch die kundige Feder des Herrn Dr. Ewald zu erwarten steht. Die wichtigsten und verbreitetsten Arten sind:

Belemnites ultimus Orb.
Ammonites varians Sow.
Ammonites Mantelli Sow.
Turrilites tuberculatus Bosc.
Avicula gryphaeoïdes Sow.
Janira quinquecostata Sow. sp.
Ostrea carinata Lam.
Terebratula biplicata Sow.
Terebratula Tornacensis Arch.
Terebratulina chrysalis Schloth sp.
Terebratulina rigida Sow. sp.
Terebratella (?) Beaumonti Arch. sp.
Megerleia lima Defr. sp.
Hemiaster bufo Brongn. sp.

Die Parallelisirung dieser Schichten mit den oben beschriebenen westphälischen ergiebt sich fast von selbst. Die paläontologisch nicht zu trennenden Schichten 3. und 4. entsprechen zusammen der Schicht c) in Westphalen, 2. der Schicht b), 1. der Schicht a).

Nahe Beziehungen zu diesen Bildungen zeigen die östlich der Elbe in Meklenburg vorkommenden Cenoman-Schichten, deren Petrefacten Boll[1]) beschrieben hat. Das genauere Niveau derselben dürfte sich jedoch danach noch nicht mit Sicherheit feststellen lassen.

II. Das sächsische Kreide-Gebiet.

Die cenomanen Bildungen dieses Gebietes zeigen ziemlich bedeutende Abweichungen von dem eben beschriebenen Typus und sind dagegen in ganz ähnlicher Weise entwickelt, wie in Böhmen und Schlesien; auch die Kreide von Regensburg ist offenbar aus demselben Meere abgelagert[2]); alle diese letzteren mit Ausnahme der sächsischen liegen jedoch ausserhalb des Bereichs dieser Arbeit, und sind nur hie und da die darin vorkommenden Brachiopoden-Arten zur Vergleichung herbeigezogen.

Die genauesten Nachrichten über die sächsischen Kreidebildungen finden sich in den Arbeiten von Geinitz und sind namentlich übersichtlich in dessen bekanntem Werke: „Das Quadersandsteingebirge oder Kreidegebirge in Deutschland“ (1849—50) zusammengestellt. Danach ist die Reihenfolge der auf krystallinischen Gesteinen ruhenden sächsischen Cenoman-Bildungen von oben nach unten eine sehr einfache: Unter dem „Plänerkalk“ (von Strehlen, Weinböhla, etc.) folgt zunächst der „mittlere Pläner“ mit *Inoceramus labiatus* Schloth. sp., den Geinitz jetzt[3]) als obere Schichten des unteren Pläners bezeichnet, der aber nicht mehr zum cenomanen Pläner in dem oben von mir bezeichneten Sinne zu rechnen ist. Unter diesem liegt

2) der eigentliche „untere Pläner“, welcher in verschiedener, je nach den localen Verhältnissen sehr wechselnder Gesteinsbeschaffenheit auftritt. Bald sind es dünnplattige Kalke, welche den Namen für den ganzen Schichten-Complex (Pläner) geliefert haben; bald mergelige Conglomerate, welche letzteren meist sehr petrefactenreich sind und besonders die Spalten des krystallinischen Gesteins, z. B. des Syenits im Plauen'schen Grunde

---

[1]) Archiv des Vereins der Freunde der Naturgesch. in Mecklenb. 1853, VII, p. 71, und 1856, X, p. 31.

[2]) Ich kann mich nur vollständig dieser in neuester Zeit von Gümbel ausgesprochenen Ansicht (Sitzungsber. d. kön. Akad. d. Wiss. in München, 1866, II, p. 179) anschliessen, während Zittel (Bivalven d. Gosaugeb. p. 88) annahm, dass die Regensburger Kreide der Gosau-Provinz des alpinen Kreide-Reiches angehörte.

[3]) Quadersandsteingebirge etc., p. 49.

bei Dresden ausfüllen; bald ist es ein grünsandartiger, dunkelgrünlicher Mergel, wie im Tunnel von Oberau nordwestlich von Meissen und im Elbstollen zwischen Zaukerode und Priessnitz, der dann stets das tiefste Niveau unmittelbar über dem unteren Quadersandsteine einnimmt, während über ihm noch andere Gesteine des unteren Pläners folgen. Hauptfundorte befinden sich im Plauen'schen Grunde bei Dresden, namentlich oberhalb Plauen, bei Koschütz und bei Teltschen, ferner bei Kauscha, Goppeln, Rippien, Welschhufa, bei Gross-Sedlitz, Cunnersdorf südlich von Dresden; auch der sogenannte „Serpula-Sand" von Bannewitz bei Dresden ist nach Geinitz ein Aequivalent des unteren Pläners, da er unmittelbar dem unteren Quader aufgelagert ist.

Die bezeichnendsten und häufigsten Petrefacten sind:

**Serpula septemsulcata* Reich. [1])
**Nautilus elegans* Sow.
Ammonites Mantelli Sow.
Turritella granulata Sow.
Nerinea Geinitzi Gf.
Avellana cassis Orb.
Natica canaliculata Mant. sp.?
Nerita nodosa Gein. sp.
**Nerita dichotoma* Gein. sp.
Nerita costulata Roem.
***Pleurotomaria texta* Münst.
Cerithium Bircki Gein.
Gastrochaena Ostreae Gein.
Protocardia Hillana Sow. sp.
Opis bicornis Gein.
Crassatella subgibbosula Arch.
**Trigonia Buchi* Gein. [2])
Pectunculus obsoletus Gf.
**Arca tricarinata* Gein.
Arca Galliennei Orb.
Mytilus Galliennei Orb.
***Mytilus Cottai* Roem. (= *peregrinus* Orb., *lineatus* Auct.)
Mytilus Neptuni Gf. sp.

---

[1]) Die Arten, vor denen ein * steht, kommen in Sachsen im Grünsande, nicht aber im eigentlichen „unteren Pläner" vor; die mit ** versehenen in beiden Schichten.

[2]) Ist vielleicht nicht verschieden von *Trig. sulcataria* Lam.

Avicula anomala Sow.
Perna lanceolata Gein.
***Inoceramus striatus* Mant.
***Pecten orbicularis* Sow.
**Pecten comans* Roem.
Pecten acuminatus Gein.
Pecten Brongniarti Arch.
***Pecten elongatus* Lam.
**Pecten asper* Lam.
Janira aequicostata Lam. sp.
***Janira notabilis* Münst. sp.
Lima tecta Goldf.
***Lima Reichenbachi* Gein.
Lima elongata Sow. sp.
***Lima ornata* Orb.
***Spondylus striatus* Sow. sp.
***Ostrea carinata* Lam.
***Ostrea diluviana* Goldf. (?Linn.)
Ostrea lateralis Nilss.
***Ostrea conica* Sow. sp.
Ostrea haliotididea Sow. sp.
**Radiolites agariciformis* Delam. sp.
***Terebratula biplicata* Sow.
***Terebratula phaseolina* Lam.
**Terebratula capillata* Arch.
Terebratulina chrysalis Schloth. sp.
**Terebratella Menardi* Lam. sp.
Thecidium digitatum Sow.
Thecidium vermiculare Schloth sp.
***Rhynchonella dimidiata* Sow. sp.
***Cidaris vesiculosa* Gf.
Cidaris Sorigneti Desor.
Codiopsis Doma Desm. sp.
Holaster suborbicularis Defr. sp.
Pyrina Desmoulinsi Arch.
Micrabacia coronula Gf. sp.
Zahlreiche Spongitarien.

Den Uebergang von dieser Schicht zur folgenden bildet da, wo kein Grünsand auftritt, häufig ein sehr grobes anscheinend versteinerungsleeres

Conglomerat; namentlich lässt sich dies gut am Gehänge des Plauen'schen Grundes unterhalb Koschütz beobachten, wo in demselben Blöcke des die Unterlage der dortigen Kreideschichten bildenden Syenits bis zu Kopfgrösse enthalten sind.

1) Der untere Quadersandstein, dessen obere Lagen oft grünsandartig werden, ist meist von weisser Farbe und von verschiedenem, in der Regel ziemlich feinem Korn. Häufig wechsellagert er an der Basis mit Schieferthonen, die Pflanzenreste enthalten, wie namentlich bei Niederschöna unw. Tharandt. Auch der berühmte „Muschelfelsen" von Koschütz am Südabhange des Plauen'schen Grundes ist nur eine ganz locale Facies des unteren Quaders, anscheinend der Rest einer Spalten-Ausfüllung im Syenit. Einige der wichtigsten Aufschlusspunkte des unteren Quaders sind: Lückendorf unw. Zittau, Weissig, Bila'er Grund, Kotta, Bannewitz, Rippien, Pirna, Rabenau, Dippoldiswalda, Cunnersdorf, Wendisch-Carsdorf, Tharandt, u. s. w. Die bezeichnendsten Petrefacten des sächsischen unteren Quaders sind:

Nautilus elegans Sow.
Ammonites Mantelli Sow.[1])
Baculites baculoïdes Mant. sp.
Turritella granulata Sow.
Nerinea Geinitzi Goldf.
Natica canaliculata Mant. sp.
Gastrochaena Ostreae Gein.
Pholas Sclerotites Gein.
Protocardia Hillana Sow. sp.
Trigonia sulcataria Lam.
Pectunculus obsoletus Gf.
Arca Ligeriensis Orb.
Pinna Cottai Gein.
Pinna diluviana Schloth. sp.
Mytilus Galliennei Orb.
Mytilus Cottai Roem.
Mytilus Neptuni Gf. sp.

---

[1]) Auch *Ammonites Rotomagensis* Defr. wird aus dem unteren Quader Sachsens und Schlesiens angeführt; doch möchten die so bezeichneten, gewöhnlich sehr grossen und roh erhaltenen Exemplare um so mehr einer genaueren Prüfung noch bedürfen, als nach den neueren Untersuchungen Pictet's, Renevier's und Sharpe's eine ganze Reihe ähnlicher Arten aus dieser Gruppe unterschieden werden müssen, welche für verschiedene Schichten bezeichnend sind.

Avicula anomala Sow.
Inoceramus striatus Mant.
Pecten comans Roem.
Pecten acuminatus Gein.
Pecten asper Lam. (nach Geinitz sehr vereinzelt)
Janira aequicostata Lam. sp.
Janira quinquecostata Sow. sp.
Janira notabilis Münst. sp.
Lima tecta Gf.
Lima pseudocardium Reuss.
Lima multicostata Gein.
Spondylus striatus Sow. sp.
Ostrea carinata Lam.
Ostrea diluviana Goldf. (Linn.?)
Ostrea lateralis Nilss.
Ostrea columba Lam. sp.
Ostrea haliotoïdea Sow. sp.
Terebratula phaseolina Lam.
Rhynchonella dimidiata Sow. sp.
Catopygus carinatus Gf. sp.
Holaster suborbicularis Defr. sp.
Asterias Schulzei Cotta & Reich.

Man sieht aus diesem Verzeichnisse, dass in Bezug auf die organischen Einschlüsse der untere Pläner und der untere Quader Sachsens nicht sehr wesentlich von einander abweichen; nur ist ersterer sowohl an Arten- als an Individuen-Zahl in der Regel weit reicher.

Dass die Schicht 2) der westphälischen Schicht a) und somit auch der Schicht 1. im Norden des Harzes entspricht, geht aus der Gemeinsamkeit zahlreicher charakteristischer Arten hervor; die Schicht 1) dürfte dann als eine locale tiefere Entwickelung desselben paläontologischen Horizontes zu betrachten sein, deren Aequivalent in den übrigen norddeutschen Kreidegebieten noch nicht nachgewiesen werden konnte, die aber ganz entsprechend in Niederschlesien vorhanden ist. Kunth[1]) meint, dass sich vielleicht je nach dem Vorhandensein oder Fehlen des *Pecten asper* in der Tourtia zwei Horizonte unterscheiden lassen könnten; von diesen würde dann derjenige mit *Pecten asper* der tiefere sein, da der „untere Pläner" von Plauen etc., in welchem diese Art fehlt, über dem „unteren Quader" und dem Grün-

[1]) Zeitschr. g. Ges. 1863, XV, p. 730.

sande des Elbstollens liegt, in welchem sie vorkommt; diesem tieferen Horizonte würde auch der „Grünsand von Essen“ (Sch. a)) angehören, während die Tourtia des nördlichen Harzrandes dem oberen Horizonte, dem Pläner von Plauen entspräche. Indessen sprechen doch auch manche Gründe, für deren Erörterung hier nicht der Ort ist, gegen eine solche Trennung, die jedenfalls für jetzt noch nicht allgemeiner durchführbar scheint. Andererseits scheinen in Sachsen die oberen Cenoman-Schichten zu fehlen; wenigstens ist es noch nicht gelungen, ihre Aequivalente nachzuweisen. Dasselbe gilt von Böhmen; denn die dort zunächst auf die Aequivalente der Tourtia folgenden Schichten (Plänersandstein), Exogyrensandstein und Grünsandstein) gehören meiner Ansicht nach nicht mehr zu den Cenoman-Bildungen, sondern sind ein Aequivalent der unteren (Brongniarti-) Schichten des Strombeck'schen „oberen Pläners“ und der französischen Turon-Bildungen [1]).

Zur Vergleichung mit den obigen kurz charakterisirten Cenoman-Bildungen Norddeutschlands werden vorzugsweise die übrigen nördlich von der Linie der Alpen gelegenen, und zwar namentlich diejenigen Belgiens, des nördlichen und westlichen Frankreichs und Englands in Betracht zu ziehen sein.

Die belgischen Cenoman-Bildungen

mit ihrem grossen Reichthum an wohlerhaltenen Petrefacten in den unteren Schichten sind öfter Gegenstand geognostischer sowohl als paläontologischer Arbeiten gewesen [2]). Die geologischen Verhältnisse, die Gliederung dieses Schichtencomplexes sind besonders in der Schrift von Horion ausführlich

[1]) Die in den obigen, vor 14 Tagen niedergeschriebenen Zeilen dargelegte Ansicht über die unteren Schichten der böhmischen Kreide, hatte ich bei meinen Excursionen in der Gegend zwischen Teplitz, Laun und Postelberg in den Sommern 1864 und 1865 mir gebildet und brieflich und mündlich bereits wiederholt — namentlich auch gegen Herrn Dr. A. Fritsch und Herrn Prof. Geinitz — ausgesprochen. Vor wenigen Tagen habe ich nun durch die Gefälligkeit des Herrn Dr. Fritsch bei meiner Durchreise durch Prag Gelegenheit gehabt, die durch diesen in Gemeinschaft mit Herrn Prof. Krejci aufgesammelten reichen Petrefakten-Vorräthe aus der böhmischen Kreide zu sehen und dabei meine obige Ansicht durchaus bestätigt gefunden; auch ist es mir gelungen, die Herren Prof. Krejci und Dr. Fritsch für die gleiche Anschauung zu gewinnen. — Wien, am 25. März 1867. U. Schl.

[2]) Unter den wichtigsten sind zu nennen:

Vic. d'Archiac, Rapport sur les Fossiles du Tourtia, in Mém. géol. Fr., 2, II, p. 291; 1848.

P. de Ryckholt, Mélanges paléontologiques II, 1854; III, 1860—62.

Ch. Horion, Notice sur le terrain crétacé de Belgique, in Bull. géol. Fr. 2, XVI, p. 635; 1859.

dargelegt, der folgende Schichten von oben nach unten unterscheidet. Unter dem „système sénonien“ Dumont's (mit *Rhynchonella vespertilio*, *Spondylus spinosus* etc., also wahrscheinlich etwa der *craie de Villedieu* des westlichen Frankreichs und dem norddeutschen „Scaphiten-Pläner“ oder der Zone des *Scaphites Geinitzi* entsprechend) folgt Dumont's „système nervien“, welches nach Horion Orbigny's *étage turonien* und *cénomanien* umfasst. Die oberen Schichten des „système turonien“ bei Horion werden durch *Inoceramus labiatus* und *Cidaris clavigera* charakterisirt, während die unteren, welche unter dem Localnamen „dièves“ als grünlichblaue oder grüne Mergel bei Mons und Tournay bekannt sind, *Rhynchonella compressa* Lam. sp., *Terebratula biplicata* (Sow.?) Defr. und *Ostrea lateralis* führen. Letztere dürften daher vielleicht schon als oberste Schicht des Cenomans in unserem Sinne zu betrachten sein. Horions „système cénomanien ou Tourtia“, welches nun folgt, umfasst die beiden von Dumont als „Tourtia nervien“ (obere) und „Tourtia hervien“ unterschiedenen Schichtencomplexe, deren Gleichalterigkeit Horion für erwiesen hält; Unterabtheilungen werden darin nicht weiter unterschieden. Hauptfundorte sind: Tournay, Montignies-sur-Roc, Baudour, Louvière, Maizière und Mons; letztere Localität repräsentirt Dumont's „Tourtia nervien“, während die übrigen der „Tourtia hervien“ angehören. Paläontologisch sollen beide nicht unterscheidbar sein. Einige der bezeichnendsten Petrefacten, von denen sich vollständigere Listen in dem Werke von Archiac und in Omalius d'Halloy's „Géologie de Belgique“ finden [1]), sind:

Ammonites varians Sow.
Ammonites Mantelli Sow.
Turrilites costatus Bosc. [?]
Scaphites aequalis Sow.
Cerithium belgicum Münst.
Turritella Neptuni Münst.
Avellana Prevosti Arch.
Pleurotomaria texta Goldf.
Pleurotomaria perspectiva Orb.
Turbo Leblanci Arch.
Trochus Leymeriei Arch.
Trochus Buneli Arch.
Delphinula Bonnardi Arch.

[1]) Zahlreiche neue, z. Th. sehr interessante Arten finden sich namentlich in dem 3. Theile von Ryckholt's Mélanges paléontologiques, wozu leider der Text noch nicht erschienen ist.

Pileolus (?) *subcentralis* Arch. sp.
Panopoea substriata Orb.
Pholadomya gigas Orb.
Astarte striata Sow.
Crassatella subgibbosula Arch.
Trigonia sulcataria Lam.
Isoarca obesa Orb.
Mytilus Cottai Roem.
Mytilus Galliennei Orb.
Myoconcha cretacea Orb.
Lima Reichenbachi Gein.
Pecten acuminatus Gein.
Pecten cretosus Defr.
Spondylus duplicatus Goldf.
Ostrea carinata Lam.
Ostrea diluviana Goldf.
Terebratula depressa Lam.
Terebratula Tornacensis Arch.
Terebratula phaseolina Lam.
Terebratula biplicata Sow.
Terebratula Robertoni Arch.
Terebratula capillata Arch.
Terebratulina chrysalis Schloth. sp.
Terebratella (?) *Beaumonti* Arch.
Megerleïa lima Defr. sp.
Thecidium digitatum Sow.
Rhynchonella dimidiata Sow. sp.
Rhynchonella Mantellana Sow. sp.
Rhynchonella Grasana Orb. sp.
Holaster nodulosus Gf. sp.
Catopygus columbarius Lam. sp.
Codiopsis doma Desm. sp.

Unter der Tourtia folgt das sogenannte „système aachénien“ Dum., dessen Altersbestimmung noch streitig zu sein scheint; die obersten Schichten desselben werden durch die sogenannte „meule“ der belgischen Steinbruchsarbeiter gebildet, welche ausser *Protocardia* (*Cardium*) *Hillana* nur Gault-Arten enthalten soll. An den meisten Localitäten ruht jedoch die Tourtia direct auf paläozoischen Schichten.

Uebrigens darf ich nicht unterlassen zu bemerken, dass manche Geologen die Schichtenfolge der belgischen Cenoman-Bildungen anders auffassen und an den zweierlei Tourtia-Horizonten von verschiedenem Alter festhalten. Mehrere Aufsätze, die für diese Fragen von Interesse sind, finden sich im 16. Bande der 2. Serie des Bulletin de la Société géologique de France. Es würde zu weit führen, wenn ich hier näher darauf eingehen wollte.

Ueber die

französischen Cenoman-Bildungen

besitzt die Literatur eine ziemlich grosse Anzahl specieller Aufsätze, von denen die älteren in dem betreffenden Bande von Archiac's Histoire des Progrès de la Géologie mit vielen eigenen Beobachtungen sorgfältig verarbeitet sind. Aus neuerer Zeit sind namentlich viele in den Bänden des Bulletin de la Société géologique de France enthalten. Zu den wichtigsten darunter müssen, ausser den Arbeiten von Orbigny und den Erläuterungen zu der geologischen Karte von Frankreich (von Dufrénoy und Élie de Beaumont), wohl diejenigen von Hébert, Triger und Coquand gezählt werden, welche es sich zur Aufgabe gemacht haben, die oberen Kreidebildungen des nördlichen und mittleren, des westlichen und südlichen Frankreichs in möglichst genaue und naturgemässe Abtheilungen und Unterabtheilungen einzutheilen und deren Beziehungen zu einander und zu denen anderer Gebiete darzulegen.

Im nordöstlichen Frankreich schliesst sich die Entwickelung der Cenoman-Schichten nach Meugy und Gosselet[1]) noch eng an den belgischen Typus an. Anders ist dies schon im nordwestlichen Theile des Pariser Beckens, auf welchen sich besonders Hébert's Untersuchungen beziehen. Ein kurzes Résumé seiner Beobachtungen gibt derselbe[2]) in folgender Gliederung der Cenoman-Schichten (craie glauconieuse) des nordwestlichen Seine-Beckens: Unter der durch eine scharfe Demarcationslinie abgegrenzten tiefsten Schicht der „craie marneuse“ mit *Inoceramus labiatus* Schloth. sp. folgen

H. Graue, harte und oben conglomerirte Kreide.

G. Graue homogene Kreide, arm an Petrefacten.

F. Graue homogene Kreide mit Feuersteinen und *Holaster subglobosus*.

E. Graue Kreidebank mit kleinen braunen Knauern, charakterisirt durch zahlreiche *Scaphites aequalis*.

D. Sehr knollige, gewöhnlich in wahren Sandstein übergehende Kreide mit zahlreichen *Holaster* (*carinatus*) *nodulosus* u. *Terebratula biplicata*.

---

[1]) Bulletin géol. Fr. 2, XVI, p. 261 ff.; 1859.

[2]) Comptes rendus hebdomadaires etc., 7 mars 1864.

C. Grünsand, in die graue Kreide übergehend und mit schwarzen Feuerstein-Schichten wechselnd, versteinerungsarm.

B. Dunkler Grünsand mit schwarzen, gerollten, oft sehr grossen und von Bohrmuscheln durchbohrten Kieseln erfüllt; reich an Petrefacten.

A. Schwarzer, blauer oder grüner, oft sehr glimmeriger, glauconitischer Sand mit Feuerstein-Schichten, welche in kieselige Kalke oder glauconitischen Sandstein übergehen. Lager des *Holaster suborbicularis* Brongn. sp.

Die Vertheilung der zahlreichen namentlich an den Fundorten der Gegend von Rouen, Hâvre, Fécamp, Rougefort, Étretat vorkommenden Versteinerungen in diesen einzelnen Schichten ist noch nicht allgemein genauer festgestellt; nur von einzelnen Localitäten, wie z. B. von Rouen (Colline Sainte-Cathérine) sind vollständigere Petrefacten-Listen bekannt geworden.

Für das westliche Frankreich, besonders für das Sarthe-Departement hat Triger eine Gliederung der dortigen Cenoman-Schichten ausgeführt, wie wohl noch keine minutiösere bekannt gemacht ist; dieselbe ist auf einer Tabelle dargestellt, welche seine eben so sorgfältig ausgeführte geologische Karte jenes Departements begleitet[1]). Dieser ausserordentlich scharf beobachtende Geologe unterscheidet hier unter der zum Turon (craie marneuse) gehörenden Gruppe des *Inoceramus labiatus* (*problematicus* Orb.) zwei zum Cenoman gehörige Hauptgruppen mit 6 Zonen und 34 „assises", welche sämmtlich sowohl petrographisch wie paläontographisch gut charakterisirt sind, wie ich mich selbst bei den unter seiner Führung unternommenen Excursionen an Ort und Stelle überzeugen konnte. Es kann hier natürlich nicht der Ort sein, diese ganze Gliederung in extenso zu reproduciren und beschränke ich mich nur darauf, dieselbe in flüchtigen Umrissen zu skizziren, soweit sie für die Vergleichung mit unseren äquivalenten Bildungen von Interesse ist.

II. Die Gruppe des *Amm. navicularis*, die oberste der Cenoman-Schichten, besteht aus der Zone der *Ostrea biauriculata* und der der *Rhynchonella compressa*. In letzterer befindet sich auch das Hauptlager der *Terebratella Menardi*, welche jedoch schon in tieferen Schichten anfängt.

I. Einen weit grösseren und mannigfaltiger gegliederten, auch petrefactenreicheren Schichtencomplex umfasst die Gruppe des *Pecten asper*. Die Unterabtheilungen derselben sind

---

[1]) Divisions générales de la Carte géologique de la Sarthe.

d. die Zone des *Turrilites costatus* Lam., welche ihrerseits wieder zerfällt in folgende sieben Lager (assises):

7) Lager des *Thecidium rugosum* Orb.
6) „ der *Trigonia spinosa* Park.
5) „ der *Archiacia sandalina* Arch. sp.
4) „ des *Ammonites Rotomagensis* Defr.
3) „ des *Scaphites aequalis* Sow.
2) „ der *Trigonia daedalea* Park.
1) „ des *Nautilus Largilliertanus* Orb.

Von diesen sind von besonderem Interesse die Lager des *Amm. Rotomagensis* und des *Scaphites aequalis*, von denen ersteres in jeder Beziehung dem Hauptniveau des *Amm. Rotomagensis* im Norden des Harzes, letzteres, welches ausser dem Scaphiten besonders *Ammonites varians* Sow., *Turrilites costatus* Lam., *Baculites baculoïdes* Mant., *Avellana cassis* Orb. und *Holaster subglobosus* Leske sp. führt, dem zunächst darunter liegenden von Strombeck besonders bei Broitzen nachgewiesenen Hauptlager der Turriliten und des *Scaphites aequalis* entspricht. Zugleich schliesse ich mich Triger's und Strombeck's Ansicht an, dass diese Schicht das wahre Aequivalent der petrefactenreichen Schicht von Rouen ist (Schicht E. der Eintheilung Hébert's, s. o. — eine Ansicht, die von Hébert nicht getheilt wird, welcher die ganze Reihenfolge der Cenoman-Schichten des Sarthe-Departements für jünger hält als die chloritische Kreide des nördlichen Frankreichs. Für die übrigen Lager dürften die Aequivalente nicht mit gleicher Schärfe nachzuweisen sein.

c. Zone des *Pygurus lampas* Delabèche sp. Diese dürfte in ihrer Gesammtheit der Tourtia von Essen entsprechen, in der es bis jetzt noch nicht gelungen ist, weitere Unterabtheilungen nach der Vertheilung der Petrefacten in verticaler Richtung nachzuweisen; Triger unterscheidet dagegen im Sarthe-Departement sieben Lager, welche er nach den fast sämmtlich auch in der norddeutschen Tourtia vorkommenden Arten benennt:

7) Lager des *Turrilites undulatus* und *Catopygus columbarius* (wahrscheinlich nicht specifisch verschieden von *Cat. carinatus*).
6) Lager der *Trigonia sulcataria* Lam.
5) „ des *Pecten elongatus* Lam.
4) „ der *Zamien* und *Terebratula ovata* Sow.
3) „ der *Perna lanceolata* Gein.
2) „ der *Lima Reichenbachi* Gein.
1) „ des *Ammonites falcatus* Mant.

Ausserdem gehören zu den bezeichnendsten Arten dieser Zone:

Pleurotomaria Mailleana Orb.
Turritella Cenomanensis Orb.
Varigera Guerangeri Orb.
Pterodonta inflata Orb.
Pitonellus Archiacanus Orb.
Mytilus Cottai Roem. (*peregrinus* Orb.)
Janira aequicostata Lam. sp.
Lima subconsobrina Orb.
Lima tecta Gf.
Lima rapa Orb.
Ostrea columba Desh.
Ostrea lateralis Nilss.
Terebratula phaseolina Lam.
Terebratella Menardi Lam. sp.
Rhynchonella Lamarcki Orb.
Cidaris vesiculosa Goldf.
Codiopsis doma Desm. sp.
Anorthopygus orbicularis Desor. sp.
Holaster suborbicularis Ag.
Spongytarien und Bryozoen.

b. Die Zone des *Turrilites tuberculatus* Bosc. dürfte mit der vorigen Zone noch zu demselben Schichtencomplexe gehören, der in Norddeutschland durch die Tourtia repräsentirt wird. Hier ist das Hauptlager von

Nautilus elegans Sow.
Ammonites Mantelli Sow.
Ammonites Beaumonti Orb.
Turrilites tuberculatus Bosc.
Pleurotomaria Mailleana Orb.
Panopaea mandibula Sow. sp.
Protocardia (*Cardium*) *Hillana* Sow. sp.
Mytilus Ligeriensis Orb.
Janira quinquecostata Sow. sp.
Janira longicauda Orb.
Pecten asper Lam.
Ostrea carinata Lam.
Ostrea lateralis Nilss.
Ostrea haliotoïdea Sow. sp.
Holaster nodulosus Goldf. sp.

Epiaster distinctus Ag.
Hemiaster bufo Brongn. sp.
Orbitolina concava Lam.

Auch in dieser Zone unterscheidet Triger sechs verschiedene Lager, von denen das des *Hemiaster bufo* das tiefste ist.

a. Triger's unterste Zone ist die der *Ostrea vesiculosa* Lam., welche aus zwei verschiedenen Grünsandschichten besteht, von denen die obere nur *Ostrea vesiculosa* Lam. führt, die andere versteinerungsleer ist; dieselben könnten nach Triger's Ansicht vielleicht schon die jüngsten Schichten des Gault darstellen. Es sind die ersten marinen Niederschläge, die sich im Sarthe-Departement nach der Bildung der Astartenschichten des oberen Jura abgelagert haben.

Ganz ähnlich wie im Sarthe-Departement sind die Verhältnisse der Kreideschichten in dem nahen Departement Loir-et-Cher, denen eine Arbeit von Bourgeois [1]) gewidmet ist. So werden wir allmählich hinübergeführt zu den Departements Charente, Charente-inférieure und Dordogne, die sich dann zunächst an die alpine Kreide [2]) anschliessen. Ueber die drei letztgenannten Departements handelt eine grössere Abhandlung von Coquand [3]). Derselbe unterscheidet dort in der Kreideformation folgende Etagen:

Dordonien
Campanien
Santonien
Coniacien
Provencien
Angoumien
Carentonien
Gardonien
Rotomagien

---

[1]) Distribution des espèces dans les terrains crétacés de Loir-et-Cher, in Mém. géol. Fr., 2, XIX, p. 652; 1862.

[2]) Ueber die alpinen Kreidebildungen des südlichen und südöstlichen Frankreichs, welche ich hier nicht mit in Betracht gezogen habe, giebt die im Jahre 1861 erschienene Arbeit des Dr. Reynès: „Etudes sur le synchronisme et la delimitation des terrains crétacés du sud-est de la France; Paris 1861“ übersichtliche Auskunft; vgl. auch desselben Verfassers Schrift: „De l'étage dans la formation crétacée; Marseille 1864“.

[3]) Synopsis des animaux et des végétaux fossiles observées dans la formation crétacée du sud-ouest de la France, in Bull. géol. Fr. 2, XVI, p. 945 ff., 1859; auch mit etwas erweitertem Inhalt separat erschienen unter dem Titel: Synopsis des Animaux et des Végetaux fossiles des départements de la Charente, de la Charente-inférieure et de la Dordogne, 1860.

Die letztgenannte Etage kommt indessen in jener Gegend nicht vor und von den übrigen kommen nur das *Carentonien* und das *Gardonien* in Betracht, da die anderen nicht mehr der cenomanen Kreide angehören.

b) Das *Carentonien* Coquand's umschliesst nach Triger's Ansicht seine beiden untersten Zonen der Gruppe des *Inoceramus labiatus*, sowie von der Gruppe des *Ammonites navicularis* die Zone der *Ostrea biauriculata* nebst der obersten Schicht (Lager der *Globiconcha rotundata*) der folgenden Zone. Die bezeichnendsten der von Coquand angeführten Arten, meist von den Fundorten: Angoulème, St. Trojan, Bagnolet, Martrou, Ile d'Aix, Châteauneuf, sind folgende:

Nautilus triangularis Montf.
Ammonites navicularis Sow.
Ammonites Woollgarei Mant.
Globiconcha rotundata Orb.
Actaeonella laevis Orb.
Nerinea monilifera Orb.
Nerinea Bauga Orb.
Varigera carentonensis Orb.
Pterodonta inflata Orb.
Trigonia sinuata Park.
Panopaea substriata Orb.
Arcopagia discrepans Orb.
Myoconcha cretacea Orb.
Mytilus Ligeriensis Orb.
Inoceramus labiatus Schloth. sp.?
Lima intermedia Orb.
Pecten elongatus Lam.
Janira laevis Coq.
Ostrea columba Desh.
Ostrea diluviana Goldf.
Ostrea haliotoïdea Sow. sp.
Ostrea flabella Orb.
Ostrea carinata Lam.
Ostrea lateralis Nilss.
Ostrea biauriculata Lam.
Sphaerulites foliaceus Lam.
Sphaerulites polyconilites Orb. sp.
Caprina adversa Orb.
Caprina costata Orb.

Terebratula phaseolina Lam. (*biplicata* Orb.)
Terebratella Menardi Lam. sp.
Terebratella carentonensis Orb.
Terebratella pectita Sow. sp.
Rhynchonella compressa Lam. sp.
Rhynchonella Lamarcki Orb.
Goniopygus Menardi Ag.
Caratomus rostratus Ag.
Catopygus columbarius Lam. sp.
Pygurus lampas Delabèche sp.
Archiacia sandalina Arch. sp.
Holaster nodulosus Goldf. sp.

a) Das *Gardonien*, welches Triger als Aequivalent des mittleren Theils seiner Zone der *Rhynchonella compressa* betrachtet, enthält fast nur Pflanzenreste an der Localität Ile d'Aix. Das *Rotomagien*, welches die darunter folgenden Schichten des Sarthe-Departements repräsentirt, fehlt, wie oben gesagt, in dem Gebiete, über welches diese Coquand'sche Schrift handelt.

Die englischen Cenoman-Bildungen

schliessen sich in ihrem ganzen Verhalten eng an die nordfranzösischen des Pariser Beckens an. Sie sind zuerst von Fitton und von Phillips genauer studirt. Die gebräuchlichste und in fast allen paläontologischen Arbeiten der Engländer zu Grunde gelegte Eintheilung ist jene, auch in Davidson's Brachiopoden-Werke adoptirte, nach welcher unter dem eigentlichen Chalk (Senon, obere Kreide)

Lower Chalk und *Chalk Marl*
Chloritic Marl
Upper Green Sand

und dann die Schichten des *Gault* folgen; doch scheinen diese Abtheilungen nicht immer mit gleicher Schärfe begrenzt zu werden und ersetzen sich wohl auch gegenseitig theilweise an verschiedenen Localitäten. Einen interessanten Versuch, alle Abtheilungen der Kreide in England von Osten nach Westen in ihrem ganzen Verlaufe im Zusammenhange zu verfolgen, hat kürzlich Mr. C. J. A. Meyer veröffentlicht [1]). Für die Cenoman-Bildungen sind dabei namentlich die Umgebungen von Folkstone, Maidstone, Sevenoaks, Nutfield, Farnham, Insel Wight, Warminster und Blackdown berücksichtigt. Genauere und zuverlässige Angaben über die

[1]) The Geological Magazine, III, No. XIX, Jan. 1866.

verticale Verbreitung der Petrefacten in dieser Schichtenfolge liegen mir besonders bezüglich der Cephalopoden (nach Sharpe's leider durch den Tod des Verfassers abgebrochener Monographie) und der Brachiopoden vor (nach Davidson's Monographie der britischen Kreide-Brachiopoden).

4. Der *Lower Chalk* gehört nach den daraus angeführten Petrefacten seinem grösseren Theile nach wohl nicht mehr den Cenoman-Bildungen, sondern schon der nächst jüngeren Etage an; indessen werden doch auch charakteristische Cenoman-Arten, wie

Nautilus Largilliertanus Orb.
Ammonites Rotomagensis Defr.
Ammonites varians Sow.
Turrilites costatus Lam.
Terebratula biplicata Sow.
Terebratula squamosa Mant.
Rhynchonella Mantellana Sow. sp.

daraus angeführt, welche es in hohem Grade wahrscheinlich machen, dass auch Schichten cenomanen Alters in den *Lower Chalk* mit eingerechnet werden; auch wird er von den englischen Geologen immer als eng zusammenhängend in seinen Verhältnissen mit dem folgenden *Chalk Marl* dargestellt.

3. Der *Chalk Marl* und *Grey Chalk* gehören schon entschieden dem Cenoman an. Wiest [1]) hat diese Schicht besonders bei Chard und Chardstock genauer studirt; er bezeichnet dieselbe dort als „*Discoïdean stratum*“ und nennt als besonders bezeichnende Petrefacten

Ammonites Mantelli Sow.
Discoïdea cylindrica Lam. sp.
Holaster subglobosus Leske sp.

Davidson führt folgende Brachiopoden-Arten an, die er von dort daraus untersucht hat:

Terebratula semiglobosa Sow.
Terebratula squamosa Mant.
Terebratula arcuata A. Roem. (*rugulosa* Morr.)
Terebratella incerta Dav. (*Trigonosemus*)
Rhynchonella latissima und *compressa* Dav.
Rhynchonella Cuvieri Dav.

---

[1]) Bei Davidson, Cret. Brach., p. 114, 1855; — und Quenst., Epochen d. Natur, p. 629.

Ausserdem werden aus dem *Chalk Marl* besonders folgende Arten angegeben:

Turrilites costatus Lam.
Pecten Beaveri Sow.
Holaster subglobosus Leske sp.
Hemiaster Morrisi Forb.
Galerites castanea Brongn. sp.

2. Der *Chloritic Marl* und *Chalk with Siliceous grains*, welche nach der gewöhnlichen Annahme einander ersetzen, scheinen einen deutlichen Uebergang von der vorigen Schicht zur folgenden zu bilden, in paläontologischer Beziehung sich aber enger an den *Chalk marl* anzuschliessen. Hierher wird Wiest's „Scaphites Bed" zu stellen sein, in welchem

Nautilus triangularis Montf.
Nautilus Fleuriauanus Orb.
Nautilus laevigatus Sow.
Ammonites varians Sow.
Ammonites obtectus Sharpe
Scaphites aequalis Sow.
Terebratula squamosa Mant.
Terebratula arcuata Roem. (*rugulosa* Morr.)
Terebratella Menardi Lam.
Rhynchonella dimidiata Sow. sp.

ihr Lager haben. — Unter den übrigen aus dem *Chloritic Marl* anderer Localitäten citirten Petrefacten sind die wichtigsten:

Ammonites Ramsayanus Sharpe
Ammonites Salteri Sharpe
Ammonites curvatus Mant.
Ammonites hippocastanum Sow.
Ammonites Rotomagensis Defr.
Ammonites Coupéi Brongn.
Inoceramus striatus Mant.
Janira quinquecostata Sow. sp.

1. Der *Upper Green Sand* ist die fossilreichste Abtheilung des englischen Cenomans; zu ihm scheinen die drei untersten Schichten Wiest's von Chardstock gerechnet werden zu müssen, nämlich:

c. *Green Bed*, welches sich deutlich von dem *Scaphites Bed* abtrennt und zahlreiche charakteristische Arten des *Upper Green Sand* enthält. Unter den Brachiopoden sind besonders zu nennen:

Terebratula ovata Sow.
Megerleïa lima Defr. sp.
Terebratella pectita Sow. sp.
Lyra Meadi Cumb.
Rhynchonella dimidiata Sow. sp.
Rhynchonella depressa Sow. sp. (?)
Rhynchonella Grasana Orb.

b. *Crustacean Stratum* mit zahlreichen Crustaceenresten, mehren Arten von *Pecten* und

Terebratella pectita Sow. sp.
Lyra Meadi Cumb.
Rhynchonella Grasana Orb.

a. *Nautilus laevigatus Layer*, eine petrefactenarme Sandschicht mit dem genannten *Nautilus*.

Nach Meyer würden die „Firestone-beds" von Godstone und Reigate, der „Malmrock" des westlichen Sussex und die „Chert-beds" der Insel Wight, sowie der „yellowish-brown sandstone with Chert-seams" von Lyme-Regis ebenfalls dem *Upper Green Sand* angehören.

Zu den charakteristischsten und häufigsten Arten des *Upper Green Sand* gehören folgende:

Nautilus Fittoni Sharpe
Ammonites navicularis Mant.
Ammonites planulatus Sow.
Ammonites Austeni Sharpe
Ammonites varians Sow.
Ammonites falcatus Mant.
Turritella granulata Sow.
Solarium ornatum Sow.
Arca glabra Park. sp.
Arca carinata Sow.
Trigonia Archiaci Orb.
Thetis major Sow.
Cyprina orbiculata Roem.
Cyprina globosa Sharpe
Protocardia Hillana Sow. sp.
Cardium Gentianum Sow.
Panopaea mandibula Sow. sp.
Gervilleïa vesiculosa Sow.
Inoceramus cuneiformis Orb.

Pinna Galliennei Orb.
Spondylus striatus Sow. sp.
Plicatula inflata Sow.
Avicula gryphaeoïdes Sow.
Janira aequicostata Lam. sp.
Janira quinquecostata Sow. sp.
Pecten asper Lam.
Pecten elongatus Lam.
Pecten orbicularis Sow.
Lima cenomanensis Orb.
Lima simplex Orb.
Lima semiornata Orb.
Ostrea canaliculata Sow. sp.
Ostrea conica Sow.
Ostrea haliotoïdea Sow. sp.
Catopygus carinatus Goldf. sp.
Holaster nodulosus Goldf. sp.
Peltastes clathratus Ag. sp.
Salenia petalifera Defr. sp.
Cidaris insignis Gras.

Eine Frage, deren Entscheidung für die Beurtheilung der Verbreitung der cenomanen Brachiopoden-Arten von besonderem Interesse wäre, ist die über das Alter der petrefactenreichen Schwammschichten von Farringdon („Farringdon Sponge Gravel and Sand"), da dieselben eine besonders grosse Anzahl von Brachiopoden enthalten. Leider ist aber gerade die Beantwortung dieser Frage noch eine sehr zweifelhafte; es stehen sich in dieser Beziehung, wie ich schon an einer anderen Stelle [1]) kurz erwähnt, drei verschiedene Ansichten gegenüber: Sharpe [2]) kam vom rein paläontologischen Standpunkte aus zu dem Resultate, dass diese Schichten nur als Aequivalente der Tuffkreide von Maestricht betrachtet werden könnten. Da diese Ansicht jetzt, wie es scheint, von sämmtlichen englischen Geologen als eine irrthümliche erkannt ist, so darf sie auch hier wohl unberücksichtigt bleiben; es handelt sich daher nur noch um die beiden anderen, deren Hauptvertreter einerseits Davidson und andererseits C. J. A. Meyer sind. Davidson [3]) gründet seine Ansicht, dass die Schichten von Farringdon dem *Upper Green Sand* gleichalterig seien, vorzugsweise auf die Untersuchung der

[1]) Zeitschr. g. Ges. XVIII, p. 371; 1866.
[2]) Quart. Journ. Geol. Soc. X, p. 176.
[3]) Monogr. Cret. Br. p. 109 ff.; 1855.

Brachiopoden, welche neben den Schwämmen für jene Schichten besonders charakteristisch und häufig und daher zur Vergleichung um so mehr geeignet sind, als keine andere Thierklasse aus der englischen Kreide genauer bekannt und sorgfältiger studirt ist; im Gegensatz dazu sind die Schwämme der englischen Kreideformation noch sehr ungenügend bekannt. Zu der gleichen Ansicht wie Davidson ist auch Renevier[1]) durch die Untersuchung der Fossilien von Farringdon gelangt, dessen Urtheil bei seiner genauen Kenntniss nicht nur der englischen, sondern auch der französischen und westschweizerischen Kreidebildungen und der darin vorkommenden Petrefacten gewiss nicht unterschätzt werden darf. Dagegen steht an der Spitze der anderen Geologen, welche die fraglichen Schichten von Farringdon als Aequivalente des *Lower Green Sand* betrachten, C. J. A. Meyer[2]), welcher diese Frage mit grossem Eifer verfolgt und immer grösseres Material zur Beurtheilung derselben herbeizuschaffen bemüht ist. Schon früher haben Godwin-Austen und die Geologen der britischen Landesaufnahme, Hull und Whitaker, die gleiche Ansicht gehabt, für welche in neuerer Zeit auch Evans[3]) sich ausgesprochen hat. Meyer stützt sich theils auf stratographische, theils auf paläontologische Gründe. Wenn aber vermittelst der ersteren wegen der schwierigen localen Verhältnisse, namentlich wegen fehlender grösserer Aufschlüsse bis jetzt ein stricter Beweis noch nicht geführt zu sein scheint, so dürften auch die paläontologischen Gründe noch nicht nach der einen oder anderen Seite hin entscheidend sein. Denn neben einer Anzahl von Arten, welche als bezeichnend für den *Lower Green Sand* gelten, sollen bei Farringdon auch einige sehr charakteristische Cenoman-Arten vorkommen. Zu den letzteren gehören namentlich *Terebratula Tornacensis* Arch., *depressa* Lam., *Robertoni* Arch., *Terebratella Menardi* Lam. sp., *Rhynchonella dimidiata* Sow. sp.; freilich sollen diese zum grossen Theile — namentlich die wichtigsten und am leichtesten erkennbaren: *T. depressa, Robertoni* und *Terebratella Menardi* — in England auch in entschiedenem *Lower Green Sand* vorkommen[4]) und andererseits werden einige der von Davidson von Farringdon citirten Arten von Meyer anders gedeutet. Ausserdem kann Herr Meyer zu den auch von Davidson anerkannten charakteristischen *Lower Green Sand*-Arten von Farringdon (*T. tamarindus*, *Terebratella* (?) *oblonga*) noch einige

[1]) Zufolge einer gefälligen brieflichen Mittheilung an mich.

[2]) The Geologist, Jan. 1864, p. 5.

[3]) Proceedings of the Geologists' Association of London, p. 33.

[4]) Nach gefälliger brieflicher Mittheilung Herrn Meyer's, in dem zu der obersten Abtheilung (Folkstone Reds) des Lower Green Sand gehörigen sogenannten „Bargate Stone".

weitere eben so charakteristische hinzufügen, nämlich besonders *Lingula truncata* Sow. und *Rhynchonella Gibbsana* Sow. sp. — So scheint es für jetzt, wenn man keine Gelegenheit hat, selbst Exemplare von Farringdon mit unseren Arten zu vergleichen, noch nicht thunlich, sich für eine oder die andere dieser beiden entgegengesetzten Ansichten zu entscheiden. Es dürfte sich daher empfehlen, im Nachfolgenden bei der Vergleichung unserer norddeutschen Cenoman-Brachiopoden mit den Arten von Farringdon mit doppelter Vorsicht zu Werke zu gehen; es wäre nicht unmöglich, dass bei der Uebereinstimmung der Facies der Schichten von Farringdon mit der der Tourtia von Essen und Tournay die Identität gewisser Arten nur eine scheinbare wäre, indem bei genauerer Vergleichung die Arten sich nur als ähnliche, aber nicht identische erwiesen. Träfe diese Voraussetzung wirklich zu, so würde hier ein ähnlicher Fall vorliegen, wie die langjährige Verwechselung der verschiedenen Scyphien-Schichten des oberen Jura, welche erst in neuester Zeit durch die schlagendsten und überzeugendsten stratographischen und paläontologischen Beweise aufgeklärt ist; auch hier hat man, nachdem durch die stratographischen Verhältnisse das Vorhandensein zweier verschiedener Horizonte wahrscheinlich gemacht war, lange angenommen, dass die Mehrzahl der organischen Reste beiden Horizonten gemeinsam sei, bis Oppel zuerst durch seine Untersuchung der Ammoniten[1]) und sodann auch der übrigen Petrefacten[2]) nachwies, dass in den meisten Fällen die vermeintliche Identität der Arten in Wirklichkeit nicht existirte. — Ist doch auch unser cenomaner Grünsand von Essen selbst so lange Zeit mit dem neocomen Hilsconglomerat verwechselt!

Ich schliesse diesen kurzen Ueberblick über die Entwickelung der Cenoman-Schichten im Norden der Alpen mit dem Versuch, den Synchronismus der verschiedenen in den oben besprochenen Gegenden diesen Complex bildenden Schichten auf einer Tabelle zur Anschauung zu bringen.

[1]) Oppel, Paläontologische Mittheilungen, II, p. 163 ff.; 1863.

[2]) Oppel, in geogn.-paläontol. Beitr. I, 2, p. 213 ff.; 1866. Siehe besonders p. 226.

Synchronistische Tabelle der vorstehend beschriebenen Cenoman-Schichten.

	Allgemeine Classification	'Sachsen nach Geinitz	Nördl. vom Harz nach Strombeck und Ewald	Westphalen nach Strombeck und Schlüter	Belgien nach Horion	Nordw. Frankreich nach Hébert	England nach Fitton, Phillips und Wiest	Sarthe-Departement und angrenzende Theile des westlichen Frankreichs nach Triger	Südw. Frankreich n. Coquand
	Zone des *Inoceramus labiatus*	Mittl. od. (später) unt. Pläner mit *Inoc. lab.*	Oberer Pläner mit *Inoc. labiatus* oder mittler Pläner	Oberer Pläner	Fortes toises (Syst. turonien z. Th.)	Craie marneuse à Inoc. labiatus	Lower Chalk	Groupe de l'Inoceramus labiatus	Carentonien z. Th.
Cenoman-Bildungen	Zone des *Ammonites Rotomagensis*		Unterer Pläner: Arme Rotomagensis-Schichten Rotomagensis-Schichten	Schichten mit *Ammonites Rotomagensis*	Système turonien: Dièves	Schicht H) und G) Schicht F)	Chalk marl (Discoïd. Stratum nach Wiest)	Groupe de l'Amm. navicularis: Zone de l'Ostrea biauriculata Zone de la Rhynch. compressa Groupe du Pecten asper: d. Zone du Turrilites costatus: Assise du Thecidium rugosum " de la Trigonia spinosa " de l'Archiacia sandalina " de l'Amm. Rotomagensis	Car. z. Th. Gardonien Rotomagien fehlt.
	Zone des *Scaphites aequalis*		Turriliten-Schicht Varians-Schichten	Schichten mit *Amm. varians, Mantelli* u. *Pect. Beaveri* od. Grünsand ohne Thoneisenstein		Schicht E)	Chlor. Marl and Chalk with Silic. grains (Scaph. Bed)	" du Scaphites aequalis " de la Trigonia daedalea " du Nautilus Largilliertanus	
	Zone der *Trigonia sulcataria* und des *Catopygus carinatus*	Unterer Pläner Grünsand und Conglomerat Unterer Quadersandstein	Grünsand mit *Belemnites ultimus* und *Avicula gryphaeoïdes* (Tourtia)	Tourtia oder Grünsand von Essen	Système cénomanien: Tourtia	Schicht D) Schicht C), B), A).	Upper Green Sand: Green Bed Crustacean Stratum Nautilus laevigatus Layer	c. Zone du Pygurus lampas: Assise du Turrilites undulatus " de la Trigonia sulcataria " du Pecten elongatus " des Zamia et Terebratula ovata " de la Perna lanceolata " de la Lima Reichenbachi " de l'Amm. falcatus b. Zone du Turrilites tuberculatus a. Zone de l'Ostrea vesiculosa	
	Zone des *Ammonites splendens* und *Belemnites minimus.*	Die Unterlage bilden krystallinische Gesteine	Flammenmergel (Gault)	Im Osten: Gault Im Westen bildet die Kohlenformation die unmittelbare Unterlage.	Meule (Systeme aachénien Dum.)	Gault.	Gault.	Die Unterlage bildet: Terrain jurassique supérieur.	

Terebratula biplicata Sow. 1815.

T. 21 (I), f. 1—6.

1815. *Terebratula biplicata* Sow., M. C. I, p. 201, t. 90.
1825. — *biplicata* Sow., M. C. V, p. 53, t. 437, f. 2, 3.
— — *obtusa* Sow., — — p. 53, t. 437, f. 4.
1836. — *faba* Sow. in Transact. Geol. Soc. IV, p. 338, t. 14, f. 10.
1839. — *ovoïdes* Gein., Charakt. I, p. 17, t. 8, f. 5 (nicht *ovoïd.* Sow.)
1841. — *curvirostris* A. Roem., Kreid., p. 42 (nicht *curvir.* Nilss.).
— — *ovoïdes* A. Roem., ibid. p. 42.
— — *biplicata* A. Roem., ibid. p. 43, z. Th. (Fundorte: Waterlappe bei Werl und England).
1847. — *sulcifera* Morr. & Dav., Ann. Mag. XX, p. 254, t. 18, f. 7.
— — *Dutempleana* Orb., Crét. IV, p. 93, t. 511, f. 1—8.
1850. — *ovoïdes* Gein., Quaders. p. 215, z. Th.
— — *biplicata* Gein., Quaders., p. 215 z. Th. (Fundort: Essen z. Th. (Waterlappe bei Werl).
1852. — *obesa* Dav., Cret. Br., p. 53 z. Th., t. 5, f. 16 (nicht f. 13—15).
1855. — *biplicata* Dav., Cret. Br., p. 55, t. 6, f. 1—44 (nicht f. 45—49).
— — *sulcifera* Dav. — — p. 64, t. 7, f. 17—20.
1856. — *biplicata* Boll., in Mekl. Arch. X, p. 41.
— — *biplicata var. obtusa* Boll., in Mekl. Arch. X, p. 41.
1863. — *obesa* Stromb. in Zeitschr. g. G. XV, p. 111.

Beschreibung. Von mittler Grösse bis sehr gross, länglich oval, meist etwas gerundet fünfeckig; die grösste Breite in der Mitte oder etwas näher nach der Stirn zu, die grösste Dicke ungefähr in der Mitte oder etwas näher nach dem Schnabel; die Oberfläche ist mit deutlichen, zuweilen dicht stehenden und stark markirten Zuwachslinien versehen und nach Davidson's Beobachtungen mit dichten strahlenförmigen Farbenstreifen unregelmässig verziert; gegen die Ränder hin treten zuweilen auch bei besonders guter Erhaltung der Oberfläche feine erhabene Radiallinien hervor. — Die ungefähr gleich stark gewölbten Klappen vereinigen sich an den Rändern in einer nach der Stirn zu gewöhnlich ziemlich stark gekrümmten Linie, welche an der Stirn selbst oft zwei starke Bogen nach der Seite der kleinen

Klappe besitzt. Die grössere, stärker gekrümmte Ventralklappe ragt, entsprechend diesen Bögen an der Stirn, meist ziemlich weit über die durch die übrigen Kanten gelegte Fläche vor, und besitzt meist einen flachen Sinus von grösserer oder geringerer Breite, der dann durch eine mittlere stumpfe Falte in zwei Theile getheilt wird. Die kleinere Rückenklappe ist in der Regel viel weniger gleichmässig gewölbt, indem sich etwa von der Mitte ab nach den Ecken der Stirn zwei sehr deutliche und oft ziemlich hohe, manchmal durch eine tiefe Furche von einander getrennte Falten in divergirender Richtung hinziehen, den beiden flachen Furchen im Sinus der anderen Klappe entsprechend. Der Schnabel der Bauchklappe ist sehr stumpf und so stark übergebogen, dass das Deltidium oft kaum sichtbar bleibt; er wird parallel zur Axe oder etwas schräg von einem mässigen Foramen abgestutzt, welches nach vorn (der Stirn zu) von einem niedrigen, aber ziemlich breiten Deltidium begrenzt wird. Die Schnabelkanten sind ganz abgerundet. — Die Schale ist von regelmässigen, sehr feinen und dichten Poren durchbohrt.

Der Brachialapparat ist kurz und erreicht nur etwa $^1/_3$ der Länge der kleinen Klappe. Er besteht aus zwei kräftigen, breiten, von der Schlossplatte vortretenden Lamellen, welche ziemlich stark divergiren und nahe ihrem Anheftungspunkte mit kurzen kräftigen Fortsätzen versehen sind; die ebenfalls sehr breiten rückkehrenden Lamellen schliessen sich in spitzem Winkel an diese an und stossen, nach der Bauchklappe aufgebogen, ohne eine horizontale Brücke in einem abgerundeten Winkel zusammen. Die Schlossplatte ist nur schwach entwickelt. Die Muskel- und Gefäss-Eindrücke sind bei jüngeren Exemplaren schwächer, bei älteren stärker markirt. In der grossen Klappe sind die Male der Adductor-, Retractor- und Peduncular-Muskeln in einer seichten, rundlichen Vertiefung vereinigt; in der kleinen Klappe machen sich besonders die Adductor-Male bemerklich, welche durch einen schmalen, erhöhten Zwischenraum getrennt sind, der durch eine vertiefte Mittellinie in zwei Theile getheilt wird.

Bemerkungen. In Bezug auf diese vielgenannte Art schliesse ich mich im Allgemeinen der Auffassung Davidson's an, dem ein sehr grosses Untersuchungs-Material zu Gebote gestanden hat. Indessen habe ich doch einige Bemerkungen beizufügen.

Die Synonymik betreffend ist Davidson 1855 in der zweiten Abtheilung seiner Monographie der britischen Kreide-Brachiopoden (p. 55) zu der Ansicht gekommen, dass Brocchi's *Anomia biplicata* und Sowerby's *Terebratula biplicata* wahrscheinlich eine und dieselbe Art seien, während er 1852 in der ersten Abtheilung (p. 53) sich Orbigny angeschlossen hatte, welcher annimmt, dass beide Arten von einander verschieden seien, und demgemäss für die mit der Sowerby'schen Form identische, im französischen Gault vorkommende Art den neuen Namen *Terebratula Dutempleana* einführt. — Inzwischen ist diese Frage auf einen anderen Standpunkt versetzt durch einen interessanten Aufsatz[1]), welchen wir den Herren Triger und dem seinen zahlreichen Freunden und einer unermüdlichen, für die Wissenschaft ausserordentlich erfolgreichen Thätigkeit leider zu früh entrissenen L. Saeman verdanken. Diese beiden Herren sind durch Untersuchung des Brocchi'schen Original-Exemplars der *Anomia biplicata*, welches sie auch Herrn Eug. Deslongchamps zur Untersuchung vorlegen konnten, zu der Ueberzeugung gelangt, dass dasselbe nicht, wie Brocchi[2]) angiebt, von San Quirico in Toscana stammt, sondern dass der italienische Gelehrte das Exemplar höchst wahrscheinlich aus dem Lias des westlichen Frankreichs erhalten und später verwechselt hatte. Nach Deslongchamps's Ansicht würde das Exemplar, welches Saemann und Triger a. a. O. von Neuem haben abbilden lassen, wahrscheinlich mit der liasischen *T. indentata* Sow. übereinstimmen, und kann daher jetzt von der Identität der Typen Brocchi's und Sowerby's um so weniger die Rede sein, als beide sogar verschiedenen Sectionen oder Untergattungen von *Terebratula* (im weiteren Sinne) angehören. Da indessen die specifische Uebereinstimmung der Brocchi'schen Art mit *T. indentata* Sow. nicht mit voller Sicherheit festzustellen ist (cf. Eug. Desl., Pal. franç., terr. jur., Brach., p. 136), so dürfte der Brocchi'sche Name *Anomia biplicata* am Zweckmässigsten ganz unberücksichtigt bleiben, so dass die Sowerby'sche *Terebratula biplicata* ganz unbeanstandet diesen Namen behalten kann. Wenn nun so auch ein Theil der Schwierigkeiten, welche die Synonymik unserer Art darbietet, beseitigt ist, so ist dieselbe damit doch noch keineswegs vollständig klar gestellt. Vielmehr stellt sich jetzt die Frage entgegen, ob Orbigny und Davidson dieselben Arten vor Augen gehabt haben; die Beantwortung dieser Frage scheint nicht ganz leicht und einfach. Orbigny betrachtet als ident mit Brocchi's *Anomia biplicata* eine Art, welche er als *Terebratula biplicata* in sein „étage cénomanien" stellt, während diejenige Art, unter deren Synonymik er *Terebratula biplicata* Sow. aufzählt, aus dem „étage albien" stammt. Dass diese beiden Orbigny'schen Namen wirklich zwei verschiedene Arten bezeichnen, scheint kaum zweifelhaft; ebenso dürfte nach dem Obigen feststehen, dass Orbigny's *Ter. biplicata* nicht dem

[1]) Sur les Anomia biplicata et vespertilio de Brocchi, im Bull. géol. Fr., 2, XIX, p. 160, t. 2.

[2]) Conchol. foss. subapp., p. 469, t. 10, f. 8.

Brocchi'schen Typus entspricht. Wie verhalten sich nun aber diese beiden französischen Arten zu der englischen? Davidson betrachtet mit Orbigny des Letzteren *T. Dutempleana* aus dem Albien als ident mit der englischen *biplicata*, welche er aus dem englischen Gault, Upper Green Sand, Lower Chalk citirt, zweifelhaft sogar schon aus dem *Lower Green Sand.* Indessen scheinen mir die abgebildeten Exemplare aus der letzteren Schicht durch ihren geraden Schnabel genügend als abweichend und mehr in die Verwandtschaft der *Ter. sella* gehörig charakterisirt. Dagegen liegt mir eine Anzahl englischer Exemplare aus dem Gault von Cambridge (also von der von Sowerby citirten Localität) vor, welche ich allerdings in keiner Weise von den verschiedenen in unseren cenomanen Schichten vorkommenden Varietäten zu unterscheiden weiss. Zwar zeigen dieselben ebenso, wie Davidson's Abbildungen die grösste Breite der Schale mehr aus der Mitte nach der Stirn gerückt, als dies bei *T. Dutempleana* gewöhnlich der Fall zu sein scheint; indessen erweist sich dies Merkmal als durchaus inconstant und kann daher nicht zur specifischen Unterscheidung beider Formen Veranlassung geben. Ich schliesse mich daher Davidson an, der *Terembratula Dutempleana* Orb. als Varietät von *biplicata* Sow. betrachtet.

Für entschieden abweichend von der Sowerby'schen Art halte ich in Uebereinstimmung mit Davidson und mit Orbigny selbst die typische Orbigny'sche sogenannte *T. biplicata*, von der mir zahlreiche schöne Exemplare von mehren französischen Localitäten zur Vergleichung vorliegen. Davidson stellt diese mit einigem Zweifel als Synonym zu seiner *T. Tornacensis* var. Roemeri; indessen dürfte sie doch von dieser verschieden und, wie ich unten zeigen werde, vielmehr dieselbe Art sein, welche Lamarck als *Terebr. phaseolina* bezeichnet und von welcher Archiac verschiedene Formen als *Terebratula revoluta* etc. beschrieben hat.

Demnach würden meiner Ansicht zufolge — abgesehen von den oberjurassischen und neocomen Arten, deren Verschiedenheit von den meisten Autoren seit lange anerkannt ist — hauptsächlich drei verschiedene Arten vorliegen, welche bei den Erwägungen über die Synonymik des Namens *Terebr. biplicata* in Betracht zu ziehen waren:

1) *Anomia biplicata* Brocchi, eine liasische Art, wahrscheinlich = *Ter. indentata* Sow.
2) *Terebratula biplicata* Sow., Dav., aus englischem Gault, Upper Green Sand, etc., nebst der synonymen *Ter. Dutempleana* Orb. aus französischem Gault.
3) *Terebratula biplicata* Orb. aus französischen Cenoman - Schichten, welche als synonym mit *Ter. phaseolina* Lam. zu betrachten ist.

Von diesen ist die zweite als Typus beizubehalten. — Es könnte hiernach den Anschein gewinnen, als wäre die in England und Deutschland so häufige *Ter. biplicata* in den französischen Cenoman-Schichten gar nicht vorhanden, was jedenfalls eine auffallende Thatsache wäre. Indessen ist dies eben nur anscheinend, indem meiner Ansicht nach in Frankreich die echte, der englischen entsprechende *biplicata* unter dem Orbigny'schen Namen *biplicata* gewöhnlich mit einbegriffen wird; auch Orbigny selbst wird dies wahrscheinlich gethan haben, denn es ist kaum anzunehmen, dass er die echte *T. biplicata*, die im französischen Cenomanien durchaus nicht selten ist, nicht gekannt hätte. Viele französische Paläontologen sind sich wohl bewusst, dass man dort zwei verschiedene Arten unter einem Namen vereinigt; so unterschied z. B. Saemann bei seinen Versendungen in den letzten Jahren sehr wohl zwischen dem Orbigny'schen Typus der *biplicata* und der echten Sowerby'schen Art, von der mir eine grössere Anzahl theilweise durch Saemann erhaltener, deutlich charakterisirter Exemplare aus cenomanen Schichten des nördlichen Frankreichs, z. B. von Fécamp, Cap-la-Hève bei Havre, Rougefort bei Licques (Pas-de-Calais), etc. vorliegen.

Dass *Terebratula obtusa* und *faba* Sow. (nicht *faba* Orb.) von *Ter. biplicata* nicht zu trennen sind, halte ich durch Davidson's Beobachtungen für erwiesen. Ebenso schliesse ich mich vollständig dessen Ansichten über das Verhältniss zu *Ter. semiglobosa* Sow., *praelonga* Sow., *sella* Sow. und *Tornacensis* Arch. an, wie er dieselben bei Besprechung der betreffenden Arten auseinander gesetzt hat; ich halte dieselben sämmtlich für gut charakterisirte Species. Wenn Dr. Herm. Credner nicht nur *Ter. Carteronana* und *sella*, sondern auch die jurassischen Arten *T. subsella*, *bisuffarcinata* und selbst *T. humeralis* nicht scharf davon trennen zu dürfen glaubt, von denen die letzte meiner Auffassung zufolge einer ganz anderen Gattung oder wenigstens Untergattung (*Macandrewia* King = *Waldheimia* Eug. Desl., nicht *Waldh.* King) mit sehr verschiedener innerer Organisation angehört, so würde man demgemäss auf specifische Unterscheidungen zwischen den sogenannten biplicaten Terebrateln, ja schliesslich überhaupt zwischen allen ungerippten Terebrateln gänzlich verzichten müssen — eine Ansicht, die unter denjenigen Paläontologen und Zoologen, welche den Begriff der Species nicht ganz leugnen, wohl kaum Anhänger finden dürfte.

Auch Ooster vereinigt in seiner übrigens sehr verdienstlichen Schrift über die Brachiopoden der Schweizer Alpen[1]) allerlei Formen mit *Terebr.*

[1]) W. A. Ooster, Synopsis des Brachiopodes fossiles des Alpes Suisses, p. 22.

biplicata, die gewiss nicht dazu gerechnet werden dürfen; so z. B. die Mehrzahl der auf t. 6 abgebildeten Exemplare, die sich durch ein ausserordentlich grosses Foramen auszeichnen, wie es in den entsprechenden Altersstufen bei der echten *biplicata* Sow. nicht vorkommt; t. 7, f. 9 gehört ihrem inneren Bau nach gar nicht zu den echten Terebrateln im engeren Sinne, u. s. w.

Schwierig ist das Verhältniss zwischen *Ter. biplicata* und *obesa* Sow. *Terebratula obesa* wurde ursprünglich von Sowerby aus der oberen Belemniten-Kreide (*Chalk*) von Norton Bevant bei Warminster beschrieben[1]) und Davidson gibt an, dass ganz übereinstimmende Exemplare in der gleichen Schicht sich bei Norwich finden, bildet auch drei Exemplare (l. c. t. 5, f. 13—15) von dieser letzteren Localität ab. Zugleich vereinigt er aber mit dieser Art ein Vorkommen aus dem *Upper Green Sand* von Warminster (l. c. t. 5, f. 16), dessen Zugehörigkeit mir aus verschiedenen Gründen zweifelhaft erscheint. Zunächst muss es schon einiges Bedenken erregen, anzunehmen, dass eine Art in zwei ihrer Ablagerungszeit nach so weit aus einander liegenden Bildungen, wie der *Upper Green Sand* (unterer Pläner) und *Chalk* (obere Kreide mit *Belemnites mucronatus*) in gleicher Weise verbreitet sein sollte, während weder sie selbst noch eine ihr wenigstens sehr nahestehende Art in den Zwischenschichten, die im Uebrigen sehr reich an Brachiopoden sind, vorhanden ist; an die Erklärung einer solchen Erscheinung durch die Theorie der Colonien kann man in diesem Falle nicht wohl denken. Indessen selbst abgesehen von diesem Umstande scheint nach dem mir vorliegenden Materiale die Art der oberen Kreide auch durch ihre äusseren Merkmale wohl unterscheidbar, namentlich durch den Bau des Schnabels. Während dieser bei den Formen aus dem unteren Pläner, welche die grösste Aehnlichkeit mit Davidson's t. 5, f. 16 zeigen, plumper und breiter, auch weniger schräg abgestutzt ist, als bei denen aus der oberen Kreide, die den Figuren 13—15 entsprechen, ist bei letzteren der Theil des Schnabels, unter welchem sich das Deltidium befindet, stark zungenförmig vorgezogen; zugleich verdickt sich dabei der innere Rand des Foramens sowie das Deltidium ausserordentlich stark, so dass ein Foramen von 8 Millim. äusserem Durchmesser nur eine 3 Mm. weite, trichterförmig nach aussen sich öffnende Röhre für den Fussmuskel besitzt. Dazu kommt, dass bei der Art der oberen Kreide beide Klappen gewöhnlich einen weniger stumpfen Schlosskanten-Winkel besitzen und dass überhaupt ihre ganze Gestalt schlanker, namentlich im Verhältniss zur Länge weniger breit ist, als in der Regel bei der Art des unteren Pläners. Auch die Aufbiegung der

[1]) Sowerby, Min. Conch. V, p. 54, t. 438, f. 1; 1825.

Stirn nach der Seite der kleinen Klappe und die zwischen den Falten der letzteren befindliche Furche bildet sich nicht so stark aus wie gewöhnlich bei der Art aus dem tieferen Niveau. Ich möchte daher beide Formen für specifisch von einander verschieden halten, und zwar würde für die jüngere (aus der oberen Kreide), welche übrigens bereits von A. Roemer[1]) richtig erkannt und dann von Hagenow als *T. Sowerbyi* sehr gut beschrieben ist[2]), nach Davidson's Darstellung der Name *T. obesa* beizubehalten sein, während es mir kaum zweifelhaft erscheint, dass die betreffenden, auch bei uns sehr seltenen, aber z. B. in der Tourtia bei Dresden in ausgezeichneter Weise vorkommenden grossen Exemplare der Cenoman-Schichten als Riesenformen zu *Terebr. biplicata* gezogen werden müssen; auch Davidson hielt seiner Zeit diese Ansicht schon für sehr wahrscheinlich. Solche Riesenformen finden sich in gleicher Weise auch in den cenomanen Bildungen, welche in Belgien über der Tourtia folgen (*marnes nerviennes* Dumont), wie ein mir von dort mitgetheiltes Exemplar beweist. — Wenn Hagenow a. a. O. die Art der rügianischen Kreide für gänzlich verschieden von *T. obesa* Sow. erklärt, so kommt dies wahrscheinlich daher, dass er sie mit der in Frankreich gewöhnlich als *T. obesa* bezeichneten Art verglich (vide Boll in Mekl. Arch. X, p. 43), die gerade für die oben besprochene grosse Varietät der *biplicata* wird gehalten werden müssen. — Auch Strombeck ist der Ansicht[3]), dass sich die typische Form der oberen Kreide von derjenigen des unteren Pläners gut abscheidet, behält dabei jedoch einstweilen für beide den Species-Namen *obesa* bei; früher begriff er die dem Lager nach ältere Form mit unter dem Namen *biplicata*, und nur als Varietät dieser Art muss auch ich die mir augenblicklich vorliegenden Exemplare aus dem Eisenbahndurchstiche bei Neuwallmoden betrachten, welche ihm zu der Bemerkung (a. a. O. p. 111 unten) Veranlassung gegeben haben; die Unterschiede dieser Varietät von der typischen *biplicata* scheinen durchaus nicht constant. — Oberbergrath Heinr. Credner[4]) lässt die Formen verschiedener Schichten ebenfalls noch unter dem Namen *T. obesa* vereinigt

[1]) Kreideg., p. 43; 1841.

[2]) Hagenow (im „neuen Jahrb.," 1842, p. 541) beschreibt namentlich die Radiallinien dieser Art, die auch Davidson so schön zur Darstellung gebracht hat, sehr treffend. Die feine Körnung der Schalenoberfläche, die er ausserdem erwähnt, wird, wie mir vorliegende Typen von Rügen beweisen, durch die punktirte Schalenstructur hervorgebracht, indem die sehr feinen Poren, wenn die oberste Schalenlage entfernt ist, von einem erhabenen Rande umgeben erscheinen.

[3]) Zeitschr. d. deutsch. geol. Ges. 1863, XV, p. 111 und 160.

[4]) Erläuterungen zur geogn. Karte der Umgegend v. Hannover, p. 40; 1865.

und führt dagegen *T. biplicata* aus der Gegend von Hannover, wo ich sie z. B. im unteren Pläner mit *Ammonites Rotomagensis* bei Rethen sehr charakteristisch gesammelt habe, gar nicht an. *Terebr. obesa* citirt er aber ausserdem auch aus dem (oberen) „Brongniarti-Pläner", in welchem ich zwar Tausende von Exemplaren der *Ter. semiglobosa* Sow., die Credner nur aus dem „Rotomagensis-Pläner" kennt, gesammelt habe, aber nie eine Spur von *Ter. obesa.* Sollte dabei vielleicht eine Verwechselung mit der allerdings manchmal der *Ter. obesa* etwas ähnlich werdenden *Ter. Carteri* Dav. untergelaufen sein, welche in unserem norddeutschen „Brongniarti-Pläner" nicht sehr selten vorkommt?

Eine Form muss ich noch hervorheben, welche Davidson als selbstständige Art betrachtet, die ich aber nach dem mir vorliegenden Materiale nur als eine Varietät der *Ter. biplicata* ansehen kann. Ich meine *Ter. sulcifera* Morris. Zwar liegen mir keine englischen Typen dieser Art vor, doch habe ich das Modell eines englischen Exemplars (im Museum zu Dresden) sowie französische Exemplare untersucht, welche von den französischen Paläontologen als ident mit der Morris'schen Art betrachtet werden; diese stimmen sehr genau mit gewissen, im Grünsande von Essen (Berl. Mus.) und Uebingsen (Münst. Akad.) in Westphalen, bei Quedlinburg (Ew. Samml.) und in der Tourtia der Umgegend von Dresden (Dresd. Mus., Schloenb. Samml.), besonders im Tunnel von Oberau aufgefundenen Exemplaren überein, welche ich wegen der deutlichsten vorhandenen Uebergangsformen auf *T. biplicata* zurückführen zu müssen glaube. Geinitz bezeichnete solche früher als *Ter. ovoïdes* und hat eine den Figuren Davidson's ausserordentlich ähnliche Abbildung derselben veröffentlicht. Nicht ohne Bedenken reihe ich hier noch einige Formen an, von denen mir nur geringes Material zu Gebote steht; ich meine namentlich die von A. Roemer als *Ter. curvirostris* [1]) beschriebene Art, von der mir das kleine, schlanke, mit einem sehr stark übergebogenen Schnabel versehene Original-Exemplar aus der Römer'schen Sammlung vorliegt. An dieses dürften sich einige grössere Exemplare aus dem Grünsande von Fröhmern bei Unna zunächst anschliessen. Alle diese zeichnen sich theils durch ihre flachen Klappen, theils durch die nicht deutlich biplicate Stirn in eigenthümlicher Weise aus.

Die übrigen Varietäten sowie die verschiedenen Altersstufen der *Ter. biplicata* hat Davidson ausführlicher beschrieben, so dass ich nicht mehr näher darauf einzugehen brauche.

---

[1]) A. Roem. Kreideg. p. 42.

Vorkommen. *Terebratula biplicata* ist in der cenomanen Kreide ausserordentlich verbreitet und kommt darin fast überall, wo dieselbe nachgewiesen ist, ziemlich häufig vor. Auffallender Weise ist sie in dem Grünsande der Umgebungen von Essen selbst sehr selten; namentlich habe ich die typische Form von dort noch nicht gesehen. Dagegen findet sie sich sehr deutlich und charakteristisch z. B. im Grünsande von Schelk bei Unna (Münst. Ak.), sowie bei der Waterlappe unw. Werl in Westphalen. Im Grünsande des Harzes ist sie ungemein häufig, und zwar findet sie sich dort in den mannigfaltigsten, zum Theil sehr eigenthümlichen Formen. In der Tourtia der Gegend von Dresden kommt sie nicht häufig, aber in sehr ausgezeichneten Exemplaren vor, welche theils den von Davidson unter *Ter. obesa* mit einbegriffenen, theils den als *Ter. sulcifera* Morr. unterschiedenen Varietäten entsprechen. Ausser dem Grünsande findet sie sich überall im eigentlichen unteren Pläner mit *Amm. varians* und *Mantelli*, sowie in dem mit *Amm. Rotomagensis*. Aus jüngeren Schichten dagegen habe ich sie noch nie gesehen, wie sie bei uns auch noch nicht im Gault aufzutreten scheint. Zwar giebt neuerdings Fischer-Benzon[1]) *Ter. biplicata* auch aus dem dänischen Faxekalken, also aus den jüngsten Schichten der Kreideformation an; doch ist darunter wahrscheinlich *T. obesa* zu verstehen, die dieser Autor nicht erwähnt, die aber nicht sehr selten darin vorzukommen scheint, wie ein mir vorliegendes sehr ausgezeichnetes und charakteristisches Exemplar aus der Sammlung des Herrn Prof. Dunker zu Marburg, sowie einige andere im Museum zu Dresden und im Hof-Mineralien-Cabinet zu Wien befindliche beweisen.

Terebratula phaseolina Lam. 1819.

1819.	*Terebratula*	*phaseolina* Lam., An. s. Vert. VI, p. 251.	
1841.	—	*sella* A. Roem., Kreid. p. 43 z. Th. (Fundort: Essen).	
1843.	—	*sella* Gein., Charakt. IV, p. 17.	
1846.?	—	*lentoïdea* Reuss, Verst. II, p. 53, t. 26, f. 13.	
1847.	—	*biplicata* Orb., Crét. IV, p. 95, t. 511, f. 9—15.	
—	—	*phaseolina* Orb., Crét IV, p. 105.	
1848.	—	*revoluta* Arch., in Mém. géol. Fr. 2, II,	p. 322, t. 19, f. 3.
—	—	*Roysii et var.* Arch. — — —	p. 321, t. 19, f. 4, 5.
—	—	*Virleti* Arch. — — —	p. 321, t. 19, f. 6.
—	—	*subpectoralis* Arch. — — —	p. 325, t. 19, f. 9.
—	—	*Tchihatcheffi et var.* Arch. — — —	p. 328, t. 20, f. 8, 9.
—?	—	*Léveilléi* Arch. — — —	p. 329, t. 20, f. 11.

[1]) Ueber das relative Alter des Faxekalkes, 1866, p. 18.

1850. *Terebratula bucculenta* Gein., Quadersandst., p. 216.
— — *phaseolina* Dav., in Ann. Mag. 2, V, p. 439, t. 13, f. 29.

Eine genauere Beschreibung dieser Art zu geben, nachdem dieselbe von Orbigny und Archiac mehrfach abgebildet und beschrieben ist, darf ich unterlassen, und beschränke mich daher auf einige

Bemerkungen über die Synonymik und das Verhältniss zu den nächstverwandten Arten. Nachdem der Name *Terebratula phaseolina* Lam. von den Geognosten des westlichen Frankreichs oft gebraucht war, vielleicht ohne dass man immer dieselbe genau begrenzte Art darunter verstand, stellte Orbigny, welcher diesen Lamarck'schen Namen als Synonym von *Anomia biplicata* Brocchi betrachtete, die Art unter dem Namen *Ter. biplicata* bestimmter fest. Gleichzeitig wurde Archiac's Abhandlung über die Fossilreste der belgischen Tourtia verfasst, worin die ganze Reihe der Varietäten, welche unsere Art bildet, unter mehren neuen Speciesnamen beschrieben sind, während der alte Lamarck'sche Name unberücksichtigt geblieben ist. Nicht lange nachher hatte Davidson Gelegenheit, die Originale der Lamarck'schen Brachiopoden-Arten zu untersuchen; er erkannte hierbei, dass die Art, zu welcher Orbigny *T. phaseolina* als Synonym gestellt hatte, allerdings der Lamarck'schen Art entspricht, verwarf aber mit Recht den von Orbigny angenommenen Brocchi'schen Namen, den er als sehr ungenügend bekannt und sehr zweifelhaft bezeichnete; man vergleiche darüber das bei *T. biplicata* Sow. Mitgetheilte. In neuerer Zeit hat man im westlichen Frankreich — wahrscheinlich in Folge jener Arbeit Davidson's — den Lamarck'schen Typus sehr richtig erkannt; es ist eine Form, welche vorzüglich in den jüngsten Cenoman-Schichten zunächst unter der Zone des *Inoceramus labiatus* — z. B. in den Umgebungen von Mans (Sarthe) — ziemlich häufig vorkommt, und welche allerdings der Abbildung des Lamarck'schen Typus, die Davidson veröffentlicht hat, vollkommen entspricht. Indessen scheint diese Form nicht, wie man häufig annimmt, auf diesen einen Horizont beschränkt; denn in den Schichten, welche durch *Turrilites undulatus* und *Trigonia sulcataria* bezeichnet werden, kommt eben dort in Menge eine Art vor, welche der Typus der Orbigny'schen *T. biplicata* ist. Diese Form stimmt in ihren zahlreichen Varietäten so sehr mit dem Typus und den Varietäten der *phaseolina* in der höheren Schicht überein, dass ich beide nicht von einander zu unterscheiden vermag. Zwar zeigen seine Typen aus den älteren Schichten, zumal bei grossen Exemplaren, meist etwas stärkere und höhere Falten; doch kommt das auch bei den jüngeren Typen der *phaseolina* ebenso vor, und umgekehrt fehlt dieser Charakter oft bei dem Orbigny'schen Typus. Zudem finden sich gleiche Formen auch in den zwischenliegenden Schichten, so dass die verticale Verbreitung der Art keineswegs unterbrochen erscheint.

In Deutschland hat man unsere Art bisher oft verkannt; A. Roemer scheint dieselbe zur Zeit der Ausarbeitung seiner „Versteinerungen des norddeutschen Kreidegebirges“ ganz fremd geblieben zu sein. Reuss hat ein junges Exemplar aus dem böhmischen unteren Pläner, welcher der Tourtia entspricht, als *Ter. lentoïdea* Leym. abgebildet, ein Name, dessen richtige Deutung nicht ganz sicher festzustehen scheint, da derselbe von verschiedenen Autoren zu verschiedenen (meist Neocom-) Arten als Synonym gerechnet wird. Geinitz, der anfänglich unsere in Rede stehende, im unteren Pläner (Tourtia) von Plauen bei Dresden häufig vorkommende Art für ident mit *Ter. sella* Sow. hielt, glaubte später zu erkennen, dass dieselbe am Genauesten mit Sowerby's Abbildung der *Ter. bucculenta* übereinstimmte, zu welcher er auch *T. pectoralis* A. Roem. zog. Indessen wurde ja seitdem durch Morris und namentlich durch Davidson nachgewiesen, dass *T. bucculenta* Sow. eine ganz verschiedene jurassische Art ist, während *T. pectoralis* A. Roem. mit *Megerleïa lima* Defr. sp. zusammenfällt. (Vgl. unten diese Art.) — Uebrigens findet man unsere Art in deutschen Schriften wenig erwähnt, da sie im Allgemeinen nicht sehr verbreitet und häufig ist.

Die nächsten Verwandten der *T. phaseolina* sind wohl unstreitig *T. sella*, *T. Tornacensis* und *T. biplicata.* Die Unterschiede von ersterer Art hat Orbigny angegeben. Es ist nicht zu leugnen, dass gewisse Formen beider einander ausserordentlich nahekommen, doch scheint der längere, ganz gerundete und nicht mit Kanten versehene Schnabel, welcher weiter vorsteht und ein ziemlich hohes Deltidium sichtbar lässt, bei der Art der unteren Kreide (Neocom und Gault) ein constantes Merkmal zu sein; ich glaube mich deshalb nicht der Ansicht Dr. Herm. Credner's anschliessen zu dürfen, der *Ter. sella* mit *biplicata* — worunter er ohne Zweifel auch Formen wie *T. phaseolina* begreift — vereinigt. — Auffallender sind schon die Unterschiede von *T. Tornacensis*; die Form der letzteren, wie sie bei Essen vorzugsweise vorkommt (*var. Roemeri* und *crassa*) steht der *phaseolina* durch ihren nicht sehr langen und mässig vorragenden Schnabel näher, während sie sich durch ihre weniger eckigen Umrisse und die mehr divergirenden Falten unterscheidet; dagegen ist die typische Form der *Tornacensis* der Lamarck'schen Art in Bezug auf die Gestalt und die Falten ähnlicher, weicht aber durch den langen, fast geraden Schnabel sehr ab. Zudem besitzen beide Formen der *Tornacensis* ein viel grösseres Foramen. Auch Davidson (Cret. Br. p. 62) hält die specifische Identität der Lamarck'schen

Art mit *T. Tornacensis* für sehr zweifelhaft und spricht sich namentlich gegen die Vereinigung der letzteren mit *T. revoluta, Virleti* etc. aus, welche ich, wie schon oben erwähnt, nicht von der Lamarck'schen *phaseolina* specifisch zu trennen vermag. — Von der typischen Sowerby'schen *T. biplicata* ist *T. phaseolina* durch ihre meist sehr ausgesprochen fünfeckige, breite Gestalt, durch ihre schmalen und oft hoch vorragenden, fast parallelen Falten und schmale Stirn, durch den nicht so stark übergebogenen und fast immer mit deutlichen, wenn auch stumpfen Kanten versehenen Schnabel leicht zu unterscheiden. — Von anderen ähnlichen Arten wäre etwa noch *T. Carteri* Dav. zu nennen; indessen lässt eine Vergleichung der Abbildung dieser Art bei Davidson die abweichenden Merkmale leicht erkennen.

Vorkommen. *T. phaseolina* Lam. findet sich ziemlich selten (und zwar vorzugsweise in der von Archiac als *T. revoluta* bezeichneten Form) in der Tourtia von Essen (Berl. Bergak.) und nur ganz vereinzelt in derjenigen der Gegend von Quedlinburg (Goldbachsthal bei Langenstein). Dagegen kommt sie häufig und in allen Varietäten, namentlich aber in den dem Typus Lamarck's entsprechenden Formen vor: im „unteren Pläner" von Plauen und von Oberau unw. Dresden (Dresd. Mus.); in dem diesen unteren Pläner unterteufenden „unteren Quader" bei Welschhufa und Bannewitz unw. Dresden (Dresd. Mus.); ferner in Böhmen in der Tourtia bei Weisskirchlitz (Reuss) [1]), bei Korycan, Holubice und Klein Herrendorf (Knêživka) (Prag. Mus.). — In der Tourtia von Belgien häufig. — Aus französischen Cenoman-Schichten verschiedenen Alters habe ich zahlreiche Exemplare gesammelt, die mit den norddeutschen vollständig übereinstimmen, namentlich von Rougefort bei Licques (Pas-de-Calais), Mans, Yvré-l'Evêque (Sarthe), Escragnolles (Var). — Dagegen scheint sie in England nicht vorzukommen.

---

[1]) Unter *Terebratula lentoïdea* scheint Prof. Reuss ausser Jugendformen der *Ter. phaseolina* auch eine *Morrisia* mit einbegriffen zu haben, welche vielleicht mit der von Davidson aus dem englischen oberen Grünsande beschriebenen übereinstimmt; wenigstens liegen im k. k. Hof.-Min.-Cab. zu Wien einige kleine Exemplare einer der *Morrisia Suessi* sehr nahestehenden Art aus dem „unteren Pläner" von Weisskirchlitse mit der Bezeichnung „*Terebratula lentoïdea* Leym.", welche aus der Sammlung des Herrn Prof. Reuss stammen. — Wien, 25. März 67. U. Schl.

Terebratula Tornacensis Arch. 1848.

T. 21 (I), f. 8.

1841.	*Terebratula subundata* A. Roem., Kreid., p. 42, t. 7, f. 15 (nicht *T. subund.* Sow.).	
1848.	—	*Tornacensis* Arch., in Mém. géol. Fr. 2, II, p. 316, t. 18, f. 3—5.
—	—	*Roemeri* — — — — — — p. 318, t. 18, f. 6.
—	—	*Bouéi* — — — — — — p. 317, t. 18, f. 7.
—	—	*crassa* — — — — — — p. 318, t. 18, f. 8, 9.
—	—	*crassificata* — — — — — p. 319, t. 19, f. 1.
—	—	*rustica* — — — — — — p. 320, t. 19, f. 2.
1850.	—	*biplicata* Gein., Quaders., p. 214 z. Th. (Fundorte: Essen, Belgien).
1852.	—	*biplicata* Quenst., Handb. p. 473, t. 35, f. 45.
1854.	—	*Tornacensis* F. Roem., in Zeitschr. g. Ges. VI, p. 136.
1855.	—	*Tornacensis var. Roemeri* Dav., Cret. Br., p. 61, t. 7, f. 11—16, t. 9, f. 1—8.
—	—	*Tornacensis?* Dav., Cret. Br., t. 9, f. 36.
1859.	—	*Tornacensis var. crassa* Stromb., in Zeitschr. g. Ges. XI, p. 39.

Bemerkungen. Auch diese Art ist von Davidson als *T. Tornacensis? var. Roemeri* gut und ausführlich behandelt.

Leider ist es mir nicht gelungen, genügendes Vergleichsmaterial der echten *Terebratula Tornacensis* Arch. aus der belgischen Tourtia zusammenzubringen, um zu einer ganz festen Ansicht über die Frage zu kommen, ob die Unterschiede der *T. Roemeri* Arch. von jener von Davidson beschriebenen Art constant sind, oder ob sich bei Tournay Uebergänge zwischen beiden finden; die Abbildungen lassen letzteres jedoch vermuthen. Freilich liegt mir eine grosse Anzahl von Terebrateln (etwa 60 Ex.) aus der deutschen Tourtia vor, unter denen sich kein einziges Stück befindet, welches die extremste Form der typischen *T. Tornacensis* von Tournay erreicht, wie sie Archiac abbildet und wie sie fast noch auffallender ein in meiner Sammlung befindliches Exemplar von dort zeigt. Die Hauptunterschiede scheinen in dem noch längeren, schlankeren und geraderen Schnabel, in den gewöhnlich noch stärker ausgebildeten und fast parallel laufenden, mehr einander genäherten Falten der belgischen Typen zu liegen, welche bei der norddeutschen Form meistens mehr divergiren und eine breitere Stirn einschliessen. Indessen scheinen doch Archiac's Figuren, nach denen sich schwer eine scharfe Grenze ziehen lassen dürfte, sowie Davidson's mit zahlreichem Materiale angestellte Untersuchungen und einige weitere mir vorliegende belgische Exemplare kaum einen Zweifel daran übrig zu lassen, dass wirklich Uebergänge zwischen beiden Formen existiren. Auch A. Roemer's Beschreibung und Abbildung seiner *T. subundata* von

Essen, welche Archiac ausdrücklich als Typus seiner *T. Tornacensis* bezeichnet, nähert sich, obgleich sie in mancher Beziehung mehr mit den gewöhnlichen Essener Exemplaren übereinstimmt, doch sehr der extremen belgischen *Tornacensis*, so dass ich nicht wagen möchte, unsere Form — etwa = *T. Roemeri* Arch. — von *T. Tornacensis* specifisch abzutrennen, sondern beide vereinigt lasse und mich begnüge, zu constatiren, dass die grosse Mehrzahl unserer Exemplare eine ziemlich markirte Varietät bildet. — Archiac selbst hielt ja nicht für unwahrscheinlich, dass wenigstens *T. Roemeri* und *Bouéi* nur Varietäten seiner *Tornacensis* seien. — In derselben Weise fasst auch Strombeck a. o. a. O. das Verhältniss auf.

Von anderen nahestehenden Arten (*T. obesa*, *biplicata*, *sella*) unterscheidet sich *T. Tornacensis* leicht durch den geraderen vorstehenden Schnabel mit seinem sehr grossen Foramen; von *T. praelonga* Sow. durch viel breitere Form, u. s. w.

Die Artbegrenzung bei Geinitz, der alle diese sowie ausserdem noch *T. Robertoni* unter dem Namen *T. biplicata* vereinigt, und noch mehr bei Orbigny, der ausserdem noch eine Reihe von Archiac unterschiedener Arten als Synonyma betrachtet, dürfte zu weit gefasst sein.

Die feinen Streifen auf der Schalenoberfläche sind an gut erhaltenen Exemplaren, wenn auch nicht so deutlich, wie bei der folgenden Art, stets gut zu beobachten; an den Schlosskanten nehmen dieselben oft die Form zarter Runzeln an, wie solche bei *Ter. Robertoni* und in noch entwickelterer Weise bei *Ter. arcuata* (s. u,) vorkommen.

An einem meiner Exemplare von Essen, welches einer sehr breiten Varietät angehört, ist es mir gelungen, das Armgerüst freizulegen, von dem auch Quenstedt schon eine Abbildung nach einem Exemplare von Frohnhausen zu Essen, wo dieselben meistens hohl oder mit feinem Sande ausgefüllt sind, veröffentlicht hat. Dasselbe hat in jeder Beziehung grosse Aehnlichkeit mit demjenigen von *Terebratula biplicata*, wie solches von Davidson (Cret. Br., t. 6, f. 7) dargestellt ist. Die vortretenden, absteigenden Lamellen der Schleife (*branches ascendantes* Eug. Desl.; „Hörner" bei Quenst.) divergiren etwas stärker als bei *T. biplicata;* die einander sich zuneigenden, sehr rudimentären dornartigen Fortsätze derselben, deren Vorhandensein Quenstedt bei seinem Exemplare ganz leugnet, befinden sich nahe den Anheftungspunkten; die sehr breiten rückkehrenden Lamellen (*branches récurrentes* Eug. Desl.) schliessen sich unter einem spitzen Winkel an die vortretenden an, convergiren stark gegen einander und sind durch eine gerade, kurze Brücke mit einander verbunden. Die Muskeleindrücke, welche denen von *Ter. biplicata* (Dav. Cret. Br., t. 6, f. 10) sehr ähnlich sind und keine besondere Eigenthümlichkeit erkennen lassen, sind vorzüglich an Steinkernen deutlich zu beobachten.

Vorkommen. Wie schon Strombeck bemerkt hat, ist *T. Tornacensis* in Norddeutschland auf das tiefste Niveau der Cenoman-Bildungen, die Tourtia oder den Grünsand von Essen, die Zone des *Catopygus carinatus* und der *Trigonia sulcataria* beschränkt, worin sie häufig ist; dagegen ist das Vorkommen im Grünsand des nördlichen Harzrandes, woher Strombeck diese Art ebenfalls anführt, wohl in Frage zu stellen, da ich unter sehr zahlreichen Brachiopoden von dort kein Exemplar gesehen habe, das man mit Sicherheit als *Ter. Tornacensis* bestimmen dürfte; was dafür gehalten wurde, dürfte vielmehr zu *Ter. biplicata* zu rechnen sein. In der Tourtia Sachsens und Böhmens scheint sie ebenfalls gänzlich zu fehlen. — Im gleichen Niveau wie bei Essen findet sich *T. Tornacensis* in Belgien, sowie nach Davidson in England, wo jedoch die typische Form, die auch bei uns äusserst selten ist, nach Davidson's Angaben fehlt[1]); aus der französischen Kreide ist *T. Tornacensis* überhaupt noch nicht mit Sicherheit nachgewiesen.

Terebratula depressa Lam. 1819.

T. 21 (I), f. 9.

1819.	*Terebratula depressa*	Lam., An. s. Vert. VI, p. 249 (nicht var. b).
1833.	— *longirostris*	Buch., Ueb. Ter., p. 118 z.Th. (Fundort: Essen).
1841.?	— —	A. Roem., Kreid., p. 42 z. Th. (Fundort: Essen), t. 7, f. 16.
1848.	— *nerviensis*	Arch., in Mém. géol. Fr. 2, II, p. 313, t. 17, f. 2—10.
—	— *Viquesneli*	— — — — — — p. 316, t. 18, f. 1.
1850.	— *ovoïdes*	Gein, Quaders., p. 214 z. Th.
—	— *depressa*	Dav., in Ann. Mag. 2, V, p. 435, t. 13, f. 15.
—	— —	Orb., Prodr. II, p. 172, ét. 20, no. 539.
1854.	— *nerviensis*	F. Roem., in Zeitschr. g. Ges. VI, p. 136.
1855.	— *depressa*	Dav., Cret. Br., p. 70, t, 9, f. 9—24.
1859.	— —	Stromb., in Zeitschr. g. Ges. XI, p. 39.

Bemerkungen. Nach der ausgezeichneten Darstellung dieser Art durch Davidson wäre es wohl sehr überflüssig, dieselbe noch einmal ausführlicher zu beschreiben. Ich darf mich daher hier unter Verweisung auf das grosse Brachiopodenwerk des englischen Gelehrten darauf beschränken, etwas näher auf einige Einzelheiten einzugehen.

[1]) Davidson, Cret. Br., t. 9, f. 36 kommt indessen der typischen *T. Tornacensis* sehr nahe.

Zunächst ist in Betreff der äusseren Form zu bemerken, dass viele Exemplare der *Ter. depressa* von Essen eine grosse Neigung haben, unsymmetrisch zu werden, indem die Entwickelung der Muschel auf der einen Seite stärker wird, während sie auf der anderen zurückbleibt. Manchmal lässt sich deutlich erkennen, dass dies die Folge einer Verletzung ist, während in anderen Fällen äusserlich keine Spur einer solchen zu bemerken ist; Aehnliches wiederholt sich ja auch bei anderen nahestehenden Arten, wie z. B. bei *Terebratula moravica* (Glocker) Suess.

Die Schalenoberfläche ist ausser den concentrischen Zuwachslinien mit von den Wirbeln ausstrahlenden, mehr oder weniger deutlichen, sehr dichten Radiallinien versehen, welche sowohl Davidson als Archiac übersehen zu haben scheinen; dieselben sind gewöhnlich in der Nähe der Wirbel am Deutlichsten zu erkennen, weniger in der Mitte. Diese Linien bestehen aus flachen, oft nicht ganz geraden, sondern wellenförmig (ähnlich wie bei Orbigny's Abbildung der *T. disparilis*, Crét. IV, t. 512, f. 12—19) gekrümmten Furchen und dazwischen liegenden Erhöhungen. Dieselbe Erscheinung kommt in ganz übereinstimmender und besonders ausgezeichneter Weise auch bei *Ter. obesa* Sow. und der damit zu identificirenden *Terebr. Sowerbyi* Hag. der rügianischen Kreide vor (s. o., p. 39), findet sich jedoch auch schon sehr deutlich bei vielen jurassischen Arten, namentlich z. B. bei *Ter. punctata, subpunctata* etc. Sie hängt wahrscheinlich eng mit der Textur der Schale zusammen, welche bekanntlich aus langen schmalen, in radialer Richtung verlaufenden Kalklamellen besteht[1]). Es scheint indessen ungenau, wenn Eug. Deslongchamps angiebt, diese Streifen würden nur dann bemerklich, wenn die äusserste Lage der Schalenoberfläche entfernt sei. Vielmehr habe ich sie bei zahlreichen jurassischen und Kreide-Arten gerade auch an Exemplaren aus mergeligen und thonigen Schichten mit besonders gut erhaltener und zarter Oberfläche sehr deutlich beobachtet, und scheint allerdings diese Eigenthümlichkeit gewissen Arten in besonders hohem Grade zuzukommen; ich verweise in dieser Beziehung auf *Ter. capillata*, welche derselben ihren Namen verdankt. Orbigny scheint diese Linien bei *Ter. depressa* wohl erkannt zu haben, da er[2]) *Ter. nerviensis*, *Viquesneli* und *capillata* Arch. zu einer Art vereinigt, was sonst nicht gut erklärlich wäre.

Die punctirte Textur der Schale hat Archiac schon sehr genau und richtig beschrieben; auch über den inneren Bau der Muschel, den er und namentlich Davidson a. o. a. O. kennen gelehrt haben, weiss ich Nichts hinzuzufügen.

[1]) Eug. Deslongchamps, Pal. franç., terr. jur., Brach., p. 45, t. 8.

[2]) Prodr. II, p. 172, ét. 20, no. 539.

Auf die Aehnlichkeit der *T. depressa* mit *T. Moravica* (Glocker) Suess[1]) (= *T. Repeliniana* Orb.) hat zuerst Davidson hingewiesen. Viel grösser ist der Unterschied von der auf die jüngsten Schichten der baltischen Kreide beschränkten und so oft verkannten *T. longirostris* Wahlenb., mit welcher A. Roemer die vorliegende, sowie eine dritte Art aus dem norddeutschen Hils (Neocom) identificirt hat. Letztere Art, von Roemer in Ool., Nachtr., t. 18, f. 13 dargestellt, unterscheidet sich stets durch stärkere Wölbung der Klappen, sowie durch deutlichere Falten und Sinus, während die echte *Ter. longirostris* Wahlenb. — eine sehr eigenthümliche und wenn man einmal Exemplare davon vor Augen gehabt hat, nicht leicht zu verwechselnde Form — auch von ihr schon durch ihren weit stärkeren und dickeren Schnabel, flachere Wölbung, sowie durch die Bildung der Stirngegend der kleinen Klappe sehr verschieden ist, welche entweder ganz gerade, oder — bei grossen ausgewachsenen Individuen — mit zwei undeutlichen und dazwischen mit einer sehr deutlichen und verhältnissmässig tiefen Furche versehen ist, während die grössere Klappe gleichmässig gewölbt bleibt.

Geinitz scheint im „Quadersandsteingebirge etc." unter seiner *Ter. ovoïdes* unsere *T. depressa* mit einbegriffen zu haben, da er unter deren Synonymen auch *T. longirostris* A. Roem., *Nerviensis* und *Viquesneli* Arch. anführt; seine Abbildung in der „Charakteristik", t. 8, f. 5 gehört entschieden einer anderen Art (*T. biplicata* Sow. *var. sulcifera* Morr. an).

Vorkommen. Die verticale Verbreitung der *Terebr. depressa* ist im norddeutschen Kreidegebiete auf das Niveau der Tourtia beschränkt, worin sie sowohl in Westphalen (namentlich schön und gross bei Essen, Bilmerich, Frömern), als anscheinend auch am Harz, jedoch weit seltener und kleiner (z. B. bei Quedlinburg) vorkommt. In dem unteren Pläner zwischen Elbe und Weser sowie in dem durch seine Fauna der eigentlichen Tourtia sehr nahestehenden unteren Pläner der Gegend von Dresden und in Böhmen ist sie noch nicht beobachtet. Dagegen findet sie sich in ganz gleicher Weise in der belgischen Tourtia, während sie in der cenomanen Kreide (craie chloritée) Frankreichs nicht vorzukommen scheint. Ferner tritt sie, wenn auch nie die gleiche Grösse, wie in Deutschland und Belgien erreichend, wieder in England im *Farringdon Sponge Gravel* auf, wenigstens scheinen ausser der Grösse diese Formen sich nicht weiter von dem Typus

[1]) „*Terebratula longirostris* Nilsson, *subspec. Moravica*" E. F. Glocker, Bemerkungen über einige Terebr. aus dem Jurakalk Mährens und Ungarns, in Nov. Act. Acad. Caes. Leop.-Carol., XXI, II, p. 497, 1845; *Ter. Moravica* Suess, Brach. d. Stramb. Sch., in Hauer, Beitr. z. Pal. Oesterr. I, I, p. 15, t. 2, f. 4—6, 1858.

der Tourtia zu unterscheiden. C. J. A. Meyer[1]) citirt *T. depressa* aus dem *Lower Green Sand* von Shanklin (Insel Wight); seine Abbildung stimmt jedoch nicht recht mit unseren Tourtia-Exemplaren überein und hat einen weit mehr ausgesprochenen Biplicaten-Charakter, als diese; sie nähert sich vielmehr sehr gewissen in den obersten Schichten unserer Hilsformation und im unteren Gault (Aptien) vorkommenden Formen der *T. Moutonana* Orb. — Eichwalld[2]) führt *T. depressa* auch von Choroschówo (Russland) an aus Schichten, die von anderen Geologen als jurassische, von ihm aber als Neocom gedeutet werden; diese Angabe möchte daher vielleicht noch weiterer Bestätigung bedürfen um so mehr, da *T. depressa* anderweit weder aus der Jura- noch aus der Neocom-Formation bekannt ist.

Terebratula Robertoni Arch. 1848.

T. 21 (I), f. 10, 11.

1848. *Terebratula Robertoni* Arch., Mém. géol. Fr., 2, II, p. 315, t. 18, f. 2.
— — *Murchisoni* Arch., ibid. p. 327, t. 20, f. 5.
— — — *var. a.* Arch., ibid. p. 327, t. 20, f. 6.
1855. — *Robertoni* Dav., Cret. Brach., p. 72, t. 9, f. 25.

Bemerkungen. Es liegt mir eine Reihe von über 20 vortrefflich charakterisirten Exemplaren dieser von Archiac und Davidson beschriebenen und abgebildeten Art vor, welche sich besonders durch die bei den echten Terebrateln selten so stark ausgebildeten stumpfen Arealkanten auszeichnen, die zu der Ansicht verführen könnten, als gehörte *T. Robertoni* der Abtheilung der *Terebratula cranium, numismalis* etc. an (*genus Macandrewia* King = *Waldheimia* Eug. Desl. = *Waldheimia* Dav. partim, non King). Indessen lassen doch das Fehlen der Zahnplatten im Schnabel, des Medianseptums in der Dorsalklappe, sowie die Form und Anordnung der Muskeleindrücke diese Ansicht sogleich als irrthümlich erkennen, wenn man das Innere der Art betrachtet, und weisen derselben mit ziemlicher Sicherheit ihren Platz bei den echten Terebrateln an, womit auch das grössere Foramen übereinstimmt. Die Gestalt der Schleife habe ich leider nicht untersuchen können, da die meisten vorhandenen Exemplare Steinkerne sind, und ich die wenigen mit der Schale erhaltenen nicht einem wahrscheinlich doch vergeblichen Versuche opfern mochte; indessen ist nach den übrigen Merkmalen kaum zu bezweifeln, dass das Armgerüst kurz und demjenigen der *Ter. depressa* ähnlich ist.

---

[1]) The Geol. Magazine, 1864, p. 254, t. 12, f. 15.

[2]) Lethaea rossica, Periode moyenne, t. 18, f. 28 und Zeitschr. g. Ges. 1866, XVIII, p. 267.

Die Unterschiede der *Ter. Robertoni* von den ihr zunächst verwandten Arten haben Archiac und Davidson genauer auseinandergesetzt. Indessen scheint doch Archiac zu weit gegangen zu sein, indem er Formen wie t. 20, f. 5 und 6 (a. o. a. O.) von *Ter. Robertoni* specifisch trennt. Die Sculptur der Schale, welche nach ihm das Hauptunterscheidungsmerkmal bildet, wird gewöhnlich bei weniger guter Erhaltung oder bei grossen Exemplaren undeutlich, während die übrigen Merkmale dieselben bleiben. Bei guter Erhaltung zeigen sich nämlich in der Nähe der Schnabelkanten deutliche Runzeln, welche denen der *Ter. arcuata* (s. u.) sehr ähnlich sind, aber sich nie über einen so grossen Theil der Schalenoberfläche ausdehnen.

Ob *Ter. Boubéi* Arch. (t. 19, f. 11) specifisch zu unterscheiden ist, scheint mir zweifelhaft; doch reicht mein Material zur Entscheidung dieser Frage nicht ganz aus.

Vorkommen. *Terebratula Robertoni* findet sich nicht selten in dem der untersten Cenoman-Etage angehörigen Grünsande von Quedlinburg, namentlich am Langenberge (Ewald's Samml.), leider immer als Steinkern, wobei aber die Male der Muskeln etc. deutlich erkennbar sind; sie erreicht dort eine bei dieser Art nicht gewöhnliche Grösse (35 Mm. Länge). Weit seltener und gewöhnlich kleiner, jedoch mit erhaltener Schale, die in der Nähe der Schnabelkanten oft noch die von Archiac so schön abgebildete Sculptur erkennen lässt, kommt sie in der Tourtïa Westphalens vor. Ausserhalb Norddeutschlands findet sich *Ter. Robertoni* in den äquivalenten Schichten Belgiens, des nördlichen Frankreichs (von Wissant durch Saemann erhalten) und Englands (Farringdon); wenigstens scheint Davidson's Abbildung von letzterem Fundorte mit dem belgischen Typus gut übereinzustimmen. Meyer[1]) führt Formen, die sich den Abbildungen nach ebenfalls nicht von der Archiac'schen Art unterscheiden lassen, von Surrey aus einer Schicht (*Pebble bed*) an, welche zum *Lower Green Sand* gerechnet wird.

Terebratula arcuata A. Roem. 1841.

T. 21 (I), f. 12.

1841. *Terebratula arcuata* A. Roem., Kreid. p. 44, t. 7, f. 18.
1847. — *rugulosa* Morris, in Ann. Mag. XX, p 253, t. 18, f. 5.
1848.? — *Verneuili* Arch., in Mém. géol. Fr., 2, II, p. 326, t. 20, f. 4.
1850. — *arcuata* Gein., Quaders., p. 214.
1852. — *?rugulosa* Dav., Cret. Br., p. 49, 105, t. 4, f. 14.

Beschreibung. Ovale Art mit abgerundeten Stirnecken. Verhältniss der Länge zur Breite und Dicke = 11 Mm. : 8 : 6 und = 8 Mm. : 5,7 : 4,4;

[1]) The Geolog. Magazine I, t. 11 (rect. 12), f. 5—7; 1864.

die grösste Breite befindet sich etwa bei $^2/_3$ der Länge von der Schnabelspitze ab, die grösste Dicke etwa bei $^2/_5$. Die Kanten liegen ziemlich in einer Ebene, nur die etwa der halben Breite gleiche Stirn ist nach der Seite der Ventralklappe flach gebogen, so dass die kleinere Klappe in die grössere schwach eingreift. Die beiden Klappen sind fast gleich gewölbt, am stärksten zwischen der Mitte und den Wirbeln; die kleine Klappe zeigt eine flache Depression gegen die Stirn hin. Schnabel ziemlich gross und vorstehend, mässig gebogen, von einem ziemlich grossen Foramen schräg abgestutzt, welches unten von einem deutlich aus zwei mit einander verwachsenen Stücken bestehenden, fast eben so hohen wie breiten Deltidium begrenzt wird; Schnabelkanten deutlich, aber ziemlich stumpf und eine falsche Area bildend, auf welche die gleich zu beschreibende Oberflächen-Zeichnung weniger deutlich fortsetzt und welche gegen das Deltidium durch einen wulstförmigen aufgeworfenen Rand abgegrenzt wird. Die Schalenoberfläche ist mit flachen kurzen Runzeln in ähnlicher Anordnung wie bei *Pecten arcuatns* und wie Davidson namentlich bei *Terebratula rugulosa* beschreibt, bedeckt; in der Mitte sind dieselben undeutlicher, nach den Rändern zu, namentlich an den Seiten, nehmen sie aber sehr an Deutlichkeit zu. Die Schalenstructur ist deutlich fein punktirt; die perforirenden Punkte sind auch auf der Oberfläche der Runzeln deutlich sichtbar. Das Armgerüst dieser kleinen Art ist unbekannt.

Bemerkungen und Vorkommen. Nur zwei kleine Exemplare dieser interessanten Art liegen mir von Essen vor, und zwar ist eins davon dasjenige, welches auch A. Roemer bei seiner Beschreibung und Abbildung derselben vor Augen gehabt hat; das andere befindet sich in meiner eigenen Sammlung. Diese zeigen abgesehen von ihrer geringeren Grösse eine so auffallende Uebereinstimmung mit einem grösseren, vortrefflich erhaltenen Exemplare meiner Sammlung aus der Mittelregion der Cenomanschichten von Mans (Sarthe) und letzteres stimmt wieder so vollkommen mit der schönen Abbildung der *T. rugulosa* bei Davidson überein, dass ich keinen Anstand nehme, die letztgenannte Art als ein Synonym von *Ter. arcuata* Röm. zu betrachten. Noch vollkommener ist die Uebereinstimmung in der Gestalt mit den französischen Exemplaren und der englischen Abbildung bei zwei Steinkernen aus dem Grünsande des Langenberges bei Quedlinburg. — Ueber die Frage, wie sich zu dieser Art *Ter. ovata* Sow. verhält, und ob dieselbe etwa auch nicht specifisch davon verschieden ist, wie Davidson (l. c. p. 49 unten) für möglich obgleich nicht wahrscheinlich hält, habe ich kein Urtheil, da das mir vorliegende Material dazu nicht ausreicht. Jedenfalls aber halte ich mit Davidson *Ter. squamosa* Mant., von der ich eine

Anzahl gut charakterisirter Exemplare aus der chloritischen Kreide des nördlichen Frankreichs besitze, für eine selbständige von beiden genannten abweichende Art. — Trotz der ausgezeichneten Abbildungen Archiac's ist es ohne Vergleichung natürlicher Exemplare doch nicht leicht zu bestimmen, ob und welche der von ihm beschriebenen Arten aus der belgischen Tourtia mit *T. arcuata* zu vereinigen sein möchten; mit ziemlicher Sicherheit dürfte indessen wenigstens seine *Ter. Verneuili* (nicht *Ter.* [Waldh.] *Verneuili*. Eug. Desl., Ét. crit. III, p. 69, t. 11, f. 2, 3 aus dem spanischen Lias) als Synonym zu *T. arcuata* zu ziehen sein, während möglicher Weise seine *T. Keyserlingi* (l. c. p. 327, t. 20, f. 7) die von Davidson (Cret. Br. p. 15, Anm.) in dem Archiac'schen Werke vermisste *Ter. ovata* Sow. darstellen könnte.

Loriol[1]) hat unter den Synonymen der Neocom-Art *Ter. semistriata* auch *Ter. arcuata* Roem. angeführt; dass diese Angabe auf einer irrthümlichen Auffassung der Roemer'schen Beschreibung und Abbildung der Cenoman-Art von Essen beruht, bedarf nach der obigen genaueren Beschreibung wohl kaum der Erwähnung.

Davidson vereinigt *Ter. ovata* Sow., *rugulosa* Morr. und *squamosa* Mant. zu einer natürlichen Gruppe, die er nur mit Zweifel zu den echten Terebrateln stellt, indem er wegen einiger Aehnlichkeit in der Verzierung der Schalenoberfläche mit *Megerleïa lima* vermuthet, dass sie eher zu dieser Section gehören und einen ähnlich complicirten inneren Bau haben möchten. Indessen scheint mir diese letztere Vermuthung aus mehreren Gründen nicht zutreffend. Was zunächst die Schale betrifft, so sind die sehr feinen und dichten Poren bei den genannten Arten überall und sehr gleichmässig vertheilt, so dass auch die feinen Runzeln, beziehungsweise erhabenen Linien der Oberfläche von ihnen siebartig durchbohrt erscheinen; bei *Megerleïa lima* und ähnlichen Arten sind diese Poren weit gröber und stehen sehr viel weiter von einander entfernt und die zarten Wärzchen, welche die Schalenoberfläche zieren, werden nicht von ihnen durchbohrt. Ferner fehlen bei *T. arcuata* (wie die beiden Steinkerne von Quedlinburg beweisen) und bei *T. squamosa* sowohl das Dorsalseptum, wie die bei vielen Terebratuliden im Schnabel der Ventralklappe befindlichen Zahnplatten, welche bei der Abtheilung, der *Meg. lima* angehört, stets stark entwickelt und charakteristisch sind; auch die Anordnung und Form der sehr deutlichen Muskeleindrücke bei *T. squamosa* weicht nicht wesentlich von der den echten

[1]) Description des Animaux Invertébrés fossiles contenus dans l'étage Néocomien moyen du Mont Salève, II, p. 122; 1863.

Terebrateln eigenthümlichen ab; bei den Steinkörnen der *T. arcuata* sind sie sehr schwach und undeutlich. Die Einreihung der in Rede stehenden Arten in *Terebratula* im engeren Sinne dürfte daher für jetzt wenigstens durchaus unbedenklich sein, um so mehr, da ein natürlicher Uebergang hinsichtlich der Oberflächen-Zeichnung von *Ter. squamosa* durch *T. capillata* zu *T. depressa* und *Tornacensis* stattzufinden scheint.

Terebratula capillata Arch. 1848.

1842. *Spondylus undulatus* Gein., Charakt. III, p. 82 z. Th., Nachtr. 1843, t. 6, f. 8.
1848. *Terebratula capillata* Arch., Mém. géol. Fr. 2, II, p. 323, t. 20, f. 1—3.
1850. — *capillata* Gein., Quadersandst., p. 212.

Bemerkungen. Bei dem geringen Material, welches mir von dieser Art zur Untersuchung zu Gebote stand, habe ich mir kein bestimmtes Urtheil darüber bilden können, ob die beiden von Davidson untersuchten Exemplare aus dem zum Gault gerechneten *Red Chalk* von Hunstanton Cliff, welche er als *Ter. capillata?* bezeichnet und von denen er eins auf t. 5, f. 12 abbildet, wirklich mit der Art der belgischen Tourtia ident sind. Sämmtliche Exemplare, die ich von verschiedenen Fundorten kennen gelernt, stimmen in ihren Charakteren sowohl untereinander, als mit den Abbildungen bei Archiac vollkommen überein. Dagegen zeigt Davidson's Abbildung die feinen Linien, welche die Art charakterisiren, weit gröber und stärker ausgeprägt, und zu feinen Rippen ausgebildet.

Hinsichtlich der systematischen Stellung der *Ter. capillata* sind einige Schwierigkeiten vorhanden, welche Davidson[1]) veranlasst haben, die Richtigkeit der Gattungsbestimmung in Frage zu stellen. Sie nähert sich äusserlich in mancher Beziehung Formen wie *T. arcuata* A. Roem. (*rugulosa* Morr.), *squamosa* Mant. und *ovata* Sow., bei denen Davidson einen ähnlichen inneren Bau vermuthet, wie bei *Megerleïa lima*; meine Gründe gegen die Annahme einer solchen Verwandtschaft habe ich oben (bei *T. arcuata*) auseinandergesetzt. Ein mir vorliegendes sehr grosses und sehr dickschaliges, anscheinend vollkommen ausgewachsenes Exemplar der *T. capillata* von 40 Mm. Länge und fast gleicher Breite, welches ich bei Essen gesammelt habe, ist zum grossen Theile seiner Schale beraubt und lässt deutlich erkennen, dass von einem Dorsalseptum und den stark ausgebildeten Zahnplatten, wie sie *Meg. lima* charakterisiren, keine Spur vorhanden ist, eben so wenig wie bei *Ter. squamosa* und *arcuata*; auch die Anordnung der

[1]) Cret. Br., p. 104.

Muskelmale scheint keine wesentliche Abweichung von derjenigen der echten Terebrateln darzubieten. Die Form und Grösse der Schleife habe ich leider bei keinem Exemplar nachweisen können, so dass die Zugehörigkeit zu den echten Terebrateln (im engeren Sinne) noch nicht mit Sicherheit nachzuweisen ist, zumal da auch der Schnabel mit sehr deutlichen (wenn auch nicht sehr scharfen) Schnabelkanten versehen ist — eine bei dieser Abtheilung seltene Erscheinung, welche dagegen bei *Megerleïa lima* und verwandten Arten in übereinstimmender Weise vorhanden ist.

Vorkommen. *Terebratula capillata* Arch. ist in Norddeutschland auf die Tourtia, also auf unsere tiefsten Cenoman-Schichten beschränkt. Sie kommt darin sehr selten bei Essen (ein Exemplar in meiner Sammlung), nicht ganz so selten in den Umgebungen von Dresden vor (mehre Exemplare aus dem Grünsande des Tunnels von Oberau im Dresd. Mus.). — In der gleichen Schicht findet sich unsere Art ausgezeichnet schön und nicht selten in Belgien, während sie aus Frankreich noch nicht bekannt ist. In England giebt Davidson *T. capillata* aus dem Gault an; doch scheint derselbe später über die Richtigkeit der Bestimmung selbst zweifelhaft geworden zu sein, da er p. 113 und 114 den Namen mit einem Fragezeichen anführt.

Terebratulina rigida Sow. sp. 1829.

Wegen der Synonymik, Beschreibung und Auffassung dieser Art in Bezug auf ihre Begrenzung und Varietäten verweise ich auf meine „Kritischen Studien über Kreide-Brachiopoden", p. 17.[1])

Vorkommen. In der eben citirten Schrift habe ich die hauptsächlichsten mir bekannt gewordenen Fundorte dieser veränderlichen Art zusammengestellt und auch darauf hingewiesen, dass in der Tourtia Westphalens vorzüglich die Varietäten α und γ und im unteren Pläner nördlich vom Harz besonders α und β vertreten sind. Bemerkenswerth sind die unter dem Namen *Terebratula radians* von A. Roemer aus dem Grünsande von Essen beschriebenen Formen — var. δ —, welche der echten *Terebratulina gracilis* ausserordentlich ähnlich werden, sich aber doch immer durch das Vorhandensein eines (wenn auch schmalen) geraden Schlossrandes und kleiner Ohren auszeichnen, die bei der Schlotheim'schen Art aus der oberen weissen Kreide fehlen. Sie scheint in den jetzigen Aufschlüssen ziemlich selten vorzukommen, da man sie in Sammlungen wenig sieht; auch mir ist es bei meinen Besuchen

[1]) Beiträge zur Paläontologie der Jura- und Kreideformation im nordwestlichen Deutschland, 2. Stück, aus Paläontographica XIII, 6; 1866.

der Essener Tourtia-Localitäten nicht gelungen, sie selbst aufzufinden. Die A. Roemer'sche Sammlung sowohl, wie das mineralogische Museum zu Dresden bewahren jedoch eine grössere Anzahl von Exemplaren von Essen, woraus hervorzugehen scheint, dass diese Art dort in früherer Zeit häufiger gefunden ist. Ganz übereinstimmende Formen kommen übrigens auch in ähnlichem Erhaltungszustande in der sogenannten „zweiten Grünsandlage" vor, wie ich mich an den mir von Herrn Professor Hosius gefälligst vorgelegten Exemplaren „aus den unteren Partieen der zweiten Grünsandlage der grossen Mergelgrube bei Aplerbeck" (nach der Etikette von Prof. Becks) in der academischen Sammlung zu Münster in Westphalen überzeugen konnte. Jener „zweite Grünsand" fällt bekanntlich nach Strombeck's Untersuchungen mit dem „dritten" zusammen und gehört mit diesem der Abtheilung des „oberen Pläners" an; dies Vorkommen entspricht mithin vollständig demjenigen im oberen Pläner von Quedlinburg, Suderode und Neinstedt am Harz.

Einer sehr wohlwollenden Besprechung meiner „Kritischen Studien" schliesst Herr Prof. Geinitz[1]) die Bemerkung an, dass *Terebratulina gracilis* in der von mir eingeführten Beschränkung nicht ausschliesslich der oberen Kreide angehöre, sondern dass ein damit übereinstimmendes Exemplar des Dresdener mineralogischen Museums in dem zur Tourtia gehörenden Grünsande des Tunnels von Oberau gefunden sei. Nachdem ich jetzt selbst Gelegenheit gehabt habe, das betreffende Exemplar genau zu untersuchen, habe ich mich allerdings überzeugt, dass dasselbe vollständig mit der typischen *Terebratulina gracilis* aus der oberen Kreide mit *Belemnites mucronatus* übereinstimmt, wie sie bei Vaels, auf Rügen, in England u. s. w. vorkommt, und dass ich daher nicht umhin kann jenes Exemplar als *Terebratulina gracilis* Schloth. sp. anzusprechen. Indessen darf ich nicht unterlassen zu bemerken, dass demselben deutliche Spuren eines weissen kreideartigen Gesteins anhaften, genau so wie dem englischen Original-Exemplare Schlotheim's, welchem es überhaupt täuschend ähnlich ist; es dürfte daher vielleicht nicht ausser dem Bereiche der Möglichkeit liegen, dass eine Verwechselung des Fundortes oder der Etiketten stattgefunden hätte. — Dass übrigens die beiden Arten, *Terebratulina rigida* und *gracilis*, sehr nahe verwandt sind, leugne ich durchaus nicht; ja ich würde der Erste sein, sie zu einer Species zu vereinigen, wenn nicht alle von mir bisher untersuchten (sehr zahlreichen) Exemplare der *Terebratulina rigida* den geraden Schlossrand stets deutlich erkennen liessen, während er bei den ausgezeichnet erhaltenen Exemplaren der *gracilis* von Vaels und Rügen stets fehlt.

[1]) Neues Jahrbuch etc., 1866, p. 863.

Terebratulina chrysalis Schloth. sp. 1813.

Auch bei dieser Art darf ich mich hinsichtlich des Specielleren auf die betreffenden Seiten meiner „Kritischen Studien etc." (p. 11 ff.) beziehen. Ich erlaube mir nur noch einige Bemerkungen über das

Vorkommen der wichtigsten Formen, wie sie sich in unseren Cenoman-Schichten finden, hinzuzufügen.

In der Tourtia von Essen zunächst, wo *T. chrysalis* besonders häufig ist, treten sowohl grob als feiner gerippte Varietäten auf, die aber durch eine ununterbrochene Reihe von Uebergängen mit einander verbunden sind. Beide zeigen bei genügend guter Erhaltung deutlich die Körnelung, auf deren vermeintliches, aber nur als Folge der Corrosion der Schalenoberfläche sich ergebendes Fehlen A. Roemer seine *Terebratula auriculata* begründete. Unter den feinrippigen Formen finden sich häufig solche, welche nahe an 20 Mm. lang werden und in allen ihren Merkmalen vollständig mit gleich grossen Exemplaren derjenigen Form übereinstimmen, welche aus der oberen Kreide mit *Belemnites quadratus* sowie aus der mit *B. mucronatus* unter dem Namen *Ter. Defrancei* bekannt sind. Allerdings erreichen letztere zuweilen eine noch erheblich bedeutendere Grösse, indessen sind doch die kleineren damit vorkommenden und unzweifelhaft zu derselben Art gehörigen Exemplare weit häufiger, und da diese mit den Formen aus der Tourtia ident erscheinen, grössere Exemplare der letzteren aber, die etwa Abweichungen von der grossen *T. Defrancei* zeigen hönnten, nicht bekannt sind, so möchte ich es für nicht genügend indicirt halten, *Terebratulina Defrancei* als besondere Art abzutrennen, wozu Herr Prof. Geinitz[1]) geneigt ist. — Jugendformen der grob gerippten Varietät von Essen entsprechen der *T. Faujasi* A. Roem. und *chrysalis* Schloth. aus der oberen Kreide, u. s. w. — In dem der Essen'er Tourtia aequivalenten unteren Pläner von Plauen bei Dresden und anderen Fundorten Sachsens ist eine Form ziemlich constant, die auch bei Essen, besonders aber im Grünsande und im unteren Pläner mit *Amm. varians* und *Mantelli* sowie in dem mit *Amm. Rotomagensis* nördlich vom Harze häufig vorkommt, die sich dann im oberen Pläner mit *Scaphites Geinitzi* und mit *Spondylus spinosus* sowie im böhmischen sogenannten „Plänermergel" (Luschitz, Priesen, etc.) und endlich in der oberen Kreide mit *Belemnites mucronatus* wiederholt; diese Form ist breiter als die unter dem Namen *Defrancei* bekannte, und besitzt sehr deutlich gekörnte Rippen von mittler Feinheit, welche, durch häufige Dichetomie und Intercalation vermehrt, nur schmale Zwischenräume zwischen sich lassen.

[1]) Neues Jahrb. 1866, p. 863.

Meist besitzt die grössere Bauchklappe einen schwachen Sinus und die kleinere einen flachen Längsrücken, der oft durch eine sehr seichte Längsfurche halbirt wird. Indessen erweisen sich bei grossem Material auch diese Merkmale als unbeständig, namentlich wenn man Exemplare aus anderen Schichten hinzunimmt, die deutliche Uebergangsformen darstellen, und können also nicht zur Charakterisirung der Art benutzt werden. — In der Tourtia Böhmens, namentlich bei Zbyslav und Kamajk in der Gegend von Caslau (Prag. Mus.) kommen mit *Cidaris vesiculosa* Goldf. sowohl die der *Terebratula auriculata* A. Roem. entsprechenden Formen, wie die vorstehend aus dem unteren Pläner Sachsens charakterisirten vor.

Nach allem Diesen sehe ich daher keinen genügenden Grund, meine früher dargelegte Ansicht über die Auffassung der *Terebratulina chrysalis* zu modificiren.

Terebratella Menardi Lam. sp. 1819.

T. 22 (II), f. 1, 2.

1819. *Terebratula Menardi* Lam., An. s. Vert. VI, p. 256, no. 50.
1829. — *truncata* Sow., M. C. VI, p. 71, t. 537, f. 3.
1833. — *Menardi* Buch., Ueb. Ter. p. 98. t. 3, f. 42.
1841. — *canaliculata* A. Roem., Kreid., p. 41, t. 7, f. 12.
1842. — *truncata* Gein., Charakt. III, p. 86, t. 19, f. 17.
1847. *Terebratella Menardi* Orb., Cret. IV, p. 118, t. 517.
1850. *Terebratula Menardi* Gein., Quaders., p. 210.
1852. — *Menardi* Dav., in Ann. Mag. 2, V, p. 445, t. 14, f. 50.
1852. *Terebratella Menardi* Dav., Cret. Brach., p. 24, t. 3, f. 34—42.
1854. *Terebratula canaliculata* F. Roem., in Zeitschr. g. Ges. VI, p. 137.

Bemerkungen. Die ziemlich seltenen Exemplare dieser Art aus der deutschen Tourtia — ich habe im Ganzen etwa 30 untersucht — geben keine Veranlassung, die Beschreibungen, die Orbigny und Davidson von derselben gegeben haben, in irgend wesentlichen Punkten zu ergänzen. Den inneren Bau habe ich an keinem dieser Exemplare so vollständig beobachten können, wie er von Davidson (l. c. t. 3, f. 40, 41) und von Eug. Deslongchamps[1]) dargestellt ist, doch lässt eine isolirte Dorsalklappe von Essen die Fragmente der Lamellen, welche die absteigenden Aeste der Schleife mit dem Dorsalseptum verbinden, deutlich erkennen, und zeigt in dieser Beziehung eine vollkommene Uebereinstimmung mit den prachtvoll erhaltenen französischen Vorkommnissen.

[1]) Paléontologie française, terr. jur., Brachiop., t. 7, f. 3.

Die deutschen Exemplare der *Terebratella Menardi* sind, wie dies auch Davidson von den englischen bemerkt, in der Regel kleiner, als die schönen französischen, indessen liegen mir auch einige grössere, namentlich ein ausserordentlich schön erhaltenes aus der Sammlung der königlichen Bergacademie zu Berlin vor, welches denen von Mans (Sarthe) kaum nachsteht. Dies Exemplar gehört ausserdem einer bemerkenswerthen, sehr fein und scharf gerippten Varietät an, während die Mehrzahl der Exemplare von Essen sich durch ziemlich grobe und stumpfe Rippen auszeichnet; Sinus und Wulst sind schmal, aber sehr stark markirt; der Schnabel ist ungewöhnlich stark von der ungefähr einen Halbkreis bildenden kleinen Klappe abstehend und fast in einem rechten Winkel gegen die Längsaxe geneigt. Die Anwachslinien treten ausserordentlich kräftig hervor und theilen die Rippen in dachziegelförmig über einander liegende Abschnitte; auch auf der scharf begrenzten Area, welche ausserdem eine ziemlich senkrecht gegen die Schlosslinie stehende Streifung zeigt, sind sie ebenfalls sehr ausgezeichnet; das Foramen ist gross und kreisrund.

Die zu Hildesheim befindliche Sammlung des Herrn Bergraths A. Roemer enthält zwei als *Terebratula canaliculata* von Essen bezeichnete Exemplare, von denen jedoch keins der Abbildung auf t. 7, f. 12 (Verstein. d. nordd. Kreideg.) ganz genau entspricht; sie gehören beide der Form an, welche bei Essen die häufigste ist und mit welcher auch die Exemplare von Oberau bei Dresden übereinstimmen. Das eine zweiklappige, welches das Original der citirten Figur sein dürfte, ist etwa $^2/_5$ so gross, wie diese, und das Verhältniss zwischen Breite und Länge ist etwa = 5 : 7 statt 7 : 8; auch sind die Umrisse weniger symmetrisch als auf der Abbildung, und das Foramen müsste etwas grösser gezeichnet sein und näher an die Spitze des Schnabels reichen. Das andere Exemplar ist eine isolirte Ventralklappe. Beide entsprechen vollständig gewissen kleinen Formen, der *T. Menardi*, wie sie bei Mans so häufig vorkommen; selbst die durch die Zuwachslinien oft entstehende Körnelung der Falten ist trotz der ziemlich rohen Erhaltung angedeutet. Ich kann daher nicht umhin Roemer's *Terebr. canaliculata* mit *Terebratella Menardi* specifisch zu vereinigen, wenn ich auch zugebe, dass dieselbe eine in der Regel gut markirte Varietät derselben darstellt. — Archiac[1]) bezeichnet als *Terebratula canaliculata* A. Roem. eine Art, die gleichwohl, wie er im Text ausdrücklich hervorhebt, mit der Roemer'schen Abbildung durchaus nicht übereinstimmt; er meint deshalb, dass entweder die citirte Abbildung ungenau, oder seine Art aus der Tourtia

[1]) Mém. géol. Fr. 2, II, p. 331, t. 21, f. 15.

von Gussignies von der Essener Art verschieden sein müsse; letztere Annahme dürfte, da man keinen Grund hat, an der Richtigkeit der schönen Archiac'schen Abbildung zu zweifeln, zutreffend sein, wie ich schon an einer anderen Stelle[1]) erörtert habe.

Vorkommen. *Terebratella Menardi* ist, wie schon oben erwähnt, in der deutschen Tourtia ziemlich selten und ist bis jetzt nur bei Essen und im Grünsand des Tunnels von Oberau bei Dresden nachgewiesen, von wo sie Geinitz als *Terebratula truncata* beschrieben und abgebildet hat. In den ältesten Cenoman-Bildungen des Harzes ist sie noch nicht aufgefunden. In der belgischen Tourtia, woher sie Archiac nicht beschrieben hat, soll sie nach Geinitz[2]) ebenfalls vorkommen; doch bezieht sich dies Citat wohl auf die oben erörterte *Ter. canaliculata* Arch.[3]) Aus französischen Cenoman-Schichten wird sie von mehren verschiedenen Localitäten citirt. Bei Mans (Sarthe), wo sie sehr häufig vorkommt, findet sie sich vorzugsweise mit *Rhynchonella compressa* Lam. sp., ebenso in den südwestlichen Departements, wo sie nach Coquand[4]) besonders von *Caprina adversa* Orb. begleitet ist. In der englischen Kreide wird sie von Davidson aus dem *Sponge Gravel* von Farringdon (siehe Einleitung), ferner aus dem *Upper Green Sand* von Devizes und aus der Scaphiten-Schicht (mit *Scaphites aequalis* Sow., *Ammonites varians* Sow. etc.) von Chardstock angegeben; diese letzteren Angaben entsprechen wenigstens annähernd demselben Niveau, wie in Deutschland. Dagegen citirt C. J. A. Meyer[5]) *Terebratella Menardi* auch von Surrey aus einer als „Pebble-bed" bezeichneten Schicht, die er zum *Lower Green Sand* rechnet, eine Lagerstätte, die allen übrigen Erfahrungen widersprechen würde, nach denen *T. Menardi* auf die Cenoman-Schichten beschränkt ist; an der richtigen Artbestimmung des englischen Autors kann jedoch nach den gegebenen Abbildungen kaum gezweifelt werden.

---

[1]) Kritische Studien etc., p. 28 in Paläontogr. XIII, 6.

[2]) Quadersandst., p. 211.

[3]) Ich will nicht unterlassen, hier nachzufügen, dass das k. k. Hof-Mineralien-Cabinet zu Wien eine Anzahl Exemplare einer kleinen Art von *Gussignies* aus der belgischen Tourtia besitzt, welche mit Ausnahme des gerade abgestutzten langen Schnabels der Archiac'schen Abbildung ausserordentlich ähnlich sind und mit der oben beschriebenen *var. canaliculata* und *Terebratella Menardi* von Essen unzweifelhaft übereinstimmen. — Wien, 25. März 1867. U. Schl.

[4]) Synopsis etc., p. 54.

[5]) The geological Magazine, Dec. 1864, t. 12 (rect. 11), f. 24, 25.

Terebratella (?) Beaumonti Arch. sp. 1848.

T. 22 (II), f. 3—5.

1841. *Terebratula oblonga* A. Roem., Kreid. p. 39 z. Th. (Fundort: Essen).
1848. — *Beaumonti* Arch., in Mém. géol. Fr. 2, II, p. 331, t. 21, f. 12—14.
1850. — *oblonga* Gein., Quaders. p. 210 z. Th. (Fundort: Essen).
1854. — *Beaumonti* F. Roem., in Zeitschr. g. Ges. VI, p. 136.
1859. *Terebratella* (*Terebratula*) *Beaumonti* Stromb., in Zeitschr. g. Ges. XI, p. 38.

Beschreibung. Länglich eiförmig, fast fünfeckig mit gerundeten Ecken, stark gewölbt, Stirn ziemlich breit und gerade abgestutzt; die grösste Breite in der Mitte der Länge, die grösste Dicke meist etwas weiter nach hinten (dem Schnabel zu). Dimensionen:

Länge	19,	17,	13,	11,	8	Min.
Breite	15,	13,	10½,	8,	6½	„
Dicke	13½,	11,	8,	6½,	5	„

Schalenoberfläche mit zahlreichen (14—24) hohen, geraden und scharfen Falten versehen, welche durch gleich breite Furchen getrennt fast sämmtlich von den Wirbeln oder doch sehr nahe an denselben beginnend ununterbrochen und nur in selteneren Fällen durch Einschaltung oder Gabelung vermehrt bis an den Rand gehen. Einzelne Anwachslinien treten als ziemlich starke Absätze hervor. Die durch die alternirenden Rippen gezähnelt erscheinende Verbindungslinie der beiden Klappen ist nicht ausgeschweift. Schale von ziemlich groben und etwas unregelmässigen Poren durchbohrt, die fast schon mit dem unbewaffneten Auge zu erkennen sind.

Die grössere Klappe ist meist längs der Mitte vom Schnabel bis zu den Stirnecken etwas abgeplattet und besitzt so zwei sehr stumpfe Kiele, von denen die Schale nach den Seitenrändern in rascher Wölbung abfällt.

Der mässig vorstehende Schnabel ist nur schwach gebogen und wird durch ein rundes Foramen von mässiger Grösse fast rechtwinklig abgestutzt, welches vorn durch das ziemlich hohe Deltidium und einen Theil der Area begrenzt wird; letztere nimmt die ganze Rückenseite des Schnabels ein und ist sehr deutlich und oft von ziemlich scharfen Schnabelkanten begrenzt.

Die kleinere Klappe ist beinahe eben so stark gewölbt, wie die andere, am stärksten am Wirbel, wo sie sehr steil ansteigt, um bald ihre höchste Erhebung zu erreichen und dann in gleichmässiger Wölbung nach den Rändern abzufallen. Die Schlosslinie ist nicht gerade, sondern stark gerundet.

Im Innern sind die Rippen der Aussenseite nicht zu erkennen, sondern die Schale ist fast glatt und nur mit undeutlichen Spuren von Radialfurchen versehen. Die grosse Klappe besitzt im Schnabel zwei Zahnplatten, welche von den ziemlich kräftigen Zähnen bis zur entgegengesetzten Wand der Klappe gehen. Zwischen ihnen hindurch ging der Fussmuskel, welcher vor seinem Austritte durch das in Form einer kurzen Röhre nach innen fortgesetzte Foramen kragenartig umgeben war. In der Mitte zieht sich vom Schnabel aus bis über die Hälfte der Länge hinaus eine schliesslich sich gabelig verflachende wulstartige Erhöhung entlang, welche beiderseits von ziemlich grossen, aber meist nicht sehr deutlich begrenzten und undeutlich zweitheiligen gerundeten Muskeleindrücken eingeschlossen ist; zwischen diesen und dem Rande finden sich noch undeutliche Spuren von den Ovarien.

Die Schlossplatte der kleinen Klappe ist schwach entwickelt und in der Mitte vertieft; der Schlossfortsatz ist kurz und nur wenig hervorragend. Von der Mitte der Schlossplatte aus reicht ein hohes und scharfes Dorsalseptum bis etwa zur Hälfte der Länge der Klappe vor, indem es nach vorn immer niedriger wird. Dasselbe bildet die grosse Axe einer ziemlich genauen Ellipse, welche durch die zu seinen beiden Seiten befindlichen Muskeleindrücke gebildet wird; jeder der letzteren wird durch eine Längslinie undeutlich in zwei Theile getheilt, von denen der äussere kleiner ist, als der an das Septum stossende. Die nach aussen an diese Muskeleindrücke sich anschliessenden Ovarieneindrücke sind undeutlich. Unmittelbar neben dem Septum entspringen aus der Schlossplatte die beiden ziemlich breiten Aeste der Schleife, welche nahe an ihrem Ursprungsorte mit mässig langen, aufwärts gerichteten und schwach convergirenden Fortsätzen versehen sind. Mit dem Septum sind sie zunächst durch zwei etwa von der Mitte desselben ausgehende, etwas nach vorn gerichtete Fortsätze verbunden. Bald nachdem sie die Mitte der Klappenlänge überschritten haben, tragen sie einige zarte, gegen die Stirn gerichtete Dornen und biegen sich nach aufwärts um, werden sodann stärker und breiter, und vereinigen sich schliesslich mit einander durch ein breites, schräg gegen die Längsaxe stehendes Querband, welches beiderseits aussen mit einem kurzen nach der Schlossseite gerichteten Fortsatze versehen ist und mit seinem hinteren, etwas ausgeschnittenen Rande auf dem Septum in der Nähe der Querfortsätze desselben zu ruhen oder doch demselben sich sehr zu nähern scheint, ohne damit verwachsen zu sein.

Bemerkungen. Nachdem im Jahre 1847 durch Orbigny die alte umfassende Gattung *Terebratula* enger begrenzt und von ihr mehrere andere neubegründete Gattungen ausgeschieden waren, wurde — meines Wissens zuerst durch Strombeck — die von Archiac beschriebene *Terebratula Beaumonti* zu der neuen Gattung *Terebratella* gestellt, während Orbigny selbst sie noch bei *Terebratula* belassen hatte. Vermuthlich wurde Strombeck hierzu durch die grosse Aehnlichkeit im ganzen äusseren Habitus unserer Art mit der tieferen Schichten angehörenden *Terebratula oblonga* Sow. veranlasst, welche letztere von Orbigny zu *Terebratella* gestellt war, ohne dass jedoch bis jetzt — soviel ich weiss — die diese Frage entscheidende innere Organisation bei einer der beiden genannten Arten genauer bekannt geworden wäre. Davidson zog deshalb auch vor, in seiner Monographie der englischen Kreidebrachiopoden, eben wegen dieser Unkenntniss des Brachialapparats, *Terebratula oblonga* einstweilen noch nicht in jene neu aufgestellte Gattung einzuordnen. In neuerer Zeit wurde aus der englischen Kreide durch C. J. A. Meyer in London eine der *Terebratula oblonga* äusserlich sehr nahe stehende und in ihrer Begleitung sich findende neue Art unter dem Namen *Terebratella Fittoni* beschrieben und abgebildet[1]) und in den Bemerkungen ausdrücklich darauf hingewiesen, dass es noch zweifelhaft bliebe, ob bei den mit dieser Art verglichenen *Terebratula oblonga* und *Beaumonti* die Schleife wirklich wie bei *Terebratella Fittoni* doppelt, d. h. an die Schlossplatte und an das Septum angeheftet sei. Da ich über diese interessante Frage sowie über die davon abhängende systematische Stellung der *Terebratula Beaumonti* mir womöglich Sicherheit verschaffen wollte, so opferte ich eine Anzahl Exemplare, bei denen ich Aussicht zu haben glaubte, über den inneren Bau Aufklärung zu erhalten, leider lange ohne den gewünschten Erfolg. Auch jetzt ist es mir noch nicht gelungen, den Brachialapparat in seiner ganzen Vollständigkeit in einem einzigen Exemplare erhalten zu finden, und ich habe deshalb, um mir ein genaues und klares Bild von demselben machen zu können, das an mehren verschiedenen Exemplaren Beobachtete combiniren müssen. Indessen glaube ich mich bei dieser Combination überall an das thatsächlich Vorhandene gehalten und wenigstens nichts Unrichtiges in die Construktion hineingebracht zu haben, während die Möglichkeit, dass noch einige Einzelheiten der Beobachtung entgangen sind, nicht ausgeschlossen ist. Eine Unsicherheit will ich jedoch nicht hervorzuheben unterlassen; sie betrifft die Frage, ob das Querband, welches die beiden rückkehrenden Aeste der Schleife mit einander verbindet, mit dem Septum verwachsen ist, oder ob dasselbe auf demselben aufliegt, oder endlich nur nahe an dasselbe heranreicht. Da dies Querband bei allen von mir untersuchten Exemplaren abgebrochen und nur noch mit kurzen Fragmenten der Aeste der Schleife versehen war, so konnte ich über jene Frage nicht recht in's Reine kommen;

[1]) The Geological Magazine I, VI, Dec. 1864, p. 250, t. 11 (verdruckt: 12), f. 1—10.

indessen scheint mir der letzte Fall am meisten Wahrscheinlichkeit zu haben und habe ich deshalb auf der restaurirten Figur das Verhältniss in dieser Weise dargestellt.

Aus der oben gegebenen Beschreibung ergiebt sich einerseits eine grosse Analogie mit der Anordnung des Armgerüstes bei *Terebratella*, und andererseits, wie wir sie bei verschiedenen zur Section *Megerleïa* gestellten Arten finden, und zwar vorzugsweise bei Quenstedt, Handb. d. Petr. 1. Aufl., t. 37, f. 16, 17 und Jura t. 90, f. 42, 44 und besonders 49. Im Uebrigen erlaube ich mir auch auf Dasjenige zu verweisen, was ich bei einer anderen Veranlassung[1]) über *Megerleïa* bemerkt habe; ich habe dazu nur noch einige Bemerkungen über die dort angeführten Abbildungen Ch. Moore's[2]) zu machen, nachdem ich Gelegenheit gehabt habe, auch den dazu gehörenden Text zu lesen. Es ergiebt sich daraus zunächst, dass die Zeichnung des Brachial-Apparats, welche mir mit derjenigen von *Ter.* (*Kingia*) *Deslongchampsi* sehr nahe übereinzustimmen schien (l. c., t. 13, f. 13) den inneren Bau einer jungen *Terebratulina* darstellen soll, hier also nicht mit in Betracht gezogen werden kann. Dagegen stellen f. 2—5 die Entwickelung des Armgerüstes bei einer Art dar, die Herr Ch. Moore als *Terebratella Buckmani* bezeichnet, und f. 9 und 10 denjenigen von *Terebratella furcata* Sow. sp. Uebrigens sieht Herr Moore das Verhältniss dieser Formen zu einander gerade so an, wie ich angenommen hatte und behalten demnach meine oben citirten Auseinandersetzungen ihre volle Geltung; nur hat der englische Autor auf die nahen Beziehungen zu *Kingia* und *Megerleïa* nicht hingewiesen. Wenn ich danach die Einordnung unserer Art unter die Section *Megerleïa* auch für sehr wahrscheinlich halte, so belasse ich sie einstweilen bis zu bestimmterer Feststellung noch bei *Terebratella*, weil man gewohnt ist, Formen mit einem ähnlichen äusseren Habitus und mit doppelt angehefteter Schleife eher zu dieser Section als zu *Megerleïa* zu rechnen.

Interessant war es mir, durch eine briefliche Mittheilung des Herrn C. J. A. Meyer zu erfahren, dass der innere Bau seiner *Terebratella Fittoni*, soweit derselbe bekannt geworden ist, ganz genau mit dem unserer Tourtia-Art übereinstimmt; die Form und Grösse des Dorsalseptums, die Verbindung desselben an der gleichen Stelle durch Querfortsätze mit den absteigenden Aesten der Schleife, das breite Querband, welches die rückkehrenden Aeste der letzteren mit einander verbindet, etc., sind bei beiden Arten gleich.

[1]) Zeitschr. g. Ges. XVIII, p. 368; 1866.

[2]) The Geologist, III, no. 36, t. 13 (2 des Separatabdrucks). Der betreffende Band ist vergriffen.

Herr Meyer schreibt mir daher: „I am therefore equally of opinion that Terebratella Fittoni may belong more correctly to the section Megerlia or Kingia, in which respect it probably agrees with your Ter. Beaumonti.“ — Aeusserlich unterscheidet sich die genannte englische Art von unserer norddeutschen durch die noch geringere Rippenzahl, durch die geringere Schärfe derselben, durch die viel geringere Wölbung des Wirbels der kleinen Klappe, und endlich durch die viel stärkere Krümmung des Schnabels.

Eine zweite Art, die zur Vergleichung mit *Ter. Beaumonti* heranzuziehen wäre, ist *Terebratula oblonga* Sow. Ich muss hier zunächst bemerken, dass die sehr grosse Mehrzahl unserer zu letzterer Art gerechneten Exemplare aus den verschiedenen Schichten der norddeutschen Hilsformation insofern nicht ganz mit Davidson's Abbildungen und Beschreibung übereinstimmen, als bei denselben fast immer die Stirn in ihrer ganzen Breite mehr oder weniger, zuweilen sehr stark, nach der Seite der grösseren Klappe übergreift, ähnlich, wie dies bei vielen lebenden Arten von *Terebratella* der Fall ist, während Davidson bei den englischen Formen hiervon keine Erwähnung macht. Auf diese Abweichung der norddeutschen Neocomform von dem Sowerby'schen Typus hat auch Buch[1]) schon aufmerksam gemacht, der dieselbe irrthümlich in den oberen Lias stellt, weil die Neocomschichten bei Schöppenstedt in unmittelbarem Contact mit dem mittleren Lias stehen und daher früher lange als oberer Lias angesprochen wurden. — Diese Abweichung würde, namentlich unter Berücksichtigung des Umstandes, dass unsere Art stets ein etwas tieferes Niveau einnimmt und in Schichten vom Alter des englischen *Lower Green Sand* wahrscheinlich bei uns gar nicht hinaufreicht, Anlass zu Bedenken über die Identification beider Typen geben können, wenn nicht Herr Meyer[2]) ausdrücklich erwähnte, dass die englische *Ter. oblonga* ausserordentlich variirt, ganz in der Weise, wie Orbigny bei der französischen dargestellt hat, und wenn nicht auch bei uns vereinzelte Exemplare vorkämen, die jenes Merkmal nicht besitzen. Auch Loriol[3]) führt an, dass das Neocom des Salève durch eine Varietät mit gerader, in derselben Ebene mit den Seitenkanten liegender Stirnlinie charakterisirt werde, welche sich ausserdem stets durch einfache, nicht gegabelte oder vermittelst Einschaltung vermehrte Rippen auszeichne. Alle diese Formen scheinen daher eben nur Varietäten zu sein, während *Ter. Beaumonti* von ihnen allen leicht zu unterscheiden ist durch die gewöhnlich viel geringere Zahl ihrer Rippen, die sich ebenfalls nur in seltenen Fällen durch

[1]) Ueb. Terebrateln, p. 77.

[2]) The Geological Magazine I, p. 254.

[3]) Néocom. Salève, 1863, p. 124, t. 15, f. 22.

Bifurcation oder Einschaltung vermehren; ferner ist bei der Neocom-Art der Schnabel meist stärker gekrümmt und immer der Wirbel der kleinen Klappe viel schwächer gewölbt; das Zurückgreifen der Stirn gegen die grössere Klappe ist bei der Art aus der Tourtia nicht beobachtet. Bei *T. oblonga* reicht das Dorsalseptum über die Mitte der Länge hinaus und der Ansatzpunkt für die das Septum mit den absteigenden Aesten der Schleife verbindenden Querfortsätze befindet sich nahe an dem vorderen Ende desselben ungefähr in der Mitte der Klappe; die Rippen und Furchen sind auf der Innenseite der Schale bei dieser Art in der Regel deutlicher bemerkbar.

Zu den in diese Gruppe gehörigen Arten ist ferner *Terebratella Kneri* Bosq.[1]) aus der unteren Region der oberen Kreide mit *Belemnites mucronatus* von Limburg zu rechnen. Bosquet hat bis jetzt diese neue Art nur durch das Citat der Abbildung von *Terebratula oblonga* Kner[2]) begründet; jene Abbildung unterscheidet sich von unserer Tourtia-Art durch ihre dreieckige Form mit gerundeter Stirn und durch ihren stärker gekrümmten Schnabel, sowie durch eine Feinheit der Rippen, wie sie allerdings bei *T. Beaumonti* wohl vorkommt, aber nicht gewöhnlich ist. Uebrigens erlaube ich mir darauf hinzuweisen, dass die Zugehörigkeit der Schichten von Mikulince (in Galizien), aus denen die Kner'schen Exemplare stammen, zur oberen Kreide mit *Bel. mucronatus* mehr als fraglich sein dürfte, indem sehr charakteristische Cenoman-Arten, wie *Ammonites varians* u. a. daraus angeführt werden. Die Möglichkeit, dass die genannte Abbildung der „*Ter. oblonga*“ eine Varietät der *T. Beaumonti* darstellen, dürfte daher nicht zu leugnen sein, zumal da jene mit unserer Art die einfachen Rippen und den stark gewölbten Wirbel der kleinen Klappe, sowie die nicht gebogene Stirn gemein hat; in diesem Falle würde sich wahrscheinlich eine Verschiedenheit der so viel jüngeren limburgischen Art von der galizischen nachweisen lassen; erstere scheint, da sie bis jetzt nur durch die citirte Stelle bekannt geworden ist, zu den Seltenheiten zu gehören.

Ter. Beaumonti variirt ziemlich bedeutend in Bezug auf das Verhältniss zwischen Länge, Breite und Dicke. Junge Exemplare zeichnen sich besonders durch geringere Dicke und Länge bei grösserer Breite aus. Die gewöhnlich etwas fünfeckigen Umrisse, namentlich mit eckiger Stirn, werden zuweilen rundlicher und auch dies ist besonders bei jungen Exemplaren der Fall. Dass auch die Zahl der Rippen veränderlich ist, wurde schon erwähnt.

---

[1]) In Staring, Bodem v. Nederl. II, p. 390.

[2]) Wien. Denkschr. III, 1852, Separatabdr. p. 28, t. 3, f. 14.

Vorkommen. Nicht häufig im Grünsande (Tourtia) von Essen (Westphalen); sehr selten (1 Exemplar — Steinkern) in der Tourtia von Quedlinburg a. H. Ausserdem mit Sicherheit nur aus der belgischen Tourtia bekannt, wo sie von Tournay und Gussignies angeführt wird.

Megerleïa (?) hercynica sp. nov. 1867.

T. 22 (I), f. 6, 7.

Beschreibung. Ziemlich grosse ovale Art, länger als breit, mässig stark gewölbt; grösste Breite und Dicke etwa in der Mitte der Länge. Dimensionen: Länge, 14,5 und 20; Breite, 13,5 und 18; Dicke, 7 und 13 Mm. Schale nicht bekannt, weshalb die Beschreibung nur nach Steinkernen gemacht werden kann.

Die grosse Klappe, die stärker gewölbt ist, besitzt einen wenig gekrümmten und ziemlich kurzen Schnabel mit einem Schnabelwinkel von etwa 90° oder noch stumpfer. Das Foramen ist von mittler Grösse; die Form der Area ist auf den Steinkernen nicht zu erkennen. — Sechs hohe und scharfe Falten zieren die Oberfläche, von denen die beiden mittleren, eine tiefe Furche einschliessenden die höchsten und breitesten sind, während die beiden äusseren zuweilen bis zum Verschwinden flach werden. Dem entsprechend trägt die kleinere Klappe 7 (seltener 5) eben solche mit denen der anderen alternirende Falten, von denen die 3 mittleren die stärksten sind und gewöhnlich gleich hoch hervorragen; nur selten erhebt sich die mittlere noch etwas höher als die beiden anderen; die beiden zwischen diesen 3 Falten liegenden Furchen sind viel tiefer, und die Stirnlinie greift deshalb an dieser Stelle tiefer nach der Seite der Ventralklappe zurück, als zwischen den übrigen Falten. Dass die concentrischen Anwachslinien auf der Schalenoberfläche dieser Falten ziemlich deutlich hervorgetreten sein müssen, geht daraus hervor, dass sie selbst auf den Steinkernen meist gut zu bemerken sind; ob die Schalenoberfläche ausserdem noch in anderer Weise geziert gewesen ist (etwa mit feineren Radialrippchen), lässt sich nicht bestimmt sagen, da eine solche Ornamentirung bei der gewöhnlich an den Arten aus dieser Gruppe ziemlich dicken Schale auf den Steinkernen nicht angedeutet ist. — Unabhängig von der Beschaffenheit der Schalenoberfläche sind die ziemlich zahlreichen und dichten schmalen Radialrippchen der Innenseite der Schalen, welche fast auf allen Steinkernen sich in Form feiner, von den Wirbeln bis zu den Rändern gehender, wie mit einem stumpfen Messer eingeschnittener Furchen auszeichnen, die sich nach der Stirn zu durch Einschaltung neuer vermehren. Dieselben endigen am Rande mit kleinen Grübchen, ein Beweis, dass der innere Rand der Schalen fein gezähnelt war, ganz in derselben Weise, wie dies bei vielen Arten von *Megerleïa* und *Terebratella* der Fall ist. — Die beiden zu den Seiten des Foramens befindlichen Lateralsepta (Zahnplatten) der Ventralklappe sind auf den Steinkernen durch tiefe Einschnitte bezeichnet, zwischen denen die verdickte Schale den durch das Foramen austretenden Fussmuskel kragenförmig umgab; ebenso in der Dorsalklappe das Medianseptum, welches etwa bis zur Mitte der Klappe reicht; die Brachialscheibe ist nicht stark entwickelt. — Die Muskeleindrücke sind nur sehr schwach, aber ziemlich gross und reichen auf beiden Klappen bis zur Mitte der Länge.

Bemerkungen. Ueber die systematische Stellung der eben beschriebenen Art bin ich nicht ganz sicher, da ich bei der geringen Anzahl (6) der von mir genauer untersuchten Exemplare nicht im Stande war, den inneren Bau genügend kennen zu lernen, so dass mir namentlich die Form der Schleife und die Art und Weise der Anheftung derselben ganz unbekannt geblieben ist. Die beobachteten Merkmale lassen die Wahl zwischen *Terebratella* und *Megerleïa* übrig, und unter den bis jetzt ihrem inneren Bau nach bekannten und daher in ihrer systematischen Stellung bestimmt festgestellten Arten würden namentlich *Terebratella Menardi* Lam. sp. und *Megerleïa pectunculoïdes* Schloth. sp.[1]) zu vergleichen sein. Von diesen beiden zeigt unverkennbar *Meg. pectunculoïdes* in ihrem ganzen Habitus die grösste Aehnlichkeit mit unserer Art; Steinkerne derselben weichen nur durch die breitere Form und den breiteren und geraderen Schlossrand, sowie durch die gewöhnlich etwas grössere Rippenzahl von der Art der Tourtia ab. Die Aehnlichkeit mit *Terebratella Menardi* Lam. sp. ist schon weniger gross, so dass ich es für sehr wahrscheinlich halte, dass unsere in Rede stehende Art zu *Megerleïa* zu stellen sein wird. Hoffentlich wird es demnächst gelingen, zahlreichere Exemplare dieser schönen und interessanten Art aufzufinden und dann auch ihren inneren Bau genauer kennen zu lernen.

In dem Mai-Hefte des VII. Bandes (1864) der englischen Zeitschrift „The Geologist“ (No. 7, p. 166) wurde von C. J. A. Meyer eine neue

[1]) Suess, Classif. d. Brachiop. v. Davids, p. 49 Anm.; Davids., Ann. Mag. 2, V, p. 449, t. 15, f. 5; Quenst., Handb. d. Petr., p. 464, t. 37, f. 15—18 und Jura, p. 742, t. 90, f. 47—51. — Ich benutze diese Gelegenheit, um ein Versehen zu berichtigen, das ich vor einiger Zeit in einem kleinen Aufsatze über die Brachiopoden des Gault von Ahaus etc. (Zeitschr. g. Ges. XVIII, 1866, p. 368) begangen habe; ich habe dort *Terebratula pectunculoïdes* (Schloth.) Qu. als synonym von *Megerleïa Ewaldi* Suess. bezeichnet, während letzterer Name sich in Wirklichkeit auf die von Quenstedt als *Terebratula pectunculus ε.* Qu. bezeichnete Art bezieht; statt *Meg. Ewaldi* ist also dort stets *Meg. pectunculoïdes* Schloth. sp. zu lesen.

Brachiopoden-Art aus der englischen Kreideformation beschrieben, welche den Namen *Terebratella trifida* erhielt; Abbildungen derselben wurden noch in demselben Jahre im December-Hefte des „Geological Magazine", mit welchem „The Geologist" inzwischen verschmolzen war, auf t. 11 (verdruckt: 12), f. 17—23 mitgetheilt, zugleich aber die Gattungsbestimmung mit einem Fragezeichen versehen, da die Genus-Charaktere nicht genügend bekannt waren. Diese Art nun besitzt ebenfalls eine grosse Aehnlichkeit mit unserer *Meg.* (?) *hercynica*, so dass ich anfänglich sie damit identificiren zu dürfen glaubte; eine genauere Vergleichung der Abbildungen und Beschreibung ergiebt jedoch Unterschiede, welche, wie mir scheint, zu einer specifischen Trennung unserer Art von der englischen zwingen.

Was zunächst in die Augen fällt, ist der ausserordentlich stumpfe Schnabelkantenwinkel der grösseren Klappe bei *Ter. trifida* Meyer (l. c. f. 18, 19, 23), welcher offenbar zur Folge haben muss, dass der Schnabel kaum über den Wirbel der kleinen Klappe hervorragt. Sodann besitzt die englische Art einen viel breiteren und geraderen Schlossrand, so dass die grösste Breite der kleinen Klappe am Schlossrande selbst oder doch demselben sehr nahe ist; bei *Meg.* (?) *hercynica* dagegen liegt sie in der Mitte der Länge. Ferner ist die Mittelfalte der kleinen Klappe im Vergleich zu den beiden ihr zunächst liegenden bei *Ter. trifida* viel stärker, wodurch die Schale in 3 Theile getheilt wird, während bei der norddeutschen Art die 3 mittleren Falten gleich stark sind.

Vorkommen. Selten im Grünsande (Tourtia) von Quedlinburg a. Harz, von wo 2 Exemplare im mineralogischen Cabinet zu Berlin, drei in der Sammlung des Herrn Dr. Ewald daselbst und eins in der meinigen sich befinden.

Megerleïa lima Defr. sp. 1828.

T. 22 (II), f. 8.

1828. *Terebratula lima* Defr., Dict. LIII, p. 156.
1841. — *pectoralis* A. Roem., Kreid., p. 42, t. 7, f. 19.
1850. — *disparilis* Gein., Quaders., p. 212.
1850. — *Hebertina* Gein., Quaders., p. 216.
1852. — *Wacoensis* F. Roem., Kreid. Tex., p. 81, t. 6, f. 2.
1852.? — *formosa* Kner, Denkschr. Wien. Ak., III, p. 29, t. 3, f. 16.
1852. *Kingena lima* Dav., Cret. Brach., p. 42, t. 4, f. 15—28, t. 5, f. 1—4.
1854. *Terebratula pectoralis* F. Roem., Zeitschr. g. G. VI, p. 137.
1856. *Megerlia lima* Boll, Meklenb. Arch. X, p. 41.
1857. *Terebratula (Megerlea) pectoralis* Stromb., N. Jahrb. p. 785 u. Zeitschr. g. Ges. IX, p. 415.
Megerlea lima Stromb., N. Jahrb., p. 786, u. Zeitschr. g. G. IX, p. 416.

1859. *Terebratula* (*Megerlea*) *pectoralis* Stromb., Zeitschr. XI, p. 39.
1860. *Megerlea lima* Bosq., Faun. Fl., p. 390.
1862. *Terebratula* (*Kingena*) *sexradiata* Eug. Desl., Et. crit. p. 45, t. 8, f. 5—8.
— — — *Hebertiana* Eug. Desl., — — p. 46, t. 8, f. 9—11.
1863. (*Terebratula*) *Megerlia lima* Oost., Synops. Brach., p. 35, t. 12, f. 16.
1865. *Magas pumilus* Heinr. Credn., Erläut. p. 40. z. Th.
1866. *Megerleïa lima* U. Schloenb., Zeitschr. g. Ges. XVIII, p. 368.

Bemerkungen. Das grosse mir zur Untersuchung zu Gebote stehende Material dieser Art bestätigt meiner Ansicht nach vollkommen die Richtigkeit von Davidson's Auffassung derselben, nach welcher alle ähnlichen Formen vom oberen Gault von Folkstone an bis zur obersten Kreide specifisch untrennbar sind. Allerdings hat in neuerer Zeit Eug. Deslongchamps wieder versucht, einige der von Davidson zu ihr gestellten Synonyme, welche sich auf das Vorkommen in den jüngeren Schichten der Kreide beziehen, als verschiedene Species abzutrennen und den Defrance'schen Namen auf das Vorkommen in der cenomanen Kreide zu beschränken. Dabei giebt er als einziges Unterscheidungsmerkmal die Anordnung der Tuberkeln auf der Schalenoberfläche an, deren Verschiedenheit jedoch selbst nach seinen eigenen Abbildungen sehr gering ist. Untersucht man aber eine grössere Anzahl von Exemplaren in dieser Beziehung, so wird man finden, dass selbst aus einer Schicht genommene darin durchaus nicht mit einander übereinstimmen, sondern die grösste Mannigfaltigkeit zeigen, wie sie aus Davidson's zahlreichen schönen Abbildungen ersichtlich ist, ja dass die Grösse und Anordnung der Tuberkeln sogar an verschiedenen Stellen der Oberfläche eines und desselben Individuums oft sehr variirt. Dagegen zeigen andererseits oft Exemplare aus verschiedenen Schichten nicht nur in der äusseren Form, sondern auch in der Verzierung der Oberfläche die vollkommenste Uebereinstimmung. In vielen Fällen kann man sich auch überzeugen, dass die anscheinende Verschiedenheit lediglich eine Folge des verschiedenen Erhaltungszustandes ist. Dies zeigt sich namentlich bei den Exemplaren aus unseren festen Kalken des oberen Pläners (vorzugsweise des Galeriten-Pläners oder der Zone des *Inoceramus Brongniarti*), an denen oft keine Spur von den Wärzchen mehr zu entdecken ist; sobald aber die oberste Schalenoberfläche derselben intact ist, treten jene Wärzchen stets hervor und sind z. B. an wohlerhaltenen Exemplaren von Ahaus deutlich zu beobachten. Im Allgemeinen kann man annehmen, dass dieser Charakter sich bei den in Thonen, Thonmergeln und kreidigen Gesteinen gesammelten Exemplaren weit deutlicher erhalten hat, als in Kalkmergeln und Kalken. — In allem Diesem scheint mir der Beweis zu liegen, dass man auf die geringen Abweichungen bei den Tuberkeln innerhalb der Grenzen, wie sie

Davidson t. 4, f. 15—28 und t. 5, f. 1—4 darstellt, nicht so viel Werth legen darf, um darauf Speciesunterschiede zu begründen, wenn nicht noch andere Kennzeichen hinzukommen.

Dass der innere Bau der in unseren cenomanen Schichten vorkommenden Exemplare, welche A. Roemer als *Terebratula pectoralis* bezeichnet hat, mit dem von Davidson so schön abgebildeten aus der obersten Kreide von Norwich übereinstimmt, konnte ich an einigen Exemplaren aus der Tourtia von Essen deutlich erkennen, an denen es mir gelungen ist, den ganzen Brachialapparat bloszulegen; nur die Verbindung zwischen dem Septum und der absteigenden Lamelle ist bei den Essen'er Exemplaren etwas dünner, als auf Davidson's Abbildung. Uebrigens constatirt ja auch Davidson die Uebereinstimmung des Brachial-Apparates eines Exemplars aus dem „Upper Green Sand" von Cambridge mit jenem aus dem „Upper Chalk" von Norwich. Von der Identität des Brachialapparats unserer im Galeriten-Pläner nicht seltenen Form habe ich mich durch eine Reihe von Schliffen, die ich zu dem Zwecke in verschiedenen Richtungen ausgeführt, überzeugt.

Die Muskelmale sind wenig deutlich.

Im Schnabel befinden sich zwei Zahnplatten zu den Seiten des Deltidiums, wie bei *Macandrewia*, *Terebratella*, *Rhynchonella*, etc.; dieselben sind auch aus der oben citirten Abbildung bei *Ooster* deutlich zu ersehen.

Das Foramen ist in der Regel ziemlich gross und wird an den Seiten von den beiden Platten des Deltidiums, vorn von dem Wirbel der kleinen Klappe begrenzt. Ein Verwachsen der Deltidialplättchen mit einander oder auch nur ein gegenseitiges Berühren derselben habe ich bei *Megerleïa lima* nie beobachtet.

Meine Ansicht über die systematische Stellung der in Rede stehenden Brachiopoden-Art habe ich kürzlich bei Gelegenheit der Besprechung von *Megerleïa tamarindus* (Zeitschr. g. Ges. XVIII, p. 366) auseinandergesetzt. Von dieser unterscheidet sie sich ausser dem inneren Bau durch weniger scharfe Schnabelkanten und niedrige Area, durch das stets zweitheilige Deltidium, dessen Platten bei *Meg. tamarindus* oft zu einem Stücke verwachsen; auch tritt in der Regel die verschiedene Wölbung der kleinen und grossen Klappe bei *M. lima* mehr hervor als bei letzterer. — Sehr interessant war mir eine briefliche Mittheilung von Herrn C. J. A. Meyer in London, wonach derselbe in Veranlassung meiner oben erwähnten Notiz über *M. tamarindus* eine Anzahl typischer Exemplare dieser Art von der Insel Wight untersuchte und zu ganz ähnlichen Resultaten über den inneren Bau derselben gelangte. — *Meg.* (*Kingia*) *Raincourti* E. Desl. aus französischen

Tertiär-Schichten scheint mir durch ihre eigenthümliche Form genügend als selbständige Art charakterisirt.

Dass *Ter. ovata* Sow., *arcuata* Roem. (= *rugulosa* Morr.) und *squamosa* Mant. zu derselben Section mit *Meg. lima* gehören sollten, wie Davidson vermuthet, halte ich für sehr unwahrscheinlich, wie ich bereits weiter oben erörtert habe.

Wegen der älteren englischen und französischen Synonymik verweise ich auf Davidson; die auf das Vorkommen in Norddeutschland bezüglichen Citate habe ich dagegen oben möglichst vollständig zusammengestellt. Dass *Terebratula hippopus* Gein., Reuss (non A. Roem.) nicht hierher gehört, sondern zu der folgenden Art, habe ich schon an einer anderen Stelle erörtert. Wahrscheinlich ist auch *Ter. pectoralis* Reuss (Verst. t. 26, f. 12) etwas Anderes, da daran keine Spur von dem gewöhnlich durchscheinenden starken Dorsalseptum bemerkt wird.

Vorkommen. Eine sehr grosse Anzahl von Exemplaren von den verschiedensten Fundorten und aus den verschiedensten Schichten liegt mir vor. Am häufigsten findet sich die Art bei uns wohl in der Tourtia (Zone des *Catopygus carinatus* und der *Trigonia sulcataria*) und im Galeriten-Pläner (Zone des *Inoceramus Brongniarti* und *Ammonites Woollgarei*). Wenn auch in Abrede gestellt werden muss, dass gewisse Formen derselben ausschliesslich auf bestimmte Schichten beschränkt seien, so ist es dagegen doch sehr erklärlich und sogar natürlich, dass solche vorzugsweise in bestimmten Schichten sich finden. In der Tourtia (von Essen, Quedlinburg) bleiben einmal die Exemplare meist ziemlich klein und ferner ist die kleinere Dorsalklappe oft in der Wirbelgegend etwas abgeplattet, steigt aber dabei ziemlich stark an; die Stirn ist gewöhnlich nach der Rückenseite etwas aufgebogen. Aus dem gleichen Horizonte in Sachsen kenne ich nur einige zweifelhafte Exemplare aus dem Grünsande des Tunnels von Oberau. — In den übrigen Schichten des unteren (cenomanen) Pläners, z. B. bei Langelsheim, Neu-Wallmoden, Salzgitter, Wrisbergholzen, Sarstedt etc., ist die Art weit seltener als in der Tourtia und wird oft etwas breiter. — Im Galeriten-Pläner (Zone des *Inoceramus Brongniarti* und *Amm. Woollgarei*) von Ahaus, Salzgitter, Vienenburg, Beuchte unweit Goslar, etc. etc., sowie im Scaphiten-Pläner (Zone des *Scaphites Geinitzi*) von Salzgitter, Heiningen, Neinstedt bei Thale etc. kommen vorzüglich diejenigen Formen vor, welche im Umrisse ein ziemlich regelmässiges Fünfeck mit gerundeten Ecken darstellen und dabei eine verhältnissmässig flache Dorsalschale besitzen; dabei sind jedoch alle anderen von Davidson abgebildeten Formen auch vertreten, nur lässt der Erhaltungszustand die

Warzen nicht so deutlich erkennen. Die Stirn ist oft nach der Rücken-, zuweilen nach der Bauchseite etwas aufgebogen, in sehr seltenen Fällen sogar schwach undulirt. Ein Fundort im sogenannten Grünsande der Umgebungen von Rothenfelde unw. Osnabrück, welcher zum oberen Pläner gehören und dem Niveau nach der oberen Region des Scaphiten-Pläners (Zone des *Scaphites Geinitzi*) entsprechen dürfte, zeichnet sich dadurch aus, dass die Exemplare dort eine ungewöhnliche Grösse erreichen (bis 24 Mm. Länge bei 21 Mm. Breite und 14 Mm. Dicke), und dass fast bei allen die Stirn schwach nach der Seite der Ventralklappe zu gebogen ist. — Ziemlich gross werden auch die Exemplare in der oberen Kreide mit *Belemnites quadratus*, woraus ich sie namentlich von Biewende unw. Wolfenbüttel und von Linden bei Hannover besitze; wahrscheinlich gründet sich auf letzteres Vorkommen Oberbergrath Heinr. Credner's Citat des *Magas pumilus* von der genannten Localität, sowie die an derselben Stelle citirten Fundorte Rethen und Krohnsberg auf das Vorkommen der *Megerleïa lima* im dortigen cenomanen Pläner sich beziehen (vgl. Schloenb., Krit. Stud. in Palæontographica XIII, 6, p. 296). Aus der weissen Kreide mit *Belemnites mucronatus* des nordwestl. Deutschlands liegen mir nur einige sehr kleine Exemplare unserer Art von Ahlten vor, welche jedoch die Species-Charaktere, sowie besonders die Tuberkeln der Schale, schon sehr deutlich erkennen lassen. Auch von Rügen wird dieselbe von Boll aus dieser Schicht angegeben. — Sie ist auf diese Weise bis jetzt aus allen norddeutschen Kreide-Schichten zwischen der Tourtia und der oberen Kreide mit *Bel. mucronatus* nachgewiesen, mit Ausnahme des rothen Pläners mit *Inoceramus labiatus* und des Cuvieri-Pläners; doch sind diese beiden Schichten überhaupt der Specieszahl nach bei uns sehr arm an Molluskenresten.

Das Vorkommen in der Kreide Böhmens und der deutschen Alpen ist nicht sicher verbürgt; dagegen scheint sie in der galizischen Kreide vorhanden zu sein, von wo Kner eine *Ter. formosa* beschreibt, die ausserordentlich grosse Aehnlichkeit mit gewissen Formen unserer Art hat. — Bei Maestricht wird sie von Bosquet mit einer zweiten Art angegeben, *Meg. pustulosa*, deren Beschreibung und Abbildung noch zu erwarten ist. — In Belgien findet sich *Megerleïa lima* in der Tourtia (*Terebr. subconcava, arenosa* Arch.) und in der oberen Belemnitenkreide. — Die Verbreitung in Frankreich und England stimmt mit derjenigen im nordwestlichen Deutschland überein. — Suess[1]) nennt sie auch aus der portugiesischen Kreide. Selbst über Europa hinaus scheint diese Art verbreitet zu sein; denn die

[1]) Sitzgsber. Wien. Ak. XLII, p. 594.

Beschreibung und Abbildung, die F. Roemer von seiner *Ter. Wacoensis* aus der Gegend von Neu-Braunfels in Texas giebt, stimmen so gut mit unseren norddeutschen Plänerformen, dass man an der Identität kaum zweifeln kann.

Magas Geinitzi U. Schloenbach 1866.

1866. *Magas Geinitzi* U. Schloenb., in N. Jahrb., p. 575.
— — — — — Krit. Stud., p. 32, t. 2, f. 4—8.

Zu der in meinen „kritischen Studien" (a. o. a. O.) gegebenen Beschreibung habe ich Nichts hinzuzufügen.

Bemerkungen. Die restaurirte Figur 5' auf t. 2 meiner genannten Schrift ist insofern nicht ganz nach Wunsch ausgefallen, als die einzelnen Theile des Brachialapparats, welcher in Wirklichkeit aus papierdünnen Lamellen besteht, in derselben sehr massiv erscheinen.

Vorkommen. Zu den früher von mir angeführten Fundorten habe ich einige weitere Bemerkungen zu machen. Ob von den Steinkernen aus dem Grünsande von Quedlinburg am Harz einige zu dieser Art gehören, dürfte schwer mit Sicherheit zu entscheiden sein; vielleicht gehören sie alle nur verschiedenen Varietäten der so sehr veränderlichen *Megerleïa lima* an, welche in selteneren Fällen auch wohl eine schwache Längsdepression in der Stirngegend der kleinen Klappe zeigt. — Dagegen konnte ich mich an den Originalen der *Terebratula ovoïdes var. minima* Gein.[1]) im Dresdener Museum überzeugen, dass auch diese nur kleine Exemplare des *M. Geinitzi* sind; es kommt also der Fundort: Serpula-Sand (oberste Schicht des unteren Quaders, äquivalent dem Grünsande des Elbstollens) von Bannewitz unw. Dresden hinzu. — Aus Böhmen wurden mir kürzlich einige dem Prager Museum gehörige Exemplare durch die Güte des Herrn Custos Dr. A. Fritsch zur Untersuchung mitgetheilt, von denen ein fragliches nach den Angaben dieses thätigen Paläontologen von Klein Herrendorf (Kněživka) aus den der Tourtia entsprechenden Schichten, eins von Vehlovice aus Schichten „zwischen Tourtia und Senon" und zwei andere von Chlomek aus „oberstem Senon" stammen; alle diese gehören mit Bestimmtheit derselben Species (*M. Geinitzi*) an[2]).

[1]) Geinitz, Charakt. I, p. 17, t. 17, f. 19; 1839.

[2]) Im k. k. Hof-Mineralien-Cabinet zu Wien befinden sich Exemplare des *Magas Geinitzi* nicht nur aus dem „Exogyren-Sandstein" Böhmens, der, wie ich oben in der Einleitung erwähnt, höheren Schichten als dem Cenoman angehören dürfte, sondern auch von Kutschlin bei Bilin aus dem „oberen Pläner" (mit *Micraster Michelini*) und von Kieslingswalde in Schlesien aus den dortigen petrefactenreichen Gesteinen, die, wenn

Argiope decemcostata A. Roem. sp. 1841.

1841. *Terebratula decemcostata* A. Roem., Kreid., p. 41, t. 7, f. 13.
1850. — — Gein., Quadersandst., p. 212.
1853. *Argiope decemcostata* Suess, Wien. Sitzgsber. XI, p. 992, t. 3, f. 1 (non *Arg. decemcostata* Dav. 1852).
1854. *Terebratula decemcostata* F. Roem., in Zeitschr. g. Ges., p. 137.
1855. *Argiope megatrema* Dav., Mon. Cret. Br., p. 101 z. Th., t. 12, f. 35, 36 (non f. 31, 32, 34, non *Ter. megatrema* Sow.).
1859. *Argiope megatrema* Stromb., in Zeitschr. g. Ges. XI, p. 39.
1866. *Argiope decemcostata* Schloenb., Krit. Stud., p. 46.

Beschreibung. Grosse, breite, mässig gewölbte Art, deren grösste Breite durch die Schlosslinie bezeichnet wird; an derselben Stelle ist auch die grösste Dicke. Durchschnittliche Dimensionen: Länge 7—8, Breite 6—7, Dicke $4^1/_2$ Millim. Die Schalenoberfläche ist mit etwa 10—14 gleichmässigen, abgerundeten, aber hohen Rippen verziert, welche auf beiden Klappen so von den Wirbeln bis zur Stirn gehen, dass die beiderseitigen an der Stirn auf einander treffen und nicht, wie z. B. bei den Rhynchonellen, alterniren. Die Verbindungslinie beider Klappen liegt auf diese Weise nicht nur in einer Ebene, sondern bildet einen gleichmässigen, fast genau halbkreisförmigen Bogen. — Die grössere Klappe, die stärker gewölbt ist, als die fast ganz flache kleinere, besitzt einen stumpfen, von geraden Kanten begrenzten, nicht gekrümmten, aber doch auch nicht stark abstehenden Schnabel, dessen ganze Rückenseite von einer platten, breiten und niedrigen, vertical gegen die Schlosslinie fein gestreiften Area eingenommen wird. Diese Area ist von einem dreieckigen Foramen durchbohrt, welches die beiden schmalen, seitlichen Deltidial-Plättchen von einander trennt. — Die kleinere Klappe besitzt eine gerade Schlosslinie, deren Wirbel zuweilen — offenbar in Folge der engen Anheftung der Muschel vermittelst des Fussmuskels an einen fremden Körper — etwas abgeplattet oder sogar ausgeschnitten ist [1]).

nicht jünger, jedenfalls nicht älter sind, als die „Scaphiten-Schichten“ (oder der „obere Plänerkalk“) von Strehlen und Hundorf etc. Die „obersten Senon-Schichten“ von Chlomek dürften nach Allem, was ich bei meiner Anwesenbeit in Prag (nach Abschluss dieses Manuscriptes) durch die Gefälligkeit der Herren Dr. Fritsch und Prof. Krejčí daraus gesehen, dem unteren Niveau der norddeutschen „Quadraten-Kreide“ entsprechen, wie solches bei Gehrden, Bülten, am Sudmerberg bei Goslar, u. s. w. entwickelt ist. — Es sind dies neue Bestätigungen für meine Annahme der grossen horizontalen und verticalen Verbreitung dieser kleinen interessanten Muschel. — Nachgetragen in Wien, Ende März 1867. U. Schl.

[1]) Nachdem ich die Präparate der inneren Organisation gesehen, welche Suess im k. k. Hof-Mineralien-Cabinet zu Wien ausgeführt hat, darf ich unter Bezugnahme auf

Bemerkungen. Ueber die Beziehungen der *Argiope decemcostata* zu den verwandten Arten habe ich mich an einer anderen Stelle schon genügend ausgesprochen. Ryckholt[1]) vergleicht mit *Argiope decemcostata* auch seine *Argiope hexaglochis*, welche ich früher übersehen hatte; dieselbe weicht von jener, sowie von den meisten Kreidearten durch die drei Dorsalsepta ab, und ähnelt in dieser Beziehung besonders der *Arg. depressa* Orb. sp. und *Arg. Davidsoni* Bosq., von denen sie sich dagegen wieder durch ihre viel schmaleren und schärferen Rippen, von ersterer auch durch die viel geringere Anzahl derselben unterscheidet.

In neuester Zeit sind noch einige neue Arten aus dieser Gattung beschrieben, auf die ich zur Vervollständigung meiner früheren Liste hinzuweisen nicht unterlassen will. Dieselben finden sich in Zittel, Bivalven der Gosaugebilde (*Argiope ornata* Suess) und in Seguenza, Paleontologia malacologica dei Terreni terziarii del Distretto di Messina (Memorie della Soc. italiana di sc. natur., I). Auch Davidson hat im vorigen Jahre in den Proceedings of the Zool. Soc. of London, Febr. 13, 1866, p. 103) zwei neue lebende Arten von *Argiope* beschrieben; ebenso Crosse und Fischer im Journ. de Conchyliol. XVI, 3me série VI, p. 269, vom 1. Juli 1866, zwei neue Arten von Guadeloupe.

Ferner benutze ich diese Gelegenheit, einen Irrthum zu berichtigen, der sich in meine eben erwähnte Liste eingeschlichen hat. In Uebereinstimmung mit dem in Suess, Wohnsitze der Brachiopoden, enthaltenen kritischen Verzeichnisse der lebenden Arten hatte ich dort die von Davidson beschriebene *Waltonia Valenciennesi* als *Argiope Valenciennesi* angeführt, während inzwischen Reeve darauf hingewiesen hatte[2]), dass diese Art nur der Jugendzustand von *Ter. Evansi* und mit dieser richtiger zur Gattung *Magas* zu rechnen sei. Danach würde diesem letzteren Genus eine weit grössere Lebensdauer zukommen, als man früher annahm.

Vorkommen. *Argiope decemcostata* A. Roem. sp. ist bis jetzt nur aus dem Grünsande von Essen bekannt geworden und gehört auch dort

dessen genaue Beschreibung derselben constatiren, dass diese Präparate Bosquet's Vermuthung (Monogr. Brach. Limb., p. 40, Anm. 2), es könnten die von Suess erwähnten und abgebildeten, nach innen gerichteten dornartigen Fortsätze der Schleife (l. c, t. 3, f. 1 M) Reste der Lamellen sein, die Bosquet (l. c., p. 40, t. 5, f. 13 a etc.) an den Schleifenbändern der nur mit einem Dorsalseptum versehenen Arten beobachtet hat, nicht bestätigen. Vielmehr scheinen jene Fortsätze wirklich ein genaues Analogon der von Suess in so ausgezeichneter Entwickelung bei *Stringocephalus* nachgewiesenen zu sein. Wien, Ende März 1867. U. Schl.

[1]) Mélanges paléontologiques II, p. 174, t. 18, f. 13—15; 1854.

[2]) Monograph of the genus Terebratula, spec. 31, Febr. 1861.

zu den Seltenheiten; nur etwa 10 Exemplare dieser interessanten Art habe ich in den verschiedenen Sammlungen (Dresd. Mus., Berl. Mus., Münst. Acad., Ung. Samml., Schloenb. Samml. und im Hof-Min.-Cab. zu Wien) gesehen. Sie ist in den cenomanen Schichten Deutschlands die einzige Vertreterin ihrer Gattung.

Thecidium digitatum G. B. Sow. 1823.

T. 23 (III), f. 14.

1798. *Terebratule qui se raproche des Cranies*, Faujas, Mont. St. Pierre, p. 116, 162, t. 26, f. 16.
1823. *Thecidium digitatum* G. B. Sow., Gen. of Shells, No. 20, f. 3.
1828. *Thecidea hieroglyphica* Defr., Dict. LIII, p. 435.
1837. — *digitata* Bronn, Leth. p. 664.
1839. — *tetragona* A. Roem., Ool. Nachtr., p. 22, t. 18. f. 4.
1841. — *tetragona* A. Roem., Kreid., p. 36.
— — *Essensis* A. Roem., — p. 36.
— — *digitata* Goldf., II, p. 290, t. 161, f. 6.
— — *hieroglyphica* Goldf., II, p. 290 z. Th.
1847. — *digitata* Arch., in Mém. géol. Fr. 2, II, p. 350.
— — *tetragona* Orb., Cret. IV, p. 152, t. 522, f. 1—6.
1850. — *digitata* Gein., Quadersandst., p. 215.
1852. — — Qu., Handb., p. 495, t. 40, f. 7, 8.
— — — Gieb., Deutschl. Petr., p. 441.
— — *tetragona* — — — —
1853. — *digitata* E. Eud. — Desl., in Mém. Linn. Norm., 1853, IX, t. 12, f. 14.
— — *digitata* Suess, in Sitzgsber. Wien. Ac. XI, p. 1004 (13), t. 3, f. 3.
1854. — *digitata* F. Roem., in Zeitschr. g. Ges. VI, p. 136.
— *Thecidium digitatum* Dav., Class. Brach., p. 79, t. 6, f. 40.
1856. — *digitatum* Suess & Dav, Class. Brach., t. 2, f. 9.
1859. *Thecidea digitata* Stromb., in Zeitschr. g. Ges. XI, p. 39.
— *Thecidium digitatum* Bosq. Brach. Limb., p. 30, t. 3, f. 15, t. 4, f. 1—3.
1860. — — Bosq., Faun. Flor. p. 390, no. 550.
1864. *Thecidium tetragonum* Herm. Credn., in Zeitschr. g. G. XVI, p. 569, t. 21, f. 6—9.

Beschreibung. Grosse Art von unregelmässigen, aber rundlichen Umrissen, in der Regel etwas breiter als lang, ziemlich stark gewölbt. Grosse Klappe am Schnabel mit einem mässigen Theile ihrer Oberfläche unregelmässig an fremde Körper angewachsen, stark und ziemlich gleichmässig gewölbt, durch die Anwachslinien nur schwach gerunzelt; Pseudoarea ziemlich gross, dreieckig und meist scharf begrenzt, mit einem deutlichen, schmalen Pseudo-Deltidium versehen. Die kleine Deckelklappe ist aussen platt oder nur sehr wenig gewölbt und besitzt einen fast geraden Schlossrand, über den sich der in das Pseudodeltidium der grossen Klappe eingreifende ziemlich breite Schlossfortsatz erhebt. Der Wirbel befindet sich sehr nahe am Schlossrande. Die grösste Breite ist in der Nähe des Schlossrandes. Durchschnittliche Grösse: Länge = 10 Mm., Breite = 12, Dicke = $5^1/_2$ Mm.

Im Innern der grossen Klappe ragen die von dem stark verdickten Schnabel ausgehenden, mit einander verwachsenen zarten Lamellen, welche „das Schälchen" („la coque" bei Lacase-Duthiers) bilden und nach Lacase-Duthiers[1]) dem Adductor-Muskel (oder Occlusor nach Hancock) als Anheftungspunkte dienen, unter der Area in die Eingeweide-Höhle hinein. Die mittlere dieser Lamellen ist in ihrem hinteren Theile einerseits mit der Innenwand der Pseudoarea, andererseits mit der gegenüberstehenden Wand der Klappe verwachsen und steht nur zu einem kleinen Theile frei vor; die beiden anderen seitlich damit verwachsenen Lamellen lehnen sich andererseits z. Th. an die stumpfe Zahnleiste an, welche durch das beim Wachsen erfolgende successive Vorrücken der Schlosszähne entstanden ist, sind jedoch nicht damit verwachsen und ragen ebenfalls mit ihrem vorderen Theile frei in die Eingeweidehöhle hinein. Die beiden grossen seitlichen Muskeleindrücke lassen bei dem Erhaltungszustande der mir vorliegenden Exemplare keine getrennte Haftstellen für verschiedene Muskel erkennen, wie Dr. Herm. Credner abgebildet hat; bei jüngeren Exemplaren sind sie deutlich begrenzt, stark vertieft und durch einen breiten, hügelartig längs der Mitte vorstehenden Zwischenraum von einander getrennt; bei grossen ausgewachsenen Exemplaren und bei schlechterer Erhaltung werden die Eindrücke undeutlicher und diese Unebenheit der Innenseite der Klappe verschwindet fast ganz. Bei guter Erhaltung sind meistens in der mit ziemlich feinen, gewöhnlich undeutlich in radiale Reihen geordneten Granulationen gezierten Eingeweide-Höhle eine Anzahl sehr seichter Radialfurchen angedeutet, welche mit den Digitationen des Brachialapparats der kleinen Klappe correspondiren. — Ein verdickter Saum (biseau Eug. Desl.) fängt erst bei grösseren Exemplaren an sich deutlich auszubilden und ist dann meistens ziemlich scharf gegen die Eingeweide-Höhle begrenzt; derselbe scheint oft nicht ganz von dem Rande der anderen Klappe bedeckt zu sein.

Die kleinere Dorsalklappe zeigt einen sehr complicirten inneren Bau. Sie ist von einem fein granulirten nach aussen schräg abfallenden Saume umgeben, an den sich oft bei vollständiger Erhaltung noch ein dünner

---

[1]) Histoire naturelle des Brachiopodes vivants de la Méditerranée, in Annales des Sciences Natur., 4me sect., Zool., XV; 1861.

gerader Rand anschliesst, welcher bei geschlossenen Klappen offenbar den Saum der grossen Klappe bedeckt hat. Vom Saume aus, mit dem der Brachialapparat (mit Ausnahme der nur selten erhaltenen, aus den mit einander verwachsenen Querfortsätzen gebildeten und frei über dem Eingange in die Eingeweide-Höhle schwebenden, hohen, granulirten Brücke) so verwachsen ist, dass man denselben nicht davon unterscheiden kann, erstrecken sich nach innen ebenfalls schräg ansteigend eine Anzahl von 5—15 Digitationen, von denen einige wenige zuweilen von einem mittleren Hauptstamme ausgehen. Zwischen diesen befinden sich vertiefte glatte Gruben, welche zur Aufnahme der Digitationen des Mantelapparats dienen. Dieser ist deutlich von der Brücke getrennt und besteht aus einem, zum Schlossrande sich hinziehenden dichten kalkigen Gewebe, welches aus einem Hauptstamme und den von diesem ausgehenden, an Zahl den eben erwähnten Gruben gleichen und mit ihrer Unterseite mit dem Grunde derselben verwachsenen Digitationen zusammengesetzt ist. Der Hauptstamm selbst zeigt an der der Brücke zunächst liegenden Seite in der Mitte in der Regel einen mit der Spitze nach vorn gerichteten Ausschnitt; doch ist dieser Theil nur selten erhalten. Zwischen allen diesen Vorrichtungen und der inneren eigentlichen Schalenwand befindet sich ein hohler Raum, der durch verticale Wände, welche jene eben beschriebenen vorragenden Aeste des Brachialapparats stützen, in eben so viele kammerartige, nach der Stirn zu blind endigende Abtheilungen getheilt wird; die höchste und kräftigste und zugleich am Weitesten nach rückwärts (nach dem Schlosse zu) reichende Wand stützt den mittleren Hauptast.

Die Punktirung der Schale ist ziemlich grob und unregelmässig.

Bemerkungen. Die Synonymik dieser Art ist von Bosquet in seiner Monographie der Limburger Kreide-Brachiopoden aufgeklärt und eingehend besprochen. Zuerst war dieselbe aus der Tuffkreide mit *Bel. mucronatus* von Maestricht abgebildet und später beschrieben worden. Goldfuss führte sodann neben *Thecidea hippocrepis* (s. u.) aus dem Grünsande von Essen: *Thecidea digitata* und aus den Schichten von Maestricht und von Essen: *Thec. hieroglyphica* an. Letzterer Namen, wozu die Abbildung nach einem Exemplare von Maestricht gemacht zu sein scheint, dürfte zwei verschiedene Arten umfassen, von denen für die eine (der oberen Kreide mit *Bel. mucronatus* angehörige) nach Bosquet's Vorgange der Namen *Thecidium hieroglyphicum* Goldf. beibehalten werden kann, während die andere von der nahestehenden zweiten Art, *Thecidium digitatum*, schwerlich zu trennen ist. Es kommen nämlich allerdings in der Essener Tourtia mitunter Formen vor, die sich dem *Thecidium hieroglyphicum*, wie es von

Bosquet fixirt ist, nähern; indessen habe ich unter den sehr zahlreichen von mir untersuchten Exemplaren bestimmte Uebergänge zu letzterer Art, welche sich durch die fast sämmtlich von dem mittleren Hauptstamme ausgehenden Aeste des Armgerüsts auszeichnet, nicht gesehen; vielmehr lassen sich dieselben alle leichter auf *Thec. digitatum* zurückführen. Dasselbe gilt in Bezug auf F. Roemer's Angabe des *Thec. digitatum* und *hieroglyphicum* von Essen. F. A. Roemer glaubte 1841 die bei Essen vorkommende Art von *Th. digitatum* trennen zu müssen und benannte dieselbe neu als *Thecidea Essensis*, ebenso wie die ihm nur sehr unvollständig bekannte Art des Hils *Thecidea tetragona.* Indessen haben spätere Autoren, namentlich z. B. Suess und F. Roemer, die beiden erstgenannten Arten schon wieder mit einander vereinigt und Bosquet meint, dass *Th. Essensis* Roem. höchstens als eine Varietät des echten Maestricht'er *Thec. digitatum* betrachtet werden dürfe. Auch mir ist es nach Vergleichung der schönen Abbildungen, die Bosquet von der Maestricht'er Art veröffentlicht hat, sowie nach Untersuchung guter Typen von Maestricht selbst nicht möglich gewesen, irgend welche constante Unterschiede zwischen den Formen aus diesen beiden verschiedenen Schichten aufzufinden. Einzelne scheinbare Abweichungen der Essener Exemplare von den Bosquet'schen Abbildungen erweisen sich lediglich als Folge des schlechteren Erhaltungszustandes der ersteren; denn wenn man ähnlich erhaltene Maestricht'er Exemplare vergleicht, so zeigen sich dieselben Abweichungen und umgekehrt stimmen die besterhaltenen Essen'er und Plauen'er Exemplare mit denen von Maestricht überein. Auch die scheinbaren Unterschiede des *Thecidium tetragonum* A. Roem. aus dem norddeutschen Neocom sind, wie ich mich durch Untersuchung von weit über hundert Exemplaren von einer ziemlichen Anzahl verschiedener Fundorte und aus verschiedenen Schichten überzeugt habe, durchaus unbeständig [1]).

Bei meiner oben gegebenen Beschreibung habe ich vorzugsweise gut erhaltene Essen'er Exemplare zu Grunde gelegt.

Neben *Thecidium hieroglyphicum*, dessen wichtigster Unterschied schon oben angeführt ist, scheint *Thecidium corrugatum* Boll [2]) sehr nahe mit *Th. digitatum* verwandt zu sein; indessen ist jene Art zu ungenügend bekannt, als dass man über das Verhältniss zu unserer Art mit Sicherheit urtheilen

---

[1]) Die im Hof-Mineralien-Cabinet zu Wien befindlichen Exemplare eines *Thecidium* aus den Neocom-Schichten von Pitulat bei Steierdorf im Banat, von denen Suess a. o. a. O. spricht, stimmen ganz mit den Vorkommnissen im Neocom des nördl. Deutschlands überein. — Wien, Ende März 1867. U. Schl.

[2]) Mekl. Arch. X, p. 34.

könnte. Die von Boll angegebenen äusseren Merkmale sind bei den Thecidien theils überhaupt sehr inconstant, theils oft von dem Erhaltungszustande abhängig.

Einige Aehnlichkeit mit *Thec. digitatum* haben auch die liasischen Arten *Thecidium complanatum* Eug. Desl.[1]), *Thecidium Mayale* Eug. Desl.[2]) und *Thecidium submayale* Eug. Desl.[3]); indessen ergeben sich die Abweichungen bei einer genaueren Vergleichung der Abbildungen leicht von selbst.

Vorkommen. *Thecidium digitatum* findet sich in der Tourtia von Essen besonders häufig bei Frohnhausen in den dortigen losen Sand-Schichten, wo diese Art von *Rhynchonella paucicosta*, *Terebratella* (?) *Beaumonti*, *Megerleïa lima*, *Terebratula depressa* etc. begleitet wird. In neuerer Zeit wurde sie in kleineren Exemplaren auch in der Tourtia von Plauen bei Dresden mehrfach gefunden; ich verdanke mehrere deutliche Stücke von dort der Güte des Herrn Prof. Geinitz in Dresden und eine grössere Anzahl bewahrt das Dresden'er Museum. — Aus den übrigen deutschen Tourtia-Gebieten ist sie noch nicht bekannt geworden; dagegen findet sie sich in den gleichen Schichten bei Tournay, wo sie jedoch ziemlich selten zu sein scheint. — In den zwischen den cenomanen Grünsanden und der senonen Kreide liegenden Ablagerungen ist *Thecidium digitatum*, sowie überhaupt die Gattung *Thecidium* in Norddeutschland noch nicht aufgefunden worden; dagegen tritt zuerst schon in verschiedenen Schichten des norddeutschen und französischen Neocoms, sowie später in der oberen senonen Kreide — namentlich in den Schichten mit *Bel. mucronatus* — nicht nur überhaupt die Gattung *Thecidium* wieder häufig auf, sondern auch eine Art derselben, die — wie ich schon oben ausgeführt — von dem cenomanen *Thecidium digitatum* nicht unterscheidbar ist. Solche Lücken in der verticalen Verbreitung einer Gattung und noch mehr einer Art sind gewiss eine ungewöhnliche Erscheinung und können wohl nur durch die Annahme eine einigermassen genügende Erklärung finden, dass die localen Verhältnisse an allen denjenigen Orten, wo jene zwischenliegenden Gault-, oberen Cenoman- und Turon-Schichten bis jetzt beobachtet und ausreichend untersucht sind, nicht die Lebensbedingungen für die Gattung *Thecidium* und speciell für *Thecidium digitatum* boten, dass aber gleichzeitig in andern Gewässern, deren Niederschläge jedoch in paläontologischer Beziehung noch nicht genügend bekannt geworden sind, die Art so lange fortlebte, bis sich

[1]) Etudes crit. I, p. 3, t. 1, f. 1—2; 1862.

[2]) In Mém. Linn. Norm. IX, 1853, t. 12, f. 1—12, t. 13, f. 1—8; X, 1854, t. 5, f. 6, 7; Couche à Lept., p. 33, t. 2, f. 13, 14; Suess, Class. d. Brach. v. Dav., t. 2, f. 10.

[3]) Mém. Linn. Norm. IX, 1853, t. 12, f. 13, t. 13, f. 3, 4.

die Schichten des Petersberges von **Maestricht** ablagerten, in deren oberen Lagen *Thec. digitatum* wieder in ziemlicher Häufigkeit auftritt. In der That findet sich auch eine Andeutung von diesem Fortleben des *Thec. digitatum* in der Angabe **Bosquet's** (Faun. en Fl., p. 390), welcher das Vorkommen desselben in der unmittelbar über dem sogenannten Aachener Sande folgenden Schicht 29) seiner Tabelle, also in der Unterregion der Kreide mit *Bel. quadratus* anführt.

Entsprechend dieser offenbar sehr grossen verticalen Verbreitung, welche durch eine lange Lebensdauer der Species bedingt ist, zeigt sich auch die horizontale (geographische) Verbreitung des *Thecidium digitatum* als eine nicht geringe, indem dasselbe nach den bisherigen Beobachtungen seinen östlichsten Fundort bei **Dresden**, seinen westlichsten im mittleren Frankreich hat. In der obersten Kreide des nördlichen Frankreichs, die in mancher Hinsicht so grosse Aehnlichkeit mit der Tuffkreide von **Maestricht** hat, scheint sie dagegen zu fehlen, obwohl andere Arten derselben Gattung dort nicht selten sind.

Thecidium vermiculare Schloth. sp. 1813.

T. 22 (II), f. 9, 10, t. 23 (III), f. 12, 13.

1798. *Terebratule qui paraît inédite* Faujas, Mont. St. Pierre, p. 160, t. 26, f. 12.
1813. *Terebratulites vermicularis* Schloth., in Min. Tasch. VII, p. 113.
1820. — — Petref., p. 272.
1830. *Craniolites vermicularis* Schloth., System. Verz., p. 62.
1841. *Thecidea hippocrepis* Goldf., Petr. II, p. 289, t. 161, f. 4.
1852. — — Gieb., Deutschl. Petr. p. 441.
1853. — *vermicularis* Suess, in Sitzgsber. Wien. Ak. XI, Separatabdr. t. 1, 2.
1854. — *hippocrepis* F. Roem., Zeitschr. g. Ges. VI, p. 136.
1859. *Thecidium vermiculare* Bosq., Mon. Brach. Limb., p. 26, t. 3, f. 4—11.

Beschreibung. Mässig grosse Art, deren Umriss, von der Rückenseite gesehen, die Form eines dem Rechteck sich nähernden Trapezes mit abgerundeten Ecken hat, dessen Basis etwas breiter ist, als die gegenüberliegende Seite und dessen Höhe etwas grösser als die Breite; stark gewölbt. Gewöhnlichste Dimensionen: Länge = 7, Breite = 6, Dicke = 5 Mm.

Grosse Klappe an dem wenig gekrümmten Schnabel mit einem ziemlich grossen, fast rechtwinklig zu der durch die Klappenränder gelegten Ebene stehenden ziemlich grossen Theile ihrer Oberfläche unregelmässig angewachsen, stark und gleichmässig gewölbt, an der Stirn in der Mitte nur wenig in die andere Klappe eingreifend. Anwachslinien undeutlich. Pseudoarea und Pseudodeltidium sehr undeutlich begrenzt.

Kleine Klappe flach oder nur wenig gewölbt; Scheitel sehr nahe dem Schlossrande; Schlossrand eine ziemlich gerade Linie bildend, über welche hinaus der viereckige, von den beiden Zähnen der Ventralklappe eingeschlossene Schlossfortsatz in das Pseudodeltidium eingreift.

Der innere Bau beider Klappen ist ziemlich complicirt.

In der grösseren Klappe ragen die zu beiden Seiten des Pseudodeltidiums stehenden, ziemlich kräftigen Zähne aus dem stark verdickten Schnabel in die Eingeweidehöhle hinein. An sie lehnen sich die beiden das „Schälchen" bildenden dünnen vorragenden Lamellen an, die indessen nicht damit verwachsen, andererseits aber in der Mitte an der Lamelle befestigt sind, welche das Pseudodeltidium mit der Mitte der gegenüberstehenden inneren Wand der Klappe verbindet und so die Schnabelhöhle vertical in zwei getrennte Hälften theilt. An den äussersten, glatten Schalenrand schliesst sich nach innen ein ziemlich schmaler und flacher, unregelmässig radial granulirter Raum, welcher nach hinten zu breiter und von einer geschwungenen Linie deutlich begrenzt wird; derselbe correspondirt vollkommen mit dem schräg abfallenden Saume der anderen Klappe. Von der Mitte der Stirn aus geht ein mehr oder weniger breiter und markirter Längswulst bis in den Schnabel; derselbe ist namentlich nach hinten zu mit groben unregelmässigen Tuberkeln dicht besetzt. Zu seinen beiden Seiten befinden sich die beiden tiefen und meist ziemlich scharf begrenzten, länglichen Divaricatormale, über denen sich zuweilen noch Spuren der zuerst von Bosquet bei *Thecidium vermiculare* entdeckten „lamelles supradivaricateurs" befinden, welche einen Theil des Mantelapparats ausmachen. Der ganze übrige Raum der Eingeweidehöhle mit Ausnahme der glatten Muskelmale ist ebenfalls mit Tuberkeln dicht besetzt. — Neben den Zähnen befinden sich auf der Innenwand die Eindrücke des Ventral-Adjustormuskels.

Die kleinere Dorsalklappe ist von einem breiten, schräg abfallenden, fein gekörnten Saume umgeben, welcher an der Stirn am flachsten ist, nach dem Schlossrande zu aber immer steiler ansteigt und nach hinten ziemlich weit über den Schlossrand hinausragt. Mit ihm ist die Schleife, deren Querfortsätze über dem hinteren Theile der Eingeweidehöhle zu einer schmalen Brücke sich vereinigen, an den Seiten vollständig verwachsen; von der Stirn aus erstreckt sich ein Hauptstamm des Brachialapparates von grösserer oder geringerer Breite (nach hinten breiter werdend), der nur sehr wenig über die Klappenwand mit seinen Rändern hervorragt, bis in die Mitte des Schlossrandes; von da aus erheben sich seine lappen- oder vielmehr zungenförmigen mit ihren aufgebogenen Rändern eine Rinne bildenden Dissepimente frei über den Hauptstamm nach vorn; diese Dissepimente oder Digitationen scheinen die Zahl zwei oder drei gewöhnlich nicht zu überschreiten; ihre Ränder, wie die des Hauptstammes, sind mit zarten Spitzen besetzt, erstere zuweilen auch stellenweise von kleinen Löchern unregelmässig durchbohrt. Ein mittleres Septum unterstützt, von der inneren Klappenwand ausgehend, den Hauptstamm wie ein Strebepfeiler. — Der Mantelapparat (früher gewöhnlich als absteigender Apparat bezeichnet) besteht auf jeder Seite hauptsächlich aus einem grossen ohrförmigen Lappen, welcher am Rande fein gefrans't und nach aussen zu oft siebförmig mit unregelmässigen Löchern durchbohrt und fast an seiner ganzen Unterseite mit der Innenwand der Klappe verwachsen ist; nur in der Nähe des Schlossrandes erhebt er sich darüber und vereinigt sich vor der Brücke mit dem Lappen der anderen Seite; zugleich reichen von hier aus einige schmale Digitationen in die rinnenförmigen Dissepimente der Schleife.

Bemerkungen. Die obige Beschreibung bezieht sich auf jene ausgezeichnete Varietät dieser interessanten Art, die vorzugsweise in der Tourtia Norddeutschlands vorkommt. Ich war anfänglich geneigt, dieselbe für eine besondere Art zu halten; doch erscheinen die abweichenden Merkmale theils an und für sich sehr geringfügig, theils nicht constant. Die hauptsächlichsten Unterschiede von dem in der Maestricht'er Kreide vorkommenden Typus scheinen mir folgende zu sein: Zuerst ragt der zunächst dem Schlossrande befindliche Theil des Brachialapparates bei der Tourtia-Form viel weiter nach hinten zurück, ja sogar nicht selten weiter als der Schlossfortsatz, doch kommt dies auch zuweilen bei den Exemplaren von Maestricht in gleicher Weise vor. Die von Suess (Brachialvorrichtg. bei d. Thec., t. 1 u. 2) und von Bosquet (Mon. Brach. Limb. t. 3, f. 7, 8) gezeichneten merkwürdigen Zotten, welche bei *Thec. vermiculare* von Maestricht den Rand der äusseren Brachial-Lamellen besonders in der Nähe des Schlosses zieren, sind bei der Essener Form nicht beobachtet; allein das dürfte um so mehr Folge des Erhaltungszustandes sein, als das von mir abgebildete Exemplar aus der Tourtia von Plauen die Spuren dieser Zotten deutlich erkennen lässt. Ferner haben bei gleicher Grösse die Exemplare von Essen in der Regel eine geringere Anzahl von Dissepimenten oder Digitationen sowohl des Brachial-, als des Mantelapparates; bei der typischen Form erhebt sich der ganze Brachialapparat höher über die Innenwand der Klappe, als bei der cenomanen; der Mantelapparat der letzteren ist mehr mit dem Brachialapparate verwachsen; indessen auch diese Merkmale erweisen sich bei Untersuchung grossen Materials als unbeständig. In der grösseren Klappe sind die Unterschiede noch geringer; doch hat die gekörnte Linie, welche die Berührungsfläche dieser Klappe mit dem Saume der kleinen Klappe nach innen begrenzt, meistens einen etwas anderen Verlauf und tritt etwas deutlicher hervor; der mediane Längswulst und die zu seinen Seiten befindlichen Muskelmale sind stärker ausgeprägt, als bei der typischen Form; der Schnabel ist breiter und in der Regel niedriger und die Oberfläche gleichmässiger gewölbt und ohne deutlichen Sinus.

Dagegen scheinen die Abweichungen der Tourtia-Form sowohl wie der typischen von dem auch in unserer oberen Kreide (z. B. bei Ahlten mit *Bel. mucronatus*, *Crania Ignabergensis*, *Parisiensis*, *Argiope Buchi*, *Magas pumilus*, *Morrisia Suessi* etc.) vorkommenden *Thecidium Wetherelli* Morris[1]), welches sich gleich äusserlich durch den ausgesprochenen Sinus der grossen Klappe unterscheidet, allerdings constant zu sein; auch der Brachialapparat im Innern der kleinen Klappe ist bei der von Morris beschriebenen Art sehr viel einfacher.

Unter den übrigen bekannten Arten von *Thecidium* könnte nur etwa das aus den jüngsten Schichten der nordfranzösischen Kreide stammende, durch seinen langen Schnabel ausgezeichnete *Thec. recurvirostre* Defr., von dem Eug. Deslongchamps neuerdings[2]) eine prachtvolle Abbildung gegeben hat, ferner das lebende *Thecidium mediterraneum* Risso und das liasische *Thec. Perieri* Eug. Desl. mit unserer Art verglichen werden[3]); indessen machen sich schon bei einer oberflächlichen Betrachtung der Abbildungen die Unterschiede dieser Arten leicht bemerklich.

Thec. vermiculare scheint zuerst durch Goldfuss genauer bekannt geworden zu sein, der als Fundorte seiner „Thecidea hippocrepis“ die Tuffkreide von Maestricht und den Grünsand von Essen anführt. Dass der Name *Thecidium vermiculare* Schloth. sp. die Priorität vor dem Goldfuss'schen hat, wurde später von Suess und von Bosquet bewiesen.

Vorkommen. Die verticale Verbreitung des *Thecidium vermiculare* ist nach den bis jetzt bekannt gewordenen Beobachtungen eine ziemlich grosse. Es erscheint zuerst in der norddeutschen Tourtia, in der es in den Umgebungen von Essen in Westphalen und von Plauen bei Dresden stets in Begleitung des *Thec. digitatum* vorkommt. Zu bemerken ist dabei, dass an ersterem Orte *Th. digitatum* sehr viel häufiger ist, indem etwa auf 8—10 Exemplare dieser Art erst ein Exemplar des *Th. vermiculare* kommt;

---

[1]) Ann. Mag. 1851, t. 4, f. 1—3; Davids., Cret. Brach., p. 14, t. 1, f. 15—26.

[2]) Organis. Mant. Brach., t. 3, f. 13.

[3]) Gute Abbildungen von *Thec. mediterraneum* finden sich z. B. in Suess, Classif. d. Brach. v. Dav., p. 68, f. 29; Woodw., Man. of Moll., p. 221, f. 128; Davidson in Geolog. Mag. I, t. 1, f. 1—7, t. 2, f. 4—10, etc.; von *Thec. Perieri* in E. Desl., Mém. Lept. Thec. t. 11, f. 7, 8 und Org. Mant. Brach., t. 3, f. 14.

beide finden sich dort vorzugsweise in den losen sandigen Schichten, gewöhnlich mit der Bauchklappe auf Schwämme oder Bryozoen aufgewachsen. Geschlossene Exemplare mit beiden Klappen kommen viel seltener vor, als einzelne Rücken- und Bauchklappen. Dagegen überwiegt bei Plauen der Zahl nach entschieden *Thec. vermiculare.* Im Ganzen habe ich aus beiden Gegenden etwa 50—60 Exemplare untersucht. Ungleich häufiger ist aber unsere Art in der obersten Kreide mit *Bel. mucronatus* von Maestricht. Die horizontale Verbreitung ist ebenfalls ziemlich gross, indem *Thec. vermiculare* in Sachsen, Westphalen und Holland, sowie angeblich auch auf der Insel Möen (nach Puggaard) vorkommt.

Rhynchonella dimidiata Sow. sp. 1821.

T. 23 (III), f. 1—8.

1819.	*Terebratula*	*difformis* Lam., An. s. Vert. VI, p. 255, no. 48 z. Th.
1821.	—	*dimidiata* Sow., M. C. III, p. 138, t. 277, f. 5.
1822.	—	*gallina* Brongn., Env. Par., p. 84, t. 9, f. 2.
1825.	—	*lata* Sow., Min. C. V, p. 165, t. 502, f. 1 (non *T. lata* Sow. M. C. I, t. 100, f. 2; 1812).
1829.	—	*latissima* Sow., M. C. VI, Index.
1833.	—	*depressa* Buch., Ueb. Terebr., p. 58 z. Th. (Fundorte: Hâvre, Beuvais?)
—	—	*alata* Buch., Ueb. Terebr., p. 68 z. Th. (Fundorte: Teltschen, Martigues?)
—	—	*plicatilis* Buch., Ueb. Terebr. p. 71 z. Th.? (Fundort: Essen)
1836.	—	*lata* Sow. (in Fitton) Transact. Geol. Soc. IV, t. 14, f. 11.
—	—	*convexa* Sow. — — — — — t. 14, f. 12.
—	—	*dilatata* Sow. — — — — — p. 343, t. 18, f. 2.
1841.	—	*gallina* A. Roem., Kreid., p. 37.
—	—	*latissima* — — — t. 7, f. 4.
1848.	—	*latissima* Arch., in Mém. géol. Fr. 2, II, p. 330, t. 21, f. 7—9.
—	—	*rostrata var.* Arch. — — — — p. 330, t. 21, f. 10.
—	—	*Scaldisensis* Arch. — — — — p. 330, t. 21, f. 11.
—	—	*Dufrenoyi* Arch. — — — — p. 332, t. 22, f. 1.
—	—	*Desnoyersi* Arch. — — — — p. 332, t. 22, f. 2.
—	—	*dubia* Arch. — — — — p. 333, t. 22, f. 3.
1850.	—	*compressa* a) et b) Gein., Quaders. p. 210.
1850.	—	*difformis* Dav., in Ann. Mag. nat. hist. 2, V, p. 445, t. 15, f. 48.
1854.	—	*gallina* F. Roem., in Zeitschr. g. G. VI, p. 36.
—	—	*latissima* — — — — — —
1855.	*Rhynchonella*	*compressa* Dav., Cret. Br. p. 80, t. 11, f. 1—5, t. 12, f. 25 (nicht *T. compressa* Lam., Orb.).
—	—	*latissima* Dav., Cret. Br. p. 82, t. 11, f. 6—22, t. 12, f. 24.
—	—	*depressa var.* A. Dav., Cret. Br., p. 92, t. 12, f. 30.
—	—	— — B. — — — — t. 12, f. 28, 29.

1857. *Rhynchonella latissima* Stromb., in N. Jahrb. p. 785 (nicht p. 786).
1859. — — — in Zeitschr. g. Ges. XI, p. 38.

Bemerkungen. Nach sorgfältiger Untersuchung mehrerer Hunderte von Exemplaren, an die ich mit der vorgefassten Meinung herangetreten war, dass dieselben mehre — wenigstens zwei — wohl zu unterscheidende Arten darstellten, bin ich zu der Ueberzeugung gelangt, dass alle jene Formen, welche durch die in der obigen Synonymenliste angeführten Namen bezeichnet werden und die in neuerer Zeit oft als *Rh. compressa* und *latissima* unterschieden sind, nur als Varietäten einer einzigen allerdings sehr veränderlichen Art betrachtet werden müssen. Alle von verschiedenen Autoren für die Unterscheidung dieser beiden Varietäten angegebenen Merkmale erweisen sich, wenn eine genügende Anzahl von Exemplaren untersucht werden kann, als durchaus inconstant, und namentlich ist es leicht, aus den in der Tourtia (unt. Pläner Gein.) des Plauen'schen Grundes bei Dresden vorkommenden Exemplaren eine ununterbrochene Reihe der deutlichsten Uebergangsstufen herzustellen, welche von den extremsten, ziemlich flachen, grob- und scharfrippigen Formen bis zu den starkgewölbten und sehr feinrippigen hinüberführen, wie sie sich so schön bei Essen und Tournay finden (*T. scaldisensis* Arch.). Prof. Geinitz hatte dies schon 1850 mit grossem Scharfblick erkannt, vereinigte aber damit zugleich die doch wohl verschiedene *T. ala* Markl. (= *Rh. plicatilis* Sow. sp.)[1]) und adoptirte für diese so festgestellte Art den Namen *Ter. compressa*, indem er von der meiner Auffassung nach irrthümlichen Ansicht ausging, dass die grob gerippten Varietäten mit der typischen *Rh. compressa* Lam. sp. von Mans (Sarthe) ident seien. Ich werde auf diesen Punkt unten zurückkommen.

Zu den bemerkenswerthesten bei uns vorkommenden Varietäten, welche auch Davidson aus England sämmtlich abgebildet hat, gehören namentlich folgende. Zunächst kommt es öfter vor, dass sich die Rippen durch Gabelung oder Einschaltung vermehren. Indessen findet dies vorzugsweise bei der grobrippigen Form Statt, welche dem Typus der Lamarck'schen *compressa* nahe kommt. Davidson scheint diese Varietät zu *Rh. depressa* gestellt zu haben; denn was er auf t. 12, f. 30 aus dem *Upper Green Sand* von Warminster und dem gleichaltrigen *Chalk with chloritic grains* von Chardstock als *Rhynchonella depressa* var. A. abbildet, stimmt genau mit

[1]) Herr Prof. Geinitz ist jetzt ebenfalls der Ansicht, dass *T. ala* Markl. von jenen Formen, die er damals als Varietäten der *T. compressa* mit den Namen *T. lata* und *T. compressa* bezeichnete, specifisch verschieden sei.

gewissen Formen, die sich in der Tourtia von Plauen finden. Dieselben führen in den deutlichsten Uebergängen durch Formen wie Dav. t. 12, f. 28 (*depressa var.* B.) zu Dav. t. 11, f. 1 und t. 12, f. 25 (*Rhynch. compressa* Dav.) und von da durch Dav. t. 11, f. 2 (*Ter. dilatata* Sow.) zu Dav. t. 11, f. 6 (*Rhynch. latissima*) und zu Dav. t. 11, f. 17 (*Rhynch. antidichotoma* Sharpe), etc. hinüber. Ueberhaupt scheint es mir nicht unwahrscheinlich, dass man demnächst sich gezwungen sehen wird, auch die typische *Ter. depressa* Sowerby's von Farringdon mit *Rh. dimidiata* zu vereinigen. Da mir jedoch keine englischen Typen vorliegen, so muss ich diese Frage einstweilen noch auf sich beruhen lassen. — Bei den feiner gerippten Varietäten kommt die Vermehrung der Rippen durch Gabelung und Einschaltung in ganz gleicher Weise vor, doch fällt sie bei diesen viel weniger in die Augen und man muss schon ziemlich genau darauf achten, um sie zu bemerken. Seltener ist der Fall, dass die Anzahl der Rippen nach den Rändern zu sich vermindert, indem je zwei oder drei sich wieder zu einer breiteren vereinigen; es ist dann fast immer nachzuweisen, dass äussere Einflüsse, Verletzungen oder dergleichen die Ursache dieser bei unseren Exemplaren jedenfalls nicht normalen Erscheinung gewesen sind.

Auch dass die Stirn nach Art der *Rh. inconstans* Sow. sp. unsymmetrisch ist, indem sie auf der einen Seite nach dem Rücken, auf der anderen Seite nach dem Bauche zu gebogen ist, ist etwas sehr gewöhnliches; der erste Namen, der einem Exemplar dieser Species gegeben ist, bezieht sich ja gerade auf diese Eigenthümlichkeit, die jedoch nicht constant ist. Bemerkenswerth ist, dass die zahlreichen mir vorliegenden Exemplare in dieser Beziehung insofern eine vollständige Unregelmässigkeit zeigen, als bald die eine, bald die andere Seite nach der Rückenklappe aufgebogen und bald die aufgebogene, bald die andere Hälfte breiter ist, bald die Grenze zwischen beiden in der Mitte der Stirn liegt. Nach Davidson gehören hierher einige der in Lamarck's Sammlung mit *T. difformis* Lam. bezeichneten Exemplare, während die Mehrzahl derselben zu einer jurassischen Art gehören.

Weitere Varietäten ergeben sich durch die mehr oder weniger groben und scharfen Rippen; ferner sind die Exemplare bald stark, bald schwächer gewölbt, besitzen bald einen gerade abstehenden und ziemlich spitzen, bald einen mehr übergebogenen und stumpfen Schnabel, sind bald breit und fünfeckig, bald mehr gerundet; auch der durch die Schnabelkanten gebildete Winkel ist innerhalb gewisser Grenzen (etwa bis zu 80° herab) sehr veränderlich.

Nach diesen Bemerkungen über die Auffassung der *Rh. dimidiata* und ihre Varietäten muss ich noch einige Worte über den inneren Bau hinzufügen, von dem der berühmte englische Paläontologe keine Kenntniss gehabt zu haben scheint. Auf der Innenseite der Klappen sind die Rippen meist nur nach den Rändern zu deutlich bemerkbar, während sie nach der Mitte zu undeutlich werden und oft ganz verschwinden. Das Foramen der grossen Klappe wird durch eine von den Deltidialplatten gebildete sowohl nach aussen, wie nach innen fortgesetzte Röhre gebildet. Die zu beiden Seiten im Schnabel befindlichen Zahnplatten oder Lateralsepta, welche in den starken Schlosszähnen endigen, sind kräftig entwickelt; die Zähne sowohl, wie die Zahngruben sind bei guter Erhaltung deutlich quer gerunzelt in ganz ähnlicher Weise, wie bei *Trigonia.* — Die Muskeleindrücke sind wenig vertieft und würden daher, wenn nicht hohle Exemplare mit ausgezeichnet erhaltenem Inneren vorlägen, kaum zu erkennen sein. Der mittelständige, im Schnabel liegende, fast herzförmige Adductor-Eindruck wird beiderseits von den ziemlich grossen Retractor-Malen umgeben, welche ihrerseits wieder von den Eindrücken der Ovarien seitlich begrenzt werden, die an dieser Stelle die ganze Breite der Muschel einnehmen und bis dicht an den Rand reichen. Das Venensystem ist dem von *Rh. sulcata,* wie es Davidson (Cret. Brach., t. 10, f. 35) abbildet, sehr ähnlich, stark verästelt nach den Rändern zu. Die mässig entwickelte Schlossplatte der kleinen Klappe trägt zwei schwach divergirende, halbmondförmig nach aufwärts gekrümmte Lamellen von mässiger Länge. Von der Mitte der Schlossplatte aus geht ein scharfes und nicht sehr hohes Dorsalseptum bei jüngeren Exemplaren etwa bis zur Mitte, bei älteren bis zu $^1/_3$ der Länge; bei einem mir vorliegenden grossen Exemplare von Essen ragt dies Septum, namentlich zunächst unter dem Wirbel, nur sehr wenig hervor und trägt weiter vorn drei spitze, nach der Stirn gerichtete dornartige Fortsätze (t. 23 (III), f. 2 d). Neben dem vorderen (der Stirn zugewandten) Ende dieses Septums liegen zu beiden Seiten die beiden undeutlich zweitheiligen Adductor-Male, welche gegen die Spitze des Wirbels durch den von der Leber eingenommenen Raum, gegen die Seiten hin durch die undeutlichen Ovarien-Eindrücke begrenzt werden. Das Venensystem in dieser Klappe ist eben so complicirt, wie in der anderen.

Rhynchonella dimidiata Sow. sp. — denn dieser Name wird für unsere Art zu wählen sein als der älteste, der sich mit Sicherheit auf eine dazu gehörige Form bezieht — ist eine ausgezeichnete grosse Art, die sich von den ihr nahestehenden gut und constant abtrennt. Zu den nächstverwandten gehören wohl *Rhynchonella compressa* Lam. sp. und *plicatilis* Sow. sp. — Erstere, von der ich eine Anzahl vorzüglicher typischer Exemplare bei

Mans (Sarthe) gesammelt habe, und welche Davidson als ident mit einem Theile der Formen betrachtet, die ich unter dem Namen *Rh. dimidiata* vereinigen zu müssen glaube, ist nach meinen Erfahrungen eine in ihren Charakteren sehr bestimmte und constante Art. Sie zeichnet sich namentlich aus durch ihre nach den Rändern zu ausserordentlich verflachte Form, während der Wirbel der kleinen Klappe verhältnissmässig stark gewölbt ist, so dass der Schwerpunkt des Thieres nahe diesem Wirbel gelegen haben muss; ferner durch den schlank zugespitzten, stark abstehenden Schnabel mit sehr stumpfen Schnabelkanten, durch das hohe ziemlich schmale Deltidium und ein stets sehr kleines, kreisrundes, dicht unter der Spitze stehendes, ringsum von einem schwach erhöhten Saume umgebenes Foramen; der Sinus ist in der Regel sehr flach, doch wird derselbe auch wohl tiefer (Orb., Cret. IV, t. 497, f. 5); die grosse Klappe ist stets weit flacher, als die kleine. Die Rippen stehen an den Wirbeln sehr dicht, vermehren sich in ihrem Verlaufe gar nicht oder doch nur ganz ausnahmsweise, und werden daher gegen die Ränder hin sehr grob, hoch und scharf dachförmig. Die Schale ist bei ausgewachsenen Exemplaren namentlich am Rande sehr dick, so dass die Rippen innen nur sehr undeutlich bemerkbar bleiben. Die Gesammtheit dieser Merkmale, welche besonders in der Abbildung des Lamarck'schen Originals, die Davidson in Ann. Mag. 2, V, p. 447, t. 15, f. 54 veröffentlicht hat, in sehr charakteristischer Weise wiedergegeben sind, scheint mir eine specifische Trennung von *Rh. dimidiata* zu begründen. Hierzu kommt noch, dass die typische *Rh. compressa* im westlichen Frankreich constant ein höheres Niveau, als unsere Art, über dem Hauptlager des *Amm. Rotomagensis* einnimmt. Orbigny's Citate der *Rh. compressa* dürften sich übrigens zum Theil auf unsere *Rh. dimidiata* beziehen, wenngleich die in der Paléontologie française abgebildeten Exemplare der Lamarck'schen Art angehören.

Rhynchonella plicatilis unterscheidet sich von *dimidiata* durch stets weniger hohe und scharfe und meist zahlreichere Rippen, sowie stärker übergebogenen Schnabel. — Constant geringe Anzahl der Rippen und geringere Breite lassen nach Davidson's Ansicht auch *Rh. sulcata* Park. sp. von der vorliegenden verschieden erscheinen; da ich keine authentische Exemplare dieser Art vergleichen kann, so wage ich darüber kein Urtheil.

Orbigny hält im Gegensatz zu Davidson, dem ich mich in dieser Beziehung anschliesse, die Sowerby'sche *T. latissima* für ident mit einer Art des französischen Neocoms, vereinigt aber Archiac's *T. latissima* mit seiner eigenen *Rh. Lamarckiana* und führt ausserdem als Synonyme derselben *Terebr. rostrata*, *Scaldisensis*, *dubia* und *Dufrenoyi* Arch. an, welche auch ich als Varietäten von Archiac's und Sowerby's *latissima* betrachte. Dagegen halte ich diese letztere Art, wie oben ausgeführt, für specifisch nicht trennbar von *Terebr. dimidiata* Sow. und *Rh. compressa* Dav. (im Monogr. Cret. Brach.), aber für verschieden von dem Typus der *Rhynchonella Lamarckana*. Ich besitze eine Reihe ausgezeichnet erhaltener Exemplare der letzteren Art aus der Unterregion der cenomanen Grünsande von Mans (Sarthe), der zuerst von Orbigny citirten Localität, welche ich theils dort selbst gesammelt habe, theils der gefälligen Mittheilung der Herren Saemann und Triger verdanke. Unter diesen befindet sich eine Anzahl von Stücken, welche vollständig mit den Abbildungen der Paléontologie franç. (t. 496, f. 5—13) übereinstimmen, sich aber durch ihre dreieckigere Form, viel geringere Breite und sehr spitzen Schnabel, sowie stärkere Wölbung der kleineren Klappe am Wirbel sehr leicht und constant von anderen ebenfalls in Frankreich in gleichen Schichten nicht selten vorkommenden Formen unterscheiden, die — wie Davidson sehr richtig bemerkt hat — vollständig mit den englischen und belgischen, sowie auch mit den Essener Typen der *Rhynch. dimidiata* (incl. *latissima* Sow.) übereinstimmen. Mit letzteren identische Formen (z. B. aus cenomanen Schichten von Neuvy-sur-Loire) werden in französischen Sammlungen auch wohl als *Rhynch. depressa* Sow. sp. bezeichnet, und in der That kommen dieselben der Sowerby'schen Abbildung oft ausserordentlich nahe. Man vergleiche übrigens hierüber sowie über das Verhältniss zu *Rhynchonella lata* Orb. die Bemerkungen Davidson's (Cret. Brach. p. 84 u. 85).

Vorkommen. Ziemlich häufig in dem unteren Grünsande (Tourtia) von Essen, wo jedoch fast nur die feiner gerippten Formen vorkommen. Ausserdem im nordwestlichen Deutschland noch nicht mit Sicherheit bekannt; denn was Strombeck im „neuen Jahrbuche" 1857, p. 785 und 786 als *Rhynchonella latissima* Sow.? aus „Varians- und Rotomagensis-Schichten" bezeichnet, dürfte wahrscheinlich zu *Rhynchonella Grasana* gehören; wenigstens befindet sich unter den sehr zahlreichen Brachiopoden, welche ich aus diesen Niveaux in meiner Sammlung besitze, kein einziges Exemplar, das sich auf *Rh. dimidiata* (= *latissima*) beziehen liesse, während die von Strombeck nicht angeführte *Rhynch. Grasana* Orb. sich ungemein häufig darin findet. — Häufig ist *Rhynch. dimidiata* in den der Tourtia entsprechenden Schichten Sachsens an mehren Localitäten, besonders bei Plauen unw. Dresden; dort sind alle verschiedenen Varietäten vorhanden, wenn auch die grob gerippten Formen sehr überwiegen. Aus Böhmen habe ich eine Anzahl Exemplare untersucht, welche mir durch Herrn Dr. A. Fritsch aus dem Museum zu Prag gütigst mitgetheilt wurden. Danach findet sich in den der Tourtia entsprechenden Schichten bei Korycan vorzüglich die grob und scharf gerippte Form, die bei Plauen so häufig ist, in grossen, ausgezeichneten Exemplaren, bei Zbyslav, Kamajk und Nov. Dvorů die dem Typus der *Terebr. latissima* Sow. entsprechende, bei Kl. Herrendorf (Kněživka) beide Formen mit ihren Uebergängen, auch Exemplare aus dem „unteren Pläner" der Schillinge bei Bilin habe ich gesehen, woher Reuss diese Art als *Terebr. gallina* abgebildet zu haben scheint (Verst. böhm. Kr., t. 25, f. 1, 2). — In der Tourtia Belgiens, in unteren cenomanen Schichten Frankreichs ist *Rhynchonella dimidiata* ebenfalls ziemlich häufig, z. B. bei Mans (Sarthe) und Neuvy-sur-Loire, Hâvre, etc. etc. Ebenso im *Upper Green Sand* Englands; von dort wird sie auch aus dem *Sponge Gravel* von Farringdon als ziemlich häufig angeführt, welcher von Davidson zum *Upper Green Sand*, von anderen englischen Geologen aber zum *Lower Green Sand* (Aptien — unterer Gault) gerechnet wird.

Ich kann nicht unterlassen, hier noch einige Exemplare (5) einer *Rhynchonella* zu erwähnen, welche mir aus dem cenomanen Grünsande des Langenbergs bei Quedlinburg a. H. (aus Ew. Samml. und Berl. M.) vorliegen, und die sich in mancher Beziehung nahe an *Rhynchonella dimidiata*, sowie ich dieselbe eben festgestellt habe, anzuschliessen scheinen. Es sind ausschliesslich Steinkerne ohne eine Spur der Schale, die in ihren Umrissen und Formen mit Exemplaren, wie sie z. B. Dav. Cret. Br. t. 11, f. 7 darstellt, übereinstimmen; dabei lassen dieselben jedoch deutlich erkennen, dass die Berippung eine ähnliche gewesen ist, wie bei Dav. t. 11, f. 20, d. h. also, dass die von den Wirbeln ausstrahlenden feinen Rippen nach dem Rande zu antidichotomiren oder sich zu einer geringeren Anzahl gröberer Falten vereinigen. Dazu kommt noch — und das ist eine sehr auffallende Erscheinung —, dass diese Exemplare zum Theil gar kein Dorsalseptum besitzen, während bei einigen eine schwache Andeutung eines solchen gegen die Mitte hin bemerkbar wird; von der Schlossplatte im Wirbel selbst geht es bei keinem Exemplare aus.

Da ich einerseits nicht wage, diese Vorkommnisse mit *Rh. dimidiata* bestimmt zu vereinigen, und da andererseits die vorhandenen Kennzeichen noch nicht genügen dürften, um sie als eine selbständige Art zu charakterisiren, so bezeichne ich dieselben einstweilen, bis mehr und besseres Material zur Entscheidung dieser Frage herbeigeschafft ist, als *Rhynchonella* cf. *dimidiata*.

Rhynchonella cf. lineolata.

T. 23 (III), f. 4.

1835.? *Terebratula lineolata* Phill., Yorksh. I, p. 178, t. 2, f. 27.
1843. — . . . ? der *Puscheana* Roem. nahe stehend, Gein., Charakt. IV, p. 17.
1850. — *Jugleri* Gein., Quaders. p. 208 z. Th. (Fundort: Plauen).
1855. *Rhynchonella lineolata* Dav., Cret. Brach., p. 98, t. 12, f. 7—10 (? t. 12, f. 6).

Bemerkungen und Vorkommen. Mit der Bezeichnung *Rhynchonella cf. lineolata* belege ich einstweilen eine *Rhynchonella* aus dem unteren Pläner (Tourtia) von Plauen, welche 1843 von Geinitz a. o. a. O. genauer beschrieben worden ist. Ich habe dieser Beschreibung hinzuzufügen, dass das Exemplar, welches mir durch die Gefälligkeit des Herrn Professor Geinitz augenblicklich vorliegt und von dem ich eine Abbildung mittheile, entschieden zu jener Abtheilung der alten Gattung *Terebratula* gehört, die jetzt als *Rhynchonella* abgetrennt wird, wie übrigens auch Geinitz bereits 1850 richtig erkannte. Die feinen und dichten Rippchen setzen auf den an den Rändern sich ausbildenden gröberen Falten, deren jede etwa 3—6 derselben trägt, noch etwas fort; an der Stirn, wo die groben Falten noch nicht so deutlich entwickelt sind, gehen die Rippchen bis zum Rande. Der Schnabel, dessen Spitze abgebrochen ist, war offenbar, wie sich aus dem übrig gebliebenen Fragmente ergiebt, kurz, stumpf und stark übergebogen. Dies stimmt genau mit der Beschreibung überein, die Davidson von den von ihm in der Tourtia bei Tournay gesammelten Exemplaren macht, welche er als *Rh. lineolata* anspricht; und in der That ist das Plauen'sche Exemplar (abgesehen von seiner nur wenig grösseren Breite, welche Davidson übrigens auch den belgischen Exemplaren zuschreibt) den Abbildungen, welche Davidson a. a. O. t. 12, f. 8 und 9 von Exemplaren aus dem *Upper Green Sand* von Cambridge — also aus analogen Schichten — giebt, täuschend ähnlich. Darüber, dass diese Formen aus cenomanen Schichten Belgiens und Englands mit unserer Art von Plauen ident sind, kann daher, wie mir scheint, wohl kaum ein Zweifel bleiben; eine andere Frage aber, die von Davidson ebenfalls bejaht wird, ist die, ob diese Art mit der echten *Rh. lineolata* aus dem *Speeton clay* von Knapton (Yorksh.) identificirt werden darf. Davidson konnte von letzterer nur ein Exemplar — das Philipps'sche Original, welches er von Neuem abgebildet hat — untersuchen, erkannte aber trotzdem, dass die Rippchen desselben noch weit feiner seien, als bei den Exemplaren aus der Tourtia und dem *Upper Green Sand*, ein Unterschied, der bei seinen Abbildungen nicht recht hervorgehoben ist. Ich selbst habe Gelegenheit gehabt, eine Anzahl unzweifelhafter Exemplare von *Rhynchonella lineolata* aus den Schichten mit *Ammonites Martini, Nisus* etc. („Gargas-Mergel" Stromb.) von Cremmlingen unw. Braunschweig, aus dem Forstorte Mastbruch bei Braunschweig, von Bannsleben bei Schöppenstedt (Brschw.), etc. etc. in der Sammlung des Herrn Cammerraths von Strombeck zu Braunschweig, sowie eine Anzahl anderer Exemplare, welche ich in den obersten Schichten des sogenannten Hils-Eisensteins bei Steinlah unw. Salzgitter (Hannover) in Begleitung von *Terebratula Strombecki* sp. nov.[1]) gesammelt habe, genauer zu untersuchen. Alle diese bestätigen entschieden jene Angabe Davidson's, indem Rippchen oder Streifen, welche ausser den randlichen Falten die Schalenoberfläche bedecken, bei der typischen Form kaum ohne Lupe zu erkennen und daher ungleich feiner sind, als bei der in der Tourtia gefundenen. — Indessen wage ich doch selbst unter Berücksichtigung der Davidson'schen Beobachtungen für jetzt noch nicht die Cenoman-Form als eine selbständige Art neu zu benennen, da ich selbst, wie gesagt, nur ein einziges unvollkommenes Exemplar aus diesen Schichten habe untersuchen können.

Dass unsere Form sich übereinstimmend im unteren Pläner von Plauen bei Dresden, in der Tourtia von Tournay und im *Upper Green Sand* von Cambridge findet, ist jedenfalls sehr bemerkenswerth.

Von der antidichotomen Varietät der *Rhynch. plicatilis* (= *Rh. Jugleri* Gein. von Nolle) ist unsere *Rhynchonella* von Plauen durch den viel kürzeren und stumpferen Schnabel, sowie durch die viel stumpferen und breiteren Falten und den flacheren Sinus leicht zu unterscheiden; der weit stärker vorragende und spitzere Schnabel der *Rh. antidichotoma* Buv. sp. lässt auch diese leicht als verschieden erkennen.

Rhynchonella Mantellana Sow. sp. 1825.

T. 23 (III), f. 11.

1825. *Terebratula Mantelliana* Sow., M. C. VI, p. 72, t. 537, f. 5.
1833. — — Buch., Ueb. Ter. p. 73 z. Th.
1841. — *paucicosta* A. Roem., Kreid. p. 38, t. 7, f. 6.
1847. *Rhynchonella Mantelliana* Orb. Crét. IV, t. 498, f. 12—15.
1848. *Terebratula paucicosta* Arch., in Mém. géol. Fr. 2, II, p. 332.
1850. — — Gein., Quadersandst., p. 210

[1]) Mit dem Namen *Terebratula Strombecki* bezeichne ich jene Art, welche Orbigny fälschlich mit *Terebr. hippopus* Roem. identificirt und in der Pal. franç., Crét. IV, t. 508, f. 15—18 (nicht f. 12—14) abgebildet hat; vgl. hierüber meine Notiz im „neuen Jahrbuche", 1866, p. 575.

1850. *Rhynchonella paucicosta* Orb., Prodr. II, p. 172, ét. 20, no. 534.
1850. — *Mantelliana* Orb., — — p. 198, ét. 21, no. 172.
1854. *Terebr. paucicosta* F. Roem., in Zeitschr. g. Ges. VI, p. 136.
1855. *Rhynchonella Mantelliana* Dav., Cret. Br. p. 87, t. 12, f. 20—23.
1857. — *Mantellana* und *paucicosta* Stromb., in N. Jahrb. p. 785.
1859. — *paucicosta* Stromb., in Zeitschr. g. Ges. XI, p. 38.
1863. — *Mantelliana* Stromb., in Zeitschr. g. Ges. XV, p. 110.

Bemerkungen. Dass man bisher in Norddeutschland die Roemer'sche *Rh. paucicosta* aus dem Grünsande von Essen von der in neuerer Zeit seit Strombeck's Arbeiten richtig erkannten und oft eine etwas bedeutendere Grösse erreichenden *Rh. Mantellana* des unteren Pläners immer getrennt gehalten hat, ist wohl nur durch den ziemlich verschiedenen Erhaltungszustand beider Vorkommnisse veranlasst; denn wenn man gut erhaltene Exemplare aus den genannten verschiedenen Schichten mit einander vergleicht, so lässt sich in der That kein constanter Unterschied auffinden. In ihren Umrissen übereinstimmend haben beide die schon an den Wirbeln deutlich erkennbaren dachförmigen Rippen, welche sich hie und da durch Dichotomie vermehren, aber die Zahl 18 kaum überschreiten und gewöhnlich nicht einmal erreichen; auch der wenig ausgesprochene Sinus und der nur schwach gekrümmte spitze Schnabel ist beiden gemeinsam. Letzterer besitzt ein feines von einem röhrenförmig vorstehenden Deltidium umgebenes Foramen — ein Charakter, den Davidson bei *Rhynch. Mantellana* nicht erwähnt, der aber wohl nur in Folge des Erhaltungszustandes bei den englischen Typen, die im Uebrigen vollständig mit den unsrigen übereinstimmen, unbeachtet geblieben ist.

Zur Synonymik habe ich zu bemerken, dass der Namen *T. Mantelliana* bei uns vielfach unrichtig gebraucht zu sein scheint. Leopold v. Buch unterscheidet zweierlei Formen, von denen jedenfalls nur die erste, die typische, zu unserer Art zu rechnen ist. A. Roemer unterscheidet *Terebr. paucisosta* und *Mantelliana*; dass ein grosser Theil der zur letzteren Art gerechneten Exemplare (wenn nicht alle) nicht dem Sowerby'schen Typus, sondern wahrscheinlich einer grobrippigen Varietät der *Rhynch. Cuvieri* entsprechen, geht aus den dazu citirten Fundorten hervor. In dieser Auffassung sind dem Vorgange Roemer's mehrere andere deutsche Autoren gefolgt. Dieselben im oberen Pläner vorkommenden Formen bespricht Strombeck (Zeitschr. geol. Ges. XI, p. 110) und kommt dabei zu dem richtigen Resultate, dass man sie doch wohl für mehr oder weniger zufällige Abänderungen der Hauptformen (von *Rh. Cuvieri* und *Martini*) halten müsse und dass *Rh. Mantellana* im Cenoman im Allgemeinen sehr bestimmt ihren Charakter beibehalte. Das entscheidende Merkmal der echten *Mantellana* gegenüber diesen ähnlichen Formen bleibt immer die Deutlichkeit und Schärfe der Rippen an den Wirbeln. — Noch abweichender von der echten *Rh. Mantellana* ist die Art, die Ferd. Roemer (Zeitschr. VI, p. 210) als „*Terebr. cf. T. Mantelliana*" aus dem Galeriten-Pläner von Graës bei Ahaus bezeichnet; es ist dies eine eigenthümliche noch unbenannte Art, die sich durch die starke Wölbung der Rücken- und Flachheit der Bauchklappe, durch eine breite gerade Stirn, durch glatte Wirbel und geringe Anzahl der Rippen in sehr charakteristischer Weise vor allen anderen bekannten Rhynchonellen auszeichnet. Ich schlage für dieselbe den Namen *Rhynch. ventriplanata* vor und werde sie bei einer anderen Gelegenheit genauer beschreiben und abbilden.

Vorkommen. *Rhynchonella Mantellana* liegt mir in zahlreichen wohlerhaltenen Exemplaren aus der Tourtia der Umgegend von Essen und des Harzes, namentlich von Quedlinburg vor; dagegen ist sie selten in derjenigen von Plauen bei Dresden, von wo ich nur zwei deutliche Exemplare im Dresdener Museum sah. Ausserdem ist sie häufig in fast allen Schichten des unteren Pläners mit *Amm. Mantelli* und mit *Amm. Rotomagensis* im ganzen Kreidegebiete des nordwestlichen Deutschlands. Auch ausser Deutschland werden zahlreiche Fundorte angegeben. Orbigny und Davidson citiren die Art auch aus jüngeren Schichten, indem ersterer sie im „étage turonien", letzterer ausser dem *Upper Green Sand* und *Chloritic Marl* auch im *Lower Chalk* und *Chalk Marl* anführt; in Deutschland konnte sie so hoch hinauf in der Schichtenfolge nicht nachgewiesen werden, sondern scheint bei uns auf die Cenoman-Schichten beschränkt zu sein. Immerhin ist sowohl ihre verticale, als besonders die horizontale Verbreitung eine ziemlich bedeutende.

Rhynchonella Grasana Orb. 1847.

T. 23 (III), f. 8, 9.

1841. *Terebratula varians var.* A. Roem., Kreide, p. 37 (z. Th.), t. 7, f. 3.
1847. *Rhynchonella Grasiana* Orb., Crét. IV, t. 497, f. 7—10.
1850. *Terebratula pisum* Gein., Quadersandst., p. 210 z. Th. (Fundort: Plauen).
1854.? — *nuciformis* F. Roem., in Zeitschr. g. Ges. VI, p. 136.
1866. *Rhynchonella Grasiana* Dav., Crét. Br., p. 96, t. 12, f. 17—19.
1863. — — Stromb, in Zeitschr. g. Ges. XV, p. 110.

Beschreibung. Indem ich mich auf Orbigny's und Davidson's ausführliche und genaue Beschreibungen dieser Art beziehe, füge ich nur noch einige Worte über den inneren Bau derselben hinzu, von welchem jene beiden Autoren Nichts erwähnen. Derselbe ist namentlich deutlich zu erkennen an den Steinkernen aus der Tourtia von Quedlinburg. Das Dorsal-Septum reicht etwa bis zur Mitte der Länge der kleinen Schale; zu beiden Seiten liegen neben dem vorderen Ende desselben die ziemlich grossen undeutlich zweitheiligen Adductor-Male; an diese schliessen sich seitlich und nach dem Schnabel zu die Ovarien an, so dass der ganze Umriss aller dieser Eindrücke die Form eines in die Quere gestellten Ovals bekommt; die Gefässeindrücke bestehen jederseits aus einem zwischen den beiden Hälften der beiden Adductor-Male entspringenden Hauptstamme, der sich dann anscheinend nicht stark verzweigt; ein deutlicher Zweig zieht sich in einem stark geschwungenen Bogen nach dem Schlossrande hinauf. In der grossen Ventralklappe sind im Schnabel die Zahnplatten oder Lateralsepta in gewöhnlicher Weise entwickelt; zunächst vor der Schnabelspitze liegt die Haftstelle des Stielmuskels; hierauf folgt das zweitheilige Adductor-Mal, welches seitlich und vorn von den beiden Retractor- oder Cardinal-Malen umgeben wird, an die sich seitlich bis zum Rande die Ovarien anschliessen. Die Verzweigungen der Venen sind nicht deutlich. Alle diese Eindrücke nehmen einen quer-ovalen Raum ein, der etwa bis zu einem Drittel der Klappenlänge reicht.

Bemerkungen. Die zahlreichen mir vorliegenden Exemplare stimmen vortrefflich sowohl mit den Typen dieser Art, die ich aus der französischen *Craie chloritée* — namentlich aus der Gegend von Hâvre — mitgebracht habe, als mit den Abbildungen der Pal. franç., sowie mit denen überein, die Davidson nach englischen Exemplaren veröffentlicht hat. Dieselben variiren, wie auch aus jenen Abbildungen hervorgeht, ziemlich bedeutend in Bezug auf das Verhältniss zwischen Länge, Breite und Höhe, sowie in Bezug auf die Tiefe des Sinus, der bei manchen Exemplaren flach und breit wird, während bei anderen die Stirn sehr hoch nach der Rückenseite hinaufgebogen, dabei aber im Verhältniss ziemlich schmal ist. Auch die Grösse der ausgewachsenen Exemplare schwankt innerhalb ziemlich weiter Grenzen; denn während die in dem Grünsande und im unteren Pläner in der Nähe des Harzes vorkommenden bis zu 20 Mm. breit werden, übersteigen diejenigen der westphälischen Tourtia selten die Breite von 12 Mm. und es liegen mir sogar ausgewachsene Exemplare (mit verdickten Rändern) vor, die nicht mehr als $8^1/_2$ Mm. breit sind. Dagegen sind die grosse Anzahl und Feinheit der flachen gerundeten, von schmalen, aber scharf eingeschnittenen Furchen getrennten Rippen, welche sehr gleichmässig vertheilt und hie und da durch undeutliche Gabelung vermehrt von den Wirbeln bis zu den Rändern zu verfolgen sind, sowie der ziemlich kurze und spitze Schnabel mit seinem von einer trichterartigen Ausbreitung des Deltidiums umgebenen

Foramen ausgezeichnete und constante Merkmale, welche die Art immer leicht wieder erkennen lassen.

Die Unterschiede zwischen *Rh. Grasana* und einigen nahe verwandten Arten, wie *Rh. Martini* und *Cuvieri*, welche beide auch bei uns vorkommen, hat Davidson genauer angegeben. Dagegen sagt er Nichts über das Verhältniss der vorliegenden Art zu *Rh. nuciformis* Sow. sp., die doch nach seinen Abbildungen und Beschreibungen auch oft sehr ähnlich wird. Da ich keine authentischen Exemplare der *Rh. nuciformis* besitze, so vermag ich nicht darüber zu urtheilen, ob sich dieselbe wirklich scharf specifisch von *Rh. Grasana,* die als mit ihr zusammen vorkommend z. B. in den chloritischen Schichten des *Upper Green Sand* von Chardstock angegeben wird, sich unterscheiden lässt. Nur so viel kann ich sagen, dass gewisse in unseren Schichten vorkommende Varietäten, die ich jedoch nicht von der typischen *Rh. Grasana* durch constante Merkmale zu trennen weiss, Davidson's Abbildungen der *Rh. nuciformis* sehr ähnlich werden, ja dass zuweilen, dem Sinus der grossen Klappe entsprechend, ein vorstehender Wulst auf der kleinen Klappe sich deutlich abgrenzt, ein Merkmal, welches Davidson nur bei *Rh. nuciformis* und nicht bei *Grasana* angiebt; ferner sagt er, dass bei *Rh. nuciformis* die Anzahl der Rippen 30—40 betrage, während sie bei *Rh. Grasana* 46—56 ist; dagegen liegen mir französische sowohl, wie deutsche Exemplare der *Rh. Grasana* vor, die in allen ihren übrigen Charakteren mit Davidson's Beschreibungen und Abbildungen dieser letzteren Art aufs Genaueste übereinstimmen, während sie zwischen 36 und 40 Rippen besitzen.

Geinitz hat die bei Dresden im Plauen'schen Grunde vorkommenden Exemplare dieser Art, welche sich meist durch ziemlich starke Wölbung bei verhältnissmässig geringer Breite auszeichnen, a. o. a. O. als *T. pisum* bezeichnet, und in der That kommt auch die Sowerby'sche Abbildung dieser Art der Form von Plauen ausserordentlich nahe; indessen wurde ja seitdem von Davidson nachgewiesen, dass *T. pisum* synonym der mit *Rh. Grasana* allerdings nahe verwandten *Rh. Martini* Mant. sp. sei und der Name *Rh. Grasana* wird daher um so mehr beizubehalten sein, da bereits lange Zeit vorher eine andere Art von Lamarck als *Ter. pisum* bezeichnet war. Sollte sich jedoch, wie ich oben die Möglichkeit angedeutet, die Identität von *Rh. nuciformis* und *Grasana* herausstellen, so würde der erstere Name die Priorität haben; dies ausfindig zu machen, muss den englischen Paläontologen überlassen bleiben.

Vorkommen. Nicht häufig in der Tourtia von Essen, häufiger im Grünsande von Spelldorf bei Mühlheim a. d. Ruhr; ziemlich selten in der Tourtia (unt. Pläner Gein.) bei Dresden, namentlich bei Plauen, von wo das Dresdener Museum eine Anzahl Exemplare (etwa 8—10) besitzt, dagegen gehören die in unserem Pläner des nordwestlichen Deutschlands (mit *Amm. Mantelli* und *Amm. Rotomagensis*) häufig vorkommenden Exemplare überwiegend den breiteren Formen an. Ueber den unteren (cenomanen) Pläner hinaus ist *Rh. Grasana* noch nicht nachgewiesen, sowie sie auch noch nicht in tieferen Schichten vorzukommen scheint. Uebereinstimmend hiermit ist das Vorkommen in Frankreich und England.

Rhynchonella Martini Mant. sp. 1822.

T. 23 (III), f. 10.

1822. *Terebratula Martini* Mant. Suss., p. 131.
1826. — *pisum* Sow., M. C. VI, p. 70, t. 536, f. 6, 7.
1841. — *brevirostris* A. Roem., Kreid., p. 41, t. 7, f. 7.
1850. — — Gein., Quaders., p. 210.
1850. *Rhynchonella pisum* Orb., Prodr. II, p. 171, ét. 20, no. 531.
1855. — *Martini* Dav., Cret. Br., p. 94, t. 12, f. 15, 16.

Bemerkungen. Zu Davidson's Beschreibung und Bemerkungen habe ich nur wenige Worte hinzuzufügen. Nicht selten werden unsere norddeutschen Exemplare, die übrigens schon von Roemer sehr charakteristisch beschrieben und abgebildet sind, etwas grösser, als Davidson die englischen zeichnet, während die mir vorliegenden Exemplare aus Frankreich, wo diese interessante Form wenig bekannt zu sein scheint, meistens noch kleiner bleiben. — Die schmale, dreieckig eiförmige Gestalt, die breite, gerade, abgestutzte Stirn und die Depression beider Klappen nach der Stirn zu, der kleine stark gebogene Schnabel mit seinem von einem lappig ausgebreiteten Deltidium umgebenen kleinen Foramen, die ausgezeichnete, namentlich bei grösseren Exemplaren häufig eintretende Dichotomie der nicht nur durch Intercalation vermehrten Rippen sind Merkmale, welche *Rh. Martini* meist leicht erkennen und von nahestehenden Arten, wie *Rh. Grasana* und *pisum* unterscheiden lassen. Ich glaube daher, *Rh. Martini* als selbständige Art beibehalten zu müssen.

Vorkommen. *Rh. Martini* wird aus der englischen Kreide von zahlreichen Localitäten und aus verschiedenen Schichten, vom *Upper Green Sand* bis zu dem wahrscheinlich unserem oberen Pläner z. Th. entsprechenden *Chalk Marl* angegeben. Aus Frankreich liegt mir eine Anzahl kleiner vortrefflich erhaltener Exemplare aus cenomanen Schichten tiefen Niveau's von Rougefort bei Licques (Pas-de-Calais) vor, welche sich dort in Begleitung von *Rhynch. Grasana, Megerl. lima, Micrabacia coronula* etc. finden.

In Norddeutschland kommt *Rh. Martini* ziemlich häufig im unteren Pläner mit *Amm. Mantelli* im Norden des Harzes vor; ein sehr deutliches und schönes Exemplar besitzt die academische Sammlung zu Münster aus dem wahrscheinlich Strombeck's „Grünsand ohne Thoneisensteinskörner" entsprechenden Grünsande von der Waterlappe bei Werl, wo sich daneben *Rh. Grasana*, *Terebr. biplicata var. sulcifera* und die grosse der *obesa* Davidson's aus dem *Upper Green Sand* entsprechende Varietät finden. Auch im unteren Pläner mit *Amm. Rotomagensis* scheint sich unsere Art im Norden des Harzes zu finden; doch konnte ich dies leider nicht mit Sicherheit constatiren, da die Fossilien dieser Schicht schwer getrennt von denen der zunächst tieferen zu sammeln sind und in den Sammlungen meist mit denselben zusammengeworfen werden. Dagegen habe ich *Rh. Martini* noch nie aus höheren Schichten als dem unteren Pläner gesehen; denn was Strombeck (N. Jahrb. 1857, p. 786 und 787) als *Rh. Martini* bezeichnet, ist *Rh. Cuvieri* Orb., die in jenen Schichten in grosser Häufigkeit auftritt. In der Tourtia von Essen, im Grünsande von Quedlinburg, in der Tourtia von Sachsen und Böhmen ist *Rh. Martini* unbekannt.

Rhynchonella Sigma sp. nov. 1867.
T. 23 (III), f. 7.

Beschreibung. — Fünfeckig, gewöhnlich etwas breiter als lang, stark gewölbt; die grösste Breite in der Mitte oder etwas näher nach der Stirn zu, grösste Dicke näher nach dem Schnabel. Dimensionen sehr verschieden: Länge 17, 12, 7 Mm., Breite 19, 12, 8 Mm., Dicke 12½, 9½, 5 Mm. Die Schalenoberfläche ist mit zahlreichen (24—36), sehr feinen, stumpf dachförmigen Radialrippen verziert, welche an den Wirbeln in geringerer Zahl beginnend bis zur Stirn sich allmählich durch Dichotomie und Einschaltung vermehren. Concentrische Anwachslinien sehr schwach. Die Verbindungslinie beider Klappen hat einen sehr eigenthümlichen Verlauf; zunächst besitzt die grosse Klappe zu beiden Seiten des Schnabels ein deutliches Oehrchen, wodurch diese Linie mit einem kurzen Bogen nach der kleinen Klappe beginnt; dann geht sie bis an die Stelle der grössten Breite der Muschel schräg nach der Bauchseite zu, bildet hier einen kurzen, aber stark gekrümmten Bogen nach der Bauchseite; der andere Flügel dieses Bogens setzt gerade fort bis zur Stirnecke und bildet dann, plötzlich geknickt, die Stirnlinie; diese ist bei ausgewachsenen Individuen nicht, wie bei den meisten Arten, gerade oder nach der Rückenseite gewölbt, sondern bildet einen mehr oder weniger stumpfen Winkel, dessen Scheitel nach der Bauchseite gerichtet ist. Die Stirnansicht bietet auf diese Weise die Figur eines liegenden griechischen Sigma oder eines breit gezogenen M.

Die grössere Klappe ist mässig gewölbt, in der Mitte am flachsten, während sie nach den Schnabelkanten zu am stärksten abfällt; obgleich sie an der Stirn ziemlich weit nach der kleinen Klappe eingreift, so ist der Sinus doch nur schwach vertieft. Dem Winkel der Stirnlinie entsprechend bildet sich mitten im Sinus zuweilen ein schwacher, stumpfer Kiel aus. Der Schnabel, dessen Kanten einen Winkel von etwa 90° einschliessen, ist spitz und nur wenig gekrümmt und ragt daher ziemlich hervor. Die ziemlich stumpfen Schnabelkanten begrenzen eine von einem runden Foramen durchbohrte Area; das Deltidium besitzt zu beiden Seiten lappige Ausbreitungen.

Die kleine Klappe ist meist bedeutend stärker gewölbt, als die Bauchklappe, namentlich am Wirbel, und fällt nach den Rändern in der Regel ziemlich steil ab; in der Mitte ist die Wölbung am flachsten und es entstehen auf diese Weise gewöhnlich zwei etwa in der Mitte beginnende und nach den Stirnecken sich ziehende stumpfe Kiele; zwei ähnliche Kiele entstehen zuweilen durch das steile Abfallen der Klappe nach den Schlosskanten zu. Nach der Mitte der Stirn hin zieht dem Winkel der Stirnlinie entsprechend eine seichte Depression.

Der innere Bau der Muschel bietet keine bemerkenswerthe Eigenthümlichkeiten. Die Muskeleindrücke sind nur schwach markirt; sie reichen bei beiden Klappen etwa bis zu einem Drittel der Länge von den Wirbeln ab; etwas weiter reicht das Dorsalseptum. Im Schnabel der grossen Klappe sind die beiden Zahnplatten stark ausgebildet. Die ziemlich dünne, nur an den Kanten etwas verdickte Schale lässt auch innen die Rippen der Oberfläche deutlich erkennen.

Bemerkungen. Ich begründe die oben beschriebene sehr bemerkenswerthe Art auf die Untersuchung von 12 Exemplaren, von denen fünf (von Quedlinburg) Steinkerne sind, während bei den sieben anderen die Schale vollständig erhalten ist. Die letzteren sind kleiner als ein Theil der anderen und noch nicht ausgewachsen; die erhabene Stirn zeigt deshalb noch nicht jene starke Einknickung, während die Depression der kleinen Klappe von der Mitte nach der Stirn zu schon deutlich bemerkbar ist. Da sie übrigens auch in allen ihren charakteristischen Merkmalen vollständig mit jenen grösseren übereinstimmen, so nehme ich keinen Anstand sie damit zu identificiren.

Rhynchonella Sigma ist durch ihre eigenthümlichen Charaktere von allen mit ihr vorkommenden Arten im entwickelten Zustande leicht zu unterscheiden. Unausgewachsene Exemplare dagegen, welche den in dem auffallenden Bau der Stirn liegenden Charakter noch nicht vollständig ausgebildet zeigen, würde man versucht sein können, wegen der Feinheit ihrer Rippen mit *Rh. latissima* oder mit *Rh. nuciformis* und *Grasana* zu verwechseln, wenn sie nicht von ersterer Art durch die stärkere Wölbung, namentlich am Wirbel der kleinen Klappe, von den beiden letzteren durch ihre grössere Breite und fünfeckigere Form leicht zu unterscheiden wäre. Ich halte es für sehr wahrscheinlich, dass das Original zu A. Roemer's *Ter. nuciformis* (Kreid., t. 7, f. 5) einer solchen Jugendform angehört. — Eine ähnliche Bildung der Stirn ist mir überhaupt bei Rhynchonellen aus so jungen Kreideschichten wie die Tourtia nicht weiter bekannt; in älteren Schichten kommt dergleichen wohl vor, doch sind dann gewöhnlich nur einzelne grobe Falten vorhanden, während feine Rippen, wie sie *Rh. Sigma* besitzt, fehlen.

Vorkommen. In dem Grünsande von Essen ziemlich selten und nur in kleinen Exemplaren (1 in Münst. Akad., 5 in Ung. Samml., 1 in meiner eigenen); anscheinend nicht sehr selten und weit grösser werdend in demjenigen bei der Steinholzmühle und am Langenberge bei Quedlinburg (Berl. Mus. 1 und Ew. Samml. 4 Exemplare). Ausserdem ist die Art noch nicht bekannt geworden. [1])

Crania gracilis Mü. 1833.

1833. *Crania gracilis* Mü., Gf. t. 163, f. 2.
1866 — — U. Schloenb., Krit. Stud., p. 56.

Während mir im vorigen Jahre bei meiner citirten Notiz über diese Art nur eine verhältnissmässig geringe Anzahl von Exemplaren der unteren Klappe vorlag, habe ich seitdem Gelegenheit gehabt, namentlich in den Museen zu Dresden und Prag eine grosse Menge (über 150) von beiden Klappen, besonders aber von der Oberklappe zu untersuchen, welche meine früheren Angaben vollständig bestätigen. Die scharfen Radial-Lamellen, welche sich bei der Goldfuss'schen Abbildung von den mittleren Occlusor-Malen gegen den vorderen Rand im Inneren der freien Klappe hinziehen und den Ovarien entsprechen, dürften nur individuelle Merkmale sein, da unter den zahlreichen mir vorliegenden, in allen übrigen Charakteren übereinstimmenden Exemplaren alle Zwischenstufen vorkommen, welche diese extreme Form mit solchen verbinden, die nur einfache Ovarien-Eindrücke — ähnlich wie *Crania Parisiensis* — besitzen. Die im k. k. Hof-Mineralien-Cabinete zu Wien befindlichen Original-Exemplare der von Reuss [2]) als *Crania irregularis* aus dem unteren Pläner (Tourtia) der Schillinge bei Bilin citirten

[1]) Eben bei Correctur dieses Blattes geht mir durch die Güte des Herrn Barons P. de Ryckholt eine ausgezeichnete Suite von Brachiopoden aus der Tourtia von Tournay zu, worunter sich auch *Rh. Sigma* ganz übereinstimmend mit den Exemplaren von Essen findet. Ausserdem erhielt ich einige andere Individuen derselben Art ganz kürzlich aus den unteren Cenoman-Schichten von Hâvre durch Herrn Prof. Hébert. — U. Schl.

[2]) Verstein. böhm. Kreid. II, p. 53, t. 52, f. 27, 28.

Art lassen es ziemlich unzweifelhaft erscheinen, dass auch dies Citat künftig unter den Synonymen der *Crania gracilis* aufgeführt werden muss; die dortige Abbildung zeigt weit gröbere Rippen oder Runzeln auf der Schalenoberfläche, als die Exemplare selbst besitzen.

Vorkommen. *Crania gracilis* ist auf die Tourtia beschränkt; sie findet sich darin selten bei Essen in Westphalen und bei Plauen unw. Dresden, weniger selten bei Bilin und ziemlich häufig bei Korycan in Böhmen. In Frankreich kommt sie nicht sehr selten bei Mans (Sarthe) vor; das Vorkommen in England ist nicht ganz sicher.

Crania eximia U. Schloenb. 1866.

1866. *Crania eximia* U. Schloenb., Krit. Stud., p. 56, t. 3, f. 17.

Meiner früheren Beschreibung, die sich auf Untersuchung eines einzigen, nicht ganz vollständigen Exemplars gründete, habe ich hinzuzufügen, dass die Schalenoberfläche gut erhaltener Exemplare ausser den feinen Linien auch noch gröbere Falten oder Runzeln zeigt, die im Allgemeinen eine radiale Richtung verfolgen.

Bemerkungen und Vorkommen. Durch die zuvorkommende Güte der Herren Dr. A. Fritsch und Prof. Geinitz habe ich Gelegenheit gehabt, noch eine grössere Anzahl Exemplare dieser Art von mehren neuen Fundorten zu untersuchen. So theilte mir der erstgenannte Herr aus der Sammlung des Museums zu Prag 2 Exemplare einer grossen *Crania* aus Tourtia von Korycan (Böhmen) zur Bestimmung mit, welche ich sofort als ident mit dem Originale meiner *Crania eximia* von Essen erkannte. Nur ein geringer Theil der Schale ist noch erhalten, dagegen sind die Abdrücke im Gestein von grosser Schärfe und lassen alle Details der interessanten Art deutlich erkennen; eins der Exemplare ist etwas stärker gewölbt, als das im vorigen Jahre von mir abgebildete. Das Dresdener Museum besitzt einen ganz übereinstimmenden, ebenfalls sehr scharfen Abdruck aus dem unteren (cenomanen) Quader von Golberoda in Sachsen und ausserdem 4 z. Th. vortrefflich erhaltene Exemplare aus der Tourtia von Essen. Alle diese Exemplare, die auch in der Grösse ziemlich mit dem zuerst von mir beschriebenen übereinstimmen, sind nur freie Oberklappen, so dass also die wahrscheinlich mit ihrer ganzen Oberfläche angewachsene Unterklappe noch immer unbekannt ist.

Crania eximia erscheint hiernach auf das tiefste Niveau der deutschen Cenomanschichten beschränkt, und kommt darin in Westphalen, in Sachsen und Böhmen vor.

Uebersicht

über die Verbreitung der Cenoman-Brachiopoden in den Kreideschichten Norddeutschlands.

— = fehlt;
s. s. = sehr selten;
s. = selten;
n. h. = nicht häufig;
h. = häufig;
s. h. = sehr häufig;
? = zweifelhaft.

		Untere Kreide		Cenoman - Bildungen.									Oberer Pläner			Obere Kreide	
				Sachsen			Nördl. vom Harz			Westphalen							
		Hils	Gault	Unt. Quader	Grünsand	Unterer Pläner	Grünsand	Unt. Pläner m. *Amm. varians*	Unt. Pläner m. *Amm. Rotom.*	Tourtia	Grünsand ohne Thoneisenstein	Rotomagensis-Schicht	mit *Inoc. Brongn.*	mit *Scaph. Geinitzi*	mit *Inoc. Cuvieri* u. *Micr. cor test.*	mit *Bel. quadr.*	mit *Bel. mucr.*
1.	*Terebratula biplicata* Sow., p. 433 (33) . . .	—	—[1])	—	n. h.	n. h.	s. h.	s. h.	s. h.	n. h.	h.	h.	—	—	—	—	—
2.	„ *phaseolina* Lam., p. 441 (41) . .	—	—	—	s.	s. h.	s.	—	—	s.	—	—	—	—	—	—	—
3.	„ *Tornacensis* Arch., p. 445 (45) .	—	—	—	—	—	?	—	—	h.	—	—	—	—	—	—	—
4.	„ *depressa* Lam., p. 447 (47) . . .	—	—	—	—	—	s. s.	—	—	h.	—	—	—	—	—	—	—
5.	„ *Robertoni* Arch., p. 450 (50) . .	—	—	—	—	—	h.	—	—	s.	—	—	—	—	—	—	—
6.	„ *arcuata* A. Roem., p. 451 (51) .	—	—	—	—	—	s. s.	—	—	s. s.	—	—	—	—	—	—	—
7.	„ *capillata* Arch., p. 454 (54) . . .	—	s.[2])	—	s.	—	—	—	—	s. s.	—	—	—	—	—	—	—
8.	*Terebratulina rigida* Sow. sp., p. 455 (55) .	—	—	—	—	—	n. h.	h.	h.	n. h.	—	—	n. h.	h.	n. h.	s.	n. h.
9.	„ *chrysalis* Schloth. sp., p. 457 (57)	—	—	—	—	h.	h.	h.	h.	h.	—	—	n. h.	n. h.	s.	h.	s. h.
10.	*Terebratella Menardi* Lam. sp., p. 458 (58) .	—	—	—	s.	—	—	—	—	n. h.	—	—	—	—	—	—	—
11.	„ (?) *Beaumonti* Arch. sp., p. 461 (61)	—	—	—	—	—	s. s.	—	—	n. h.	—	—	—	—	—	—	—
12.	*Megerleïa* (?) *hercynica* sp. nov., p. 467 (67).	—	—	—	—	—	s.	—	—	—	—	—	—	—	—	—	—
13.	„ *lima* Defr. sp., p. 469 (69)	—	s.[2])	—	—	—	h.	s.	s.	s. h.	?	?	h.	h.	n. h.	n. h.	s.
14.	*Magas Geinitzi* U. Schloenb., p. 474 (74) . .	—	—	—	n. h.	—	? ?	—	—	s.	—	—	s. h.[3])	s.[3])	—	—	—
15.	*Argiope decemcostata* A. Roem. sp., p. 475 (75)	—	—	—	—	—	—	—	—	s. s.	—	—	—	—	—	—	—
16.	*Thecidium digitatum* Sow., p. 477 (77) . . .	h.	—	—	—	s.	—	—	—	s. h.	—	—	—	—	—	[4])	[4])
17.	„ *vermiculare* Schloth. sp., p. 482 (82)	—	—	—	—	n. h.	—	—	—	n. h.	—	—	—	—	—	—	h.
18.	*Rhynchonella dimidiata* Sow. sp., p. 486 (86)	—	—	(?)	(?)	s. h.	? [5])	—	—	h.	—	—	—	—	—	—	—
19.	„ *cf. lineolata*, p. 493 (93)	—	—	—	—	s. s.	—	—	—	—	—	—	—	—	—	—	—
20.	„ *Mantellana* Sow. sp., p. 494 (94)	—	—	—	—	s.	h.	s. h.	s. h.	s. h.	h.	h.	—	—	—	—	—
21.	„ *Grasana* Orb., p. 496 (96) . . .	—	—	—	—	n. h.	h.	s. h.	h.	n. h.	h.	h.	—	—	—	—	—
22.	„ *Martini* Mant. sp., p. 499 (99) .	—	—	—	—	—	n. h.	h.	n. h.	s. s.	?	?	—	—	—	—	—
23.	„ *Sigma* sp. nov., p. 500 (100) .	—	—	—	—	—	s.	—	—	s.	—	—	—	—	—	—	—
24.	*Crania gracilis* Münst., p. 502 (102)	—	—	—	—	s.	—	—	—	s.	—	—	—	—	—	—	—
25.	„ *eximia* U. Schloenb., p. 503 (103) . .	—	—	s. s.	—	—	—	—	—	s.	—	—	—	—	—	—	—

[1]) In England und Frankreich im Gault häufig. — [2]) Nach Davidson. — [3]) In Böhmen; dort scheint diese Art bis in die Aequivalente der Unterregion der oberen Kreide mit *Bel. quadratus* und *Micr. coranguinum* hinaufzugehen. Dagegen ist das Vorkommen im Grünsande von Quedlinburg (6. Columne) sehr zweifelhaft. — [4]) In Limburg. — [5]) Das Vorkommen im

Aus vorstehender Tabelle ersieht man, dass von den 25 in den Cenoman-Schichten Norddeutschlands vorkommenden Arten nur eine (*Thecidium digitatum* Sow. = *tetragonum* A. Roem.) bei uns schon in tieferen Schichten auftritt. Anders gestaltet sich dies Verhältniss, wenn man Angaben aus anderen Gegenden mit in Betracht zieht. Unbestritten ist das Vorkommen der *Terebratula biplicata* Sow. im Gault Frankreichs und Englands. Auch *Terebratula capillata* Arch. und *Megerleïa lima* Defr. sp. sollen nach Davidson in England schon im Gault vorkommen. Nach brieflichen Mittheilungen C. J. A. Meyer's sollen sogar *Terebratula Tornacensis* Arch., *depressa* Lam., *Robertoni* Arch., *Terebratulina chrysalis* Schloth. sp., *Terebratella Menardi* Lam. sp., *Rhynchonella dimidiata* Sow. sp. (= *latissima* Sow.) schon in den oberen Schichten des *Lower Green Sand* (*Aptien* Orb.) zuerst erscheinen; doch bedürfen diese Angaben vielleicht noch weiterer Bestätigung.

In höhere Schichten (über dem Cenoman) reichen nach den bisherigen Beobachtungen in Norddeutschland drei Arten hinauf, die sämmtlich noch in den jüngsten Kreide-Schichten, der Tuffkreide von Maestricht und deren Aequivalenten, gelebt haben; es sind *Terebratulina rigida* Sow. sp., *chrysalis* Schloth. sp., *Megerleïa lima* Defr. sp. Bei Berücksichtigung ausser-norddeutscher Gegenden sind diesen noch *Thecidium digitatum* Sow. und *vermiculare* Schloth. sp., welche ebenfalls noch in der Kreide von Maestricht vorkommen, und *Magas Geinitzi* U. Schloenb. hinzuzufügen, dessen obere Grenze noch nicht bestimmt festgestellt ist, der aber jedenfalls bis in das Niveau des *Belemnites quadratus* hinaufreicht. *Rhynchonella Mantellana*, *Grasana* und *Martini* sollen nach einigen Angaben ebenfalls noch in höheren, als cenomanen Schichten vorkommen; doch dürften diese Angaben noch weiter zu prüfen sein.

In Norddeutschland erscheinen also 20 Brachiopoden-Arten ausschliesslich auf die Cenoman-Bildungen beschränkt. Dieselben finden sich sämmtlich schon in der tiefsten Abtheilung dieser Schicht, in der Tourtia oder der Zone der *Trigonia sulcataria* und des *Catopygus carinatus*. Weit ärmer an Arten sind die beiden jüngeren Abtheilungen, die unter einander alle ihre sieben Arten gemeinsam haben; nur ist zu bemerken, dass im Allgemeinen die Zone des *Scaphites aequalis* oder die Schichten mit *Ammonites Mantelli varians*, *Scaphites aequalis* und *Pecten Beaveri* reicher an Individuen sind, als jene mit *Ammonites Rotomagensis*. Von den 25 norddeutschen Arten besitzen die Cenoman-Bildungen Sachsens = 14, diejenigen im Norden des Harzes = 15—17, diejenigen Westphalens = 23. — Auf Norddeutschland beschränkt sind nach den bisherigen Beobachtungen nur

Megerleïa (?) hercynica sp. nov.

Argiope decemcostata Roem. sp.

Dagegen fehlen uns manche Arten, die in den Cenoman-Schichten anderer Länder vorkommen und unter denen besonders folgende zu nennen sind:

Terebratula ovata Sow.

„ *squamosa* Mant.

Lyra Meadi Cumberl.

Terebratella pectita Sow. sp.

„ *Carantonensis* Orb.

Magas orthiformis Arch. sp.

Argiope megatrema Sow. sp.

Thecidium rugosum Orb.

Lingula subovalis Dav.

Möchte es mit der Zeit gelingen, auch diese zum Theil höchst interessanten Arten noch bei uns aufzufinden!

ÜBER DIE ZONE

DES

AMMONITES SOWERBYI

VON

DR. W. WAAGEN,

DOCENT AN DER UNIVERSITÄT MÜNCHEN.

MÜNCHEN, 1867.

R. OLDENBOURG.

Die Arbeit, welche ich dem Publikum hiemit vorzulegen mir erlaube, datirt sich in ihren ersten Anfängen schon ziemlich weit zurück, denn es ist bereits mehr als fünf Jahre, dass ich das Material für dieselbe zusammen zu bringen begann. Auf meinen seitdem unternommenen Reisen in verschiedene Theile Centraleuropas widmete ich der dieser Arbeit zum Gegenstande dienenden 'Schicht stets meine besondere Aufmerksamkeit, und suchte die organischen Einschlüsse derselben auszubeuten. So bereiste ich im Jahre 1862 das südwestliche Franken, einen Theil von Württemberg, und brachte im Herbste mehrere Monate damit zu, den schweizer Jura zu studiren; 1863 lernte ich durch geognostische Aufnahmen, welche ich im Auftrage des kgl. bayerischen Staates in der Gegend von Bamberg unter Oberleitung des Hrn. Bergrathes Gümbel ausführte, einen grossen Theil des nordöstlichen Frankens genauer kennen; 1864 liess mich eine mehrmonatliche Reise in das südliche England und das nördliche Frankreich über den Unteroolith jener Gegenden eingehendere Studien unternehmen; 1865 nochmals mit geognostischen Aufnahmen beauftragt, verweilte ich mehrere Monate im Jura der Gegend von Erlangen und Nürnberg und verwendete nach Beendigung derselben noch einige Tage zur specielleren Untersuchung der am Hetzlasberg auftretenden Schichten, von hier aus begab ich mich auf einige Wochen nach Norddeutschland, um auch die dort herrschenden geognostischen Verhältnisse näher kennen zu lernen; 1866 machte ich nach eingetretenem Friedensschlusse noch eine kurze Reise nach dem südwestlichen Württemberg und in die hohenzollern'schen Lande; endlich im vergangenen Frühjahre führte mich eine grössere Reise nach Nord-Italien auch in den Jura der Südalpen. — Andere Gegenden des in Betracht zu ziehenden Gebietes musste ich leider nur nach der vorhandenen Literatur behandeln, da mancherlei in letzter Zeit eingetretene ungünstige Umstände die Ausführung früher beabsichtigter Reisen ins westliche und südliche Frankreich mir unmöglich machten.

Für den paläontologischen Theil vorliegender Arbeit lieferte mir namentlich die von mir angekaufte Wittlingersche Sammlung grosses Vergleichsmaterial, indess waren mir auch einige Suiten von Versteinerungen, die das hiesige paläontologische Museum besitzt, und die mir zur freien Benützung überlassen wurden, von grossem Nutzen. Es drängt mich, dem Conservator des Museums, Hrn. Prof. Zittel, hiefür meinen verbindlichsten Dank auszusprechen. Zu besonderem Danke bin ich aber auch noch dem Hrn. Forstmeister von Unger in Seesen, Hrn. Obersalineninspektor Schloenbach und Hrn. Dr. U. Schloenbach in Salzgitter, endlich Hrn. Kammerrath von Strombeck in Braunschweig verpflichtet, welche mir die in ihren Sammlungen befindlichen Vorkommnisse der Zone des *Amm. Sowerbyi* des norddeutschen Jura zur Bearbeitung freundlichst zusandten.

Was die Form des Aufsatzes betrifft, so liess sich eine gewisse Uebereinstimmung mit der von Oppel für die Darstellung der Zone des *Amm. transversarius* gebrauchten nicht vermeiden, doch wird dadurch, glaube ich, der Werth der Arbeit, insoferne dieselbe überhaupt einen solchen besitzt, nicht vermindert. Ob der Inhalt aber auch der Form entspreche, ist eine andere Frage, deren Beantwortung ich dem wohlwollenden Urtheile meiner verehrten Fachgenossen überlassen muss.

München, im Juli 1867.

Dr. W. Waagen.

Einleitung.

Die Schicht, welche ich in den folgenden Blättern zu beschreiben unternommen habe, ist im Grossen und Ganzen von ziemlich untergeordneter Bedeutung. Gewöhnlich nicht mehr als etliche 20' mächtig, sehr häufig aber auch eine viel geringere verticale Erstreckung erreichend, und selbst vielleicht gesondert für sich gar nicht zu unterscheiden, trägt sie im Allgemeinen nur sehr wenig zum Aufbau des Gesammt-Jura, sowie zum Relief desselben bei, da die häufig vorkommende Zusammensetzung aus sandig-thonigen Gesteinen die Schicht der Verwitterung sehr zugänglich macht, und dann höher liegende festere Bänke dieselbe leicht mit ihrem Schutte bedecken. Dennoch hielt ich es nicht für überflüssig oder zwecklos, wenn ich die hieher gehörigen Ablagerungen durch ganz Centraleuropa zu verfolgen und die Arten festzustellen versuchte, welche auch für dieses kleine Niveau constant bezeichnend sind. Nicht als ob ich dächte, dass in solch fast minutiösen Untersuchungen die Aufgabe der Geognosie bestehe, wohl aber weil ich gerade diese für den einzigen Weg halte, auf dem mit voller Sicherheit die Wissenschaft der endlichen Lösung ihrer Aufgabe, wenn auch langsam, näher gebracht werden kann. Es ist durchaus nicht das Unterscheiden der Schicht, noch auch das Unterscheiden der organischen Formen, die die Schicht charakterisiren, welches den Zweck des gegenwärtigen Aufsatzes bildet; sondern vielmehr mittels dieser Unterscheidungen eine bisher noch weniger beachtete Station organischen Lebens festzustellen, ein neues, bestimmt fixirtes Glied in der Zeitskala des Bildungsprozesses des Jura nachzuweisen, das ist es, was nachstehende Bemerkungen sich zur Aufgabe gemacht haben. Ich will nicht behaupten, dass dieses Glied von den nächstliegenden Schichten abzutrennen immer und überall möglich sei, noch auch dass die, dasselbe charakterisirende Fauna sich nie mit tiefer oder höher liegenden Arten vermenge, das aber wage ich mit Bestimmtheit auszusprechen, dass, wenn die betreffende Fauna gesondert für sich auftritt, sie stets in der Reihe der Ablagerungen die gleiche relative Position festhält. Wenn wir nun diese Erscheinung an den meisten Punkten Centraleuropas in constanter Weise sich wiederholen sehen, sollten wir dann nicht berechtigt sein, diese Schicht als einen Zeitabschnitt zu betrachten, in welchem eine eigenthümliche Fauna sich über Centraleuropa verbreitete, sie als solchen für sich besonders zu bezeichnen und als Zone mit einem Namen zu belegen?

So weit diese Zoneneintheilung im Jura bis jetzt auch schon gediehen ist, so muss doch unser Bestreben sein, dieselbe noch weiter zu führen, die gewonnenen Abtheilungen möglichst genau zu begrenzen und über möglichst grosse Erstreckungen so scharf als irgend thunlich nachzuweisen, denn diess Verfahren allein gibt uns die Mittel an die Hand, über den eigentlichen Entwicklungsgang der Formation, über Bestand oder Veränderlichkeit, über Wanderung oder Festsiedelung der Faunen sowie der einzelnen Arten, Fragen, welche gerade jetzt am meisten diskutirt werden, zu irgend bestimmten Resultaten zu gelangen. Wie sollte man je etwas Sicheres über all diese Dinge erfahren, wenn man die Mittel von der Hand weist, durch welche man allein das successive Auftreten der einzelnen thierischen Formen in verschiedenen Gegenden genau zu verfolgen im Stande ist? Das Mittel ist aber eben die Feststellung einer Normal-Schichtenreihe, nach welcher die Bildungen in anderen, entfernter liegenden Distrikten beurtheilt werden können. Für den Jura haben dieselbe bis jetzt die ausseralpinen Distrikte Centraleuropas geliefert; für andere Formationen mag das wieder anders der Fall sein.

Ein solches Glied der Normal-Schichtenreihe möchte ich denn in der Zone des *A. Sowerbyi* festzustellen suchen, und werde desshalb bemüht sein, die Zone in stratigraphischer, wie in paläontologischer Beziehung etwas näher zu charakterisiren.

Die Zone, welche ich hier im Auge habe, ist schon seit längerer Zeit bekannt, und für begrenztere Distrikte schon ausgezeichnet beschrieben worden. Der Erste, welcher der Zone grössere Aufmerksamkeit schenkte, und dieselbe durch einige ihr eigenthümliche Arten, welche er hervorhob, kennzeichnete, war Quenstedt[1]). Er führt sie an als „Grenzregion Beta-Gamma des braunen Jura", und beschreibt sie in seiner originellen, anregenden Weise in ihrer Verbreitung durch ganz Württemberg. Den Namen „Zone des A. Sowerbyi" gab Oppel[2]) in einer flüchtigen Bemerkung

[1]) 1858, Quenstedt: der Jura p. 365—370.

[2]) 1862, Oppel: Pal. Mitth. p. 128.

auf pag. 128 seiner paläontologischen Mittheilungen. Ich selbst [1]) hatte Gelegenheit, in meiner ersten Arbeit über den Jura Einiges über diese Zone zu bemerken und sie an einigen Stellen nachzuweisen.

Die **Synonymik** ist indess mannigfaltig; ich führe an:

In Deutschland: Franken: Muschelbank (Nr. 59) Theodori 1840 Profil; Muschelbank des Personaten-Sandsteins (z. Th.) und Schichten des *Bel. giganteus* (z. Th.), Schrüfer 1861: Die Jura-Formation in Franken p. 50 u. 57; Riesenbelemniten-Stufe, untere Schichten, Gümbel 1864: Die geognost. Verh. der fränk. Alb (Bavaria Bd. III, Buch IX). — Schwaben: Zone des *A. Sauzei* (z. Th.), Oppel 1856: Juraformation p. 335 u. 369; Grenzregion Beta-Gamma, Quenstedt 1858: Jura p. 365 u. f.; Zone des *A. Sowerbyi*, Oppel 1862: Pal. Mitth. p. 128; Zone des *A. Sowerbyi*, Waagen 1864: Jura in Franken u. s. w. p. 69 u. f. Norddeutschland: Obere Liasmergel (z. Th.), A. Roemer 1839: Nachtr. z. Ool.; Dunkler versteinerungs-leerer Thon (m) und Thon mit *A. opalinus* Etage V (z. Th.), v. Strombeck 1853: Zeitschr. d. deutsch. geol. Ges. Bd. V, p. 102 u. s. w.; Oberster Lias, Schichten des *A. opalinus* (z. Th.), F. Roemer 1857: Die jurassische Weserkette, Zeitschr. d. deutsch. geolog. Ges. Bd. IX, p. 625; Schichten des *Inoceramus polyplocus*, Seebach 1864: Der Hannoversche Jura p. 33: Obere Zone des *A. opalinus* (mit *Pleuromya exarata* n. sp.), Brauns 1864: Stratigraphie und Paläontographie des südöstlichen Theiles der Hilsmulde p. 47; Zone des *A. Sowerbyi*, U. Schloenbach 1865: Zeitschr. d. deutsch. geolog. Ges. p. 23; Zone der *Pleuromya exarata*, Brauns 1866: Nachträge p. 7.

Schweiz: Jura: Oolite ferrugineuse (z. Th.), Thurmann 1832: Essai sur les Soulèvements p. 36 (Mém. Soc. d'hist. nat. de Strassbourg Bd. I); Brauner Jura Beta (z. Th.), Rominger 1846: Vergleich des Schweizer Jura mit der Württembergischen Alb (Bronns Jahrb. p. 297); Eisenschüssiger Kalk mit *A. Murchisonae* und *Pecten personatus* (z. Th.), Moesch 1856: Floetzgebirge im Canton Aargau p. 36; Marlysandstone et Oolithe ferrugineuse (Bajocien) (z. Th.), Desor et Gressly 1859: Jura Neuchâtelois p. 96 (Mém. Soc. des sc. nat. de Neuchâtel Tome IV); Unterster Brauner Jura (Br. J. α u. β) (z. Th.), Alb. Müller 1862: Geognostische Skizze des Cantons Basel p. 14 u. 56; Zone de l'*Amm. Sowerbyi*, K. Mayer 1863: Journal de Conchiliologie, Num. d'Avril; Murchisonae-Schichten (z. Th.) und Sowerbyi-

[1]) 1864, Waagen: der Jura in Franken, Schwaben und der Schweiz p. 69—71.

Schichten (z. Th.), Moesch 1867: Der Aargauer Jura p. 75. Alpen: Tieferer Unter-Jura (Bajocien) (z. Th.), Studer 1853: Geologie der Schweiz II, p. 41 u. f.; Crinoideenbreccie, Bachmann 1863: Ueber exotische Jurablöcke p. 9; ? Zone des *A. Murchisonae* (z. Th.), Bachmann Novemb. 1863: Juraformation im Canton Glarus (Berner Mittheilungen Nr. 549—552).

Frankreich und Luxemburg: Calcair de Longwy (z. Th.), Dumont 1841: Mém. Acad. de Bruxelles XV; Oolite ferugineuse (z. Th.), Marcou 1848: Jura Salinois p. 69; Calcair de Longwy, Dewalque et Chapuis 1852: Mém. sur les Foss. des Terr. sec. du Luxembourg p. 14; Sousgroup inférieure de l'Oolite inférieure, Buvignier 1852: Stat. géol. du Dép. de la Meuse p. 178; Fer de la Roche Pourrie (z. Th.), Marcou 1856: Lettres sur les Roches du Jura p. 29; Calcair de Cuzon, Dumortier 1859: Note sur le Terr. jur. du Mont d'Or lyonnais, Bull. soc. géol. de France XVI, p. 1065; Calcair à fucoides (z. Th.), Dumortier 1861: Note sur le Calc. à fucoides etc., Bull. Soc. géol. de France XVIII, p. 579; Calcair à Entroques vieler französischer Autoren, ich erwähne namentlich: Ferry 1861: Mém. sur le Group ool. inf. des Env. de Macon p. 8; Ebray 1861 in Bull. soc. géol. de France XVIII, p. 501 u. XIX, p. 30; Calcair ferrugineux (z. Th.), Chapuis 1862: Nouv. rech. sur les foss. des Terr. sec. du Luxembourg; Malière (z. Th.) verschiedener französischer Autoren; Niveau des *Lima heteromorpha* et *Ter. perovalis* (z. Th.) und Oolite férugineuse (z. Th.), E. Deslongchamps 1864: Etudes sur les Et. ool. inf. de la Normandie p. 92 u. 103.

England: Fimbria Marl, Upper Freestone, Lower Trigonia-grit, ?Gryphaea grit der Schriftsteller über den Jura in Gloucestershire; Lower Sandstone and Shale, Phillips 1829: Geol. of Yorkshire p. 153, t. X.

Die Zone des *A. Sowerbyi* fällt in den Zeitraum zwischen dem Erscheinen des *A. Murchisonae* und dem Auftreten des *A. Sauzei* in den Meeresbecken, welche damals Centraleuropa bedeckten. Die Begrenzung der Zone sind also nach unten jene Schichten, welche den *A. Murchisonae* beherbergen, nach oben wird sie abgeschlossen durch die Bänke mit *A. Sauzei.* Leider sind das beides Zonen, welche noch sehr des genaueren Studiums und der besseren Charakterisiruug bedürfen.

Was zunächst die Unterlage der Sowerbyi-Schichten betrifft, so fällt vor Allem, wenn man die Murchisonae-Zone auf weitere Erstreckungen zu verfolgen bemüht ist, auf, dass bei meistens nicht unbedeutender Mächtigkeit der Gesteine, die Fauna grossentheils einen ziemlich einförmigen und armseligen Charakter an sich trägt. Die bezeichnenden und stets leitenden Vorkommnisse beschränken sich auf einige wenige Arten, unter denen die Cephalopoden das meiste Gewicht haben. Ich möchte anführen: *Belemn. spinatus* Quenst., *Amm. Murchisonae* Sow., *Amm. Staufensis* Opp., *Amm. Sieboldi* Oppel, *Amm. amplus* Opp. Die übrigen Vorkommnisse sind zum grössten Theil an die Facies gebunden, und es ziehen die Tancredien, wie *Tancr. donaciformis* Lyc., *T. Lycetti* Opp., *T. axiniformis* Phill., *T. Rollei* Opp., sowie die Trigonien: *Trig. striata* Sow. und *T. tuberculata* Ag. die sandigen Niederschläge, die Eucyclus-Arten, die Pleurotomarien, Austern und Brachiopoden mehr die kalkig-mergeligen Ablagerungen vor. So kommt es, dass wir es in dieser Abtheilung des Jura mit mehreren localen Faunen zu thun haben, welche sich indess doch, wenn die für ihre Existenz günstigen Faciesverhältnisse vorhanden sind, an mehreren, oft sehr weit von einander entlegenen Punkten wiederholen. Es scheint diese Verschiedenheit so wie die locale Uebereinstimmung der Faunen weniger in der Gesteinsbeschaffenheit selbst, als vielmehr in den allgemeinen Verhältnissen des Meeres zu liegen, aus denen diese jeweiligen Gesteine abgesetzt wurden. In den sandigen Straten und Sandsteinen, welche in Franken, wie in Württemberg die Zone darstellen, finden wir ungefähr folgende Arten; ausser den schon oben erwähnten kosmopolitischen Cephalopoden:

Acteonina Sedgevici Phill.
Turbo ? gibbosus Orb.
Leda Deslongchampsi Opp.
Nucula Aalensis Opp.
Tancredia Lycetti Opp.
„ *axiniformis* Phill.
„ *Rollei* Opp.
Quenstedtia oblita Phill. sp.
Astarte Aalensis Opp.
Trigonia striata Sow.
„ *tuberculata* Agass.
Protocardia substriatula Phill. sp.
Arca Lycetti Opp.
Avicula elegans Mnst.
Inoceramus amygdaloïdes Gdf.
Gervillia acuta Sow.
„ *oolithica* Opp.
„ *subtortuosa* Opp.
Pecten pumilus Lamk.

Ostrea calceola Ziet.
Placunopsis Kurri Opp. sp.
Lingula Beani Phill.
Crenaster prisca Gdf. sp.
Coelaster Mandelslohi Mnst. sp.

Fast dieselben Arten zeigen sich im sog. Dogger von Yorkshire, dessen sandig-kalkige Schichten theilweise mit diesen Vorkommnissen erfüllt sind. In beiden Bildungen haben wir, wie es scheint, Strandablagerungen einer ziemlich flachen, offenen Küste, welche von einem bewegten Meere bespühlt wurde, vor uns. Während aber in den nächstfolgenden Zeitabschnitten in Franken wie in Schwaben das Meer an Tiefe zunahm, wurde es dagegen in Yorkshire stets flacher, und es folgen hier die pflanzenführenden Sandsteine, welche auf eine äusserst flach verlaufende, theilweise vielleicht von Süsswasser überschwemmte Küste deuten.

Ganz anders sind die Verhältnisse im südlichen England, sowie in der Gegend von Bayeux. Hier treffen wir an einer in Buchten zerschnittenen, theilweise felsigen, von Riffen umgebenen Küste in kalkig mergeligen, nur seltener etwas sandigen Schichten eine von der vorhergehenden fast gänzlich verschiedene Fauna an. Deslongchamps führt an:

**Amm. Murchisonae* Sow.
**Pleurotomaria actinomphala* (Desl.)
* „ *Baugieri* Orb.
**Eucyclus capitaneus* (?) Münst.
* „ *pinguis* Desl.
Cirrhus sp., *Discohelix sp.*
Cerithium sp., *Chemnitzia sp.*
**Pholadomya fidicula* Sow.
Myopsis Jurassi Agass.
Anatina sp. nov.
**Ceromya Bajociana* Orb.
Opis carinata Wright
Trigonia Ramsayi Lycett
Cypricardia cordiformis Lycett
Hippopodium Bajocense Orb.
Astarte excavata Sow.
**Gervillia tortuosa* Sow.
**Lima proboscidea* Sow.
Ostrea calceola Ziet.
**Terebrat. perovalis* Sow.

* *Terebrat. conglobata* Desl.
* „ *Eudesi* Opp.
„ *cirthea* Orb.
Rhynch. Deslongchampsi Dav.
„ *cynocephala* Rich.
„ *frontalis* Desl.
„ *senticosa* Buch.
Cid. Courtaudina Cott.
Rhabdocid. maxima Des.
Hterocid. Trigeri Cott.

All diese Arten finden sich zwischen den Riffen von May, Fontaine-Etoupefour und Feuguerolles. An den offenen Küstenstrecken bei Bayeux etc. sind die Schichten mächtiger, und werden von den Steinbrechern Malière genannt. Ausser den in der vorhergehenden Liste mit einem Sternchen bezeichneten Arten kommen hier noch vor:

Bel. cf. canaliculatus
Naut. lineatus Sow.
„ *sinuatus*
Amm. Sieboldi Opp. [1])
Pholadomya allica
Modiola ventricosa ?Roem.
„ *plicata* Sow.
Lima heteromorpha
Pecten barbatus Sow.
„ *pumilus* Lam.
Plicatula catinus Desl.
„ *polyptica* Desl.
Gryphaea cf. sublobata Desh.
Rhynch. ringens

Aus diesen Listen, welche Arten enthalten, die grossentheils äusserst nahe verwandt oder selbst ident sind mit solchen aus dem Oolite de Bayeux, geht deutlich hervor, dass wir hier die Wiege jener Fauna zu suchen haben, welche später, in den Zonen des *A. Humphriesianus* und *Parkinsoni*, zur Verbreitung über ganz Centraleuropa gelangte.

In anderen Theilen Frankreichs herrschen wieder andere Verhältnisse, welche zum grössten Theil noch weniger bekannt sind. Dem Ostufer des Pariser Beckens entlang sind es meistens Eisenoolithe, welche in ihrer

[1]) Von mir selbst gesammelt bei Evrecy, ein Exemplar dieser Art erhielt ich auch aus den Murchisonae-Schichten von Yeovil (Dorsetsh.).

Fauna die Mitte halten zwischen dem schwäbischen und normännischen Typus, im Süden von Frankreich aber, da wo sich das allemannisch-fränkische Meeresbecken mit dem mittelländischen verbindet, aber auch an der Nordküste des Centralplateaus von Frankreich sind es hauptsächlich in ihrer Fauna ziemlich arme, harte Kalke, welche die Zone zusammensetzen. *Pecten pesonatus* in Vereinigung mit einer Fucus-Art, *Chondrites scoparius* Thioll., ist hier beinahe allein leitend. Am entwickeltsten erscheint diese Facies an den Küsten des mittelländischen und pyrenäischen Beckens des Jura-Meeres.

Ablagerungen aus einer weiten, vor den Wellen der hohen See ziemlich geschützten Bucht haben wir in den Thonschichten der Norddeutschen Jurabildungen vor uns. Die Fauna der Zone des *Amm. Murchisonae* scheint indess nur eine sehr kleine Reihe von Arten besessen zu haben, welche in Meerestheilen, denen grosse Schlammmassen zugeführt wurden, ihr Leben zu fristen im Stande waren. Die Anzahl von Formen, welche die Zone des *Amm. Murchisonae* im norddeutschen Meeresbecken bevölkern, ist daher ausserordentlich gering. Wir treffen einige Arten von Gasteropoden und Pelecypoden, welche, aus der Zone der *Trigonia navis* noch hier herauf fortsetzend, ihr kümmerliches Dasein fristen, einige Formen stellen sich aber auch bereits ein, die anderwärts erst die Zone des *A. Sowerbyi* charakterisiren, unter ihnen ist namentlich *Bel. Trautscholdi* hervorzuheben; von für die Zone des *Amm. Murchisonae* aber einigermassen bezeichnenden Arten kommen nur vor:

Amm. Murchisonae Sowerby.
Turritella cf. elongata Ziet.
Nucula Aalensis Opp.
Leda Deslongchampsi Opp.
Avicula elegans Mnst.
Pecten disciformis Schübl.
Pecten pumilus Lamk.

Wir haben somit für die Unterlage der Zone des *Amm. Sowerbyi* folgende eigenthümliche Entwicklungsarten zu unterscheiden: Strandbildungen an offenen Küsten mit sandigem Meeresgrund, Bildungen an mehr geschützten Küsten mit theils schlammig-sandigem, theils felsigem Meeresgrund, Ablagerungen aus weiteren Buchten mit durchaus schlammigem Meeresgrund, und endlich in tieferem Wasser abgesetzte kalkige Niederschläge.

Diese Typen der Facies wechseln theils mit der nächst höheren Zone, theils bleiben sie sich gleich, und dieses Verhalten gewährt gute Stützpunkte zur Beurtheilung der eintretenden grösseren oder kleineren Veränderungen, welche die Meere der jurassischen Periode zur Zeit des Auftretens des *Amm. Sowerbyi* sei es in ihrer Configuration, in ihrer Uferbeschaffenheit, in den Meeresströmungen oder der Windrichtung erlitten haben. Je grösser der Wechsel oder die Differenz in der Facies unmittelbar aufeinander ruhender Schichten ist, um so bedeutender müssen auch die Veränderungen in den eben angedeuteten Verhältnissen innerhalb kurzer Zeiträume gewesen sein, und es lässt sich denken, dass solche Veränderungen auch auf die die Küsten bewohnenden Faunen einen sehr bedeutenden Einfluss ausüben mussten. Die Abweichungen in der Facies zwischen der Zone des *Amm. Murchisonae* und der des *Amm. Sowerbyi* sind nun zwar im Allgemeinen wenig beträchtlich, wie überhaupt die Facies in der letztgenannten Schicht keinen ganz bestimmt ausgeprägten Charakter an sich trägt, indess lassen sich doch aus der Betrachtung derselben manche Schlüsse ziehen. Man kann erkennen, dass der Wechsel der Facies sich nicht auf grossen Strecken gleichzeitig einstellte, aus dem verschiedenen Verhalten der einzelnen Schichten zu einander an verschiedenen Localitäten. Während an einzelnen Punkten die beiden hier in Rede stehenden Bildungen nur wenig miteinander gemein haben, in Gesteinsbeschaffenheit wie in ihrer Fauna fast gänzlich differiren, macht sich an anderen Stellen kaum eine geringe Veränderung in den allgemeinen Verhältnissen bemerklich, ein grosser Theil der bereits tiefer vorhandenen Fauna erscheint auch oben wieder, jedoch merkwürdiger Weise mit Formen vergesellschaftet, die in früheren Zeitabschnitten gänzlich mangelten. Diese Formen stellen sich ein, gleichgültig, ob die Faciesverhältnisse sich gegen früher geändert hatten oder nicht, sie erscheinen gleichzeitig in ganz Central-Europa, die älteren Formen aber werden nur noch so neben den neuen Eindringlingen geduldet, und verschwinden auch sehr bald von dem Schauplatze, da gewöhnlich mit dem Verschwinden des A. Sowerbyi die Facies-Verhältnisse nun auch an den Punkten sich ändern, die bisher in dieser Beziehung keinem Wechsel unterworfen gewesen waren. Es geht daraus hervor, dass erst dann uns in den Schichten eine gänzlich neue Fauna entgegentritt, wenn die Summe der an einzelnen Punkten successive stattfindenden Veränderungen gross genug geworden ist, um sämmtliche Sprösslinge früherer Faunen zu vernichten, so dass der Wechsel der Faunen nicht ein plötzlicher, sondern ein allmähliger ist. Woher aber die neuen Formen, welche sich zwischen die aus früheren Zeiten vorhandenen Arten eindrängen, und durch ihr, relativ gleichzeitiges Auftreten über sehr grosse Erstreckungen die Mittel an die Hand geben zur Bestimmung des Alters einer Schicht? Als nächsten Verwandten haben fast sämmtliche Ammoniten-Arten der Sowerbyi-Schicht den *A. Murchisonae*. Bei Gingen

(Württemberg) hatte ich zu beobachten Gelegenheit, dass die typische Form des *A. Murchisonae* hier in einer Lage angetroffen wird, in welcher er mit der Unterseite noch in die eigentlichen Murchisonae-Sandsteine eingebacken ist, auf seiner Oberseite aber bereits von den sandig knolligen Thonbildungen der Zone des *A. Sowerbyi* überzogen wird, unmittelbar darauf liegt *A. patella* n. sp. und *A. jugifer* n. sp., ohne dass ich Uebergänge dieser Arten in *A. Murchisonae* zu constatiren im Stande bin. Wo ist also nun die Brutstätte dieser Ammoniten-Arten, haben sie sich in anderen Welttheilen durch langsame Umbildung aus gemeinsamen Grundformen entwickelt, oder sind sie so, wie wir sie finden, an Ort und Stelle geschaffen? Für Ersteres spricht ihre nahe Verwandtschaft zu den zunächst vorhergehenden Formen; wie geschah es aber dann, dass sie sich von ihrer Brutstätte aus plötzlich über ganz Central-Europa verbreiteten, und gleichzeitig an den entferntesten Punkten auftreten? Aehnliche Fragen drängen sich auf bei jeder einzelnen Art, welche in ganz Centraleuropa für das specielle, minutiöse Niveau sich als leitend uns darstellt. Wir treten eben mit diesen Fragen in das geheimnissvolle Gebiet des wirkenden Werdens, das der Forschung so schwer zugänglich ist, da sich den Sinnen nur das Gewordene darstellt. Das aber ist gerade die Aufgabe der nächsten Zeit, diese Fragen womöglich zur Lösung zu bringen. Ich selbst hätte gerne einige Forschungen in dieser Beziehung angestellt, doch machten mir die im vorigen Jahre herrschenden politischen Verhältnisse die hiezu nöthigen Reisen in verschiedene Theile Frankreichs unmöglich.

Wie schon oben erwähnt, hat freilich die Facies in der Zone des *Amm. Sowerbyi* eigentlich nirgends einen so bestimmt ausgeprägten Charakter, dass man sie ohne Bedenken in eine der bis jetzt unterschiedenen Facies-Classen einreihen könnte. Zwar dürfte man vielleicht das Vorkommen, wie es uns bei Gingen in Württemberg entgegen tritt, als Coral-Facies, die Ausbildung der Zone in Norddeutschland aber mit ihren mächtigen Thon-Ablagerungen als Myaciten-Facies betrachten, doch tritt der Charakter dieser Facies nie so deutlich hervor, als diess in den Bildungen des oberen Jura so häufig der Fall ist. Dass sich indess auch bei der hier in Rede stehenden Zone bei Betrachtung der Gesteinsbeschaffenheit im Zusammenhalte mit den Artvorkommnissen ein gewisser Entwicklungstypus, der nach den Localitäten sich ändert, herausfinden lässt, ist natürlich.

Die Fauna der Zone ist ziemlich reich an Formen, wenn sie sich auch mit jener in den Eisenoolithen der Zonen des *Amm. Humphriesianus* und *Amm. Parkinsoni* von Bayeux eingeschlossenen vor der Hand nicht messen kann. Am Ende dieser Arbeit sind 264 Arten aufgeführt; würde ich die, welche an verschiedenen Localitäten Frankreichs, so bei Nancy oder auch bei Bayeux, sich finden, noch ausführlicher haben beiziehen können, würde die Zahl wohl um ein Drittheil, namentlich an Gasteropoden, vermehrt worden sein. Die Bearbeitung dieses Theiles der Fauna überlasse ich indess Herrn Schlumberger in Nancy, der hiefür ein ausgezeichnetes Material zusammengebracht hat, und hoffe, dass er die wissenschaftliche Welt recht bald durch eine Publication hierüber erfreuen werde. — An keiner Localität findet sich die ganze Fauna der Zone wieder, stets trägt das Zusammenvorkommen der Arten das Gepräge der jeweilig herrschenden localen Verhältnisse; sehr selten findet sie sich auch rein, d. h. unvermischt mit höher oder tiefer liegenden Formen. Diese Vermischung ist um so beträchtlicher, je mehr sich die Faciesverhältnisse der Zone des *Amm. Sowerbyi* denen der nächstliegenden Zonen anschliessen.

Verbreitung der Zone des A. Sowerbyi.

Um die specielleren Verhältnisse der Zone möglichst übersichtlich zu machen, theile ich das ganze Territorium in einzelne Meeresbecken, welche ich nach der Configuration der damaligen Küsten des Jura-Meeres abzugrenzen bestrebt bin. Es ergeben sich bei der Betrachtung der Karte des Jura-Meeres sehr natürlich folgende Meeresbecken: I. Süddeutsches Becken, welches den Jura in Franken und Schwaben, so wie auch denjenigen des süd-östlichen Badens und des Randen umfasst; II. Helvetisches Becken, den Jura der Schweiz von der Lägern angefangen bis zu seinem Anschluss an die Alpen, in seinem Verlaufe durch die Dép.'s Doubs, Jura und Ain in sich begreifend; ausserdem schliessen sich hier noch an die Jurabildungen, welche den Ostrand des Centralplateaus von Frankreich umziehen in den Dép. Rhône, Saône-et-Loire, Côte d'Or, der Jura am Südufer der Vogesen-Halbinsel, Dép. Haute-Saône, sowie die geringen Ueberreste der Juraformation im Rheinischen Meerbusen, welcher die hieher gehörigen Bildungen im südlichen Baden, westlich vom Schwarzwald nebst denen in den Dép. Haut-Rhin und Bas-Rhin in sich schliesst; III. Mittelländisches Becken, das sich über die Jura-Bildungen der Dép.'s Lozère, Aveyron, Herault, Gard, Ardèche, Drôme, Basses-Alpes, Var und Bouches-du-Rhône erstreckt (hier könnte sich vielleicht auch noch der am Südfusse der Alpen abgelagerte Jura anschliessen, der indess wahrscheinlich besser in ein gesondertes „Italienisches Becken" verwiesen wird); IV. Pyrenäisches Becken, die Dép.'s Lot, Dordogne, Charente, Charente-inférieure, vielleicht auch noch Deux-Sèvres, so wie die Jurabildungen am Nordfusse der Pyrenäen umfassend; V. Pariser Becken, schon von Hébert genauer abgegrenzt und beschrieben; ich ziehe zu diesem Becken indess auch noch die Jurabildungen im südlichen England, in Dorsetshire und Wiltshire; VI. Nordenglisches Becken mit den jurassischen Ablagerungen in

Gloucestershire beginnend und sich bis nach Yorkshire fortsetzend; VII. Norddeutsches Becken, schliesst den Jura in Hannover und Braunschweig, so wie den der Gegend von Magdeburg ein.

Diese Aufzählung der Meeresbecken gibt zugleich auch einen Ueberblick über die Verbreitung der Zone des *A. Sowerbyi.* Die östlich und südlich von diesem Verbreitungsbezirke gelegenen Gegenden haben bis jetzt noch keine Andeutung der Zone geliefert. Der Unteroolith ist hier entweder zu eigenthümlich entwickelt, oder zu wenig bekannt, um in Betracht gezogen werden zu können.

I. Süddeutsches Meeresbecken.

Franken. Hier war es zuerst Herr Dr. Schrüfer[1]), welcher *Amm. Sowerbyi* in einem gesonderten Lager nachwies und in seine Tabelle eintrug. Sein Profil ist folgendes:

Oberer brauner Jura	Graue Thone mit verkiesten Ammoniten
Mittlerer brauner Jura	Oolithische Kalkmergel mit: *Ammonites Humphriesianus*, *Trigonia costata* *Belemnites giganteus* *Ammonites Tessonianus*, *Astarte minima* *Ammonites Sowerbyi*
Unterer brauner Jura Murchisonae-Schichten	6′ Graue versteinerungsleere Thone
	2—3′ Zwei dünne Sandsteinbänke
	7′ Gelbe und rothe Thone
	1′ Muschelbank: *Pecten personatus*
	Mächtige Bänke von Personatensandstein

Er beobachtete dasselbe bei Friesen und Frankendorf, so ziemlich am Nordende des fränkischen Meerbusens. Es ist im Allgemeinen vollständig richtig, doch verwechselt er im Texte die hier mit dem Ausdrucke „Muschelbank" bezeichnete Schicht sehr häufig mit einer etwas höher liegenden sandigkalkigen Bank, welche in das Niveau des *A. Sowerbyi* fällt.

[1]) 1861, Schrüfer: Die Juraformation in Franken p. 55.

Bedeutend genauere und bestimmtere Anhaltspunkte bietet ein etwas später erschienener Aufsatz von Gümbel [1]), durch welchen man in den Stand gesetzt ist, die hier in Betracht kommenden Schichten längs des ganzen Randes des Jura in Franken zu verfolgen.

Wenn wir zunächst das Ostufer des fränkischen Busens näher in Betracht ziehen, so zeigt sich, dass erst in den nördlicheren Theilen desselben die Zone des *A. Sowerbyi* sich einigermassen befriedigend nachweisen lässt, während in den südlicher gelegenen Distrikten die Schichten bei ziemlich steil aufgerichteter Lagerung eine ziemlich kümmerliche Entwicklung zeigen. Der untere Dogger wird hier so zu sagen allein aus Eisensandsteinen zusammengesetzt, über dem einige Lagen harten eisenoolithischen Kalkes *A. Parkinsoni* beherbergen. Gümbel gibt ein Profil von Gross Saltendorf und erwähnt, dass ähnliche Verhältnisse bis in die Gegend von Regensburg sich finden. Erst in der Nähe von Pegnitz beginnt die Zone des *Amm. Sowerbyi* deutlich sich hervorzuheben. Sie lagert hier über dem Eisensandstein (Zone des *A. Murchisonae*), über welchen sich blauer lettiger Schieferthon anschliesst, als ein gelber Sandstein und Sandkalk, bröcklich, mit zahlreichen Knollen und Lagen voll Versteinerungen in einer Mächtigkeit von 5', unmittelbar darüber folgen Eisenoolithe mit *A. Humphriesianus*: die Zone des *A. Sauzei* ist hier noch nicht nachgewiesen. Weiter nördlich gewinnt die Zone des *A. Sowerbyi* zwar nicht an Mächtigkeit, dennoch aber ist sie leicht aufzufinden, indem ihre Gesteine an Härte bedeutend zunehmen, und man schon bei einer ziemlich flüchtigen Begehung des Terrains die ihre Köpfe weit hervorstreckenden harten Sandkalkbänke nicht leicht übersehen wird. Für die Ausbeutung der Schichten ist diess freilich nicht sehr günstig, indem es unmöglich erscheint, aus dem mit den besten Werkzeugen nur schwer zu bearbeitenden Felsen die Versteinerungen unversehrt herauszubekommen. Man muss sich mit dem begnügen, was auf der Oberfläche des Gesteins herauswittert. Ich sammelte auf solche Weise in der Gegend von Weismain, gerade da, wo das Ostufer des fränkischen Busens in das Nordufer verläuft, folgende Arten:

Bel. Trautscholdi Opp.
Amm. jugifer n. sp.
Lucina sp.
Astarte elegans Sow.

[1]) 1864, Gümbel: Die geognostischen Verhältnisse der Fränkischen Alb. Separatabdr. aus Bavaria III. Bd., IX. Buch.

Unicardium cf. depressum Phill.
Trigonia trigona n. sp.
" *tuberculata* ? Agass.
Tancredia donaciformis
Gervillia subtortuosa Opp.
" *praelonga* Lyc.
Pecten disciformis Schübl.
" *pumilus* Lauck.
Placunopsis Gingensis Quenst.
Ostrea calceola Ziet.
Serpula cf. quadrilatera Gdf.

In der Gegend von Banz, an der nordwestlichsten Ecke des Busens, sind die uns hier beschäftigenden Schichten bereits wieder bedeutend weniger deutlich zu unterscheiden. Es sind röthliche oder graue Thone, welche über den Murchisonae-Schichten folgen, und einzelne Partien grauer sandiger Kalkbänke einhüllen. Erst weiter gegen Süden gewinnt das Gestein wieder an Festigkeit, und es stellen sich zugleich wieder häufigere Petrefakten ein. Von Uetzing südlich wird man die Schicht nicht leicht vermissen, wenn auch die Mächtigkeit bisweilen auf ein Minimum herabsinkt, doch wird man auch dann in den in die Thonschichten eingeschlossenen Brocken harten sandigen Kalkes Exemplare von *Bel. Trautscholdi* wohl nirgends vergeblich suchen.

Immer noch an der Westküste des Fränkischen Meerbusens südwärts schreitend erreicht man die Gegend zwischen Erlangen und Gräfenberg, welche für die Beobachtung der Zone des *A. Sowerbyi* vieles Interessante bietet. Ich hatte Gelegenheit, hier an den Ausläufern des Hetzlas, eines Berges in der Nähe von Erlangen, ein Paar Profile aufzunehmen, welche ich desshalb hier anführen möchte, weil sie Gelegenheit bieten zu zeigen, wie auf eine Erstreckung von wenigen Stunden nicht nur die Gesteinsbeschaffenheit einer Schicht, sondern selbst die ganze Entwicklung einer Reihe von Schichten sich ändern kann.

Wenn man von Erlangen nach Neunkirchen am Brand und von da nach Grossenbuch geht, so kann man, hinter letzterem Orte gegen den Hetzlas-Sattel hinaufsteigend, nachdem man im Dorfe selbst Posidonienschiefer anstehen sah, und über Opalinus-Thon und Eisensandstein langsam ansteigend, nahezu die Höhe erreicht hat, folgendes Profil beobachten. Schichtenfolge von unten nach oben:

Zone des *A. Murchisonae*	1) Eisensandstein, sehr mächtig, darüber
	2) 15′ grauer Thon, ohne Versteinerungen;
	3) 11″ gelber weicher Sandstein, knollig mit Fukoiden;
	4) 2—3″ grauer Thon;
	5) 4—5″ gelber, nicht sehr feinkörniger, weicher Sandstein mit einer Thonzwischenlage;
	6) 2½″ grauer sandiger Thon;
Zone des *A. Sowerbyi*	7) 2″ unregelmässige Lage gelblichgrauen Sandsteins mit Thongallen und unzähligen Gliedern von *Pentacr. cf. cristagalli* Quenst., ausserdem Zähne und Knochen-Fragmente von Ichthyosaurus, Lamma u. s. w.;
	8) 1″ unregelmässige Lage grauen Thones;
	9) 2″ braune harte, sandige Kalkbank mit vielen Versteinerungen (Schicht des *A. Sowerbyi*);
	10) 4″ brauner Thon;
	11) 2″ braune Kalkbank mit vielen Muschelbruchstücken;
	12) 1′ schwarzer Thon;
	13) 2″ knollige Kalkbank mit vielen aufsitzenden glatten Austern;
	14) 1′ schwarzer Thon;
	15) 6″ blauer, gelb überlaufender, zäher Kalk, beim Zerschlagen rothe dendritische Flecken und zerstreute pulverförmige Eisenoolithkörnchen zeigend;
	16) 1½′ gelber, etwas oolithischer Mergel mit 2 knolligen, härteren Zwischenlagen, nach oben durch eine unregelmässige Knollenlage mit vielen Muschelbruchstücken und *Bel. Gingensis* abgegrenzt;
Zone des *A. Sauzei*	17) 6″ gelber Mergel mit *Bel. Giganteus, Rhabdocid. Anglo-Suevica, Rhynch. spinosa;*
	18) 6″ graue, gelb überlaufende, weiche Kalke, ähnlich Nr. 15, aber mit selteneren Flecken und häufigeren Oolithkörnern: *A. polyschides* n. sp. (Schicht des *A. Sauzei*);
Z. d. *A. Humphriesianus*	19) 2″ gelblicher Thon;
	20) mehrere Bänke blauen, sehr harten Kalkes mit *A. Romani, Cerithium muricato-costatum, Waldheimia Waltoni* u. s. w.

Die Schicht Nr. 9 ist an vielen nahe gelegenen Punkten aufgeschlossen, namentlich wurden viele der harten Kalkplatten bei Anlegung eines Hopfengartens ausgebrochen und waren so eine Zeit lang der Verwitterung ausgesetzt, wodurch allein die Petrefakten in dem harten Gesteine deutlich entblösst werden. Ich erhielt an dieser Stelle:

Belemnites Gingensis Opp.
" *Trautscholdi* Opp.
Ammonites furticarinatus Quenst.
" *discites* n. sp.
Tancredia cf. donaciformis Lyc.
Corbula obscura Sow.
Astarte elegans Sow.
" *Aalensis* Opp.
" *sp. ind.*
Trigonia Goldfussi Agass.
Lima duplicata Sow.
Avicula elegans Mst.
Gervillia subtortuosa Opp.
Pecten pumilus Lamk.
" *disciformis* Schübl.
Hinnites Gingensis n. sp.
Ostrea calceola Ziet.
Pentacr. cf. cristagalli Quenst.
Serpula socialis Gdf.
" *quadrilatera* Gdf.

Die Facies, in welcher diese Schichten hier auftreten, ist genau dieselbe, in welcher der Eisensandstein und die in ihn eingeschlossene Fauna entwickelt ist. Die Brachiopoden fehlen gänzlich, die Radiaten fast ebenso. Ausserdem finden wir die Pelecypoden nie in duplicaten Exemplaren, was aufs bestimmteste auf eine Strandbildung hinweist.

Ganz anders stellt sich die Schichtenfolge dar, wenn wir uns nach einem anderen Ausläufer des Hetzlas, welcher etwas weiter gegen Gräfenberg zu gelegen ist, wenden. An einem Bergvorsprunge, unter dessen Schutz das Dorf Pommer sich angesiedelt hat, zeigt sich folgende Schichtenreihe deutlich aufgeschlossen, von unten nach oben darbietend:

Zone des *A. Murchisonae*

1) Eisensandstein in mächtigen Bänken;
2) 15′ schwarzer Thon ohne Versteinerungen;
3) 1′ braunrothe knollige Sandsteinbank;
4) 6″ schwarzer Thon;
5) 4″ braunrother weicher Sandstein;
6) 2″ Thon;
7) 3″ hellgelber, sehr milder Sandstein;
8) 1′ braungelber, knolliger, nach oben zerbröckelnder Sandstein.

Z. d. A. Sowerbyi:

9) 1′ gelber Thon, vollgespickt mit weissen Schalenbruchstücken, viele Knollen gleich denen von Gingen (Württemberg, siehe unten) enthaltend: *Bel. Gingensis*, *A. Sowerbyi;*

Mittlerer u. oberer Dogger und tiefste Schichten des Malm:

10) 9″ grauer, gelbverwitternder Thon mit *Belemnites canaliculatus*, *Rhabdocid. Anglo-Suevica;*
11) 5—6″ graue, gelbverwitternde Kalkmergelbank mit vielen aufsitzenden Serpula;
12) 3″ Thon;
13) 4—5″ Bank grauen, sehr harten Kalkes, bei der Verwitterung gelb überlaufend, an seiner Oberfläche von Bohrern zerfressen;
14) 8′ Thon, schwarz mit grauen, fleckigen, harten Geoden;
15) 6″ unregelmässige Knollen eines sehr grob eisenoolithischen Kalkmergels, grosse schlecht erhaltene Planulaten, anscheinend *A. funatus* Opp. enthaltend;
16) 4—6′ schwarzer Thon mit *Bel. subhastatus?* die oolithischen Knollen setzen zerstreut hier herauf fort;
17) hellgrauer Thon mit Schwefelkies, *Amm. ornatus.*

Ohne mich auf die Deutung der über Schicht Nr. 9 folgenden Ablagerungen, von denen ich nur erwähnen will, dass sie von den gleichen Schichten des vorigen Profils in jeder Beziehung gänzlich abweichen, näher einzulassen, will ich nur über die eigentliche Zone des *A. Sowerbyi* einige genauere Angaben machen. Es fällt sogleich auf, dass, obwohl auch hier das Profil über dem Eisensandstein mit 15′ Thon beginnt, es doch in den darüber folgenden Schichten sehr bald von den gleichen Ablagerungen des Profils von Grossenbuch bedeutend abweicht, indem die ganze Zone auf eine nur 1′ mächtige Thonschicht reducirt erscheint. Andrerseits ist auch die Fauna eine von jener von Grossenbuch vielfach verschiedene. Ich sammelte in der Schicht Nr. 9

Cythereis Suevica n. sp.
Belemnites Gingensis Opp.
„ *Trautscholdi* Opp.
„ *giganteus* Schloth.
Ammonites Sowerbyi Mill.
Turbo sp.
Eucyclus Bathis Orbigny
Pleurotomaria Agathis Orb.
Nucula Aalensis Opp.
Tancredia danaciformis Lyc.

Astarte elegans Sow.
Cypricardia Franconica n. sp.
Trigonia striata Sow.
" *cf. costata* Park.
Protocardia striatula Phill.
Avicula elegans Mnst.
Perna crassitesta Gdf.
Pecten pumilus Lamk.
" *ambiguus* Gdf.
Ostrea crenata Gdf.
Heteropora reticulata Haime.
Berenicea scobinula Mich.
Stomatopora Terquemi H.
Goniaster sp. indet.
Montlivaltia trochoïdes H.
Foraminiferen.

Unter all diesen Vorkommnissen ist *Perna crassitesta* weitaus das häufigste, die Schicht ist wahrhaft angefüllt mit, freilich meist abgeriebenen Bruchstücken dieser Schalen. Nebst dem kommen die beiden Trigonia-Arten in Massen vor, das Uebrige ist etwas seltener. Die Gesammt-Fauna aber weicht bedeutend ab von jener von Grossenbuch, die Gasteropoden, viele eigenthümliche Formen von Pelecypoden, endlich das Auftreten von Bryozoen und Korallen gibt ihr einen charakteristischen Typus. Es scheint wahrscheinlich, dass die Schicht von Pommer keine Strandbildung, sondern aus etwas tieferem Wasser abgelagert ist. Aehnliche Verhältnisse wie bei Pommer scheinen auch bei Gräfenberg noch die herrschenden zu sein, das Meiste, was Goldfuss mit der Bezeichnung „Gräfenberg" abbildet, stammt aus der Zone des *A. Sowerbyi.*

In der Gegend von Neumarkt öffnet sich der Fränkische Busen gegen das grosse süddeutsche Meeresbecken, aber gerade hier wird die Zone des *A. Sowerbyi* wieder ziemlich undeutlich; blaugraue Mergel mit sandigen Kalkbänken vertreten nach Gümbel wahrscheinlich ihre Stelle. Ebenso verhält es sich bei Weissenburg und noch weiter westlich nahe an der bayerischen Grenze bei Heidenheim am Hahnenkamm. An letzterem Orte scheint die Zone wohl vorhanden zu sein, doch wurde sie noch nicht für sich nachgewiesen; eine harte sandige Kalkbank, welche über dem Eisensandstein liegt, und noch viele Vorkommnisse mit demselben gemein hat, wird wahrscheinlich den Pectiniten-Kalk (Zone des *A. Sowerbyi*) der Wasseralfinger Gegend darstellen. Darüber liegt ein grauer Kalk mit einzelnen Eisenoolithkörnchen, welcher *A. polyschides* n. sp. und *A. Sauzei* in sich schliesst.

Schwaben. Wenn man die bayerische Grenze vom Hesselberg aus, dem westlichsten Punkte des bayerischen Jura, überschreitet, so ist es zunächst der Jura der Umgegend von Bopfingen und Wasseralfingen, welcher Andeutungen der Zone aufzuweisen hat. Ich vermag hier der ausgezeichneten Schilderung Quenstedt's [1]) wenig hinzuzufügen. Hinter Ober-Alfingen den Bachriss hinaufsteigend, überschreitet man erst die obersten Lagen des Opaliumsthones, dann den Eisensandstein mit seinen Erzflötzen, bis man in etwa 100' Höhe auf eine 15—20' mächtige Ablagerung schwarzen etwas sandigen Schieferthones stösst, der in seiner Oberregion graue harte Steinmergelknollen einschliesst. Hier liegt *A. Sowerbyi* nebst grossen Mengen von *Bel. Gingensis*, denen sich einzelne Exemplare von *Bel. Trautscholdi*, Terebrateln und Stacheln und Schalenbruchstücke von *Rhabdocid. Anglo-Suevica* und *Lima pectiniformis* Schloth. anschliessen. Ueber dieser Thonbildung lagert eine nur wenige Fuss mächtige harte Kalkbank mit vielen pulverförmigen Eisenoolithkörnchen, welche *Pecten pumilus* in Massen beherbergt; ausserdem kommen Steinkerne grosser Gasteropoden und *Galeropygus Marcoui* hier vor. Darüber schliesst sich nochmals dunkler Schieferletten an, bis endlich graue, sandigkalkige Bänke die Zone des *A. Sauzei* andeuten.

Bei Gingen im Vilsthale, Eisenbahnstation unterhalb Geisslingen, ist das Profil zwar ein ähnliches, dennoch aber machen sich bereits kleine Abweichungen bemerklich. Die Gliederung ist sehr einfach, von oben nach unten:

1) Gelbe Thone mit *Bel. Giganteus* und *B. canaliculatus;*
2) grauer, nicht sehr harter, sandiger Kalk in unregelmässigen Bänken mit *A. Sauzei* und *A. polyschides*, etwa 4';
3) dunkle, etwas sandige Thone mit seltenen Gypskrystallen und seltenen verkiesten Versteinerungen, *A. patella*, *Leda* sp., 20';
4) gelbe, sandige Thone mit vielen grösseren oder kleineren Knollen sandigen Kalkes und Massen von Versteinerungen, *A. Sowerbyi* u. s. w., 2—3';
5) Eisensandstein in mächtigen Bänken, auf seiner Oberfläche uneben und von Bohrern vielfach zerfressen in mehreren Steinbrüchen aufgeschlossen.

Man sieht, hier fehlt der, die Sowerbyi-Schicht gewöhnlich von der

[1]) 1858, Quenstedt: Jura p. 366.

Zone des *A. Murchisonae* abtrennende schwarze, etwas sandige Thon. Es wurde an dieser Stelle während einiger Zeit kein Sediment abgesetzt, und es gewannen unterdess bohrende Weichthiere Zeit, die bereits etwas erhärteten Sandschichten des Eisensandsteins zu durchlöchern. Einige französische Geologen haben solchen von Pholaden zerfressenen Bänken grossen Werth in Bezug auf Schichtenunterscheidungen und Formationsabtheilungen beigelegt, indem sie den Grund des Vorkommens oder Fehlens solcher Bohrlöcher in Niveauschwankungen des Meeresgrundes suchten. Mir scheint diesen Dingen ein solches Gewicht nicht beizulegen zu sein, da es von äusserst zufälligen und ganz partiellen Ursachen abhängen kann, dass einer Stelle des Meeres mehr oder weniger, oder selbst auch gar kein Sediment zugeführt wird und sich dann bohrende Mollusken ansiedeln können.

Die Localität Gingen ist unter allen mir bekannten die günstigste, um die Fauna der Zone näher zu studiren, wenn sie gleich zunächst nur eine Facies, die Korallenfacies kennen lehrt. In dem höchst gelegenen der Eisensandstein-Brüche bei Gingen bildet die Schicht Nr. 4 des oben gegebenen Profils den Abraum, und man kann auf den Schutthalden des Steinbruchs die Sachen mit Bequemlichkeit auflesen. Ich erhielt im Laufe der Zeit von dort:

Cythereis Suevica n. sp.
Bairdia Gingensis n. sp.
Serpula socialis Gdf.
„ *flaccida* Gdf.
„ *filaria* Gdf.
„ *grandis* Gdf.
Belemnites Gingensis Opp.
„ *Escheri* Mayer (m. s.)[1])
„ *breviformis* Voltz
„ *brevispinatus* n. sp.
„ *Trautscholdi* Opp.
„ *giganteus* Schloth.
Nautilus lineatus Sow.
Ammonites Sowerbyi Mill.
„ *adicrus* n. sp.
„ *polyacanthus* n. sp.
„ *Mayeri* n. sp.

[1]) Die zur Gruppe des *B. breviformis* gehörigen Arten wurden von K. Mayer selbst bestimmt.

Ammonites furticarinatus Quenst.
„ *Gingensis* n. sp.
„ *jugifer* n. sp.
„ *patella* n. sp.
„ *fissilobatus* n. sp.
„ *Brocchi* Sow.
Eucyclus Bathis Orb.
Purpurina Sowerbyi n. sp.
Pleurotomaria Agathis Orb.
„ *sp. div.* (Steinkerne)
Cerithium cf. flexuosum
Ceromya Orbignyana Opp.
Homomya gigantea n. sp.
Gresslya *gregaria* Roem. sp.
„ *latirostris* Agass.
Goniomya Duboisi Agass.
Pleuromya elongata Gdf. sp.
„ *tenuistria* Gdf. sp.
Pholadomya perovalis n. sp.
„ *fidicula* Sow.
„ *Wittlingeri* n. sp.
Isocardia Aalensis Quenst.
Astarte elegans Sow.
Lucina paradoxa n. sp.
„ *Gingensis* n. sp.
Trigonia cf. costata Park.
„ *sp. ind.*
„ *striata* Sow.
„ *trigona* n. sp.
Leda cf. Deslongchampsi Opp.
Nucula Aalensis Opp.
Cucullaea oblonga Sow.
Modiola plicata Sow.
„ *scalata* n. sp.
Gervillia subtortuosa Opp.
„ *cf. Hartmanni*
„ *praelonga* Lyc.
Avicula elegans Mnst.
„ *Hersilia* Orb.

Lima pectiniformis Schloth.
" *duplicata* Sow. sp.
" *tenuistriata* Gdf.
" *alticosta* Dew. & Chap.
" *incisa* n. sp.
" *pseudovalis* n. sp.
Pecten pumilus Lamk.
" *cf. Saturnus* Orb.
" *Genis* Orb.
" *ambiguus* Gdf.
" *Gingensis* Quenst.
" *cf. barbatus* Sow.
" *cinctus* Sow.
" *aratus* n. sp.
" *laeviradiatus* n. sp.
" *oblongus* n. sp.
" *Dewalquei* Opp.
Hinnites Gingensis n. sp.
Inoceramus polyplocus F. Roem.
Gryphaea sublobata Desh.
" *calceola* Quenst.
Ostrea sp. ind.
Ostrea crenata Gdf.
Terebratula globulus n. sp.
" *dorsoplana* n. sp.
" *cf. globata* Sow.
" *cf. Buckmanni* Dow.
Waldheimia disculus n. sp.
Rhynchonella subangularis n. sp.
" *parvula* Desl.
" *distracta* n. sp.
Hemithyris tenuispina n. sp.
Defrancia infraoolithica n. sp.
Heteropora reticulata Haime
Neuropora? foliacea n. sp.
Ceriopora arborescens n. sp.
" *cf. globosa* Mich.
Stomatopora recurva n. sp.
" *Terquemi* Haime

Proboscina prorepens n. sp.
„ *Jacquoti* Haime
Berenicea scobinula Mich.
„ *margopuncta* n. sp.
„ *compressa* Gdf. sp.
„ *glomerata* n. sp.
Cricopora acutimargo n. sp.
Pustulopora Quenstedti n. sp.
„ *arborea* n. sp.
„ *tenuis* n. sp.
Escharites rhombifer n. sp.
Diastopora subramosa n. sp.
Cidaris ovispina Quenst.
„ *Gingensis* n. sp.
„ *taxacantha* n. sp.
„ *Zschockei* Des.
Rhabdocidaris Anglo-Suevica Opp.
Galeropygus Marcoui Des.
Pentacrinus cristagalli Quenst.
Eugeniacrinus annularis Roem.
Cyclocrinus rugosus Orb.
Chirodota atava n. sp.
Thecophyllia excavata n. sp.
Thamnastraea Mettensis Edw. a. H.
„ *Terquemi* Edw. a. H.
Montlivaltia trochoïdes Edw. a. H.
Thecosmilia gregaria Edw. a. H.
Isastrea tenuistria M'Coy sp.
„ *sp. indet.*
Foraminiferen
Cupulochonia sp.
Talpina eduliformis Quenst.

Dieses Verzeichniss gibt einen ziemlichen Ueberblick über die bei Gingen sich findende Fauna, wenn auch manche Schalenbruchstücke, welche ich von dort erhalten habe, auf weitere Arten schliessen lassen.

Die etwas höher liegenden blauen Kalke der Zone des *A. Sauzei* boten dagegen nur wenige Fossilreste:

Belemnites giganteus Schloth.
Ammonites Sauzei Orb.

Ammonites polyschides n. sp.
„ *falcogigas* Quenst.
„ *mesacanthus* n. sp.
Gervillia sp. indet.
Pecten

und Stücke mit vielen Fukoiden ist alles, was diese Stelle bisher geliefert hat. Die Korallen fehlen hier diesen höheren Schichten gänzlich.

Von Gingen westlich zeigen sich die Schichten des *A. Sowerbyi* stets als eine mehr oder weniger mächtige sandige Thonbildung, in der meist festere sandigkalkige Bänke die verkalkten Fossile führen. Vereinzelnt findet man indess auch im Thon verkieste Ammoniten, welche meist zu *A. patella*, *Gingensis* und *jugifer* gehören; der Schwefelkies, aus dem dieselben bestehen, ist aber fast durchgehends Wasserkies, wesshalb sich diese Vorkommnisse nur schwer conserviren lassen. In solcher Beschaffenheit erreicht die Schicht bei Kirchheim a. d. Theck das Neckarthal und zieht von da am Hohenneuffen vorbei nach dem Hohenzollern, wo der Fundort Jungingen schon seit lange eine gewisse Berühmtheit erlangt hat.

Bei einem kurzen Besuche der Gegend von Jungingen habe ich die Zone des *A. Murchisonae* nicht deutlich auffinden können, indem ich in unmittelbarer Umgebung des Dorfes nur die Schicht mit *Gryphaea calceola* als tiefstes Anstehendes sah. In einem Bachrisse hinter dem Dorfe lässt sich von dieser Schicht an aufwärts folgendes Profil beobachten:

1) 6″ sandige Kalkbank mit *Gryphaea calceola* in Massen, ausserdem *Bel. cf. Trautscholdi* und *Pect. pumilus;*
2) 9—12′ schwarzer Thon;
3) { 2″ sandiger, gelblicher Kalk; 7 1/2″ schwarzer Thon; 2′ 6″ sandiger, gelblicher Kalk } *Gryphaea calceola;*
4) 1′ 10″ schwarzer Thon;
5) 4″ gelblicher, sandiger Kalk;
6) 18′ schwarzer Kalk mit localen, festen, grauen Sandkalkbänken, *Amm. fissilobatus, Bel. Gingensis;*
7) 12—15′ gelblicher Thon mit grossen sandig kalkigen Knollen und vielen Bruchstücken weisser Muschelschalen: *Trig. costata*, *Perna crassitesta* (?), *Pustulopora Quenstedti*, *Ceriopora arborescens*, *Eschara sp.*, *Diastopora scobinulà*, *Thamnastraea Mettensis*, *Thecosmilia gregaria* (?), *Cyclolithes Jungingensis;*

8) 12—18' schwarzer Thon;

9) graue Kalke, theilweise auch Eisenoolithe mit *A. Sauzei*.

Schicht 6 und 7 vertreten hier unzweifelhaft die Zone des *A. Sowerbyi*. Auch die übrigen, darunter liegenden Schichten mögen noch zur Zone gehören, doch lässt sich das nicht direkt beweisen, indem das Lager des *A. Murchisonae* darunter nicht festgestellt ist. Da indess *Gryphaea calceola* der Zone des *A. Sowerbyi* von Gingen eigenthümlich angehört, dagegen in den Sandsteinen und Erzflötzen von Heiningen und Wasseralfingen bis jetzt noch nicht nachgewiesen wurde, scheint es nicht gerade ungerechtfertigt, auch die Schichten mit *Gryphaea calceola* von Jungingen obiger Zone zuzurechnen.

Weiter südwestlich nennt Quenstedt als erwähnenswerthe Localität Streichen, wo unmittelbar am Dorfe unser Terrain mächtig vertreten sei: „sandige Thone, glimmerig glitzernd wechseln zum öfteren mit einzelnen festeren Bänken ab, wo man bei jeder meint, jetzt komme der blaue Kalk γ. Schon 100' unter dem ächten Gamma findet sich *Bel. breviformis* und andere Belemnitenbruchstücke bis auf Zolldicke, kleine *Ter. perovalis*, Myaciten, Austern, Trigonien, Alles in einer Art durcheinander, dass man unwillkürlich denkt, diess seien die echten Vorläufer des mittleren braunen Jura, der freilich dann erst mit den Steinbrüchen in Gamma seinen vollen Charakter annimmt.“ [1]).

Ehe ich mich nach dem Randengebirge wende, will ich noch kurz eine Localität, die Katzensteige bei Gosheim erwähnen. Wenn man von Frittlingen aus die Höhe gegen Gosheim zu gewinnen sucht, so sieht man an den Steilgehängen des Berges die Zone des *A. Murchisonae* in ungeheuren Rutschen ganz prachtvoll aufgeschlossen. Der Fuss der Rutschen ist von Schutt verdeckt, so dass man die Grenze zwischen Opalinus-Thon und Eisensandstein nicht deutlich zu beobachten im Stande ist. Ich fand zu unterst mehrere Bänke eines ziemlich feinkörnigen, graugelben Sandsteins, der stellenweise von Eisen roth gefärbt war. Ich gewann aus diesen Schichten *Amm. Murchisonae*, *Pholadomya sp.* und *Tancredia donaciformis*. Darüber lagen gelbliche, thonig sandige Schichten ohne Versteinerungen, ausser hie und da Fucoiden in einer Mächtigkeit von 20—24'; höher folgten wieder Sandsteine in mehreren Bänken, nach oben von einem Lager grosser, weiss anwitternder Thonknollen bedeckt 12'. Es schloss sich an schwarzer Thon mit einzelnen Gnoden 6' und gelbliche, sehr weiche,

---

[1]) Quensedt: Jura p. 369.

sandig thonige Schichten 20′; endlich ein Complex von Bänken härteren Sandsteins mit Zwischenlagen von schwarzem Thon 12—20′. Hier bildet das Relief des Berges einen Absatz, die höher folgenden Schichten treten etwas zurück, und es zieht sich in dieser Region rings um den Berg eine Reihe schmaler Aeckerchen, welche auf einer Thonschicht, die die Bergcontour bedingte, angelegt sind. Diese Thonschicht ist an einigen Stellen ziemlich gut aufgeschlossen und zeigt sich dort als ein etwa 12—20′ mächtiger grauer Thon, in dem sich einzelne knollige härtere Bänke ausgeschieden haben, aus denen ich *A. patella* n. sp. herausschlug. Darauf legt sich ein ziemlich mächtiger, dunkelrother Eisenoolith, aus dem Quenstedt *Amm. Sowerbyi* anführt. Ich fand diesen Ammoniten hier nicht, wohl aber *Hinnites abjectus* Phill. sp., *Ter. cf. perovalis* und *Ter. carinata*, was auf etwas höhere Schichten, als die Zone des *A. Sowerbyi* deuten würde, doch war mein Besuch zu flüchtig, als dass ich mir ein bestimmtes Urtheil in dieser Beziehung erlauben könnte.

Randengebirge. Ich vermag nur wenige Andeutungen über die Entwicklung und das Auftreten der Zone des *A. Sowerbyi* in diesem Gebirgszuge, dem letzten Ausläufer des Plateau-Gebirges der Alb im Süddeutschen Meeres-Becken zu geben. Es waren namentlich zwei Stellen in der Umgebung dieses Gebirgszuges, an denen ich die Zone kennen lernte, nämlich ein Wasserriss in der Nähe von Beggingen, wo ich über den Murchisonae-Schichten einen dunkelschwarzgrauen Kalkmergel mit einzelnen eingesprengten Eisenoolithkörnchen anstehend fand, aus welchem ich

Bel. Gingensis Opp.
Astarte excavata Sow.
Gryphaea calceola Quenst.

erhielt.

Die zweite Localität ist Aselfingen an der Wutach, wo in der sog. Scheffäu über den Murchisonae-Schichten auch noch die Zone des *A. Sowerbyi* theilweise aufgeschlossen ist. Die Gesteinsbeschaffenheit stimmt so ziemlich mit der der Zone des *A. Murchisonae*, es ist ebenfalls ein grauer, sandiger Kalk mit Zwischenlagen eines dunkeln, sandigen Thones. Als ich vor 5 Jahren diese Gegend besuchte, hatte sich Herr Stutz aus Zürich als liebenswürdiger kundiger Führer angeboten, und mit seiner Hülfe stellten wir folgende Schichtenfolge fest:

	Amm. Blagdeni
Z. d. A. *Humphriesianus*	**1) Gelbbraune, feinsandig oolithische Kalkmergel, leicht verwitternd** ***Bel. giganteus*, *canaliculatus*, *Amm. Humphriesianus?*, *Lyons. gregaria*, *Rhynch. quadriplicata*** **20′**
	2) Schwarze sandige Mergel 20′
Z. d. A. *Sauzei*	**3) Blauschwarze sandige Mergelkalke 3′**
Z. d. A. *Sowerbyi*	**4) Graue sandige Mergel mit festeren Bänken, undeutlich aufgeschlossen 50′** ***Bel. Gingensis*, *Amm. Gingensis***
Z. d. A. *Murchisonae* ?	**5) Grauer sandiger Kalk mit Thonzwischenlage, *Mod. plicata* 6′**
	6) Sandige gelblich graue Mergel 10′
	7) Grauer sandiger Kalk 6′ mit *A. Murchisonae*, *Staufensis* u. s. w.
	8) Opalinus-Thon.

Aus den Schichten Nr. 4, welche ich als Zone des *A. Sowerbyi* deute, (vielleicht dürfte auch noch Schicht Nr. 5 hieher zu rechnen sein), erhielt ich folgende Arten:

Belemnites Gingensis Opp.
Amm. Sowerbyi Mill.
" *Gingensis* n. sp.
Gresslya gregaria Roem. sp.
" *latirostris* Ag.
Pleuromya tenuistria Gdf. sp.
Trigonia Goldfussi Ag.
Pecten aratus n. sp.
" *pumilus* Lamk.
Modiola plicata Sow.

Ostrea sp. indet.
Terebr. cf. globata Sow.

Damit wäre nun die Betrachtung des süddeutschen Meeresbeckens abzuschliessen. Wir haben gesehen, dass hier die Zone überall sehr übereinstimmende Charaktere an sich trägt, dass aber die Fauna im Allgemeinen grössere Verwandtschaft zu den Faunen der höheren Zonen des Unteroolithes zeigt, als zu den nächstvorhergehenden aus der Zone des *A. Murchisonae* und den Schichten des *A. opalinus*, und dass nur an einzelnen Localitäten Frankens eine grössere Anzahl von Arten der Murchisonae-Zone noch hier herauf fortsetzt, um dann aber für immer zu verschwinden.

II. Helvetisches Meeresbecken.

Wir haben in diesem Meeresbecken dreierlei Arten von Ablagerungen zu unterscheiden, nämlich littorale Ablagerungen, Ablagerungen der offenen, jedoch nicht allzutiefen See, und endlich Hochseebildungen.

Ich beginne mit den Ablagerungen der Küstenzone.

Canton Aargau und Canton Basel. Die Zone des *A. Sowerbyi* ist in diesen Gegenden der Schweiz überaus deutlich und petrefaktenreich entwickelt, wenn auch die Gesteine meist eine umfassendere Ausbeute nicht erlauben. Eines der ausgezeichnetsten Profile, das gefunden werden kann, zieht sich dem Ufer der Aare entlang, dort wo in der Nähe von Brugg dieser Fluss den Jura durchbricht. Sämmtliche Schichten, vom Lias bis in die Bathgruppe tauchen dort bei schwach südwestlicher Neigung nach und nach aus dem Niveau des Flusses hervor. Wenn man von Brugg aus mittels eines Schiffes die Aare herabkömmt, so sieht man, nachdem die höheren Schichten passirt sind, die Thone mit *Bel. giganteus* in ziemlicher Mächtigkeit, jedoch nicht reich an organischen Einschlüssen, darunter folgt eine etwa 2′ mächtige, sehr harte sandige Kalkbank, welche das Lager von *A. Sauzei* und *A. polyschides* bildet. Noch tiefer steigend schliesst sich eine kaum mehr als 1′ mächtige Bank, von ungefähr gleicher Gesteins-Beschaffenheit wie die darüberliegende, an, welche bisher

Bel. Trautscholdi Opp.
„ *Gingensis* Opp.
„ *Escheri* Mayer m. s.
„ *praecursor* Mayer
„ *Moeschi* Mayer
Amm. adicrus n. sp.
„ *Mayeri* n. sp.

Amm. jugifer n. sp.
" *Sowerbyi* Mill.
Nautilus lineatus Sow.
Pleurotomaria sp.
Gresslya latirostris Agass.
Pecten laeviradiatus n. sp.
" *pumilus* Lamk.
Gryphaea sublobata Desh.
Rhynchonella subangularis n. sp.

geliefert hat. Die tiefer folgenden Schichten des *A. Murchisonae* sind Anfangs ebenfalls graue, harte, sandige Kalke, gegen die Mitte zu aber nehmen sie mehr Sand auf und werden gelb, während die unteren Lagen wieder grau und thonig sich zeigen.

In den Schambelen bei Müllingen an der Reuss, einige Stunden südwestlich von der vorher erwähnten Localität gelegen, ist die Zone des *A. Sowerbyi* durch eine Bank gelb verwitternden, ausserordentlich harten, sandigen Kalkes, der theilweise oolithisch wird, vertreten. Es lassen sich aus ihm nur die an der Oberfläche herausgewitterten Sachen gewinnen, doch ist der Fundort reich an verschiedenen Formen, und ein Besuch lohnt sich hinlänglich. Ich sammelte dort:

Belemnites Gingensis Opp.
" *Trautscholdi* Opp.
" *cf. Blainvillei* Orb.
Amm. cf. affinis Seeb.
" *cf. amplus* Opp.
Eucyclus Bathis Orb.
Pleurotomaria Agathis Orb.
Trochus cf. ornatissimus Orb.
Cerithium sp. ind.
Alaria sp. indet.
Astarte elegans Sow.
" *sp.*
Lima duplicata Sow.
" *alticosta* Dew.
" *pectiniformis* Schl.
Pecten Gingensis Quenst.
" *laeviradiatus* n. sp.
Hinnites Gingensis Quenst.
Gryphaea cf. sublobata Desh.

Ostrea calceola Ziet.
Rhynch. oligoptycha n. sp.
Thecocyathus sp.

Aehnliche Gesteine wie in den Schambelen trifft man auch am Frickberg im Frickthal, Nordrand des Aargauer Jura, in der Zone des *A. Sowerbyi* an, doch ist diese Localität noch weniger ausgebeutet. Ich sammelte *Bel. Gingensis*, *Pecten pumilus* und *ambignus*, und *Hinnites Gingensis*; Moesch citirt *Pleurotomaria decorata* Ziet., *Cirrhus nodosus* Gdf., *Astarte elegans* Sow. und *Modiola plicata* Sow.

Aus dem Canton Basel kenne ich erst wenige Andeutungen der Zone des *A. Sowerbyi*. Während sich aus Dr. Müllers erläuterndem Text zur geognostischen Karte des Cantons[1]) nicht sicher ersehen lässt, ob die Zone überhaupt dort entwickelt sei, gibt dagegen die 1846 erschienene Abhandlung von Dr. Rominger[2]) einige Anhaltspunkte in dieser Beziehung. Es scheinen theils sandige, theils oolithische Gesteine zu sein, welche, in graue sandige Thone eingebettet, die Zone vertreten. Rominger erwähnt von den Wangenhöfen *A. Murchisonae* und *A. Sowerbyi*, *Gervillia tortuosa*, glatte und gefaltete Terebrateln, Belemniten und *Gryphaea lobata* Quenst.

Breisgau, Baden. Wir treten hiemit, die Ufer des Helvetischen Beckens verfolgend, in den Rheinischen Meerbusen. In der Zeit, welche wir uns hier zum Gegenstande der Beschreibung gemacht haben, scheint derselbe im Norden bereits ganz abgeschlossen gewesen zu sein, oder höchstens noch eine sehr unbedeutende Verbindung mit dem süddeutschen Meeresbecken durch einen in der Gegend von Langenbrücken nach Südost reichenden Meeresarm gehabt zu haben. Die Zone ist hier wohl meist ziemlich deutlich entwickelt, jedoch weniger erforscht, indess scheint das Westufer zur Beobachtung günstiger als das Ostufer, wohin wir uns zunächst zu wenden haben.

Ueber den südlichen Breisgau gibt uns Sandberger gute Anhaltspunkte. In der Gegend um Vögisheim und Kandern folgen über dem Opalinus-Thon graugelbe, ziemlich mächtige Sandsteine, welche nach Analogieen wohl die Zone des *A. Murchisonae* vertreten könnten. Diess sicher festzustellen ist nicht möglich, da Versteinerungen hier gänzlich fehlen. Darüber liegen, nach Sandberger[3]):

[1]) 1862, Dr. Albert Müller: Geognostische Skizze des Canton Basel.

[2]) 1846, Dr. Rominger: Vergleich des schweizer Jura mit der württembergischen Alb. Bronns Jahrb. 1846, p. 297.

[3]) 1864, Sandberger: Beobachtungen im mittleren Jura des badischen Oberlandes; Würzb. naturw. Zeitschr. Bd. V, p 5 u 6.

Eisenoolith	4′
Gelber Kalkstein	3′
Lettenbank	1′
Blauer Kalkstein	3/4′
Lettenbank	5″
Blauer Kalk	3/4′
Lettenbank	2″
Blauer Kalk	2″
Lettenbank	1″
Rother Kalk	2″

Diese Schichtenreihe lieferte folgende Petrefakten:

Belemnites spinatus Quenst.
Ammonites Murchisonae Sow.
Pholadomya fidicula Sow.
Trigonia costata Park.
Gresslya zonata Ag.
Leda Deslongchampsi Opp.
Gervillia subtortuosa Opp.
" *oolithica*
Avicula elegans Mnst.
Pecten pumilus Lam.
" *disciformis* Schübl.
Lima pectiniformis Schl.
Gryphaea calceola Quenst.

Es scheint mir wahrscheinlich, dass die, obige Fauna enthaltenden Schichten die Zone des *A. Sowerbyi* darstellen, indem ich glaube, dass bei hinreichendem Material *Belemn. spinatus* und *A. Murchisonae* sich als *Bel. Trautscholdi* und *A. Gingensis* oder *jugifer* werden feststellen lassen.

Höher schliessen sich in diesem Profile noch an:

Brauner Thoneisenstein 2—5″ mit *Pholadom. Heraulti* und *Panop. subovalis*
Bläulichgrauer Schieferletten 5—18′ mit *Belemn. giganteus.*

Im nördlichen Breisgau, in der Gegend von Freiburg u. s. w. scheinen die Verhältnisse ziemlich dieselben zu sein wie weiter südlich. Schill[1])

[1]) 1862, Schill: Geognostische Beschreibung der Umgebung der Bäder Glotterthal und Suggenthal; Beiträge zur Statistik der inneren Verwaltung Badens, 12. Heft.

benennt Alles, was unter dem Hauptrogenstein bis zum Opalinus-Thon hinab, folgt als „Eisenoolith". Derselbe beginnt mit sandigen Kalkmergeln und Kalksteinen mit *Amm. Humphriesianus* und *Bel. Giganteus*, auch zeigen sich in dieser Region öfter dunkle Thone mit Wasserkiesknollen. Tiefer schliessen sich einige sehr harte, fein krystallinische, graue oder gelbbraune Kalkbänke mit *Pecten pumilus* und *disciformis* an, welche das Dach von oolithischen eisenschüssigen Kalksteinen mit *Pecten pumilus* und *Amm. Murchisonae* bilden.

Schill sondert die Vorkommnisse der beiden Lagen mit *Pect. pumilus* nicht, und führt aus ihnen an:

Ammonites Murchisonae Sow.
„ *Sowerbyi* Mill.
Nautilus lineatus Sow.
Bel. spinatus Quenst. (Nach der Beschaffenheit der Alveole)
Gresslya gregaria Roem. sp.
Pholadom. Murchisoni
Avicula elegans Mnst.
„ *Münsteri* Gdf. (*Hersilia* ? Orb.)
Lima tenuistriata Gdf.
Pecten pumilus Lamk.
„ *disciformis* Schübl.
„ *ambiguus* Gdf.
Gryphaea calceola Quenst.
Ter. emarginata ?
Serpula socialis Gdf.
„ *limax* Gdf.

Ein grosser Theil dieser Arten ist anderwärts leitend für die Zone des *A. Sowerbyi*, und es unterliegt wohl keinem Zweifel, dass in einer der oben angeführten Bänke die Zone des *A. Sowerbyi* vertreten sei.

Von der Gegend von Freiburg noch weiter gegen Norden sind die Juraschichten auf eine lange Strecke gänzlich verschwunden, Einstürzungen verbunden mit der Wirkung der Diluvialfluthen haben dieselben gänzlich zerstört. Erst in der Gegend von Heidelberg, bei Langenbrücken tauchen wieder jurassische Ablagerungen aus den Diluvial-Schichten des Rheinthales hervor. Hier ist nun zwar die Zone des *A. Murchisonae* durch ziemlich mächtige petrefaktenreiche Sandsteinlager vertreten, die höher folgenden Abtheilungen aber sind vollständig fortgeführt und nur einzelne petrefaktenreiche Rollstücke im Diluvium lassen auf einstige Vertretung der einen oder andern derselben schliessen.[1])

Uns nach dem Westufer des Rheinischen Meerbusens wendend, ist es zunächst das Dép. **Bas-Rhin**, welches die Schichten des mittleren Jura ziemlich mächtig entwickelt aufzuweisen hat. Leider ist über dieselben noch sehr wenig bekannt, denn Daubrée's Beschreibung des Départements ist kaum zu benützen. Es lässt sich einzig aus der Citation von *Amm. Sowerbyi, Gervilli, Edouardianus* und ähnlichen Arten auf das Vorhandensein der Zone schliessen.

Département Haut-Rhin. Ich halte mich hier an eine Localität an der Ostabdachung der Vogesen, welche von Köchlin-Schlumberger[2]) beschrieben wurde, und welche einige Anhaltspunkte bietet. An der Miotte, Berg bei Belfort, beobachtet man über den Opalinusthonen eine bis 180′ mächtige Ablagerung gelblicher feinkörniger Sandsteine mit wenigen Versteinerungen, über denen ein ähnlicher, jedoch etwas dunkler gefärbter Sandstein mit Flecken von Eisen-Ocher in einer Mächtigkeit von etwa 50′ folgt. Das Dach dieser Schichten bildet ein 3′ mächtiger brauner Sandstein, welcher von schwefelkiesreichen Concretionen durchschwärmt ist. Hier finden sich:

Bel. Gingensis Opp.
Astarte excavata Sow.
Modiola plicata Sow.
Lima alticosta Dew.
Pinnigena sp.
Pecten textorius ? Schl.
„ *cf. laeviradiatus* ? n. sp.
Ostrea crenata Gdf.
Ter. perovalis ?
Rhynch. quadriplicata ? Ziet.

Welche Arten auf eine Vertretung der Zone in dieser Schicht schliessen lassen. 80′ Thone mit Kalkbänken folgen höher, aus denen *Bel. giganteus* angeführt wird; über ihnen steigen die mächtigen Kalkbänke des Hauptoolithes an.

Haute-Saône Département. Wenn man noch im Dép. du Haut-Rhin

---

[1]) 1859 Deffner und Fraas: die Juraversenkung bei Langenbrücken; Württemb. naturw. Jahresh.

[2]) 1856 Kochlin-Schlumberger: Etudes géologiques dans le Dép. du Haut-Rhin II Environs de Belfort; Bull. Soc. géol. de France XIV, p. 117 u. f.

die Küste des Jurameeres nach Süden verfolgt, so verfliesst schon hier der Rheinische Busen in das offene Meer. Auch die Juraküsten des Dép. der Haute-Saône wurden von der offenen See bespühlt, welche sich hier, nachdem man die Südspitze der Vogesenhalbinsel hinter sich hatte, gegen das Pariser Becken öffnete.

Ich entnehme dem Werke Thirria's[1]) ein Profil, das derselbe von dem Hügel gibt, in welchem das Bergwerk von Calmoutiers angelegt ist; es findet sich dort von oben nach unten:

1) Compacte, breccienartige und dünngeschichtete Kalke 10^{m}
2) Grauer, mergeliger, fester Kalk mit vielen Crinoideen-Resten 5^{m}
3) Gelblicher, mergeliger Kalk von Kalkspathadern durchzogen: *Trig. costata, Serpula grandis, Crinoideen*-Reste 2^{m}
4) Grauer, fester, etwas blättriger Kalk mit *Gryphaea lobata, Ostrea Marshi*?, und *Pecten pumilus* 2^{m}
5) Röthlichgrauer, blättriger, undeutlich oolithischer Kalk, mit Crinoiden, *Pecten cf. lens, P. pumilus* 3^{m}
6) Eisenoolithbank mit *Amm. Murchisonae, Amm. opalinus, Belemn. breviformis? Pholadomya fidicula, Lima pectiniformis, Pecten cf. lens, Pect. pumilus, Ostrea Marshi?, Terebr. perovalis, Cidaris glandifera* 0,70^{m}
7) Grauer, undeutlich oolithischer, blättriger Kalk mit rothen Flecken, *Pecten cf. lens, P. pumilus* 4^{m}
8) Opalinus-Thon.

Ich habe in diesem Profil Manches nach Marcou's Angaben verbessert[2]). Es ist sehr wahrscheinlich, dass die Schichten Nr. 3—5 die Zone des *Amm. Sowerbyi*, die Schichten Nr. 6 und 7 aber die Zone des *Amm. Murchisonae* vertreten. Freilich scheint in der Schicht Nr. 6 eine gewisse Vermischung der Faunen der aneinander grenzenden Schichten stattgefunden zu haben, doch ist das keine seltene Erscheinung, und wir werden ähnlichen Dingen noch öfter begegnen. Der Grund hievon mag in localen Verhältnissen liegen, indem wir in dem eben in Rede stehenden Meeresbecken, namentlich in den westlichen Theilen desselben, noch öfter zu beobachten Gelegenheit haben werden, dass *A. Murchisonae* sich in Schichten erhebt, welche bereits Arten zur Lagerstätte dienen, die anderwärts erst dann auftreten, wenn der ebengenannte Ammonit verschwunden ist.

[1]) 1830 Note sur le Terr. jur. du Dép. de la Haute-Saône p. 8, wiederholt mit einigen Aenderungen in 1833 Thirria: Statist. min. et géol. du Dép. de la Haute-Saône; ebenso in Archiac: Hist. des progr. de la géol. 6 p. 668 u. 669.

[2]) Marcou: Lettres sur les Roches du Jura p. 150.

Côte-d'Or, Saône-et-Loire, Rhône, Isère Départements. Hier im alten Burgund ist das eigentliche Vaterland des Calcair à Entroques, einer meist sehr mächtigen Ablagerung sehr harten, eisenschüssigen oder weisslich-grauen Kalkes, dessen Bänke angefüllt sind mit Crinoideen-Ueberresten. Derselbe liegt meistens auf einer ziemlich mächtigen sandig-mergeligen Bildung, welche ihrerseits wieder den Opalinusthon (Torulosus-Schichten) bedeckt. Es muss also wahrscheinlich die Zone des *A. Sowerbyi* im Calcair à Entroques stecken. Ueber die paläontologischen Verhältnisse dieses Gebildes im Dép. Côte-d'Or ist bis jetzt noch wenig bekannt. Zu unterst liegen mächtige sandige Kalke mit wenigen Versteinerungen, während nach oben dieselben dünner geschichtet und weniger fest erscheinen und dann viele Petrefakten, namentlich Korallen enthalten, einige Mergellagen schliessen nach oben den Complex ab. Aehnlich scheint die Zusammensetzung auch in den nordöstlichen Theilen des Dép. Saône-et-Loire zu sein, soweit diess aus den Arbeiten von Manès [1]) und Berthaud & Tombeck [2]) zu ersehen ist. Für die Umgegend von Macon aber hat Ferry [3]) eine sehr gute Arbeit geliefert, auf die ich hier näher eingehen möchte. Ferry eröffnet die Etage Bajocien mit seinen sog. Calcaires à Pecten personatus. Es ist diess ein etwa 30′ mächtiges Gebilde von bläulich- oder gelblich grauen Kalken, welche in mächtige Bänke gesondert sind; sie ruhen auf einer dünnen Schicht gelblich grauen, sandig kalkigen Gesteins mit Kieselausscheidungen und *Chondrites scoparius* Thiollière und *A. opalinus* Rein. Von Versteinerungen wurde in den mächtigen Kalken der Gegend von Macon bis jetzt noch nichts als *Pecten pumilus* Lamk. aufgefunden, dagegen bilden dieselben am Mont d'Or bei Lyon das Lager von *A. Murchisonae* und *Amm. Staufensis*. Hiemit ist das Niveau dieser grauen Kalke festgestellt.

Darüber folgt, nach Ferry, bei Macon der eigentliche Calcair à Entroques, d. h. jene Schichten, welche die Crinoideenglieder in Masse beherbergen, und welche eigentlich zu dem Namen des ganzen Schichtencomplexes Veranlassung gegeben haben. Diese Abtheilung setzt sich zusammen aus dicken Bänken eines festen Kalkes, dessen gewöhnlich rothe Farbe stellenweise in weiss oder blaugrau übergeht. Zwischen die Kalkbänke lagern sich dünne Bänder weichen Mergels, welche von Bryozoen-Bruchstücken sowie von Fragmenten der Gehäuse und Stacheln von Echino-

[1]) 1847 Manès: Statist. géol. min. etc. du Dép. de Saône-et-Loire.

[2]) 1853 Berthaud et Tombeck: Bull. Soc. géol. de France, 2ᵉ sér. X, p. 269.

[3]) 1861 H. de Ferry: Mém. sur le Groupe oolithique inférieure des Environs de Macon, 1ᵉʳ Partie, Etage Bajocien.

dermen wahrhaft gespickt erscheinen. Diese Gesteinsbeschaffenheit bleibt sich gewöhnlich auf grössere Erstreckungen sehr gleich, nur bei Tramayes findet sich eine Ausnahme, indem hier plötzlich diese Schichten als rothe sandige Kalksteine ohne alle Versteinerungen auftreten.

Die Fauna dieser Schichten ist folgende:

Strophodus, ein Zahn
Serpula socialis Gdf.
" *filaria* Gdf.
Belemnites giganteus Schl.
" *Berthaudi* Ferry
Amm. Murchisonae Sow. (selten)
Pleurotomaria aff. Ebrayana Orb.
Pholadomya fidicula Sow.
Ceromya abducta ex Orb.
Astarte detrita ? Gdf.
Trigonia striata Sow. (sehr häufig)
Myoconcha crassa ? Sow.
Modiola plicata Sow.
Lima semicircularis Gdf.
" *Berthaudi* Ferry
" *Coquandi* Ferry
" *pectiniformis* Schl.
Avicula digitata E. Desl.
Trichites costatus Ferry
Pecten Silenus Orb.
" *pumilus* Lamk.
" *articulatus* ? Gdf.
Hinnites tuberculosus (?)
Ostrea subcrenata Orb.
Gryphaea sublobata Desh.
Rhynch. quadriplicata Ziet.
" *costata* Orb.
" *Babeauana* E. Desl. ex Orb.
Terebrat. Kleini Lamk.
" *plicata* Buckm.
" *globata* Sow.
Berenicea diluviana Lamx.
" *Archiaci* Haime
Theonoa clathrata Lamx.

Theonoa sulcata Ferry
Hteropora conifera Edw.
„ *pustulosa* Haime
„ *reticulata* Haime
Neuropora Defranci Haime
Cidaris Courtaudiana Cott.
Heterocidaris Trigeri Cott.
„ *spinulosa* Roem.
Rhabdocidaris Anglo-Suevica Opp.
Pseudodiadema depressum Des.
Stomechinus sp.
Pygaster Ferryi Cott. (n. sp.)
Galeropygus sulcatus Cott. (n. sp.)
„ *Ferryi* Cott.
Pentacrinus bajocensis Orb.
Trochocyathus Magnevillianus Edw & H.
Siphoneudea Entrochorum Ferry
Discoelia glomerata Ferry
Stenocoelia Ferryi From.
Monotheles Bajocensis Ferry
Stellispongia Cotteaui Ferry
Oculospongia Fromenteli Ferry
Sparsispongia pustulosa Ferry
Cupulochonia subhelvelloides Ferry
Actinofungia Matisconensis Ferry.

Diese Reihe von 59 Arten gibt ein Bild von der Eigenthümlichkeit der Fauna jenes Ufers. Es ist die ausgesprochenste Korallenfacies, trotzdem die eigentlichen Sternkorallen fehlen.

Ferry hält die Schichten des Calcair à Entroques für eine submarine unter dem Einfluss von Meeresströmungen entstandene Bildung. Es hat diess sehr viel Wahrscheinlichkeit für sich, sowohl in Anbetracht der Fauna, als auch wegen der grossen Mächtigkeit der Schichten, zu deren Zustandekommen das Material von weither beigeführt werden musste.

Diese Bryozoen-Ablagerungen vertreten mit grosser Bestimmtheit die Zone des *A. Sowerbyi*, wenngleich diese Art selbst noch nicht darin nachgewiesen ist. Sie werden bedeckt von dem sog. „Calcair à Polypiers“, der neben vielen Sternkorallen auch *A. Sauzei* beherbergt, während erst aus den „Calcaires à Ter. Phillipsi“ *Amm. Humphriesianus* und *Amm. Parkinsoni* angeführt wird.

Im Dép. du Rhône ist die Entwicklung der Schichten eine ganz ähnliche. Schon Oppel[1]) vermuthet die Ausbildung seiner „Zone des *A. Sauzei*", Dumortier[2]) dagegen gibt bestimmtere Anhaltspunkte über die Schichtenfolge. Am Mont d'Or liegt über Eisenerzen, welche denen von La Verpillière so ziemlich gleich zu stellen sind, und auch noch die Schichten des *A. opalinus* in sich schliessen, ein gelber, compacter, sich in Platten absondernder Kalk 2—3^{m} mächtig, welcher angefüllt ist mit *Chondr. scoparius* Thioll. und ausserdem enthält:

Amm. Murchisonae Sow.
„ *Tessonianus* (?) Orb.
Lyonsia abducta
Rhynch. variabilis Schl. var.

Ueber den eben erwähnten Kalken schliessen sich nochmals unregelmässig geschichtete, harte, gelbe Kalke an, welche oft grosse Kiesel-Concretionen führen: Calcair de Cuzon Dum. Seine Mächtigkeit beträgt etwa 50^{m}; von Versteinerungen nennt Dumortier:

Pecten personatus Gdf.
„ *demissus Gingensis* Quenst.
Ostrea calceola Ziet.
„ *costata* Gdf.
„ *sandalina* Gdf.
Trig. signata Agass.
Amm. deltafalcatus Quenst.
Montlival. trochoides
Pseudodiad. depressum Gdf.

Aus diesen Arten ist wohl, wenn auch etwas entstellt, die Zone des *A. Sowerbyi* wiederzuerkennen. Noch höher möchten *Amm. Humphriesianus*, *Amm. Blagdeni*, *Bel. giganteus*, *Bel. canaliculatus*, *Pleurotom. Palemon* u. s. w., die Oppel anführt, die Zone des *A. Humphriesianus* anzeigen.

Zwischen Lyon und Valence hat das Thal der Rhône eine bedeutende Landzunge der Insel, welche das Centralplateau von Frankreich ehemals bildete, durchbrochen. Die Lücke, welche hiedurch entstand, wurde mit jungtertiären und diluvialen Bildungen ausgefüllt, und nur bei La Verpellière sind noch Spuren des ehemaligen granitischen Festlandes bemerkbar. Der Plateau-Jura des Dép. de l'Isère wurde an den Ufern

---

[1]) Vgl. 1856 Oppel: Juraformation p. 331.

[2]) 1859 Dumortier: Notice sur le terr. jur. du Mont. d'Or lyonnais; Bull. Soc. géol. de France XVI, p. 1065.

jener Landzunge abgelagert. In der Zeit, welche wir hier im Auge haben, folgte die Meeresströmung, die sich das Ostufer des Centralplateaus entlang herabzog, auch hier der Küste, und so sehen wir denn auch im Isère Département wieder so ziemlich die gleiche Entwicklung der unteren Schichten des Unterooliths, wie wir sie schon vom Mont d'Or erwähnt haben. Ueber den Eisenerzen von La Verpellière folgt ein kalkig kieseliger Sandstein, hierauf Kalke, der sog. Calcair à Entroques, und endlich der Calc. à Polypiers, ganz wie es dort der Fall ist[1]). Gerade hierdurch weichen diese Bildungen aber gänzlich ab von jenen der Monts Jura, wo die Schichten gleichen Alters nach einem ganz andern Typus entwickelt sind.

Es erstreckte sich nämlich, wie es scheint, in der Nähe der südöstlichsten Spitze des Centralplateau's von Frankreich beginnend, eine Untiefe queer durch das Helvetische Meeresbecken gegen die Vogesen und den Schwarzwald hin, und auf ihr wurden die Schichten des Jura-Gebirges abgesetzt.

Jura und **Dubs** Départements. Im Jura des Dép. Ain kann ich vor der Hand kein Aequivalent der Zone nachweisen, dagegen sind im Dép. Jura und Doubs deutliche Spuren derselben vorhanden, wenn auch die Fauna nicht viele Arten aufzuweisen hat.

Für die Umgegend von Salins (Jura) gibt Marcou folgendes Profil, welches an der Roche-Pourrie aufgeschlossen ist. Schichtenfolge von unten nach oben:

1) Graublaue Mergel mit Knollen und kleinen Bänken eines mergeligen, sehr festen Kalkes, und mit Flecken von Eisenocher 3^m
2) Graublauer, aussen gelber Kalk mit sandigen Mergelzwischenlagen und verwitterten Schwefelkiesknollen. Viele Trümmer versteinerten Holzes 4^m
3) Eisenoolith zwei Lagen, durch einen gelblichen Kalk von einander getrennt 8^m
4) Gelber sandiger Kalk, noch hie und da Oolithkörnchen enthaltend, mit Zwischenlagen dunkeln bituminösen Mergels 8^m
5) Grauer oolithischer Kalk mit Lagen voll von Crinoideen-Gliedern 6^m

u. s. w.

Aus der Schicht Nr. 3 führt Marcou (Jura Salinois) an:

Ammonites Sowerbyi Mill.
Amm. Murchisonae Sow.

---

[1]) Lory: Déscr. géol. du Dauphiné p. 32—34.

Nautilus lineatus Sow.
Lima proboscidea Sow.
Terebrat. perovalis Sow.
Pholadomya media
„ *nymphacea*
Pleuromya tenuistria
und vieles Andere.

Aus der Sammlung des verstorbenen Herrn Prof. Oppel besitzt das hiesige paläontologische Museum eine ziemlich reiche Suite von Vorkommnissen des Fer de la Roche-Pourrie, wie Marcou die Schicht später genannt hat. Davon stammen aus der unteren Lage des Eisenoolithes:

Ammonites opalinus Rein.
„ *Murchisonae* Sow.
„ *cf. amplus* Opp.
Belemn. cf. Blainvillei Orb.
Pholadom. fidicula Sow.
Gressl. latirostris Ag.
Pleurom. elongata Ag.
Astarte elegans Sow.
Modiola plicata Sow.
Lima pectiniformis Schl.
Terebrat. perovalis Sow.
„ *cf. globata* Sow.
Cidaris horrida Mer.
Galeropygus Marcoui Des.

Während sich diese Vorkommnisse durch dunkle Farbe und deutlich oolithische Struktur des Gesteines auszeichnen, sind die Einschlüsse der nächst höheren Schicht von hellerer, gelblicher Farbe, das Gestein ist mehr mergelig, ohne oolitisch zu sein. Aus dieser Schicht finden sich unter der Suite:

Belemn. giganteus Schl.
„ *Gingensis* Opp.
„ *cf. canaliculatus* (Bruchstücke)
Amm. Murchisonae Sow.
„ *opalinus* ? Rein.
Pleurotomaria sp.
Gressl. latirostris Ag.
Pleurom. elongata
Homomya sp.

Astarte excavata Sow.
Trigonia costata Park.
Cucullaea oblonga ? Sow.
Lima alticosta Dew. & Chap.
„ *pectiniformis* Schl.
Pecten Dewalquei Opp.
„ *cinctus* Sow.
Ostrea crenata Gdf.
Terebrat. globulus n. sp.
„ *dorsoplana* n. sp.
„ *cf. globata* Sow.
Cidaris glandifera Gdf.

Es scheint wahrscheinlich, dass diese Schicht auch das Lager von *A. Sowerbyi* bildet, den Marcou citirt, dass sie mithin die Zone dieses Ammoniten darstellt. *Amm. Humphriesianus* und *Rhynch. subtetraedra* Dav., die auch von dort angeführt werden, werden wohl erst in der oberen Oolithbank ihr Lager haben.

Im Dép. Doubs ist die Entwicklung der Schichten des Unterooliths genau dieselbe wie in der Gegend von Salins, ein wenig mächtiger Eisen-Oolith enthält die Aequivalente der Schichten des *A. Murchisonae* bis *A. Humphriesianus*, die Trennung ist hier wie dort schwierig.

Canton Neuchâtel, Bern und Solothurn. Ebenso wie im Départ. du Doubs verhält es sich auch in diesen Cantonen. Ueber den Opalinus-Thonen folgt eine sandig-mergelige Thonbildung mit Bänken eines harten Sandkalkes, in denen sich als grosse Seltenheit *A. Murchisonae* findet. Darüber liegt entweder wieder ein Complex sandiger Schichten, oder es schliesst sich eine Eisenoolithbank an, die auch noch einzelne Exemplare von *A. Murchisonae* beherbergt, nebenbei aber beginnen bereits bezeichnende Formen der Zone des *A. Sowerbyi* nach und nach häufiger zu werden und sich in der Oolithbank zu concentriren. Von les Rangiers im Canton Bern besitze ich aus den Oolithen

Ammonites Murchisonae Sow.
„ *jugifer* n. sp.
Belemn. giganteus Schl.
„ *canaliculatus* Schl.
„ *infracanaliculatus* Quenst.
Pholadomya Wittlingeri n. sp.

Im Canton Solothurn nähert sich die Facies schon sehr derjenigen, welche im Canton Basel das Südufer des Schwarzwaldes umsäumt. Eisenoolithe und graue sandige Thone stellen die Zone des *A. Sowerbyi* dar, dieselben beherbergen in der Nähe von Solothurn, bei Günsberg [1]):

Amm. jugifer n. sp.
Trochus sp.
Astarte elegans Sow.
Terebratula globulus n. sp.
" *dorsoplana* n. sp.
" *cf. globata* Sow.

[1]) Herr C. Moesch, in seinem mir eben zugekommenen „Aargauer Jura“, Erläuterungen zur geognostischen Karte dieses Cantons, leugnet zwar das Vorhandensein dieser Zone am Profile von Günsberg, indess vermag ich nach den von mir dort gesammelten Stücken die in Rede stehende Schicht nicht anders denn als Zone des *Amm. Sowerbyi* zu bezeichnen. Schon vor 5 Jahren, als wir in Gemeinschaft mit A. Gressly und U. Schlönbach dieses Profil aufnahmen, konnte ich mich mit der Deutung dieser Ablagerung als Zone des *A. Murchisonae* nicht einverstanden erklären, da ich bereits, obwohl die Arten noch keine Namen erhalten hatten, den Habitus der Fauna der Zone des *A. Sowerbyi* zu gut kannte, um nicht die Schicht als das zu beanspruchen, was sie wirklich ist.

Auch die auf p. 125 des Mösch'schen Werkes gemachten leidenschaftlichen Aeusserungen, welche eigentlich, zufolge der Form, in der sie sich darstellen, gar keine Erwiderung verdienten, scheinen hauptsächlich gegen mich gerichtet, indess möge mir gestattet sein, dem gegenüber zu erklären, dass es mir, wie meine Schriften bezeugen, nie in den Sinn gekommen ist, weder die grossen Verdienste Möschs um die Geognosie des oberen Jura nicht anzuerkennen, oder herabzusetzen, noch auch je abzuleugnen, dass ich ihm, als einem Manne, von dem ich in Bezug auf die richtige Auffassung des schweizer Jura vieles lernte, zu grösstem Danke verpflichtet sei; andererseits muss ich aber auch constatiren, dass ich mir nicht im Traume einfallen lassen konnte, Mösch würde es als einen Eingriff in seine Rechte ansehen, wenn ich den Jura der Schweiz einem persönlichen Studium unterzog, um einen Vergleich des süddeutschen Jura mit dem Schweizerischen, um den es sich hier handelte, desto schärfer durchführen zu können, oder die von ihm unterschiedenen und 1863 publicirten Schichten auf fränkisch-schwäbischem Gebiet wieder zu erkennen bemüht war. — Mich auf eine speciellere Erwiderung der Mösch'schen Angriffe einzulassen, und so als Cicero pro domo für meine eigenen Arbeiten aufzutreten, scheint mir unwürdig und unpassend: ich überlasse es getrost dem Urtheile des unparteiischen und competenten wissenschaftlichen Publikums, zu entscheiden, ob meine Arbeiten die Prädicate verdienen, welche Mösch ihnen beizulegen für gut findet.

Diese Gelegenheit benützend, möchte ich hier zu meinem Buche über den Jura in Franken, Schwaben und der Schweiz nachtragen, dass, was ausdrücklich zu erwähnen versäumt wurde, die Zeichnung zu dem Holzschnitte auf p. 123, das Profil vom Geissberge darstellend, mir von H. Mösch mitgetheilt wurde, während ich die übrigen Angaben über den Geissberg aus der Literatur, und nach im Zürcher Museum befindlichen Petrefakten zusammen gestellt habe. Alle anderen Profile habe ich selbst gesehen und studirt.

während ich aus dem Hauensteintunnel *Amm. Sowerbyi* und *Amm. Gingensis* kenne.

Es bleibt nun mir noch einiges hinzuzufügen über die Hochseebildungen des Helvetischen Beckens, über die Ablagerungen in den

Schweizer Alpen. Als ich weiter oben das Süddeutsche Meeresbecken behandelte, habe ich die Hochseebildungen desselben ganz mit Stillschweigen übergangen, da sich hier Aequivalente des Unteroolithes bis jetzt noch durchaus nicht haben nachweisen lassen. Anders ist es in der Schweiz. Nicht nur dass ein Horizont mit

Amm. opalinus Rein sp.
„ *Murchisonae* Sow.
„ *scissus* Ben.
„ *tatricus* Pusch.

sich in Waadtland wie in der Nordschweiz wiederfindet; es lassen sich sogar im Canton Glarus die Schichten des *A. opalinus*, *Murchisonae* und *Humphriesianus* aufs deutlichste trennen. Aus einer Arbeit von Bachmann[1]) entnehme ich Folgendes. Ueber den Liaskalken folgen am Glärnisch sandige, oder auch thonschieferartig glänzende, schwarze Schiefer in einer Mächtigkeit von 50—60′. Dieselben haben an andern Punkten des Cantons *Posidonomya Suessi* Opp.
Amm. opalinus Rein.
geliefert. Sie werden am Glärnisch bedeckt von rothen Eisensandsteinen mit dünngeschichteten Lagen von bräunlichen Quarziten und untergeordneten Streifen eines röthlichen, körnigen Kalkes, einer sog. Echinodermenbreccie, zusammen etwa 50′ mächtig. Bachmann führt daraus an:

Rhynchon. sp. nov.
Ostrea calceola Gdf.
Pecten aff. laminato Sow.
Ammonites sp.

Es ist sehr wahrscheinlich, dass diese Schichten zum grossen Theil die Zone des *A. Murchisonae* vertreten, dass aber hier auch noch die Zone des *A. Sowerbyi* und *A. Sauzei* mit hereingehören, möchte ebenso sicher sein, indem sich im Flysch des Sihlthales exotische Blöcke fanden, welche aus einer Crinoideen-Breccie bestanden, wie sie in untergeordneten Lagen hier am Glärnisch in diesen Schichten getroffen wird, und welche die Leitfossilien beider genannten Zonen in Masse einschlossen. Die Vorkomm-

---

[1]) 1863 J. Bachmann: Ueber die Juraformation im Canton Glarus; Bern. Mitth. Nr. 549—552.

nisse dieser Blöcke wurden von **Bachmann**[1]) näher studirt, und er erkannte folgende Arten:

Sphenodus sp.
Belemn. Blainvillei Voltz.
Nautilus sp.
Amm. jugosus Sow. (wahrscheinlich *Amm. Gingensis* oder eine ähnliche Form)
Amm. Sowerbyi Mill.
„ *tatricus* Pusch.
„ *Bayleanus* Opp.
„ *Gervillei* Sow. (wahrscheinlich *A. polyschides* n. sp.)
„ *sp. ind.* (Lineat.)
Turbo sp. nov.
Pleurotomaria sp.
Terebratula sp.

Ueber dem Eisensandstein lagert am Glärnisch ein bis 200′ mächtiger feinkörniger grauer, bisweilen gelblicher und schwarzer Kalk, welcher *Amm. Humphriesianus* und *Bel. giganteus* nebst vielen anderen Arten geliefert hat.

Ein kurzer Rückblick auf die im Vorhergehenden beschriebenen Localitäten und Profile zeigt, dass im Helvetischen Meeresbecken die Schichten des *A. Sowerbyi* nach und nach einer Veränderung unterworfen sind, wie wir dieselbe im Süddeutschen Becken nicht zu beobachten Gelegenheit hatten. In den östlichen Theilen, sowie im Rheinischen Meerbusen noch so ziemlich nach fränkisch-schwäbischem Typus entwickelt, verschwindet diese Gestaltung immer mehr, je weiter wir uns nach Westen bewegen. Auf der von der Vogesenhalbinsel sich nach Süden ziehenden Untiefe verschwimmen die Grenzen der Zone: *Amm. opalinus* erhebt sich bis in die Zone des *A. Murchisonae*, während andererseits letzterer Ammonit wieder bis zu *A. Sowerbyi* hinauf fortsetzt. Es erinnert diess an Verhältnisse, wie sie in manchen alpinen Distrikten sich finden. An der Ostküste des Centralplateau's von Frankreich dagegen brachte eine von Norden kommende Meeres-Strömung die Zone zu ausgezeichneter, reicher Entwicklung.

III. Mittelländisches Meeresbecken.

Ich vermag über die Verbreitung der Zone des *Amm. Sowerbyi* in diesem Meeresbecken nur wenige Bemerkungen zu geben. In den alpinen

---

[1]) 1863 J. Bachmann: Ueber petrefaktenreiche exotische Jurablöcke im Flysch des Sihlthals und Toggenburgs.

Theilen des Isère Départements, sowie in den Dép. Drôme, Hautes-Alpes, Basses-Alpes und Vaucluse besteht der Jura, wo überhaupt die Schichtenfolge so tief reicht, bis hinauf zum oberen Jura, Oxford- und Kimmeridge-Gruppe, aus einer ausserordentlich mächtigen Reihe von grauen Kalken und Mergeln, welche einer Gliederung grosse Hindernisse in den Weg stellen. Es wurden zwar an vielen Punkten, namentlich die Lias-Schichten wohl unterschieden, auch Schichten mit *A. Humphriesianus* sind nachgewiesen worden, doch wurde bis in neuerer Zeit keine Thatsache bekannt, welche Anhaltspunkte für meine gegenwärtigen speciellen Zwecke bieten könnte. Nur im Dép. du Var haben eingehendere Studien an einigen Punkten die schichtweise Vertheilung der organischen Reste innerhalb dieses Schichtencomplexes festgestellt, und zugleich das Vorkommen wichtiger Arten aus der Zone des *A. Sowerbyi* nachgewiesen.

Nachdem schon 1861 Jaubert[1]) auf ein vortreffliches Profil bei Solliès-Pont nördlich von Toulon (Var) aufmerksam gemacht hatte, machte Hébert[2]) etwas später dasselbe ebenfalls zum Gegenstande seines Studiums und wies dort folgende Schichtenreihe nach: Es eröffnen die jurassische Formation sehr mächtige graue Kalke, welche in ihrer Unterregion Massen von *Gryphaea cymbium*, *Amm. margaritatus* u. s. w. einschliessen. Höher findet man *Amm. radians*, *Amm. variabilis* und andere Arten des oberen Lias. Streng davon geschieden durch eine sehr oft von Bohrmuscheln durchlöcherte Bank, zeigt sich unter übrigens gleichen petrographischen Verhältnissen die erste Fauna des Unteroolithes:

Lima heteromorpha Desl.
Amm. Humphriesianus (*Bayleanus*? Opp.)
„ *Sowerbyi*
Myoconcha crassa

liegen hier im Gestein. Nicht sehr weit darüber beginnen bereits die Ablagerungen der Bath-Gruppe, deren tiefste Schichten sich durch etwas härtere Kalke kennzeichnen. Hébert fand darin *Amm. arbustigerus*, *tripartitus*, *polymorphus* u. s. w. Dumortier[3]), welcher einige Zeit nachher diese Localität ebenfalls besuchte, kam zu ganz ähnlichen Resultaten. Er macht aber zugleich in seinem Aufsatz auf einen anderen Durchschnitt aufmerksam, der sich an der Meeresküste am Cap Cride in der Nähe von St.

[1]) Bull. de la Soc. géol. de France 1861 XVIII, p. 606 u. 607.

[2]) 1861 Hébert: Du Terrain jurassique de la Provence, sa division en étages, son indépendence des calcaires dolomitiques associés aux gypses; Bull. Soc. géol. de France XIX, p. 100 u. f.

[3]) 1862 Dumortier: Coup d'oeil sur l'ool. inf. du Var; Bull. Soc. Géol. XIX, p. 839.

Nazaire findet. Hier sind die gleichen Schichten entwickelt, wie bei Solliès-Pont, und es beobachtete hier Dumortier als tiefste Fauna des Unteroolithes:

Lima heteromorpha Desl.
Terebr. globata
„ *sphaeroidalis*
A. Brongniarti Orb. (? = *A. polyschides* n. sp.)

welche so ziemlich dasselbe Niveau bezeichnen als die oben angeführten Arten. Zwischen dieser Fauna und die Schichten der Bathgruppe schiebt sich sodann noch ein Schichtencomplex ein, der

Pecten cf. spathulatus Roem.
Cerithium granulatocostatum Gdf.
Amm. Parkinsoni
„ *pygmaeus*
„ *oolithicus*
„ *Martinsi*
Bel. canaliculatus

beherbergt. Erst darüber beginnen die Schichten der Bathgruppe mit der Zone der *Ter. digona*, welche hier in gleicher Facies wie zu Luc und Langrunne auftritt, einer Masse von Bryozoen zur Lagerstätte dienend.

Ebray [1]) führt nun neuerlich aus dem Durchschnitt von St. Nazaire aus undeutlich blättrigen Kalken, welche in gelbe oder blaue Mergel eingebettet sind und unmittelbar auf den Lias folgen:

Pentacrinus Bajocensis
„ *inornatus*
Nautilus clausus
Amm. Sowerbyi
„ *Murchisonae*
Lima heteromorpha
Ter. Kleini

an, welche Arten es höchst wahrscheinlich machen, dass auch dort die Zone des *A. Sowerbyi* vertreten ist.

Diese Gebilde im südlichen Theile des Dép. du Var können indess schon nicht mehr zu den Hochseebildungen der Westalpen gezählt werden. Sie wurden vielmehr in der Nähe des Ufers der Nordspitze einer grossen Insel abgelagert, welche sich von hier über die Hyieren und Corsika nach Süden und Osten erstreckte, und das Mittelländische Becken von

[1]) 1864 Ebray: Bull. Soc. géol. de France XXI, p. 203.

dem Italischen trennte. Die meist den Charakter von Hochseebildungen oder von Ablagerungen an den Küsten von Inseln mit sehr steil abfallendem Ufer an sich tragenden Juraschichten der Hochalpen hängen im Osten mit dem Italischen Jura zusammen, der indess im Allgemeinen zu wenig erforscht ist, als dass ich auf seine Besprechung näher eingehen könnte. Nur auf einen Punkt am Südabhange der Tyroler Alpen möchte ich aufmerksam machen, nämlich auf das Cap San Vigilio am Ostufer des Garda-Sees. Schon Benecke[1]) hat auf diese Stelle hingewiesen, und ich selbst hatte vor einigen Monaten Gelegenheit dort in Gesellschaft und unter Führung meines Freundes Benecke zu sammeln und die Schichtenfolge zu studiren. Das Liegendste, was man zu beobachten im Stande ist, sind hell gefärbte, sehr mächtige sandige Kalke, die in grossen Steinbrüchen ausgebeutet werden, aber durchaus keine Versteinerungen einschliessen. Darüber folgen ziemlich mächtige, meist bunte Marmorgesteine, welche zu unterst

Ammonites opalinus Rein.
„ *Murchisonae* Sow.
„ *fallax* Ben.
„ *gonionotus* Ben.
„ *scissus* Ben.
„ *ophioneus* Ben.
„ *tatricus* Pusch.
Terebratula mehrere Arten
Rhynchonella mehrere Arten
Protocardia substriatula Orb. sp.
Pentacrinus cf. Bayocensis Orb.

einschliessen. Es kommen höher etwa 10^m rother Marmor ohne Versteinerungen, bis in einer Schicht dunkel fleischrothen, weiss oder gelblich gefleckten, ausserordentlich harten Marmors ein zweiter Petrefakten führender Horizont sich einstellt, in dem ich

Ammonites Bayleanus Opp.
„ *polyschides* n. sp.
„ *cf. tatricus* Pusch.
„ *heterophylle* sp.
Aptychus sp.

gefunden habe[2]). Es sind hiemit die die Zone des *A. Sowerbyi* nach unten

[1]) 1866 Benecke: Ueber Trias und Jura in den Südalpen; Geogn. pal. Beitr. von Benecke, Schlönbach und Waagen I, p. 110 u. f.

[2]) Siehe Schlönbach, Brief an Hauer: Verh. d. k. k. geolog. Reichsanstalt in Wien 1867, Nr. 8, p. 158.

wie nach oben begrenzenden Schichten aufs bestimmteste festgestellt. Die Zone selbst müsste also durch jene 10^m rothen Marmors, welche zwischen beiden liegen und in denen hier keine Versteinerungen aufzufinden waren, vertreten sein.

Wenden wir uns nach dieser Abschweifung an das Westufer des Mittelländischen Beckens zu den Départements

Ardèche, Gard, Hérault, Lozère und **Aveyron** zum Theil. Die Meeresströmung, welche, aus Norden kommend, die reiche Entwicklung der Zone des *A. Sowerbyi* an der Westküste des Helvetischen Beckens zu Folge hatte, verlässt, scheint es, im Dép. de l'Isère das Ostufer des Centralplateau's von Frankreich und wendet sich nach dem offenen Becken des alpinen Jura-Meeres. Die Schichten des Unteroolithes sind desshalb in den oben bezeichneten Départements nur sehr kümmerlich, theilweise an alpine Bildungen erinnernd, entwickelt, wie ja die höheren Juraschichten, namentlich im Ardèche Département, immer mehr dem alpinen Typus sich anschliessen. Die Zone des *Amm. Sowerbyi* gesondert für sich nachzuweisen ist bei so geringer Entwicklung der Schichten wohl nicht möglich. Am Berg von Crussol vertritt eine kaum 1^m mächtige Crinoideen-Breccie den gesammten Unteroolith [1]). Was Lory [2]) daraus anführt, ist *Ter. perovalis*, *Rhynch. quadriplicata* und einen Ammoniten ähnlich dem *A. Brogniarti*. Weiter nach Süden werden die Schichten des Unteroolithes etwas mächtiger, namentlich scheinen sich Aequivalente des Opalinusthons und des Calc. à Entroques auszuscheiden. Dumortier [3]) wenigstens gibt für die Dép. Ardèche, Lozère, Aveyron und Gard an, dass der Unteroolith mit einer Bank beginne, in welcher

Amm. opalinus Rein.
Trochus duplicatus
Thecocyathus Mactra

sich finden. Darüber liegt der von Dumortier sog. Calcair à Fucoides, der ausser *Chondrites scoparius* Thioll. auch noch einschliesse:

Amm. Murchisonae
„ *sp. nov.*
Rhynch. variabilis var.
Inoceramus fuscus Quenst.
Pecten articulatus Orb. non Gdf.

[1]) 1865 Oppel: Pal. Mitth. p. 307—309.

[2]) 1855 Lory: Bull. Soc. géol. de France XII, p. 510.

[3]) 1861 Dumortier: Note sur le calc. à Fucoides, base de l'oolite infér. dans le Bassin du Rhône; Bull. Soc. géol. de France XVIII, p. 579.

Lima scoparia Dum.
Gryphaea calceola Quenst.

Das Dach dieses Kalkes bildet eine dünne Lage, voll von *Pecten personatus*. Erst darüber schliesst sich der von Dumortier sog. Calcair à Entroques an, dessen Fauna indess unbekannt ist. Auch Köchlin-Schlumberger[1]) lässt sich nicht näher auf die Fauna dieses Schichtencomplexes ein, während er über die tieferliegenden Schichten einiges erwähnt.

In der Nähe von Mende (Lozère) folgt über dem Lias, in den übrigens Schlumberger auch noch die Zone des *Amm. torulosus* mit einrechnet, eine Reihe härterer, grauer Kalkbänke 20—25^m mächtig, welche anfangs noch Mergellagen zwischen sich lassen, aber nach oben immer dichter aufeinander liegen. Versteinerungen führt er aus ihnen nicht an. Darüber aber wird die Abdachung des Berges steiler, indem die nun folgenden gelblich weissen Kalke der Verwitterung stärker widerstehen; auch in ihnen sind organische Reste selten, doch fand Schlumberger:

Belemnites sp.
Amm. subradiatus
„ *sp. ind.*
Arca sp.
Lima cf. punctata Gdf.
„ (à fortes côtes rayonnautes Schl.
L. alticosta?)
Pecten pumilus
„ *cf. disciformis.*

Höher folgen Kalke mit *Ostr. Blandina* Orb., auf die sich Dolomite lagern, die mit Schichten voll von Crinoideen-Gliedern (dem sog. Calc. à Entroques) alterniren.

Aus den obigen beiden Petrefaktenverzeichnissen darf man nun vielleicht schliessen, dass die unter dem Calc. à Entroques dieser Gegend befindlichen Kalke die Zone des *Amm. Murchisonae*, des *A. Sowerbyi* und vielleicht auch noch höhere Schichten vertreten.

Bei der geringen Anzahl der bis jetzt sicher feststehenden Daten scheint es nicht räthlich, sich über die allgemeinen Verhältnisse, welche in diesem Becken geherrscht haben mögen, zu äussern. Nur das sei erwähnt, dass die Bildungen am Ostufer grossentheils nach anderem Typus entwickelt sind als die des Westufers. Am Nordende des Beckens bei Privas, sowie im

[1]) 1854 Köchlin-Schlumberger: Coupe géologique des Environs de Mende; Bull. Soc. géol. de France XI.

Süden im Dép. du Var grenzen alpine und ausseralpine Bildungstypen am nächsten an einander, und es werden sich dort die Uebergänge zwischen beiden am leichtesten studiren lassen.

IV. Pyrenäisches Meeresbecken.

Die Kenntnisse, welche wir von diesem Meeresbecken besitzen, sind noch höchst mangelhaft. Die Schichtenfolge im Dép. Lozère nähert sich bereits sehr dem Typus dieses Beckens, und in den Départements Lot und Dordogne scheint die Entwicklung des Unteroolithes ziemlich mit jener des Dép. Lozère übereinzustimmen. Es sind ziemlich mächtige harte Kalke, welche denselben zusammensetzen, aber erst sehr oberflächlich bekannt sind.

Charente Département. Nachdem schon durch die ausserordentliche Versammlung der Geologischen Gesellschaft von Frankreich zu Angoulème im Jahre 1857 [1]) einige Andeutungen der Zone des *A. Sowerbyi* festgestellt waren, veröffentlichte ein Jahr später Coquand [2]) eine ausführliche Beschreibung dieses Départements, der ich Folgendes entnehme.

Im Süden des Départements ist der Unteroolith nur durch massige dolomitische, oft eisenschüssige oder krystallinische Kalke vertreten, denen jede Spur von Versteinerungen mangelt. Erst wenn man sich weiter nach Norden wendet, verschwindet allmählig die dolomitische Facies, und mergelige Kalke mit vielen Versteinerungen setzen hier den Unteroolith zusammen. Das erste deutliche Profil ist bei St. Vincent rechts an der Strasse von Limoges nach Confolens. Dasselbe stellt sich folgendermassen dar. Schichtenfolge von oben nach unten:

1) Unmittelbar unterhalb des Dorfes bemerkt man einen gelben, in dicken Bänken anstehenden Kalk, dessen Oberfläche sehr zerfressen erscheint. Er verbirgt sich bald unter den eisenschüssigen Tertiärsanden, auf welche in diesen Gegenden allenthalben Bergbau getrieben wird. Dieser Kalk enthält *Pleurotomaria sp.*, *Ter. globata* und Crinoideen-Glieder.
2) Nach unten geht derselbe nach und nach in einen in eckige Stücke zerfallenden blauen Kalk über, der ziemlich compakt ist und anscheinend keine Versteinerungen in sich schliesst.
3) Eine mergelige Lage vermittelt den Uebergang zu blauen kalkigen Thonen, welche tiefer nun folgen, und dünne Lagen eines dunkeln

[1]) Bull. Soc. géol. de France XIV, p. 890.

[2]) 1858 Coquand: Déscr. phys., géol., paléont. et mineral. du Dép. de la Charente Vol. I, p. 210—218.

Kalkes mit *Amm. Sowerbyi, Amm. Murchisonae, Nautilus subclausus, Terebr. perovalis*, *Bel. canaliculatus* und *Lima pectiniformis* einschliesst. Diese Thone besitzen eine Mächtigkeit von 1—1,5^{m}.

4) Das Ganze ruht auf Mergeln, welche an nahegelegenen Punkten *Amm. opalinus* und etwas tiefer *Trochus subduplicatus* beherbergen.

Damit ist die Schichtenfolge des Unteroolithes im Dép. der Charente gegeben.

In den gelben Kalken Nr. 1 findet sich bei Marillac in den oberen Lagen *Amm. Parkinsoni* und *Ter. globata*, in den unteren dagegen *Amm. Humphriesianus* und *Ter. perovalis.* Die Fauna der Schicht Nr. 2 ist auch von andern Punkten nicht sicher bekannt, doch scheinen *A. Brogniarti* (= *A. polyschides* n. sp.) und *A. dimorphus* (wahrscheinlich *A. polymerus* n. sp.), welche Coquand citirt, aus dieser Ablagerung zu stammen.

Die Schicht Nr. 3, welche die Zone des *Amm. Sowerbyi* und des *Amm. Murchisonae* zu vertreten scheint, lässt sich meist durch ihre thonige Beschaffenheit leicht erkennen. Die Fauna, die angeführt wird, beschränkt sich auf

Ammonites Sowerbyi Mill.
„ *Murchisonae* Sow.
„ *subdiscus* ? Orb.
Belemn. canaliculatus Schl.
Lima pectiniformis Schl.
Terebr. perovalis Sow.

In den Départements **Vendée** und **Deux-Sèvres** ist die Zone auch sehr bestimmt vertreten, wenn auch bis jetzt die stratigraphischen Nachweise nur dürftig und mangelhaft sind. Herr Carl Mayer in Zürich besuchte vor längerer Zeit die Localität St. Maixent im Dép. Deux-Sèvres, und brachte von dort eine ausgezeichnete Suite von Arten aus der Zone des *A. Sowerbyi* mit. Die Vorkommnisse sind in einem gelblich grauen Kalk mit einzelnen grünen Körnern enthalten, und gleichen einigermassen den aus der Malière der Normandie stammenden. Ich erinnere mich noch

Ammonites Sowerbyi Mill.
„ *patella* n. sp.
„ *Gingensis* n. sp.

von St. Maixent kommend, im Züricher Museum gesehen zu haben.

Um über den eigenthümlichen Typus der Schichten dieses Beckens etwas bemerken zu können, sind noch zu wenige Thatsachen bekannt, indess scheint sich die Entwicklung der Schichten an der Nordküste (Dép. Deux-

Sèvres und Vendée) schon so ziemlich derjenigen zu nähern, welche an der Westküste des Pariser Beckens die herrschende ist.

V. Pariser Becken.

Ich wende mich zunächst nach dem Ostufer dieses Beckens, beginnend mit der Betrachtung der Départements

Aisne, Ardennes, Meuse. Im Dép. de l'Aisne ist der Unteroolith ganz ausserordentlich reducirt. Einige oolithische Bänke mit einigen wenigen Versteinerungen stellen die ganze Etage dar, und man hat in Folge dessen auch fast keine der Zonen bis jetzt mit Bestimmtheit nachweisen können[1]). Dagegen scheint im Dép. der Ardennen die Zone des *A. Sowerbyi* gesondert für sich aufzutreten. Es ist die Premier Sougroupe des Oolithe inférieure von Sauvage und Buvignier[2]), in der die Zone enthalten ist. Die Opalinusthone werden auch hier noch zum Lias gestellt, über denselben folgen aber an der Strasse von Mézières nach Paris, indem man das Bois de Prix verlässt, von unten nach oben:

1) Graue Mergel mit Knollen mergeligen Kalkes (Opalinus-Thon?).
2) Gelbliche Kalke mit Eisenoolithkörnchen.
3) Oolithische Kalke, grau, gelb oder weiss mit concentrisch schaligen Oolithkörnchen.
4) Dunkelgelbe Kalke mit hellen Oolithkörnern.
5) Weisse Oolithe mit Bruchstücken von Muschelschalen.
6) Lumachelle, grau oder gelb mit weissen Oolithkörnern.
7) Gelbliche erdige Kalke und Oolithe mit vielen Versteinerungen.

Höher schliessen sich noch an gelbliche Kalke und endlich Mergel (Marnes inférieurs). Die ganze Serie scheint nicht höher als bis an die Humphriesianus-Schichten zu reichen.

Die Kalke Nr. 7 finden sich wieder sehr wohl charakterisirt am Durchschnitt von Cheveuge, wo sie ebenfalls viele Versteinerungen, namentlich Pholadomyen, Austern und Belemniten enthalten. Von diesem Fundorte werden citirt:

Millepora (?) straminea Phill.
Diastop. (Berenic.) diluviana Lamx.
Montlivaltia trochoides Edw. & H.
Nucleolites sp.

---

[1]) Siehe 1843 d'Archiac: Descr. géol. du Dép. de l'Aisne (Mém. Soc. géol. de France I. sér. V).

[2]) 1842 Sauvage et Buvignier: Statist. minéralog. et géol. du Dép. des Ardennes.

Serpula limax Gdf.
Pholadomya parvula ? Roem.
Lucina sp.
Astarte orbicularis ? Sow.
Cucullaea oblonga Sow.
Rhynch. cynocephala ? Rich.
Hemithyris senticosa Schl. sp.
Terebr. plicata Buckm.
Amm. contractus Sow.
„ *sp. nov.*
Belemnites sp.

Obwohl dieses Petrefaktenverzeichniss noch mancher Berichtigung bedarf, lässt sich doch aus dem Gesammthabitus dieser Fauna schliessen, dass wir es hier mit Schichten zu thun haben, welche zwischen den Zonen des *Amm. Murchisonae* und *Amm. Humphriesianus* eingeschlossen sind, sogar wahrscheinlich die Zone des *A. Sowerbyi* vertreten. An einer anderen Stelle des Départements bei Tarzy kommen ungefähr in demselben Niveau, vielleicht aber auch etwas tiefer viele Korallen vor.

Diese Korallenschichten sowie die Schichten von Cheveuge scheinen genau dem zu entsprechen, was Buvignier 10 Jahre später[1]) ebenfalls als Sous-groupe inférieur seines Unteroolithes begriff. Im Dép. de la Meuse nämlich sind es dieselben gelblichen oder weisslichen Kalke, welche viele Korallen enthalten, und zufolge ihrer relativen Lagerung vielleicht die Zone des *A. Sowerbyi* darstellen könnten. Aus den von Buvignier angeführten Versteinerungen lässt sich indess wenig schliessen. Ich will nur nennen:

Montlivaltia trochoides
Cidaris cucumifera Agass.
Serpula socialis Gdf.
Gresslya gregaria Roem. sp.
Arca astreicola Buv.
Lima duplicata Desh.
Pecten cf. lens Sow.

Erst in seiner Sous-groupe moyen führt Buvignier *Amm. Brocchi, Blagdeni*, *Braikenridgi* und *subradiatus* an, wodurch die Zonen des *Amm. Sauzei* und *Humphriesianus* angedeutet sind, während noch weit höher *A. Parkinsoni* angegeben wird.

[1]) 1852 Buvignier: Statist. géologique du Dép. de la Meuse.

Luxemburg; Moselle, Meurthe, Haute-Marne Départements. Die Zone des *A. Sowerbyi* ist hier überall vertreten, wenn auch ihre Sonderung von den zunächstliegenden Zonen wegen Mangels an genaueren Untersuchungen vor der Hand grossentheils viele Schwierigkeiten verursacht. In Luxemburg scheint die Zone des *A. Murchisonae* zum grossen Theile wohl noch durch die Eisenerze von Mont-Saint-Martin vertreten, während der Calcair de Longwy[1]) die Zonen des *A. Sowerbyi* bis *A. Humphriesianus* darstellt.

Ammonites Sowerbyi Mill.
„ *jugifer* n. sp.
Pholadom. fidicula Sow.
Pleurom. tenuistria Gdf.
Cucullaea oblonga Sow.
Lima alticosta Dew. & Chap.
„ *duplicata* Sow.

lassen mit Sicherheit auf die Vertretung der Zone schliessen[2]).

Am Hügel von St. Quentin in der Nähe von Metz (Dép. Moselle) sieht man über feinen glimmerigen Sandsteinen mit *A. opalinus* einen mergeligen Sandstein, auf dessen Schichtflächen *Chondrites soparius* Thioll. sich findet. Diese Schicht geht nach oben in einen Oolith über, der auf der anderen Seite des Hügels

Montlivaltia trochoides
Trigonia einige Arten
Rhynchonella sp.
Astarte excavata Sow.
Ostrea crenata Gdf.
Perna sp.

beherbergt[3]). An anderen Localitäten scheidet sich zwischen den Sandsteinen eine Eisenerzbank aus, welche wohl dem Erze von Mont-St. Martin entsprechen wird. Sie ist gewöhnlich durch eine dünne, sandig thonige Ablagerung vom Oolite ferrugineuse gesondert, zu dessen untersten Gliedern auch die obige Petrefakten enthaltende Schicht zu zählen ist[4]).

---

[1]) 1841 Dumont: Mém. sur les terr. secondaires du Luxembourg (Mém. Acad. de Bruxelles XV).

[2]) Siehe 1852 Dewalque und Chapuis: Fossiles des terr. sec. de Luxembourg und 1862 Chapuis: Nouvelles recherches sur les Foss. des terr. sec. de Lux.

[3]) 1862 Dumortier: in Bull. Soc. géol. de France XX, p. 113.

[4]) Siehe 1852 Réunion extraord. de la Soc. géol. à Metz. Bull. Soc. Géol. de France IX, p. 594.

1854 Majerus: Note sur le Terr. jur. du Granduché de Luxembourg (Bull. Soc. sci. nat. du Luxembourg II).

Dass die Zone des *Amm. Sowerbyi* in letzterem Gebilde (dem Oolite ferrugineuse) enthalten sei, geht aus den von Terquem[1]) gegebenen Petrefakten-Listen hervor, aus denen ich folgende Arten hervorhebe:

Ammonites Sowerbyi Mill.
„ *jugosus* (Sow.) Terqu. (vielleicht *A. Gingensis*)
„ *cycloides* Orb.
Pholadom. fidicula Sow.
Goniom. Duboisi Ag.
Pleurom. tenuistria Gdf.
Gresslya latirostris Ag.
Astarte excavata Sow.
„ *elegans* Sow.
Trig. striata Sow.
„ *Goldfussi* Ag.
Cucull. oblonga Sow.
Modiola plicata Sow.
Lima pectiniformis Schl.
„ *sulcata* Mnst.
„ *duplicata* Aut.
Pecten pumilus Lam.
Serpula socialis Gdf.
Galeropygus Marcoui Des.
Bryozoen.

Erst im Dép. de la Meurthe vermag ich mit voller Sicherheit zu constatiren, dass die Zone des *A. Sowerbyi* am Ostufer des Pariser Beckens auch wirklich ein gesondertes Lager für sich einnehme und oft ausserordentlich reich an Petrefakten auftritt. In der Sammlung des verstorbenen H. Saemann in Paris sah ich eine ausgezeichnete Suite von Petrefakten, welche aus der Zone des *Amm. Sowerbyi* dieser Gegend stammten. Die Schichtenfolge scheint nach den Mittheilungen dieses Herrn dieselbe zu sein wie überall am Ostufer des Pariser Beckens. Ueber grauen Kalken mit *A. bifrons* und *A. subarmatus* folgen in der Umgegend von Nancy 1) dunkle Thone mit *Trigonia pulchella* und *Leda rostralis*, darüber legen sich an 2) Eisenerze und Sandsteine mit *A. opalinus* und *Trigonien*, eisenreicher Kalk (3), welcher nach unten viele geohrte Austern einschliesst, bildet das Lager von *A. Sowerbyi* und *A. cycloides;* grauer Kalk, welcher wahrscheinlich als Dach der vorigen Schicht zu betrachten ist, hat *A. polyschides* geliefert.

[1]) 1855, Paléont. du Dép. de la Moselle.

Die Schichten Nr. 2 könnten auch noch die Zone des *A. Murchisonae* in sich bergen, und werden so ziemlich die Aequivalente des Oolite ferrugineuse de Mont-Saint-Martin von Chapuis bilden, während die Lage mit *Amm. Sowerbyi* jedenfalls die tiefsten Glieder des Calcair de Longwy, Calc. ferrugineux Chapuis, darstellen. Aus letzterer Schicht sind mir von Nancy bekannt:

Amm. Sowerbyi
" *cf. cycloides*
Alaria Lotharingica Schlumb.
" *Roubaleti* Schlumb.
" *rarispina* Schlumb.

Die übrige, sehr reiche Fauna wird von H. Schlumberger selbst eine Bearbeitung erfahren.

Weiter gegen West und Nordwest legt sich auf die eben angeführte Schichtenreihe ein weisser harter Kalk in mächtigen Bänken, welcher wohl die höheren Zonen des Unteroolithes vertreten wird.

Ueber das Dép. Haute-Marne ist die Literatur zu gering, als dass sich irgend etwas über Vorhandensein oder Mangel der Zone des *Amm. Sowerbyi* sagen liesse.

Yonne, Nièvre, Cher, Indre und **Vienne** Départements. Indem wir uns nach dem Südufer des Pariser Beckens wenden, treten wir wieder in das Gebiet des Calcair à Entroques, dessen mächtigste und petrefaktenreichste Entwicklung wir bereits im Dép. Saône-et-Loire kennen gelernt haben. Schon ein Theil des Jura im Dép. Côte-d'Or gehört dem Südufer des Pariser Beckens an, aber hier sowie im Dép. de l'Yonne sind die Forschungen über die einzelnen Abtheilungen des Unterooliths noch nicht sehr weit gediehen. Aus einem kurzen Aufsatz von Ebray[1]) erfährt man, dass in der Umgegend von Dijon der Unteroolith mit sandigen Kalken, die *Chondrites soparius* enthalten, beginnt und sich über diesen der Calcair à Entroques mit *Pecten articulatus* (?) und *Gryphaca sublobata* anschliesst. In der Sammlung der École des Mines in Paris sah ich auch einen *Amm. Sowerbyi* aus diesen Schichten von Sémur liegen, so dass sich die Vertretung der Zone durch dieselben als wahrscheinlich herausstellt. Aus Raulins[2]) Arbeit über das Dép. de l'Yonne lässt sich dagegen gar keine Ansicht über die hier in Betracht kommenden Lagen des Unteroolithes

[1]) 1861 Ebray: Stratigraphie du Système oolitique inférieur des Environ de Tournus et d'une partie du Dép. de la Côte d'Or (Bull. Soc. géol. de France XIX, p. 30.

[2]) 1858 Baulin: Statistique géologique du Dép. de l'Yonne, Paris 8°.

gewinnen; indess scheint es, dass die ganze Entwicklung dieser Etage im Yonne Dép. manches Uebereinstimmende mit der im Nièvre Dép. herrschenden hat, wo über Eisenoolithen mit *Amm. variabilis* und *Bel. irregularis* der Unteroolith mit hellen, festen Kalken beginnen soll, in denen Versteinerungen zu den Seltenheiten gehören, indess werden *Amm. Murchisonae*, *Amm. Humphriesianus* und *Gryphaea sublobata* daraus angeführt [1]).

Aus dem Dép. du Cher führt Ebray [2]) einige ganz instruktive Profile an, welche guten Aufschluss über die Entwicklung des mittleren Jura in diesem Département überhaupt, als auch über das wahrscheinliche Aequivalent der Zone des *A. Sowerbyi* insbesondere geben. Wenn man von Ignol über Nerondes nach Begny geht, kann man folgendes Profil beobachten, Schichtenfolge von unten nach oben:

1) Mergel des oberen Lias (Serpentinus-Schichten?).
2) Calcair à Entroques.
3) Mergel mit Eisenoolith-Körnchen und *A. Parkinsoni*, *Amm. Brogniarti*.
4) Mergelige Kalke mit *Amm. Parkinsoni*, nach oben Bank, von Bohrmuscheln zerfressen mit *Amm. polymorphus*.
5) Feste Kalke mit *Amm. arbustigerus* und *Collyrites bicordata*.
6) Mergel und Thone mit untergeordneten festeren Mergelbänken: *Terebr. digona*, *Mytilus Sowerbyanus*, *Pholadomya carinata* in der Oberregion des Complexes.
7) Thoniger Eisenoolith mit *Amm. macrocephalus* und *Amm. subdiscus* (?).
8) Bank gelblichen Kalkes mit *Amm. anceps*.
9) Spongitenkalke.

Es ist dies ein so schönes Profil des mittleren Jura, in dem fast keine Zone fehlt, dass ich mir nicht versagen konnte, es hieher zu setzen. Für meine speciellen Zwecke ist es indess zunächst nöthig, den Calcair à Entroques noch etwas näher ins Auge zu fassen. Ein gutes Profil dieser Schichtenabtheilung soll sich im Durchschnitte bei Gimouille (Cher.) zeigen. Dasselbe setzt sich zusammen von oben nach unten aus:

1) Mergel mit *Amm. Parkinsoni* (Schicht Nr. 3 des vorigen Profils).
2) Calc. à Entroques: Grauer Kalk mit verwitterten Knollen von Eisenocher: *Amm. Blagdeni*, *Amm. Brogniarti*, *Amm. Humphrie-*

[1]) 1858 Réunion extraordinaire à Nèvres: Bull. Soc. Géol. de France XV, p. 665.

[2]) 1861 Ebray: Stratigraphie du Système oolitique inférieure du Dép. du Cher (Bull. Soc. géol. de France XVIII, p. 501).

sianus, *Pholadomya fidicula*, *Galeropygus disculus*, Bryozon, Crinoideen-Glieder (10m).

3) Eigentlicher Calc. à Entroques, eisenschüssig mit *Bel. brevis*, *Pholadom. fidicula* und anderen Bivalven, Crinoideen-Glieder (2m).

4) Dünne mergelige Bänke mit *Belemnites tripartitus* (?), *Amm. opalinus* (?) (1m).

5) Bank harten, grauen Kalkes, ohne Crinoideen-Glieder: *Ostrea Knorri* (?), *Amm. opalinus*, *Bel. tripartitus*, *Astarte Voltzi* (0,40m).

6) Thon, etwas eisenschüssig, ohne Versteinerungen (6m).

7) Bank harten, grauen Kalkes mit *Amm. insignis*, *complanatus*, *Arca liasina*, *Bel. irregularis*. Eine von Lithodomen zerfressene Bank.

8) Blaue Thone (Serpentinus-Schichten).

Schicht Nr. 3, vielleicht auch die unteren Lagen der Schicht Nr. 2, werden die Zone des *Amm. Sowerbyi* darstellen, wenn auch die hier gegebenen paläontologischen Anhaltspunkte nur gering sind.

Im Dép. de l'Indre sind diese Schichten sandig mit vielen Kieselausscheidungen, aber noch diese Massen von Crinoideen-Gliedern einschliessend. D'Archiac[1]) citirt eine Reihe von Arten, welche auf eine Vertretung der Zone des *A. Sowerbyi* schliessen lassen. Durch die vielen Kieselconcretionen, welche sich in den Schichten des mittleren Jura im Indre Département finden, erinnert diese Abtheilung bereits sehr an die Entwicklung, wie sie im Dép. de la Vienne vorhanden ist. Die Schichten sind hier, wie es scheint, sehr kümmerlich ausgebildet, und scheinen sich auf einer Untiefe, welche das Pariser Becken vom Pyrenäischen Becken trennte, und die krystallinischen Gebilde des Centralplateaus mit jenen der Vendé verband, abgelagert zu haben.

Deux-Sèvres (nord-östlicher Theil), **Sarthe, Orne, Calvados** Départements. Es ist die Gegend von Thouars, welche im Dép. Deux-Sèvres dem Pariser Becken angehört. Die Eisenoolithe der Kelloway-Gruppe, welche im Dép. Maine-et-Loire bei Montreuil Bellay die prachtvollen Versteinerungen liefern, werden von sehr harten weissen Kalken unterlagert, unter denen sandige Bildungen mit Kieselausscheidungen folgen. Diese gehen nach unten in mergelige, schwach kieselhaltige, zu hydraulischen Kalk verwendete Bildungen über. Während die mittleren Lagen mit Kieselconcretionen *Ammonites Parkinsoni* geliefert haben, fand sich in der Unterregion *Gervillia Hartmanni*?, *Modiola plicata*, *Astarte excavata*, *Gryphaea sublobata*

[1]) 1856 d'Archiac: Hist. des progr. de la Géologie VI, p. 316.

Desh., *Ter. Kleini*[1]), *Ter. conglobata* und *Pect. personatus*. Zu unterst soll eine Bank mit *Chondrites scoparius*, *Amm. Murchisonae* und *Trigonia* liegen[2]). Diese tieferen Schichten vertreten die sog. Malière der Normandie, in der die Zonen des *A. Murchisonae* und *A. Sowerbyi* enthalten sind.

Ueber die Stellung der einzelnen Ablagerungen im Dép. der Sarthe herrscht noch grosse Meinungsverschiedenheit, indem man die Abtheilungen des Unterooliths von Gloucestershire dort wiederzuerkennen sich bemüht. Soweit sich die Sache aus der Literatur und nach im hiesigen paläontologischen Museum befindlichen Stücken beurtheilen lässt, scheint mir eine Schicht sandig mergeligen gelblichen Kalkes mit vielen Versteinerungen die Zone des *A. Murchisonae* und *A. Sowerbyi* zu vertreten, während die, über einer Bank weissen krystallinischen Kalkes mit *Phasianella Saemanni* folgenden gelblichen Kalke die Zonen des *A. Humphriesianus* und *Parkinsoni* darstellen werden. Die sandigen Schichten schliessen nach den mir bekannten Stücken folgende Arten ein; von Tennie stammen:

Amm. Sowerbyi Mill.
„ *Gingensis* n. sp.
Panopaea calceiformis Orb.
Pholadomya fidicula Sow.
„ *Wittlingeri* n. sp.
Gresslya latirostris Ag.
Ceromya Orbignyana Opp.
Pleuromya tenuistria Gdf.
Homomya sp.
Tancredia donaciformis Lyc.
Astarte excavata Sow.
Trig. striata Sow.
„ *tuberculata* Agass.
Lucina cf. plana Ziet.
„ *cf. Lorieri* Orb.
Isocardia cordata Buckm.
Cucullaea oblonga Sow.
Modiola plicata Sow.
Mytilus sp.
Lima pectiniformis
„ *cf. semicircularis*

[1]) 1856 Saemann: Note sur les relations géol. d'un nouv. gisment de Foss. à Montreuil-Bellay (Bull. Soc. géol. de France XIII, p. 654).

[2]) 1862 Dumortier: Bull. Soc. géol. de France XX, p. 113.

Lima sp. nov.
" *Helena* Orb.
Gervillia praelonga Lyc.
Pecten pumilus Lamk.
Gryphaea sublobata Desh.

Es ist unter all diesen Arten fast keine, welche nicht anderwärts schon in der Zone des A. *Sowerbyi* nachgewiesen worden wäre, während freilich viele von ihnen diese Zone mit der Zone des *A. Murchisonae* gemein hat. Von Conlie liegen ausserdem noch im hiesigen Museum *Amm. Murchisonae*, *Myacites jurassi* und ein Paar andere Arten [1]).

Im Dép. der Orne verschwinden nach Deslongchamps die unter den Humphriesianus-Schichten folgenden Ablagerungen des Unterooliths fast vollständig, so dass man nicht einmal mehr die Zone des *A. Murchisonae*, welche im Calvados wieder eine ziemliche Mächtigkeit erreicht, zu erkennen im Stande ist.

Erst im Arrondissement von Falaise (Dép. Calvados) lässt sich die Zone des *A. Murchisonae* wieder mit Sicherheit nachweisen [2]), von der Zone des *A. Sowerbyi* ist aber auch hier noch keine Rede. Dieselbe wurde überhaupt im Dép. du Calvados noch nicht als gesonderte Schicht unterschieden, da sie auch wirklich, wenn man nur die gerade in diesem Département herrschenden localen Verhältnisse berücksichtigt, hier kaum den Namen einer besonderen Schicht verdient. Dennoch haben die Arten der Zone ein für sich abgeschlossenes und sehr bestimmtes Lager, indem sie die obersten, ein Paar Zoll mächtigen Lagen der sog. Malière einnehmen. Ich hatte diess zu beobachten bei Bayeux mehrfach Gelegenheit. Wenn man die Sache einmal erkannt hat, so lässt sich die Schicht auch meist ziemlich leicht auffinden. Dort, wo die Malière als grauer oder grünlicher mergeliger Kalk entwickelt ist, bildet das Dach derselben eine kaum 2 Zoll mächtige Lage von Petrefakten, von Gestein kann man hier kaum sprechen, deren Unterseite von einer dünnen Haut intensiv lauchgrün gefärbten Thones überzogen ist, während sich in die Oberseite bereits die Eisenocher-Knollen der tiefsten Schichten des Oolite ferrugineuse einpressen. Die Vor-

[1]) Im Uebrigen siehe: 1854 Hébert: Note sur le terr. jur. du bord occidental du Bassin parisien (Bull. Soc. géol. de France XII, p. 83).

1854 Saemann: Sur l'age de la Couche jurass. de la Jonneliere (Bull. Soc. géol. de France XI, p. 261).

1854 Triger: Bull. Soc. géol. de France XII, p. 78.

[2]) Vergl. 1864 E. Deslongchamps: Etudes sur les Etages jurassiques inférieurs de la Normandie.

kommnisse dieser Lage erhalten dadurch ein äusserst charakteristisches Aussehen: die eine Seite ist meist vortrefflich erhalten, mit grossen intensiv grünen Flecken bedeckt, während die andere Seite gewöhnlich die Spuren der Eisenknollen an sich trägt. Die Region der Eisenocher-Knollen stellt die Zone des *A. Sauzei* dar, während erst mit dem Auftreten des eigentlichen Eisenoolithes die Zone des *A. Humphriesianus* ihren Anfang nimmt.

Die Arten, welche diese dünne, die Zone des *A. Sowerbyi* vertretende Lage mir geliefert hat, sind nicht sehr zahlreich, obwohl die Fauna im Ganzen, nach dem was ich in Paris aus diesen Schichten liegen sah, reich an Formen ist. Ich erhielt daraus:

Amm. Sowerbyi Mill.
„ *patella* n. sp.
„ *cf. subradiatus* Sow.
Belemn. cf. canaliculatus Schl.
Pleurotomaria sp.
Goniomya Duboisi Ag.

Die Malière, welche darunter folgt, ist eine ziemlich mächtige Bildung mit *Amm. Murchisonae*, *Amm. Sieboldi* und der schon oben (Einleitung) angegebenen Fauna. Bei Evrecy liegen diese Schichten unmittelbar auf den Radians-Mergeln (Couche à Amm. primordialis Desl.), welche den gleichen Schichten Schwabens hier sehr ähnlich sehen. Was Deslongchamps als *Amm. primordialis* von hier erwähnt, ist eine Varietät des *Amm. Aalensis.*

Dorsetshire und **Somersetshire.** Der Unteroolith von Dorsetshire ist in seiner ganzen Entwickelung der gleichen Ablagerung von der Normandie so ähnlich, dass ich nicht umhin kann, denselben gleich hier anzuschliessen, und das nordenglische Meeresbecken erst mit den Ablagerungen in Gloucestershire zu beginnen.

An den Küsten-Durchschnitten bei Bridport hat bereits Oppel einige der tieferen Zonen des Unterooliths: Opalinus- und Murchisonae-Schichten nachgewiesen [1]). Mir war es leider nicht möglich, ebenfalls das Profil an den Cliffs bei Burton-Bradstock durchzuklopfen, da weitere Abstürzungen des Marly-Sandstone dasselbe unzugänglich gemacht haben. Dagegen hatte ich Gelegenheit, bei Symondsbury die unteren Lagen des Unteroolithes genauer zu beobachten. Wenn man vom Dorfe aus zu den Brüchen, in denen ein Kalkofen erbaut ist, hinaufsteigt, findet man zu beiden Seiten

[1]) Oppel: Juraformation p. 325.

des Weges die oberen Schichten des Marly-Sandstone ziemlich reich an Versteinerungen aufgeschlossen. Ich sammelte dort in Lagen kalkiger Knollen, welche die Sandsteine durchziehen: *Bel. tripartitus, Amm. radians, Amm. Aalensis*, *Amm. costula*, *Amm. insignis*, mehrere Exemplare einer nicht näher bestimmten Gresslya und einige Brachiopoden. Etwas höher lieferte mir eine harte Kalkbank *Amm. opalinus*, während darüber mit dem ersten Auftreten von Eisenoolithen *Amm. Murchisonae* sich in Menge einstellt. Ausserdem fand ich hier noch *Tancredia donaciformis* und *Astarte cf. Aalensis.* Diese Schichten mögen etwa 6′ Mächtigkeit besitzen, sind aber nicht sehr reich an Eisen, erst die sich sodann anschliesende Zone des Amm. Sowerbyi besteht aus einer Bank ausserordentlich eisenschüssigen oolithischen Kalkes, aus dem ich

Amm. Sowerbyi Mill.
„ *patella* n. sp.
Bel. Gingensis Opp.
„ *cf. canaliculatus* Schl.
Myoconcha cf. crassa Sow.
Gryphaea sublobata Desh.

erhielt. Für die Zone des *A. Sauzei* konnte ich kein sicheres Aequivalent auffinden, obwohl *Amm. Humphriesianus* erst eine Bank höher zu folgen scheint.

Von Yeovil (Somersetshire) erhielt ich von Herrn Damon eine Reihe von Ammoniten, unter denen ich

Amm. Sowerbyi Mill.
„ *adicrus* n. sp.
„ *Mayeri* n. sp.

zu unterscheiden im Stande bin.

Dundry endlich ist eine schon seit lange berühmte Fundgrube für Arten aus der Zone des *Amm. Sowerbyi.* Die meisten der Sowerby'schen Originale, welche solchen Arten zu Grunde liegen, stammen von dort. Im Allgemeinen findet man dort:

Amm. Sowerbyi Mill.
Cirrhus nodosus Sow.
Pleurotomaria fasciata Sow.
Astarte excavata Sow.
Cucullaea oblonga Sow.
Pecten barbatus Sow.
„ *dentatus* Sow.
Thamnastraea Defranciana Mich. sp.

Isastr. tenuistria M'Coy sp.
Thecosm. gregaria M'Coy sp.
Anabacia orbulites Lamk. sp.

Das Pariser Becken bietet manche Schwierigkeiten in der Behandlung des hier vorliegenden Stoffes, da es nur wenige Localitäten sind, welche die Zone des *Ammonites Sowerbyi* deutlich von höher oder tiefer liegenden Schichten abgetrennt, erkennen lassen. Dass die Zone auch im Pariser Becken für sich selbständig besteht, beweisen die wenigen Punkte, wo genauere Untersuchungen angestellt wurden, oder die ich selbst zu besuchen Gelegenheit hatte. Die vorzüglichste Eigenthümlichkeit des Pariser Beckens ist aber die, dass hier die ächt unteroolithischen Formen, Arten aus der Gruppe des *Bel. giganteus* und *Bel. canaliculatus*, Terebrateln nahe verwandt mit *Ter. globata* und *carinata* und viele Typen der Pelecypoden bereits weit früher beginnen, als dies im Allgemeinen in den bis jetzt behandelten Becken der Fall war, wodurch namentlich bei der geringen Mächtigkeit der hieher gehörigen Gesteine, die Abtrennung und Unterscheidung der Zone des *A. Sowerbyi* bedeutend erschwert wird, denn besonders das süddeutsche Becken charakterisirt sich dadurch, dass hier zugleich mit *Amm. Sowerbyi* zum ersten Male die ausgeprägt unteroolithischen Typen in grösserer Menge auftreten.

VI. Nordenglisches Meeresbecken.

Dieses Meeresbecken ist geographisch nicht scharf von dem Pariser Becken geschieden, und bildet eigentlich nur eine grosse Bucht des letzteren, ungefähr wie das adriatische Meer vom Mittelmeere abhängt. Es ist schwer, dies nach der Vertheilung und den Grenzen der älteren Gebirge festzustellen, da das Thal der Nordsee, so wie die Schuttmassen am Nordrande des Continents eine direkte Beobachtung unmöglich machen, doch scheinen mir die im Unteroolith von Yorkshire aufgehäuften Pflanzenreste auf eine Bildung in einem tief eingeschnittenen Busen hinzudeuten, ähnlich wie dies bei den Keuperpflanzen in Franken der Fall ist.

Mit den höchst eigenthümlichen Bildungen in Gloucestershire und den nördlich davon gelegenen Grafschaften von Northhampton und Lincoln beginne ich dieses neue Meeresbecken. Soweit man die englische Literatur benützen kann, scheint aus derselben mit Bestimmtheit hervorzugehen, dass das mittlere und nördliche England zufolge der mächtigen Entwicklung der betreffenden Schichten für die Untersuchung der Zone des *Amm. Sowerbyi* günstiger sich gestaltet, als dies im südlichen England der Fall ist.

Während in der Gegend von Bridport und Yeovil, sowie auch noch bei Dundry der ganze Unteroolith auf wenige Fuss Mächtigkeit zusammengedrängt ist, entfaltet er sich in Gloucestershire bis Yorkshire zu einem bedeutenden Schichtencomplex, der oft 100′ Mächtigkeit übersteigt. Leider wird es einem Deutschen sehr schwer, sich in der englischen Literatur mit der gehörigen Sicherheit zurecht zu finden, indem die Methode der Forschung bei den Engländern eine von der der Deutschen gänzlich verschiedene ist. Während letztere die Grenze einer Fauna, d. i. den verticalen Verbreitungsbezirk der einzelnen Arten zu ermitteln, und darnach die Trennungslinien zwischen ihren einzelnen Unterabtheilungen zu ziehen suchen, fassen erstere petrographisch gleichartige oder ähnliche, einander unmittelbar berührende oder doch nicht sonderlich scharf von einander getrennte Gesteinslager zu Unterabtheilungen zusammen, und sehen dann nach, was für Fossile sich in diesen vorausbestimmten Abtheilungen finden. Da nun aber die Grenzen der Faunen häufig nicht mit jenen Grenzen, welche durch den Wechsel der Gesteinsbeschaffenheit bedingt werden, zusammenfallen, so erklärt sich daraus die wunderbare Vermischung der auf dem Continente sonst scharf geschiedenen Faunen, welche, zufolge der englischen Schriften, in England scheinbar allenthalben sich einstellt. Einige der mit grosser Sorgfalt aufgenommenen Profile von Wright[1]) machen hierin eine Ausnahme.

Nach ihm kann man am Leckhampton Hill bei Cheltenham von oben nach unten folgende Schichtenreihe beobachten:

1) Upper Trigonia grit: Ein brauner, rauhsandiger Kalk mit vielen Versteinerungen, besonders: *Trigonia costata, signata, Rh. spinosa, Amm. Parkinsoni, Clypeus Plotii* (7 Fuss).
2) Gryphaea grit: Eine alte Austernbank, beinahe ausschliesslich aus den Salen der *Gryph. sublobata* bestehend, ausserdem *Pholadom. Héraulti*, *Terebr. Meriani* (8 Fuss).
3) Lower Trigonia grit: Ein hellgefärbter, dünn geschichteter, oolithischer Sandkalk, eine grosse Menge von Conchiferen nebst einigen Echinodermen und Korallen einschliessend.
4) Upper flaggy bastard Freestone: Er steht deutlich über der nächsten Schicht an und ist 26′ dick. Nach Wright soll er die Zone des *A. Humphriesianus* vertreten, was mir indess sehr unwahrscheinlich ist. Ihm fehlen Versteinerungen gänzlich.

[1]) 1859 Wright: On the subdivisions of the Inf. Ool. in the South of England, compared with the equivalent beds of that Formation on the Yorkshire-Coast (Quart. Journ. Geol. Soc. of London 1859 p. 1 u. f.).

5) Oolite Marl oder Fimbria bed: Ein graugelblicher Mergel, nicht unähnlich Chalk-Marl. Das häufigste Fossil ist *Terebratula fimbria*, ausserdem kommen vor *Lucina Wrighti*, *Lima cordiformis*, *Lima Pontonis* Lyc., *Natica Leckhamptonensis*, *N. adducta*, *Myt. pectinatus*, *Astarte elegans* und Massen von Korallen, namentlich *Thamn. Mettensis* (7′).

6) Freestone: Ein fester, hellgefärbter, oolithischer Kalkstein, dessen höchste Lagen als vorzügliche Bausteine ausgebrochen werden. Die mittleren Lagen sind weniger gut und von Eisenocherflecken durchzogen. In der Unterregion finden sich grosskörnige Oolithe und diese heissen „Roestone". Das Ganze ist mehr als 110′ mächtig.

7) Pea grit: Grobkörnige, theilweise sandige Oolithe mit vielen Versteinerungen und *A. Murchisonae*, 42′ mächtig.

Pea-grit und Freestone stellen mit ziemlicher Sicherheit die Zone des *A. Murchisonae* dar. Wohin man den Fimbria-Marl rechnen solle, ist ungewiss, ebenso unsicher ist die Stellung des Upper Freestone; dass aber der Lower Trigonia grit die Zone des *A. Sowerbyi* vertrete, scheint aus den Petrefaktenlisten dieser Bildung hervorzugehen. Wright führt daraus von Ravensgate Hill an:

Belemn. giganteus Schloth.
„ *abbreviatus* Mill.
Amm. laeviusculus Sow.
„ *Sowerbyi* Mill.
Natica adducta Phill.
Monodonta laevigata Sow.
Pleurotomaria fasciata Sow.
Trochotoma carinata Lyc.
Trig. costata Park.
„ *formosa* Lyc. = *Tr. striata* Gdf. 137. 2.
Pholadom. fidicula Sow.
„ *Heraulti* Ag.
„ *media* Ag.
„ *ovulum* Ag.
Homom. crassiuscula Lyc.
Myopsis dilatata Phill.
Cerom. pinguis Ag.
Pleurom. elongata Ag.
„ *tenuistria* Ag.

Gresslya latirostris Ag.
„ *abducta* Phill.
„ *conformis* Ag.
Cerom. Bajociana Orb.
Trichites undulatus Lyc.
Gerv. Hartmanni Gdf.
„ *tortuosa* Desl.
Quenstedtia oblita Phill.
Cardium striatulum Phill.
„ *laevigatum* Lyc.
Corbicella tumida Lyc.
Unicard. depressum Phill.
Astarte elegans Sow.
„ *excavata* Sow.
Opis cordiformis Lyc.
Tancr. donaciformis Lyc.
Macr. Hirsonensis Arch.
Cucull. oblonga Sow.
Av. digitata Desl.
Cypricard. cordiformis Desh.
Isocard. cordata Buckm.
Pinna cuneata Phill.
„ *ampla* Sow.
Mod. plicata Sow.
„ *bipartita* Sow.
„ *gibbosa* Sow.
„ *imbricata* Sow.
Lima compressa Wright n. sp.
„ *sulcata* Mnst.
Ter. impressa Dav.
„ *Wrighti* Dav.
Rh. concinna Sow.
„ *spinosa* Sow.
Hybocl. caudatus Wr.
Clypeus Hugii Ag.
Thecosm. gregaria M'Coy sp.
Isastr. tenuistria M'Coy sp.
Thamn. Defrancii Michelin sp.
„ *Terquemi* M. Edw.

Anabacia orbulites Lamk. sp.
Latomeandr. Davidsoni M. Edw.

Manche dieser Bestimmungen sind sicher noch bis zu einem gewissen Grade zu berichtigen, indem gewiss durch manche dieser Namen nur die nahe Verwandtschaft solcher Formen zu den bezeichneten Arten angedeutet werden sollte.

Eine ähnliche Liste findet sich in dem Wright'schen Aufsatz für Rodborough-Hill; auch hier ist von Ammoniten allein *Amm. Sowerbyi* citirt.

Der Gryphaea-grit lässt sich nach den bisher in ihm entdeckten Fossilresten nicht sicher einreihen, doch gehört er wahrscheinlich auch noch in die Zone des *A. Sowerbyi*, während der Upper Trigonia Grit die Zone des *A. Parkinsoni* und wahrscheinlich auch noch die Zonen des *A. Humphriesianus* und *A. Sauzei* vertritt. — Die Schichten von Rolling-Bank-Quarry, Cave-Hill, North End, aus welchen Wright *Amm. Humphriesianus, Gervilli, Brocchi* und *Braikenridgi* anführt, scheinen mir eher die Stellvertreter eines Theiles des Upper Trigonia Grit als des Upper Freestone, wie Wright will, zu sein, da sonst bei Cheltenham *A. Sowerbyi* höher als *A. Humphriesianus* und *A. Gervilli* liegen müsste.

In Yorkshire lassen sich für die Vertretung der Zone des *A. Sowerbyi* keine paläontologischen, wohl aber stratigraphische Anhaltspunkte finden. Die Zone des *A. Murchisonae* ist hier sehr deutlich und petrefaktenreich ausgebildet, wie ich bereits in der Einleitung angedeutet habe. Darüber folgen Sandsteine und Schiefer mit Pflanzenresten, während das Dach derselben, wie Oppel nachgewiesen hat[1]), von der Zone des *A. Humphriesianus* gebildet wird. Die pflanzenführenden Schichten wurden also in jenem Zeitabschnitte abgelagert, in dem sich anderwärts die Zonen des *A. Sowerbyi* und *A. Sauzei* niederschlugen. Wir lernen so durch die Bildungen von Yorkshire auch die Flora noch kennen, welche damals den nördlichen Theil Europas bekleidete.

Phillips citirt, als für diese Bildung eigenthümlich:

Equisetum laterale Phill.
Thuites cf. expansus Sternbg.
Sphenopteris muscoides Phill.
„ *stipata* Phill.
„ ? *lanceolata* Phill.
Neuropteris laevigata Phill.

[1]) Oppel: Juraformation p. 339 und 340.

Pecopteris curtata Phill.
Cycadites latifolius Phill.
„ *gramineus* Phill.
„ *lanceolatus* Phill.
„ *cf. Pectenoides* Sternbg.
Flabellaria ? viminea Phill.

Wenn auch bis jetzt nur wenig Specielleres über die Entwickelung des Jura von Gloucestershire bis Yorkshire bekannt ist, so scheint doch zufolge des oben Angeführten dieser Theil des englischen Jura hinlänglich eigenthümlich, um als aus einem besonderen Becken abgesetzt betrachtet werden zu können.

VII. Norddeutsches Meeresbecken.

Das Meeresbecken, zu dessen Betrachtung ich nun schliesslich noch schreite, hat mancherlei Schicksale erfahren, und verdankt diesem Umstande die höchst eigenthümliche Entwickelung seiner Schichten. Zur Zeit des Lias grösstentheils noch vom Süddeutschen Meeresbecken abhängig, mit dem es in der Richtung über Eisenach und Gotha zusammen hing, trennte es sich von demselben zur Zeit der Ablagerung der ältesten Schichten des Unterooliths, indem sich die Meerenge, durch welche es früher mit dem Süddeutschen Becken communicirte, schloss.

Von da an aufwärts tragen nun die norddeutschen Juraschichten ein höchst charakteristisches und eigenthümliches Gepräge, ungeheure Thonmassen wurden aufgehäuft, bis endlich zu Anfang der Oxford-Gruppe das englische Becken einen Einfluss geltend machte, und sich nun die Schichten in ihrem Typus einigermassen den dort vorhandenen Bildungen anschlossen.

Wir haben es hier, wie schon angedeutet, hauptsächlich mit Thonbildungen zu thun, welche, in stets sich gleich bleibender Facies vom oberen Lias bis in die Kelloway-Gruppe reichen. Es ist desshalb auch eine in diesem Becken nicht sehr selten vorkommende Erscheinung, dass einzelne organische Formen einen grösseren verticalen Verbreitungsbezirk aufzuweisen haben, als dies irgendwo sonst der Fall ist. Ich erinnere nur an *Bel. similis* Seebach, welcher die Form des *Bel. irregularis*, an *A. insignisimilis* Brauns, welcher die Form des ächten *A. insignis* noch in der Zone der *Trig. navis* wiederholen. Beide Formen wurden bis jetzt noch aus keinem der anderen Meeresbecken bekannt. So hängt auch die Zone des *Amm. Sowerbyi* aufs innigste zusammen mit den vorhergehenden Schichten.

Die Sowerbyi-Schichten sind namentlich sehr gut aufgeschlossen 'worden durch einen Bergbau, welcher bei Dohnsen (Hilsmulde, Südwestrand) auf die Eisensteins-Geoden, die die Schichten führen, früher betrieben wurde. Noch sind die Halden kein schlechter Fundort, doch erhielt ich bei meinem Besuche dieser Stelle nur die gewöhnlichsten Vorkommnisse. Dennoch bin ich in den Stand gesetzt, eine ziemlich vollständige Liste der dort vorkommenden Arten zu liefern, da mir Herr Dr. U. Schloenbach in Salzgitter, Herr Forstmeister v. Unger in Seesen sowie Herr v. Strombeck in Braunschweig in zuvorkommenster Weise die in ihren Sammlungen liegenden Stücke zur Bestimmung zusandten.

Das Profil des braunen Jura bei Dohnsen ist nicht sehr deutlich. Die Murchisonae-Zone ist zwar vorhanden und aufgeschlossen, theils in einem Bachriss hinter dem Dorfe, theils in einem nun aufgelassenen Stollen nördlich vom Dorfe[1]), doch ist die vorhandene Fauna sehr arm und die einzelnen Formen wenig bezeichnend. Auf Seite 518 (12) habe ich bereits eine Liste davon gegeben. Etwas höher liegt ebenfalls in Thonen mit Eisensteinsknollen die Zone des A. Sowerbyi. Das bezeichnendste Petrefakt ist jedenfalls *Inoceramus polyplocus;* es kommt indess noch vieles Andere vor, und ich kenne von dort:

Belemn. Gingensis Opp.[2])
„ *Trautscholdi* Opp.
Amm. discites n. sp.
„ *jugifer* n. sp.
„ *Gingensis* n. sp.
„ *cf. Murchisonae* Sow.
Pholadom. Greenensis Brauns
Goinom. Duboisi Ag.
Pleuromya exarata Brauns
Cucullaea oblonga Sow.
Modiola sp. ind.
Avicula Hersilia Orb.
Inoceramus polyplocus F. Roem.
Pecten cf. disciformis Schübl.

Eine reichlichere Ausbeute lieferten die Bahnbauten an der Kreiensen-Holzmindener Bahn, wo die Zone des *A. Sowerbyi* sehr reich an organischen Resten in der Nähe von Wenzen, am sogen. Steinanger, durch einen Bahneinschnitt herrlich aufgeschlossen wurde. Mein Freund Schloen-

[1]) Siehe Schloenbach: Zeitschr. d. deutsch. geolog. Ges. 1865, p. 21.
[2]) Nach Seebach: Hann. Jura p. 158; ich selbst sah die Art nicht von dort.

bach schickte mir alle Vorkommnisse zu, welche er bei mehreren Besuchen dieser Stelle während des Bahnbaues erhalten hatte. Darunter fanden sich folgende Arten:

Belemn. giganteus Schl.
" *Trautscholdi* Opp.
Ammonites adicrus n. sp.
" *Gingensis* n. sp.
" *cycloides* Orbigny
" *discites* n. sp.
" *jugifer* n. sp.
" *Sowerbyi* Mill.
Acteonina variabilis Brauns
" *cf. Sedgevici* Phill. sp.
Pholadomya transversa Seebach
" *Greenensis* Brauns
Gresslya gregaria Roem. sp.
Pleuromya exarata Brauns
Leda cf. Deslongchampsi Opp.
" *cf. Delila* Orb.
Nucula cf. Hammeri Defr.
" *cf. subglobosa* Roem.
Tancredia sp.
Quenstedtia oblita Morr. & Lyc.
Corbula cucullaeformis Dunk.
Trigonia cf. costata Park.
" *tuberculata* Ag.
Lucina paradoxa n. sp.
Cucullaea Lycetti Opp.
" *oblonga* Sow.
Macrodon sp.
Inoceramus polyplocus F. Roem.
Gervillia praelonga Lyc.

Nach diesen Vorkommnissen ist es unzweifelhaft, dass die Thone mit *Inoceramus polyplocus* die Zone des *A. Sowerbyi* darstellen. Die Fauna besitzt indess manches Eigenthümliche, was in anderen Meeresbecken diesen Schichten fehlt.

Ausser diesen Arten führt Brauns noch aus den Schichten des *Inoceramus polyplocus* vom Wenzener Steinanger an:

Bel. brevis
Cerith. variculosum Desl.
„ *vetustum* Phill.
Turbo elaboratus Bean.
Venus tenuis Dunk.
Unicard. depressum Phill.
Trig. striata Sow.
Pect. pumilus Lam.
„ *Lens* Sow.

Die Zone des *A. Sowerbyi* ist in Norddeutschland sehr verbreitet, und man findet sie fast überall, wo die Schichten einigermassen gut aufgeschlossen sind. Sie ist bekannt von Osnabrück und Hessisch-Oldendorf (Weserkette), Dohnsen und Wenzen am Hils, Ocker bei Harzburg (Nordrand des Harzes) und bei klein Schöppenstedt in der Nähe von Braunschweig: überall besteht sie aus schwarzen petrefaktenarmen Thonen, in denen Knollen von Thoneisenstein, von Schwefelkiesadern durchzogen, Massen von Versteinerungen, namentlich *Inoceramus polyplocus* einschliessen.

Die Zone wird von den Schichten des *A. Sauzei*, welche hier in ausgezeichneter Deutlichkeit entwickelt ist, bedeckt. Auch letztere besteht aus schwarzem Thon, in welchen aber die Petrefakten ausgezeichnet verkiest, eingebettet sind. Einer der Hauptfundorte für Arten aus der Zone des *Amm. Sauzei* ist die Halde eines aufgelassenen Stollens bei Dohnsen, der sich etwas höher findet als jener, der die Sowerbyi-Schichten in Angriff genommen hat. In meiner, so wie in der Sammlung meines Freundes Schloenbach liegen von dort:

Bel. Giganteus Schloth.
„ *Escheri* Mayer m. s.
Amm. Sauzei Orb.
„ *polyschides* n. sp.
„ *cycloides* Orb. [1])
„ *cf. Truellei* Orb.
„ *facogigas* Quenst.
Gresslya gregaria Roem.

[1]) Es kommen ganz kleine Ammoniten auch hier vor, welche, 8—9^{mm} im Durchmesser haltend, auf den Seiten der breit gedrückten Windungen kleine Knötchen tragen, und dadurch an *A. Sowerbyi* erinnern. Die neben dem Kiel sich findenden Furchen sprechen indess dafür, dass sie Jugendformen von *A. cycloides* seien, oder wenigstens nicht zum ächten *A. Sowerbyi* gezählt werden dürfen.

Thracia lata Gdf. sp.
Leda sp. ind.
Lucina paradoxa n. sp.
Tancredia sp.
Modiola cf. cuneata Sow.
Cucullaea
Perna isognomonoides Stahl sp.
Pecten Saturnus Orb.
Ostrea explanata Gdf.
Placunopsis sp.
Hemith. spinosa Schloth sp.
Rhabdocid. Anglo-Suevica Opp.
Pentacr. cristagalli Quenst.

und einige andere Arten. Es reichen diese wenigen angeführten Namen hin, um zu zeigen, dass hier bereits eine andere, von der tieferen grösstentheils verschiedene Fauna Platz greift.

Die fossilen Arten der Zone des Ammonites Sowerbyi.

1. Ichthyosaurus sp.

Zone des *Amm. Sowerbyi* von Gingen (Württemberg) ein Zahn, Zahn und Knochenfragmente vom Hetzlasberg bei Erlangen aus der gleichen Schicht.

2. Sphenodus sp.

Zone des *Amm. Sowerbyi* von Gingen (Württemberg). In exotischen Blöcken zusammen mit *A. Sowerbyi* im Flysch des Sihlthales (Schweizer Alpen).

3. Strophodus sp.

1861. Ferry: Memm. sur le gr. ool. inf. de Macon p. 9.

Zone des *Amm. Sowerbyi* von Macon (Saône-et-Loire).

4. Cythereis Suevica Waagen n. sp.

Tab. 34 (11), f. 2.

Sehr zierliche kleine Ostracoden-Schalen, welche man beim Schlämmen der Thone aus der Zone des *A. Sowerbyi* findet, gehören zweien Arten an, und sind bis jetzt die einzigen mir bekannten Vertreter der Crustaceen in der Zone.

Die vorliegende Art besitzt ein Gehäuse von, im Ganzen mehr oder weniger deutlich elliptischem Umrisse mit ziemlich gewölbten, langsam gegen den Bauch- weit rascher, ja nicht selten ganz schroff gegen den Rückenrand abfallenden Seiten. An der Innenseite der linken Schale eine tiefe Rinne zur Aufnahme einer Schlossleiste, die meist an ihren Enden etwas zahnartig verdickt ist. Vorder- und Hinterrand abgeflacht, auf der Innenseite fein radial gestreift, ersterer nach aussen verengt und etwas hinaufgezogen, letzterer gerundet. Die Oberfläche der Schale mit ziemlich grossen Gruben bedeckt, deren erhabene Ränder derselben eine netzartige Zeichnung verleihen. Sie findet sich bei Gingen (Württemberg) und Pommer am Hetzlas (Franken).

5. **Bairdia Gingensis** Waagen n. sp.

T. 34 (11), f. 1.

Ziemlich grosse Art von gerundet vierseitigem Umrisse mit wenig gewölbten, ziemlich rasch und gleichmässig gerundet gegen die Ränder abfallenden Seiten, geradem oder etwas eingebogenem Rücken-, gewölbtem Bauchrande. Der Innenrand einfach ohne Innenausbreitung. Nicht sehr selten in der Zone des *A. Sowerbyi* von Gingen (Württemberg).

6. **Serpula socialis** Goldfuss.

1833. *Serp. socialis* Goldfuss Petref. Germ. I, p. 235, tb. 69, f. 12 a. b. c.

Häufig in der Zone des *Amm. Sowerbyi* bei Pommer (Franken), Gingen (Württemberg), Schambelen (Canton Aargau), Flacé u. Milly bei Macon. Geht auch höher.

7. **Serpula flaccida** Goldfuss.

1833. *Serp. flaccida* Gdf. Petref. Germ. I, p. 234, tb. 69, f. 7.

Ueberaus häufig in der Zone des *Amm. Sowerbyi* von Gingen.

8. **Serpula filaria** Goldfuss.

1833. *Serp. filaria* Gdf. Petref. Germ. I, p. 235, tb. 69, f. 11.

Zone des *Amm. Sowerbyi* von Gräfenberg (Franken), Gingen (Württemberg) und Flacé bei Macon (Saône-et-Loire).

9. **Serpula grandis** Goldfuss.

1833. *Serp. grandis* Gdf. Petref. Germ. I, p. 227, tb. 67, f. 11 a. b.

Ziemlich häufig in der Zone des *A. Sowerbyi* von Pommer (Hetzlas), Gingen (Württemberg). Geht auch höher.

10. **Serpula plicatilis** Münster.

1833. *Serp. plicatilis* Mnst. in Gdf. Petref. Germ. p. 229, tb. 68, f. 1!.

Zone des *Amm. Sowerbyi* von Gräfenberg (Franken).

11. **Belemnites praecursor** Mayer.

1863. *Bel. praecursor* C. Mayer: Liste des Bel. Sep. p. 11.

Nach einer freundlichen Mittheilung Herrn Mayers setzt dieser Belemnit in der Schweiz ziemlich häufig in die Zone des *A. Sowerbyi* hinauf fort. Bei Gingen fehlt er.

12. Belemnites giganteus Schlotheim.

1813. *Bel. giganteus* Schl. in Leonh. Taschenb. VII, p. 70.
1820. — — — Petrefaktenk. I, p. 45.
1823. — *ellipticus* Mill. Geol. tr. II
und sonst noch viele Synonyme.

Diese Art tritt in der Zone des *A. Sowerbyi* zum ersten Male auf und ist hier gewöhnlich noch ziemlich selten. Mir liegen zwei Exemplare von Gingen vor, welche sogleich die beiden Hauptvarietäten vertreten. Der eine dick und kurz stellt die Form des *giganteus ventricosus*, die andere sehr gestreckt mit tiefen, weit heraufreichenden Droso-lateral-Furchen die des *giganteus procerus* dar. Ausser von Gingen kenne ich ihn aus der Zone des *A. Sowerbyi* von Pommer (Franken), Macon (Dép. Saône-et-Loire), Salins (Dép. Jura), ? Les Rangiers (Canton Bern), Ravensgate Hill bei Cheltenham (Gloucestershire), Wentzen am Hils (Braunschweig).

13. Belemnites Trautscholdi Oppel.

Tab. 24 (I), f. 1 a. b.

1858. *Bel. sp.* F. Roemer: Die jurassische Weserkette; Zeitschr. d. deutschen geolog. Ges. Jahrg. 1857, p. 626.
1862. *Bel. Trautscholdi* Oppel: Paläont. Mitth. p. 126.
1864. — *giganteus* Seebach: Hannoverscher Jura p. 34 und 35.

Bel. Trautscholdi wurde vielfach, namentlich in Norddeutschland, mit *Bel. giganteus* verwechselt, da er nahezu ebenso bedeutende Dimensionen erreicht, als letztere Art. Indess hat Quenstedt bereits 1859 mit merkwürdigem Takt die richtige Stellung dieses Belemniten herausgefunden, an einem Exemplare, das Herr Kammerrath von Strombeck damals an ihn sandte, und das nun auch mir mit grosser Liebenswürdigkeit zur Verfügung gestellt wurde. Quenstedt bemerkte damals auf der Etiquette: „Die Entwicklung der Alveole spricht mehr für *Bel. spinatus*, auf jeden Fall hat er seine Verwandten eher im untern als im obern Braunen."

Das Strombeck'sche Exemplar ist das grösste mir bekannte; es misst, trotzdem die Spitze abgebrochen ist, $0^m,22$ in der Länge, und sein Durchmesser beträgt im untern Theile der Alveole $0^m,03$. Es stammt aus dem Eisensteinsbergbau bei Dohnsen. Die allgemeine Form der Art gibt die Figur auf tab. 24 gut wieder. Sie ist leicht zu erkennen an dem scharfen Unterende, das schon die frühesten Jugendzustände charakterisirt, dann aber auch an der Impression oder der Furche, welche mitten auf der Bauchseite auftritt, ohne sich an das Ober- oder Unterende fortzusetzen; dieselbe ist bei manchen Exemplaren wie mit dem Messer tief in den Körper der Scheide eingeschnitten.

Ziemlich selten in Franken (Weismain und Hetzlas bei Erlangen), häufiger bei Gingen, in grossen Mengen in der Zone des *A. Sowerbyi* im norddeutschen Jura (Dohnsen, Wentzen).

14. Belemnites infracanaliculatus Quenstedt.

1858. *Bel. infracanaliculatus* Quenst.: Jura p. 484, tb. 65, f. 1.
1863. — — C. Mayer: Liste des Belemnites; Journ. de Conch. Sep. p. 6.

Eine sehr seltene Art, welche mir bis jetzt nur in einigen Exemplaren von Gosheim (Württemberg) und in einem Exemplare von Les Rangiers (Canton Bern) bekannt ist.

15. Belemnites Blainvillei Deshayes.

1830. *Bel. Blainvillei* Desh.: Encycl. meth. II, p. 128.
1830. — — Voltz: Obs. sur les Bel. p. 317, tb. 1, f. 9.

Diese Art ist mir bisher nur aus dem Helvetischen Meeresbecken bekannt von den Schambelen bei Baden (Canton Aargau), La Roche-Pourrie bei Salins (Jura) und in exotischen Blöcken im Sihlthal (Schweizer Alpen).

16. Belemnites Berthaudi Ferry.

1861. *Bel. Berthaudi* Ferry: Note sur l'Etage baj. des Env. de Macon p. 9.

Steht dem *Bel. Gingensis* nahe, unterscheidet sich aber von ihm, wie es scheint, durch grössere Kürze und Furchen an der Spitze. Bis jetzt nur von Flacé bei Macon bekannt.

17. Belemnites brevispinatus Waagen n. sp.

Tab. 24 (I), f. 2 a. b. c. d.

Steht jungen Exemplaren von *Bel. spinatus* ziemlich nahe, namentlich durch die lange und sehr excentrische Alveole und die unten in eine dünne schmächtige Spitze ausgezogene Scheide; die vorliegende Art bleibt indess immer kleiner als *Bel. spinatus*, ist an den Seiten flachgedrückt, wodurch ein etwas elliptischer Querschnitt entsteht, und besitzt an der Bauchseite der sonst runden Spitze eine flache Impression oder schwache Rinne, wodurch er sich dem *Bel. Trautscholdi* nähert.

Er scheint in Norddeutschland bereits ein wenig tiefer als Amm. Sowerbyi zu beginnen, findet sich aber bei Gingen und am Hetzlas (Franken) sehr typisch in der Zone des *A. Sowerbyi*.

18. Belemnites Gingensis Oppel.

1848. *Bel. breviformis γ* Quenstedt: Cephalop. p. 27. tb. 27, f. 23—26.
1856. — *Gingensis* Oppel: Juraform. p. 362.

Die Form dieses Belemniten ist höchst charakteristisch, kurz, kegelförmig ohne jede Furche oder Falte.

Im Süddeutschen Meeresbecken überall sehr häufig: Pommer und Grossenbuch bei Erlangen, Gingen (190 Exemplare), Altenstadt, Rechberg (Württemberg), etwas seltener im Helvetischen, ebenso im Pariser Becken, Betzenau, Schambelen (Canton Aargau), Miotte bei Belfort (Haut-Rhin), La Roche-Pourrie bei Salins (Jura), Tennie (Sarthe), Symondsbury (Dorsetshire).

19. Belemnites breviformis Voltz.

1830. *Bel. breviformis* Voltz: Obs. sur les Bel. p. 42, tb. 2, f. 2—4.
1850. — *brevis* Orb.: Prodr. 9, Nr. 14 (non Blainv.).
1856. — — Oppel: Juraform. p. 361 (non Blainv.).
1865. — *breviformis* Hébert: Bull. Soc. géol. de France XXII, p. 201 u. f.

Unter den Massen von kurzscheidigen Belemniten, welche ich von Gingen im Laufe der Zeit erhalten habe, befinden sich mehrere Exemplare, welche sich von *Bel. breviformis* des Opalinusthones nicht unterscheiden lassen. Es scheint daher, dass diese Art bis hier herauf fortsetzt.

20. Belemnites Moeschi Mayer.

1863. *Bel. Moeschi* C. Mayer: Liste des Bel. Sep. p. 10.

Fehlt, wie es scheint, im Süddeutschen Becken. In der Schweiz nicht selten in der Zone des *A. Sowerbyi.* Betzenau, Schambelen (Canton Aargau), Schynberg bei Frick.

21. Belemnites cf. canaliculatus Schlotheim.

1820. *Bel. canaliculatus* Schl.: Petrefaktenk. p. 49.
1823. — *sulcatus* Mill. Bel.
1827. — *Altdorfensis* Blainv.: Bel. p. 67.

Die Formen aus der Gruppe des *Bel. canaliculatus* fehlen der Zone des *Amm. Sowerbyi* des Süddeutschen und wahrscheinlich auch des Helvetischen Meeresbeckens vollständig, im Pariser Becken aber beginnen dieselben bereits im oberen Lias, Leptaena-Bett, der Normandie und sind in der Zone des *A. Sowerbyi* keine Seltenheiten. Es ist noch nicht festgestellt, ob dieselben zum ächten *Bel. canaliculatus* oder zu einer besonderen Art gehören. Bayeux (Calvados), Symondsbury (Dorsetshire).

22. **Nautilus lineatus** Sowerby.

1813. *Naut. lineatus* Sow. M. C. I, p. 89, tb. 41.
1843. — — Orb.: Terr. jur. I, p. 155, tb. 31.
1856. — — Oppel: Juraform. p. 366.

Beschränkt sich nicht auf eine Zone des Unteroolithes, sondern geht durch die ganze Etage hindurch. Aus der Zone des *Amm. Sowerbyi* kenne ich diese Art von Gingen (Württemberg) und La Roche-Purrie bei Salins (Jura).

23. **Ammonites Sowerbyi** Miller.

Tab. 27 (IV), f. 2 a. b.

1818. *Amm. Sowerbyi* Mill. in Sow. M. C. III, p. 23, tb. 213.
1820. — *Browni* Sow. M. C. III, p. 113, tb. 263.
1845. — *Sowerbyi* (Mill.) Orb. Pal. fr. terr. jur. I, p. 364, tb. 119.
1856. — — — Oppel: Juraform. p. 369.
1858. — — — Quenst. Jura p. 377 (pars), tb. 50, f. 11.
1864. — — — Seebach: Hann. Jura p. 144.

Diese Art wurde bereits von Sowerby sehr charakteristisch, jedoch unter zwei Namen abgebildet; auch die beiden späteren Figuren von Orbigny und Quenstedt geben die Form sehr treffend wieder. Die allgemeinen Umrisse der Art sind, wie bekannt, sehr bezeichnend, dennoch aber möchte es nicht überflüssig sein, einige Verhältnisse anzugeben, wodurch sich dieselbe rasch und sicher von anderen nahe stehenden Formen unterscheiden lässt.

Amm. Sowerbyi besitzt gewöhnlich einen nur mässig weiten Nabel. Anfangs niedrigmündig mit einer durch starke seitliche Dornen sehr in die Breite gezogenen Mundöffnung, wächst der Durchschnitt der Umgänge sehr rasch an Höhe, so dass grössere Exemplare oft schwer von dem weiter unten beschriebenen *Amm. Gingensis* zu unterscheiden sind. Die Stacheln, welche *A. Sowerbyi* in seiner Jugend trägt, sitzen auf mässig dicken Rippen mitten auf den Seiten der Umgänge und sind oft ausserordentlich lang und kräftig. Von ihnen gegen den Rücken erstrecken sich 2—3 deutliche, stark nach vorne geneigte Rippen. Zwischen den Stacheln finden sich einzelne niedrige Radialrippen, welche sich hie und da gegen den Rücken zu gabeln. Diese Verhältnisse sind sowohl an Orbigny's, als auch an meiner Figur deutlich zu sehen. Ueber den Rücken verläuft ein sehr hoher Kiel, der jedoch gewöhnlich nur dann sich noch findet, wenn die Schale des Stückes erhalten ist; im andern Falle fällt er ab, da er zwar hohl, aber von dem übrigen Lumen der Röhre durch eine continuirliche Scheidewand getrennt ist. *Amm. Sowerbyi* gehört mithin zur Quenstedt'schen Gruppe der „Dorsocavaten".

In einem vorgerückteren Stadium des Wachsthums verliert er sehr rasch seine Dornen. Anfangs finden sich noch einige schwache Sichelrippen auf den Seiten, doch auch diese verschwinden bald und das Gehäuse wird vollständig glatt, über und über mit zerschnittenen Loben bedeckt. Dieses Glattwerden stellt sich bei einigen Individuen etwas früher, bei anderen etwas später ein. Von grösseren Individuen liegen mir nur Steinkerne vor, wesshalb ich über die Beschaffenheit des Kieles im späteren Lebensalter des Thieres nichts festzustellen vermochte.

Das grösste mir vorliegende Exemplar, welches ich zu dieser Art stellen möchte, misst 0m,245 im Durchmesser. Bei dieser Grösse beträgt die Weite des Nabels 0m,055, die Höhe des letzten Umganges von der Naht 0m,11, dieselbe in der Windungsebene 0m,078, Dicke des letzten Umganges 0m,061. Die Knoten verlieren sich auf den inneren Windungen bei etwa 0m,041 Durchmesser des Gehäuses. Bei der oben angegebenen Grösse ist der Kiel auf dem Rücken kaum mehr angedeutet.

Auf tb. 27, f. 2 habe ich ein verkiestes Stück, welches seine Schale noch zum grössten Theile erhalten hat, aus den Thonen des *Inoceramus polyplocus* von Wentzen am Hils abbilden lassen. Dasselbe schien mir namentlich desshalb einer besonderen Beachtung werth, weil es durch den scharf dreiseitigen Durchschnitt seiner Windungen sehr an gewisse Formen des oberen Lias erinnert.

Amm. Sowerbyi ist im Süddeutschen Meeresbecken seltener als im Pariser, wo er sich stets in seiner typischen Form findet. Gingen (Württemberg), Aselfingen (Baden), Schönberg (Breisgau), Betzenau (Aargau), Hauenstein (Solothurn), La Roche-Porrie (Jura), Siehlthal (Schweizer Alpen), Solliès-Pont, Saint-Nazaire (Var), St. Vincent bei Limoges (Charente), St. Maixent (Deux-Sèvres), Longwy u. s. w. (Moselle), Nancy (Meurthe), Tennie (Sarthe), Sully u. s. w. bei Bayeux (Calvados), Symondsbury (Dorsetshire), Yeovil, Dundry (Somersetshire), Cheltenham (Gloucestershire), Dohnsen, Wentzen u. s. w. (Norddeutschland).

24. **Ammonites adicrus** Waagen n. sp.

Tab. 25 (II), f. 1 a. b.

1858. *Amm. Sowerbyi* Quenst. Jura p. 377 (pars).

Ich zweifelte lange Zeit, ob ich diese Art definitiv abtrennen solle oder nicht, bis mich einige im vergangenen Herbste aufgefundene Stücke zu ersterem bestimmten.

Nicht bloss in der Jugend, sondern auch im Alter bietet dieser Ammonit erhebliche Unterschiede von *Amm. Sowerbyi*, welche eine Trennung sehr wohl gerechtfertigt erscheinen lassen. Von der allgemeinen Form des *A. Sowerbyi*, zeichnet sich derselbe vor jener Art sogleich aus durch einen sehr weit geöffneten Nabel und in Folge dessen durch einen verhältnissmässig sehr niedrigen Querschnitt seiner Windungen. Die Anzahl der Knoten beträgt etwa 10 auf den Umgang. Sie sitzen mitten auf dicken, wulstigen Rippen, welche gegen den Rücken zu, ohne sich zu spalten, allmählig verschwinden. Zwischen ihnen verlaufen, in frühester Jugend viele, später einzelne schwächere Rippen, die sich ebenfalls gegen den Rücken hin nicht gabeln. Bei fortgesetztem Wachsthum verschwinden nach und nach die Knoten auf den wulstigen Rippen, was bei dem abgebildeten Exemplare bei einem Durchmesser von etwa 0^m,055 eintritt. Die Rippen selbst dagegen bleiben als wulstige Erhöhungen bis ins hohe Alter.

Der Durchmesser des grössten in meinem Besitze befindlichen Exemplares dieser Art beträgt 0^m,200, die Weite des Nabels 0^m,085, die Höhe des letzten Umgangs von der Naht 0^m,070, dieselbe in der Windungsebene ungefähr 0^m,053, dessen Dicke zwischen den wulstigen Rippen 0^m,05, auf denselben 0^m,06. Er verliert die Stacheln bei einem Schalendurchmesser von ungefähr 0^m,095 und trägt bei dieser Grösse 14 Stacheln auf dem Umgang.

Das abgebildete Stück besitzt einen Durchmesser von 0^m,122, die Weite des Nabels an der Naht beträgt 0^m,044, die Höhe des letzten Umgangs über der Naht 0^m,045, dieselbe in der Windungsebene 0^m,039.

Von *Amm. Sowerbyi* unterscheidet sich die vorliegende Art durch die sich nicht spaltenden Rippen, worauf der Name hindeuten soll, durch die bis ins späte Alter vorhandenen wulstigen Rippen auf den Seiten der Umgänge, während *Amm. Sowerbyi* ganz glatt wird, und endlich durch einen gewöhnlich beträchtlich weiteren Nabel.

10 Exemplare von Gingen, sonst nicht sehr häufig: Betzenau (Ct. Aargau), Yeovil (Somersetshire), Wentzen am Hils (Norddeutschland).

25. **Ammonites polyacanthus** Waagen n. sp.

Tab. 29 (VI), f. 1 a. b.

Diese Art gehört zu den grössten aus der Gruppe des *Amm. Sowerbyi*. Das der Abbildung zu Grunde gelegte, und in derselben in $^1/_2$ der natürlichen Grösse dargestellte Exemplar hat 0^m,264 im Durchmesser und ist bis zu dieser Grösse mit Loben bedeckt. Von hier an beginnt die Wohnkammer, welche noch in Rudimenten erhalten ist, aber kaum mehr als einen halben Umgang betragen zu haben scheint: dieselbe ist auf der Zeichnung weggelassen. Für den oben angegebenen Durchmesser von 0^{m},264 ist die Weite des Nabels 0^{m},114, die Höhe des letzten Umgangs von der Naht 0^{m},085, dieselbe in der Windungsebene 0^{m},071, die Dicke des letzten Umgangs zwischen den Knoten 0^{m},050. Das Gehäuse ist in seinen äusseren Windungen von zahlreichen einfachen, niemals sich gabelnden Rippen bedeckt, deren jede auf der Mitte der Seiten einen nicht sehr kräftigen Knoten trägt, auf denen bei erhaltener Schale feine Dornen gesessen haben mögen. Die Zahl dieser Rippen beträgt auf dem letzten Umgang 26, auf dem vorletzten 35. In der Jugend, bis zu einem Durchmesser von etwa 40^{mm} gleicht diese Art sehr gleichgrossen Stücken von *A. adicrus:* die Rippen sind ungleich an Dicke und nur einzelne tragen kräftige Dornen, wenn auch etwas schwächer als dies bei *A. adicrus* der Fall ist. Erst wenn der Ammonit die Grösse von 40^{mm} überschritten hat, beginnt sich seine eigenthümliche Form bestimmter auszuprägen; die Rippen fangen an gleichmässiger zu werden, und nach und nach versieht sich jede mit einem feinen Dorn, so dass der Umgang dann 25—30 und mehr Dornen trägt. Bei *Amm. adicrus* ist die grösste Anzahl von Dornen, welche ich zählen konnte, 14, gewöhnlich beträgt sie 10 und noch weniger; dieselben verlieren sich spätestens bei einem Durchmesser des Gehäuses von 0^{m},100 und es bleiben dann nur noch wulstige Rippen übrig: *Amm. polyacanthus* dagegen trägt die Dornen bis ins höchste Alter immer in viel grösserer Anzahl als dies bei *A. adicrus* der Fall ist.

Während also *A. Sowerbyi* in derselben Formenreihe das eine Extrem darstellt, indem er im Alter alle Skulptur der Schale verliert, repräsentirt *A. polyacanthus* das andere Extrem; *A. adicrus* ist die Mittelform, dennoch vermag ich zwischen diesen Typen keine unzweifelhaften Uebergänge nachzuweisen.

Von *A. polyacanthus* ist mir nur 1 Exemplar von Gingen bekannt.

26. **Ammonites Mayeri** Waagen n. sp.

1862. *Amm. virgulatus* K. Mayer M. S.

Als ich im Jahre 1862 nach Zürich kam, hatte Herr K. Mayer diese Art bereits als neu erkannt und sie in der Sammlung mit dem Namen *A. virgulatus* bezeichnet. Leider ist aber dieser Name schon durch Quenstedt vergeben, und ich sehe mich genöthigt, die Art neu zu benennen. *Amm. Mayeri* ist eine Form, welche dem *A. adicrus* und *A. Sowerbyi* gleich nahe steht. Mit ersterem hat er den weiten Nabel und die gerundeten Seiten, mit letzterem den vollständigen Mangel jeder Skulptur im Alter gemein. Ihm fehlen aber auch in der Jugend die Dornen, und nur sich gabelnde

Rippen bedecken die Seiten des Gehäuses; in frühester Jugend kommen indess auch hie und da ein Paar Stacheln vor. Er verbindet den *Amm. Gingensis* mit *Amm. Sowerbyi*, doch ist ersterer stets hochmündiger mit flacheren Seiten und engerem Nabel.

4 Exemplare von Gingen, sonst von der Betzenau (Canton Aargau) und Yeovil (Dorsetshire).

Ich schliesse hier noch eine Art an, welche zwar ihr Lager nicht in der Zone des *A. Sowerbyi* hat, aber zur Formengruppe dieses Ammoniten gehört und so zu Verwechslungen Anlass geben könnte, nämlich

Ammonites mesacanthus Waagen n. sp.

Tab. 28 (V), f. 1 a. b.

1858. *Amm. falcogigas* Quenst. Jura p. 381 (pars).

Eine sehr hübsche Art, welche in ihrem Gesammthabitus sehr an *A. Sowerbyi* erinnert, sich aber doch von ihm unterscheiden lässt. In der Jugend freilich weiss ich kaum Unterschiede in der Form anzugeben, dennoch lassen sich die einzelnen Stücke trennen, indem *A. mesacanthus* nicht zur Gruppe der Dorsocavaten gehört, da bei ihm der vom Kiel umschlossene Raum nicht vom übrigen Lumen der Röhre durch eine besondere Scheidewand getrennt ist. Es muss also jener Mantellappen, welcher bei nahe stehenden Formen diese eigenthümliche Bildung veranlasste, dem Thiere dieser Art gefehlt haben.

Hat aber das Gehäuse einmal die Grösse von $0^m,100$ Durchmesser überschritten, so beginnt auch die Form eine von der des A. *Sowerbyi* sehr charakteristisch verschiedene zu werden. Während die inneren Windungen starke Dornen, 7 — 10 auf dem Umgang, auf stark hervortretenden Rippen tragen, werden dieselben bei der angegebenen Grösse bedeutend schwächer. Dünne, kaum bemerkbare Rippen ziehen sich in einiger Entfernung von einander von der stumpfen Nabelkante in radialer Richtung über die schwach gewölbten Seiten gegen den Rücken hin, auf der Mitte der Seiten einen schwachen, zierlichen Knoten tragend, oberhalb welchem sie bald verschwinden.

Der Ammonit erreicht eine sehr bedeutende Grösse, behält aber bis ans Ende die eben beschriebene Skulptur bei. Das grösste mir zu Gebote stehende Exemplar, allerdings noch von sehr beschränkten Dimensionen, welches der verkleinerten Abbildung zu Grunde gelegt ist, hat einen Durchmesser von 160^{mm}. Bei dieser Grösse beträgt die Weite des Nabels $0^m,05$, die Höhe des letzten Umganges von der Naht $0^m,07$, dieselbe in der Windungsebene $0^m,055$, dessen grösste Dicke ungefähr $0^m,034$, dieselbe fällt in die Mitte der Seiten.

Amm. mesacanthus gehört in die Zone des *Amm. Sauzei*, woher ihn auch Quenstedt vom Linsenbühl bei Neuhausen unweit Metzingen anführt. Ich besitze 3 Exemplare aus den Schichten des *A. Sauzei* von Gingen.

27. Ammonites Gingensis Waagen n. sp.

Tab. 26 (III), f. 2 a. b.

1856. *Amm. jugosus* Oppel: Juraform. p. 369 (pars) (non Sowerby).

Nachdem ich nach Besichtigung des Sowerby'schen Orginalexemplares mich veranlasst sehe, der Ansicht der englischen Paläontologen beizutreten und *A. jugosus* Sow. M. C. tb. 92 für eine Species des oberen Lias, dem *A. variabilis* Orb. nahestehend, zu erklären, ist es nöthig, den Ammoniten der Sowerbyi-Schicht, den Oppel hier im Auge hatte, neu zu benennen.

Amm. Gingensis sieht in seinen verschiedenen Stufen des Wachsthums sehr verschieden aus. In der Jugend dick und niedrigmündig, oft gewissen Varietäten von *A. Murchisonae obtusus* nicht unähnlich, wird er sehr bald hochmündig, dabei meist mit ziemlich engem, tiefem Nabel, um sich endlich im hohen Alter wieder beträchtlich auszuschnüren.

Die Jugendform stimmt am meisten mit *Amm. pinguis* Roemer (Oolitengeb. p. 186, tb. XII, f. 3 a. b. c.), doch fliessen bei unserer Art hie und da ein Paar der sichelförmigen Rippen an ihrer Basis zu einem schwachen Knötchen zusammen, was bei *A. pinguis* nicht der Fall ist; ausserdem gehört letztere Art auch in die Zone des *A. Humphriesianus*. Bei einem Exemplare des *A. Gingensis* von $0^m,035$ Durchmesser, ist der Nabel $0^m,013$ weit, die Höhe der letzten Windung von der Naht $0^m,011$, in der Windungsebene etwa $0^m,010$, Dicke $0^m,010$.

Bei einem Durchmesser des Gehäuses von $0^m,055$ sind die meisten schon ziemlich hochmündig, und bei $0^m,070$ verlieren sie schon die letzte Spur von Rippung. Bei dieser Grösse hat die Art schon ihre vollständig normale Form erreicht, welche sie bis zu etwa $0^m,270$ Grösse gewöhnlich beibehält. Das abgebildete Exemplar hat $0^m,100$ im Durchmesser. Der Nabel misst $0^m,020$; Höhe der Mundöffnung von der Naht $0^m,049$, in der Windungsebene ungefähr $0^m,037$, Dicke $0^m,029$. Andere sind etwas weiter genabelt und etwas niedrigmündiger.

Das grösste Exemplar, welches ich besitze, misst $0^m,380$ im Durchmesser, wovon der Nabel $0^m,100$ beträgt. Höhe der letzten Windung von der Naht $0^m,157$, in der Windungsebene etwa $0^m,098$, die Dicke ist wegen

Verdrückung nicht genau festzustellen. Bei dieser Grösse ist etwa ein Drittheil des letzten Umganges Wohnkammer.

Er ist weit aus der häufigste Ammonit bei Gingen, wesshalb ich den Namen *Gingensis* gewählt habe. Ich besitze davon 20 Exemplare von diesem Fundort; sonst Aselfingen (Baden), Betzenau (Canton Aargau), Hauenstein (Canton Solothurn), Tennie (Sarthe), Dohnsen und Wentzen am Hils (Norddeutschland).

28. **Ammonites furticarinatus** Quenstedt.

Tab. 26 (III), f. 3.

1856. *Amm. furticarinatus* Quenst.: Jura, p. 120, tb. 14, f. 6, 7.
1861. — — — Epochen d. Natur, p. 566.

Die vorhandenen Abbildungen sind kaum genügend, die Art mit einiger Bestimmtheit festzustellen. Sie steht jedenfalls dem *Amm. Gingensis* sehr nahe, scheint sich indess von ihm doch ziemlich bestimmt durch flachere Seiten und weiteren Nabel zu unterscheiden.

Ich habe die Loben eines Stückes abbilden lassen, das, wie ich vermuthe, zu *Amm. furticarinatus* gehören wird, da es die bezeichneten Unterscheidungsmerkmale sehr ausgezeichnet an sich trägt, dennoch stimmen die Loben nur sehr im Allgemeinen mit Quenstedts Zeichnung.

Zone des *A. Sowerbyi* von Gingen, Altenstadt und Gegend des Hohenzollern (Württemberg), Hetzlas bei Erlangen (Franken).

29. **Ammonites jugifer** Waagen n. sp.

Tab. 26 (III), f. 1 a. b.

Diese Art gleicht in der Jugend, bis zu etwa 35^{mm} Durchmesser, dem *Amm. Aalensis* Zieten ganz ausserordentlich. Die gerundeten in der Richtung des Radius verlaufenden Sichelrippen spalten sich theils zu zweien, theils wechseln schwächere und stärkere ab, wie dies bei der Zieten'schen Art der Fall ist. Wird der Ammonit jedoch grösser, stellt sich bald eine bestimmte und scharfe Nabelkante ein, welche eine sehr steil gegen die Naht einfallende Nahtfläche begrenzt. Die Sichelrippen verlieren sich fast vollständig bei einem Durchmesser von $0^{m},085$, und bei einer Grösse von $0^{m},114$ ist das bereits vollständig glatte Gehäuse noch dicht mit Loben bedeckt. Bei dem eben angegebenen Durchmesser von $0^{m},114$ ist die Weite des Nabels $0^{m},035$, die Höhe der letzten Windung von der Naht $0^{m},049$, dieselbe in der Windungsebene $0^{m},037$, die Dicke derselben $0^{m},036$, sie fällt auf die Mitte der Seiten.

Von den dieser Art nahe stehenden Formen aus der Gruppe des *Amm. radians* unterscheidet sich dieselbe durch einen abgestumpften Rücken und namentlich durch die Loben, welche mehr an den Typus der Loben von *Amm. Sowerbyi* erinnern.

Amm. jugifer ist nicht sehr selten bei Gingen, ich besitze 8 Exemplare von dort. Ausserdem kommt er vor: Weismain (Franken), Betzenau (Canton Aargau), Les Rangiers (Canton Bern), Longwy (Dép. Moselle), Dohnsen und Wentzen (Norddeutschland).

30. Ammonites patella Waagen n. sp.

Tab. 25 (II), f. 2 a. b. u. 3.

1845. *Amm. Murchisonae* (Sow.) Orbigny: Pal. Franc. Terr. jur. I, p. 367, tb. 120, f. 1, 2, 3, 5, (4?) (non Sowerby).

1856. *Amm. Murchisonae* (Sow.) Oppel (pars) und
— *jugosus* (Sow.) Oppel: Juraform. p. 368 u. 369 (pars) (non Sowerby).

Ich konnte mich an den im Jardin des Plantes in Paris aufbewahrten Orbigny'schen Originalexemplaren, sowie an einigen von Bayeux stammenden Stücken, welche mir zu Gebote standen, aufs bestimmteste überzeugen, dass eine in unsern süddeutschen Sowerbyi-Schichten vorkommende Form genau mit dem übereinstimmt, was Orbigny als *Amm. Murchisonae* abbildete, und dass Orbigny's *Amm. Murchisonae* eine gute neue Art ausmache; übrigens ist die Abbildung in der Paléontologie Française ziemlich unkenntlich.

In der Jugend gleicht dieser Ammonit einigermassen einem *Murchisonae obtusus*, doch werden einige der sich gabelnden Rippen an ihrem Theilungspunkte so dick, dass sie kurze stumpfe Stacheln bilden. In höchster Zahl finden sich fünf solcher Stacheln auf dem Umgang. Sehr bald aber wird das Gehäuse hochmündiger, die Sichelrippen werden schwächer und sind zuletzt nur mehr auf der Schale als Anwachsstreifen sichtbar. Vom *Amm. Murchisonae* ist diese Art sehr leicht durch die Loben zu unterscheiden, welche Orbigny sehr gut abgebildet hat. Der allgemeine Typus derselben ist der der Loben des *Amm. Sowerbyi*; ausserdem gehört die vorliegende Art aber auch noch zur Gruppe der Dorsocavaten von Quenstedt, was bei *A. Murchisonae* nicht der Fall ist.

Von den übrigen Formen aus der Gruppe des *A. Sowerbyi*, namentlich von *Amm. Gingensis* unterscheidet sich diese Art leicht durch die äusserst scharfe Nabelkante und die sehr flachen Seiten. Letztere hat die vorliegende Art freilich auch mit *A. furticarinatus* gemein, doch fehlen diesem die Nabelkanten.

Das abgebildete Stück stammt aus Gingen und ist in der Abbildung etwas verkleinert. Die Maasse des Originals sind: Gesammtdurchmesser 0^m,139, Weite des Nabels 0^m,036, Höhe des letzten Umganges von der Naht 0^m,060, in der Windungsebene 0^m,046, Dicke des letzten Umganges 0^m,030. Das grösste mir vorliegende Exemplar befindet sich in der Oppelschen Sammlung und stammt von Bayeux; seine Maasse sind folgende: Gesammtdurchmesser 0^m,234, Weite des Nabels 0^m,055, Höhe des letzten Umganges von der Naht 0^m,106, in der Windungsebene 0^m,076. Bei diesen angegebenen Dimensionen sieht *Amm. patella*, namentlich durch die steil einfallende Nahtfläche und die Nabelkante dem *A. Murchisonae* wirklich ausserordentlich ähnlich, dennoch kann man beide bei genauerer Betrachtung durch den abweichenden Kiel und die Loben leicht unterscheiden.

2 Exemplare von Gingen, sonst aus der Zone des *A. Sowerbyi* von St. Maixent (Deux-Sèvres), Bayeux (Calvados), Symondsbury (Dorsetshire).

31. **Ammonites cycloides** Orbigny.

1845. *Amm. cycloides* Orb.: Pal. fr. Terr. jur. I, p. 370, tb. 121, f. 7—16.

Ein kleiner Ammonit, von der Form eines jungen *Amm. Gingensis*, sich aber von diesem unterscheidend durch besonders breite Mundöffnung und seitliche Furchen neben dem Kiel, scheint mir vielleicht zu *A. cycloides* gezählt werden zu müssen. Ich sah diese Form bis jetzt aus der Zone des *A. Sowerbyi* von Nancy (Meurthe), Les Moutiers bei Bayeux (Calvados) und Wentzen am Hils (Norddeutschland). Die Art scheint indess auch noch höher zu gehen, indem mir aus der Zone des *A. Sauzei* von Dohnsen ein Exemplar vorliegt, was dieser Art angehören wird, und bei Moutiers, nach der Gesteinsbeschaffenheit der Stücke zu urtheilen, auch noch in der Zone des *A. Humphriesianus* Exemplare dieser Art sich finden.

32. **Ammonites cf. Murchisonae** Sowerby.

1827. *Amm. Murchisonae* Sow.: M. C. VI, p. 95, tb. 550.
1824. — *laeviusculus* Sow.: M. C. V, p. 73, tb. 451, f. 1, 2.
1824. — *corrugatus* Sow.: M. C. V, p. 74, tb. 451, f. 3.
1830. — *Murchisonae* Ziet: Verst. Württ., p. 8, tb. 6, f. 1—4.
1846. — — Quenst.: Ceph., p. 116, tb. 7, f. 12.

Es ist noch nicht mit genügender Sicherheit hergestellt, ob *A. Murchisonae* wirklich in der Zone des *A. Sowerbyi* vorkommt. Bei Gingen fehlt er entschieden, dagegen ist es wohl wahrscheinlich, dass er an der Roche-Pourrie bei Salins das Lager mit *Amm. Sowerbyi* theilt. Von anderen Fundorten habe ich wohl auch Bruchstücke gesehen, welche an *A. Murchisonae* erinnern, doch ist ihre Erhaltung meist zu schlecht, als dass sich etwas Bestimmtes entscheiden liesse.

33. Ammonites fissilobatus Waagen n. sp.

Tab. 27 (IV), f. 1 a. b.

Eine höchst eigenthümliche Ammoniten-Form, welche mit *A. Truellei* wohl am nächsten verwandt ist. Mir sind nur Steinkerne dieser Art bekannt. Ueber den zugerundeten Rücken zieht sich bei diesen ein stumpfer Kiel hin, kaum bemerkliche, ziemlich sparsame radiale Falten bedecken die schwach gewölbten Seitenflächen, auf denen sich in manchen Fällen auch noch eine seichte spirale Vertiefung hinzieht, in der sich die Naht des folgenden Umganges festsetzt. Das ganze Gehäuse ist ziemlich hochmündig und die Seiten biegen sich mit einem sehr stumpfen Knie steil gegen den mässig engen Nabel um. Die Loben sind ausserordentlich zerschnitten.

Das grösste mir vorliegende Exemplar hat 0^m,235 im Durchmesser. Weite des Nabels 0^m,040, Höhe der letzten Windung von der Naht 0^m,119, dieselbe in der Windungsebene 0^m,078, Dicke 0^m,060, sie fällt auf die Mitte der Seiten.

2 Exemplare aus der Zone des *Amm. Sowerbyi* von Gingen, eines von Jungingen (Hohenzollern) sonst von keinem Fundorte bekannt.

34. Ammonites discites Waagen n. sp.

Tab. 28 (V), f. 2 a. b.

1867. *Amm. Desori* Moesch: Der Aargauer Jura, p. 295, tb. 1, f. 8 a. b. (non Pictet.)

Diese Art scheint keine besondere Grösse zu erreichen. Sie erinnert im Allgemeinen so ziemlich an *A. concavus*, wie ihn Orbigny auf tb. 116 (Pal. fr. Terr. jur. I) zeichnet, andererseits aber auch an *Amm. Staufensis* und *Amm. Beyrichi* Schloenbach.

Das grösste Stück, das mir vorliegt, erhielt ich vom Hetzlasberg bei Erlangen; es hat etwa 0^m,150 im Durchmesser, ist aber im Uebrigen nicht sonderlich gut erhalten. Ausgezeichnet erhalten ist dagegen das abgebildete Exemplar. Dieses stammt aus der Sammlung des Herrn Forstmeisters von Unger in Seesen, und wurde bei Dohnsen in Braunschweig gefunden. Der Gesammtdurchmesser desselben beträgt 0^m,059, die Weite des Nabels 0^m,010, Höhe des letzten Umganges von der Naht 0^m,038, dieselbe in der Windungsebene etwa 0^m,025, Dicke des letzten Umganges ungefähr 0^m,014. Die Seiten des Gehäuses sind mit breiten, flachen Sichelrippen, welche namentlich gegen den Rücken zu deutlich sind, geziert. Die Seitenflächen der Windungen sind fast parallel und biegen sich gegen den abgeflachten Rücken plötzlich unter einer stumpfen Kante um. Auf dem Rücken erhebt sich ein hoher flacher Kiel, welcher indess nicht eine für sich abgeschlossene Röhre bildet. Er gehört also nicht zu den Dorsocavaten. Die Loben ähneln einigermassen denen von *Amm. Staufensis*, doch fehlt ihnen die büschelförmige Ausbreitung der Zacken am Ende des Lobenkörpers, wie sie sich bei *Amm. Staufensis* findet. (Siehe Quenst. Ceph. tb. 8, f. 13.) Im Alter wird die Art glatt, ohne jegliche Skulptur.

Obwohl in der allgemeinen Form dem *Amm. concavus* ähnlich, unterscheidet man die vorliegende Art doch leicht durch die weniger starken Sichelrippen, den engeren Nabel und die fast parallelen Seitenflächen der Windungen. Von *Amm. Staufensis* ist sie am leichtesten durch den abgestumpften Rücken abzutrennen.

Mir sind etwa 25 Exemplare dieser Art von Wentzen und Dohnsen (Norddeutschland) bekannt. In schwäbischen Sammlungen habe ich die Art noch nicht gesehen, dagegen erhielt ich, wie schon erwähnt, ein Exemplar aus der Zone des *Amm. Sowerbyi* vom Hetzlas bei Erlangen; Mösch beschreibt ihn vom Frickberg, Canton Aargau.

35. Ammonites cf. subradiatus Sowerby.

1823. *Amm. subradiatus* Sow.: M. C. V, p. 23, tb. 421, f. 2.
1845. — — Orbigny: Pal. fr. Terr. jur. I, p. 362, tb. 118.

Das Original zu Orbigny's Abbildung von *Amm. subradiatus* stammt aus den Sowerbyi-Schichten der Normandie. Ich hatte nicht über hinreichendes Material zu verfügen, um mit Sicherheit festzustellen, ob die Form aus der Zone des *A. Sowerbyi* mit den höher liegenden übereinstimmt oder nicht, wesshalb ich dieselbe vor der Hand hier als *Amm. cf. subradiatus* anführe.

36. Ammonites cf. affinis Seebach.

1864. *Amm. affinis* Seebach: Hannov. Jura, p. 143, tb. 8, f. 4 a. b.

In den Sowerbyi-Schichten der Schambelen bei Baden (Canton Aargau) kommen kleine Ammoniten vor, von den allgemeinen Umrissen des *Amm. affinis*, nur ist die Impression unterhalb des Kieles nicht vorhanden, sondern es schärft sich der Rücken ganz gleichmässig zu. Die Schale ist dicht mit feinen, scharfen, sichelförmigen Linien bedeckt, der Nabel ohne Kante. Man könnte hier wohl einen Namen geben, doch ist mein Material hiefür zu unbedeutend.

37. Ammonites Brocchi Sowerby.

Tab. 24 (I), f. 3 a. b.

1818. *Amm. Brocchi* Sow.: M. C. III, p. 233, tb. 202.

Ich sehe mich genöthigt, diese Art von Neuem abzubilden, da ausser den wenig gelungenen Zeichnungen Sowerby's nirgends dieselbe deutlich wiedergegeben wurde.

Der ächte *A. Brocchi* steht dem *A. Humphriesianus* ziemlich nahe, sowohl durch den ansehnlich weiten Nabel als auch durch die zu stumpfen Knoten anschwellenden Rippen, welche die Seiten der Umgänge zieren. Dennoch ist die Form dieser Art sehr charakteristisch. Die ausserordentliche Dicke und der vollkommen gerundete Querschnitt seiner Windungen, welcher durch die auf den Seiten befindlichen Knoten nicht wie bei *Amm. Humphriesianus* eckig verzogen wird, bewirken die Eigenthümlichkeit ihres Aussehens. Von einer Ausschnürung der letzten Windung ist weder bei meinem noch bei Sowerby's Exemplar etwas zu sehen. So steht dieser Ammonit in der Mitte zwischen Coronaten und Microstomen, jedoch mehr den ersteren als den letzteren verwandt. Leider ist mir die Form der Mundöffnung bei vorliegender Art nicht bekannt, wesshalb sich eben die Stellung derselben nicht mit voller Sicherheit ermitteln lässt.

Die Lobenzeichnung des meiner Abbildung zu Grunde liegenden Exemplares ist etwas unsymmetrisch entwickelt, indem der Rückenlobus weit nach der Seite gerückt erscheint. Das Thier sass demzufolge etwas verdreht in der Schale, was indess auf die regelmässige Entwicklung der Schalenskulptur und der Spirale keinen Einfluss ausübte.

Zone des *A. Sowerbyi* von Gingen (Württemberg), Dundry (Somersetshire), vielleicht auch Betzenau (Aargau).

Es mag nun am Platze sein, hier auch sogleich eine Revision der übrigen nahe stehenden Formen vorzunehmen, da dieselben durch Orbigny etwas stark durcheinander geworfen erscheinen.

Die Formengruppe, welche ich hier im Auge habe, mag am besten bezeichnet werden, wenn ich *A. Brogniarti* voranstelle, da er die Gruppencharaktere wohl am ausgeprägtesten an sich trägt. Ich unterscheide drei Formenreihen, von denen die erste durch engen Nabel und sehr aufgeblasene Form der Windungen sich auszeichnet; zu ihr gehören *A. Brogniarti* Sow., *A. meniscus* n. sp., *A. polyschides* n. sp., und *A. evolvescens* n. sp.

Ammonites Brogniarti Sowerby.

1817. *A. Brogniarti* Sow.: M. C., tb. 184*, f. 2.

1845. *A. Gervilli* (Sow.) Orbigny: Pal. fr. Terr. jur. I, tb. 140, f. 3—8 (non f. 1, 2, non Sowerby).

Eine Art von geringen Dimensionen. Das Gehäuse ist von sehr feinen Falten bedeckt, welche einfach in der Zahl von etwa 40 von der Naht ausstrahlen, und von denen sich jede gegen den Rücken zu in zwei bis drei und mehr spaltet. Der Durchmesser des grössten mir bekannten Exemplares, das sicher zu dieser Art gehört, ist 26^{mm}, ungefähr die Grösse des von Orbigny f. 3 und 4 abgebildeten Stückes. Die grösste Dicke des Wachsthums liegt der Mundöffnung gegenüber und beträgt hier 18^{mm}, von da ab bleibt die Weite der Röhre bis zur Mundöffnung ungefähr gleich. Die Punkte, welche diese Art sehr bestimmt von ihr nahestehenden unterscheiden lässt, sind: die stets sehr geringe Grösse, die unregelmässig sich spaltenden Rippen, zwischen die sich am Rücken oft neue einschieben, und endlich die einfache Ausschnürung, indem von dem Punkte der grössten Dicke der Röhre die Naht in fast gerade aufsteigender Linie zur Mundöffnung verläuft, was ein Weiterwachsen unmöglich macht. Die Orbigny'schen Figuren zeigen all diese Verhältnisse deutlich.

Amm. Brogniarti gehört der Oberregion der Humphriesianus- oder den Parkinsoni-Schichten an.

Es liegen mir 12 Exemplare dieser Art vor, theils von Les Moutiers und Sully bei Bayeux (Coll. Oppel und meine Sammlung), theils von Auerbach in der Oberpfalz (Sammlung des Benediktinerstifts St. Bonifaz in München). Doch besitzen die bayrischen Exemplare gewöhnlich noch etwas geringere Dimensionen als die französischen, im Uebrigen zeigen sie indess alle charakteristischen Merkmale.

Dieser Art sehr nahe verwandt ist

Ammonites meniscus Waagen n. sp.

1845. *Amm. Gervilli* (Sow.) Orbigny (pars): Pal. fr. Terr. jur. I, tb. 140, f. 1, 2 (non fig. 3—8 non Sowerby).

1856. *Amm. Brogniarti* (Sow.) Oppel (pars): Juraform. p. 375, § 53, Nr. 35 (non Sowerby).

In der Jugend wird diese Art sehr leicht mit *A. Brogniarti* verwechselt, woher es auch kam, dass Orbigny ausgewachsene Individuen dieser Art für alte Exemplare von *A. Brogniarti* hielt. Indess zeigen auch junge Gehäuse deutliche Unterschiede von ebengenannter Art. Was namentlich charakteristisch erscheint, ist die regelmässig sich fortsetzende Ausschnürung und die feinen sehr constant bei der Umbiegung gegen den Rücken sich in 2 Aeste spaltenden Rippen. Sind die Exemplare von vorgerückterem Wachsthum, so ist die beträchtlichere Grösse schon allein ein gutes Erkennungsmerkmal der Art. Bei kleinen Exemplaren zähle ich 30, bei dem von Orbigny abgebildeten Stück 50 von dem Nabel ausstrahlende Rippen, deren Zahl sich auf dem Rücken verdoppelt.

Amm. meniscus unterscheidet sich von der folgenden Art durch geringere Grösse, die verhältnissmässig länger fortgesetzte beträchtlichere Ausschnürung und feinere Radialrippen. Exemplare von 95^{mm} Durchmesser, wie das von Orbigny abgebildete, gehören zu den Seltenheiten. Kleinere fand ich in der obersten Lage der Malière von Sully bei Bayeux (Zone des *A. Sauzei*).

Die grösste und massigste Form der ganzen Gruppe ist

Ammonites polyschides Waagen n. sp.

? *Amm. Gervilli* Quenst.: Ceph., tab. 15, f. 11. Wahrscheinlich eine schlechte Abbildung einer Jugendform dieser Art.
1856. *Amm. Brocchii* Opp.: Juraform. p. 374 (non Sow.).

In Sammlungen liegt die Art gewöhnlich unter der Bezeichnung *Amm. Brocchi* oder nach Orbigny *A. Gervilli*, da sie der von Orb. für letztere Art gegebenen Figur tb. 140, f. 1. 2 (*A. meniscus* n. sp.) im Allgemeinen ziemlich nahe kommt.

Der Durchmesser meines grössten Exemplares von Gingen mag etwa 170^{mm}, die Weite des Nabels 60^{mm} betragen haben, doch ist das letzte Stück der letzten Windung grössten Theils weggebrochen. Bei einem Durchmesser von 119^{mm} ist die Dicke des letzten Umgangs 65^{mm}, dieselbe fällt nahe über die Naht, wodurch der Durchschnitt der Windungen ein mondförmiger wird. Höhe des letzten Umganges von der Naht 44^{mm}, in der Windungsebene 31^{mm}, Weite des Nabels 38^{mm}. Bei der angegebenen Grösse ist die Ausschnürung bereits bedeutend. Kleinere Exemplare haben einen weit engeren Nabel. Ein Stück vom Hetzlas (Franken) besitzt bei einem Durchmesser von 90^{mm} eine Nabelweite von 17^{mm}; Dicke der letzten Windung 52^{mm}, Höhe von der Naht 16^{mm}, in der Windungsebene etwa 20^{mm}. Die jüngeren Exemplare haben somit ein ganz Macrocephalen-artiges Ansehen. Sie lassen sich indess immer leicht erkennen durch die sich sanft gegen die Naht zu einsenkenden Seiten des Gehäuses. Diese tragen 20—25 ziemlich kräftige radiale Rippen, welche am Rücken zu 3—5 zerfallen, wodurch letzterer sehr fein gerippt erscheint. Die Ausschnürung ist im Alter beträchtlich; die Form des Mundsaumes kenne ich nicht mit Bestimmtheit.

Wie schon oben erwähnt, gleicht diese Art sehr den *Amm. meniscus* (*A. Gervilli* Orb. pars), doch unterscheidet sie sich von ihm durch beträchtlichere Grösse, weniger zahlreiche und gröbere Rippen auf den Seiten, und dadurch, dass jede seitliche Rippe auf dem Rücken in mehr als zwei zerfällt. *Amm. Brocchi*, der auch ziemlich nahe steht, lässt sich von der vorliegenden Art durch den stets beträctlich grösseren Nabel, die geringere Dicke und die zu stumpfen Knoten anschwellenden Rippen der Seiten leicht abtrennen. Er verbindet *A. polyschides* mit *A. Humphriesianus*, während die folgende Art den Uebergang zu *A. Gervilli* Sow. vermittelt. Ob *Amm. Bernoullei* Merian zu dieser Art oder zu *A. Brocchi* gehöre, lässt sich ohne Originalstücke nicht sicher entscheiden, indess scheint mir diese Art nach der Beschreibung mit *A. Brocchi* überein zu stimmen.

Amm. polyschides gehört der Zone des *A. Sauzei* an, und ist in ihr eines der verbreitetsten und häufigsten Vorkommnisse. Ich kenne ihn aus Franken (Hetzlas und Hahnenkamm), Württemberg (allenthalben), den Hohenzollernschen Landen, Norddeutschland (Dohnsen, sehr häufig), Dorsetshire (Burton-Bradstock) und vom Cap San Vigilio am Gardasee, wo ich im vergangenen Frühjahr ein Exemplar von 0^{m},42 Durchmesser auffand.

Ammonites evolvescens Waagen n. sp.

Diese Art hält die Mitte zwischen *Amm. Brogniarti*, *Amm. Gervilli* und *Amm. polyschides.* In der allgemeinen Form erinnert sie sehr an *Amm. Brogniarti*, noch mehr an *A. microctoma* aus den Macrocephalus-Schichten.

Es ist wie diese eine Art mittlerer Grösse, mit 20 — 30 radialen Rippen auf den Seiten der Windungen; jede der seitlichen Rippen zerfällt auf dem Rücken in 2—4. Die Gesammtform der Art erscheint kugelig aufgeblasen, die Wohnkammer schnürt sich in schön geschwungener Spirale rasch und kurz aus, der Nabel ist stets offen, jedoch nicht so weit als bei *Amm. polyschides.* Der Durchmesser eines Exemplares von Mesnil-Louvigny bei Caen beträgt 38^{mm}, die grösste Dicke 22^{mm}, Dicke an der Mundöffnung 20^{mm}, Höhe der Mundöffnung von der Naht 14^{mm}, in der Windungsebene 8^{mm}. Der Mundsaum gleicht dem von *A. Gervilli,* ohne indess einen so hohen Wulst zu tragen.

Von *Amm. Brogniarti* unterscheidet sich die vorliegende Art durch bedeutendere Grösse, die Art der Ausschnürung und einen weiteren Nabel, von *A. polyschides* durch engeren Nabel und weit geringere Grösse, von *A. Gervilli* durch weit engeren Nabel und aufgeblähtere Form.

Quenstedt's Figur: Ceph. tb. 15, f. 11, könnte auch möglicher Weise zu *A. evolvescens* gehören, da namentlich die Seitenansicht einigermassen an genannte Art erinnert, doch lässt sich dies bei einer Zeichnung, ohne das Original verglichen zu haben, schwer beurtheilen.

Amm. evolvescens gehört den Humphriesianus-Schichten an, und liegt in denselben in ziemlicher Häufigkeit zu Mesnil-Louvigny bei Caen, seltener sah ich ihn von Les Moutiers bei Bayeux. Von anderen Fundorten kenne ich die Art noch nicht mit Sicherheit.

Eine zweite Formenreihe bilden zwei andere Arten, nämlich *A. Gervilli* Sow. und *A. polymerus* n. sp. Sie zeichnen sich durch besonders weiten Nabel und weniger aufgeblähte Form aus, und nähern sich so der Gruppe der Coronaten.

Ammonites Gervilli Sowerby.

1817. *Amm. Gervilli* Sow.: M. C. II, pag. 189, tb. 184ª, f. 3.
1845. — *Brogniarti* (Sow.) Orb.: (pars) Pal. fr. Terr. jur. I, p. 403, tb. 137, f. 3, 4 (non f. 1, 2, 5, non Sow.).
1856. *Amm. Gervilli* (Sow.) Oppel: (pars) Juraform. p. 375, § 53. Nr. 36.

Die Orbigny'sche Abbildung giebt die Charaktere dieser Art am besten wieder. Ziemlich feine radiale Rippen, welche sich gegen den Rücken zu sehr regelmässig in 2 Aeste spalten, umgeben etwa 30 an Zahl den weiten ziemlich tief eingesenkten Nabel. Die Dicke der Windungen beträgt ungefähr die Hälfte des Gesammtdurchmessers. Die Wohnkammer schnürt sich nur sehr schwach aus und trägt an ihrem Ende einen Mundsaum, welcher mit einem dicken Wulst beginnt, dem eine flache, schön geschwungene Lippe folgt.

Den Horizont dieser Art kenne ich nicht genau, doch wird sie wahrscheinlich den Sauzei- oder Humphriesianus-Schichten angehören.

Ammonites polymerus Waagen n. sp.

1845. *Amm. Brogniarti* (Sow.) Orb.: (pars) Pal. fr. Terr. jur. I, p. 403, tb. 137, f. 1, 2 (non f. 3, 4, non Sow.).
1846. *Amm. Gervilli* (Sow.) Opp.: (pars) Juraform. p. 375, § 53, Nr. 36.
1859. — *Orbignyanus* Wright: Quart. Journ. Geolog. Soc. of London Proceed Apr. 1859, p. 23 (non Geinitz).

Ausgezeichnet charakterisirt durch Orbignys prächtige Abbildung, die indess etwas verkleinert zu sein scheint. Ein Exemplar von Niort, das ich besitze, hat 128^{mm} im Durchmesser. Weite des Nabels 59^{mm}, Dicke der letzten Windung an der Mundöffnung 34^{mm}, Höhe von der Naht 33^{mm}, in der Windungsebene 26^{mm}. Ganz anders gestalten sich die Verhältnisse, wenn man den äussersten Umgang, die Wohnkammer, hinweg schält und dann misst; dann beträgt für einen Durchmesser von 77^{mm} die Weite des Nabels 18^{mm}, Dicke des letzten Umganges 32^{mm}, Höhe desselben von der Naht 31^{mm}, in der Windungsebene 20^{mm}. Der Nabel ist von etwa 20 ziemlich feinen Rippen umgeben, welche sich gegen den Rücken zu in 3 — 4 Aeste spalten. Die Wohnkammer beträgt genau einen Umgang und schnürt sich sehr beträchtlich aus, doch beginnt sich bereits auf dem der Wohnkammer vorausgehenden Umgang eine schwache Ausschnürung bemerklich zu machen.

Junge Exemplare gleichen einigermassen den gleich grossen Individuen von *Amm. polyschides*, doch lassen sich die letzteren durch ihren engeren Nabel von ersteren unterscheiden. Von *A. Gervilli* weicht *A. polymerus* ab durch seine bedeutende Grösse, die weit stärkere Ausschnürung der Wohnkammer und die in viele Aeste zerfallenden Rippen. *Amm. Gervilli* und *Amm. polymerus* stehen sonach ungefähr in demselben Verhältnisse zu einander wie *Amm. Braikenridgi* und *Amm. Humphriesianus*.

Amm. polymerus gehört der Zone des *Amm. Sauzei* an, doch ist er im Ganzen sehr selten. Aus Deutschland kenne ich ihn noch nicht, aus Frankreich ist er mir von St. Vigor bei Bayeux (Calvados) und Niort (Deux-Sèvres) bekannt.

Eine dritte Formenreihe steht den Coronaten schon sehr nahe; *Amm. Sauzei* bildet den Typus.

Ammonites Sauzei Orbigny.

1845. *Amm. Sauzei* Orb.: Pal. fr. Terr. jur. I, p. 407, tb. 139.
1856. — — (Orb.) Oppel: Juraform. p. 375, § 53, Nr. 37.
1857. — *Gervilli* (Sow.) Quenst.: Jura p. 379 (pars), tb. 51, f. 7.

Diese Art ist durch Orbigny bereits so gut abgebildet und beschrieben, dass es zu seiner näheren Definirung keines Wortes mehr bedarf. Junge Exemplare sind zwar schwer von gleich grossen Stücken von *A. polyschides* zu unterscheiden, ausgewachsene Gehäuse beider Arten wird aber wohl Niemand verwechseln.

Amm. Sauzei nimmt allenthalben einen sehr bestimmten Horizont über *A. Sowerbyi* und unter *A. Humphriesianus* ein und ist auch geographisch ziemlich weit verbreitet. Ich kenne ihn aus Franken, aus Württemberg und den Hohenzollernschen Landen, wo er ziemlich häufig ist; aus schwarzen Thonen über *Inocer. polyplocus* von Dohnsen (Braunschweig); aus Frankreich führt ihn Orbigny von Bayeux, Niort, St. Maixent und Fontenay (Vendée), Oppel von Tennie (Sarthe) an.

Ammonites contractus Sowerby M. C. V. p. 162, tb. 500, f. 2. Eine zweifelhafte Art, welche vielleicht zu *A. Brocchi* zu stellen ist.

Ammonites Brocchi Sow. wurde bereits oben näher erörtert. Diese ganze Formenreihe zeichnet sich aus durch Knoten, ja selbst Dornen auf den seitlichen Rippen, durch mässig weiten Nabel und ziemlich aufgeblähte Windungen.

Die hier angeführten Arten aus der Formengruppe des *A. Brogniarti* vertheilen sich nach den Horizonten:

Zone des Amm. Sowerbyi:
Amm. Brocchi Sow.

Zone des Amm. Sauzei:
Amm. meniscus Waagen
„ *polyschides* Waagen
„ *polymerus* Waagen
„ *Sauzei* Orbigny.

Zone des Amm. Humphriesianus:
Amm. evolvescens Waagen
? „ *Gervilli* Sow.

Zone des Amm. Parkinsoni:
Amm. Brogniarti Sow.

Die Gruppe erreicht also nach dem augenblicklichen Stand unserer Kenntnisse in der Zone des *A. Sauzei* ihre mannigfaltigste Entwicklung. Eine definitive Entscheidung hierüber ist vor der Hand noch nicht möglich, da, nach einzelnen Bruchstücken und Exemplaren, die ich in verschiedenen Sammlungen in Frankreich, England oder Norddeutschland sah, bei der oben gegebenen Aufzählung noch Vieles, was noch da und dort vorkommt, übergangen worden ist, und vernachlässigt werden musste. Bei der Seltenheit solcher Vorkommnisse erlaubt eben das bis jetzt bekannt gewordene Material noch kein näheres Eingehen.

---

38. Ammonites cf. amplus Oppel.

1862. *Amm. amplus* Opp.: Pal. Mitth. p. 145, tb. 45, f. 1 a. b. u. f. 2.

Die Zone des *Amm. Sowerbyi* der Schambelen bei Baden im Canton Aargau, so wie das Fer de la Roche-Pourrie Marcou's der Umgegend von Salins haben einen Ammoniten zur Gruppe des *A. fimbriatus* gehörig geliefert, welchen ich einstweilen als *Amm. cf. amplus* bezeichne. Das vorhandene Material reicht nicht hin, mich mit Bestimmtheit über die Benennung dieser Art zu entscheiden.

39. Aptychus crassilabrum Waagen n. sp.

Ich erhielt von Herrn Oekonom Wittlinger in Heiningen ein Bruchstück eines Aptychus, aus den Knollenlagern der Zone des *Amm. Sowerbyi* von Gingen stammend, welches dem *Apt. crassicauda* Quenst. (Jura tb. 77, f. 9) ganz ausserordentlich ähnlich sieht. Es gehört zur Gruppe des *Apt. lamellosus*, doch verschwinden die Falten beinahe gänzlich auf dem förmlich monströs verdickten Unterende. Die Poren sind indess bei diesem Stück auch auf dem verdickten Theile noch mit freiem Auge deutlich zu sehen. Die Falten machen in ihrem Verlaufe nach unten ein starkes Knie, sich fast horizontal gegen die Medianlinie wendend.

Welchem Ammoniten dieser Aptychus angehört haben möge, ist mir durchaus unbekannt.

40. Peltarion densitesta Waagen n. sp.

Tab. 27 (IV), f. 3, 4 a. b. c. d. e.

Wahrscheinlich ist die Stellung, wie ich sie in f. 3 u. 4 diesem Körper gegeben habe, die richtige. Fig. 4 b stellt dann die Vorderseite, 4 a die Rückseite, 4 c die Ansicht von oben, 4 d jene von unten, 4 e endlich die Ansicht von der Seite dieses Rückenschildes eines nackten Cephalopoden dar.

Die Art steht dem *Pelt. Moreausi* Desl. am nächsten, unterscheidet sich aber durch weniger in die Länge gezogene Form, und die beiden Protuberanzen (f. 4 d) an der Rückseite des untern Theiles des Schildes.

Ein Exemplar aus der Zone des *A. Sowerbyi* von Gingen.

41. Chemnitzia sp. indet.

Steinkerne von Chemnitzien fand ich in der Zone des *Amm. Sowerbyi* an verschiedenen Punkten Württembergs, so wie bei Pommer am Hetzlas (Franken). Doch lassen dieselben keine specifische Bestimmung zu.

42. Acteonina variabilis Brauns.

1864. *Act. variabilis* Brauns: Hilsm. p. 37, tb. 5, f. 13.

Scheint in Norddeutschland aus der Zone der *Trig. navis* hier herauf fortzusetzen. Zone des *Amm. Sowerbyi* von Wentzen am Hils (Braunschweig).

43. Acteonina cf. Sedgevici Phillips sp.

1829. *Auricula Sedgevici* Phill.: Geol. Yorksh., tb. 11, f. 23.

Es liegen mir ein Paar Exemplare einer kleinen Acteonina aus den

Sowerbyi-Schichten von Wentzen am Hils vor, welche wohl zu dieser Art zu zählen sein werden. Brauns citirt sie als *Act. subglobosa*.

44. **Natica adducta** Phillips.

1829. *Nat. adducta* Phill.: Geol. Yorksh. II, p. 157, tb. 11, f. 35.

Wird von Morris aus dem Lower Trigonia Grit der Umgegend von Cheltenham angeführt. Sie scheint in der Zone des *A. Murchisonae* zu beginnen und in höhere Schichten fortzusetzen.

45. **Monodonta cf. laevigata** Sowerby.

1818. *Nerita laevigata* Sow.: M. C. III, p. 31, tb. 217, f. 1.

Ich erhielt aus den Sowerbyi-Schichten der Normandie so wie aus Schichten ähnlichen Alters der Küste von Dorsetshire eine kleine Schnecke, welche wohl diesen Namen verdient. Morris führt die Art aus der Zone des *A. Sowerbyi* von Cheltenham an.

46. **Turbo** sp. indet.

In den Schichten des *Amm. Sowerbyi* von Pommer am Hetzlas sammelte ich ein Exemplar eines ächten Turbo, welcher, wie es scheint, mit keiner bis jetzt bekannten Art stimmt; indess ist das Material zu gering, um etwas Neues daraus zu machen und einen Namen zu geben.

47. **Cirrhus nodosus** Sowerby.

1818. *Cirrh. nodosus* Sow.: M. C. III, p. 35, tb. 219, f. 1, 2, 4.

Findet sich in der Zone des *Amm. Sowerbyi* von Dundry (Somersetshire) und Frick (Canton Aargau).

48. **Pleurotomaria Agathis** Deslongchamps.

1848. *Pl. Agathis* Desl.: Mém. Soc. Linn. de Norm. VIII, p. 139, tb. 13, f. 8.
1854. *Pl. Agathis* (Desl.) Orb.: Pal. fr. Terr. jur. II, p. 509, tb. 398, f. 7—9.

Eine ziemlich verbreitete Art der Zone des *Amm. Sowerbyi*. Ich kenne sie von Pommer bei Erlangen (Franken), Gingen (Württemberg), Schambelen (Canton Aargau).

49. **Pleurotomaria fasciata** Sowerby.

1818. *Troch. fasciatus* Sow.: M. C. III, p. 87, tb. 220, f. 1.

Einige von den Steinkernen von Pleurotomarien, welche in Württemberg in der Zone des *Amm. Sowerbyi* vorkommen, mögen zu dieser Art gehören. Beschalte Exemplare finden sich in der Zone des *A. Sowerbyi* zu Cheltenham und Dundry. Geht vielleicht auch höher.

50. 51. **Pleurotomaria** 2 unbestimmte Arten.

Bei Gingen finden sich Steinkerne von Pleurotomarien, auf denen hie und da noch Spuren von Schale erhalten sind. Eine Art ist enggenabelt und erinnert an *Pl. subfasciata* Orb., während die andere, weit genabelt und mit kurzer Spindel, eher die Form von *Pl. Actaea* Orb. ins Gedächtniss ruft.

52. **Trochotoma carinata** Lycett.

1857. *Trochot. carinata* Lyc.: The Coteswold Hills, p. 159, tb. 4, f. 5.

Zone des *Amm Sowerbyi* von Ravensgate Hill bei Cheltenham (Gloucestershire).

53. **Trochus cf. ornatissimus** Orbigny.

1852. *Troch. ornatissimus* Orb.: Pal. Fr. Terr. jur. II, tb. 312, f. 5—8.

Zone des *Amm. Sowerbyi* der Schambelen im Canton Aargau.

54. **Alaria Lotharingica** Schlumberger.

1865. *Alaria Lotharingica* Schlumb.: Bull. Soc. Linn. de Normandie IX, Sep. p. 3, tb. VI, f. 1, 2, 3.

Zone des *Amm. Sowerbyi* von Forêt de Haie bei Nancy (Meurthe), sonst noch nicht bekannt.

55. **Alaria Roubaleti** Schlumberger.

1865. *Alaria Roubaleti* Schlumb.: Bull. Soc. Linn. de Normandie IX, Sep. p. 4, tb. VI, f. 4, 5, 6.

Zone des *Amm. Sowerbyi* von Forêt de Haye bei Nancy (Meurthe), sonst noch nicht bekannt.

56. **Alaria rarispina** Schlumberger.

1865. *Alaria rarispina* Schlumb.: Bull. Soc. Linn. de Normandie IX, Sep. p. 5, tb. VI, f. 7, 8, 9.

Zone des *Amm. Sowerbyi* von Forêt de Haye bei Nancy (Meurthe), sonst noch nicht bekannt.

57. **Alaria** sp. indet.

In den Sowerbyi-Schichten der Schambelen im Canton Aargau sammelte ich eine Alarie, welche mit keiner bis jetzt bekannten Art vollständig übereinzustimmen scheint. Die Umgänge glatt mit hohem scharfem Kiel, Flügel nicht bekannt. Es bleibt weiteren Erfunden vorbehalten, die Art festzustellen und abzugrenzen.

58. **Eucyclus Bathis** Orbigny sp.

1850. *Turbo Bathis* Orb.: Prodr. I, p. 266.
1853. *Purpurina Bathis* Orb.: Pal. fr. Terr. jur. II, tb. 330, f. 6—8.

Eine in ihrer Form sehr charakteristische Art, welche eine ziemlich grosse Verbreitung besitzt. Ich kenne sie aus der Zone des *A. Sowerbyi* vom Hetzlas bei Erlangen (Franken), Gingen an der Vils (Württemberg), von den Schambelen bei Baden (Canton Aargau), Orbigny führt sie an von Fontenay (Vendée), Nantua (Ain), St. Maixent und Niort (Deux-Sèvres).

59. **Eucyclus Centurio** Münster sp.

1844. *Turbo Centurio* Münst. in Gdf. Petref. Germ. III, p. 98, tb. 94, f. 7.

Steht der vorhergehenden Art ziemlich nahe, besitzt aber ein kürzeres Gewinde und weniger scharfe Skulptur.

Selten in der Zone des *Amm. Sowerbyi* in Franken, ich sammelte die Art bei Pommer am Hetzlas, Goldfuss führt sie von Gräfenberg an.

60. **Purpurina Sowerbyi** Waagen n. sp.

Tab. 28 (V), f. 3, 4 a. b. c.

Eine äusserst zierliche Art, welche der *P. condensata* Desl. ziemlich nahe steht.

Die Höhe des Gehäuses beträgt 13^{mm}, die Höhe des letzten Umganges 9^{mm}, die Dicke des ganzen Gehäuses 11^{mm}, Breite des letzten Umganges an der Mundöffnung 6^{mm}. Die letzte Windung ist von etwa 20 Längsfalten bedeckt, welche von dicken Querfalten, ungefähr 18 auf dem Umgang, in der unteren Hälfte, von der Naht aufwärts steigend, durchkreuzt werden; sie beginnen an der Kante der Windung mit einem ausgeprägten Knoten. Das Gehäuse trägt einen engen, aber deutlichen und tiefen Nabel.

Von *P. condensata* unterscheidet sich die Art durch kürzeres Gewinde und aufgeblähtere Umgänge.

Ich kenne nur das abgebildete Exemplar, das aus der Zone des *Amm. Sowerbyi* von Gingen (Württemberg) stammt.

61. **Cerithium cf. flexuosum** Münster.

Tab. 29 (VI), f. 2.

1844. *Cer. flexuosum* Mnst. in Gdf. Petref. Germ. III, p. 33, tb. 173, f. 15.

Eine dem *Cer. flexuosum* nahe stehende Art, welche mir in einem Exemplare von Gingen vorliegt, habe ich abbilden lassen, um auf die Form aufmerksam zu machen. Es besitzt weniger runde Umgänge und stärkere und deutlicher gekörnte Querrippen als die genannte Art.

62. **Cerithium** sp. indet.

An verschiedenen Localitäten finden sich noch einige Arten von Cerithien, die indess noch nicht näher untersucht sind. Mir fehlt das hinreichende Material, um über dieselben etwas zu entscheiden.

63. **Rocellaria** sp.

Einige von den in den sandig-kalkigen Knollen von Gingen sich findenden Bohrlöchern scheinen, ihrer eigenthümlichen Form zufolge, von bisher Gasterochänen genannten Muscheln herzurühren.

64. **Ceromya Orbignyana** Oppel.

1856. *Cer. Orbignyana* Opp.: Juraform. p. 397, § 53, Nr. 110.

Die Muschel, ursprünglich von Oppel von Conlie (Sarthe) beschrieben, findet sich genau eben so wieder in Württemberg, doch ist sie in unsern Jurabildungen sehr selten. Zone des *A. Sowerbyi* von Gingen (Württemberg) (2 Exemplare) und Conlie (Sarthe).

65. **Pleuromya elongata** Goldfuss sp.

1838. *Lutraria elongata* Gdf.: Petref. Germ. II, p. 258, tb. 153, f. 4.
1845. *Pleuromya elongata* (Gdf.) Agass.: Myes, p. 244, tb. 27, f. 3—8.

Beschränkt sich nicht auf eine einzelne Schicht, sondern geht wahrscheinlich bis in die Zone des *Amm. Parkinsoni* hinauf. Nicht sehr häufig. Zone des *A. Sowerbyi* von Gingen (Württemberg), La Roche-Pourrie bei Salins (Jura), Ravensgate Hill bei Cheltenham (Gloucestershire).

66. **Pleuromya tenuistria** Goldfuss sp.

1838. *Lutraria tenuistria* Gdf.: Petref. Germ. II, p. 257, tb. 153, f. 2.
1845. *Pleuromya tenuistria* (Gdf.) Agass.: Myes, p. 243, tb. 24.

Geht durch den ganzen mittleren Dogger; es bieten eben Formen wie diese nur äusserst wenig Anhaltspunkte zur Unterscheidung von Arten, so dass man die Vorkommnisse der einzelnen über einander folgenden Schichten zusammenwerfen muss.

Fast überall häufig in der Zone des *A. Sowerbyi* Gingen (Württemberg), Jungingen (Hohenzollern), Aselfingen (Baden), Longwy (Moselle), Tennie (Sarthe), Ravensgate Hill bei Cheltenham (Gloucestershire).

67. **Pleuromya exarata** Brauns.

1864. *Gresslya donaciformis* (Gdf.) Seebach: Hannov. Jura, p. 129 (non Amphidesm. donaciforme Phill., Gdf.?).

1864. *Pleuromya exarata* Brauns: Stratigr. und Palaeontogr. d. Hilsmulde, p. 49, tb. 5, f. 20, 21.

Ist sicher keine Gresslya, da ihr die charakteristische Leiste vollständig fehlt. Es ist eine dem norddeutschen Meeresbecken, wie es scheint, eigenthümliche Art, indem sie bis jetzt noch aus keinem andern Becken nachgewiesen wurde.

Zone des *A. Sowerbyi* von Wentzen und Dohnsen (Braunschweig).

68. **Homomya gigantea** Waagen n. sp.

Tab. 30 (VII), f. 1 a. b.

1856. *Pholadom. gibbosa* (Sow.) Oppel: Juraform. p. 395 (§ 53, Nr. 102) (non Mactra gibbosa Sow.).

Eine grosse und schöne Muschel, welche zufolge ihrer charakteristischen Form als leitend gelten kann für die Zone des *Amm. Sowerbyi.* Sie steht der *Homom. crassiuscula* Lyc. ziemlich nahe, und wird deshalb auch, wie es scheint, in der Literatur öfter mit ihr verwechselt, dennoch lässt sie sich leicht unterscheiden, und einmal definirt, stets wieder erkennen.

Die Grösse der Art ist verschieden und die Exemplare bleiben sehr häufig hierin hinter der Abbildung zurück. Manche werden aber auch grösser wie das der verkleinerten Abbildung zu Grunde liegende Stück, das $0^{m},146$ in der Länge erreicht. Die Art unterscheidet sich von *Homom. crassiuscula* durch plumpere und gedrungenere Form.

Ziemlich selten in der Zone des *Amm. Sowerbyi* von Gingen, sonst von Roche-Pourrie bei Salins (Jura) und wahrscheinlich auch von Ravensgate Hill bei Cheltenham (Gloucestershire).

Geht vielleicht auch noch in die Zone des *Amm. Sauzei* hinauf.

69. **Pholadomya transversa** Seebach.

1864. *Phol. transversa* Seebach: Hannov. Jura, p. 126, tb. 5, f. 2 a. b.

Schöne Art, bisher nur aus Norddeutschland bekannt, dort in der Zone des *Amm. Sowerbyi* von Ocker (Harz, Nordrand), Wentzen und Dohnsen (Hils, Braunschweig).

70. **Pholadomya fidicula** J. Sowerby.

1819. *Lutraria lyrata* Sow.: M. C. III, p. 47, tb. 225.

1827. *Pholadom. fidicula* J. Sow.: M. C. VI, p. 86.

In so tiefen Schichten ist diese Art in unserem süddeutschen Jura noch ziemlich selten. Es ist nicht die Form, die Agassiz *Pholadom. Zieteni* nennt, sondern sie nähert sich mehr der ächten *Ph. fidicula.*

Zone des *Amm. Sowerbyi* von Gingen, Altenstadt und Gossheim (Württemberg), Vögisheim (Baden), Roche-Pourrie bei Salins (Jura), Flacé bei Macon (Saône-et-Loire), Longwy (Moselle), Tennie (Sarthe), Ravensgate Hill bei Cheltenham (Gloucestershire).

71. Pholadomya perovalis Waagen n. sp.

1833. *Pholadom. ovalis* (Sow.) Ziet: Verst. Württemb., p. 87, tb. 65, f. 3 (non Sowerby).

1858. — — (Ziet) Quenst.: Jura, p. 452, tb. 62, f. 6 (non Sowerby).

Die Abbildungen von Zieten wie von Quenstedt sind beide gut. Die Muschel gehört zur Gruppe der Agassiz'schen Ovales, und steht wohl der *Ph. ovulum* Agass. am nächsten, unterscheidet sich aber von dieser durch gerundetere Rippen, über welche schwache concentrische Runzeln hinlaufen, wodurch dieselben gewissermassen geknotet erscheinen. Die Anwachsstreifen sind äusserst schwach, kaum bemerkbar.

Die Art gehört den Schichten von der Zone des *Amm. Sowerbyi* bis zu der Zone des *Amm. Parkinsoni* an, ist aber nirgends häufig. Zone des *Amm. Sowerbyi* von Gingen (Württemberg) und Aselfingen (Baden). Auch das, was Wright als *Phol. ovulum* aus dem Lower Trigona Grit von Cheltenham anführt, wird wahrscheinlich unsere Art sein.

72. Pholadomya Wittlingeri Waagen n. sp.

Pholadom. Heraulti versch. Aut.

Mittelgrosse Form, welche zur Gruppe der Pholadomyes buccardiennes réticulées von Agassiz gehört. Sie steht der *Pholadomya Murchisoni* Gdf. und *Phol. Heraulti* Agass. am nächsten, unterscheidet sich aber durch die constante Anzahl von 10 Rippen hinlänglich von der höher liegenden Form, welche stets weniger Rippen zeigt.

Die Rippen sind ziemlich grob geknotet, die concentrischen Falten ebenfalls ziemlich grob. Zwei von ersteren, welche durch einen breiteren Zwischenraum von den übrigen getrennt sind, stehen auf der vorderen Fläche. Die dritte Rippe befindet sich auf der grössten Wölbung der Schale, ihr folgen nach und nach schwächer gegen hinten verlaufend die übrigen sieben. Sämmtliche Rippen sind nicht scharf, sondern gerundet.

Herrn Oekonom Wittlinger in Heiningen bei Göppingen (Württemberg), der sich durch jahrelanges Aufsammeln der Reste aus der Zone des *Amm. Sowerbyi* verdient gemacht hat, zu Ehren benannt.

Zone des *Amm. Sowerbyi* von Gingen, Altenstadt und Gegend von Balingen (Württemberg), Les Rangiers (Canton Bern), häufig bei Tennie (Sarthe).

73. Pholadomya Greenensis Brauns.

1866. *Phol. Greenensis* Br.: Nachtr., p. 8 (z. Th.), tb. I, f. 14—16 (non Phol. decorata Gdf.).

Es scheint mir nicht der Fall zu sein, dass das von Brauns abgebildete Exemplar mit *Phol. decorata* Gdf. übereinstimmt, wesshalb ich letztere als *Phol. contracta* abtrenne.

Zone des *A. Sowerbyi* (?) von Greene (Braunschweig). (Stammt vielleicht aus der Zone der *Trig. navis.*)

74. Pholadomya contracta Waagen n. sp.

1838. *Phol. decorata* Gdf.: Petref. Germ. II, p. 266, tb. 155, f. 3 (non Hartmann).
1864. — — (Gdf.) Seebach: Hannov. Jura, p. 127.

Unterscheidet sich von *Phol. decorata*, mit welcher sie Goldfuss vereinigt hat, durch gröbere und nicht scharfe Rippen und etwas gröbere concentrische Runzeln, während bei *Phol. decorata* die Rippen scharf und dachförmig und mit viel feineren Knötchen als bei unserer Art besetzt erscheinen.

Zone des *A. Sowerbyi* von Wentzen und Dohnsen (Braunschweig), Lübbecke und Vossberg bei Osnabrück (Preussen), Gräfenberg (Franken), Gingen (Württemberg).

75. Goniomya Duboisi Agassiz.

1842. *Gon. Dubois* Ag.: Myes, p. 12, tb. 1ᵃ, f. 2—12.
1856. — — (Ag.) Oppel: Juraform. p. 395, § 53, Nr. 104.

Beginnt, jedoch selten, in der Zone des *Amm. Sowerbyi*; Oppel citirt sie aus der Zone des *Amm. Sauzei* von Hohenzollern.

Zone des *Amm. Sowerbyi* von Gingen (Württemberg), Longwy (Moselle), Bayeux (Calvados), Dohnsen (Braunschweig).

76. Gresslya latirostris Agassiz.

1845. *Gressl. latirostris* A.: Myes, p. 212, tb. 13ᵃ, f. 8—13.

Wird zwar von Agassiz aus der Zone des *Amm. Parkinsoni* (Marnes à Ostr. acuminata) angegeben, indess stimmt die mir vorliegende Form so sehr mit dieser Art überein, dass ich keinen andern Namen anwenden kann. Die Form der Sowerbyi-Zone erreicht meist nicht ganz dieselbe Grösse als die von Agassiz gezeichneten Exemplare. Die Schale ist mit feinen, nur bei stärkerer Vergrösserung erkennbaren Radialstreifen bedeckt.

In der Zone des *Amm. Sowerbyi* beinahe überall häufig: Gingen, Altenstadt, Gossheim (Württemberg), Aselfingen, Freiburg (Baden), Betzenau (Canton Aargau), Roche Pourrie bei Salins (Jura), Longwy (Moselle), Tennie (Sarthe), Ravensgate Hill bei Cheltenham (Gloucestershire).

77. **Gresslya gregaria** Roemer sp.

1836. *Lutraria gregaria* Roem.: Ool. p. 124, tb. 8, f. 11.

Seebach vereinigt zwar diese Art mit *Gr. abducta* Phill. aus den Opalinusthonen, doch erscheint die tiefere Form so constant höher und kürzer als die vorliegende, dass man mit ziemlicher Sicherheit beide Arten auseinander halten kann.

Gr. gregaria ist etwas seltener in der Zone des *Amm. Sowerbyi* als die vorher gehende Art; ich kenne sie von Gingen (Württemberg), Aselfingen und Freiburg (Baden), Wentzen am Hils (Braunschweig). Das was in der Literatur als *Gr. abducta* aus diesen Schichten angeführt wird, ist wahrscheinlich ebenfalls hieher zu rechnen.

78. **Leda cf. Deslongchampsi** Oppel.

1856. *Leda Deslongchampsi* Opp.: Juraform. p. 398, § 53, Nr. 115.

In der Zone des *A. Sowerbyi* von Wentzen und Dohnsen kommen nicht sehr selten die Kieskerne kleiner Leden vor, welche wahrscheinlich zu *Leda Deslongchampsi* zu zählen sind. Auch in den Thonen, welche in Württemberg und in Franken die Zone begleiten, finden sich hie und da Exemplare, vermuthlich zu dieser Art gehörig: Pommer (Franken), Gingen, Gossheim (Württemberg), Wentzen und Dohnsen (Braunschweig).

79. **Leda cf. Delila** Orbigny.

1850. *Leda Delila* Orb.: Prodr. I, p. 253 (IX, Nr. 179).

Ist mir bis jetzt nur aus Norddeutschland von Wentzen und Dohnsen bekannt. Brauns citirt sie als *Leda aequilatera* Koch und Dunk.

80. **Nucula Aalensis** Oppel.

1856. *Nuc. Aalensis* Opp.: Juraform. p. 399, § 53, Nr. 120.

Kommt sehr selten in den die Zone des *Amm. Sowerbyi* von den Murchisonae-Schichten trennenden Thonen in Württemberg vor, und unterscheidet sich von der folgenden durch stets geringere Grösse und etwas gedrungenere Form. Gingen, Gossheim (Württemberg), Pommer (Franken).

81. **Nucula cf. Hammeri** Defrance.

1825. *Nuc. Hammeri* Defr.: Dict. 35, 217.
1837. — *ovalis* Gdf.: Petref. Germ. II, p. 154, tb. 125, f. 2, 3.
1856. — *Hammeri* (Defr.) Opp.: Juraform. p. 399.
1864. — — (Defr.) Brauns: Hilsm., p. 50.

Es liegen mir nur norddeutsche Exemplare dieser Art vor, und es scheint, dass nur dort diese Art in so hohen Schichten noch vorkommt, doch ist sie hier häufig bei Wentzen und Dohnsen.

82. **Nucula cf. subglobosa** Roemer.

1836. *Nuc. subglobosa* Roem.: Ool., p. 99, tb. 6, f. 7.
1864. — — (Rem.) Brauns: Hilsm., p. 50.

Ist bei Wentzen in der Zone des *Amm. Sowerbyi* etwas seltener als die vorige. Von andern Fundorten ist sie mir noch nicht bekannt.

83. **Tancredia donaciformis** Lycett.

1850. *Tancr. donaciformis* Lycett., Ann. nat. hist.
1853. *Hettangia Dionvillensis* Terqu.: Bull. soc. géol. de France, X, p. 375, tb. 1, f. 1—4.

Setzt an einzelnen Localitäten aus der Zone des *A. Murchisonae* hier herauf fort.

Zone des *Amm. Sowerbyi* von Weismain, Grossenbuch und Pommer (Franken), Tennie (Sarthe), Ravensgate Hill bei Cheltenham (Gloucestershire).

84. **Quenstedtia oblita** Phillips sp.

1829. *Pullastra oblita* Phill.: Yorksh., tb. 11, f. 15.
1854. *Quenstedtia oblita* Monr. & Lyc.: Gr. ool. II, tb. 9, f. 4 a. b. u. tb. 15, f. 12.

Sehr selten in der Zone des *Amm. Sowerbyi*. Bis jetzt bekannt von Wentzen (Braunschweig) und Ravensgate Hill bei Cheltenham (Gloucestershire).

85. **Corbula obscura** J. Sowerby.

1827. *Corb. obscura* J. Sow.: M. C. VI, p. 140, tb. 572, f. 5.
1856. — — (Sow.) Opp.: Juraform. p. 402.

Ich fand diese Muschel nur in Franken in der Zone des *A. Sowerbyi* bei Grossenbuch und Pommer am Hetzlas (Franken).

86. Corbula cucullaeformis Dunker.

1837. *Corb. cucullaeformis* Dunk.: Beitr., p. 31, tb. 2, f. 6.
1856. — — (Dunk) Opp.: Juraform. p. 402.

Beginnt bereits in der Zone der *Trig. navis* und setzt bis in die Bathgruppe fort. Sie scheint im Unteroolith dem Norddeutschen Meeresbecken eigenthümlich zu sein. Ich erhielt sie aus der Zone des *Amm. Sowerbyi* von Wentzen und Dohnsen (Braunschweig).

87. Opis cordiformis Lycett.

1857. *Opis cordiformis* Lyc.: The Cetteswold Hills, p. 128, tb. 4, f. 2 a. b. c.

Zone des *Amm. Sowerbyi* von Ravensgate Hill bei Cheltenham (Gloucestershire).

88. Astarte Aalensis Oppel.

1856. *Ast. Aalensis* Opp.: Juraform. p. 404 (§ 53 Nr. 136).

Geht in Franken hie und da in die Zone *Amm. Sowerbyi* hinauf, ist indess hier ziemlich selten. Grossenbuch bei Erlangen (Franken).

89. Astarte elegans Sowerby.

1816. *Astarte elegans* Sow.: M. C. II, p. 86, tb. 137, f. 3.
1829. — — (Sow.) Phill.: Yorksh., tb. 11, f. 41.
1837. — — (Sow.) Gdf.: Petref. Germ. II, p. 191, tb. 134, f. 12.

Eine in der Zone des *Amm. Sowerbyi* sehr verbreitete Muschel, welche nur viel seltener in den Murchisonae-Schichten auftritt. Ich kenne sie aus ersterer Zone von Weismain, Grossenbuch und Pommer (Franken), Gingen, Altenstadt (Württemberg), Schambelen bei Baden (Aargau), Freiburg (Baden), Longwy etc. (Moselle), Ravensgate Hill bei Cheltenham (Gloucestershire).

90. Astarte excavata Sowerby.

1819. *Astarte excavata* Sow.: M. C. III, p. 57, tb. 233.
1856. — — (Sow.) Opp.: Juraform. p. 403.

Diese Art erreicht ihre Hauptentwicklung erst in der Zone des *Amm. Sowerbyi*, wenn auch an einigen Localitäten schon die Zone des *A. Murchisonae* hie und da ein Exemplar geliefert hat. In der Zone des *Amm. Sowerbyi* findet sie sich zu Beggingen (Baden), Miotte bei Belfort (Haut-Rhin), Roche Pourrie bei Salins (Jura), Longwy, St. Quentin (Moselle), Tennie (Sarthe), Ravensgate Hill bei Cheltenham (Gloucestershire).

91. Astarte cf. polita F. Roemer.

1842. *Astarte polita* F. Roem.: De Ast. gen., p. 19, tb. I, f. 6.

Eine dieser Art nahestehende Form, welche indess etwas bedeutendere Dimensionen erreicht, findet sich nicht selten in der Zone des *A. Sowerbyi* bei Pommer (Franken).

92. Cypricardia cordiformis Deshayes.

1838. *Cypricard. cordiformis* Desh.: Trait. élém., tb. 24, f. 12, 13.

Scheint bereits in der Zone des *A. Murchisonae* zu beginnen, hat aber ihr Hauptlager in der Zone des *A. Humphriesianus*.

Zone des *A. Sowerbyi* von Cheltenham.

93. Cypricardia franconica Waagen n. sp.

Tab. 31 (VIII), f. 6.

Eine hübsche kleine Art, welche in der Zone des *Amm. Sowerbyi* in Franken nicht übermässig selten vorkommt. Die allgemeine Form ist länglich oval; vom Wirbel nach hinten und unten zieht sich eine ziemlich scharfe Kante, welche an der hintern Seite ein dreieckiges Feld abgrenzt. Die Oberfläche der Schale ist von feinen concentrischen Runzeln bedeckt. Von *Cypricard. cordiformis* unterscheidet sich diese Art durch geringere Grösse und weniger langgestreckte Form.

In der Zone des *Amm. Sowerbyi* von Pommer und Grossenbuch bei Erlangen (Franken), sonst noch nicht bekannt.

94. Trigonia Goldfussi Agassiz.

1837. *Trig. litterata* Goldf.: Petref. Germ. II, p. 200, tb. 136, f. 5 a. b. d. f. u. g. (non c u. e) (non Phillips).

1840. *Trig. Goldfussi* Agass.: Etudes crit. Trigonies, p. 24.

In Franken ziemlich häufig in der Zone des *Amm. Sowerbyi*, in anderen Gegenden indess selten. Ich sammelte sie bei Weismain und Grossenbuch, Goldfuss gibt sie an von Pegnitz und Gräfenberg in Franken; ich kenne sie ausserdem noch von Aselfingen (Baden) und der Umgegend von Metz (Moselle).

95. Trigonia formosa Lycett.

1837. *Lyrodon striatum* Gdf.: Petref. Germ. II, p. 201, tb. 137, f. 2 (non Sowerby).

1859. *Trig. formosa* Lycett: Quart. Journ. geol. Soc. London, Proc. Apr. p. 41.

Die der *Trig. striata* nahe stehende Form der Zone des *A. Sowerbyi* hat Lycett neu benannt. Man findet die Art häufig, doch habe ich sie im Text noch als *Trig. striata* angeführt, da sich bei den in der Literatur angeführten Vorkommnissen nicht entscheiden lässt, zu welcher Art sie wirklich zu zählen seien.

Die von mir in Franken gesammelten Stücke, von der Form der *Trig. striata* gehören indess sicher zu der Lycett'schen Art; sonst Ravensgate Hill bei Cheltenham.

96. **Trigonia trigona** Waagen n. sp.

Tab. 29 (VI), f. 3 a. b.

Zur Gruppe der litteraten Trigonien gehörig. Form deutlich dreieckig, nach hinten stark verlängert; Arealraum schmal, gewölbt, nicht dachförmig, mit dichten Anwachsstreifen bedeckt, über die sich zwei radiale Reihen feiner Knötchen hinziehen. Die den Arealraum von der übrigen Schale trennende Kante nicht scharf, sondern gerundet mit Knoten besetzt. Der Haupttheil der Schale ist mit geknoteten Rippen geziert, deren Verlauf sehr charakteristisch erscheint. Von der Arealkante nach abwärts und etwas nach hinten gerichtet erstreckt sich ein kleiner Wulst oder ein in die Länge gezogener Knoten, von dem aus sich die eigentliche geknotete Rippe von hinten nach vorn fortsetzt. Gegen den vordern Rand erleidet die Knotenreihe noch eine Biegung, indem sie sich, in eine scharfe dachförmige Falte übergehend, in einem stumpfen Winkel nach unten und vorn wendet. Bei den nach hinten zu gelegenen Rippen verliert sich die zweite Biegung und die Knotenreihen verlaufen parallel mit dem Unterrand.

Das abgebildete Exemplar stammt von Gingen und hat eine Länge von 97^{mm}, Höhe 60^{mm}, Dicke etwa 34^{mm}

Die Art gehört, so weit ich festzustellen vermochte, ausschliesslich der Zone des *A. Sowerbyi* an, ist aber sehr selten. Ich kenne nur das abgebildete Stück von Gingen und ein Exemplar von Weismain bei Kulmbach (Franken).

97. **Trigonia costata** Parkinson.

1818. *Trig. costata* Park. Sow.: M. C. I, p. 195, tb. 85.

Die ächte *Trig. costata* scheint mit der Zone des *Amm. Sowerbyi* zu beginnen; tiefer kenne ich sie noch nicht. Sie ist in dieser Region sehr verbreitet, doch nirgends häufig. Sie findet sich in der Zone des *Amm. Sowerbyi* von Pommer (Franken), Gingen, Jungingen, Gossheim (Württemberg), Vögisheim (Baden), Roche Pourrie bei Salins (Jura), Ravensgate Hill bei Cheltenham (Gloucestershire).

98. **Trigonia** spec. indet.

Eine der *Trig. costata* ziemlich nahe stehende, sich jedoch von dieser durch eine bedeutendere Anzahl von Rippen unterscheidende Trigonia kommt nicht selten in der Zone des *Amm. Sowerbyi* an verschiedenen Localitäten vor. Die mir zu Gebote stehenden Stücke sind nicht hinlänglich gut erhalten, um eine neue Art darauf zu begründen.

Zone des *Amm. Sowerbyi* von Pommer (Franken), Gingen (Württemberg), Betzenau (Aargau).

99. **Lucina Wrighti** Oppel.

1854. *Lucina Bellona* Morr. & Lyc.: Gr. Ool. p. 67 (pars) (non Orbigny).
— *lyrata* versch. Aut. (non Phill.)
1856. — *Wrighti* Opp.: Juraform. p. 409.

Zwar nur von einer einzigen Localität bekannt, und auch hier nur auf eine, wahrscheinlich die untersten Lagen der Zone vertretende Bildung (Fimbria Marl) beschränkt. Ich führe diese Muschel indess an wegen ihrer Schönheit, und als Prototyp höher liegender Arten.

Zone des *Amm. Sowerbyi* der Umgegend von Cheltenham.

100. **Lucina paradoxa** Waagen n. sp.

Tab. 31 (VIII) f. 5 a. b.

Gehört in die Nähe der *Lucina zonaria* von Quenstedt, mit der sie namentlich in der Art der Rippung recht gut übereinstimmt. Die Form ist indess total verschieden. Sie ist länger als breit, und was besonders auffallend, die Wirbel liegen weit nach hinten. Lunula schmal und sehr in die Länge gezogen, Arealraum kurz. Schale glatt mit entfernt stehenden, concentrischen, dünnen, hoch aufgerichteten Lamellen.

Zone des *Amm. Sowerbyi* von Gingen (3 Exemplare) und Wentzen (Braunschweig) überall nicht häufig.

101. **Lucina Gingensis** Waagen n. sp.

Steinkerne einer ziemlich grossen dreiseitigen Muschel, welche in ihren allgemeinen Umrissen viele Aehnlichkeit mit *Pronoe trigonellaris* zeigt. Dass sie indess nicht zur Gattung Pronoe gezählt werden dürfe, lehrt die grosse scharf begrenzte Lunula, welche die Muschel vor dem Wirbel trägt. Mit Schale versehen, möchte die Muschel wohl sehr an *Lucina plana* aus den Opalinus-Thonen erinnern; doch erreicht die vorliegende Art immer viel bedeutendere Dimensionen als erstere. Ein schwacher Eindruck läuft an der hinteren Seite vom Wirbel gegen den Unterrand des Steinkerns.

Mantel ohne Einschlag, Muskeleindrücke schwach, nur der vordere deutlich sichtbar. Länge 57^{mm}, Höhe 55^{mm}, Dicke 30^{mm}.

Mir bis jetzt nur von Gingen bekannt. Von dort erhielt ich nach und nach 11 Exemplare.

102. **Unicardium cf. depressum** Phillips sp.

1829. *Corbula depressa* Phill.: Yorksh. II, tb. 9, f. 16.
1854. *Unicardium depressum* Morr. & Lyc.: Gr. Ool. II, p. 133, tb. 14, f. 10.

Die Reste von Unicardien sind sehr selten in der Zone des *Amm. Sowerbyi*. Ich erhielt ein Stück von Gingen, das wahrscheinlich zu dieser Art gehören wird. Wright citirt die Art aus dem Lower Trigonia Grit der Umgegend von Cheltenham; auch bei Weismain in Franken kommt dieselbe vor.

103. **Protocardia striatula** Phillips sp.

1829. *Cardium striatulum* Phill.: Yorksh. II, tb. 11, f. 7.
1850. — *substriatulum* Orb.: Prodr. I, p. 279.

Selten. Zone des *A. Sowerbyi* von Pommer am Hetzlas (Franken) und Ravensgate Hill bei Cheltenham (Gloucestershire).

104. **Isocardia cordata** Buckmann.

1845. *Isocard. cordata* Buckm.: Murch. Geol. of Cheltenham, p. 98, tb. 7, f. 1.
1856. — — (Buckm.) Oppel: Juraform, p. 410.

Zone des *Amm. Sowerbyi* von Leckhampton-Hill und Ravensgate-Hill bei Cheltenham (Gloucestershire) und Tennie (Sarthe), sonst aus dieser Schicht noch nicht bekannt.

105. **Isocardia Aalensis** Quenstedt.

1852. *Isocard. concentrica* (Sow.) Quenstedt: Handb., p. 532, tb. 44, f. 28 (non Sow.).
1858. *Isocard. Aalensis* Quenst.: Jura, p. 360, tb. 49, f. 1.

Bei dieser Muschel tritt, wie so häufig in diesen Schichten im süddeutschen Meeresbecken, der eigenthümliche Fall ein, dass die Schale theilweise, vielleicht $^3/_4$ der ursprünglichen Dicke, fortgeführt wurde, so dass man dann keinen rechten Steinkern, aber auch keinen ächten Moul exterieur vor sich hat, wodurch die Beurtheilung solcher Stücke ausserordentlich erschwert wird. Schon Quenstedt, Jura, weist darauf hin.

Mein in solcher Weise erhaltenes Exemplar zeigt stellenweise undeutliche, eigenthümlich geschwungene Radialstreifen. Die Muschel ist äusserst selten in unserem Jura, ich kenne nur einige Stücke aus der Zone des

Amm. Sowerbyi von Aalen und Gingen; auch Quenstedt's Exemplar wird wahrscheinlich aus dieser Zone stammen.

106. Cucullaea cf. oblonga Sowerby.

1818. *Cucull. oblonga* Sow.: M. C. III, p. 206, f. 1, 2.

Mein Material reichte nicht hin, um mich zu überzeugen, ob die in der Zone des *Ammon. Sowerbyi* vorkommende Cucullaea, von der Form der oblonga, mit Bestimmtheit zu dieser Art zu stellen sei. Ich führe dieselbe daher als *Cucull. cf. oblonga* an. Verbreitet in der Zone des *A. Sowerbyi:* Gingen, Altenstadt (Württemberg), Roche Pourrie bei Salins (Jura), Cheveuge (Ardennes), Longwy, Umgegend von Metz (Moselle), Tennie (Sarthe), Ravensgate Hill bei Cheltenham (Gloucestershire).

107. Cucullaea Lycetti Oppel.

1829. *Cucull. cancellata* Phillips (pars): Yorksh., tb. 11, f. 44.
1856. *Arca Lycetti* Oppel: Juraform. p. 411.

Aus Süddeutschland kenne ich diese Art nicht in der Zone des *Amm. Sowerbyi*, in Norddeutschland dagegen setzt sie bis da hinauf fort. Es liegen mir einige Exemplare aus den Knollen mit *Inoceramus polyplocus* von Wentzen am Hils vor, welche ich nicht von dieser Art zu unterscheiden vermag.

108. Macrodon sp.

Ein sehr seltenes Vorkommen in der Zone des *Amm. Sowerbyi.* Ein Exemplar von Wentzen (Braunschweig), etwas häufiger bei Nancy und im Lower Trigonia grit der Umgegend von Cheltenham.

109. Pinna cf. cuneata Phillips.

1829. *Pinna cuneata* Phill.: Yorksh., tb. 9, f. 17.

Wird von Wright aus der Zone des *Amm. Sowerbyi* (Lower Trigonia Grit) der Umgegend von Cheltenham citirt, sonst mir aus dieser Schicht noch nicht bekannt.

110. Trichites costatus Ferry.

1861. *Trich. costatus* Ferry: Note sur le Gr. ool. inf. des env. de Macon, p. 12.

Trichiten gehören in den Schichten des mittleren Jura zu den Seltenheiten. Auch die vorliegende Art ist nicht häufig. Ich kenne sie nur von Gingen und Flacé bei Macon. Was Wright als *Tr. undulatus* Lyc. aus dem Lower Trigonia Grit anführt, könnte vielleicht auch zu dieser

Art gehören; auch von der Miotte bei Belfort wird aus diesen Schichten ein Trichites citirt.

111. Myoconcha cf. crassa J. Sowerby.

1824. *Myoconch. crassa* J. Sow.: M. C. V. p. 103, tb. 467.

Ebenfalls sehr selten in der hier in Rede stehenden Schicht. Ich fand ein Exemplar zusammen mit *Amm. Sowerbyi* bei Symondsbury (Dorsetshire), Ferry citirt sie von Charnay und Flacé bei Macon.

112. Modiola plicata Sowerby.

1819. *Mod. plicata* Sow.: M. C. III, p. 87, tb. 248, f. 1, 2.
1850. *Mytilus Sowerbyanus* Orb.: Prodr. 10, 378.

Geht durch den ganzen mittleren Jura. Sehr verbreitet in der Zone des *Amm. Sowerbyi*; kommt darin vor bei Gingen (Württemberg), Aselfingen (Baden), Miotte bei Belfort (Haut-Rhin), La Roche Pourrie bei Salins (Jura), Flacé bei Macon (Saône-et-Loire), Umgegend von Metz (Moselle), Tennie (Sarthe), Umgegend von Bayeux (Calvados), Ravensgate-Hill bei Cheltenham (Gloucestershire).

113. Modiola scalata Waagen n. sp.

Tab. 29 (VI), f. 4 a. b.

Nicht sehr lang, beilförmig, undeutlich vierseitig, Hinterrand abgestutzt; nicht sehr dicht mit scharfen, treppenartig geordneten Runzeln in der Richtung der Anwachsstreifen bedeckt.

Steht wohl der *Mod. cuneata* am nächsten, unterscheidet sich aber von dieser hinlänglich durch die Form und die eigenthümliche Skulptur der wie gefirnisst glänzenden Schale.

Ich erhielt diese Art bisher nur von Gingen, wo sich bis jetzt fünf Exemplare fanden.

114. Lithophaga pygmaea Quenstedt.

1858. *Lithodomus pygmaeus* Quenst.: Jura, p. 430, tb. 59, f. 6.

Nicht selten in Gesteinsknollen und Austernschalen der Zone des *Amm. Sowerbyi* von Pommer (Franken), Gingen (Württemberg) und Jungingen (Hohenzollern) eingebohrt.

115. Lima sulcata Goldfuss.

1836. *Lima sulcata* Gdf.: Petref. Germ. II, p. 84, tb. 102, f. 4.

Eine seltene Art, welche indess, wo sie auftritt, für die Zone des *Amm. Sowerbyi* sehr bezeichnend erscheint. Sie findet sich in dieser Zone bei

Gräfenberg (Franken), Umgegend von Metz (Moselle) und Ravensgate-Hill bei Cheltenham (Gloucestershire).

116. **Lima alticosta** Dewalque & Chapuis.

1853. *Lima alticosta* Dew. & Chap.: Jura Luxemb., p. 203, tb. 28, f. 3 a. b. c.
1858. *Plagiostoma sulcatum Gingense* Quenst.: Jura, p. 378, tb. 51, f. 2.

Eine der häufigsten, verbreitetsten und bezeichnendsten Arten der Zone des *Amm. Sowerbyi*. Durch ihre sehr charakteristische Form lässt sie sich überall leicht wiedererkennen, und ist desshalb als leitend für die Zone zu betrachten. Auch bei Gingen ist die Art sehr häufig, und es lassen sich unter den Exemplaren, welche ich von dort erhielt, zwei Varietäten unterscheiden, welche durch mannigfache Uebergänge miteinander verbunden sind.

Var. A.

Plagiostoma sulcatum Gingense Quenst.

mit 40—50 hohen, steil abfallenden Rippen, welche mit Ausnahme einiger gegen den hintern Rand der Schale zu gelegenen, auf ihrem Rücken eine ziemlich breite, nur von feinen Anwachsstreifen bedeckte ebene Fläche tragen. Zwischenräume zwischen den Rippen ziemlich schmal.

Var. B.

30 — 40 scharfe, schmale und hohe Rippen, welche durch breite, von feinen Anwachsstreifen bedeckte Zwischenräume von einander getrennt sind, ziehen über die Schale hin, wodurch diese Var. ein von der vorhergehenden sehr verschiedenes Aussehen erhält.

Beide Varietäten sind bei Gingen gleich häufig. *Lima alticosta* findet sich ausser bei Gingen auch noch in der Zone des *Amm. Sowerbyi* von Altenstadt (Württemberg), Schambelen bei Baden (Canton Aargau), Miotte bei Belfort (Haut-Rhin), La Roche Pourrie bei Salins (Jura), Longwy (Moselle).

117. **Lima tenuistria** Goldfuss.

1836. *Lima tennistria* Gdf.: Petref. Germ. II, p. 82, tb. 101, f. 3.
1861. — *Berthaudi* Ferry: Note sur l'Et. Baj. des Env. de Macon, p. 11.

Diese Art ist im süddeutschen Jura etwas seltener als die vorhergehende, steht indess letzterer ziemlich nahe, und unterscheidet sich hauptsächlich durch die weit feineren Rippen, deren man 70—80 und mehr zählt. Ich glaube, dass Ferry's *Lima Berthaudi* zur Goldfuss'schen Art gezogen werden müsse, da auch sie sich allein durch feinere Rippen von *Lima alticosta* unterscheidet.

Zone des *A. Sowerbyi* von Gräfenberg (Franken), Gingen (Württemberg), Freiburg (Baden), Umgegend von Macon (Saône-et-Loire).

118. **Lima incisa** Waagen n. sp.

Tab. 30 (VII), f. 2 a. b. c.

Mit Ausnahme eines kleinen Theiles am vordern Rande der Schale von gegen 60 tiefen, mit senkrecht abfallenden Seiten versehenen, wie mit dem Messer in die Schale eingeschnittenen radialen Furchen, durch die sich deutliche Anwachsstreifen ziehen, bedeckt. Die Schale sonst glatt, mit kaum bemerklichen haarfeinen Anwachsstreifen. Lunula glatt, fein concentrisch gestreift. Allgemeiner Umriss nahezu halbkreisförmig. Länge 83^{mm}, Höhe 73^{mm}, Dicke 30^{mm}.

Ich erhielt diese Art nur in 2 Exemplaren von Gingen, von andern Fundorten kenne ich sie noch nicht.

119. **Lima cf. semicircularis** Münster.

1836. *Lima semicircularis* Münst. in Gdf. Petref. Germ. II, p. 83, tb. 101, f. 6.
1856. — — (Mnst.) Oppel: Juraform. p. 415.

Obgleich es mir wahrscheinlich ist, dass die Exemplare aus der Zone des *A. Sowerbyi* eine besondere Art bilden, reicht doch das Material nicht aus, darauf eine Unterscheidung zu gründen.

Zone des *Amm. Sowerbyi* von Chintré bei Macon (Saône-et-Loire), Tennie (Sarthe).

120. **Lima pseudovalis** Waagen n. sp.

Tab. 30 (VII), f. 3 a. b.

Steht im Allgemeinen der *Lima ovalis* Sow. ziemlich nahe, unterscheidet sich aber von ihr durch enger stehende und zahlreichere Rippen, welche, oft von ihrem geraden Verlaufe abgelenkt, wellig gebogen erscheinen. Die Furchen zwischen denselben sind in gleicher Weise wie bei *Lima ovalis* punktirt.

Zone des *Amm. Sowerbyi* von Gingen (Württemberg).

121. **Lima Coquandi** Ferry.

Lima duplicata versch. Aut.
1861. — *Coquandi* Ferry: Note sur l'Etage Baj. des Env. de Macon, p. 11.

Die Duplicate Lima der Zone des *A. Sowerbyi* scheint nach Ferry's Angaben unterscheidbar von den höher und tiefer liegenden Vorkommnissen. Ich selbst habe im Text diese Scheidung nicht vorgenommen, da ich nach meinem etwas unzulänglichen Material nicht sicher feststellen konnte, ob sich eine Trennung auch immer durchführen lässt.

Formen aus der Gruppe der *Lima duplicata* sind indess nicht sehr selten in der Zone des *Amm. Sowerbyi*, ich kenne solche von Grossenbuch

(Franken), Gingen und Gossheim (Württemberg), Schambelen bei Baden (Canton Aargau), Umgegend von Macon (Saône-et-Loire), Umgegend von Metz (Moselle).

122. Lima (Ctenostrea) pectiniformis Schlotheim sp.

1820. *Ostracites pectiniformis* Schl.: Petrefaktenk. p. 231.
1832. *Ostrea pectiniformis* Zieten: Verst. Württemb., tb. 47, f. 1.

Im Süddeutschen und Helvetischen Meeresbecken tritt diese Art zum ersten male in der Zone des *Amm. Sowerbyi* auf und setzt dann weiter nach oben fort, während das Pariser Becken bereits in der Zone des *Amm. Murchisonae* Exemplare derselben aufzuweisen hat.

Aus der Zone des *Amm. Sowerbyi* kenne ich diese Art von Gingen, Altenstadt und Gossheim (Württemberg), Vögisheim (Baden), Schambelen bei Baden (Canton Aargau), La Roche Pourrie bei Salins (Jura), Umgegend von Macon (Saône-et-Loire), Umgegend von Metz (Moselle), Tennie (Sarthe).

123. Avicula Hersilia Orbigny.

1850. *Avic. Hersilia* Orb.: Prodr. 10, 403.
1857. — *digitata* (Desl.) Lycett: The Costeswold Hills, tb. 4, f. 10 (non Desl.).

Die Form aus der Zone des *Amm. Sowerbyi* zeichnet sich durch ihren glatten Wirbel hinlänglich von *Av. Münsteri* aus, so dass man den Namen von Orbigny annehmen kann.

Zone des *A. Sowerbyi* von Kötschendorf (Franken), Gingen (Württemberg), Orbigny citirt sie von St. Maixent und Draguignian, ausserdem kommt sie vor am Ravensgate Hill bei Cheltenham und bei Dohnsen (Braunschweig).

124. Avicula elegans Münster.

1836. *Av. elegans* Münst. in Gdf. Petref. Germ. II, p. 130, tb. 117, f. 8.

Setzt aus der Zone des *Amm. Murchisonae*, wo die Muschel ihr Hauptlager hat, hier herauf fort.

Sehr häufig in der Zone des *Amm. Sowerbyi* in Franken (überall), seltener bei Gingen, sonst von Vögisheim und Freiburg (Baden).

125. Inoceramus polyplocus F. Roemer.

1836. *Inoceram. dubius* Gdf.: Petref. Germ. II, p. 108, tb. 109, f. 1.
1857. — *polyplocus* F. Roemer: Zeitschr. der deutsch. geolog. Ges. IX, p. 624.

Diese Muschel bewohnte zwei weit von einander entfernte Meeresbecken, während sie mir aus den zwischen liegenden Gegenden noch nicht bekannt ist. Im Süddeutschen Becken ist sie sehr selten, während sie im Norddeutschen Meeresbecken ausserordentlich häufig angetroffen wird.

Die Art erreicht sehr bedeutende Dimensionen, das grösste mir bekannte Exemplar in der Sammlung des Herrn Forstmeisters von Ungar erreicht 90^{mm} im Durchmesser vom Wirbel nach dem Rande.

Zone des *Ammonites Sowerbyi* von Rabenstein (Franken), Gingen (Württemberg), Dohnsen, Wentzen u. s. w. in Norddeutschland.

126. Gervillia subtortuosa Oppel.

1856. *Gerv. subtortuosa* Opp.: Juraform. p. 417.

Die Exemplare solcher Gervillien sind äusserst selten in den Sowerbyi-Schichten, wenn sie gleich an mehreren Localitäten angetroffen werden.

Ich kenne die Art aus der Zone des *Amm. Sowerbyi* von Weismain und Grossenbuch (Franken), Gingen (Württemberg), Vögisheim (Baden), ? Umgegend von Cheltenham (Gloucestershire).

127. Gervillia cf. Hartmanni Goldf.

1836. *Gerv. Hartmanni*, Gdf.: Petref. Germ. II, p. 122, tb. 115, f. 7 a—d.
1856. — — Oppel: Juraform. p. 417.

Es liegt eine Gervillia in der Zone des *Amm. Sowerbyi*, welche in ihrer allgemeinen Form sehr an *Gerv. Hartmanni* erinnert; es glückte mir indess nicht, hinlänglich gute Exemplare zu erhalten, um mich von ihrer Zugehörigkeit zu der bezeichneten Art mit Bestimmtheit überzeugen zu können.

Zone des *Amm. Sowerbyi* von Gingen (Württemberg) Ravensgate Hill bei Cheltenham (Gloucestershire).

128. Gervillia praelonga Lycett.

1857. *Gerv. praelonga* Lyc.: The Cotteswold Hills, p. 127, tb. 6, f. 6.

Eine in der Zone des *Amm. Sowerbyi* ziemlich verbreitete Art. Ich kenne sie von Gingen (Württemberg), Weismain (Franken), Tennie (Sarthe), Cotteswold Hills bei Cheltenham (Gloucestershire), Wentzen am Hils (Braunschweig).

129. Perna crassitesta Münster.

1836. *Perna crassitesta* Mnst. in Gdf. Petref. Germ. II, p. 105, tb. 107, f. 13.

Sehr häufig in der Zone des *Amm. Sowerbyi* der Umgegend von Erlangen und Gräfenberg (Franken). In Schwaben ist sie in so tiefen Schichten noch selten; ihr Hauptlager scheint hier im Abraum der blauen Kalke (Zone des *Amm. Sauzei*) zu sein, denn Quenstedt Jura tab. 52,

f. 8 bildet ein Exemplar daher ab, was ich nicht zu unterscheiden vermag. Von *Perna isognomonoides* Stahl ist die Art gut abzutrennen.

Andere Fundorte haben meines Wissens diese Art noch nicht geliefert.

130. Pecten Gingensis Quenstedt.

1858. *Pect. Gingensis* Quenst.: Jura, p. 378, tb. 571, f 1.

Beide Schalen vollkommen glatt, nur mit sehr feinen Anwachsstreifen bedeckt, linke Valve etwas weniger gewölbt als die rechte, sonst beinahe vollkommen symmetrisch. Auf eine eigenthümliche seidenartige Faserung einzelner Schalen dieser Art, welche in der Richtung der Punktreihen von *Pecten lens* verläuft, macht schon Quenstedt Jura p. 354 aufmerksam; dass man dieselbe auf einigen Exemplaren bemerkt, auf andern nicht, scheint von der Erhaltung herzurühren.

Pecten Gingensis unterscheidet sich von *Pect. disciformis* durch bedeutendere Grösse und verhältnissmässig weit dickere Schale.

Zone des *Amm. Sowerbyi* von Gingen (häufig), Schambelen bei Baden (Canton Aargau), Mont d'Or bei Lyon (Rhône).

131. Pecten disciformis Schübler.

1833. *Pect. disciformis* Schübl. in Zieten Verst. Württemb., tb. 53, f. 2.

Selten in der Zone des *Amm. Sowerbyi*, kommt indess vor bei Weismain, Grossenbuch (Franken), Gingen (Württemberg), Vögisheim, Freiburg (Baden).

132. Pecten oblongus Waagen n. sp.

Steht dem *Pecten spatulatus* Roemer sehr nahe, indem seine Höhendimension ebenfalls seine Breite bedeutend überwiegt; unterscheidet sich aber von dieser Art durch an den Schlosskanten bedeutend weiter herablaufende Ohren.

Zone des *Amm. Sowerbyi* von Gingen (Württemberg). Vielleicht mag auch ein oder das andere der bei der vorigen Art aufgeführten Citate hieher gehören.

133. Pecten cf. Saturnus Orbigny.

1850. *Pect. Saturnus* Orb.: Prodr. 10. 420.

Eine zur Gruppe des *Pect. lens* gehörige Muschel, welche am meisten an *Pect. arcuatus* erinnert, sich von diesem aber durch breitere Form, tieferen Byssus-Ausschnitt am vordern Ohre der rechten Schale und feinere sich regelmässig gabelnde Streifen unterscheidet, belege ich einstweilen zweifelhaft mit diesem Namen.

Zone des *Amm. Sowerbyi* von Gingen (Württemberg), von verschiedenen anderen Fundorten in der Literatur wahrscheinlich als *Pect. lens* citirt.

134. **Pecten cinctus** Sowerby.

1822. *Pect. cinctus* Sow.: M. C. IV, p. 96, tb. 371.
1830. — *lens* var. Zieten: Verst. Württemb., p. 69, tb. 52, f. 6 a. b. c.
1854. — *cinctus* (Sow.) Morris: Cat. britt. foss. p. 176.

Zieten gibt zwar das seiner Abbildung zu Grunde liegende Exemplar als aus den Juramergel am Staufenberg, Sowerby das seine als aus dem Diluvium stammend an, doch stimmen die in meinem Besitz befindlichen Stücke so gut mit den beiden Abbildungen überein, dass ich nicht anstehe, die Art als der Zone dez *Amm. Sowerbyi* angehörig zu betrachten, um so mehr, da auch Morris dieselbe als eine Art des Unteroolithes anführt.

Zone des *Amm. Sowerbyi* von Gingen, nicht sehr selten, und nach Morris von Horncastle; ausserdem ein Exemplar von La Roche Pourrie bei Sallins (Jura).

135. **Pecten aratus** Waagen n. sp.

Tab. 31 (VIII), f. 3 a. b.

Eine zur Gruppe des *Pect. lens* gehörige Art, welche sich durch die eigenthümlich hackenförmigen, vertieften Streifen, welche in der Richtung des Streifen des *Pect. lens* verlaufen, und in Fig. 3b vergrössert dargestellt sind, auszeichnet. Während diese Furchen bei *Pecten cinctus,* mit dem die vorliegende Art einige Aehnlichkeit hat, die hackenförmigen Krümmungen nicht zeigen, und durch die starken concentrischen Anwachsstreifen unterbrochen werden, so dass die Oberfläche der Schale wie geschuppt erscheint, laufen dieselben bei *Pecten aratus*, unbehindert durch die äusserst feinen Anwachsstreifen, über die sonst glatte Schalenoberfläche bis an den Rand der Schale. Rechte und linke Schale zeigen ganz übereinstimmende Skulptur.

Pecten aratus ist ziemlich selten. Ich besitze 4 Exemplare aus der Zone des *Amm. Sowerbyi* von Gingen, und eines aus den gleichen Schichten von Aselfingen.

136. **Pecten pumilus** Lamark.

1819. *Pect. pumilus* Lamk.: An. s. Vert. VI, p. 183.
1833. — *personatus* Ziet.: Verst. Württemb., tb. 52, f. 2.
1836. — — Gdf.: Petref. Germ. II, p. 75, tb. 99, f. 5.

Setzt aus der Zone des *A. Murchisonae* hier herauf fort, ist aber gewöhnlich oben seltener als unten, wo er sein Hauptlager hat. Es ist noch die ganz typische Form, linke Schale ziemlich kräftig radial gerippt, rechte Schale glatt, auf der Innenseite beider Klappen 12 — 14 erhabene radiale Rippen.

Fand sich bis jetzt in der Zone des *Amm. Sowerbyi* in Franken (überall häufig), bei Gingen (ziemlich selten), Aselfingen, Vögisheim, Freiburg (Baden), Betzenau (Canton Aargau), Flacé bei Macon (Saône-et-Loire), Mont d'Or bei Lyon (Rhône), Umgegend von Metz (Moselle), Tennie (Sarthe).

137. Pecten barbatus Sowerby.

1819. *Pect. barbatus* Sow.: M. C. III, p. 53, tb. 231.

Diese Art gehört hauptsächlich dem nördlichen Theile des Pariser Beckens an. Sie beginnt hier bereits in der Zone des *Amm. Murchisonae* (Evrecy bei Caen) und setzt vereinzelnt in die Zone des *Amm. Sowerbyi* fort. Umgegend von Bayeux und Dundry.

138. Pecten Dewalquei Oppel.

1850. *Pect. articulatus* (Gdf.) Orbigny: Prodr. I, p. 284.

1852.? — — (Schl.) Dewalque & Chapuis: Foss. des terr. sec. de Louxemb., p. 213, tb. 29, f. 3.

1856. *Pecten Dewalquei* Oppel; Juraform. p. 420.

Linke Schale mit 23 gleichmässigen von feinen Anwachsstreifen bedeckten hohen, jedoch nicht scharfen Rippen, auf deren Rücken sich Stacheln erheben, welche sich umsomehr an einander drängen, je näher sie dem Wirbel der Muschel stehen, doch übersteigt ihre Zahl auf der ganzen Länge der Rippe 20 wohl wenig. Die Rippen sind vollständig gleichartig und es schieben sich keine Zwischenrippen ein. Die Furchen zwischen den Rippen sind breit und in ihrem Grunde gerundet; Anwachsstreifen in ihnen nur schwach angedeutet; die concentrischen Rippen, welche auf dem Rücken der radialen Rippen die Stacheln bilden, verschwinden in ihnen ebenfalls gänzlich. Ohren gross und ungleich; die concentrischen Rippen treten kräftig auf sie hinaus und werden von Radialrippen durchkreuzt, wodurch mehrere Stachelreihen entstehen. Länge 65^{mm}, Höhe 70^{mm}, Dicke ?

Ein kleineres Exemplar scheint als rechte Schale zu derselben Art zu gehören. Die Zahl der Rippen ist die gleiche, die Rippen sind weniger hoch und breiter als bei der linken Schale, Furchen schmäler und ebenfalls glatt. Den Rippen fehlen die Stacheln, sie sind nur mit dichten, schuppenartig vorstehenden Anwachsstreifen bedeckt.

Im ganzen Habitus gleicht diese Art einigermassen dem *Pect. dentatus* Sow., und scheint denselben auch im Süddeutschen Meeresbecken zu vertreten. Uebrigens steht auch *Pect. articulatus* Gdf. aus dem obern Jura ziemlich nahe und es ist wahrscheinlich die vorliegende Art, was von verschiedenen französischen Autoren als *P. articulatus* aus der Zone des *Amm. Sowerbyi* angeführt wird. Die Dewalque'sche Abbildung ist indess so schlecht, dass man die Art kaum darnach erkennen kann.

Ziemlich selten in der Zone des *A. Sowerbyi* von Gingen (6 Exemplare), sonst von La Roche Pourrie bei Salins (Jura) und Umgegend von Macon (Saône-et-Loire).

139. ? Pecten dentatus J. Sowerby.

1827. *Pect. dentatus* J. Sow.: M. C. VI, p. 143, tb. 574, f. 1 (non Gdf.).

Sowerby's Original stammt von Dundry und gehört sehr wahrscheinlich in die Zone des *Amm. Sowerbyi*, doch kann ich über diese Art keine bestimmten Angaben machen.

140. Pecten ambiguus Golfuss.

1836. *Pect. ambiguus* Gdf.: Petref. Germ. II, p. 46, tb. 90, f. 5.

Das Original von Goldfuss stammt aus der Zone des *Amm. Sowerbyi* von Gräfenberg. Die Art lässt sich von *Lima nodosa* Schübl. = *Pecten Genis* Orb. durch die engerstehenden concentrischen Streifen wohl unterscheiden, wenn er auch sonst anscheinend Uebergänge zu dieser Art zeigte. Es werden nämlich die Furchen auf dem Rücken der Falten tiefer, und jede Falte spaltet sich in 2, wodurch gegen 30 Falten entstehen. Dennoch lassen sich auch diese Varietäten als das was sie sind, erkennen, indem die paarige Anordnung der Rippen, von denen die eine dicker, die andere dünner ist, oder das regelmässige Abwechseln von dickeren und dünneren Rippen ihnen fehlt; während auch bei einzelnen Exemplaren von *P. ambiguus* sich auf der Höhe der der Schlosskante mehr genäherten Rippen kleine Stacheln zeigen.

Ziemlich häufig in der Zone des *Amm. Sowerbyi* bei Pommer und Gräfenberg (Franken), Gingen (Württemberg) und Freiburg (Baden).

141. Pecten Genis Orbigny.

1833. *Lima nodosa* (non notata) Schübl. in Ziet. Verst. Württemb., p. 70, tb. 53, f. 8.
1836. *Pect. textorius* Gdf.: Petref. Germ., p. 45, tb. 89, f. 9 d (non f. 9 a. b. c. non Schloth.).
1850. *Pecten Genis* Orbigny: Prodr. 10. 424.
1856. — *ambiguus* Opp.: Juraform. p. 419.
1858. — *textorius* Quenst.: Jura, p. 433.

Beide Schalen tragen auf allen Rippen kleine Stacheln; auf der rechten stehen die Rippen mehr paarig, indem sich immer eine dickere und eine dünnere an einander schmiegen, auf der linken wechseln dickere und dünnere Rippen unter gleichen Zwischenräumen mit einander ab. Die Muschel erreicht eine ziemlich bedeutende Grösse, wodurch sie sich leicht von *Pect. ambiguus*, der stets kleiner bleibt, unterscheiden lässt.

Von den älteren Formen der gleichen Gruppe unterscheidet sich diese Art durch feinere und zahlreichere Rippen.

Die Art ist nicht auf die Zone des *Amm. Sowerbyi* beschränkt, sondern geht auch höher bis in die Zone des *Amm. Parkinsoni*.

In der Zone des *A. Sowerbyi* findet sie sich bei Pommer (Franken), Gingen (Württemberg) sehr häufig, Miotte bei Belfort (Haut-Rhin).

142. Pecten laeviradiatus Waagen n. sp.

Tab. 31 (VIII), f. 4 a. b.

Flachgewölbte Schalen, beide Klappen gleich, auf denen vom Wirbel sieben scharfe mit senkrechten Seiten abfallende Rippen ausstrahlen. In gewissen Entfernungen vom Wirbel setzen sich anfangs haarfein, dann stärker werdend, genau die Mitte zwischen den vorhergehenden haltend, neue Rippen ein, und so mehrmals, so dass man am Rande 30 und mehr Strahlenrippen zählen kann. Diese Rippen haben auf ihrem Rücken, eine von Kanten begrenzte ebene Fläche, die vollkommen glatt, ohne eine Spur von Anwachsstreifen ist. Auf den ganz flachen Zwischenräumen aber bemerkt man äusserst feine concentrische Anwachsstreifen. Der Steinkern ist durchaus glatt.

Nicht selten und sehr bezeichnend für die Zone des *Amm. Sowerbyi* von Pommer (Franken), Gingen (Württemberg), Aselfingen (Baden), Betzenau und Schambelen (Canton Aargau).

Scheint im Pariser, Nordenglischen und Norddeutschen Becken zu fehlen.

143. Hinnites Gingensis Waagen n. sp.

Tab. 31 (VIII), f. 1 a. b., 2 a. b.

1858. *Pecten tuberculosus Gingensis* Quenstedt: Jura, p. 379, tb. 51, f. 4 Schalenbruchstück.

Zeichnet sich namentlich durch die feinen mit kleinen Knötchen besetzten, ziemlich gleichmässigen, wellig verlaufenden Radialrippen aus, von denen keine zu besonderer Dicke anschwillt, wie dies auch Quenstedt hervorhebt. Die rechte Schale ist flach, mit noch etwas feineren Radialrippen als die linke versehen, über die ähnlich, wie bei *Pect. textorius*, sehr feine concentrische Linien hinziehen. Gegen den Rand zu verschwinden aber beide Streifensysteme vollständig. In der Wirbelgegend setzt sich ein ausserordentlich grosses Byssusohr an, dessen Byssusausschnitt längs der Schlosskante mit kleinen Stacheln besetzt ist, ähnlich, wie es Quenstedt Jura tb. 58, f. 9 von *Hinn. tuberculosus* abbildet. Die linke Schale ist gewölbt, die etwas gröberen Rippen werden von so ziemlich gleich starken concentrischen Rippen in gleichen Zwischenräumen gekreuzt, wodurch eine zwar nicht sehr deutliche, aber sehr charakteristische Gitterung der Schale entsteht. Die Ohren der linken Schale sind gleichmässig und radial gestreift.

Die Art erreicht sehr bedeutende Dimensionen, wesshalb ich nur verkleinerte Abbildungen der beiden Valven geben konnte. Mein grösstes Exemplar von Gingen erreicht 130^{mm} in der Länge und 140^{mm} in der Höhe.

Sehr bezeichnend für die Zone des *A. Sowerbyi* im Süddeutschen, und wie es scheint auch in einem Theile des Helvetischen Meeresbeckens. Ich kenne die Art von Grossenbuch (Franken), Gingen (Württemberg), Schambelen bei Baden (Canton Aargau).

144. Gryphaea sublobata Deshayes sp.

1830. *Ostr. sublobata* Desh.: Enc. meth. II, p. 307.
1845. *Gryph. cymbium* (Gdf.) Buckm.: Murch. Geol. Chelt. p. 75, tb. 7, f. 3 (non Lam.).
1853. — *Buckmanni* Lycett: Ann. a. Mag. nat. hist. p. 201.
1856. — *sublobata* (Desh.) Opp.: Juraform. p. 421.
1858. — *lobata* Quenst.: Jura, p. 369 (pars).

Die Quenstedt'sche Art scheint mir, wenn auch nur theilweise, hieher zu gehören. Demzufolge erreichte freilich *Gr. sublobata* im Süddeutschen Meeresbecken gewöhnlich etwas bedeutendere Dimensionen, als diess in England der Fall ist, dennoch mag ich beide Formen nicht trennen.

Gryph. sublobata ist eine der weitest verbreiteten Arten der Zone des *Amm. Sowerbyi*, und ist überall wegen ihrer charakteristischen Form als leitend anzusehen. Sie kommt vor bei Gingen (Württemberg), Schambelen bei Baden und Betzenau (Canton Aargau), Dijon (Yonne), Nèvres (Nievre), Thouars (Deux-Sèvres), Tennie (Sarthe), Symondsbury (Dorsetshire), Cheltenham (Gloucestershire).

145. Gryphaea calceola Quenstedt.

1843. *Gryph. calceola* Quenst.: Flötzgeb. p. 303.
1852. — — Quenst. Handb. I. Aufl., p. 502, tb. 40, f. 29—31.
1856. — — (Quenst.) Opp.: Juraform. p. 421.
1858. — — Quenstedt: Jura, p. 353, tb. 48, f. 1—3.

Eine an einzelnen Stellen des Süddeutschen Meeresbeckens ausserordentlich häufige Muschel, sonst bis jetzt nur noch aus dem, wahrscheinlich vom Helvetischen Meeresbecken abhängigen Rheinischen Meerbusen und dem Helvetischen und Mittelländischen Becken bekannt. Ueberall in der Zone des *A. Sowerbyi*: Gingen (22 Exemplare), Jungingen (Hohenzollern) ausserordentlich häufig, Randen bei Beggingen (Ct. Schaffhausen), Vögisheim und Freiburg (Baden), Mont d'Or bei Lyon (Rhône) und an verschiedenen Localitäten der Dépts. Ardèche, Lozère, Aveyron und Gard (Dumortier).

146. **Ostrea crenata** Goldfuss.

1833. *Ostr. crenata* Gdf.: Petref. Germ. II, p. 6, tb. 72, f. 13.

Die Vorläuferin der *Ostrea flabelloides* Lamk. mit feineren Falten und dünnerer Schale.

Zone des *Amm. Sowerbyi* von Pommer am Hetzlas bei Erlangen (Franken), Gingen, Gossheim (Württemberg), Miotte bei Belfort (Haut-Rhin), La Roche Pourrie bei Salins (Jura), Flacé bei Macon (Saône-et-Loire).

147. **Ostrea calceola** Zieten.

1833. *Ostr. calceola* Ziet.: Verst. Württemb. p. 62, tb. 47, f. 2.

Zone des *Amm. Sowerbyi* von Franken, Weismain, Grossenbuch u. s. w., Schambelen bei Baden (Canton Aargau), sonst mir aus dieser Zone nicht bekannt.

148. **Ostrea cf. eduliformis** Schloth.

In den Sowerbyi-Schichten verschiedener Localitäten liegt eine glatte, etwas schuppige Auster mit ziemlich kleiner Ansatzfläche, welche Quenstedt als *Ostr. eduliformis* bezeichnet. Mir scheint sich dieselbe durch bedeutend dickere Schale von dieser Art zu unterscheiden, und es möchte wohl Goldfuss in tb. 80, f. 5 c diese Form dargestellt haben.

Zone des *Amm. Sowerbyi* von Grossenbuch (Franken), Gingen, Jungingen u. s. w.

149. **Ostrea** sp. indet.

Eine ganz glatte, nur von feinen Anwachsstreifen bedeckte Auster, meist von dreieckiger Form und mit ihrer ganzen Unterseite aufgewachsen, überzieht oft Ammonitenschalen und Gesteinsknollen. In der Litteratur kann ich keinen rechten Namen für sie finden, und es ist auch misslich, einer so unbestimmten Form einen neuen Namen zu geben. Es reicht hin, ihre Anwesenheit in der Zone des *A. Sowerbyi* zu constatiren. Pommer (Franken), Gingen (Württemberg), Aselfingen (Baden) u. s. w.

150. **Placunopsis Gingensis** Quenstedt sp.

1858. *Anomia Gingensis* Quenst.: Jura, p. 379. tb. 51, f. 3.

Da sich das Loch in der Unterschale nicht nachweisen lässt, stelle ich diese Muschel lieber zu *Placunopsis*. Selten in der Zone des *A. Sowerbyi*. Ich kenne nur wenige Exemplare von Gingen, sonst von Weismain (Franken).

151. **Terebratula globulus** Waagen n. sp.

Tab. 32 (IX), f. 1 a. b. c., 2 a. b. c.

Schnabel kurz, ziemlich dick, übergebogen, Deltidium sehr schmal, Oeffnung gross, rund, Schnabelkanten fehlen. Gesammtumriss der Muschel rundlich, beide Schalen ziemlich gleichmässig gewölbt. Die kleinere Klappe trägt gegen den Stirnrand hin zwei nicht sehr kräftige kurze Falten, welche bei einigen Exemplaren zwei äusserst schwache, kaum bemerkbare Einbuchtungen auf der grösseren Klappe entsprechen. Bei andern fehlen diese Einbuchtungen ganz. Stirnrand in der Mitte zu einem sehr schwachen Wulst aufgebogen.

Von *Ter. globata* unterscheidet sich diese Art durch etwas feineren Schnabel, meistens geringere Grösse und gedrungenere Form, von *Ter. conglobata* Desl. durch weit geringere Dicke, von *Ter. Eudesi* Opp. ebenfalls durch stets geringere Grösse, näher beisammenstehende, vorspringendere und kürzere Stirnfalten.

Nicht sehr häufig in der Zone des *Amm. Sowerbyi* von Gingen (10 Exemplare), sonst von Günsberg (Canton Solothurn) und La Roche Pourrie bei Salins (Jura).

152. **Terebratula dorsoplana** Waagen n. sp.

Tab. 31 (VIII), f. 7 a. b. c. d.

Schnabel kurz, dick, abstehend, das Deltidium sichtbar, jedoch sehr schmal, Oeffnung verhältnissmässig bedeutend gross, Schnabelkanten schwach und wenig scharf, jedoch den Rand der Schale fast erreichend. Umriss der ganzen Muschel deutlich fünfseitig; kleinere Klappe sehr flach mit zwei nicht stark hervortretenden Falten, grössere Klappe gewölbt, mit zwei den Falten der kleineren Klappe entsprechenden Einbuchtungen. Eine schwache Carina beginnt am Schnabel und läuft auf der Mitte der grösseren Klappe gegen den Stirnrand, zwischen den beiden Einbuchtungen eine Falte bildend; Stirnrand in der Mitte etwas aufgebogen, wodurch ein schwacher Wulst entsteht.

Unterscheidet sich von *Ter. infraoolitica* Desl. durch feineren und abstehenderen Schnabel, weiter heraufreichende Stirnfalten und die Carina auf der grösseren Klappe.

Sehr häufig in der Zone des *Amm. Sowerbyi* bei Gingen (40 Exemplare) sonst von Günsberg (Canton Solothurn) und La Roche Pourrie bei Salins (Jura).

153. Terebratula cf. Eudesi Oppel.

1856. *Ter. Eudesi* Opp.: Juraform. p. 428.
1864. — — (Opp.) Desl.: Pal. Fr. Terr. jur. Brach., tb. 59, f. 3—11.

Es finden sich allenthalben in der Zone des *Amm. Sowerbyi* hie und da Terebrateln, welche man am ehesten als *Ter. Eudesi* bezeichnen könnte, und welche meist namentlich der Figur 11 bei Deslongchamps nahe kommen. Ich kenne solche Exemplare von Gingen (Württemberg), Günsberg (Canton Solothurn), La Roche Pourrie bei Salins (Jura).

Was von verschiedenen Autoren gewöhnlich als *Ter. globata* angeführt wird, gehört höchst wahrscheinlich hierher. Die Art beginnt bereits in der Zone des *Amm. Murchisonae.*

154. Terebratula Kleini Lamk.

1819. *Ter. Kleini* Lamk.: An. s. vert. VI, p. 252, no. 33.

Eine der ächten *Ter. perovalis* ziemlich nahe stehende Art, welche eigentlich in den Murchisonae-Schichten des Pariser und Nordenglischen Beckens ihr Lager hat, und nur an sehr vereinzelten Stellen in die Zone des *Amm. Sowerbyi* heraufreicht. Ferry citirt sie aus letzteren Schichten der Umgegend von Macon.

155. Terebratula cf. Buckmanni Davidson.

1851. *Ter. Buckmanni* Dav.: Mon. Britt. ool. Brach., p. 44, tb. 7, f. 15, 16.

Ich führe die Art nur an, um auf diese Form aufmerksam zu machen, da sehr selten und vereinzelt in der Zone des *Amm. Sowerbyi* im Süddeutschen Meeresbecken Exemplare vorkommen, welche man vielleicht mit diesen Namen belegen könnte; Gingen.

156. Terebratula fimbria Sowerby.

1822. *Ter. fimbria* Sow.: M. C. IV, p. 27, tb. 326.
1851. — — (Sow.) Dav.: Mon. Britt. ool. Brach., p. 61, tb. 12, f. 6—12.

So häufig diese Art im Unteroolith von Gloucestershire ist, so geringe geognostische Bedeutung hatte dieselbe bisher, da sie ausserhalb Englands nur im Sarthe Dép. nachgewiesen war. Seit sich *Ter. fimbria* nun aber auch in den Südalpen wieder gefunden hat, ist es von Interesse, das geognostische Niveau, das dieselbe einnimmt, etwas näher festzustellen. Es scheint sehr wahrscheinlich, dass sie der Zone des *Amm. Sowerbyi* angehöre, da der bezeichnete Ammonit und die ihn gewöhnlich begleitenden Vorkommnisse in Gloucestershire erst in dem, über dem Fimbria-Marl folgenden Lower Trigon. grit nachgewiesen wurde, während *A. Murchisonae* nur dem weit tiefer liegenden Pea grit eigenthümlich ist.

157. **Terebratula plicata** Buckmann.

1845. *Ter. plicata* Buckm.: Murch. Geol. of Cheltenh., p. 101, tb. 7, f. 6.
1851. — — (Buckm.) Dav.: Mon. Britt. ool. Brach., p. 60, tb. 12, f. 1—5.

Liegt mit *Ter. fimbria* zusammen im Fimbria-Marl von Gloucestershire. Zone des *A. Sowerbyi* von Tournus und Macon (Saône-et-Loire), Cheveuge (Ardennes), Umgegend von Cheltenham (Gloucestershire).

158. **Macandrewia disculus** Waagen n. sp.

Tab. 31 (VIII), f. 8 a. b. c., 9 a. b. c.

Schnabel äusserst kurz, breitgedrückt, vollkommen abstehend; Oeffnung gross, dreieckig, fast bis an den Wirbel der kleineren Schale reichend, Deltidium klein, aus zwei Stücken bestehend. Vom Schnabel herab laufen sehr scharfe Schnabelkanten gegen den seitlichen Schalenrand, eine falsche Area abgrenzend. Umriss der Muschel rundlich vierseitig, Stirnrand gerade.

Steht der *Ter. Lycetti* Dav. am nächsten, unterscheidet sich aber von ihr durch den fast gar nicht übergebogenen Schnabel, das grosse Foramen und die wenig entwickelten Deltidialplatten.

Es liegen mir 6 Exemplare von Gingen vor, von einem andern Fundort kenne ich sie noch nicht.

159. **Macandrewia cf. Meriani** Oppel sp.

1856. *Terebrat. Meriani* Oppel: Juraform. p. 424.

Ich fand dieser Art nahe stehende Formen in den Sowerbyi-Schichten in Schwaben, so wie bei Günsberg im Canton Solothurn. Wright citirt die Art aus dem Lower Trigonia grit vom Ravensgate Hill bei Cheltenham (Gloucestershire).

160. **Rhynchonella Gingensis** Waagen n. sp.

Tab. 32 (IX), f. 3 a. b. c.

1862. *Rhynch. quadriplicata* (Ziet.) Deslongchamps: Etudes crit. p. 31, tb. 5, f. 9 (non Zieten).

Schale ungleichklappig, länger als breit, Schnabel abstehend, gerundet, Schnabelkanten nur an der Spitze deutlich. Spitze des Schnabels übergebogen,

Oeffnung rund, nach unten durch die stark entwickelten Deltidialplatten vollständig abgeschlossen; sie wird zu beiden Seiten durch dreieckige glatte Felder begrenzt, welche sich an der Schlosslinie herabziehen und eine undeutliche falsche Area bilden. Kleinere Klappe stark und gleichmässig gewölbt, von 16—24 Falten bedeckt, welche am Wirbel beginnen und gegen die Stirn verlaufen; 4—6 von diesen kommen auf einen ziemlich hohen Medianwulst zu stehen: 3—5 Falten entsprechen ihnen im Sinus der grösseren Klappe.

Die vorliegende Art steht so ziemlich in der Mitte zwischen *Rh. subtetraedra* Dav. und *Rh. Stuifensis* Opp. Von ersterer unterscheidet sie sich durch geringere Grösse und schwächeren Wulst, von letzterer durch bedeutendere Grösse und nicht abgestumpfte Stirn; indess hat auch *Rhynch. Stuifensis* nur selten einen so hohen Wulst aufzuweisen, als diess bei unserer Art der Fall ist.

5 Exemplare aus der Zone des *Amm. Sowerbyi* von Gingen (Württemberg), ausserdem von mehreren Punkten Frankreichs, und Günsberg und Betzenau (Schweiz).

Scheint bereits etwas tiefer zu beginnen, und andererseits auch etwas höher fortzusetzen, so dass der verticale Verbreitungsbezirk dieser Art ziemlich beträchtlich erscheint.

Rhynchon. Orbignyana Opp. mag vielleicht theilweise hieher gehören.

161. Rhynchonella distracta Waagen n. sp.

Tab. 31 (VIII), f. 10 a. b. c. d.

Ziemlich kleine Muschel, weit breiter als lang, nicht aufgebläht. Schnabel kurz, abstehend, gerundet, Schnabelkanten nur an der Spitze deutlich. Foramen oval, von den sehr kleinen Deltidialplatten nach unten nicht abgeschlossen; falsche Area sehr klein. Kleinere Klappe von 15—16 scharfen hohen Falten bedeckt, von welchen 4 auf einen kräftigen Medianwulst zu stehen kommen.

Steht der *Rhynch. angulata* sehr nahe, unterscheidet sich aber von ihr durch gröbere und höhere Falten, noch breitere Form, geringere Dicke und weit kleinere falsche Area.

Selten in der Zone des *Amm. Sowerbyi* bei Gingen (2 Exemplare).

162. Rhynchonella parvula Deslongchamps.

Tab. 32 (IX), f. 4 a. b. c., 5 a. b. c.

1862. *Rh. parvula* Desl.: Etudes crit., p. 29, tb. 5, f. 5, 6.

Liegt zwar eigentlich in etwas höheren Schichten, doch scheint es, dass man das tiefere Vorkommen der Sowerbyi-Zone nicht von jenem trennen könne.

Zone des *Amm. Sowerbyi* von Gingen 8 Exemplare. Zone des *Amm. Sauzei* von Milly (Saône-et-Loire). Wahrscheinlich gehört auch das, was in der Literatur als *Rhynch. variabilis* var. angeführt wird, hieher.

163. **Rhynchonella oligoptycha** Waagen n. sp.

Tab. 32 (IX), f. 7 a. b. c.

Kleine, sehr zierliche Muschel, welche zur Gruppe der *Rh. oolithica* gehört, indem sich auch bei ihr erst gegen den Schalenrand Falten einstellen.

Der Schnabel sehr fein und spitz mit ausserordentlich kleinem Foramen. Schalen gewölbt, am Wirbel glatt, am Rande mit etwa 6 groben Falten, von denen 2 einen Wulst bilden. Die Art hält stets die Grösse des abgebildeten Exemplares ein, und unterscheidet sich schon hierdurch von *Rh. oolithica.* In der Grösse steht ihr *Rh. frontalis* Desl. ziemlich nahe, doch besitzt diese weit feinere Falten als die vorliegende Art.

Ziemlich häufig in der Zone des *Amm. Sowerbyi* der Schambelen im Canton Aargau.

164. **Rhynchonella (Hemithyris) tenuispina** Waagen n. sp.

Tab. 32 (IX), f. 6 a. b. c.

Kleine aufgeblähte Muschel, so lang als breit, von rundlichem Umriss. Schnabel ziemlich lang, schwach übergebogen, abstehend. Von der Spitze des Schnabels laufen scharfe Schnabelkanten nach dem Schlossrand. Foramen gross, länglich oval, nach unten durch die kleinen Deltidialplatten nicht abgeschlossen. Schalen dicht mit feineren oder gröberen oft dichotomirenden Rippen bedeckt, von denen etwa 7 auf einen nicht sehr hohen medianen Wulst zu stehen kommen.

Unterscheidet sich durch besonders feine Stacheln und stets sehr geringe Grösse von *Rhynch. spinosa.*

Ziemlich häufig in der Zone des *Amm. Sowerbyi* von Gingen.

165. **Pustulopora arborea** Waagen n. sp.

Tab. 32 (IX), f. 8 a. b.

Hocherhobene, nicht sehr ausgebreitete, schlanke Bäumchen, deren Aeste nur in weiten Maschen anastomosiren. Die zierlichen Stämmchen sind dicht mit feinen Poren besetzt, deren seitlicher Abstand indess geringer als der verticale ist, wodurch undeutliche die Stämmchen umfassende Porenringe entstehen. Auf der allgemeinen Decke zeichnen sich die einzelnen Zellen stellenweise durch kaum bemerkbare Abgrenzungsfurchen aus.

Zone des *Amm. Sowerbyi* von Gingen (Württemberg), ziemlich selten.

166. **Pustulopora Quenstedti** Waagen n. sp.

Tab. 32 (IX), f. 10 a. b.

1858. *Millepora straminea* Quenst.: Jura p. 368, tb. 60, f. 3 (non Phill.).

? 1854. *Spiropora straminea* Haime: Bryoz. jurass. p. 196 (pars) (non Phill.).

Quenstedt hält diese Art für identisch mit *Mill. straminea* Phill., doch lässt sich, ausser dass letztere Art aus der Zone des *Amm. Humphriesianus* stammt, bei der ungenügenden Phillips'schen Abbildung durchaus nicht mehr ausmachen, ob dieselbe mit einer der bei Gingen vorkommenden Arten übereinstimme, denn nicht nur alle Pustuloporen, sondern auch die meisten Cricoporen, zeigen, wenn die Zellendecken abgewittert sind, solche sechsseitige Maschen.

Die Quenstedt'sche Abbildung dagegen ist gut und wohl kenntlich, weshalb ich mir erlaube, die Art aus den schwäbischen Sowerbyi-Schichten Herrn Quenstedt zu Ehren zu benennen.

Die vorliegende Art bildet kleine, sehr zierliche Bäumchen, deren Zweige sich vielfach verschlingen und anastomosiren. Die Zellenmündungen stehen in ziemlich undeutlichen Kreisen um die Stämmchen, die Mündung selbst ist rund, mit einem nur wenig erhobenen Ringe umgeben. Die Zweige endigen in eine abgerundete dicht mit Poren besetzte Spitze.

Zone des *Amm. Sowerbyi* von Gingen (Württemberg), Jungingen (Hohenzollern), Milly, Solutré bei Macon (Saône-et-Loire), Cheveuges (Ardennes), St. Quentin bei Metz (Moselle).

167. **Pustulopora tenuis** Waagen n. sp.

Aeusserst zierliche und dünne, kaum 1^{mm} in der Dicke erreichende Stämmchen, welche sich desshalb auch nie unversehrt erhielten. Mir liegen nur Bruchstücke vor. Sie sind mit unregelmässigen Ringen feiner Poren bedeckt und gabeln sich sehr häufig. Die Zellenmündungen sind rund, glatt und von einem stark hervorragenden Ringe umgeben.

Zone des *Amm. Sowerbyi* von Gingen (Württemberg) und Jungingen (Hohenzollern).

168. **Cricopora acutimargo** Waagen n. sp.

Tab. 33 (X), f. 7 a. b.

Kleine, dichotom verästelte Bäumchen, welche dicht mit scharf umränderten, etwas abstehenden, in schief stehende Ringe vertheilten Zellen bedeckt sind. Die Mündung der Zellen ist queroval oder stumpf dreieckig, der Querschnitt der Stämmchen rund.

Kommt sehr selten bei Gingen in der Zone des *Amm. Sowerbyi* vor, von anderen Fundorten kenne ich diese Art noch nicht.

169 Spiropora Deslongchampsi Ferry.

1861. *Spirop. Deslongchampsi* Ferry: Note sur l'Et. Baj. des Env. de Macon, p. 13.

Zone des *Amm. Sowerbyi* von Milly, Solutré, Flacé und Charnay bei Macon (Saône-et-Loire).

170. Escharites rhombifer Waagen n. sp.

Tab. 33 (X), f. 6 a. b.

Kleine einfach dichotome Stämmchen, deren Oberfläche durch sich kreuzende, spiralaufwärts laufende vertiefte Linien in undeutlich rhombische Felder getheilt ist. Jedes dieser Felder trägt eine schwach eingesenkte runde Pore, die den Eingang zu einer sich unmittelbar hinter der Mündung etwas erweiternden, dann aber trichterförmig sich verengenden, gegen die ideelle Achse des Stammes sich abwärts senkenden Zelle bildet.

Sehr selten in der Zone des *Amm. Sowerbyi* bei Gingen, 1 Exemplar.

171. ? Hornera infraoolithica Waagen n. sp.

Tab. 33 (X), f. 9 a. b., 10 a. b.

Wenn man die zwischen den Knollen bei Gingen sich findenden Lagen gelblichen oder graulichen sandigen Thones zum Behufe des Auslesens von Foraminiferen schlemmt, findet sich hie und da unter dem gröberen Residuum das Bruchstück eines ausserordentlich dünnen Bryozoen-Stämmchens, dessen Zellen sich sämmtlich nach einer Seite hin öffnen. Die Anordnung der Zellenmündungen scheint hie und da zweizeilig, hie und da unregelmässig, so dass ich diese Stämmchen nur zweifelhaft zur Gattung Honera stelle.

Selten in der Zone des *Amm. Sowerbyi* bei Gingen, 4 Exemplare.

172. Neuropora Defranci Haime.

1854. *Neur. Defranci* Haime: Bryoz. foss. de la form. jurass. Mém. Soc. géol. de France 1854, p. 215, tb. 10, f. 7 a—d.

1861. *Neur. Defranci* (Haime) Ferry: Note sur l'Et. Baj. des Env. de Macon, p. 15.

Zone des *Amm. Sowerbyi* von Flacé bei Macon (Saône-et-Loire).

173. ? Neuropora foliacea Waagen n. sp.

Tab. 33 (X), f. 1 a. b. c. d.

Kleiner, freier, sich blattartig ausbreitender, niedriger Polypenstock, welcher in seinem Gesammthabitus sehr an das Genus Ditaxia von Hagenow erinnert, es fehlt indess die trennende Wand, und die ganze Masse des Stockes besteht aus einem Haufwerk von röhrigen Zellen. Dieselben münden auf beiden Seiten des Stockes mit äusserst kleinen runden Poren. Ich stelle diesen Stock nur zweifelhaft zur Gattung Neuropora, da ihm die Rippen dieser Gattung fehlen.

1 Exemplar aus der Zone des *Amm. Sowerbyi* von Gingen.

174. Theonoa cf. clathrata Lamouroux.

1821. *Theon. clathrata* Lamx.: Expl. méth. des genres des pol., p. 82, tb. 80, f. 17, 18.

1854. *Theon. clathrata* (Lamx.) Haime: Mém. soc. géol. de France, p. 204, tb. X, f. 1 a—c.

Ferry citirt diese Art, welche eigentlich der Bathgruppe angehört, aus der Zone des *Amm. Sowerbyi* von Flacé bei Macon.

175. Theonoa sulcata Ferry.

1861. *Theon. sulcata* Ferry: Note sur l'Ét. Baj. des Env. de Macon, p. 14.

Zone des *Amm. Sowerbyi* von Flacé bei Macon. Vielleicht ident mit der folgenden Art.

176. ? Theonoa parvecristata Waagen n. sp.

Tab. 32 (IX), f. 11 a. b.

Incrustirender Polypenstock, dessen einzelne Zellen, nachdem sie längere Zeit kriechend sich auf der Unterlage festgesetzt haben, zu 2 bis 5 und mehr vereinigt, sich als kleine Kämme erheben und so die allgemeine Kalkdecke, unter der sie sich vorher verborgen hatten, durchbrechen. Zellenmündung glatt, rund oder polygonal, je nachdem sich die einzelnen Zellen in den sich erhebenden Kämmchen aneinander drängen.

Sehr selten in der Zone des *Amm. Sowerbyi* bei Gingen. 1 Exemplar.

177. Defrancia infraoolithica Waagen n. sp.

Tab. 33 (X), f. 5 a. b.

Kleine runde Art, mit vier vom vertieften Mittelpunkte ausstrahlenden Hauptrippen, zwischen die sich regelmässig vier etwas kürzere Nebenrippen einschieben; weitere Nebenrippen zweiter und dritter Ordnung schalten sich unregelmässig in die übrig bleibenden Zwischenräume ein. Auf der Höhe der Rippen öffnen sich meist drei in einander geschachtelte Zellenreihen, von denen die mittlere häufig kleinere Poren zeigt als die beiden seitlichen. Der Verlauf der Zellen ist an den Seiten der Rippen durch feine Linien angedeutet. In der Tiefe zwischen den Rippen öffnen sich keine Zellen.

5 Exemplare aus der Zone des *Amm. Sowerbyi* von Gingen.

178. Ceriopora globosa Michelin.

1845. *Cer. globosa* Mich.: Icon. zooph., p. 246, tb. 57, f. 5.
1854. *Heteropora pustulosa* (Mich.) Haime: Br. foss. Mém. Soc. géol. de France, 1854, p. 210 (pars).
1858. *Ceriopora globosa* (Mich.) Quenst.: Jura, p. 367.
1861. ? *Heteropora pustulosa* (Mich.) Ferry: Note sur l'Et. Baj. des Env. de Macon, p. 15.

Beginnt in der Zone des *Amm. Sowerbyi*, und geht von hier bis in die Bathgruppe hinauf, ohne dass ich Unterschiede zwischen den Vorkommnissen der verschiedenen Lagen herauszufinden im Stande bin.

Sehr häufig in der Zone des *Amm. Sowerbyi* von Gingen, ausserdem von Flacé, Milly, Solutré und Charnay bei Macon (Saône-et-Loire).

179. Ceriopora arborescens Waagen n. sp.

Tab. 30, f. 2 a. b.

Plumpe, sehr verästelte und mit ihren Aesten oft anastomosirende bäumchenartige Bryozoenstöcke, welche dicht mit ziemlich feinen, runden Poren bedeckt sind. Der Querschnitt der Stämmchen ist rundlich, das Ende läuft in eine abgerundete Spitze aus.

Häufig in der Zone des *Amm. Sowerbyi* bei Gingen, sonst von Jungingen (Hohenzollern).

180. Ceriopora conifera Lamouroux sp.

1821. *Millep. conifera* Lamx.: Expos. meth. des genres des pol., p. 87, tb. 83, f. 6, 7.
1854. *Heteropora conifera* (Lam.) Haime: Mém. soc. géol. de France 1854, p. 208, tb. 11, f. 1 α—η.
1861. *Heterop. conifera* (Lamx.) Ferry: Note sur l'Etage Baj. des Env. de Macon, p. 14.

Die Art hat ihr Hauptlager in der Zone der *Ter. digona*, wird jedoch zufolge der weiten Fassung, die Haime ihr giebt, nach Ferry auch in der Zone des *Amm. Sowerbyi*, der Umgegend von Macon, angetroffen.

181. Heteropora reticulata Haime.

1854. *Het. reticulata* Haime: Bryoz. foss. de la form. jurass.: Mém. Soc. géol. de France 1854, p. 211, tb. 9, f. 9 a—c.

Sehr charakteristisch gestalteter Bryozoenstock mit meist seitlich flachgedrückten Aesten, welche dicht mit Poren von verschiedener Grösse bedeckt sind. Die Art der Verästelung des Stockes erinnert einigermassen an die gewisser Amorphozoen-Geschlechter.

Zone des *Amm. Sowerbyi* von Pommer (Franken), Gingen, Flacé bei Macon und Umgegend von Metz (Moselle).

182. **Diastopora subramosa** Waagen n. sp.

Tab. 33 (X), f. 8 a. b.

Kleine sehr verästelte, schmächtige Bäumchen, deren Aeste flachgedrückt sind, mit ohne Ordnung zerstreuten scharf umrandeten zungenförmigen Zellen, deren Zellendecke nach oben von einer sehr kleinen runden Mündung durchbrochen wird.

Selten in der Zone des *Amm. Sowerbyi* von Gingen. 2 Exemplare.

183. **Diastopora petaloides** Waagen n. sp.

Gleicht sehr der vorigen Art, unterscheidet sich indess von ihr dadurch, dass sie nicht Aeste bildet, sondern sich zu breiten Blättern ausbreitet, welche auf beiden Seiten mit Zellen besetzt sind.

Selten in der Zone des *A. Sowerbyi* von Gingen, häufiger bei Jungingen, wo die Blätter schön erhalten in Thon eingebettet sind.

184. **Berenicea Archiaci** Haime.

1854. *Berenicea Archiaci* Haime: Mém. Soc. géol. de France, p. 180, tb. 9, f. 11 a. b.

Zone des *Amm. Sowerbyi* von Flacé bei Macon (Saône-et-Loire) und Longwy und Plappeville-Les-Metz (Moselle).

185. **Berenicea scobinula** Michelin sp.

1845. *Diastop. scobinula* Mich.: Icon. zooph., p. 10, tb. 2, f. 12.

Diese Art ist bei Gingen nicht häufig. Sie zeichnet sich aus durch ihre äusserst kleinen ovalen und wenig hervorragenden Zellenmündungen. Die Reihen der Zellen strahlen vom Mittelpunkte aus und kreuzen sich dabei regelmässig. Der Stock sitzt auf fremden Körpern auf und zeigt immer nur eine Lage von Zellen.

Zone des *Amm. Sowerbyi* von Pommer (Franken), Gingen (Württemberg), Jungingen (Hohenzollern), Umgegend von Bayeux (Calvados).

186. **Berenicea compressa** Goldfuss sp.

? 1828. *Aulopora compressa* Gdf.: Petref. Germ. 1, p. 84, tb. 38, f. 17.
1845. *Diastop. verrucosa* Mich.: Icon. zooph., p. 10, tb. 2, f. 11.
1850. *Diastop. Normanniana* Orb.: Prodr. 10, 472.

Die von einem Punkte fächerförmig ausstrahlenden, ziemlich lang erscheinenden Röhrchen sind in ihrem kriechenden Verlauf nur wenig aus der allgemeinen Decke erhoben und so nicht sehr deutlich abgegrenzt. Sie erheben sich erst kurz vor ihrer Mündung von der Unterlage und sind an ersterer mit einem glatten Ringe umgeben. Diese Art bildet ziemlich ausgebreitete Ueberrindungen auf Knollen und Muschelschalen und besitzt immer nur eine Lage von Zellen.

Häufig in der Zone des *Amm. Sowerbyi* von Gingen, Goldfuss beschreibt sie von Rabenstein und Gräfenberg.

187. **Berenicea margopuncta** Waagen n. sp.
Tab. 32 (IX), f. 12 a. b.

Kleiner, kriechender Bryozoen-Stock, der an seinem steil abfallenden Rande dicht mit runden, glatt geränderten Zellenmündungen bedeckt ist. Auf der Oberfläche liegen kurze, fast cylindrische, mit ihrer runden glatten Mündung aufgebogene Zellen, die unregelmässig radial von einem Punkte ausstrahlen. Die ganze Schale ist mit äusserst feinen punktartigen Poren, wie mit Nadelstichen übersäet.

2 Exemplare aus der Zone des *Amm. Sowerbyi* von Gingen.

188. **Berenicea cf. striata** Reuss.
Tab. 33 (X), f. 4 a. b.

1867. *Berenicea striata* (Haime) Reuss.: Bryoz. v. Balin Denkschr. Wien. Acad. der Wissenschaft. Sep. p. 7, tb. 1, f. 5 a. b.

Ich citire die Reuss'sche Arbeit, da es, wie Reuss selbst zugibt, nicht sicher ist, ob *Ber. striata* Haime mit der von ihm abgebildeten vollständig übereinstimmt. Ich besitze nur wenige Exemplare dieser Art aus der Zone des *Amm Sowerbyi* von Gingen.

189. **Berenicea diluviana** Lamouroux sp.

1821. *Diast. diluviana* Lamx.: Expos. méth. des genres des pol. p. 81, tb. 80, f. 3, 4.

1854. *Berenicea diluviana* (Lamx.) Haime: Mém. soc. géol. de France, p. 177, tb. 7, f. 2 a—d.

Beginnt ebenfalls in der Zone des *Amm. Sowerbyi* und reicht bis in die Bathgruppe, vielleicht auch noch höher. Sie ist überall ziemlich häufig.

Zone des *Amm. Sowerbyi* von Gingen, Flacé bei Macon (Saône-et-Loire) und Cheveuges (Ardennes).

190. Stomatopora Terquemi Haime.

1854. *St. Terquemi* Haime: Bryoz. foss. de la form. jur. Mém. Soc. géol. de France 1854, p. 164, tb. 6, f. 4 a. b.

Häufig in der Zone des *Amm. Sowerbyi* von Pommer (Franken), Gingen (Württemberg), Jungingen (Hohenzollern).

191. Stomatopora recurva Waagen n. sp.

Tab. 32 (IX), f. 9 a. b.

Während die Zellen der vorhergehenden Art beinahe ihrer ganzen Länge nach kriechend bleiben, richten sich die der vorliegenden Art bald in die Höhe. Es ist jede einzelne Zelle nur undeutlich abgeschnürt, wodurch der Habitus des ganzen Polypenstockes etwas an Proboscina erinnert; doch besitzt die vorliegende Art auf einem Aestchen stets nur eine Zellenreihe. Von *St. dichotoma* unterscheidet sich diese Art durch etwas dickere Stämmchen und feinere Querfalten auf denselben.

3 Exemplare aus der Zone des *Amm. Sowerbyi* von Gingen.

192. Proboscina Jacquoti Haime.

1854. *Prob. Jacquoti* Haime: Bryoz. foss. de la form. jur. Mém. soc. géol. de France, p. 169, tb. 7, f. 5 a. b.

Nicht sehr selten in der Zone des *Amm. Sowerbyi* von Gingen.

193. Proboscina prorepens Waagen n. sp.

Tab. 33 (X), f. 3 a. b.

Die mir vorliegende Art nähert sich schon sehr der *Prob. echinata* Mnst. aus tertiären Schichten, bleibt jedoch bedeutend kleiner als die genannte, unterscheidet sich aber auch noch dadurch von ihr, dass auf den Aestchen die einzelnen Zellen nicht unter der gemeinsamen glatten Decke verborgen liegen, sondern sich in ihrem ganzen Verlauf halbcylindrisch erheben. Zellenmündungen ein glatter hervorragender Ring.

Nicht sehr häufig in der Zone des *Amm. Sowerbyi* von Gingen (drei Exemplare).

194. Chirodota atava Waagen n. sp.

Tab. 24 (I), f. 4 a. b.

Sehr kleine, äusserst zierliche Kalkrädercher, welche sich nicht sehr selten in geschlemmten Thonen der Zone des *A. Sowerbyi* finden, scheinen Chirodoten anzugehören. In ihrer allgemeinen Form gleichen dieselben so ziemlich den von Schwager *Chirodota vetusta* genannten; doch sind die

Speichen des Rädchens zierlicher geschwungen und in der Tiefe des eingesenkten Mittelpunktes erhebt sich nochmals ein deutlicher Knoten. Beide Seiten sind in ihrer Skulptur nicht sonderlich verschieden, nur dass die eine etwas gewölbt, die andere etwas vertieft ist. Die Zwischenräume zwischen den Speichen sind mit Kalkmasse ausgefüllt.

Zone des *Amm. Sowerbyi* von Pommer (Franken), Gingen (Württemberg), Schambelen (Canton Aargau).

195. Cidaris Courtaudiana Cotteau.

1849. *Cid. Courtaudiana* Cott.: Etudes sur les Ech. foss. de l'Yonne, p. 42, tb. 2, f. 1, 2.

Zone des *Amm. Sowerbyi* von Flacé bei Macon.

196. Cidaris ovispina Quenstedt.

Tab. 31 (VIII), f. 11 a. b.

1858. *Cid. ovispina* Quenst.: Jura p. 367.

Kurze dicke Stacheln mit kurzem Hals. Gelenkfläche glatt oder nur äusserst schwach gekerbt, so dass die Kerbung nur bei stärkerer Vergrösserung zu sehen ist. Köpfchen kaum angedeutet, Ring glatt, wenig erhaben. Hals glatt, kurz, gegen den gekörnten Körper der Stachel scharf abgegrenzt. Körner am Körper bald gröber, bald feiner, nicht sehr regelmässig in Reihen stehend.

Diese Art steht der vorigen sehr nahe, unterscheidet sich aber von ihr durch feinere Körner und die gegen den Hals zu nicht verwischte Grenze der Körnerreihen.

Kleine Asseln, welche man dabei findet, gehören vielleicht ebenfalls zu dieser Art. Sie tragen ziemlich kleine Tuberkeln, welche an ihrer Basis deutlich gekerbt sind.

Nicht sehr selten in der Zone des *Amm. Sowerbyi* von Gingen.

197. Cidaris glandifera Goldfuss.

1830. *Cid. glandifera* Gdf.: Petref. Germ. I, p. 120, tb. 40, f. 3.

Obwohl das Vorkommen dieser Art in jurassischen Schichten Europas angezweifelt wird, glaube ich doch, dass die im Fer de la Roche-Pourrie bei Salins vorkommenden Stacheln sich bei keiner anderen Art unterbringen lassen als bei *Cid. glandifera*. Sonst kenne ich ähnliche Stacheln nur von Calmoutier (Haute-Saône).

198. **Cidaris Gingensis** Waagen n. sp.

Tab. 31 (VIII), f. 12 a. b. c.

Kleine, zierlich keulenförmige Stacheln, welche mit feinen gekerbten Längsrippen bedeckt sind; diese verlaufen ohne scharfe Grenze gegen den Hals zu, auf dem sie mit ihren letzten Endigungen fast bis an das sehr schwach ausgebildete Köpfchen reichen. Gelenkfläche, wie es scheint, glatt.

Cid. ornata Quenst. Jura p. 512, tb. 68, f. 23 ist dieser Art am nächsten verwandt.

Einzelne Stacheln zeigen dieselbe Eigenthümlichkeit, wie *Cid. cyathifera* Ag. aus dem Senon, nämlich dass sie sich oben nicht wölben, sondern statt dessen sich in eine flache muldenförmige Vertiefung mit scharfem Rande endigen. Quenstedt hat das Gleiche bei *Cid. cylindrica* im oberen Jura beobachtet.

7 Stacheln aus der Zone des *A. Sowerbyi* von Gingen.

199. **Cidaris Zschockei** Desor. sp.

1858. *Cid. Zschockei* Des.: Synops. p. 26.

Bruchstücke mehrerer fein längsgerippter, cylinderischer Stacheln glaube ich mit dieser Art vereinigen zu können.

Häufig in der Zone des *Amm. Sowerbyi* von Gingen.

200. **Cidaris taxacantha** Waagen n. sp.

Die reihenweise mit kurzen Dornen besetzten cylinderischen Stacheln gleichen denen von *Cid. Parrendieri* ganz ausserordentlich, nur dass die Dornen gröber und der Reihen viel weniger sind.

Geht auch noch höher bis in die Zone des *Amm. Humphriesianus.*

Zone des *Amm. Sowerbyi* von Gingen, häufig.

201. **Heterocidaris Trigeri** Cotteau.

1860. *Heterocid. Trigeri* Cott.: Bull. Soc. Géol. de France XVII, p. 378, tb. 4.

Zone des *Amm. Sowerbyi* von Chevagny bei Macon (Saône-et-Loire) (Ferry: Note).

Heterocid. spinulosa Roem., der von Ferry aus der Zone des *Amm. Sowerbyi* der Umgegend von Macon angeführt wird, scheint mir zu *Rhabd. Anglosuevica* zu gehören.

202. **Rhabdocidaris Anglosuevica** Oppel sp.

1856. *Cidaris Anglosuevica* Oppel: Juraform. p. 436.

Beginnt in der Zone des *A. Sowerbyi*, ist aber hier gewöhnlich noch sehr selten. Ich kenne ihn aus dieser Schicht von Pommer und Grossenbuch (Franken), Gingen (Württemberg), Jungingen (Hohenzollern), Macon (Saône-et-Loire).

203. Pseudodiadema depressum Agass. sp.

1840. *Diadema depressum* Ag.: Cat. syst. p. 8.
1858. *Pseudodiadema depressum* (Ag.) Descr.: Synops. p. 65.

Zone des *Amm. Sowerbyi* von Flacé bei Macon (Saône-et-Loire), Mont d'Or bei Lyon (Rhône), Dundry, Cheltenham, beginnt vielleicht etwas tiefer.

204. Pygaster Ferryi Cotteau.

1861. *Pygast. Ferryi* Cott. in Ferry: Note sur l'Et. Baj. des Env. de Macon, p. 15.

Zone des *Amm. Sowerbyi* von Flacé bei Macon.

205. Galeropygus Marcoui Desor.

1847. *Hyboclypus Marcoui* Des.: Catal. rais. p. 94.
1852. *Nucleolites decollatus* Quenst.: Handb. p. 585, tb. 50, f. 8.
1858. — — — Jura, p. 456, tb. 62, f. 20.
1858. *Hyboclypus Marcoui* Des.: Synops. p. 193.
1858. *Galeropygus* — — — p. 489.

Seltene Art, welche bis jetzt in der Zone des *Amm. Sowerbyi* von Wasseralfingen, Gingen und Laufen (Württemberg), La Roche Pourrie bei Salins (Jura) und der Umgegend von Metz (Moselle) gefunden wurde.

206. Galeropygus sulcatus Cotteau.

1861. *Galerop. sulcatus* Cott. in Ferry: Note sur l'Et. Baj. des Env. de Macon, p. 15.

Zone des *Amm. Sowerbyi* von Flacé bei Macon (Saône-et-Loire).

207. Galeropygus Ferryi Cotteau.

1861. *Galerop. Ferryi* Cott. in Ferry: Note sur l'Et. Baj. des Env. de Macon, p. 15.

Zone des *Amm. Sowerbyi* von Flacé bei Macon (Saône-et-Loire).

208. Hyboclypus caudatus Wright.

1851. *Hybocl. caudatus* Wr. Ann. a. mag. nat. hist. 2d ser. IX, p. 100, tb. 3, f. 2.
1858. — — (Wr.) Des.: Synops. p. 193.

Scheint der Zone des *Amm. Sowerbyi* der Umgegend von Cheltenham anzugehören, sonst nicht bekannt.

209. **Asteropecten** sp. indet.

Einzelne Asseln kommen an verschiedenen Fundorten Frankens, Schwabens, der Schweiz und Frankreichs in der Zone des *Amm. Sowerbyi* vor.

210. **Pentacrinus cristagalli** Quenstedt.

1852. *Pent. cristagalli* Quenst.: Handb. p. 603, tb. 52, f. 5.
1858. — — — Jura, p. 457, tb. 62, f. 27—29.

Häufig in der Zone des *Amm. Sowerbyi* von Grossenbuch (Franken), Gingen (Württemberg), Schambelen (Canton Aargau). Geht höher bis in die Zone des *Amm. Humphriesianus.*

211. **Pentacrinus Bajocensis** Orbigny.

1850. *Pent. Bajocensis* Orb.: Prodr. 10, 522.

Zone des *Amm. Sowerbyi* vom nördlichen und östlichen Ufer des Centralplateaus von Frankreich, so wie aus der Umgegend von Bayeux (Calvados).

Vielleicht theilweise identisch mit der vorigen Art.

212. **Cyclocrinus rugosus** Orbigny.

1829. *Bourgueticrinus rugosus* Orb.: Crin. tb. 17, f. 16—19.
1850. *Cyclocrinus rugosus* Orb.: Prodr. 10, 519.

Erreicht noch viel beträchtlichere Dimensionen als Orbigny's Exemplare; die Erhöhungen auf den Gelenkflächen sind meist etwas deutlicher in Kreise gestellt, als Orbigny diess zeichnet.

Sehr häufig in der Zone des *Amm. Sowerbyi* bei Gingen, indess nur Stielglieder. Sonst von St. Maixent, Nantua, Bayeux u. s. w.

213. **Eugeniacrinus annularis** Roemer.

1839. *Eugeniacr. annularis* Roem.: Nachtr. z. Oolgeb. p. 17, tb. 17, f. 34.
1850. *Cyclocrinus annularis* Orb.: Prodr. p. 291.

Dass diese Art nicht zum Genus Cyclocrinus gehört, beweist der Strahlenkranz am Rande der Gelenkfläche. Ob sie aber auch ein Eugeniacrinus sei, ist dennoch sehr zweifelhaft, da sich aus den Stielgliedern, die bis jetzt einzig bekannt sind, die generische Stellung nicht mit Sicherheit ableiten lässt.

Zone des *Amm. Sowerbyi* von Gingen (Württemberg) und Mehle (Norddeutschland).

214. **Thamnastrea Mettensis** Edwards & Haime.

1851. *Thamnastr. Mettensis* Edw. & Haime: Brit. foss. Corals, p. 141, tb. 30, f. 3, 3 a.

Nicht sehr ausgedehnte, flache Polypenstöcke, welche auf ihrer Unterseite der Epithek entbehren. Sie scheinen nicht festgewachsen gewesen zu sein.

Selten in der Zone des *Amm. Sowerbyi* bei Gingen und Jungingen, sonst von St. Quentin bei Metz und Cricklay Hill bei Cheltenham.

215. **Thamnastrea Terquemi** Edwards & Haime.

1851. *Thamnastr. Terquemi* Edw. & Haime: Brit. foss. Corals, p. 140, tb. 30, f. 2, 2 a, 2 b.

Unterscheidet sich, ausser durch die dicken und kräftigen Septa, auch noch dadurch von *Th. Mettensis*, dass die Unterseite von einer zarten Epithek bedeckt ist.

Etwas häufiger als die vorige Art in der Zone des *Amm. Sowerbyi* bei Gingen; sonst von St. Quentin bei Metz und der Umgegend von Cheltenham.

216. **Thamnastrea Defranciana** Michelin sp.

1845. *Astraea Defranciana* Mich.: Iconogr. zooph. p. 9, tb. 2, f. 1.
1851. *Thamnastrea Defranciana* (Mich.) Edw. & Haime: Brit. foss. Corals, p. 139, tb. 29, f. 3, 4.

Zone des *Amm. Sowerbyi* von Ravensgate-Hill bei Cheltenham, sonst von Moutiers, Dundry u. s. w. Scheint auch höher zu gehen.

217. **Isastrea tenuistriata** M'Coy sp.

1848. *Astrea tenuistriata* M'Coy: Ann. and Mag. nat. hist. 2d ser. XI, p. 400.
1851. *Isastrea tenuistriata* (M'Coy) Edw. & Haime: Brit. foss. Corals, p. 138, tb. 30, f. 1, 1 a.
1858. *Isastrea tenuistriata* (M'Coy) Quenst.: Jura, p. 375, tb. 50, f. 9.

Seltene Art der Zone des *Amm. Sowerbyi* von Gingen, ausserdem von Dundry und Crickley-Hill bei Cheltenham.

Setzt in Schwaben in die Zone des *Amm. Sauzei* hinauf fort.

218. **Isastrea sp. indet.**

Es kommt noch eine zweite Art von Isastrea bei Gingen vor, welche indess nicht in hinlänglich guten Stücken vorliegt, um sie näher zu beschreiben. Sie scheint indess der *Isastrea oblonga* Edw. & Haime Brit. foss. Corals p. 73, tb. 12 ziemlich nahe zu stehen.

Sehr selten in der Zone des *Amm. Sowerbyi* von Gingen.

219. **Thecosmilia gregaria** M'Coy sp.

1848. *Montlivaltia gregaria* M'Coy: Ann. and Mag. nat. hist. 2d ser. XI, p. 419.
1851. *Thecosm. gregaria* (M'Coy) Edw. & Haime: Brit. foss. Corals p. 135, tb. 28, f. 1, 1 a.

Nicht sehr häufig in der Zone des *Amm. Sowerbyi* von Gingen und Jungingen, sonst von Dundry, Leckhampton-, Ravensgate- und Crickley-Hill bei Cheltenham.

Scheint in Schwaben in die nächst höhere Zone fortzusetzen.

220. **Thecophyllia excavata** Waagen n. sp.

Einzelliger Polypenstock mit ausserordentlich dicker runzliger Epithek. Kelch tief eingesenkt mit zahlreichen stark gelappten Wirthellamellen, welche von dreierlei Dicke, Fossula von den Lappen der Lamellen beinahe ganz verdeckt, Columella fehlt.

Der nahezu cylinderische Stock verjüngt sich nur nach unten etwas und ist hier mit einer nicht sehr grossen Basis aufgewachsen.

Sehr selten in der Zone des *Amm. Sowerbyi* bei Gingen, 1 Exemplar.

221. **Montlivaltia trochoides** Edwards & Haime.

1848. *Montl. trochoides* Edw. & Haime: Ann. des Sc. nat. 3me sér. X, p. 255.
1851. — — — — — Brit. foss. Corals, p. 129, tb. 26, f. 2, 3, 10, tb. 27, f. 2, 4.
1858. *Antophyllum trochoides* Quenst.: Jura, p. 374, tb. 50, f. 1, 2,

Sehr häufig in der Zone des *A. Sowerbyi* von Pommer am Hetzlas (Franken), Gingen (Württemberg), Mont d'Or bei Lyon (Rhône), Cheveuge (Ardennes), Umgegend von Metz (Moselle).

222. ? **Anabacia orbulites** Lamouroux sp.

1821. *Fungia orbulites* Lamx.: Expl. meth. des genres des pol., tb. 83, f. 1—3.
1850. *Anabacia orbulites* (Lamx.) Orb.: Prodr. I, p. 321.
1851. — — — Edw. & Haime: Brit. foss. Corals, p. 120, tb. 25, f. 3.

Findet sich im Unteroolith von Dundry und im Lower Trigonia Grit, der Umgegend von Cheltenham, ist indess häufiger in der Bath-Gruppe.

223. **Latomaeandra Davidsoni** Edwards & Haime.

1851. *Latomaeandra Davidsoni* Edw. & H.: Brit. foss. Corals, p. 137, tb. 27, f. 10.

Lower Trigonia Grit (Zone des *Amm. Sowerbyi*) der Umgegend von Cheltenham, sonst noch nicht bekannt.

224. **Trochocyathus Magnevillianus** Michelin sp.

1840. *Turbinolia Magnevilliana* Mich.: Iconogr. zooph. p. 8, tb. 2, f. 2.

1848. *Trochocyathus? Magnevillianus* Edw. & Haime: Rech. sur les Pol., Monogr. des Turbinol. p. 335.

Zone des *Amm. Sowerbyi* von Pierreclos bei Macon und vielleicht auch von den Schambelen bei Baden (Canton Aargau).

Aus dem reichhaltigen, ausgesuchten Foraminiferen-Materiale, das mir Freund Waagen zur Bearbeitung übergab, habe ich hier nur die vorragendsten Formen aufgenommen, und gedenke, die eingehendere Bearbeitung dieser Fauna erst in einer späteren grösseren Arbeit vorzunehmen. Im Ganzen gibt jedoch die vorliegende Zusammenstellung dennoch ein ziemlich richtiges Bild von der Foraminiferen-Fauna der betreffenden Schichten, in denen die Cristallerien meist überwiegen, und an welche sich zunächst die Nodosarien (im weiteren Umfange genommen) und die übrigen, meist bloss durch vereinzelte Arten repräsentirten Genera anschliessen.

Conrad Schwager.

a. Foraminiferen mit sandig kieseliger Schale.

225. **Haplophragmium coprolithiforme** Schwager n. sp.

Tab. 34 (XI), f. 3.

Mittlere Länge 1.3^{mm}

Das Gehäuse kurz, keulenförmig, im Anfangstheile mehr oder weniger deutlich eingerollt, zuletzt die Kammern in einfacher Reihe auf einander folgend. Dieselben sind meist wenig gewölbt, rasch an Grösse zunehmend, durch vertiefte, jedoch stumpfe, zuletzt horizontale, im Anfangstheile nicht selten beinahe oder vollständig verwischte Nähte, getrennt. Die grosse Endkammer nach oben zusammengezogen, an ihrem terminalen Ende von der grossen, meist einfach runden Mündung durchbohrt. Die Schale ziemlich dick, rauh, sandig, von ziemlich grossen, gleichmässigen, doch wenig vorragenden, in eine kalkige, stark zurücktretende Grundmasse eingebetteten Kieselkörnern gebildet.

Selten in den Sowerby-Schichten vom Gingen (Württemberg).

b. **Foraminiferen mit poröser Kalkschale.**

226. **Cornuspira oolithica** Schwager n. sp.

Tab. 34 (XI), f. 4.

Mittlerer Hauptdurchmesser 0.45^{mm}.

Das Gehäuse bei normaler Entwicklung nahezu kreisrund, tellerförmig mit gleichmässig ausgehöhlten Seiten. Die einzelnen Windungen, deren 3 höchstens 4 in einem vollendeten Gehäuse sich finden, beinahe drehrund, jedoch im Anfangstheile nicht selten fast ganz verschmolzen. Sie nehmen sehr langsam und meist gleichmässig an Dicke zu, und sind durch, zuletzt meist ziemlich vertiefte, doch nicht scharfe Nähte getrennt. Das Ende zugerundet, mit kleiner, runder, endständiger, meist etwas gegen die Naht gerückter Mündung. Die Schale ursprünglich glatt, doch meist durch chemische Einwirkung angefressen, rauh.

Ziemlich vereinzelt, sowohl in den Sowerby-Schichten der Schambelen (Canton Aargau), als auch jenen von Gingen (Württemberg) und vom Hetzlas bei Erlangen (Franken).

227. **Lagena bullaeformis** Schwager n. sp.

Tab. 34 (XI), f. 5.

Mittlere Länge 0.5^{mm}.

Das kolbenförmige Gehäuse im Untertheile kuglig, nach oben mit abnehmender Raschheit zur Halsverlängerung zusammengezogen, das Ende des Halses an keinem der vorhandenen Exemplare erhalten. An der Unterseite findet sich stets ein kleiner, mehr oder minder scharf abgesetzter, stachelartiger Fortsatz.

Einzelne sowohl in den Sowerby-Schichten von Gingen (Württemberg), als auch an den Schambelen (Canton Aargau).

228. **Nodosaria Waageni** Schwager n. sp.

Tab. 34 (XI), f. 6.

Mittlere Länge 0.7^{mm}.

Das Gehäuse nahezu oder vollständig gerade, stabförmig, nach oben langsam an Dicke zunehmend; mit gerundetem, doch bedeutend verdünntem Unterrande. Die gewölbten, durchschnittlich eben so hohen als breiten Kammern, durch horizontale, tiefe, scharfe Nähte getrennt. Die paraboloidische Endkammer bei vollendeten Exemplaren meist merklich grösser als die übrigen, und etwas seitlich geneigt, an ihrem terminalen Ende von der kleinen, nicht erhabenen, runden, gestrahlten Mündung durchbohrt.

Vorkommen. Einzeln in den Sowerby-Schichten von Gingen und des Hetzlas-Berges, seltener in jenen der Schambelen.

229. **Nodosaria detruncata** Schwager n. sp.
Tab. 34 (XI), f. 7.

Mittlere Länge 0.42mm.

Das Gehäuse kurz, gedrungen, nach oben allmählig und gleichmässig an Dicke zunehmend, unten mehr oder weniger flach zugerundet. Die Kammern, deren Breite durchschnittlich das zwei- bis dreifache der Höhe beträgt, gleichmässig gewölbt, doch auch nicht selten gegen die untere Naht weit rascher abfallend, durch deutliche meist tiefe, horizontale Nähte getrennt. Die Endkammer gerundet, nach oben etwas zusammengezogen, mit kleiner, meist kaum erhabener Spitze, sehr kleiner, fein gestrahlter Mündung. Die Schale bei besonders wohl erhaltenen Individuen sehr glatt, glänzend.

Einzeln in den Sowerby-Schichten der Schambelen, selten von Gingen.

230. **Nodosaria Sowerbyi** Schwager n. sp.
Tab. 34 (XI), f. 8.

Mittlere Länge 0.4mm.

Das Gehäuse wenig verlängert, nach unten allmählig und nicht unbedeutend verschmälert, zuletzt kurz und gerundet kegelförmig zugestutzt. Die Kammern, besonders in der Höhe, ziemlich rasch, doch nicht selten etwas unregelmässig anwachsend, gewölbt, durch scharfe, horizontale Nähte getrennt. Die Endkammer parabolisch zugespitzt. Die Mündung klein, rund, terminal, undeutlich gestrahlt.

Selten in den Sowerby-Schichten der Schambelen.

231. **Flabellina semicristellaria** Schwager n. sp.
Tab. 34 (XI), f. 11.

Mittlere Länge 0.7mm.

Das Gehäuse sehr flach, blattförmig mit meist durchaus gerundet abgestutzten Rändern, seltener die letzte Septalfläche etwas ausgehöhlt, von niedrigen dünnen Randleisten begleitet. Der Anfangstheil vollständig cristellarienartig, gewöhnlich überwiegend, mit im Ganzen wenig gebogenen, meist bloss an dem äusseren, die Mündungsspitzen der nächst älteren Kammern umfassenden Theile, zurückgebeugt. Bloss die letzten Kammern reitend, alle etwas gewölbt, durch tiefe, scharfe eingesenkte Nähte getrennt. Die bei vollendeten Gehäusen terminale, meist etwas erhobene Mündungsspitze, fein gestrahlt, die Mündung klein, rund.

Nicht ganz selten in den Sowerby-Schichten von Gingen, vielleicht auch bei Pommer am Hetzlas-Berge.

232. **Cristellaria lepida** Schwager n. sp.
Tab. 34 (XI), f. 9.

Mittlere Länge 1mm.

Das Gehäuse mehr oder weniger seitlich zusammengedrückt, im Ganzen von dreieckigem Umrisse mit schwach gewölbtem, nach oben beinahe geradem Rücken- und eingebogenem Bauchrande, der mit gerundetem Winkel in die von oben nach unten mässig gewölbte Septalfläche der letzten Kammer übergeht; mässig gewölbten Seiten. Ueber das ganze Gehäuse laufen, der Länge nach, etwas geschwungene, unten nicht selten gegabelte, dünne Leistchen, die durch etwas breitere Zwischenräume getrennt werden. Die Kammern niedrig, divergirend, durch ziemlich scharfe, doch selten stärker vertiefte Nähte getrennt. Die grosse im Carinalwinkel gelegene Mündungsspitze grob gestrahlt, von der kleinen runden Mündung durchbohrt.

Einzeln in den Sowerby-Schichten von Gingen (Württemberg) und Pommer am Hetzlasberg (Franken).

233. **Cristellaria oolithica** Schwager n. sp.
Tab. 34 (XI), f. 10.

Mittlere Länge 1mm.

Das Gehäuse im Ganzen gleichmässig gebogen, nach unten wenig an Breite zunehmend, im Unterende breit gerundet, das Oberende schief abgestutzt, der Innen- und Aussenrand kurz und gerundet zugeschärft. Die Kammern wenig gewölbt, beinahe flach, durch schwach und gleichmässig gebogene, divergirende, meist undeutliche Nähte getrennt. Die Septalfläche der letzten Kammer flach gewölbt mit etwas gerundeter Kante in die Seitenflächen des Gehäuses übergehend. Längs des ganzen Gehäuses laufen parallele ziemlich dünne Rippen, die durch merklich breitere Zwischenräume getrennt werden, und im oberen Ende gegen den Rücken gewendet auslaufen. Die Mündungsspitze gross, kegelförmig deutlich abgesetzt, gerifft, von der kleinen runden Mündung durchbohrt.

Selten in den Sowerby-Schichten von Gingen und Pommer am Hetzlasberg.

234. **Cristellaria Zitteli** Schwager n. sp.
Tab. 34 (XI), f. 12.

Mittlere Länge 1mm.

Das im ausgebildeten Zustande bedeutend verlängerte, ziemlich dicke Gehäuse von Füllhorn ähnlichem Umrisse, nach unten allmählig und mit abnehmendem Krümmungshalbmesser der Biegung verschmälert. Das Unterende gerundet, das Oberende im Ganzen schief abgeschnitten. Die Kammern des Anfangstheiles flach, im Rücken des Gehäuses zu einer gerundeten Kante verengert; die folgenden flach gewölbt, mit mehr oder weniger tief gegen die Nähte einfallenden Seiten, gerundetem Rücken. Die Nähte divergirend, anfangs fast verwischt, später tief, scharf, im Vordertheile etwas herabgezogen, an dem Carinalende dagegen meist hinaufgebogen. Die kleine Mündung an dem Ende der, im Carinalwinkel erhobenen, grossen, gerifften Mündungsspitze gelegen.

Einzeln in den Sowerby-Schichten von Gingen.

235. **Cristellaria inconstans** Schwager n. sp.
Tab. 34 (XI), f. 15.

Mittlere Länge 0.8^{mm}.

Das Gehäuse in Biegung und Verlängerung der vorhergehenden Art ziemlich ähnlich, doch stets flacher, meist weit schlanker, mit mehr oder weniger zugespitztem Unterrande, weit schieferen Kammern. Letztere sind in etwas wechselndem Grade niedrig, gewölbt, durch tiefe, scharf eingesenkte, flach gebogene Nähte getrennt. Die Endkammer meist merklich grösser und gewölbter als die übrigen, mit gewölbter Septalfläche, grosser, kurz konischer, erhobener, endständiger Spitze, kleiner, gestrahlter Mündung. Die vorliegende Form ist in manchen Fällen etwas schwer wieder zu erkennen, besonders wenn die Kammern viel rascher als gewöhnlich an Breite zunehmen; doch ist sie durch das zugespitzte Unterende und die auffallend schiefe Lage der Kammern im Allgemeinen wohl gekennzeichnet.

In ihren verschiedenen Abänderungen nicht ganz selten in den Sowerby-Schichten von Gingen und des Hetzlasberges, selten an den Schambelen.

236. **Cristellaria limata** Schwager n. sp.
Tab. 34 (XI), f. 13.

Mittlere Länge 0.55^{mm}.

Das Gehäuse ziemlich dick, seitlich zusammengedrückt, mässig verlängert; der Krümmungshalbmesser der Rückenbiegung mit gleichmässiger Raschheit zunehmend, die letzte Septalfläche gleichmässig gewölbt, deren unterer Theil mit dem Gesammtverlaufe des obern Rückenumrisses, in der Seitenansicht, mehr oder weniger deutlich parallel, der Embrionaltheil gegen den übrigen, bei aufrechter Stellung, auf der Vorderseite stets etwas, wenn auch manchmal kaum merklich, vorragend. Die Kammern beinahe flach, hoch, langsam anwachsend, gegen den Rücken und Bauchrand abfallend, durch wenig gebogene, divergirende, schwach vertiefte, stumpfe Nähte getrennt. Die Endkammer mit stark gerundet winkliger oder einfach gewölbter Septalfläche und rückenständiger, erhobener, dicker Spitze, die von der kleinen, gestrahlten Mündung durchbohrt wird.

Vereinzelt in den Sowerby-Schichten von Gingen.

237. Cristellaria Schloenbachi Schwager n. sp.

Tab. 34 (XI), f. 16.

Mittlere Länge 0.5 mm.

Das Gehäuse länglich, seitlich zusammengedrückt, mit etwas vorragendem, mehr oder weniger eingerolltem Untertheile, der jedoch meist weniger hoch hinauf reicht, als es bei dem gezeichneten Exemplare der Fall ist, und dessen Rand meist allmählig mit concaver Biegung in den letzten Septalrand übergeht. Der Endtheil erhaben mit mehr oder weniger schiefer, etwas gebogener, bloss in dem untern Theile schärfer einfallender letzter Septalfläche, deren letzterer Theil mit dem Seitenumrisse des oberen Rückenrandes mehr oder weniger deutlich parallel verläuft. Der Rücken in allmählig geöffneter Spirale aufgerollt, gerundet oder selbst scharf winklig zusammengezogen, besonders nach oben durch die Kammerenden in wechselndem Grade (doch selten so bedeutend, als es an dem gezeichneten Exemplare der Fall ist) wellenförmig ausgeschnitten. Die Nähte vertieft, gerundet, mässig schief, divergirend, ziemlich gleichmässig, doch nicht bedeutend gebogen. Die Mündung im Carinalwinkel gelegen, gross von einem Kreise von Einschnitten, die in die Mündungsspitze einschneiden, umgeben.

Einzeln in den Sowerby-Schichten von Gingen und Pommer am Hetzlas-Berg.

238. Cristellaria foliacea Schwager n. sp.

Tab. 34 (XI), f. 17.

Mittlere Länge 0.45 mm bis 0.5 mm.

Das Gehäuse im Ganzen mehr oder weniger stark zusammengedrückt, oft ganz platt mit beinahe stets gegen den Unterrand der letzten Septalfläche, wenn auch oft unmerklich vorragendem Embrionaltheile, mit in etwas unregelmässiger, nicht selten beinahe gebrochener Spirallinie aufsteigendem Rückenrande, der sich in dem Anfangstheile mehr oder minder einer Kreisspirale nähert. Die Seiten des Gehäuses flach gewölbt oder ganz flach, rasch gegen den gerundet kantigen Rücken abfallend. Die Septalfläche der letzten Kammer gewölbt im Unterrande, deren Umriss mit dem Gesammtumrisse des oberen Rückentheiles mehr oder weniger deutlich parallel. Die

Nähte flach gebogen, meist scharf, tief, divergirend, in den äussersten oberen Theilen durch die Ueberwölbung der Mündungsspitzen der vorhergehenden Kammern gewöhnlich zurückgebogen. Letztere meist etwas vorragend, nicht sehr gross, fein gestrahlt; die Mündung klein, rund.

Die vorliegende Art bildet mit den zwei vorhergehenden eine enge Gruppe, die überdiess noch durch einzelne Uebergangsformen stärker verbunden wird, trotzdem aber halte ich es für gerechtfertigt, wenn man sie möglichst strenge auseinander zu halten sucht, weil es nur auf diese Weise gelingt, sich eine bestimmte Vorstellung von diesen so indifferenten Formen zu bilden und die Gesetze zu erkennen, denen ihre allmählige Entwickelung unterliegt.

Häufig sowohl in den Sowerby-Schichten von Gingen und von Pommer am Hetzlas-Berge, als auch in jenen der Schambelen.

239. **Cristellaria reticulata** Schwager n. sp.
Tab. 34 (XI), f. 14.

Mittlere Länge 0.6 mm.

Das Gehäuse etwas seitlich zusammengedrückt, dick, von im Ganzen eiförmigem Umrisse. Die Seiten schwach gewölbt, in der Gegend des Nabels etwas eingedrückt, der Rücken gerundet. Bloss der letzte Umgang sichtbar, die Kammern jedoch äusserlich kaum zu unterscheiden, die Nähte verflacht. Die Septalfläche der letzten Kammer gewölbt ohne Absatz in die Seitenflächen übergehend. Die Seiten des Gehäuses mit im Ganzen concentrischen dünnen Rippen geziert, die sich mit radial verlaufenden, zu vier- oder häufiger noch zu sechseckigen Maschen verbinden. Aehnliche, doch meist einfach herablaufende Rippen finden sich im Rücken und an der Septalfläche. Die Mündung klein, gestrahlt, an dem Ende der im Carinalwinkel gelegenen Mündungsspitze gelegen.

Selten in den Sowerby-Schichten der Schambelen.

240. **Cristellaria Sowerbyi** Schwager n. sp.
Tab. 34 (XI), f. 18.

Mittlerer Hauptdurchmesser 0.5 mm.

Das Gehäuse geschlossen, spiral, etwas länglich, mehr oder weniger flach mit deutlichem, manchmal selbst etwas flügelartig losgelöstem Randkiele. Die 9—10 Kammern eines Umganges flach gewölbt, scharf gegen die Nähte einfallend. Sie reichen mit ihrem inneren, meist gerundeten Ende nicht ganz bis in die Windungsmitte, und lassen einen mehr oder minder bedeutenden Nabeltheil frei, der dann meist von der flachen Nabelschwiele bedeckt wird, die sich überdiess nicht selten mit sternförmigen Fortsätzen, als Verdickung der Septalwände, zwischen die Kammern einschiebt, welche letzteren sich sogar in einzelnen Fällen zu gerundeten Nahtrippen erheben. Die Septalfläche der letzten Kammer flach gewölbt, bei jüngeren Formen mit mehr oder weniger kantig gegen die Seitenflächen des Gehäuses abschneidenden Rändern; bei alten Formen dagegen dieselbe gewölbt, unmerklich in die Seitenflächen übergehend. Die Mündung im Carinalwinkel gelegen, gestrahlt, meist noch etwas in die Septalfläche herablaufend. Die Schale bei wohlerhaltenen Exemplaren auffallend glatt, glänzend.

Nicht selten, sowohl in den Sowerby-Schichten von Gingen und von Pommer am Hetzlas-Berge, als auch in jenen der Schambelen.

241. **Cristellaria vulgaris** Schwager n. sp.
Tab. 34 (XI), f. 19.

Mittlerer Hauptdurchmesser 0.6^{mm}.

Das Gehäuse vollkommen involut, von rein kreisspiraligem Umrisse, mit mehr oder weniger hoch gewölbten Seiten, gerundetem Kiele. Die Kammern mässig hoch, ganz flach, bloss bei besonders alten Individuen die letzten gewölbt, in welchem Falle dann die Septalfläche der letzten Kammer, welche ebenfalls gerundet ist, allmählig in die Seiten des Gehäuses übergeht; ausserdem sind die Septalflächen ziemlich flach, ja selbst etwas eingesenkt, und in einzelnen Fällen mit feinen niedrigen Randleisten versehen. Die Nähte äusserlich kaum unterscheidbar, schwach gewölbt, einfach radial oder besonders zu Ende die mittlere, mässig grosse, wenig oder gar nicht erhobene Nabelscheibe tangirend. Die Mündung im Carinalwinkel gelegen, meist robulinenartig noch etwas in die letzte Septalfläche fortgesetzt.

Nicht selten, sowohl in den Sowerby-Schichten von Gingen und von Pommer am Hetzlas-Berge, als auch jenen von den Schambelen.

242. **Rotalia semiornata** Schwager n. sp.
Tab. 34 (XI), f. 20.

Mittlerer Hauptdurchmesser 0.45^{mm}.

Das Gehäuse linsenförmig von kreisspiraligem Umrisse mit zugeschärften oder selbst ausgezogenen Rändern, meist etwas höher gewölbter Spiral- flacherer Nabelseite. Die Kammern auf der Spiralseite flach gewölbt, schief, zurückgebogen. Auf den Nahtlinien derselben erheben sich mehr oder weniger entwickelte, nicht selten etwas unregelmässige, in wechselndem Grade dicke, hohe Leistchen, die mit dem ebenfalls meist verdünnten Rande zusammenfliessen. Auf der meist glatten Nabelseite die sehr wenig gewölbten

Kammern beinahe rein radial gestellt, im Nabel zusammenlaufend. Letzterer wird von einer mehr oder weniger grossen, meist nicht erhobenen Schwiele bedeckt, die nur in einzelnen Fällen etwas vorragt, und sich zwischen die Kammern mit gerundeten Septalrippen sternförmig fortsetzt. Die Mündung eine schmale, in der Septalnaht der Nabelseite ausgeschnittene Spalte.

Häufig in den Sowerby-Schichten von Gingen, seltener in jenen von Pommer am Hetzlas-Berg und von den Schambelen.

---

243. Siphoneudea entrochorum Ferry.

1861. *Siphon. entrochorum* Ferry: Note sur l'Et. Baj. des Env. de Macon, p. 15.

Zone des *Amm. Sowerbyi* von Solutré und Flacé bei Macon (Saône-et-Loire).

244. Discoelia glomerata Ferry.

1861. *Dioc. glomerata* Ferry: Note sur l'Et. Baj. des Env. de Macon, p. 15.

Zone des *Amm. Sowerbyi* von Flacé bei Macon (Saône-et-Loire).

245. Stenocoelia Ferryi Fromentel.

1861. *St. Ferryi* (From.) Ferry: Note sur l'Et. Baj. des Env. de Macon, p. 16.

Zone des *Amm. Sowerbyi* von Milly und Flacé bei Macon (Saône-et-Loire).

246. Monotheles Bajocensis Ferry.

1861. *Monoth. Bajocensis* Ferry: Note sur l'Et. Baj. des Env. de Macon, p. 16.

Zone des *Amm. Sowerbyi* von Milly und Flacé bei Macon (Saône-et-Loire).

247. Stellispongia Cotteaui Ferry.

1861. *Stellisp. Cotteaui* Ferry: Note sur l'Et. Baj. des Env. de Macon, p. 16.

Zone des *Amm. Sowerbyi* der Umgegend von Macon (Saône-et-Loire).

248. Oculospongia Fromenteli Ferry.

1861. *Oculosp. Fromenteli* Ferry: Note sur l'Et. Baj. des Env. de Macon, p. 17.

Zone des *Amm. Sowerbyi* von Flacé bei Macon (Saône-et-Loire).

249. Sparsispongia pustulosa Ferry.

1861. *Sparsispong. pustulosa* Ferry: Note sur l'Et. Baj. des Env. de Macon, p. 17.

Zone des *Amm. Sowerbyi* von Flacé und Milly bei Macon (Saône-et-Loire).

250. **Cupulochonia subhelvelloides** Ferry.

1861. *Cupuloch. subhelvelloides* Ferry: Note sur l'Et. Baj. des Env. de Macon, p. 17.

Zone des *Amm. Sowerbyi* von Milly, Solutré, Flacé und Charnay bei Macon (Saône-et-Loire).

251. **Cupulochonia** sp. indet.

Tab. 33 (X), f. 11 a. b. c. d.

Es kommt sehr selten in der Zone des *Amm. Sowerbyi* von Gingen eine Cupulochonia vor, welche vielleicht mit der vorhergehenden Art übereinstimmen wird. Da sich diess nach der von Ferry gegebenen Beschreibung nicht mit Sicherheit feststellen lässt, ziehe ich es vor, dieselbe als unbestimmte Art anzuführen. Ich habe eine Abbildung gegeben, um das Urtheil über dieselbe zu erleichtern.

252. **Actinofungia Matisconensis** Ferry.

1861. *Actinofung. Matisconensis* Ferry: Note sur l'Et. Baj. des Env. de Macon, p. 18.

Zone des *Amm. Sowerbyi* von Flacé bei Macon (Saône-et-Loire).

253. **Talpina eduliformis** Quenstedt.

1858. *Talpina eduliformis* Quenst.: Jura, p. 431, tb. 59, f. 6.

Die feinen dichotomischen Gänge, welche Quenstedt beschreibt, scheinen von einem bohrenden Schwamme her zu rühren. Sie finden sich in verschiedenen Schichten auf mancherlei Muschelschalen, und werden auch in der Zone des *Amm. Sowerbyi* fast nirgends vermisst; in Franken, Schwaben und der Schweiz, bei Bayeux und Symondsbury.

Ich führe endlich noch die für den Lower Sandstone Shale and Coal der Küste von Yorkshire bezeichnenden Pflanzenreste an, wenn es auch noch nicht mit Sicherheit ausgemacht ist, ob man sie besser der Zone des *A. Sowerbyi* oder der des *A. Sauzei* zurechne. Es ist indess immerhin interessant, auch die Flora, welche zu jener Zeit einen Theil Europas bekleidete, näher ins Auge zu fassen.

254. **Thuites expansus** (Sternberg) Phillips.

1829. *Thuites expansus* (Stbg.) Phill.: Geol. Yorksh. II, p. 153, tb. 10, f. 11.

Lower Sandstone Shale and Coal (Zone des *Amm. Sowerbyi?*) der Küste von Yorkshire.

255. Sphenopteris muscoides Phillips.

1829. *Sphenopt. muscoides* Phill.: Geol. of Yorksh. II, p. 153, tb. 10, f. 10.

Lower Sandstone Shale and Coal (Zone des *Amm. Sowerbyi?*) der Küste von Yorkshire.

256. Sphenopteris stipata Phillips.

1829. *Sphenopt. stipata* Phill.: Geol. of Yorksh. II, p. 153, tb. 10, f. 8.

Lower Sandstone Shale and Coal (Zone des *Amm. Sowerbyi?*) der Küste von Yorkshire.

257. Sphenopteris ? lanceolata Phillips.

1829. *Sphenopt.? lanceolata* Phill.: Geol. of Yorksh. II, p. 153, tb. 10, f. 6.

Lower Sandstone Shale and Coal (Zone des *Amm. Sowerbyi?*) der Küste von Yorkshire.

258. Neuropteris laevigata Phillips.

1829. *Neuropt. laevigata* Phill.: Geol. of Yorksh. II, p. 154, tb. 10, f. 9.

Lower Sandstone Shale and Coal (Zone des *Amm. Sowerbyi?*) der Küste von Yorkshire.

259. Cycadites latifolius Phillips.

1829. *Cycad. latifolius* Phill.: Geol. of Yorksh. II, p. 154, tb. 10, f. 1.

Lower Sandstone Shale and Coal (Zone des *Amm. Sowerbyi?*) der Küste von Yorkshire.

260. Cycadites gramineus Phillips.

1829. *Cycad. gramineus* Phill.: Geol. of Yorksh. II, p. 154, tb. 10, f. 2.

Lower Sandstone Shale and Coal (Zone des *Amm. Sowerbyi?*) der Küste von Yorkshire.

261. Cycadites lanceolatus Phillips.

1829. *Cycad. lanceolatus* Phill.: Geol. of Yorksh. II, p. 154, tb. 10, f. 3.

Lower Sandstone Shale and Coal (Zone des *Amm. Sowerbyi?*) der Küste von Yorkshire.

262. Cycadites Pectenoides (Sternberg) Phillips.

1829. *Cycad. pectenoides* (Stbg.) Phill.: Geol. of Yorksh. II, p. 154, tb. 10, f. 4.

Lower Sandstone Shale and Coal (Zone des *Amm. Sowerbyi?*) der Küste von Yorkshire.

263. **Flabellaria ? viminea** Phillips.

1829. *Flabell. viminea* Phill.: Geol. of Yorksh. II, p. 154, tb. 10, f. 12.

Lower Sandstone Shale and Coal (Zone des *Amm. Sowerbyi?*) der Küste von Yorkshire.

264. **Equisetum laterale** Phillips.

1829. *Equiset. laterale* Phill.: Geol. of Yorksh. II, p. 153, tb. 10, f. 13.

Lower Sandstone Shale and Coal (Zone des *Amm. Sowerbyi?*) der Küste von Yorkshire.

265. **Chondrites scoparius** Thiollière.

1858. *Fucoides scoparius* Thiollière: Bull. soc. Géol. de France IIe sér. XV, p. 718.
1861. *Chondrites scoparius* (Thioll.) Dumortier: Bull. soc. Géol. de France IIe sér. XVIII, p. 581.

Eine sehr verbreitete Seepflanze, welche indess sich über mehrere Schichten der Unterregion des Unteroolithes verbreitet, indem sie bereits in den Schichten des *Amm. opalinus* beginnt und bis in die untersten Lagen der Zone des *Amm. Humphriesianus* hinauf fortsetzt. Für die Zone des *Amm. Sowerbyi* scheint die Art namentlich im mittelländischen Meeresbecken bezeichnend, sie findet sich indess auch hie und da in diesem Niveau im Süddeutschen, Helvetischen und Pariser Becken.

Inhalt.

Druckfehler und Verbesserungen.

Pag.	526 (20)	Zeile	8	von	oben	Lamk statt Lauk.
„	527 (21)	„	4	„	unten	*Macandrewia* statt *Waldheimia.*
„	534 (28)	„	14	„	unten	cf. *Eudesi* Opp. statt *globata* Sow.
„	534 (28)	„	12	„	unten	*Macandrewia* statt *Waldheimia.*
„	534 (28)	„	11	„	unten	*Gingensis* statt *subangularis.*
„	534 (28)	„	3	„	unten	*globosa* statt cf. *globosa.*
„	535 (29)	„	6	„	oben	cf. *striata* Rss. statt *glomerata* n. sp.
„	536 (30)	„	3	„	unten	*Diastopora petaloides* statt *Eschara sp.*
„	536 (30)	„	2	„	unten	*Berenicea* statt *Diastopora.*
„	537 (31)	„	1	„	unten	Geoden statt Gnoden.
„	540 (34)	„	2	„	oben	cf. *Eudesi* Opp. statt cf. *globata* Sow.
„	541 (35)	„	9	„	oben	*Gingensis* statt *subangularis.*
„	554 (48)	„	10	„	oben	cf. *Eudesi* statt cf. *globata* Sow.
„	654 (148)	„	13	„	oben	Cristellarien statt Cristallerien.

Berichtigungen zu Band I.

Heft I. Ueber Trias und Jura in den Südalpen.

Der Gefälligkeit des Seidenfabrikanten Herrn A. Pischl in Roveredo verdanke ich folgende Berichtigungen von Gebirgs-, Orts- und Flussnamen:

Es ist zu lesen: statt Colognola oder Cognola — Cologna, statt Orto d'Abram — Orto d'Abramo, statt Mt. Zara (Profil III etc.) — Mt. Zuna, statt die Lena — der Leno, statt Castel Pietro — Castel pietra, statt Cotsanto — Colsanto, statt Val Lagorina — Val Lagarina, statt Val Astica — Val d'Astico.

Ferner ändere ich den schlecht gebildeten Namen Terebratula hexagonalis (p. 168) in Terebr. hexagona um.

Ceromya papyracea (p. 163) ist bereits vergeben (cf. Marcon, lettres sur les roches du Jura p. 309), ich ersetze daher den Namen durch Ceromya tirolensis.

Natica incerta, von Duncker aufgestellt, ist zwar eingezogen worden, doch scheint es nicht zweckmässig, einmal benutzte Namen im andern Sinne aufs Neue zu verwenden. Die auf Seite 156 beschriebene Art mag daher Natica fallax heissen.

Endlich sind auf p. 202 in der Tabelle die Schichten des Ammonites acanthicus als Unterabtheilung der Kimmridge-Gruppe einzutragen vergessen worden. — Dieser Theil der Tabelle stellt sich dann folgender Massen dar:

<table>
<tr><td rowspan="3">M a l m.</td><td rowspan="2">Kimmeridge-Gruppe</td><td>Diphya-Kalke mit Ter. diphya, A. hybonotus, lithographicus, ptychoicus, Zignodianus etc.</td><td>(In den Nordalpen: Schichten mit T. Diphya von Hals bei Weyer, Losenstein; ausserhalb der Alpen: Lithographische Schiefer von Solenhofen, Nusplingen, Cirin.)</td></tr>
<tr><td>Schichten des Amm. acanthicus</td><td>(In den Nordalpen noch nicht unterschieden; ausserhalb der Alpen: Zone des Amm. tenuilobatus.)</td></tr>
<tr><td>Oxford-Gruppe</td><td>Nicht bekannt.</td><td></td></tr>
</table>

Benecke.

Ferner ist zu lesen

Heft III (Norddeutsche Cenoman-Brachiopoden):

Pag. 407, Zeile 12 von unten statt *Glaurotomaria*: *Pleurotomaria*
„ 415 und 422 *haliotididea* statt: *haliotoidea*, ebenso
„ 422 und 425 Lamarkana statt Lamarki.
„ 426, Zeile 4 von unten ist hinter *Rhynchonella* einzuschalten: *dimidiata* Sow. sp., und die Worte *latissima* und *compressa* Dav. sind in Parenthese zu setzen.
„ 429, „ 13 von oben *lateralis* Nilss. statt: *canaliculatus* Sow. sp.
„ 450, „ 11 von oben ist nachzutragen: Nach soeben erhaltener Mittheilung von Herrn Th. Davidson kommt *Terebr. depressa* Lam. bei Upware in Cambridgeshire im ächten Lower Green Sand vor.
„ 481, „ 10 von oben *Mantellana* statt: *paucicosta*.
„ 501, „ 1 von unten *dimidiata* statt: *latissima*.

Register
zum I. Bande.

(Bei Benützung des Registers bittet man, zuerst die Druckfehlerverzeichnisse und Berichtigungen auf p. 204, 318, 398 und 668—670 zu vergleichen.)

A. Ortsregister.

(Italienische Berg- oder Thalnamen sind theils allein, theils mit der Bezeichnung „Monte“ oder „Val“ davor aufzusuchen, ebenso findet man die Namen der französischen Départements theils ohne, theils mit dem vorgesetzten Worte „Département“.)

B. Register der Schichten- und Gesteins-Bezeichnungen.

C. Paläontologisches Register.

(Die mit einem Sternchen versehenen Zahlen verweisen auf eine Beschreibung oder speciellere Erwähnung der Art.)

Druck von C. R. Schurich in München.

GEOGNOSTISCH-PALÄONTOLOGISCHE

BEITRÄGE.

ERSTER BAND.

ATLAS.

GEOGNOSTISCH-PALÄONTOLOGISCHE

BEITRÄGE.

HERAUSGEGEBEN

UNTER MITWIRKUNG VON DR. U. SCHLOENBACH IN SALZGITTER (HANNOVER) UND DR. W. WAAGEN IN MÜNCHEN

VON

DR. E. W. BENECKE,

DOCENT AN DER UNIVERSITÄT HEIDELBERG.

ERSTER BAND.

ATLAS.

MÜNCHEN, 1868.

R. OLDENBOURG.

Inhalt.

Tabellarische Uebersicht der Ver[...]

		pag. 229 (25).	pag. 233 (29).	pag. 236 (32).	pag. 238 (34).	pag. 238 (34).	pag. 240 (36).	pag. 244 (40).	pag. 247 (43).	pag. 248 (44).	pag. 250 (46).	p[...]
		Krakauer Kreis Galizien (Oesterreich).	**Karpathen** in Ungarn und Galizien (Oesterreich).	**Oberpfalz** und **Niederbayern** (Bayern).	**Fränkischer Jura** (Bayern).	**Schwäbische Alp** (Württemberg).	**Randen** (Baden).	Canton **Aargau** (Schweizer Jura).	Cantone **Bern** und **Solothurn** (Schweizer Jura).	Canton **Neuchâtel** (Schweizer Jura).	Cantone **Glarus, Unterwalden, Bern, Freiburg** (Schweizer Alpen).	D[...]
	Zone des Amm. tenuilobatus.	Graue Kalke nach oben mit häufigen Kiesel-Ausscheidungen. Noch nicht genauer untersucht.	Mittlere Abtheilung des eigentlichen Klippenkalkes. Rothe Kalke mit *Amm. acanthicus* u. s. w. Rogoznik (Galizien), Puchow (Ungarn).	Weisser Kalk mit *Amm. platynotus* und *tenuilobatus* v. Söldenau bei Passau.	Ob. Spongiten-Schichten u. Werksteinkalk. Streitberg, Thalmässing, Weisenburg.	Spongiten-Schichten u. Kalke v. Weissenstein, Bosler, Laufen.	Helle Kalke von Riedern.	Helle Kalke mit Cephalopoden u. Spongiten von Baden bei Zürich.	Jura-Kalke.	Jura-Kalke.	Hochgebirgs-Kalk vom Glärnisch (Canton Glarus).	Jura-[...]
Oxford-Gruppe.	Zone des Amm. bimammatus.			Noch nicht genauer untersucht.	Unt. Spongiten-Schichten u. Werksteinkalk. Streitberg, Würgau, Oberhochstadt.	Spongiten-Schichten u. Kalke. Lochen, Hundsrück.	Helle Kalke Zollhaus Küssaburg.	Helle Kalke mit *Amm. bimammatus, Cid. florigemma* u. *Hemicidaris crenularis*. Laufor und Stelli bei Brugg.	Diceraten-Schichten u. ob. Region des Terrain à Chailles.	Terrain à Chailles mit *Cid. florigemma*.		Ter[...] mi[...] *Gl*[...] u. For[...] bei[...]
	Zone der Terebratula impressa.				Impressa-Thon. Thalmässing, Oberhochstadt.	Impressa-Thon. Geislingen, Laufen.	Impressa-Thon. Zollhaus Sieblingen.	Impressa-Thone und Kalke. Effingen.	Unterer Theil des Terrain à Chailles mit *Amm. Oegir, Pholadomya parcicosta*. Klein-Lützel (Canton Solothurn) und Châtillon bei Delémont (Canton Bern).	Graue, meist dünn geschichtete Mergelkalke mit *Myaciten* u. *Ostrea gryphaeata*. Locle, Val Travers.		Wech[...] ger[...] lich[...] *An*[...] *sul*[...] *cin*[...] *pa*[...] *aeq*[...]
	Zone des Amm. transversarius (des Amm. Toucasianus d'Orb).	Weisser od. grauer Kalk mit Spongiten und *Bel. Argovianus* „ *hastatus* *Amm. Arolicus* „ *stenorhynchus* „ *canaliculatus* „ *subclausus* „ *Erato* „ *callicerus* „ *Brachianus* „ *Anar* „ *crenatus* „ *alternans* „ *Manfredi* „ *tortisulcatus* „ *transversarius* „ *Oegir* „ *Collini* „ *Schilli* „ *Martelli* „ *plicatilis* *Isoarca cordiformis, Terebrat. Birmensdorfensis*, cf. *bisuffarcinata, nucleata, Meg. runcinata, Rhynch. Visulica.* Paczaltowice, Trzebinia.	Unterregion des eigentlichen Klippenkalkes mit *Amm. transversarius, Oegir, tortisulcatus, plicatilis, Schilli*, von Rogoznik (Galizien) und Puchow (Ungarn).	Kieselnieren-Kalk (Eggers) mit *Amm. Arolicus* „ *Oegir* „ *canaliculatus* „ *plicatilis* von Voglarn bei Passau. Grauer Kalk mit *Amm. transversarius* „ *plicatilis* von Amberg.	Harte, graue, glaukonitische Kalkbank *Bel. hastatus* *Amm. hispidus* „ *Oegir* „ *Martelli.* Oberhochstadt, Streitberg.	Graue Kalkbänke und Thone *Bel. hastatus* *Amm. Arolicus* „ *stenorhynchus* „ *subclausus* „ *hispidus* „ *canaliculatus* „ *plicatilis* *Collyrites carinata* *Pentacrinus subteres* Lautlingen bei Balingen.	Thone und graue Kalkbank *Bel. Argovianus* „ *hastatus* *Amm. Arolicus* „ *stenorhynchus* „ *Bruckneri* „ *canaliculatus* „ *hispidus* „ *crenatus* „ *alternans* „ *lophotus* „ *callicerus* „ *semiplanus* „ *transversarius* „ *plicatilis* *Pecten subpunctatus* *Terebratula nucleata* „ *Birmensdorfensis* *Eugeniacrinus nutans* „ *coronatus* „ *caryophyllatus* *Pentacrinus subteres* *Spongiten.* Blumberg, Fützen, Zollhaus, Sieblingen, Küssaburg.	Graue Kalkbänke mit *Bel. Argovianus, hastatus, Amm. Arolicus, stenorhynchus, trimarginatus, subclausus, canaliculatus, hispidus, alternans, tenuiserratus, crenatus, lophotus, Erato, Manfredi, tortisulcatus, Anar, Gessneri, callicerus, Bachianus, semiplanus, Gmelini, Oegir, Rotari, Meriani, transversarius, Chapuisi, Collinii, Hiemeri, Schilli, plicatilis, Martelli.* *Isoarca* n. sp. *Hinnites, Nucula sp. ind.* *Terebratula nucleata.* *Birmensdorfensis*, sp. *Cidaris laeviuscula, filograna, Pseudodiadema Langi, Magnosia decorata, Collyrites carinata, Eugeniacrinus nutans compressus, coronatus, caryophyllatus, Pentacrinus subteres.* Zahlreiche *Spongiten.* Birmensdorf, Frickthal.		Helle Mergelkalke mit *Serpula, Bel. hastatus, Amm. Arolicus, canaliculatus, subclausus, alternans, crenatus, callicerus, Anar, Oegir, transversarius, plicatilis.* *Lima sp. div.*, *Nucula sp., Leda sp.*, *Ter. cf. bisuffarcinata, Birmensdorfensis, Kurri.* *Cidaris filograna, propinqua, coronata; Magnosia decorata; Pentacrinus subteres; Eugeniacrinus cariophyllatus*, Spongiten. Umgegend von Locle.	Grauer Kalk mit *Belemn. hastatus* „ *Argovianus* *Amm. Arolicus* „ *Gessneri* „ *callicerus* „ *tortisulcatus* *Planulaten* und andere weniger bestimmte Arten. *Brachiopoden.* *Pentacrinus subteres.* Glärnisch u Schilt (Canton Glarus).	Graue[...] kalk[...] (ni[...] stim[...] Mere[...] ro[...]
	Zone des Amm. cordatus.	Hellgraue, dünngeschichtete, oft sandige Mergel mit *Bel. hastatus, Amm. cordatus, perarmatus.* Paczaltowice.	?	Braune Oolith-Schicht mit *Belemn. hastatus, Amm. Henrici* u. *perarmatus* v. Amberg.	Knollenlage und graue Thone. Massenhaftes Vorkommen von *Bel. hastatus.*	Harte dunkle Thonknollen mit den Fossilresten der Zonen des *Amm. cordatus* u. des *Amm. Lamberti.* Gegend von Boll, Ursulaberg, Laufen.	Eisenerze mit *Amm. cordatus, perarmatus* u. s. w. Sieblingen, Bechtersbohl.	Eisenerze mit *Amm. cordatus, perarmatus, Lamberti.* Egg bei Aarau.	Thonige Kalke mit *Amm. cordatus, Christoli, Delmontanus* von Châtillon.	Thone mit verkiesten Petrefakten. Col des Roches bei Locle, Pouillerel b La-Chaux-de-Fond. Eisenerze. Entre-deux-monts bei Locle.	Dunkle Schiefer mit verkiesten Resten vom Erzeck (Berner-Oberland). *Amm. Eucharis* „ *Babeanus* „ *Constanti* von Chatel St. Dénis (Cant. Freiburg). *Amm. Lamberti* „ *Christoli* „ *Brunneri.* Tannenalp (Unterwalden).	Graue[...] kies[...] *cord*[...] *due*[...] *Mar*[...] Mere[...] ror[...]
	Zone des Amm. Lamberti.	Braune Eisenoolithe mit *Amm. Lamberti* und *A. macrocephalus.* Paczaltowice und Balin.		?					Thone mit verkiesten Versteinerungen *A. Lamberti* von Châtillon.	Eisenerze mit *A. Lamberti, athleta* u. s. w. Pouillerel.		
			Rothe u. weisse Crinoideen-Kalke, Vilser-Schichten.			Thone mit *Amm. athleta.*	Eisenerze.	Eisenerze.	Thone mit *Amm. athleta.*		?	Callov[...]

… des Ammonites transversarius.

(52).	pag. 257 (53).	pag. 259 (55).	pag. 260 (56).	pag. 261 (57).	pag. 261 (57).	pag. 262 (58).	pag. 263 (59).	pag. 264 (60).	pag. 267 (63).	pag. 270 (66).	pag. 272 (68).
…a- …ment. …gen von …s.	Jura-Département. Umgebungen von St. Claude.	Ain-Département.	Isère-Département.	Ardèche-Département.	Vaucluse-Département.	Var-Département.	Côte d'Or-Département.	Sarthe-Département.	Deux-Sèvres-Département. Umgebungen von Niort.	Spanien.	Algerien.
	Jura-Kalke.			Wohlgeschichtete Kalke mit *Ammon. tenuilobatus.* Berg Crussol.			Jura-Kalke.				
…enne. …lien.	Diceratien Etall. und Calcaire corallien. Umgebungen von St. Claude.	Mächtige helle Kalkbildungen, nicht genauer gegliedert. Fossilreste häufig. Umgeb. von Nantua, Cirin, Bellay.	Mächtige helle Kalkbildungen, nicht genauer gegliedert.	Unterer Werksteinkalk. Berg Crussol.	Mächtige Kalke, nicht genauer gegliedert. Umgebungen südöstlich von Gigondas.	Nicht genauer untersucht.	Corallien.	Unteres Coralrag *Cid. florigemma* *Glypt. hieroglyphicus* *Megerlea pectunculus* Station Ecommoy.	Helle Kalke, nicht genauer untersucht.	Nicht genauer untersucht.	Rothe Kalke mit zahlreichen Exemplaren von *Amm. acanthicus.* Von Batna, Provinz Constantine.
…ergel mit …. …ion …u's.	Mergelige Kalke mit *Terebratula impressa.* Pontet b. St. Claude.			Impressa-Thon. Berg Crussol und la Voulte.			Sous-groupe supérieur (Beaudouin's). Eine 100 Meter mächtige, aus Mergeln mit vielen Geoden und Kalkbänken bestehende Schichtenmasse.	Bläulich graue Thone mit *Rhynchon. spinulosa.*			
…kalke mit …us, cana- …alternans, …ilis, Mar- …ongiten. …appois.	Spongitien Etall. Graue Kalke mit *Pithonoton quadratum* und *gibbosum, Belemn. Argovianus; Amm. Chapuisi, alternans, canaliculatus, crenatus, tortisulcatus, transversarius, Pecten subpunctatus, Ostrea Blandina, Lingula Oxfordiana, Megerlea pectunculus, Conodictyum truncatum, Cidaris filograna, Comatula Claudiana, Eugeniacrinus caryophyllatus, coronatus, compressus, nutans, Pentacrinus cingulatus, subteres*,. 29 verschiedene Arten von *Spongiten.* Umgeb. v. St. Claude.	Mergel mit *Amm. canaliculatus, plicatilis, Terebratula,* viele *Scyphien.* Bergrücken nördl. von Nantua. *Amm. Arolicus* „ *subclausus* „ *alternans* „ *Chapuisi* „ *transversarius* *Pecten subpunctatus* *Ostrea Blandina* *Meg. pectunculus* *Cidaris filograna* *Eugen. caryophyllatus* *Pentacrinus subteres* *Conodictyum spec. ind.* *Spongiten* aus grauen Mergeln von Tenay.	Graue Mergel und Kalke mit *Belemn. hastatus* „ *unicanaliculatus* „ *Argovianus* *Amm. Arolicus* „ *subclausus* „ *canaliculatus* „ *hispidus* „ *callicerus* „ *semiplanus* „ *Bachianus* „ *tortisulcatus* „ *Oegir* „ *transversarius* „ *plicatilis* *Meg. pectunculus* *Rhynch. Arolica* *Pecten subpunctatus* *Cidaris filograna* *Pentacrinus subteres.* Zahlreiche *Spongiten.* Trept.	Graue Mergel und Kalke mit *Belemnites hastatus, unicanaliculatus, Sauvanausus.* *Ammonites Arolicus, alternans, tenuiserratus, crenatus, Bruckneri, Hyacinthus, Erato, Manfredi, tortisulcatus, Anar, callicerus, Bachianus, Gmelini, Oegir, plicatilis.* *Aptychus spec. ind.* *Rhynchoteuthis spec. ind.* *Terebr* cf *bisuffarcinata* *Rhynch. Arolica* *Pentacrinus subteres* *Spongiten-Reste.* Berg Crussol. Umgebungen von la Voulte. Joyeuse bei Aubenas.	Graue Mergel mit *Amm. Arolicus* „ *trimarginatus* „ *subclausus* „ *Erato* „ *tortisulcatus* „ *Toucasianus.* Lafare und Grand-Montmirail bei Gigondas.	Mergeliger Kalk mit *Amm. subclausus* „ *canaliculatus* „ *crenatus* „ *tenuiserratus* „ *Erato* „ *semiplanus* „ *Bachianus* „ *callicerus* „ *Gmelini* „ *transversarius* von Rians, Andon, Caussol.	Spongiten-Lager im untersten Theile v. Beaudouin's Sous-groupe-supérieur.	Gelbe thonige Kalke mit *Belemn. hastatus* *Amm. canaliculatus* „ *transversarius* „ *Martelli* „ *plicatilis* *Pholadomya parcicosta* *Pecten* cf. *vimineus* „ *inaequicostatus* *Ostrea gryphaeata.* Von Aubigné südlich von le Mans.	Hellgraue, mergelige Kalke mit *Belemnites hastatus* *Amm. Arolicus* „ *trimarginatus* „ *canaliculatus* „ *subclausus* „ *Erato* „ *tenuiserratus* „ *crenatus* „ *callicerus* „ *Bachianus* „ *tortisulcatus* „ *Oegir* „ *plicatilis* *Natica, Chemnitzia, Phastanella, Lima, Isoarca* *Terebr. Birmensdorfensis, spec.* *Megerlea pectunculus* *Cidaris filograna* *Pentacrinus subteres* *Eugeniacrin. compressus* Zahlreiche *Spongiten.* Magné und Tranché des grosses terres bei Niort.	Graue mergelige Kalke mit *Amm. canaliculatus* „ *hispidus* „ *subclausus* „ *transversarius* „ *plicatilis* von Frias.	Fleischrother Kalk mit *Amm. transversarius* von Ouarancenis, Prov. Algier. Gelblicher Kalk mit *Amm. transversarius* von Batna, Provinz Constantine.
…hlreichen …Versteine- …us …s …i …es …tus …s. …Monte- …acy bei	Thone mit zahlreichen verkiesten Versteinerungen *Amm. Eucharis* „ *perarmatus* „ *scaphitoides* „ *Lamberti* von Prinovel und St. Romain de Roche. (Diese Thone sollen bei St. Claude ausfallen.)	Thone mit zahlreichen verkiesten Versteinerungen. *Amm. cordatus, Arduennensis, perarmatus* u. s. w. La Latte b. Nantua.	Oxford-Thon mit verkiesten Versteinerungen. Trept.	Oxford-Thon mit kleinen Geoden und *Bel. hastatus, Amm. cordatus, Christoli, Rhynchoteuthis Coquandianus* von Crussol und la Voulte. Thone mit zahlreichen verkiesten Exemplaren der *Amm. tortisulcatus* und *Amm. Lamberti.* La Voulte.	Oxford-Thon mit Geoden. *Belemn. hastatus* *Amm. Henrici* „ *cordatus* „ *Babeanus* „ *Eugeni* „ *perarmatus* „ *Lamberti* *Rhynchoteuthis Coquandianus.* Grand-Montmirail bei Gigondas.	*Amm. cordatus* „ *perarmatus* „ *plicatilis.* In dunkelm Kalkgestein von Andon. *Rhynchoteuthis Coquandianus* von Rians.	*Amm. cordatus, Christoli, Eugeni* mit zahlreichen Arten tieferer Zonen. Sous-groupe-inférieur (Beaudouin's).	*Rhynch. Thurmanni.* Graue Thone und Kalke mit *Belemn. hastatus, Amm. Babeanus, Joliathus. Constanti, Gerv. aviculoides* von la Vacherie bei Ecommoy.	*Amm. cordatus* „ *Delmontanus* „ *Renggeri* „ *perarmatus* „ *Christoli* u. s. w. in verkiesten Exemplaren.	?	?
…senerze v.	Callovien mit Eisenoolithen.	Callovien.	Callovien.	Callovien. Eisenerze von la Voulte.	Callovien mit *Amm. athleta* und *Dunkani.*			Callovien.	Callovien.		

Die Originalexemplare sämmtlicher auf den folgenden Tafeln abgebildeten Arten befinden sich, mit Ausnahme des in der Münchener paläontologischen Sammlung liegenden *Ammonites. Flexuose* sp. Taf. X. Fig. 1 a. b. und der *Chemnitzia terebra* Taf. V. Fig. 1, in meiner Sammlung.

Taf. I.

Ansicht des Monte Baldo-Gebirges aus den Gärten zwischen Mori und der Etsch, gegen Süden. Pag. 7.

A. Altissimo di Nago.
B. Monti Lessini.
a. (Im Thale) Tierno.
b. (Auf halber Bergeshöhe) Besagno.
c. (Am Horizont) Castell Brentonico.
d. Häuser, zu Besagno gehörig.
e. Kirche, zu Tierno gehörig.
1. Schichten der *Rhynchonella bilobata.*
2. Schichten der *Terebratula curviconcha.*
(1 und 2 nicht in normaler Lagerung.)
3. Obere Grenze der grauen Kalke des Unterooliths.
4. Schichten der *Rhynchonella bilobata.*
5. Schichten der *Terebratula curviconcha.*
6. Rothe Ammonitenkalke.
(Schichten des *Ammonites acanthicus* und der *Terebratula diphya.*)
7. Biancone.
8. Scaglia.
9. Nummulitengestein.
(3—9 Normalprofil.)
10. Schichten der *Terebratula curviconcha.* (Oppel, Zeitschr. d. deutsch. geol. Gesellsch. 1863.)
11. (Im Thale) Basalt.
12. Steinbruch im grauen Kalke über Besagno. (Winkler, Br. Leonh., Jahrb. 1865. p. 43.)

Tab. 1.

Taf. II.

Obere alpine Trias.

Hallstatter Gruppe.

Fig. 1 a. b. **Ceratites euryomphalus** Benecke. Halobienschichten von Prezzo in Iudicarien. Pag. 154.

Fig. 2. **Ammonites gibbus** Benecke. Halobienschichten von Colerè in Val di Scalve (Provinz Brescia). Pag. 154.

Hauptdolomitgruppe.

Fig. 3 a. b. ? **Natica incerta** Benecke. Hauptdolomit von Storo in Iudicarien. Pag. 156.

Fig. 4 a. b. **Turbo solitarius** Benecke. Abguss des Hohlraumes. Hauptdolomit von Sella bei Borgo im östlichen Südtirol. Pag. 155.

Fig. 5. **Turbo solitarius** Benecke. Hauptdolomit von Storo in Iudicarien. Pag. 155.

Fig. 6. ? **Turritella Trompiana** Benecke. Hauptdolomit vom Monte S. Emiliano bei Gardone (Provinz Brescia). Pag. 156.

Fig. 7. ? **Turritella Lombardica** Benecke. Hauptdolomit vom Monte S. Emiliano bei Gardone (Provinz Brescia). Pag. 156.

Fig. 8. **Gervillia salvata** Brunner. Hauptdolomit des Monte S. Emiliano bei Gardone (Provinz Brescia). Pag. 160.

Fig. 9. **Pinna reticularis** Benecke. Hauptdolomit von Storo in Iudicarien. Pag. 159.

Tab. 2.

Taf. III.

Südalpiner Dogger.

Fig. 1 a—c. **Terebratula Rotzoana** Schaur. Aus den grauen Kalken von Sega di Noriglio bei Roveredo. Vollständig ausgewachsenes, sehr verdicktes Exemplar. Pag. 167.

Fig. 2 a. b. **Terebratula Rotzoana** Schaur. Ausgewachsenes, etwas verdicktes Individuum. Sega di Noriglio bei Roveredo. Pag. 167.

Fig. 3 a. b. **Terebratula Rotzoana** Schaur. Ausgewachsenes Exemplar, noch nicht verdickt. Sega di Noriglio bei Roveredo. Pag. 167.

Fig. 4 a. b. **Terebratula Rotzoana** Schaur. Exemplar mittlerer Grösse. Sega di Noriglio bei Roveredo. Pag. 167.

Fig. 5 a. b. **Terebratula Rotzoana** Schaur. Junges Individuum. Sega di Noriglio bei Roveredo. Pag. 167.

Fig. 6 a—c. **Terebratula hexagonalis** Benecke. Ausgewachsenes Exemplar. Aus den grauen Kalken von Volano bei Roveredo. Pag. 168.

Fig. 7 a—c. **Terebratula hexagonalis** Benecke. Junges Individuum von Volano. Pag. 168.

Fig. 8 a—c. **Terebratula fimbriaeformis** Schaur. Aus den grauen Kalken von Chizzola bei Roveredo. Pag. 166.

Fig. 9. **Terebratula fimbriaeformis** Schaur. Aus buntem Marmor des Unterooliths von Villa montagna bei Trient. Pag. 166.

Tab. 3.

Taf. IV.

Südalpiner Dogger.

Fig. 1 a—c. **Ceromya papyracea** Benecke. Aus grauen Kalken von Volano. Pag. 163.

Fig. 2. ? **Thracia tirolensis** Benecke. Aus grauen Kalken von Volano. Pag. 162.

Fig. 3 a—c. ? **Cypricardia incurvata** Benecke. Aus grauen Kalken von Volano. Pag. 164.

Fig. 4 a c. **Pleuromya elegans** Benecke. Aus grauen Kalken von Volano. Pag. 164.

Fig. 5 a—c. **Gresslya elongata** Benecke. Aus grauen Kalken von Volano. Pag. 164.

Tab. 4.

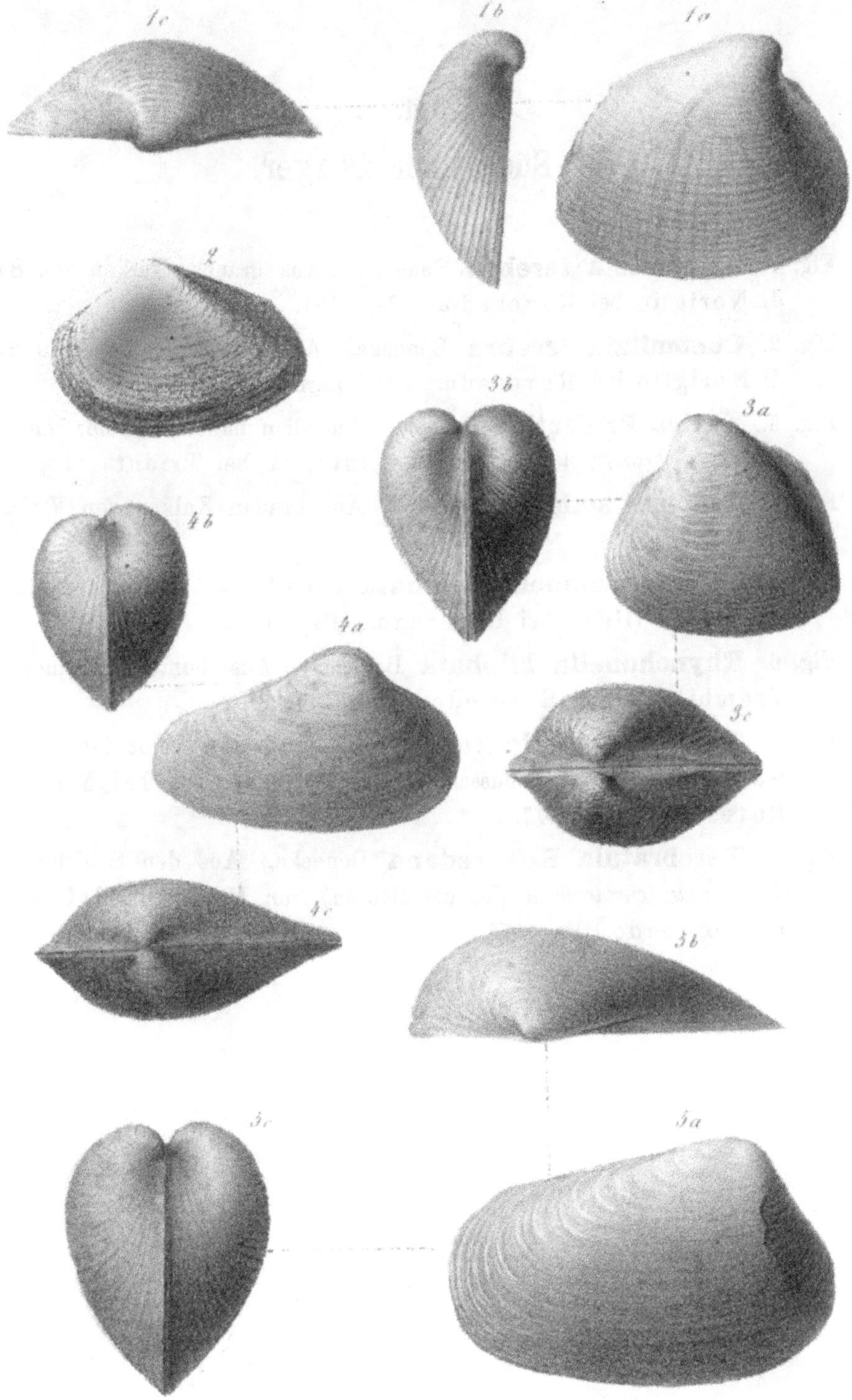

Taf. V.

Südalpiner Dogger.

Fig. 1. **Chemnitzia terebra** Benecke. Aus grauen Kalken von Sega di Noriglio bei Roveredo. Pag. 161.

Fig. 2. **Chemnitzia terebra** Benecke. Aus grauen Kalken von Sega di Noriglio bei Roveredo. (Steinkern.) Pag. 161.

Fig. 3. **Natica Tridentina** Benecke. Aus dem bunten Marmor mit *Terebratula fimbriaeformis* von Villa montagna bei Trient. Pag. 162.

Fig. 4. **Trochus sinister** Benecke. Aus grauen Kalken von Volano. Pag. 162.

Fig. 5 a—c. **Rhynchonella bilobata** Benecke. Aus buntem Marmor von Trambilleno bei Roveredo. Pag. 174.

Fig. 6. **Rhynchonella bilobata** Benecke. Aus buntem Marmor von Trambilleno bei Roveredo. Pag. 174.

Fig. 7. **Terebratula sulcifrons** Benecke. Aus den Schichten der *Terebratula curviconcha* (Klausschichten) von Madonna del Monte bei Roveredo. Pag. 177.

Fig. 8. **Terebratula Roveredana** Benecke. Aus den Schichten der *Terebratula curviconcha* (Klausschichten) von Madonna del Monte bei Roveredo. Pag 178.

Tab.5.

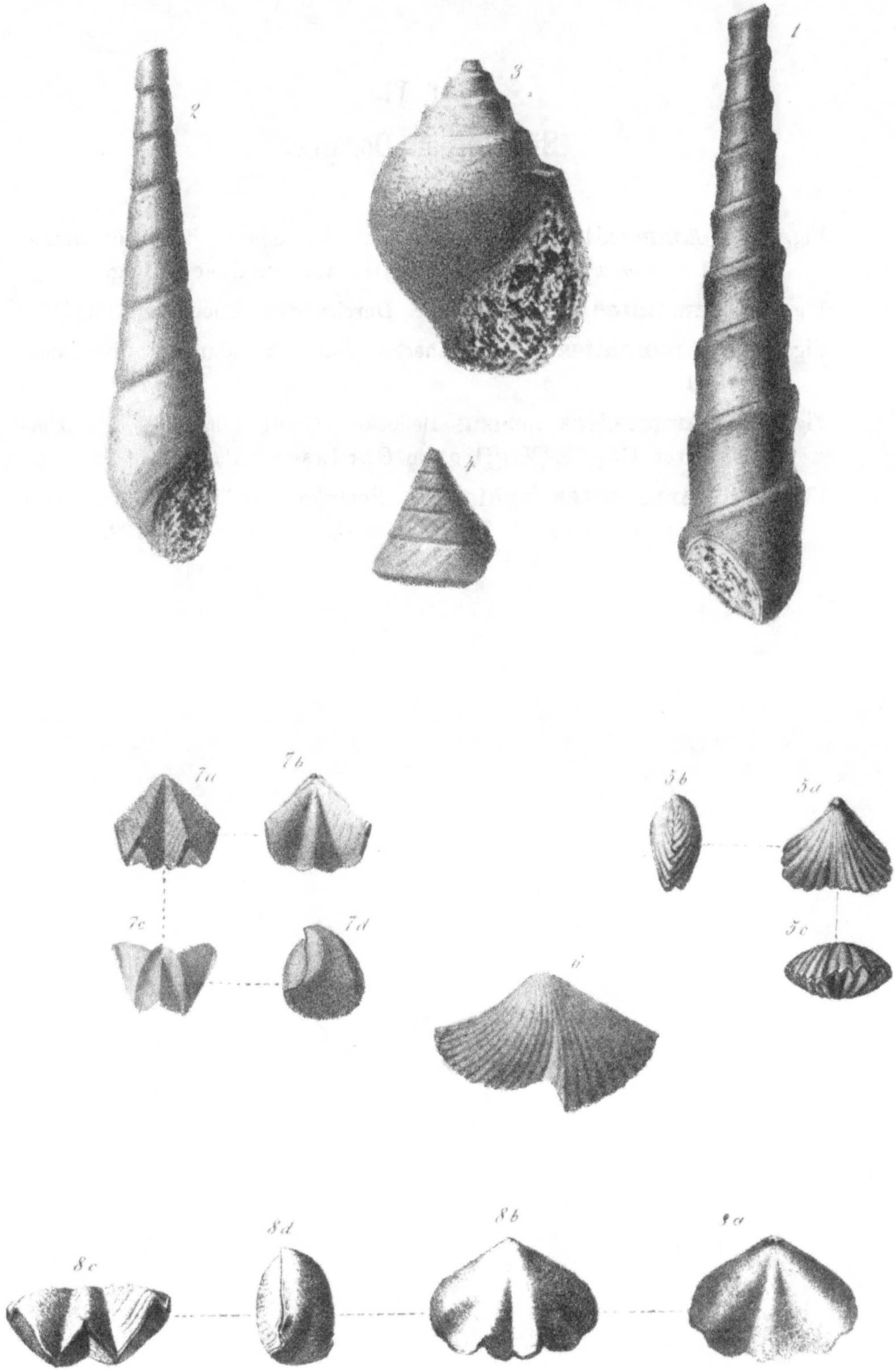

Taf. VI.

Südalpiner Dogger.

Fig. 1 a. b. **Ammonites fallax** Benecke. Aus den Oolithen mit *Ammonites Murchisonae* von Cap. S. Vigilio am Gardasee. Pag. 171.

Fig. 2. **Ammonites fallax** Benecke. Durchschnitt. Ebendaher. Pag. 171.

Fig. 3 a. b. **Ammonites fallax** Benecke. Innere Windungen. Ebendaher. Pag. 171.

Fig. 4 a. b. **Ammonites scissus** Benecke. Oolith mit *Ammonites Murchisonae* von Cap. S. Vigilio am Gardasee. Pag. 170.

Fig. 5 a. b. **Ammonites ophioneus** Benecke. Oolith mit *Ammonites Murchisonae* von Cap. S. Vigilio am Gardasee. Pag. 172.

Tab. 6

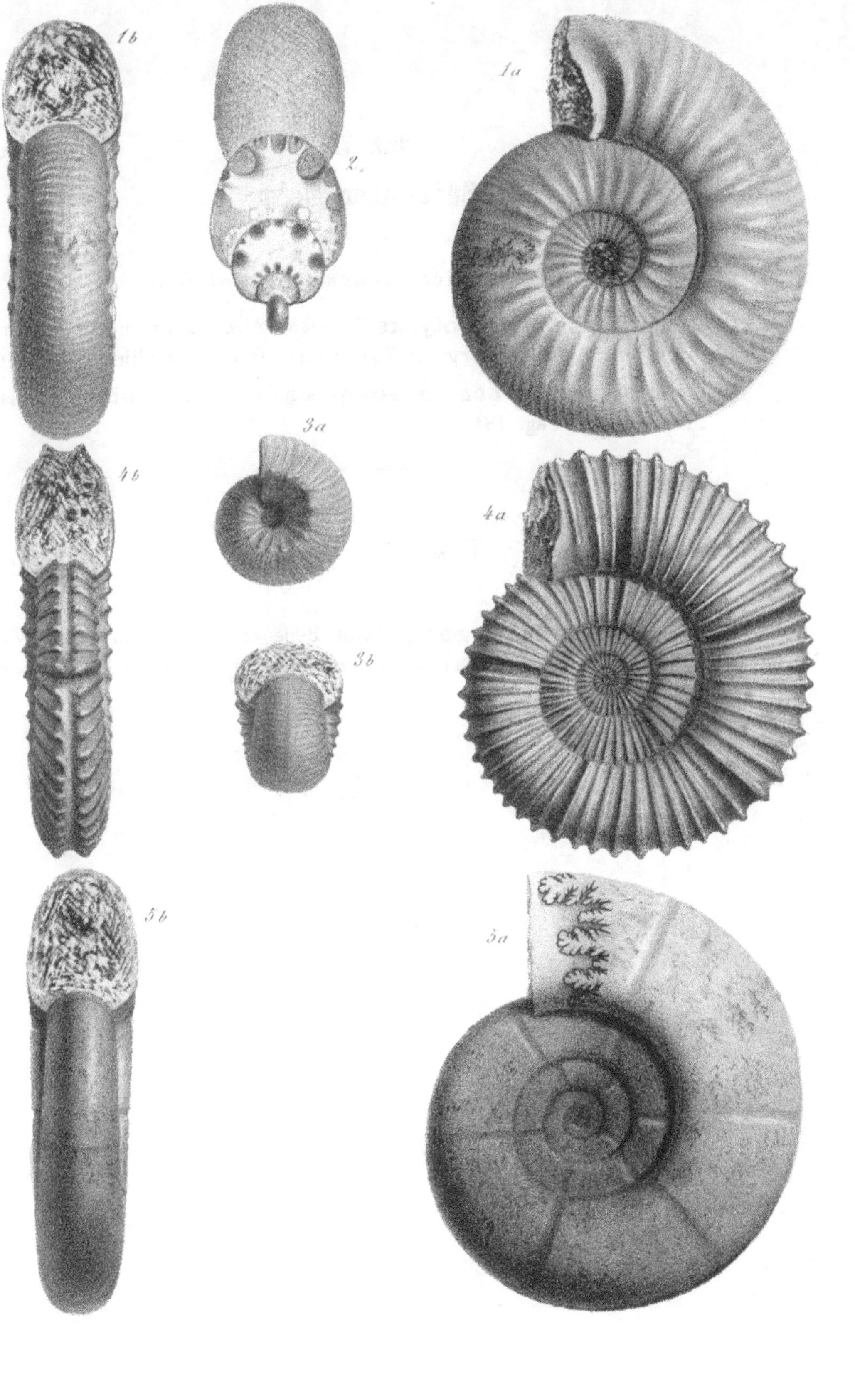

Taf. VII.

Südalpiner Malm.

Schichten des *Ammonites acanthicus.*

Fig. 1 a. b. **Ammonites isotypus** Benecke. Aus dem rothen Ammonitenkalk von Sella bei Borgo in Val Sugana (östliches Südtirol). Pag. 184.

Fig. 2. Loben von **Ammonites isotypus** nach einem kleineren Exemplar von Sella. Pag. 184.

Südalpiner Dogger.

Fig. 3 a. b. **Ammonites gonionotus** Benecke. Aus dem Oolith von Cap. S. Vigilio bei Garda am Gardasee, mit *Ammonites Murchisonae.* Pag. 172.

Tab. 7.

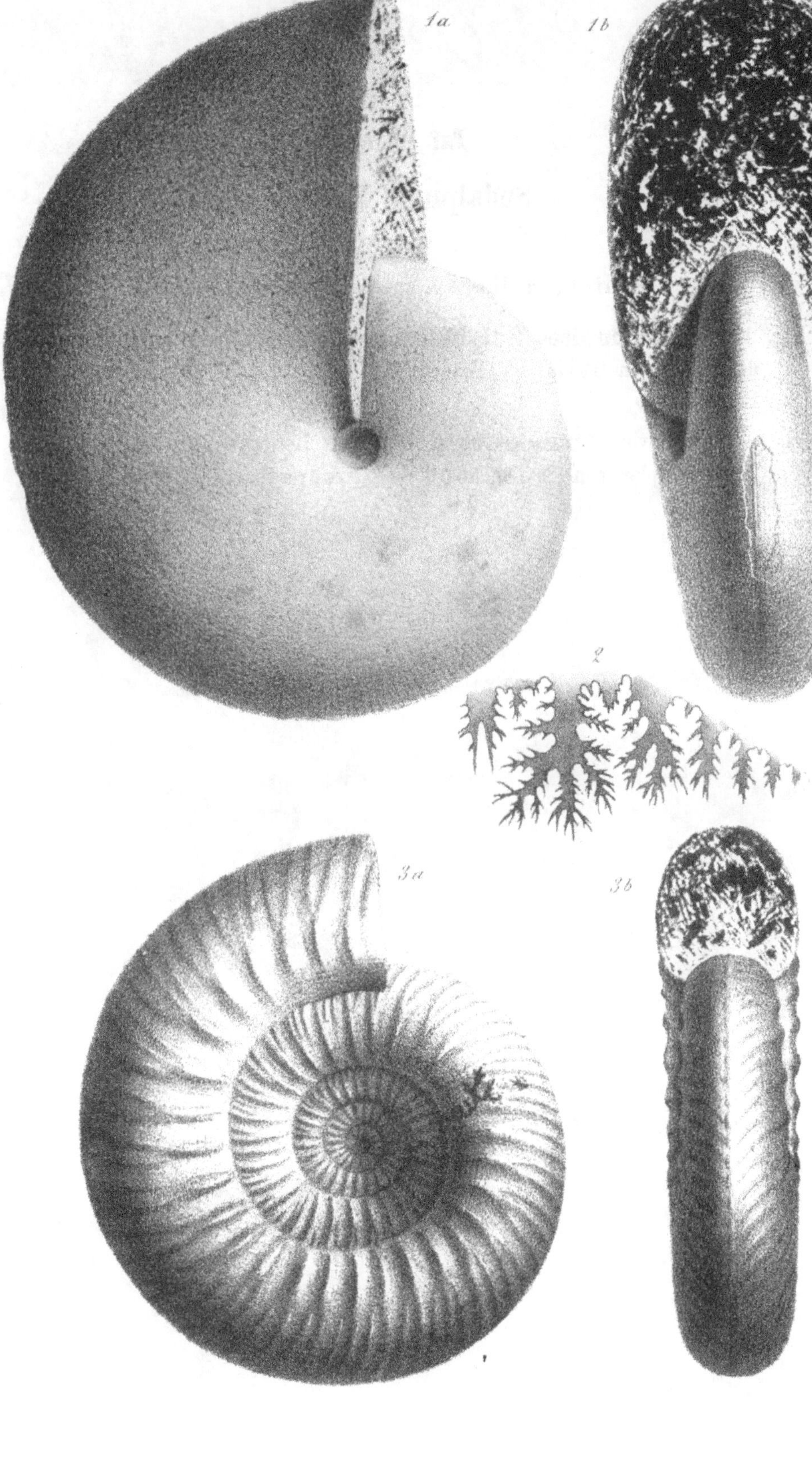

Taf. VIII.

Südalpiner Malm.

Schichten des *Ammonites acanthicus.*

Fig. 1 a. b. **Ammonites polyolcus** Benecke. Aus dem rothen Ammonitenkalk von Sella bei Borgo in Val Sugana (östliches Südtirol). Pag. 182.

Fig. 2. Loben von **Ammonites polyolcus** Benecke nach einem kleineren Exemplar von Brentonico bei Roveredo. Pag. 182.

Tab. 8.

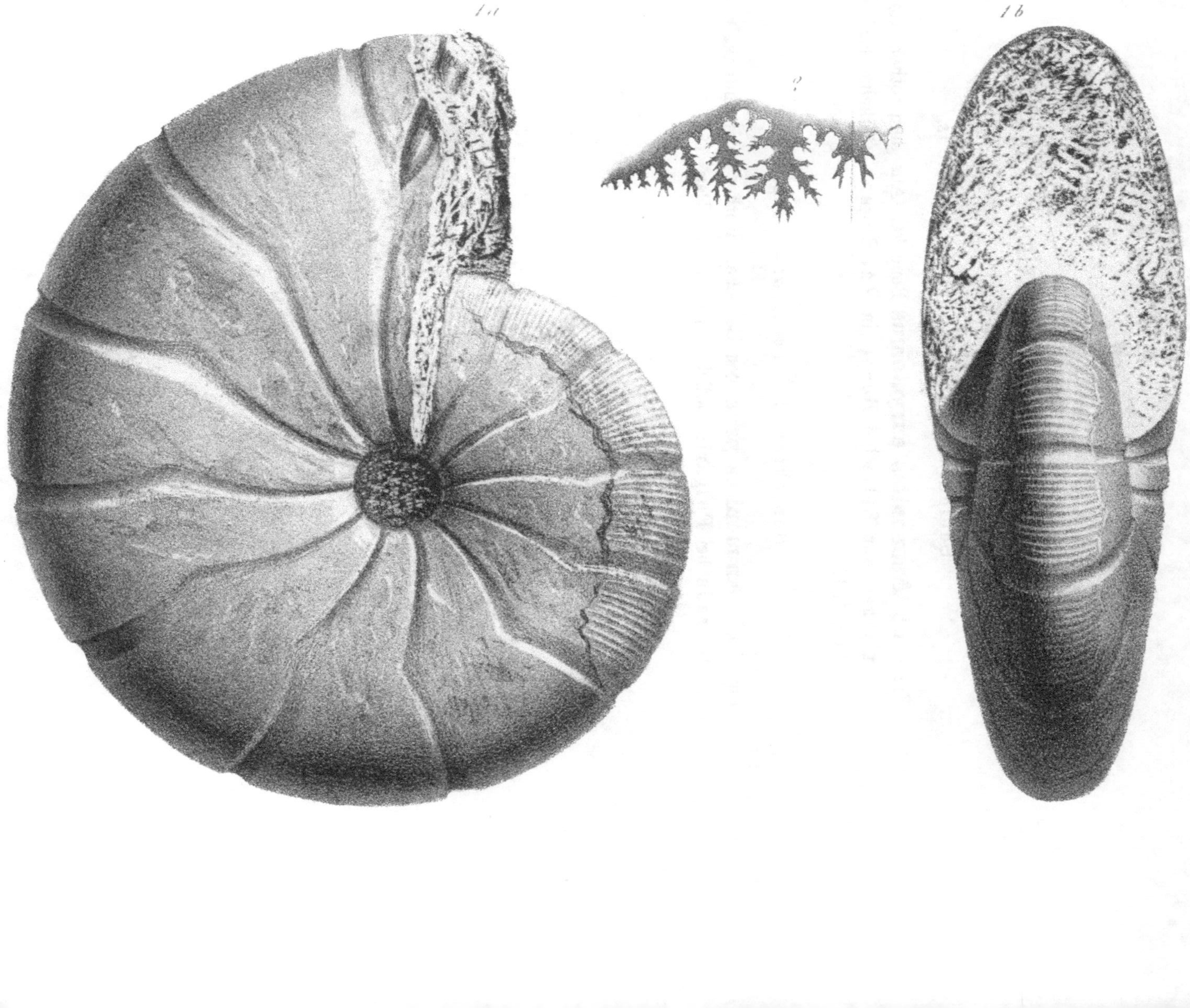

Taf. IX.

Südalpiner Malm.

Schichten des *Ammonites acanthicus.*

Fig. 1 a. b. **Ammonites eurystomus** Benecke. Aus dem rothen Ammonitenkalk von Sella bei Borgo in Val Sugana (östliches Südtirol). Pag. 181.

Schichten der *Terebratula diphya.*

Fig. 2 a. b. **Ammonites praecox** Benecke. Rother Ammonitenkalk von Serrada bei Folgaria östlich Roveredo. Pag. 187.

Tab. 9.

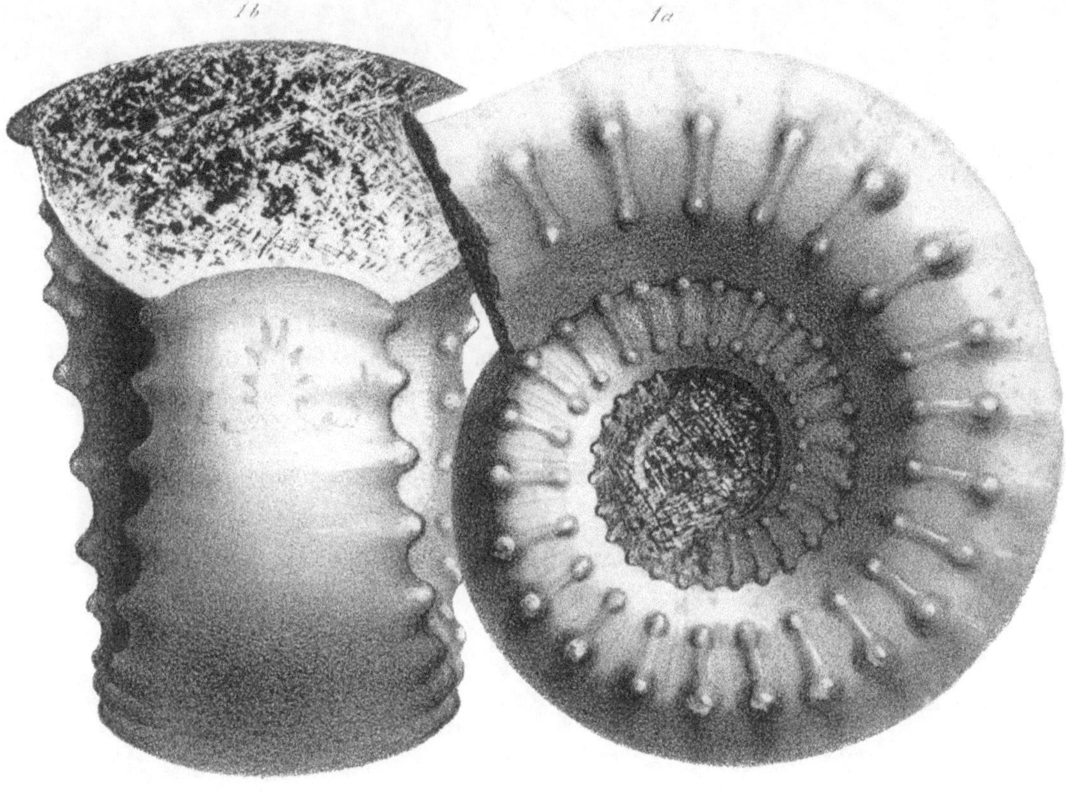

Taf. X.

Südalpiner Malm.

Schichten der *Terebratula diphya*.

Fig. 1 a. b. **Ammonites. Flexuose** sp. Von Prof. Oppel bei Folgaria östlich Roveredo gesammelt. In dem paläontologischen Museum zu München. Pag. 191. 135.

Fig. 2 a. b. **Ammonites ptychostoma** Benecke. Volano bei Roveredo. Pag. 190.

Fig. 3 a. b. **Ammonites geminus** Benecke. Monte Nago bei Roveredo. Pag. 189.

Tab. 10.

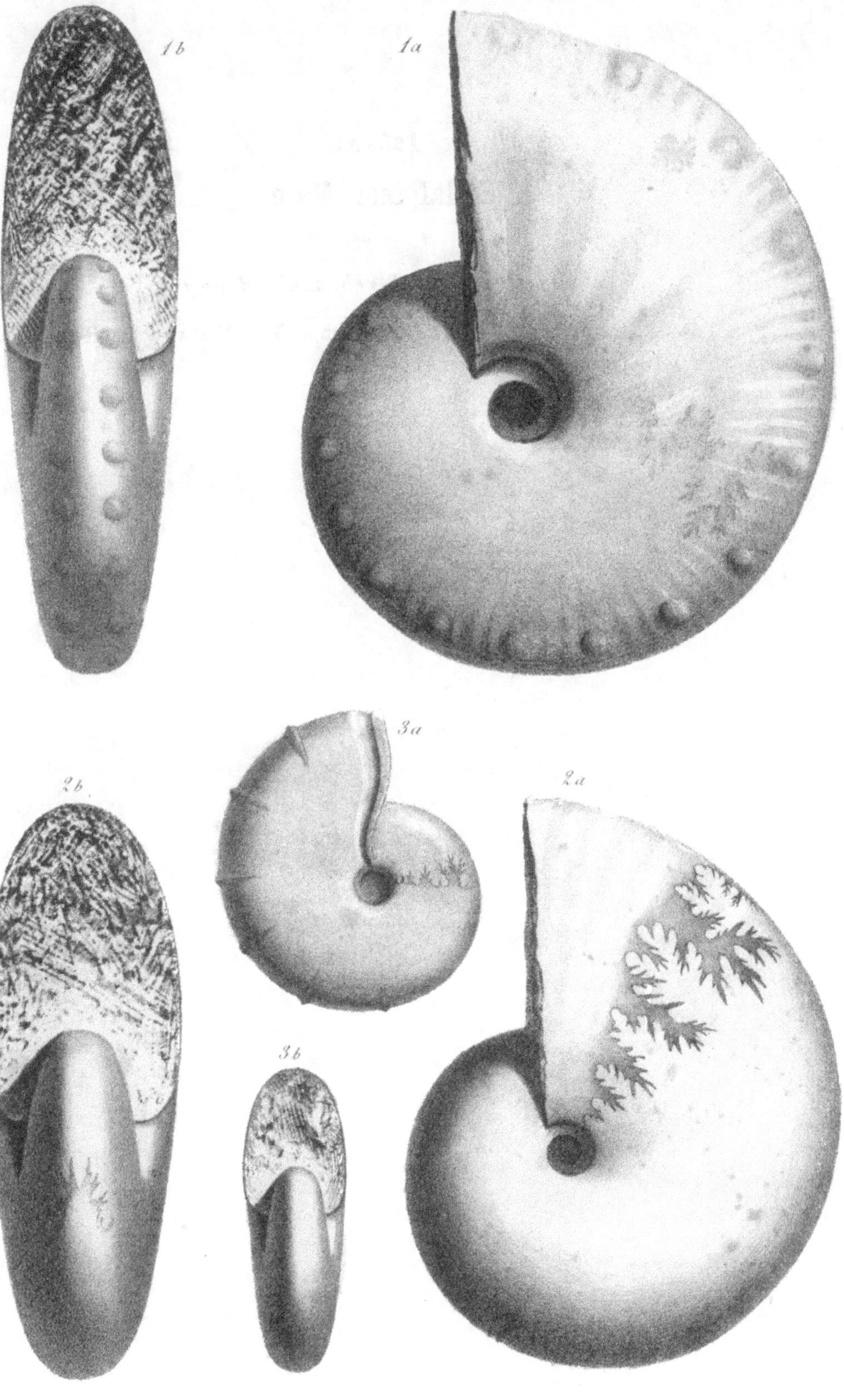

Taf. XI.

Südalpiner Malm.

Schichten der *Terebratula diphya.*

Fig. 1 a—c. **Ammonites hybonotus** Opp. Von Volano bei Roveredo. Pag. 187.

Tab. II.

1 b

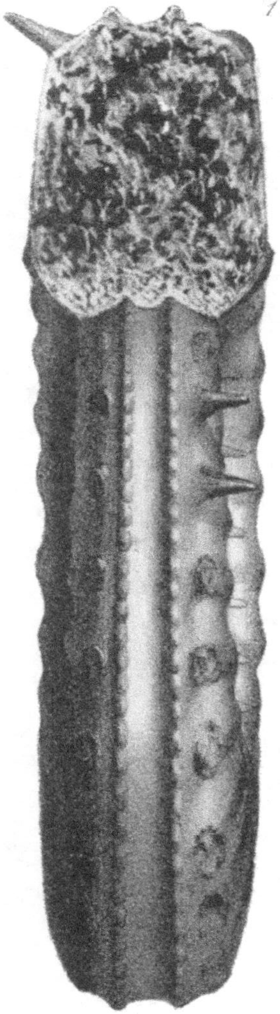

1 a

1 c

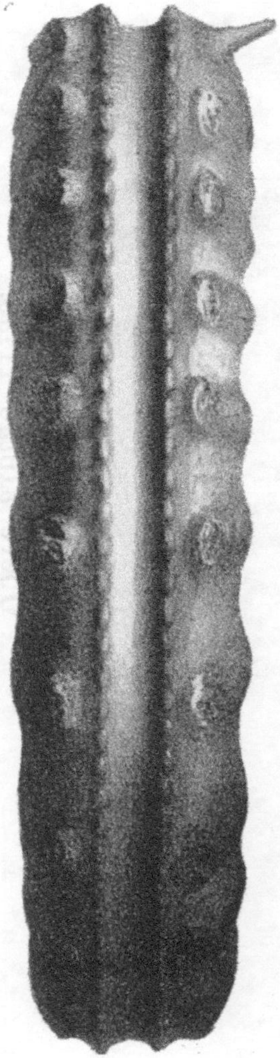

Tab. XII. (1.)

Obere alpine Trias.

Hallstädter Gruppe.

Fig. 1. 2. pag. 350 (32). **Nautilus gasteroptychus** Dtm. Aus grauem Marmor von Rossmoos (Graben gegen den Hallstädter See).

Fig. 3. 4. pag. 351 (33). **Nautilus securis** Dtm. in $^2/_3$ der natürlichen Grösse. Aus röthlichgelbem Marmor vom Leislingkogel.

Tab. 12.

1

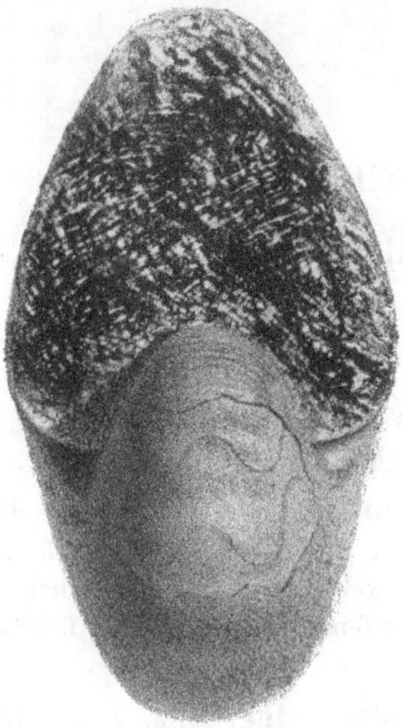

2

3 (2/3)

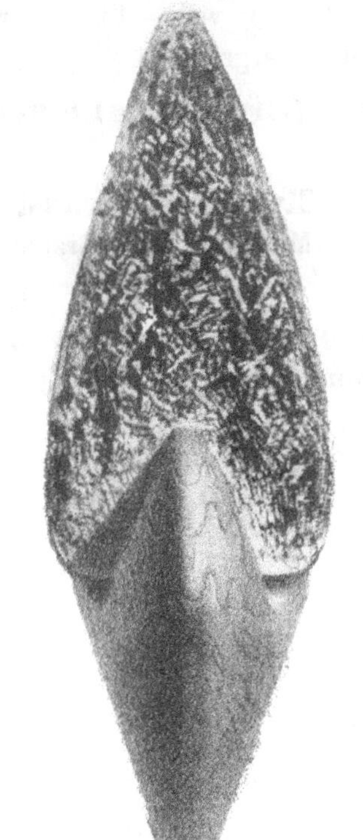

4 (2/3)

F. Schlotterbek gez.

Druk b. Fuchs, München

Tab. XIII. (2.)

Obere alpine Trias.

Hallstädter Gruppe.

Fig. 1. 2. pag. 352 (34). **Nautilus spirolobus** Dtm. Aus grauem Marmor vom Rossmoos (Graben gegen den Hallstädter See).

Fig. 3 — 10. pag. 349 (31). **Aulacoceras reticulatum** Hauer. Aus fleischrothem Marmor von der Teltschenalp. Fig. 3 Längsschliff. Fig. 4 und 10 Seitenansichten zweier verschiedener Individuen. Fig. 5, 7 u. 9 Querschnittte an verschiedenen Stellen. Fig. 6 Rückenansicht (Antisiphonalseite).

Fig. 11—15. pag. 359 (41). **Ammonites cicer** Dtm. Aus gelblich-grauem krystallinischem Kalkstein mit *Amm. subbullatus*, vom vordern Sandling. Fig. 11 von der Seite, Fig. 12 von vorn, Fig. 13 von hinten, Fig. 14 Medianschliff, Fig. 15 derselbe vergrössert.

Fig. 16—18. pag. 354 (36). **Ammonites (Clydonites) elevatus** Dtm. mit dem vorigen.

Fig. 19—21. pag. 353 (35). **Ammonites (Clydonites) crassitesta** Dtm. In weissem krystallinischem Kalk mit Mangan-geschwärzter Schale erhalten. Von der Teltschenalp.

Fig. 22—24. pag. 360 (42). **Ammonites Simonyi** Hauer. Junges Individuum aus fleischrothem Marmor von der Teltschenalp.

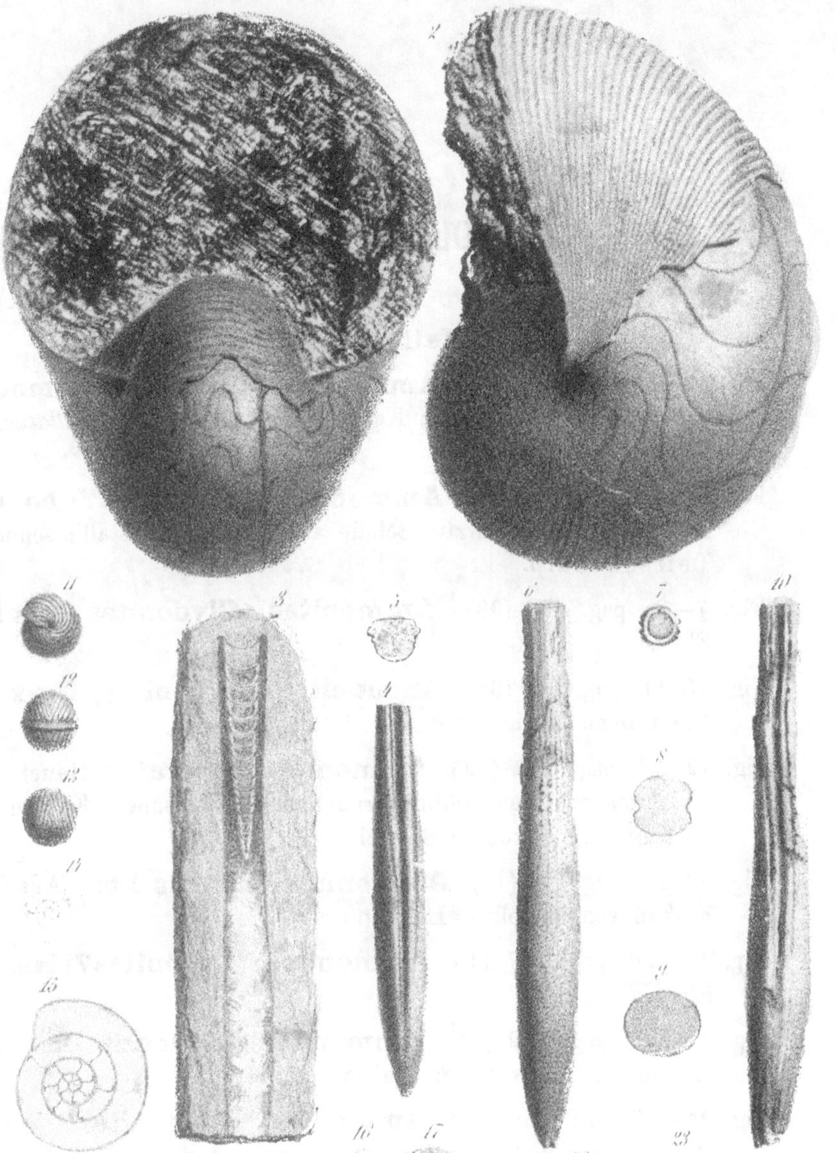

F. Schlotterbek gez.

Druk b. Fuchs, München

Tab. XIV. (3.)

Obere alpine Trias.

Hallstädter Gruppe.

Fig. 1—3. pag. 354 (36). **Ammonites (Clydonites?) modicus** Dtm. Graugelbe krystallinische Kalke mit *Ammonites subbullatus*. Vorderer Sandling.

Fig. 4—6. pag. 355 (37). **Ammonites (Clydonites?) comatus** Dtm. Mit Mangan geschwärzter Schale auf weissem krystallinischem Kalkkern. Teltschenalp.

Fig. 7—9. pag. 356 (38). **Ammonites (Clydonites) obolinus** Dtm. Ebenso.

Fig. 10. 11. pag. 356 (38). **Ammonites (Clydonites) Eryx** Münster sp. Aus rothem Marmor von der Teltschenalp.

Fig. 12. 13. pag. 360 (42). **Ammonites imperator** Hauer. Junges Individuum aus den gelblichgrauen krystallinischen Kalken mit *Amm. subbullatus*. Vorderer Sandling.

Fig. 14. 15. pag. 361 (43). **Ammonites caducus** Dtm. Aus den gleichen Kalken von derselben Lokalität.

Fig. 16—20. pag. 357 (39). **Ammonites (Clydonites?) Henseli** Oppel. Ebendaher.

Fig. 21—23. pag. 362 (44). **Ammonites fulminaris** Dtm. Aus fleischrothem Marmor von der Teltschenalp.

Fig. 24—37. pag. 358 (40). **Ammonites (Clydonites?) nasturtium** Dtm. Aus gelblichgrauem Kalk mit *Amm. subbullatus*. Vorderer Sandling.

Tab. 14.

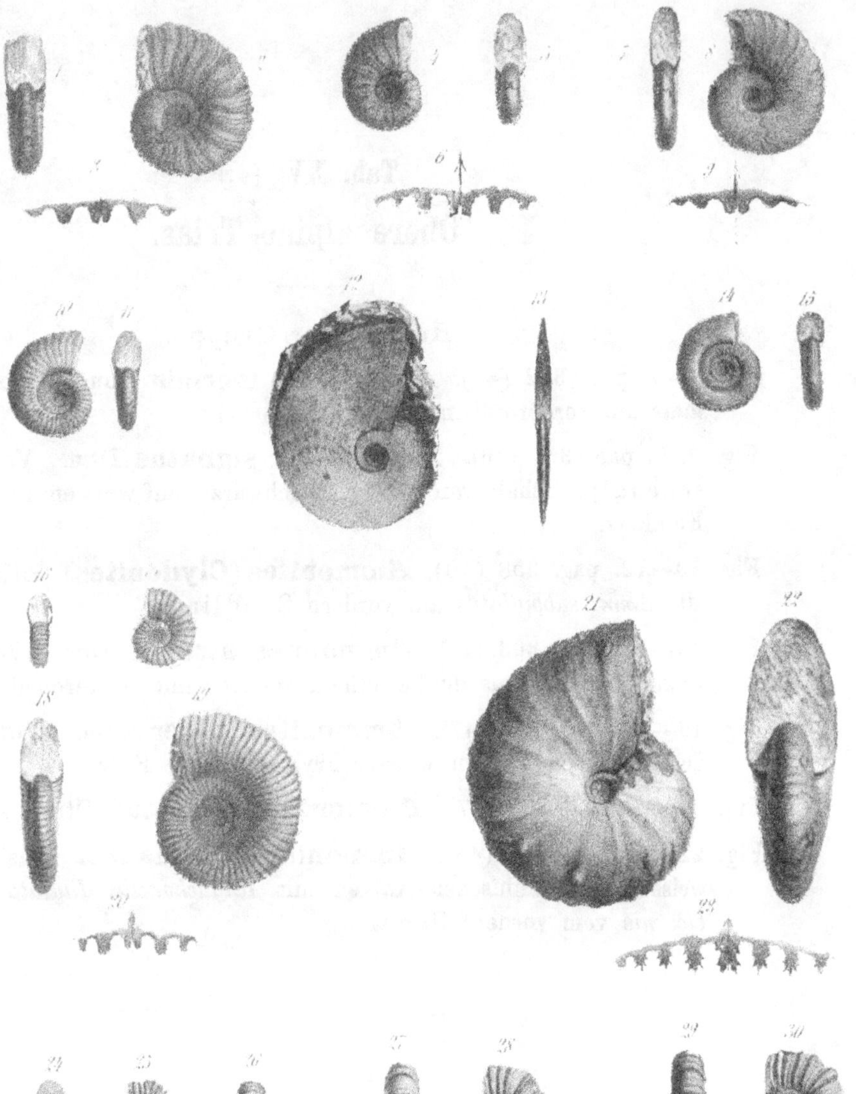

F. Schlotterbek gez.

Druk b. Fuchs, München.

Tab. XV. (4.)

Obere alpine Trias.

Hallstädter Gruppe.

Fig. 1—7. pag. 362 (44). **Ammonites inermis** Hau. Mit *Amm. subbullatus* am vordern Sandling.

Fig. 8. 9. pag. 364 (46). **Ammonites signatus** Dtm. Von der Teltschenalp. Schale von Mangan geschwärzt, auf weissem krystallinischen Kalkkern.

Fig. 10—12. pag. 358 (40). **Ammonites (Clydonites) foliaceus** Dtm. Mit *Amm. subbullatus* am vordern Sandling.

Fig. 13—15. pag. 363 (45). **Ammonites atropus** Dtm. Von derselben Lokalität, aber aus dunkelrothem Marmor mit Gasteropoden.

Fig. 16—19. pag. 365 (47). **Ammonites niger** Dtm. Teltschenalp. Schale schwarz, Kern weisser krystallinischer Kalk.

Fig. 20. 21. pag. 365 (47). **Ammonites vermetus** Dtm. Ebenso.

Fig. 22. 23. pag. 366 (48). **Ammonites turbina** Dtm. Aus den tiefsten weissen krystallinischen Kalken mit *Rhynchonella dilatata* und *Amm. bicornis* vom vordern Sandling.

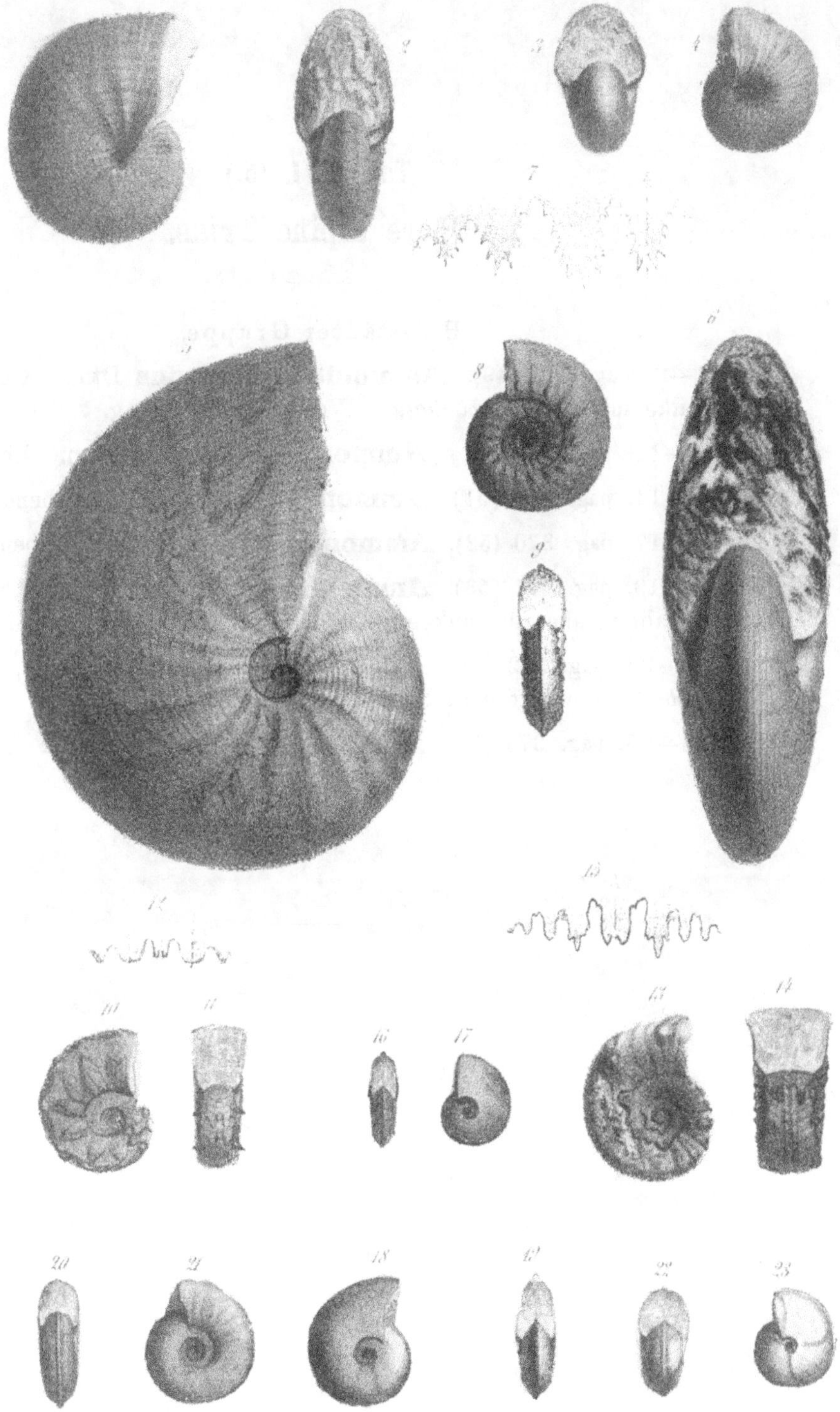

F. Schlotterbek gez.

Druk b. Fuchs, München.

Tab. XVI. (5.)

Obere alpine Trias.

Hallstädter Gruppe.

Fig. 1—8. pag. 367 (49). **Ammonites Saturnus** Dtm. Gelblichgraue Kalke mit *Amm. subbullatus.* Vorderer Sandling.

Fig. 9—11. pag. 369 (51). **Ammonites Phoebus** Dtm. Ebendaher.

Fig. 12—14. pag. 369 (51). **Ammonites Janus** Dtm. Ebendaher.

Fig. 15—17. pag. 370 (52). **Ammonites Theron** Dtm. Ebendaher.

Fig. 18. 19. pag. 371 (53). **Ammonites Asbolus** Dtm. An derselben Lokalität, aber in dunkelrothem Marmor mit Gasteropoden.

Fig. 20—22. pag. 372 (54). **Ammonites Pamphagus** Dtm. Mit *Amm. subbullatus* am vordern Sandling.

Fig. 23—25. pag. 373 (55). **Ammonites Agriodus** Dtm. Ebendaher.

Tab. 16.

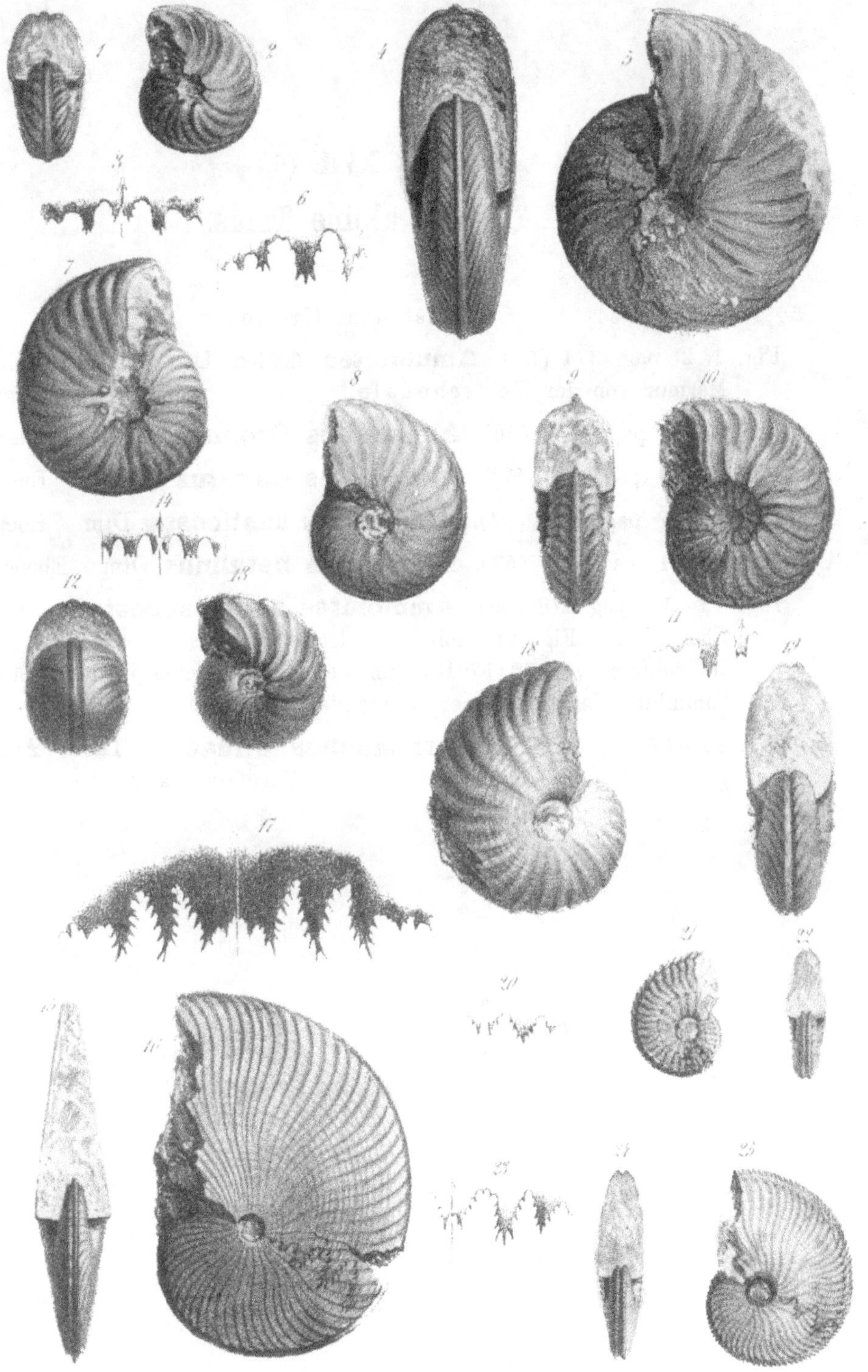

F. Schlotterbek gez.

Druk b Fuchs, München

Tab. XVII. (6.)

Obere alpine Trias.

Hallstädter Gruppe.

Fig. 1. 2. pag. 374 (56). **Ammonites Aëllo** Dtm. Aus fleischrothem Marmor von der Teltschenalp.

Fig. 3—5. pag. 374 (56). **Ammonites Dromas** Dtm. Ebendaher.

Fig. 6. 7. pag. 376 (58). **Ammonites furcatus** Münster. Ebendaher.

Fig. 8. 9. pag. 375 (57). **Ammonites senticosus** Dtm. Ebendaher.

Fig. 10. 11. pag. 377 (59). **Ammonites betulinus** Dtm. Ebendaher.

Fig. 12—14. pag. 378 (60). **Ammonites nodulosocostatus** Klipstein. Ebendaher. Fig. 14 stellt den letzten Lobus eines ausgewachsenen Individuums von $0^{m}117$ Durchmesser dar, welches in der paläontolog. Sammlung der Münchener Akademie liegt.

Fig. 15—17. pag. 380 (62). **Ammonites erinaceus** Dtm. Aus gelbgrauem Kalk mit *Amm. subbullatus*. Vorderer Sandling.

Tab. 17.

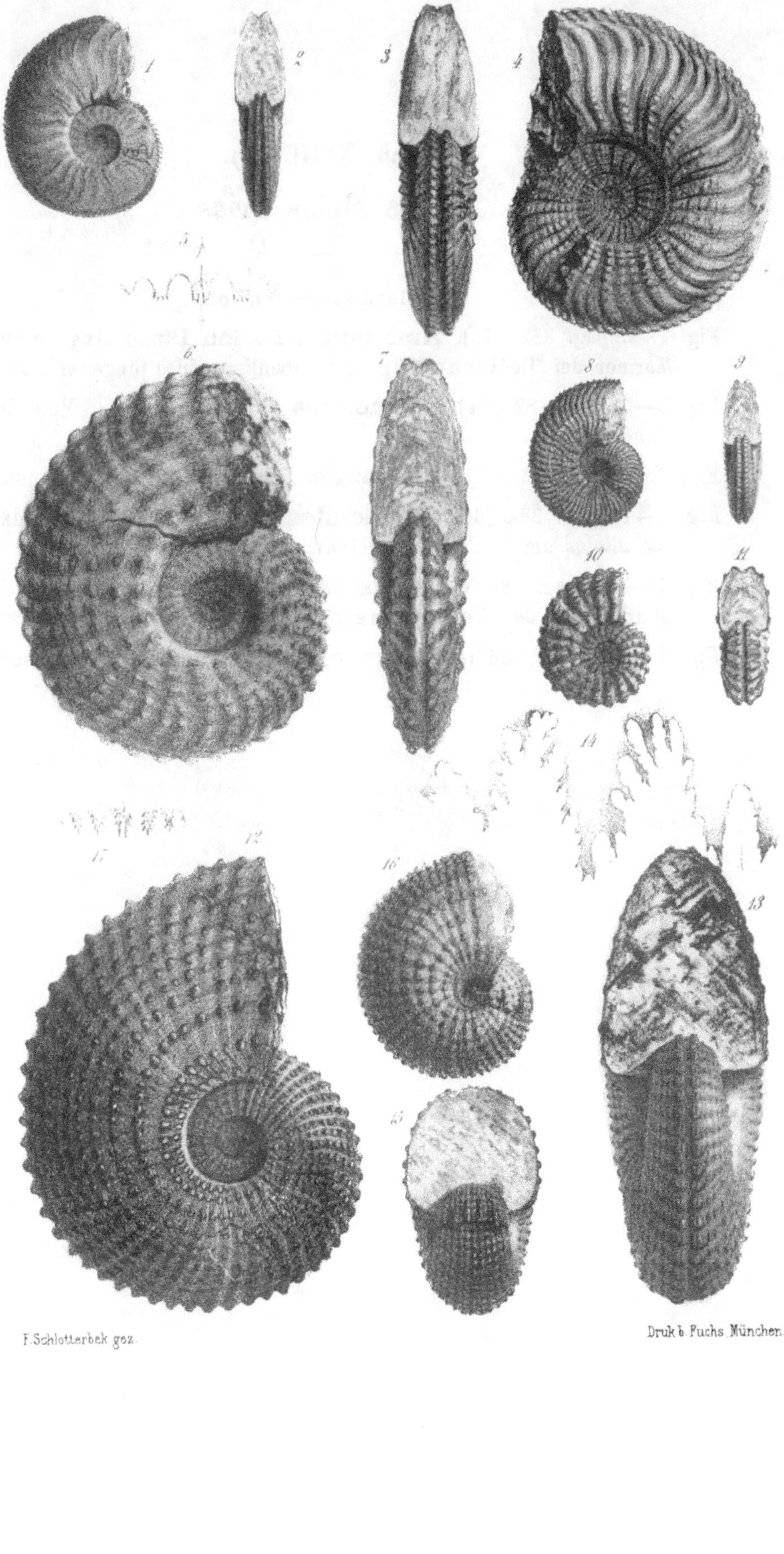

F. Schlotterbek gez.

Druk b. Fuchs München.

Tab. XVIII. (7.)

Obere alpine Trias.

Hallstädter Gruppe.

Fig. 1. 2. pag. 382 (64). **Ammonites Ladon** Dtm. Aus fleischrothem Marmor der Teltschenalp. 2a Lobenlinie eines jüngeren Individuums.

Fig. 3—5. pag. 382 (64). **Ammonites Hylactor** Dtm. Von derselben Fundstätte.

Fig. 6. 7. pag. 383 (65). **Ammonites Harpalos** Dtm. Ebendaher.

Fig. 8—10 pag. 384 (66). **Ammonites Oribasus** Dtm. Mit *Ammonites subbullatus* am vordern Sandling.

Fig. 11—13. pag. 385 (67). **Ammonites Thous** Dtm. Aus fleischrothem Marmor von der Teltschenalp.

Fig. 14—16. pag. 386 (68). **Ammonites Dorceus** Dtm. Ebendaher.

Tab. 18.

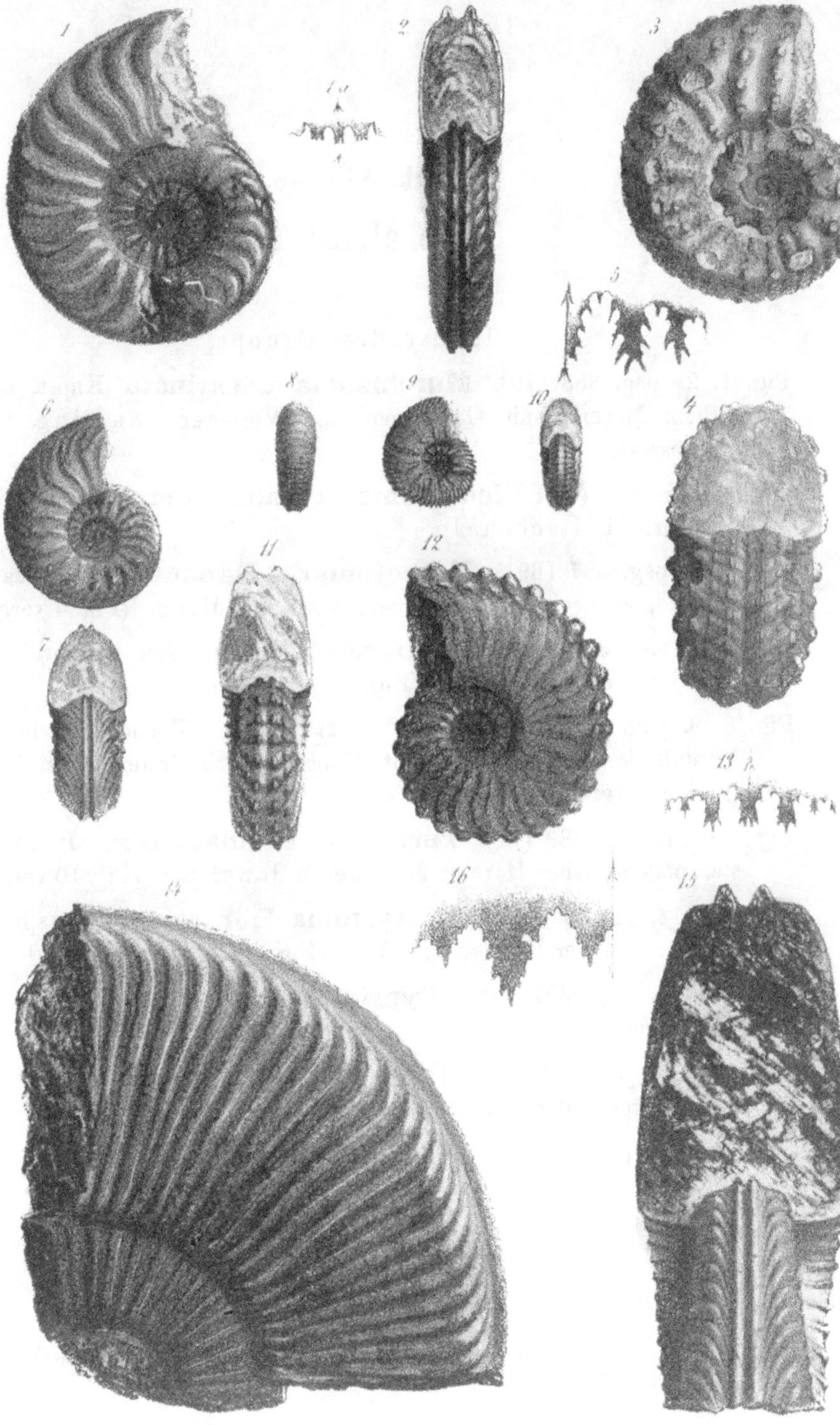

F. Schlotterbek gez.

Druk b. Fuchs, München

Tab. XIX. (8.)

Obere alpine Trias.

Hallstädter Gruppe.

Fig. 1. 2. pag. 388 (70). **Murchisonia tricarinata** Klipst. sp. Aus rothem Marmor mit Gasteropoden. Vorderer Sandling. (Fig. 1 vergrössert.)

Fig. 3. pag. 387 (69). **Pleurotomaria Baucis** Dtm. Aus fleischrothem Marmor. Teltschenalp.

Fig. 4. 5. pag. 387 (69). **Pleurotomaria Daphne** Dtm. Aus rothem Gasteropoden-reichen Marmor vom vord. Sandling. (Fig. 4 vergrössert.)

Fig. 6. 7. pag. 389 (71). **Turbo indutus** Dtm. Aus fleischrothem Marmor der Teltschenalp. (Fig. 6 vergrössert.)

Fig. 8. 9. pag. 388 (70). **Turbo gutta** Dtm. Ebendaher, in weissem krystallinischen Kalkstein, mit Mangan-geschwärzter Schale erhalten. (Fig. 8 vergrössert.)

Fig. 10. 11. pag. 389 (71). **Turbonilla subulata** Dtm. In rothem Gasteropoden-reichen Marmor des vordern Sandling. (Fig. 10 vergrössert.)

Fig. 12—14. pag. 390 (72). **Platystoma Hörnesi** Dtm. Aus hellrothem Marmor von der Teltschenalp. (Fig. 12. 13 vergrössert.)

Fig. 15—17. pag. 391 (73). **Cyprina simplex** Dtm. Linke Klappe. Ebendaher.

Fig. 18—20. pag. 391 (73). **Opis globata** Dtm. Rechte Klappe. Aus dem Gasteropoden-reichen Marmor am vordern Sandling.

Fig. 21—23. pag. 392 (74). **Avicula quadrata** Dtm. Linke Klappe. Mit schwarzer Schale auf weissem krystallinischen Kalkkerne erhalten. Teltschenalp.

Fig. 24. pag. 392 (74). **Gervillia Haueri** Dtm. Linke Klappe. Aus fleischrothem Marmor von der Teltschenalp.

Fig. 25. 26. pag. 392 (74). **Mytilus Münsteri** Klipstein. Aus rothem Gasteropoden-reichen Marmor des vordern Sandling.

Tab. 19.

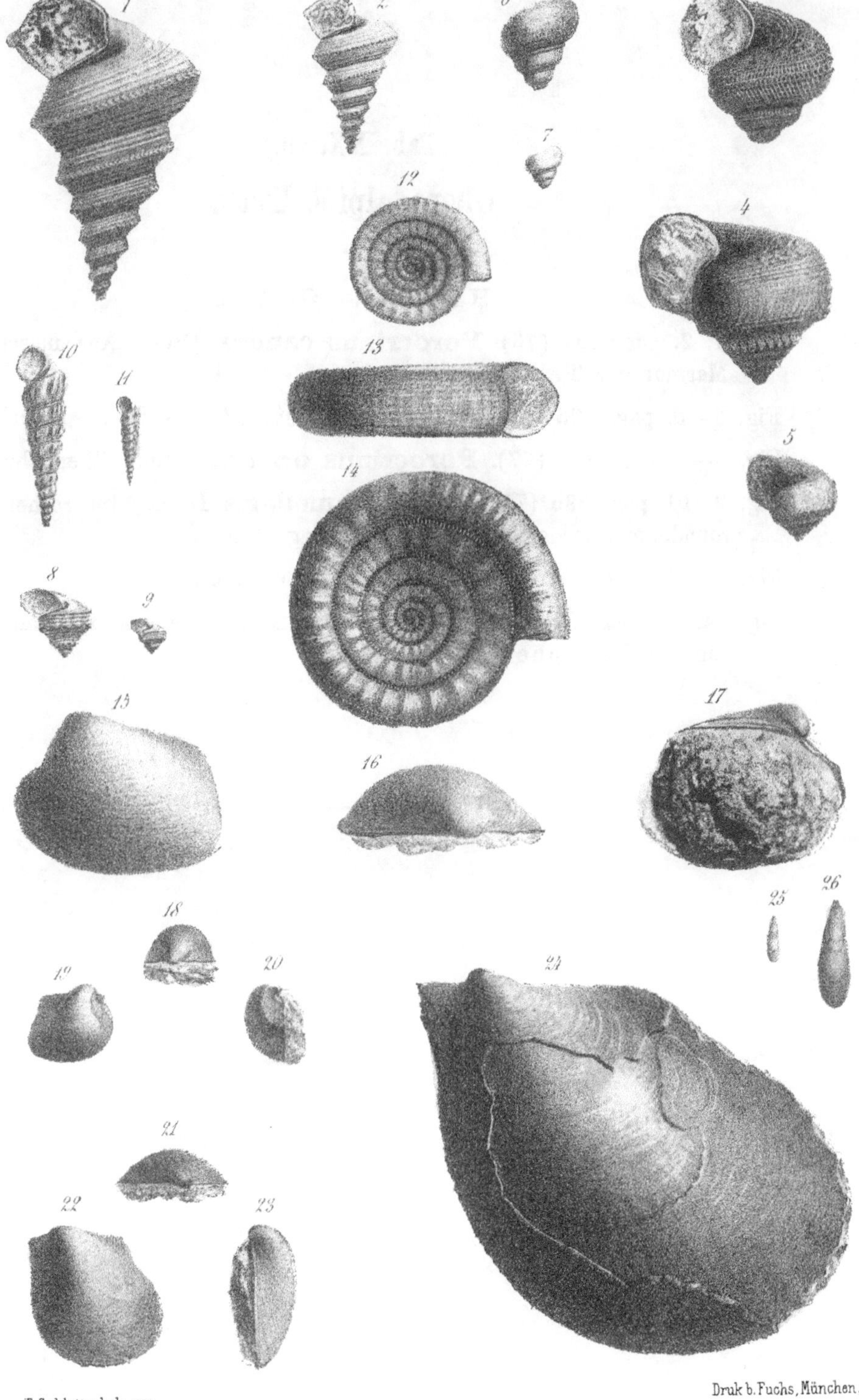

F. Schlotterbek. gez.

Druk b. Fuchs, München.

Tab. XX. (9.)

Obere alpine Trias.

Hallstädter Gruppe.

Fig. 1. 2. pag. 394 (76). **Porocrinus caudex** Dtm. Aus fleischrothem Marmor der Teltschenalp.

Fig. 3—5. pag. 395 (77). **Porocrinus reticulatus** Dtm. Ebendaher.

Fig. 6—8. pag. 395 (77). **Porocrinus ornatus** Dtm. Ebendaher.

Fig. 9. 10. pag. 395 (77). **Cidaris lamellaris** Dtm. Im rothen Gasteropodenmarmor am vordern Sandling.

Fig. 11—13. pag. 396 (78). **Koralle.** Ebendaher.

Fig. 14. 15. pag. 396 (78). **Rhizocorallium.** Aus fleischrothem Marmor von der Teltschenalp.

Tab. 20.

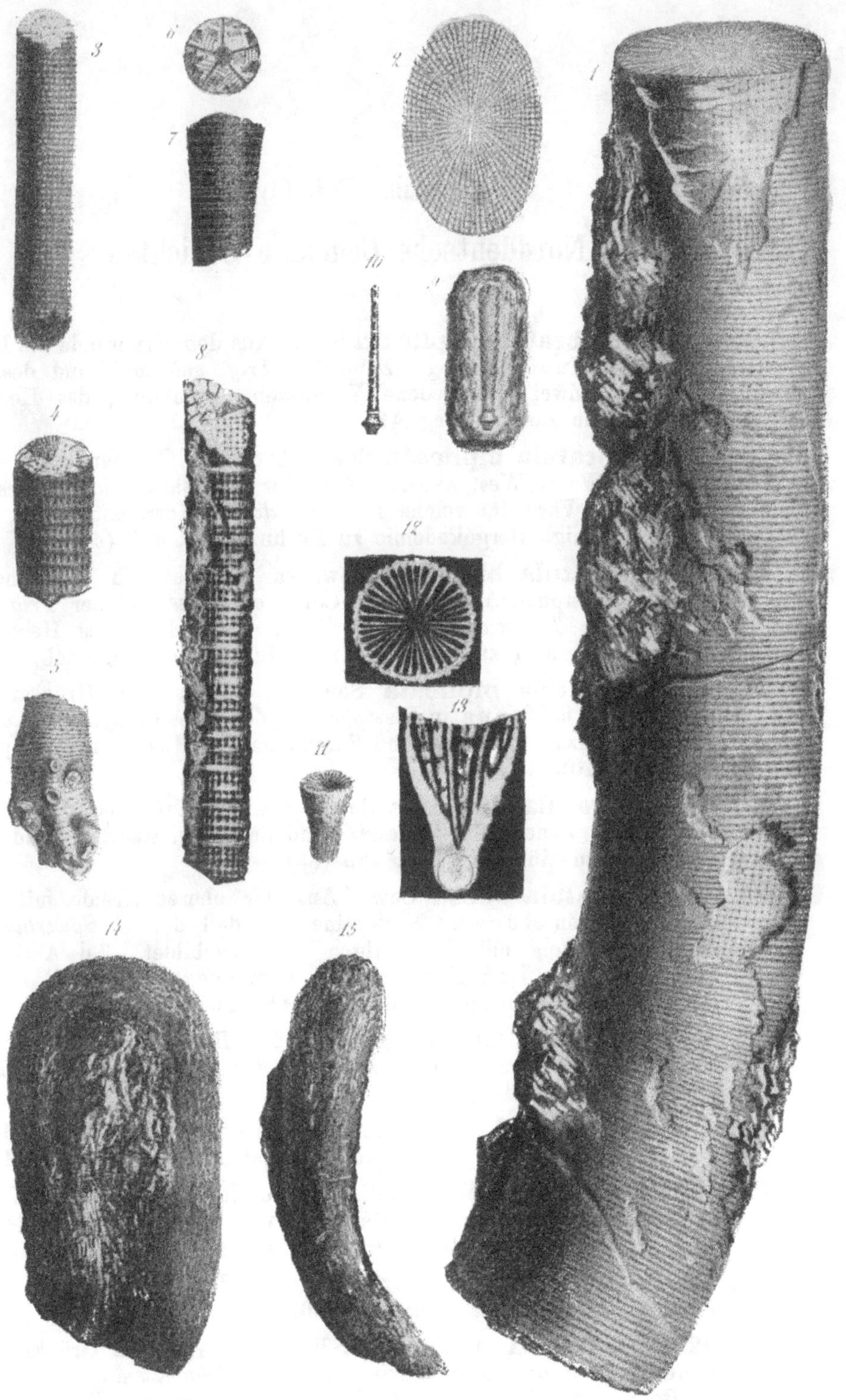

F. Schlotterbek gez. Druk b. Fuchs. München

Tab. XXI. (1.)

Norddeutsche Cenoman-Schichten.

Fig. 1, 2. **Terebratula biplicata** Sow. Aus dem Grünsande des Langenberges bei Quedlinburg. Zone der *Trig. sulcataria* und des *Catop. carinatus*. Zwei verschiedene Varietäten. Sammlung des Herrn Dr. J. Ewald in Berlin. Pag. 433 (33).

Fig. 3. **Terebratula biplicata** Sow. Aus dem Grünsande der Waterlappe bei Werl (Westphalen). Zone der *Trig. sulcataria* und des *Catop. carinatus?* Varietät, welche der *Ter. sulcifera* Morr. entspricht. Sammlung der königl. Bergakademie zu Berlin. Pag. 440 (40).

Fig. 4. **Terebratula biplicata** Sow. var.? Aus dem Grünsande von Essen (Westphalen). Zone des *Catop. carinatus* und der *Trig. sulcat.* Original der *Ter. curvirostris* A. Roem. Sammlung des Herrn Bergraths A. Roemer zu Hildesheim (Hannover). Pag. 440 (40).

Fig. 5. **Terebratula biplicata** Sow. var.? Aus dem Grünsande von Fröhmern bei Unna in Westphalen. Zone des *Catop. carin.* und der *Trig. sulcataria.* Akademische Sammlung zu Münster (Westphalen). Pag. 440 (40).

Fig. 6. **Terebratula biplicata** Sow. Aus dem Grünsande von Schelk bei Unna. Zone des *Catop. carin.* und der *Trig. sulcat.* Akademische Sammlung zu Münster. Pag. 433 (33).

Fig. 7. **Terebratula obesa** Sow. Aus der oberen Kreide mit *Belem. mucronatus* von Rügen. Nach einem Modell der *T. Sowerbyi* Hag., zur Vergleichung mit der vorigen Art abgebildet. 7 d Ansicht des Foramens eines Exemplars aus der Sammlung des Herrn Professor Dunker zu Marburg in natürlicher Grösse. Pag. 438 (38).

Fig. 8. **Terebratula Tornacensis** Arch. Breite flache Varietät aus dem Grünsande von Essen. Zone des *Catop. carin.* und der *Trigon. sulcataria.* Pag. 446 (46).

Fig. 9. **Terebratula depressa** Lam. Aus dem Grünsande von Essen. Zone des *Catop. carin.* 9 b vergrössertes Schalenfragment. Pag. 448 (48).

Fig. 10. **Terebratula Robertoni** Arch. Aus dem Grünsande vom Langenberge bei Quedlinburg am Harz. Zone des *Catop. carin.* und der *Trig. sulcat.* Sammlung des Herrn Dr. J. Ewald zu Berlin. Pag. 450 (50).

Fig. 11. **Terebratula Robertoni** Arch. Aus dem Grünsande von Essen. Zone des *Catop. carin.* Pag. 450 (50).

Fig. 12. **Terebratula arcuata** A. Roemer. Aus dem Grünsande von Essen. Zone des *Catop. carin.* und der *Trigon. sulcat.* Original zu A. Roem., Kreid. t. 7, f. 18 aus der Sammlung des Herrn Bergrath A. Roemer zu Hildesheim. Pag. 451 (51).

Tab. 21.(1)

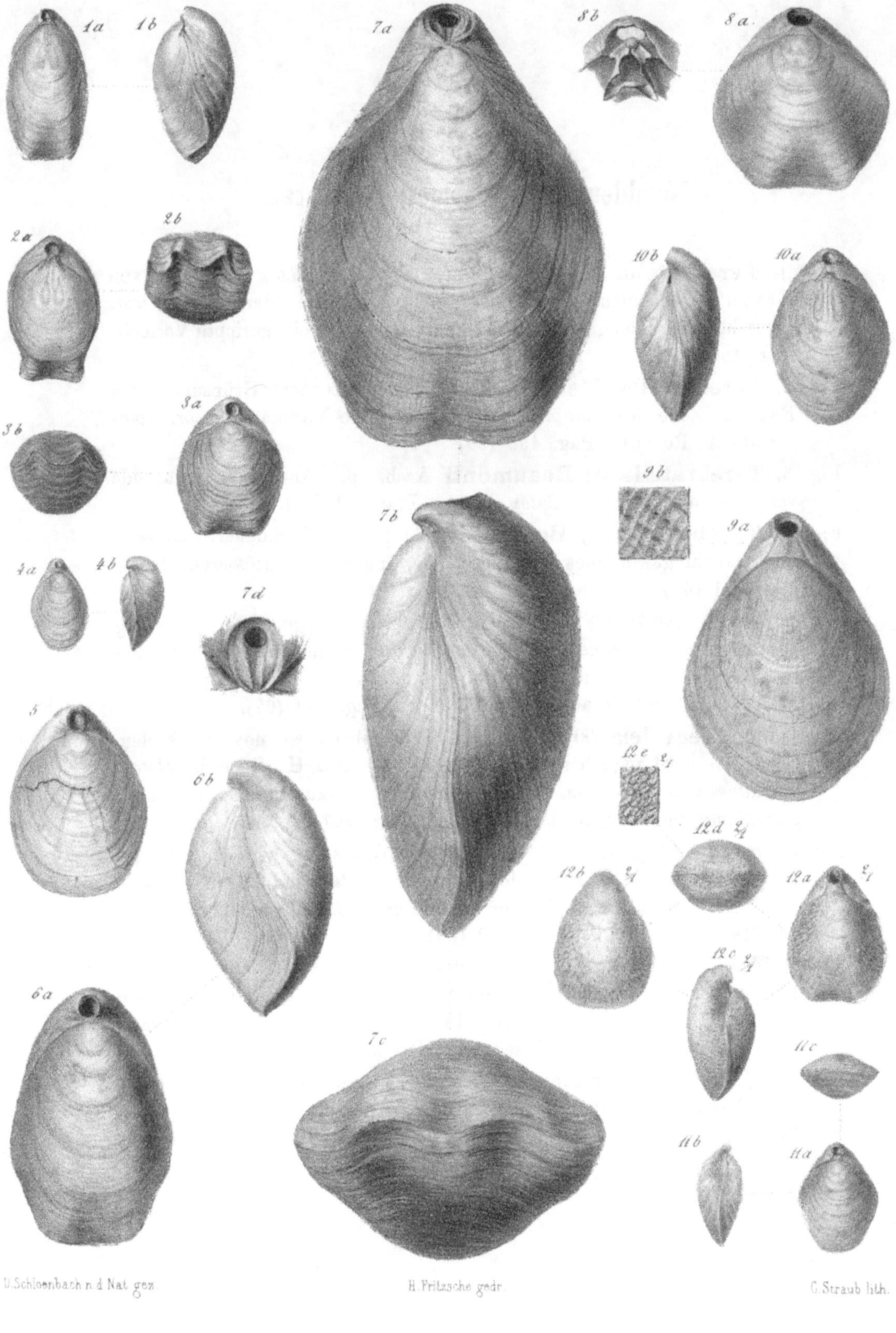

U. Schloenbach n. d. Nat. gez. H. Fritzsche gedr. C. Straub lith.

Tab. XXII. (2.)

Norddeutsche Cenoman-Schichten.

Fig. 1. **Terebratella Menardi** Lamk. sp. Aus dem Grünsande von Essen (Westphalen). Zone des *Catop. carin.* und der *Trig. sulcat.* Sammlung der königl. Bergakademie zu Berlin. Fein gerippte Varietät. Pag. 459 (59).

Fig. 2. **Terebratella Menardi** Lamk. sp. Aus dem Grünsande von Essen. Zone des *Catop. carin.* Grob gerippte Varietät (*Terebr. canaliculata* A. Roem.). Pag. 459 (59).

Fig. 3. **Terebratella** (?) **Beaumonti** Arch. sp. Aus dem Grünsande von Essen. Zone des *Catop. carin.* Pag. 461 (61).

Fig. 4. **Terebratella** (?) **Beaumonti** Arch. sp. Ebendaher. Grösstes mir bekannt gewordenes Exemplar. 4 c. Inneres der grösseren Klappe. Pag. 461 (61).

Fig. 5. **Terebratella** (?) **Beaumonti** Arch. sp. Restaurirte Darstellung des Armgerüstes; restaurirt ist die Stellung (nicht die Form) des die rückkehrenden Aeste der Schleife verbindenden Querbandes (Brücke), sowie die Länge der ansteigenden Aeste. Pag. 462 (62).

Fig. 6, 7. **Megerleïa** (?) **hercynica** Schloenbach sp. nov. Aus dem Grünsande des Langenberges bei Quedlinburg a. H. Zone des *Catop. carinatus* und der *Trig. sulc.* Steinkerne. 7 (aus der Ewald'schen Sammlung) zeigt die Muskeleindrücke. Pag. 467 (67).

Fig. 8. **Megerleïa lima** Defr. sp. Aus dem Grünsande des Langenberges bei Quedlinburg. Zone des *Catop. carinatus* und der *Trig. sulc.* Steinkern eines ungewöhnlich grossen Exemplars. Sammlung des Herrn Dr. Ewald zu Berlin. Pag. 469 (69).

Fig. 9. **Thecidium vermiculare** Schloth. sp. Inneres der kleinen (Dorsal-) Klappe eines Exemplars aus dem untern Pläner (Zone der *Trigonia sulcataria*) von Plauen bei Dresden, in zehnfacher Grösse. Sammlung des mineralogischen Museums zu Dresden. Pag. 482 (82).

Fig. 10. **Thecidium vermiculare** Schloth. sp. Inneres der grossen Klappe eines Exemplars meiner Sammlung aus dem Grünsande von Essen. Zone des *Catop. carinatus* und der *Trigon. sulc.* In fünffacher Grösse. Pag. 482 (82).

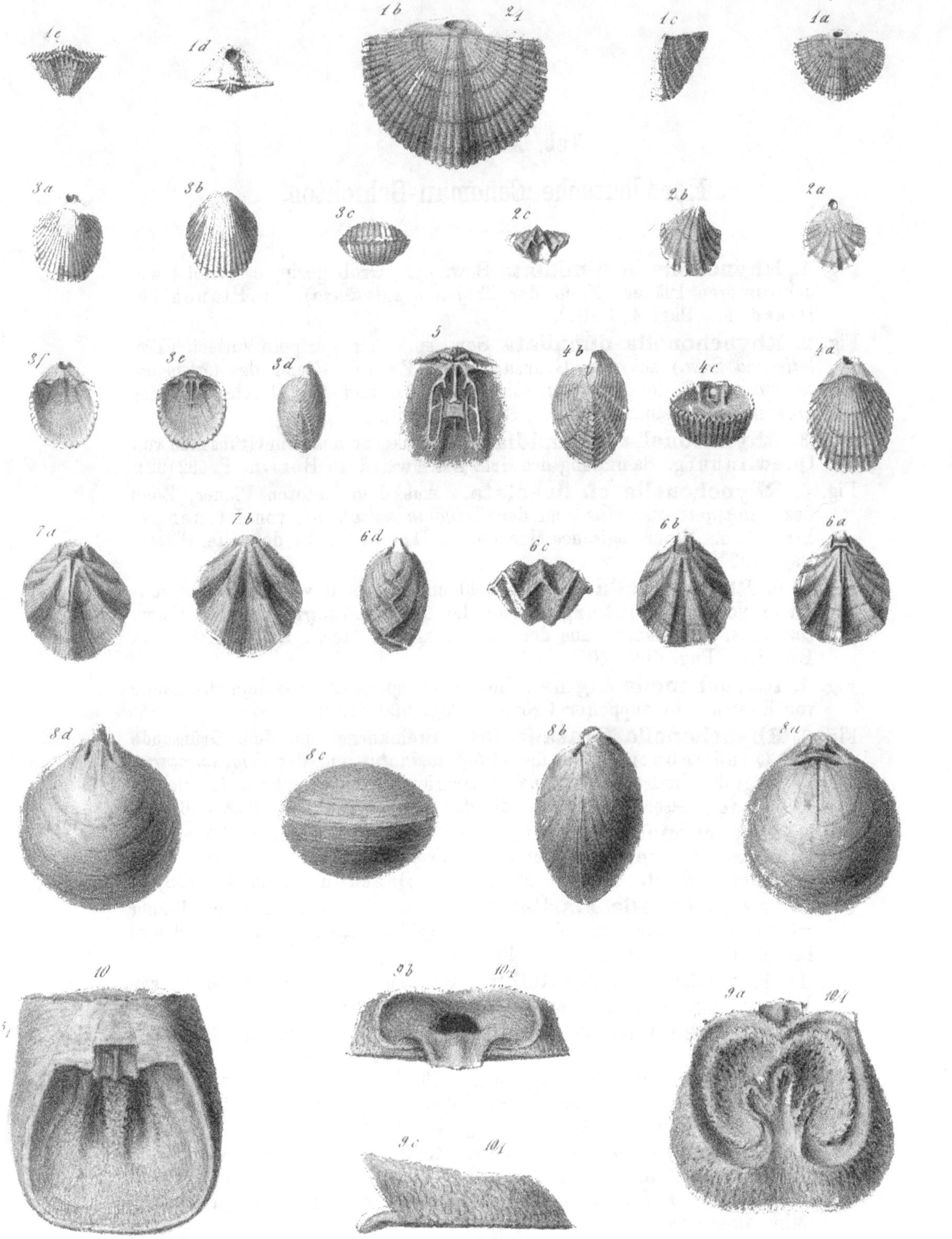

U. Schloenbach n. d. Nat. gez. R. Pritzsche gedr. C. Straub lith.

Tab. XXIII. (3.)

Norddeutsche Cenoman-Schichten.

Fig. 1. **Rhynchonella dimidiata** Sow. sp. Grob gerippte Varietät aus dem unteren Pläner, (Zone der *Trigonia sulcataria*) von Plauen bei Dresden. Pag. 487 (87).

Fig. 2. **Rhynchonella dimidiata** Sow. sp. Fein gerippte Varietät (*Ter. latissima* Sow.) aus dem Grünsande von Essen. Zone des *Catopygus carinatus* und der *Trigonia sulcataria.* 2c und 2d Durchschnitt der grossen und kleinen Klappe. Pag. 488 (88).

Fig. 3. **Rhynchonella cf. dimidiata.** Steinkerne aus dem Grünsande von Quedlinburg. Sammlung des Hrn. Dr. Ewald zu Berlin. P. 492 (92).

Fig. 4. **Rhynchonella cf. lineolata.** Aus dem unteren Pläner, Zone des *Catopygus carinatus* und der *Trigonia sulcataria*, von Plauen bei Dresden. Mineralogisches Museum zu Dresden. In doppelter Grösse. Pag. 493 (93).

Fig. 5, 6. **Rhynchonella Sigma** Schloenbach sp. nov. Aus dem Grünsande von Quedlinburg. Zone der *Trig. sulcataria* und des *Catop. carinatus.* Steinkerne aus der Sammlung des Herrn Dr. J. Ewald in Berlin. Pag. 500 (100).

Fig. 7. **Rhynchonella Sigma** Schloenbach sp. nov. Aus dem Grünsande von Essen. In doppelter Grösse. Pag. 500 (100).

Fig. 8. **Rhynchonella Grasana** Orb. Steinkerne aus dem Grünsande von Quedlinburg. Zone des *Catop. carinatus* und der *Trig. sulcataria.* 8d zeigt die Eindrücke der Muskel, Ovarien etc. am Steinkern der kleinen Klappe vergrössert, 8e ebenso die der grossen Klappe. Pag. 496 (96).

Fig. 9. **Rhynchonella Grasana** Orb. Aus dem unteren Pläner von Plauen bei Dresden. Zone der *Trig. sulcataria.* Schmale, stark gewölbte Varietät. Mineral. Museum zu Dresden. Pag. 498 (98).

Fig. 10. **Rhynchonella Martini** Mant. sp. Aus dem unteren Pläner mit *Amm. varians* etc. Zone des *Scaphites aequalis* vom Flöteberge bei Salzgitter (Hannover). Pag. 499 (99).

Fig. 11. **Rhynchonella Mantellana** Sow. sp. Aus dem Grünsande von Essen; schmale flache Varietät. Pag. 495 (95).

Fig. 12, 13. **Thecidium vermiculare** Schloth. sp. Aus dem Grünsande von Essen. Zone des *Catop. carinatus.* 12. zweiklappiges Exemplar in fünffacher Linear-Vergrösserung. 13. Inneres der kleinen Klappe, nach einem Exemplar des k. k. Hof-Mineralien-Cabinets zu Wien, ebenfalls in fünffacher Grösse. Pag. 482 (82).

Fig. 14. **Thecidium digitatum** Sow. Inneres einer kleinen Klappe aus dem unteren Pläner von Plauen bei Dresden. Zone der *Trigonia sulcataria* und des *Catopygus carinatus.* Achtfache Vergrösserung. Mineralogisches Museum zu Dresden. Pag. 481 (81).

U. Schloenbach n. d. Nat. gez. H. Fritzsche gedr. C. Straub lith.

Tab. XXIV. (1.)

Ausseralpiner Dogger.

(Zone des *Ammonites Sowerbyi.*)

Fig. 1. **Belemnites Trautscholdi** Oppel. Exemplar in natürlicher Grösse von Gingen, im Besitze des k. paläontologischen Museums in München. 1a Ansicht von vorn, 1b Ansicht von der Seite, 1c Querdurchschnitt etwas oberhalb der Alveolenspitze, 1d, 1e Querdurchschnitte durch den Kegel. Pag. 587 (81).

Fig. 2. **Belemnites brevispinatus** Waagen. Exemplar in natürlicher Grösse von Gingen (Württemberg), im Besitze des k. paläontologischen Museums in München; 2a Ansicht von der Seite, 2b Ansicht von vorn, 2c Längsdurchschnitt durch den oberen Theil des Belemniten, 2d Querdurchschnitt etwas unterhalb der Alveole. Pag. 588 (82).

Fig. 3. **Ammonites Brocchi** Sowerby. Exemplar in natürlicher Grösse von Altenstadt (Württemberg), im Besitze des k. paläontologischen Museums in München; 3a Ansicht von vorn, 3b Ansicht von der Seite. Pag. 601 (95).

Fig. 4. **Chirodota atava** Waagen. Kalkrädchen, sehr stark vergrössert, von Gingen; 4a Ansicht von der Seite, 4b Ansicht von oben. Pag. 647 (141).

Tab. 24.

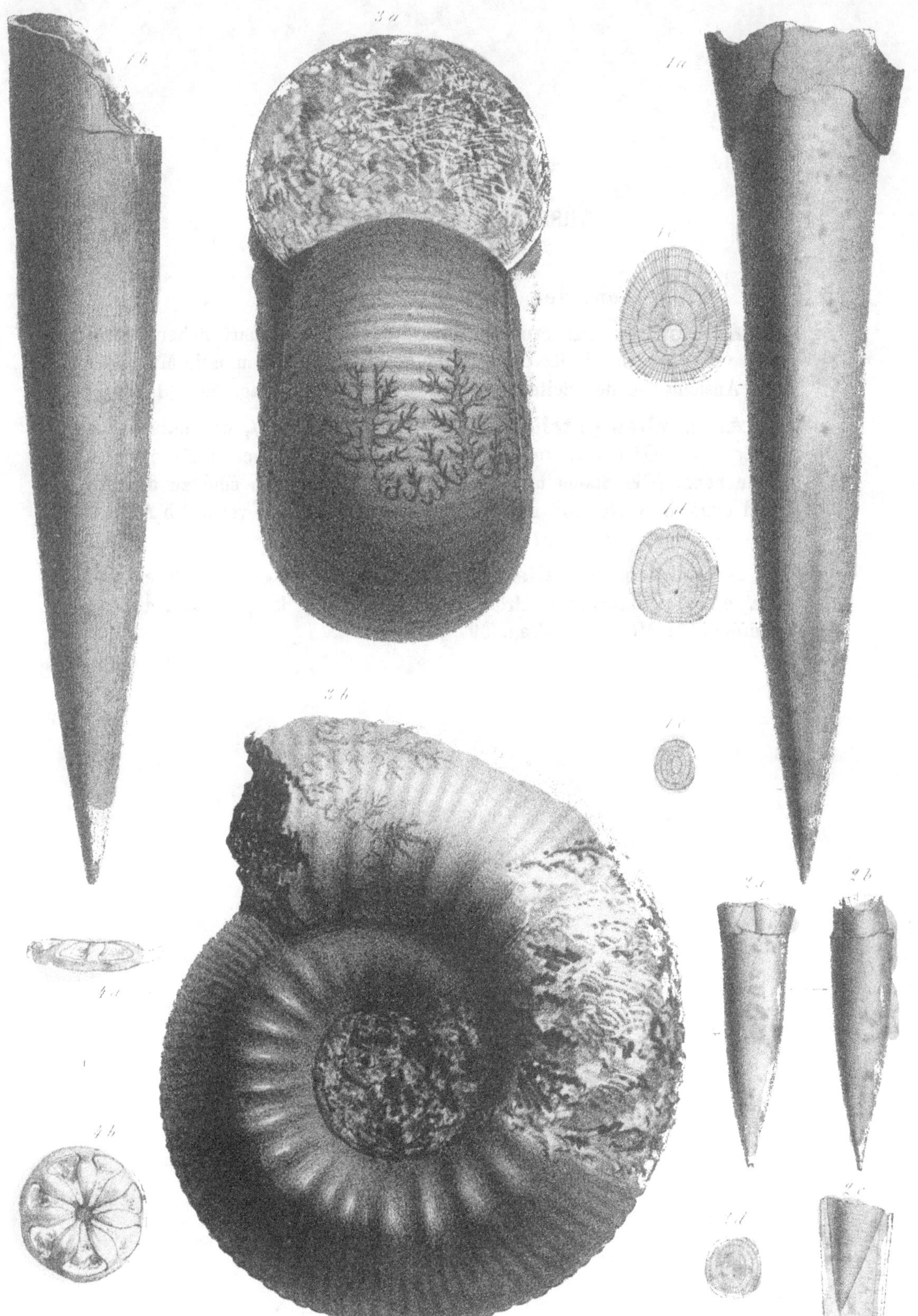

Tab. XXV. (2.)

Ausseralpiner Dogger.

(Zone des *Ammonites Sowerbyi.*)

Fig. 1. **Ammonites adicrus** Waagen. Exemplar in natürlicher Grösse von Gingen, im Besitz des k. paläontologischen Museums in München; 1 a Ansicht von der Seite, 1 b Ansicht von vorn. Pag. 591 (85).

Fig. 2. **Ammonites patella** Waagen. Exemplar in $^6/_7$ der natürlichen Grösse von Gingen, im Besitz des k. paläontologischen Museums in München. (Die Stacheln auf den inneren Windungen sind zu deutlich und stark hervortretend gezeichnet.) 1 a Ansicht von vorn, 1 b Ansicht von der Seite. Pag. 597 (91).

Fig. 3. **Ammonites patella** Waagen. Loben eines Exemplares von Bayeux in natürlicher Grösse, im Besitz des k. paläontologischen Museums in München. Pag. 597 (91).

Tab. 25

Tab. XXVI. (3.)

Ausseralpiner Dogger.

(Zone des *Ammonites Sowerbyi.*)

Fig. 1. **Ammonites jugifer** Waagen. Exemplar in natürlicher Grösse von Gingen, im Besitze des k. paläontologischen Museums in München; 1a Ansicht von der Seite, 1b Ansicht von vorn (der Durchschnitt erscheint etwas zu scharf eckig). Pag. 596 (90).

Fig. 2. **Ammonites Gingensis** Waagen. Junges Exemplar in natürlicher Grösse von Gingen, im Besitze des k. paläontologischen Museums in München; 1a Ansicht von der Seite, 1b Ansicht von vorn. Pag. 595 (89).

Fig. 3. **Ammonites furticarinatus** Quenstedt. Lobenzeichnung eines ausgewachsenen Individuums von Gingen, im Besitze des k. paläontologischen Museums in München. Pag. 596 (90).

Tab. 26.

1 a

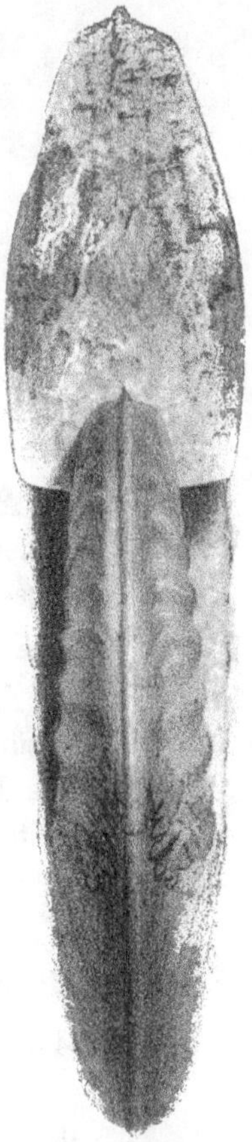

a

2 b

W. Waagen del.

Druck b. Fuchs, München

Tab. XXVII. (4.)

Ausseralpiner Dogger.

(Zone des *Ammonites Sowerbyi.*)

Fig. 1. **Ammonites fissilobatus** Waagen. Exemplar in $^3/_5$ der natürlichen Grösse von Gingen, im Besitze des königl. paläontologischen Museums in München; 1a Ansicht von der Seite, 1b Ansicht von vorn. Pag. 599 (93).

Fig. 2. **Ammonites Sowerbyi** Miller var. Verkiestes Exemplar in natürlicher Grösse von Wentzen (Braunschweig), aus der Sammlung des Herrn Forstmeisters v. Unger in Seesen; 2a Ansicht von der Seite, 2b Ansicht von vorn. Pag. 590 (84).

Fig. 3. **Peltarion densitesta** Waagen. Exemplar in natürlicher Grösse von Gingen, im Besitze des königl. paläontologischen Museums in München;

Fig. 4 dasselbe vergrössert; 4a Ansicht von rückwärts, 4b Ansicht von vorn, 4c Ansicht von oben, 4d Ansicht von unten, 4e Ansicht von der Seite. Pag. 608 (102).

Tab. 27.

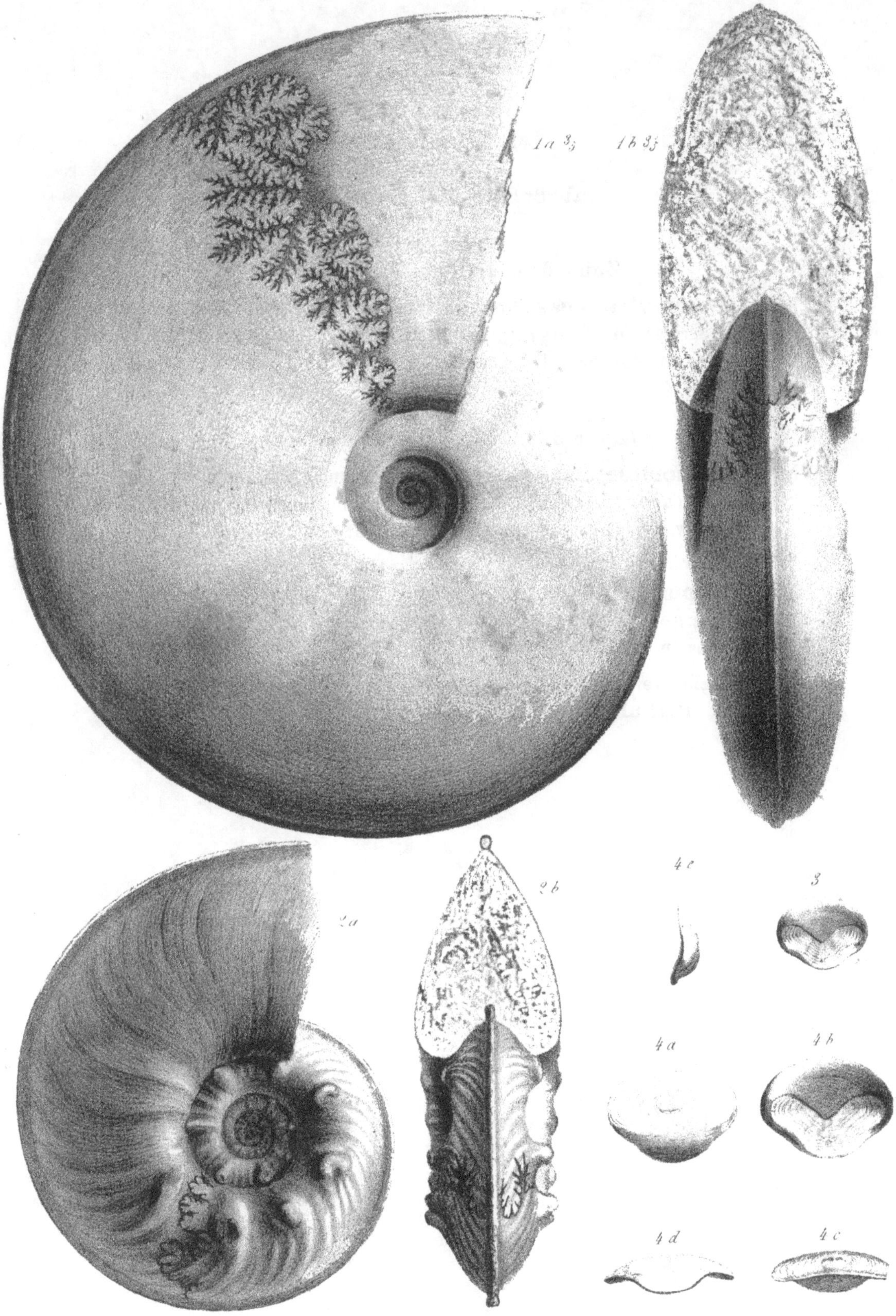

Tab. XXVIII. (5.)

Ausseralpiner Dogger.

(Zone des *Ammonites Sauzei.*)

Fig. 1. **Ammonites mesacanthus** Waagen. Exemplar in $^3/_4$ der natürlichen Grösse von Gingen, im Besitze des königl. paläontologischen Museums in München, 1 a Ansicht von der Seite, 1 b Ansicht von vorn. Pag. 594 (88).

(Zone des *Ammonites Sowerbyi.*)

Fig. 2. **Ammonites discites** Waagen. Exemplar in natürlicher Grösse von Dohnsen (Braunschweig) aus der Sammlung des Herrn Forstmeisters v. Unger in Seesen; 2 a Ansicht von der Seite, 2 b Ansicht von vorn. Pag. 599 (93).

Fig. 3. **Purpurina Sowerbyi** Waagen. Exemplar in natürlicher Grösse von Gingen (Württemberg), im Besitze des königl. paläontologischen Museums in München;

Fig. 4 dieselbe vergrössert; 4 a Ansicht von vorn, 4 b von rückwärts, 4 c von unten. Pag. 611 (105).

Tab. IX.

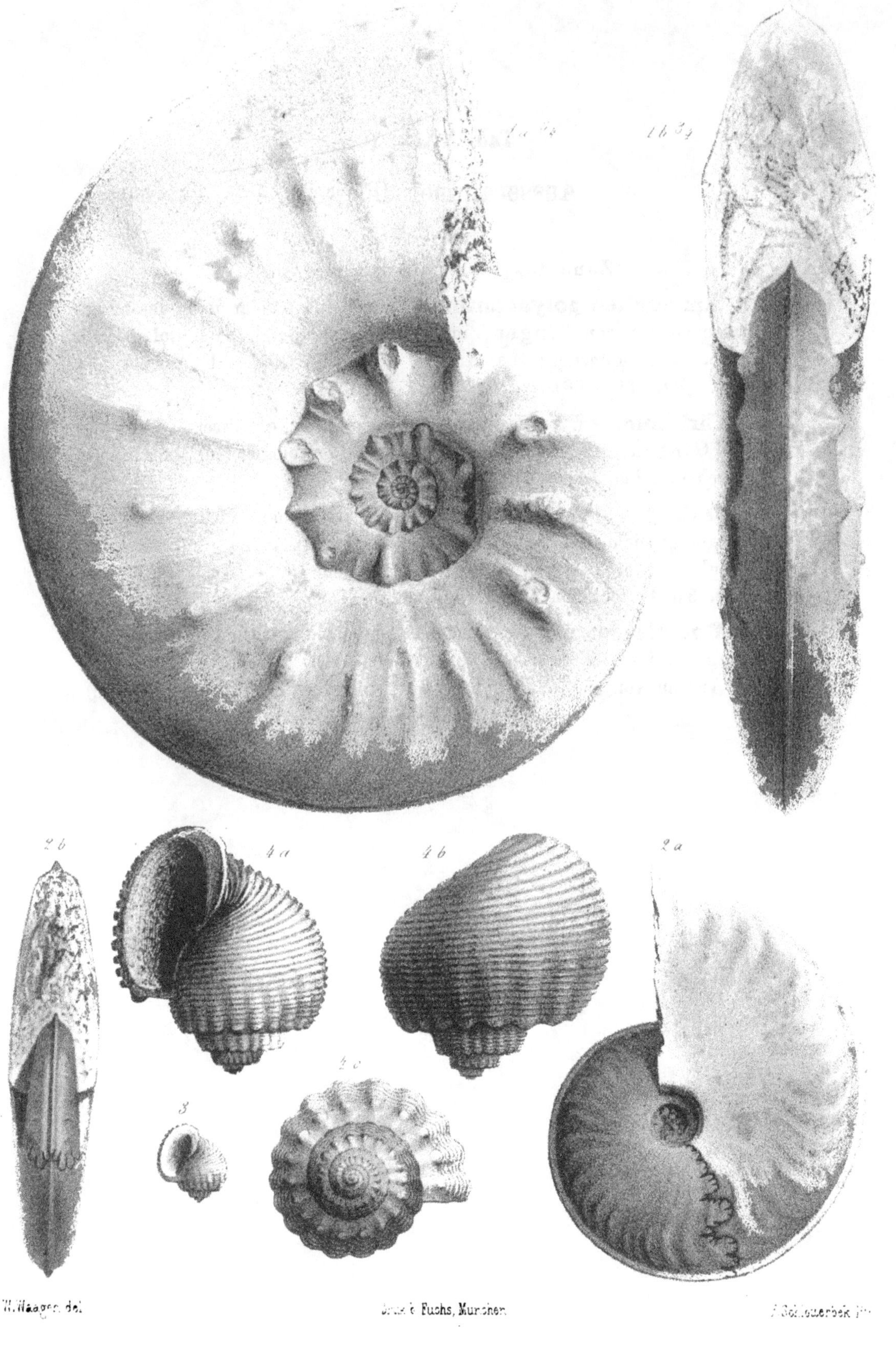

W. Waagen del. Fuchs, München Schlotterbek

Tab. XXIX. (6)

Ausseralpiner Dogger.

(Zone des *Ammonites Sowerbyi.*)

Fig. 1. **Ammonites polyacanthus** Waagen. Exemplar in $^1/_2$ der natürlichen Grösse von Gingen, im Besitze des königl. paläontologischen Museums in München; 1a Ansicht von der Seite, 1b Ansicht von vorn. Pag. 592 (86).

Fig. 2. **Cirithium. cf. flexuosum** Münster, etwas vergrössertes Exemplar von Gingen, im Besitze des königl. paläontologischen Museums in München. Pag. 611 (105).

Fig. 3. **Trigonia trigona** Waagen. Rechte Schale nicht durch den Spiegel gezeichnet in natürlicher Grösse von Gingen, im Besitze des königl. paläontologischen Museums in München; 3a Ansicht von der Seite, 3b Ansicht von oben. Pag. 620 (114).

Fig. 4. **Modiola scalata** Waagen. Exemplar in natürlicher Grösse von Gingen, im Besitze des k. paläontologischen Museums in München; 4a Ansicht von rückwärts, 4b Ansicht von der Seite. Pag. 624 (118).

Tab. 29.

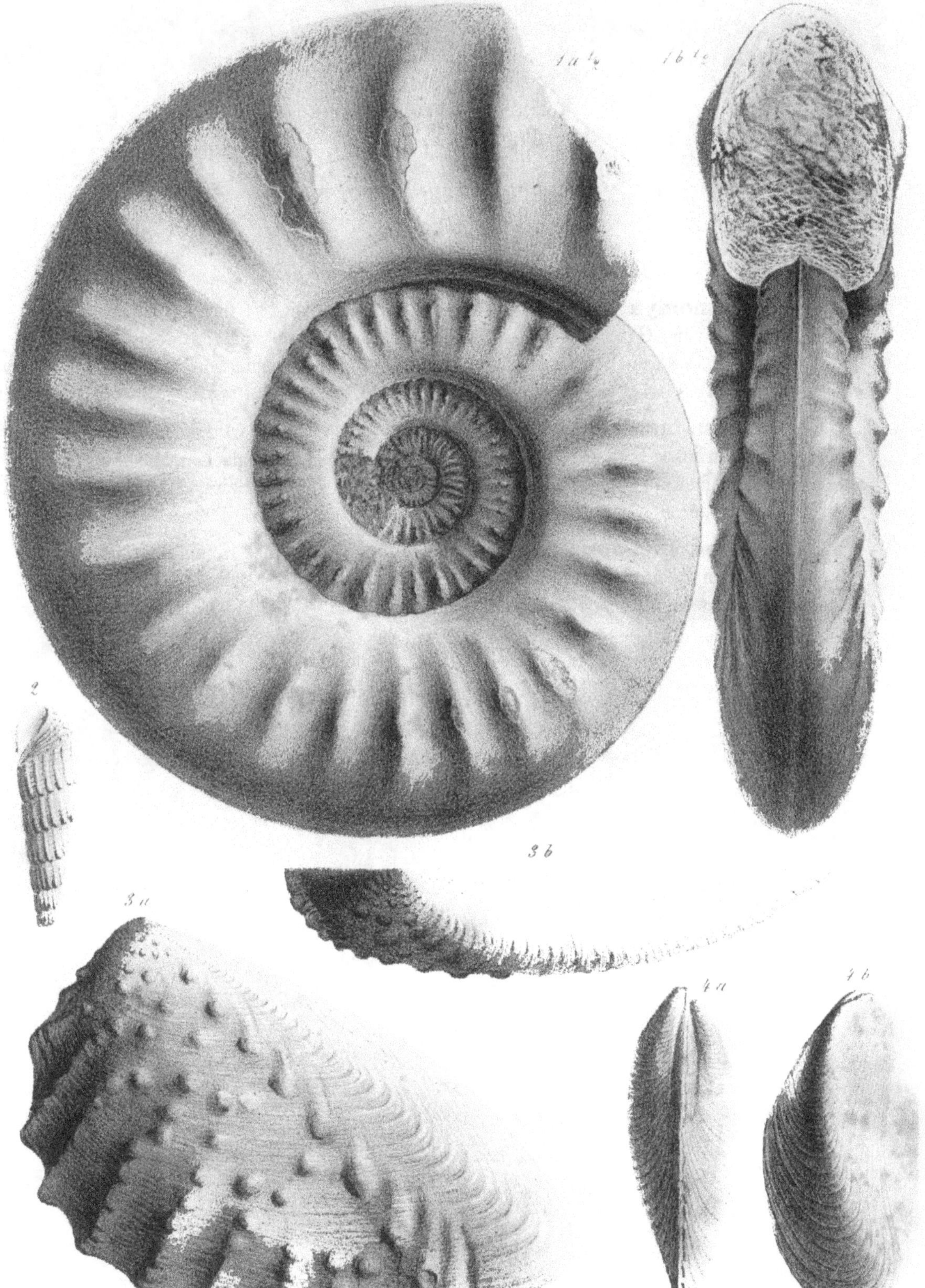

Tab. XXX. (7.)

Ausseralpiner Dogger.

(Zone des *Ammonites Sowerbyi.*)

Fig. 1. **Homomya gigantea** Waagen. Exemplar in $^{6}/_{7}$ der natürlichen Grösse von Gingen; im Besitze des königlichen paläontologischen Museums in München; 1 a Ansicht von oben, 1 b Ansicht von der Seite. Pag. 613 (107).

Fig. 2. **Lima incisa** Waagen. Rechte Valve eines Exemplars von Gingen in natürlicher Grösse, im Besitze des königl. paläontologischen Museums in München; 2 a Ansicht von vorn, 2 b Ansicht von der Seite, 2 c Durchschnitt durch einen Theil der Schale. Pag. 626 (120).

Fig. 3. **Lima speudovalis** Waagen. Linke Valve eines Exemplars von Gingen in natürlicher Grösse, im Besitze des königl. paläontologischen Museums in München. Pag. 626 (120).

1 a 6/7
1 b 6/7
2 a
3 a
2 b
3 b
2 c

Tab. XXXI. (8.)

Ausseralpiner Dogger.

(Zone des *Ammonites Sowerbyi.*)

Fig. 1. **Hinnites Gingensis** Waagen. Exemplar der rechten Valve in $^2/_3$ der natürlichen Grösse, am Wirbel etwas verdrückt und das sehr grosse Byssusohr zum Theil weggebrochen, von Gingen, im Besitze des königl. paläontologischen Museums in München; 1b Theil der Schalenoberfläche vergrössert. Pag. 633 (127).

Fig. 2. **Hinnites Gingensis** Waagen. Exemplar der linken Valve in natürlicher Grösse von Gingen, im Besitze des k. paläontologischen Museums in München; 2b Theil der Schalenoberfläche vergrössert. Pag. 633 (127).

Fig. 3. **Pecten aratus** Waagen. Exemplar der rechten Valve in natürlicher Grösse, Byssusohr nach einem andern Exemplar ergänzt, von Gingen, im Besitze des kgl. paläontologischen Museums in München; 3b Theil der Schalenoberfläche vergrössert. Pag. 630 (124).

Fig. 4. **Pecten laeviradiatus** Waagen. Exemplar der linken Valve in natürlicher Grösse von Gingen, im Besitze des k. paläontologischen Museums in München; 4b Durchschnitt durch einen Theil der Schale. Pag. 633 (127).

Fig. 5. **Lucina paradoxa** Waagen. Exemplar in natürlicher Grösse von Gingen, im Besitze des königlichen paläontologischen Museums in München; 5a Ansicht von der Seite (linke Valve), 5b Ansicht von vorn. Pag. 621 (115).

Fig. 6. **Cypricardia Franconica** Waagen. Exemplar der rechten Valve in natürlicher Grösse von aussen und innen, von Pommer (Franken), im Besitze des k. paläontologischen Museums in München. Pag. 619 (113).

Fig. 7. **Terebratula dorsoplana** Waagen. Exemplar in natürlicher Grösse von Gingen, im Besitze des kgl. paläontologischen Museums in München; 7a Ansicht von der Rücken-, 7b Ansicht von der Bauchseite, 7c Seitenansicht, 7d Stirnansicht. Pag. 636 (130).

Fig. 8, 9. **Macandrewia disculus** Waagen. Exemplare in natürlicher Grösse von Gingen, im Besitze des k. paläontologischen Museums in München; 8 ausgewachsenes Individuum, 9 Jugendform; a Ansicht von der Rückenseite, b Stirnansicht, c Seitenansicht. Pag. 638 (132).

Fig. 10. **Rhynchonella distracta** Waagen. Exemplar in natürlicher Grösse von Gingen, im Besitze des k. paläontologischen Museums in München; 10a Ansicht von der Rückenseite, 10b Ansicht von der Bauchseite, 10c Stirnansicht, 10d Seitenansicht. Pag. 639 (133).

Fig. 11. **Cidaris ovispina** Quenstedt. Stacheln in natürlicher Grösse, von Gingen, im Besitze des königlichen paläontologischen Museums in München. Pag. 648 (142).

Fig. 12. **Cidaris Gingensis** Waagen. Dreierlei Stacheln in natürlicher Grösse von Gingen, im Besitze des königl. paläontologischen Museums in München. Pag. 649 (143).

Tab. 31.

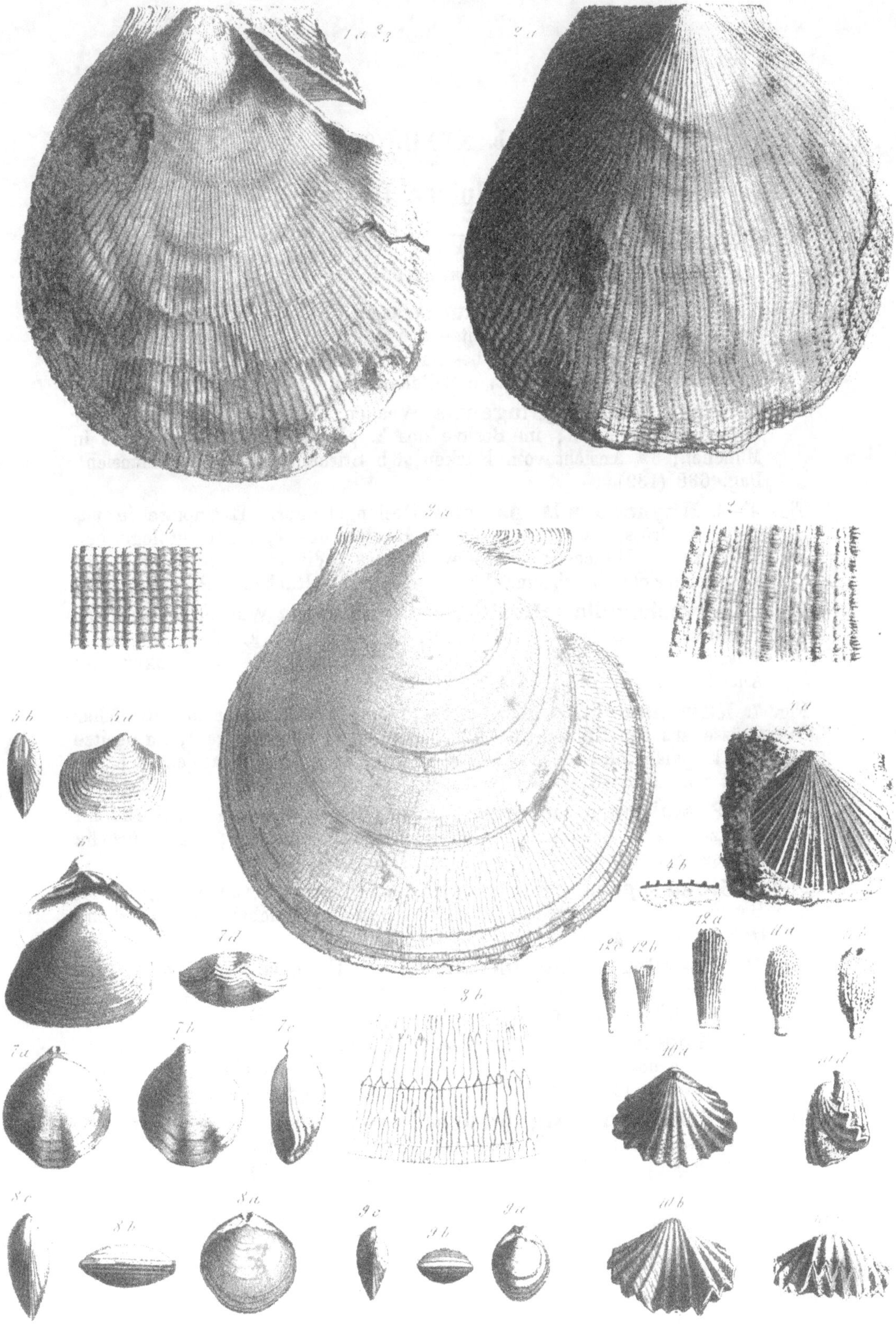

Tab. XXXII. (9.)

Ausseralpiner Dogger.

(Zone des *Ammonites Sowerbyi.*)

Fig. 1—2. **Terebratula globulus** Waagen. Exemplare in natürlicher Grösse von Gingen, im Besitze des k. paläontologischen Museums in München; 1 Steinkern, 2 beschaltes Exemplar; a Ansicht von der Rückenseite, b Stirnansicht, c Seitenansicht. Pag. 636 (130).

Fig. 3. **Rhynchonella Gingensis** Waagen. Exemplar in natürlicher Grösse von Gingen; im Besitze des k. paläontologischen Museums in München; 3 a Ansicht vom Rücken, 3 b Stirnansicht, 3 c Seitenansicht. Pag. 638 (132).

Fig. 4—5. **Rhynchonella parvula** Deslongchamps. Exemplare in natürlicher Grösse von Gingen, im Besitze des kgl. paläontologischen Museums in München; 4 ausgewachsenes Individuum, 5 Jugendform; a Seitenansicht, b Stirnansicht, c Ansicht vom Rücken. Pag. 639 (133).

Fig. 6. **Rhynchonella (Hemithyris) tenuispina** Waagen. Exemplar in natürlicher Grösse von Gingen, im Besitze des k. paläontologischen Museums in München; 6 a Stirnansicht, 6 b Ansicht vom Rücken, 6 c Ansicht von der Seite. Pag. 640 (134).

Fig. 7. **Rhynchonella oligoptycha** Waagen. Exemplar in natürlicher Grösse aus den Schambelen bei Baden (Canton Aargau), im Besitze des k. paläontologischen Museums in München; 7 a Stirnansicht, 7 b Ansicht vom Rücken, 7 c Seitenansicht. Pag. 640 (134).

Fig. 8. **Pustulopora arborea** Waagen. Exemplar von Gingen, im Besitze des k. paläontologischen Museums in München; 8 a natürliche Grösse, 8 b Stammtheil vergrössert. Pag. 640 (134).

Fig. 9. **Stomatopora recurva** Waagen. Exemplar von Gingen, im Besitze des k. paläontologischen Museums in München; 9 a natürliche Grösse, 9 b vergrössert. Pag. 647 (141).

Fig. 10. **Pustulopora Quenstedti** Waagen. Exemplar von Gingen, im Besitze des k. paläontologischen Museums in München; 10 a natürliche Grösse, 10 b Stammtheil vergrössert. Pag. 641 (135).

Fig. 11. ? **Theonoa parvecristata** Waagen. Exemplar von Gingen, im Besitze des k. paläontologischen Museums in München; 11 a natürliche Grösse, 11 b Theil vergrössert. Pag. 643 (137).

Fig. 12. **Berenicea margopuncta** Waagen. Exemplar von Gingen, im Besitze des k. paläontologischen Museums in München; 12 a natürliche Grösse, 12 b Theil vergrössert. Pag. 646 (140).

Tab. 32.

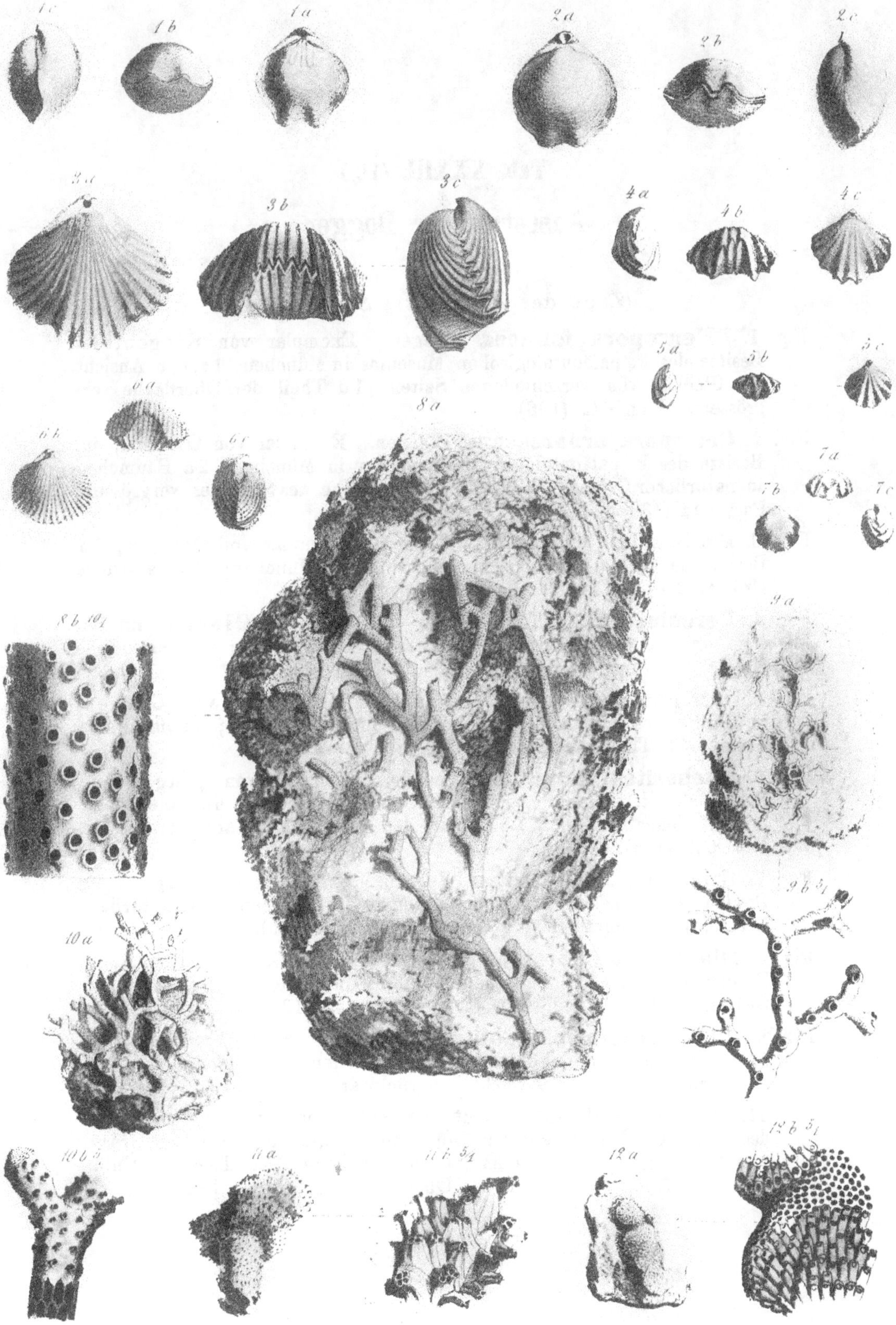
1 c
1 b
1 a
2 a
2 b
2 c
3 a
3 b
3 c
4 a
4 b
4 c
5 a
5 b
5 c
6 a
6 b
6 c
7 a
7 b
7 c
8 a
8 b
9 a
10 a
10 b
11 a
11 b
12 a
12 b

Tab. XXXIII. (10.)

Ausseralpiner Dogger.

(Zone des *Ammonites Sowerbyi.*)

Fig. 1. ? **Neuropora foliacea** Waagen. Exemplar von Gingen, im Besitze des k. paläontologischen Museums in München; 1 a, b, c Ansicht des Stockes von verschiedenen Seiten, 1 d Theil der Oberfläche vergrössert. Pag. 642 (136).

Fig. 2. **Ceriopora arborescens** Waagen. Exemplar von Gingen, im Besitze des k. paläontologischen Museums in München; 2 a Bäumchen in natürlicher Grösse, 2 b Theil der Oberfläche des Stammes vergrössert. Pag. 644 (138).

Fig. 3. **Proboscina prorepens** Waagen. Exemplar von Gingen, im Besitze des k. paläontologischen Museums in München; 3 a natürliche Grösse, 3 b vergrössert. Pag. 647 (141).

Fig. 4. **Berenicea cf. striata** Reuss. Exemplar von Gingen, im Besitze des k. paläontologischen Museums in München; 4 a natürliche Grösse, 4 b vergrössert. Pag. 646 (140).

Fig. 5. **Defrancia infraoolithica** Waagen. Exemplar von Gingen, im Besitze des k. paläontologischen Museums in München; 5 a natürliche Grösse, 5 b Theil vergrössert. Pag. 643 (137).

Fig. 6. **Escharites rhombifer** Waagen. Exemplar von Gingen, im Besitze des k. paläontologischen Museums in München; 6 a Stämmchen in natürlicher Grösse, 6 b Theil der Oberfläche stark vergrössert. Pag. 642 (136).

Fig. 7. **Cricopora acutimargo** Waagen. Exemplar von Gingen, im Besitze des k. paläontologischen Museums in München; 7 a natürliche Grösse, 7 b Stammtheil vergrössert. Pag. 641 (135).

Fig. 8. **Diastopora subramosa** Waagen. Exemplar von Gingen, im Besitze des k. paläontologischen Museums in München; 8 a natürliche Grösse, 8 b Stammtheil vergrössert. Pag. 645 (139).

Fig. 9—10. ? **Hornera infraoolithica** Waagen. Exemplare von Gingen, im Besitze des königl. paläontologischen Museums in München; a Ansicht von vorn, b Ansicht von rückwärts. Pag. 642 (136).

Fig. 11. **Cupulochonia sp. indet.** Exemplar von Gingen, im Besitze des k. paläontolog. Museums in München; 11 a, b in natürlicher Grösse, 11 a Ansicht von oben, 11 b Ansicht von der Seite, 11 c Theil der Unterseite vergrössert, 11 d Theil der Oberseite vergrössert. Pag. 663 (157).

Tab. 33.

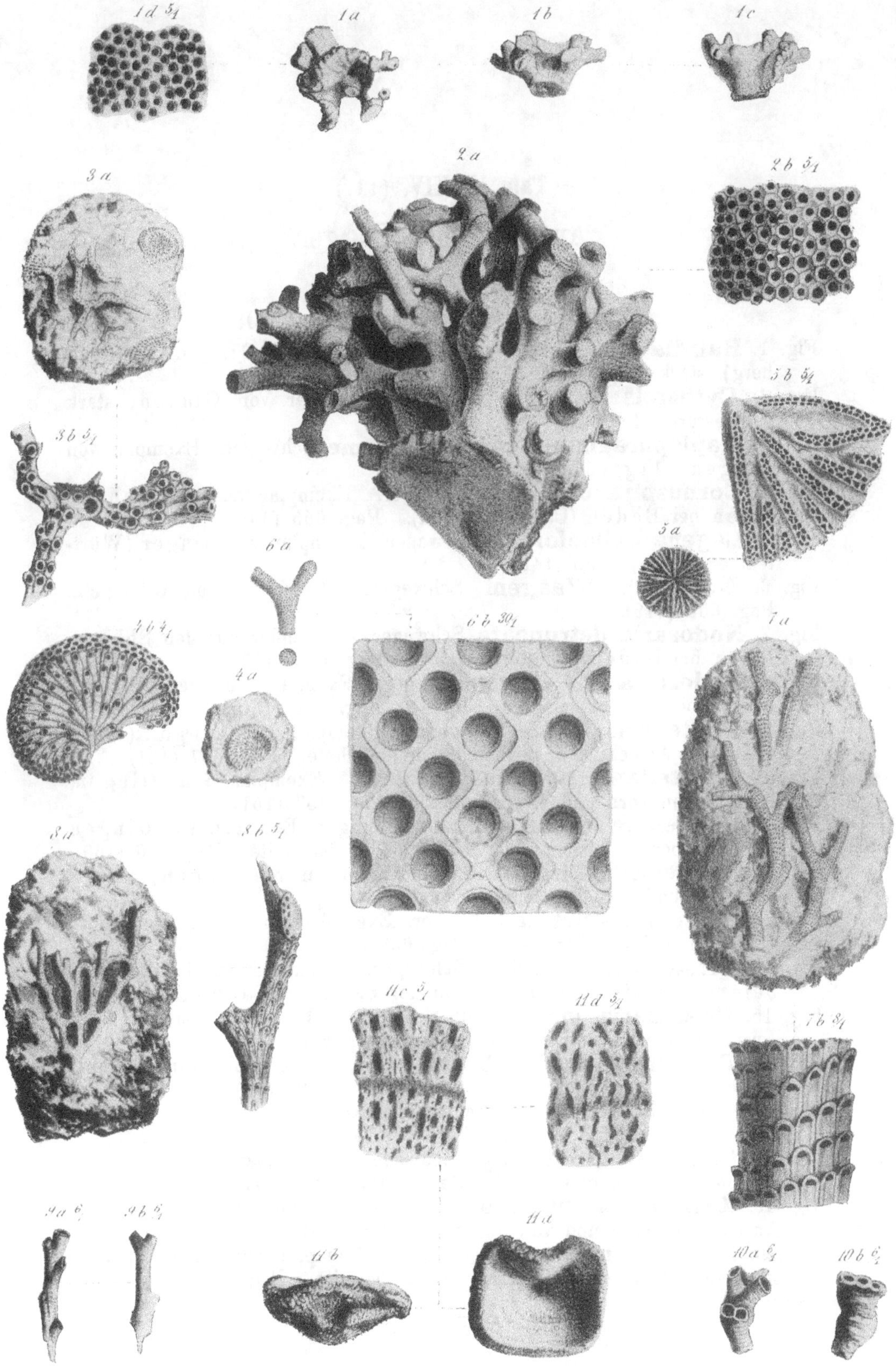

W. Waagen. del. Fruh'e Fuchs München F. Schlotterbek lith.

Tab. XXXIV. (11.)

Ausseralpiner Dogger.

(Zone des *Ammonites Sowerbyi.*)

Fig. 1. **Bairdia Gingensis** Waagen. Exemplar von Gingen (Württemberg), stark vergrössert. Pag. 585 (79).

Fig. 2. **Cythereis Suevica** Waagen. Exemplar von Gingen, stark vergrössert. Pag. 586 (80).

Fig. 3. **Haplophragmium coprolithiforme** Schwager. Exemplar von Gingen. Pag. 654 (148).

Fig. 4. **Cornuspira oolithica** Schwager. Exemplar aus den Schambelen bei Baden (Canton Aargau). Pag. 655 (149).

Fig. 5. **Lagena bullaeformis** Schwager. Exemplar von Gingen (Württemberg). Pag. 655 (149).

Fig. 6. **Nodosaria Waageni** Schwager. Exemplar von Gingen. Pag. 655 (149).

Fig. 7. **Nodosaria detruncata** Schwager. Exemplar aus den Schambelen bei Baden (Canton Aargau). Pag. 656 (150).

Fig. 8. **Nodosaria Sowerbyi** Schwager. Exemplar aus den Schambelen bei Baden (Canton Aargau). Pag. 656 (150).

Fig. 9. **Cristellaria lepida** Schwager. Exemplar von Gingen (Württemberg), Ansicht von vorn und von der Seite. Pag. 657 (151).

Fig. 10. **Cristellaria oolithica** Schwager. Exemplar von Gingen, Ansicht von vorn und von der Seite. Pag. 657 (151).

Fig. 11. **Flabellina semicristellaria** Schwager. Exemplar von Gingen (Württemberg), Ansicht von vorn und von der Seite. Pag. 656 (150).

Fig. 12. **Cristellaria Zitteli** Schwager. Exemplar von Gingen, Ansicht von vorn und von der Seite. Pag. 657 (151).

Fig. 13. **Cristellaria limata** Schwager. Exemplar von Gingen, Ansicht von vorn und von der Seite. Pag. 658 (152).

Fig. 14. **Cristellaria reticulata** Schwager. Exemplar aus den Schambelen, Ansicht von vorn und von der Seite. Pag. 660 (154).

Fig. 15. **Cristellaria inconstans** Schwager. Exemplar von Gingen, Ansicht von vorn und von der Seite. Pag. 658 (152).

Fig. 16. **Cristellaria Schloenbachi** Schwager. Exemplar von Gingen, Ansicht von vorn und von der Seite. Pag. 659 (153).

Fig. 17. **Cristellaria foliacea** Schwager. Exemplar von Gingen, Ansicht von vorn und von der Seite. Pag. 659 (153).

Fig. 18. **Cristellaria Sowerbyi** Schwager. Exemplar von Gingen, Ansicht von vorn und von der Seite. Pag. 660 (154).

Fig. 19. **Cristellaria vulgaris** Schwager. Exemplar von Gingen, Ansicht von vorn und von der Seite. Pag. 661 (155).

Fig. 20. **Rotalia semiornata** Schwager. Exemplar von Gingen, Ansicht von vorn, von der Spiral- und Nabelseite. Pag. 661 (155).

Tab. 34

G. Schwager del. et lith.

Druk b. Fuchs, München

www.ingramcontent.com/pod-product-compliance
Lightning Source LLC
LaVergne TN
LVHW080752300926
849162LV00008BA/1800